GEO Themenlexikon

GEO Themenlexikon

in 20 Bänden

Band 4

Astronomie

Planeten, Sterne, Galaxien

A–Men

Herausgeber
Peter-Matthias Gaede, GEO
Bibliographisches Institut & F. A. Brockhaus AG

Redaktionsleitung Gabriele Gassen (BIFAB) und Michael Schaper (GEO)

A–Z-Teil
Projektleitung Ulrike Emrich
Realisation Dr. Ulrich Kilian (science & more redaktionsbüro)
unter Mitarbeit von Dipl.-Min. Roland Böving (Bildredaktion),
Dipl.-Phys. Rolf Sauermost, Dipl.-Phys. Christine Weber (Bildredaktion)
Autoren Dr. Katja Bammel, Dipl.-Min. Roland Böving, Patrick Closhen,
Prof. Dr. Horst Gründer, Dr. Jürgen Hess, Dr. Ulrich Kilian,
Andrea Naica-Loebell, Dr. Gunnar Radons, Prof. Dr. Wolfgang Riedel,
Dipl.-Phys. Rolf Sauermost
Grafik und Karten Dipl.-Ing. (FH) Jörg Radtke

GEO Dossier
Redaktion Malte Henk, Jens Schröder
Schlussredaktion Jan Pust, Hannelore Koehl (Assistenz)
Bildredaktion Christian Gargerle
Technische Realisation Rainer Droste
Kartografie GEO-Kartografie

Layout Horst Bachmann, Barbara Exner, Sigrid Hecker, Tatjana Lorenz
Einband und Umschlag glas ag, Seeheim-Jugenheim
Herstellung Constanze Sonntag

Bibliografische Information der Deutschen Nationalbibliothek
Die Deutsche Nationalbibliothek verzeichnet diese Publikation
in der Deutschen Nationalbibliografie; detaillierte bibliografische
Daten sind im Internet über http://dnb.ddb.de abrufbar.

Satz A–Z Satztechnik, Mannheim
Druck und Bindung MOHN Media Mohndruck GmbH, Gütersloh
Printed in Germany

ISBN-10: Gesamtwerk 3-7653-9420-3 ISBN-13: Gesamtwerk 978-3-7653-9420-1
ISBN-10: Band 4 3-7653-9424-6 ISBN-13: Band 4 978-3-7653-9424-9

Abbildung auf dem Einband Venus (mit Radar aufgenommen): JPL/NASA

Liebe Leserin, lieber Leser,

haben Sie sich schon einmal gefragt, was ein Sonnenwind ist? Was es mit der geheimnisvollen Dunklen Materie auf sich hat, von deren Existenz Forscher allein aufgrund von Berechnungen überzeugt sind? Und können Sie sich erklären, wie in der finsteren, luftleeren Kälte des Alls detailreiche Fotografien von rasend schnell rotierenden Himmelskörpern entstehen – und zurück zur Erde gelangen?

Seit Ägypter und Babylonier vor Jahrtausenden am Nachthimmel nach Anhaltspunkten für eine Deutung ihrer Welt suchten, hat die Weite des Universums nichts von ihrer Faszinationskraft verloren.

Wie viele kosmische Rätsel die Forscher heute schon gelöst haben, mit welch ausgefeilten Teleskopen, Sonden und Raumfahrzeugen sie den immer neuen Fragestellungen zu Leibe rücken und was zu gesichertem Wissen geworden ist – davon handeln die Bände vier und fünf unseres 20-bändigen GEO Themenlexikons.

Auch diese Bände kombinieren lexikalische Ordnung mit journalistischer Kür: Die Experten der Brockhaus-Redaktion haben den Wissensschatz der Astronomie alphabetisch – vom Abendstern bis zum Zwillingsparadoxon – aufbereitet und auf den neuesten Stand gebracht.

Die Reportagen des GEO Dossiers nach dem A–Z-Teil widmen sich in Band vier dem »Aufbruch ins Sonnensystem«. Sie rekonstruieren die Versuche der Menschen, in die (nach kosmischen Maßstäben) nähere Umgebung unserer Erde vorzudringen, ganz gleich, ob sie das nur gedanklich getan haben, wie Johannes Kepler oder Galileo Galilei, oder ob ihr Forscherdrang sie auch physisch in Richtung All geführt hat. Wie es zumindest die Absicht jener tollkühnen Pioniere der Privatraumfahrt ist, die in rumänischen Hinterhofgärten an skurrilen Fluggeräten basteln, mit denen sie die Erdatmosphäre verlassen können. Oder wie es Realität wurde für die Astronauten der Mondmission Apollo 13, die ihre Reise nach der Explosion eines Tanks nur mit Glück und Improvisationskunst überlebten.

In Band fünf wird Ihnen das GEO Dossier die noch ferner liegenden »Geheimnisse des Universums« näherbringen: die Kraft der

Schwarzen Löcher und die Rätsel der sogenannten Wurmlöcher, die Unfassbarkeit eines nirgends endenden Raumes, die Möglichkeit intelligenten Lebens auf fernen Planeten. Auch die unsichtbare Dunkle Materie haben wir mit den Mitteln der GEO-Reportage eingefangen und die Anstrengungen der Forscher bei ihrer Suche nach diesem Phänomen mit eindrucksvollen Fotos dokumentiert.

Nach der Lektüre werden Sie die kosmischen Erscheinungen sicher besser verstehen. Aber auch die beste journalistische Recherche, die beste lexikalische Erklärung werden den Weltraum nicht aller seiner Mysterien berauben. Gut so – denn ohne den Reiz der anscheinend unlösbaren Rätsel wären die Gedankenreisen durch den interstellaren Raum wohl nur halb so spannend.

Herzlich Ihr

Peter-Matthias Gaede
Chefredakteur GEO

Gesamtübersicht

Bände 1 bis 3	**Unsere Erde**	Länder, Völker, Kulturen
Bände 4 und 5	**Astronomie**	Planeten, Sterne, Galaxien
Bände 6 bis 8	**Naturwissenschaften und Technik**	Begriffe, Methoden, Zusammenhänge
Bände 9 bis 11	**Medizin und Gesundheit**	Diagnose, Heilkunst, Arzneien
Bände 12 und 13	**Psychologie**	Denken, Fühlen, Handeln
Band 14	**Philosophie**	Ideen, Denker, Visionen
Bände 15 und 16	**Religionen**	Glauben, Riten, Heilige
Bände 17 bis 19	**Geschichte**	Epochen, Menschen, Zeitenwenden
Band 20	**Atlas zur Geschichte**	Epochen, Menschen, Zeitenwenden

Hinweise für den Leser

- Die Bände 4 und 5 des GEO Themenlexikons präsentieren das »Universum« in enzyklopädisch umfassender Gesamtschau: Sie erschließen sowohl den historischen als auch den heutigen Kenntnisstand über Planeten, Sterne und Galaxien.
- Das zweibändige Lexikon zur Astronomie enthält rund 3 300 Artikel mit allen wichtigen Fakten und Zusammenhängen, mit Hintergrundwissen und Erklärungen spektakulärer Ereignisse. Sonderartikel beleuchten die Rolle der Astronomie in völlig unterschiedlichen Bereichen wie etwa dem Internet oder der Seefahrt. Etliche dieser Artikel werden in den GEO Dossiers vertieft durch ausgewählte Reporte und Reportagen.
- Ein klares Verweissystem sorgt für die Verzahnung zwischen Lexikon und GEO Dossier: Von den Lexikonartikeln führen Verweise zu den vertiefenden Informationen in den GEO-Reportagen. Umgekehrt leiten Verweise im GEO Dossier zu denjenigen Einträgen im Lexikon, die Hintergrundfakten zum journalistischen Bericht sowie Anregungen zur weiteren Lektüre enthalten. So kann man bequem zwischen Fakten und Interpretation, zwischen Lexikon und Reportage hin- und herspringen.
- Alle Daten, Fakten und Zusammenhänge wurden mit äußerster Akribie und in Zusammenarbeit mit zahlreichen namhaften Experten erarbeitet und auf den neuesten Stand gebracht. Dennoch kann es zu Varianzen bei Daten, Fakten und wissenschaftlichen Schlussfolgerungen kommen, denn die Forschung ist zum einen ständig in Bewegung, zum anderen kann sie zu durchaus unterschiedlichen Sichtweisen führen. Lexikografische wie journalistische Sorgfalt gebieten es, dies wertungsfrei abzubilden.

a, Abk. für anno = →Jahr.

Å, Kurzzeichen für →Ångström.

Abbe, Ernst, deutscher Physiker und Sozialreformer, *Eisenach 23. 1. 1840, †Jena 14. 1. 1905. Abbe war 1870–96 Professor in Jena und 1877–91 auch Direktor der dortigen Sternwarte. Er leitete durch seine Beiträge zur Theorie des Mikroskops und der mikroskopischen Wahrnehmung und durch deren Anwendung in der Praxis eine neue Epoche im Bau von Mikroskopen und anderen optischen Präzisionsinstrumenten ein. 1866 gelang ihm die Entwicklung der apochromatischen Objektive (→Apochromat). 1889 wurde Abbe alleiniger Inhaber der Zeiss-Werke und konnte dort die von ihm schon früher geplanten sozialen Reformen durchführen.

Abbe-Prisma [nach E. Abbe], aus zwei Halbprismen und einem Reflexionsprisma zusammengesetztes →Dispersionsprisma.

Abbe-Zahl, von E. Abbe eingeführte Zahlengröße, die zur Kennzeichnung eines optischen Mediums (v. a. optisches Glas) hinsichtlich seiner Farbzerstreuung (Dispersion) dient; definiert als der Kehrwert der relativen Dispersion. Bei der Korrektion der →Farbabweichungen von Linsen gehen die Abbe-Zahlen der verwendeten optischen Gläser in die Achromasiebedingungen ein.

Abbildungsfehler, Aberration, bei optischen Systemen wie Linsen und astronomischen Spiegeln Abweichung von der fehlerfreien optischen Abbildung. Die wichtigsten Abbildungsfehler in der Astronomie sind der **Öffnungsfehler (sphärische Aberration)** und der **chromatische Abbildungsfehler.** Die Ursache des Öffnungsfehlers liegt darin, dass die verschiedenen Zonen eines Spiegels unterschiedliche Brennweiten haben. Dadurch wird das nutzbare Gesichtsfeld eines Fernrohrs verkleinert. Auf astronomischen Aufnahmen zeigt sich der Öffnungsfehler in Gestalt von Verzerrungen der Sternpunkte in der Nähe des Bildfeldrandes. Chromatische Abbildungsfehler treten auf, weil die verschiedenen Wellenlängen des Lichts, also die Farben, unterschiedlich gebrochen werden, d. h. unterschiedliche Brennweiten haben. Bei astronomischen Beobachtungen treten dadurch störende Farbsäume und Unschärfen auf. Durch spezielle Linsenformen, Blenden und Kombinationen von mehreren Linsen aus unterschiedlichen Materialien können die Abbildungsfehler reduziert werden.

Abbot ['æbət], Charles Greeley, amerikanischer Astrophysiker und Meteorologe, *Wilton (N. H.) 31. 5. 1872, †Riverdale (Maryland) 17. 12. 1973. Abbot leitete 1907–44 das Smithsonian Astrophysical Observatory in Washington (D. C.) und arbeitete besonders über die Strahlung der Sterne und der Sonne. Er untersuchte auch den Einfluss der Sonnenstrahlung auf das Wetter und maß an mehreren Stellen der Erde die →Solarkonstante.

Abbrand, Bezeichnung für die Verbrennung von Festtreibstoffen, beispielsweise bei einer Rakete. Die Geschwindigkeit, mit der die Oberfläche des Treibsatzes infolge Verbrennung zurückweicht, ist von der Treibstoffart und -zusammensetzung und vom Brennkammerdruck abhängig.

Abendpunkt, der Westpunkt (→Ostpunkt).

Abendrot, eine abendliche Dämmerungserscheinung, die durch die →Streuung und →Extinktion des Sonnenlichts in Horizontnähe hervorgerufen wird. Die kurzwelligen (blauen) Anteile des durch die Erdatmosphäre hindurchgehenden Sonnenlichts werden an den Luftmolekülen beim besonders langen abendlichen Weg stärker gestreut als die langwelligen (roten) Anteile und »fehlen« somit beim Beobachter. Dadurch erscheint der westliche Himmel rötlich verfärbt, und zwar umso mehr, je größer die durchstrahlte Luftmasse ist, d. h., je tiefer die Sonne am Horizont steht. Die Rötung ist außerdem abhängig vom Wasserdampfgehalt und von der Trübung der Atmosphäre.

Auf die gleiche Weise entsteht das am östlichen Himmel vor Sonnenaufgang zu beobachtende **Morgenrot.**

Abendstern, Hesperos, der hell erscheinende Planet →Venus abends am Westhimmel, morgens als **Morgenstern** am Osthimmel, dann auch **Phosphorus** (bei den Griechen) oder **Luzifer** (bei den Römern) genannt; in niedrigen geografischen Breiten auch der →Merkur.

Ernst Abbe

Abendrot.
Die Ursache des Abendrots ist die Streuung des Sonnenlichts in der Erdatmosphäre.

Abendweite, Winkelabstand am Horizont zwischen dem Westpunkt und dem Untergangspunkt eines Gestirns; der Begriff wird im Allgemeinen nur bei der Sonne angewendet.

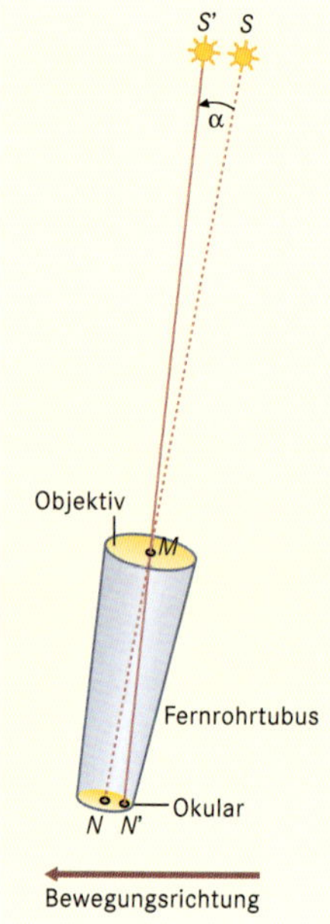

Aberration.
Durch die Bewegung der Erde und die endliche Ausbreitungsgeschwindigkeit des Lichtes erscheint der Stern *S* um den Aberrationswinkel *α* nach *S*' verschoben (jährliche Aberration). Infolge dieser Bewegung, an der ein auf den Stern *S* gerichtetes Fernrohr teilnimmt, geht ein von *S* kommender, durch die Objektivmitte *M* gehender Lichtstrahl nicht mehr durch die Okularmitte *N*, sondern durch einen seitlich der optischen Achse liegenden Punkt *N*'.

Abenragel, Albohazen, arabisch **Abu al-Hasan Ibn Abi ar-Ridjal** [-ˈdʒaːl], nordafrikanischer Astrologe, † Tunis nach 940. Sein im 16. Jh. mehrfach aufgelegtes Lehrbuch (übersetzt 1256) enthält viele Fragmente verschollener griechischer und iranischer Astrologen.

Ab|erration [lateinisch »Entfernung«; »Ablenkung«, »Abweichung«] *die, -/-en,* die Erscheinung, dass ein Stern in der Richtung der jeweiligen Bewegung des Beobachtungsortes von seinem wahren Ort verschoben erscheint **(Aberration des Fixsternlichts).** Die Ursache der von J. Bradley 1728 entdeckten **jährlichen Aberration** liegt darin, dass die Bahngeschwindigkeit der Erde bei ihrem Umlauf um die Sonne mit 29,8 Kilometern pro Sekunde ein merklicher Bruchteil der Lichtgeschwindigkeit ist. Infolge dieser Bewegung, an der ein auf einen Stern gerichtetes Fernrohr teilnimmt, geht ein von diesem Stern kommender, durch die Objektivmitte gehender Lichtstrahl nicht mehr durch die Okularmitte, sondern durch einen seitlich der optischen Achse liegenden Punkt; denn in der Zeit, die der Lichtstrahl zum Durchlaufen des Fernrohrs braucht, hat sich dieses um eine kleine Wegstrecke weiterbewegt. Für einen durch das Fernrohr blickenden Beobachter scheint der Sternort also in Bewegungsrichtung verschoben. Damit der Stern in der Gesichtsfeldmitte abgebildet wird, muss der Beobachter die Fernrohrachse um einen kleinen Winkel drehen. Dieser **Aberrationswinkel** ist am größten, wenn das Sternlicht senkrecht zur Bewegungsrichtung der Erde bei ihrem Sonnenumlauf einfällt. Zu seiner Feststellung muss der Stern ein ganzes Jahr hindurch beobachtet werden, wobei er scheinbar an der Himmelskugel eine kleine Ellipse um seinen wahren Ort beschreibt, deren große Achse für Sterne nahe dieser Ebene verschwindet. Aus dem Aberrationswinkel konnte Bradley ziemlich genau die Lichtgeschwindigkeit bestimmen.

Die **tägliche Aberration** wird durch die Drehung der Erde um ihre Achse verursacht. Sie erreicht ihren größten Betrag von 0,32" beim Meridiandurchgang eines Äquatorgestirns für einen Beobachtungsort am Erdäquator. Eine **säkulare Aberration** wird durch die Bewegung des Sonnensystems im Milchstraßensystem bewirkt.

Ab|erration, der →Abbildungsfehler.

Ab|errationszeit, die →Lichtzeit.

Abetti, Giorgio, italienischer Astronom, * Padua 5. 10. 1882, † Florenz 24. 8. 1982. Abetti leitete 1921–52 das Arcetri-Observatorium zu Florenz; er erforschte u. a. die Physik der Sonne und arbeitete auch über astronomiehistorische Themen.

Ablenkung, die →Lichtablenkung.

Abplattung, durch Zentrifugalkräfte bewirkte Abweichung eines rotierenden Körpers (speziell Himmelskörpers) von der Kugelgestalt, die sich in einer Verkürzung des in der Drehachse liegenden Durchmessers und einer Vergrößerung des dazu senkrechten Durchmessers, also einer Ausbauchung des Körpers bemerkbar macht. Bei Himmelskörpern wird die Abplattung f definiert als Verhältnis der Differenz von Äquatordurchmesser a und Poldurchmesser b zum Äquatordurchmesser: $f = (a - b)/a$. Die Abplattung der Erde ist gering; sie beträgt 1:298,257. Merkliche Abplattung weisen z. B. Jupiter mit 1:15,9, Saturn mit 1:9,2 und Uranus mit rd. 1:50 auf.

Abschattung, die →Vignettierung.

Absolutbeobachtung, →Anschlussbeobachtung.

absolute Helligkeit, →Helligkeit.

absoluter Nullpunkt, der Nullpunkt der thermodynamischen Temperaturskala, festgelegt als die absolute Temperatur 0 K (Kelvin): 0 K = −273,15 °C. Am absoluten Nullpunkt befinden sich alle physikalischen Systeme im Zustand niedrigster Energie, dem Grundzustand. Dieser Temperatur kann man beliebig nahe kommen, sie aber nie erreichen. Der Kälterekord im Labor liegt aber nur noch ein halbes Milliardstel Kelvin vom absoluten Nullpunkt entfernt (2004).

absolutes Maßsystem, ein Maßsystem, das von der Schwerewirkung der Erde unabhängig ist.

absolute Temperatur, die vom →absoluten Nullpunkt aus gemessene thermodynamische Temperatur (Formelzeichen T); sie wird in Kelvin (Einheitenzeichen K) angegeben.

Absorption [spätlateinisch, zu lateinisch absorbere »verschlingen«], Schwächung einer Teilchen- oder Wellenstrahlung in ihrer Intensität beim Durchgang durch Materie (z. B. von radioaktiver Strahlung durch Abschirmstoffe), auch bei ihrem Auftreffen auf Materie, an der sie (teilweise) reflektiert wird. Bei Absorption wird die gesamte oder ein Teil der Strahlungsenergie an die Materiebausteine abgegeben, wobei es zu unterschiedlichen Atom- oder Molekülanregungsprozessen, bei hochenergetischer Strahlung auch zu Kernanregungs- und Kernumwandlungsprozessen, und zu einer Umwandlung in andere Energieformen, v. a. in Wärmeenergie, kommt. Der Rest der Strahlung wird entweder reflektiert, elastisch gestreut oder geht durch die Materie hindurch.

Bei der Absorption von Licht gehen die Atome oder Moleküle der durchstrahlten Materie zum Teil in angeregte Energiezustände über, wobei, je nach der Beschaffenheit und Zusammensetzung der Materie, nur Licht bestimmter Wellenlängen absorbiert wird. Das Spektrum von einfallendem weißem Licht zeigt daher nach dem Austritt dunkle Linien und Banden **(Absorptionsspektrum).** Die Auswertung von Absorptionsspektren erlaubt weit reichende Schlüsse auf die Beschaffenheit der durchstrahlten Materie, z. B. von Sternatmosphären.

Absorptionsbande, →Absorptionslinien.

Absorptionsfilter, ein →Lichtfilter.

Absorptionslini|en, die →Spektrallinien im Absorptionsspektrum, die Übergängen zwischen diskreten Energiezuständen des absorbierenden Mediums entsprechen; z. B. die →fraunhoferschen Linien im Sonnenspektrum. Eine **Absorptionsbande** ist eine Vielzahl sehr dicht beieinander liegender Absorptionslinien eines entsprechenden Molekül- oder Bandenspektrums.

Absorptionsspektrum, die in Abhängigkeit von der Wellenlänge oder Frequenz gemessene und dargestellte Intensitätsverteilung einer elektromagnetischen Strahlung nach Durchqueren eines selektiv absorbierenden Stoffs; es besteht aus →Absorptionslinien oder Absorptionsbanden.

Abu l-Wafa al-Busdjani [-dʒ-], persischer Mathematiker und Astronom, *Busdschan (Khorasan) 940, †Bagdad 998. Abu l-Wafa al-Busdjani lieferte wichtige Beiträge zur ebenen wie zur sphärischen Trigonometrie, die in der Astronomie und im Vermessungswesen angewendet wurden. Er führte Sinus- und Tangenstafeln ein, erfand geometrische Konstruktionen mit fester Zirkelöffnung, verfasste ein Rechenbuch für Beamte, ein astronomisches Lehrbuch und ein auf eigenen Beobachtungen beruhendes astronomisches Tafelwerk. Er übersetzte Ptolemäus' Hauptwerk »Almagest« ins Arabische.

Abu Maschar, Abu Maschar Djafar al-Balchi [- dʒ-], mittellateinisch **Albumasar,** arabischer Astrologe, *Balch (Afghanistan) 787, †Wasit (Irak) 886. Seine rezeptartig aus persischen, indischen und griechischen Quellen zusammengestellten, alle Zweige der Astrologie umfassenden Lehrbücher, die zwischen 1130 und 1140 ins Lateinische übersetzt und ab 1488 mehrfach gedruckt wurden, förderten in starkem Maß die Verbreitung der aristotelischen Naturphilosophie.

Abweichung, die Deklination (→astronomische Koordinaten).

Achernar [arab. »Ende des Flusses« (bezogen auf die Lage des Sterns am Ende des auch »Fluss Eridanus« genannten Sternbildes Eridanus)], der hellste Stern (α Eri) im Sternbild →Eridanus; scheinbare Helligkeit $0^{\mathrm{m}},46$, absolute Helligkeit -3^{M}, Spektraltyp B 3, Leuchtkraftklasse V, Entfernung 143 Lichtjahre.

Achondrit *der, -s/-e,* eisenarmer, chondrenfreier Steinmeteorit (→Meteorite).

Achromasie [zu griechisch a... »un...«, »los...«, »nicht« und chrōma »Haut«, »Hautfarbe«, »Farbe«], die Freiheit von Farbortsfehlern (→Farbabweichungen) bei optischen Systemen; wird durch Kombination von Linsen (→Achromat) oder Prismen aus unterschiedlichen Glasarten mit verschiedenen Brechzahlen und damit unterschiedlicher Dispersion erreicht.

Achromat *der, -(e)s/-e,* Linsensystem mit mindestens zwei Linsen entgegengesetzter Dispersion und unterschiedlicher Brechkraft, in der Regel die Kombination einer Kronglas-Sammellinse mit einer schwächer brechenden Flintglas-Zerstreuungslinse, durch die der Abbildungsfehler der chromatischen Aberration (→Farbabweichungen) für zwei Farben des Spektrums behoben wird. Die restlichen Farbabweichungen, das **sekundäre Spektrum,** überschreiten in der Regel nicht die Größenfehlertoleranz des abbildenden Systems. (→Apochromat)

Achernar Flach wie ein Berliner Pfannekuchen

Dass die Erde nicht kugelrund ist, lernt man schon in der Schule – die Drehung um die eigene Achse sorgt dafür, dass unser Planet etwas zusammengedrückt wird, am Äquator also ein wenig dicker ist. Der Effekt ist allerdings klein; aus dem Raumschiff betrachtet wirkt die Erde vollkommen rund, ebenso die Sonne. Der Stern Achernar hingegen ist im Vergleich dazu flach wie ein Berliner Pfannekuchen. Messungen am Very Large Telescope in der chilenischen Atacama-Wüste ergaben, dass sein Umfang am Äquator mehr als anderthalbmal dicker ist als zwischen den Polen. Zum Vergleich: Der Unterschied zwischen Äquator- und Poldurchmesser der Erde beträgt gerade einmal 0,3 Prozent. Die flache Form von Achernar ist nur zu erklären, wenn der Stern schneller rotiert, als bis dahin angenommen wurde, und an seinem Äquator

fast eine kritische Drehgeschwindigkeit von 300 Kilometern pro Sekunde erreicht – etwas schneller, und er würde auseinander brechen.

achromatisch, farblos; die →Achromasie betreffend.

Achse, 1) als **Drehachse** oder **Rotationsachse** eines Körpers oder eines Systems von Körpern (Massen) bezeichnet man diejenige gedachte Gerade, deren Punkte bei einer Drehung stets, bei einer nichtstationären Drehachse nur während relativ kurzer Zeit, in Ruhe bleiben. Sie kann frei beweglich sein (wie die Erdachse) oder in einem oder mehrenen Punkten (z. B. beim Spielkreisel) gelagert sein; 2) als **optische Achse** bezeichnet man bei einem abbildenden optischen System die gerade Verbindungslinie der Krümmungsmittelpunkte sämtlicher brechender oder spiegelnder Oberflächen der entsprechend »zentrierten« Linsen oder Spiegel, bei optisch anisotropen, doppelbrechenden Stoffen diejenige Durchstrahlungsrichtung im Kristall, bei der keine Aufspaltung eines Lichtbündels in zwei verschieden polarisierte Teilstrahlen auftritt.

Achterschiff, das Sternbild →Heck des Schiffes.

Acrux, hellster Stern (α Cru) im Sternbild →Kreuz des Südens, ein Doppelstern; scheinbare Gesamthelligkeit $0^{m}{,}83$, Spektraltyp B 1, absolute Helligkeit -4^{M}, Leuchtkraftklasse IV, Entfernung 340 Lichtjahre.

Adams ['ædəmz], **1)** Douglas Noël, englischer Schriftsteller, * Cambridge 11. 3. 1952, † Santa Barbara (Calif.) 11. 5. 2001; war 1974–78 Autor von Radio- und Fernsehshows, schrieb seit 1979 v. a. von doppelbödigem Humor gekennzeichnete, scharfsinnige Science-Fiction- und Kriminalromane; international bekannt wurde Adams mit der Hörspielreihe »The hitch hiker's guide to the Galaxy« (1978, als Roman 1979; deutsch »Per Anhalter durch die Galaxis«), dem ersten Teil (bisher 5 Bände erschienen) der gleichnamigen »intergalaktischen Trilogie« (»The restaurant at the end of the universe«, 1980, deutsch »Das Restaurant am Ende des Universums«; »The long dark teatime of the soul«, 1988, deutsch »Der lange dunkle Fünfuhrtee«; »Mostly harmless«, 1992, deutsch »Einmal Rupert und zurück« u. a.).

2) John Couch, britischer Astronom, * Laneast (Cornwall) 5. 6. 1819, † Cambridge 21. 1. 1892; Professor in Cambridge, seit 1860 Leiter der dortigen Sternwarte; schloss angeblich aus den Unregelmäßigkeiten der Uranusbewegung auf die Existenz des bis dahin unbekannten Planeten Neptun und errechnete seine Bahn, ohne von den gleichzeitigen Rechnungen des französischen Astronomen U. Le Verrier zu wissen, nach dessen Angaben Neptun 1846 von J. G. Galle in Berlin gefunden wurde. Mit dem kürzlichen Auftauchen verschollener Dokumente verhärteten sich allerdings Zweifel am Beitrag von Adams zur Neptunentdeckung.

3) Walter Sydney, amerikanischer Astronom, * Kessab (bei Antakya, Türkei) 20. 12. 1876, † Pasadena (Calif.) 11. 5. 1956; untersuchte v. a. die Spektren von Fixsternen und interstellarer Materie, entwickelte mit A. Kohlschütter eine Methode der spektroskopischen Bestimmung der absoluten Helligkeit (spektroskopische Parallaxe) und damit der Entfernung von Sternen.

Adaptationszeit [zu lat. adaptare »anpassen«], die Zeit, die vergeht, bis sich die Sehzellen des Auges an Helligkeit **(Helligkeitsadaptation)** bzw. häufiger an Dunkelheit **(Dunkeladaptation)** angepasst haben. Sie spielt eine wichtige Rolle in der beobachtenden Astronomie. Mindestens 30 Minuten vergehen in der Regel, bis das Auge völlig dunkeladaptiert ist.

Ist die Dunkeladaptation erfolgt, beträgt die Lichtempfindlichkeit des Auges $5{,}6 \cdot 10^{-17}$ Watt **(Sehschwelle).** Strahlung dieser Intensität bei einer Wellenlänge von 507 Nanometern ruft gerade noch eine Lichtempfindung hervor. Sie entspricht dem Auftreffen von ein bis zwei Lichtquanten pro Sekunde.

adaptive Optik, ein abbildendes optisches System zur Korrektur von optisch wirksamen Veränderungen in seinem Strahlengang. Adaptive optische Systeme gewährleisten die Echtzeitkontrolle und Veränderung von Parametern des optischen Wellenfeldes. Beispielsweise können zur Erreichung des theoretischen Auflösungsvermögens optischer Teleskope die durch die Luftunruhe (→Szintillation) bewirkten Deformationen der von einem Stern ausgehenden Wellenfronten durch computergesteuerte mechanische Formveränderung von Spiegeln kompensiert werden: Die von einer Lichtquelle (z. B. einem Stern) ausgehenden Wellenfronten (Flächen gleicher Wellenphase) sind infolge der Luftunruhe beim Eintreffen am Brennpunkt des Fernrohrs mehr oder minder stark deformiert. Mithilfe eines Wellenfrontanalysators werden die Abweichungen bestimmt und die an einem kleinen, im Strahlengang befindlichen deformierbaren

Die hellsten Sterne des Sternbilds Adler

Name		Helligkeit visuelle	Helligkeit absolute	Spektralklasse	Entfernung in Lichtjahren
α	(Atair)	$0^{m}{,}8$	2^{M}	A7	16,7
γ	(Tarazed)	$2^{m}{,}7$	-3^{M}	K3	500
ζ	(Deneb el Okab)	$3^{m}{,}0$	1^{M}	A0	84
ϑ		$3^{m}{,}2$	-1^{M}	B9	280
δ	(Deneb Okab)	$3^{m}{,}4$	2^{M}	F0	50
λ		$3^{m}{,}4$	0^{M}	B9	125
$\eta^{*)}$		$3^{m}{,}5$–$4^{m}{,}4$	-5^{M}	F6	1 400
β	(Alschain, Alshain)	$3^{m}{,}7$	3^{M}	G8	45
ε	(Deneb Alokab)	$4^{m}{,}0$	1^{M}	K2	150
12		$4^{m}{,}0$	1^{M}	K1	150

*) Veränderlicher

Spiegel notwendigen lokalen Verbiegungen berechnet. Sie werden mittels mechanischer oder elektrostatischer Stellglieder ausgeführt (aktive Elemente), sodass die Wiederherstellung idealer Wellenfronten nach der Reflexion an diesem Spiegel erreicht wird; das theoretische Auflösungsvermögen des optischen Systems kann dadurch ausgeschöpft werden. Zur Kompensation der durch mechanische und thermische Effekte sich im Allgemeinen langsam ändernden Abbildungsgüte reicht eine Analyse der Wellenfronten in relativ großen Zeitabständen aus, zur Kompensation der durch die Luftunruhe verursachten, raschen und rein zufällig auftretenden Wellenfrontdeformationen ist eine Analyse der Bildqualität in Intervallen von 1 bis 50 Millisekunden notwendig.

Das Prinzip der adaptiven Optik ist eine Entwicklungsrichtung der modernen Hochleistungsoptik. Neben den Anwendungen in der optischen Astronomie (v. a. beim Bau moderner Großteleskope, wie dem Very Large Telescope) wird sie z. B. in der Lasertechnologie, Mikroskopie, Lithografie und bei der Leistungs- und Nachrichtenübertragung mit Lasern eingesetzt.

Adler, wissenschaftlicher Name **Aquila,** *Genitiv* **Aquilae,** Abk. **Aql,** ein markantes Sternbild der Äquatorzone (Rektaszension $18^{h}41^{m}$ bis $20^{h}39^{m}$, Deklination +18°40' bis −11°50'), das im Sommer am Abendhimmel sichtbar ist. Der hellste Stern im Adler ist →Atair; er gehört mit den Sternen →Deneb und →Wega zum →Sommerdreieck. Durch das Sternbild zieht sich die in diesem Teil relativ helle Milchstraße.

■ **Sterne** Erwähnenswerte Doppelsterne sind 15 Aql (scheinbare Helligkeiten $5{,}^{m}4$ bzw. $7{,}^{m}0$; Distanz 39"), 57 Aql ($5{,}^{m}7$ bzw. $6{,}^{m}5$; 35,6")

Adler

und π Aql ($6{,}^{m}3$ bzw. $6{,}^{m}8$; 1,4"). Der Stern η Aql ist einer der hellsten Cepheiden ($3{,}^{m}5$–$4{,}^{m}4$; Periode 7,1767 Tage). Weitere Veränderliche sind der etwa 700 Lichtjahre entfernte Mira-Stern R Aql ($5{,}^{m}7$–$12{,}^{m}0$; Periode etwa 280 Tage) und der halbregelmäßige Veränderliche V Aql ($6{,}^{m}6$–$8{,}^{m}0$; 353 Tage) in 1 600 Lichtjahren Entfernung.

■ **Sternhaufen und Nebel** Das Sternbild enthält zwei bereits mit dem Feldstecher zu erkennende offene Sternhaufen, NGC 6709 ($6{,}^{m}5$; etwa 40 Sterne; 3 000 Lichtjahre) und NGC 6755 ($7{,}^{m}5$; 100 Sterne). Vier lichtschwache planetarische Nebel sind NGC 6751 (12^{m}; 6 500 Lichtjahre), NGC 6778 (12^{m}; 3 200 Lichtjahre), NGC 6781 (11^{m}; 5 000 Lichtjahre) und NGC 6804 (11^{m}; 4 200 Lichtjahre). (→Sternbilder)

Adler-Nebel, Eagle-Nebel, ein Emissionsnebel (→H II-Gebiet) im Sternbild

Adler-Nebel Entstehung von Sonnensystemem

Der Adler-Nebel liegt im Sternbild der Schlange, er umgibt den Sternenhaufen M 16 bzw. NGC 6611, rund 7 000 Lichtjahre von uns entfernt im nächsten Spiralarm der Milchstraße. Der Nebel ist ein Modell für die Entstehung von Sonnensystemen, denn wahrscheinlich lief die Entwicklung in unserer Ecke des Universums ganz ähnlich ab. Aus dem interstellaren Gasnebel steigen riesige Säulen empor, in denen sich neue, von protoplanetaren Scheiben umgebene Sterne bilden, in denen die Planetenembryonen heranwachsen. Ein Geburtsort mit mächtigen Turbulenzen von Vergehen und Werden. Leuchtender Wasserstoff und andere Gase verbinden sich mit interstellarem Staub und ballen sich zu neuen Sternen zusammen. Die bis zu einem Lichtjahr aufragenden, turmartigen Gebilde des Adler-Nebels werden auch ganz poetisch »Säulen der Schöp-

80662

fung« genannt und sind jeweils von ihrer Spitze her durch einen jungen Stern beleuchtet.

Adler-Nebel. Der Adler-Nebel im Sternbild Schlange ist ein Emissionsnebel.

→Schlange, der einen hellen offenen Haufen junger Sterne umhüllt und gemeinsam mit diesem die Bezeichnung M 16 bzw. NGC 6611 trägt. Seine Entfernung beträgt etwa 7 000 Lichtjahre. Die aus den Gas- und Staubmassen des Nebels gebildeten Sterne regen diesen zum Leuchten an. Auffällig sind die als →Elefantenrüssel bezeichneten dunklen Strukturen. Der Adler-Nebel ist bei guter Sicht und dunklem Himmel mit größeren Ferngläsern mit 80 Millimeter Durchmesser zu beobachten. – Infokasten S. 15

Adonis [nach der griechischen Sagengestalt], der 1936 von dem belgischen Astronomen Eugène Delporte (* 1882, † 1955) entdeckte und zu den →Apollo-Objekten gehörende Planetoid (2101) mit einer sehr exzentrischen Bahn (numerische Exzentrizität $e = 0{,}764$).

Adrastea [nach Adrasteia], ein 1979 auf Aufnahmen der Raumsonde Voyager 1 entdeckter Mond des Planeten →Jupiter, der den Planeten in einem mittleren Abstand von 127 969 Kilometern in 7 Stunden und 4 Minuten umkreist. Der mittlere Durchmesser beträgt 16,4 Kilometer. Adrastea bewegt sich innerhalb der →Roche-Grenze von Jupiter und ist deshalb den starken Gezeitenkräften des Riesenplaneten ausgesetzt; irgendwann wird er auf Jupiter stürzen.

AE, Einheitenzeichen für →Astronomische Einheit, auch für →Ångström.

AG, Abk. für die →Astronomische Gesellschaft.

Agena, der Stern →Hadar.

Airglow [ˈeəgləʊ, engl. to glow »leuchten«] *der* oder *das, -s,* **Luftleuchten, Nachthimmelsleuchten,** ein schwaches Leuchten des Nachthimmels, das in der Atmosphäre oberhalb von 70 Kilometern Höhe durch Rekombinationsprozesse der am Tage durch Ultraviolett- und Röntgenstrahlen der Sonne ionisierten und dissoziierten Luftmoleküle erzeugt wird. Es trägt zum gesamten →Nachthimmelslicht bei. Dieses Eigenleuchten des Himmels, das selbst in den klarsten, mondlosen Nächten vorhanden ist, lässt sich nicht allein mit der Gesamtstrahlung aller Sterne erklären. Vielmehr werden die Gasatome und -moleküle in der Ionosphäre durch die intensive UV-Strahlung der Sonne ionisiert und dissoziiert. Bei der Rekombination der Teilchen wird Lichtstrahlung freigesetzt, auch noch lange nach Sonnenuntergang. Von Satelliten aus kann der Airglow fotografiert werden.

Das Luftleuchten macht sich vor allem bei der astronomischen Beobachtung sehr lichtschwacher Objekte störend bemerkbar.

Airy [ˈeəri], Sir (seit 1872) George Biddell, britischer Mathematiker und Astronom, * Alnwick (Northumberland) 27. 7. 1801, † Greenwich (heute zu London) 2. 1. 1892. Airy wirkte in Cambridge (1826–52) und war als »Astronomer Royal« 1853–81 Direktor der Sternwarte in Greenwich, die unter seiner Leitung Weltgeltung erlangte. Seine Arbeiten betrafen v. a. die Elastizitäts- und Schwingungstheorie, die Himmelsmechanik, den Erdmagnetismus und die Optik (besonders Beugungsprobleme); er begründete die englische Gradmessung und stellte die nach ihm benannte Hypothese der Isostasie auf; Entdecker des Astigmatismus des Auges.

Aitken [ˈeɪtkɪn], Robert Grant, amerikanischer Astronom, * Jackson (Calif.) 13. 12. 1864, † Berkeley (Calif.) 29. 10. 1951. Aitken war 1930–35 Direktor des Lick-Observatoriums. Er leistete Arbeiten zur Erforschung von Doppelsternen und war maßgeblich an der Erarbeitung des 1932 erschienenen »»New Catalogue of Double Stars« beteiligt, der Daten von 17 118 Doppelsternen enthält.

Aitne, ein 2001 entdeckter kleiner äußerer Mond des →Jupiter. Er umkreist Jupiter in einem mittleren Abstand von 23,23 Millionen Kilometern in 730 Tagen, 4 Stunden und 19 Minuten. Er gehört zu einer Gruppe von Jupitermonden mit ähnlichen Bahneigenschaften, der Carme-Gruppe. Der mittlere Durchmesser von Aitne beträgt etwa 3 Kilometer.

Akkretion [lateinisch accretio »Anwachsen«, »Zunahme«] *die, -/-en,* englisch **Accretion** [æˈkriːʃn], ein Prozess, durch den ein kosmisches Objekt Materie aus seiner Umgebung aufnimmt und dadurch seine Masse vergrößert. Junge, gerade entstandene Sterne gewinnen Materie durch den Zustrom aus der sie umgebenden interstellaren Restmaterie, die

Rechte Seite:
Ein Ausschnitt des Adler-Nebels im Sternbild Schlange, aufgenommen mit der Advanced Camera for Surveys des Hubble-Weltraumteleskops. Die dominierenden Farben werden durch Gas hervorgerufen, das durch die UV-Strahlung der Sternhaufen aufgeheizt wird. Die blaue Farbe im oberen Bildteil wird durch leuchtenden Sauerstoff verursacht, die rote Farbe im unteren Teil durch leuchtenden Wasserstoff.

aktive Galaxien. Die Strahlung aktiver Galaxien wird durch die extrem schnelle Bewegung von Materie um den Kern erzeugt.

bei der Sternentstehung nicht verbraucht wurde. Bei Sternen in engen Doppelsternsystemen kommt es zur Akkretion durch das Überströmen von Materie von einer Komponente auf die andere, bei Galaxienkernen durch das Einströmen von interstellarer Materie in ein (möglicherweise vorhandenes) →Schwarzes Loch. Bei hohen relativen Drehimpulsen der zuströmenden Materie bildet sich um das Masse aufsammelnde Objekt eine rotierende **Akkretionsscheibe,** deren Struktur und dynamisches Verhalten durch die Größe des Materiezuflusses und die Stärke der mitgeführten Magnetfelder wesentlich bedingt werden. Die Existenz der →kataklysmischen Veränderlichen, speziell der Novae, ist an eine Akkretion in engen Doppelsternen gekoppelt, ebenso die Röntgenstrahlung der Röntgen-Doppelsterne.

Akkretionsscheibe, →Akkretion.

Akrab, Acrab, Graffias, zweithellster Stern (β Sco) im Sternbild →Skorpion, ein auffälliger Doppelstern; scheinbare Helligkeit $2\overset{m}{,}4$, absolute Helligkeit -4^{M}, Spektraltyp B 1, Leuchtkraftklasse V, Entfernung 600 Lichtjahre.

aktive Galaxien, extragalaktische →Sternsysteme, in deren Kerngebieten Prozesse mit extrem hohen Energieumsätzen ablaufen. Zu diesen aktiven Kernen gehören Quasare, Seyfert-Galaxien, Blazare und Radiogalaxien. Oftmals zeigen sie auch hohe Veränderlichkeit. Die aktiven Kerne haben ein geringes Volumen, oftmals nur einen Lichttag im Durchmesser. Beobachtungen von Sternen in der Umgebung aktiver Kerne zeigen, dass in den kleinen Volumina extrem hohe Massenkonzentrationen vorliegen, die nur durch das Vorhandensein eines Schwarzen Lochs zu erklären sind. Die energiereiche Strahlung einer aktiven Galaxie wird durch die Materie erzeugt, die den Kern in einer Akkretionsscheibe umkreist auf viele Milliarden Grad aufgeheizt wird.

aktive Optik, optisch-mechanische Zusatzeinrichtung bei Spiegelteleskopen zur

Albedo: Beispiele von irdischen Stoffen und Körpern des Sonnensystems (visueller Bereich)*)

Körper	Albedo
Merkur	0,06–0,10
Venus	0,76
Erde	0,39
Mond	0,07
Mars	0,15
Jupiter	0,51
Saturn	0,47
Uranus	0,41
Neptun	0,43
Pluto	0,63
Wolken	0,7–0,9
Schnee	0,5–0,9
Wasser	0,02–0,7
Wiesen	0,02–0,15
Wald	0,04–0,1
Kreide	0,85
Gips	0,34
Granit	0,31
Sand	0,14
Basalt	0,05
vulkanische Asche	0,2

*) Eine Albedo von 0,1 bedeutet: 10 % des auffallenden Lichtes werden reflektiert.

Kompensation der infolge mechanischer oder thermischer Effekte bedingten Abweichungen eines dünnen Primärspiegels von der optimalen Form. Dazu wird der Spiegel auf einem System computergesteuerter Stellelemente (Aktoren) gelagert.

Akzeleration, eine nichtperiodische Änderung der Mondbewegung (**säkulare Akzeleration**), die bewirkt, dass sich der Mond in 100 Jahren um 8 Bogensekunden in seiner Bahn weiter fortbewegt, als nach der Theorie zu erwarten wäre. Die Ursache liegt in der Abnahme der Erdbahn-Exzentrizität und der Verzögerung der Erdrotation infolge der Gezeitenreibung.

Alamak [arab. »Ziege«], **Almaak, Almach,** der Stern γ And im Sternbild →Andromeda, ein Dreifachstern; scheinbare Gesamthelligkeit $2\overset{\mathrm{m}}{,}1$, absolute Helligkeit -3^{M}, Spektraltyp K 1, Leuchtkraftklasse II, Entfernung 370 Lichtjahre.

Albategnius, Albatenius, lateinische Namensform des islamischen Astronomen al-Battani (→Battani).

Albedo [lat. »weiße Farbe«] *die, -,* Maß für das Rückstrahlvermögen von diffus reflektierenden (remittierenden), also nicht spiegelnden Oberflächen v. a. der Sonnenstrahlung durch Erdoberfläche, Atmosphäre und Wolken. Die geometrische Albedo ist definiert als der von einem senkrecht bestrahlten Oberflächenelement diffus in den Halbraum remittierte Bruchteil der auffallenden Lichtmenge, die sphärische Albedo als das Verhältnis der von einer nicht spiegelnden Kugeloberfläche nach allen Richtungen remittierten Lichtmenge zur parallel eingestrahlten Lichtmenge. Die sphärische Albedo ist bei gleichen Materialien meist etwas größer als die geometrische und ermöglicht in der Astronomie Rückschlüsse auf die Oberflächenbeschaffenheit der Planeten.

Die Albedo wird nicht in Prozentzahlen, sondern in Dezimalzahlen zwischen 0 und 1 angegeben. Je höher die Albedo, desto größer ist der Anteil der reflektierten Strahlung. Die Venus besitzt mit einer Albedo von 0,76 ein sehr hohes, der Mond mit einer Albedo von 0,07 ein sehr geringes Rückstrahlvermögen. Die Erde selbst hat eine Albedo von 0,39.

Albiorix, ein 2000 entdeckter kleiner äußerer Mond des Saturn. Er umkreist Saturn in einem mittleren Abstand von 16,39 Millionen Kilometern in 783 Tagen und 11 Stunden. Der mittlere Durchmesser von Albiorix beträgt etwa 32 Kilometer.

Albireo [wohl arab.] *der,* der Stern β Cyg im Sternbild →Schwan, bereits mit einem Feldstecher als Doppelstern erkennbar; besteht aus einem $3\overset{\mathrm{m}}{,}1$ hellen orangefarbenen Hauptstern (Spektraltyp K3, Leuchtkraftklasse II) und einem $5\overset{\mathrm{m}}{,}1$ hellen bläulichen Begleiter (Spektraltyp B 8, Leuchtkraftklasse V) in 34,5" Distanz; Entfernung 390 Lichtjahre.

Albohazen [-z-], arabischer Astrologe, →Abenragel.

Albumasar, lateinische Namensform des islamischen Astrologen →Abu Maschar.

Alcabitius, arabisch **Abd al-Sakr al-Kabisi,** arabischer Astrologe, lebte in Mosul um 950, schrieb eine 1136 ins Lateinische übersetzte beliebte Einführung in die Astrologie, die bis 1585 viele Auflagen erlebte.

Aldebaran [arab. »der (den Plejaden) Folgende«] *der, -s,* hellster Stern (α Tau) im Sternbild →Stier, ein unregelmäßiger Veränderlicher, dessen scheinbare Helligkeit zwischen $0\overset{\mathrm{m}}{,}75$ und $0\overset{\mathrm{m}}{,}95$ schwankt. Die Entfernung des Roten Riesen (absolute Helligkeit -1^{M}, Spektraltyp K 5, Leuchtkraftklasse III) mit 36-fachem Sonnendurchmesser und 94-facher Sonnenleuchtkraft beträgt 66 Lichtjahre. Der scheinbar in den →Hyaden liegende orangerote Stern ist in Wirklichkeit kein Mitglied dieses →Bewegungssternhaufens.

Alderamin [arab. »rechter Arm«] *der, -s,* hellster Stern (α Cep) im Sternbild →Kepheus; scheinbare Helligkeit $2\overset{\mathrm{m}}{,}44$, absolute Helligkeit 2^{M}, Spektraltyp A 7, Leuchtkraftklasse V, Entfernung 49 Lichtjahre.

Edwin Aldrin am 20. 7. 1969 neben der amerikanischen Flagge auf dem Mond.

Aldrin [ˈɔːldrɪn], Edwin Eugene, amerikanischer Astronaut, * Montclair (N. J.) 20. 1. 1930; landete am 20. 7. 1969 mit N. Armstrong auf dem Mond, den er am 21. 7. als zweiter Mensch betrat und sich dort 2 Stunden und 32 Minuten aufhielt. (→Apollo-Programm)

Aldrin
→ GEO **Dossier**
Das erste Mal, Bd. 4

Alembert [alãˈbɛːr], Jean Le Rond d', frz. Physiker, Mathematiker und Philosoph, * Paris 16. 11. 1717, † ebenda 29. 10. 1783; von der Mutter auf den Stufen der Kirche Saint-Jean-Le-Rond ausgesetzt, daher sein Name, den er als Zwölfjähriger in d'Alembert änderte. Gemeinsam mit Denis Diderot (* 1713, † 1784) gab d'Alembert die berühmte »Encyclopédie« heraus. Er lieferte wichtige Beiträge zur Mechanik

ALMA.
Das Modell zeigt die Teleskopanordnung von ALMA in der Atacamawüste.

1205

und befasste sich u. a. mit der Himmelsmechanik, etwa mit dem Vorrücken der Äquinoktialpunkte auf der →Ekliptik, und besonders mit dem Dreikörperproblem.

Alfonsịnische Tafeln, im Auftrag von Alfons X. erstelltes Tabellenwerk zur Berechnung der Örter von Sonne, Mond und der damals bekannten fünf Planeten; zwischen 1248 und 1252 in Toledo auf der Grundlage des ptolemäischen Planetensystems von arabischen, jüdischen und christlichen Gelehrten erarbeitet. Die Alfonsinischen Tafeln sollten die →Toledanischen Tafeln ersetzen und blieben bis zum Erscheinen der →Prutenischen Tafeln und der →Rudolfinischen Tafeln in Gebrauch.

Alfragạnus, lateinische Namensform des islamischen Astronomen al- →Farghani.

Alfvén [alˈveːn], Hannes Olof Gösta, schwedischer Physiker, * Norrköping 30. 5. 1908, † Djursholm (bei Stockholm) 2. 4. 1995. Alfvén war 1940–73 Professor in Stockholm. Frühe Arbeiten (ab 1939) über das Polarlicht und das Phänomen der magnetischen Stürme führten Alfvén zur Untersuchung des Verhaltens von Plasmen unter dem Einfluss magnetischer Felder und zur Begründung der Magnetohydrodynamik durch Verknüpfung der Gleichungen der Hydro- und Gasdynamik mit denen der Elektrodynamik. Er stellte die auf der adiabatischen Invarianz des magnetischen Bahnmoments beruhende Bahntheorie der Driftbewegung geladener Teilchen (v. a. des Sonnenwindes) in elektromagnetischen Feldern auf und erkannte die Existenz magnetohydrodynamischer Wellen (Alfvén-Wellen). Weitere Arbeiten betreffen die Entstehung des Sonnensystems (1954, 1975), die Kosmologie und das Problem der Antimaterie im Weltall (1966). Für seine grundlegenden Beiträge zur Magnetohydro- und Plasmadynamik erhielt er 1970 mit L. E. F. Néel den Nobelpreis für Physik.

Algenịb [arab. »auf der rechten (Seite)«] *der, -s,* **1) Alchẹmb,** der Stern γ Peg im Sternbild →Pegasus; scheinbare Helligkeit $2\overset{\mathrm{m}}{.}83$, absolute Helligkeit -2^{M}, Spektraltyp B 2, Leuchtkraftklasse IV, Entfernung 360 Lichtjahre.

2) Mirfak, Mirphak, hellster Stern (α Per) im Sternbild →Perseus; scheinbare Helligkeit $1\overset{\mathrm{m}}{.}79$, absolute Helligkeit -5^{M}, Spektraltyp F 5, Leuchtkraftklasse Ib, Entfernung 600 Lichtjahre.

Algọl [von arab. al-ġūl, dem Namen eines Wüstendämons, der unter stets wechselnder Gestalt erscheint (wohl Anspielung auf die wechselnde Lichtstärke des Sterns)] *der, -s,* der Stern β Per im Sternbild →Perseus, dessen scheinbare Helligkeit zwischen $2\overset{\mathrm{m}}{.}1$ und $3\overset{\mathrm{m}}{.}4$ schwankt. Algol ist einer der bekanntesten veränderlichen Sterne am Himmel und Prototyp einer Klasse (Algolsterne, Algol-Veränderliche) von →Bedeckungsveränderlichen mit relativ großem Komponentenabstand, die Lichtwechselperioden von meist 1 bis 5 Tagen aufweisen. Um 1669 (erste überlieferte Beobachtung) wurde Algol von G. Montanari als veränderlicher Stern, 1783 von J. Goodricke als Bedeckungsveränderlicher erkannt. Algol bildet ein Mehrfachsternsystem. Der Lichtwechsel, bei dem die Helligkeit für etwa 10 Stunden auf 3ᵐ,4 abfällt, wird durch die gegenseitige Bedeckung eines Hauptreihensterns des Spektraltyps B 8 (Leuchtkraftklasse V) und eines Unterriesensterns des Spektraltyps K 2 (Leuchtkraftklasse IV) verursacht, die sich mit einer Periode von 2,86731 Tagen umlaufen und die von einem Stern des Spektraltyps F 1 in 1,862 Jahren einmal umkreist werden. Möglicherweise gehört noch eine vierte Komponente zum Gesamtsystem, das eine Entfernung von 93 Lichtjahren von der Sonne hat.

Alhidade [arab. »bewegliches Lineal am Astrolabium«] *die, -/-n,* drehbar gelagerter Hebelarm eines Winkelmessinstrumentes (z. B. Sextant), der bei der Durchführung der Messung so lange bewegt wird, bis die genaue Einstellung gefunden ist.

Alignement [alinəˈmã, französisch] *das, -s/-s,* zu einem gesuchten Stern führende Verlängerung der Verbindungslinie auffälliger Sterne (meist eines bekannten Sternbilds); z. B. die fünffache Verlängerung der Hinterachse des Großen Wagens zum Polarstern oder das Alignement der Gürtellinie des Orion nach rechts oben zum Aldebaran im Stier und nach links unten zum Sirius im Großen Hund.

Alioth [früher: Alaioc, aus arab. al-ʿayyūq »der Stutzer«] *der, -s,* der Stern ε UMa im Sternbild →Großer Bär; scheinbare Helligkeit $1^{m}{,}77$, absolute Helligkeit 0^{M}, Spektraltyp A 0, Entfernung 82 Lichtjahre.

Alkaid, der Stern →Benetnasch.

Alkor [arab.] *der, -s,* **Alcor, Reiterlein,** der Stern 80 UMa, ein spektroskopischer Doppelstern, der nahe (Distanz 11,8′) dem mittleren »Deichselstern« →Mizar im Großen Wagen (→Großer Bär) steht und mit bloßem Auge gerade noch wahrnehmbar ist (»Augenprüfer«); scheinbare Helligkeit $4^{m}{,}0$, Spektraltyp A 5, Leuchtkraftklasse V, Entfernung 80 Lichtjahre.

Alkyone *die, -,* **Alcyone,** der Stern η Tau im Sternbild →Stier und hellster Stern in den →Plejaden; scheinbare Helligkeit $2^{m}{,}87$, absolute Helligkeit -3^{M}, Leuchtkraftklasse III, Spektraltyp B 7, Entfernung 390 Lichtjahre.

allgemeine Relativitätstheorie, →Relativitätstheorie.

ALMA [Abk. für engl. Atacama Large Millimeter Array, »große (Teleskop-)Anordnung für Millimeterstrahlung in der Atacama(-Wüste)«], in internationaler Zusammenarbeit geplantes Netzwerk von Radioteleskopen, eines der großen Projekte der erdgebundenen Astronomie der nächsten Jahre. ALMA wird von der Europäischen Südsternwarte (ESO) und dem National Radio Astronomy Observatory (NRAO) der USA geplant; mehrere Länder haben ihr Interesse bekundet, dem Projekt beizutreten. Das Interferometer wird Untersuchungen der aus dem Weltall kommenden Strahlung im Wellenlängenbereich von 0,33 bis 10 Millimetern dienen. Die Erforschung solcher kurzwelliger Strahlung fällt in das Gebiet der Millimeter- und →Submillimeterastronomie, das teilweise zum Gebiet der →Radioastronomie gerechnet wird.

Der Standort befindet sich auf dem Hochplateau Chajnantor in rund 5 000 Metern Höhe in der Atacama-Wüste (Nordchile) an einem der trockensten Plätze auf der Erde. ALMA wird aus 64 hochpräzisen 12-Meter-Radioteleskopen bestehen. Die Gesamtempfangsfläche der Teleskope entspricht der eines Einzelteleskops mit einem 96-Meter-Reflektor. Zum Zwecke der Interferometrie werden die Teleskope so aufgestellt, dass Basislinien von 16 Metern bis 12 Kilometer möglich sind, d. h., die Teleskope können über eine Fläche von bis zu 12 Kilometern Durchmesser bewegt werden. Dadurch wird eine Winkelauflösung in der Größenordnung von 0,01 Bogensekunden erreicht. ALMA soll etwa 2011 vollständig in Betrieb gehen.

ALMA
→ GEO **Dossier**
Vorstoß in die Tiefe des Raumes, Bd. 5

Almagest *der,* seit dem Hochmittelalter übliche Bezeichnung (Verstümmelung des Titels der arabischen Übersetzung von »al-magisti«) für das um 140 von Ptolemäus verfasste astronomische Handbuch, das vor N. Kopernikus und J. Kepler maßgebend war. Der Almagest beschreibt das ptolemäische Weltsystem, ein →geozentrisches Weltsystem, und enthält u. a. den erweiterten Sternkatalog des Hipparch. Erstmals wurden die →Helligkeiten von Sternen in sechs Größenklassen eingeteilt. Aus den verzeichneten Sternpositionen konn-

Almagest Dogma für Jahrhunderte

Bis sich mit Galileo Galilei und Johannes Kepler Anfang des 17. Jahrhunderts das auf Nikolaus Kopernikus zurückgehende heliozentrische Weltbild durchzusetzen begann, war die Vorstellung, die Erde stehe unbeweglich im Zentrum des Universums, die vorherrschende Weltsicht. Sie geht auf den alexandrinischen Astronomen Ptolemäus zurück, der in seinem Werk »Syntaxis mathematike« um 140 n. Chr. das gesamte astronomische Wissen der Antike zusammenfasste, und wird nach ihm ptolemäisches Weltsystem genannt.

827 wird die »Syntaxis« ins Arabische übersetzt und von islamischen Astronomen überarbeitet. Als »Almagest«, eine Verstümmelung des arabischen Titels »Tabrir al maghesti«, fand das Werk im späten 12. Jahrhundert Eingang ins Weltbild des christlichen Europa, in dem die Entwicklung der Astronomie seit dem Altertum für Jahrhunderte stagniert hatte. Gerhard von Cremona hatte es um 1175 aus dem Arabischen ins Lateinische übersetzt, mit der Folge, dass das geozentrische Weltbild des Ptolemäus für weitere vier Jahrhunderte als Dogma zementiert wurde.

ten E. Halley 1718 und J. T. Mayer 1760 nach dem Vergleich mit neueren Beobachtungen erstmals auf →Eigenbewegungen von Sternen schließen.

Almukantarat [arab. »die Bogenlinien« auf dem Astrolab] *der, -s/-e,* der →Azimutalkreis.

Alnilam [arab. »Perlenschnur«], der Stern ε Ori, mittlerer der drei Gürtelsterne im →Orion.

Alnitak [arab. »Perlenschnur«], der Stern ζ Ori, östlicher der drei Gürtelsterne im →Orion.

Alpen-Tal, Vallis Alpes, auffälliges, etwa 200 Kilometer langes Tal, das die Mondalpen durchschneidet. Dieses zwischen einem und drei Kilometern hohe Faltengebirge bildet die Nordostflanke des Mare Imbrium auf dem Mond. Das Alpen-Tal verengt sich unregelmäßig mit wachsendem Abstand vom Mare Imbrium. Im Gegensatz zu dem hügeligen Gebirgsgelände erscheint der Talboden auffallend glatt. Erst Aufnahmen mit höherer Auflösung zeigen Rillen, Verwerfungen und auch einige Krater. Die Ursache des Tales geht auf Verwerfungen zurück, die durch die Entstehung des Mare Imbrium hervorgerufen wurden.

Alpetragius, spanisch-arabischer Astronom, →Bitrudji.

Alpheratz Mit fremden Federn

Die Sage erzählt, dass Perseus der Gorgo Medusa den Kopf abschlug. Aus dem Hals sprang Pegasus, das geflügelte Pferd, hervor, breitete seine Flügel aus und entschwebte zu den himmlischen Göttern. Am herbstlichen Himmel findet sich Pegasus als eines der auffälligsten Sternbilder noch heute.
Im Herbst ist Pegasus leicht zu entdecken, denn sein Zentrum besteht aus einem fast perfekten Quadrat mit den Sternen Algenib, Markab, Scheat und Alpheratz – allerdings nur, weil Pegasus sich mit Alpheratz, dem nordöstlichen Punkt des Quadrats, einen Stern angeeignet hat, der genau besehen als Alpha Andromedae der hellste Stern des Nachbarsternbilds Andromeda ist. Pegasus schmückt sich sozusagen mit fremden Federn. Da Andromeda nun aber die Gattin des Perseus war, der sie aus den Fängen eines Seeungeheuers gerettet hatte, kann man in diesem Falle wohl nachsichtig sein – Alpheratz bleibt gewissermaßen in der Familie.

Alpha, α, wird bei Sternbildern und größeren Sternansammlungen zur Kennzeichnung des hellsten Sterns verwendet (→Sternnamen).

Alpha-Canum-Venaticorum-Sterne [lat., eigentlich »Sterne der Jagdhunde«], →Veränderliche.

Alpha Centauri, Rigil Kentaurus, Rigil Kent, Toliman, hellster Stern (α Cen) im Sternbild →Kentaur und dritthellster Stern am Himmel; scheinbare Helligkeit $-0^{\mathrm{m}},28$, Entfernung 4,37 Lichtjahre. Alpha Centauri ist ein visueller Doppelstern, bestehend aus zwei einander in 80,1 Jahren umkreisenden Komponenten (scheinbare Helligkeit $-0^{\mathrm{m}},01$ bzw. $1^{\mathrm{m}},35$; Distanz zurzeit etwa 14″) von etwa Sonnenmasse, wobei der hellere der beiden Sterne (Alpha Centauri A) ein Hauptreihenstern des Spektraltyps G 2 und der schwächere (Alpha Centauri B) ein K 5-Hauptreihenstern ist. Dritte Komponente dieses Sternsystems ist ein etwa 2° von Alpha Centauri entfernter, nur $11^{\mathrm{m}},3$ heller roter Zwergstern, der →Proxima Centauri (gelegentlich auch Alpha Centauri C) genannt wird und mit 4,22 Lichtjahren Entfernung der sonnennächste Stern ist.

Alphard [-f-; arab. »der Einzige« (gemeint ist der einzige hell leuchtende Stern der Hydra)], hellster Stern (α Hya) im Sternbild Große →Wasserschlange; scheinbare Helligkeit $1^{\mathrm{m}},98$, absolute Helligkeit -2^{M}, Spektraltyp K 3, Leuchtkraftklasse II–III, Entfernung 180 Lichtjahre.

Alphateilchen, α-Teilchen, Teilchen, die aus zwei →Protonen und zwei →Neutronen bestehen und damit dem Atomkern des Elements →Helium entsprechen. Sie entstehen auf natürliche Weise beim radioaktiven Zerfall (→Radioaktivität) und werden als Alphastrahlen ausgesandt. Da Helium das zweithäufigste Element im Universum ist, finden sich Alphateilchen in den meisten Gebieten von Plasmen, z. B. im Sterninnern, in diffusen Nebeln, in der →kosmischen Strahlung und im →Sonnenwind.

Alphekka, Alphecca, der Stern →Gemma.

Alpheratz [-f-; arab. al-faras »das Pferd«], **Sirrah,** hellster Stern (α And) im Sternbild →Andromeda; scheinbare Helligkeit $2^{\mathrm{m}},06$, absolute Helligkeit 0^{M}, Spektraltyp B 9, Leuchtkraftklasse IV, Entfernung 98 Lichtjahre.

Altair *der, -s,* der Stern →Atair.

Altar [zu lat. altus »hoch«] *der, -s,* wissenschaftlicher Name **Ara,** *Genitiv* **Arae,** Abk. **Ara,** ein kleines Sternbild des Südhimmels (Rektaszension $16^{\mathrm{h}}33^{\mathrm{m}}$ bis $18^{\mathrm{h}}11^{\mathrm{m}}$, Deklination −45°30′ bis −67°40′) zwischen den Sternbildern →Skorpion und Südliches →Dreieck, das von Mitteleuropa aus nicht sichtbar ist. Der hellste Veränderliche des Sternbilds ist R Ara, ein Bedeckungsveränderlicher vom Typ →Algol, dessen scheinbare Helligkeit mit einer Periode von 4,4 Tagen zwischen $5^{\mathrm{m}},9$ und $6^{\mathrm{m}},9$ schwankt.

■ **Besondere Objekte** Erwähnenswert sind einige offene Sternhaufen, so NGC 6193 (Entfernung 4 500 Lichtjahre) mit einer Gesamthelligkeit von $5^{\mathrm{m}},2$, NGC 6167 ($6^{\mathrm{m}},7$) und IC 4651 (8^{m}). Von den drei Kugelsternhaufen NGC 6397 (6^{m}), NGC 6362 (7^{m}) und NGC 6352 (8^{m}) ist uns Ersterer mit einer Entfernung von etwa 7 000 Lichtjahren relativ nahe. Die Galaxie NGC 6221 (10^{m}) steht in einer Entfernung von 50 Millionen Lichtjahren. Im Sternbild Altar liegt der →Radiant des schwachen, im

Die hellsten Sterne des Sternbilds Altar

Name		Helligkeit visuelle	Helligkeit absolute	Spektralklasse	Entfernung in Lichtjahren
β		$2{,}^{m}8$	-3^{M}	K3	550
α		$2{,}^{m}9$	-1^{M}	B2	240
ζ		$3{,}^{m}1$	-3^{M}	K5	550
γ		$3{,}^{m}3$	-5^{M}	B1	1 200
δ		$3{,}^{m}6$	0^{M}	B8	185
ϑ		$3{,}^{m}7$	-4^{M}	B2	1 200
η		$3{,}^{m}8$	-1^{M}	K5	310
ε^{1}	(Tso Kang)	$4{,}^{m}1$	-1^{M}	K4	300

März auftretenden Meteorstroms Ariden (früher auch als Korona-Australiden bezeichnet). (→Sternbilder)

Alt|azimut [lat. altus »hoch« und arab. assumūt »Richtungen«] *das,* auch *der, -s/-e,* astronomisches Winkelmessinstrument zur Bestimmung von Höhe und Azimut eines Gestirns.

Alvarez [æl'vɑrɪz], Luis Walter, amerikanischer Physiker, *San Francisco (Calif.) 13. 6. 1911, †Berkeley (Calif.) 1. 9. 1988; seit 1945 Professor in Berkeley und am dortigen Lawrence Radiation Laboratory tätig. Alvarez entdeckte 1937 den Elektroneneinfang, führte mit F. Bloch die erste Messung des magnetischen Moments des Neutrons aus (1939) und wies bei Arbeiten über die kosmische Strahlung den Ost-West-Effekt nach. Im Zweiten Weltkrieg war er an der Radarforschung sowie 1944/45 am amerikanischen Atombombenprojekt beteiligt. Danach leitete er den Bau des ersten Protonen-Linearbeschleunigers. Nach der Erfindung der Blasenkammer 1952 konstruierten Alvarez und seine Mitarbeiter immer größere Wasserstoff-Blasenkammern, die einen Wendepunkt in der Elementarteilchenphysik darstellten. Durch eine damit einhergehende außerordentliche Verfeinerung der Messtechnik und der Datenanalyse wiesen Alvarez und seine Mitarbeiter nach 1960 eine große Zahl neuer Elementarteilchen nach, darunter 1961 die erste Mesonenresonanz, das Omegameson. Hierfür erhielt er 1968 den Nobelpreis für Physik.

Amalthea, ein Mond des Planeten →Jupiter, der 1892 von dem Astronomen E. E. Barnard entdeckt wurde. Er umkreist Jupiter in einem mittleren Abstand von 181 400 Kilometern in 11 Stunden und 57 Minuten. Amalthea ist ein sehr unregelmäßig geformter Körper, der eher einem Planetoiden gleicht als einem Mond. Seine Oberfläche ist stark verkratert, der größte Krater besitzt einen Durchmesser von 100 Kilometern und ist 8 Kilometer tief.

AMANDA, →Neutrinoastronomie.

Amateurastronomie, siehe Sonderartikel Seite 24.

Ambarzumjan, Ambarcumjan, Wiktor Amasaspowitsch, armenischer Astrophysiker, *Tiflis 18. 9. 1908, †Erewan 12. 8. 1996. Ambarzumjan wirkte 1931–43 in Leningrad (Sankt Petersburg) und war seit 1947 Professor in Erewan und Direktor des 1946 von ihm gegründeten astrophysikalischen Observatoriums →Bjurakan auf dem Aragaz. Er wurde 1953 Mitglied der sowjetischen Akademie der Wissenschaften und war 1961–63 Präsident der Internationalen Astronomischen Union. Ambarzumjan arbeitete u. a. über die statistische Verteilung von Sternsystemen (1934–36), die Lichtstreuung in interstellarer Materie (1941–43) sowie über planetarische und galaktische Nebel und entdeckte 1947 die →Sternassoziationen. Besonders bedeutsam sind seine Theorien über die Entstehung und den inneren Aufbau der Sterne, über die Dynamik und Entwicklung von Sternsystemen sowie über die Natur und Aktivität der Galaxienkerne und der Radiogalaxien.

AM-Herculis-Sterne, nach dem Stern AM im Sternbild →Herkules benannte Gruppe von →kataklysmischen Veränderlichen. Ihr Lichtwechsel ist durch den unregelmäßigen Wechsel zwischen Maximum- und Minimumzuständen gekennzeichnet. Das Licht ist stark linear und zirkular polarisiert (daher auch Polare genannt). Die AM-Herculis-Sterne sind enge Doppelsterne aus einem Weißen Zwerg mit einem starken Magnetfeld (2 000 bis 4 000 Tesla) als Hauptstern und einem Roten Zwerg als Begleiter. Die Umlaufzeiten liegen zwischen 80 und 220 Minuten und stimmen mit der Rotationsperiode des Weißen Zwerges überein. Den Weißen Zwerg umgibt nicht wie bei anderen kataklysmischen Veränderlichen eine Akkretionsscheibe, sondern die vom Begleiter überströmende Materie gelangt wegen des starken Magnetfeldes und geringen Abstands direkt zu dessen magnetischen Polen, aus deren Umgebung die beobachtete Strahlung stammt.

Amici [a'mi:tʃi], Giovanni Battista, italienischer Optiker, Astronom, *Modena 25. 3. 1786, †Florenz 10. 4. 1863; zuletzt Direktor der Sternwarte in Florenz; begründete die moderne Mikroskopoptik durch Erfindung der mehrlinsigen Objektivsysteme mit großem Öffnungswinkel sowie der Immersionssysteme. Er baute und verbesserte astronomische Instrumente.

Wiktor Ambarzumjan

Amor-Planetoiden, die Marsbahn in Richtung Erde kreuzende Planetoiden **(Mars-Crosser);** einige wenige laufen auch zwischen diesen Planeten. Sie werden nach dem Planetoiden Amor (1221) benannt, der 1932 entdeckt wurde und sich in einem Abstand von 1,08 bis 2,76 Astronomischen Einheiten (AE) um die Sonne bewegt. Die Periheldistanzen der Amor-Planetoiden liegen zwischen 1,017 und 1,3 AE. Die Amor-Planetoiden kreuzen

Fortsetzung S. 26

Amateurastronomie

Amateurastrono

Selten sieht man sie in den Innenstädten, die Gestalten, die in dunkler Nacht leise flüsternd ihre Geräte auspacken und auf den Himmel richten. Viel eher findet man sie auf Balkonen oder aber weitab größerer Städte auf abgelegenen baumlosen Hügelkuppen und Bergwiesen. Die Amateurastronomen leben manchmal auch gefährlich, denn die Drähte eines Zauns oder ein metertiefer Abgrund sind in fremder Umgebung schnell übersehen.

Nur nach Feierabend

Erst nach Feierabend richten Amateurastronomen ihre Teleskope und Kameras auf Sterne, Sternsysteme und Gasnebel, um diese zu fotografieren oder einfach nur zu betrachten. Sie warten oft stundenlang auf den Schatten, den ein Felsbrocken in den Tiefen des Sonnensystems auf die Erde wirft, während er vor einem Stern vorbeizieht.

Amateurastronomen haben Zeit, also etwas, das ihren professionellen Kollegen leider viel zu oft fehlt. Diese können oft nur wenige Tage, manchmal sogar nur Stunden, über ein bestimmtes Teleskop verfügen. In dieser Zeit muss so viel Licht, so viel Information wie möglich gesammelt und abgespeichert werden. Die Auswertung – und vielleicht auch das Staunen – kommen später. Amateurastronomen können die Himmelskörper, die sie betrachten, völlig frei wählen – natürlich im Rahmen des nächtlichen oder jahreszeitlichen Wechsels des Firmaments. Professionelle Astronomen sind dagegen meist in Beobachtungsprojekte eingebunden, an denen Wissenschaftler aus aller Welt teilnehmen. Ihre Objekte sind vorgeschrieben, und nur selten bleibt die Zeit, das Teleskop beliebig in den Himmel zu schwenken und sich an einem schönen Gasnebel zu erfreuen.

Veränderliche Sterne, deren Helligkeit mehr oder minder rhythmisch schwankt, gehören zu den beliebtesten Himmelsobjekten der Amateure. Es gibt Dutzende, die mit bloßem Auge sichtbar sind, und Hunderttausende, die mit einem Amateurteleskop erfasst werden können. Amateurastronomen bringen bereitwillig die Beobachtungszeit auf, die notwendig ist, um die Sternhelligkeiten und deren Schwankung zu vermessen. Ein Umstand, den die Wissenschaft inzwischen zu schätzen weiß: Die Erkenntnisse der Amateure bzw. die gewonnenen Daten fließen auch in aktuelle Theorien über Sterne ein. Die Technik, auf die Amateure heute zurückgreifen, steht derjenigen der Profis kaum nach. In den vergleichsweise kleinen Teleskopen der Amateure finden sich Spiegelsysteme, Farbfilter, Filme und sogar Halbleiterchips wieder – nur bleibt alles eine Nummer kleiner. Viele Amateure kombinieren handwerkliche Fertigkeiten mit ihrem astronomischen Hobby und bauen Teile ihrer Teleskope selbst. Einige Amateurteleskope weisen Spiegeldurchmesser von einem Meter und mehr auf – eine Größe, die vor kaum zwanzig Jahren nur Profis zur Verfügung stand.

3804

Die Gürtelsterne des Orion mit Nebeln – beliebte Objekte für das Amateurteleskop.

Gleichgesinnte

Dass nächtliche Begegnungen mit Amateurastronomen in größeren Städten selten geworden sind, hat vor allem mit der Lichtverschmutzung zu tun, die den Nachthimmel über unseren Städten so hell macht, dass kaum noch Sterne zu erkennen sind. Amateurastronomen, die allen Widrigkeiten zum Trotz ihre Instrumente auf die Straße stellen, tun das in der Regel, um anderen Menschen den Himmel zu erklären. Ihre Geräte sind schlicht, aber leistungsstark und leicht zu transportieren. Der bekannteste Vertreter der so genannten »Sidewalk Astronomers« ist John Dobson, der an einer Straßenecke in San Francisco mehrere Jahre lang Tausenden Passanten den Himmel näher brachte. Er gründete mit einigen Bekannten den Klub »San Francisco Sidewalk Astronomers«.

In Deutschland treffen sich die Amateure oft in Vereinen, um sich auszutauschen, um Beobachtungen zu planen oder Geräte zu entwickeln und zu bauen. Die größte derartige Gruppierung ist die Vereinigung der Sternfreunde e. V. (kurz VdS, im Internet unter www.vdsastro.de zu finden). Daneben existieren zahlreiche lokale Gruppen, deren Existenz sich meist durch kurze Hinweise in den örtlichen Veranstaltungskalendern offenbart. Wer eine Gruppe sucht, wird heute im Internet schnell fündig. Suchbegriffe wie »Astronomie« und »Verein« in Verbindung mit dem Heimatort führen oft auf astronomische Vereine oder Institutionen in der Umgebung.

Quereinsteiger

Bis vor etwa siebzig Jahren waren die Grenzen zwischen Amateuren und Profis noch sehr verschwommen. Quereinsteiger waren durchaus üblich. Ein Beispiel für mittlerweile international anerkannte »Amateure« ist der Amerikaner Edwin Hubble, der eigentlich Jura studiert und als Lehrer gearbeitet hatte. Er entdeckte, dass Galaxien aus Sternen aufgebaut sind, maß deren Entfernung und begründete die beobachtende Kosmologie. Der kaum weniger bekannte Amerikaner Clyde Tombaugh wuchs auf einem Bauernhof auf und ging dort seinem astronomischen Hobby nach. Seine Zeichnungen verhalfen ihm zu einer Stelle am Lowell Observatory, an dem er 1930 den neunten Planeten, Pluto, entdeckte. Auch der Este Bernhard Schmidt stammt vom Land und studierte Technik, ehe es ihm gelang, sein Hobby zum Beruf zu machen. In Mittweida und Hamburg entwickelte er das nach ihm benannte Schmidt-Teleskop.

Pechschwarze Nächte lassen die Herzen aller Astronomen höher schlagen – ein Zustand, der im städtischen Areal aufgrund des Streulichts eher selten zu erleben ist. Um die Highlights

100562

Weitab der Städte ist der Himmel dunkel. Dort erlauben auch kleine Teleskope einen tiefen Blick in den Weltraum.

am Himmel erkennen zu können, bleibt den Amateurastronomen über kurz oder lang eine Reisetätigkeit nicht erspart. Ein neuer Trend ist der Astro-Urlaub; er bietet das geeignete Umfeld, zumal in den Ferien sowieso Entspannung angesagt ist. Zu den wichtigsten Regionen in Europa gehören die Alpen, die Sierra Nevada in Spanien auf 3000 Metern Höhe sowie die Kanaren. Wer den kompletten Südhimmel beobachten will, muss jedoch tiefer in die Tasche greifen und zu einem trockenen und möglichst hochgelegenen Landstrich auf der Südhalbkugel fliegen. Hier bieten sich die chilenischen Anden, die namibische Hochebene oder auch die zentralen Steppengebiete Australiens an. Gerade in den entlegenen Regionen Namibias haben sich die Farmer auf den neuen Touristentyp eingestellt und halten für die Amateurastronomen brauchbare Teleskope bereit.

Fortsetzung von S. 23

also nicht die Erdbahn, können ihr aber von außen nahe kommen. Weitere Vertreter dieser Gruppe sind Eros (433) sowie Albert (719) und Alinda (887).

Amplitude, der größte Wert, den eine periodisch veränderliche physikalische Größe bei einer Schwingung annehmen kann.

Analemma, eine lang gestreckte achtförmige Figur, die den Verlauf der Sonnenposition innerhalb eines Jahres beschreibt. Man erhält diese Figur, wenn man in regelmäßigen Abständen (z. B. alle zehn Tage) die Sonnenposition zu ein und derselben Tageszeit markiert, beispielsweise auf einer Fotografie. Die Ursache dieser scheinbaren Sonnenbewegung liegt in der Bahnneigung der Erde (→Schiefe der Ekliptik). Wäre die Bahn der Erde um die Sonne ein exakter Kreis und würde die Erdachse genau senkrecht auf der Bahnebene stehen, so würde die Sonne zu einer bestimmten Tageszeit immer an derselben Position stehen. An der achtförmigen Figur erkennt man aber nicht nur die Bahnneigung, sondern auch die Ellipsenform der Erdbahn (unterschiedlich große Bögen, erstes →keplersches Gesetz) sowie die damit verbundene variierende Umlaufgeschwindigkeit (unterschiedliche Abstände der Sonnenpositionen auf der Acht, zweites keplersches Gesetz). Zudem demonstriert das Analemma die →Zeitgleichung.

an|allaktischer Punkt, bei der optischen Abbildung mit Fernrohren: 1) derjenige Punkt auf der optischen Achse, dessen Abstand von einem Gegenstand bei konstanter Bildgröße proportional zur Gegenstandsgröße ist; bei den üblichen Fernrohren fällt er mit dem dingseitigen Brennpunkt des Objektivs zusammen, bei den in der Tachymetrie benutzten **anallaktischen Fernrohren** wird er durch eine zusätzliche Sammellinse zwischen Objektiv und Okular in den Schnittpunkt der Fernrohrachse mit der vertikalen Drehachse (Stehachse) gerückt; 2) derjenige Punkt des Dingraums, bei dessen Scharfeinstellung die hintere Begrenzung der Schärfentiefe im Unendlichen liegt.

Anamorphose [griech. »Umgestaltung«], **anamorphotische Abbildung,** mit Anamorphoten oder mithilfe doppelt gekrümmter Spiegelflächen (z. B. Zerrspiegel) realisierbare optische Abbildung, bei der der Abbildungsmaßstab in zwei zueinander und zur optischen Achse senkrechten Richtungen verschieden ist; dadurch ist das Bild gegenüber dem abgebildeten Objekt verzerrt.

Anamorphot *der, -en/-en,* optisches Abbildungssystem aus Prismenkombinationen, gekreuzten Zylinderlinsen oder einem mit Zylinderlinsen kombinierten Prismensatz. Anamorphoten ändern den Bildwinkel und damit den Abbildungsmaßstab in einer Richtung und dienen z. B. als Spezialobjektive in der Filmtechnik, um mehr Bildeinzelheiten auf ein vorgegebenes Filmformat aufzeichnen zu können. Bei der Projektion wird das Bild im gleichen Verhältnis wieder entzerrt. – Verstellbare Prismenanamorphoten werden auch beim Lichtsatz verwendet, um Schriften in Höhe und/oder Breite zu verändern.

Ananke, 1951 von B. Nicholson entdeckter Mond des Planeten →Jupiter. Er umkreist Jupiter in einem mittleren Abstand von 21,276 Millionen Kilometern in 629 Tagen, 18 Stunden und 29 Minuten. Ananke ist Namesgeberin und größtes Mitglied einer Gruppe von Jupitermonden, die sich auf ähnlichen Bahnen um Jupiter bewegen.

Anaritius, latinisierter Name des arabischen Astronomen und Mathematikers an-Nairisi.

Anastigmat [zu griech. a... »nicht...« und Astigmatismus] *der, -s* oder *-en/-e(n),* selten auch *das, -s/-e,* optisches System für fotografische Aufnahmekameras, bei dem Öffnungs- und Farbfehler, Astigmatismus und Bildfeldwölbung korrigiert sind; die anastigmatische Korrektion ist eine Grundbedingung des heutigen Objektivbaus. Kennzeichen von fotografischen Aufnahmen in der Astronomie mithilfe eines Anastigmaten ist eine scharfe Abbildung von Sternpunkten bis zum Bildfeldrand.

Andromeda, wissenschaftlicher Name **Andromeda,** *Genitiv* **Andromedae,** Abk. **And,** ein Sternbild am Nordhimmel (Rektaszension 22^h57^m bis 2^h40^m, Deklination +53°20' bis +21°35'), das im Herbst und Winter am Abendhimmel beobachtbar ist. Die hellsten Sterne sind →Alpheratz, →Mirach und →Alamak, wobei Ersterer früher als δ Peg dem be-

Die hellsten Sterne des Sternbilds Andromeda

Name		Helligkeit visuelle	Helligkeit absolute	Spektralklasse	Entfernung in Lichtjahren
α	(Alpheratz, Sirrah)	$2{,}^{m}1$	0^{M}	B9	98
β	(Mirach)	$2{,}^{m}1$	-2^{M}	M0	200
γ	(Alamak, Almaak, Almach)*)	$2{,}^{m}1$	-3^{M}	K1	370
δ	(Tien Ke)	$3{,}^{m}3$	1^{M}	K3	102
ο		$3{,}^{m}6$	-3^{M}	B6	700
51		$3{,}^{m}6$	0^{M}	K3	180
λ**)		$3{,}^{m}7$–$4{,}^{m}0$	2^{M}	G8	83
μ		$3{,}^{m}9$	1^{M}	A5	140
ζ		$4{,}^{m}1$	0^{M}	K1	185
κ		$4{,}^{m}1$	0^{M}	B9	175
υ		$4{,}^{m}1$	3^{M}	F8	44
π*)		$4{,}^{m}3$	-2^{M}	B5	650
ι		$4{,}^{m}3$	-2^{M}	B8	480
ν		$4{,}^{m}5$	-2^{M}	B5	650

*) Doppelstern **) Veränderlicher

nachbarten Sternbild →Pegasus zugerechnet wurde.

■ **Sterne** Alamak (γ And) ist ein Dreifachstern: der orangefarbene Hauptstern (scheinbare Helligkeit $2{,}^{m}3$) wird in 9,6" Distanz in 61,1 Jahren von einem bläulichen visuellen Doppelstern umkreist, dessen nur 0,4" auseinander stehende Komponenten scheinbare Helligkeiten von $5{,}^{m}5$ und $6{,}^{m}3$ haben. Weitere Doppelsterne sind π And ($4{,}^{m}3$ bzw. $8{,}^{m}9$; Distanz 36,1"), 36 And ($6{,}^{m}0$ bzw. $6{,}^{m}4$; 1,0"), 56 And ($5{,}^{m}7$ bzw. $5{,}^{m}9$; 202") und 59 And ($6{,}^{m}1$ bzw. $6{,}^{m}8$; 16,7"). Berühmtheit erlangte in den letzten Jahren der $4{,}^{m}1$ helle und 44 Lichtjahre entfernte Stern υ And, bei dem 1999 drei Planeten mit 0,7- bis 4-facher Jupitermasse nachgewiesen wurden – die erste Entdeckung eines extrasolaren Planetensystems. Bekannte Veränderliche sind der Mira-Stern R And (Spektraltyp S; $5{,}^{m}8$–$14{,}^{m}9$; Periode 409,3 Tage) und der halbregelmäßige Veränderliche λ And ($3{,}^{m}7$–$4{,}^{m}0$; Periode 54–56 Tage).

■ **Nebel und Sternhaufen** Zu den hellsten planetarischen Nebeln gehört NGC 7662 ($8{,}^{m}5$; Entfernung 4 000 Lichtjahre). NGC 752 ist ein 1 500 Lichtjahre entfernter offener Sternhaufen (6^{m}; etwa 60 Sterne). Das Sternbild enthält mehrere Galaxien: neben dem etwa 2,4 Millionen Lichtjahre entfernten berühmten Andromedanebel M 31 (eine 4^{m} helle Spiralgalaxie) mit seinen elliptischen Begleitgalaxien M 32 ($8{,}^{m}5$) und M 110 ($8{,}^{m}5$) und den Zwerggalaxien And I, II die Spiralgalaxien NGC 891 ($10{,}^{m}5$; deutliche Kantenlage; 40 Millionen Lichtjahre), NGC 404 (10^{m}; 13 Millionen Lichtjahre) und NGC 7640 (11^{m}; 45 Millionen Lichtjahre).

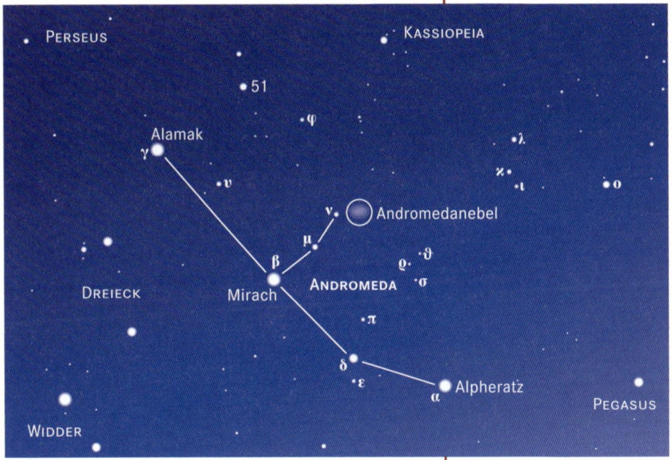

Andromeda

In der Andromeda liegt der Radiant des Meteorstroms →Andromediden. (→Sternbilder)

Andromedanebel, die in sehr klaren Nächten mit bloßem Auge als länglicher Nebelfleck erkennbare, mit einer Entfernung von etwa 3 Millionen Lichtjahren nächste Spiralgalaxie. Fotografische Aufnahmen zeigen den Andromedanebel als spiralförmig gebautes System mit einem besonders dichten Kern in der Mitte. Sein größter Durchmesser beträgt in der Symmetrieebene etwa 50 kpc; seine Masse wird auf 400 bis 500 Mrd. Sonnenmassen geschätzt; seine absolute visuelle Helligkeit beträgt $-21{,}^{m}1$. Der Andromedanebel gehört wie das →Milchstraßensystem zur lokalen Nebelgruppe (→lokale Gruppe) und ist diesem in Größe, Masse und Aufbau sehr ähn-

Andromedanebel Kosmischer Zusammenstoß

Bereits vor mehr als 1 000 Jahren hatten persische Astronomen den Andromedanebel entdeckt. Die Galaxie ist mit rund 3 Millionen Lichtjahren Entfernung von unserer Milchstraße aus gesehen die nächste Spiralgalaxie. Unter optimalen Beobachtungsbedingungen lässt sie sich auch mit bloßem Auge als verwaschener Lichtfleck erkennen. Lebewesen in 3 Milliarden Jahren wird dieser Anblick verwehrt sein, denn dann wird der Andromedanebel auf unsere Milchstraße geprallt sein. Die gewaltige Schwerkraft zwischen den beiden Galaxien treibt sie mit einer Geschwindigkeit von etwa 500 000 Kilometern pro Stunde aufeinander zu. Die beiden werden verschmelzen und dabei die Geburt vieler neuer Sterne auslösen. Erde und Sonne dürften den Zusammenstoß überleben, die kosmische Umgebung wird sich dann aber dramatisch geändert haben.
Verschmelzungen von Galaxien sind nichts Ungewöhnliches im Universum; unsere Galaxis

hat in den letzten 10 Milliarden Jahren einige kleinere Sternsysteme verschluckt, und auch im Andromedanebel lassen sich Reste ehemals eigenständiger Galaxien beobachten, die von ihm einverleibt wurden.

lich. Im Kern des Andromedanebels wurde ein sehr leuchtstarkes Zentrum von etwa 6 bis 8 pc Durchmesser festgestellt, dessen Masse vermutlich etwa 10 Mio. Sonnenmassen beträgt; wie im Kern des Milchstraßensystems enthält es möglicherweise ein →Schwarzes Loch. Der im Messier-Katalog als M 31, im New General Catalogue als NGC 224 bezeichnete Andromedanebel hat das elliptische Sternsystem M 32 (oder NGC 228; Durchmesser rd. 700 pc, Masse rd. 3 Mrd. Sonnenmassen) und das elliptische System M 110 (oder NGC 205; Durchmesser 1,5 kpc) sowie noch drei lichtschwache, nahezu kugelförmige Zwerggalaxien (And I, II und III) als Begleiter.

■ **Geschichte der Erforschung** Erstmals im Sternverzeichnis as-Sufis (um 974) erwähnt, wurde der Andromedanebel im Abendland erst 1612 von S. Marius mit einem Fernrohr als elliptisches Gebilde beobachtet. Seine spiralige Struktur stellte 1845 W. P. Earl of Rosse mit einem Spiegelteleskop fest. Zuvor hatten Jean Baptiste le Gentil (* 1725, † 1792) 1749 und vermutlich Karoline Herschel 1789 die beiden größeren Begleiter entdeckt. Ein erster Hinweis darauf, dass der Andromedanebel nicht zum Milchstraßensystem gehört, war das 1885 beobachtete Aufleuchten einer Supernova in ihm. Aber erst zu Beginn der 20er-Jahre des 20. Jh. konnten mit dem 2,5-m-Spiegel des Mount-Wilson-Observatoriums Aufnahmen gemacht werden, die die Randzonen des Andromedanebels in Einzelsterne auflösten. 1923/24 entdeckte E. P. Hubble auf solchen Fotografien veränderliche Sterne aus der Gruppe der →Cepheiden, wodurch er mithilfe der →Perioden-Leuchtkraft-Beziehung zeigen konnte, dass sich der Andromedanebel wie auch andere extragalaktische Systeme weit außerhalb unseres Milchstraßensystems befindet. Der Kern des Andromedanebels, um den sich die Spiralarme winden, konnte erst 1944 von W. Baade ebenfalls in Einzelsterne aufgelöst werden. 1972 entdeckte S. van den Bergh drei ihn begleitende Zwerggalaxien.

Andromediden *Plural*, ein Ende November auftretender →Meteorstrom, dessen Radiant im Sternbild Andromeda liegt. Als Reste des →Bielaschen Kometen werden die Andromediden auch als **Bieliden** bezeichnet.

Ångström ['ɔŋ-; nach dem schwedischen Physiker A. J. Ångström] *das, -(s)/-,* auch **Ångström-Einheit,** Einheitenzeichen **Å** (früher auch ÅE, AE), nichtgesetzliche Längeneinheit: $1\,\text{Å} = 10^{-10}\,\text{m} = 0{,}1\,\text{nm}$.

Ångström ['ɔŋ-], Anders Jonas, schwedischer Astronom und Physiker, * Lögdö (Västernorrland) 13. 8. 1814, † Uppsala 21. 6. 1874; seit 1858 Professor in Uppsala, Mitbegründer der Astrospektroskopie. Er erforschte besonders das Sonnenspektrum, in dem er 1862 Spektrallinien des Wasserstoffs entdeckte. Für nahezu 100 Linien im Sonnenspektrum bestimmte er deren Wellenlängen. Ferner erhielt er als Erster ein Spektrum des Polarlichts. Nach ihm ist die Einheit Ångström benannt.

An|isotropie, die Richtungsabhängigkeit physikalischer Eigenschaften und Größen. Die →kosmische Hintergrundstrahlung zeigt beispielsweise eine schwache Anisotropie bezüglich der Temperatur von einigen Mikrokelvin zwischen verschiedenen Himmelsbereichen.

Annihilation, die Zerstrahlung (Paarvernichtung) von Teilchen-Antiteilchen-Paaren, im Gegensatz zur Paarbildung. (→Antimaterie)

anomaler Röntgenpulsar, englisch **anomalous X-ray pulsar,** Abk. **AXP,** ein →Röntgenpulsar mit relativ langer Periode zwischen 6 und 12 Sekunden, aber trotzdem starker Röntgenstrahlung. Vermutlich handelt es sich bei diesen Objekten um Magnetare – →Neutronensterne mit extrem starken Magnetfeldern.

Anomalie, drei Winkel zur mathematischen Beschreibung der Stellung eines Planeten in seiner Bahn um die Sonne. Die **wahre Anomalie** ist der Winkel zwischen der Perihelrichtung und dem von der Sonne zum momentanen Planetenort führenden Radiusvektor. Die **mittlere Anomalie** ist die wahre Anomalie eines Planeten, der auf einer Kreisbahn mit konstanter Geschwindigkeit laufen würde. Sie beträgt also 0° im Perihel und 180° im Aphel wie die wahre Anomalie, an allen anderen Punkten unterscheiden sich die Winkel. Die **exzentrische Anomalie** ist ein Winkel, der mit den anderen beiden über die sog. keplersche Gleichung verknüpft ist.

Anregung, der durch Energiezufuhr bewirkte Übergang eines Elektrons der Atomhülle in eine höhere Bahn, allgemeiner die Anregung eines Moleküls. Eine Anregung erfolgt z. B. durch Absorption eines Photons, dessen Energie gleich der Anregungsenergie ist, oder durch inelastischen Zusammenstoß mit einem anderen atomaren bzw. subatomaren Teilchen, wobei dieses einen der Anregungsenergie entsprechenden Teil seiner kinetischen Energie abgibt. Die Anregung von Atomen oder Molekülen infolge inelastischer Zusammenstöße bei ihrer Wärmebewegung wird als thermische Anregung oder Wärmeanregung bezeichnet. Ein angeregtes System geht nach meist sehr kurzer Zeit in einen Zustand tieferer Energie über; diese Übergänge sind mit Energieabgabe – im Allgemeinen Abstrahlung von Photonen – verbunden.

Anschlussbeobachtung, astronomische Beobachtung, bei der man die Messwerte (z. B. Sternhelligkeiten) nicht durch direkte Messung **(Absolutbeobachtung)** erhält, sondern durch Einordnen in eine Reihe bekannter Messwerte für andere Objekte und durch Interpolieren.

Antapex, Gegenpunkt des →Apex.

Rechte Seite: Diese Aufnahme der Advanced Camera for Surveys des Hubble-Weltraumteleskops zeigt den Halo der Andromeda-Galaxie im sichtbaren Licht. Etwa 300 000 Sterne haben Astronomen auf ihr gezählt, von lichtschwachen Zwergsternen bis zu hellen Riesensternen.

Antares [gleichbedeutend griech. antárēs], **Calbalakrab,** hellster Stern (α Sco) im Sternbild →Skorpion; ein etwa 450 Lichtjahre von der Sonne entfernter Roter Überriese (Spektraltyp M 1, Leuchtkraftklasse I) mit etwa 300-fachem Sonnendurchmesser (die Erdbahn hätte in ihm Platz) und mehr als 10 000-facher Sonnenleuchtkraft; ein halbregelmäßiger Veränderlicher, dessen scheinbare Helligkeit mit einer Periode von 4 bis 5 Jahren zwischen $0^{\mathrm{m}}\!.9$ und $1^{\mathrm{m}}\!.8$ schwankt. Antares besitzt in etwa 2,5" Distanz einen etwa $5^{\mathrm{m}}\!.5$ hellen, bläulichen Hauptreihenstern der Spektralklasse B 4 als Begleiter (Umlaufperiode etwa 900 Jahre).

Antenne [ital., von lat. antenna »Segelstange«] *die, -/-n,* Vorrichtung zum Senden oder Empfangen →elektromagnetischer Wellen.

1205

Antennengalaxien. Die beiden Galaxien NGC 4038 und NGC 4039 bilden eindrucksvolle Schweife aus.

Antennengalaxien, Bezeichnung für die beiden wechselwirkenden Galaxien NGC 4038 und NGC 4039 im Sternbild →Rabe, bei denen durch Gezeitenkräfte zwei Schweife aus Gas und Sternen bis zu 100 000 Lichtjahre weit aus den Galaxien herausgeschleudert wurden und durch die differentielle Rotation gebogen erscheinen – in der Form ähnlich den Antennen (Fühlern) an einem Insektenkopf. Die Ausbildung der markanten Armstrukturen dieser etwa 65 Millionen Lichtjahre entfernten Galaxien konnte in den letzten Jahren mithilfe von Computersimulationen sehr gut nachvollzogen werden.

Antennensynthese, →Apertursynthese.

anthropisches Prinzip, einen engen Zusammenhang zwischen den Naturgesetzen, dem Kosmos und der menschlichen Existenz postulierendes Prinzip der Naturwissenschaft, insbesondere der Kosmologie. Es wurde in seiner schwachen Version 1961 von dem amerikanischen Physiker R. H. Dicke (* 1916, † 1997) vorgeschlagen: Weil es im Universum Beobachter gibt, muss das Universum Eigenschaften besitzen, die die Existenz dieser Beobachter zulassen **(schwaches anthropisches Prinzip).** In einer weitergehenden (hypothetischen) Form lautet es: Das Universum muss in seinen Gesetzen und in seinem Aufbau so beschaffen sein, dass es irgendwann unweigerlich einen Beobachter hervorbringt **(starkes anthropisches Prinzip).**

Antimaterie, Form der Materie, die ausschließlich aus →Antiteilchen besteht. Antimaterie ist in Gegenwart normaler Materie nicht existenzfähig, da sie beim Zusammentreffen mit normaler Materie zerstrahlt. Man geht deshalb auch davon aus, dass das Universum fast ausschließlich Materie enthält. Eine mögliche Erklärung für diese Asymmetrie in der Verteilung von Materie und Antimaterie lässt sich mithilfe von Theorien der Elementarteilchenphysik (→Kosmologie, →Urknall) finden.

Antireflexbelag, Transparenzbelag, durch Aufdampfen von Leichtmetallfluoriden, Siliciummonoxid, Cerdioxid u. a. erzeugter transparenter Belag zum Entspiegeln von optischen Elementen (Objektive, Brillengläser u. a.). Der Antireflexbelag löscht das an der freien Glasoberfläche reflektierte Licht durch Interferenz weitgehend aus; seine Dicke darf höchstens ein Viertel derjenigen Lichtwellenlänge betragen, bei der das Optimum der Reflexminderung liegen soll.

Antiteilchen, das zu einem →Elementarteilchen komplementäre Teilchen, das mit diesem in allen Eigenschaften übereinstimmt, aber eine entgegengesetzt gleich große Ladung trägt (→Antimaterie).

Antlia, wissenschaftlicher Name des Sternbilds →Luftpumpe.

Antoniadi, Eugenios, griechisch-französischer Astronom, * 1870, † 1944; seit 1909 am Meudon-Observatorium; einer der herausragendsten Planetenspezialisten, der nach Beobachtungen mit dem großen 83-cm-Refraktor hervorragende Karten von Mars (mit Nomenklatur) und auch Zeichnungen von Merkur, Jupiter und Saturn anfertigte. Er führte die fünfteilige Antoniadi-Skala für das Seeing (→Szintillation) ein (1 = hervorragendes, 5 = sehr schlechtes Seeing).

Anziehung, Attraktion, das durch bestimmte, zwischen Körpern oder Teilchen wirksame Kräfte **(Anziehungskräfte)** verursachte Bestreben, deren Abstand zu verringern (im Gegensatz zu einer Abstoßung). Beispiele: die durch die Gravitationskräfte bewirkte **Massenanziehung** beliebiger Massen, die durch die Coulomb-Kräfte zwischen ungleichnamigen Ladungen bewirkte **elektrische Anziehung** dieser Ladungen oder die durch die Kernkräfte bewirkte Anziehung zwischen den Nukleonen.

Aoede, ein 2003 entdeckter kleiner Mond des →Jupiter. Er umkreist den Planeten entgegen dessen Rotationsrichtung in einem mittleren Abstand von 24,0 Millionen Kilometern in 761 Tagen und 12 Stunden. Aoede gehört zu einer Gruppe ähnlicher Jupitermonde, der Pasiphae-Gruppe.

Ap|astron [griech.] *das, -s/...stren,* die Sternferne bei physischen Doppelsternen (→Apsiden).

Apertur, gelegentlich benutzte Bezeichnung für die Öffnungsblende eines Fernrohrs.

Aperturblende, Öffnungsblende, im Strahlengang eines optischen Systems befindliche, häufig regelbare Blende zur Begrenzung des Öffnungswinkels von Strahlenbündeln, wobei die Bildhelligkeit, nicht aber der Bildwinkel verändert wird. Bei zusammengesetzten Objektiven sitzt die Aperturblende zwischen den Linsen.

Apertursynthese, Antennensynthese, interferometrisches Verfahren der →Radioastronomie zur genaueren Positionsbestimmung und Beobachtung der Detailstruktur von kosmischen Radioquellen (→Radiointerferometer). Die von M. Ryle entwickelte Apertursynthese verwendet eine als **Syntheseteleskop** oder **Array** bezeichnete Kombination mehrerer kleinerer, längs Schienen verschiebbarer Radioteleskope in geeigneter Anordnung (entweder in Kreuzform, in T- oder Y-Form). Diese werden zwischen jeweils zwei zu einer Beobachtungsreihe gehörenden Beobachtungen relativ zueinander verschoben, sodass sie von der Radioquelle aus gesehen (unter Ausnutzung der täglichen Erddrehung) im Laufe der Zeit die einem viel größeren Radioteleskop entsprechende Fläche überdecken. Die nacheinander von einer beobachteten Radioquelle eintreffenden und aufgefangenen Radiosignale werden von einer elektronischen Datenverarbeitungsanlage gespeichert, anschließend überlagert, umgewandelt und zu einem »Bild« zusammengesetzt. Das damit erreichte Winkelauflösungsvermögen entspricht dem eines Einzelteleskops mit einem Durchmesser, der dem größten Abstand der bei der Apertursynthese benutzten Radioteleskope gleichkommt. – Die größte, als **Very Large Array** bezeichnete Apertursyntheseanlage der Erde mit einem Auflösungsvermögen von 0,1 bis 1 Bogensekunde (abhängig von der Beobachtungswellenlänge), die einer Parabolantenne von rund 35 Kilometern Durchmesser entspricht, steht auf der Hochebene von San Augustin bei Socorro (New Mexico, USA); die Anlage besteht aus 27 Parabolantennen von je 25 Metern Durchmesser, die auf Y-förmig verlegten Schienen bewegt werden (Länge der Teilstrecken zwischen 21 und 19 Kilometern). (→Radioteleskop)

Apex, der im Sternbild Herkules gelegene Punkt des Himmels, auf den sich die Sonne (und das Planetensystem) relativ zu den sie umgebenden Sternen mit einer Geschwindigkeit von etwa 19,4 Kilometern pro Sekunde hinbewegt; der entgegengesetzte Punkt wird **Antapex** oder **Antiapex** genannt.

APEX, Abk. für engl. Atacama Pathfinder Experiment, ein Radioteleskop mit 12 m Reflektordurchmesser in der chilenischen Atacama-Wüste am Standort des geplanten Radiointerferometers →ALMA. APEX soll bei 0,2–1,5 mm Wellenlänge arbeiten. Erste wissenschaftliche Beobachtungen mit APEX wurden 2005 durchgeführt.

Aphel [griech.] *das, -s/-e,* der sonnenfernste Punkt der Bahn eines Planeten, Kometen u. a. (→Apsiden).

Apianus, Petrus, eigentlich **Peter Bennewitz** oder **Bienewitz,** deutscher Astronom, Geograf und Mathematiker, *Leisnig 16. 4. 1495, †Ingolstadt 21. 4. 1552; seit 1527 Professor für Mathematik in Ingolstadt, 1541 von Kaiser Karl V. geadelt; Verfasser mehrerer Werke astronomisch-geografischen Inhalts, die er in eigener Druckerei herstellte. Sein Hauptwerk ist »Astronomicum Caesareum« (1540); in seiner »Cosmographia« (1524) schlug Apianus die Messung von Monddistanzen zur Bestimmung geografischer Längen vor; er beobachtete als Erster (1531), dass der Schweif eines Kometen stets von der Sonne abgewendet ist.

Apoapsis [griech.] *die, -/...'siden,* →Apsiden.

Apochromat [zu chromatisch gebildet] *der, -s* oder *-en/-e(n),* ein von E. Abbe erfundenes Objektiv, das fast keine chromatische und sphärische Aberration (→Abbildungsfehler) mehr aufweist. Dies wird erreicht durch eine Kombination von im Allgemeinen drei Linsen, die dafür sorgen, dass Farbfreiheit für drei Wellenlängen- bzw. Farbbereiche besteht. Im Gegensatz dazu wird beim →Achromaten Farbreinheit nur für jene zwei engen Wellenlängen- bzw. Farbbereiche erzielt, für die die Brennweiten des Linsensystems exakt gleich sind.

Apogalaktikum *das, -s/...ken,* auf einer galaktischen Bahn der zentrumfernste Punkt (→Apsiden).

Apogäum [zu griech. gḗ »Erde«] *das, -s/...'gäen,* **Erdferne,** erdfernster Punkt der Umlaufbahn eines Satelliten um die Erde (→Apsiden).

Apokatastasis, Bezeichnung für den alle 1 460 Sothisjahre (= 1 461 bürgerliche Jahre) stattfindenden Zusammenfall der Neujahrs-

Aristarch wurde im 16. Jahrhundert nochmals von T. Brahe aufgegriffen. Vermutlich entwickelte Apollonios von Perge auch als Erster die Epizyklentheorie zur Darstellung der Bewegungen der Planeten.

Apollo-Objekte, Planetoiden wie Adonis, Hermes, Apollo, Icarus u.a., deren große Bahnhalbachse größer, deren Perihelentfernung aber kleiner als 1 AE ist, und die damit »von außen kommend« die Erdbahn kreuzen; bisher kennt man 39 Mitglieder der Gruppe. Die bekannten 6 Planetoiden der **Aten-Gruppe** (benannt nach dem Planetoiden Aten) besitzen eine große Bahnhalbachse kleiner als 1 AE, ihre Aphelentfernung ist aber größer als der Perihelabstand der Erde von 0,98 AE, sie kreuzen daher die Erdbahn »von innen kommend«. Mitglieder beider Gruppen können eine sehr geringe Erdentfernung erreichen (z.B. 1937 Hermes mit nur fast doppelter Mondentfernung); ein Zusammenstoß mit der Erde ist möglich, doch ist die Wahrscheinlichkeit dafür relativ gering.

Apollo-Programm, das Raumfahrtprogramm der USA mit dem Ziel bemannter Mondlandungen, durchgeführt von der NASA zwischen 1968 (erste bemannte Mondlandung am 20. 7. 1969) und 1972 im Anschluss an die Programme der unbemannten Mondsonden Ranger, Lunar Orbiter und Surveyor sowie an das bemannte Mercury-Programm und Gemini-Programm.

Für das Apollo-Programm waren mehrere Raumfahrzeugeinheiten nötig, deren Masse eine Trägerrakete erforderte, wie sie erst mit der dreistufigen, rd. 2900 t schweren →Saturn V zur Verfügung stand. Das gesamte Raumfahrzeug setzte sich zusammen aus einer rd. 5,8 t schweren rückkehrfähigen und wiedereintrittsfähigen Raumkapsel (selbstständige Führungseinheit, die **Kommandoeinheit,** englisch »command module«, CM, mit einem Basisdurchmesser von 3,9 m, in der sich die jeweils drei Astronauten während des Mondflugs aufhielten), einer **Betriebseinheit** und **Versorgungseinheit** (englisch »Service Module«, SM) von rd. 25 t Masse (davon über 18 t Treibstoffe) und einer 16,6 t schweren **Mondlandeeinheit** (englisch »lunar module«, LM), wobei diese **Mondlandefähre** ihrerseits aus zwei Teilen bestand, dem Lande- und dem Wiederaufstiegssystem. Ein Hauptraketentriebwerk und Steuertriebwerke dienten zu Lage- und Bahnänderungen der Kommandoeinheit.

■ **Missionsverlauf** Start vom Kennedy Space Center auf Cape Canaveral, Einschwenken in eine erdnahe Parkbahn, Wiederzünden der dritten Stufe, Erreichen der Fluchtgeschwindigkeit (rd. 40000 km/h). Nach einem Dreh- und Kopplungsmanöver Trennung der Nutzlast von der dritten Stufe und Flug zum Mond. Nach Bahnkorrekturen und Abbrem-

Apollo-Programm. Die Apollo-Kapsel in einer Mondumlaufbahn

tage im astronomischen und bürgerlichen Kalender.

Apollo, 1932 entdeckter Planetoid; der erste Kleinplanet, dessen Bahn als die Erdbahn kreuzend erkannt wurde (→Apollo-Objekte).

Apollonios von Perge, griech. Mathematiker und Astronom, * Perge (Pamphylien) um 260 v. Chr., † Alexandria um 190 v. Chr.; lehrte unter Ptolemaios Euergetes in Alexandria, galt in Antike und Mittelalter als »der große Geometer«. Sein Hauptwerk sind die acht Bücher »Konika« (die ersten vier griechisch, 5–7 in arabischer Übersetzung erhalten, 8 verloren), das klassische Handbuch der Kegelschnittlehre bis zum Aufkommen der analytischen Geometrie, das Vorarbeiten von Aristaios von Kroton, Euklid und Archimedes zusammenfasst und ergänzt. Apollonios von Perge führte die noch heute üblichen Bezeichnungen Parabel, Ellipse und Hyperbel ein und definierte sie als Schnittkurven an einem Kreiskegel (Doppelkegel). Ein Werk über Verhältnisschnitte ist in arabischer Übersetzung erhalten, aus anderen sind nur Fragmente bekannt, u.a. über ein System zur Darstellung großer Zahlen. Auf dem Gebiet der Astronomie entwickelte er eine Theorie, nach der sich zwar die Planeten um die Sonne, diese sich aber um die Erde bewegen würde. Dieser »Kompromiss« zwischen den herkömmlichen geozentrischen Auffassungen und dem heliozentrischen System von

Vorbereitungsflüge des Apollo-Programms

Apollo-Mission	7	8	9	10
Mannschaft	W. Schirra	F. Borman	J. McDivitt	T. Stafford
	D. Eisele	J. Lovell	D. Scott	J. Young
	W. Cunningham	W. Anders	R. Schweickart	E. Cernan
Start	11. 10. 1968	21. 12. 1968	3. 3. 1969	18. 5. 1969
Raumflug	um die Erde	um den Mond	um die Erde	um den Mond
Rückkehr	22. 10. 1968	27. 12. 1968	13. 3. 1969	26. 5. 1969

Mondlandungen im Apollo-Programm

Apollo-Mission	**11**	**12**	**13**	**14**	**15**	**16**	**17**
Mannschaft	N. Armstrong M. Collins E. Aldrin	C. Conrad R. Gordon A. Bean	J. Lovell F. Haise J. Swigert	A. Shepard S. Roosa E. Mitchell	D. Scott A. Worden J. Irwin	J. Young T. Mattingly C. Duke	E. Cernan R. Evans H. Schmitt
Rufzeichen CM:	Columbia	Yankee Clipper	Odyssey	Kitty Hawk	Endeavour	Caspar	America
LM:	Eagle	Intrepid	Aquarius	Antares	Falcon	Orion	Challenger
Start	16. 7. 1969	14. 11. 1969	11. 4. 1970	31. 1. 1971	26. 7. 1971	16. 4. 1972	7. 12. 1972
Mondlandung	20. 7. 1969	19. 11. 1969		5. 2. 1971	30. 7. 1971	20. 4. 1972	11. 12. 1972
Landeort und Koordinaten	Mare Tranquillitatis	Oceanus Procellarum		Fra Mauro	Hadleysche Rille	Hochebene Descartes	Taurus/ Littrow
	0° 41' 15" nördlicher Breite	3° 12' südlicher Breite		3° 40' südlicher Breite	26° 06' nördlicher Breite	8° 59' südlicher Breite	20° 10' nördlicher Breite
	23° 26' östlicher Länge	23° 24' westlicher Länge		17° 28' westlicher Länge	3° 39' östlicher Länge	15° 31' östlicher Länge	30° 45' östlicher Länge
Mond-EVA-Anzahl	1	2		2	4	3	3
Gesamtdauer	2 h 32 min	7 h 46 min		9 h 23 min	19 h 8 min	20 h 14 min	22 h 4 min
Distanz	250 m	2 km		3,3 km	27,9 km	26,7 km	35 km
Gesamtaufenthalt auf dem Mond	21 h 36 min	31 h 31 min		33 h 31 min	66 h 55 min	71 h 2 min	74 h 59 min
Mondsubstanz zurückgebracht	21,7 kg	34,4 kg		42,9 kg	76,8 kg	95,8 kg	110 kg
Anzahl der Mondumläufe	30	45		34	74	64	75
Rückkehr	24. 7. 1969	24. 11. 1969	17. 4. 1970	9. 2. 1971	7. 8. 1971	27. 4. 1972	19. 12. 1972
Gesamtflugdauer	195 h 19 min	244 h 36 min	142 h 55 min	216 h 2 min	295 h 12 min	265 h 51 min	301 h 52 min
Bemerkungen	1. bemannte Mondlandung. Fernsehübertragung von der Tätigkeit auf dem Mond. Quarantäne nach Rückkehr.	Landung nur 184 m vom Landeort des Surveyor 3 (1967). Fernsehübertragung kurz nach der Landung unterbrochen. Sonnenlicht beschädigte Kamera. Quarantäne.	Mondlandung an technischen Schwierigkeiten gescheitert.	Schwierigkeiten mit der Kopplung zwischen LM und CM. Landung 50 m vom Zielpunkt. Handwagen auf dem Mond verwendet.	Erstmalig Mondfahrzeuge mitgeführt. Während des Rückfluges EVA (38 min 12 s), um Film zu bergen. Keine Quarantäne.	Mondfahrzeug mitgeführt. Landung um mehr als 5 h verspätet wegen Schwierigkeiten mit Triebwerk. EVA für etwa 1 h. Rückkehr um 22 h vorverlegt.	Letzte Mondlandung. Start um fast 3 h verzögert. Mondfahrzeug mitgeführt. EVA während des Rückfluges.

CM: Command Module = Kommandoeinheit
LM: Lunar Module = Mondlandeeinheit
EVA: Extra Vehicular Activity = Tätigkeit außerhalb des Raumfahrzeugs

sung auf rd. 6000 km/h Einschwenken in die Mondumlaufbahn; zwei Astronauten stiegen für den Abstieg zum Mond in die Mondlandefähre um, die von der Kommandoeinheit getrennt wurde und nach Abbremsen mittels Bremsraketen auf dem Mond landete. Zur Rückkehr vom Mond Start der Mondfährenoberstufe mit eigenem Raketentriebwerk von maximal 16 Kilonewton Schub. Nach einem Rendezvousmanöver auf der Mondumlaufbahn stiegen die zwei Astronauten in die Kommandoeinheit zu deren Kommandanten um; Abtrennung der Mondfährenoberstufe, Beschleunigung der Kommandoeinheit auf Mondfluchtgeschwindigkeit, Bahnänderungsmanöver in Richtung Landekorridor, Abtren-

Apollo-Programm Der erfolgreiche Fehlschlag

80662

»Houston, wir haben ein Problem.« Die Worte des Testpiloten und Kommandanten von Apollo 13 machten Film- und Raumfahrtgeschichte. Dieser Flug mit der »Unglückszahl« war wirklich vom Pech verfolgt. Zuerst erkrankte der vorgesehene Pilot kurz vor dem Start. In der Startphase fiel eines der Triebwerke aus. Das konnte mit den restlichen Motoren ausgeglichen werden, führte aber dazu, dass auch die Raketenmotoren der zweiten Stufe länger brennen mussten. All das wäre völlig bedeutungslos geblieben, wäre nicht nach zwei der drei geplanten Reisetage zum Mond die Panne passiert, die aus dem Flug eine Beinahe-Katastrophe machte.
Wie die NASA später herausfand, muss es in einem Sauerstofftank einen Kurzschluss gegeben haben. Der führte zu einem unentdeckten Schwelbrand im Tank. Als ein darin befindlicher Ventilator eingeschaltet wurde, kam es zu einer Explosion, die diesen und einen weiteren Sauerstofftank zerstörte. Außerdem wurden Teile der Elektronik in Mitleidenschaft gezogen. Fazit: Die Raumkapsel war eigentlich unbrauchbar. Nur mit Mühe gelang es, die Astronauten am Leben zu halten und die Kapsel sicher zur Erde zurückzulenken.
Das Bild zeigt das abgetrennte Service-Modul kurz vor Wiedereintritt; deutlich sind die Schäden zu sehen.

nung der Betriebs- und Versorgungseinheit und Rückflug; nach Einfliegen in den Landekorridor Eintauchen in die Erdatmosphäre, wobei ein Abbremsen stattfindet, schließlich Bremsung der Fallgeschwindigkeit durch drei Fallschirme auf 8,5 m/s und Wasserung.

■ **Missionsaufgaben** Die wissenschaftlichen Hauptaufgaben des Apollo-Programms auf dem Mond bestanden im Aufsammeln und Überbringen von Mondgestein, in der Aufstellung von Geräten (kleine Forschungsstation mit Isotopenbatterie) und in der fotografischen Dokumentation. Die Geräte dienten u.a. seismischen Experimenten, der Untersuchung des Sonnenwinds, der Messung von Magnetfeldern und des Wärmeflusses im Boden, der Ermittlung einer möglichen Mondatmosphäre und der genauen Messung der Entfernung Erde–Mond mithilfe eines Laserreflektors. Auch in der Mondumlaufbahn der Führungseinheit wurden mit deren Geräten Untersuchungen angestellt und die Mondoberfläche fotografiert. Von Apollo 15 bis 17 wurde je ein batteriegetriebenes Mondfahrzeug LRV (englisch Lunar Roving Vehicle) mitgeführt (zurückgelegte Gesamtstrecken 90 km) und außerdem ein Subsatellit in der Mondumlaufbahn ausgestoßen.

Im Rahmen des Apollo-Programms fanden folgende vorbereitende Raumflüge statt: Erdumläufe von drei Attrappen (Apollo 1 bis 3, 1965) und drei unbemannten Kapseln (Apollo 4 bis 6, 1967/68), danach 1968/69 Raumflüge von vier bemannten Raumkapseln (Apollo 7 und 9 auf Erdumlaufbahnen, Apollo 8 und 10 bis zum Mond, ohne aber zu landen). Anschließend wurden 1969–72 sechs bemannte Mondlandungen ausgeführt , wobei am 21. 7. 1969, $3^{h} 56^{min}$ (MEZ) N. Armstrong als erster Mensch die Mondoberfläche betrat (rd. 20 Minuten danach folgte E. Aldrin).

Die Mission des am 11. 4. 1970 gestarteten Apollo 13 mit der Besatzung J. Lovell, F. Haise, J. Swigert musste nach der Explosion eines Sauerstofftanks der Brennstoffzellen im Versorgungsteil in etwa 330 000 km Entfernung von der Erde abgebrochen werden; nach Umfliegen des Mondes kehrte die Besatzung unversehrt zur Erde zurück (verfilmt 1995).

Apollo-Sojus, Apollo Soyuz Test Project [- ˈprɔdʒekt, englisch], Abkürzung **ASTP,** amerikanisch-sowjetisches Raumfahrtprogramm zur Erprobung von Rendezvous- und Kopplungsvorrichtungen unterschiedlicher Raumfahrzeuge. Start von Sojus 19 mit A. A. Leonow und V. N. Kubassow am 15. 7. 1975; etwa 7,5 Stunden später folgte eine Apollo-Raumkapsel (Apollo 18) der NASA mit T. P. Stafford, V. Brand und D. K. Slayton. Am 17. 7. Kopplung über Westeuropa mit Sojus als inaktivem Partner; zweitägiger Raumflug der miteinander verbundenen Raumkapseln mit Durchführung gemeinsamer Experimente und gegenseitigen Besatzungsbesuchen. Trennung am 19. 7.; Landung von Sojus 19 am 21. 7. nach 142 h 31 min (97 Erdumkreisungen), Wasserung von Apollo 18 am 24. 7. nach einer Flugdauer von 217 h 28 min (138 Erdumkreisungen).

Aposelen *das, -s,* **Mondferne,** mondfernster Punkt einer Mondumlaufbahn (→Apsiden).

Apollo-Programm
→ GEO **Dossier**
Das erste Mal, Bd. 4

Apollo-Programm
→ GEO **Dossier**
Rüstung für Raumreisende, Bd. 4

Apollo-Programm
→ GEO **Dossier**
Odyssee im All, Bd. 4

Appleton ['æpltən], Sir (seit 1941) Edward Victor, britischer Physiker, *Bradford 6. 9. 1892, †Edinburgh 21. 4. 1965; lehrte an der Universität Edinburgh. Appleton führte seit 1924 experimentelle Untersuchungen über das Verhalten der stark ionisierten, daher elektrisch leitenden Schichten in der Atmosphäre durch und entdeckte dabei eine oberhalb der Heaviside- oder E-Schicht gelegene zweite leitende Schicht, die heute allgemein als F-Schicht bezeichnete **Appleton-Schicht** (→Ionosphäre). Gemeinsam mit seinen Mitarbeitern entwickelte er Verfahren zum Studium dieser Ionosphärenschichten und wies ihre Bedeutung für astronomische, meteorologische und funktechnische Probleme nach. Appleton hatte 1940/41 maßgeblichen Anteil an der Entwicklung der Radarortung von Flugzeugen; Nobelpreis für Physik 1947.

Apsiden [Apsis], *Singular* **Apside** *die, -,* die beiden Punkte der elliptischen Bahn eines Himmelskörpers, in denen dieser dem in einem der Brennpunkte stehenden Zentralkörper (Gravitationszentrum) am nächsten **(Periapsis)** oder am fernsten **(Apoapsis)** ist. Bei den Planetenbahnen heißen sie **Perihel** (Sonnennähe) und **Aphel** (Sonnenferne), bei der Mondbahn **Perigäum** (Erdnähe) und **Apogäum** (Erdferne), bei der Bahn eines künstlichen Mondsatelliten **Periselen** (Mondnähe) und **Aposelen** (Mondferne), bei Doppelsternbahnen **Periastron** (Sternnähe) und **Apastron** (Sternferne), bei der Bahn eines Sterns um das Zentrum des Milchstraßensystems **Perigalaktikum** (Milchstraßenzentrumsnähe) und **Apogalaktikum** (Milchstraßenzentrumsferne). Die Verbindungslinie zwischen den Apsiden, zugleich die große Achse der Bahnellipse, heißt **Apsidenlinie.**

Apsidendrehung, die allmähliche Drehung der Apsidenlinie eines Himmelskörpers, der sich um einen anderen bewegt, in seiner Bahnebene, wobei der gemeinsame Schwerpunkt Drehzentrum ist; speziell die →Periheldrehung bei Umläufen v.a. der inneren Planeten um die Sonne. Aus Beobachtungen der in engen Doppelsternsystemen auftretenden Apsidendrehung lassen sich die Massen oder Massenverteilungen der beiden Komponenten ermitteln.

Apus [griech. »ohne Fuß«], wissenschaftlicher Name des Sternbilds →Paradiesvogel.

Aquariden *Plural,* zwei →Meteorströme mit Radianten im Sternbild **Aquarius** (→Wassermann), im April/Mai und Juli/August zu beobachten.

Aquarius, wissenschaftlicher Name des zum Tierkreis gehörenden Sternbilds →Wassermann.

Äquator [lat. »Gleichmacher«], **1)** der **Himmelsäquator** *(ohne Plural),* die Projektion des Erdäquators vom Mittelpunkt der Erde aus auf die gedachte Himmelskugel. Er steht senkrecht auf der mit der Erdachse zusammenfallenden Himmelsachse und teilt den Himmel in die nördliche und die südliche Halbkugel. Eine Hälfte des Himmelsäquators befindet sich über dem Horizont, die andere darunter (→astronomische Koordinaten, Bild). Steht die Sonne im Himmelsäquator, so herrscht Tagundnachtgleiche (→Äquinoktium). Die **Äquatorhöhe** ist der Winkel zwischen der Äquatorebene und dem Horizont. **2)** derjenige Großkreis auf der Oberfläche eines Himmelskörpers, dessen Ebene durch den Mittelpunkt des Körpers geht und senkrecht zu seiner Rotationsachse steht, z.B. der →Erdäquator. **3)** der **galaktische Äquator** *(ohne Plural),* der Grundkreis im galaktischen System (→astronomische Koordinaten); er ist als Schnitt der durch das galaktische Zentrum gehenden Milchstraßenebene mit der Himmelskugel definiert.

äquatoriale Montierung, →Fernrohrmontierung.

Äquatorsystem, Äquatorialsystem, äquatoriales Ko|ordinatensystem, →astronomische Koordinaten.

Aquila, wissenschaftlicher Name des Sternbilds →Adler.

Äquinoktialpunkte, →Äquinoktium.

Äquinoktium [zu lat. nox, noctis »Nacht«] *das, -s/...ti|en,* die Zeit der **Tagundnachtgleiche,** am Frühlingsanfang der Nordhalbkugel um den 21. März **(Frühlingsäquinoktium),** am Herbstanfang der Nordhalbkugel um den 23. September **(Herbstäquinoktium).** Die Sonne steht dann im Himmelsäquator und geht für alle Orte der Erde um 6 Uhr Ortszeit im Ostpunkt auf und um 18 Uhr Ortszeit im Westpunkt unter. Zu allen anderen Zeiten sind Tag und Nacht für alle Orte, die nicht auf dem gleichen Breitenkreis liegen, von ungleicher Länge. Die beiden Punkte, an denen sich die Sonne zur Zeit der Tagundnachtgleiche befindet und in denen Ekliptik und Himmelsäquator sich schneiden, heißen **Äquinoktialpunkte (Frühlingspunkt** oder **Widderpunkt** und **Herbstpunkt** oder **Waagepunkt.** Sie verschieben sich infolge der →Präzession. Ihre gedachte Verbindungslinie wird als **Äquinoktiallinie** bezeichnet.

Äquivalenzprinzip, der Satz von der Äquivalenz von Masse und Energie (→Masse-Energie-Äquivalenz).

AR, Abk. für ascensio recta, →Rektaszension.

Ara [lat.], wissenschaftlicher Name des Sternbilds →Altar.

arabische Astronomie, die Epoche der Astronomie, die mit der Eroberung Alexandrias 642 n.Chr. durch die Araber begann. Obwohl u.a. die berühmte Bibliothek zerstört wurde, entwickelte sich für die nächsten 800 Jahre eine eigenständige arabische astronomische Tradition. In vielen Städten entstanden Sternwarten, und vor allem die Notwendigkeit eines islamischen Kalenders stimulierte neue mathematische Methoden und präzisere Zeitmessungen. Bedeutende arabische Astronomen waren Albategnius, Sufi und Arzachel.

Arecibo-Radioteleskop. Das größte zurzeit betriebene Radioteleskop befindet sich in Puerto Rico.

Arago, Dominique François Jean, französischer Astronom, Physiker und Politiker, *Estagel (bei Perpignan) 26. 2. 1786, † Paris 2. 10. 1853. Arago führte 1807/08 Gradmessungen in Spanien und Schottland aus. Er war seit 1805 mit Alexander von Humboldt befreundet, wurde 1809 Mitglied des Institut National und Professor an der École Polytechnique in Paris, 1830 Direktor der dortigen Sternwarte und ständiger Sekretär der Académie des sciences. Er entdeckte 1811/12 die Drehung der Polarisationsebene des Lichtes durch Bergkristallplatten, die chromatische Polarisation und die Interferenz von polarisiertem Licht. Durch Interferenzversuche festigte er zusammen mit A. J. Fresnel die Auffassung, dass Licht aus Transversalwellen besteht. Er führte das Funkeln der Sterne auf eine durch Luftunruhe hervorgerufene Interferenzerscheinung zurück.

Arago-Punkt [nach D. F. J. Arago], →Himmelsstrahlung.

Arche, ein 2002 entdeckter kleiner Mond des →Jupiter. Er umkreist den Planeten entgegen dessen Rotationsrichtung in einem mittleren Abstand von 22,9 Millionen Kilometern in 723 Tagen, 22 Stunden und 36 Minuten. Arche gehört zu einer Gruppe ähnlicher Jupitermonde, der Carme-Gruppe.

Arctur, Arcturus, der Stern →Arktur.

Arecibo-Radioteleskop [-'sißo-], das größte in Betrieb befindliche einzelne →Radioteleskop der Welt, 1963 errichtet in der Nähe von Arecibo in Puerto Rico. Die Parabolantenne des Radioteleskops ist ein nicht schwenkbarer, sphärischer Reflektor mit einem Durchmesser von über 305 m, im Gegensatz zu der wesentlich verbreiteteren Bauform mit einer beweglichen Empfangsschüssel. Es wurde in einer natürlichen Talmulde des Karstgebirges der Montanas Guarionex im Nordwesten Puerto Ricos errichtet. Die Schüssel ist der Ausschnitt einer Sphäre mit einem Radius von 265 m. Um den Reflektor herum befinden sich drei große Trägergestelle, die dafür sorgen, dass sich die an ihnen mit langen Drahtseilen befestigte Plattform genau im Brennpunkt des Reflektors befindet. An ihr sind die verschiedenen Antennen des Teleskops befestigt. Die aus dem Weltraum einfallenden Radiowellen werden von dem Reflektor in diesen Brennpunkt gebündelt und von der sich dort befindlichen Antenne in den Kontrollraum weitergeleitet. Obwohl das Instrument fest mit dem Untergrund verankert ist, kann es dank eines ausgeklügelten Führungssystems einen Himmelsbereich bis zu 20 Grad abseits vom Zenit abdecken. Das Radioteleskop dient vor allem zur Erforschung der Körper des Sonnensystems, wobei es auch als Radarteleskop (→Radarastronomie), also als Sender und Empfänger, eingesetzt wurde. So konnten z. B. durch Echomessungen Entfernungen im Planetensystem, aber auch die Rotationszeiten von Merkur und Venus bestimmt werden. In der Radioastronomie wurde das Teleskop zum Studium der Pulsare eingesetzt sowie als Element der Very Long Baseline Interferometry (→VLBI) zur Untersuchung entfernter Radioquellen.

■ **Arecibo-Botschaft** Im Jahre 1974 sandten Radioastronomen von Arecibo aus eine

Ariane. Das Bild zeigt die neue, verstärkte Rakete Ariane-5-ECA im Raumfahrtbahnhof Kourou der Europäischen Raumfahrtagentur in Französisch-Guayana kurz vor dem geplanten Jungfernflug 2002, der allerdings scheiterte.

»»Botschaft« zum Kugelsternhaufen M 13 im Sternbild Herkules. Man vermutet dort die Existenz von Planetensystemen. Inhalt dieser binär kodierten Botschaft sind u. a. Angaben zu den Zahlen, den atomaren Bausteinen und der menschlichen Erbsubstanz. Das Signal wird M 13 in 25 000 Jahren erreichen. Zeitweise wird das Arecibo-Radioteleskop auch zum Aufspüren intelligenter Signale von außerirdischen Zivilisationen benutzt (→SETI).

Areografie [griech.] *die,* die kartografische Darstellung der Marsoberfläche.

Argelander, Friedrich Wilhelm August, deutscher Astronom, *Memel 22. 3. 1799, †Bonn 17. 2. 1875; war seit 1837 Professor in Bonn. Argelander erwarb sich große Verdienste um die Erfassung der Position, Helligkeit und Eigenbewegung von Fixsternen (besonders von Veränderlichen), führte dazu die →Stufenschätzung ein. 1843 erschien sein Atlas der mit bloßem Auge sichtbaren Sterne (»Uranometria nova«), 1846–63 sein als →Bonner Durchmusterung bekanntes Verzeichnis und Kartenwerk von über 300 000 Sternen der nördlichen Himmelskugel.

Ariane, dreistufige Trägerrakete der Europäischen Weltraumorganisation (ESA), wurde nach dem Scheitern der früheren Europa-Raketen zwischen 1973 und 1981 unter französischer Führung entwickelt, um Europa eine von anderen Nationen unabhängige Startkapazität zu schaffen. Zwischen Ende 1979 und Ende 1981 fanden vier Testflüge der Ariane-1 statt, von denen einer ein Fehlschlag war. Der erste operationelle Flug scheiterte am 9. 9. 1982 in der Startphase. Bis Mitte 1995 erfolgten 74 Starts, von denen 90 % erfolgreich verliefen und bei denen insgesamt rd. 100 Satelliten in ihre Bahn gelangten. Startplatz ist das französische Raumfahrtzentrum Kourou. – Ariane-3, mit zwei Feststoff-Boostern ausgerüstet, war 50 m hoch und hatte eine Startmasse von zirka 240 t. Die Nutzlastkapazität für die geostationäre Übergangsbahn betrug 2 400 kg. Ab 1988 folgte die verbesserte Ariane-4 in sechs Versionen (58 m Höhe, 480 t Startmasse, maximal 4 700 kg Nutzlast). Der letzte Start erfolgte am 15. 2. 2003. – Der erste Start der neuen Version Ariane-5 (51 m Höhe, 725–735 t Startmasse insgesamt) scheiterte am 4. 6. 1996 bereits nach 37 s aufgrund eines Softwarefehlers. Der zweite und dritte Startversuch am 30. 10. 1997 beziehungsweise 21. 10. 1998 glückten. Der Jungfernflug einer verstärkten Trägerrakete, der Ariane-5-ECA (»Ariane-5-Plus«, »Zehn-Tonnen-Ariane«), musste am 27. 11. 2002 bereits nach wenigen Minuten abgebrochen werden (Triebwerkschaden), der erste erfolgreiche Start gelang am 12. 2. 2005.

Arianespace [-ˈspeɪs, englisch], 1980 gegründeter europäischer Raumfahrtkonzern mit Sitz in Evry-Courcouronnes (Département Essonne, Frankreich) für kommerzielle Raketenstarts, um Satelliten in einen geostationären Transferorbit (GTO) zu bringen. Arianespace vermarktet weltweit europäische Trägersysteme (v. a. für Ariane-5-, Sojus-Transportunternehmen). Die Starts erfolgen in →Kourou.

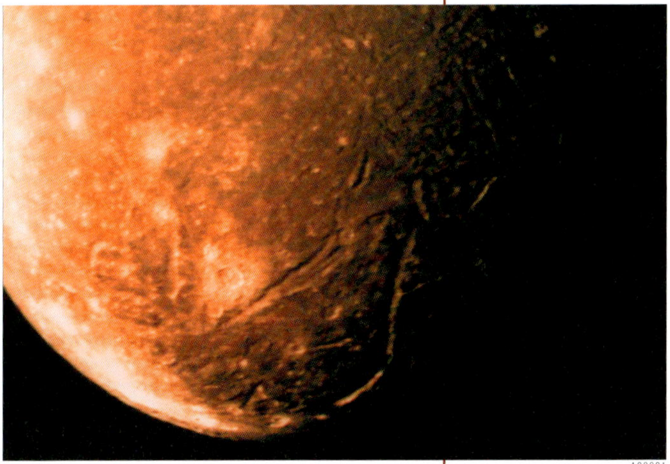

100001

Ariel.
Ariel ist der viertgrößte Mond des Uranus.

Ariden, ein schwacher Meteorstrom mit Radiant im Sternbild →Altar.

Ari|el, ein Mond des →Uranus, der 1851 von W. Lassell entdeckt wurde und 1986 beim Vorbeiflug der Raumsonde Voyager 2 fotografiert und vermessen wurde. Er umkreist Uranus in einem mittleren Abstand von 190 900 Kilometern in 2 Tagen, 12 Stunden und 29 Minuten auf einer fast kreisrunden Bahn. Er hat einen mittleren Durchmesser von 1 160 Kilometern. Die Oberfläche weist viele Krater auf, was auf ein hohes Alter deutet. Lineare Furchen sprechen für tektonische Aktivität, einige Flecken zeigen Ablagerungen an.

Ari|es, wissenschaftlicher Name des Sternbilds →Widder.

Aristarchos, Aristarchos von Samos, griechisch **Aristarchos von Samos,** deutsch **Aristarch,** griechischer Astronom, *Samos um 310 v. Chr., †um 230 v. Chr. Von Aristarchos' Leben ist fast nichts bekannt. In seiner Jugend ist er wohl nach Alexandria gekommen, dem damaligen Mekka der Wissenschaft, und hatte vermutlich den griechischen Philosophen Straton (*um 340 v. Chr., †270 oder 267 v. Chr.) zum Lehrer.

■ **Entfernungen von Sonne und Mond**
Auch seine Werke sind verschollen, mit Ausnahme der Arbeit »Über die Größen und Entfernungen von Sonne und Mond«, in der er eine Methode zur Bestimmung der relativen Entfernung zwischen Sonne, Erde und Mond sowie des Durchmessers der Sonne und der Erde darlegt. Sie basiert darauf, dass zum Zeitpunkt des Vollmonds Erde, Mond und Sonne ein rechtwinkliges Dreieck bilden müssen, mit dem rechten Winkel am Mond. Wenn man nun den Winkel zwischen Sonne und Mond

Aristarchos
***um 310 v. Chr.,**
†um 230 v. Chr.

100880

■ vertrat als Erster ein heliozentrisches Weltbild
■ versuchte, geometrisch das Verhältnis der Entfernungen Sonne–Erde und Mond–Erde zu bestimmen
■ fand einen verbesserten Wert für die Länge des Sonnenjahres

von der Erde aus betrachtet ermittelt, kann man die relativen Längen der Dreieckseiten ausrechnen und damit das Verhältnis der Entfernungen Erde–Mond und Erde–Sonne. Leider standen Aristarchos keine Instrumente zur genauen Winkelmessung zur Verfügung, und seine geschätzten Winkelwerte waren ziemlich ungenau. Er kam zu dem Ergebnis, dass die Sonne zwanzigmal so weit von der Erde entfernt ist wie der Mond – tatsächlich ist sie 400-mal so weit weg. Aristarchos widmete sich auch der Aufgabe, den relativen Durchmesser des Mondes abzuleiten. Er nutzte dazu die beobachtbare Größe des Erdschattens bei einer Mondfinsternis und kam zu dem Ergebnis, dass der Monddurchmesser ein Drittel des Erddurchmessers beträgt. Aufgrund seiner relativen Entfernungsbestimmungen schloss er daraus, dass die Sonne ungefähr den siebenfachen Erddurchmesser aufweist. Konsequenterweise lag er auch jetzt daneben, sein Wert ließ ihn aber zumindest daran zweifeln, ob sich die größere Sonne tatsächlich um die kleinere Erde dreht.

■ **Begründung eines heliozentrischen Weltsystems** Aristarchos' Versuch, ein heliozentrisches Weltsystem zu begründen, sind nur durch Archimedes und Plutarch überliefert. Den Gelehrten seiner Zeit war eine solche Hypothese wohl zu revolutionär, und Aristarchos' Buch ging verloren. Plutarch erwähnt, dass Aristarchos wegen seiner Ansichten des »Religionsfrevels« angeklagt wurde. Nach der Überlieferung vertrat Aristarchos die These, dass sich die Erde auf einer gegen den Himmelsäquator geneigten Kreisbahn vor dem Hintergrund einer festen Fixsternsphäre um die unbewegliche Sonne bewegt und sich zudem im Laufe eines Tages einmal um die eigene Achse dreht. Aristarchos ist damit der eigentliche Begründer des heliozentrischen Weltbilds.

Aristoteles
*** 384 v. Chr.,**
† 322 v. Chr.

80695

- gründete 334 v. Chr. in Athen eine philosophische Schule
- übernahm das geozentrische Weltsystem in seine Philosophie
- argumentierte für die Kugelgestalt der Erde

Aristoteles, griech. **Aristoteles,** genannt der **Stagirit,** griech. Philosoph, * Stagira (östlich Chalkidike) 384 v. Chr., † bei Chalkis (auf Euböa) 322 v. Chr.; neben Platon (* 427 v. Chr., † 348/347 v. Chr.) der bedeutendste Philosoph der Antike. Für die Astronomiegeschichte ist von Bedeutung, dass Aristoteles die zu seiner Zeit geltende Lehrmeinung vom geozentrischen Weltsystem in seine Philosophie übernahm. Außerdem schloss er aus der Überlegung, dass bei einer Reise in den Süden immer neue Sterne über dem südlichen Horizont auftauchen, auf die Kugelgestalt der Erde.

■ **Lebensweg** Aristoteles' Familie war eng mit dem makedonischen Königshaus, zu deren Herrschaftsbereich Stagira gehörte, verbunden. Sein Vater war Leibarzt am Hof von Amyntas II. Nachdem Aristoteles schon früh seine Eltern verlor, wuchs er bei Pflegeeltern auf und trat mit 17 Jahren in die Athenische Akademie Platons ein. Er wurde zum berühmtesten Schüler seines Meisters. Als Platon verstarb, verließ Aristoteles die Akademie. Vermutlich behagte ihm der Lehrbetrieb nicht mehr, außerdem mag es ihn getroffen haben, dass Platon auf dem Sterbebett seinen Neffen zum Nachfolger bestimmt hatte. Außerdem kam in Athen eine zunehmend antimakedonische Stimmung auf, sodass Aristoteles für einige Zeit nach Kleinasien zog. 342 v. Chr. wurde er nach Makedonien berufen, wo er Alexander, den Sohn Philipps II., unterrichtete. Aus dem jungen Alexander wurde später Alexander der Große. 335 v. Chr. kehrte Aristoteles nach Athen zurück und gründete seine eigene Schule, das Lykeion. 323 v. Chr. verlässt er erneut Athen und zieht sich in den Geburtsort seiner Mutter zurück, wo er im Jahr darauf stirbt.

■ **Beiträge zur Astronomie** Aristoteles' Schriften wurden in über 150 Bänden gesammelt und stellen eine Enzyklopädie des Wissens seiner Zeit dar. Er beschränkte sich aber nicht nur auf streng wissenschaftliche Fakten im heutigen Sinne, sondern beschäftigte sich auch mit Literatur, Politik, Ethik usw. Ungefähr fünfzig der Aristoteles zugeschriebenen Schriften blieben erhalten, wenn wohl auch nicht alle tatsächlich von ihm stammen. Die bemerkenswertesten wissenschaftlichen Schriften betreffen sicher die Biologie; in der Physik war er stark den Ideen Platons verhaftet und weit weniger neuen Erkenntnissen aufgeschlossen wie in der Biologie. Er vertrat die geozentrische Lehre des Eudoxos von den Himmelssphären und fügte ihnen sogar einige hinzu. Im Unterschied zu Eudoxos hielt er die Sphären aber für eine Realität und nicht für ein gedankliches Hilfsmittel. Aristoteles übernahm auch viel von den Pythagoreern, u. a. die Lehre, dass die Erde rund sei. Während Pythagoras seine Ansicht nicht beweisen konnte, führte Aristoteles eine Argumentation, die auch heute noch gültig ist: Fährt man mit dem Schiff nach Norden, dann scheinen die Sterne am Nordhimmel auf- und am Südhimmel wieder unterzugehen. Wäre die Erde flach, müsste man hingegen alle Sterne gleichzeitig sehen können. Auch das Verschwinden eines Schiffes am Horizont und der deutlich gebogene Erdschatten während einer Mondfinsternis galten Aristoteles als Belege für die Kugelform der Erde.

Aristyllos, griechisch **Aristyllos,** griechischer Astronom zu Beginn des 3. Jh. v. Chr. in Alexandria, dessen Beobachtungen von Ptolemäus verwertet wurden; stellte einen Katalog von Fixsternörtern zusammen.

Arizona-Krater, Meteor Crater [ˈmiːtjə ˈkreɪtə, engl.], **Canyon-Diablo-Krater** [ˈkænjən dɪˈæbləʊ -], Meteoritenkrater im zentralen Arizona, USA, 200 km nordöstlich von Phoenix, entstanden durch den Einschlag eines Meteoriten, der in prähistorischer Zeit, vor

20 000 bis 50 000 Jahren, niederging. Der mittlere Durchmesser des Kraters beträgt 1 200 m, die Tiefe (heute) 170 m, der Rand ragt bis 50 m über die Umgebung auf. Abschätzungen ergaben einen Durchmesser des Meteoriten von etwa 30 m, eine Masse von etwa 15 000 Tonnen und eine Geschwindigkeit von rund 15 Kilometern pro Sekunde. Erstmals interessierte man sich für den Krater 1891, als in der Umgebung große Mengen meteoritischen Eisens gefunden wurden. In den Jahren 1905 und 1920 wollte man durch Bohrungen an die unter dem Krater vermutete Hauptmasse des Meteoriten herankommen, allerdings vergeblich. 1905 wurde auch erstmals von dem amerikanischen Geologen Daniel Barringer (* 1860, † 1929) die Hypothese formuliert, dass es sich um einen Meteoritenkrater handeln müsse. Inzwischen weiß man, dass Meteorite beim Einschlag entweder verdampfen oder völlig zertrümmert werden, sodass keine großen Massen übrig bleiben. Die aufgefundenen Teilmeteorite bestehen hauptsächlich aus Eisen mit etwas über 7 % Nickel und 0,5 % Kobalt. Die Untersuchung der Verteilung des meteoritischen Materials deutet darauf hin, dass der Meteorit von Nord-Nordwesten nach Süd-Südosten eingefallen ist.

Arktur [griech. »Bärenhüter«] *der,* -, **Arctur, Arcturus,** hellster Stern (α Boo) im Sternbild →Bärenhüter (Bootes); bildet mit den Sternen →Regulus und →Spika das »Frühjahrsdreieck«. Arktur ist mit einer scheinbaren Helligkeit von $-0\overset{\mathrm{m}}{.}05$ vierthellster Stern am Himmel. Die absolute Leuchtkraft dieses 36,5 Lichtjahre entfernten Roten Riesen (absolute Helligkeit 0^{M}, Leuchtkraftklasse III, 28-facher Sonnendurchmesser) ist über 100-mal größer als die der Sonne.

Armillarsphäre [zu lat. armilla »Armband«, »eiserner Ring«], **Armilla, Ringkugel,** astronomisches Gerät zur Darstellung der Haupthimmelskreise; bis ins 17. Jh., zu Lehrzwecken noch heute gebräuchlich. Ekliptik, Äquator und Horizont werden durch konzentrische, teilweise bewegliche Ringe veranschaulicht. Diopter an den beweglichen (mit Gradeinteilung versehenen) Ringen gestatteten das Anvisieren von Gestirnen und das Ablesen ihrer Koordinaten (Örter) in einem der astronomischen Koordinatensysteme; sie machten die noch in der Akademie Platons als einfaches Demonstrationsgerät benutzte Armillarsphäre zu einem Beobachtungsgerät, das seit Ptolemäus als **Astrolabium** bezeichnet und in dieser Form von den Chinesen, Indern und Arabern sowie im lateinischen Mittelalter verwendet wurde. Ob die Babylonier die Armillarsphären bereits kannten, ist unsicher. Später (vorwiegend im 16. und 17. Jh.) wurden Armillarsphären auch als Ziergegenstände ausgeführt und teilweise mit einem Uhrwerk versehen.

Armstrong [ˈɑːmstrɔŋ], Neil Alden, amerikan. Astronaut, * Wapakoneta (Ohio) 5. 8. 1930; ab 1971 Professor für Luft- und Raumfahrttechnologie in Cincinnati (Ohio). 1966 Chefpilot des Raumschiffs Gemini 8; landete mit E. Aldrin am 20. 7. 1969 mit der Mondfähre »Eagle« auf dem Mond, den er am 21. 7. 1969 als erster Mensch betrat und wo er sich rd. zweieinhalb Stunden aufhielt. Das Mutterschiff »Columbia« wurde von Michael Collins (* 1930) gesteuert. (→Apollo-Programm)

885

Neil Armstrong

Armstrong
→ GEO **Dossier**
Das erste Mal, Bd. 4

Arp, Halton Christian, amerikanischer Astronom, * New York 21. 3. 1927; ab 1957 am Mount-Wilson-Observatorium tätig; bezweifelt die Theorie, dass die Rotverschiebung der Quasare auf deren große Entfernung von der Erde hindeutet. 1996 gab er den »Atlas of Peculiar Galaxies« heraus, der auch einige Galaxien enthält, die in der Nachbarschaft von Quasaren zu liegen scheinen. Arp versuchte zu zeigen, dass die Galaxien mit den Quasaren über Gaswolken verbunden sind, und erklärte die starke Rotverschiebung durch Explosionen der Galaxienkerne, bei denen die Quasare mit hoher Geschwindigkeit herausgeschleudert werden.

Array [engl. »Reihe«], Anordnung mehrerer verschiebbarer Radioteleskope zur →Apertursynthese.

Arrest [französisch arˈɛ], Heinrich Louis d', deutscher Astronom französischer Abstammung, * Berlin 13. 8. 1822, † Kopenhagen 14. 6. 1875; wirkte in Leipzig, nach 1857 auch in Kopenhagen; untersuchte Kometen- und Planetoidenbahnen (entdeckte dabei selbst drei Kometen) und bestimmte den Ort zahlreicher kosmischer Nebel und Sternhaufen, von denen er mehr als 200 entdeckte.

Arrhenius, Svante August, schwed. Physikochemiker, * auf Gut Vik bei Uppsala 19. 2. 1859, † Stockholm 2. 10. 1927; entwickelte seit 1882 die Lehre von der elektrolytischen Dissoziation, wofür er 1903 den Nobelpreis für Chemie erhielt; seit 1905 Leiter des Nobelinstituts für physikalische Chemie in Stockholm. Darüber hinaus betrieb er auch meteorologische und astronomische Forschungen über Klimaschwankungen, Gewitter und Polarlichter. 1906 begründete er die →Panspermielehre.

Arzachel, mittellateinischer Name des spanisch-arabischen Astronomen →Sarkala.

aschgraues Mondlicht, das →Erdlicht.

ASI, Abk. für **Agenzia Spaziale Italiana** [adʒenˈtsiːa - -], die 1988 gegründete italienische Weltraumagentur; sie ist z. B. an der Cassini-Huygens-Mission beteiligt.

Aspekt [lat. aspectus »Hinsehen«] *der,* eine von der Erde aus gesehene besondere Winkelstellung zweier Planeten (einschließlich Sonne und Mond) zueinander, →Konstellation.

Assoziation, →Sternassoziationen.

A-Sterne, Sterne der →Spektralklasse A, in deren Linienspektrum v. a. die Wasserstoffabsorptionslinien der Balmer-Serie auftreten. Die Oberflächentemperaturen von A-Hauptreihensternen betragen bis zu rd. 10 000 Kelvin, die Massen liegen zwischen 1,5 und 3 Sonnenmassen; bekannte Vertreter sind →Sirius, →Wega und →Atair. Überriesen vom Spektraltyp A, beispielsweise →Deneb, sind bis zu 11 000 Kelvin heiß, haben Massen bis zu 20 Sonnenmassen und leuchten bis zu 35 000-mal so hell wie die Sonne.

Asteroiden
→ GEO Dossier
Unheimliche Vagabunden, Bd. 4

Asteroiden, *Singular* **Asteroid** *der, -en,* die →Planetoiden.

astral [lat.], die Gestirne betreffend, zu ihnen gehörend, von ihnen stammend.

Astrobiologie, →Kosmobiologie.

Astrofotografie, siehe Sonderartikel Seite 42.

Astrofotometrie, astronomische Fotometrie, Messung der Strahlung und scheinbaren Helligkeit von Himmelskörpern unter Einsatz visueller, fotograf., foto- und thermoelektrischer Methoden. Bei der **visuellen Astrofotometrie** wird die →Helligkeit eines Sterns durch Vergleich (Stufenschätzung) mit anderen Sternen bekannter Lichtintensität oder mit einer regelbaren künstlichen Lichtquelle (visuelles Fotometer) bestimmt. Die **fotografische Astrofotometrie** wird angewendet, wenn man mit wenigen Aufnahmen eine große Zahl von Sternen erfassen und vermessen will. Die durch das Sternenlicht bewirkte Schwärzung der Fotoplatte wird mit einem Fotometer festgestellt, und mithilfe der Schwärzungskurve wird die verursachende Strahlungsenergie bestimmt. Die Schwärzungskurve wird durch Anpassung an fotoelektrisch gemessene Helligkeiten geeicht. Bei der **fotoelektrischen Astrofotometrie** werden als Strahlungsempfänger lichtelektrische Fotometer benutzt. Bei einer absoluten Fotometrie muss während der Messungen der Luftzustand mitbestimmt werden. Durch Vorschalten geeigneter Farbfilter **(Mehrfarbenfotometrie)** lassen sich Informationen über den physikalischen Zustand der Sterne oder der interstellaren Materie gewinnen. Dies gilt besonders für die **Spektralfotometrie,** bei der Helligkeiten bei verschiedenen Wellenlängen getrennt gemessen werden. Die Instrumente der **thermoelektrischen Astrofotometrie,** Thermoelemente und Bolometer, registrieren die von der zu messenden Strahlungsintensität in ihnen hervorgerufene Erwärmung.

Astrognosie *die, -,* die Beschäftigung mit den Sternbildern und den sie bildenden Sternen einschließlich ihrer Darstellung auf Sternkarten oder durch Projektion in einem Planetarium.

Astrograf *der, -en/-en,* **Astrograph,** astronomisches Linsenfernrohr zur fotografischen Aufnahme größerer Sternfelder. Astrografen sind Refraktoren, die ein großes Öffnungsverhältnis aufweisen (im Allgemeinen zwischen 1:7 und 1:4).

Astrolabium *das, -s/...bi|en,* **1)** antike Bezeichnung für die →Armillarsphäre als Beobachtungsgerät. **2)** die aus der Armillarsphäre entwickelte Planisphäre, die bis ins 17. Jh. zur mechanischen Lösung von astronomischen, astronomisch-geografischen und astrologischen Aufgaben diente. **3)** astronomisch-geodätisches Beobachtungsinstrument (→Prismenastrolabium).

Astrologie [griech.], bis zum 4. Jahrhundert Synonym zu →Astronomie, später nur noch die Sterndeutekunst, die individuelles Schicksal und Charakter, aber auch Ereignisse wie Krieg, Frieden, Katastrophen oder Glück verheißende Tage aus dem Einfluss der Gestirnkonstellationen deutet oder vorhersagt. Astrologische Lehren finden sich in vielen Kulturen. Grundlage der stark mystisch-symbolischen Deutungen bilden die den Planeten zugeschriebenen »Wesenskräfte« wie Aktivität (Mars), Intellekt (Merkur) und Erfahrung (Saturn). Dabei wird den 12 Abschnitten beziehungsweise Sternbildern des Tierkreises (Tierkreiszeichen) eine Zusatzwirkung zugeschrieben, die je nach Sternbild und Stellung der Planeten zu ihnen verschieden sein soll. Als wichtig gilt die Gestirnkonstellation im Augenblick der Geburt (u. a. Rolle des Aszendenten; Horoskop). Da rationale Beweise fehlen, wird die Astrologie zu einer Glaubensfrage.

■ **Geschichte** Die Anfänge der Astrologie liegen in Babylonien, Assyrien und Ägypten. Davon zeugen die Keilinschriften aus der Bibliothek Assurbanipals (um 640 v. Chr.) und der noch heute verwendete Tetrabiblos (»Werk in vier Büchern«) des Ptolemäus (um 150 n. Chr.). Im Mittelalter erlangte die Astrologie Einfluss auf alle Angelegenheiten im Alltagsleben der Menschen und prägte stark den Volksglauben. Es entstand eine Volksastrologie, die auch an die schon seit der Antike verbreitete »vulgäre« beziehungsweise »Trivialastrologie« anknüpfte. In ihrer Blütezeit (15. bis 17. Jahrhundert) konnte die Astrologie die abendländische Alchimie, Astronomie, Medizin (Heilkunde, z. B. Aderlassmännchen), Philosophie und Theologie beeinflussen. Mit dem kopernikanischen Weltbild und der Aufklärung im 18. Jahrhundert wurde die Astrologie, der es nie an erbitterten Gegnern gefehlt hat, zurückgedrängt. Im 20. Jahrhundert lebte die Aufmerksamkeit für die Astrologie besonders durch das Aufkommen der Esoterik in den 1980er-Jahren wieder auf.

Astrometrie *die, -,* **Positionsastronomie,** Teilgebiet der Astronomie, das sich v. a. mit der Messung von Sternörtern (→astronomischer Ort) befasst, um sie in →astronomischen Koordinaten festzuhalten. Die Astrometrie schafft die Grundlage für die Bahnbestimmung der Himmelskörper, die Ableitung von →Eigenbewegungen und Entfernungen von Sternen und die genaue Zeitbestimmung. – Die Ergebnisse der Astrometrie sind in Positionskatalogen niedergelegt (→Sternkatalog).

Astronaut [griech., etwa »Sternenschiffer«] *der, -en/-en,* →Raumfahrer.

Astronautik *die, -,* die →Raumfahrt; auch die Wissenschaft von der Raumfahrt.

astronautische Geschwindigkeiten, die →kosmischen Geschwindigkeiten.

Astronomie *die, -,* **Sternkunde, Himmelskunde,** die Wissenschaft, die sich mit der Erforschung des Universums befasst, das heißt mit der kosmischen Materie, ihrer Verteilung und Bewegung, ihrem physikalischen Zustand, ihrer chemischen Zusammensetzung sowie ihrer Entstehung und Entwicklung, aber auch mit der raumzeitlichen Struktur der Welt als Ganzem. Grundlage ist die Analyse der aus dem Kosmos ankommenden elektromagnetischen Strahlung unterschiedlicher Frequenz, der kosmischen Teilchenstrahlung und gegebenenfalls der Gravitationsstrahlung. Die Astronomie umfasst mehrere selbstständige Gebiete, die sich zum Teil erst im Laufe der letzten 100 Jahre ausgebildet haben.

■ **Teilgebiete der Astronomie** Zu den klassischen Teilgebieten der Astronomie gehören die Astrometrie, die sich mit der Orts- und Bahnbestimmung der Gestirne an der Himmelskugel befasst, die Himmelsmechanik, die die unter dem Einfluss der Gravitation erfolgende Bewegung der Gestirne im Raum berechnet, sowie die Stellarstatistik und Stellarastronomie, in deren Rahmen Aufbau und Dynamik abgegrenzter Objektgruppen wie Sternhaufen und Sternsysteme, z.B. auch des Milchstraßensystems, analysiert werden. Gegenwärtig nimmt die Astrophysik den breitesten Raum in der astronomischen Forschung ein. Sie untersucht die von den außerirdischen Objekten kommende Strahlung auf Intensität, spektrale Zusammensetzung und Polarisationsgrad, um Auskunft über den physikalischen Zustand und die chemische Zusammensetzung der Himmelskörper zu erhalten. Entsprechend der beobachteten Wellenlängenbereiche des elektromagnetischen Spektrums wird die Astrophysik unterteilt in Gammaastronomie, Röntgenastronomie, Ultraviolettastronomie, optische Astronomie, Infrarotastronomie, Submillimeterastronomie und Radioastronomie. Eine Wellenstrahlung sucht auch die Gravitationswellenastronomie nachzuweisen, die von stark beschleunigten massereichen Himmelskörpern ausgeht. Neben Wellenstrahlung wird auch korpuskulare Strahlung untersucht, z.B. die von der →Sonne ausgehenden Neutrinos, die Auskunft über Kernfusionsprozesse im Sonneninnern geben, sowie die →kosmische Strahlung. Die extraterrestrische Astronomie nutzt die Möglichkeiten der Raumfahrt, um mithilfe von Forschungsraketen, künstlicher Erdsatelliten oder Raumsonden diejenigen Bereiche der von den kosmischen Objekten ausgesandten elektromagnetischen Strahlung zu untersuchen, die aufgrund der Absorption durch die Erdatmosphäre von der Erdoberfläche aus nicht zu registrieren sind. Auch sind die Erforschung des Mondes und der näheren Planeten mit geowissenschaftlichen Methoden und die direkte Untersuchung der interplanetaren Materie möglich sowie die Untersuchung von Kometen und der weiter entfernten Planeten einschließlich deren Satelliten (Monde) aus großer Nähe. Davon profitieren v.a. die Planetenforschung und die Kometenforschung sowie der Teil der Kosmogonie, der sich mit der Entstehung des Planetensystems beschäftigt.

100562

Astronomie.
Sibirisches Radioteleskop zur Sonnenerkundung in der Nähe von Irkutsk mit 256 Parabolantennen

Zu den theoretisch orientierten Gebieten innerhalb der Astrophysik gehört die Stellarastronomie, unter der man alle die Zweige zusammenfasst, die sich mit den Sternen beschäftigen. Zu ihr zählen v.a. die Theorie der Sternatmosphären sowie die des Sternaufbaus und der →Sternentwicklung. Die Theorie der interstellaren Materie setzt sich hingegen mit den physikalischen und chemischen Prozessen auseinander, die im interstellaren Raum ablaufen. Speziell mit der Sonne, dem uns nächsten und am besten untersuchten Stern, beschäftigt sich die Sonnenphysik. Die Kosmogonie untersucht die Entstehung und Entwicklung der Himmelskörper, während sich die Kosmologie mit der Struktur des Weltalls als Ganzem befasst. Die relativistische Astrophysik schließlich untersucht die Prozesse im Weltall, deren Ablauf durch extrem hohe Energien bestimmt werden und zu deren Beschreibung die Gesetze der Relativitätstheorie maßgebend sind.

■ **Anfänge** Die Anfänge der Astronomie liegen im Dunkeln, doch konnten die frühen Hochkulturen (Ägypter, Babylonier, Chinesen) bereits aufgrund ausdauernder systematischer Himmelsbeobachtungen besondere astrono-

Fortsetzung S. 44

Astrofotografie

Astrofotografie

Ob ein voller Mond, eine Mondsichel oder der Auf- und Untergang der Sonne – wohl jeder hat sich schon an diesen Motiven versucht, und für einige war es der erste Einstieg in die faszinierende Welt der Astrofotografie. Erste Motive am Himmel sind für angehende Astrofotografen neben dem Mond auch die bekannten Sternbilder wie der große Wagen und Kassiopeia. Ebenso sind große Kometen wie Hyakutake und Hale Bopp beliebte Zielobjekte. Schon mit einer relativ einfachen Ausrüstung, bestehend aus Spiegelreflexkamera, Teleobjektiv und einem Stativ, lassen sich sehr detaillierte Aufnahmen realisieren. Doch die Sehnsucht eines jeden Astrofotografen, den Sternen immer näher zu kommen, führt zwangsläufig dazu, ein Teleskop einzusetzen. Hier gilt die alte Weisheit: »Jedes Teleskop hat seinen Himmel«. So zeigt ein großes Teleskop die viel lichtschwächeren Galaxien, dagegen kann man nur mit einem kleinen Fernrohr die Plejaden oder den großen Andromedanebel im Ganzen bewundern. Mit der Entfernung der Objekte kommt ein neues Problem hinzu: die Erddrehung. Somit lässt sich die volle Pracht des Sternenhimmels oder die detailreichen Strukturen der Gasnebel und Galaxien nur mit einer nachgeführten Kamera realisieren.

Die Jagd nach den Sternen – die Kamera rennt mit

Natürlich ist es möglich, in südlichen Ländern die Milchstraße mit einer kurzen Belichtungszeit von 30 Sekunden abzulichten. Die reizvollen roten Nebel sowie die matt schimmernden Gebiete der Milchstraße bleiben jedoch unsichtbar. Je tiefer man fototechnisch in den Weltraum vordringen will, desto mehr muss auf die scheinbare Sternbewegung Rücksicht genommen werden. Längere Belichtungszeiten führen zu Sternstrichspuren und verwischen die Konturen der Milchstraße. Mit einer guten Nachführung der Kamera nach der scheinbaren Sternbewegung am Himmel trifft das Licht eines jeden Objekts immer auf dieselbe Stelle des Films. Damit ist eine längere Belichtungszeit möglich, die der Abbildung schwächerer Sterne und Nebel zugute kommt.

Die eigentliche Nachführung der Kamera nach den Sternen geschieht durch eine langsame Drehung um eine zum Pol ausgerichtete Achse (eine Umdrehung innerhalb von 24 Stunden). Beliebt ist auch der Einsatz eines Motors mit Getriebe. Aber selbst durch eine feine manuelle Drehbewegung per Hand lässt sich ein gleichwertiges Ergebnis erzielen. Zur Kontrolle dient ein genügend heller Leitstern, der durch feine Korrekturen genau in der Mitte des Fadenkreuzes gehalten wird. Ist das Problem der Nachführung gelöst, stellt sich die Frage, ob Filter für das angestrebte Motiv von Vorteil wären.

Die Filter und der Nordamerikanebel vom Balkon

Der naheliegendste Zweck von Filtern ist die Behebung von Farbstichen. Diese Farbstiche sind abhängig vom verwendeten Filmmaterial und von den verschieden Quellen der Himmelsaufhellung. Wenn der Film mit einem richtig satten Gelb- oder Gelbgrünstich auf die Himmelsaufhellung reagiert, dann lohnen sich nächtliche Filterungsversuche mit Kombinationen von schwachen Magenta- und Cyanfiltern.

209

Kometen sind beliebte Zielobjekte von Astrofotografen.

Es ist aber heutzutage praktikabler, einen Farbstich bei der Nachbearbeitung am Computer auszugleichen.
Speziell im Zusammenhang mit Schwarz-Weiß-Filmen bieten Filter jedoch noch eine ganz andere Möglichkeit, nämlich die Erhöhung des Kontrastes schwacher Nebel gegenüber dem Himmelshintergrund. Die Himmelsaufhellung betrifft ja mehr oder weniger den gesamten Spektralbereich, während Gasnebel überwiegend tief im Roten leuchten. Ein Orange- oder Rotfilter verschluckt somit einen großen Anteil des Himmelstreulichts, aber nur einen kleinen Anteil des Lichtes der Gasnebel. Hierbei wird die Farbbalance zwar völlig gestört, dies spielt jedoch bei Schwarz-Weiß-Bildern keine Rolle. Der Nordamerikanebel ist ein solches Objekt, das von einem Rotfilter profitiert und mit diesem Trick einfach vom Balkon aus fotografiert werden kann. Eine ganz andere Herausforderung für den Einsatz von Filtern stellt dagegen die Sonne dar.

Licht im Überfluss – Sonnenfotografie

Die Sonne mit ihrer brodelnden Oberfläche, ihren dunklen Flecken und sich schnell verändernden bizarren Strukturen und Eruptionen eröffnet eine ganz spezielle Form der Astrofotografie. Wo man sonst über lichtstarke Objekte dankbar wäre, hat die Sonne einfach zu viel davon. Der Schlüssel zum fotografischen Erfolg liegt bei der Sonnenfotografie vor allem in der Wahl des richtigen Filters und in einem erhöhten Kontrast.
Häufig wird die ungeheure Energie unterschätzt, die ein Teleskop sammelt, wenn es auf die Sonne gerichtet wird. Wird ein Filter im Fokus dem gesamten Licht ausgesetzt, beginnt sich dieser so stark zu erhitzen, dass er zerspringt. Eine sichere Lösung besteht darin, das Sonnenlicht bereits vor dem Objektiv wegzufiltern, wo es noch nicht konzentriert ist. Zur visuellen Beobachtung verwendet man daher verspiegelte Objektiv-Vorfilter, die das Licht reflektieren, sodass es nicht in Wärme umgewandelt wird.

Fotos von den Profis – das Hubble-Weltraumteleskop

Ein großer Glücksfall für alle Weltrauminteressierten ist das seit 1990 aktive Weltraumteleskop Hubble. Außerhalb der für die Fotografie störenden Erdatmosphäre (Luftflimmern) beobachtete Hubble bislang über 14 000 verschiedene Himmelsobjekte und lichtete diese in einer gestochen scharfen Qualität ab, die von

80662

Ständige Turbulenzen in der Atmosphäre verzerren das einfallende Licht, sodass astronomische Aufnahmen außerhalb der Erdatmosphäre – wie mit dem Hubble-Weltraumteleskop – eine Qualität erreichen, wie sie mit einem erdgebunden Teleskop nicht möglich sind.

keinem Teleskop auf dem Erdboden auch nur annähernd zu erreichen ist. Doch die Tage des Weltraumteleskops sind gezählt. Künftig soll es keine bemannten Flüge mehr zum Hubble-Weltraumteleskop geben. Fachleute befürchten nun, dass das erfolgreiche Teleskop ohne Wartung und Reparaturen schon in wenigen Jahren seinen Dienst versagen wird. Eigentlich sollte Hubbles Einsatz bis 2010 dauern. Erst ein Jahr darauf wird sein Nachfolger, das James Webb Space Telescope (JWST), seine Arbeit aufnehmen. So wird Hubble vermutlich 2007 einen einsamen Tod im All »sterben« und 2012 durch eine Robotermission über dem Ozean gezielt zum Absturz gebracht werden.

Fortsetzung von S. 41

mische Ereignisse vorausberechnen (Finsternisse, Planetenbewegung); die Astronomie diente ihnen v.a. zur Kalender- und Zeitbestimmung (→Jahr, Mondjahr), wobei zum Ausgleich zwischen Mondjahr (rund 354,4 Tage) und Sonnenjahr (rund 365,25 Tage) komplizierte Schaltregeln entwickelt wurden. Erste Versuche, den Aufbau des Himmels zu erklären, sind aus dem klassischen Griechenland bekannt. Ausgehend von den augenfälligen Beobachtungen, die ein geozentrisches Weltbild nahe legen, wurden die sieben »Wandelsterne« (Mond, Merkur, Venus, Sonne, Mars, Jupiter, Saturn) auf Kristallsphären befestigt gedacht, die sich relativ zur äußeren Fixsternsphäre um die Erde als Mittelpunkt bewegen. Die ungleichförmige Bewegung der Planeten wurde später durch die →Epizykeltheorie erklärt, die zusammen mit dem geozentrischen Weltbild von Ptolemäus um 150 n. Chr. in seinem Buch »Almagest« dargestellt wurde. Dieses ptolemäische Weltbild blieb bis zum Ausgang des Mittelalters unumstritten, obwohl bereits Aristarchos von Samos um 260 v. Chr. ein heliozentrisches Weltbild vorgeschlagen hatte. Er bestimmte u. a. das Verhältnis der Entfernungen von Sonne und Mond zur Erde; rund 20 Jahre nach ihm ermittelte Eratosthenes von Kyrene den Umfang der Erde. Während des Mittelalters wurde das griechische Weltbild von den Arabern gepflegt, die jedoch wenig eigene Beobachtungen beisteuerten; aus dieser Zeit stammen aber zahlreiche Eigennamen von Sternen.

■ **16. und 17. Jahrhundert** Eine Erneuerung der Astronomie setzte von Mitteleuropa ausgehend im 15. Jh. ein, angestoßen u. a. durch die Abweichungen der beobachteten Planetenbewegungen relativ zu den vorausberechneten Örtern sowie die Diskrepanz zwischen dem julianischen Kalender und dem wirklichen Sonnenlauf (→Kalender). So entwickelte N. Kopernikus um 1510 eine heliozentrische Planetentheorie, wobei er die klassische Vorstellung von Kreisbahnen beibehielt und deshalb nicht ohne zahlreiche Epizykel auskam. Erst J. Kepler bewies etwa 100 Jahre später bei der Auswertung der Beobachtungen von T. Brahe mit den von ihm gefundenen Gesetzen der Planetenbewegung, dass sich die Planeten auf Ellipsenbahnen bewegen, woraus sich eine Erklärung der beobachteten ungleichförmigen Bewegung ergab. Endgültig anerkannt wurde das kopernikanische Weltbild aber erst, nachdem I. Newton das Gravitationsgesetz (→Gravitation) formuliert hatte und damit eine theoretische Grundlage zur Berechnung der Planetenbewegung gegeben war. Die Erfindung des Fernrohres um 1608 erweiterte die Beobachtungsmöglichkeiten der Astronomie gewaltig. So erkannte bereits G. Galilei die erdähnliche Natur der Planeten und des Mondes und beobachtete die vier großen Satelliten des Jupiter (etwa gleichzeitig mit S. Marius, eigentlich Mayr) sowie die Sonnenflecken (etwa gleichzeitig mit J. Fabricius und C. Scheiner).

■ **18. Jahrhundert** Beim Versuch, einen direkten Beweis für die Bewegung der Erde um die Sonne zu finden, entdeckte E. Halley die →Eigenbewegung der Sterne, erkannte J. Bradley die →Aberration des Lichtes und fand F. W. Herschel die →Pekuliarbewegung der Sonne. Ihm gelang 1781 die Entdeckung des Uranus, des ersten Planeten, der nicht schon im Altertum bekannt war; am 1. 1. 1801 entdeckte G. Piazzi den ersten Planetoiden, Ceres. F. W. Herschel versuchte auch durch Sternzählungen in ausgewählten Himmelsfeldern eine Vorstel-

Astronomie: Geschichte (Auswahl)

4. Jahrtausend v. Chr.	Zeitrechnung nach einem 365-tägigen Sonnenjahr durch die Ägypter
um 2750 v. Chr.	Namengebung für Sternbilder durch die Babylonier
6. Jahrhundert v. Chr.	Pythagoreer lehren die Kugelgestalt der Erde
um 220 v. Chr.	Eratosthenes unternimmt die erste Messung des Erdumfangs
um 150 v. Chr.	Hipparch von Nizäa legt den ersten Fixsternkatalog an
um 150 n. Chr.	Ptolemäus verfasst das Handbuch über das Gesamtwissen der griechischen Astronomie
1000	Gründung der Sternwarte Kairo
1543	Kopernikus' Schrift »De revolutionibus orbium coelestium libri VI« (Sechs Bücher über die Kreisbewegungen der Weltkörper) erscheint
1588	Tycho Brahe veröffentlicht seine Planetentheorie
1609	Galilei richtet zum ersten Mal ein Fernrohr gegen den Himmel und entdeckt u. a. die Mondgebirge, vier Jupitermonde und die Sonnenflecken
1609	Kepler veröffentlicht seine Planetengesetze
1676	Römer bestimmt die Lichtgeschwindigkeit
1686	Newton veröffentlicht sein Hauptwerk »Philosophiae naturalis principia mathematica« (Mathematische Prinzipien der Naturlehre)
1706	Halley entdeckt die Wiederkehr von Kometen
1781	Herschel entdeckt den Planeten Uranus
1801	Piazzi entdeckt den Planetoiden Ceres
1809	Gauß veröffentlicht seine Methode der Planetenbahnberechnung
1838	Bessel bestimmt die erste Fixsternparallaxe
1846	Bahnberechnung und Entdeckung von Neptun
1852	Die »Bonner Durchmusterung« von Argelander erscheint
1859	Kirchhoff und Bunsen entdecken das Prinzip der Spektralanalyse
1887	Wolf begründet die Himmelsfotografie
1905	Einstein formuliert die spezielle Relativitätstheorie
1920	Wolf beweist die Existenz interstellarer Materie
1923	Hubble bestimmt die Entfernung von Spiralnebeln
1930	Als 9. Planet wird Pluto entdeckt
1932	Jansky empfängt Radiostrahlung aus der Milchstraße

lung von der räumlichen Sternverteilung zu gewinnen, doch erst F. W. Bessel gelang 1838 die Bestimmung einer Sternparallaxe (→Parallaxe), etwa gleichzeitig mit F. G. W. Struve und dem schottischen Astronomen Thomas Henderson (* 1798, † 1844). Mitte des 19. Jh. erlebte die Himmelsmechanik einen ihrer größten Triumphe durch die Entdeckung eines neuen Planeten, Neptun, dessen Ort am Himmel rechnerisch durch U. J. Le Verrier bestimmt wurde und danach am vorausberechneten Ort von J. G. Galle unter Mithilfe von H. L. d'Arrest gefunden wurde.

■ **19. Jahrhundert** Im 19. Jh. begann man, die Sterne als physikalische Körper anzusehen, was zum Entstehen der Astrophysik führte, zu deren Entwicklung spektroskopische und fotografische Beobachtungsmethoden wesentlich beitrugen. Beim Vergleich des von J. Fraunhofer untersuchten Sonnenspektrums mit Spektren irdischer Stoffe erkannten G. R. Kirchhoff und R. W. Bunsen, dass das Sonnenlicht von bekannten Elementen im gasförmigen Zustand stammt. Am Ende des Jahrhunderts war ein Großteil der solaren Linien identifiziert; dabei wurde auch ein bis dahin unbekanntes Element, Helium, nachgewiesen. Sternhelligkeiten wurden bis zur Mitte des 19. Jh. allein durch visuelle Beobachtungen bestimmt. Die Entwicklung der fotografischen Fotometrie, die Einführung lichtelektrischer Methoden durch P. Guthnick (1913) und schließlich die Anwendung lichtelektrischer Detektoren in Verbindung mit moderner Elektronik und Rechentechnik etwa seit der Mitte des 20. Jh. brachten jeweils wesentliche Genauigkeitssteigerungen in der astronomischen Fotometrie. Die erreichte Güte der Sternspektren ermöglichte um 1890 H. K. Vogel und Julius Scheiner (* 1858, † 1913) die Messung von Radialgeschwindigkeiten von Sternen unter Ausnutzung des →Doppler-Effekts, was zum Verständnis der inneren Struktur und der Bewegungsverhältnisse des Milchstraßensystems bedeutungsvoll war.

■ **20. und 21. Jahrhundert** Etwa mit Beginn des 20. Jh. begann man, die Sterne als physikalische Körper auch theoretisch zu beschreiben. V. a. die Untersuchungen von R. Emden und K. Schwarzschild, später von A. S. Eddington, trugen wesentlich zur Kenntnis über den inneren Aufbau der Sterne bei. 1938 zeigten H. A. Bethe und C. F. von Weizsäcker, dass kernphysikalische Prozesse für die Energiefreisetzung im Sterninnern und damit auch für deren Entwicklung eine entscheidende Rolle spielen. 1931 konnte S. Chandrasekhar aufgrund theoretischer Untersuchungen die innere Struktur →Weißer Zwerge aufklären. 1934 postulierten F. Zwicky und W. Baade die Existenz von →Neutronensternen, von denen die ersten 1967 von A. Hewish und S. J. Bell als →Pulsare gefunden wurden.

Astronomie: Geschichte (Auswahl; Fortsetzung)

1938	Energieerzeugung in Sternen wird verständlich (Bethe-Weizsäcker-Zyklus)
1945	Radarecho vom Mond festgestellt
1949	21-cm-Linie des neutralen interstellaren Wasserstoffs gemessen
1957	Erster künstlicher Erdsatellit (Sputnik, UdSSR)
1963	Deutung der Quasarspektren
1967	Erster Pulsar entdeckt
1969	Armstrong und Aldrin landen als erste Menschen auf dem Mond
1973	Pioneer 10 verlässt als erste Raumsonde das Sonnensystem
1978/79	Erforschung des Planeten Jupiter und seiner Monde durch die Raumsonden Voyager 1 und 2
1980/81	Erforschung des Planeten Saturn und seiner Monde durch die Raumsonden Voyager 1 und 2
1986	Vorbeiflug der Raumsonde Giotto am Kometen Halley in 500 km Entfernung
1987	Supernova in der Großen Magellanschen Wolke
1989	Start der Raumsonden Magellan zur Venus beziehungsweise Galileo zum Planeten Jupiter
1989	Erforschung des Planeten Neptun und seiner Monde durch die Raumsonde Voyager 2
1989	Beginn einer Durchmusterung zur Erstellung eines Sternkataloges durch den Astrometriesatelliten Hipparcos
1989	Erkundung der kosmischen Hintergrundstrahlung mit dem Satelliten COBE, Bestätigung der Urknalltheorie
1990	Inbetriebnahme des Hubble-Weltraumteleskops
1990	Start des Röntgensatelliten ROSAT, damit erste vollständige Himmelsdurchmusterung im Röntgenbereich
1991	Start des Compton Gamma Ray Observatory CGRO, Nachweis zahlreicher Pulsare; Gallex-Experiment zum Nachweis der Sonnenneutrinos
1993	PPM-Sternkatalog des Südhimmels abgeschlossen
1995	Start des Sonnenobservatoriums SOHO
1997	Start der Saturnsonde Cassini
1997	Das Marsmobil »Sojourner« der Pathfinder-Mission untersucht die Oberfläche des Planeten
1998	Installation der ersten Module der internationalen Raumstation ISS im Weltall
1999	Start der Röntgensatelliten Chandra und XMM-Newton
2000	Inbetriebnahme der letzten beiden der vier Teleskope des Very Large Telescope (VLT) der Europäischen Südsternwarte
2001	Start der Raumsonde Mars Odyssey
2002	Inbetriebnahme des Gravitationswellendetektors Geo 600
2003	Start der ESA-Sonde Mars Express und der ersten europäischen Mondsonde Smart-1
2004	Landung der Sonden »Spirit« und »Opportunity« der NASA-Mission Mars Exploration Rover auf dem Mars sowie Start der europäischen Kometensonde Rosetta
2005	Landung der Sonde Huygens auf dem Saturnsatelliten Titan

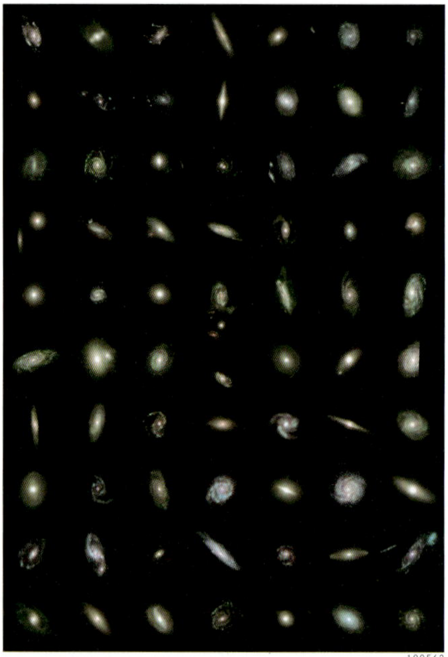

Astronomie. Mosaik aus 78 Einzelaufnahmen, die im Rahmen des GEMS-Projekts (Galaxy Evolution from Morphologies and Spectral Energy Distributions) mit der »Advanced Camera for Surveys« des Hubble-Weltraumteleskops aufgenommen wurden. Rund 150 Stunden Belichtungszeit standen im November 2002 zur Verfügung, um einen kleinen Teil des Südhimmels zu fotografieren. Mit dieser Aufnahme gewinnen die Astronomen einen Einblick in die Entwicklung des Universums.

Die astrophysikalische Untersuchung der →interstellaren Materie begann mit der Entdeckung interstellarer Absorptionslinien in Sternspektren 1904 durch J. F. Hartmann. Die theoretischen Untersuchungen leuchtender →galaktischer Nebel durch A. S. Eddington um 1925 trugen wesentlich zu deren Verständnis bei. C. Schalén entdeckte 1929, dass außer in den großen Dunkelwolken der interstellare Staub weiträumig verteilt ist und eine allgemeine interstellare Extinktion verursacht.

Die Radioastronomie begann 1932 mit der Entdeckung einer galaktischen Radiofrequenzstrahlung durch K. G. Jansky. 1942 wurde die Sonne als Radioquelle nachgewiesen. 1944 sagte H. C. van de Hulst theoretisch die 21-cm-Linienstrahlung (→Einundzwanzig-Zentimeter-Linie) des neutralen interstellaren Wasserstoffs voraus, die 1951 entdeckt wurde. 1963 konnte erstmals ein interstellares Molekül, Kohlenmonoxid, radioastronomisch nachgewiesen werden, gegenwärtig sind mehr als 110 derartige Moleküle bekannt. Radioastronomische Untersuchungen führten auch zur Entdeckung bisher unbekannter Objekte: 1962 zur Entdeckung der →Quasare, 1967 zu der der Pulsare. Die Erschließung der Bereiche der elektromagnetischen Strahlung, die für erdgebundene Teleskope unzugänglich sind, wie der Gamma-, Röntgen- und Submillimeterbereich, wurde durch die Verwendung hochfliegender Flugzeuge, Ballone und Raketen, v. a. aber durch Satelliten und Raumsonden ermöglicht. Mit Raumsonden konnten auch direkte Untersuchungen an Körpern des Planetensystems wie Mond, Venus, Mars sowie Kometen und Planetoiden vorgenommen werden, was bis dahin der Astronomie verwehrt war. Wesentlich für die astrophysikalische Forschung waren u. a. der Röntgensatellit ROSAT, der Satellit COBE zur Untersuchung der →kosmischen Hintergrundstrahlung (Drei-Kelvin-Strahlung) sowie der astrometrische Satellit Hipparcos. Das Hubble-Weltraumteleskop ist seit 1990 in Betrieb, die Raumsonde SOHO zur Untersuchung der Sonne seit 1995.

Mit dem Bau großer →Spiegelteleskope (z. B. 2,5-m-Spiegel auf dem Mount Wilson, 1924, 5,08-m-Spiegel auf Mount Palomar, 1949) wurde die Untersuchung der inneren Struktur extragalaktischer Sternsysteme möglich. So konnte E. Hubble in den Randbezirken des Andromedanebels Einzelsterne nachweisen und 1923 erstmals die Entfernung extragalaktischer Sternsysteme angeben. Den Zusammenhang zwischen der systematischen →Rotverschiebung und der Entfernung der Galaxien fanden 1924 Karl Wilhelm Wirtz (*1876, †1939) und 1929 E. Hubble. Um 1922 war A. Friedmann auf der Basis der allgemeinen Relativitätstheorie von A. Einstein zu theoretischen Weltmodellen gelangt, die eine zeitliche Veränderung des Weltalls, speziell auch eine Expansion, forderten; die Beobachtungen von Wirtz und Hubble bestätigten die Expansion. G. Gamow zeigte um 1948, dass in einem expandierenden Kosmos eine aus dessen Frühphase stammende Strahlung vorhanden sein müsse. Diese wurde als Drei-Kelvin-Strahlung 1965 von A. Penzias und R. W. Wilson nachgewiesen. 1981 zeigte der amerikanische Physiker Alan H. Guth (*1947), dass in der allerfrühesten Phase des Weltalls kurzzeitig eine inflatorische Expansion erfolgt war. Eine wesentliche Entdeckung gelang 1992 mit dem Nachweis des ersten Planeten außerhalb des Sonnensystems (→Exoplanet), gegenwärtig sind mehr als 150 derartige Planeten bekannt.

Den nicht zu unterschätzenden Anteil ästhetischen Empfindens, das v. a. viele Amateure zur Ausübung des Hobbys **Astronomie** bewegt, könnte man in einem Gedicht Goethes aus dem Jahr 1804 vorformuliert sehen:

»Die Sterne, die begehrt man nicht,
Man freut sich ihrer Pracht,
Und mit Entzücken blickt man auf
In jeder heitern Nacht.«

■ **Siehe auch**
→Ballonastronomie · Gammaastronomie · Gravitationswellenastronomie · Hubble-Effekt · Infrarotastronomie · keplersche Gesetze · Kosmologie · Neutrinoastronomie · Radioastronomie · Röntgenastronomie · Satellitenastronomie · Stellarastronomie · Stellarstatistik · Ultraviolettastronomie

Astronomiesatelliten, astronomische Satelliten, der astronomischen Forschung dienende künstliche Satelliten (→Satellitenastronomie).

astronomisch, die Astronomie betreffend, sternkundlich.

Astronomische Einheit, Einheitenzeichen **AE,** international auch **AU** (von englisch astronomical unit, æstrəˈnɔmɪkl ˈjuːnɪt), SI-fremde Längeneinheit in der Astronomie: 1 AE = 149,597 870 Millionen km (von der IAU 1976 festgelegter Wert); entspricht etwa dem mittleren Abstand Erde–Sonne.

astronomische Fenster, atmosphärische Fenster, die Wellenlängenbereiche des elektromagnetischen Spektrums, die ohne wesentlicher Abschwächung die Atmosphäre passieren. Zu diesen gehören der Bereich des sichtbaren Lichts mit Wellenlängen zwischen etwa 300 und 700 Nanometern **(optische Fenster),** die von Bereichen starker Molekülabsorption unterbrochenen schmalen Infrarotbänder, v. a. für Wellenlängen zwischen 1,0 bis 2,5 Mikrometern (µm), 3,0 bis 5,0 µm, 7,5 bis 14,5 µm, 17 bis 24 µm sowie um etwa 0,35 mm, 0,45 mm und 0,8 mm **(Infrarotfenster)** und ein Teil des Radiowellenbereiches mit Wellenlängen zwischen etwa 1 mm und 20 m **(Radiofenster).**

Astronomische Gesellschaft, Abk. **AG,** eine 1863 in Heidelberg gegründete wissenschaftliche Vereinigung von Astronomen. Die AG ist Mitglied der →Internationalen Astronomischen Union, mit deren Gründung sie ihre internationale Bedeutung verlor. Sie ist heute weitgehend auf den deutschsprachigen Raum beschränkt und zählt rd. 800 Mitglieder (Sitz: Hamburg).

astronomische Instrumente, meistens fest in Sternwarten aufgestellte Geräte zur Beobachtung und Messung der von Gestirnen und anderen kosmischen Objekten kommenden Strahlung sowie dazu notwendige Zusatz- und Auswertungsinstrumente. Als Instrumententräger kommen u. a. auch Flugzeuge, Raketen, Raumfähren, Satelliten und Raumsonden in Frage. Wichtigstes Beobachtungsinstrument ist das Fernrohr, das den Sehwinkel, unter dem ein Objekt erscheint, vergrößert. Lichtstärke und Auflösungsvermögen kennzeichnen seine Leistungsfähigkeit. Beim

Astronomie Nobelpreise für die Astronomie

Herrn Nobel war die Astronomie nicht nobel genug. Das bedeutet aber nicht, dass Astronomen der Nobelpreis völlig verwehrt wäre, sie haben es nur schwerer. Kaum ein Dutzend Astronomen wurden bisher geehrt.
Sie alle waren auch eng mit der »normalen« Physik verbunden. Sie erforschten beispielsweise den Ablauf der Kernreaktionen in Sternen wie Hans Bethe und Subrahmanyan Chandrasekhar, oder untersuchten den Aufbau des Kosmos wie Russel Hulse und Joseph Taylor – die dabei den ersten Pulsar in einem Doppelsternsystem entdeckten. Diese erlauben einen Blick auf starke Schwerefelder und ihre Auswirkungen. Die Brücke zwischen Teilchenphysik und Astronomie schlugen Raymond Davis, Masatoshi Koshiba und Riccardo Giacconi. Sie befassten sich mit Neutrinos und entdeckten, dass diese auch aus dem Weltraum stammen. Interessanterweise gilt diese Vermischung von Teilchenphysik und Astronomie als einer der wichtigsten physikalischen Forschungszweige des neuen Jahrhunderts, der unter anderem die Vereinheitlichung aller Kräfte zum Ziel hat. Elementarteilchen beeinflussten nämlich von Anfang an den Kosmos. Welche Teilchen damals vorherrschten, kann unter anderem

100880

aus astronomischen Beobachtungen geschlossen werden.
Das Bild zeigt die erste Nobelpreisverleihung im Jahr 1901.

Refraktor oder Linsenfernrohr dient ein Linsensystem zur Beobachtung, beim Reflektor oder Spiegelteleskop ein Hohlspiegel, oft mit weiteren Spiegeln und Linsensystemen kombiniert. Der fotografische Refraktor wird zur Aufnahme und Überwachung von Sternfeldern eingesetzt, zur astronomischen Zeitbestimmung dienen der Meridiankreis und das Durchgangsinstrument, zur Bestimmung der Polhöhenschwankungen wird das Zenitteleskop eingesetzt.

Durch Zusatzinstrumente kann die aufgenommene Strahlung auf verschiedene Parameter hin untersucht werden: So werden zur Spektralanalyse Spektrografen und das Objektivprisma eingesetzt, zur Astrofotometrie und Temperaturbestimmung Fotozellen, Thermoelemente, Bolometer und Radiometer, zur Bestimmung von Winkeldistanzen Mikrometer und Interferometer. Genaue Uhren und Chronografen gehören ebenfalls zum astronomischen Instrumentarium. Besondere Instrumente zur Sonnenforschung sind der Spektroheliograf und der Koronograf.

Entsprechend den Aufgabenstellungen und Forschungsmöglichkeiten werden in den über die optische Astronomie hinausgehenden Forschungsbereichen spezielle Geräte eingesetzt, z. B. die Radioteleskope in der Radioastronomie.

Siehe auch

→Astrofotometrie · Bolometer · Astronomie · Durchgangsinstrument · Fernrohr · Interferenzfilter · Interferometer · Koronograf · Lyot-Filter · Meridiankreis · Objektivprisma · Radioteleskope · Spektralapparate · Spektroheliograf · Spiegelteleskop · Sternwarten · Zenitteleskop

astronomische Jahrbücher, →Jahrbuch.

astronomische Jahreszählung, eine Jahreszählung, nach der dem Jahr 1, abweichend von der julianischen Zeitrechnung, das Jahr 0 vorangeht, das in der historischen Jahreszählung dem Jahr 1 v. Chr. entspricht. Ein Minuszeichen charakterisiert bei der astronomischen Jahreszählung die vorchristlichen Jahre.

astronomische Karten, kartografische Darstellungen des Himmels, von Himmelserscheinungen und Himmelskörpern; →Himmelsglobus, →Sternkarten.

astronomische Konstanten, durch Beobachtung ermittelte feste Größen, die in theoretische Beziehungen der Astronomie eingehen, mit denen die bei der Beobachtung von kosmischen Objekten gewonnenen Daten ausgewertet und interpretiert werden. Die zahlreichen, nach verschiedenen Methoden bestimmten astronomischen Konstanten sind nicht unabhängig voneinander; man unterscheidet daher zwischen **primären (fundamentalen)** und **abgeleiteten Konstanten,** die in einer Tabelle der Internationalen Astronomischen Union zusammengestellt wurden (zuletzt 1983). Primäre astronomische Konstanten sind z. B. →Gravitationskonstante, →Lichtgeschwindigkeit, allgemeine →Präzession, →Schiefe der Ekliptik; zu den abgeleiteten astronomischen Konstanten gehören: →Astronomische Einheit, Aberrationskonstante, →Sonnenparallaxe, Massenverhältnis Sonne–Erde, Sonnenmasse.

astronomische Koordinaten, Zahlenpaar zur Festlegung des astronomischen Ortes eines Gestirns an der Himmelskugel, vergleichbar den Längen- und Breitengraden auf der Erde. Jedes Netz astronomischer Koordinaten **(astronomisches Koordinatensystem)** wird definiert durch einen Grundkreis um den Ursprung (etwa den Beobachter oder den Erdmittelpunkt), einen Ausgangspunkt auf diesem Grundkreis und den Richtungssinn, in dem diese Koordinate (das Gegenstück zur geografischen Länge) gezählt wird. In dem auf der Grundebene senkrecht stehenden Kreis durch das Objekt wird der Abstand vom Grundkreis in Richtung auf einen der beiden Pole gemessen (Gegenstück zur geografischen Breite), in Nordrichtung positiv, in Südrichtung negativ.

Es gibt verschiedene astronomische Koordinatensysteme:

1) **Azimut-System** oder **Horizont-System (bzw. Horizontal-)System** (»natürliches« System der Beobachtung) mit dem Beobachter im Zentrum, seinem Horizont als Grundkreis, dem Azimutwinkel als erster und der Höhe über dem Horizont als zweiter Koordinate; der Azimutwinkel A wird von Süden über Westen, Norden und Osten (von 0° bis 360°), die Höhe h vom Horizont zum Zenit oder – als Zenitdistanz z – vom Zenit zum Horizont (von 0° bis 90°) gezählt;

2) **festes Äquatorsystem (bzw. Äquatorialsystem)** oder **Stundenwinkelsystem** (für die Beobachtung am Fernrohr) mit dem Erdmittelpunkt im Zentrum, dem Himmelsäquator als Grundkreis, dem Stundenwinkel als erster und der Deklination als zweiter Koordinate; der Stundenwinkel τ eines Gestirns wird längs des Himmelsäquators vom Schnittpunkt Himmelsäquator/Meridian in westlicher Richtung (von 0 bis 24 Stunden, 1 Std. $\triangleq$ 15°), die Deklination δ vom Himmelsäquator in Richtung der Himmelspole (von 0° bis +90° oder −90°) gezählt;

3) **bewegliches Äquatorsystem (bzw. Äquatorialsystem)** oder **Rektaszensionssystem** (für Sternkarten und Kataloge); den Grundkreis bildet wieder der Himmelsäquator, doch wird die Rektaszension α in östliche Richtung vom Frühlingspunkt (→Äquinoktium) aus gezählt (von 0 bis 24 Stunden); die Deklinationszählung erfolgt wie unter 2);

4) **Ekliptikalsystem** (zur Positionsbestimmung von Körpern des Sonnensystems) mit der →Ekliptik als Grundkreis, auf dem die

ekliptikale Länge λ in östliche Richtung vom Frühlingspunkt aus gezählt wird und von dem aus die ekliptikale Breite β in Richtung zu einem der beiden Ekliptikpole gemessen wird; das Ekliptikalsystem ist gegenüber dem beweglichen Äquatorialsystem um etwa 23,5° (Schiefe der Ekliptik) geneigt;

5) **galaktisches System** (zur Untersuchung der räumlichen Verteilung der Himmelskörper im Milchstraßensystem) mit der Milchstraßenebene als Grundkreis, auf dem die galaktische Länge l von der Richtung zum galaktischen Zentrum aus in östliche Richtung und von dem aus die galaktische Breite b in Richtung auf einen der beiden galaktischen Pole gemessen wird; die Milchstraßenebene ist gegen den Himmelsäquator um etwa 62,6° geneigt.

astronomischer Ort, *Plural* **astronomische Örter, Ort eines Gestirns,** durch zwei Koordinaten bestimmte Position eines Gestirns an der Himmelssphäre (→astronomische Koordinaten).

Neben dem **absoluten astronomischen Ort,** der auf direktem und dem **relativen astronomischen Ort,** der in Bezug auf die Örter anderer Gestirne bestimmt wird, unterscheidet man die astronomischen Örter naher Himmelskörper (z. B. Planeten) nach dem Bezugspunkt der Messung: Der **topozentrische astronomische Ort** bezieht sich auf den tatsächlichen Standpunkt des Beobachters, der **geozentrische astronomische Ort** sowie der **heliozentrische astronomische Ort** auf einen Beobachter im Erd- bzw. im Sonnenmittelpunkt. Für weiter entfernte kosmische Objekte (Sterne u. a.) ergeben sich weitere Unterscheidungen: Dabei ist der **wahre astronomische Ort** nicht ohne Weiteres mit dem **beobachteten astronomischen Ort** gleichzusetzen. Die Berücksichtigung der atmosphärischen →Refraktion liefert den **scheinbaren astronomischen Ort;** wird zusätzlich die →Aberration berücksichtigt, spricht man vom **wahren astronomischen Ort.** Die zusätzliche Korrektur der →Nutation ergibt den **mittleren astronomischen Ort,** der auf ein bestimmtes Äquinoktium bezogen werden kann; in diesem Fall muss auch die →Präzession eliminiert werden. – In den astronomischen Jahrbüchern werden Ephemeriden der scheinbaren Örter für Sonne, Mond, Planeten und einen Teil der Sterne angegeben.

astronomisches Dreieck, nautisches Dreieck, das aus den Eckpunkten Himmelspol, Zenit, Stern bestehende sphärische Dreieck.

astronomisches Fernrohr, →Fernrohr.

astronomische Tafeln, →Ephemeriden.

astronomische Uhr, eine handwerklich kunstvolle Uhr, die neben der Zeit auch den Lauf der Planeten, die Gezeiten, bewegliche Feste, Himmelserscheinungen, Sonnen- und Mondfinsternisse u. a. anzeigt. Solche besser als **Kunstuhren** bezeichneten Werke kommen bereits in Altertum und Mittelalter vor. Berühmt sind die 1571–74 von Isaak Habrecht erbaute Uhr im Straßburger Münster, die 1490 geschaffene Uhr am Altstädter Rathaus in Prag und die von T. Ungerer geschaffene neue Domuhr von Messina. Die astronomische Uhr ist eine Präzisionsuhr, die in geodätischen Instituten, Observatorien und Sternwarten zur astronomischen Beobachtung und zur Zeithaltung zwischen astronomischen Zeitbestimmungen dient.

100264

astronomische Uhr. Die astronomische Uhr aus dem 15. Jahrhundert am Altstädter Rathaus in Prag

astronomische Zeichen, Symbole für Planeten (und die ihnen in Antike und Mittelalter zugeordneten Wochentage und Metalle), Zeichen des Tierkreises, der Aspekte (Konstellation) u. a. Sie entstanden aus Abkürzungen ihrer Namen oder aus Bildern; in der üblichen Form sind sie bis auf die Zeichen für die später entdeckten Planeten Uranus, Neptun und Pluto seit dem Spätmittelalter in Gebrauch.

Astrophysik, Teilgebiet der →Astronomie, das sich mit der Untersuchung der physikalischen Eigenschaften kosmischer Objekte (wie die Körper des Planetensystems, Sonne, Sterne, Sternsysteme, interplanetare und interstellare Materie) sowie kosmischer Strahlungs- und Magnetfelder befasst, wobei die Gesetze und Erfahrungen der Physik Anwendung finden. Die astrophysikalischen Beobachtungen beziehen sich insbesondere auf die Untersuchung der Intensität und der spektralen Zusammensetzung der von den Himmelskörpern bzw. von der diffus im Weltraum verteilten Materie kommenden elektromagnetischen Strahlung (→Astrospektroskopie). Hieraus können Aufschlüsse über die physikalische Beschaffenheit (v. a. über Druck, Dichte

Astrophysik
→ GEO **Dossier**
Der Kosmos in unseren Köpfen, Bd. 5

und Temperatur) sowie die chemische Zusammensetzung der Strahlung aussendenden Objekte (bei Sternen deren Atmosphäre) und über die die Strahlung beeinflussende Materie gezogen werden. Untersuchungsgegenstand der Astrophysik ist außerdem die aus dem Weltall einfallende Teilchenstrahlung. Unter Nutzung der Beobachtungsergebnisse lassen sich von der **theoretischen Astrophysik** auch Aussagen über Gebiete (z.B. das Sterninnere) treffen, von denen prinzipiell keine elektromagnetische Strahlung empfangen werden kann, sowie Erkenntnisse über die Entstehung und die Entwicklung der Himmelskörper (Kosmogonie, →Sternentwicklung). Auf den Erkenntnissen der Astrophysik baut auch die →Kosmologie auf.

100562

Atlantis. Die amerikanische Raumfähre Atlantis beim Start am 8. 9. 2000 zu einem elftägigen Flug zur Internationalen Raumstation ISS; fünf US-Astronauten und zwei russischen Kosmonauten bereiteten die Raumstation auf die ersten ständigen Bewohner vor.

Astrospektroskopie, die Anwendung der Spektralanalyse auf kosmische Objekte. Mit **Objektivprismen** oder **Gitterspektrografen** und **Prismenspektrografen** werden die Spektren erzeugt und fotografisch, meist aber mit lichtelektrischen Detektoren registriert. Aus der spektralen Intensitätsverteilung der kontinuierlichen Strahlung und aus der Intensität der Emissions- und Absorptionslinien lassen sich Schlüsse auf den physikalischen Zustand und die chemische Zusammensetzung der Licht aussendenden bzw. absorbierenden Bereiche der Objekte ziehen. Unter Nutzung des Doppler-Effekts können aus der Wellenlängenverschiebung der Spektrallinien auch Aussagen über Bewegungsverhältnisse gewonnen werden. – Die Astrospektroskopie bildet eine Grundlage für die Einteilung der Sterne in →Spektralklassen.

Atair, Altair, hellster Stern (α Aql) im Sternbild →Adler; scheinbare Helligkeit $0^{m}\!.77$, absolute Helligkeit 2^{M}, Spektraltyp A7, Leuchtkraftklasse V, Entfernung 16,7 Lichtjahre. Er bildet mit →Wega (Sternbild Leier) und →Deneb (Schwan) das →Sommerdreieck. In den letzten Jahren wurde mittels interferometrischer Methoden eine signifikante Abweichung des Sterns von der Kugelform festgestellt und daraus eine Rotationsperiode des Sterns von etwa 10,4 Stunden berechnet.

Ataxite *Plural,* Gruppe der →Meteorite.

Aten-Planetoiden [nach dem ägyptischen Sonnengott Aton], eine Gruppe die Erdbahn kreuzender Planetoiden (→Apollo-Objekte).

Atlantis, der vierte →Spaceshuttle der NASA. Der erste Start erfolgte am 3. 10. 1985 (Landung: 7. 10. 1985) bei der Mission 51-J. Atlantis wurde ab Mitte der 1990er-Jahre ausschließlich für die Flüge zur russischen Raumstation →Mir eingesetzt. In den letzten Jahren wurde sie auch für Flüge zur →ISS verwendet.

Atlas, **1)** ein Mond des →Saturn, der 1980 auf Aufnahmen der Raumsonde Voyager 1 entdeckt wurde. Zwischen 1980 und 2004 wurde der Mond nicht beobachtet, erst die Raumsonden Cassini-Huygens konnte ihn wieder fotografieren. Atlas umkreist Saturn auf einer kreisrunden Bahn in 137 670 Kilometern Abstand in 14 Stunden und 36 Minuten. **2)** Stern in den →Plejaden; ohne Fernrohr beobachtbar.

Atmosphäre [griech. sphaîra »Kugel«] *die, -/-n,* die Gashülle eines Sterns (→Sternatmosphäre) oder eines Planeten, die mit dessen Entwicklung und Zusammensetzung verbunden ist. Die Größen, die die Fähigkeit eines Himmelskörpers bestimmen, eine Atmosphäre zu besitzen, sind die Temperatur seiner äußeren Schichten und die Entweichgeschwindigkeit. Kleine Körper, z.B. der Erdmond und andere Monde der Planeten des Sonnensystems, haben keine merkliche Atmosphäre. Deren Entweichgeschwindigkeit ist so niedrig, dass Gasmoleküle nicht im Schwerefeld gehalten werden können. Die Atmosphären der Planeten bestehen meist aus einem Gemisch verschiedener Gase. Der Hauptbestandteil der Atmosphären von Venus und Mars ist Kohlendioxid, Hauptbestandteile der Erdatmosphäre sind Stickstoff und Sauerstoff. Nur die äußeren Riesenplaneten Jupiter, Saturn, Uranus und Neptun haben ihre Uratmosphäre aus hauptsächlich Wasserstoff und Helium erhalten. Die Atmosphäre ist an der

Atmosphäre
→ GEO **Dossier**
Das Wunder Erde, Bd. 4

Oberfläche am dichtesten und geht in großen Höhen fließend in das interplanetare Medium über. Dazwischen wird eine Atmosphäre aufgrund zahlreicher innerer und äußerer Einflüsse in mehrere mehr oder weniger klar gegeneinander abgegrenzte Schichten eingeteilt. Die Namen, die den verschiedenen Schichten der Erdatmosphäre gegeben wurden, werden auch auf die Atmosphären aller anderen Planeten angewandt.

■ **Aufbau der Erdatmosphäre** Die unterste Schicht ist die **Troposphäre,** in der die Wettervorgänge ablaufen; sie untergliedert sich in die Grundschicht (Peplosphäre), in der sich der Energie- und Stoffaustausch mit der Erdoberfläche vollzieht, die Bodenreibung wirksam wird und die Hauptdunstmasse enthalten ist, und die »freie« Troposphäre, in der die Temperatur mit zunehmender Höhe abnimmt. Die obere Grenze der Troposphäre wird als Tropopause bezeichnet und liegt (breiten- und wetterlagenabhängig) zwischen 9 und 18 Kilometern Höhe mit Temperaturen zwischen −50°C und −80°C. Die anschließende **Stratosphäre** erstreckt sich bis etwa 50 Kilometer Höhe und enthält wegen ihres geringen Wasserdampfgehaltes keine Wolken (außer Perlmutterwolken). Die Temperaturen oberhalb der Tropopause bleiben zunächst mit zunehmender Höhe wenig verändert und nehmen dann in der oberen Stratosphäre bis 10°C zu, infolge der Absorption der solaren UV-Strahlung durch das hier angereicherte Ozon. Über der Stratosphäre liegt die **Mesosphäre** (obere Durchmischungsschicht), innerhalb derer die Temperatur mit zunehmender Höhe wieder abnimmt. Die Obergrenze (Mesopause) liegt mit etwa −80°C bei 85 Kilometern Höhe. Die folgende **Thermosphäre** reicht bis etwa 450 Kilometer und geht unter Temperaturanstieg durch Sonnenabstrahlungsabsorption bestimmter Wellenlängen dann in die **Exosphäre** (Dissipationssphäre) über, die die Stoffaustauschzone mit dem interplanetaren Raum darstellt.

atmosphärische Refraktion, die →Refraktion.

Atom [aus griech. átomos »unteilbar«] *das,* ein elektrisch neutrales Teilchen, das die kleinste, mit chemischen Mitteln nicht, wohl aber mit physikalischen Mitteln noch weiter zerlegbare Einheit eines chemischen Elements ist und dessen Struktur die chemischen und physikalischen Eigenschaften des Elements bestimmt. Ein Atom besteht aus einem sehr kleinen, positiv elektrisch geladenen **Atomkern** (Durchmesser einige 10^{-14} m), der fast die gesamte Masse des Atoms enthält, und einer ihn umgebenden **Atomhülle (Elektronenhülle),** die aus Elektronen aufgebaut ist. Es gibt so viele verschiedene **Atomarten,** wie es natürliche und künstliche chemische Elemente gibt. Durch Abtrennen oder durch Aufnehmen von Elektronen entstehen elektrisch positiv bzw. negativ geladene Ionen, die andere chemische und physikalische Eigenschaften als die neutralen Atome haben. Fast zu jeder Atomart (mit Ausnahme der anisotopen Elemente) gehören mehrere Sorten von Atomen unterschiedlicher Masse, die →Isotope.

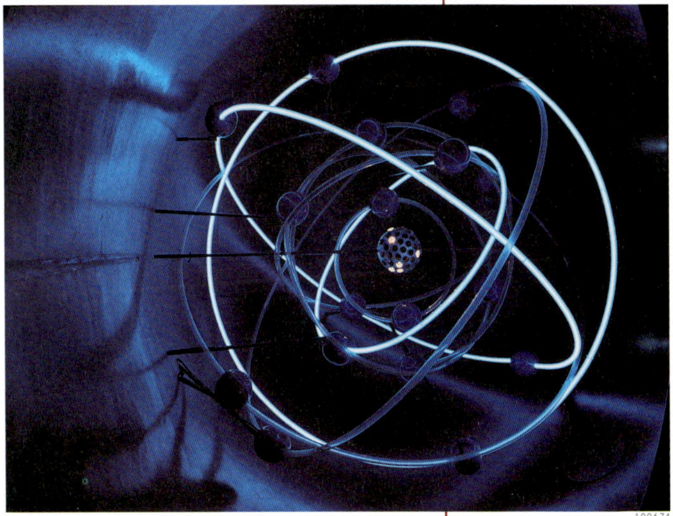

Atom.
Das Bohr-Sommerfeld-Atommodell; jedes Atom besteht aus einem Kern und einer Hülle.

■ **Siehe auch**
→Astrophysik · Elementarteilchen · Kern · Quantentheorie · Radioaktivität

Atomspektrum, das →Linienspektrum eines chemischen Elements (mit anschließenden Seriengrenzkontinua), das im gasförmigen Aggregatzustand von neutralen Atomen (Bogenspektrum), im Plasmazustand oder in Glimmentladungen von ionisierten Atomen (Funkenspektrum) emittiert wird (im Unterschied zum →Bandenspektrum der Moleküle gasförmiger Elemente). Das auch als →Absorptionsspektrum beobachtbare Atomspektrum ist durch scharfe Spektrallinien bei bestimmten, für jedes Atom oder Ion charakteristischen Wellenlängen gekennzeichnet.

Atomuhr, eine für Zeit- und Frequenzmessungen höchster Genauigkeit sowie für genaue Zeithaltung (Primäruhr in Zentraluhranlagen) verwendete Hochfrequenzapparatur. In dieser ruft ein Hochfrequenzfeld bestimmter Frequenz in geeigneten Atomen oder Molekülen durch Resonanzabsorption Atom- bzw. Molekülschwingungen oder -übergänge hervor, deren Resonanzfrequenz dann als Vergleichsmaß dient. Die langzeitig genauesten und daher als Frequenznormale zur Neudefinition der Zeiteinheit Sekunde verwendeten Atomuhren sind die Cäsiumuhren, bei denen in einer Atomstrahlresonanzapparatur ein Vergleich mit der Frequenz 9192631770 Hertz eines bestimmten Hyperfeinstrukturübergangs von Cäsiumatomen des Nuklids ^{133}Cs stattfindet; sie haben eine Genauigkeit von mindestens 10^{-12}, d.h. in 10000 Jahren nur einen Fehler von 0,3 Sekunden. Die zurzeit genaueste Atomuhr ist das an der Physikalisch-Technischen Bundesanstalt in Braunschweig (PTB) befindliche Cäsiumstrahl-Zeitnormal mit einer Ungenauigkeit von einer Sekunde in 3 Millionen Jahren. Die Genauigkeit der Atomuhr erlaubt es, z. B. geringe Schwankungen der Erdrotation festzustellen und Aussagen der Relativitätstheorie zu überprüfen (u. a. Nachweis der Zeitdilation mit in Flugzeugen transportierten Atomuhren). Darüber hinaus sind Atomuhren für die Navigation und Ortung von Schiffen, Flugzeugen und Satelliten von Bedeutung.

Atomuhr.
Die Atomuhr CS 2 der Physikalisch-Technischen Bundesanstalt (PTB) in Braunschweig ist weltweit eine der genauesten Uhren.

Eine andere Entwicklungslinie neben den hochpräzisen Uhren verfolgt den Bau preiswerter, kleiner, leichter und Energie sparender Uhren, z. B. für den Einsatz in Satelliten oder Raketen. Satellitennavigationssyteme wie GPS oder (zukünftig) Galileo benutzen Atomuhren in ihren Satelliten, um durch ihre hochgenaue Zeit die Positionierungsgenauigkeit zu erhöhen. Im Jahr 2003 ist es gelungen, eine Rubidiumatomuhr zu bauen, die nur ein Volumen von 40 Kubikzentimetern einnimmt und eine Leistung von einem Watt verbraucht. Dabei erreicht sie eine Gangunsicherheit von ca. $3 \cdot 10^{-12}$. Das entspricht einer Abweichung von einer Sekunde in 10 000 Jahren. Damit ist die Uhr zwar deutlich ungenauer als die großen stationären Atomuhren etwa der PTB, aber etwa 120 000-mal genauer als eine Quarzuhr. Bei Atomuhren in Satelliten müssen fünf relativistische Effekte berücksichtigt werden, die eine Gangdifferenz zu den erdgebundenen Atomuhren verursachen.

Atomzeit, allgemein die mit →Atomuhren bestimmte Zeit, die durch Aneinanderfügen und Zählen der von den verwendeten Cäsiumuhren erzeugten Sekundenintervalle festgelegt wird; im engeren Sinn die vom Internationalen Büro für die Zeit in Paris seit dem 1. 1. 1972 gelieferte **Internationale Atomzeit,** die den ausgestrahlten Zeitsignalen der koordinierten Weltzeit (UTC) zugrunde liegt. (→Zeitmessung)

Atomzerfall, der radioaktive Zerfall der instabilen Atomkerne eines chemischen Elements bzw. seiner Radionuklide (→Radioaktivität).

Attraktion, die gegenseitige →Anziehung von Körpern oder Teilchen durch zwischen ihnen wirksame Kräfte.

Attraktor, →Großer Attraktor.

Aufgang, das Erscheinen eines Gestirns am Horizont; das Verschwinden nennt man **Untergang.** Beide Fälle beruhen auf der Drehung der Erde von Westen nach Osten. Infolge der atmosphärischen →Refraktion sieht man ein Gestirn bereits dann am Horizont, wenn es etwa einen Sonnendurchmesser unter ihm steht. Daher ist der wahre Aufgang von diesem scheinbaren Aufgang zu unterscheiden (Entsprechendes gilt für den Untergang). Nach dem Zeitpunkt des Aufgangs oder Untergangs eines Gestirns im Jahresverlauf relativ zum jeweiligen Sonnenaufgang oder -untergang werden folgende Aufgänge und Untergänge unterschieden: wahrer kosmischer Aufgang oder wahrer Frühaufgang (Stern- und Sonnenaufgang sind gleichzeitig), wahrer kosmischer Untergang oder wahrer Frühuntergang (Stern geht bei Sonnenaufgang unter); wahrer akronyktischer Aufgang oder wahrer Spätaufgang (Gestirn geht bei Sonnenuntergang auf), wahrer akronyktischer Untergang oder wahrer Spätuntergang (Gestirn und Sonne gehen gleichzeitig unter). Diese Erscheinungen sind jedoch wegen der noch oder schon herrschenden Helligkeit mit bloßem Auge nicht beobachtbar. Der erste sichtbare Aufgang eines Gestirns in der Morgendämmerung ist der heliakische Aufgang (Frühaufgang), der heliakische Untergang (Spätuntergang) ist der letzte sichtbare Untergang eines Gestirns in der Abenddämmerung, der scheinbare akronyktische Aufgang (Spätaufgang) der letzte sichtbare Aufgang eines Sterns in der Abenddämmerung, der scheinbare kosmische Untergang (Frühuntergang) der erste sichtbare Untergang eines Gestirns in der Morgendämmerung.

Auflösung, das Trennen nahe beieinander liegender Details eines Objekts bei der Abbildung mit einem optischen System, sodass sich diese im Bild deutlich unterscheiden.

Auflösungsvermögen, die Fähigkeit eines abbildenden optischen Instruments, sehr nahe beieinander liegende Objektpunkte getrennt bzw. noch deutlich voneinander unterscheidbar abzubilden. Als Maß dafür dienen der Kehrwert des Abstandes $d_{\min}$ oder des Winkelabstandes $\delta_{\min}$ (in Bogensekunden), den zwei Objektpunkte mindestens haben müssen, damit sie mit Licht der Wellenlänge λ als getrennte Bildpunkte erkennbar sind.

Aufgrund der Beugung des Lichtes an Begrenzungen (z. B. am Rand der Eintrittspupille eines Fernrohrs) sind dem Auflösungsvermögen eines Fernrohrs prinzipielle Grenzen gesetzt. Durch die Beugung des Lichts werden punktförmige Lichtquellen als kleine Beugungsscheibchen abgebildet. Der Durchmesser dieser Scheibchen ist proportional zur Brennweite und zur Wellenlänge und umgekehrt proportional zur Öffnung. Das theoretische Auflösungsvermögen eines Fernrohrs erhält man, wenn man 11,58 Bogensekunden durch die in Zentimeter gemessene Öffnung dividiert (→Dawes-Formel). Dieser theoretische Wert ist durch den Abstand der Mittelpunkte zweier Beugungsscheibchen gegeben, wenn das Zentrum des einen Scheibchens gerade auf dem Rand des anderen liegt. Aufgrund der Luftunruhe (→Szintillation) wird das theoretische Auflösungsvermögen bei Beobachtungen in der Praxis jedoch nie erreicht.

Unter dem **spektralen Auflösungsvermögen** versteht man die Fähigkeit, Strahlung bei eng benachbarten Wellenlängen (Frequenzen) trennen zu können.

Aufspaltung von Spektrallinien, →Spektrallinie.

Aufsteigung, gerade Aufsteigung, ältere Bezeichnung für →Rektaszension.

Augenlinse, →Okular.

Augenprüfer, der Stern →Alkor.

Auriga [lat.] *der,* -, wissenschaftlicher Name des Sternbilds →Fuhrmann.

Aurora australis, das Südlicht (→Polarlicht).

Aurora borealis, das Nordlicht (→Polarlicht).

Ausdehnung, Expansion, die aufgrund der Rotverschiebung des Lichtes ferner Galaxien (→Hubble-Effekt) angenommene zeitlich fortschreitende Vergrößerung des Weltalls. (→Kosmologie, →Urknall)

Ausgleichspunkt, das →Punctum aequans.

äußere Planeten, alle die Sonne außerhalb der Erdbahn umlaufenden Planeten, also Mars, Jupiter, Saturn, Uranus, Neptun und Pluto.

außergalaktisch, →extragalaktisch.

außerirdisches Leben, extraterrestrisches Leben, die aus naturwissenschaftlicher und philosophischer Sicht nicht auszuschließende Überlegung, dass außer dem irdischen Leben auch auf anderen Himmelskörpern Leben entstanden sein könnte. Der Nachweis »organischer« (abiologisch entstandener) Moleküle im interstellaren Raum unterstützt

außerirdisches Leben Kontakt gesucht

Sehr wahrscheinlich gibt es außerirdisches Leben im Universum, davon geht heute die Mehrheit der Astronomen aus. Primitive Organismen wie Bakterien überleben selbst in kosmischer Kälte, völliger Dunkelheit, in kochender Schwefelwasserstoffbrühe oder im polaren Meereis. Sogar in unserem eigenen Sonnensystem könnten Mikroben auf den Jupitermonden Europa, Io, Ganymed oder Callisto existieren. Ständig werden neue Exoplaneten entdeckt. Unsere Sonne ist nur eine von mehreren hundert Milliarden Sonnen in unserer Galaxis, der Milchstraße, die einen Durchmesser von 100 000 Lichtjahren hat und selbst wiederum nur eine unter Milliarden von Galaxien darstellt. Daher ist anzunehmen, dass sich da draußen irgendwo in anderen Sonnensystemen auch höher entwickelte Organismen tummeln. Allerdings gibt es dafür bisher keinen Beweis, und mit intelligenten extraterrestrischen Lebensformen in Kontakt zu kommen, ist äußerst unwahrscheinlich. Dazu sind die räumlichen und zeitlichen Distanzen im Weltraum einfach zu groß. Allein zu unserem direkten Nachbarstern Proxima Centauri braucht das Licht 4,25 Jahre, das entspricht rund 40 Billionen Kilometern. Im Vergleich: Zum Mond sind es ca. 400 000 Kilometer.

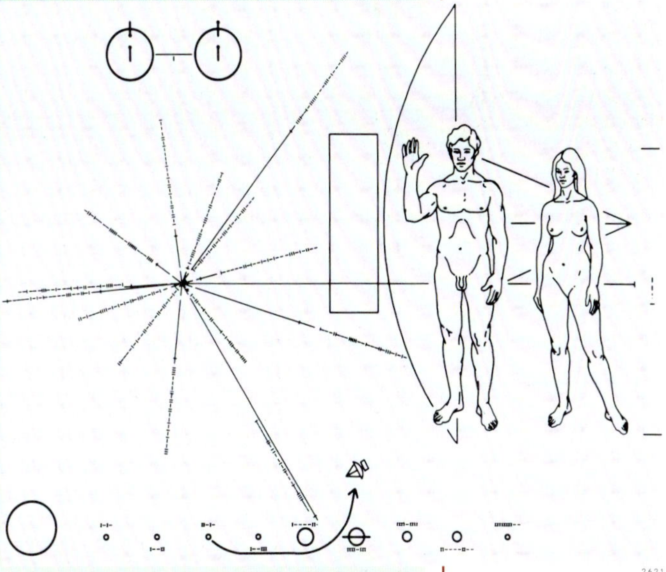

Das Bild zeigt die goldbeschichtete Aluminiumplakette an Bord der Raumsonde Pioneer 10; sie soll außerirdischen Zivilisationen Auskunft über die Menschheit geben.

derartige Vermutungen, ebenso die Ergebnisse von Experimenten zur Bildung lebensnotwendiger komplexer Moleküle aus einem Gasgemisch kosmisch häufiger Elemente. Sehr skeptisch wird die Annahme von außerirdischer Intelligenz und außerirdischen Zivilisationen diskutiert. Hierzu angestellte Versuche einer Kontaktaufnahme mittels starker Radioteleskope blieben bisher ohne Erfolg. (→CETI, →SETI)

Austrittspupille, das vom →Okular eines Fernrohrs entworfene Bild der Eintrittspupille, das einige Millimeter bis Zentimeter hinter der Augenlinse des Okulars entsteht. Eine optimale Nutzung des vom Fernrohr entworfenen Bildes ist nur dann gegeben, wenn sich die Pupille des Auges genau am Ort der Austrittspupille befindet, also dort, wo das Gesichtsfeld nur noch durch die Okularblende begrenzt wird. Auch sollte der Durchmesser der Austrittspupille (gegeben durch den Quotienten aus Objektivöffnung – also Eintrittspupille – und Vergrößerung) nicht größer sein als der Durchmesser der Augenpupille (bei einem 40-Jährigen ca. 6 mm), da Letztere andernfalls als eine das Gesichtsfeld beschneidende Blende wirkt und damit einen Lichtverlust bedingt. Es ist also nicht sinnvoll, bei einem Fernrohr unter eine bestimmte Mindestvergrößerung zu gehen.

außerirdisches Leben
→ GEO **Dossier**
Das Wunder Erde, Bd. 4

außerirdisches Leben
→ GEO **Dossier**
Wo steckt E.T.?, Bd. 5

Austromir, →Mir.

Autokollimation *die, -/-en,* Verfahren zur schnellen und genauen Einstellung eines Fernrohrs (z. B. in einem Spektrometer) auf Unendlich. Dabei wird ein Fadenkreuz über den Kollimator und einen davorstehenden, senkrecht zur optischen Achse justierten Planspiegel auf sich selbst abgebildet. Die Autokollimation wird über die Beobachtung durch das Okular kontrolliert. Sie wird auch in Richtungsprüfgeräten (**Autokollimationsfernrohren**) zur Messung kleiner Richtungs- und Neigungsänderungen herangezogen.

Autolykos, Autolykos von Pytane, griechischer Mathematiker und Astronom um 300 v. Chr.; älterer Zeitgenosse des Euklid; lehrte in Sardes. Autolykos behandelte u. a. die Geometrie der Kugel unter astronomischen Aspekten und wandte die Ergebnisse auf Fragestellungen der astronomischen Zeitbestimmung an; er kritisierte das zur Beschreibung der Planetenbewegung verwendete System der →homozentrischen Sphären.

Autonoe, ein 2001 entdeckter kleiner äußerer Mond des →Jupiter. Er umkreist den Planeten entgegen dessen Rotationsrichtung in einem mittleren Abstand von 24 Millionen Kilometern in 760 Tagen, 22 Stunden und 48 Minuten.

Auwers, Arthur von (seit 1912), deutscher Astronom, *Göttingen 12. 9. 1838, †Berlin 24. 1. 1915; zuerst Observator der Sternwarte Gotha, ab 1866 Astronom der Preußischen Akademie der Wissenschaften in Berlin. Auwers untersuchte v. a. die Eigenbewegungen von Sternen und widmete sich besonders der Erstellung von Fundamental- und allgemeinen Sternkatalogen, u. a. des Zonenkatalogs des von ihm geleiteten ersten »Zonenunternehmens« der Astronomischen Gesellschaft. Auch das als »Geschichte des Fixsternhimmels« bekannte Unternehmen der Preußischen Akademie, das sämtliche (170 000) zwischen 1753 und 1900 beobachteten Sternörter erfasste, wurde von ihm ins Leben gerufen. Er leitete auch die deutschen Expeditionen zur Beobachtung der Venusdurchgänge von 1874 (Luxor) und 1882 (Punta Arenas), die eine genaue Bestimmung der Sonnenparallaxe ermöglichten.

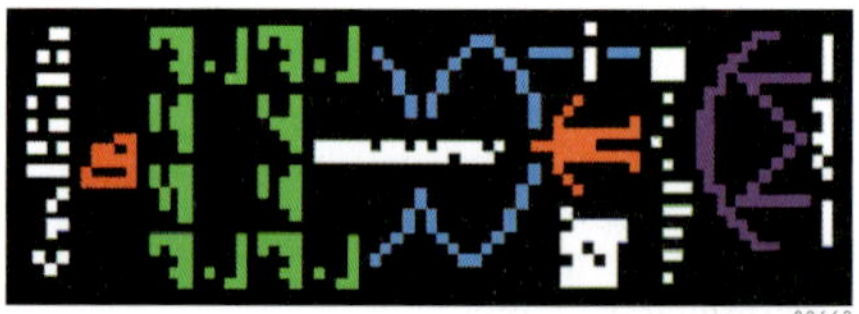

außerirdisches Leben. Diese Botschaft mit Radiowellen – gesendet vom Arecibo-Observatorium in Puerto-Rico – enthält einfache Hinweise auf die Menschheit und ihren Kenntnisstand. Gesendet wurde sie 1974 in Richtung des Kugelsternhaufens M 13. Jedoch ist M 13 so weit entfernt, dass es 50 000 Jahre dauern würde, bis wir eine Antwort erhalten könnten, vorausgesetzt natürlich, dass jemand im Weltall die Botschaft versteht. Beginnend von links haben die Figuren folgende Bedeutung: die Zahlen von eins bis zehn; die Atome Wasserstoff und Kohlenstoff; die DNS; ein Mensch; eine Skizze unseres Sonnensystems und eine Skizze der aussendenden Antenne.

Azimut, der Winkel zwischen dem Südpunkt und dem Schnittpunkt des Vertikalkreises eines Gestirns mit dem Horizont, von Süden über Westen, Norden und Osten bis Süden von 0° bis 360° gezählt (→astronomische Koordinaten).

Azimutaleffekt, die beobachtete Abhängigkeit der Intensität der kosmischen Strahlung vom →Azimut.

azimutale Montierung, →Fernrohrmontierung.

Azimutalkreis, Azimutkreis, Almukantarat, parallel zum Horizont verlaufender Kreis (→astronomische Koordinaten).

Azimutgleiche, der geometrische Ort aller Punkte auf der Erde, von denen aus ein Gestirn oder ein fester Punkt auf der Erde (z. B. ein Signalfeuer) unter dem gleichen Azimut erscheint. Auf ihr ist also die rechtweisende Peilung eines festen Ortes auf der Erde konstant. Die Azimutgleiche ist eine Kurve, deren Bogen äquatorwärts von der Loxodrome abweicht.

Azimutsystem, →astronomische Koordinaten.

Baade, Walter, deutscher Astronom, *Schröttinghausen (heute zu Preußisch Oldendorf, Kreis Minden-Lübbecke) 24. 3. 1893, †Göttingen 25. 6. 1960; wirkte von 1931–58 als Astronom an den Mount Wilson and Mount Palomar Observatories in Pasadena (Calif.), zuletzt Professor in Göttingen. Baade entdeckte die Planetoiden Hidalgo (1920) und Icarus (1949); er untersuchte u. a. veränderliche Sterne, den Aufbau des Milchstraßensystems und löste 1944 erstmals die Zentralregion des Andromedanebels in Einzelsterne auf. Baade erforschte besonders die Struktur von Spiralgalaxien und Sternpopulationen und verbesserte ihre Entfernungsbestimmungen.

Babcock ['bæbkɔk], Harold Delos, amerikanischer Astrophysiker, *Edgerton (Wis.) 24. 1. 1882, †Pasadena (Calif.) 8. 4. 1968; wirkte 1909–48 am Mount Wilson Observatory; er betrieb spektroskopische Untersuchungen (über die Zeeman-Aufspaltung der Spektrallinien) des Magnetfeldes der Sonne u. a. Sterne.

Babinet-Punkt [babiˈnɛ-, nach J. Babinet], →Himmelsstrahlung.

Bacon ['beɪkən], Roger, englischer Theologe und Naturphilosoph in der augustinischen Tradition, *bei Ilchester (County Somerset) um 1214, †Oxford um 1292; studierte in Oxford und Paris; dort Professor für Philosophie. Er kehrte später nach Oxford zurück und entfaltete eine reiche schriftstellerische Tätigkeit. Bacon galt als »doctor mirabilis« der mittelalterlichen Erfahrungswissenschaft (Experimentalphilosophie). Seine Werke enthalten u. a. Studien über Astronomie, zum Magnetismus (mit Experimenten) und zur Optik (u. a. Formulierung von Abbildungsgesetzen für konvexe Linsen).

Bahn, in der Astronomie der von dem Schwerpunkt eines Himmelskörpers (auch Rakete, Satellit oder Raumsonde) zurückgelegte Weg. Man unterscheidet die **scheinbare Bahn** von Planeten, Raumsonden u. a. Himmelskörpern an der Himmelssphäre, die durch das Zusammenspiel der Bewegung der Erde und des Himmelskörpers zustande kommt, die auf einen als ruhend angenommenen anderen Körper (z. B. die Sonne bei der jährlichen Bewegung der Erde) bezogene **relative Bahn** und die **wahre Bahn,** die unter der Wirkung der Schwerkraft um den Schwerpunkt des Sonnensystems beschrieben wird. Sie kann als Ellipse eine geschlossene und als Parabel oder Hyperbel eine offene Bahn sein. Die Ebenen einer Planetenbahn und der Erdbahn schneiden sich in der **Knotenlinie,** die den **aufsteigenden Knoten** ☊ mit dem **absteigenden Knoten** ☋ verbindet. Im aufsteigenden Knoten tritt der Himmelskörper von der Südseite der Erdbahn auf deren Nordseite über, im absteigenden Knoten kehrt er auf die Südseite zurück.

■ **Bahnelemente** Die vollständige Beschreibung der Bahn eines Himmelskörpers in einem vorgegebenen Gravitationsfeld geben sechs unabhängige Bestimmungsstücke, die Bahnelemente. Die Gestalt einer Bahn wird dabei durch die große Halbachse a und die numerische Exzentrizität ε (bzw. die lineare Exzentrizität e) bestimmt. Ihre Lage im Raum ist definiert durch die Länge Ω des aufsteigenden Knotens und durch die Neigung (Bahnneigung oder Inklination) i der Bahnebene gegen die Ekliptik. Die Orientierung der Bahnellipse innerhalb ihrer Bahnebene ist durch den Abstand ω des Perihels vom Knoten gegeben. Zur Bestimmung des Ortes eines Himmelskörpers in seiner Bahn gehört die Angabe des Zeitpunktes T eines Periheldurchgangs. Sein Winkelabstand vom Perihel wird durch die →Anomalie gemessen. Die Bewegung der auf geschlossenen Bahnen umlaufenden Himmelskörper wird durch die →keplerschen Gesetze beschrieben. Aufgabe der **Bahnbestimmung** (als Teilbereich der →Himmelsmechanik) ist es, aus der beobachteten scheinbaren Bahn die wahre Bahn zu berechnen, d. h. die Bahnelemente a, e, Ω i, ω und T zu ermitteln.

Bahnbestimmung, →Bahn.

Bahnebene, die Ebene der Bahn eines Himmelskörpers; für die Erde auf ihrer Bahn um die Sonne ist die Bahnebene die Ekliptik.

Bahnelemente, →Bahn.

Bahnneigung, die →Neigung.

Baikonur, der größte russische Weltraumbahnhof, in der Nähe der gleichnamigen Stadt im südlichen Kasachstan gelegen. Von diesem Gelände wurden die großen russischen Weltraummissionen der 1960er-, 1970er- und 1980er-Jahre gestartet. Nach dem Zerfall der Sowjetunion befand sich das Startgelände auf kasachischem Staatsgebiet, wurde aber von Russland 1994 zunächst für 20 Jahre gepachtet; 2004 wurde der Vertrag bis 2050 verlängert. Baikonur ist das größte Kosmodrom der Welt. Nach offiziellen Angaben umfasste es im Jahr 2004 eine Fläche von über 6 700 Quadratkilometern. Zur Bodeninfrastruktur gehören neun Startkomplexe mit u. a. 15 Startvorrichtungen. 70 Prozent aller russischen Raumfahrtstarts finden in Baikonur statt.

Baily ['beɪli], Francis, britischer Astronom, *Newbury (County Berkshire) 28. 4. 1774, †London 30. 8. 1844; bestimmte die mittlere Erddichte mit 5,66 g/cm^3, gab verschiedene Sternkataloge heraus und beschrieb 1836 erstmals die bei Venus- und Merkurdurchgängen beobachtbaren **Bailytropfen,** dunkle, brückenartige Verbindungen zwischen Planeten- und Sonnenrand an der Stelle, an der die »innere Berührung« erfolgt.

Baily-Perlen ['beɪli-; nach F. Baily], das →Perlschnurphänomen.

Baker-Schmịdt-Kamera ['beɪkə-, englisch], **Baker-Nunn-Kamera** ['beɪkə 'nʌn-], eine sehr lichtstarke Weitwinkelkamera, die in drei Freiheitsgraden beweglich gelagert ist

Walter Baade

Roger Bacon

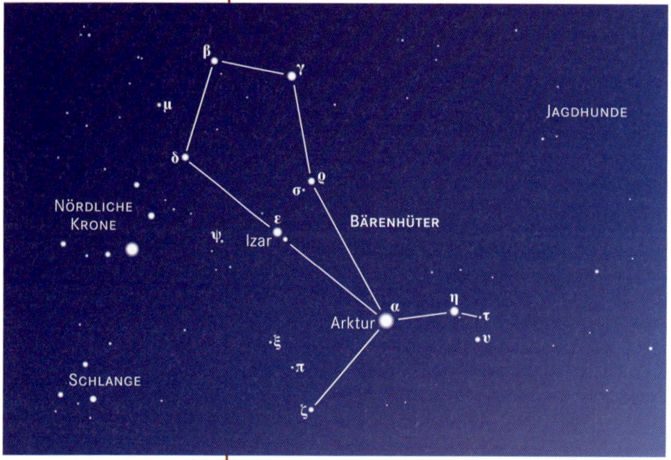

Bärenhüter

atome von einem höheren zum zweittiefsten Energieniveau emittiert (in umgekehrter Richtung absorbiert) werden; der langwelligsten, im Rot gelegenen Spektrallinie H_α entspricht eine Wellenlänge $\lambda \approx 656{,}2$ nm; es folgen die Linien H_β (mit $\lambda \approx 486{,}2$ nm), H_γ (mit $\lambda \approx 434{,}1$ nm) usw.; die Seriengrenze liegt bei etwa 365 nm.

Banachiewicz [banax'jɛvitʃ], Tadeusz, polnischer Astronom und Mathematiker, *Warschau 13. 2. 1882, †Krakau 17. 11. 1954; seit 1918 Professor in Krakau und Direktor der dortigen Sternwarte; befasste sich v. a. mit Problemen der Bahnbestimmung (besonders von Kometen) und der Störungsrechnung; führte dabei in die theoretische Astronomie spezielle Matrizen, die Krakowianen, ein und entwickelte damit für numerische Berechnungen besonders geeignete Methoden, die auch in der Geodäsie anwendbar sind.

Bande [frz. »Einfassung«], in einem Molekülspektrum auftretende Vielzahl eng benachbarter Spektrallinien mit charakteristischen Frequenzabständen **(Bandenlinien).**

Bandenspektrum, auch **Viellini|enspektrum,** durch →Banden charakterisiertes Spektrum, das – im Gegensatz zum Linienspektrum von Atomen – bei Übergängen zwischen den Energiezuständen von Molekülen emittiert oder absorbiert wird und v. a. bei zweiatomigen Molekülen im sichtbaren und ultravioletten Bereich, bei mehratomigen Molekülen vorwiegend im Infrarot liegt.

Bandentemperatur, aus den Bandenspektren eines Sterns abgeleitete Sterntemperatur.

Bär, zwei Sternbilder des Nordhimmels, →Großer Bär, →Kleiner Bär.

Bärenhüter, [griech. »der mit Stieren Pflügende« (für Philomelos, den Erfinder des Pfluges in der griech. Sage)], **Ochsentreiber, Rinderhirte,** wissenschaftlicher Name **Bootes,** *Genitiv* **Bootis,** Abk. **Boo,** ein Sternbild des nördlichen Himmels (Rektaszension 13^h36^m bis 15^h50^m, Deklination +55°05' bis +7°20'), das im Frühjahr am Abendhimmel sichtbar ist. Der nördliche Teil des Sternbilds liegt in der Nachbarschaft der Deichselsterne des Großen Wagens (→Großer Bär); sein Hauptstern →Arktur ist der hellste Stern nördlich des Himmelsäquators.

■ **Sterne** Izar (ε Boo) ist ein markanter Doppelstern mit einer orangeroten (scheinbare Helligkeit $2\overset{m}{,}5$) und einer blauen Komponente ($4\overset{m}{,}9$) in 2,9" Distanz. Bei dem Dreifachstern Alkalurops (μ Boo) steht in 108,8" Distanz vom $4\overset{m}{,}3$ hellen Hauptstern ein $6\overset{m}{,}5$ heller Begleiter, der sich seinerseits aus zwei in 2,1" Abstand befindlichen, $7\overset{m}{,}0$ und $7\overset{m}{,}6$ hellen Komponenten zusammensetzt, welche sich in etwa 260 Jahren einmal umkreisen. Weitere Doppelsterne sind u. a.: δ Boo ($3\overset{m}{,}5$ bzw. $7\overset{m}{,}8$; Distanz 104,9"), ι Boo ($4\overset{m}{,}8$ bzw. $8\overset{m}{,}1$; 38,8"), κ Boo ($4\overset{m}{,}5$ bzw. $6\overset{m}{,}6$; 13,6"), π Boo ($4\overset{m}{,}9$ bzw. $5\overset{m}{,}8$; 5,5") und ξ Boo ($4\overset{m}{,}7$ bzw. $6\overset{m}{,}9$; 6,3", Um-

und für die Aufnahme von Meteoren und besonders für die Bahnverfolgung von künstlichen Erdsatelliten von der Erdoberfläche aus eingesetzt wird. Ihre Optik besteht aus einem **Baker-Schmidt-Spiegel** (→Schmidt-Spiegelteleskop) von etwa 50 cm Durchmesser, der ein Gesichtsfeld von 30° abbildet.

Balkenspirale, Form eines →Sternsystems.

Ballonastronomie [ba'lɔŋ-], Zweig der Astronomie, der sich mit der Durchführung astronomischer Beobachtungen mittels Höhenballons befasst. Die Messinstrumente werden in 30–45 km Höhe gebracht, sodass sie sich über etwa 99–99,9 % der Gesamtluftmasse der Erdatmosphäre befinden. Dadurch sind Beobachtungen im Bereich der Gamma- und Röntgenstrahlung sowie in allen anderen Bereichen des elektromagnetischen Spektrums unter stark reduziertem Einfluss der Atmosphäre möglich.

Balmer-Seri|e [nach J. J. Balmer], eine Spektralserie des Wasserstoffspektrums, deren Spektrallinien bei Übergängen der Wasserstoff-

Bärenhüter Hüter des Großen Bären

Der vierthellste Stern am Himmel ist Arktur, der Bärenhüter, nach dem auch das gleichnamige Sternbild benannt ist. In einem immer währenden Tanz führt er den Großen Bären um den Polarstern. Der Sage nach ist Arktur oder Arkas der Sohn der Nymphe Kallisto. Mutter und Sohn wurden von Zeus unter die Sterne versetzt, Kallisto als »Großer Bär«, Arkas als Bärenhüter.
Der aus dem Griechischen stammende wissenschaftliche Name des Sternbilds Bärenhüter ist Bootes, was übersetzt nun aber nicht etwa Bärenhüter heißt, sondern »der mit Ochsen Pflügende«. Und so hat das Sternbild noch einen zweiten deutschen Namen: Ochsentreiber, benannt nach Philomelos, einem Sohn der Demeter, der Göttin des Ackerbaus, und des Iasion, einem Sohn des Zeus und der Pleïade Elektra. Philomelos, von seinem Bruder des Erbes beraubt, war der Erfinder des Pfluges, wofür er von seiner Mutter samt Pflug und Ochsengespann an den Himmel versetzt wurde.

laufzeit 150 Jahre). W Boo (34 Boo) ist ein halbregelmäßiger Veränderlicher in 800 Lichtjahren Entfernung, dessen Helligkeit mit einer Periode von 30 bis 450 Tagen zwischen $4^{m},7$ und $5^{m},4$ schwankt, i Boo (44 Boo) ein Bedeckungsveränderlicher ($4^{m},7$–$4^{m},9$; Periode 0,267819 Tage).

■ **Weitere Objekte** Der etwa 50 000 Lichtjahre entfernte Kugelsternhaufen NGC 5466 hat eine Gesamthelligkeit von $8^{m},5$. Im Bärenhüter liegt der →Radiant des Meteorstroms →Quadrantiden. (→Sternbilder)

Bärenstrom, der →Ursa-Maior-Haufen.

Barlow ['bɑ:ləʊ], Peter, britischer Mathematiker und Physiker, *Norwich 13. 10. 1776, †Woolwich (heute zu London) 1. 3. 1862; befasste sich u. a. mit der Zahlentheorie, untersuchte die magnetischen Kräfte v. a. von elektrischen Strömen sowie die Festigkeit der Stoffe und konstruierte verschiedene Speziallinsen für astronomische Fernrohre (speziell die zur Verlängerung der Objektivbrennweite dienenden, als Barlow-Linsen bezeichneten Zerstreuungslinsen).

Barlow-Linse ['bɑ:ləʊ-; nach P. Barlow], eine plankonkave Zerstreuungslinse (z. T. auch achromatisches Linsensystem), die zwischen Objektiv und Okular eines Fernrohrs eingeschaltet wird und der Vergrößerung der Objektivbrennweite (meist um das Zwei- bis Dreifache) und damit der Steigerung der Fernrohrvergrößerung dient.

Barnard ['bɑ:nəd], Edward Emerson, amerikanischer Astronom, *Nashville (Tenn.) 16. 12. 1857, †Williams Bay (Wis.) 6. 2. 1923; wirkte 1887–95 an der Lick-Sternwarte, war danach Professor in Chicago und Direktor des Yerkes Observatory in Williams Bay. Barnard verbesserte die Methoden der Himmelsfotografie, mit deren Hilfe er 16 Kometen, 1892 den 5. Jupitermond, später noch vier weitere lichtschwache Satelliten des Jupiter, außerdem zahlreiche galaktische Dunkelwolken und 1916 →Barnards Stern entdeckte.

Barnard-Ring ['bɑ:nəd -; nach E. E. Barnard], engl. **Barnard's loop,** ['bɑ:nəds lu:p], Bezeichnung für einen 20 Grad großen, sehr lichtschwachen, nicht ganz vollständigen Nebelring um die mittleren Teile des Sternbilds Orion, der sich auf fotografischen Aufnahmen zeigt. Seine Halbkreisform lässt vermuten, dass es sich um eine kosmische Materieblase handelt, die in den interstellaren Raum getrieben wurde, als sich schlagartig ganze Gruppen von heißen Sternen bildeten, die heute im »Schwert« des Orion zu sehen sind.

Barnards Stern ['bɑ:nəds -; nach E. E. Barnard], **Barnards Pfeilstern** ['bɑ:nəds -], **Pfeilstern,** Stern im Sternbild →Schlangenträger, mit einer scheinbaren Helligkeit von $9^{m},5$ (Spektraltyp M 5, Leuchtkraftklasse V) und der größten bis jetzt bekannten →Eigenbewegung von 10,34" pro Jahr, die u. a. auf die geringe Sonnenentfernung des Sterns von 5,9 Lichtjahren zurückzuführen ist.

Baryonen, *Singular* **Baryon** *das, -s,* Sammelbezeichnung für schwere Elementarteilchen mit halbzahligem Spin, deren unterschiedliche Ruhmasse nicht kleiner als die Protonmasse ist. Das einzige (bislang) stabile Baryon ist das Proton. Nach dem heute experimentell gesicherten Quarkmodell der Elementarteilchen sind alle Baryonen aus jeweils drei →Quarks aufgebaut.

Baryzentrum, das Schwerezentrum einer Masse oder eines Systems verschiedener Himmelskörper, z. B. eines Doppelsterns oder des Erde-Mond-Systems.

Die hellsten Sterne des Sternbilds Bärenhüter

Name		Helligkeit visuelle	Helligkeit absolute	Spektralklasse	Entfernung in Lichtjahren
α	(Arktur, Arcturus)	$0^{m},0$	0^{M}	K2	36,5
ε	(Izar)*)	$2^{m},4$	-2^{M}	G9	210
η	(Muphrid)	$2^{m},7$	2^{M}	G0	36,5
γ	(Ceginus, Seginus)	$3^{m},0$	1^{M}	A7	86
δ*)		$3^{m},4$	1^{M}	G8	118
β	(Nekbar, Nekkar, Nakkar)	$3^{m},5$	-1^{M}	G8	220
ρ		$3^{m},6$	0^{M}	K3	155
ζ		$3^{m},8$	0^{M}	A3	180
ϑ		$4^{m},0$	3^{M}	F7	48
υ		$4^{m},1$	0^{M}	K5	250
μ	(Alkalurops)*)	$4^{m},2$	1^{M}	F1	120
κ*)		$4^{m},4$	1^{M}	A8	165
π*)		$4^{m},5$	0^{M}	A1	320
ξ*)		$4^{m},5$	5^{M}	G8	21,9

*) Doppelstern

Battani, Mohammed Ibn Djabir **al-Battani,** latinisiert **Albategnius, Albatenius,** bedeutendster islamischer Astronom des Mittelalters, *in oder bei Harran (Irak) vor 859, †bei Samarra 929. Battani bestimmte mit großer Genauigkeit die Elemente der Sonnen- bzw. Erdbahn (v. a. Jahreslänge, Schiefe der Ekliptik, Präzession der Äquinoktien) und der anderen Planetenbahnen. Er entdeckte die Drehung der Apsidenlinie und die Schwankung der Sonnenparallaxe, entwickelte die sphärische Trigonometrie weiter, stellte einen Sternkatalog zusammen und beobachtete sehr genau Finsternisse. Sein »Astronomisches Handbuch nebst Tafeln«, das im 12. Jh. ins Lateinische übersetzt wurde, hat die abendländische Astronomie und Trigonometrie (u. a. Regiomontanus) stark beeinflusst.

Bauersfeld, Walther, deutscher Ingenieur, *Berlin 23. 1. 1879, †Heidenheim an der Brenz

Die hellsten Sterne des Sternbilds Becher

Name		Helligkeit visuelle	Helligkeit absolute	Spektralklasse	Entfernung in Lichtjahren
δ		$3^m_,6$	0^M	K0	200
α	(Alkes)	$4^m_,1$	0^M	K1	180
γ*)		$4^m_,1$	2^M	A7	84
β		$4^m_,5$	0^M	A1	260

*) Doppelstern

28. 10. 1959; war leitender Mitarbeiter der Firma Zeiss in Jena, entwickelte das Zeiss-Projektionsplanetarium und machte Erfindungen zur Kinotechnik, Fotogrammetrie und angewandten Mechanik.

Bayer, Johann, deutscher Astronom, * Rain (Bayern) 1572, † Augsburg 7. 3. 1625; eigentlich Rechtsanwalt; Herausgeber des ersten großen Sternatlas (»Uranometria«), dessen Karten erstmals auch den südlichen Himmel positionsgerecht wiedergaben. Er katalogisierte darin die Sterne jedes Sternbilds nach der scheinbaren Helligkeit erstmals unter Benutzung des griechischen Alphabets und führte mehrere neue Sternbilder ein.

BD, Abkürzung für den Sternkatalog →Bonner Durchmusterung.

Becher, wissenschaftlicher Name **Crater,** *Genitiv* **Crateris,** Abk. **Crt,** ein kleines, unauffälliges, südlich des Himmelsäquators (Rektaszension 10^h51^m bis 11^h56^m, Deklination −6°40' bis −25°10') zwischen dem →Raben und der →Wasserschlange gelegenes Sternbild des abendlichen Frühjahrshimmels. γ Crt ist ein Doppelstern: der $4^m_,1$ helle Hauptstern besitzt in 5,2" Distanz einen nur $9^m_,6$ hellen Begleiter. Ansonsten finden sich in diesem Sternbild keine lohnenswerten Beobachtungsobjekte für das Amateurfernrohr. (→Sternbilder)

Becker, Friedrich Eberhard, deutscher Astronom, * Münster 12. 6. 1900, † München 25. 12. 1985; leitete 1948–66 die Sternwarte in Bonn, gründete die astronomische Beobachtungsstation Hoher List (bei Daun) und das Radioobservatorium auf dem Stockert (bei Bad Münstereifel); Mitbegründer des Radioobservatoriums Effelsberg. Becker arbeitete v. a. über Stellarstatistik, Sternspektren und interstellare Materie.

Becklin-Neugebauer-Objekt, Abk. **BN-Objekt,** eine punktförmig erscheinende Infrarotquelle im Sternbild Orion, in deren Zentrum sich ein extrem junger massereicher Stern befindet, dessen Strahlungsenergie durch die umgebende dichte interstellare Staubhülle vollständig absorbiert und in Wärmestrahlung mit dem Strahlungsmaximum im Infrarotbereich umgesetzt wird.

Bedeckung, Okkultation, teilweises oder vollständiges Verdecken eines Gestirns durch ein anderes, das die Sichtlinie vom Beobachter zum ersten Gestirn durchläuft; z. B. die Bedeckung der Sonne durch den Mond bei einer Sonnenfinsternis oder die Bedeckung eines Sterns durch den Mond. Derartige **Sternbedeckungen** dienen u. a. dem Studium der Mondbewegung und – unter Auswertung des Helligkeitsabfalls (-wiederanstiegs) zu Beginn (am Ende) der Bedeckung der Bestimmung des Sterndurchmessers. Tritt ein Gestirn in den Schatten eines anderen ein, z. B. ein Satellit in den Schatten des zugehörigen Planeten, spricht man von Verfinsterung (→Finsternis).

Bedeckungsveränderliche, optische Veränderliche, fotometrische →Doppelsterne, deren Bahnebene nahezu die Sichtlinie Beobachter – Gestirn enthält, sodass sich die Komponenten des Doppelsterns, von der Erde aus gesehen, regelmäßig ganz oder partiell verdecken. Aus dem sich ergebenden periodischen Lichtwechsel (der Lichtkurve) und den periodischen Linienverschiebungen in den Spektren der Komponenten sind z. B. Rückschlüsse auf deren Radius, Masse und Oberflächentemperatur möglich. Die Lichtkurven haben ein scharfes Helligkeitsminimum (Hauptminimum), das bei der Bedeckung der Komponente mit der höheren Flächenhelligkeit durch die dunklere Komponente entsteht; dazu kann ein zweites Minimum (Nebenminimum) infolge der Verdeckung der dunkleren durch die hellere Komponente auftreten. Nach der Form der Lichtkurve unterscheidet man drei Untergruppen der Bedeckungsveränderlichen: Bei den **Algolsternen** ist die Helligkeit außerhalb der Minima im Allgemeinen konstant; die Periode liegt zwischen etwa 1 und 5 Tagen. Die **Beta-Lyrae-Sterne** zeigen infolge der ellipsoidalen Form der beiden, relativ dicht benachbarten Komponenten auch außerhalb der Minima einen geringen Lichtwechsel; die Perioden sind relativ klein, aber größer als ein Tag. Die **W-Ursae-Maioris-Sterne** zeigen nahezu die gleichen Lichtkurven wie die Beta-Lyrae-Sterne mit fast gleichen Haupt- und Nebenminima; die Perioden sind kürzer als ein Tag.

Begleiter, Bezeichnung für den Satelliten eines Planeten, auch für die Komponente in Doppel- oder Mehrfachsternen, welche die geringere Masse oder Helligkeit besitzt.

Belinda [engl.], ein Mond des Planeten →Uranus.

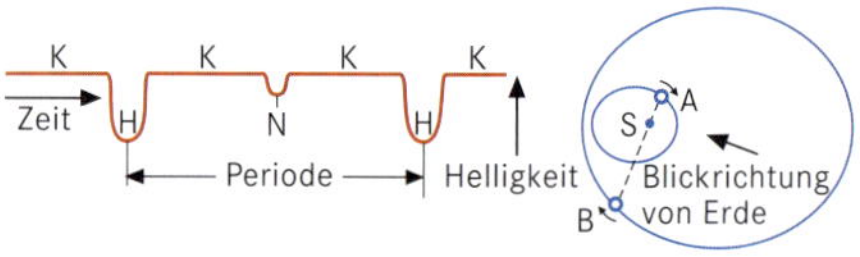

Bedeckungsveränderliche. Links schematische Lichtkurve eines Algolsterns: H Hauptminimum (hellerer Stern wird bedeckt), N Nebenminimum (schwächerer Stern wird bedeckt); K konstante Helligkeit; rechts Bedeckungsveränderliche A und B mit Ellipsenbahnen um den Schwerpunkt S

Bellatrix [lat. »die Kriegerische«], der westliche der beiden Schultersterne (γ Ori) im Sternbild →Orion; scheinbare Helligkeit $1^{m},64$, absolute Helligkeit -3^{M}, Spektraltyp B 2, Leuchtkraftklasse III, Entfernung 240 Lichtjahre.

Bell-Burnell, Jocelyn, irische Astronomin, * 15. 7. 1943 Belfast; Physik-Studium in Glasgow, 1965–68 Promotion an der Universität Cambridge bei A. →Hewish, 1968–1973 Mitarbeiterin der Universität Southampton, 1973–82 am Royal Observatory in Edinburgh, ab 1986 Leiterin des James Clerk Maxwell Telescope Project, ab 1991 Professorin an der Open University in Milton Keynes. Während ihrer Promotion war sie am Aufbau eines Radioteleskops beteiligt, mit dem →Quasare und andere Radioquellen untersucht werden sollten. Im August 1967, einen Monat nach Inbetriebnahme des Teleskops, beobachtete sie erstmals einen →Pulsar mit einer Periode von 1,337 Sekunden. 1974 wurde ihr Doktorvater Hewish für diese Entdeckung mit dem Nobelpreis ausgezeichnet. Seitdem wird diskutiert, ob nicht Jocelyn Bell-Burnell zumindest einen Teil dieses Preises verdient hätte.

Belopolskij, Aristarch Apollonowitsch, russischer Astronom, * Moskau 1. 7. 1854, † Pulkowo 16. 5. 1934; seit 1888 Mitarbeiter, 1917–19 Direktor des Pulkowo-Observatoriums; bedeutende Arbeiten besonders zur Sonnenforschung und Sternspektroskopie. Belopolskij arbeitete auf dem Gebiet der Astrofotografie, analysierte Planetenspektren und entdeckte u. a. die Veränderlichkeit von Helligkeit und Radialgeschwindigkeit der Delta-Cephei-Sterne und des Algol-Systems.

Benetnasch [arab. »Töchter des Sarges«, d. h. Leidtragende, Klageweiber], **Alkaid,** der Stern η UMa im Sternbild →Großer Bär (vorderster Deichselstern des Großen Wagens); scheinbare Helligkeit $1^{m},86$, absolute Helligkeit -1^{M}, Spektraltyp B 3, Leuchtkraftklasse V, Entfernung 102 Lichtjahre.

Benzenberg, Johann Friedrich, deutscher Physiker und Publizist, * Schöller (heute zu Wuppertal) 5. 5. 1777, † Bilk (heute zu Düsseldorf) 7. 6. 1846; Gymnasiallehrer in Hamburg; führte mit H. W. Brandes 1798–1800 in Göttingen erste exakte Beobachtungen von Meteoren durch und bestimmte deren Höhen und Geschwindigkeiten. Mit der 1802–04 bei Fallversuchen nachgewiesenen Ostabweichung fallender Körper lieferte Benzenberg einen empirischen Beweis für die Erdrotation. Er wies außerdem die Abhängigkeit der Schallgeschwindigkeit von der Temperatur nach.

Beschleunigung, Formelzeichen a, die Geschwindigkeitszunahme oder -abnahme bei der Bewegung eines Körpers, auf den eine Kraft einwirkt. In der Raketen- und Raumfahrttechnik wird als besondere Einheit die →Fallbeschleunigung $g = 9{,}81\ \mathrm{m/s^2}$ verwendet; man spricht dann von Beschleunigung von $3g$, $5g$, $10g$ usw. und meint die entsprechenden Vielfachen der Fallbeschleunigung. Während mit Kfz nur Beschleunigungen von 2 bis 8 $\mathrm{m/s^2}$ möglich sind, liegen die Beschleunigungen beim Start von Raketen zwischen $1g$ und $100g$ und dürfen bei der bemannten Weltraumfahrt nicht größer als $6g$ bis $10g$ sein.

Bessel, Friedrich Wilhelm, deutscher Astronom und Mathematiker, * Minden 22. 7. 1784, † Königsberg 17. 3. 1846.

Friedrich Wilhelm Bessel
*** 1784, † 1846**

- einer der bedeutendsten Astronomen des 19. Jahrhunderts
- begründete die Astrometrie
- bestimmte erstmals eine Sternparallaxe

■ **Werdegang** Der junge Bessel besuchte zunächst das Gymnasium, verließ aber im Alter von 14 Jahren wegen seiner Abneigung gegen Latein die Schule und wurde zunächst Kaufmann in Bremen. Im Selbststudium brachte er sich die Astronomie bei und erstellte erste Berechnungen, beispielsweise zur Monddistanz. 1804 berechnete er als Zwanzigjähriger die Umlaufbahn des Halley-Kometen und beeindruckte damit den ebenfalls in Bremen lebenden Heinrich Wilhelm Olbers, den er auf der Straße ansprach und um die Begutachtung seiner Ergebnisse bat. Olbers erkannte Bessels Talent und förderte ihn, indem er ihm astronomische Schriften zukommen ließ. Außerdem beschaffte Olbers dem jungen Mann eine Stelle am Observatorium in Lilienthal. Bis 1810 war Bessel so bekannt geworden, dass König Friedrich II. auf ihn aufmerksam wurde und ihm die Leitung des Baus eines Observatoriums in Königsberg übergab. Außerdem wurde er Professor für Astronomie in Königsberg. Bis zu seinem Tode blieb Bessel Direktor an diesem Observatorium.

■ **Astronomische Entdeckungen** In Königsberg führte Bessel umfangreiche Sternbeobachtungen durch, erstellte einen ausgezeichneten Sternkatalog und führte zahlreiche Verfeinerungen astronomischer Rechen- und Analysemethoden ein. Seine genauen Positionsbestimmungen ermöglichten zuverlässige Berechnungen von Eigenbewegungen der Sterne, aus deren Störungen er auf die Existenz von Doppelsternen schloss. Bessels herausragende Leistung war jedoch die erstmalige Bestimmung einer Sternparallaxe. Er benutzte dazu den Stern 61 Cygni, von dem er wegen seiner schnellen Eigenbewegung annahm, dass er der Erde sehr nah sei. Bessels Messung mit dem von ihm selbst entworfenen und von J. v. Fraunhofer angefertigten Heliometer umfasste 3 000 Einzelbeobachtungen und stellte die erste zuverlässige Entfernungsbestimmung eines Sterns dar; Bessels Entfernungswert von 56 Billionen Kilometern – knapp 6 Lichtjahre – weicht nur um 6 % vom heutigen Wert ab.

Beta-Cephei-Sterne, Beta-Canis-Maioris-Sterne, nach dem Stern β im Sternbild →Kepheus bzw. β im →Großen Hund benannte Gruppe von →Pulsationsveränderlichen mit kurzen Lichtwechselperioden (3 bis 6 Stunden) und geringen Lichtwechselamplituden (maximal 0,2 mag). Soweit Modulationen der Lichtkurve auftreten, werden sie als Überlagerung zweier wenig verschiedener Perioden gedeutet. Beta-Cephei-Sterne sind Sterne der Spektraltypen O8 bis B6, wobei sich die meisten dieser Sterne als B0 bis B2 klassifizieren lassen. Die klassifizierten Leuchtkraftklassen reichen von I bis V, die meisten Sterne gehören zu den Leuchtkraftklassen IV und III (Unterriesen und Riesen). Die meisten Beta-Cephei-Sterne pulsieren radial, werden also größer und kleiner. Einige Beta-Cephei-Sterne besitzen zusätzlich auch eine nicht radiale Pulsation, d.h., Wellenberge und -täler umlaufen den Stern zusätzlich. Bisher sind etwa 90 Beta-Cephei-Sterne bekannt. Aufgrund der kleinen Amplituden sind sie schwer zu finden, aber bei gezielter Suche, beispielsweise in offenen Sternhaufen mit vielen B-Sternen, finden sich zahlreiche Beta-Cepheiden.

Beta-Lyrae-Sterne, eine Untergruppe der →Bedeckungsveränderlichen. Ihr Prototyp, β Lyr, ist ein 880 Lichtjahre entfernter Doppelstern, dessen sichtbarer Hauptstern der Spektralklasse B angehört, während die wesentlich schwerere andere Komponente von einer Akkretionssscheibe umgeben ist, sodass er deutlich weniger hell erscheint. Diese Scheibe wird von dem kleineren Partner mit Materie gespeist. Weil die beiden Komponenten so massiv sind und sehr eng beieinander stehen, verformen sie sich gegenseitig zur »Eiform«, weshalb β Lyr auch zu den →ellipsoidischen Veränderlichen zählt. Alle Beta-Lyrae-Sterne bestehen durchweg aus zwei ellipsoidalen Sternen und zeigen eine eher kontinuierliche Helligkeitsschwankung, im Gegensatz zu den Bedeckungsveränderlichen vom →Algol-Typ mit ihren scharfen Lichtwechseln.

Beta Pictoris, mit $3^{m}_{,}85$ der zweithellste Stern im Sternbild Pictor (→Maler). Beta Pictoris ist ein massereicher, heißer, etwa 63 Lichtjahre entfernter Stern. Um diesen Stern wurde 1983 mithilfe des Infrarotsatelliten →IRAS eine Staubscheibe entdeckt und 1984 am Las Campanas Observatorium (Chile) erstmals sichtbar gemacht. Seitdem wird vermutet, dass um Beta Pictoris ein Planetensystem existieren könnte, welches sich noch in der Entstehung befindet. Aufnahmen des Hubble-Weltraumteleskops zeigen Unregelmäßigkeiten in der Staubscheibe, die eine Gesamtausdehnung von etwa 225 Milliarden Kilometern hat, und bekräftigen damit die Planeten-Hypothese.

Betateilchen, beim radioaktiven Zerfall von Atomkernen ausgesandte Elektronen (→Radioaktivität).

Beteigeuze, Betelgeuse [aus arab. yad al-ǧauzā' »Hand der Riesin«], der östliche der beiden Schultersterne (α Ori) im Sternbild →Orion und dessen zweithellster Stern; von auffallend rötlicher Farbe. Der etwa 430 Lichtjahre entfernte rote Überriese des Spektraltyps M2 (absolute Helligkeit -5^{M}, Leuchtkraftklasse I a, effektive Temperatur in der Sternat-

Beta Pictoris Kreißsaal der Planeten

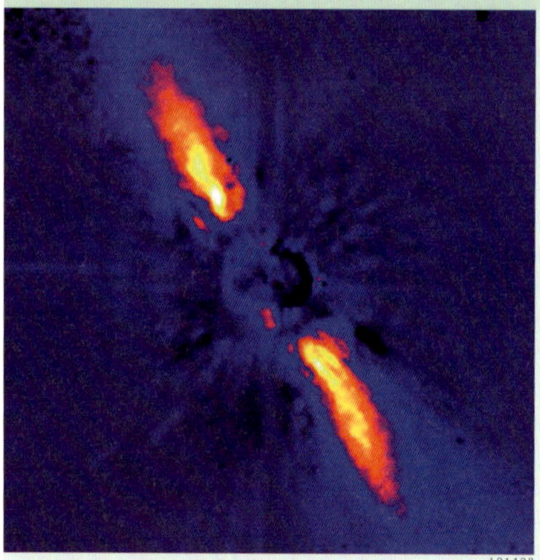
101428

Schon länger ist bekannt, dass sich in der länglich geformten Wolke um Beta Pictoris, einem blauen Stern mit einem Alter von ungefähr 15 Millionen Jahren, Planeten formen. Der Geburtsort liegt rund 60 Lichtjahre von uns entfernt im Sternbild Pictor (Malerstaffelei). Die den Stern umgebende dichte Scheibe aus Gas und Staub, die größer ist als unser Sonnensystem, wurde bereits vor zwanzig Jahren entdeckt. Neue Bilder der Umgebung von Beta Pictoris zeigen eindeutig, dass Planetenkeime in der protoplanetaren Gaswolke zusammengestoßen sind und dadurch größere Brocken zurück in die Materiesuppe geworfen wurden, aus der sich die Planeten entwickeln könnten. Anfang 2004 entdeckten die Astronomen im südwestlichen Teil der lang gezogenen Scheibe einen hell strahlenden Bereich, der heißere Brocken als der Rest der Wolke enthält. Die Kollision von zwei Planetesimalen, von der das frische Weltraumgeröll stammt, fand erst vor kurzer Zeit, das heißt innerhalb der letzten hundert Jahre, statt. Die dabei frei werdenden Staubpartikel wurden durch den Mutterstern aufgeheizt.
Das Bild zeigt Beta Pictoris, aufgenommen (1997) im infrarotnahen Bereich. Das direkte Sternenlicht wurde blockiert. Der verzerrte innere Bereich ist der indirekte Beweis für die Existenz eines großen Planeten in einer engen Umlaufbahn um den Stern.

mosphäre unter 3000 Grad) mit etwa 20-facher Sonnenmasse ist ein halbregelmäßiger Veränderlicher, dessen Helligkeit mit einer Periode zwischen 420 Tagen und etwa 5,7 Jahren von $0^m_,0$ bis $1^m_,3$ schwankt. Der Sterngigant ist etwa 10000-mal leuchtkräftiger als die Sonne und besitzt etwa 800-fachen Sonnendurchmesser, sodass noch die Bahn des Mars um die Sonne in ihm Platz hätte! Beteigeuze gehört zu den wenigen Sternen, deren Winkeldurchmesser (0,047") mittels optischer →Interferometer und →Speckle-Interferometrie bestimmt werden konnte. Auch ist sie der einzige Stern (außer der Sonne), der von der Erde aus mit derzeitiger Teleskoptechnik (→Hubble-Weltraumteleskop, →Very Large Telescope) als Fläche sichtbar ist. Möglicherweise hat Beteigeuze zwei Begleiter in Abständen von etwa 5 bzw. 45 Astronomischen Einheiten.

Bethe [engl. 'beɪtɪ], Hans Albrecht, amerikanischer Physiker deutscher Herkunft, * Straßburg 2.7.1906, † Ithaca (USA) 6.3.2005; ab 1937 Professor an der Cornell-Universität in Ithaca (New York), 1943–46 als Direktor der Abteilung für theoretische Physik im Atomforschungsinstitut in Los Alamos maßgeblich an der Entwicklung der Atombombe, später auch der Wasserstoffbombe beteiligt. Bethe zählt zu den herausragenden theoretischen Physikern des 20. Jahrhunderts; von ihm stammen u. a. wesentliche Beiträge über die Entstehung von Teilchenschauern in der kosmischen Strahlung und zur Energieerzeugung in den Sternen (1937; →Bethe-Weizsäcker-Zyklus). Für seine Theorie der Energie liefernden Kernreaktionen in Sternen erhielt er 1967 den Nobelpreis für Physik.

Bethe-Weizsäcker-Zyklus, Kohlenstoff-Stickstoff-Sauerstoff-Zyklus, CNO-Zyklus, von H. A. Bethe und C. F. Freiherr von Weizsäcker 1937/38 (unabhängig voneinander) postulierter Zyklus von Kernumwandlungsprozessen, der wahrscheinlich die Hauptenergiequelle im Innern massereicher Sterne (Masse größer als etwa 1,5 bis 2 Sonnenmassen) auf der Hauptreihe des →Hertzsprung-Russell-Diagramms darstellt. Bei Temperaturen oberhalb 10 Mio. K im Sterninnern entsteht über Kernreaktionen des Kohlenstoffs (C), Stickstoffs (N) und Sauerstoffs (O) aus vier Wasserstoffkernen (Protonen) ein Heliumkern, der am Ende des Zyklus (nach etwa 320 Mio. Jahren) emittiert wird. Dabei wird eine Energie von 27 MeV pro Zyklus (d. h. 180800 kWh je g Helium) freigesetzt. Ähnliche Reaktionen verlaufen über die Kerne ^{16}O (Sauerstoff) und ^{20}Ne (Neon). Die nicht so massereiche Sonne dagegen bezieht ihre Energie v. a. aus der →Proton-Proton-Reaktion.

Beugung, Diffraktion, bei der Ausbreitung von →Wellen (Wasser-, Schall-, elektromagnetische Wellen) jede nicht durch Brechung, Reflexion oder Streuung bedingte Abweichung von der geradlinigen Ausbreitung, die insbesondere durch Hindernisse (Kante, Spalt u. a.) oder Dichteänderungen des durchquerten Mediums verursacht wird; sie ist stets mit →Interferenz verbunden. Die Beugung ist u. a. die Ursache für die Begrenzung des Auflösungsvermögens in optischen Systemen. Bei einem Fernrohrobjektiv hat sie beispielsweise zur Folge, dass anstelle des punktförmigen Objekts Beugungsscheibchen zu sehen sind.

Beugungsgitter, die optischen →Gitter.

Beugungsscheibchen, bei der Abbildung kleiner Objekte auftretende Beugungserscheinung, die durch Beugung des abbildenden Strahlenbündels an den meist kreisförmigen Blenden und Linsenfassungen der abbildenden optischen Systeme hervorgerufen wird. Das Bild eines punktförmigen Objekts ist ein kleines Scheibchen, das von Beugungsringen umgeben ist. Die Größe des Beugungsscheibchens begrenzt auch bei ideal abbildenden Systemen das →Auflösungsvermögen optischer Geräte.

Bewegung, →Eigenbewegung, →Fluchtbewegung, →parallaktische Bewegungen, →Pekuliarbewegung, →Polbewegung, →Raumbewegung, →tägliche Bewegung, →Zentralbewegung.

Bewegungssternhaufen, Bewegungshaufen, Gruppe von Sternen, die eine nach Richtung und Größe gleiche Bewegung im Raum auf einen Zielpunkt **(Vertex)** vollführen; z. B. →Ursa-Maior-Haufen, →Hyaden, →Plejaden und →Praesepe. Bewegungssternhaufen sind offene →Sternhaufen, deren Auflösung weit fortgeschritten ist.

Bezugssystem, *Physik:* ein mithilfe realer physikalischer Normale (wie starre Maßstäbe und Uhren) festgelegtes Koordinatensystem, das bei der Messung oder mathematischen Beschreibung eines physikalischen Sachverhalts zugrunde gelegt wird. Von besonderer Bedeutung sind die als **Inertialsysteme** bezeichneten, sich gleichförmig gegeneinander bewegenden Bezugssysteme, in denen ein kräftefreier Körper nach dem Trägheitsgesetz sich geradlinig und gleichförmig bewegt. Der Übergang zwischen diesen Bezugssystemen erfolgt in der klassischen Mechanik durch →Galilei-Transformationen, in der Relativitätstheorie durch →Lorentz-Transformationen, wobei die Gesetze dieser physikalischen Theorien unverändert bleiben.

Bianca [ital. »die Weiße«], ein Mond des Planeten →Uranus.

Bielascher Komet, von dem Astronomen Wilhelm Freiherr von Biela (* 1782, † 1856) 1826 entdeckter Komet, Umlaufzeit 6,62 Jahre; teilte sich im Januar 1846 in zwei Teile, die sich voneinander wegbewegten, 1852 voneinander 2,5 Mio. km entfernt waren, seitdem aber nicht mehr beobachtet wurden. Durch Bahnbestimmungen konnte der Komet mit früheren Er-

Bethe-Weizsäcker-Zyklus
→ GEO **Dossier** Die Lichtmaschine am Firmament, Bd. 4

scheinungen aus den Jahren 1772 und 1805 identifiziert werden. Der später auftretende Meteorstrom der Bieliden oder →Andromediden konnte auf die Überreste des Bielascher Kometen zurückgeführt werden.

Bieliden [nach dem Astronomen Wilhelm Freiherr von Biela, *1782, †1856] *Plural,* die →Andromediden.

Bienewitz, Peter, deutscher Astronom, Geograf und Mathematiker, →Apianus, Petrus.

Biermann, Ludwig Franz Benedikt, deutscher Astrophysiker, *Hamm 13. 3. 1907, †München 12. 1. 1986; seit 1958 Direktor des Instituts für Astrophysik in München; arbeitete v. a. über den Einfluss des Sonnenwindes auf die Magnetosphäre und Kometenschweife (aus ihrer Form erschloss er Anfang der 50er-Jahre dessen Existenz), über die Höhenstrahlung sowie über die physikalischen Vorgänge in den Sternatmosphären. Befasste sich später v. a. mit der Entstehung der Kometen und der Erklärung der im großen Abstand die Sonne umgebenden, aus Kometen bestehenden Oortschen Wolke.

3480

Bildverarbeitung. Die 2004 gestartete Raumsonde Rosetta hat den Kometen Tschurjumow-Gerasimenko zum Ziel und führt u. a. hoch auflösende Kameras an Bord, um den Kometenkern zu fotografieren. Die Aufnahmen werden den Astronomen neue Einsichten in die Struktur von Kometen liefern.

Big Bang [-ˈbæŋ; engl. »großer Knall«] *der,* *-(s),* der →Urknall.

Big-Bounce-Theorie [-ˈbaʊns-; engl. big bounce »großer Einsturz«], →Kosmologie.

Bildfehler, die →Abbildungsfehler.

Bildfeld, bei der Abbildung durch ein optisches System der vom Blendenbild der Feldblende (Austrittsluke) scharf begrenzte Teil der Bildfläche bzw. -ebene, dem objektseitig das →Gesichtsfeld entspricht. Das Bildfeld ist bei einfachen Objektiven meist zum Objektiv hin konkav gewölbt, wofür neben dem Astigmatismus schiefer Bündel der als **Bildfeldwölbung** bezeichnete Abbildungsfehler verantwortlich ist. Eine **Bildfeldebnung** wird durch Kombination von Sammel- und Zerstreuungslinsen erreicht.

Bildhauer, Bildhauerwerkstatt, wissenschaftlicher Name **Sculptor,** *Genitiv* **Sculptoris,** Abk. **Scl,** ein unscheinbares Sternbild des Südhimmels (Rektaszension $23^{\mathrm{h}}06^{\mathrm{m}}$ bis $1^{\mathrm{h}}46^{\mathrm{m}}$, Deklination −24°50' bis −39°25'); enthält den Südpol der Milchstraße (galaktischer Südpol). Das im Herbst am Abendhimmel sichtbare Sternbild, das in unseren Breiten nur knapp über den Südhorizont kommt, enthält keinen Stern heller als $4^{\mathrm{m}}{,}3$. ε Scl ist ein 89 Lichtjahre entfernter physischer Doppelstern, dessen Komponenten (Distanz 4,7") $5^{\mathrm{m}}{,}3$ und $8^{\mathrm{m}}{,}6$ hell sind und eine Umlaufdauer von etwa 1 000 Jahren haben. NGC 288 ist ein etwa $8^{\mathrm{m}}{,}5$ heller, 30 000 Lichtjahre entfernter Kugelsternhaufen. Das Sternbild enthält eine Reihe lichtschwacher Galaxien (→Sculptor-Gruppe), so NGC 55 (Helligkeit 8^{m}; Entfernung 6 Millionen Lichtjahre) und NGC 253 (7^{m}; 10 Millionen Lichtjahre). (→Sternbilder)

Bildrotator, →Fernrohrmontierung.

Bildverarbeitung, Sammelbegriff für in der Regel digitale Verfahren der Signalverarbeitung zur Aufbereitung und Speicherung visueller Informationen. Sie ist daher von der Computergrafik abzugrenzen, bei der aus mathematischen Modellen Bilder erzeugt werden. Die (digitale) Bildverarbeitung findet Anwendung in sehr vielen Bereichen. In der Wissenschaft hat die Bildverarbeitung meist zum Ziel, aus dem Bildmaterial Informationen über Eigenschaften von Objekten zu gewinnen, so etwa zur Geometrie, zur räumlichen Struktur, zur Farbe, Temperatur usw. Aus Sequenzen von Bildern können Informationen über zeitliche Abläufe extrahiert werden. Vor der Auswertung müssen die Bilder meist manipuliert werden, um bestimmte Merkmale besser erkennbar werden zu lassen. Oft kommen auch Methoden der Mustererkennung zum Einsatz. Typische wissenschaftliche Anwendungsgebiete sind die Meteorologie und die Raumfahrt (Auswertung von Satellitenbildern, z. B. Ermittlung der Temperaturverteilung eines Gebietes aus Infrarotaufnahmen, Farbrekonstruktionen etc.).

Bildverstärker, Bildwandler, elektronische Anordnung zur Verstärkung und Umwandlung von Bildern, die durch eine sehr schwache, sichtbare oder unsichtbare Strahlung (→Röntgenstrahlen, →Ultraviolett- oder →Infrarotstrahlung) erzeugt werden, in lichtstarke, sichtbare Bilder. **Röntgenbildwandler** gestatten Röntgenuntersuchungen mit geringer Bestrahlungsstärke, da die Verstärkung der Fotoelektronen ausreichende Bildhelligkeit ergibt.

Binärpulsar, →Doppelstern, bei dem mindestens ein Partner ein →Pulsar ist. Der bekannteste Binärpulsar ist der im Sternbild →Pfeil gelegene Pulsar mit der Bezeichnung PSR 1913+16, der 1975 von den beiden Astronomen J. H. Taylor und R. A. Hulse entdeckt wurde. Es ist das erste Pulsar-Doppelsternsystem, das überhaupt entdeckt wurde. Taylor und Hulse konnten mit einer mehrjährigen Messung zeigen, dass die Umlaufperiode der beiden Pulsare kontinuierlich abnimmt, und zwar um eine Zehntausendstel Sekunde pro Jahr. Diese Abnahme kann mit einem Energieverlust durch die Abstrahlung von →Gravitationswellen erklärt werden; der gemessene Effekt von 0,5 Prozent stimmt sehr gut mit der allgemeinen →Relativitätstheorie überein, die die Existenz von Gravitationswellen vorhersagt. Für diesen indirekten Nachweis von Gravitationswellen erhielten Taylor und Hulse 1993 den Nobelpreis für Physik.

Bindungsenergie, der Unterschied zwischen der Energie eines Systems von Teilchen, in dem diese sich aufgrund ihrer Wechselwirkung in einem gebundenen Zustand befinden, und der Energie des Systems, in dem alle Teilchen frei und weit voneinander entfernt sind. Je größer die Bindungsenergie dem Betrage nach ist, umso fester ist die Bindung der Teilchen.

Binokular *das, -s/-e,* zwei nebeneinander angeordnete →Okulare, die das beidäugige Beobachten durch ein optisches Instrument ermöglichen.

binokulare Instrumente, optische Geräte, die für die Benutzung mit beiden Augen eingerichtet sind, z. B. die Doppelfernrohre, Feldstecher und binokularen Mikroskope. Man unterscheidet **monobjektiv-binokulare Instrumente,** in denen die von einem einzigen Objektiv gesammelten Strahlen z. B. durch ein Teilerprisma aufgeteilt und getrennt den beiden Okularen zugeführt werden, und **binobjektiv-binokulare Instrumente** mit zwei Objektiven und zwei Okularen, die einen gegenüber monokularem (einäugigem) Sehen verbesserten räumlichen Eindruck vermitteln.

bipolarer Nebel, in zwei entgegengesetzte Richtungen abströmende Gasmassen. Sie werden vor allem von älteren roten Riesensternen abgestoßen, in deren Umgebung sich später die planetarischen Nebel bilden. Aber auch junge Sterne können von bipolaren Nebeln begleitet sein.

Bissextus, der alle vier Jahre im Februar einzulegende Schalttag im römischen Kalender Cäsars.

Bitrudji [-dʒi], **Nur ad-Din Abu Ishak al-Bitrudji,** mittellateinisch **Alpetragius,** spanisch-arabischer Astronom der zweiten Hälfte des 12. Jh. aus Pedroche bei Córdoba; Schüler des arabischen Philosophen Abubacer (Ibn Tufail, * um 1115, † 1185 oder 1186); versuchte im Zuge der von Abubacer und Averroes (Ibn Ruschd, * 1126, † 1198) eingeleiteten Rückbesinnung auf Aristoteles eine Planetentheorie der konzentrischen Sphären durchzuführen. Seine nach 1185 verfasste, bereits 1217 ins Lateinische übersetzte Schrift übte trotz ihrer Mängel erheblichen Einfluss aus.

Bjurakan, astrophysikalisches Observatorium am Aragaz, Republik Armenien. Es wurde 1946 von W. A. Ambarzumjan gegründet und liegt in 1 500 Metern Höhe. Wichtigste Instrumente sind ein (130/100)-Zentimeter-Schmidt-Teleskop, mit dem die →Markarian-Galaxien entdeckt wurden, und ein 2,6-Meter-Reflektor.

Black Hole ['blæk 'həʊl] *das, - -/- -s,* englische Bezeichnung für →Schwarzes Loch.

Blashko-Effekt, ein nach dem russischen Astronomen S. N. Blashko (* 1870, † 1956) benannter Effekt, der in den Lichtkurven von Pulsationsveränderlichen beobachtet werden kann. Er zeigt sich darin, dass der Grundperiode eine oder mehrere Schwingungen mit wesentlich größerer Periode, aber geringerer Helligkeitsamplitude überlagert sind. Dadurch variieren Höhe und Zeitpunkte der Maxima und Minima, wodurch Fehler in der Periodenbestimmung entstehen können. Ein sehr gut untersuchtes Beispiel einer Pulsationsveränderlichen mit Blashko-Effekt ist der RR-Lyrae-Stern RW Draconis, dessen Grundperiode 0,443 Tage beträgt. Dieser Grundperiode sind zwei Schwingungen mit Perioden von 41,6 bzw. 121,4 Tagen überlagert. Der Zeitpunkt des Maximums kann sich dadurch um fast zwei Stunden verschieben und die Amplitude um 0,3 Größenklassen verändern.

Blauverschiebung, Violettverschiebung, Verschiebung von Spektrallinien zum blauen (violetten) Ende des elektromagnetischen Spektrums, d. h. zu kleineren Wellenlängen (bzw. größeren Frequenzen) hin. Die Blauverschiebung ist eine Folge des →Doppler-Effekts (Doppler-Verschiebung) und wird im Spektrum kosmischer Objekte beobachtet, die sich auf die Sonne zu bewegen. – Gegensatz: →Rotverschiebung.

Blazar [Kurzwort aus »BL-Lacertae-Objekt« und »Quasar«] *der, -s/-e,* Mitglied einer gelegentlich postulierten Objektgruppe aus BL-Lacertae-Objekten und Quasaren mit schnellen Helligkeitsvariationen.

Blende, zur Begrenzung des Querschnitts von Strahlenbündeln bei einer optischen Abbildung dienendes Element des abbildenden optischen Systems, durch das überflüssige und störende (Rand- oder Streu-)Strahlen zurückgehalten (ausgeblendet) werden.

Blinkkomparator, →Komparator.

BL-Lacertae-Objekte, extragalaktische Sternsysteme mit hoher Kernaktivität, die sternähnlich erscheinen und starke, schnelle Helligkeitsänderungen in allen Spektralbereichen aufweisen. Das optische Spektrum besteht aus einem von Synchrotronstrahlung verursachten Kontinuum, dem bei wenigen Objekten schwache Emissionslinien überlagert sind. Die BL-Lacertae-Objekte sind vermutlich elliptische Riesengalaxien, von denen man optisch nur den sternähnlich erscheinenden Kern wahrnimmt. Die absoluten Helligkeiten der BL-Lacertae-Objekte liegen zwischen -21^{M} und -26^{M}. – Der Prototyp der Objekte, BL Lacertae im Sternbild Eidechse

Johann Elert Bode

James Bradley
*** 1693, † 1762**

- entdeckte die Aberration des Sternenlichts
- bestimmte den Durchmesser von Jupiter
- erkannte die Nutation der Erdachse

(Lacerta), wurde zunächst als ein veränderlicher Stern angesehen; die Rotverschiebung seiner Spektrallinien zeigt aber, dass es sich um ein extragalaktisches Objekt handelt.

BN-Objekt, Abk. für →**B**ecklin-**N**eugebauer-Objekt.

Bode, Johann Elert, deutscher Astronom, * Hamburg 19. 1. 1747, † Berlin 23. 11. 1826; begründete 1776 das »Berliner Astronomische Jahrbuch« und verbesserte die von J. D. Titius erkannte Beziehung über die Planetenabstände (→Titius-Bode-Reihe); gab 1801 den ersten größeren Sternatlas (mit 17 240 Sternen) heraus.

Bode-Titius-Reihe [nach J. E. Bode und J. D. Titius], die →Titius-Bode-Reihe.

Bogenminute, →Minute.

Bogensekunde, →Sekunde.

Bohnenberger, Johann Gottlieb Friedrich von, deutscher Astronom, * Simmozheim (bei Calw) 5. 6. 1765, † Tübingen 19. 4. 1831; wurde 1798 ebenda Professor der Mathematik und Astronomie; lehrte auch Physik und Geodäsie. Bohnenberger untersuchte u. a. den Einfluss der Erdrotation auf die Fallbewegung, konstruierte mehrere physikalische und astronomische Instrumente und fand das Prinzip des Reversionspendels. Er begründete und leitete ferner die württembergische Landesvermessung.

Bok, Bart Jan, amerikanischer Astronom niederländischer Herkunft, * Hoorn (Niederlande) 28. 4. 1906, † Tucson (Ariz.) 5. 8. 1983; Studium in Leiden und Groningen, übersiedelte 1929 in die USA und wurde 1938 amerikanischer Staatsbürger; Professor der Astronomie, wirkte u. a. an der Harvard University in Cambridge (Massachusetts, 1929–57), der Australian National University (1957–66) und an der University of Arizona (1966–74). Bok war 1957–66 Direktor des Mount-Stromlo-Observatoriums (Australien) und 1966–70 Direktor des Steward-Observatoriums in Tucson (Ariz.); 1972–74 Präsident der American Astronomical Society.

Bok arbeitete hauptsächlich über die Struktur des Milchstraßensystems und über Dunkelwolken, speziell über die (nach ihm benannten) Bok-Globulen (vermutlich Vorstufen bei der Bildung von Protosternen, →Globule) sowie über Probleme der Sternentstehung und der radioastronomischen Beobachtungen des interstellaren Gases.

Bok-Globulen [nach B. J. Bok], →Globule.

Bolid, die →Feuerkugel.

Bolometer, Gerät zum Messen der Energie elektromagnetischer Strahlung (z. B. von Infrarotstrahlern), dessen Wirkungsweise darauf beruht, dass der elektrische Widerstand der zur Strahlungsabsorption verwendeten Materialien sich mit der Temperatur ändert.

bolometrische Helligkeit, als Maß für die Gesamtstrahlung eines Sterns verwendeter astronomischer Helligkeitsbegriff (→Helligkeit).

Bond, 1) George Philips, amerikanischer Astronom, * Dorchester (heute zu Boston, Mass.) 25. 5. 1825, † Cambridge (Mass.) 2. 2. 1865, Sohn von William Cranch Bond 2); führte die Fotografie zur Messung der Sternhelligkeit in die Astronomie ein.

2) William Cranch, amerikanischer Astronom, ursprünglich Uhrmacher, * Portland (Me.) 9. 9. 1789, † Cambridge (Mass.) 29. 1. 1859, Vater von George Philips Bond 1); seit 1839 Direktor der Harvard-Sternwarte in Cambridge; Miterfinder des elektromagnetischen Chronografen; entdeckte den Saturnmond Hyperion.

Bonner Durchmusterung, Abk. **BD,** der von F. W. A. Argelander an der Bonner Universitätssternwarte erstellte Sternkatalog, der die Örter von 324 198 Sternen zwischen dem Nordpol und –2° Deklination enthält. Die von E. Schönfeld geschaffene Erweiterung bis –23° Deklination **(Südliche Bonner Durchmusterung)** enthält weitere 133 659 Sternpositionen.

Bootes [griechisch], wissenschaftlicher Name des Sternbilds →Bärenhüter.

Bosonen, *Singular* **Boson,** *das, -s,* Sammelbezeichnung für Teilchen und Feldquanten mit Spin null oder ganzzahligem Spin; z. B. die Atome des normalen Heliums (^{4}He), die →Alphateilchen, unter den →Elementarteilchen die verschiedenen Mesonen, als Feldquanten z. B. die Photonen sowie (in Festkörpern) die Phononen. Gesamtheiten von Bosonen einer Art verhalten sich gemäß der Bose-Einstein-Statistik.

Boss, Lewis, amerikanischer Astronom, * Providence (R. I.) 26. 10. 1846, † Albany (N. Y.) 5. 10. 1912; seit 1876 ebenda Direktor des Dudley Observatory; entdeckte 1908 den ersten Bewegungssternhaufen im Sternbild Stier; gab 1910 einen »Preliminary General Catalogue (PGC)« von 6 188 Sternen heraus, auf deren Örtern die ersten Untersuchungen über den Bau und die Dynamik unseres Sternsystems beruhen. Sein Sohn Benjamin (* 1880, † 1970) setzte die Arbeiten des Vaters fort und gab 1937 den »General Catalogue (GC)« von 33 342 Sternen heraus.

Bottlinger, Kurt Felix, deutscher Astronom, * Spandau (heute zu Berlin) 12. 9. 1888, † Berlin 19. 2. 1934; beschäftigte sich mit dem physikalischen Aufbau der Sterne, der interstellaren Materie und der Dynamik des Milchstraßensystems. Er berechnete 1932 erstmals das Kraftfeld des Milchstraßensystems und gab die Korrelation der Geschwindigkeitskomponenten der einzelnen Sterne an (Bottlinger-Diagramm).

Bowen ['bəʊɪn], Ira Sprague, amerikanischer Physiker und Astronom, * Seneca Falls (N. Y.) 21. 12. 1898, † Los Angeles (Calif.) 6. 2. 1973; war 1946–64 Direktor des Mount-Wilson-Observatoriums, 1948–64 auch des Mount-Palomar-Observatoriums; arbeitete u.a. über Atomstruktur und kosmische Strahlung und untersuchte v.a. die Spektren von Gasnebeln und interstellarer Materie; wies 1927 endgültig nach, dass die Materie im ganzen Weltall aus denselben Elementen wie die Erde besteht.

Brachyt *der, -en/-en,* **Brachyteleskop, Schiefspiegler,** Spiegelteleskop mit z-förmigem Strahlengang, großer Brennweite, kurzer Baulänge und großem, fehlerfreiem Bild; im Gegensatz zum Cassegrain-Spiegelteleskop ist der Sekundärspiegel außerhalb des einfallenden Strahlenbündels angeordnet.

Brackett-Seri|e ['brækɪt-; nach dem amerikanischen Astronomen F. P. Brackett, * 1865, † 1953], Spektralserie des atomaren Wasserstoffs, deren im Infrarot liegende Spektrallinien bei Elektronenübergängen von einem höheren zum viertniedrigsten Energieniveau emittiert (im umgekehrten Fall absorbiert) werden.

Bradley ['brædlɪ], James, britischer Astronom, * Sherborne (bei Dorchester) Ende März 1693, † Chalford (bei Gloucester) 13. 7. 1762.

■ **Werdegang** Bradley wurde in Oxford erzogen und durch seinen Onkel mit der Astronomie vertraut gemacht. Eigentlich war für ihn die kirchliche Laufbahn vorgesehen, und er studierte auch Theologie und nahm eine Pfarrstelle an, doch nach seiner Bekanntschaft mit E. Halley widmete er sich mit großem Eifer der Astronomie und stellte bald sein Talent auf diesem Gebiet unter Beweis. Seine Begabung in Mathematik erwarb ihm die Freundschaft von I. Newton, und 1718 wurde er in die Royal Society gewählt. Drei Jahre später wurde Bradley Savillian-Professor für Astronomie in Oxford und 1742, nach Halleys Tod, Direktor der Sternwarte Greenwich.

■ **Astronomische Leistung** Bradleys Hauptinteresse galt der Messung der Sternparallaxen. Schon vor Bradley bemühten sich verschiedene Astronomen, die Parallaxe von γ Draconis im Sternbild Drache zu bestimmen, doch erst Bradley gelang es, mit einem 64,5 Meter langen Fernrohr und seinem außerordentlichen praktischen Geschick, tatsächlich eine winzige Verschiebung des Sterns zu beobachten. Allerdings verlief die gemessene Verschiebung anders als erwartet, und nach weiteren Studien erkannte Bradley, dass er keine Parallaxe, sondern etwas anderes gefunden hatte: die →Aberration. Sie ist eine Folge der Bewegung der Erde um die Sonne und der endlichen Lichtgeschwindigkeit: Während das Licht vom Objektiv zum Okular unterwegs ist, bewegt sich das Okular ein Stückchen weiter, das Licht fällt also schräg ins Fernrohr und lässt den Stern ein bißchen verschoben erscheinen. Bradley hatte also keine Parallaxe gefunden – das gelang erst F. W. Bessel ein Jahrhundert später –, aber erstmalig einen Beweis für die Drehung der Erde um die Sonne. Zudem hatte Bradley eine weitere Methode gefunden, die Lichtgeschwindigkeit zu messen. Bei seiner sehr sorgfältigen Ortsbestimmung der Sterne fiel Bradley auch auf, dass die Erdachse eine kleine periodische Verschiebung zeigt. Damit hatte er 1748 die von Newton theoretisch erschlossene →Nutation der Erdachse bestätigt.

Im Laufe seiner Tätigkeit hat Bradley so viel Beobachtungsmaterial zusammengetragen, dass er selbst gar nicht mehr dazu kam, es vollständig auszuwerten. Doch schon seinen Zeitgenossen war der Wert dieses »Schatzes« klar, und Bessel leitete aus Bradleys Beobachtungen einen außerordentlich genauen Katalog von 3 300 Sternen ab.

Brahe, Tycho, eigentlich **Tyge Brahe,** dänischer Astronom, * Knudstrup (Schonen) 14. 12. 1546, † Benátky (bei Prag) 24. 10. 1601.

Brahe entstammte einer reichen Adelsfamilie und war seit seiner Beobachtung der Sonnenfinsternis in Kopenhagen 1560 von der Astronomie begeistert. Als 15-Jähriger kam er nach Leipzig, um Jura zu studieren. Dort kaufte er sich seine ersten astronomischen Bücher, zum Beispiel den »Almagest« von Ptolemäus. Nachts beobachtete er mit einfachen Instrumenten Sterne und Planeten und stellte bei der Beobachtung der Konjunktion zwischen Jupiter und Saturn fest, dass sowohl die alfonsinischen Tafeln der Planetenbewegung aus dem 13. Jahrhundert als auch die neuen Preußischen Tafeln beachtliche Fehler aufwiesen. Nach dem Tode seines Vaters 1571 lebte Brahe auf dem Gut der Familie und richtete sich bald ein chemisches Laboratorium ein. 1574 hielt Brahe auch Vorlesungen an der Universität Kopenhagen, doch erst ein Besuch Brahes beim vielseitig interessierten hessischen Landgrafen Wilhelm IV. in Kassel 1575 gab seinem Leben die entscheidende Wende.

Tycho Brahe
*** 1546, † 1601**

100563

■ beobachtete 1572 eine Supernova
■ baute die vorbildlich instrumentierte Sternwarte Uranienborg
■ führte päzise Messungen von Planetenörtern durch

Brahe
→ GEO **Dossier**
Astronom unter Mordverdacht, Bd. 4

Brahe Der Mann mit der Kupfernase

Der Däne Tycho Brahe gilt als eine der schillerndsten Gestalten in der Geschichte der Astronomie. Als Zwanzigjähriger verlor er bei einem Duell einen beträchtlichen Teil seiner Nase, worauf er sich eine Metallprothese anfertigen ließ, die er 35 Jahre bis zu seinem Tod trug. Auch wenn diese nicht aus Gold war, sondern aus Kupfer, wie man 1901 bei der Exhumierung seiner Überreste feststellte, war er doch als »Mann mit der goldenen Nase« zur Legende geworden.
Trotz seines aufbrausenden und selbstherrlichen Wesens war Brahe der wohl bedeutendste Astronom vor Erfindung des Fernrohrs. 1572 entdeckte er im Sternbild Kassiopeia einen neuen Stern, eine Supernova, und seiner Beschreibung »De nova stella« über das Auftauchen des »Tychonischen Sterns« verdanken wir die Bezeichnung Novae und Supernovae für plötzlich auftauchende Sterne. Brahes Beobachtung widerlegte zum ersten Mal den jahrtausendealten Glauben, am Himmel sei alles vollkommen und unveränderlich.

Brahe.
Tycho Brahe konnte mithilfe eines großen Mauerquadranten in seinem 1576 gebauten Observatorium auf der Insel Ven genaue Beobachtungsergebnisse über das Planetensystem vorlegen.

Auf Empfehlung des Landgrafen überließ der dänische König Brahe im Jahre 1576 die 7,5 Quadratkilometer große Insel Ven im Öresund. Zusätzlich bot ihm der König 500 Taler jährlich und weitere großzügig bemessene

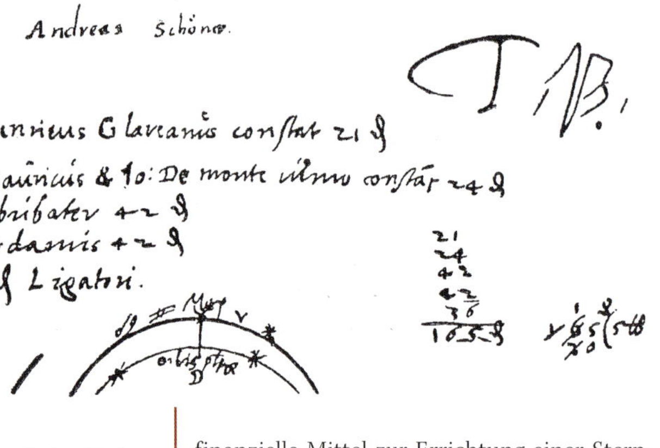
Andreas Schöner.
Henricus Glareanus constat 21 ß
Albribater 42 ß
Cardanus 42 ß

Brahe.
Ein tychonisches Bücherverzeichnis mit Preisangaben

finanzielle Mittel zur Errichtung einer Sternwarte und zur Beschaffung der instrumentellen Ausstattung an. Dies bewog Brahe, in Dänemark zu bleiben. 1580 war der Renaissancebau »Uranienborg« (Himmelsburg) vollendet – europaweit das erste Gebäude, das als Sternwarte konzipiert worden war; zuvor wurden bestenfalls vorhandene Gebäude für astronomische Beobachtungen umgebaut.

■ **Planeten- und Sternbeobachtungen** Auf der Insel Ven entwickelte sich ein reges wissenschaftliches Leben. Bereits am 11. November 1572 hatte Brahe beim Verlassen seines chemischen Laboratoriums im Schloss seines Onkels einen neuen Stern von Venushelligkeit im Sternbild →Kassiopeia entdeckt. Nach regelmäßigen Beobachtungen von Position, Farbänderung und Helligkeitsabnahme stellte er seine Ergebnisse in dem Buch »De nova stella« (1573) zusammen. Diese Schrift über den heute Tychonischer Stern genannten neuen Stern erweckte große Aufmerksamkeit und machte Brahe in Astronomenkreisen bekannt. Brahe kam im Gegensatz zu den damals noch vorherrschenden aristotelischen Vorstellungen zu dem Schluss, dass es sich bei dem Stern um ein Objekt der jenseits des Mondes liegenden Sphäre und nicht nur um eine atmosphärische Erscheinung handelt. Somit wurde deutlich, dass in der Sphäre der Fixsterne offensichtlich doch Veränderungen auftreten; Sterne können Helligkeitsvariationen aufweisen oder neu entstehen. 1577 erschien ein heller Komet am Himmel, und aufgrund seiner Beobachtungsdaten schätzte Brahe, dass der Komet fünfmal weiter als der Mond entfernt sein musste – ein weiterer Schlag gegen die Annahme eines unveränderlichen Himmels. Brahe folgerte, dass Kometen trotz ihres veränderlichen Schweifs interplanetare Himmelskörper sein müssten, Objekte der ätherischen Welt und nicht der Feuersphäre. Da sich der Komet durch die Sphären von Venus und Merkur bewegt hatte, war Brahe überzeugt, dass keine Kugelschalen im Himmel existieren. Außer Brahes zahlreichen Kometenbeobachtungen sind ab den 1580er-Jahren seine Messungen der Mondbahn besonders erwähnenswert. Dabei hatte er erstmals seit der Antike neue astronomische Phänomene entdeckt, so genannte Ungleichheiten der Mondbewegung. Eine zentrale Stellung nahmen auch Brahes Positionsmessungen an Planeten und Sternen ein. Er stellte seine Beobachtungen in einem zweibändigen Werk zusammen, das von Johannes Kepler 1602 herausgegeben wurde. Brahes hier veröffentlichter Katalog der 777 Fixsterne übertrifft mit einer Messgenauigkeit von etwa einer Bogenminute die früheren bei Weitem, besonders bei den Sternen entlang des Tierkreises, an denen Brahe wegen der Planetenbewegung stark interessiert war.

■ **Das »tychonische Weltsystem«** Auch wenn Brahe die Mängel der ptolemäischen Weltsicht sah, suchte er einen Ausgleich zwischen kopernikanischem und ptolemäischem System herzustellen. Zunächst war er wohl Anhänger des Kopernikus, aber schon 1576 äußerte er in einem Brief die Absicht, untersuchen zu wollen, ob das Weltsystem von Ptolemäus oder Kopernikus der Wahrheit näher komme. Er konnte jedoch mit seinen hervorragenden Instrumenten (Genauigkeit mindestens eine Bogenminute) keine Parallaxe bei den Fixsternen messen, die nach Kopernikus etwa drei Bogenminuten betragen sollte, folglich hätte er die Fixsterne in eine Entfernung rücken müssen, die sein Vorstellungsvermögen weit überstieg. In Tychos System umkreisen alle fünf damals bekannten Planeten Merkur, Venus, Mars, Jupiter und Saturn die Sonne wie im kopernikanischen Weltbild, die Sonne dreht sich jedoch um die noch in der Mitte der Welt ruhende Erde. Brahe nahm noch wie im alten Weltbild an, dass nicht die Erde rotiere, sondern sich die Fixsternsphäre um die Erde drehe. Mit seinem System kombinierte er geschickt die Vorteile beider Weltbilder; so waren die Unzulänglichkeiten des antiken Systems ausgeräumt. Die Schleifenbewegung der Planeten war damit einfach erklärbar, und trotzdem musste man die Bewegung der Erde, die theologischen Prinzipien und der Lehre des Aristoteles widersprach, nicht akzeptieren. Brahe betrachtete sein Weltbild als herausragende wissenschaftliche Erkenntnis in seinem Lebenswerk. Es hatte auch noch bis zum Anfang des 18. Jahrhunderts Bestand, besonders bei den Jesuiten (allerdings dann schon mit einer rotierenden Erde).

■ **Hofastronom des Kaisers** Eine schwierige Zeit brach für Brahe an, als sein Gönner, König Friedrich II., 1588 starb. Der neue, sehr junge König Christian IV. (*1577, †1648) zeigte kein Interesse an den kostspieligen astronomischen Forschungen Brahes und kürzte die Geldmittel mehr und mehr. Brahe entschloss sich daraufhin 1597 nach über 20-jähriger Tätigkeit zum Verlassen Dänemarks. Ostern 1599 wurde er Hofastronom von Kaiser Rudolph II. in Prag. Brahe hatte am 9. Dezember 1599 J. Kepler, auf den er durch dessen Werk »Mysterium Cosmographicum« (1596) aufmerksam geworden war, eingeladen. Der entsprechende Brief erreichte Kepler aber nicht mehr in Graz, da Kepler ohnehin schon mit einem Empfehlungsschreiben ausgestattet nach Prag unterwegs war, wo er im Januar 1600 eintraf. Einen besseren Assistenten und Nachfolger hätte Brahe nicht bekommen können. Kepler vollendete Brahes Lebenswerk, indem er dessen umfangreiches Beobachtungsmaterial – nach jahrelangem Kampf mit Brahes Erben um die Nutzungsrechte – vor allem zur Marsbewegung auswertete.

Braun, Wernher, eigentlich **Wernher Magnus Maximilian Braun,** Freiherr von, amerikanischer Raketenkonstrukteur deutscher Herkunft, *Wirsitz (heute Wyrzysk, Woiwodschaft Bydgoszcz) 23. 3. 1912, †Alexandria (Va.) 16. 6. 1977; entwickelte seit 1932 im Auftrag des Heereswaffenamtes Flüssigkeitsraketen und wurde 1937 technischer Direktor an der Heeresversuchsanstalt in Peenemünde; leitete dort die Entwicklung der Flüssigkeitsrakete A 4 (später V 2), die er ab 1945 in den USA (seit 1955 als amerikanischer Staatsbürger) fortführte; trieb 1959–72 als leitender Mitarbeiter der NASA (u. a. Direktor des Raumfahrtzentrums in Huntsville, Alabama) die Entwicklung großer Trägerraketen für das amerikanische Raumfahrtprogramm voran, u. a. der Jupiter-C-Rakete, mit der 1958 der Erdsatellit Explorer I auf seine Bahn gebracht wurde, und der im Apollo-Programm eingesetzten Saturn-Raketen.

Braun
→ GEO **Dossier**
Das erste Mal, Bd. 4

Braune Zwerge, astronomische Objekte mit einer kleineren Masse, als zur Auslösung von Wasserstoffreaktionen in Sternen benötigt wird (etwa 0,08 Sonnenmassen), aber einer wesentlich größeren Masse als der von Planeten. Sie bilden also ein Zwischenstadium zwischen einem Stern und einem Planeten. Im →Hertzsprung-Russell-Diagramm liegen ihre Bildpunkte in der Verlängerung der Hauptreihe zu geringeren Leuchtkräften hin. Die Existenz von Braunen Zwergen konnte sowohl in den Plejaden als auch in Sternentstehungsgebieten nachgewiesen werden.

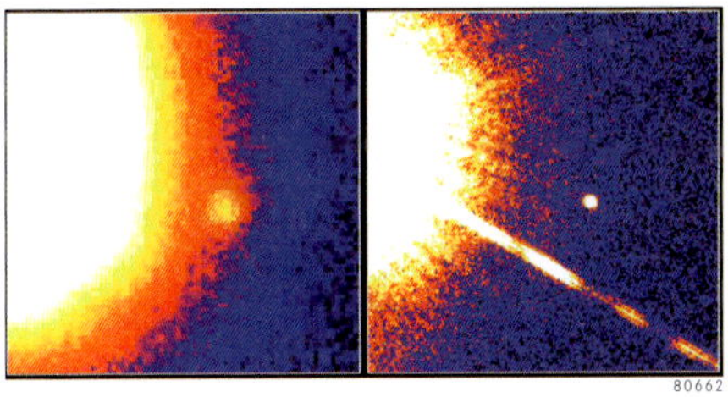
80662

Braune Zwerge. Gliese 229B (kleiner Lichtpunkt rechts von Gliese 229A). Die linke Aufnahme entstand am Mount-Palomar-Observatorium, die rechte mit dem Hubble-Weltraumteleskop.

■ **Einordnung** Obwohl in Braunen Zwergen aufgrund ihrer zu geringen Masse keine Wasserstofffusion stattfindet, laufen trotzdem einige Fusionsreaktionen ab, die bereits bei niedrigeren Temperaturen in Gang gesetzt werden. Dies sind im Wesentlichen die Deuteriumfusion (Verschmelzung eines Protons mit einem Deuteriumkern) und die Lithiumfusion (Verschmelzung eines Lithiumkerns mit einem Proton). Die Massenuntergrenze für die Deuteriumfusion liegt bei etwa 13 Jupitermassen. Im Rahmen der Fusionsdefinition für Braune Zwerge liegt hier also die Grenzmasse für Planeten. Ein weiteres Kriterium für Braune Zwerge, das Entstehungskriterium, wird heute kaum noch angewandt. Es definiert Braune Zwerge als solche Objekte, die wie Sterne durch die Kontraktion einer Gaswolke entstehen, bei denen aber keine Wasserstofffusion einsetzt. Der Entstehungsprozess Brauner Zwerge ist aber noch nicht vollständig geklärt. Neben der Entstehung aus einer Gaswolke analog zu den Sternen ist auch denkbar, dass Braune Zwerge ihre Entwicklung als Teil eines Mehrfachsystems in einer →Globule beginnen, aus der sie jedoch vor Einsetzen der Wasserstofffusion herausgeschleudert werden, oder dass sie ähnlich wie Planeten aus einer protoplanetaren Scheibe hervorgehen.

■ **Nachweis** Braune Zwerge sind wegen ihrer sehr geringen absoluten Leuchtkraft nur

Braune Zwerge Besitzen sie Planeten?

Noch vor ein paar Jahren war die Entdeckung eines Exoplaneten eine Sensation, und die Silbe »Exo« deutete nicht nur auf den Ort außerhalb unseres Sonnensystems hin, sondern stand durchaus auch für exotisch. Heute sind über 150 Exoplaneten bekannt – offenbar sind sie doch nicht so selten im Universum. Und nicht nur Sterne scheinen Exoplaneten zu besitzen, sondern sogar Braune Zwerge, jene Objekte, die selbst keine Planeten sind, aber auch keine richtigen Sterne, da sie zu leicht sind, um eine Wasserstofffusion zu zünden. 2004 entdeckten Astronomen im Sternbild Chamäleon einen Braunen Zwerg, der mit einer Materiescheibe umgeben ist. Aus dieser Scheibe könnten sich eventuell Planeten bilden. OTS 44 ist nur 15 Jupitermassen schwer und damit das bisher kleinste beobachtete Objekt mit einer protoplanetaren Scheibe. Die Messungen des Spitzer-Weltraumteleskops ergaben, dass die Materiemenge um den 500 Lichtjahre entfernten Zwerg ausreicht, mehrere Gesteinsplaneten wie die Erde oder einen Gasplaneten wie Uranus zu produzieren.

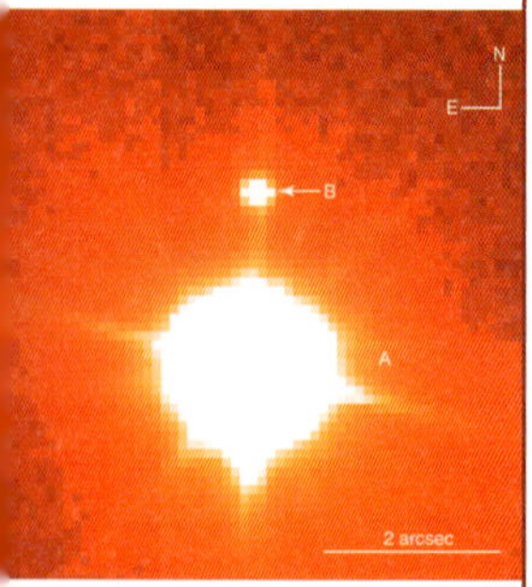

1205

Braune Zwerge. Aufnahme der Braunen Zwerge TWA-5A (unteres, helleres Objekt) und TWA-5B (oben), aufgenommen mit dem FORS-2-Multimode-Instrument am VLT

schwer zweifelsfrei nachzuweisen. Das bekannteste Beispiel ist der Stern Gliese 229 B im Sternbild Hase, ein Begleiter von Gliese 229 A und der erste sicher nachgewiesene Braune Zwerg (1994). Seine Masse beträgt 20–50 Jupitermassen, seine Oberflächentemperatur etwa 950 K. Seit der Entdeckung von Gliese 229 B wurden bei einer Reihe von Sterndurchmusterungen mehrere Hundert Braune Zwerge gefunden.

Breccie, Brekzie, durch Bindemittel verfestigter Schutt aus eckigen Gesteins- und Mineraltrümmern. Man unterscheidet sedimentär gebildete, durch tektonische Bewegungen entstandene (Reibungsbrekzie), Knochen- (Bonebed), vulkanische und Einsturzbrekzie. Das Vorkommen von Breccien kann ein indirekter Nachweis für ein Impaktereignis sein, beispielsweise den Einschlag eines Meteoriten. Die Breccien vom Mond, die im Rahmen des →Apollo-Programms zur Erde mitgebracht wurden, enthalten auch durch Aufschlag erzeugtes Glas.

Brechung, Refraktion, die Richtungsänderung von Strahlen und Wellen, z. B. Lichtstrahlen, an der Grenzfläche zweier unterschiedlicher Medien, etwa bei einer Linse.

Breite, in der Astronomie der Winkelabstand eines Gestirns oder eines Phänomens auf einem Himmelskörper in Bezug auf eine definierte Bezugsebene. Man unterscheidet mehrere Breitenangaben. Die geografische Breite ist der Winkel zwischen dem in einem Punkt der Erdoberfläche gefällten Lot und der Äquatorebene, die geozentrische Breite der Winkel am Erdmittelpunkt zwischen dem Standort des Beobachters und der Äquatorebene. Diese beiden Breiten unterscheiden sich wegen der Abweichung der Erde von der Kugelform. Die ekliptikale Breite ist der Winkelabstand eines Gestirns von der Ekliptik, die galaktische Breite der Winkelabstand vom galaktischen Äquator (→astronomische Koordinaten). Darüber hinaus unterscheidet man noch die heliografische Breite (Winkelabstand vom Sonnenäquator), die selenografische Breite (Winkelabstand vom Mondäquator) und die magnetische Breite (Winkel zwischen der Lotrichtung eines Ortes und der Ebene des magnetischen Äquators).

Breiteneffekt, Poleffekt, das erstmals 1927 von dem niederländischen Physiker I. Clay beobachtete Anwachsen der Intensität der →kosmischen Strahlung mit der geomagnetischen Breite; erst oberhalb von etwa 50° geomagnetischer Breite bleibt die Strahlung konstant. Der Breiteneffekt war der erste sichere Hinweis, dass die primäre kosmische Strahlung aus geladenen Teilchen (besonders Protonen) besteht.

Je nach ihrer Energie werden die Primärteilchen im Erdmagnetfeld verschieden stark nach den magnetischen Polen hin abgedrängt oder gar reflektiert (**terrestrische Modulation** des Spektrums der kosmischen Strahlung). Auch das Magnetfeld der Sonne beeinflusst die kosmische Strahlung und verhindert z. B. das Eindringen energiearmer Primärteilchen in das Sonnensystem (**solare Modulation**). Die Untersuchung der Breiteneffekte mithilfe künstlicher Erdsatelliten hat zu einer genauen Kenntnis des Feldlinienverlaufs des erdmagnetischen Feldes geführt.

Brekzie, →Breccie.

Bremsraketen, Bezeichnung für Raketentriebwerke, deren Schubrichtung der Bewegungsrichtung des abzubremsenden Körpers entgegengesetzt ist. Bremsraketen finden in der Raumfahrt vielfältige Anwendung, sie werden aber auch als Landehilfen für Flugzeuge sowie zur Verringerung der Aufsetzgeschwindigkeit von Lasten verwendet, die an Fallschirmen niedergehen.

Bremsstrahlung, elektromagnetische Strahlung im Wellenlängengebiet der Gamma- und Röntgenstrahlen, die beim Abbremsen schnell bewegter, geladener Teilchen (z. B. Elektronen) im Feld von Atomkernen entsteht; im weiteren Sinn die bei jeder Geschwindigkeitsänderung, also auch bei der Richtungsänderung von geladenen Teilchen, im Magnetfeld ausgesandte Strahlung (magnetische Bremsstrahlung), z. B. die →Synchrotronstrahlung.

Brendel, Martin, deutscher Astronom, * Niederschönhausen (heute zu Berlin) 12. 8. 1862, † Freiburg im Breisgau 6. 9. 1939; Professor in Göttingen und Frankfurt am Main, gründete 1913 in Frankfurt am Main das Planeteninstitut, das der Verbesserung der Methoden zur Berechnung der Planetenbewegungen diente.

Brennpunkt, Fokus, der Punkt auf der Achse eines optischen Systems, z. B. einer Linse oder eines Hohlspiegels, in dem achsenparallele Lichtstrahlen bei idealer Abbildung vereinigt werden. Linsen und Linsensysteme besitzen zwei Brennpunkte, einen objektseitigen und einen bildseitigen. Aufgrund der Abbildungsfehler werden in der Praxis nur achsennahe Strahlen in den Brennpunkt fokussiert.

Brewster-Punkt ['bru:stə-; nach D. Brewster], →Himmelsstrahlung.

B-Ring, der hellste Teil des Ringsystems des →Saturn.

Brocchi-Haufen, gelegentlich **Kleiderbügelhaufen,** Sternkette (Collinder 399) im Sternbild →Fuchs, die erstmals im Jahr 964 von Sufi erwähnt wurde, jedoch nicht in die Standardkataloge der Sternhaufen aufgenommen wurde.

Brooks' Komet [brʊks -], der von dem Amerikaner William Robert Brooks (* 1844, † 1921) entdeckte Komet, der als einer der ersten Kometen auf Fotoaufnahmen einen komplexen und rasch veränderlichen Schweif zeigte. Seine Umlaufzeit beträgt 6,86 Jahre, die Periheldistanz 1,83 Astronomische Einheiten (AE), die Apheldistanz 5,40 AE.

Brouwer ['braʊə], Dirk, amerikanischer Astronom niederländischer Herkunft, * Rotterdam 1. 9. 1902, † New Haven (Conn.) 31. 1. 1966; seit 1941 Professor an der Yale University und Direktor ihrer Sternwarte. Er arbeitete u. a. über die Eigenbewegungen zahlreicher Sterne, über die Veränderlichkeit der Erdrotation und v. a. über Probleme der Himmelsmechanik (besonders über die Störungen der Bahnen der Planeten).

Brown [braʊn], Ernest William, britischer Astronom und Mathematiker, * Hull (heute Kingston upon Hull) 20. 11. 1866, † New Haven (Conn.) 22. 7. 1938; 1891–1907 Professor in Havenford (Pa.), danach an der Yale University; beschäftigte sich v. a. mit der Theorie der Mondbewegungen und stellte 1920 auf der Grundlage seiner sehr genauen Mondtheorie (»A new theory of the moon's motion«, 1897–1905) Tafeln für die Vorausberechnung der Mondpositionen auf; aus seinen Ergebnissen folgerte er die Veränderlichkeit der Erdrotation.

Brownlee-Teilchen, winzige →Mikrometeorite, die so langsam in die Erdatmosphäre eindringen, dass sie von Ballonen und hoch fliegenden Flugzeugen aus eingesammelt werden können.

Bruggencate [-ka:tə], Paul ten, deutscher Astronom, * Arosa 24. 2. 1901, † Göttingen 14. 9. 1961; 1939–41 Professor in Berlin, danach Professor und Direktor der Universitätssternwarte in Göttingen. Seine zahlreichen Arbeiten betreffen v. a. das Sonnenspektrum und die Physik der Sonne, den Aufbau und die Entwicklung der Sterne, die Struktur und Dynamik von Sternsystemen sowie den Bau des Weltalls.

Bruhns, Karl Christian, deutscher Astronom, * Plön 22. 11. 1830, † Leipzig 25. 7. 1881; seit 1860 Professor in Leipzig, seit 1868 auch Direktor der unter seiner Leitung erbauten Sternwarte. Bruhns entdeckte u. a. sechs Kometen und bestimmte die Bahnelemente von Planetoiden und Kometen genauer. Er war Mitglied der Preußischen Gradmessungskommission und begründete 1863 das erste deutsche meteorologische Beobachtungssystem.

Bruno, Giordano, eigentlich **Filippo Bruno,** italienischer Philosoph, * Nola (bei Neapel) 1548, † Rom 17. 2. 1600; war seit 1563 Dominikaner in Neapel, entzog sich 1576 durch Flucht einer Anklage wegen Ketzerei, lehrte an verschiedenen Universitäten in Frankreich, England und Deutschland; fiel 1592 in Italien in die Hände der Inquisition und wurde nach siebenjähriger Gefangenschaft auf dem Scheiterhaufen verbrannt. Bruno behandelte im Anschluss an R. Lullus das Gedächtnis und die Lehre von der Weltseele. Bedeutend sind seine in Helmstedt verfassten Lehrgedichte. Sein durch Fantasie und Belesenheit gespeistes Denken stand unter dem Einfluss des scholastischen Aristotelismus, von Lukrez, Plotin und Nikolaus von Kues. Noch an das Mittelalter gebunden, trug Bruno doch im Rahmen des Neuplatonismus der Renaissance ein von dichterischer Anschauungskraft belebtes einheitliches Weltbild vor, das im Widerspruch zur herrschenden Lehre der katholischen Kirche stand (Unendlichkeit des Universums wegen der Unendlichkeit Gottes als dessen Schöpfer; Heiliger Geist als Weltseele; zyklischer Prozess von Weltentstehung und Weltvergehen; Materie als Basis dieses Prozesses). Bruno vertrat das heliozentrische System des N. Kopernikus und nahm an, dass die (unendlich vielen) Fixsterne ihrerseits Zentren von anderen Planetensystemen seien. Entscheidende Konsequenzen hatte seine metaphysische Kosmologie für die Anthropologie (Mensch als Mikrokosmos, subjektiv-individuell erfahrene Gegenwart Gottes). Bruno hatte weitreichende Wirkung u. a. auf Goethe, Herder und Schelling.

Bruns, Ernst Heinrich, deutscher Mathematiker und Astronom, * Berlin 4. 9. 1848, † Leipzig 23. 9. 1919; Professor der Mathematik in Berlin (1878–82), danach Professor der Astronomie und Direktor der Sternwarte in Leipzig. Bruns beschäftigte sich u. a. mit der Potenzialtheorie und der Figur der Erde (1878), verfasste grundlegende Arbeiten über Lösungen des Dreikörperproblems, zur geometrischen Optik sowie zur Stellarstatistik, die er durch seine Arbeiten zur Wahrscheinlichkeitsrechnung und mathematische Statistik förderte.

B-Sterne, große, leuchtstarke, bläulichweiße Sterne der →Spektralklasse B; ihre effektiven Oberflächentemperaturen liegen zwi-

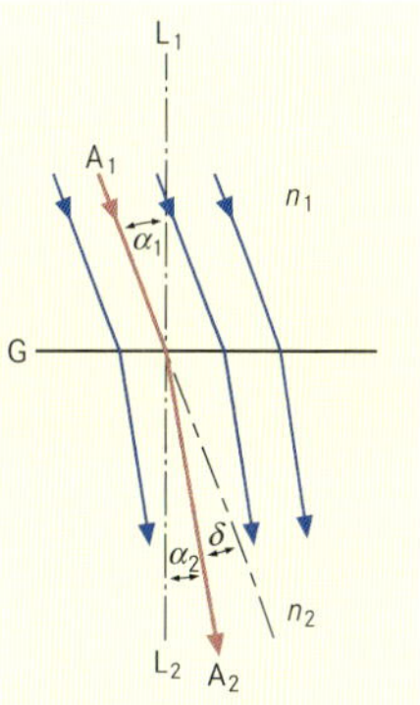

Brechung. An einer Grenzfläche G zwischen zwei Medien, für deren Brechzahlen $n_2 > n_1$ gilt; L_1, L_2 Einfallslot; A_1 einfallender, A_2 gebrochener Strahl, α_1 Einfallswinkel, α_2 Brechungswinkel, δ Abweichung von der geradlinigen Ausbreitung

Giordano Bruno

Bubble-Nebel.
Der Bubble-Nebel NGC 7635, hier eine detaillierte Hubble-Aufnahme, ist schon mit einem einfachen Teleskop im Sternbild Kassiopeia zu sehen.

schen 10 500 und 28 000 Kelvin. Ihr Spektrum ist durch Absorptionslinien des ionisierten Heliums sowie Wasserstofflinien vor allem bei den kühleren Sternen charakterisiert.

B-Sterne der Hauptreihe, z. B. →Spika und →Regulus, besitzen eine Masse zwischen drei und 20 Sonnenmassen und eine 100- bis 50 000-fach größere Leuchtkraft als die Sonne. Häufig trifft man sie zusammen mit O-Sternen in OB-Sternassoziationen an, weil sie wegen ihrer enormen Masse nicht lange genug existieren – nur einige zehn Millionen Jahre –, um sich weit von ihrem Geburtsort wegzubewegen. B-Überriesen, z. B. der bekannte →Rigel, sind bis zu 25-mal so schwer und 250 000-mal so hell wie die Sonne.

Bubble-Nebel, NGC 7635, die kleinste der drei Blasen, die den massereichen Stern BD +60° 2522 im Sternbild Kassiopeia umgeben. Das von diesem Stern abströmende Gas drückt Gas aus der Umgebung des Sterns in eine Schale, die vom energiereichen Licht von BD +60° 2522 ionisiert und zum Leuchten anregt. Der Bubble-Nebel misst etwa 6 Lichtjahre im Durchmesser und ist bereits mit kleinen Teleskopen zu beobachten.

Bugschock, Stoßfronten, die beim Aufprall des →Sonnenwinds auf die einen Planeten umgebende Hülle aus →Plasma entstehen. Diese Stoßfronten gleichen der Bugwelle eines fahrenden Schiffes.

Bulge [bʌldʒ], im Zentrum von Spiralgalaxien vorkommende Ausbauchung, die morphologisch einer elliptischen Galaxie gleicht. In dieser Region stehen die Sterne relativ dicht gedrängt beieinander, weshalb sie auch die leuchtkräftigste Region ist. Je nach Galaxientyp dehnen sich mehr oder weniger ausgeprägte Spiralarme oder Balken vom Bulge aus, in denen die einzelnen Sterne deutlich weiträumiger stehen. Im Entstehungsprozess einer Spiralgalaxie haben sich die Bulge-Sterne vermutlich zuerst gebildet. Sie bewegen sich in scheinbar zufällige Richtungen; die Bewegungen sind aber so koordiniert, dass sich die räumliche Verteilung der Bulge-Sterne nicht ändert.

Burnham ['bəːnəm], Sherburne Wesley, amerikanischer Astronom, * Thetford (Vt.) 12. 12. 1838, † Chicago (Ill.) 11. 3. 1921; zunächst Amateurastronom, 1877–84 Beobachter am Dearborn-Observatorium in Chicago, 1888–92 Astronom am Lick-Observatorium, danach Professor der Astronomie an der University of Chicago und Astronom am Yerkes-Observatorium in Williams Bay. Burnham entdeckte rd. 1 300 Doppelsterne, die in seinen »General catalogue of double stars« (2 Bände, 1906) eingingen.

Burst [bəːst; englisch »Ausbruch«] *der, -(s)/-s,* **Strahlungsausbruch,** kurz dauernde, plötzlich starke Intensitätserhöhung der Strahlung eines Himmelskörpers, z. B. der solaren Radiofrequenzstrahlung **(Radioburst).** Die Dauer der im Zusammenhang mit chromosphärischen Eruptionen der Sonne auftretenden Radiobursts beträgt je nach dem Typ der Erscheinung zwischen Bruchteilen von Sekunden und einigen Minuten. Ursache sind in der Sonnenkorona sich schnell bewegende Elektronen, die Plasmaschwingungen auslösen und zum Teil →Synchrotronstrahlung aussenden. (→Gammastrahlungsblitz)

Burster, →Gammastrahlungsblitz.

BY Draconis-Sterne, junge, schnell rotierende Hauptreihensterne der Spektralklassen G, K und M, die quasiperiodische Helligkeitsschwankungen zeigen mit Perioden vom Bruchteil eines Tages bis hin zu 120 Tagen. Ihre Amplitude liegt normalerweise unter $0\overset{m}{,}3$. Die Helligkeitsänderungen führt man auf große Flecken auf ihrer Oberfläche zurück (→Sternflecken). Die meisten BY Draconis-Sterne sind Mitglieder von →Doppelstern-Systemen. Diese Häufung hängt damit zusammen, dass die zur Entstehung der Sternflecken benötigten hohen Magnetfelder auch hohe Rotationsgeschwindigkeiten der Sterne bedingen, welche wiederum nur in Doppelstern-Systemen aufrecht erhalten werden können. BY Draconis selbst besteht aus zwei Zwergsternen (K6V und M0V), die eine Umlaufperiode von 5,9 Tagen und eine mittlere Entfernung von 0,05 Astronomischen Einheiten haben. Der M-Stern zeigt →Flares, welche seine Leuchtkraft regelmäßig um den Faktor zwei bis vier erhöhen. (→Rotationsveränderliche)

Caelum [lat. »Meißel«, »Grabstichel«], wissenschaftlicher Name des Sternbilds →Grabstichel.

Calbalakrab, der Stern →Antares.

Caliban, ein Mond des Planeten →Uranus.

California-Nebel, ein Emissionsnebel (NGC 1499) im Sternbild Perseus, etwa 1 Grad nördlich des Sterns ξ Persei. Seine scheinbaren Abmessungen sind 145×40 Bogenminuten, die Entfernung beträgt etwa 1 500 Lichtjahre.

Callirrhoe, der zurzeit (2005) äußerste bekannte Mond des →Jupiter. Er wurde 1999 entdeckt, zunächst aber für einen Planetoiden gehalten. Er umkreist Jupiter in einem mittleren Abstand von 24,1 Millionen Kilometern in 758 Tagen, 18 Stunden und 29 Minuten. Aufgrund seiner Bahneigenschaften wird er der Pasiphae-Gruppe zugeordnet.

Callisto [nach Kallisto, der Geliebten des Zeus (lat. Jupiter)], der äußerste der vier galileischen Monde des Planeten →Jupiter, der 1610 von G. Galilei entdeckt wurde. Er umkreist Jupiter in einem mittleren Abstand von 1,83 Millionen Kilometern in 16 Tagen, 16 Stunden und 32,2 Minuten. Callisto weist die höchste Dichte an Einschlagkratern im ganzen Sonnensystem auf. Größere Gebirgszüge sind nicht vorhanden, was darauf schließen lässt, dass Callistos Oberfläche überwiegend aus Wassereis zusammengesetzt ist. Das Alter von Callistos Oberfläche wird auf vier Milliarden Jahre geschätzt; offensichtlich haben hier seit der Entstehung Jupiters und seiner Monde keine größeren Veränderungen mehr stattgefunden, was bedeutet, dass der Mond seit dieser Zeit geologisch nicht mehr aktiv war. Die sichtbare Oberfläche liegt auf einer Eisschicht, deren Dicke auf 200 Kilometer geschätzt wird. Darunter befindet sich vermutlich ein Ozean aus flüssigem Salzwasser mit einer Tiefe von 10 Kilometern, worauf magnetische Messungen der Raumsonde →Galileo hinweisen.

Calypso [nach der griech. Nymphe Kalypso], 1980 anhand von Teleskopbeobachtungen entdeckter Mond des Planeten →Saturn. Er umkreist Saturn in einem mittleren Abstand von 294 660 Kilometern in 45 Stunden und 18 Minuten auf einer kreisförmigen Bahn.

Camelopardalis [griech. »Giraffe«], veraltet **Camelopardus,** wissenschaftlicher Name des Sternbilds →Giraffe.

Campbell ['kæmbl], William Wallace, amerikanischer Astronom, *in der Hancock County (Oh.) 11. 4. 1862, †San Francisco (Calif.) 14. 6. 1938; seit 1901 Professor am Lick-Observatorium in Kalifornien; wirkte bahnbrechend auf dem Gebiet der Vermessung von Sternspektren und der Bestimmung der Radialgeschwindigkeiten von Fixsternen.

Cancer, wissenschaftlicher Name des Sternbilds →Krebs.

Canes Venatici, wissenschaftlicher Name des Sternbilds →Jagdhunde.

Canis Maior, wissenschaftlicher Name des Sternbilds Großer →Hund.

Canis Minor, wissenschaftlicher Name des Sternbilds Kleiner →Hund.

Cannon ['kænən], Anny Jump, amerikanische Astronomin, *Dover (Del.) 11. 12. 1863, †Cambridge (Mass.) 13. 4. 1941; wirkte am Harvard-Observatorium; entwickelte eine Sternklassifizierung nach Spektralklassen (die Harvard-Klassifikation) und war maßgeblich an der Erstellung des »Henry Draper Memorial Catalogue« (225 300 Sternspektren; →Henry-Draper-Katalog) und seiner Ergänzungen (»Draper Extension«) beteiligt.

Cañon [ka'ɲɔn; spanisch »Röhre«] *der, -s/-s,* englisch **Canyon** ['kænjən], tief eingeschnittenes, enges Tal in nahezu waagerecht lagernden, wandbildenden Gesteinspaketen mit gestuften Talhängen, meist in trockenen Gebieten, z. B. der Grand Canyon des Colorado River oder der Cañon des Großen Fischflusses in Namibia. Das größte bekannte Grabensystem des Sonnensystems stellt das Valles Marineris auf dem Planeten →Mars dar.

100264

Callisto. Der Jupitermond Callisto hat von allen Monden im Sonnensystem die meisten Krater. Das 1 500 Kilometer große Walhalla-Einschlagbecken ähnelt dem Calorisbecken auf Merkur.

Canopus [nach Kanobos (oder Kanopos), dem Steuermann des Menelaos in der griech. Sage], **Kanopus, Suhel,** der am Himmel nahe dem Südpol der Ekliptik befindliche, von unseren Breiten aus nicht sichtbare Hauptstern (α Car) des Sternbilds →Kiel des Schiffes. Er ist nach →Sirius der zweithellste Stern am Himmel (scheinbare Helligkeit $-0\overset{m}{.}72$) und wird deshalb in der Astronautik oft als Navigationsstern benutzt. Canopus ist ein Überriese (absolute Helligkeit -6^{M}, Spektraltyp F 0, Leuchtkraftklasse II) mit etwa 80-fachem Sonnendurchmesser; seine Entfernung beträgt 310 Lichtjahre. Nach Messungen des Astrometrie-Satelliten →Hipparcos schwankt seine Helligkeit um 0,1 Größenklassen.

Cape Canaveral. Startbereiter Raumtransporter im Kennedy Space Center

100402

Canyon-Diablo-Krater [englisch 'kænjən dɪ'æbləʊ-], der →Arizona-Krater.

Cape Canaveral [keɪp kə'nævrəl], 1963–73 **Kap Kennedy** [- 'kenədi], Kap an der Ostküste Floridas, USA, 28° 28' nördlicher Breite, 80° 33' westlicher Länge. Hier befindet sich die der US-Luftwaffe gehörende Eastern Test Range (ETR), ein Raketenstartgelände von etwa 60 km^2 Größe, auf dem die NASA lediglich Gast ist. Der breiten Öffentlichkeit bekannt wurde es durch das Apollo-Programm mit bemannten Mondlandefähren in den 1960er- und 1970er-Jahren. In den 1960er-Jahren starteten von Cape Canaveral auch die bemannten Missionen des Mercury- und Gemini-Programms. Westlich anschließend an Cape Canaveral liegt Merrit Island, wo das 340 km^2 große Kennedy Space Center für bemannte Raumflüge (seit 1981 auch für den amerikanischen Raumtransporter) errichtet wurde. Von hier werden die Aktivitäten der NASA koordiniert.

Capella [lat. »(kleine) Ziege«; nach der Sage die unter die Gestirne versetzte Ziege Amaltheia], **Kapella, Alhajot,** der Hauptstern (α Aur) im Sternbild →Fuhrmann; er gehört zum →Wintersechseck und ist der sechsthellste Stern am Himmel; scheinbare Helligkeit $0^m,08$, absolute Helligkeit 0^M, Spektraltyp G 5, Leuchtkraftklasse III, Entfernung 42 Lichtjahre. Capella ist ein spektroskopischer Doppelstern, bestehend aus zwei gelben Riesensternen (Spektraltypen G 8 bzw. G 1), die in etwa 104 Tagen um den gemeinsamen Schwerpunkt kreisen. Sie konnten mit den Methoden der →Interferometrie getrennt sichtbar gemacht werden.

Capricornus, wissenschaftlicher Name des Sternbilds →Steinbock.

Carina, wissenschaftlicher Name des Sternbilds →Kiel des Schiffes.

Carme, 1938 von S. B. Nicholson entdeckter elfter Mond des Planeten →Jupiter. Er umkreist Jupiter retrograd, also entgegen der Rotationsrichtung des Planeten, in einem mittleren Abstand von 23,4 Millionen Kilometern in 734 Tagen, 4 Stunden und 48 Minuten. Sein mittlerer Durchmesser beträgt 46 Kilometer. Mit Carme bezeichnet man auch eine ganze Gruppe von Monden, die sich auf ähnlichen Bahnen um Jupiter bewegen. Diese Carme-Gruppe umfasst siebzehn Monde, wobei Carme selbst der Größte ist.

Carpo, ein 2003 entdeckter kleiner Mond des →Jupiter. Er umkreist den Planeten in einem mittleren Abstand von 16,9 Millionen Kilometern in 456 Tagen, 2 Stunden und 24 Minuten. Carpo ist der äußerste prograde (rechtläufige) Jupitermond.

Cassegrain-Teleskop [kas'grɛ̃-; nach dem französischen Naturforscher N. Cassegrain, 17. Jh.], **Cassegrain-Reflektor** [kas'grɛ̃-], **1)** Typ eines →Spiegelteleskops, bei dem auf der optischen Achse des parabolischen Hauptspiegels ein hyperbolischer Konvexspiegel so angeordnet ist, dass sein Brennpunkt mit dem des Hauptspiegels zusammenfällt und die an ihm reflektierten Strahlen in einem hinter dem durchbohrten Hauptspiegel gelegenen »sekundären Brennpunkt« **(Cassegrain-Fokus)** zu einem Bild vereinigt werden. Durch einen zwischen Haupt- und Konvexspiegel schräg angeordneten Fangspiegel kann dieses auch seitlich vom Teleskoptubus entworfen werden (). – Ein derartiges optisches System wurde 1672 von Cassegrain vorgeschlagen, nachdem I. Newton 1671 seine Form eines Spiegelteleskops veröffentlicht hatte; **2)** ein entsprechend konstruiertes Radioteleskop.

Cassini [nach G. D. Cassini], im Oktober 1997 gestartete Raumsonde (Masse 5,6 t, Länge 6,8 m, Durchmesser 4 m) zur Erforschung des Saturnsystems. Das gemeinsame Projekt von NASA, ESA und der Italienischen Weltraumagentur (ASI) soll u. a. Daten über die Topografie und chemische Zusammensetzung der Oberfläche des Planeten, über seine Atmosphäre, das Magnetfeld, die Monde und über das Ringsystem liefern.

Der Start von Cassini war von zahlreichen Protesten begleitet, da die Raumsonde rund 32 kg Plutonium 238 für die Energieversorgung der Isotopenbatterien an Bord trägt. Das 1999 notwendige Bahnkorrekturmanöver in 1 171 km Höhe über dem Südostpazifik verlief erfolgreich. Nach Vorbeiflügen (»Swing-by«) an Venus, Erde und Jupiter (im Dezember 2000), durch deren Gravitation Cassini beschleunigt wurde, trat die Sonde im Juli 2004 in eine Umlaufbahn um den Saturn ein. Cassini soll mindestens vier Jahre hindurch Nahaufnahmen von Saturn und seinen Satelliten übermitteln. Hauptziel der Mission war jedoch der Saturnsatellit →Titan, an dem die Sonde zum ersten Mal am 26. 10. 2004 in einer Höhe von 1 200 km vorbeiflog. Auf den dabei gemachten Radarfotos der Titanoberfläche zeigen sich komplexe Oberflächenstrukturen, deren korrekte wissenschaftliche Interpretation noch unklar ist. Am 13. Dezember 2004 fand der zweite Titanvorbeiflug statt (insgesamt sind 74 Umläufe um Saturn vorgesehen), und am 25. Dezember 2004 wurde die Huygens-Sonde abgesetzt (→Huygens). Am 14. Januar 2005 landete Huygens auf Titan und sendete eindrucksvolle Bilder und Daten an Cassini.

Cassini, französische Gelehrtenfamilie italienischer Herkunft. Bedeutende Vertreter: **1)** César François **Cassini de Thury** [-də tyˈri], Astronom und Geograf, *Paris 17. 6. 1714, † ebenda 4. 9. 1784, Vater von Jean-Dominique 4) und Sohn von Jacques 3); Nachfolger seines Vaters als Direktor der Pariser Akademiesternwarte; veranlasste und leitete die 1744–89 mittels Triangulation vorgenommene große topografische Aufnahme Frankreichs.

2) Giovanni Domenico oder Jean Dominique, Astronom, *Perinaldo (bei Nizza) 8. 6. 1625, † Paris 14. 9. 1712, Vater von Jacques Cassini 3).

■ **Werdegang** Cassini studierte in Vallebone und besuchte das Jesuitenkolleg in Genua. Neben Dichtkunst, Mathematik und Astronomie interessierte er sich zunächst auch stark für die Astrologie, wandte sich aber später wieder von ihr ab. Immerhin verschaffte sie ihm die Möglichkeit, am Observatorium eines astrologisch tätigen Landsmanns zu arbeiten. Hier hatte er gute Instumente zur Verfügung, konnte seine astronomischen Kenntnisse ausbauen und machte sich schnell einen Namen. Ab 1650 lehrte Cassini an der Universität Bologna. 1668 wurde er von Ludwig XIV. an die Académie des sciences in Paris berufen, 1669 wurde er Direktor der gerade erbauten Akademiesternwarte. Er verbrachte den Rest seines Lebens in Frankreich und erhielt 1673 die französische Staatsbürgerschaft. Um 1700 ließ seine wissenschaftliche Tätigkeit stark nach und ging auf seinen Sohn Jacques über.

■ **Astronomisches Wirken** Cassini maß noch in Italien die Umlaufzeiten von Jupiter und Mars und gab 1668 eine Tabelle der Bahnen der Jupitermonde heraus. In Paris bestimmte er die Rotationsperioden von Mars, Venus und Jupiter, berechnete die Perioden der Jupitermonde und entdeckte die periodischen Verzögerungen ihrer Verfinsterungen, aus denen sein Mitarbeiter O. Rømer auf die Endlichkeit der Lichtgeschwindigkeit schloss. Es folgten die Entdeckung der ersten vier Saturnmonde (Iapetus 1671, Rhea 1672, Dione und Tethys 1684), wobei er Fernrohre von über 30 Metern Länge benutzte. Nachdem er so schon seinen jüngeren Zeitgenossen Chr. Huygens übertroffen hatte – Huygens entdeckte nur einen Saturnmond, nämlich Titan – korrigierte er auch noch Huygens' spektakulärste Entdeckung, denn 1675 stellte Cassini fest, dass der Saturnring in Wirklichkeit ein Doppelring ist, der durch einen dunkeln Steifen, die cassinische Teilung, getrennt ist. Er deutete auch als Erster die Natur des Rings richtig

Giovanni Domenico Cassini
*** 1625, † 1712**

■ beobachtete die Verfinsterungen der Jupitermonde
■ entdeckte vier Saturnmonde
■ stellte die Teilung des Saturnrings fest

Cassini
→ GEO **Dossier**
Die eisige Welt des Ringplaneten, Bd. 4

Cassini.
Die Computersimulation zeigt die Doppelsonde »Cassini-Huygens« vor dem Saturn. Nach fast siebenjähriger Flugzeit schwenkte die amerikanisch-europäische Raumsonde in eine Umlaufbahn um den zweitgrößten Planeten des Sonnensystems ein. Zuvor hatte das Sondenduo ohne Probleme eine Lücke zwischen zwei Ringen des Saturn durchflogen.

als Ansammlung kleiner Partikel, die wie die Monde den Planeten umkreisen. Seine weiteren Forschungen betrafen das Zodiakallicht, die scheinbare Sonnenbewegung, die Kometen usw. Die Planetenbahnen glaubte er durch Kurven 4. Grades, die cassinischen Kurven, darstellen zu können. In Zusammenarbeit mit dem 1672 in Cayenne weilenden J. Richer bestimmte er aus Marsbeobachtungen die Parallaxe und Entfernung der Sonne. Auf geodätischem Gebiet führte er seit 1683 die von J. Picard begonnenen Gradmessungen weiter.

3) Jacques, Astronom, * Paris 18. 2. 1677, † Thury-sous-Clermont (bei Beauvais) 16. 4. 1756, Sohn von Giovanni D. 2) und Vater von César F. 1); seit 1712 Direktor der Pariser Akademiesternwarte; war an den Gradmessungen seines Vaters in Nord- und Südfrankreich beteiligt, die er ebenso wie dessen Saturnbeobachtungen fortführte und 1720 veröffentlichte.

4) Jean-Dominique Comte de, Astronom und Geograf, * Paris 30. 6. 1748, † Thury-sous-Clermont (bei Beauvais) 18. 10. 1845, Sohn von César F. 1); war 1784–96 in der Nachfolge seines Vaters Direktor der Pariser Sternwarte; vollendete 1789 die von seinem Vater begonnene große topografische Aufnahme Frankreichs (veröffentlicht 1793).

cassinische Teilung [nach G. D. Cassini], eine der Teilungen des Ringsystems des Planeten →Saturn.

Cassiopeia [nach der mythologischen Gestalt], wissenschaftlicher Name des Sternbilds →Kassiopeia.

Cassiopeia A, eine kosmische Radioquelle im Sternbild →Kassiopeia.

Cassiopeia B, eine kosmische Radioquelle im Sternbild →Kassiopeia.

Castor, Kastor [nach dem griech. Sagenhelden Kastor], Name des zweithellsten Sterns (α Gem) im Sternbild →Zwillinge; gehört zum →Wintersechseck; scheinbare Helligkeit $1^{m}_{,}59$, absolute Helligkeit 1^{M}, Spektraltyp A 2, Entfernung 52 Lichtjahre. Castor ist der wohl bekannteste →Mehrfachstern, der sich im Amateurteleskop als Dreifachstern, bei genauerer spektroskopischer Analyse aber als Sechsfachstern zu erkennen gibt. Die beiden zurzeit (2005) in etwa 4,3" Abstand stehenden hellen Hauptkomponenten (Castor A und B; scheinbare Helligkeiten $1^{m}_{,}9$ und $2^{m}_{,}9$) umlaufen einander in 467 Jahren einmal; jeder der beiden Sterne ist wiederum spektroskopisch doppelt (Umlaufzeiten 9,21 bzw. 2,93 Tage); in 73" Abstand von dem hellen Paar findet sich ein weiterer, aus zwei Roten Zwergen bestehender spektroskopischer Doppelstern (YY Gem, Castor C) – ein zwischen $9^{m}_{,}3$ und $9^{m}_{,}8$ schwankender Bedeckungsveränderlicher vom Algol-Typ (Umlaufzeit 19,5 Stunden), der den Schwerpunkt des Gesamtsystems in etwa 1150 Jahren einmal umläuft.

Catena [lateinisch »Kette«], in der Planeten- und Mondnomenklatur Bezeichnung für eine Kraterkette vulkanischen Ursprungs.

CCD, Abkürzung für englisch **Charge-coupled device** [tʃɑːdʒ kʌpld dɪˈvaɪs, »ladungsgekoppeltes (Halbleiter-)Bauelement«], **Ladungsverschiebeelement,** ein lichtempfindliches Halbleiterbauelement, das Informationen über einfallendes Licht als Ladungsansammlungen speichert und weiterleitet. Ein solcher Sensor besteht aus einer großen Zahl dicht benachbarter CCDs, wobei jedes CCD ein Bildelement (Pixel) speichert. Die Bildinformationen stehen direkt zur weiteren elektronischen Bearbeitung zur Verfügung.

CCDs werden u. a. in Video- und in Digitalkameras verwendet. In der Astronomie sind CCD-Sensoren weit verbreitet und werden sowohl bei Direktaufnahmen als auch in der Astrospektroskopie eingesetzt. Sie besitzen dabei mehrere Vorteile gegenüber der herkömmlichen Fotografie. Zum einen ist die Lichtempfindlichkeit größer, was die Aufnahmezeiten verkürzt und auch kleinen Teleskopen gute Aufnahmen schwacher Objekte erlaubt, zum anderen spricht ein CCD-Sensor sehr gleichmäßig auf einen breiten Spektralbereich an.

Celsius, Anders, schwedischer Astronom, * Uppsala 27. 11. 1701, † ebenda 25. 4. 1744; seit 1730 Professor in Uppsala; schlug bei einem Studienaufenthalt in Paris der Académie des sciences die Gradmessung in Lappland als Parallelunternehmen zu der von dem französischen Naturforscher Pierre Bouguer (* 1698, † 1758) durchgeführten Peruexpedition vor und nahm 1736–37 an der zu diesem Zweck unternommenen, von dem französischen Naturwissenschaftler und Philosophen Pierre Louis Moreau de Maupertuis (* 1698, † 1759) geleiteten Lapplandexpedition teil, die die Abplattung der Erde bestätigte. Celsius wurde v. a. durch die 1742 von ihm vorgeschlagene, heute nach ihm benannte 100-teilige Thermometerskala bekannt (Celsiusskala, →Grad Celsius); er nahm jedoch den Siedepunkt des Wassers als Nullpunkt und bezeichnete den Gefrierpunkt mit 100°; erst Carl von Linné (* 1707, † 1778) kehrte die Skala um. Bei seinen Beobachtungen des Polarlichts bemerkte Celsius als Erster den Zusammenhang mit den Störungen des erdmagnetischen Feldes. Er bestimmte auch erstmals mit messtechnischen Mitteln die Helligkeit der Sterne.

Centauren [nach dem Fabelwesen Kentaur der griechischen Mythologie], **Zentauren,** eine Klasse von →Planetoiden, die zwischen Jupiter und Neptun um die Sonne kreisen. Bei einigen Centauren wurde gefrorenes Wasser auf der Oberfläche entdeckt, bei anderen, z. B. dem ersten entdeckten Centauren →Chiron, konnte bisher kein Wassereis nachgewiesen werden. Die Bahnen der Centauren kreuzen

Rechte Seite:
In einem auf mehrere Jahre angelegten Projekt suchten Forscher mit dem Hubble-Weltraumteleskop in fernen Spiralgalaxien (hier NGC 3370) nach so genannten Delta-Cephei-Sternen. Dieser spezielle Typ von veränderlichen Sternen eignet sich als »Standardkerze« für die Entfernungsbestimmung von Galaxien.

1205

Centaurus A.
Die starke Radiogalaxie Centaurus A (NGC 5128) im Sternbild Kentaur

Centaurus A
→ GEO **Dossier**
Orte ohne Wiederkehr, Bd. 5

meist die Planetenbahnen, wobei es relativ häufig zu nahen Begegnungen mit den großen Planeten kommt. Die Centauren-Bahnen sind deshalb auf lange Sicht instabil. Zum Teil werden die Centauren aus dem Sonnensystem geschleudert, zum Teil in kreisähnliche Bahnen gezwungen. Einige kollidieren mit Planeten, einige werden zu Planetensatelliten. Die vier äußersten Jupitermonde sind beispielsweise eingefangene Centauren.

Centaurus, wissenschaftlicher Name des Sternbilds →Kentaur.

Centaurus A, eine starke Radioquelle im Sternbild →Kentaur, die 1952 von australischen Astronomen mit der elliptischen Galaxie NGC 5128 identifiziert werden konnte. Auffallend ist die Galaxie im optischen Spektralbereich vor allem dadurch, dass sich quer über sie ein sehr auffälliges, dunkles Staubband erstreckt. Die Galaxie ist eine der stärksten Radioquellen am Himmel und außerdem mit nur 20 Millionen Lichtjahren Entfernung von der Erde die uns am nächsten liegende Radiogalaxie. Schon bald nach der Entdeckung von Centaurus A stellte man die Hypothese auf, dass es sich bei dem Objekt um zwei kollidierte Galaxien handelt, was inzwischen bestätigt werden konnte. Danach ist Centaurus A eine elliptische Galaxie, die eine kleinere Spiralgalaxie eingefangen hat. Die starke Radiostrahlung stammt aus dem staubverhüllten Zentrum von Centaurus A. Daher vermutete man schon länger, dass sich hier ein →Schwarzes Loch verbergen könnte und die Strahlung von Materie erzeugt wird, die in das Schwarze Loch stürzt. Im Jahr 2001 gelang Astronomen mithilfe des ISAAC-Instruments des →Very Large Telescope eine Infrarotbeobachtung des Zentrums der Galaxie (Infrarotstrahlung wird von Staub weitaus weniger verschluckt als sichtbares Licht). Die Forscher entdeckten dabei eine »dünne« Scheibe aus Gas in der Mitte der Galaxie. Anhand der gewonnenen Daten stellten sie fest, dass der kompakte Kern mehr als 200 Millionen Sonnenmassen wiegen muss; eine derart große Masse kann nur von einem Schwarzen Loch entsprechend konzentriert werden.

1986 leuchtete in Centaurus A eine →Supernova vom Typ I auf, die eine Helligkeit von $11^{\mathrm{m}},5$ erreichte.

Centaurus-Haufen, Galaxienhaufen im Sternbild →Kentaur.

Centaurus X-3, eine stellare Röntgenquelle im Sternbild →Kentaur, die mit einem optischen Riesen oder Überriesen vom Spektraltyp B0 einen Doppelstern bildet und mit einer Periode von 4,8 Sekunden pulsiert, daher vermutlich ein →Neutronenstern ist; Entfernung von der Erde etwa 25 000 Lichtjahre.

Cephe|iden, Oberbegriff für die →Pulsationsveränderlichen Delta-Cephei-Sterne und W-Virginis-Sterne. Die **Delta-Cephei-Sterne** (nach dem Stern Delta im Sternbild Kepheus) sind Veränderliche der Spektralklasse F mit Perioden zwischen 1 und etwa 70 Tagen sowie Helligkeitsamplituden im sichtbaren Spektralbereich von etwa 0,5 bis 1,5 Größenklassen. Der Lichtwechsel geht auf eine periodische Änderung des Sternradius (etwa 10 % des mittleren Radius, messbar mithilfe des Doppler-Effekts) sowie auf die sich periodisch ändernde Oberflächentemperatur zurück. Da zwischen der Leuchtkraft eines Delta-Cephei-Sterns (angegeben in absoluter Helligkeit) und seiner Periode eine eindeutige Abhängigkeit besteht

Ceres Himmelspolizei

Seit dem 18. Jahrhundert ist bereits bekannt, dass der Abstand der Planeten von der Sonne einer gewissen Gesetzmäßigkeit gehorcht, was durch die Entdeckung des Uranus 1781 bestätigt wurde. Dieser Gesetzmäßigkeit zufolge musste sich zwischen Mars und Jupiter ein unbekannter Planet befinden, und so gründete der Astronom Wilhelm Olbers mit 23 Kollegen im Jahr 1800 eine »Himmelspolizei«, die nach diesem Planeten suchen sollte. Doch bevor diese ihre Arbeit aufnehmen konnte, kam aus Sizilien die Nachricht, Pater Giuseppe Piazzi habe das gesuchte Objekt am 1. Januar 1801 entdeckt.
Es zeigte sich, dass Ceres, wie Piazzi seine Entdeckung nannte, zwar eine Planetenbahn hat, mit einem Durchmesser von fast 1 000 Kilometern für einen ordentlichen Planeten aber als etwas zu klein erschien. Also machte sich Olbers' »Himmelspolizei« auf die Suche nach dem »richtigen« Planeten. Sie fand ihn nicht; stattdessen entdeckte sie bis 1807 drei weitere Kleinplaneten: Pallas, Juno und Vesta. Heute weiß man, dass es besagten Planeten nicht gibt; an seiner Stelle bevölkern Millionen solcher Planetoiden genannte Kleinplaneten den Raum zwischen Mars und Jupiter.

(→Perioden-Leuchtkraft-Beziehung), kann aus der gemessenen scheinbaren Helligkeit und der Periode die Entfernung der Sterne bestimmt werden. Wegen deren hoher Leuchtkraft lässt sich die Methode auch auf Mitglieder (naher) extragalaktischer Sternsysteme anwenden. Die Delta-Cephei-Sterne sind massereiche Überriesen der Population I, also sehr junge Sterne; sie werden auch als klassische Cepheiden bezeichnet.

Die **W-Virginis-Sterne** (nach dem Stern W im Sternbild Jungfrau) sind den Delta-Cephei-Sternen sehr ähnliche Pulsationsveränderliche, doch handelt es sich um Mitglieder der Halopopulation, d. h. um alte Sterne. Für sie gilt ebenfalls eine Perioden-Leuchtkraft-Beziehung, die aber nicht mit der der Delta-Cephei-Sterne identisch ist. Die Bildpunkte der Delta-Cephei- und der W-Virginis-Sterne liegen im →Hertzsprung-Russell-Diagramm wie die aller schwingungsinstabiler Sterne in einem schmalen Gebiet, dem so genannten Instabilitätsstreifen (Cepheidenstreifen).

Besondere Gruppen von Pulsationsveränderlichen bilden die →RR-Lyrae-Sterne und die →Zwergcepheiden. – Abb. S. 75

Cepheus, wissenschaftlicher Name des Sternbilds →Kepheus.

Ceres, [nach der gleichnamigen Göttin], der erste, am 1. 1. 1801 von dem italienischen Astronomen G. Piazzi entdeckte →Planetoid. Der fast kugelförmige Kleinplanet umrundet die Sonne auf einer elliptischen Bahn zwischen Mars und Jupiter (mittlerer Abstand von der Sonne 2,77 Astronomische Einheiten = 414 Mio. Kilometer). Ceres war mit einem Durchmesser von etwa 975 × 909 Kilometern bis vor einigen Jahren der größte Planetoid; inzwischen wurde aber z. B. der Planetoid Orcus mit einem Durchmesser von 1 800 Kilometern gefunden. Ceres besitzt eine Rotationsdauer von rd. neun Stunden; seine Masse beträgt circa 10^{21} Kilogramm, seine Dichte etwa 2,07 Gramm pro Kubikzentimeter.

CETI [Abk. für engl. communication with extraterrestrial intelligence], Begriff für Bestrebungen, mit technischen Mitteln Kontakt mit vermuteten außerirdischen Zivilisationen aufzunehmen. Solche Möglichkeiten sind: künstlich erzeugte Signale von möglichen Planeten anderer Sterne aufzufangen oder eigene Signale zu entsenden, Übermittlung verschlüsselter Text- und Bildbotschaften mit Raumsonden, die das Sonnensystem verlassen (Pioneer 10 und 11, Voyager 1 und 2), sowie Suche nach Raumflugkörpern außerirdischen Ursprungs, die sich in unserem Sonnensystem bewegen. Alle Bemühungen blieben bisher ohne Erfolg.

Cetus, wissenschaftlicher Name des Sternbilds →Walfisch.

Chaldäische Periode [k-], *Astronomie:* die →Sarosperiode.

2621

Challenger. Der Raumtransporter Challenger beim Start 1983

Chaldene, ein 2000 entdeckter kleiner äußerer Mond des →Jupiter. Er umkreist Jupiter in einem mittleren Abstand von 23,1 Millionen Kilometern in 723 Tagen, 16 Stunden und 48 Minuten. Er gehört zu einer Gruppe von Jupitermonden mit ähnlichen Bahneigenschaften, der Carme-Gruppe. Chaldenes Durchmesser beträgt etwa 3,8 Kilometer.

Challenger [ˈtʃælɪndʒə], eines der vier →Spaceshuttle der NASA, erstmals am 4. 4. 1983 gestartet. Beim 10. Start, dem zugleich 25. eines Raumtransporters überhaupt, am 28. 1. 1986 mit fünf Astronauten und zwei Astronautinnen an Bord explodierte Challenger 73 Sekunden nach dem Abheben von Cape Canaveral. Ursache war eine durch die niedrigen Außentemperaturen vor dem Start undicht gewordene Abdichtung zwischen zwei Segmenten der rechten Feststoffrakete. Durch das Leck trat Abgas aus, sodass die Feststoffrakete abriss. Alle Besatzungsmitglieder wurden getötet, der Raumtransporter und die gesamte Nutzlast zerstört. Diese Katastrophe hatte eine erhebliche Verzögerung des gesamten Raumtransporter-Flugprogrammes zur Folge.

CETI
→ GEO **Dossier**
Wo steckt E.T.?, Bd. 5

Chamäleon, wissenschaftlicher Name **Chamaeleon** [ç-], *Genitiv* **Chamaeleon(t)is,** Abk. **Cha,** ein kleines Sternbild nahe dem südlichen Himmelspol und daher von unseren Breiten aus nicht sichtbar (Rektaszension $7^{h}27^{m}$ bis $13^{h}56^{m}$, Deklination −75°15' bis −83°05'). δ Cha ist ein bereits mit dem Feldste-

Die hellsten Sterne des Sternbilds Chamäleon

Name	Helligkeit visuelle	Helligkeit absolute	Spektralklasse	Entfernung in Lichtjahren
α	$4^{m}{,}1$	3^{M}	F5	63
γ	$4^{m}{,}1$	-1^{M}	M0	400
δ*)	$4^{m}{,}1$	-1^{M}	A3	370
ε*)	$4^{m}{,}7$	-1^{M}	B9	380

*) Doppelstern

Chamäleon. Nebelgruppe im Sternbild Chamäleon mit blauen Reflexionsnebeln und dunklen, von dichtem Staub durchzogenen Molekularwolken (links), die das Licht der Hintergrundsterne blockieren

cher trennbarer Doppelstern; die 264,9" auseinander stehenden Komponenten δ^1 (orangeroter Riese) und δ^2 (blauer Stern) haben scheinbare Helligkeiten von $5^{\mathrm{m}}5$ bzw. $4^{\mathrm{m}}4$; ein weiterer Doppelstern ist ε Cha ($4^{\mathrm{m}}9$ bzw. $6^{\mathrm{m}}6$; Distanz 134,0"). NGC 3195 ist ein lichtschwacher ($11^{\mathrm{m}}5$), dem Planeten Jupiter ähnelnder planetarischer Nebel (Entfernung 4 800 Lichtjahre). (→Sternbilder)

Chamberlin-Moulton-Theorie, eine (heute überholte) Theorie, derzufolge die Planeten durch die Gezeitenkräfte einer »Beinahe-Kollision« zwischen einem Stern und der Sonne entstanden sind. Sie wurde gemeinsam von dem amerikanischen Geologen Thomas Crowder Chamberlin (* 1843, † 1928) und dem Astronomen Forest Ray Moulton (* 1872, † 1952) entwickelt.

Chandler-Periode [ˈtʃɑ:ndlə-; nach dem amerikanischen Amateurastronomen Seth Carlo Chandler, * 1846, † 1913], die zeitlich variable Periode der als Breiten- oder Polhöhenschwankung bezeichneten periodischen Komponente der →Polbewegung (Periodendauer zwischen 412 und 442 Tagen, im Mittel 437 Tage). Jeder Pol wandert dabei in maximal 15 m Entfernung um eine mittlere Position.

Chandra [tʃændra, nach S. Chandrasekhar], im Juli 1999 mit einem Shuttle gestarteter Röntgensatellit der amerikanischen Weltraumbehörde NASA. Er ist 13,8 m lang und 4,2 t schwer und mit zwei Kameras und zwei Spektrometern ausgerüstet, die im Energiebereich zwischen 0,07 und 10 Kiloelektronenvolt (entsprechend Wellenlängen von 0,1 bis 20 Nanometern) arbeiten. Mit Chandra sind rund 10-mal so scharfe Aufnahmen möglich wie mit dem Röntgenteleskop ROSAT. Man erhofft sich neue Erkenntnisse über hochenergetische Prozesse, wie sie u. a. in Neutronensternen, bei Gammastrahlenblitzen oder der Geburt neuer Planetensysteme ablaufen. Chandra bildet zusammen mit dem →Hubble-Weltraumteleskop im optischen Bereich, dem →Compton-Observatorium im Bereich der Gammastrahlung und dem →Spitzer-Weltraumteleskop im Infrarotbereich das vier Weltraum-Observatorien umfassende »Great Observatory Program« der NASA. (→XMM-Newton) – Infokasten S. 80

Chandrasekhar [tʃændrəˈʃeɪkə], Subrahmanyan, amerikanischer Astrophysiker indischer Herkunft, * Lahore 19. 10. 1910, † Chicago (Ill.) 21. 8. 1995.

■ **Werdegang** Chandrasekhar stammte aus einer wohlhabenden Familie des südindischen Bildungsbürgertums. Schon als junger Student in Madras fiel er durch hervorragende Leistungen auf, gewann mehrere Wettbewerbe und schloss sein Studium 1930 als Jahrgangsbester ab. 1930 ging er an das Trinity College in Cambridge, wo er u. a. eng mit A. Eddington zusammenarbeitete. 1936 wechselte er in die USA und wurde Mitglied der Fakultät an der Universität Chicago, ab 1952 Professor für Astrophysik. 1953 erhielt er die amerikanische Staatsbürgerschaft und arbeitete bis zu seinem Tod am Enrico-Fermi-Institut für Kernforschung in Chicago.

■ **Astronomische Leistung** Chandrasekhars Hauptinteresse galt der Struktur der →Weißen Zwerge. Er zeigte, dass ein Weißer Zwerg durch sein eigenes Gravitationsfeld umso mehr komprimiert wird, je mehr Masse er besitzt. Als er 1930 mit dem Schiff nach England unterwegs war, überlegte er, was passiert, wenn man einen Weißen Zwerg immer weiter komprimiert, beispielsweise durch Zuführen weiterer Materie. Durch die Anwendung von Relativitäts- und Quantentheorie auf Eddingtons Standardmodell des Sternaufbaus fand er heraus, dass ein Weißer Zwerg nur bis zu einer gewissen Massengrenze komprimiert werden kann; liegt die Masse über dieser Grenze, reicht der Entartungsdruck des Elektronengases nicht mehr aus, um die zunehmende Gravitationskraft auszugleichen, und der Weiße Zwerg wird instabil. Diese Grenze wird als →Chandrasekhar-Grenze bezeichnet. Weiße Zwerge konnten also nicht das Endstadium aller Sterne sein. Als Chandrasekhar seine Ergebnisse 1935 vorstellte, kam es zum Eklat; Eddington bezeichnete sie als »absurd«. Der Widerstand gegen Chandrasekhars Resultate hielt bis in die 1950er-Jahre an, sodass er sich anderen Themen zuwendete. Auch berühmte Physiker wie N. Bohr und W. Pauli waren nur »privat« bereit, Chandrasekhar zuzustimmen. Heute besteht kein Zweifel mehr an der Existenz der Chan-

Rechte Seite: Aufnahme der Umgebung des galaktischen Zentrums durch den Röntgensatelliten Chandra. Die helle Röntgenquelle in der Bildmitte ist Sagittarius A*. Im Abstand von weniger als drei Lichtjahren vom Zentrum gibt es 4 helle veränderliche Röntgenquellen, bei denen es sich vermutlich um Doppelsterne mit einem Schwarzen Loch als Hauptkomponente handelt (Bildausschnitt 8 × 5,6 Lichtjahre).

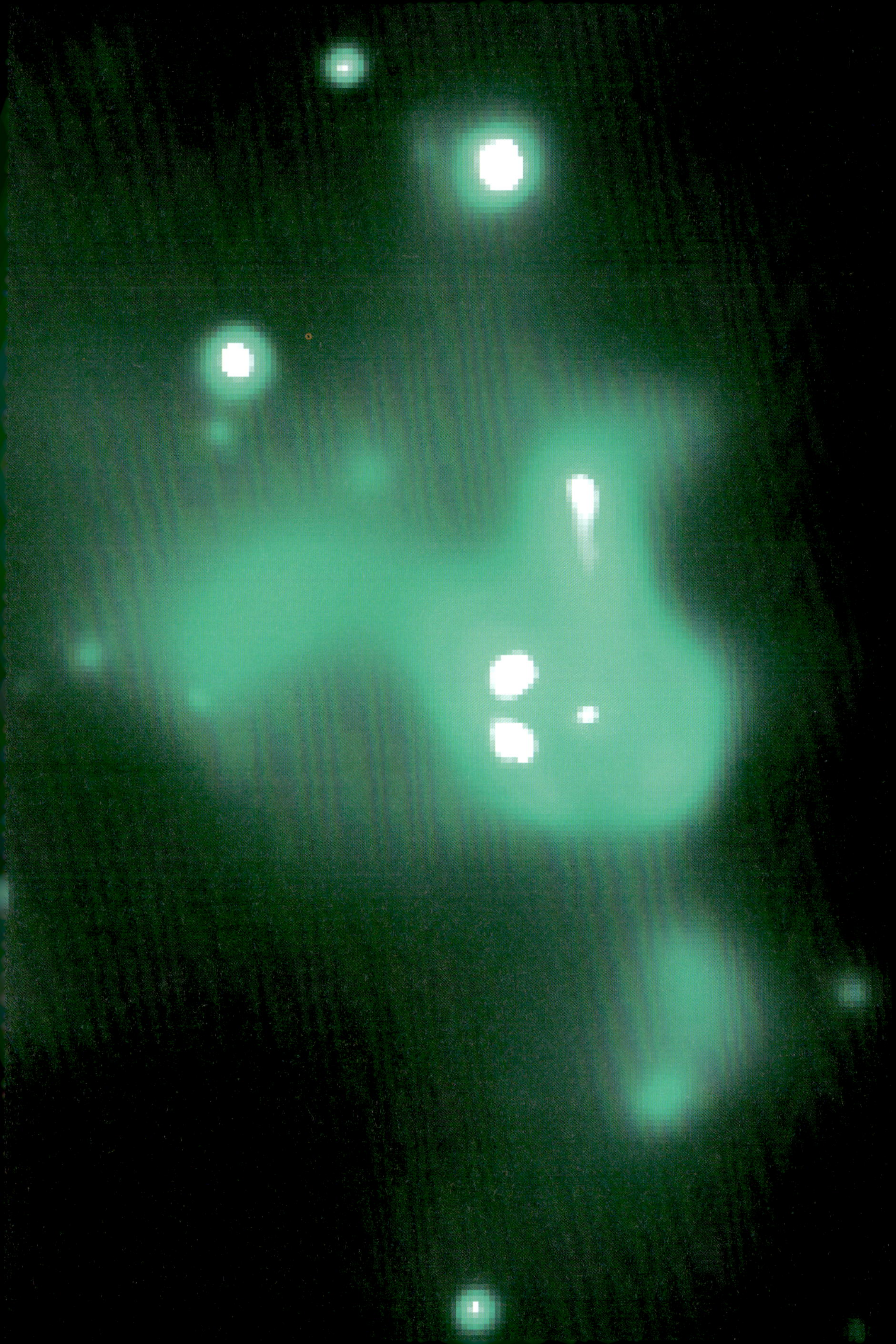

Chandra Heiße ausgebrannte Sternenleiche

Der Weiße Zwerg H1504+65 ist ein erloschener außerirdischer Fusionsreaktor. Ein internationales Team von Wissenschaftlern nahm ihn mithilfe des NASA-Weltraumteleskops Chandra (Röntgenteleskop) und des FUSE-Satelliten (Far Ultraviolet Spectroscopic Explorer) ins Visier und stellte dabei fest, dass er während seines Todeskampfes offensichtlich seine gesamten äußeren Schichten verloren hat und nur noch aus seinem nackten innersten Kern besteht. H1504+65 ist der heißeste und jüngste bekannte Weiße Zwerg. Am Himmel leuchtet er nur schwach und unauffällig, mit Röntgenaugen gesehen ist er aber eines der hellsten Objekte. Seine Oberflächentemperatur beträgt 200 000 Grad Celsius, mehr als das 30-fache der Sonne.

In astronomischen Zeiteinheiten betrachtet, hat der Stern erst vor sehr kurzem, nämlich vor etwa einhundert Jahren, seine Kernfusion eingestellt. Heute besteht seine stellare Leiche hauptsächlich aus Kohlenstoff und Sauerstoff – sozusagen die übrig gebliebene Asche der Fusion von Helium in einem Kernreaktor.

drasekhar-Grenze, und Chandrasekhar wurde nach Jahrzehnten heftiger Anfeindungen 1983 mit dem Nobelpreis für Physik geehrt.

Weitere Arbeiten Chandrasekhars betrafen die interstellaren Magnetfelder, den Strahlungsaustausch und die damit verbundene Wärmeübertragung in Sternen sowie die Stabilität von Plasmen, u. a. im Hinblick auf die Kernfusion. Den Nobelpreis erhielt er für seine Arbeiten über die für die Struktur und Entwicklung der Sterne wesentlichen physikalischen Prozesse. Von seinen Studenten und Kollegen wurde Chandrasekhar meist nur »Chandra« genannt – die NASA griff diesen Namen auf und nannte zu Ehren Chandrasekhars ihren 1999 gestarteten Röntgensatelliten Chandra X-Ray Observatory.

Werke: Introduction to the study of stellar structure (1939); Principles of stellar dynamics (1942); Radiative transfer (1950); Hydrodynamic and hydromagnetic stability (1961); The mathematical theory of black holes (1983).

Chandrasekhar-Grenze [tʃændrə'ʃeɪkə-, nach S. Chandrasekhar], *Astrophysik:* eine theoretische obere Grenze für die Masse von →Weißen Zwergen, die bei 1,44 Sonnenmassen liegt. Sterne, die eine höhere Masse aufweisen, degenerieren am Ende ihrer Entwicklung zu einem →Neutronenstern oder ergeben ein →Schwarzes Loch.

Chang Zheng [tʃaŋdʒ-, chinesisch »Langer Marsch«], zweistufige Trägerrakete der chinesischen Weltraumbehörde CNSA (China National Space Administration), seit 1970 entwickelt. 1975 wurde mit der Trägerrakete Chang Zheng 2E zum ersten Mal eine Nutzlast in eine Erdumlaufbahn gebracht. Nachdem man sich seit Anfang der 1990er-Jahre in China wieder verstärkt mit der bemannten Raumfahrt beschäftigte, glückte im November 1999 die erste unbemannte Mission Shenzou 1 (→Shenzou) mit der neu entwickelten Trägerrakete Chang Zheng 2F. Nach drei weiteren erfolgreichen Unternehmungen bis Dezember 2002 startete am 15. 10. 2003 der erste bemannte Raumflug im Rahmen der Mission Shenzou 5.

Chaos|ära [k-], →Urknall.

Charge-coupled device, [tʃɑ:dʒ kʌpld dɪ'vaɪs], →CCD.

Charlier [ʃar'lje], Karl Wilhelm Ludwig, schwedischer Astronom, *Östersund 1. 4. 1862, †Lund 4. 11. 1934; Professor und Direktor der Sternwarte in Lund; führte die Methoden der mathematischen Statistik in die Stellarastronomie ein und begründete damit die Stellarstatistik; außerdem entwickelte Charlier eine Theorie zur Dynamik der Sternsysteme.

Charon [ç-, nach der gleichnamigen mythologischen Gestalt], 1978 bei der Auswertung fotografischer Platten entdeckter Mond des Planeten →Pluto. Im Verhältnis zum Mutterplaneten ist Charon der größte Mond im Sonnensystem (Plutodurchmesser 2 400 km, Charondurchmesser 1 200 km). Pluto ist damit eher ein Doppelplanet als ein Planet mit Satellit. Charon umkreist Pluto in einem mittleren Abstand von nur 19 460 Kilometern in 6 Tagen, 9 Stunden und 18 Minuten auf einer fast kreisrunden Bahn. Dabei ist die Bahn mit 99,089 Grad sehr stark gegenüber der Äquatorebene des Pluto geneigt. Im Gegensatz zu Pluto, dessen Oberfläche von gefrorenem Stickstoff überzogen ist, scheint Charons Oberfläche aus Wassereis zu bestehen.

Subrahmanyan Chandrasekhar
***1910, †1995**

- leistete bedeutende Arbeiten zur Theorie des Sternaufbaus
- berechnete die maximal mögliche Masse für einen Weißen Zwerg
- erhielt 1983 den Nobelpreis für Physik

Chasini, Abu l-Fatch Abd ar-Rahman al-Chazini [-raxˈmaːn alˈxaːzini], arabisch schreibender Astronom und Physiker griechischer Abstammung aus der 1. Hälfte des 12. Jh.; lebte als Sklave in Merw (Turkestan) unter dem Seldschukensultan Sandschar. Er gilt neben Alhazen (* 965, † um 1040) als bedeutendster Experimentalphysiker des Mittelalters; sein 1121/22 verfasstes Handbuch »Kitab misan al-hikma« (»Die Waage der Weisheit«) gilt als das bemerkenswerteste Werk des Mittelalters über Mechanik, Hydrostatik und Physik; es fasste das physikalische Wissen seiner Zeit zusammen. Chasini befasste sich hierin u. a. mit dem Bestimmen der Dichte von festen und flüssigen Körpern mithilfe eines Aräometers und behandelte Fragen der Kapillarität, der Schwerkraft und der Zeitmessung. Ferner stellte er astronomische Tabellen zusammen.

Chasma [ç-; griech. »Spalt«] *das, -s/...men,* in der Planetennomenklatur Bezeichnung für spalt- oder canyonförmige Oberflächenformationen.

chemische Raketenantriebe [ç-], →Raketentriebwerk.

Chemischer Ofen [ç-], wissenschaftlicher Name **Fornax,** *Genitiv* **Fornacis,** Abk. **For,** ein neben dem →Eridanus gelegenes, unscheinbares Sternbild am Südhimmel (Rektaszension 1^h45^m bis 3^h51^m, Deklination −23°45' bis −39°30'), das, von Mitteleuropa aus gesehen, am abendlichen Winterhimmel knapp über dem Südhorizont steht.

■ **Sterne** Nur ein Stern (α For; Spektraltyp F 8, absolute Helligkeit 3^M, Entfernung 46 Lichtjahre) übersteigt mit $3{,}^m87$ scheinbarer Helligkeit die 4. Größenklasse. Er ist ein Doppelstern, dessen $4{,}^m0$ und $6{,}^m9$ helle Komponenten 5,1" auseinander stehen und eine Umlaufzeit von etwa 270 Jahren aufweisen; auch ω For ist doppelt ($5{,}^m0$ bzw. $7{,}^m7$; Distanz 10,8").

■ **Nebel und Galaxien** NGC 1360 ist ein sehr großer, etwa 1 500 Lichtjahre entfernter planetarischer Nebel (Flächenhelligkeit 12^m), dessen 11^m heller Zentralstern bereits im Amateurteleskop sichtbar ist. Bekannt ist das Sternbild aber vor allem durch eine zur →lokalen Gruppe gehörende, nahezu kugelförmige elliptische Galaxie (Fornax-Zwerggalaxie, Durchmesser 5 200, Entfernung etwa 500 000 Lichtjahre), die allerdings im Amateurfernrohr nicht beobachtbar ist. In etwa 80 Millionen Lichtjahren Entfernung findet sich am südöstlichen Rand des Sternbilds ein kompakter Galaxienhaufen; mit 9^m hellstes Mitglied ist die auch als Fornax-Radioquelle A bekannte Galaxie NGC 1316; NGC 1365 (10^m) ist eine klassische Balkenspiralgalaxie. Nahezu in der Mitte des Sternbilds steht die etwa 60 Millionen Lichtjahre entfernte, 9^m helle Galaxie NGC 1097, ebenfalls eine Balkenspirale. Im Fornax findet sich des Weiteren ein →Supergalaxienhaufen. (→Sternbilder) – Abb. S. 83

Chicxulub-Krater, ein verschütteter Riesenkrater mit etwa 180 km Durchmesser auf der Halbinsel Yukatan, der 65 Millionen Jahre alt sein soll und möglicherweise auf den Einschlag eines etwa 10 km großen Kleinplaneten zurückgeht. Die einzige sichtbare Spur des Kraters scheint der so genannte Cenoten-Ring zu sein. Dabei handelt es sich um kreisförmig angeordnete Wasserlöcher um einen Punkt 17 km außerhalb der Küstenstadt Progreso. Der Einschlag wird mit dem »Dinosauriersterben« in Verbindung gebracht.

Chiron [ç-; nach dem Kentaur Cheiron], ein 1977 von dem amerikanischen Astronomen Charles T. Kowal (* 1940) als Planetoid entdeckter Himmelskörper, dessen stark elliptische Bahn größtenteils zwischen der Saturn- und der Uranusbahn verläuft (Perihelabstand von der Sonne 8,5 Astronomische Einheiten [AE], Aphelabstand 18,9 AE). Chiron war das erste beobachtete Objekt, das zu den so genannten →Centauren zählt. Die Umlaufzeit beträgt gegenwärtig 50,7 Jahre, doch sind die Störeinflüsse der großen Planeten so stark, dass die Bahn nicht sehr stabil ist. Sein Durchmesser wird in Abhängigkeit vom angenommenen Reflexionsvermögen seiner Oberfläche auf etwa 170 Kilometer geschätzt. Wenn auch zunächst als Planetoid eingestuft, ist Chiron vermutlich ein ausgegaster Kometenkern, der zeitweise sehr schwache Anzeichen einer Aktivität erkennen lässt.

Chondren [ç-] *Plural,* **Chondrulen,** etwa 0,1 bis 5 mm große kugelige Silikatkörner in den keinen Kohlenstoff enthaltenden Chondriten (→Meteorite); sie entstanden vermut-

100562

Chang Zheng. Am 15. 10. 2003 startete der erste bemannte Raumflug mit der chinesischen Trägerrakete.

lich bei der raschen Abkühlung dieser Steinmeteorite nach deren Bildung in der Frühzeit des Sonnensystems, da sie in irdischen Gesteinen nicht gefunden wurden.

Chondrịte [ç-], *Singular* **Chondrịt** *der, -s,* eine Gruppe der →Meteorite.

Chopper ['tʃɔpə, englisch] *der, -s/-(s),* bei Infrarotteleskopen eingesetzter, schnell vibrierender Spiegel zur Trennung des schwachen Signals eines kosmischen Infrarotobjekts vom intensitätsreicheren Infrarothintergrund. Dabei wird in schneller Folge das Signal der Quelle einschließlich des Hintergrunds mit dem Signal nur des Hintergrunds verglichen.

Chrétien [kre'tjɛ̃], Henri Jacques, französischer Physiker, *Paris 1. 2. 1870, †Washington (D. C.) 6. 2. 1956; Astronom in Meudon (1900–06) und Nizza; 1920–32 Professor an der Sorbonne in Paris; danach am US Naval Observatory in Washington. Chrétien entwickelte u. a. komafreie Spiegelteleskope (die aplanatischen Zweispiegelsysteme) und erfand 1925 die Anamorphoten (»Hypergonar«), die später beim Cinemascope-Verfahren verwendet wurden.

chromatische Abbildungsfehler [k-], **chromatische Aberrationen,** die verschiedenen Farbfehler (→Abbildungsfehler, →Farbabweichungen).

Chromosphäre [k-], die unmittelbar über der Fotosphäre liegende, etwa 10 000 km dicke Schicht der Sonnenatmosphäre (→Sonne), die bei totalen Sonnenfinsternissen kurz vor und nach der Bedeckung im Licht von Emissionslinien, besonders des Wasserstoffs, als rötlicher Saum aufleuchtet. Die Chromosphäre sorgt für den Energietransport aus der Fotosphäre in die Korona der Sonne und ist mitbeteiligt an der Entstehung der Absorptionslinien (→fraunhofersche Linien) im Sonnenspektrum. In der bis in etwa 4 000 km Höhe reichenden, im Wesentlichen aus neutralem Wasserstoff bestehenden **unteren Chromosphäre** (Temperatur bis etwa 7 500 K) geht die Gasdichte von 10^{-8} auf 10^{-13} g/cm^3 zurück; in der darüberliegenden, nur ionisierten Wasserstoff bei Temperaturen bis zu 1 Mio. K enthaltenden **oberen Chromosphäre** fällt die Dichte bis auf etwa 10^{-16} g/cm^3 ab.

chromosphärische Eruptionen, die →Flares.

Cidẹnas, babylonischer Astronom, →Kidinnu.

Ciolkovskij, →Ziolkowski, Konstantin.

Cịrcinus, wissenschaftlicher Name des Sternbilds →Zirkel.

Cịrcinus X-1, eine Röntgenstrahlungsquelle im Sternbild →Zirkel.

Clark [klɑ:k], Alvan Graham, amerikanischer Optiker und Astronom, *Fall River (Mass.) 10. 7. 1832, †Cambridge (Mass.) 9. 6. 1897; fertigte wie sein Vater Alvan Clark (*1804, †1887) große Refraktoren und die benötigten Linsen für zahlreiche amerikanische und europäische Sternwarten, u. a. 1897 das Objektiv für den großen Yerkes-Refraktor, der mit einer Öffnung von 102 Zentimetern bis heute das größte Linsenfernrohr der Erde ist. Bei seinen astronomischen Beobachtungen entdeckte er 16 Doppelsterne, u. a. 1862 mit seinem Vater den Begleiter des Sirius.

Clarke's Orbit ['klɑ:ks 'ɔ:bɪt; nach A. C. Clarke], die rd. 266 000 km lange, kreisförmige Umlaufbahn der geostationären Satelliten in rd. 36 000 km Höhe über dem Äquator.

Clausen, Thomas, deutscher Astronom und Mathematiker, *Nübel (Kreis Schleswig-Flensburg) 16. 1. 1801, †Dorpat (heute Tartu) 24. 5. 1885; war 1827–40 Mechaniker im Optischen Institut von Joseph von Utzschneider (*1763, †1840) in München, wurde 1842 Observator an der Sternwarte in Dorpat (heute Tartu), 1865–72 ihr Direktor und Professor der Astronomie. Clausen veröffentlichte viele Arbeiten über instrumentelle optische Hilfsmittel und mathematische Methoden der Astronomie sowie über Beobachtungen von Kometen und Planeten. Seine mathematischen Arbeiten betrafen u. a. die Zahlentheorie.

Clavius, nach dem deutschen Mathematiker Christophorus Clavius (*1537, †1612) benannter →Mondkrater der Mondvorderseite mit einem Durchmesser von 225 km.

Cluster ['klʌstə; englisch »Büschel«, »Häufung«, »Traube«] *der, -s/-(s),* **Cluster II,** Raumfahrtmission der ESA zur Untersuchung des räumlichen und zeitlichen Einflusses des Sonnenwindes auf die Erdmagnetosphäre. Die paarweise im Juli bzw. August 2000 in Baikonur gestarteten vier baugleichen Forschungssatelliten mit den Namen Rumba, Salsa, Samba und Tango erforschen zusammen mit anderen im Weltraum befindlichen Satelliten erstmals dreidimensional die Ausbreitung des Sonnenwindes im interplanetaren Raum und seine Auswirkung auf das Magnetfeld der Erde. Die elf Instrumente an Bord jedes Satelliten erfassen Daten aus Messungen geladener Teilchen, Messungen elektrischer und magnetischer Felder sowie die Wechselwirkungen zwischen den solaren Wolken hochenergetischer Partikel und der Erdatmosphäre und dem Magnetfeld. – Eine Vorgängermission scheiterte 1996.

CNO-Zyklus, kurz für Kohlenstoff-Stickstoff-Sauerstoff-Zyklus (→Bethe-Weizsäcker-Zyklus).

CNSA, Abk. für **China National Space Administration** ['tʃaɪnə 'næʃnl 'speɪs ədmɪnɪs'treɪʃn, engl.], die chinesische Weltraumagentur. Sie koordiniert die chinesischen Raumflugaktivitäten, etwa die Flüge des Raumschiffes →Shenzou.

COBE, Abk. für englisch **C**osmic **B**ackground **E**xplorer, ein 1989 gestarteter NASA-Satellit zur Untersuchung der →kosmischen Hintergrundstrahlung sowie der diffusen Infrarot-Hintergrundstrahlung (Missionsende:

Rechte Seite:
Die etwa 60 Millionen Lichtjahre entfernte Galaxie NGC 1097 im Sternbild Chemischer Ofen ist eine relativ helle Balkenspirale vom Typ SBb. Bereits in kleinen Teleskopen kann sie als runde Scheibe beobachtet werden.

1205

Januar 1994). Der Satellit, der in 75 s einmal um seine Achse rotierte, trug im Wesentlichen drei Instrumente an Bord, von denen zwei auf 1,6 Kelvin gekühlt wurden. Nachfolgerin von COBE war die Raumsonde →WMAP.

Cocon-Nebel, Cocoon-Nebel, Kokon-Nebel, ein Gasnebel (IC 5146) im Sternbild →Schwan.

Coelostat [tsø...], →Zölostat.

Columba, wissenschaftlicher Name des Sternbilds →Taube.

100562

Columbia.
Im Jahr 2003 zerbrach die Raumfähre bei der Rückkehr zur Erde in 60 Kilometer Höhe. Die sieben Astronauten hatten keine Überlebenschance.

Columbia [kəˈlʌmbɪə], Name des ersten Fluggeräts der amerikanischen →Spaceshuttle-Flotte. Ihr erster bemannter Start erfolgte am 12. 4. 1981. Die Columbia zerbrach nach Beendigung der 28. Mission am 1. 2. 2003 beim Wiedereintritt in die Atmosphäre, wobei sieben Astronauten den Tod fanden. Ursache war vermutlich ein Teil der Außenisolation, das sich beim Start löste und den Hitzeschild einer Tragfläche beschädigte.

Coma Berenices, wissenschaftlicher Name des Sternbilds →Haar der Berenike.

Coma-Haufen, zwei im Sternbild Coma Berenices (→Haar der Berenike) befindliche kosmische Objekte: 1) ein offener →Sternhaufen (Melotte 111) in etwa 290 Lichtjahren Entfernung, dessen etwa 30 Sterne zum Teil mit bloßem Auge beobachtbar sind; 2) ein Galaxienhaufen von etwa 1 000 Galaxien in einer Entfernung von etwa 350 Mio. Lichtjahren; Durchmesser etwa 10 Mio. Lichtjahre, Masse etwa $400 \cdot 10^{12}$ Sonnenmassen. In ihm befindet sich die ausgedehnte Röntgenquelle **Coma X-1**.

Compton-Effekt [ˈkɔmptən-], von dem amerikanischen Physiker Arthur Holly Compton (* 1892, † 1962) entdeckte Streuung elektromagnetischer Strahlung (Licht-, Röntgen-, Gammaquanten) an freien oder schwach gebundenen Elektronen, wobei sich die Wellenlänge der Strahlung vergrößert. In der Astronomie spielt vor allem der umgekehrte Effekt, also die Übertragung von Energie von Elektronen auf Photonen, eine wichtige Rolle. Durch diesen inversen Compton-Effekt können hochenergetische Elektronen beispielsweise im Bereich eines Quasars oder einer Supernova ihre Energie auf Lichtteilchen übertragen und damit zur Entstehung von →Röntgenstrahlung führen.

Compton-Observatorium [ˈkɔmptən-, engl.; nach A. H. Compton], Abk. **CGRO,** auch **GRO** [von engl. gamma ray observatory, »Gammastrahlen-Observatorium«], der Untersuchung hochenergetischer kosmischer Gammastrahlung dienendes Weltraumobservatorium der NASA. Der im April 1991 gestartete, mit vier Teleskopen (von denen zwei in Deutschland gebaut wurden) ausgestattete Satellit war der erste, der den gesamten Spektralbereich der →Gammaastronomie erfasste und eine vollständige Himmelsdurchmusterung im Gammabereich durchführte (Missionsende Juni 2000).

Conus-Nebel, ein Gasnebel im Sternbild →Einhorn.

Copernicus [nach N. Kopernikus], Name eines der auffälligsten →Mondkrater, am Rande des Oceanus Procellarum; Durchmesser etwa 90 km, Wall bis 5,6 km hoch.

Copernicus, Nicolaus, deutscher Astronom und Mathematiker, →Kopernikus, Nikolaus.

Cor Caroli [lat. »Herz Karls«; zu Ehren des engl. Königs Karl II., dem die Gründung der Sternwarte Greenwich zu verdanken ist, nach anderen Quellen benannt nach dem 1649 hingerichteten engl. König Karl I.], der Hauptstern (α CVn) im Sternbild →Jagdhunde (scheinbare Helligkeit $2{,}^{m}90$, absolute Helligkeit 0^{M}, Spektraltyp A 1, Entfernung 110 Lichtjahre), ein Doppelstern (Distanz der beiden $2{,}''9$ und $5{,}''5$ hellen Komponenten 19,2″) und Hauptvertreter der Spektrumveränderlichen, auch Alpha-Canum-Venaticorum-Sterne genannt (→Veränderliche).

Cordelia, ein Mond des Planeten →Uranus, der 1986 auf fotografischen Aufnahmen der Raumsonde →Voyager 2 entdeckt wurde. Er umkreist Uranus in einem mittleren Abstand von 49 752 Kilometern in rund 8 Stunden. Der Satellit bewegt sich als innerer →Hirtenmond innerhalb des Epsilon-Ringes des Uranus und beeinflusst mit seiner Gravitationswirkung die Ringpartikel. Der Durchmesser von Cordelia beträgt etwa 40 Kilometer.

Córdoba-Durchmusterung, Abk. **CD,** die an der Sternwarte zu Córdoba (Argentinien) fortgesetzte →Bonner Durchmusterung bis zum Himmelssüdpol; der mit Karten versehene Sternkatalog enthält die Örter von 613 953 Sternen der südlichen Hemisphäre (im Deklinationsbereich von −22° bis −90°).

Coriolis-Kraft [kɔrjɔˈlis-], eine von dem französischen Physiker Gaspard Gustave de Coriolis (* 1792, † 1843) 1835 eingeführte Trägheitskraft, die scheinbar auf einen sich gegenüber einem rotierenden Bezugssystem bewegenden Körper einwirkt, wenn er von einem mit dem Bezugssystem rotierenden Beobachter betrachtet wird. Die Coriolis-Kraft wirkt insbesondere auf jeden sich auf der Erdoberfläche bewegenden Körper, ist allerdings bei den üblichen irdischen Geschwindigkeiten klein gegenüber der Schwerkraft. An dem Auftreten der Coriolis-Kraft auf der Erdoberfläche lässt sich die Erddrehung nachweisen, z.B. beim foucaultschen Pendelversuch. Bei bewegten Körpern bewirkt die Coriolis-Kraft auf der nördlichen Erdhalbkugel eine Rechtsablenkung, auf der südlichen Halbkugel eine Linksablenkung. Die Coriolis-Kraft spielt bei Wasser- und Luftströmungen auf der rotierenden Erde sowie bei atmosphärischen Strömungen auf anderen Planeten eine bedeutende Rolle und muss beispielsweise beim Start von Erdsatelliten berücksichtigt werden.

Corona [lateinisch »Kranz«, »Krone«], die →Korona.

Corona-Australiden, Ariden, ein schwacher →Meteorstrom mit →Radiant im Sternbild →Altar.

Corona Australis, wissenschaftlicher Name des Sternbilds Südliche →Krone.

Corona Borealis, wissenschaftlicher Name des Sternbilds Nördliche →Krone.

Corvus, wissenschaftlicher Name des Sternbilds →Rabe.

COS-B, 1975 gestarteter, bis 1982 in Betrieb befindlicher Astronomiesatellit der Europäischen Weltraumorganisation ESA zur Erforschung der hochenergetischen kosmischen Gammastrahlung (→Gammaastronomie). Er umkreiste die Erde alle 37 Stunden auf einer exzentrischen polaren Bahn; sein Gammastrahlenteleskop, eine Drahtfunkenkammer, lieferte die Daten für die erste Gammastrahlungskarte der Milchstraße.

Coudé-System [ku'de-; französisch »gekrümmt«, »bogenförmig«], ein optisches System, bei dem die Lichtstrahlen nach Reflexion am Hauptspiegel eines →Spiegelteleskops vom Cassegrain-Typ oder (beim **Coudé-Refraktor**) nach Durchgang durch das Objektiv eines astronomischen Fernrohrs mittels Hilfsspiegeln oder Prismen in die Stundenachse des Instruments gelenkt werden. Dadurch ist eine feste Position des Beobachters oder bestimmter Zusatzgeräte möglich.

Countdown [kaʊnt'daʊn, englisch] *der*, auch *das, -(s)/-s,* Rückwärtszählen bis 0, in der Raketenfachsprache Ausdruck für einen nach einem exakten Zeitplan aufgeschlüsselten Verlauf der Startvorbereitungen bis zum Moment (0) des Abhebens einer Rakete oder des Zündens der Triebwerke.

Crabnebel [kræb-, engl.], der →Krebsnebel.

Crater [griech. »Mischkrug«], wissenschaftlicher Name des Sternbilds →Becher.

Cressida, ein Mond des Planeten →Uranus, der 1986 auf fotografischen Aufnahmen der Raumsonde →Voyager 2 entdeckt wurde.

C-Ring, der →Kreppring.

Crux, wissenschaftlicher Name des Sternbilds →Kreuz des Südens.

C-Sterne, die →Kohlenstoffsterne.

Cupid, ein im Jahr 2003 entdeckter kleiner Mond des Planeten →Uranus. Er umkreist Uranus in einem mittleren Abstand von 75 000 Kilometern in rund 14 Stunden und 50 Minuten.

Curtis ['kə:tɪs], Heber Doust, amerikanischer Astronom, *Muskegon (Mich.) 27. 6. 1872, †Ann Arbor (Mich.) 9. 1. 1942; war u.a. Astronom am Lick Observatory (1909–20), Direktor des Allegheny Observatory, seit 1930 Professor an der University of Michigan in Ann Arbor und Direktor der dortigen Sternwarte; Hauptarbeitsgebiete waren die Sonnenbeobachtung und die Erforschung der Sternsysteme (Galaxien). Curtis wies nach, dass die Spiralnebel eigene Galaxien darstellen; er stellte Kataloge von Sternhaufen und Nebeln auf und entdeckte in einigen Spiralnebeln auch Novae.

Cygnus, wissenschaftlicher Name des Sternbilds →Schwan.

Cygnus A, die drittstärkste extragalaktische Radioquelle. Cygnus A ist eine doppelte Radioquelle und außerdem eine Röntgenquelle (2U 1957+40); sie ist etwa 650 Mio. Lichtjahre entfernt und strahlt im Radiofrequenzbereich rund 80-mal mehr Energie ab als im optischen Bereich. Sie wurde bereits 1946 entdeckt und entstammt nicht, wie früher angenommen, dem Zusammenstoß zweier Galaxien, sondern aus etwa 200 000 Lichtjahre von der Galaxie entfernten Radio-Lobes. 1984 wurde ein Jet entdeckt, der die Radio-Lobes mit Energie versorgt.

Cygnus X-1, starke, 1972 entdeckte kosmische Röntgenquelle (→Röntgenstern) in etwa 8 200 Lichtjahren Entfernung; Doppelsternsystem mit einem Überriesen (Masse etwa 40 Sonnenmassen) und einem kollabierten Stern als Begleiter (Masse zwischen 5 und 15 Sonnenmassen, Umlaufzeit 5,599 8 Tage; möglicherweise ein →Schwarzes Loch).

Cyllene, ein 2003 entdeckter kleiner Mond des →Jupiter. Er umkreist den Planeten entgegen dessen Rotationsrichtung in einem mittleren Abstand von 24,3 Millionen Kilometern in 751 Tagen, 22 Stunden und 33 Minuten. Cyllene gehört zu einer Gruppe ähnlicher Jupitermonde, der Pasiphae-Gruppe.

Cysat ['tsi:zat], Johann Baptist, schweizerischer Astronom, *Luzern 1588 (?), †ebenda 3. (17?) 3. 1657; Jesuit; Professor der Astronomie in Ingolstadt (1618–24), danach Rektor verschiedener Jesuitenkollegien. Cysat beobachtete 1611 mit C. Scheiner die Sonnenflecken, machte 1618 die ersten Kometenbeobachtungen mit dem Fernrohr und entdeckte den Orionnebel. 1631 beobachtete er als Erster einen von J. Kepler vorherberechneten Merkurdurchgang.

D

d, Kurzzeichen für lat. **dies,** →Tag.

Dactyl, ein kleiner Begleiter des Planetoiden →Ida mit einem Durchmesser von etwa 1,5 Kilometern, der 1993 beim Vorbeiflug der Raumsonde →Galileo entdeckt wurde. Er ist gewissermaßen der erste entdeckte Planetoidenmond. Die Umlaufzeit wird auf 37 Stunden geschätzt, seine Masse auf $4 \cdot 10^{12}$ Kilogramm. Zur Entstehung von Dactyl existieren zwei Theorien. Entweder wurde der Satellit bei einem Meteoriteneinschlag auf Ida ausgeschleudert, oder Ida und Dactyl sind die Überreste eines größeren Ursprungskörpers, der bei einer Kollision zersprengt wurde.

Dämmerung, die Übergangszeit zwischen der vollständigen Nachtdunkelheit und der Taghelligkeit bei Sonnenaufgang (Morgendämmerung) oder bei Sonnenuntergang (Abenddämmerung). Sie entsteht durch Reflexion und →Streuung der Sonnenstrahlung in höheren Schichten der Atmosphäre, sobald die Sonne für den Beobachter unter dem Horizont steht. Man unterscheidet die bürgerliche, nautische und astronomische Dämmerung, je nachdem, ob die Sonne nicht mehr als 6,5 Grad, 12 Grad bzw. 18 Grad unter dem Horizont steht. In den Tropen ist die Dämmerung wegen der steilen Sonnenbahn kurz, in der Polarzone durch die flache Bahn lang anhaltend und farbenreich.

100562

Deep Impact. Die Raumsonde »Deep Impact« rast auf den Kometen Tempel zu und nimmt ihn mit einem 370 kg schweren Projektil unter Beschuss (Illustration).

Dämmerungssehen, →Adaptationszeit.

Daphnis, ein 2005 von der Raumsonde Cassini entdeckter Mond des →Saturn; er umkreist Saturn im äußersten A-Ring in einem mittleren Abstand von etwa 136 000 Kilometern.

Darwin ['dɑ:wɪn], Sir George Howard, britischer Astronom, *Down House (heute zu London-Bromley) 9. 7. 1845, † Cambridge 7. 12. 1912, Sohn des berühmten Naturforschers Charles Robert Darwin (*1809, †1882); seit 1879 Mitglied der Royal Society, seit 1883 Professor der Astronomie und Experimentalphysik in Cambridge; wurde 1899 Präsident der Royal Astronomical Society. Seine Arbeiten betrafen v.a. die Himmelsmechanik, besonders das Dreikörperproblem, sowie die Gezeiten auf der Erde und im Sonnensystem. Er stellte die heute endgültig widerlegte Theorie auf, dass der Mond ein durch die Sonnenanziehung losgerissenes Stück der Erde sei.

Datum [lateinisch »gegeben«, »ausgefertigt«] *das, -s/...ten,* englisch **date** [deɪt], die Zeitangabe eines Ereignisses nach dem →Kalender, bestehend aus →Tag, →Monat und →Jahr. Die astronomische und bürgerliche Datierung beginnt seit 1925 um 0^h (Mitternacht), vorher begann das astronomische Datum um 12^h (Mittag). Diese Abweichung sollte während der vor allem nachts stattfindenden astronomischen Arbeit einen Datumswechsel vermeiden. Im →julianischen Kalender ist der Datumswechsel auch heute noch um 12^h.

Datumsgrenze, eine 1845 vereinbarte Grenzlinie, die ungefähr mit dem 180. Längengrad zusammenfällt. Bei ihrem Überschreiten von West nach Ost gilt das gleiche Datum zwei Tage lang, bei umgekehrter Reiserichtung wird ein Tag übersprungen. Die Datumsgrenze ist notwendig, weil wegen der Erdrotation alle Orte auf der Erde, die weiter östlich liegen, frühere Tageszeiten haben (15 Grad Längenunterschiede entsprechen einer Stunde Zeitunterschied). Der Bezugslängengrad ist der →Nullmeridian.

Dawes-Formel [dɔ:z-], nach dem englischen Geistlichen und Amateurastronomen William Rutter Dawes (*1799, †1868) – ein scharfäugiger Beobachter von Doppelsternen – benannte empirische Formel für das theoretische Auflösungsvermögen eines Fernrohrs. Wenn das Fernrohr die Öffnung d (in Zentimeter) hat, dann trennt es noch zwei Objekte, wenn diese einen Mindestabstand (in Bogensekunden ") von $r = 11{,}7'' / d$ besitzen. Dieses Kriterium gilt nur für eine einwandfreie Optik. Für Spiegelteleskope, die in ihrem Strahlengang meist einen Fang- oder Gegenspiegel besitzen, der das Beugungsbild verändert, ist die Trennschärfe etwas schlechter; hier lautet die Dawes-Formel $r = 13'' / d$.

Deep Impact ['di:p im'pækt], eine Sonde der NASA, die am 12. Januar 2005 von Cape Canaveral gestartet wurde und nach einer Flugzeit von knapp sechs Monaten und einer Reisestrecke von 130 Millionen Kilometern im Juli 2005 den Kometen Tempel 1 (→Tempels Kometen) erreichte. Deep Impact sollte die innere Beschaffenheit des Kometen erforschen und brachte zu diesem Zweck den »Impactor« auf einen automatisch gesteuerten Kollisionskurs mit dem Kometen. Das etwa 370 Kilogramm schwere Projektil, das mit einer Kamera ausgestattet ist, schlug am 4. 7. 2005 einen etwa 200 Meter großen und dreißig Meter tiefen Krater in Tempel 1 und konnte somit einen Blick auf sein Inneres werfen. Die Muttersonde verfolgte den Einschlag aus sicherer Distanz und analysierte die Probenbruchstücke. Die Forscher erhoffen sich dadurch Aufschlüsse über die Prozesse, die bei der Entstehung des Sonnensystems abliefen. Der Einschlag wurde von mehreren im Weltraum und auf der Erde stationierten Teleskopen beobachtet.

Deep-Sky-Filter, der →Nebelfilter.

Deep Space 1 ['di:p 'speɪs -; englisch »tiefer Raum«], 1998 gestartete Raumsonde der NASA, die in erster Linie die Aufgabe hatte, einen neuen Xenonionenantrieb (→Ionenantrieb) zu testen. Ziele waren der Planetoid 9969 Braille, der am 29. Juli 1999 passiert wurde, und der Komet 19P/Borrelly, an dem die Sonde am 22. September 2001 in etwa 2 200 Kilometer Abstand vorbeiflog, wobei sie zahlreiche Bilder aufnahm. Im Dezember 2001 wurde Deep Space 1 abgeschaltet.

Deferent [lat.] *der, -en/-en,* der Grundkreis in der →Epizykeltheorie, auf dem der zweite Kreis, der Epizykel, umläuft.

Deimos [nach einer Gestalt aus der griechischen Mythologie], der 1877 von A. Hall entdeckte äußere der beiden Monde des Planeten →Mars. Er besitzt eine unregelmäßige Form mit den Abmessungen 15 × 12,4 × 10,8 Kilometer und gilt als der kleinste Mond des Sonnensystems. Sein Abstand zum Mars beträgt 23 500 Kilometer, ein Umlauf um den Planeten dauert 1,26 Tage. Die Raumsonden →Mariner 9 sowie →Viking 1 und 2 hatten 1972 bzw. 1976 die ersten Nahaufnahmen von Deimos gewinnen können. Es zeigt sich bei ihm eine ähnliche Oberflächenstruktur wie bei dem anderen Marsmond →Phobos, allerdings fehlen sehr große Krater sowie die auf Phobos auffälligen Furchen. – Abb. S. 88

Dekane [griech.], in der altägyptischen Astronomie 36 helle Sterne und Sterngruppen südlich des Tierkreises, von denen je zwölf nacheinander während der zwölf Nachtstunden aufgehen; alle zehn Tage verschiebt sich dabei der Anfang um einen Dekan. – Die Dekane dienten (seit etwa 2100 v. Chr.) zur Bestimmung der Nachtstunden sowie (als Kalendersterne) der laufenden Dekade. Seit 1800 v. Chr. wurden auch die kulminierenden und untergehenden Dekane berücksichtigt, und aus den Kalendersternen wurden Zeit-, später auch Schicksalsgötter, die den zugehörigen Zeitabschnitt und das Schicksal der darin Geborenen beherrschten. In der hellenistischen Zeit wurden sie fälschlich mit je zehn Grad der zwölf Zeichen des babylonischen Tierkreises identifiziert, wodurch sie in der spätantiken Astrologie eine große Rolle spielten.

Deklination [lateinisch], Formelzeichen δ, der Winkelabstand eines Gestirns vom Himmelsäquator (→Äquator); eine der beiden Koordinaten im festen bzw. beweglichen Äquatorsystem (→astronomische Koordinaten). Die Deklination wird positiv für nördlich, negativ für südlich des Äquators gelegene Himmelskörper gezählt.

Deklinations|achse, →Fernrohrmontierung.

Delambre [də'lãbr], Jean Baptiste Joseph, französischer Astronom, * Amiens 19. 9. 1749, † Paris 19. 8. 1822; wurde nach Veröffentlichung seiner genauen Beobachtungen der Bewegung der Sonne und der großen Planeten 1792 Mitglied der Académie des sciences, 1795 des damals errichteten Bureau des longitudes (»Längenbüro«) und 1807 Professor am Collège de France. Delambre führte 1792–99 mit P. F. R. Méchain die große französische Gradmessung zwischen Dünkirchen und Barcelona durch, die Grundlage für die Festlegung des Urmeters und des metrischen Systems wurde.

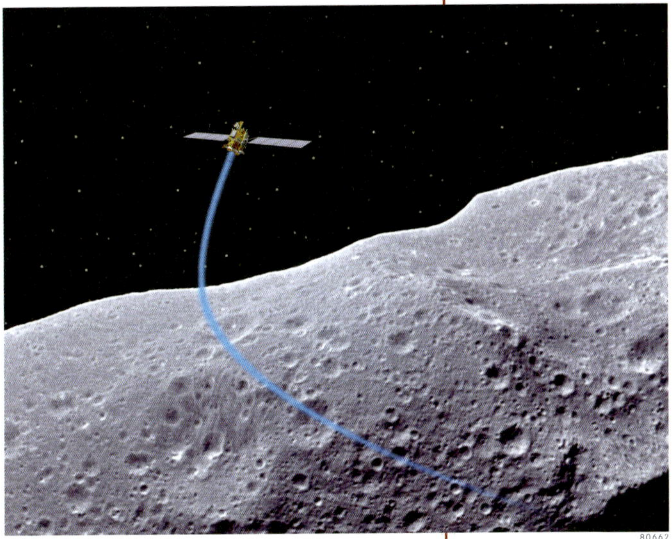

80662

Deep Space 1. Die Fotomontage veranschaulicht den Vorbeiflug der Raumsonde am Asteroiden 9969 Braille.

Deimos Angst und Schrecken

Johannes Kepler war schon Anfang des 17. Jahrhunderts aus Gründen der mathematischen Symmetrie davon überzeugt, dass der Mars zwei Monde haben muss. Sein aus heutiger Sicht etwas fragwürdiger Schluss war: Venus hat keinen Mond, die Erde einen und Jupiter vier – die übrigen der rund 60 Jupitermonde waren seinerzeit unbekannt. Also muss der Mars mit einer Umlaufbahn zwischen Erde und Jupiter zwei Begleiter haben.

Keplers Idee wurde ein Jahrhundert später von Jonathan Swift aufgegriffen. In »Gullivers Reisen« gab er eine erstaunlich genaue Beschreibung zweier kleiner Satelliten, die den Mars in 10 bzw. 21,5 Stunden umrunden sollen, und folgerte, dass diese sehr klein sein und den Mars auf niedrigen Umlaufbahnen umkreisen müssen, weil sie noch nicht entdeckt worden waren.

Erst 1877 konnte der amerikanische Astronom Asaph Hall die beiden Marsmonde finden. Er nannte sie nach den zwei Begleitern des Ares, des griechischen Kollegen des Mars: Phobos »Angst« und Deimos »Schrecken«.

80662

Deimos.
Deimos ist der kleinere und äußere der beiden Marsmonde und besteht wie Phobos aus kohlenstoffreichen Felsen, wie die C-Typ-Asteroiden, sowie Eis.

Grundlegend waren auch seine Studien zur Geschichte der Astronomie. 1807 fand er die nach ihm benannten Delambreformeln der sphärischen Trigonometrie.

Delphin, wissenschaftlicher Name **Delphinus,** *Genitiv* **Delphini,** Abk. **Del,** ein kleines Sternbild des nördlichen Himmels (Rektaszension $20^{h}14^{m}$ bis $21^{h}09^{m}$, Deklination +20°55' bis +2°25') am Ostrand des Sternbilds →Adler, das vor allem im Sommer am Abendhimmel sichtbar ist. Seine Sterne haben nur geringe Helligkeit, bilden aber eine markante Figur in Form eines Flugdrachens (die Sterne α, β, γ und δ Del ergeben eine Raute), dessen Schwanz durch den Stern ε Del repräsentiert wird. Physische Doppelsterne sind Rotanev (β Del; scheinbare Helligkeiten $4^{m},0$ bzw. $4^{m},9$; Distanz nur 0,3", Umlaufzeit 27 Jahre) und γ Del ($4^{m},3$ bzw. $5^{m},1$; 9,1"), ein Objekt für das Amateurfernrohr. Zwei lichtschwache planetarische Nebel sind NGC 6891 ($10^{m},5$) und NGC 6905 (11^{m}) in etwa 3 000 Lichtjahren Entfernung. NGC 6934 ist ein 50 000 Lichtjahre entfernter Kugelsternhaufen der Helligkeit 9^{m}. (→Sternbilder)

Delta Cephe|i, Abk. **δ Cep,** der im Sternbild →Kepheus befindliche Prototyp der veränderlichen Sterne vom Delta-Cephei-Typ (→Cepheiden). Sein Lichtwechsel mit der Periode von 5 d 8 h 37 min wurde 1784 von dem holländisch-englischen Astronomen John Goodricke (* 1764, † 1786) bemerkt. Die scheinbare Helligkeit dieses etwa 1 000 Lichtjahre entfernten gelben Überriesen (Spektraltyp G 0) schwankt zwischen $3^{m},5$ und $4^{m},4$; dabei variiert sein Durchmesser zwischen dem 40- und 46-fachen Sonnendurchmesser. Delta Cephei ist gleichzeitig ein →Doppelstern, dessen 41" entfernter, $6^{m},3$ heller, bläulicher Begleiter bereits im Feldstecher erkennbar ist.

Delta-Cephe|i-Sterne, →Cepheiden.

Delta-Scuti-Sterne, Gruppe regelmäßig veränderlicher Sterne, ähnlich den →RR-Lyrae-Sternen.

Deneb [arab. »Schwanz«] der hellste Stern (α Cyg) im Sternbild →Schwan; ein in etwa 2 000 Lichtjahren Entfernung befindlicher Überriese (Spektraltyp A 2, Oberflächentemperatur 11 400 Kelvin, Leuchtkraftklasse I a), dessen scheinbare Helligkeit $1^{m},25$ beträgt. Deneb gehört somit zu den absolut hellsten Sternen (-8^{M}) überhaupt und weist 70 000-fache Sonnenleuchtkraft auf. Er bildet mit den Sternen →Wega (Sternbild Leier) und →Atair (Adler) das →Sommerdreieck.

Die hellsten Sterne des Sternbilds Delphin

Name		Helligkeit visuelle	absolute	Spektralklasse	Entfernung in Lichtjahren
β	(Rotanev)*)	$3^{m},6$	1^{M}	F5	100
α	(Sualocin)	$3^{m},8$	-1^{M}	B9	240
γ*)		$3^{m},9$	1^{M}	G6	105
ε	(Alamud Alsalib)	$4^{m},0$	-1^{M}	B6	350
δ		$4^{m},4$	0^{M}	A7	210

*) Doppelstern

Deneb Kaitos [arab. »Schwanz des Walfisches«], **Diphda,** Name des Sterns β Cet im Sternbild →Walfisch; scheinbare Helligkeit $2^{m},04$, absolute Helligkeit 0^{M}, Spektraltyp K 0, Leuchtkraftklasse III, Entfernung 96 Lichtjahre.

Denebola [arab. »Schwanz des Löwen«], Name des Sterns β Leo im Sternbild Großer →Löwe; scheinbare Helligkeit $2^{m},14$, absolute Helligkeit 2^{M}, Spektraltyp A 3, Leuchtkraftklasse V, Entfernung 36 Lichtjahre. In 1134" Abstand befindet sich ein lichtschwacher (6^{m}), bereits im Feldstecher erkennbarer Begleiter.

Depolarisation [aus lateinisch de »(von) weg« und polus »sich drehen«], die teilweise oder vollständige Aufhebung des Polarisationszustandes (→Polarisation) elektromagnetischer Wellen. Polarisiertes Licht kann durch Streuung an kleinen Teilchen oder durch diffuse Reflexion fast völlig depolarisiert werden.

Depression [französisch von lateinisch depressio »das Niederdrücken«], 1) der Winkel zwischen einer vom Auge des Beobachters zu einem Punkt des Horizonts gezogenen Linie und der Waagerechten, also der Unterschied zwischen dem sichtbaren und dem astronomischen Horizont; 2) die negative →Höhe eines unter dem Horizont befindlichen Sterns; z. B. entspricht eine Depression von 1 Grad einer Höhe von –1 Grad oder einer Zenitdistanz von 91 Grad.

Desdemona [auch -'de:-], ein Mond des Planeten →Uranus, der 1986 auf fotografischen Aufnahmen der Raumsonde →Voyager 2 entdeckt wurde. Seine mittlere Entfernung zu Uranus beträgt 62 680 Kilometer, seine Umlaufzeit 0,474 Tage, sein Durchmesser 64 Kilometer.

Deslandres [de'lã:dr], Henri Alexandre, französischer Astrophysiker, * Paris 24. 7. 1853, † ebenda 15. 1. 1948; wirkte an der Pariser Sternwarte und war 1907–29 Direktor des Meudon-Observatoriums bei Paris; erforschte v. a. die Struktur der Bandenspektren und untersuchte seit 1907 spektroskopisch die Sonne; erfand dazu (unabhängig von G. Hale) den Spektroheliografen, mit dem er die Gasbewegungen auf der Sonne messen konnte; außerdem untersuchte er u. a. das Magnetfeld der Sonne und bestimmte spektroskopisch die Rotationsdauern von Jupiter und Uranus.

Despina, ein 1989 auf fotografischen Aufnahmen der Raumsonde →Voyager 2 entdeckter Mond des Planeten →Neptun. Seine mittlere Entfernung von Neptun beträgt 52 500 Kilometer, seine Umlaufzeit 0,335 Tage. Der unregelmäßig geformte Körper mit einer Ausdehnung von 180 × 148 × 128 Kilometern bewegt sich innerhalb eines kritischen Abstandes um Neptun und wird infolge von Gezeitenkräften irgendwann zu einem Ring auseinander gerissen werden oder auf Neptuns Oberfläche stürzen.

Deuterium [von griechisch deuteros »der Zweite«] *das, -s,* **schwerer Wasserstoff,** chemisches Symbol **D** oder **^{2}H,** ein natürliches Isotop des Wasserstoffs der Massenzahl 2. Sein Kern (Deuteron) besteht aus einem Proton und einem Neutron. Deuterium ist in natürlichen Wasserstoffverbindungen zu 0,015 % enthalten; auch im Weltraum nachgewiesen.

deutsche Montierung, →Fernrohrmontierung.

Deutsches Zentrum für Luft- und Raumfahrt e. V., Abkürzung **DLR,** am 11. 7. 1968 als »Deutsche Forschungs- und Versuchsanstalt für Luft- und Raumfahrt e. V.« (DFVLR) gegründete wissenschaftliche Institution (jetziger Name seit 1989) zur Erforschung wissenschaftlich-technischer Grundlagen der Luftfahrt, Raumfahrt und Energietechnik. Im Mittelpunkt der Forschungsarbeiten steht dabei – in enger Kooperation mit Partnern aus Wissenschaft und Industrie – die Entwicklung innovativer Technologien und Verfahren. Das DLR umfasst u. a. die ehemalige Deutsche Forschungsanstalt für Luft- und Raumfahrt e. V. sowie die Deutsche Versuchsanstalt für Luft- und Raumfahrt e. V. Das DLR betreibt Forschungszentren in Berlin-Adlershof, Bonn, Braunschweig, Göttingen, Köln-Porz (Hauptsitz des DLR), Lampoldshausen, Oberpfaffenhofen und Stuttgart. Seit Ende 1997 ist das DLR als Raumfahrtagentur im Auftrag der Bundesregierung für die Umsetzung der deutschen Raumfahrtaktivitäten zuständig. In Abstimmung mit den Ministerien erstellt das DLR die deutsche Raumfahrtplanung, führt die deutschen Raumfahrtprogramme und -aktivitäten durch und vertritt die Interessen der deutschen Raumfahrt im internationalen Rahmen, z. B. bei der →ESA. Vorrangig leistet das DLR Beiträge zu internationalen Projekten in den Bereichen Extraterrestrik und wissenschaftliche Erdbeobachtung, Raumtransport, Anwendungsprogramme sowie zu Nutzung und Betrieb der Internationalen Raumstation (→ISS).

DFS-Kopernikus, [DFS Abkürzung für Deutscher Fernmeldesatellit], **Kopernikus,** erster deutscher geostationärer Fernmeldesatellit, der am 6. 6. 1989 mit einer europäischen Rakete vom Typ →Ariane gestartet wurde. DFS-Kopernikus verfügte über elf Kanäle, über die die Nachrichtendienste der Deutschen Telekom AG abgewickelt wurden. Inzwischen ist die Funktionalität der Satelliten nicht mehr gegeben beziehungsweise von anderen Satelliten übernommen.

Diamantring-Effekt, optisches Phänomen, das bei einer →Sonnenfinsternis beobachtet werden kann, wenn kurz vor dem Eintritt oder kurz nach dem Ende der totalen Bedeckung die Sonne eben noch durch ein Mondtal hindurchscheint.

Dichotomie, die Halbphase (→Phase) eines Himmelskörpers (z. B. von Merkur, Venus).

Dichte, allgemein der auf eine Längen-, Flächen- oder Raumeinheit entfallende Anteil einer physikalischen Größe, im engeren Sinn die Massendichte eines Stoffes, angegeben in Kilogramm pro Kubikmeter (kg/m^3) oder auch Gramm pro Kubikzentimeter (g/cm^3). Die Dichte der Himmelskörper ist außerordentlich verschieden. Sieht man von der extrem geringen Dichte in der →interstellaren Materie ab, so haben die roten Überriesen die geringste mittlere Dichte mit einem Wert von 10^{-7} Gramm pro Kubikzentimeter. Die größte Dichte besitzen die Endstadien der →Sternentwicklung, die →Weißen Zwerge, die →Neutronensterne und die →Schwarzen Löcher (mit Dichten bis zu maximal 10^{17} Gramm pro Kubikzentimeter).

Dichtewellen, sich räumlich und zeitlich periodisch ausbreitende Schwankungen der Dichte eines materiellen Mediums, die eine Folge von Verdichtungen und Verdünnungen im durchquerten Medium hervorrufen, z. B. die longitudinalen Schallwellen, Erdbebenwellen u. a. elastische Wellen (elastische Schwingungen) sowie in Plasmen die longitudinalen Plasmawellen (Plasmaschwingungen); im weiteren Sinn auch die sich unstet ausbreitenden, in kegelförmigen Druck- bzw. Stoßfronten konzentrierten Druck- und Stoßwellen. Nicht zu den Dichtewellen zählen alle transversalen elastischen Wellen.

■ **Dichtewellen-Theorie** Diese Theorie, 1925 von B. Lindblad aufgestellt und 1969 von den chinesischen Astronomen Chia C. Lin und Frank Shu (* 1943) weiterentwickelt, beschreibt die Bildung und Aufrechterhaltung der Spiralstruktur in →Galaxien. Aufgrund der differenziellen Rotation müsste sich diese Struktur eigentlich schon nach wenigen Dre-

Deutsches Zentrum für Luft- und Raumfahrt. Logo

Diamantring-Effekt. Der Diamantring-Effekt während einer totalen Sonnenfinsternis wird durch den letzten unverdeckten Bereich der Sonnenscheibe verursacht.

hungen einer Galaxie aufgelöst haben. Tatsächlich bleibt aber die Spiralstruktur einer Galaxie offenbar über viele Milliarden Jahre hinweg erhalten. Die Dichtewellen-Theorie geht deshalb davon aus, dass die Spiralarme ein Wellenphänomen sind und ständig neu gebildet werden. Die Dichtewellen durchlaufen die Materie der Galaxie, wobei die Spiralarme die Gebiete maximaler Dichte darstellen. Die →interstellare Materie wird durch diese Wellen so stark komprimiert, dass gerade dort junge Sterne entstehen. Im →Milchstraßensystem rotiert die Dichtewelle beispielsweise mit einer Geschwindigkeit von etwa 13,5 Kilometer pro Sekunde pro Kiloparsec, was der halben Geschwindigkeit der Rotation der Sterne entspricht. Die beobachtbaren Spiralarme entstehen, nachdem das Gas von der konkaven Seite her in die Dichtewelle einströmt und verdichtet wird. Gebiete mit bereits hoher Gasdichte, wie zum Beispiel Molekülwolken, werden dadurch instabil und beginnen zu kollabieren, sodass neue Sternhaufen entstehen, die als →H II-Gebiete und OB-Assoziationen (→Sternassoziationen) hinter der Dichtewelle sichtbar werden.

▪ **Offene Fragen** Die Dichtewellen-Theorie kann nicht alle Fragen im Zusammenhang mit der Spiralstruktur beantworten; beispielsweise ist nicht klar, wie die Wellen angefacht und gedämpft werden oder welche Rolle die interstellaren Magnetfelder spielen. Eine weitere Frage wirft die Beobachtung auf, dass Spiralarme in der Regel nicht gleichmäßig ausgeformt sind. Bei genauerem Hinsehen lassen sie zum Beispiel Lücken und Beulen oder Verbindungen zwischen verschiedenen Spiralarmen erkennen.

differenzielle Rotation, 1) die v.a. bei der Sonne und den großen Planeten Jupiter und Saturn zu beobachtende Rotationsform, bei der die Rotationsdauer eines Oberflächengebietes vom Abstand zum Äquator abhängt; z.B. beträgt die siderische Rotationsdauer der Sonne am Äquator etwa 25 Tage, bei einer heliografischen Breite von 80° bereits 33,7 Tage; 2) die unterschiedliche Rotationsgeschwindigkeit in einem sich drehenden Sternsystem (besonders in einem Spiralnebel) je nach Abstand vom Zentrum des Systems. Diese differenzielle Rotation weist auf große Mengen nicht sichtbarer Materie im Halo der Galaxien hin.

diffuse Nebel, →galaktische Nebel von unregelmäßiger Form aus interstellarer Materie.

Diodor, Diodor von Alexandria, griechisch **Diodoros,** griechischer Mathematiker und Astronom des 1. Jh. v. Chr.; Verfasser einer Schrift über das Analemma, ein Verfahren zur Projektion eines Liniennetzes auf die Auffangflächen von Sonnenuhren; in dieser verloren gegangenen Schrift gab er Anleitungen zur Anwendung des Analemma bei astronomischen Messungen und bei der Konstruktion von Sonnenuhren.

Dione [nach der griech. Göttin], 1684 von G. D. Cassini entdeckter Mond des Planeten →Saturn. Er hat einen mittleren Durchmesser von 1 118 Kilometern und eine Dichte von 1,4 Gramm pro Kubikzentimeter; damit weist er die größte Dichte aller Saturnmonde auf (abgesehen von Titan, dessen Dichte durch gravitative Kompression erhöht wird). Dione wurde während der beiden →Voyager-Vorbeiflüge 1980 und 1981 beobachtet, wobei zahlreiche Krater entdeckt wurden. Der größte Krater Amanda hat einen Durchmesser von 240 Kilometern. Die Krater zeigen teilweise auch Strahlen. Die Streifen überdecken die Krater, was darauf hinweist, dass sie jüngeren Ursprungs sind. Es wird vermutet, dass Dione in der Frühzeit seiner Entstehung geologisch aktiv war und seine Oberfläche durch verschiedene vulkanische Prozesse erneuert hat, wobei die beobachteten Streifenmuster zurückblieben. Nach dem Rückgang der Aktivität wurden die Streifen durch Einschläge überwiegend ausgelöscht.

Am 14. Dezember 2004 hat die Raumsonde Cassini-Huygens Dione erstmals in einem Abstand von 83 000 Kilometern passiert. Am 10. Oktober 2005 soll eine noch größere Annäherung erfolgen. Cassini wird dann in nur 500 Kilometer Entfernung an den Saturntrabanten vorbeifliegen.

100562

Dione. Rendezvous der Raumsonde Cassini mit dem Saturnmond Dione im Jahr 2004

dioptrisches Fernrohr, →Fernrohr.

Diphda, der Stern →Deneb Kaitos.

Dipol [griechisch], Anordnung von zwei gleich großen elektrischen Ladungen entgegengesetzten Vorzeichens (elektrischer Dipol) oder zweier Magnetpole entgegengesetzter Polarität (magnetischer Dipol) in geringem Abstand zueinander. In der Astronomie sind Dipole z.B. bei →Sonnenflecken und magnetischen Sternen (→Magnetfeld) von Bedeutung.

Discovery [dɪsˈkʌvərɪ, englisch], Name des nach Columbia und Challenger dritten Fluggeräts (Orbiter) der amerikanischen →Spaceshuttle-Flotte; erster bemannter Start am 30. 8. 1984.

Dispersion [zu lateinisch dispergere, dispersum »zerstreuen«, »verbreiten«], im weiteren Sinn die Abhängigkeit einer physikalischen Größe oder Erscheinung von der Frequenz oder Wellenlänge, im engeren Sinn die Frequenz- oder Wellenlängenabhängigkeit der Phasengeschwindigkeit einer Welle (Licht, Schall) in einem Medium; auch Bezeichnung für die dadurch hervorgerufenen unterschiedlichen Ablenkungen der Wellen in den durchquerten Medien und besonders an ihren Grenzflächen. Bei einem optischen Medium bewirkt die Dispersion, dass Licht verschiedener Wellenlängen beim Übergang zwischen zwei Materialien mit unterschiedlicher Brechzahl verschieden stark gebrochen wird. Daher wird weißes Licht beim Durchgang durch ein Dispersionsprisma in seine farbigen Bestandteile (→Spektrum) zerlegt und die Abbildung durch Linsen durch chromatische Abbildungsfehler (→Farbabweichungen) gestört. Bei normaler Dispersion werden kurzwellige Wellen stärker gebrochen als längerwellige, z. B. violettes oder blaues Licht stärker als rotes.

In der Radioastronomie spricht man von Dispersion, wenn Radiowellen beim Durchgang durch ein ionisiertes Gas eine wellenlängenabhängige Verzögerung erfahren. Diese Erscheinung macht sich beispielsweise bei Pulsaren bemerkbar. Sendet nämlich ein Pulsar ein breitbandiges Signal in einem engen Zeitraum aus, gelangen die niedrigeren Frequenzanteile später als die höheren Frequenzanteile zur Erde.

Dispersionsprisma, v. a. in Prismenspektralapparaten (→Spektralapparate) zur spektralen Zerlegung elektromagnetischer Strahlung benachbarter Wellenlängenbereiche dienendes, die →Dispersion eines Stoffes geringer Absorption in diesen Wellenlängenbereichen nutzendes Prisma. Je nach Spektralbereich müssen spezielle Prismenmaterialien eingesetzt werden.

Djabir Ibn Aflach [dʒ-], al-Ischbili, latinisiert **Geber Hispalensis,** arabischer Astronom des 12. Jh. aus Sevilla; verfasste einen Kommentar zum Almagest, in dem er Ptolemäus angriff. Durch die Übersetzung des Gerhard von Cremona beeinflusste sein Werk die Astronomie und Trigonometrie des lateinischen Westens.

Djaghmini [dʒ-], Mahmud Ibn Mohammed **al-Djaghmini,** islamischer Astronom aus Transoxanien, † um 1245; verfasste ein im arabischen Kulturkreis weit verbreitetes und häufig kommentiertes Kompendium der Astronomie auf ptolemäischer Basis, außerdem ein medizinisches Kompendium (»Kleiner Kanon«).

DLR, Abkürzung für →Deutsches Zentrum für Luft- und Raumfahrt e. V.

Dobrowolski, Georgi Timofejewitsch, sowjetischer Kosmonaut, * Odessa 1. 6. 1928, † (verunglückt) bei Karaganda 29. 6. 1971; absolvierte von 1963 bis 1965 seine Kosmonautenausbildung und war Kommandant des Sojus-11-Flugs vom 6. 6. bis 29. 6. 1971. Bei der Landung von Sojus 11 verunglückte er tödlich.

Dobson-Teleskop. John Dobson revolutionierte mit seinem Teleskop die Amateurastronomie.

Dobson-Teleskop [dɔbsn-], ein in den 1950er-Jahren von John Dobson (* 1915) entwickeltes Gerät für astronomische Beobachtungen, das praktisch nur für Hobbyzwecke benutzt wird. Es verwendet eine Newton-Optik (→Spiegelteleskop), die in einer einfachen azimutal aufgestellten Montierungsbox gelagert ist. Damit sind diese lichtstarken Teleskope relativ leicht, transportabel und besonders preisgünstig herzustellen, sodass sie – nicht selten mit Teleskopöffnungen über 12 Zoll – bei Amateurastronomen vorzugsweise zur Deep-Sky-Beobachtung eingesetzt werden. Aufgrund der Erddrehung ist jedoch beständig eine Nachführung in beiden Achsen erforderlich, die bei visueller Beobachtung von Hand durch Bewegen an einem Teleskopgriff ausgeführt werden kann.

Doppelgalaxie, Bezeichnung für zwei Galaxien (→Sternsysteme), die physisch miteinander verbunden sind, d. h. aufeinander eine starke Gravitation ausüben und einander mehr oder weniger durchdringen. – Abb. S. 92

Doppelpulsare, →Pulsare.

Doppelsterne, Sterne, die an der Himmelskugel paarweise dicht benachbart sind. Befinden sich die beiden Sterne eines Paares in ganz verschiedenen Entfernungen vom Beobachter, werden aber nur in gleicher Richtung gesehen, spricht man von **optischen Doppelsternen.** Bei den **physischen Doppelsternen**

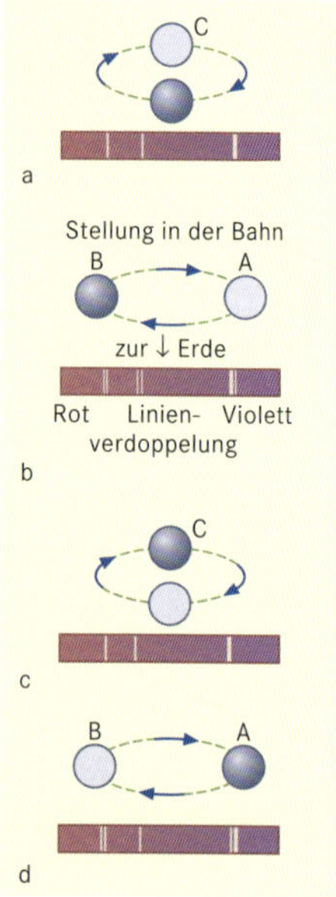

Doppelsterne. Die vier Teilabbildungen zeigen die Bewegungsverhältnisse eines spektroskopischen Doppelsternsystems mit den zu diesen Zeitpunkten gemessenen Spektren: normale Lage der Linien (Stellung C) und nach Violett (Stellung A) bzw. nach Rot verschobene Linien (Stellung B) (Linienverdoppelung).

bilden beide Sterne eine physische Einheit; sie bewegen sich infolge der zwischen ihnen wirkenden Gravitation um einen gemeinsamen Schwerpunkt und beschreiben dabei keplersche Ellipsen. Die hellere (oder massereichere) Komponente eines physischen Doppelsterns ist die Hauptkomponente, die andere sein Begleiter.

Von astronomischer Bedeutung sind nur die physischen Doppelsterne, die man nach den Beobachtungsmöglichkeiten in unterschiedliche (aber nicht scharf voneinander getrennte) Gruppen einteilt. Bei den **visuellen Doppelsternen** können beide Komponenten optisch getrennt werden. Eine Entscheidung, ob es sich bei einem visuellen Sternpaar tatsächlich um einen Doppelstern handelt, ist erst nach einer Bahnbestimmung für beide Komponenten möglich. Die Komponenten **spektroskopischer Doppelsterne** sind so eng benachbart, dass sie optisch nicht aufgelöst werden können. Auf die Bahnbewegung kann jedoch spektroskopisch aufgrund der periodischen Doppler-Verschiebungen der in den Sternspektren vorhandenen Spektrallinien geschlossen werden. **Fotometrische Doppelsterne** sind Bedeckungsveränderliche, deren Doppelsterncharakter sich aus dem durch die gegenseitige Bedeckung der beiden Komponenten verursachten besonderen Lichtwechsel (also mittels fotometrischer Methoden) ergibt. **Astrometrische Doppelsterne** bestehen aus einem sichtbaren Stern und einem unsichtbaren Begleiter; beim Umlauf um den gemeinsamen Schwerpunkt vollführt der sichtbare Stern relativ zu benachbarten Sternen an der Himmelskugel kleine periodische Ortsveränderungen, aus denen auf den Begleiter geschlossen wird. Bei den **Röntgendoppelsternen** ist eine Komponente ein normaler Hauptreihen- oder

1205

Doppelgalaxie. Die Galaxien NGC 5090 und NGC 5091 im Sternbild Kentaur bilden eine Doppelgalaxie.

Riesenstern, von dem Materie auf die andere Komponente, ein kompaktes Objekt, im Allgemeinen ein Neutronenstern, möglicherweise auch ein Schwarzes Loch, fließt.

Neben den Doppelsternen kennt man Dreifach-, Vierfach- und andere **Mehrfachsterne (Mehrfachsysteme),** bei denen drei, vier oder mehr Sterne eine physische Einheit bilden.

Von den gegenwärtig rund 80 000 katalogisierten vermutlichen visuellen Doppelsternen kennt man von etwa 1 000 die exakten Bahnen. Bei 1 500 spektroskopischen Doppelsternen war bisher eine Bahnbestimmung möglich. Doppelsterne kommen in allen Spektralklassen vor, bei den visuellen sind die Klassen A, F und G besonders häufig. Die Umlaufzeiten bekannter Doppelsterne liegen zwischen 10 000 Jahren (weite visuelle Doppelsterne) und wenigen Stunden (einige spektroskopische Doppelsterne). Von den mit bloßem Auge sichtbaren Sternen gehören rd. 60 % zu Doppelsternen; insgesamt dürfte etwa jeder zweite Stern des Milchstraßensystems Mitglied eines Doppel- oder Mehrfachsystems sein.

■ **Siehe auch**

→ Bedeckungsveränderliche · Doppler-Effekt · Röntgensterne

Doppelsterne Doppeltes Doppel

»Der ist ja doppelt!«, rufen viele unerfahrene Himmelsbeobachter, die zum ersten Mal den Doppelstern Epsilon Lyrae mit bloßem Auge sehen. Damit haben sie Glück, denn nicht jedem ist es vergönnt, diesen Stern ohne Hilfsmittel wie Feldstecher oder Teleskop als getrenntes Objekt zu erkennen.

Der Stern ist also ein einfacher Sehtest. Sein Abstand von etwa 200 Bogensekunden (etwas mehr als ein zehntel Monddurchmesser) ist deutlich größer als das theoretische Auflösungsvermögen des menschlichen Auges. Aber das lässt nach und so »verschmelzen« die beiden Sterne irgendwann zu einem Lichtklecks.

Jeder der beiden Sterne ist wieder ein Doppelstern. Diese Begleiter sind zwar fast so hell wie die beiden Hauptsterne, stehen aber hundertmal näher an diesen. Um sie optisch zu trennen, ist schon ein kleines Teleskop notwendig. Am Ort eines Paares wäre das zweite etwa so hell wie ein Viertelmond. Ihr Abstand wäre doppelt so groß wie der des Monds. Sie würden wie normale Sterne wirken, weil die Umlaufdauer der engen Begleiter über hundert Jahre dauert. Der eigene Begleiter bliebe also eine Lebensspanne lang über dem Horizont.

Doppelsternhaufen im Perseus, die beiden Sternhaufen h und χ im Sternbild →Perseus, die nur 0,8 Grad am Himmelsgewölbe auseinander liegen. Sie sind rund 8 000 Lichtjahre von der Erde entfernt und bereits in einem Feldstecher in einzelne Objekte auflösbar.

Doppler, Christian Johann, österreichischer Physiker und Mathematiker, *Salzburg 29. 11. 1803, †Venedig 17. 3. 1853; war 1835–46 Mathematiklehrer und Dozent in Prag, danach Professor der Physik in Chemnitz (1847–50) und Wien; dort auch Direktor des neu gegründeten Physikalischen Instituts. Doppler veröffentlichte Arbeiten u. a. zur analytischen Geometrie, zur Akustik, Optik, Elektrizitätslehre und Astronomie (u. a. über die Farben von Doppelsternen sowie über die Bestimmung von Sterndurchmessern und -entfernungen). 1842 formulierte er den nach ihm benannten und 1845 von C. H. Buys-Ballot an Eisenbahnzügen akustisch nachgewiesenen →Doppler-Effekt und stellte die Formel für die Abhängigkeit der Schallfrequenz von der Geschwindigkeit einer Schallquelle relativ zum Beobachter auf. 1846 erweiterte er dieses Prinzip, auf dessen Gültigkeit sowohl in der Akustik als auch in der Optik er hinwies, auf die gleichzeitige Bewegung von Schallquelle und Beobachter.

Doppler-Effekt [nach Ch. J. Doppler], **Doppler-Prinzip,** bei allen Wellenvorgängen beobachtbare Erscheinung, dass die Frequenz (bzw. die Wellenlänge) beeinflusst wird, wenn Quelle (Schall-, Lichtquelle u. a.) und Beobachter sich relativ zueinander bewegen. Ein Ton erscheint beim Näherkommen der Quelle höher, beim Entfernen tiefer. Ursache dieses **akustischen Doppler-Effekts** ist, dass den Beobachter bei Annäherung der Quelle pro Zeiteinheit mehr Wellenzüge erreichen, sodass die empfangene Frequenz höher ist als bei unbewegter Quelle; entfernt sich die Quelle, ist es umgekehrt.

■ **Astronomie** In der Astronomie wird der **optische Doppler-Effekt** ausgenutzt, um von Himmelskörpern die Geschwindigkeit in Richtung der Gesichtslinie relativ zum Beobachter (Radialgeschwindigkeit) zu bestimmen. Die Radialbewegung hat eine Linienverschiebung **(Doppler-Verschiebung)** zum kurzwelligen (blauen) Ende im Gestirnsspektrum zur Folge (→Blauverschiebung), wenn sich das Gestirn nähert, zum roten Ende (→Rotverschiebung), wenn es sich entfernt. Die systematische Rotverschiebung in den Spektren ferner Galaxien wird als →Hubble-Effekt bezeichnet. Die Wärmebewegung der strahlenden Atome verursacht die thermische Doppler-Verbreiterung der Spektrallinien.

■ **Messung** Der Doppler-Effekt lässt sich mit Radarverfahren nachweisen. Er wird bei diesen Verfahren z. B. zur Geschwindigkeitsmessung bewegter Ziele (Flugzeuge) und zur Trennung verschiedener schnell bewegter Objekte (Flugzeuge und Boden- oder Störzeichen) ausgenutzt; in der Astronomie werden Radarverfahren u. a. zur Bestimmung der Rotationsgeschwindigkeit von Planeten und zur Geschwindigkeitsbestimmung von Meteoren eingesetzt.

Doppler-Verbreiterung [nach Ch. J. Doppler], die auf dem Doppler-Effekt beruhende Verbreiterung von Spektrallinien infolge der thermischen Bewegung der strahlenden Atome oder Moleküle (entsprechend auch bei →Absorptionslinien). Aus der Doppler-Verbreiterung können Rückschlüsse auf die Temperatur des strahlenden oder absorbierenden Mediums gezogen werden (spektroskopische Temperaturbestimmung). In der Astrophysik lassen sich aus der Doppler-Verbreiterung die Geschwindigkeiten von Teilchen oder turbulenten Strömungen ermitteln.

Dorado [span.], wissenschaftlicher Name des Sternbilds →Schwertfisch.

Drache, wissenschaftlicher Name **Draco,** *Genitiv* **Draconis,** Abk. **Dra,** sehr ausgedehntes, zirkumpolares Sternbild am Nordhimmel (Rektaszension $9^{h}22^{m}$ bis $20^{h}55^{m}$, Deklination +86°25' bis +47°35') im Bereich zwischen den beiden Sternbildern →Großer Bär und →Kleiner Bär; enthält den Nordpol der →Ekliptik.

Die hellsten Sterne des Sternbilds Drache

Name		Helligkeit visuelle	Helligkeit absolute	Spektralklasse	Entfernung in Lichtjahren
γ	(Etamin, Eltanin, Ettanin)	$2{,}^{m}2$	-1^{M}	K5	150
η*)		$2{,}^{m}7$	1^{M}	G8	88
β	(Rastaban)	$2{,}^{m}8$	-3^{M}	G2	370
δ	(Altais, Nodus Secundus)	$3{,}^{m}1$	1^{M}	G9	100
ζ		$3{,}^{m}2$	-2^{M}	B6	340
ι	(Edasich, Eldsich)	$3{,}^{m}3$	1^{M}	K2	102
χ		$3{,}^{m}6$	4^{M}	F7	26,3
α	(Thuban)	$3{,}^{m}7$	-1^{M}	A0	310
ξ	(Grumium)	$3{,}^{m}7$	1^{M}	K2	112
λ	(Giausar, Giauzar)	$3{,}^{m}8$	-1^{M}	M0	330
ε*)		$3{,}^{m}8$	1^{M}	G8	145
κ		$3{,}^{m}9$	-2^{M}	B6	520
ϑ		$4{,}^{m}0$	2^{M}	F8	68
ν	(Kuma)*)	$4{,}^{m}1$	2^{M}	A5	100
ψ*)		$4{,}^{m}3$	3^{M}	F5	72

*) Doppelstern

■ **Sterne** Der Stern α Dra (Thuban) war vor etwa 4800 Jahren nördlicher Polarstern (→Präzession). Der Drache enthält mehrere interessante Doppelsterne: ε Dra ($3{,}^{m}9$ bzw. $6{,}^{m}9$; Distanz 3,2"), ν Dra (Kuma; beide Komponenten $4{,}^{m}9$; 61,9"), ψ Dra ($4{,}^{m}6$ bzw. $5{,}^{m}8$; 30,1"), η Dra ($2{,}^{m}7$ bzw. $8{,}^{m}7$; 5,2") und μ Dra ($5{,}^{m}6$ bzw. $5{,}^{m}7$; 2,3"; Umlaufzeit 480 Jahre). Bekannte Veränderliche sind die Mira-Sterne R Dra ($6{,}^{m}7$ – 13^{m}; Periode 245,5 Tage) und T Dra ($7{,}^{m}2$ – $13{,}^{m}5$; Periode 421,2 Tage) sowie der halbregelmäßige Veränderliche RY Dra ($6{,}^{m}5$ – $8{,}^{m}0$; Periode 172,5 Tage).

■ **Nebel** Der 3000 Lichtjahre entfernte, $8{,}^{m}1$ helle, im Amateurfernrohr als kleines blaugrünes Scheibchen erscheinende planetarische Nebel NGC 6543 ist heute nach seinem typischen Aussehen auf den Aufnahmen des

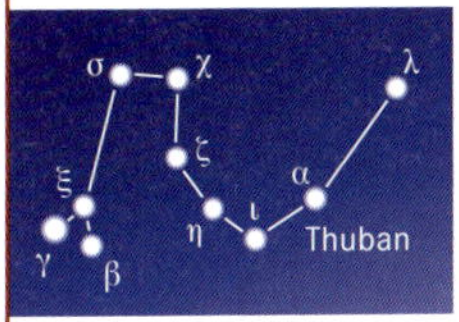

Drache

Die hellsten Sterne des Sternbilds Nördliches Dreieck

Name		Helligkeit visuelle	Helligkeit absolute	Spektralklasse	Entfernung in Lichtjahren
β		$3^m_,0$	0^M	A5	125
α	(Elmuthalleth, Mothallah)	$3^m_,4$	2^M	F6	64
γ		$4^m_,0$	1^M	A1	120

Hubble-Weltraumteleskops auch als →Katzenaugen-Nebel bekannt; er liegt nur 10' nordwestlich des Nordpols der Ekliptik. Erwähnenswert sind vier etwa 10^m helle Galaxien: M 102 und NGC 5907 in 40 Millionen, NGC 6503 in 16 Millionen und NGC 4236 in 10 Millionen Lichtjahren Entfernung. An dem hellsten Stern des Drachen (Etamin, γ Dra) entdeckte J. Bradley 1728 die →Aberration des Sternlichts. In der Nähe des Kopfes des Sternbilds, der in der Nähe des Sterns →Wega in der →Leier liegt, befindet sich der →Radiant des Meteorstroms →Draconiden. (→Sternbilder)

Drachenpunkte, die Knoten der Mondbahn (→Bahn): **Drachenkopf,** der aufsteigende, **Drachenschwanz,** der absteigende Knoten, **Drachenlinie,** die Verbindungslinie zwischen beiden; **Drachenmonat,** die Zeit zwischen zwei Durchgängen des Mondes durch den gleichen Knoten.

Draco [lat. »Drache«], wissenschaftlicher Name des Sternbilds →Drache.

Draconiden [lat.] *Plural,* **Giacobiniden** [dʒ-], periodisch Anfang Oktober (Höhepunkt 9. 10.) auftretender Meteorstrom, dessen Radiant (Ausstrahlpunkt) im Sternbild Drache (lateinisch Draco) liegt; es handelt sich um Auflösungsprodukte des Kometen Giacobini-Zinner (1900 entdeckt), der eine Umlaufzeit von rd. 6,6 Jahren hat.

Drake [dreɪk], Frank Donald, amerikanischer Astronom, * Chicago (Ill.) 28. 5. 1930; seit 1964 Professor an der Cornell University in Ithaca (N. Y.) und am dortigen Center for Radiophysics and Space Research; Forschungen auf dem Gebiet der Radioastronomie (u. a. Beobachtungen des galaktischen Zentrums und des von ihm entdeckten Strahlungsgürtels des Jupiters) sowie v. a. Suche nach Radiosignalen von außerirdischen Zivilisationen (→CETI).

Die hellsten Sterne des Sternbilds Südliches Dreieck

Name		Helligkeit visuelle	Helligkeit absolute	Spektralklasse	Entfernung in Lichtjahren
α	(Atria)	$1^m_,9$	-4^M	K2	420
β		$2^m_,8$	2^M	F2	40
γ		$2^m_,9$	-1^M	A1	185
δ		$3^m_,9$	-3^M	G5	600
ε		$4^m_,1$	0^M	K0	215

drakonitisch [lat.], auf die →Drachenpunkte bezogen, z. B. beim drakonitischen →Monat.

Draper ['dreɪpə], Henry, amerikanischer Astronom, * Prince Edward County (Va.) 7. 3. 1837, † New York 20. 11. 1882; seit 1860 Professor (u. a. für Physiologie und Chemie) in New York; Pionier der Astrofotografie. In seinem 1860 errichteten Privatobservatorium in Hastings-on-Hudson (New York) fotografierte er v. a. das Sonnenspektrum (Nachweis des Wasserstoffs) und 1872 als Erster ein Sternspektrum. Nach ihm benannt ist der →Henry-Draper-Katalog.

Drehimpuls, in der Mechanik das (Vektor-)Produkt aus der Winkelgeschwindigkeit und dem Trägheitsmoment eines rotierenden Körpers. In einem abgeschlossenen System ist der Drehimpuls zeitlich konstant (Erhaltung des Drehimpulses). Handelt es sich um einen Massenpunkt, ist der Drehimpuls durch das Produkt aus Masse, Bahngeschwindigkeit und dem Ortsvektor (Verbindung Drehzentrum–Massenpunkt) des Massenpunkts gegeben. Betrachtet man die Planeten auf ihrer meist elliptischen Bahn um die Sonne als Massenpunkte, folgt aus der Drehimpulserhaltung, dass bei abnehmender Entfernung von der Sonne die Geschwindigkeit des Planeten zunehmen muss. Genau dieses Verhalten drückt auch das zweite →keplersche Gesetz aus.

Drei-Alpha-Prozess, 3-α-Prozess, auch **Salpeter-Prozess** [nach dem amerikanischen Physiker österreichischer Herkunft Edwin Ernest Salpeter, * 1924], eine Folge von Kernreaktionen, bei der im Sterninneren oberhalb von 10^8 K aus jeweils drei Heliumkernen (Alphateilchen) ein Kohlenstoffkern gebildet wird (so genanntes **Heliumbrennen**). Bei der Fusion von zwei Heliumkernen entsteht ein hochgradig instabiler Berylliumkern mit einer Halbwertszeit von 10^{-16} s. Reagiert dieser während seiner extrem kurzen Existenz mit einem weiteren Heliumkern, entsteht ein Kohlenstoffkern unter Abstrahlung eines Gammaquants, wobei Energie freigesetzt wird (rd. 7,3 MeV). Durch weiteren Einfang von Heliumkernen können aus Kohlenstoffkernen Sauerstoff- und Neonkerne entstehen. Der 3-α-Prozess ist die Hauptenergiequelle der Roten Riesen (→Sternentwicklung).

Dreieck, 1) Nördliches Dreieck, wissenschaftlicher Name **Triangulum,** *Genitiv* **Trianguli,** Abk. **Tri,** ein kleines Sternbild am Nordhimmel (Rektaszension 1^h31^m bis 2^h51^m, Deklination +37°20' bis +25°35'), das zwischen den Sternbildern →Andromeda und →Widder gelegen und von Mitteleuropa aus hoch am winterlichen Abendhimmel zu sehen ist.

■ **Besondere Objekte** Ein erwähnenswerter, 300 Lichtjahre entfernter Doppelstern ist ι Tri (6 Tri), dessen $5^m_,2$ (gelbe) bzw. $6^m_,7$ helle (bläuliche) Komponenten eine Distanz von 3,9" aufweisen. R Tri ist ein etwa 1300 Lichtjahre entfernter Mira-Stern, dessen scheinbare Helligkeit mit einer Periode von etwa 267 Tagen zwischen $5\overset{m}{,}4$ und $12\overset{m}{,}6$ schwankt. Das wohl bekannteste Objekt des Sternbilds ist der zur →lokalen Gruppe gehörende Dreiecksnebel oder →Triangulumnebel (M 33), eine Spiralgalaxie in 2,7 Millionen Lichtjahren Entfernung, die eine geringe Flächenhelligkeit (14^{m}) aufweist, aber bereits in einem lichtstarken Feldstecher beobachtbar ist. Eine ebenfalls lichtschwache Spiralgalaxie ist NGC 925 (30 Millionen Lichtjahre).

2) Südliches Dreieck, wissenschaftlicher Name **Triangulum Australe,** *Genitiv* **Trianguli Australis,** Abk. **TrA,** ein kleines, aber markantes Sternbild am Südhimmel (Rektaszension $14^{h}56^{m}$ bis $17^{h}13^{m}$, Deklination −60°20' bis −70°25'), das, in der Nähe von →Alpha Centauri (→Kentaur) gelegen, von mittleren nördlichen Breiten aus nicht sichtbar ist. Die hellsten Sterne sind α TrA (scheinbare Helligkeit $1\overset{m}{,}9$, absolute Helligkeit -4^{M}, Spektralklasse K 2, Entfernung 420 Lichtjahre), β TrA ($2\overset{m}{,}8/2^{M}$/F 2/40) und γ TrA ($2\overset{m}{,}9/-1^{M}$/A 1/185). Der 2500 Lichtjahre entfernte offene Sternhaufen NGC 6025 (5^{m}; etwa 60 Sterne) ist schon im Feldstecher sichtbar. NGC 5979 ist ein planetarischer Nebel ($11\overset{m}{,}5$) in 12000 Lichtjahren Entfernung. (→Sternbilder)

Dreiecksnebel, der →Triangulumnebel.

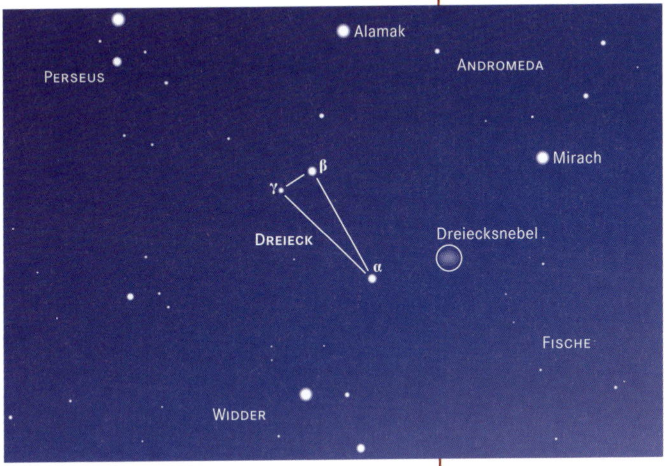

Nördliches Dreieck

Drei-Farben-Fotometrie, die Bestimmung der Helligkeit von Sternen in drei »Farben« (Spektralbereichen); sie ist wichtig für die Bestimmung der spektralen Energieverteilung. Am bekanntesten ist das UBV-System, bei dem die Helligkeiten im ultravioletten, blauen und gelben (also visuellen) Spektralbereich gemessen werden.

Drei-Kẹlvin-Strahlung, die →kosmische Hintergrundstrahlung.

Dreikönigs|stern, der →Stern der Weisen.

Dreikörperproblem, →Mehrkörperproblem.

Dunkle Energie Große Eselei?

Es klingt wie aus einem Science-Fiction-Roman – unser Universum besteht anscheinend zu 73% aus einer mysteriösen Energieform, die dafür sorgt, dass es immer schneller expandiert. Viele Beobachtungen der letzten Jahre haben diese Beschleunigung eindeutig belegt, doch der Begriff »dunkel« umschreibt nicht nur die Tatsache, dass es sich bei der Energie nicht um elektromagnetische Strahlung handelt – die würde man ja sehen –, sondern auch die Erklärungsnot der Astronomen. Bisher gibt es nur Hypothesen über die Natur der Dunklen Energie. Dabei ist sie gar nicht mal eine neue Idee in der Kosmologie; bereits Albert Einstein, der mit seiner Allgemeinen Relativitätstheorie ein statisches Universum beschreiben wollte, führte ad hoc eine antigravitative kosmologische Konstante ein, die der Kontraktion der Materie entgegenwirkt. Als kurz darauf aber deutlich wurde, dass das Weltall expandiert, legte Einstein die Konstante als seine »größte Eselei« zu den Akten. Nun ist sie also wieder zurück in der Kosmologie, und die Astrophysiker suchen nach ihrer physikalischen Bedeutung. Eventuell handelt es sich

um einen Vakuumeffekt, eine Art Grundschwingung im leeren Raum, die das Universum auseinander treibt, vielleicht aber auch um ein Kraftfeld, das während der Entwicklung des Kosmos immer schwächer wurde.

80662

Dunkelwolke. Nahaufnahme der Thackeray-Dunkelwolken (IC 2944) im Sternbild Kentaur durch das Hubble-Weltraumteleskop

Dreyer-Katalog, ein von dem dänischen Astronomen John Ludwig Emil Dreyer (* 1852, † 1926) im Jahr 1888 erstellter Katalog von Sternhaufen und Nebeln mit der Bezeichnung »New General Catalogue of Nebulae« (Abkürzung →NGC).

D-Ring, der innerste Teil des Ringsystems von Saturn. Er wurde erst 1969 auf fotografischem Wege entdeckt und erstreckt sich bis fast an die äußersten Schichten der Saturnatmosphäre.

Druckverbreiterung, eine Verbreiterung der →Spektrallinien, die auf den Gasdruck in einer →Sternatmosphäre zurückgeht.

Dualịsmus, der →Welle-Teilchen-Dualismus.

Dụbhe [-be; aus arab. ẓahr ad-dubb »Rücken des Bären«], der Stern α UMa im Sternbild →Großer Bär (der rückseitige obere »Kastenstern« des Großen Wagens); scheinbare Helligkeit 1^{m},79, absolute Helligkeit –1^{M}, Spektraltyp F 7, Leuchtkraftklasse III, Entfernung 125 Lichtjahre. Dubhe ist ein sehr enger Doppelstern: sein 4^{m},8 heller Begleiter mit einer Distanz von zurzeit 0,4" umkreist ihn in 44 Jahren einmal.

Dumbbellnebel [ˈdʌmbel-, englisch], der →Hantelnebel.

Dunkel|adaptation, →Adaptationszeit.

Dunkelnebel, die →Dunkelwolke.

Dunkelstrom, der Strom, der in einem →Fotomultiplier auch fließt, wenn die lichtempfindliche Schicht nicht von Licht bestrahlt ist.

Dunkelwolke, Dunkelnebel, Gebiet erhöhter Dichte der →interstellaren Materie, die das Licht der dahinter befindlichen Sterne absorbiert. Die Form solcher Dunkelwolken ist höchst irregulär, ohne klar definierte Außengrenzen und mit manchmal verschlungener Gestalt. Die größten Dunkelwolken sind mit bloßem Auge als dunkle Flecken gegen den helleren Hintergrund der Milchstraße wahrnehmbar und verursachen deshalb scheinbar sternarme oder sternleere Gebiete; bekannte Dunkelwolken sind der →Pferdekopfnebel sowie der →Kohlensack. Dunkelwolken hoher Dichte sind die **Globulen,** die als Urzustand eines entstehenden Sterns angesehen werden.

Dunkle Energie, theoretisches Konzept einer zusätzlichen Energie im Kosmos. Ende der 1990er-Jahre wurden, z. B. durch die Untersuchung von entfernten Supernovae, mehrere Beweise für eine beschleunigte Expansion des Weltalls vorgelegt. Sie lässt sich mit der Existenz einer bisher unbekannten Form von Energie erklären, die für eine immer stärkere Abstoßung zwischen den Massen der Galaxien sorgt. Das kosmologische Standardmodell sagt eigentlich eine Verlangsamung der Expansion im Laufe der Zeit voraus, da die Ausdehnung durch die Schwerkraft abgebremst wird. Durch Beobachtungen an noch weiter entfernten Supernovae 2002 konnte die beschleunigte Expansion bestätigt und sogar auf vor 5 Mrd. Jahren beginnend festgelegt werden. Die Quantentheorie könnte eine Deutung der Dunklen Energie mithilfe der kosmologischen Konstanten als →Vakuumenergie liefern. Auch wurde zur Erklärung der Dunklen Energie die (zeitlich variable) »Quintessenz« vorgeschlagen, ein »Quantenkraftfeld«, das gravitativ abstoßend wirkt. Es ist auch denkbar, dass die Dunkle Energie und →Dunkle Materie verschiedene Erscheinungsformen des gleichen zugrundeliegenden Phänomens sind. Dunkle Energie ist ebenfalls eine denkbare Ursache des →inflationären Weltalls in der Frühzeit des Universums. Allerdings ist unklar, ob zwischen einer derartigen Dunklen Energie und derjenigen, die für die derzeitig beobachtete Expansion vorgeschlagen wird, ein Zusammenhang besteht. – Infokasten S. 95

Dunkle Materie, unsichtbare, nicht leuchtende oder strahlungsabsorbierende kosmische Materie, die sich nur durch ihre Gravitationswirkung bemerkbar macht. Ihre Existenz wird aufgrund dynamischer Untersuchungen im Milchstraßensystem, in anderen Sternsystemen und in Galaxienhaufen vermutet, da sich bestimmte Beobachtungen mit der sichtbar in Erscheinung tretenden Materie nicht erklären lassen. Um den Widerspruch zwischen sichtbarer und dynamisch wirksamer Masse zu lösen, wird das Vorhandensein Dunkler Materie postuliert. Sie leistet einen wesentlichen Beitrag zur Gesamtmasse im Weltall, doch ist ihre physische Beschaffenheit bisher noch völlig unbekannt. Als Träger der Dunklen Materie werden u. a. kleine, jupiterartige oder sehr leuchtkraftschwache Himmelskörper (so genannte →Braune Zwerge), mit einer endlichen Ruhmasse behaftete Neutrinos oder auch hypothetische nichtbaryon. Teilchen, so genannte **WIMPs** (englisch für weakly interacting massive particles), die allein gravita-

Dunkle Materie
→ GEO **Dossier**
Die Lichtmaschine am Firmament, Bd. 4

Dunkle Materie
→ GEO **Dossier**
Die Jagd nach der dunklen Materie, Bd. 5

Rechte Seite:
Diese Aufnahme aus dem Durchmusterungsprojekt 2MASS zeigt die Milchstraße; sie deckt einen etwa 10 × 8 Grad großen Himmelsausschnitt ab. Links oben im Sternbild Schütze befindet sich das Zentrum der Galaxis; die Rotfärbung wird durch Lichtstreuung am interstellaren Staub verursacht, analog zur Rotfärbung der untergehenden Sonne. Im unteren Teil erkennt man zahlreiche Nebel, u. a. den Katzenpfotennebel NGC 6334 im Skorpion. Allein in diesem Ausschnitt konnte 2MASS 10 Millionen Sterne identifizieren.

102907

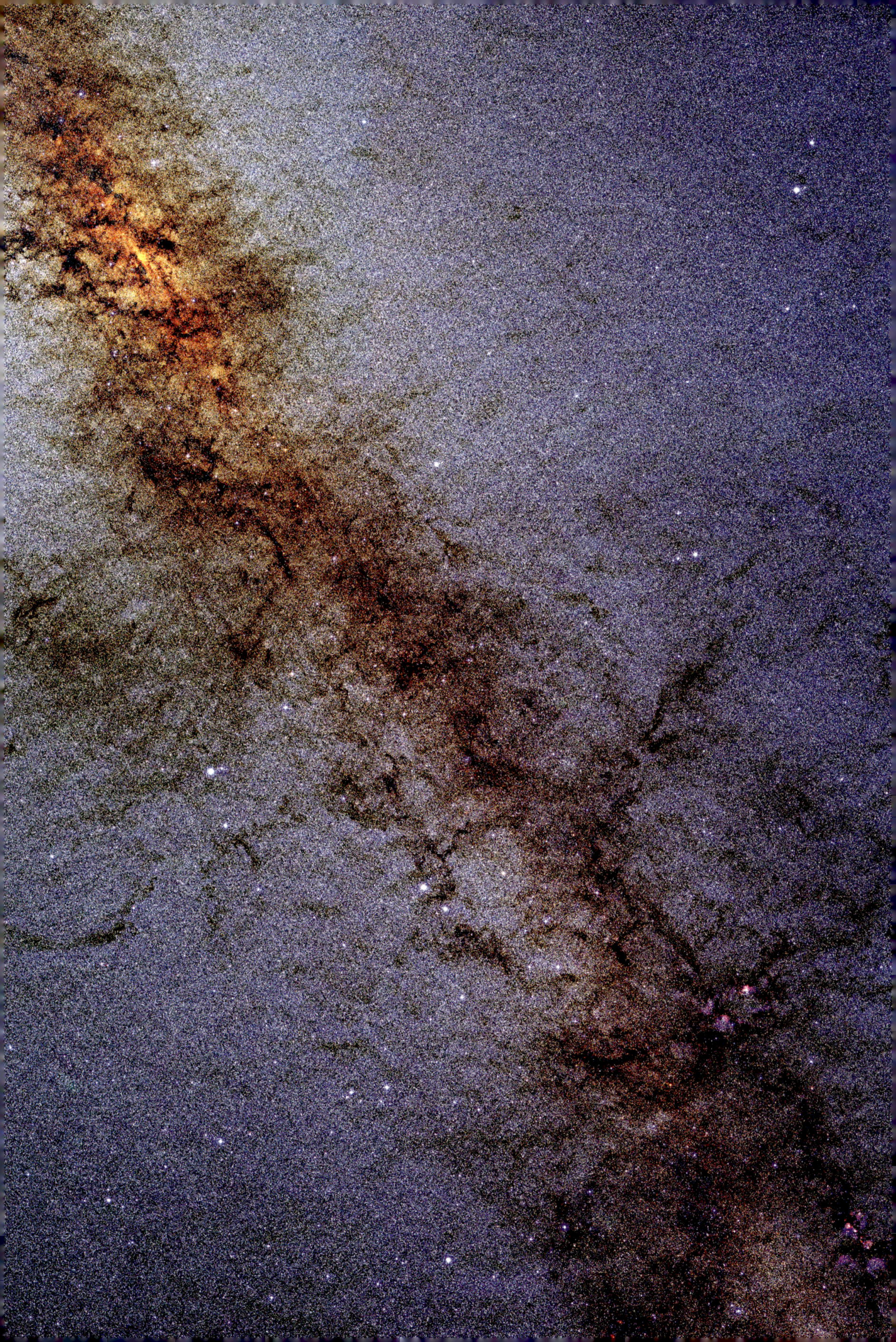

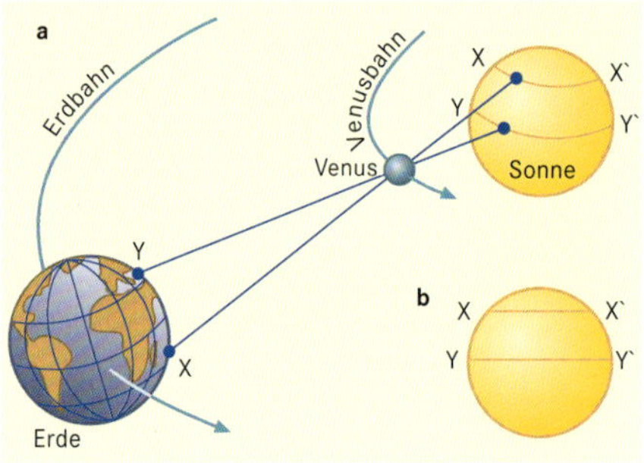

Durchgang. Vorübergang der Venus vor der Sonne: a räumliche Darstellung; b scheinbare Venusbahn von der Erde aus

tiv in Erscheinung treten, in Betracht gezogen. Da nach den gegenwärtigen Erkenntnissen Dunkle Materie wesentlich häufiger als leuchtende Materie im Weltall ist, hat dies auch weit reichende Folgen für das Expansionsverhalten des Weltalls (→Kosmologie).

Durchmusterung 2MASS

Eine Aufgabe der Astronomen ist die Kartografierung des gesamten Himmels. Das beinhaltet sowohl die gesamte Fläche als auch alle Wellenlängenbereiche. Im nahen Infrarot – bei etwa 2 Mikrometer Wellenlänge – ist diese Aufgabe seit 2001 beendet. Mehrere amerikanische Universitäten arbeiteten zusammen, um den »Two Mikron All Sky Survey« (Durchmusterung des gesamten Himmels bei zwei Mikrometer, Abk. 2MASS) zu erzeugen. Geliefert wurden Millionen von Punktquellen, von denen viele bislang unbekannt waren. Aber auch zu den bereits bekannten Himmelskörpern wurden neue Details enthüllt.
Braune Zwerge z. B. beeinflussen die Entwicklung des Milchstraßensystems und tragen einen Teil zur Dunklen Materie bei. Nur wenige sind bereits bekannt, doch in den 12 Terabyte an Daten, die der 2MASS lieferte, verbergen sich noch einige Tausend dieser nur glimmenden Sterne. Maffei 1 und 2, Begleitgalaxien der Milchstraße in der lokalen Gruppe, sind ausschließlich im Infraroten zu beobachten, da sie von der Milchstraße verborgen werden. Es wird vermutlich noch Jahre dauern, bis die Daten nach solchen Quellen durchforstet und ausgewertet wurden.

Durchgang, 1) das Überschreiten des →Meridians durch ein Gestirn während der scheinbaren täglichen Bewegung der Sphäre, bedingt durch die Rotation der Erde um ihre Achse (→Durchgangsinstrument). 2) für einen Erdbeobachter das Vorbeigehen der beiden inneren Planeten Merkur und Venus vor der Sonnenscheibe, auf der diese als dunkle Scheibchen sichtbar werden; →Merkurdurchgänge erfolgen alle acht Jahre, →Venusdurchgänge nur viermal in 138 Jahren.

Durchgangsinstrument, Passageinstrument [paˈsaːʒə-], Instrument zur Zeitbestimmung durch Beobachtung der Meridiandurchgänge von Sternen; als um eine feste Ost-West-Achse drehbares Fernrohr 1689 von dem Dänen O. Römer erfunden.

Durchlässigkeit, Durchlassgrad, veraltet für Transmissionsgrad (→Absorption); bei transparenten Medien das Verhältnis von hindurchgelassener zu der auf das Medium auftreffenden Lichtintensität; der Kehrwert wird als **Opazität** bezeichnet.

Durchmusterung, Sternkatalog, dessen Angaben über Ort, Helligkeit oder Spektraltyp auf Schätzungen beruhen. Durchmusterungen geben eine möglichst umfassende Bestandsaufnahme bis zu einer vorgegebenen Grenze. Beispiele für Durchmusterungen sind die →Bonner Durchmusterung und die →Cordoba-Durchmusterung. Eine Durchmusterung des Himmels im nahen Infrarot liefert der 1997–2001 durchgeführte **Two Micron All Sky Survey** (Abk. **2MASS**), der an zwei besonders dafür eingerichteten automatisierten 1,3-m-Teleskopen durchgeführt wurde, für den Nordhimmel in Arizona und für den Südhimmel in Chile. 2MASS lieferte einen Punktquellenkatalog mit den Positionen und Helligkeiten von etwa 470 Mio. Sternen und einen Katalog mit etwa 1,6 Mio. Galaxien und anderen ausgedehnten Objekten. – Abb. S. 97

Dynamotheorie, jede auf magnetohydrodynamischen Vorstellungen basierende physikalische Theorie zur Erklärung des Auftretens von Magnetfeldern und Magnetfeldschwankungen in und auf der Erde und anderen Himmelskörpern sowie in der interstellaren Materie. Entsprechend der Wirkungsweise selbsterregter Gleichstromgeneratoren (Dynamos) rufen geladene Materieströme beim Durchqueren eines Magnetfeldes durch Induktion elektrische Ströme hervor, die ihrerseits Magnetfelder erzeugen, sodass bei geeignetem Strömungsverlauf ein Aufschaukeln des Vorganges eintritt und messbare Magnetfeldstärken auftreten. Auf diese Weise wird nach der Dynamotheorie von W. Elsasser das erdmagnetische Feld durch starke elektrische Ströme im Erdinnern (in etwa 3 000 km Tiefe) erzeugt. Seine Säkularvariation entsteht durch langsame Verlagerungen und Stromstärkeschwankungen dieses Dynamosystems.

Ebbe [niederdeutsch], das Fallen des Meeresspiegels von einem Hochwasser bis zum folgenden Niedrigwasser der →Gezeiten.

Eddington [ˈɛdɪŋtn], Sir (seit 1930) Arthur Stanley, britischer Astronom, Mathematiker und Physiker, *Kendal 28. 12. 1882, †Cambridge 22. 11. 1944; einer der einflussreichsten Astrophysiker des 20. Jahrhunderts.

■ **Lebensweg** Eddington entstammte einer angesehenen englischen Quäkerfamilie. Schon als Kind entwickelte er ein ausgeprägtes Interesse an Naturwissenschaft, Mathematik und Literatur. Als 20-Jähriger ging er an das renommierte Trinity College in Cambridge, der einstigen Wirkungsstätte I. Newtons. Nach Abschluss seiner Ausbildung 1905 wurde er Chief Assistant am Observatorium in Greenwich und 1913 Professor für Astronomie und Experimentalphysik in Cambridge, 1914 auch Direktor der dortigen Sternwarte. Bereits 1906 wurde er Mitglied der Royal Astronomical Society, deren Präsident er 1921 bis 1923 war. In Cambridge spielte sich Eddingtons gesamtes wissenschaftliches Leben bis zum Jahr 1944 ab, als er aus gesundheitlichen Gründen seine Position aufgeben musste.

■ **Arbeitsgebiete** Eddington befruchtete durch seine grundlegenden Arbeiten viele Gebiete der theoretischen Astrophysik. Sein hauptsächliches Interesse galt der Theorie über den inneren Aufbau der →Sterne. Er widmete sich der Frage, was die aus Gas bestehende Sonne daran hindert, sich unter dem Einfluss der →Gravitation zusammenzuziehen, und nahm als Grund für diese Stabilität an, dass der Gravitationskraft die Wärme und der →Strahlungsdruck der Sonne entgegenwirken. Da der Materiedruck zum Zentrum der Sonne hin immer stärker wird, muss dann aber auch der Strahlungsdruck immer größer werden und die Temperatur im Innern der Sonne, so folgerte Eddington, bei einigen Millionen Grad liegen. In den folgenden Jahren erwies sich diese hohe Innentemperatur als entscheidende Voraussetzung für die Energieerzeugung in der Sonne durch Kernfusion. 1924 formulierte Eddington die →Masse-Leuchtkraft-Beziehung eines Sterns, die im Wesentlichen aussagt, dass mit wachsender Masse eines Sterns der Druck in seinem Inneren und damit auch die Leuchtkraft zunimmt. Eddington folgerte daraus, dass bei Sternen von etwa 50-facher Sonnenmasse der Strahlungsdruck so groß wird, dass sie den Stern auseinander reißt. Die →Cepheiden-Sterne liegen an dieser Stabilitätsgrenze und pulsieren deshalb; Eddingtons Erklärung für dieses Verhalten ist auch heute noch gültig.

Eddington gehörte zu den ersten Physikern, die die Bedeutung von A. Einsteins allgemeiner →Relativitätstheorie erkannten. 1919 leitete Eddington die Expedition zur Beobachtung der totalen Sonnenfinsternis, die dieser Theorie zum Durchbruch verhalf. »Tragisch« dabei ist, dass Eddington die Sonnenfinsternis allerdings nicht mit eigenen Augen gesehen hat, da er mit dem Austausch der Fotoplatten beschäftigt war.

Effektivtemperatur, diejenige Temperatur, die ein Hohlraumstrahler (→schwarzer Strahler) haben müsste, um pro Flächen- und Zeiteinheit die gleiche Strahlungsenergie abzugeben wie ein Stern an seiner Oberfläche; die Effektivtemperatur ist somit ein Maß für die abgestrahlte Gesamtenergie eines Sterns.

Effelsberg-Radioteleskop, ein bei Effelsberg (Ortsteil von Bad Münstereifel) in der Eifel installierter 100-m-Parabolspiegel des Max-Planck-Instituts für Radioastronomie (Sitz Bonn). Das 1972 in Betrieb genommene Radioteleskop war für fast dreißig Jahre das weltweit größte Instrument seiner Art, bis im Jahr 2000 das Green Bank Telescope in Betrieb ging. Es ist so konstruiert, dass es in jeder Lage die Form eines Paraboloids beibehält. Dabei ändert sich ein wenig die Brennweite, was aber durch Verschieben der Empfängeranordnung in den jeweiligen Brennpunkt des Spiegels ausgeglichen werden kann. Das Radioteleskop wird für radioastronomische Beobachtungen bis zu einer Wellenlänge von 3 mm genutzt und in internationaler Zusammenarbeit mit mehreren Radioteleskopen auch als →Radiointerferometer zur Langbasisinterferometrie eingesetzt.

Eichbosonen, intermediäre Vektorbosonen, die Feldquanten der elektromagnetischen, der schwachen und der starken →Wechselwirkung. Zu den Eichbosonen gehören das Photon (elektromagnetische Wechselwirkung), die W^+-, W^-- und Z^0-Bosonen (schwache Wechselwirkung) und die Gluonen (starke Wechselwirkung).

Eichfelder, die →Selected Areas.

Eidechse, wissenschaftlicher Name **Lacerta,** *Genitiv* **Lacertae,** Abk. **Lac,** ein kleines, nur lichtschwache Sterne enthaltendes Sternbild des Nordhimmels (Rektaszension 21^h57^m bis 22^h58^m, Deklination +56°55' bis +35°10'), zwischen den Sternbildern →Andromeda und →Schwan gelegen. Der größte Teil des Sternbilds ist für unsere Breiten zirkumpolar. Zu den helleren Sternen gehören α Lac (scheinbare Helligkeit $3\overset{m}{.}8$, absolute Helligkeit 1^M, Spektraltyp A 1, Entfernung 103 Lichtjahre) und β Lac ($4\overset{m}{.}4/1^M$/G 9/170). 8 Lac ist ein $5\overset{m}{.}3$ heller, 1 000 Lichtjahre entfernter Doppelstern mit $5\overset{m}{.}7$ bzw. $6\overset{m}{.}5$ hellen Komponenten in 22,4" Distanz. NGC 7209 und NGC 7243 sind zwei 3 000 Lichtjahre entfernte offene Sternhaufen (7^m bzw. $6\overset{m}{.}5$). IC 5217 ist ein nur 11^m heller planetarischer Nebel (9 000 Lichtjahre). Am bekanntesten aber ist das Sternbild durch das extragalaktische Objekt BL Lac, Prototyp der →BL-Lacertae-Objekte. (→Sternbilder)

Eigenbewegung, die sehr geringe, in Winkelmaß ausgedrückte scheinbare Ortsverän-

Arthur Stanley Eddington
***1882, †1944**

■ leistete grundlegende Arbeiten zur theoretischen Astrophysik, insbesondere zum Sternaufbau

■ bestätigte 1919 durch die Beobachtung der Lichtablenkung die Relativitätstheorie

■ stellte die Pulsationstheorie für Cepheiden auf

Die hellsten Sterne des Sternbilds Einhorn

Name	Helligkeit visuelle	Helligkeit absolute	Spektralklasse	Entfernung in Lichtjahren
β*)	$3^{m}{,}7$	-3^{M}	B3	650
α	$3^{m}{,}9$	1^{M}	K0	145
γ	$4^{m}{,}0$	-3^{M}	K3	650
δ	$4^{m}{,}2$	-1^{M}	A2	370
ε*)	$4^{m}{,}3$	1^{M}	A6	128
ζ	$4^{m}{,}4$	-5^{M}	G2	2 000

*) Doppelstern

derung eines Sterns an der Himmelskugel, d. h. die zeitliche Änderung seines mittleren Ortes, verursacht durch die Relativbewegung zwischen Stern und Sonne. Sie wurde erst 1728 von J. Bradley erkannt; bis dahin wurde noch allgemein von Fixsternen gesprochen. Die Eigenbewegung wird in Bogensekunden pro Jahr ("/a) gemessen und hat meist das Formelzeichen μ. Die bislang größte gemessene Eigenbewegung hat mit rd. 10,3 Bogensekunden pro Jahr →Barnards Stern. In 180 Jahren verschiebt sich dieser Stern um eine Vollmondbreite am Firmament. Die meisten Sterne zeigen jedoch Eigenbewegungen von weit weniger als 0,1 "/a. Wegen dieser kleinen Werte geben manche Sternkataloge die Eigenbewegung der Sterne nicht pro Jahr, sondern pro Jahrhundert an.

■ **Ermittlung** Um Eigenbewegungen zu ermitteln, muss man die Koordinaten der Sterne zu mindestens zwei verschiedenen Zeitpunkten (→Epochen) kennen. Je weiter die Epochen auseinander liegen, desto genauer werden die Bestimmungen der Eigenbewegung. Um die Lageänderung eines Sterns vollständig angeben zu können, ist aber auch die Kenntnis der Bewegungsrichtung notwendig. Man vermerkt deshalb zusätzlich einen Positionswinkel (ϑ), der über Nord – Ost – Süd – West gezählt wird. Wandert ein Stern nach Norden, ist $\vartheta = 0$ Grad (°), bewegt er sich nach Osten, ist $\vartheta = 90°$ usw.; liegt die Laufrichtung zwischen zwei Himmelsrichtungen, etwa zwischen Süd und West, liegt der Positionswinkel zwischen 180 und 270°. Für Barnards Stern wird z. B. neben $\mu = 10{,}3$"/a noch der Positionswinkel von 355,8° angegeben. In der Praxis gibt man auch häufig die Komponenten der Eigenbewegung in Richtung der äquatorialen Koordinatenachsen an, also in Richtung →Rektaszension (μ_α) und in Richtung →Deklination (μ_δ).

Die Koordinaten eines Sterns verändern sich jedoch nicht nur durch seine Eigenbewegung, sondern auch durch Ortsverschiebungen infolge →Präzession, →Nutation und →Aberration sowie die meist winzige jährliche →parallaktische Bewegung, die ähnlich klein wie die Eigenbewegung ausfällt. Die drei erstgenannten Effekte übertreffen hingegen die Eigenbewegung um eine Größenordnung.

Einheitszeit, für alle Orte eines Gebietes gültige Zeit (→Zonenzeit).

Einhorn, wissenschaftlicher Name **Monoceros,** *Genitiv* **Monocerotis,** Abk. **Mon,** ein unscheinbares, in die Milchstraße eingebettetes Sternbild der Äquatorzone (Rektaszension 5^h55^m bis 8^h11^m, Deklination +12°00' bis –11°20'), das zwischen den Sternbildern →Orion und Kleiner →Hund liegt und im Winter am Abendhimmel sichtbar ist.

■ **Sterne** Das nur lichtschwache Sterne aufweisende Sternbild ist aber reich an lohnenden Objekten für das Amateurteleskop. Zu den schönsten Mehrfachsternen am Himmel gehört β Mon: Die hellere der beiden Komponenten (scheinbare Helligkeiten $3^{m}{,}8$ bzw. $7^{m}{,}6$; Distanz 248") besteht aus zwei $4^{m}{,}5$ bzw. $4^{m}{,}6$ hellen Partnersternen in 8,3" Distanz, deren erster sich wiederum aus zwei Komponenten ($5^{m}{,}1$ bzw. $5^{m}{,}4$; Abstand 3,0") zusammensetzt. ε Mon besteht aus zwei $4^{m}{,}4$ bzw. $6^{m}{,}6$ hellen, 12,2" auseinander stehenden Komponenten. Erwähnenswerte Veränderliche sind der Delta-Cephei-Stern T Mon ($5^{m}{,}6$–$6^{m}{,}6$; Periode 27 Tage), der RV-Tauri-Stern U Mon ($5^{m}{,}6$–$7^{m}{,}6$; 92 Tage) und der Mira-Stern V Mon ($6^{m}{,}0$–$13^{m}{,}7$; 333,8 Tage).

■ **Sternhaufen und Nebel** Offene Sternhaufen für das Fernglas bzw. Amateurteleskop sind: M 50 (6^m; Entfernung 3 500 Lichtjahre), NGC 2232 (4^m; 1 200 Lichtjahre), NGC 2301 (6^m; 2 500 Lichtjahre), NGC 2353 (7^m; 3 900 Lichtjahre) und NGC 2324 ($8^{m}{,}5$; 12 000 Lichtjahre). Der offene Sternhaufen NGC 2244 (5^m; 5 000 Lichtjahre) ist in einen schwachen diffusen Nebel (NGC 2237), den berühmten →Rosettennebel (6^m; 5 000 Lichtjahre), eingebettet. Eine weitere Kombination von offenem Sternhaufen (4^m) und Nebel (Conus-Nebel, Entfernung 2 600 Lichtjahre) ist NGC 2264. Prominenter Stern dieses Sternhaufens (auch Weihnachtsbaum-Sternhaufen genannt) ist der überaus leuchtkräftige, $4^{m}{,}7$ helle, unregelmäßig und schwach veränderliche (0,1 Größenklassen) Stern S Mon (15 Mon), ein Doppelstern mit einem $7^{m}{,}6$ hellen Begleiter in 3" Distanz. Bemerkenswert ist auch der lichtschwache ($9^{m}{,}5$) fächerförmige Nebel NGC 2261 (Entfernung 3 000 Lichtjahre), der auch als →Hubble-Nebel oder Hubbles veränderlicher Nebel bekannt ist: In ihm ist ein junger, unregelmäßig veränderlicher Stern (R Mon; $9^{m}{,}5$–12^{m}) verborgen, der den Nebel beleuchtet und bei diesem Helligkeitsschwankungen und Formveränderungen bewirkt. Ein weiteres berühmtes Objekt im Einhorn ist →Plasketts Stern (6^m), ein außergewöhnlich massereicher Überriese des Spektraltyps O und spektroskopischer Doppelstern mit einer Periode von 14 Tagen. (→Sternbilder)

Einschlagkrater, der →Impaktkrater.

Einstein, Albert, deutsch-amerikanischer Physiker, * Ulm 14. 3. 1879, † Princeton (New Jersey) 18. 4. 1955. Zu seinem 50. Todestag und zum 100. »Geburtstag« der Relativitätstheorie wurde das Jahr 2005 in Deutschland zum Einsteinjahr ausgerufen.

■ **Frühe Jahre** Einsteins Vater kam aus einer jüdischen Kaufmannsfamilie, die bereits seit zwei Jahrhunderten im Schwäbischen ansässig war, seine Mutter entstammte einer jüdischen Getreidehändlerfamilie. 1880 zog die Familie Einstein nach München, wo der Vater zusammen mit seinem Bruder ein elektrotechnisches Installationsgeschäft gründete. Einstein hatte schon als kleiner Junge eine ausgesprochen grüblerische Neigung und die Fähigkeit, sich über scheinbar selbstverständliche Dinge zu wundern. 1888 kam er ans Gymnasium und entgegen aller Gerüchte war Einstein kein schlechter Schüler. Trotzdem fühlte er sich in der Schule nicht wohl, die alten Sprachen lagen ihm nicht, und in Mathematik und Physik war er dem Schulstoff durch Selbststudium weit voraus. 1894 zog die Familie nach Mailand, ein Jahr später nach Pavia. Um das Abitur noch in München ablegen zu können, blieb Einstein bei Verwandten zurück. Er brach jedoch seinen Schulbesuch wenig später ab und erklärte seiner Familie, nie mehr nach München zurückkehren zu wollen. Stattdessen bereitete er sich auf die Aufnahmeprüfung des Eidgenössischen Polytechnikums in Zürich vor, an dem man auch ohne Abitur studieren konnte. Nachdem er die Aufnahmeprüfung im Oktober 1895 nicht bestanden hatte, folgte er dem Rat eines Lehrers und ging für ein Jahr auf die Kantonsschule in Aarau, wo er den Schulabschluss 1895/96 nachholte. Von 1896 bis 1900 studierte Einstein an der Eidgenössischen Technischen Hochschule Zürich, die er 1900 mit einem Diplom als Fachlehrer für Mathematik und Physik verließ. Während des Studiums verliebte er sich in seine serbische Studienkollegin Mileva Maric (* 1875, † 1948), seine spätere Frau.

■ **»Jahr der Wunder«** Nachdem seine Bemühungen um eine akademische Stelle gescheitert waren, fand Einstein, inzwischen Schweizer Staatsbürger, eine Stelle im Berner Patentamt. Die feste Stelle gab ihm jetzt auch die materielle Sicherheit, Mileva – mit der er bereits eine Tochter hatte – gegen den Widerstand seiner Familie zu heiraten. Die Tochter jedoch blieb in Serbien und wurde vermutlich etwas später zur Adoption freigegeben. Einstein schätzte seine Stelle durchaus, und in diese Zeit fällt sein persönliches »Jahr der Wunder« 1905, in dem Einsteins wichtigste Forschungsergebnisse veröffentlicht wurden: die Lichtquantentheorie, die Theorie der brownschen Bewegung und die Relativitätstheorie. Sie machten ihn zum bedeutendsten Physiker des 20. Jahrhunderts. Einstein hatte M. Plancks Arbeiten zum Problem der Strahlung eines schwarzen Körpers, die den Anfang der Quantentheorie bedeuteten, beim Literaturstudium kennen gelernt und übertrug nun das von Planck eingeführte »Wirkungsquantum« auch auf das Licht und wandte es auf den →Fotoeffekt an, den er in seinem Aufsatz »Über einen die Erzeugung und Umwandlung des Lichtes betreffenden heuristischen Standpunkt« deuten konnte. 1921 erhielt er für diese Arbeit den Nobelpreis für Physik. Dem Problem der brownschen Bewegung näherte sich Einstein mit der Frage, ob aus der molekularkinetischen Theorie der Wärme überhaupt eine beobachtbare Bewegung abgeleitet werden könne – und mit einigen wenigen, nachvollziehbaren Annahmen konnte er dies tatsächlich nachweisen. Seine weitere Aussage besagte, die Messung der Bewegung müsste auch erlauben, die Avogadro-Konstante zu bestimmen – die Zahl der Moleküle in einem bestimmten Volumen –, um damit letztlich das Vorhandensein der Moleküle zu beweisen, deren Existenz zu diesem Zeitpunkt keineswegs unumstritten war. In überarbeiteter Form wurde diese Arbeit an der Universität Zürich als Doktorarbeit angenommen. Am ehesten bringt man Einstein jedoch mit der →Relativitätstheorie in Verbindung, und in der Tat ist seine Arbeit »Zur Elektrodynamik bewegter Körper« eine der folgenreichsten wissenschaftlichen Arbeiten des 20. Jahrhunderts. Einsteins Idee war, dass analog zu den Verhältnissen in der Mechanik die physikalischen Gesetze in allen gleichmäßig relativ zueinander bewegten Systemen dieselbe Gestalt haben sollten. Außerdem wollte Einstein in seiner Arbeit ohne die gedankliche Konstruktion eines Äthers auskommen und setzte neben dem Prinzip der Gleichwertigkeit aller gleichförmig zueinander bewegten Bezugssysteme nur die Konstanz der Lichtgeschwindigkeit voraus. Einstein fasste den Begriff der Zeit und insbesondere den Begriff der Gleichzeitigkeit neu und verwarf auch den absoluten Raum. Alle diese Größen sind nur in relativer gleichförmiger Bewegung zu anderen Systemen definiert – das Relativitätsprinzip war geboren, das zu einer völligen Neudefinition bekannter Begriffe wie Zeit, Raum und Gleichzeitigkeit führte. Die vielleicht wichtigste Konsequenz der speziellen Relativitätstheorie ist die Gleichwertigkeit von Masse und Energie, die in der berühmten Formel $E = mc^2$ ihren Ausdruck findet – Masse ist demnach eine Erscheinungsform der Energie, und umgekehrt (→Masse-Energie-Äquivalenz). Mit diesen drei Arbeiten von 1905 hatte Einstein den Eintritt in die wissenschaftliche Welt geschafft. 1908 wurde er Privatdozent und ein Jahr später außerordentlicher Professor in Zürich. 1910 erhielt er einen Ruf an die Universität Prag, den er 1911 annahm, nachdem er zuvor öster-

Albert Einstein
*** 1879, † 1955**

100563

- eines der größten wissenschaftlichen Genies aller Zeiten
- revolutionierte das Verständnis von Raum und Zeit
- schuf mit der allgemeinen Relativitätstheorie eine Beschreibung der Gravitation, in der die Materie die Geometrie beeinflusst
- sagte damit zahlreiche neue Effekte voraus, die eindrucksvoll bestätigt wurden

Physikalische und menschliche Erkenntnis fasste der geniale Nobelpreisträger **Albert Einstein** in einem Aphorismus zusammen:

»Zwei Dinge sind unendlich: Das Universum und die menschliche Dummheit; aber beim Universum bin ich mir noch nicht ganz sicher.«

100563

Einstein.
Albert Einstein (Mitte) sowie die Professoren Langevin (rechts) und Smith auf einer Antikriegsdemonstration 1923 in Berlin

reichischer Staatsbürger geworden war. In Prag aber fühlten er und seine Familie, die inzwischen um zwei Söhne angewachsen war, sich nicht recht wohl, und schon nach einem Jahr ging er mit wesentlich höherem Gehalt wieder nach Zürich zurück. Mitte 1913 wählte ihn die Preußische Akademie der Wissenschaften zu ihrem korrespondierenden Mitglied. Der Umzug nach Berlin zog auch einen Schlussstrich unter Einsteins Ehe. Mileva kehrte mit den beiden Söhnen nach Zürich zurück; Einstein ließ sich von ihr scheiden und heiratete seine Cousine Elsa im Sommer 1919.

■ **Allgemeine Relativitätstheorie** Schon Ende 1907 hatte Einstein erkannt, dass seine spezielle Relativitätstheorie auf relativ zueinander beschleunigte Systeme ausgedehnt werden muss. Er griff die seit Jahrhunderten bekannte, letztlich aber unverstandene Erfahrungstatsache auf, dass die träge Masse eines Körpers, also sein Widerstand gegen eine Beschleunigung, exakt gleich der schweren Masse ist, die das Verhalten des Körpers in einem Gravitationsfeld bestimmt. Daraus zog er den Schluss, dass der freie Fall eines Objekts in einem Schwerefeld physikalisch gleichwertig zum Zustand der Ruhe ist, wenn keine äußeren Kräfte auf das Objekt einwirken. Die Begrifflichkeit der Theorie ist sehr schwierig und die zugrunde liegende Mathematik so kompliziert, dass es acht Jahre dauerte, bis die allgemeine Relativitätstheorie vollendet war. Sie veränderte die Ansichten über die Struktur des Raumes. Eine der Konsequenzen der Theorie, die Lichtablenkung, sollte bei einer Sonnenfinsternis nachgewiesen werden, die das Ziel einer deutschen Expedition zur Krim im August 1914 war. Der Krieg vereitelte die Beobachtungen, doch diese Verschiebung hatte auch ihr Gutes, denn erst ein Jahr später hatte die Theorie ihre endgültige Gestalt, und erst jetzt sagte sie den korrekten Wert für die Ablenkung voraus. Im Mai 1919 kam es während der Sonnenfinsternis in Brasilien zu entsprechenden Messungen durch zwei britische Expeditionen. Der Vergleich der britischen Fo-

Einstein
→ GEO **Dossier**
Von Wurmlöchern und Paralleluniversen, Bd. 5

Einstein
→ GEO **Dossier**
Die Suche nach der Weltformel, Bd. 5

Einstein Kosmologe Einstein

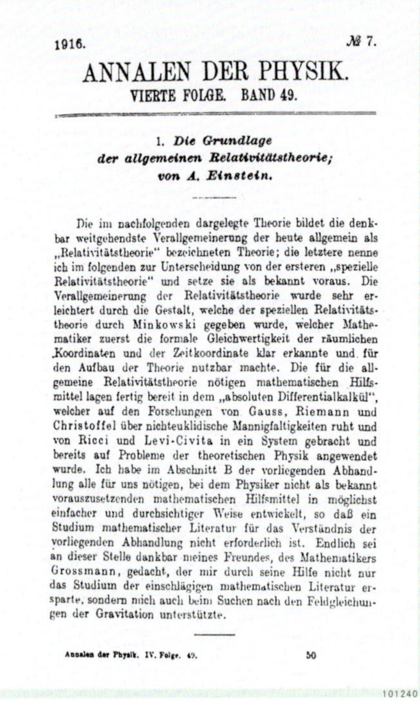

1916. № 7.

ANNALEN DER PHYSIK.
VIERTE FOLGE. BAND 49.

1. ***Die Grundlage der allgemeinen Relativitätstheorie; von A. Einstein.***

Die im nachfolgenden dargelegte Theorie bildet die denkbar weitgehendste Verallgemeinerung der heute allgemein als „Relativitätstheorie" bezeichneten Theorie; die letztere nenne ich im folgenden zur Unterscheidung von der ersteren „spezielle Relativitätstheorie" und setze sie als bekannt voraus. Die Verallgemeinerung der Relativitätstheorie wurde sehr erleichtert durch die Gestalt, welche der speziellen Relativitätstheorie durch Minkowski gegeben wurde, welcher Mathematiker zuerst die formale Gleichwertigkeit der räumlichen Koordinaten und der Zeitkoordinate klar erkannte und für den Aufbau der Theorie nutzbar machte. Die für die allgemeine Relativitätstheorie nötigen mathematischen Hilfsmittel lagen fertig bereit in dem „absoluten Differentialkalkül", welcher auf den Forschungen von Gauss, Riemann und Christoffel über nichteuklidische Mannigfaltigkeiten ruht und von Ricci und Levi-Civita in ein System gebracht und bereits auf Probleme der theoretischen Physik angewendet wurde. Ich habe im Abschnitt B der vorliegenden Abhandlung alle für uns nötigen, bei dem Physiker nicht als bekannt vorauszusetzenden mathematischen Hilfsmittel in möglichst einfacher und durchsichtiger Weise entwickelt, so daß ein Studium mathematischer Literatur für das Verständnis der vorliegenden Abhandlung nicht erforderlich ist. Endlich sei an dieser Stelle dankbar meines Freundes, des Mathematikers Grossmann, gedacht, der mir durch seine Hilfe nicht nur das Studium der einschlägigen mathematischen Literatur ersparte, sondern mich auch beim Suchen nach den Feldgleichungen der Gravitation unterstützte.

Annalen der Physik. IV. Folge. 49. 50

101240

Dass Einstein etwas mit der Lichtgeschwindigkeit zu tun hat und die Relativitätstheorie schuf, wissen viele. Weniger bekannt ist, dass er einen großen Teil seines Wissenschaftlerlebens über der Frage grübelte, wie das Universum als Ganzes aussieht. Natürlich mathematisch exakt. Resultat seiner Bemühungen war unter anderem die allgemeine Relativitätstheorie, welche die Struktur des Raums beschreibt. Sie enthält einen Ausdruck, den Einstein selbst als den »größten Unsinn meines Lebens« bezeichnete. Heute wird er als kosmologische Konstante bezeichnet. Rein formal besagt diese Größe, dass eine abstoßende Kraft wirkt. Das passte aber nur dann zu den Beobachtungen, die zu Einsteins Zeiten bekannt waren, wenn der Ausdruck null war. Heute ist die Konstante des Kosmologen Einstein wieder sehr gefragt. Die Astronomen stellten nämlich fest, dass die Expansion des Universums sich beschleunigt. Warum, ist noch unklar. Aber es scheint eine »Energie« zu geben, die das Universum auseinander drückt – wie es Einsteins kosmologische Konstante ausdrückt.

tografie aller Sterne mit einer älteren Aufnahme, als die Sonne an anderer Stelle stand, zeigte tatsächlich eine Abweichung in Übereinstimmung mit der von Einstein aufgestellten Theorie. Die folgenden Tage bescherten der Welt einen neuen Mythos: Einstein als der herausragende, aber unverständliche Wissenschaftler. Die Zeitungen berichteten unter Überschriften wie »Revolution in der Wissenschaft«, »Neue Theorie des Universums«, »Newtonsche Gedanken umgestürzt« über ihn. Trotz ihrer Unverständlichkeit traf die Theorie den Nerv der Zeit. In einer nach Kriegsende zutiefst verunsicherten Welt war »das Relative« in hohem Maße attraktiv: Die Verunsicherung durch Krieg, Revolution und Streiks erschien gegenüber der Erschütterung der Grundbegriffe wie Zeit und Raum unbedeutend. Als Einstein 1922 den Nobelpreis des Jahres 1921 erhielt – wohlgemerkt nicht für seine Relativitätstheorie –, nahm die öffentliche Diskussion fast Züge einer Religion an, und Einstein war ihr Prophet. Wenngleich Einstein dies später als »Relativitätsrummel« abtat, ermöglichte er ihn zugleich, indem er die ihm zugedachte Rolle annahm.

■ **Ruhm und Emigration** In den 1920er-Jahren war Einstein beständig auf Reisen und hielt Vorträge auf der ganzen Welt. Seine zahlreichen wissenschaftlichen Gastaufenthalte drehten sich fast ausnahmslos um die Frage, die ihn bis zum Lebensende nicht mehr losließ: Wie lassen sich Gravitation und Elektrodynamik in einer Theorie vereinigen? Seine Suche nach einer Feldtheorie erwies sich als fruchtlos, wohl auch deshalb, weil er die größte Entwicklung der 1920er-Jahre, die Quantenmechanik, nicht anerkennen wollte, da sie seiner philosophischen Grundhaltung widersprach. Die Wende zu den 1930er-Jahren markierte auch in privater Hinsicht einen Umbruch. Einstein war jetzt 50 Jahre alt und bezog, in bester Verfassung, mit seiner Frau Elsa erstmals ein eigenes Haus in Caputh bei Potsdam. Gleichzeitig verschlechterte sich die Weltsituation zunehmend: Die Weltwirtschaftskrise nahm ihren Anfang, in Deutschland gewannen die Nationalsozialisten an Einfluss und in Palästina eskalierten die Auseinandersetzungen zwischen jüdischen Siedlern und Arabern. Einstein verstärkte seine schon unter dem Eindruck des Ersten Weltkrieges begonnenen pazifistischen Aktivitäten. Als 1933 Hitler Reichskanzler wurde, war Einstein auf einer Vortragsreise in den USA. Er kehrte nie mehr nach Deutschland zurück, sondern erklärte seinen Austritt aus der Preußischen Akademie der Wissenschaften und beendete jede Zusammenarbeit mit deutschen Institutionen.

■ **Der Pazifist und die Bombe** Einstein akzeptierte 1933 eine Stelle am Institute for Advanced Study in Princeton, New Jersey. Abseits der aktuellen physikalischen Forschungen arbeitete Einstein weiterhin an seinem Entwurf einer Feldtheorie und fand schließlich eine Lösung der Feldgleichungen, welche die Existenz von Gravitationswellen nahe legte. Obwohl diese Wellen bis heute nicht experimentell direkt nachgewiesen sind, wird ihre Existenz kaum bezweifelt. Als er von Niels Bohr 1939 die Nachricht erhielt, in Berlin sei die Kernspaltung am Uran entdeckt worden, begriff er die Konsequenzen: Die Atombombe war möglich geworden. Der ungarische Emigrant Leo Szilard entwarf einen Brief an den amerikanischen Präsidenten Franklin D. Roosevelt, der vor der Gefahr einer solchen Waffe in der Hand der Nationalsozialisten warnte und die Entwicklung der Bombe in den USA anregte. Dieser Brief vom 2. August 1939, den auch Einstein aus Furcht vor den Nationalsozialisten unterzeichnete, beeinflusste die Vorbereitung des Baus der Atombombe, gilt aber heute nicht mehr als entscheidend für ihre

Einstein Die »deutsche Physik«

Neben der Verehrung Einsteins für seine Relativitätstheorie Anfang der 1920er-Jahre formierte sich aber auch eine Gegenbewegung. Die Episode der so genannten »deutschen Physik« ist eines der beschämendsten Kapitel der Wissenschaftsgeschichte. Die »Arbeitsgemeinschaft deutscher Naturforscher zur Erhaltung reiner Wissenschaft e. V.« begann im August 1920 eine Kampagne gegen die Relativitätstheorie, die als »Massensuggestion« und »wissenschaftlicher Dadaismus« bezeichnet wurde. Nachdem eine fachliche Widerlegung gescheitert war, polemisierte der Verein mit antisemitischen Parolen gegen die Theorie als »jüdisches Blendwerk«. Einstein erwiderte scharf, und wohl zum ersten Mal wurde ihm seine jüdische Abstammung bewusst. Mit seiner durch die Relativitätstheorie und den Nobelpreis gewonnenen Berühmtheit unterstützte er fortan die Ziele der zionistischen Bewegung.

Einstein
→ GEO Dossier
Reise zum Anfang von Raum und Zeit, Bd. 5

Einstein.
Einstein 1931 während seiner Gastprofessur an der Princeton-University

Entwicklung. Nach den Abwürfen von Atombomben über Hiroshima 1945 warnte der pazifistisch eingestellte Einstein zunehmend vor den Gefahren der Kernwaffen und wurde endgültig zu einer moralischen Instanz.

Ausgabe: *The collected papers of Albert Einstein, auf 25 Bde. berechnet (1987ff.).– A. Fölsing: Albert Einstein. Eine Biographie (Neuausgabe 2000); A. Pais: »Raffiniert ist der Herrgott ...«. A. Einstein, eine wissenschaftliche Biographie (aus dem Englischen, Neuausgabe 2000); S. Bergia: Einstein. Das neue Weltbild der Physik (²2002); J. Wickert: Albert Einstein (²⁴2003); T. Bührke: Albert Einstein (2004); J. Neffe: Einstein. Eine Biografie (2005).*

Einstein-Kosmos, auf den Lösungen der von A. Einstein in der allgemeinen →Relativitätstheorie formulierten Feldgleichungen mit kosmologischem Glied basierendes Modell des Weltalls (→Kosmologie). Der Einstein-Kosmos ist das topologische Produkt der (als eindimensionale Menge aufgefassten) Zeit mit einer dreidimensionalen Kugel und kann daher als vierdimensionales Analogon des dreidimensionalen Kreiszylinders angesehen werden. Er wird deshalb auch als **(einsteinsche) Zylinderwelt** bezeichnet.

Einstein-Kreuz [nach A. Einstein], Effekt einer →Gravitationslinse, bei der das weiter entfernt liegende Objekt an vier Stellen um die Linse herum abgebildet wird. Ein Beispiel für ein solches Bild ist der Quasar QSO 2237+0305.

Einstein-Observatorium, der anlässlich des 100. Geburtstages von A. Einstein (1979) so benannte amerikanische Astronomiesatellit HEAO-2 mit dem damals größten Röntgenteleskop (→HEAO).

Einstein-Ring, durch eine →Gravitationslinse hervorgerufener Effekt, der bereits 1936 von A. Einstein vorhergesagt wurde und auf der Lichtablenkung durch massereiche kosmische Objekte beruht. Manchmal wird das Bild so verzerrt, dass ein charakteristisches rundes Gebilde zustande kommt. Einen solchen Ring sieht man zum Beispiel beim Quasar 1938+666. Zum ersten Mal wurde dieses Phänomen 1988 bei der Radiogalaxie MG 1131+0456 im Sternbild Löwe entdeckt.

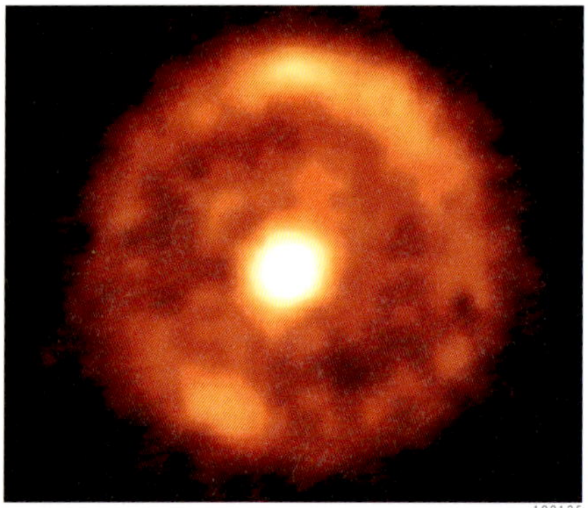

102125

Einstein-Ring. Die Galaxie B 1938+666 (der helle Fleck in der Bildmitte) wirkt als Gravitationslinse für das Licht einer anderen, weit hinter ihr liegenden Galaxie. Die Anordnung ist so genau auf einer Linie, dass das Bild der fernen Galaxie zu einem nahezu perfekten Ring verzerrt wird (Aufnahme mit dem Hubble-Weltraumteleskop).

6917

Einsteinturm. Der Einsteinturm in Potsdam ist das erste bedeutende Bauwerk des Architekten Erich Mendelsohn und verknüpft Wissenschaft mit Kunst.

Einsteinturm [nach A. Einstein], das der Sonnenbeobachtung dienende Turmteleskop auf dem Gelände des Astrophysikalischen Instituts in Potsdam; 1920/21 erbaut (ursprünglich zum Nachweis der von Einstein vorausgesagten Rotverschiebung von Spektrallinien im Schwerefeld der Erde). Die Strahlung des zu beobachtenden Objekts wird von einem Zölostaten mit zwei Planspiegeln von 85 cm Durchmesser in ein senkrecht stehendes Fernrohr (Objektiv von 60 cm Öffnung und 14 m Brennweite) gelenkt und von diesem über einen Umlenkspiegel auf zwei Spektrografen großer Dispersion abgebildet. – Der frühexpressionistische Bau von E. Mendelsohn greift Anregungen des Jugendstils auf.

Einsturztheorie, Impakttheorie, eine der Theorien zur Erklärung der Entstehung des Erde-Mond-Systems. Demnach stieß in der Frühzeit des Planetensystems ein großer →Planetesimal mit der Erde zusammen, als diese noch teilweise geschmolzen, jedoch bereits soweit chemisch differenziert war, dass sich der Eisenkern ausgebildet hatte. Beim Aufprall wurden die Krusten der beiden Körper zerstört und in den Weltraum geschleudert. Ein Teil des Materials verblieb in einer Umlaufbahn um die Erde. Aus ihm bildete sich der Mond. Da dieses Material aus den Mantelbereichen der beiden Körper stammte, war es arm an Eisen, während die flüchtigen Elemente bei den hohen Temperaturen während des Einschlags verdampften. Dies würde die geringere Dichte des Mondes im Vergleich zur Erde erklären.

Eintrittspupille, →Pupille, →Blende, →Austrittspupille.

Einundzwanzig-Zentimẹter-Lini|e, 21-cm-Lini|e, im Radiofrequenzbereich bei der Wellenlänge von 21,11 cm liegende Spektrallinie (Frequenz 1 420,4 MHz), die beim Übergang des Elektrons zwischen den (durch die beiden Einstellmöglichkeiten des Elektronenspins bedingten) Hyperfeinstrukturniveaus des Grundzustands der neutralen Wasserstoffatome emittiert oder absorbiert wird. Die besonders von Wasserstoff in den kühleren Bereichen der interstellaren Materie (HI-Region) emittierte oder absorbierte Einundzwanzig-Zentimeter-Linie wurde 1944 theoretisch vorausgesagt und dann 1951 von den amerikanischen Physikern H. I. Ewen, E. M. Purcell und G. Westerhout entdeckt. Ihre Beobachtung hat wesentlich zur Erforschung der Struktur, der Bewegung und der Dichteverteilung im Milchstraßensystem beigetragen.

Eis, durch Gefrieren entstehende feste Form von Wasser; es bildet sich bei 273,15 Kelvin (0 °C) und $1{,}01325 \cdot 10^5$ Pascal (Eispunkt) in verschiedenen Kristallformen. Gewöhnliches Eis ist leichter als Wasser, die anderen Modifikationen unterscheiden sich durch Dichte, Härte und elektrische Eigenschaften. Außer auf der Erde wurde Eis in unserem Sonnensystem in →Kometen, auf dem →Mars und auf einigen Monden der äußeren Planeten nachgewiesen. Neben den Polkappen des Mars, die mit Sicherheit teilweise aus Eis bestehen, gibt es möglicherweise auch in anderen Marsregionen Eisvorkommen als Permafrost in tieferen Bodenschichten. Es ist denkbar, dass auch auf dem Mond der Erde in den Polregionen am Grund tiefer Krater Eisvorkommen als Relikte von Kometeneinschlägen überlebt haben.

Eklịpse [griech. ékleipsis »das Ausbleiben«, »das Verschwinden«] *die, -/-n,* Sammelbegriff für die Sonnen- und die Mondfinsternis.

Eklịptik [von lat. linea ecliptica, eigentlich »zur Eklipse gehörende Bahn« (da in ihr Eklipsen auftraten)] *die, -/-en,* ein Großkreis am Himmel, in dem die Ebene der Erdbahn um die Sonne die gedachte Himmelskugel schneidet. Dabei ist die Erdbahnebene, die **ekliptikale Ebene,** definiert durch die Verbindungslinie vom Mittelpunkt der Sonne zum Schwerpunkt des Erde-Mond-Systems und die Bewegungsrichtung dieses Systemschwerpunktes um die Sonne. Der Systemschwerpunkt fällt nicht mit dem Erdmittelpunkt zusammen, auf den bei astronomischen Messungen die ekliptikalen Koordinaten bezogen werden. Vielmehr pendelt der Erdmittelpunkt mit einer Periode von einem Monat geringfügig um die Ekliptik, weshalb sich auch in den Ephemeriden der Sonne kleine Werte für ihre ekliptikale Breite β ergeben, die aber nie den Wert $\beta = +0{,}8$ Bogensekunden (") überschreiten. Die ekliptikale Länge λ wird in der Ebene der Ekliptik gemessen. Als Nullpunkt dient der Frühlingspunkt $\lambda = 0$ Grad (°), von dem aus die ekliptikalen Längen in Richtung Osten gezählt werden. Durch den jährlichen Umlauf der Erde um die Sonne entsteht der Eindruck, als bewege sich die Sonne unter den Sternen der in der Mitte des Tierkreises liegenden Ekliptik; deshalb spricht man auch von der Ekliptik als der scheinbaren Sonnenbahn der Sphäre und nennt die von der Sonne durchlaufenen Tierkreissternbilder auch **ekliptikale Sternbilder.**

■ **Schiefe der Ekliptik** Die Ekliptik schneidet im Frühlings- und Herbstpunkt (→Äquinoktium) den Himmelsäquator unter einem Winkel von etwa 23° und 27 Minuten ('), der als Schiefe der Ekliptik bezeichnet wird. Entsprechend ist die Senkrechte auf der Erdbahnebene zur Erdachse um 23° 27' geneigt. Dieser Winkel ist unter der Wirkung der →Präzession und →Nutation in geringem Maße veränderlich. Die Senkrechte auf der Erdbahnebene, kurz Ekliptikachse genannt, durchstößt die Himmelskugel im Ekliptiknord- und Ekliptiksüdpol.

Ekliptikạlsystem, ekliptikạles Systẹm, →astronomische Koordinaten.

Elạra, ein Mond des Planeten →Jupiter, der 1905 am Lick-Observatorium in San Jose, Kalifornien, entdeckt wurde. Er umkreist Jupiter in einem mittleren Abstand von 11,74 Millionen Kilometern in 259 Tagen, 15 Stunden und 22 Minuten. Aufgrund seiner Bahneigenschaften wird er der Himalia-Gruppe, benannt nach dem Jupitermond →Himalia, zugeordnet. Der mittlere Durchmesser von Elara beträgt 78 Kilometer.

Elefantenrüssel, eine nach der Form eines Elefantenrüssels geformte →Dunkelwolke, die man u. a. im →Rosettennebel und im →Adler-Nebel findet. Sie ragt in helle ionisierte Wasserstoffwolken (→H-II-Gebiet) hinein und besteht selbst aus kühlen, neutralen Wasserstoffgasen (→H-I-Gebiet).

elektrische Ladung, →Ladung.

elektromagnẹtisches Spẹktrum, →elektromagnetische Wellen, →Spektrum.

elektromagnetische Wechselwirkung, eine der vier fundamentalen →Wechselwirkungen im Standardmodell der →Elementarteilchen.

elektromagnetische Wellen, elektromagnetische Felder, die sich im Raum, in Isolatoren, auf Leitern oder im Vakuum mit der Lichtgeschwindigkeit des jeweiligen Mediums ausbreiten. Die Gesamtheit der Wellenlängen

Einsturztheorie
→ GEO **Dossier** Unheimliche Vagabunden, Bd. 4

Elefantenrüssel. Die ungewöhnliche Form einer Dunkelwolke verhalf dem Elefantenrüssel-Nebel IC 1396 im Sternbild Kepheus zu seinem Namen.

bzw. der Frequenzen elektromagnetischer Wellen bildet das elektromagnetische →Spektrum; ein kleiner Ausschnitt daraus ist das sichtbare →Licht. Zwischen Frequenz ν und Wellenlänge λ jeder elektromagnetischen Strahlung gilt im Vakuum die Beziehung $\nu \cdot \lambda = c$ (c ist die →Lichtgeschwindigkeit).

Im Universum kommen elektromagnetische Wellen aus dem gesamten Spektrum vor, ein Bruchteil davon gelangt allerdings nur zur Erdoberfläche, da die Atmosphäre mit Ausnahme des sichtbaren Lichts und Radiowellen mit einer Wellenlänge zwischen einigen Millimetern und etwa 15 Metern (die so genannten »atmosphärischen Fenster«) praktisch sämtliche Strahlung aus dem Weltall absorbiert.

Elektron [auch eˈlɛktrɔn, elɛkˈtroːn; griechisch ḗlektron »Bernstein«, »mit Silber gemischtes Gold«], physikalisches Symbol e, e^- oder ⊖; leichtes, elektrisch negativ geladenes, stabiles →Elementarteilchen. Sein →Antiteilchen ist das positiv geladene Positron (e^+). Das Elektron ist der wichtigste Vertreter der →Leptonen, da es (neben →Proton und →Neutron) einer der Bausteine der Materie ist. Es besitzt eine etwa 1837-mal kleinere Masse als das Proton und ist Träger einer negativen Elementarladung. Das Elektron hat halbzahligen →Spin, ist also ein →Fermion. Das Elektron kommt in der Natur frei beweglich vor oder gebunden in der Elektronenhülle eines Atoms.

Elektronenvolt, das →Elektronvolt.

Elektronvolt, Elektronenvolt, Einheitenzeichen **eV,** gesetzliche Einheit der Energie in der Atomphysik: 1 Elektronvolt ist festgelegt als diejenige kinetische Energie, die ein Träger der Elementarladung $e = 1{,}602\,177\,3 \cdot 10^{-19}$ Coulomb beim freien Durchlaufen eines Spannungsgefälles von 1 V im Vakuum gewinnt. Zwischen den Energieeinheiten Elektronvolt und Joule (J) besteht die Beziehung: $1\,\text{eV} = 1{,}602\,177\,3 \cdot 10^{-19}\,\text{J}$, sodass einem atomaren oder molekularen Energieumsatz von 1 eV ein molarer Energieumsatz von 96,48 kJ/mol entspricht. Gebräuchliche dezimale Teile und Vielfache sind das **Millielektronvolt** ($1\,\text{meV} = 10^{-3}\,\text{eV}$) und das **Kiloelektronvolt** ($1\,\text{keV} = 10^{3}\,\text{eV}$), in der Kernphysik das **Megaelektronvolt** ($1\,\text{MeV} = 10^{6}\,\text{eV}$), in der Hochenergiephysik das **Gigaelektronvolt** ($1\,\text{GeV} = 10^{9}\,\text{eV}$). Häufig werden hier die Ruhmassen der Elementarteilchen durch ihre Ruhenergie in Elektronvolt angegeben.

elektroschwache Wechselwirkung, →Wechselwirkung.

elektrostatischer Antrieb, der →Ionenantrieb.

Elementarteilchen, die kleinsten, mit den gegenwärtig zur Verfügung stehenden Mitteln und Energien der sie erforschenden Hochenergiephysik nicht weiter zerlegbaren materiellen, in einigen Fällen auch keine Ruhmasse aufweisenden Teilchen (nebst ihren →Antiteilchen), die im Allgemeinen instabil sind und zum Teil in Wechselwirkungsprozessen mit sehr hoher Energie- und Impulsübertragung oder in Zerfallsprozessen der schwachen Wechselwirkung entstehen, sich ineinander umwandeln oder auseinander hervorgehen, also keine unzerstörbare Individualität besitzen. Es hat sich jedoch herausgestellt, dass unter diesen Elementarteilchen, die Urheber und Träger aller atomaren und subatomaren Erscheinungen sind, alle der starken Wechselwirkung unterworfenen Elementarteilchen (die Hadronen) aus noch elementareren Gebilden, den →Quarks, aufgebaut sind, die aber bislang nicht als frei existierende Teilchen beobachtet werden konnten.

Nach ihrer Masse und der Art ihrer Wechselwirkung unterscheidet man: →Baryonen und →Mesonen (sie bilden die Gruppe der Hadronen), →Leptonen und Quarks (sie werden heute als die fundamentalen Elementarteilchen angesehen) sowie die →Eichbosonen, die die Wechselwirkung zwischen den fundamentalen Elementarteilchen vermitteln; zu den Eichbosonen zählen die →Photonen (als Anregungsquanten des elektromagnetischen Feldes), die W- und Z-Bosonen, die die schwache Wechselwirkung und die →Gluonen, die die starke Wechselwirkung vermitteln. Unter diesen Elementarteilchen sind nur die Elektronen, die Protonen und (wenn in Atomkernen gebunden) die Neutronen sowie die ruhmasselosen Photonen und die ebenfalls ruhmasselosen oder höchstens eine nur sehr kleine Ruhmasse besitzenden Neutrinos wirklich stabil, wobei die Elektronen, Protonen und Neutronen die Bausteine der Atome und damit der gesamten (gewöhnlichen) Materie sind (sie wurden daher ursprünglich allein als Elementarteilchen angesehen). Alle anderen Elementarteilchen aus diesen Gruppen sowie das Neutron im freien Zustand sind unbeständig, d. h., sie zerfallen, wobei ihre Zerfallsprodukte aber ebenfalls wieder Elementarteilchen sind.

■ **Theorie der Elementarteilchen und ihrer Wechselwirkungen** Die wesentlichen Ergebnisse der Elementarteilchen-Physik werden heute im so genannten **Standardmodell der Elementarteilchen** zusammengefasst, nach dem es als Materieteilchen drei Familien von Quarks und von Leptonen und deren Antiteilchen sowie vier fundamentale Naturkräfte gibt. Es gibt zahlreiche Versuche, die im Standardmodell zusammengefasste starke und elektroschwache Wechselwirkung in →Großen Vereinheitlichten Theorien zu vereinheitlichen und in supersymmetrischen Theorien auch die Gravitation mit einzubeziehen (Supergravitation, → Stringtheorie). Als umfassende Theorie der Elementarteilchen ist das Standardmodell allerdings noch nicht befriedigend.

Elemente, Bahnelemente, →Bahn.

Elementenhäufigkeit, die relative Häufigkeit der chemischen Elemente in einer Materieansammlung, beispielsweise in der Erdrinde, im Mondgestein oder in größeren kosmischen Bereichen. Meist dient Wasserstoff als Bezugselement, zu dem die anderen Elemente ins Verhältnis gesetzt werden. Für allgemeinere kosmologische Fragen ist die mittlere kosmische Elementenhäufigkeit von Bedeutung. Dabei zeigt sich, dass die beiden Elemente Wasserstoff und Helium, die bereits beim Urknall gebildet wurden, mit zusammen etwa 97 Prozent die bei Weitem häufigsten Elemente im Weltall sind. Die Elemente Lithium, Beryllium und Bor kommen hingegen sehr selten vor, was daran liegt, dass sie nicht bei den Kernprozessen im Sterninneren erzeugt werden. Auf der Erde betragen die Häufigkeiten der verbreitetsten Elemente etwa Sauerstoff 49,2 %, Silicium 25,7 %, Aluminium 7,5 % und Eisen 4,7 % (→Nukleogenese).

Element|entstehung, die →Nukleogenese.

Elevation, veraltete Bezeichnung für die →Höhe eines Gestirns.

Ellipse [von griechisch élleipsis, eigentlich »Mangel« (wohl weil der Form die volle Rundung des Kreises fehlt)], eine zu den Kegelschnitten gehörende geschlossene Kurve, der Ort aller Punkte einer Ebene, für die die Summe der Abstände zu den beiden Brennpunkten beziehungsweise die Summe der Länge der Brennstrahlen konstant ist. Die Ellipse hat einen größten (Hauptachse) und einen kleinsten Durchmesser (Nebenachse), die aufeinander senkrecht stehen und sich im Mittelpunkt der Ellipse schneiden. Ein Sonderfall der Ellipse ist der Kreis, für ihn sind die beiden Achsen gleich groß. Die Entfernung des Mittelpunkts von einem der Brennpunkte heißt lineare Exzentrizität.

ellipsoidische Veränderliche, veränderliche Sterne, die rotieren und früher den →Bedeckungsveränderlichen zugeordnet wurden; tatsächlich handelt es sich aber um →Doppelsterne, deren Komponenten eine so geringe Entfernung haben, dass sie sich durch die gegenseitige Gezeitenwirkung ellipsoidisch verformen. Durch die Drehung wird dem Beobachter einmal die größere, einmal die kleinere Querschnittsfläche präsentiert, sodass es zu einer Helligkeitsschwankung kommt. (→Rotationsveränderliche)

elliptische Galaxien, eine Klasse von →Sternsystemen, deren optisches Erscheinungsbild mehr oder weniger einer Ellipse (im Grenzfall auch einer Kugel) ähnelt. Sie bestehen überwiegend aus alten Sternen, enthalten wenig Gas oder Staub und rotieren nur gering. Sie sind der häufigste Galaxientyp in →Galaxienhaufen und die Muttergalaxien von starken Radioquellen.

Elongation [zu lateinisch elongare »entfernen«, »fern halten«], die Winkeldistanz eines Gestirns, besonders eines Planeten, von der Sonne, gemessen in ekliptikaler Länge (→astronomische Koordinaten). Steht ein Planet in westlicher Elongation, so geht er vor der Sonne auf (Morgenstern), steht er dagegen in östlicher, so geht er nach der Sonne unter und kann am Abendhimmel beobachtet werden. Die Elongation der äußeren Planeten kann alle Werte zwischen 0° und 360° annehmen, während die beiden inneren Planeten nur eine größte westliche oder östliche Elongation erreichen können, die bei Merkur etwa 28° und bei Venus etwa 47° beträgt. (→Konstellation)

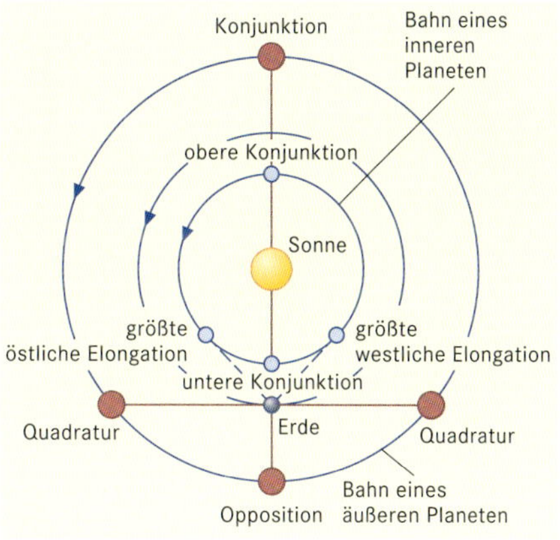

Elongation. Elongationen, Konjunktionen, Oppositionen und Quadraturen im Planetensystem

Elsässer, Hans Friedrich, deutscher Astrophysiker, * Aalen 29. 3. 1929, † Heidelberg 10. 6. 2003; ab 1963 Ordinarius für Astronomie an der Universität Heidelberg und Direktor der Landessternwarte; 1967 Gründungsdirektor des Max-Planck-Instituts für Astronomie (MPIA) in Heidelberg, dessen langjähriger Leiter er war; Mitglied der Max-Planck-Gesellschaft zur Förderung der Wissenschaften e. V., Autor von Lehrbüchern und zahlreichen populärwissenschaftlichen Zeitschriften, Mitbegründer und -herausgeber von »Sterne und Weltraum«.

Emden, Robert, schweizerischer Physiker, * Sankt Gallen 4. 3. 1862, † Zürich 8. 10. 1940; war 1907–28 Professor an der TH München, danach Professor für Astrophysik an der dortigen Universität, seit 1934 in Zürich. Sein Hauptwerk »Gaskugeln« (1907) bildete die Grundlage für A. S. Eddingtons Theorie des Sternaufbaus. Emden war auch Freiballonfahrer und machte für wissenschaftliche und kartografische Zwecke Flugaufnahmen der Alpen.

Emersion, Austreten eines Mondes aus dem Schatten seines Planeten.

Emission [zu lateinisch emittere, emissum »ausschicken«], die Aussendung einer Wellen- oder Teilchenstrahlung durch ein atomares

System, z. B. die Emission von Licht durch leuchtende Körper oder die Emission von Röntgen- und Gammastrahlung.

Emissionslini|en, →Emissionsspektrum.

Emissionsnebel, Emissionsgasnebel, Bezeichnungen für →galaktische Nebel, in denen interstellare Gasmassen (→interstellare Materie) durch die intensive Ultraviolettstrahlung eingelagerter oder benachbarter heißer Sterne ionisiert und zum Leuchten angeregt werden; hierzu gehören die (neu gebildete Sterne umgebenden) →Gasnebel und die →planetarischen Nebel.

Enceladus.
Enceladus besitzt vielfältige Oberflächenstrukturen, die auf Geysire oder Wasservulkane hinweisen. Seine Oberfläche besteht im Wesentlichen aus Eis und wird zudem pausenlos von eisigen Teilchen aus dem E-Ring des Saturns bombardiert.

Emissionsspektrum, ein →Spektrum, dessen Entstehung (im Gegensatz zum →Absorptionsspektrum) unmittelbar auf der Emission der Strahlung durch Atome beruht. Ein Emissionsspektrum kann aus einzelnen Spektrallinien **(Emissionslinien)** oder aus einer Vielzahl eng benachbarter Linien **(Emissionsbande)** bestehen oder als kontinuierliches Spektrum auftreten.

Empedokles, griechisch **Empedokles,** griechischer Philosoph, * Akragas (heute Agrigent, Sizilien) 483 oder 482 v. Chr., † zwischen 430 und 420 v. Chr.; seine Naturphilosophie geht davon aus, dass es kein Entstehen und Vergehen, keine Erschaffung aus dem Nichts gibt, sondern nur Mischung und Entmischung der vier Elemente Feuer, Luft, Wasser, Erde; in allen Vorgängen seien zwei Urkräfte, Liebe und Hass, wirksam, die unterschiedliche Gebilde mit verschiedenen Mischungsverhältnissen hervorbrächten.

Enceladus [nach Enkelados, einem Giganten der griech. Sage], 1789 von W. Herschel entdeckter Mond des →Saturn. Er umkreist den Planeten in einem mittleren Abstand von 238 020 Kilometern in 32 Stunden und 53 Minuten. Seine Oberfläche ist offenbar in großem Umfang erneuert worden. Sie zeigt verschiedene Geländetypen – neben Einschlagskratern sind flache Ebenen sowie ausgeprägte Brüche und Verwerfungen sichtbar – und scheint teilweise mit einem geschätzten Alter von 100 Millionen Jahren relativ jung zu sein. Das deutet darauf hin, dass Enceladus geologisch aktiv ist. Für diese Vermutung spricht auch, dass die Oberfläche von Enceladus mit reinem Wassereis bedeckt ist, das 99 Prozent des eingestrahlten Sonnenlichts reflektiert. Dies ist die höchste →Albedo (Maß für das Rückstrahlvermögen) eines Himmelskörpers im Sonnensystem. Ursache hierfür könnte Kryovulkanismus (Kältevulkanismus) sein, bei dem Wasser aus dem Innern des Mondes austritt und sich über die Oberfläche verteilt. Enceladus ist der kleinste bekannte Körper im Sonnensystem, der eine geologische Aktivität dieser Art aufweist. Der Umstand, dass die Umlaufperiode von Enceladus halb so lang ist wie die des Saturnmondes →Dione, spricht dafür, dass Gezeitenkräfte die für das Aufschmelzen nötige Energie geliefert haben. Außerdem scheinen im Innern von Enceladus chemische Stoffe vorhanden zu sein, die den Schmelzpunkt des Eises herabsetzen.

Encke, Johann Franz, deutscher Astronom, * Hamburg 23. 9. 1791, † Spandau (heute zu Berlin) 28. 8. 1865; war 1822–25 Direktor der Sternwarte Seeberg bei Gotha, danach Astronom der Preußischen Akademie der Wissenschaften in Berlin, seit 1844 Professor der Astronomie. Er berechnete die Bahn des nach ihm benannten Enckeschen Kometen, lieferte außerdem Beiträge zur astronomischen Störungstheorie und zahlreiche Bahnberechnungen von Planetoiden und Kometen sowie die erste genaue Bestimmung der Sonnenparallaxe aus den Venusdurchgängen von 1761 und 1769.

Enckescher Komet, 1786 von P. Méchain erstmals beobachteter Komet, der auch in den Jahren 1786, 1795, 1805 und 1818 gesichtet wurde, dessen Identität aber erst J. F. Encke 1819 klären und seine Wiederkehr für 1822 vorhersagen konnte. Der Enkesche Komet besitzt die kürzeste bekannte Umlaufperiode um die Sonne mit 3,30 Jahren. Er gilt als der am längsten und regelmäßigsten beobachtete Komet, wobei bereits Encke feststellte, dass die Periode pro Umlauf um etwa 2,5 Stunden abnimmt. Diese Verkürzung wird dem Rückstoßeffekt des vom Kometen abgestoßenen Materials zugeschrieben.

Enckesche Teilung, eine von J. F. Encke 1837 entdeckte Lücke im A-Ring des Planeten →Saturn.

Endeavour [ɪnˈdɛvə, nach dem ersten Schiff des Seefahrers J. Cook], fünfter Raumtransporter der NASA vom Typ »Spaceshuttle«; Erstflug vom 7. bis 16. 5. 1992 (STS-49) zur Reparatur des Satelliten INTELSAT VI.

Energie [französisch, von griechisch enérgeia »wirkende Kraft«] *die, -/...ˈgi|en,* die in einem physikalischen System gespeicherte Arbeit beziehungsweise die Fähigkeit, Arbeit zu verrichten. Energie hat sehr unterschiedliche Erscheinungsformen, wobei alle Energieformen ineinander umwandelbar sind. In einem abgeschlossenen System bleibt die Gesamtenergie konstant.

■ **Äquivalenz von Energie und Masse** Nach der speziellen Relativitätstheorie sind auch Masse und Energie zueinander äquivalent, daher entspricht jeder Masse m die Energie $E = mc^2$ (c Lichtgeschwindigkeit); sie wird bei der →Paarvernichtung vollständig freigesetzt. Beim Aufbau der Atomkerne aus einzelnen Protonen und Neutronen tritt ein →Massendefekt m auf, wobei die Bindungsenergie $E = mc^2$ frei wird. Da die Bindungsenergie je Nukleon für mittelschwere Kerne am größten ist, kann Kernenergie sowohl durch Kernfusion leichter Kerne (Sonnenenergie) als auch durch Kernspaltung schwerer Kerne gewonnen werden.

■ **Siehe auch**

→ Bindungsenergie · Dunkle Energie · elektromagnetische Wellen · Masse-Energie-Äquivalenz · Relativitätstheorie · Thermodynamik

Energiedichte, die auf die Volumeneinheit bezogene Energie (z. B. eines physikalischen Feldes).

englische Montierung, eine für astronomische Instrumente verwendete parallaktische Aufstellungsart (→Fernrohrmontierung).

Entfernungen. 1997 entdeckte das Hubble-Weltraumteleskop auf einer Aufnahme des Galaxienhaufens Cl1358+62 das gelinste Bild einer Hintergrundgalaxie mit einer Rotverschiebung z=4,92; es ist als eingerahmter rötlicher Bogen zu erkennen. Ein weiter entferntes Objekt war bis dahin nicht entdeckt worden. Inzwischen liegt der aktuelle »Rekord« für die Rotverschiebung bei 10.

entartete Materie, →Gasentartung.

Enterprise [ˈentəpraɪz; englisch »Unternehmen«, »Wagnis«], Name des als Testgerät dienenden Prototyps für den Orbiter des amerikanischen Raumtransporters. Enterprise wurde mit einem Flugzeug auf Höhe gebracht und eignete sich also nicht für einen Start auf eine Erdumlaufbahn. Die Enterprise wurde später vorrangig für Öffentlichkeitsarbeit eingesetzt, nahm aber dennoch an diversen Upgrade-Programmen der Raumfähren teil und wurde für verschiedene Tests zur Verbesserung der übrigen Fähren eingesetzt.

> Die Relativität aller irdischen **Entfernungen** erfuhr der russische Astronaut Witalij Sewastjanow beim Frühsport während eines seiner Raumflüge:
>
> *»Morgens betrieb ich Frühsport. Ich fuhr mit dem Ergometer-Fahrrad von Südafrika bis Wladiwostok, wobei ich wohlbehalten den Himalaja überquerte. Abends machte ich einen Marsch mit Dauerlaufeinlagen von Los Angeles bis Lissabon.«*

Entfernungen, werden im Sonnensystem in Kilometer (km) oder astronomischen Einheiten (AE) angegeben, ansonsten in →Lichtjahren (Lj) oder →Parsec (pc). Die Entfernung zwischen zwei Himmelsobjekten wird oft auch als Differenz der →Winkel, unter denen sie erscheinen, angegeben. Auch die →Rotverschiebung ist ein Entfernungsmaß: Je weiter eine Galaxie entfernt ist, desto stärker ist die Rotverschiebung.

Entfernungsbestimmung, die Bestimmung der Entfernung von astronomischen Objekten zur Erde. Sie zählt zu den wichtigsten Aufgaben in der Astronomie. Welche der verschiedenen Methoden in welchem Fall angewendet werden muss, hängt vom Entfernungsbereich und der Art des Objekts ab.

■ **Geometrische Methoden** In der näheren Umgebung der Erde können Entfernungen durch Laufzeitmessung elektromagnetischer Signale bestimmt werden, z. B. durch die Verwendung eines Lasers (im Falle des Monds) oder eines Radarsignals. Die klassische Methode der Entfernungsbestimmung ist jedoch das trigonometrische Verfahren, bei dem die Position eines Himmelsobjekts entweder von verschiedenen Punkten auf der Erde (bei nahen Objekten wie Planeten) oder – bei Sternen und anderen weiter entfernten Objekten – von verschiedenen Punkten der Erdumlaufbahn (also zu verschiedenen Zeitpunkten) bestimmt wird. Aus der Distanz der Beobachtungsorte und der beobachteten Verschiebung der Position (→Parallaxe) ergibt sich mit einfachen Zusammenhängen aus der Trigonometrie die Entfernung. Die erste Sternparallaxe wurde 1838 von F. W. Bessel an dem Stern 61 Cygni gefunden.

■ **Fotometrische Methoden** Neben den geometrischen Methoden sind die fotometrischen Entfernungsbestimmungen in der Astronomie von großer Bedeutung: Kennt man die *absolute* →Helligkeit eines Himmelskörpers, kann man aus der beobachteten *scheinbaren* Helligkeit die Entfernung ableiten (→Entfernungsmodul). Die absolute Helligkeit eines Sterns kann beispielsweise aus seinem →Spektrum gewonnen werden; bei einigen veränderlichen Sternen, etwa den →Cepheiden, ergibt sie sich aus der Periode. Bei →Supernovae vom Typ Ia weist die Maximalhelligkeit auf die mittlere absolute Leuchtkraft hin. Die genannten Methoden sind nicht nur bei Einzelsternen, sondern auch bei Galaxien anwendbar; bei Kugelsternhaufen wird neben der Helligkeit auch die Farbe herangezogen (→Farben-Helligkeits-Diagramm).

■ **Kosmologische Entfernungen** Schließlich steht für kosmologische Entfernungen auch die →Rotverschiebung und ihr Zusammenhang mit dem →Hubble-Parameter zur Verfügung.

Entfernungsmodul, ein sich aus der Differenz zwischen der absoluten Helligkeit M und der scheinbaren Helligkeit m eines kosmischen Objekts ergebendes Maß für dessen Entfernung r. Wird diese in Parsec gemessen, dann gilt $M - m = 5 - 5\log r$, unter der Voraussetzung, dass das Licht des Objekts im interstellaren Raum keiner Absorption unterworfen ist.

Entkopplung von Strahlung und Materie, →kosmische Hintergrundstrahlung, →Kosmologie.

Entropie [zu griech. tropḗ »Wendung«, »Umkehr«] *die, -/...'pi|en,* Formelzeichen S, ein Maß für den Ordnungszustand thermodynamischer Systeme beziehungsweise für die Irreversibilität der in ihnen ablaufenden thermodynamischen Prozesse. In einem abgeschlossenen System (ohne Energie- und Massenaustausch) ist die Entropieänderung bei reversiblen Vorgängen konstant. Der Absolutwert der Entropie wird festgelegt durch den 3. Hauptsatz der Thermodynamik, der besagt, dass die Entropie am absoluten Nullpunkt der Temperatur null ist. Für irreversible Vorgänge nimmt die Entropie immer zu. Die Gesamtentropie kann also in einem abgeschlossenen System nie abnehmen.

■ **Zeitrichtung** Die Tatsache, dass die Entropie in einem abgeschlossenen System mit der Zeit nicht abnehmen kann, zeichnet eine Zeitrichtung aus. Das gilt auch für das Universum als Ganzes: Sein Beginn stellt den Moment höchster Ordnung dar; seitdem nimmt die Entropie im Universum zu. Unter laufender Entropiezunahme müsste das Weltall also einem Endzustand ohne Energie- und Temperaturdifferenzen zustreben, der das Ende allen materiellen Geschehens bedeuten würde.

■ **Siehe auch**
→Thermodynamik · Urknall · Wärmetod · Zeitpfeil

Entweichgeschwindigkeit, die →Fluchtgeschwindigkeit.

ENVISAT [Abk. für engl. **envi**ronmental **sat**ellite, »Umweltsatellit«], von der ESA am 1. 3. 2002 gestarteter Erderkundungssatellit. ENVISAT umläuft in 100,6 Minuten in rund 800 Kilometer Höhe die Erde in einer nahezu idealen Kreisbahn, wobei die Bahnebene relativ zur Sonne konstant bleibt, sodass am Erdäquator für die überflogenen Orte immer die gleichen Beleuchtungsverhältnisse herrschen.

■ **Aufgaben** Der Umweltsatellit soll fünf Jahre lang Daten für die Umweltforschung sammeln und damit Antworten auf zahlreiche Fragen der Geoforschung geben, v. a. hinsichtlich der Biosphäre der Erde – damit sollen u. a. die Ursachen für das Ozonloch, die globale Erwärmung und die Ausdehnung der Wüsten untersucht werden. Die wissenschaftlichen Beobachtungen umfassen den thermischen Zustand und die Zusammensetzung der Erdatmosphäre, die Bodenbeschaffenheit und Bodenbedeckung der Kontinente sowie die Plattentektonik und die feste Erdkruste einschließlich des Meeresbodens sowie der Ozeane und ihrer großräumigen Strömungsverhältnisse.

■ **Hauptinstrumente** sind u. a. hochgenaue Radar-Höhenmesser, hochauflösende Spektrometer im ultravioletten, visuellen und infraroten Spektralbereich, insbesondere für Temperaturmessungen und spektrale Untersuchungen des Vegetationszustandes auf den Kontinenten.

Ephemeriden [griechisch »Tagebücher«], *Singular* **Ephemeride** *die, -,* für einen längeren Zeitraum und für zeitlich konstante Abstände vorausberechnete Gestirnsörter an der Himmelskugel, die in besonderen astronomischen Tafeln oder nautischen Jahrbüchern (ebenfalls Ephemeriden genannt) veröffentlicht werden. Sie dienen auch der genauen Positions-, Orts- und Zeitbestimmung.

Ephemeridenzeit, Abk. **ET** [engl. Ephemeris Time], die theoretisch in Bezug auf die Gesetze der Himmelsmechanik streng gleichförmig ablaufende Zeit. Die Ephemeridenzeit erhält man aus einem Vergleich der beobachteten scheinbaren Örter der Sonne und des Mondes mit den aufgrund der Bewegungsgleichungen der Himmelsmechanik berechneten Ephemeriden von Sonne und Mond. Gegenüber der Sonnenzeit ergeben sich von Jahr zu Jahr Korrekturen, die erst nachträglich aus den Beobachtungen der folgenden Jahre abzuleiten sind. (→Zeitmessung)

Epimetheus, bereits 1966 entdeckter Mond des Planeten →Saturn mit den Abmes-

ENVISAT Ein sterbender See

209

Eine der größten anthropogen verursachten Katastrophen der Erdgeschichte ist ohne Zweifel die Austrocknung des Aralsees. Bis 1960 war dieser Salzsee, im Tiefland von Turan teils in Usbekistan, teils in Kasachstan gelegen, das viertgrößte Binnenmeer der Erde, doch seitdem ist der Aralsee auf deutlich weniger als 40 Prozent seiner ehemaligen Fläche und 20 Prozent seines ehemaligen Volumens geschrumpft und in zwei Teile zerfallen, den Großen und den Kleinen Aralsee. Irgendwann wird der Aralsee ganz verschwunden sein. Der Salzgehalt der Restseen hat sich verdreifacht und die ehemals blühende Fischereiwirtschaft ist durch die Austrocknung und Versalzung fast vollständig zum Erliegen gekommen. Die Ursache dieser Katastrophe liegt darin, dass den Hauptzuflüssen des Aralsees, den Flüssen Amudarja und Syrdarja, seit der Stalin-Ära viel Wasser für die Landwirtschaft entnommen wird, sodass kaum noch Süßwasser den See erreicht. Das Bild zeigt eine Aufnahme mit dem Medium Resolution Imaging Spectrometer MERIS an Bord des Erderkundungssatelliten ENVISAT.

sungen 144 × 108 × 98 Kilometer, den man allerdings zunächst mit dem kurz zuvor beobachteten Mond Janus gleichsetzte. Erst 1978 stellte sich heraus, dass es sich tatsächlich um zwei Körper handelt, was 1980 durch die Raumsonde →Voyager bestätigt wurde. Die beiden Monde laufen auf fast gleichen Bahnen um den Saturn, ihre mittleren Abstände von dem Planeten unterscheiden sich nur um 50 Kilometer. Alle vier Jahre kommt es zu einer engen Begegnung der beiden Monde, wobei der innere Mond (derzeit Epimetheus) beschleunigt wird, auf die weiter entfernte Umlaufbahn wechselt und dort wieder abgebremst wird, während der äußere Mond den genau umgekehrten Vorgang durchläuft. Dieser Bahnwechsel zwischen Monden ist bislang einzigartig im Sonnensystem. Epimetheus ist ein sehr unregelmäßig geformter Körper, auf dessen Oberfläche sich mehrere größere Krater mit einem Durchmesser von 30 Kilometern sowie Höhenzüge und Vertiefungen befinden. Aus der Struktur seiner Oberfläche wird geschlossen, dass es sich um einen relativ alten Himmelskörper handelt. Epimetheus und Janus stammen wahrscheinlich von einem gemeinsamen Ursprungskörper ab, der z. B. durch eine Kollision mit einem anderen Objekt bereits in einer frühen Phase des Satellitensystems von Saturn in zwei Körper zerbrach.

Epizykeltheorie [griech. epíkyklos »Nebenkreis«], die wahrscheinlich auf Apollonios von Perge zurückgehende, von Ptolemäus u. a. weiterentwickelte und mit der Exzentertheorie kombinierte, bis zum Ende des Mittelalters benutzte Theorie der vorkeplerschen Astronomie, die unter der Annahme einer ruhenden, im Zentrum stehenden Erde die scheinbaren Bewegungen der Planeten, besonders die Rückläufigkeit (Schleifenbewegung), erklärte: Jeder Planet bewegt sich gleichförmig in der synodischen Periode auf einem kleinen Kreis (dem **Epizykel**), dessen Mittelpunkt auf einem exzentrischen Trägerkreis, dem **Deferenten,** gleichförmig in der siderischen Periode die Erde umläuft. Bei gleichem Umlaufsinn beider Bewegungen beschreibt dann jeder der äußeren Planeten eine Epizykloide, durch die sich ihre recht- und rückläufigen Bewegungen befriedigend darstellen lassen. Für die Beschreibungen der Bewegungen des Mondes und der inneren Planeten müssen weitere, komplizierende Bedingungen in die Epizykeltheorie aufgenommen werden (→Exzentertheorie).

Epoche [griechisch, eigentlich »das Anhalten«, »Zurückhalten«, übertragen: »Haltepunkt in der Zeitrechnung (der in ein Neues überleitet)«] *die, -/-n,* der Zeitpunkt, auf den astronomische Beobachtungen oder Größen, z. B. Bahnelemente, Ephemeriden, Koordinaten eines Himmelskörpers oder das Maximum oder Minimum im Lichtwechsel eines veränderlichen Sterns, bezogen werden. In einem Sternkatalog bedeutet die Epoche das Jahr, auf das sich die Koordinaten infolge der →Präzession beziehen.

Equule|us [lat. »kleines Pferd«, »Fohlen«], wissenschaftlicher Name des Sternbilds →Füllen.

Eratosthenes von Kyrene, griechischer Gelehrter, * Kyrene (heute Schahhat, Libyen) um 284 (oder 274) v. Chr., † Alexandria um 202 (oder um 194) v. Chr.; Schüler von Zenon und Kallimachos; wurde 246 v. Chr. nach Aufenthalt in Athen durch Ptolemaios III. Euergetes als Prinzenerzieher und Leiter der Bibliothek nach Alexandria berufen. Eratosthenes von Kyrene eignete sich eine sehr vielseitige Bildung an und beschäftigte sich u. a. mit Philologie, Grammatik, Mathematik, Literatur und Astronomie. Seine größten Verdienste liegen auf dem Gebiet der Geografie. Ihm gelang als Erstem eine relativ genaue Bestimmung des Erdumfangs. Den ermittelten Wert verwendete er, um eine Gradnetzkarte der damals bekannten Welt zu entwerfen. In seinem dreibändigen Werk »Geographika« fasste er die geografischen Erkenntnisse seiner Zeit zusammen. Von seinen Leistungen auf dem Gebiet der Mathematik ist besonders ein nach ihm benanntes Verfahren zur Auffindung von Primzahlen bekannt, das sogenannte Sieb des Eratosthenes.

Erde
→ GEO Dossier
Das Wunder Erde, Bd. 4

Erdachse, die gedachte Linie, die die beiden geografischen Pole der Erde miteinander verbindet. Sie ist gegenwärtig um etwa 23,5 Grad gegenüber der Senkrechten auf der Erdbahnebene geneigt.

Erd|äquator, [Äquator lat. »Gleichmacher«] *der, -s/...'toren,* der die Erde in die Nord- und die Südhälfte teilende größte Breitenkreis der Erde (Länge rd. 40 075 km). Seine durch den Erdmittelpunkt gehende Ebene steht senkrecht zur Erdachse, der Rotationsachse des einer Kugel angenäherten Geoids. Er wird von den →Meridianen der »Erdkugel« senkrecht geschnitten und in Längengrade geteilt. Alle auf ihm liegenden Orte haben die geografische Breite null.

Erdatmosphäre, →Atmosphäre.

Erdbeschleunigung, die →Fallbeschleunigung der Erde.

Erd-Crosser, →Apollo-Objekte.

Erde, Zeichen ♀, nach Merkur und Venus der dritte Planet unseres →Sonnensystems, der Venus in Masse, Dichte und Größe ähnlich. Die Erde ist von einer Atmosphäre umgeben. Sie ist der einzige Planet im Sonnensystem, auf dessen Oberfläche sich flüssiges Wasser in beachtlicher Menge befindet. Zusammen mit der Sonne und den übrigen Planeten des Sonnensystems ist die Erde vor etwa 4,58 ± 0,03 Mrd. Jahren aus einer turbulenten lokalen Verdichtung der interstellaren Materie entstanden. Die Erde bewegt sich wie alle Planeten auf einer Ellipsenbahn, in deren einem Brennpunkt die Sonne steht. Durch die Massenanziehung, die Gravitation, der Sonne wird die Erde auf ihrer Bahn gehalten. Ihr nahezu kreisförmiger Umlauf um die Sonne erfolgt, vom Nordpol der Erdbahnebene aus betrachtet, entgegen dem Uhrzeigersinn. Die mittlere Entfernung der Erde von der Sonne beträgt 149,6 Millionen Kilometer. Im sonnennächsten Punkt ihrer Bahn, im Perihel (→Apsiden), ist die Erde 147 Millionen Kilometer, im son-

Erde Der Blaue Planet

3046

Schon der Mannheimer Astronom Heinz Haber bezeichnete in Büchern und Fernsehsendungen die Erde als den »blauen Planeten«. Die Weltraumaufnahmen, die seit den Tagen des Sputniks von der Erde gemacht werden, belegen dies auf eindrucksvolle Weise.
Die Erde ist sogar in zweifacher Weise ein blauer Planet. Blicken wir zum wolkenlosen Himmel hinauf, sehen wir das Blau der Atmosphäre. Sehen wir aus großer Höhe nach unten, sehen wir das Blau der Seen und Meere.
Weshalb ist aber der Himmel blau? Ursache der Farbe ist immer die Wechselwirkung von Licht mit Materie. Die Luft der Atmosphäre besteht aus unzähligen Molekülen. Trifft Licht darauf, wird es von ihnen zur Seite gestreut – je nach Wellenlänge, also Farbe, unterschiedlich. In der Atmosphäre wird das blaue Licht bevorzugt nach unten gestreut. Wir sehen deshalb mehr von dieser Farbe – der Himmel sieht blau aus. Derselbe Effekt tritt auch beim Wasser auf. Zudem wird rotes Licht in Wasser teilweise absorbiert. Je mehr Wasser vorhanden ist, desto tiefer ist deshalb dessen Blau.

nenfernsten Punkt, im Aphel, 152 Millionen Kilometern, von der Sonne entfernt. Das Perihel wird Anfang Januar, das Aphel Anfang Juli durchlaufen. Der Umfang der Erdbahn beträgt rund 940 Millionen Kilometer; diese Strecke wird von der Erde mit einer mittleren Geschwindigkeit von 29,8 Kilometern pro Sekunde in einem Jahr zurückgelegt. Die Geschwindigkeit der Erde in ihrer Bahn variiert, sie ist in Sonnennähe größer, in Sonnenferne kleiner als die mittlere Geschwindigkeit. Je nach dem Bezugspunkt (Stern, Frühlingspunkt, Perihel) hat das Jahr, das als Maßeinheit dient, eine etwas unterschiedliche Länge: Das tropische Jahr, vom Frühlingspunkt gemessen, ist 365,242 20 Tage lang, das anomalistische Jahr (Perihel–Perihel) 365,259 64 Tage, das siderische Jahr (Fixstern]–Fixstern) 365,256 36 Tage.

■ **Bahnebene und Rotation** Die Bahnebene der Erde, also die durch den Mittelpunkt der Sonne und den Schwerpunkt des Erde-Mond-Systems gehende Ebene, wird Ekliptikalebene genannt. Schnittpunkt dieser Ebene mit der Himmelskugel ist die Ekliptik. Die Erdachse ist um 66 Grad 33 Minuten gegen die Erdbahn geneigt.

Neben der Bewegung in ihrer Bahn führt die Erde eine von dieser unabhängige Drehung, eine Rotation um ihre eigene Körperachse, aus. Die Rotation der Erde erfolgt von West nach Ost, also im gleichen Drehsinn wie ihre Bewegung in ihrer Bahn. Diese Drehbewegung spiegelt sich in der scheinbaren Drehung des Himmelsgewölbes von Ost nach West wider. Die Rotationsdauer um die Erdachse, gemessen an der Wiederkehr der →Kulmination eines Sterns, beträgt 23 Stunden 56 Minuten 4 Sekunden, diese Zeit wird ein →Sterntag genannt. Wird die Rotationsdauer hingegen an der Wiederkehr der Kulmination der Sonne gemessen, so ist sie um 3 Minuten 56 Sekunden länger und beträgt 24 Stunden, das ist ein mittlerer →Sonnentag.

■ **Erdmagnetismus, Pol- und Drehbewegungen** Die Erde ist umgeben vom erdmagnetischen Feld, das wie ein Schutzschirm gegen die elektrisch geladenen Teilchen der →kosmischen Strahlung wirkt. Nach neuesten Erkenntnissen erstrecken sich drei →Strahlungsgürtel im Abstand bis zu etwa 25 000 Kilometer um die Erde. Zusätzlichen Schutz liefert die Erdatmosphäre, die auch einen großen Teil der elektromagnetischen Strahlung der Sonne absorbiert. Die Erde wird vom Mond umrundet, dessen große Nähe (mittlere Entfernung 384 403 Kilometer) und große Masse (rund 1/81 Erdmasse) auf der Erde zu deutlichen Gezeiteneffekten führen.

Auch der Erdpol liegt nicht absolut fest, sondern wandert ständig. Entsprechend variiert auch die Lage des Erdäquators. Diese Polbewegung lässt sich in säkulare Polwanderungen und in periodische Polbewegungen, die Breitenschwankung, aufspalten. Der Erdachse werden ferner noch Drehbewegungen durch äußere Kräfte aufgezwungen. Wirksam sind die Gravitationskräfte des Mondes, der Sonne und im gewissen Maße die Wirkungen der Planeten. Diese Drehbewegungen der Erdachse werden als →Präzession und →Nutation bezeichnet.

■ **Erdgestalt** Die Erde hat in erster Annäherung die Gestalt einer Kugel. Wird die Annäherung weitergetrieben, so nimmt die Erde die Gestalt eines abgeplatteten Rotationsellipsoids ein. Der Erdkörper ist nicht durch eine einfache geometrische Figur beschreibbar, neben geometrischen müssen physikalische Messungen treten, z. B. Schweremessungen. Dies führt nun dazu, von der Erdfigur als dem Geoid zu sprechen. Die Internationale Union für Geodäsie und Geophysik hat aber die Maße des »Internationalen Ellipsoids« für die Erdfigur als verbindlich angenommen.

■ **Längen- und Breitenkreise** Zur Ortsbestimmung auf der Erdoberfläche dient das Koordinatennetz. Es besteht aus den Breitenkreisen (Parallelkreisen), parallel zum Äquator, und aus den Längenkreisen (Meridianen), die senkrecht zu den Breitenkreisen zwischen den Polen verlaufen. Die geografische Breite wird vom Äquator aus polwärts von 0 Grad bis 90 Grad gezählt (nördlicher und südlicher Breite), die geografische Länge vom Nullmeridian (Meridian von Greenwich) aus östlich und

Charakteristische Daten der Erde

mittlere Entfernung von der Sonne	149 597 870 km
kleinste Entfernung von der Sonne	$147{,}1 \cdot 10^6$ km
größte Entfernung von der Sonne	$152{,}1 \cdot 10^6$ km
Umfang der Bahn	$940 \cdot 10^6$ km
mittlere Bahngeschwindigkeit	29,783 km/s
siderische Umlaufzeit	365 d 6 h 9 min 9,54 s
numerische Exzentrizität der Bahn	0,016 751
Äquatorradius*)	$a = 6\,378{,}137$ km
Polradius*)	$b = 6\,356{,}752$ km
mittlerer Erdradius*)	$r_E = 6\,371{,}00$ km
Äquatorumfang*)	40 075,017 km
Meridianumfang*)	40 007,863 km
Abplattung*)	$f = (a-b)/a = 1:298{,}257$
Oberfläche*)	$510{,}0656 \cdot 10^6$ km^2
Volumen*)	$1\,083{,}207 \cdot 10^9$ km^3
Masse*)	$5{,}974 \cdot 10^{24}$ kg
mittlere Erddichte*)	5,516 g/cm^3
Entweichgeschwindigkeit	11,2 km/s
Schwerebeschleunigung am Äquator	978,031 cm/s^2
siderische Rotationsperiode	23 h 56 min 4,099 s
Rotationsgeschwindigkeit am Äquator	465,1 m/s
Neigung des Äquators gegen die Bahnebene	23° 26' 21,5"

*) Wert des 1980 international empfohlenen geodätischen Referenzellipsoids

westlich von 0 Grad bis 180 Grad. Die Breitenkreise in 23 Grad 27 Minuten nördlicher und südlicher Breite heißen →Wendekreis des Krebses (nördlicher Wendekreis) und Wendekreis des Steinbocks (südlicher Wendekreis). Über ihnen steht die Sonne am 22. Juni und 22. Dezember um 12 Uhr im Zenit. Zwischen ihnen liegt die heiße Zone (Tropen), in der die Sonne im Laufe eines Jahres an jedem Ort zweimal im Zenit steht. Nördlich und südlich der Tropen liegen die gemäßigten Zonen, sie reichen bis zu den Polarkreisen in 66 Grad 33 Minuten nördlicher und südlicher Breite. Von den Polarkreisen zu den Polen erstrecken sich die kalten oder Polarzonen; je nach Breite bleibt in ihnen die Sonne einen Tag bis sechs Monate über oder unter dem Horizont.

600

Erde.
Immer in Bewegung – so verändern die Plattentektonik und die damit verbundenen vulkanischen Aktivitäten ständig das Gesicht der Erde.

■ **Aufbau** Der innere Aufbau des Erdkörpers wurde in erster Linie durch seismische Untersuchungen erschlossen. So weisen Änderungen in den Ausbreitungsgeschwindigkeiten seismischer Wellen ebenso wie die Eigenschwingungen der Erde als Folge von Erdbeben auf stoffliche und strukturelle Unterschiede im Erdkörper hin. Hieraus wurde eine grobe schalenartige Gliederung abgeleitet: der Erdkern, der sich aus dem festen inneren Kern in ca. 6 371 bis 5 120 Kilometern Tiefe und dem niedrigviskosen äußeren Kern (ca. 5 120 bis 2 900 Kilometer) zusammensetzt, der elastisch-viskose Erdmantel (ca. 2 900 bis 70 Kilometer) und die spröd-elastische Erdkruste, deren Mächtigkeit zwischen 7 und 70 Kilometer schwankt. Zwischen Kern und Mantel befindet sich die sog. D''-Schicht. Neben dieser Gliederung aufgrund der seismischen Geschwindigkeiten lässt sich der Erdkörper in seinem oberen Bereich auch durch seine rheologischen Eigenschaften charakterisieren. Man unterscheidet die relativ steife Lithosphäre, welche die Erdkruste und den obersten Teil des Mantels umfasst, von der darunterliegenden, bis in Tiefen von etwa 250 Kilometer reichenden, nachgiebigen Asthenosphäre. Der Übergang zwischen beiden dürfte ziemlich stetig verlaufen. Während als Hauptbestandteile von Kruste und Mantel überwiegend silicatische Gesteine auftreten, dürfte der Kern vorwiegend aus Eisen und Nickel mit einigen leichteren Beimengungen bestehen.

■ **Siehe auch**
→Atmosphäre · Ekliptik · Erdmagnetismus · Gezeiten · Ionosphäre · Jahr · Mond · Planeten · Sonne · Sternentwicklung

Erd|erkundungssatelliten, Erd|erforschungssatelliten, Satelliten, die die Erde nahezu kontinuierlich mit ihren Sensoren (z. B. Vidikon-Fernsehsysteme, Multispektralscanner) abtasten und die Informationen in Echtzeit oder auf Abruf zu den Bodenstationen übertragen. So erzeugten die Satelliten vom Typ →Landsat bei jedem Erdumlauf ein 185 km breites Bildband von der Erdoberfläche. Sie umrundeten die Erde täglich 14-mal und befanden sich nach jeweils genau 18 Tagen wieder über dem gleichen Punkt des Erdbodens. Ein weiterer Erderkundungssatellit ist z. B. →ERS.

Erdferne, das Apogäum (→Apsiden).

Erdkreuzer, →Apollo-Objekte.

Erdkrümmung, die Krümmung der Erdoberfläche; sie beträgt auf ein Kilometer Abstand etwa acht Zentimeter.

Erdlicht, Erdschein, aschgraues Mondlicht, Aufhellung des dunklen Mondteils (Nachtseite), v. a. bei zunehmender oder abnehmender Mondsichel zu erkennen; wird hervorgerufen durch von der Erde reflektiertes Sonnenlicht: Die Erde erhellt die Mondnacht ebenso wie der Mond die Erdnacht. Aus der Helligkeit des Erdlichts kann man die →Albedo der Erde ableiten.

Erdmagnetismus, Gesamtheit derjenigen physikalischen Eigenschaften des Erdkörpers und der physikalischen Vorgänge in ihm, die das erdmagnetische Feld und seine Änderungen hervorrufen. Die Erde verhält sich wie ein großer Magnet, ihre beiden Pole ändern ihre Lage mit der Zeit. Das an der Erdoberfläche beobachtete Magnetfeld hat Quellen im Erdinneren und außerhalb der Erde. Der größte Teil des Innenfeldes wird von Stromsystemen im äußeren flüssigen Erdkern erzeugt. Es hat die Geometrie eines im Zentrum der Erde gedachten Permanentmagneten. Die Verlängerung dieses gedachten Magneten trifft die Erdoberfläche an den zwei magnetischen Polen. Weitere kleine Teile des erdmagnetischen Feldes, gemessen an der Erdoberfläche, werden erzeugt durch die variablen elektrischen Ströme in der →Ionosphäre und in der Magnetosphäre, die bis in Entfernungen von zehn Erdradien reicht. Richtung und Stärke des erdmagnetischen Feldes sind nicht konstant, sondern unterliegen einer über Jahrzehnte gleichförmig gerichteten Veränderung. Daneben treten kurzzeitige periodische und unregelmäßige Schwankungen auf, die mit Vorgängen in der Ionosphäre und auf der Sonne in Verbindung stehen. Mit zunehmender Entfernung von der Erde wird das geomagnetische Feld schwächer. In einer Entfernung von etwa sechs Erdradien ist das erdmagnetische Feld nur wenig größer als die vom Sonnenwind mitgeschleppten unregelmäßigen Magnetfelder, sodass sich aus der Wechselwirkung vom Magnetfeld der Erde und dem des Sonnenwindes eine neue Konfiguration des gesamten Magnetfeldes ergibt. Auf der der Sonne zugewandten Seite sind die Feldlinien gestaucht; auf der anderen Seite sind sie auseinander gezogen.

Erdnähe, das Perigäum, →Apsiden.

Erdpole, die Punkte der Erdoberfläche, an denen die Rotationsachse der Erde die Oberfläche des Planeten durchstößt. (→Erde)

Erdsatellit, ein Körper, der unter der Wirkung der Erdanziehung die Erde längere Zeit antriebslos umläuft. Der einzige natürliche Erdsatellit ist der →Mond. Bei künstlichen Erdsatelliten unterscheidet man Satelliten, deren Bahn ganz oder teilweise in der oberen Erdatmosphäre verläuft und Fernsatelliten (z. B. geostationäre Satelliten) außerhalb der Atmosphäre. Der erste künstliche Erdsatellit war →Sputnik 1. (→Satellit)

Erdschein, das →Erdlicht.

Erdumlaufbahn, eine →Raumflugbahn um die Erde (→Raumfahrt).

Eridanus, Fluss Eridanus, wissenschaftlicher Name **Eridanus,** *Genitiv* **Eridani,** Abk. **Eri,** ein ausgedehntes Sternbild (Rektaszension 1^h25^m bis 5^h11^m, Deklination +0°25' bis −57°55') mit überwiegend schwachen Sternen, das sich vom Himmelsäquator (westlich von →Rigel im →Orion) bis weit herunter an den Südhimmel erstreckt; seine nördlichen Regionen sind am winterlichen Abendhimmel sichtbar, während sein hellster Stern (α Eri, →Achernar) von unseren Breiten aus gesehen nicht mehr über den Horizont kommt.

■ **Sterne** Das Sternbild enthält einige Doppelsterne für das Amateurteleskop: ϑ Eri (Acamar) besteht aus zwei $3^m_{,}2$ bzw. $4^m_{,}3$ hellen Komponenten in 8,3" Distanz. Lichtschwächer ist o^2 Eri (40 Eri), ein bemerkenswertes, 15,9 Lichtjahre entferntes Dreisternsystem: In 83,4" Abstand vom $4^m_{,}4$ hellen Hauptstern (o^2 Eri A) von etwa Sonnengröße steht ein nur $9^m_{,}5$ heller, winziger Zwergstern (o^2 Eri B; Durchmesser trotz etwa 0,5-facher Sonnenmasse nur 25 000 km und damit lediglich doppelt so groß wie die Erde); er ist der einzige schon im kleineren Fernrohr beobachtbare →Weiße Zwerg, der überdies noch von einem weiteren »Winzling«, einem nur $10^m_{,}8$ hellen Roten Zwerg (o^2 Eri C) mit einem Fünftel Sonnenmasse, flankiert wird, wobei sich beide Zwergsterne in 250 Jahren einmal umkreisen. Weitere Doppelsterne für das Amateurfernrohr sind der 290 Lichtjahre entfernte 32 Eri ($4^m_{,}8$ bzw. $6^m_{,}1$; Distanz 6,9") und p Eri mit zwei gleich hellen Komponenten ($5^m_{,}8$) in 11,5" Distanz (Entfernung 26,6 Lichtjahre, Umlaufzeit etwa 500 Jahre). Der unserer Sonne sehr ähnliche Stern ε Eri ist mit 10,5 Lichtjahren nach →Alpha Centauri und →Sirius einer der sonnennächsten Sterne; Beobachtungen lassen auf die Existenz eines Planeten mit Jupitermasse schließen, der den Stern in 7 Jahren umläuft.

■ **Nebel und Galaxien** NGC 1535 ist ein $9^m_{,}5$ heller, 5 000 Lichtjahre entfernter planetarischer Nebel. Das Sternbild enthält vier erwähnenswerte Galaxien: NGC 1291 ist eine Spiralgalaxie ($8^m_{,}5$; Entfernung 40 Millionen Lichtjahre), NGC 1300 eine Balkenspirale ($10^m_{,}5$; 50 Millionen Lichtjahre) und NGC 1531-2 ein Paar wechselwirkender Galaxien (10^m; 44 Millionen Lichtjahre). (→Sternbilder)

Erdkrümmung. Nur aus dem Weltraum lässt sich die Erdkrümmung gut beobachten.

Die hellsten Sterne des Sternbilds Eridanus

Name		Helligkeit visuelle	Helligkeit absolute	Spektralklasse	Entfernung in Lichtjahren
α	(Achernar)	$0^m_{,}5$	-3^M	B3	143
β	(Cursa)	$2^m_{,}8$	1^M	A3	89
ϑ	(Acamar)*)	$2^m_{,}9$	-1^M	A3	160
γ	(Zaurak)	$3^m_{,}0$	-1^M	M1	220
δ	(Rana)	$3^m_{,}5$	4^M	K0	29,5
φ		$3^m_{,}6$	0^M	B8	155
υ^4		$3^m_{,}6$	0^M	B9	180
ε		$3^m_{,}7$	6^M	K2	10,5
χ		$3^m_{,}7$	2^M	G5	57
τ^4		$3^m_{,}7$	-1^M	M3	260
υ^2	(Theemim)	$3^m_{,}8$	0^M	G8	200
ν		$3^m_{,}9$	-2^M	B2	600
η	(Azha)	$3^m_{,}9$	1^M	K1	133
53		$3^m_{,}9$	1^M	K1	108

*) Doppelstern

E-Ring, →Saturn.

Erinome, ein 2000 entdeckter kleiner äußerer Planet des →Jupiter. Er umkreist Jupiter in einem mittleren Abstand von 23,2 Millionen Kilometern in 728 Tagen, 12 Stunden und 14 Minuten. Er gehört zu einer Gruppe von Jupitermonden mit ähnlichen Bahneigenschaften, der Carme-Gruppe. Erinomes Durchmesser beträgt etwa 3 Kilometer.

Eros [nach dem gleichnamigen griech. Gott], ein 1898 entdeckter →Planetoid, der wegen seiner außergewöhnlichen, zwischen Erde und Mars verlaufenden Bahn zur Bestimmung der Sonnenparallaxe und damit der Entfernung Erde–Sonne herangezogen wurde. Seine mittlere Entfernung von der Sonne beträgt 218 Mio. km (= 1,46 Astronomische Einheiten), seine numerische Exzentrizität 0,23; er ist rd. 30 km lang und 13 km breit. Eros wurde von Februar 2000 bis Februar 2001 von der Raumsonde →NEAR erforscht, die als erste Sonde auf einem Planetoiden landete. Untersuchungen von Röntgen- und Gammastrahlung des Himmelskörpers sollen insbesondere den Unterschied zwischen Meteoriten und Planetoiden weiter zu klären versuchen. Erste Datenauswertungen ergaben, dass Eros das Fragment eines größeren Körpers ist. Eros weist eine homogene Dichte auf, sein chemischer Aufbau entspricht dem eines gewöhnlichen Chondriten. Seine Oberfläche ist mit mehr als 100 000 Einschlagkratern ab 15 m Durchmesser übersät.

ESA. Logo

ESA
→ GEO Dossier Die eisige Welt des Ringplaneten, Bd. 4

Erriapo, ein 2000 entdeckter kleiner äußerer Mond des →Saturn. Er umkreist Saturn auf einer exzentrischen Bahn in einem mittleren Abstand von 17,6 Millionen Kilometern in 871 Tagen und 6 Stunden. Sein Durchmesser beträgt etwa 10 Kilometer.

ERS [englisch iːɑːˈes; Abkürzung für European Remote Sensing Satellite, »europäischer Fernerkundungssatellit«], europäisches Erdsatelliten-Erkundungsprogramm der ESA. Der ERS-1 (Start am 17. 7. 1991), mit einem aktiven Mikrowelleninstrument und einem Radargerät zur Abtastung der Erdoberfläche ausgerüstet, diente v. a. der Erkundung und Beobachtung von Meeren, polaren Eisfeldern und Küstenzonen. Er lieferte insgesamt rd. 250 000 Bilder (optische Auflösung der Erdaufnahmen: 30 m) und wurde 2000 abgeschaltet. Der Nachfolger ERS-2 (Start am 21. 4. 1995) ist baugleich mit ERS-1, verfügt aber zusätzlich über ein Messinstrument für atmosphärischen Ozon.

Eruption [lateinisch »das Hervorbrechen«, »Ausbruch«] *die, -/-en,* Strahlungsausbruch, als **chromosphärische Eruption** (→Flare) in der Chromosphäre der Sonne.

eruptive Veränderliche, veränderliche Sterne, die ihre scheinbare Helligkeit ausbruchsartig ändern. Die Eruptionen können einmalig auftreten, sich aber auch wiederholen. Die größte Untergruppe stellen die →kataklysmischen Veränderlichen. Hierbei handelt es sich um Doppelsterne, in denen ein kompaktes Objekt, ein →Weißer Zwerg, →Neutronenstern oder ein →Schwarzes Loch, von einem anderen Stern umkreist wird. Von Letzterem strömt Gas zu dem kompakten Objekt hinüber und sammelt sich entweder in einer Akkretionsscheibe an oder fällt direkt auf die Oberfläche. Instabilitäten können zu explosionsartigen Ausbrüchen und damit zu Helligkeitsanstiegen führen. Neben diesen Objekten zählt man auch →Novae und deren Untergruppen sowie →Supernovae zu dieser Klasse von Veränderlichen. Im Röntgenbereich zeigen Röntgenburster (→Gammastrahlungsblitz) und →Röntgendoppelsterne eruptive Ausbrüche.

ESA [Abkürzung für englisch European Space Agency], die 1975 gegründete Europäische Weltraumorganisation mit Sitz in Paris. Sie dient der Koordinierung, Durchführung und Unterstützung europäischer Projekte zur friedlichen Erforschung und Nutzung des Weltraums. Die ESA umfasst 15 Mitgliedsstaaten und kooperiert in Einzelprojekten, z. B. der →ISS, mit Raumfahrtorganisationen anderer Länder. Die ESA unterhält als Außenzentren das Europäische Zentrum für Weltraumforschung und -technologie (ESTEC; Abkürzung für englisch European Space Research and Technology Centre) in Noordwijk-aan-Zee (Niederlande), das Europäische Weltraumforschungsinstitut (ESRIN; Abkürzung für englisch European Space Research Institute) in Frascati (Italien), das auch das Dokumentationszentrum der ESA beherbergt, und das Europäische Operationszentrum für Weltraumforschung (ESOC; Abkürzung für engl. European Space Operations Centre) in Darmstadt, das für die Erfassung und Verarbeitung der über die Bodenstationen empfangenen Daten verantwortlich ist. Größere aktuelle Programme der ESA sind u. a. →Cluster II, →Huygens und →Ulysses.

Eskimonebel, NGC 2392, ein ca. 2 500 Lichtjahre entfernter planetarischer Nebel im

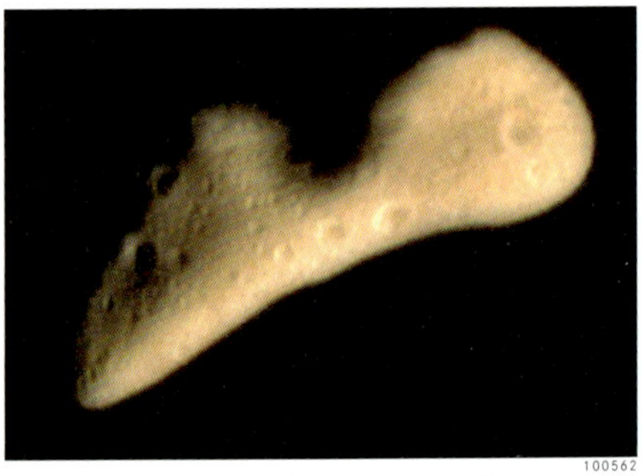

100562

Eros. Auf diesem im Februar 2000 von der NEAR-Raumsonde geschossenen Farbfoto ist der Asteroid Eros einer buttergelben, etwas unförmigen Kartoffel ähnlich.

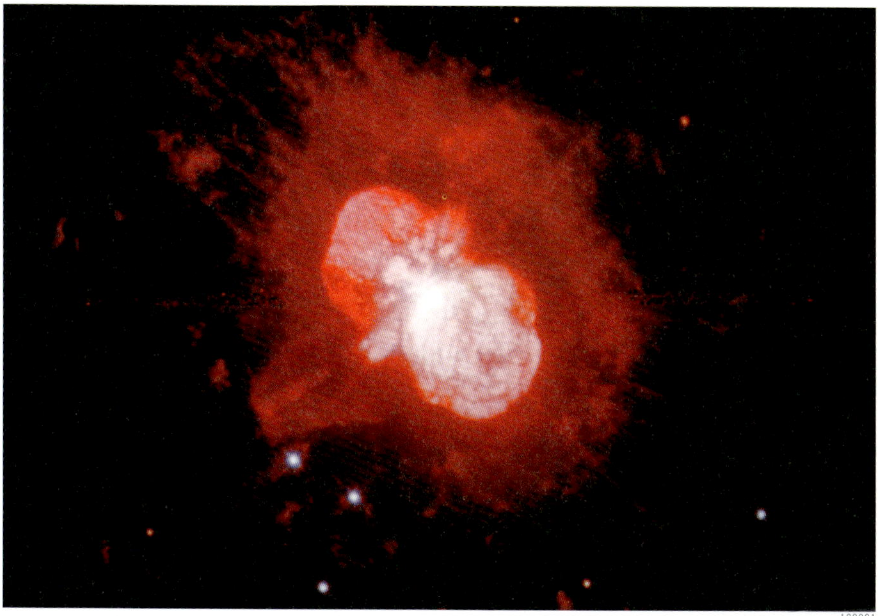

Eta Carinae. Explodierender Stern Eta Carinae im Sternbild »Kiel des Schiffes«; Aufnahme des Hubble-Weltraumteleskopes

Sternbild →Zwillinge (scheinbare Helligkeit 9^m) mit einer sehr auffälligen Form, der 1787 von W. Herschel entdeckt wurde. Er ist erst 10 000 Jahre alt; nach wie vor rätseln die Forscher über das Zustandekommen der unterschiedlichen Filamente und Verdickungen in der »Kapuze«.

ESO [Abk. für englisch European Southern Observatory], die →Europäische Südsternwarte.

Esoterik und Astronomie, siehe Sonderartikel Seite 118.

Eta Carinae, η Car, ein berühmter Nova-ähnlicher →Veränderlicher im Sternbild →Kiel des Schiffes, mit etwa 100-facher Sonnenmasse und 4 000 000-facher Sonnenleuchtkraft der möglicherweise massereichste und leuchtkräftigste Stern im Milchstraßensystem. Betrug die scheinbare Helligkeit des etwa 7 500 Lichtjahre entfernten Supergiganten zur Zeit seiner Katalogisierung noch etwa 3^m, stieg sie zwischen 1833 und 1843 dramatisch auf etwa -1^m an und erreichte damit die von →Canopus. Anschließend wurde der Stern wieder schwächer und liegt heute mit etwa 6^m an der Sichtbarkeitsgrenze für das bloße Auge. In den letzten Jahren wurde ein nicht sichtbarer Begleitstern nachgewiesen. Die Komponenten dieses massereichsten aller bisher entdeckten Doppelsternsysteme laufen in 5,5 Jahren in einer lang gestreckten Ellipsenbahn (Bahndurchmesser etwa 2 Milliarden Kilometer) umeinander und sind von einem pfannkuchenähnlichen Torus aus ausgestoßenen Gas- und Staubwolken umgeben. Letztere absorbieren die Sternstrahlung und geben sie als langwellige Infrarotstrahlung ab. Eta Carinae wird voraussichtlich in naher Zukunft als Supernova explodieren. Im Fernrohr erscheint η Car in einen Homunculus genannten, milchig weißen, diffusen Nebel (NGC 3372) eingebettet, dem einige markante Dunkelwolken vorgelagert sind, darunter ein S-förmiger, auch als Schlüsselloch bezeichneter Dunkelnebel.

Euanthe, ein 2001 entdeckter äußerster Mond des →Jupiter. Er umkreist Jupiter in einem mittleren Abstand von 20,8 Millionen Kilometern in 620 Tagen, 11 Stunden und 46 Minuten. Er besitzt ähnliche Eigenschaften wie der Jupitermond Ananke und wird deshalb auch der gleichnamigen Gruppe zugerechnet. Der Durchmesser von Euanthe beträgt 3 Kilometer.

Eukelade, ein 2003 entdeckter kleiner Mond des →Jupiter. Er umkreist den Planeten entgegen dessen Rotationsrichtung in einem mittleren Abstand von 23,6 Millionen Kilometern in 746 Tagen, 9 Stunden und 22 Minuten. Eukelade gehört zu einer Gruppe ähnlicher Jupitermonde, der Carme-Gruppe.

euklidische Geometrie [nach dem griechischen Mathematiker Euklid], Bezeichnung für die »klassische« Geometrie.

Eulen-Nebel, M 97, NGC 3587, ein etwa 2 500 Lichtjahre entfernter planetarischer Nebel im Sternbild Großer Bär; scheinbare Helligkeit: 10^m.

Euler, Leonhard, schweizerischer Mathematiker, * Basel 15. 4. 1707, † Sankt Petersburg 18. 9. 1783; wurde bereits 1727 an die Petersburger Akademie berufen, wo er 1730 eine Physikprofessur übernahm und 1733 Professor für Mathematik wurde. 1741 folgte er einem Ruf von Friedrich II. nach Berlin und war dort 1744–65 Direktor der mathematischen Klasse

Fortsetzung S. 120

Esoterik und Astronomie

Sonne, Mond und Sterne haben die Menschen seit jeher fasziniert und besonders der Einfluss der Sonne auf ihre Lebensumstände drückte sich schon in den frühen Naturreligionen in Tänzen und Riten aus. So löst die Stellung der Erde zur Sonne und ihr ständiges Umkreisen für uns Menschen zahlreiche Phänomene aus – wie der Wechsel von Tag und Nacht, oder die Jahreszeiten –, die wir heute als etwas Selbstverständliches hinnehmen. Auch der Einfluss des Mondes auf die Erde ist durch den Rhythmus der Gezeiten für jeden Menschen fassbar. Und gerade in einer Zeit, in der Wissenschaft und technologischer Fortschritt in atemberaubendem Tempo voranschreiten, gibt es in den modernen westlichen Gesellschaften wieder eine Hinwendung zu den östlichen Religionen, zu gesellschaftlichen Ersatzritualen und zu esoterischen Praktiken aus allen Kulturen. Beklagt werden die Sinnentleerung unserer Zeit und der Verlust der Menschlichkeit unter dem Druck von Rationalisierung und Technologie. So finden Sonnenwendfeiern, Vollmondfeiern und Meditationsveranstaltungen wieder großen Zulauf. Des Weiteren erfreuen sich die mystischen Angebote esoterischer Lebensberater wie Kartenleger, Hellseher und Astrologen großer Beliebtheit.

Inhalte esoterischer Traditionen

Der um 1870 erstmals verwendete Begriff der Esoterik wird heute im doppelten Sinn gebraucht: zum einen als Sammelbezeichnung für okkulte Praktiken, Lehren und Weltanschauungsgemeinschaften, zum anderen für »innere Wege«, bestimmte spirituelle Erfahrungen zu erlangen, die von einer bloß »äußeren« Befolgung von Dogmen und Vorschriften zu unterscheiden sind. Der Begriff Esoterik leitet sich ab von dem griechischen Adjektiv »esoterikos«, mit dem zunächst die Insider griechischer Philosophenschulen und deren Lehrer bezeichnet wurden. Mit Esoterik werden Geheimlehren bezeichnet, die nur für einen ausgewählten Kreis von Menschen zugänglich sein sollten und nicht für die breite Öffentlichkeit bestimmt waren. »Das Untere ist gleich dem Oberen und das Obere ist gleich dem Unteren« lautet ein von dem Weisen Hermes Trismegistos formuliertes Grundprinzip der Esoterik. Ein weiteres Prinzip lautet, dass alles in der Welt in Gegensätzen gestaltet ist: Männlich/weiblich, positiv/negativ, hell/dunkel sind Beispiele dafür, dass die Phänomene jeweils in polaren Aspekten in Erscheinung treten.

Die Sommersonnenwende zwischen Volksfest und mystischem Kult

Zu den Gegensätzen gehört auch der Wechsel der Jahreszeiten und die damit verbundenen Änderungen von Licht- und Wärmeintensität. Am 21. Juni ist Sommeranfang. Es ist die kürzeste Nacht und der längste Tag im Jahr. Ab dem 22. Juni werden die Tage langsam wieder kürzer. Vor- und Frühgeschichtler vermuten, dass schon unsere Vorfahren die Sommersonnenwende gefeiert haben. Für sie, die auf die Sonne als Quelle von Licht und Wärme angewiesen waren, bedeutete die Sonnenwende sicherlich ein wichtiges Datum. Schon vor der Christianisierung feierte die heidnische Bevölkerung Europas ein Fest zur Sonnenwende. Die Devise der Kirche war damals, den Heiden in ihren Bräuchen so weit wie möglich entgegenzukom-

100562

Am Steinkreis von Stonehenge, einem bedeutenden Versammlungsplatz neuheidnischer Gruppen, wird regelmäßig die Sommersonnenwende gefeiert.

men: Die Sonnenwendfeier wurde kurzerhand in ein christliches Fest umgewandelt und auf den Johannistag am 24. Juni verlegt.
An den Externsteinen im Teutoburger Wald stehen Kult und Mystik der Sonnenwendfeier dagegen im Vordergrund. Hier warten am Morgen des 21. Juni Hobbydruiden, Hexen und Punks auf die ersten Sonnenstrahlen. Im englischen Stonehenge dagegen leben bei der Sommersonnenwende wieder die alten keltischen Traditionen auf. Hier trafen sich in den letzten Jahren Angehörige von heidnischen Druiden-Orden und der New-Age-Bewegung. Der Steinkreis von Stonehenge gilt als 3 000 Jahre alter Himmelskalender, der auf den Zeitpunkt der Sommersonnenwende ausgerichtet ist.

Was hat Astrologie mit Astronomie zu tun?

Die vermeintliche Kraft der Tierkreiszeichen faszinierte gerade im Altertum die Menschen. Es ist eine Tatsache, dass in Mesopotamien und Ägypten die beiden Disziplinen Astronomie und Astrologie überhaupt nicht getrennt gesehen wurden. In jenen Zeiten wäre die Unterscheidung auch völlig unlogisch gewesen. Nach den damaligen Vorstellungen waren die Planeten nicht Himmelskörper, sondern Götter und unsterbliche Menschen, die Sterne nicht leuchtende Gasbälle, sondern die Seelen Verstorbener. Den Himmel zu studieren, bedeutete also gleichzeitig auch, den Menschen und sein Schicksal zu untersuchen. Gleichzeitig war der Sternenhimmel und seine Bewegung die beste und genaueste Uhr, die man kannte. Jagd, Aussaat und Ernte konnten am Himmel abgelesen werden. Kein Wunder, dass daraus Zeichendeutung und Weissagung hervorgingen … Astronomie und Astrologie waren eingebettet in ein geschlossenes Weltbild, eine Sternenreligion, die alle menschlichen und kosmischen Bereiche erfasste. Dennoch hat sich das Gesicht der Astrologie im Laufe der Zeit sehr verändert. Die ältesten Horoskope und Deutungen sind sicher 4 000 Jahre alt und stammen aus Babylon und Chaldäa. Es sind aber keine individuellen Voraussagen für Menschen »wie du und ich«, sondern ganz knappe Sätze für das Schicksal eines Volkes oder seines Herrschers, den Ausgang einer Schlacht oder Ähnliches. Die einfachste Form astrologischer Aussagen von heute sind Sätze wie »Sie sind ein typischer Löwe«, »Widder und Stier harmonieren nicht« oder »die Jungfrau wird heute ihre große Liebe finden«. Sie finden sich in Zeitungen, Zeitschriften und Astroshows und beherrschen einen boomenden Astromarkt. Was ist nun dran an dieser reinen »Sonnenstand-Astrologie«? »Sonnenstand« deshalb, weil das Tierkreiszeichen, das man ist, den Himmelsabschnitt bezeichnet, in dem die Sonne bei der Geburt steht. Eine Jungfrau ist zum Beispiel zwischen dem 24. August und 22. September geboren – in dieser Zeit steht die Sonne im Tierkreiszeichen Jungfrau. In umfangreichen Tests wurden Zusammenhänge zwischen Persönlichkeitsmustern und den Typologien der Tierkreiszeichen untersucht mit dem Ergebnis, es besteht keine Verbindung …

100001
Viele Menschen sind vom Einfluss des Mondes auf unser Leben überzeugt.

Eureca (oben im Bild) am Manipulatorarm des Raumtransporters Atlantis

Fortsetzung von S. 120

der Akademie der Wissenschaften; 1766 Rückkehr an die Petersburger Akademie. Auch als Euler 1767 völlig erblindete, ließ seine Schaffenskraft nicht nach; er hinterließ fast 900 Arbeiten, die sowohl die reine und angewandte Mathematik als auch die Astronomie und Physik betrafen. Aus dem Bereich der Astronomie sind vor allem seine Berechnungen von Bahnstörungen der Planeten und der exakten Bewegung des Mondes sowie seine Theorie des Lichts hervorzuheben.

Euporie, ein 2001 entdeckter kleiner äußerer Mond des →Jupiter. Er umkreist Jupiter in einem mittleren Abstand von 19,3 Millionen Kilometern in 550 Tagen, 17 Stunden und 46 Minuten. Euporie ist das innerste Mitglied einer Gruppe ähnlicher Jupitermonde, der Ananka-Gruppe. Sein Durchmesser beträgt etwa 2 Kilometer.

Eureca [Abkürzung für englisch **Eu**ropean **re**trievable **ca**rrier »europäischer rückholbarer Träger«], rückholbares und wiederverwendbares, unbemanntes Raumfahrzeug als europäischer Nutzlastträger der ESA für den Transport im amerikanischen Raumtransporter Atlantis; wurde am 31. 7. 1992 erstmals gestartet, im Weltraum ausgesetzt und elf Monate später wieder zur Erde zurückgeholt. Die erste Nutzlast von Eureca diente v. a. Experimenten der Schwerelosigkeitsforschung und physikalischen Messungen. Eureca wurde danach nicht mehr eingesetzt.

Euromir, →Mir.

Europa [nach Europa, der Geliebten des Zeus (lat. Jupiter)], zweitinnerer und kleinster der Galileischen Monde des Planeten →Jupiter. Aufgrund von Daten der amerikanischen Raumsonden Pioneer 10 und 11 sowie Voyager 1 und 2 bestimmte man einen Durchmesser von 3 122 km und eine mittlere Dichte von 3,03 g/cm^3. Die an topologischen Formationen arme Oberfläche besteht aus einem (vermutlich 10 bis 15 km starken) Eismantel; Risse darin erscheinen als ein Netz dunkler Linien auf hellem Grund. Es wurde eine sehr dünne sau-

Europa Leben unter dem Eis?

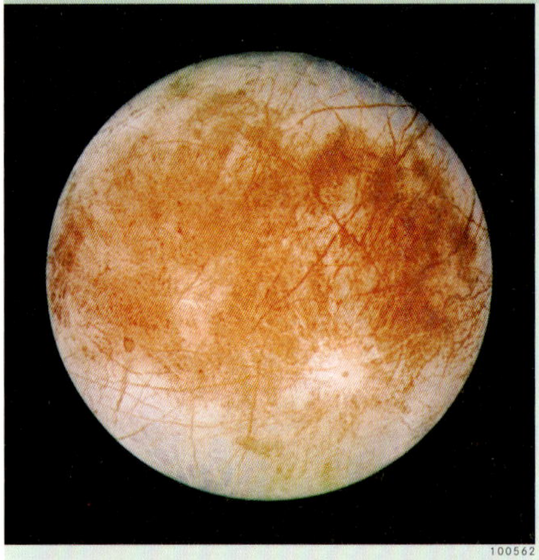

Europa, der zweite der großen Monde des Planeten Jupiter, enthüllte während der Vorbeiflüge der Raumsonde Galileo ein überraschendes Antlitz. Es erinnerte die Wissenschaftler im Kontrollzentrum sofort an Eisplatten, die sich übereinander geschoben haben. Detailliertere Beobachtungen und Messungen bestätigten diesen Eindruck: Europa ist von einem mindestens zehn Kilometer mächtigen Eispanzer umhüllt, unter dem sich vermutlich ein Ozean aus flüssigem Wasser befindet. Die auf dem 1999 aufgenommenen Bild sichtbaren wellenartigen Risse sollen durch Ebbe und Flut von je 30 Metern Höhe entstanden sein.

Dieser Mond ist nicht der einzige Ort im Sonnensystem, an dem Wasser und Eis zu finden sind – von der Erde natürlich abgesehen. Mars gehört zu diesen Himmelskörpern, aber auch Callisto, ein weiterer Jupitermond. Alle Kometen bestehen zu großen Teilen aus Wassereis. Selbst tief im Kosmos wurde Wasser als Bestandteil von Gasnebeln ausgemacht. Diese Entdeckungen ließen die Diskussion um Leben im Weltraum wieder neu entflammen – denn so kalt es in dem Ozean Europas auch sein mag, ist es dort nicht kälter als in den Seen, die unter dem Antarktischen Eispanzer entdeckt wurden. Das heißt: In Europas Meeren könnte sich durchaus Leben entwickelt haben. Ein Forschungsroboter, der danach suchen soll, ist in Planung.

erstoffhaltige Atmosphäre entdeckt. Das Vorhandensein von flüssigem Wasser ließ Spekulationen darüber aufkommen, ob in Europas Ozeanen Formen von Leben existieren könnten. Bislang fehlen Hinweise dafür, doch sollen spätere Missionen dies klären. Man denkt über eine unbemannte Raumsonde nach, die auf der Oberfläche landen, die Eiskruste an einer Stelle aufschmelzen und Messungen ausführen soll.

Europäische Südsternwarte, englisch **European Southern Observatory** [jʊərəˈpi:ən ˈsʌðən əbˈzə:vətrɪ], **ESO** [i:esˈəʊ], 1962 gegründete europäische Organisation, getragen von zehn Mitgliedsländern (Belgien, Dänemark, Deutschland, Frankreich, Italien, Niederlande, Portugal, Schweden, Schweiz, Großbritannien), Hauptsitz: Garching bei München. Die ESO betreibt in 2400 m über dem Meeresspiegel auf dem Berg La Silla in den Anden Nordchiles (70° 42' westlicher Länge, 29° 16' südlicher Breite) eine astronomische Großforschungsanlage gleichen Namens sowie auf dem Cerro Paranal in 2664 m über dem Meeresspiegel in der Atacamawüste in Nordchile (70° 25' westlicher Länge, 24° 40' südlicher Breite) das →Very Large Telescope (Paranal Observatorium). Ziel der ESO ist es, den europäischen Astronomen die Untersuchung der südlichen Hemisphäre mit leistungsfähigen Instrumenten der dauernden Beobachtung zugänglich zu machen.

■ **La-Silla-Observatorium** Das Observatorium der ESO liegt in einer Region, in der mit über 300 wolkenlosen Nächten pro Jahr und großer Lufttransparenz hervorragende Beobachtungsbedingungen herrschen; das Gelände umfasst etwa 800 km². Seit 1968 wurden dort 15 Teleskope in Betrieb genommen, darunter das schwedische Radioteleskop SEST (Abk. für englisch Swedish ESO Submillimetre Telescope) mit einem 15-m-Spiegel, das (seit 1987) im Submillimeter-Wellenlängenbereich arbeitet. Die übrigen Teleskope sind optische Spiegelteleskope, von denen neun einen Spiegeldurchmesser von über 1 m haben. Für zwei der Geräte wird Fernbeobachtungsbetrieb (Telemetrie) von Garching aus über Satellit angeboten, darunter das auf der Basis adaptiver und aktiver Optik arbeitende →New Technology Telescope. Das größte Spiegelteleskop der ESO (in klassischer Bauweise) hat einen 3,6-m-Spiegel (→Spiegelteleskop, Bild). Es ist durch einen 11 m langen Lichttunnel mit einem 1,4-m-Zusatzteleskop verbunden. Mit dem 1972 in Betrieb genommenen Schmidt-Spiegel (1 m freie Öffnung) wurde eine Durchmusterung des gesamten Südhimmels im blauen und roten Licht durchgeführt (→Sternkarten).

Die ESO ist maßgebend an der Vorbereitung des »Atacama Large Millimeter Array« (→ALMA) beteiligt.

1205

Europäische Südsternwarte.
Ein Mitarbeiter am New Technology Telescope der ESO

European Southern Observatory [jʊərəˈpi:ən ˈsʌðən əbˈzə:vətrɪ, englisch], Abk. **ESO,** die →Europäische Südsternwarte.

Eurydome, ein 2001 entdeckter kleiner äußerer Mond des →Jupiter. Er umkreist den Planeten in einem mittleren Abstand von 22,9 Millionen Kilometern in 717 Tagen, 7 Stunden und 55 Minuten. Er besitzt ähnliche Bahneigenschaften wie der Jupitermond Pasiphae

1205

Europäische Südsternwarte.
Das Teleskopgebäude des New Technology Telescope der ESO weicht stark von der klassischen Kuppelform ab, um optimale Sichtbedingungen zu ermöglichen; es folgt während der Beobachtungen den Bewegungen des Teleskops.

und wird deshalb der gleichnamigen Gruppe zugeordnet. Eurydomes mittlerer Durchmesser beträgt etwa 3 Kilometer.

Eutelsat S. A. [-sɔsje'te anɔ'nim], Abkürzung für englisch European Telecommunications Satellite, heute weltweit agierendes Unternehmen für den Bau und Betrieb von Nachrichtensatelliten zur Übertragung von Telekommunikations-, Fernseh- und Rundfunkdiensten, Hauptsitz: Paris.

eV, Einheitenzeichen für →Elektronvolt.

Evektion [zu lat. evehere, evectum »herausführen«, »herausfahren«] *die,* -, eine von Ptolemäus entdeckte Störung in der Bewegung des Mondes, die diesen um etwa 1°16' in einer Periode von 32 Tagen um den nach der →Mittelpunktsgleichung berechneten Ort pendeln lässt.

Evershed-Effekt, radiale, spektroskopisch nachweisbare Massenbewegung in Sonnenflecken, die von dem englischen Astronomen John Evershed (* 1864, † 1956) entdeckt wurde.

Exobiologie, die →Kosmobiologie.

Exoplanet [griechisch] *der,* **extrasolarer Planet,** ein Planet, der außerhalb des Sonnensystems einen Stern umkreist. Exoplaneten werden im Allgemeinen durch periodische Linienverschiebungen in den Spektren der umlaufenen Sterne nachgewiesen (→Doppler-Effekt). Beim Umlauf eines Planeten um einen Stern bewegt sich auch dieser um den gemeinsamen Schwerpunkt, was für einen entfernten Beobachter als »Hin-und-her-Pendeln« erscheint. Da die Neigung der Bahnebene zur Blickrichtung unbekannt ist, sind so nur Mindestmassen bestimmbar. In wenigen Fällen konnten Exoplaneten auch durch die periodische Änderung der Sternhelligkeit nachgewiesen werden, also dadurch, dass der Planet die Sichtlinie kreuzte. Bislang (Mai 2006) hat man über 190 Planeten entdeckt, darunter sind auch mehrere Systeme mit zwei und drei und ein System mit vier Planeten. Dazu kommt noch ein Pulsar, der von drei, und ein weiterer, der von einem Planeten umkreist wird. Die Pulsarplaneten haben Massen zwischen 0,02 und 4,3 Erdmassen und umlaufen den Zentralkörper im Abstand von 0,2 bis 0,46 Astronomischen Einheiten (AE) auf kreisähnlichen Bahnen. Die übrigen bekannten Exoplaneten haben Mindestmassen zwischen 0,02 und 17,4 Jupitermassen. Sie umlaufen ihre Muttersterne in Entfernungen zwischen 0,02 und 5,3 AE auf meist stark elliptischen Bahnen. Im Unterschied zum Sonnensystem kommen in den extrasolaren Planetensystemen somit überwiegend aus Gas bestehende Riesenplaneten von der Art des Jupiter (»heiße Jupiter«) sehr nahe am Zentralstern vor.

■ **Entdeckungsgeschichte** Die ersten Exoplaneten überhaupt wurden 1992 von dem

Exoplanet Planetensuche mit TrES

Um bei der Suche nach Planeten außerhalb unseres Sonnensystems fündig zu werden, müssen Astronomen auf raffinierte Tricks zurückgreifen.

Am verbreitetsten ist die Methode, Exoplaneten mithilfe des Spektrums des zugehörigen Sterns zu suchen – dieses verändert sich, wenn der Stern von einem massereichen Objekt umkreist wird. Dazu benötigt man große Teleskope, die viel Licht einfangen. Doch es geht auch anders. Ein Team professioneller Astronomen hat ein Netz kleiner Teleskope aufgebaut, um nach geringfügigen Verdunklungen von Sternen zu suchen, die hervorgerufen werden, wenn sich zwischen Stern und Erde ein Planet »durch's Bild« bewegt. Der Effekt liegt zwar nur im Promillebereich, ist aber durchaus auch mit kleineren Teleskopen zu beobachten. Das Projekt Trans-Atlantic Exoplanet Survey (TrES) vernetzt viele solcher Teleskope, sodass ein Gerät die Arbeit eines anderen weiterführen kann, wenn sich beispielsweise die Sichtbedingungen verschlechtern. Rund 12 000 Sterne hatte das TrES-Team untersucht, bevor es den ersten Erfolg vermelden konnte: Anfang 2004 wurde ein Planet von der Größe Jupiters entdeckt und TrES-1 getauft, der einen sonnenähnlichen Stern im Sternbild Lyra umkreist. Die Computergrafik zeigt, wie sich ein Künstler TrES-1 vorstellt.

Polen Aleksander Wolszczan (* 1946) und dem Amerikaner Dale A. Frail bei dem Pulsar PSR 1257 + 12 im Sternbild Jungfrau nachgewiesen. 1994 fanden die Schweizer Astronomen Michel Mayor (* 1942) und Didier Queloz (* 1966) mit 51 Pegasi b (→Pegasus) den ersten Planeten bei einem sonnenähnlichen Stern. 2005 wurde die erste direkte Beobachtung eines Exoplaneten bekannt gegeben.

Exosat [Abk. für engl. **E**uropean Space Agency's **X**-ray **O**bservatory **Sat**ellite], erster europäischer Satellit für die astronomische Forschung im Röntgenstrahlbereich mit speziell dafür entwickelten Röntgenteleskopen. Exosat wurde 1983 auf eine stark exzentrische Umlaufbahn gebracht und untersuchte u. a. auch den Weltraum jenseits unseres Milchstraßensystems (Missionsende: April 1986). Exosat wurde 1983 mit einer amerikanischen Deltarakete auf eine stark exzentrische Umlaufbahn gebracht (größte Entfernung von der Erdoberfläche 20 000 km, geringste 300 km) und untersuchte u. a. auch den Weltraum jenseits unseres Milchstraßensystems (Missionsende: April 1986).

Exosphäre, äußerste Schicht der →Atmosphäre, die den Übergang zum Weltraum bildet. Alle in ihr enthaltenen Teilchen sind weitgehend ionisiert. Die Exosphäre ist die einzige Atmosphärenschicht, aus der Gasmoleküle aufgrund der ihnen eigenen Geschwindigkeit das Gravitationsfeld der Erde verlassen können, da so wenige Teilchen vorhanden sind, dass deren Bremswirkung vernachlässigt werden kann.

Expansion die Expansion des Weltalls (→Ausdehnung).

Explorer [ɪksˈplɔːrə; englisch »Kundschafter«, »Forscher«], wissenschaftliches Satellitenprogramm der NASA mit breitester Zielsetzung. Explorer 1, der erste amerikanische Satellit, entdeckte 1958 den Van-Allen-Gürtel der Erde. Bis Mitte 1977 wurden etwa 60 Explorersatelliten gestartet (Nutzmassen bis 190 kg), darunter Aeronomie-, Astronomie- und Radioastronomiesatelliten und solche zur Beobachtung von Mikrometeoriten, Geodäsiesatelliten (→GEOS) und Strahlungswarnsatelliten (v. a. zum frühzeitigen Erkennen von Sonneneruptionen) sowie Technologiesatelliten. Danach fand die Explorerserie ihre Fortsetzung mit Satelliten unterschiedlicher Zweckbestimmung und verschiedener Bezeichnungen.

Extinktion [lateinisch »das Auslöschen«] *die, -/-en,* die Schwächung einer Strahlung beim Durchgang durch ein Medium infolge Absorption, Streuung, Beugung und Reflexion. Typische Beispiele in der Astronomie sind die Extinktion des Sternlichts beim Durchgang durch die interstellare Materie und die Erdatmosphäre.

extrafoveale Beobachtung, indirekte Beobachtung, eine häufig angewandte visuelle Beobachtungsmethode, die ausnutzt, dass die menschliche Netzhaut in ihren Außenbereichen, wo die für das Dämmerungssehen zuständigen Stäbchen sitzen, die größte Empfindlichkeit für geringe Lichtintensitäten besitzt. Visiert man also im Fernrohr ein sehr lichtschwaches Objekt nicht direkt an, sondern so, dass seine Lichtstrahlen auf den Randbereich des Auges fallen, so werden die Objekte dadurch besser sichtbar.

extragalaktisch, außergalaktisch, außerhalb des Milchstraßensystems (der Galaxis) liegend; Gegensatz: galaktisch.

extragalaktische Nebel, die außerhalb unseres Milchstraßensystems befindlichen →Galaxien.

extrasolarer Planet, →Exoplanet.

extraterrestrisch [zu lateinisch extra »außen«, »außerhalb« und terra »Erde«], außerhalb der Erde auftretend, außerirdische Vorgänge betreffend.

Exoplanet Erste direkte Beobachtung

Etwa 150 Exoplaneten hatten Astronomen bereits indirekt nachgewiesen, als 2005 die erste direkte Beobachtung gelang. Eine Arbeitsgruppe des astrophysikalischen Instituts der Universitäts-Sternwarte Jena hatte einen Planeten von nur ein- bis zweifacher Masse des Planeten Jupiter aufgespürt: GQ Lupi b. Sie nutzten dazu das Instrument Naos des Very Large Telescope in Chile. Den Astronomen kam sicher zur Hilfe, dass sich GQ Lupi b sehr weit entfernt von seinem Stern befindet. Seine Umlaufbahn ist etwa dreimal so groß wie unser gesamtes Sonnensystem. Außerdem ist der Planet im südlichen Sternbild Wolf erst eine Million Jahre alt und deshalb noch ziemlich heiß und hell. Bereits sechs Jahre zuvor hatte die Forschungsgruppe GQ Lupi b entdeckt, musste aber zunächst mehrere Nachmessungen durchführen, um festzustellen, ob der Planet tatsächlich einen Stern umkreist.

Exoplanet Pulsarplaneten

1995 sorgte die sichere Entdeckung von Planeten außerhalb des Sonnensystems für Furore. Es handelt sich dabei um Gasriesen noch größer als Jupiter; Astronomen rätselten aber auch immer wieder über die Existenz von erdähnlichen Planeten. Deren Entdeckung steht noch aus und ist mit den heutigen Technologien nur zufällig möglich.

Die ersten Hinweise, dass Planeten von Erdgröße existieren, gab es bereits im Jahr 1992; sie wurden mit einer Methode entdeckt, mit der eigentlich niemand gerechnet hatte: mit der Ankunftszeit von Radioimpulsen. In den Signalen von Pulsaren gibt es typische Verschiebungen, die aus den gegenseitigen Anziehungskräften von Pulsar und Planeten herrühren. Ihre Auswertung zeigte, dass bei einem von ihnen die relativen Abstände vom Pulsar – bezogen auf den dritten Planeten – beinahe mit denen der Planeten unseres Sonnensystems übereinstimmen. Sie zeigen auch, dass solche Planeten sogar eine Supernovaexplosion überstehen können.

Bislang sind erst einige Pulsarplaneten bekannt. Ihre Massen sind meist nur geringfügig höher als diejenige der Erde, daher besteht Hoffnung, dass noch viele Planeten mit Erdmasse im Weltall existieren.

Extremely large telescope OWL

Kennen Sie das größte Teleskop der Welt? Heute ist es noch das amerikanische Keck-Teleskop. In 10 Jahren könnte es ein amerikanisches Riesenteleskop sein, in 20 Jahren ein europäisches.
Bei der ESO ist der Name Programm: Das »Overwhelmingly Large Telescope« (»überwältigend großes Teleskop«) soll einen Hauptspiegel von 100 Metern Durchmesser bekommen. Er soll aus Segmenten von höchstens zehn Meter Größe aufgebaut sein, die mittels aktiver Optik in Form gehalten werden. Der Fangspiegel wäre mit 34 Metern Durchmesser größer als der Hauptspiegel des geplanten amerikanischen Großteleskops. Eine Halle, ähnlich wie diejenige des Cargolifter, würde das Teleskop bei Tag und schlechtem Wetter schützen. Für Beobachtungen würde es ins Freie gefahren.
Beobachtungsziele sind mögliche Planeten, die andere Sterne umkreisen. Man interessiert sich vor allem für die Spektren dieser Planeten, denn sie verraten, ob der Himmelskörper eine sauerstoffhaltige Atmosphäre hat, ob also Leben dort möglich wäre. Auch Supernovae am Rande der Welt und die oortsche Kometenwolke wären in Reichweite dieser Teleskope.

extraterrẹstrische Forschung, außerhalb der Erde betriebene Forschung, d. h. der Zweig der Astronomie und Weltraumforschung, der Raketen, künstliche Erdsatelliten und Raumsonden zur Erforschung des Mondes, der Planeten, des interplanetaren Raumes, der Sonne, Sterne und Sternsysteme sowie der aus dem Weltraum kommenden Strahlung verwendet. Die Instrumente werden in einen Bereich befördert, in dem die von der Erdatmosphäre ausgehenden Einflüsse auf die Messungen ausgeschaltet und besondere physikalische Zustände (beispielsweise interplanetare Magnetfelder) sowie direkte Untersuchungen kosmischer Objekte (z. B. Strahlungsgürtel, Sonnenwinde, Atmosphären oder Oberflächen anderer Planeten) erst möglich werden.

extraterrẹstrisches Leben, das →außerirdische Leben.

Extremely large telescope, Sammelbezeichnung für eine neue Generation äußerst leistungsfähiger Teleskope, die für die nächsten Jahre geplant sind, in den USA v. a. das California Extremely Large Telescope mit einem 30-Meter-Spiegel, in Europa ein 50-Meter-Teleskop in Schweden und ein 100 Meter großes Riesenteleskop bei der ESO (»OWL«).

Exzẹntertheorie, zuerst bei Hipparch zu findende Theorie der vorkeplerschen Astronomie, nach der sich ein Planet notwendig gleichförmig und auf Kreisen bewegt. Die geforderte Gleichförmigkeit der vom angenommenen Weltzentrum (Erde) aus ungleichförmig erscheinenden Umlaufgeschwindigkeit ergab sich, indem man den Planeten um einen Punkt außerhalb des Zentrums kreisen ließ, wodurch auch sein Apogäum und Perigäum eine Erklärung fanden. Die Exzentertheorie wurde spätestens von Ptolemäus mit der →Epizykeltheorie kombiniert.

Exzentrizitạ̄t, bei der Ellipse ein Maß für die Abweichung von der Kreisform; allgemein definiert wird für alle Kegelschnitte die lineare Exzentrizität als der Abstand e der Brennpunkte eines Mittelpunktkegelschnitts vom Mittelpunkt, die numerische Exzentrizität als das Verhältnis $\varepsilon = e/a$ der linearen Exzentrizität zur halben Hauptachse a. In der Astronomie ist die Exzentrizität eines der Bahnelemente (→Bahn) der Himmelskörper.

Fabricius, 1) David, deutscher Theologe und Astronom, * Esens 1564, † Osteel (bei Norden) 7. 5. 1617 (erschlagen), Vater von Johannes Fabricius 2); Pastor in Resterhafe (heute zu Dornum) und (1584–1603) in Osteel. Fabricius entdeckte den Lichtwechsel des Sterns Mira Ceti (1596) und machte erstmals langfristige Wetterprognosen aufgrund seiner aufgezeichneten meteorologisch-klimatischen Beobachtungen.

2) Johannes, deutscher Astronom, * Osteel (bei Norden) 8. 1. 1587, † Marienhafe (bei Norden) 1615(?), Sohn von David Fabricius 1); beobachtete als Medizinstudent 1611 durch ein Fernrohr zum ersten Mal Sonnenflecken und schloss aus deren allmählichen Bewegung über die Sonnenscheibe auf die Rotation der Sonne.

Fabry-Pérot-Interferometer [fa'bri pe'ro -, nach den französischen Physikern Charles Fabry (* 1867, † 1945) und Alfred Pérot (* 1863, † 1925)], ein →Interferometer aus zwei hochreflektierend verspiegelten, leicht keilförmigen ebenen Planplatten, deren Innenflächen exakt parallel zueinander justiert sind; dient der genauen Wellenlängenmessung und zur Untersuchung der Fein- und Hyperfeinstruktur von Spektrallinien, die mit Gitter- oder Prismenspektrometern nicht aufgelöst werden können.

Fackel, die →Sonnenfackel.

Fadenkreuz, eine in der Dingbrennebene des Okulars eines Fernrohrs oder Mikroskops angebrachte Markierung in Form zweier senkrecht zueinander verlaufenden Fäden oder in eine Glasplatte eingeätzter dünner Striche als Ziel- oder Einstellvorrichtung; durch ihren Schnittpunkt und den Mittelpunkt des Objektivs verläuft die Visier- oder Kollimationslinie des Instruments. Bei mehreren parallelen Fäden oder Strichen liegt ein **Fadennetz** vor.

Fadenmikrometer, ein Rahmen mit Fadenkreuz, das in der Brennebene des Okulars eines Fernrohrs oder Mikroskops durch eine Messschraube (Mikrometerschraube) verschoben werden kann.

Fallbeschleunigung, Gravitationsbeschleunigung, Schwerebeschleunigung, Formelzeichen *g*, die Beschleunigung, die ein frei fallender Körper im Gravitationsfeld eines Himmelskörpers, speziell der Erde (**Erdbeschleunigung**), erfährt. Sie nimmt infolge der Erdabplattung vom Äquator nach den Polen hin zu, zeigt jedoch infolge der inhomogenen Massenverteilung Schwankungen. Als gerundeten Wert verwendet man in mittleren Breiten $g = 9{,}81\ \mathrm{m/s^2}$.

falsches Kreuz, →Kiel des Schiffes.

Falschfarbenaufnahme, eine fotografische Aufnahme zur Hervorhebung bestimmter Einzelheiten, die nicht mit einem normalen Farbfilm aufgenommen ist, sondern mit einem speziellen Film, der für Infrarotstrahlung sowie den roten und grünen Spektralbereich sensibilisiert ist. Dieser Film gibt verschiedene Helligkeitsstufen als unterschiedliche Farben wieder, die von dem natürlichen Farbeindruck des Auges abweichen. Falschfarbenaufnahmen spielen vor allem bei →Erderkundungssatelliten und in der →Infrarotastronomie eine wichtige Rolle.

Farbabweichungen, Farbfehler, chromatische Abbildungsfehler, chromatische Aberrationen, bei der Abbildung eines Objektes durch ein optisches System auftretende Abbildungsfehler, die auf der Abhängigkeit der Brechzahl des Linsen- und Prismenmaterials von der Lichtwellenlänge beruhen. Die dadurch bewirkte unterschiedlich starke Brechung verschiedenfarbiger Lichtstrahlen führt zu **Farbortsfehlern (Farblängsfehlern),** bei denen vor allem die von achsennahen Objektpunkten ausgehenden Strahlen je nach Wellenlänge in verschiedenen Bildpunkten vereinigt werden.

Farben-Helligkeits-Diagramm, Abk. **FHD,** dem →Hertzsprung-Russell-Diagramm gleichwertiges stellares Zustandsdiagramm, in dem der →Farbenindex und die absolute →Helligkeit der Sterne (bei Sternen gleicher Entfernung auch die scheinbare Helligkeit) als Koordinaten gewählt sind. In ein solches FHD trägt man vor allem Sterne gleicher Entfernung (z. B. Mitglieder eines →Sternhaufens) ein, bei denen die Differenzen der scheinbaren Helligkeiten den wahren Leuchtkraftunterschieden entsprechen.

Farbenindex, Farbindex, Differenz der scheinbaren Helligkeiten eines Sterns (oder anderen Himmelskörpers) in zwei verschiedenen Spektralbereichen, wobei immer die Helligkeit im längeren Wellenlängenbereich von der Helligkeit bei der kürzeren Wellenlänge abgezogen wird. Der Farbenindex kennzeichnet die →Farbtemperatur der Oberfläche des Sterns. Allgemein gilt: Je größer der Farbindex, desto rötlicher erscheint der Stern. Der gebräuchlichste Farbenindex ergibt sich aus der Differenz von Blau- und Gelbhelligkeit. – Der internationale Farbenindex ist die Differenz der fotografischen und visuellen Helligkeit eines Sterns. (→UBV-System)

Farb|exzess, Maß für die Verfärbung des Sternlichts durch interstellare Materie, definiert als die Differenz zwischen dem gemessenen →Farbenindex eines Sterns und dem aus den Spektrallinien bestimmten normalen Farbenindex.

Farbfehler, die →Farbabweichungen.

Farbtemperatur, diejenige einer Lichtquelle zugeordnete Temperatur des →schwarzen Strahlers, bei der dieser ein Licht gleicher Farbe wie die betreffende Lichtquelle aussendet. Die Farbtemperatur dient insbesondere zur Charakterisierung von Sternen.

Farghani, Abu l-Abbas Ahmed Ibn Mohammed Ibn Kathir **al-Farghani,** lateinisch **Alfraganus,** arabischer Astronom im 9. Jh. (lebte noch 861), der aus Fergana (Usbekistan) stammte und in Bagdad am Hof des Kalifen al-Mamun (*786, †833) wirkte. Er verbesserte verschiedene Berechnungen des C. Ptolemäus und bestimmte den Durchmesser der Erde sowie die Entfernung der Planeten. Seine »Elemente der Astronomie« wurden ins Lateinische übersetzt und u.a. von N. Kopernikus benutzt.

Feld, auf den britischen Physiker Michael Faraday (*1791, †1867) zurückgehender grundlegender Begriff der gesamten Physik zur Beschreibung von Zuständen und Wirkungen, ausgedrückt durch die Feldgrößen, im Raum. Beispiele für Felder sind alle Kraftfelder, z.B. Gravitationsfelder und die elektrischen, magnetischen bzw. elektromagnetischen Felder.

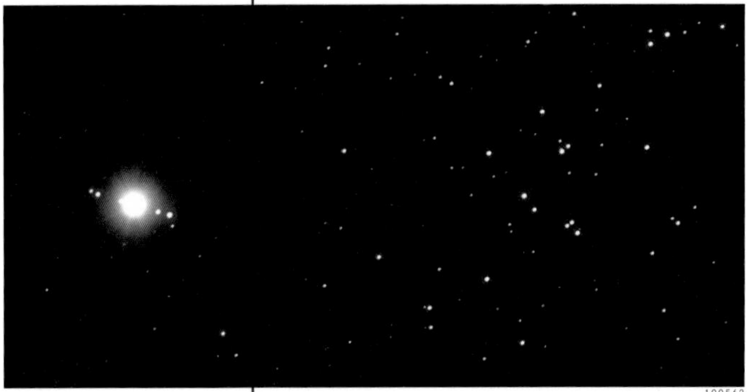

Fernglas.
Der größte Planet des Sonnensystems, Jupiter, ist bereits mit dem Fernglas gut zu beobachten, hier mit seinen vier Monden neben dem Sternhaufen Praesepe im Sternbild Krebs.

Feldgalaxie, ein extragalaktisches Sternsystem, das keinem Galaxienhaufen angehört.

Feldgleichungen, im allgemeinen Sinn die Bewegungsgleichungen einer Feldtheorie. Bezogen auf die allgemeine →Relativitätstheorie versteht man darunter die fundamentalen einsteinschen Feldgleichungen, die die Materie mit der Raumzeit verknüpfen. Diese Gleichungen sind nichtlineare, partielle Differenzialgleichungen. Die Lösungen der Feldgleichungen geben Aufschluss über die durch die Materie beeinflusste Geometrie der Raumzeit.

Feldlinse, Kollektivlinse, eine bei optischen Instrumenten am Ort des reellen Bildes oder in dessen Nähe angeordnete Linse. Sie hat auf die geometrische Größe und Lage des Bildes keinen Einfluss, sondern dient zur Bündelung der abbildenden Strahlen und zur Erweiterung des Gesichtsfeldes.

Feldstecher [zu Feld (»Schlachtfeld«) und Stecher (wohl »Stichwaffe«)], von dem Wiener Optiker Georg Simon Plößl (*1794, †1868) geprägte Bezeichnung für ein damals noch monokulares Prismenfernrohr; heute synonym zu →Fernglas gebraucht.

Feldstern, einzelner Stern eines Sternsystems, der nicht einem Sternhaufen oder einer Sternassoziation angehört.

Fenster, kurz für →astronomische Fenster.

Ferdinand, der im Jahr 2003 entdeckte äußerste bekannte Mond des Planeten →Uranus. Er umkreist Uranus in einem mittleren Abstand von 20,9 Millionen Kilometern in rund 2832 Tagen.

Fermionen [nach dem italienischen Physiker Enrico Fermi (*1901, †1954)], *Singular* **Fermion** *das, -s,* **Fermi-Teilchen,** Sammelbezeichnung für die Elementarteilchen mit halbzahligem Spin. Zu den Fermionen gehören die Leptonen (Elektronen, Myonen, Neutrinos) und die Baryonen (Protonen, Neutronen, die verschiedenen Hyperonen) sowie ihre Antiteilchen.

Fernglas, kleineres Prismendoppelfernrohr von 8- bis 10-facher (mitunter bis 20-facher) Vergrößerung für den Handgebrauch, bei dem die Bildumkehr durch Prismensysteme erfolgt. Die historische Bezeichnung **Feldstecher** ist auch heute noch üblich und wird synonym verwendet.

Fernrohr, wissenschaftlicher Name **Telescopium,** *Genitiv* **Telescopii,** Abk. **Tel,** ein kleines, unscheinbares Sternbild am Südhimmel (Rektaszension 18^h09^m bis 20^h30^m, Deklination −45°05' bis −57°00'), dem Sternbild →Altar benachbart, das in mittleren nördlichen Breiten nicht sichtbar ist. Keiner der Sterne übertrifft die Größenklasse 3,5. Der Hauptstern α Tel (scheinbare Helligkeit $3\overset{m}{.}5$, absolute Helligkeit -1^M, Spektraltyp B3) ist 260 Lichtjahre, ζ Tel ($4\overset{m}{.}1/1^M$/G8) 130 Lichtjahre entfernt. NGC 6584 ist ein $8\overset{m}{.}5$ heller Kugelsternhaufen (Entfernung 40 000 Lichtjahre). Ansonsten enthält das Sternbild keine weiteren erwähnenswerten Beobachtungsobjekte für das Amateurfernrohr. (→Sternbilder)

Fernrohr, Teleskop, Gerät, das unter Verwendung von Linsen, Prismen und/oder Spiegeln entfernte Gegenstände unter einem vergrößerten Sehwinkel zeigt, sie also scheinbar näher rückt.

■ **Dioptrische Fernrohre** Dioptrische Fernrohre (Linsenfernrohre, Refraktoren) bestehen aus lichtbrechenden optischen Bauelementen, und zwar im Prinzip aus einer gegenstandsseitigen Sammellinse (Objektiv) und einer augenseitig dahinter angeordneten Linse oder Linsenkombination (Okular), wobei der bildseitige Objektivbrennpunkt mit dem dingseitigen Okularbrennpunkt zusammenfällt, sowie gegebenenfalls noch einem Linsen- oder Prismenumkehrsystem. Das Objektiv entwirft ein Bild des Gegenstandes in seiner bildseitigen, durch die Feldblende begrenzten Brennebene (Zwischenbildebene), wo es sich durch das Okular wie mit einer Lupe vergrößert betrachten lässt.

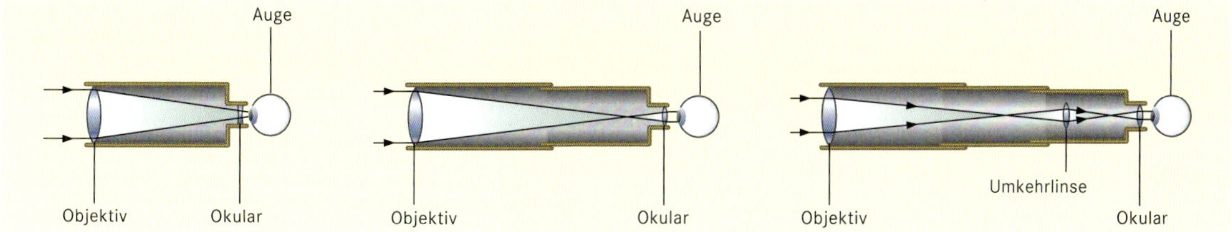

Fernrohr. Schematische Darstellung der Strahlengänge im holländischen Fernrohr (links) mit konvexer Objektiv- und konkaver Okularlinse, im astronomischen Fernrohr (Mitte) mit konvexer Objektiv- und Okularlinse, im keplerschen terrestrischen Fernrohr (rechts) mit einer dritten konvexen Linse zur Umkehrung des Bildes

■ **Katoptrische Fernrohre** Bei den aus reflektierenden Spiegeln aufgebauten katoptrischen Fernrohren (Spiegelfernrohren, Reflektoren) wirft ein meist parabolischer Hohlspiegel (der häufig ebenfalls als Objektiv bezeichnete Hauptspiegel) die bei weit entfernten Objekten parallel ankommenden Lichtstrahlen auf einen im Allgemeinen kurz vor seinem Brennpunkt angeordneten kleinen Fangspiegel, der die gesammelten Strahlen direkt (→Cassegrain-Teleskop) oder über Umlenkspiegel der Beobachtung mit einem Okular zuführt (→Spiegelteleskop); der Fangspiegel kann auch durch eine registrierende Fokalfläche ersetzt sein (→Schmidt-Spiegelteleskop).

■ **Katadioptrische Fernrohre** Eine Zwischenstellung nehmen die katadioptrischen Fernrohre ein, die Linsen und Spiegel oder Spiegelobjektive gleichzeitig verwenden; hierzu gehören die verschiedenen →Mediale. – Bei Teilung des vom Objektiv kommenden Strahlenganges kann das Okular auch als Doppelokular für die Betrachtung mit beiden Augen eingerichtet sein. Besseres Tiefenunterscheidungsvermögen liefern Doppelfernrohre (z. B. Feldstecher, Scherenfernrohre), bei denen beidäugige Beobachtung durch zwei miteinander verbundene gleiche Fernrohre erfolgt.

■ **Okular** Das Okular, im Allgemeinen eine drei- bis sechsgliedrige Linsenkombination, hat meist eine wesentlich kürzere Brennweite als das Objektiv. Das in ihm sichtbare Feld nennt man das Gesichtssehfeld, dessen Helligkeit (Lichtstärke) mit dem Durchmesser (Öffnung) des Objektivs zu-, mit wachsender Vergrößerung aber abnimmt. Die Fernrohrleistung wird durch Vergrößerung V und Objektivdurchmesser D in mm charakterisiert, die bei Ferngläsern als Zahlenpaar in der Form $V \times D$ (z. B. 8 × 50) angegeben werden. Die Vergrößerung, die gleich dem Verhältnis der Brennweiten von Objektiv und Okular ist, kann bei gleichem Objektiv durch verschiedene Okulare verändert werden. Die geometrische Lichtstärke des Fernrohrs ist gleich dem Quotienten D^2/V^2. Dieser Wert muss noch mit dem Transmissionsgrad τ der Fernrohroptik multipliziert werden, um die tatsächliche Fernrohrlichtstärke zu bestimmen; τ beträgt etwa 0,8 für vergütete und 0,56 für unvergütete optische Komponenten. Die Bildhelligkeit auf der Netzhaut ist proportional dem Quadrat des Okulardurchmessers, sofern die Augenpupille nicht kleiner ist als dieser. Objektiv oder Spiegel und Okular befinden sich so an den beiden Enden eines Rohres (Tubus), dass die Mittelsenkrechte auf das Objektiv, die optische Achse, mit der des Tubus zusammenfällt. Dieser kann von Hand gehalten oder bei Fernrohren mit starker Vergrößerung (über zehnfach) auf einem Stativ befestigt werden. (→Fernrohrmontierung)

■ **Arten der dioptrischen Fernrohre** Das **holländische** oder **galileische Fernrohr** hat eine Sammellinse als Objektiv und eine Zerstreuungslinse als Okular, die um die Differenz ihrer Brennweiten voneinander entfernt sind, weswegen dieser Fernrohrtyp ziemlich kurz ist. Im galileischen Fernrohr existiert kein reelles Zwischenbild, sondern durch das zerstreuende Okular sieht das Auge ein im Unendlichen liegendes, aufrecht stehendes, virtuelles Bild des Gegenstandes. Das **astronomische** oder **keplersche Fernrohr** verwendet als Objektiv und Okular Sammellinsen, deren Abstand voneinander gleich der Summe ihrer Brennweiten ist. Es erzeugt ein umgekehrtes, reelles Bild. Beim **terrestrischen Fernrohr** wird mit einer dritten Linse eine zweite Umkehrung des Bildes und damit dessen aufrechte Stellung erreicht. Bei 10–30-facher Vergrößerung wird es als Zielfernrohr und in Theodoliten verwendet.

Aufrechtstellen des Bildes und Verkürzung des Fernrohrs lassen sich auch mit einem porroschen Prismensatz statt einer dritten Sammellinse erzielen. In dieser Form ist das terrestrische Fernrohr als **Prismenglas** mit typischerweise sechs- bis zehnfacher Vergröße-

Wie nicht nur immer fernere Objekte, sondern schließlich auch die Zeit mithilfe stets verbesserter **Fernrohre** sichtbar gemacht werden konnten, beschreibt Steven Beckwith, Direktor des Space Telescope Science Institute:

»Teleskope ermöglichten es erstmals, weit entfernte Dinge zu beobachten, wie zum Beispiel den Bereich außerhalb unseres Sonnensystems, die benachbarten Sterne, die Milchstraße, die lokale Gruppe von Galaxien und schließlich die entferntesten Gebiete des Universums, deren Anblick eine längst vergangene Zeit zeigt. Eine Zeit, in der das Universum noch in seinen Kinderschuhen steckte.«

Fernrohr
→ GEO **Dossier**
Das Genie und die Inquisition, Bd. 4

Fernrohr
→ GEO **Dossier**
Vorstoß in die Tiefe des Raumes, Bd. 5

1558

Fernrohr. Glaskeramik-Spiegelträger mit 8,2 Metern Durchmesser für das Very Large Telescope der ESO. Das Bild zeigt die mit 28 Tonnen und etwa 1 000 °C heißer Glasschmelze gefüllte rotierende Gießform.

3885

Fernrohr. Newton stellte nach Experimenten mit verschiedenen Metalllegierungen Hohlspiegel für die von ihm entworfenen Spiegelteleskope selbst her. Das erste Exemplar von 1668 war nur 15 Zentimeter lang, reichte jedoch zur Beobachtung der Jupitermonde aus. Hier sein zweites Stück in der Royal Academy of Arts, London.

rung bekannt, das im Allgemeinen als Doppelglas gebaut ist. Dadurch wird eine plastische Wirkung erzielt, die man beim **Scherenfernrohr** durch Erhöhung des Abstandes der Objektive wesentlich verstärkt. Mit Zusatzeinrichtungen wird es zur Entfernungsmessung benutzt. Sind die Arme des Scherenfernrohrs so gedreht, dass beide Objektive oberhalb des Beobachters nahe beisammen stehen, bezeichnet man es als **Periskop.** Beim **Doppelblickfernrohr** wird der Strahlengang geteilt und zwei verschiedenen Okularen zugeleitet, sodass zwei Beobachter gleichzeitig denselben Gegenstand betrachten können. (→astronomische Instrumente)

■ **Geschichte** Das dioptrische Fernrohr wurde um 1608 wahrscheinlich von dem niederländischen Brillenmacher H. Lipperhey erfunden. Da diese Erfindung (Vereinigung einer Konvexlinse und einer Konkavlinse in einem Rohr) relativ leicht nachzuahmen war und sich auch schnell verbreitete, wurde die Priorität Lipperheys gegenüber anderen Erfindern vielfach angezweifelt. G. Galilei baute sein Fernrohr nach ihm zugegangenen Informationen aus den Niederlanden selbst und war vermutlich der Erste, der ein Fernrohr auf Gestirne richtete und damit zahlreiche neue Erkenntnisse gewann. J. Kepler lieferte dann 1610/11 die optische Theorie des Fernrohrs, auf deren Grundlage 1611 das nach ihm benannte astronomische Fernrohr von C. Scheiner gebaut wurde. Technische Schwierigkeiten bei der Verlängerung der Brennweiten und die auftretende sphärische und chromatische Aberration (→Abbildungsfehler, →Farbabweichungen) führten im 17. Jh. einerseits zur Konstruktion riesiger Luftfernrohre ohne Tubus (J. Hevelius, G. D. Cassini, C. Huygens), andererseits zur Erfindung und Entwicklung des Spiegelteleskops. Das Beobachtungsgerät Fernrohr wurde in den 60er-Jahren des 17. Jh. durch die Einführung der Mikrometerschraube am damit verbundenen Messkreis und durch die Erfindung des Fadenkreuzes (Adrien Auzout, * 1622, † 1691; J. Picard) zum Messgerät, besonders nach der Erfindung achromatischer Linsensysteme (1757) durch John Dollond (* 1706, † 1761) und ihrer Verbesserung durch dessen Sohn Peter (* 1730, † 1820) sowie Jesse Ramsden (* 1735, † 1800) und J. Fraunhofer. Da jedoch die für die Objektive der Refraktoren benötigten Glassorten in der Zeit vor Fraunhofers Arbeiten keine größeren Linsen als solche mit etwa 12 cm Durchmesser erlaubten, war eine Vergrößerung der Fernrohre vorerst nur bei den Metallspiegeln der Reflektoren möglich. Die komafreien Spiegelteleskope nach B. Schmidt lösten die Epoche der dioptrischen Fernrohre in der Astronomie ab.

Fernrohrantriebe, Antriebseinrichtungen, die es einerseits gestatten, ein Fernrohr zum Positionieren schnell von einem Ort an der Himmelssphäre zu einem anderen zu bewegen, und zum anderen, es mit langsamer, gleichförmiger Geschwindigkeit zu drehen, um den Gestirnen zu folgen.

Fernrohrmontierung, die mechanische Tragekonstruktion zur optimalen Nutzung eines Fernrohrs. Die Fernrohrmontierung wird so gewählt, dass das Fernrohr auf alle Punkte des Himmels gerichtet werden kann; die Montierungen von Meridiankreisen und Durchgangsinstrumenten sowie Zenitteleskopen erlauben nur Beobachtungen in unmittelbarer Nähe des Meridians bzw. des Zenits. Zum Erreichen aller Punkte am Himmel muss ein Fernrohr um zwei zueinander senkrechte Achsen drehbar gelagert sein. Bei einer **äquatorialen (parallaktischen) Fernrohrmontierung** sind das die parallel zur Erdachse gerichtete und damit auf den Himmelspol weisende Stundenachse und die Deklinationsachse. Zur Kompensation der täglichen Drehung des Himmelsgewölbes ist eine Bewegung um die Stundenachse mit der Winkelgeschwindigkeit der Erdrotation, aber entgegengesetzt zu ihr, erforderlich. Beispiele für eine äquatoriale Fernrohrmontierung sind die deutsche Montierung, die englische Montierung, die Kniemontierung und die Gabelmontierung. Bei der **azimutalen (horizontalen) Fernrohrmontierung** weist eine Achse zum Zenit, die andere liegt in der Horizontebene des Beobachtungsortes, was technisch einfacher zu realisieren ist, bei den Beobachtungen aber die gleichzeitige Bewegung um beide Achsen erfordert. Große optische und Radioteleskope werden im Allgemeinen azimutal montiert.

Feststoffraketenantrieb, →Raketentriebwerk.

Feuerkugel, Bolid, →Meteor, dessen Helligkeit größer als die mittlere Helligkeit (etwa -4^{m}) der Venus ist.

Fibrillen [lateinisch »kleine Faser«] *die, -/-n,* streifenförmige Gebilde, die sich in der →Chromosphäre der Sonne zu wirbelartigen Strukturen zusammenfügen.

Filament [lateinisch »Fadenwerk«, zu filum »Faden«] *das, -s/-e,* längliche, über die →Chromosphäre der Sonne herausragende Gaswolken, die bei der Beobachtung mit optischen Zusatzeinrichtungen (→Lyot-Filter, →Spektroheliograf) auf dem Hintergrund der Sonnenscheibe schwarz erscheinen und im →Koronografen am Sonnenrand als →Protuberanz sichtbar werden. Gelegentlich werden leuchtende Materiebrücken zwischen Galaxien als **intergalaktische Filamente** bezeichnet.

Filter, →Lichtfilter.

Finsternis, jede Erscheinung, bei der für einen Beobachter ein Himmelskörper zeitweilig von einem anderen ganz **(totale Finsternis)** oder teilweise **(partielle Finsternis)** abgedunkelt wird, entweder durch Eintritt in den Schatten des anderen (z.B. tritt bei einer Mondfinsternis der Mond in den Schatten der Erde) oder durch das Dazwischentreten des anderen, z.B. des Mondes vor die Sonne (→Sonnenfinsternis) oder vor Sterne (Sternbedeckung), eines inneren Planeten vor die Sonne (→Durchgang) oder der einen Komponente vor die andere bei →Bedeckungsveränderlichen.

Firmament [spätlateinisch »der über der Erde befestigte Himmel«, lat. »Befestigungsmittel«, zu firmus »stark«, »fest«] *das, -(e)s, dichterisch* für: →Himmel, Himmelsgewölbe.

Fisch, 1) das Sternbild →Fliegender Fisch; **2)** das Sternbild →Südlicher Fisch.

Fische, wissenschaftlicher Name **Pisces,** *Genitiv* **Piscium,** Abk. **Psc,** ausgedehntes, aber unscheinbares, zum →Tierkreis gehörendes Sternbild der Äquatorzone (Rektaszension $22^{h}50^{m}$ bis $2^{h}07^{m}$, Deklination +33°40' bis −6°20'), das im Herbst südlich vom →Pegasus am Abendhimmel sichtbar ist und aus einer Kette von relativ lichtschwachen Sternen besteht; in ihm liegt der →Frühlingspunkt. Die Sonne durchläuft das Sternbild auf ihrer scheinbaren Jahresbahn vom 11. März bis 18. April und überschreitet um den 21. März (Frühlingsbeginn) den Himmelsäquator von Süd nach Nord.

■ **Sterne** Der Stern Alrescha (α Psc) ist ein Doppelstern: Seine zurzeit in 1,8" Abstand stehenden, $4\overset{m}{,}2$ bzw. $5\overset{m}{,}2$ hellen Komponenten haben eine Umlaufzeit von über 900 Jahren, wobei der hellere Partner zusätzlich ein spektroskopischer Doppelstern ist. Weitere Doppelsterne für das Amateurteleskop sind unter anderen ζ Psc ($5\overset{m}{,}2$ bzw. $6\overset{m}{,}3$; Distanz 22,8"; Entfernung 150 Lichtjahre) und ψ^{1} Psc ($5\overset{m}{,}3$ bzw. $5\overset{m}{,}6$; 29,8"; 240 Lichtjahre). Erwähnenswerte Veränderliche sind TV Psc (47 Psc), ein 500 Lichtjahre entfernter halbregelmäßiger Veränderlicher (Lichtwechsel zwischen $4\overset{m}{,}7$ und $5\overset{m}{,}3$; Periode 50 bis 85 Tage) und der in 800 Lichtjahren Abstand stehende, orangerote TX Psc (19 Psc), der unregelmäßig zwischen $4\overset{m}{,}8$ und $5\overset{m}{,}2$ schwankt.

■ **Galaxien** Etwa 30 Millionen Lichtjahre entfernt befindet sich die Spiralgalaxie M 74 (Gesamthelligkeit $10\overset{m}{,}2$), ein aufgrund ihrer geringen Flächenhelligkeit (14^{m}) nicht leichtes Objekt für das Amateurteleskop; mit 130 Millionen Lichtjahren noch weiter entfernt ist die Galaxie NGC 524 ($10\overset{m}{,}5$). Im Sternbild Fische liegt der →Radiant des schwachen, von Mitte August bis Anfang Oktober auftretenden →Meteorstroms Pisciden. (→Sternbilder)

Die hellsten Sterne des Sternbilds Fische

Name		Helligkeit visuelle	Helligkeit absolute	Spektralklasse	Entfernung in Lichtjahren
η	(Kullat Nunu)	$3\overset{m}{,}6$	-1^{M}	G8	300
γ		$3\overset{m}{,}7$	1^{M}	G7	130
α	(Alrescha, Al Risha)*)	$3\overset{m}{,}8$	1^{M}	A2	140
ω		$4\overset{m}{,}0$	1^{M}	F4	106
ι		$4\overset{m}{,}1$	3^{M}	F7	45
ε		$4\overset{m}{,}3$	0^{M}	K0	190
ο		$4\overset{m}{,}3$	0^{M}	K0	250
ϑ		$4\overset{m}{,}3$	1^{M}	K1	160
δ		$4\overset{m}{,}4$	0^{M}	K5	310
ν		$4\overset{m}{,}4$	-1^{M}	K3	370
λ		$4\overset{m}{,}5$	2^{M}	A7	100
β		$4\overset{m}{,}5$	-1^{M}	B6	500

*) Doppelstern

Fisher-Tully-Relation, die →Tully-Fisher-Relation.

Fixsterne, aus dem Altertum stammende Bezeichnung für die später als große selbstleuchtende Gaskugeln ähnlich der Sonne erkannten, in unterschiedlicher Entfernung von

Fixsterne — Und sie bewegen sich doch

Seit dem Altertum unterscheidet man die Stellae fixae, die Fixsterne, von den Wandelsternen, den Planeten. Es war Edmond Halley, der 1718 diesen Glauben ins Wanken brachte. Er erkannte als Erster, dass die vertraute Konfiguration der Sternbilder weniger fix ist, als uns scheint. Denn auch die Fixsterne bewegen sich, was wegen der großen Sternentfernungen innerhalb eines Menschenlebens aber nicht sichtbar ist und nur bei sehr nahen Sternen durch Messung nachgewiesen werden kann. Über lange Zeiträume resultiert aus der Eigenbewegung der Sterne jedoch eine merkliche Positionsänderung – der Sternenhimmel der alten Ägypter sah deutlich anders aus als der heutige. Und wenn es uns möglich wäre, in einigen zehntausend Jahren den Blick zu den Sternen zu richten, würden wir den Großen Bären, das Leitbild am nördlichen Himmel, wohl vergeblich suchen.

Flare Aktive Sonnenregionen

Im Oktober und November 2003, drei Jahre nach dem Höhepunkt des letzten Sonnenfleckenzyklus', spielte die Sonne verrückt. Innerhalb von ein paar Tagen rotierten drei gigantische Sonnenfleckengruppen auf die der Erde zugewandte Seite, jede groß genug, um mit dem bloßen Auge sichtbar zu sein. Die drei Gruppen blieben während drei Sonnenrotationen aktiv und produzierten zusammen in zwei Wochen elf mächtige Flares, eines davon, die aktive Region 10486, einen der energiereichsten Ausbrüche, der je beobachtet wurde. Etliche Flares waren mit koronalen Massenausbrüchen verbunden, die in das irdische Magnetfeld einschlugen und bis in niedrige Breiten majestätische Polarlichter verursachten, die Millionen Menschen sehen konnten. Obwohl anders als noch 1984 diesmal keine Kraftwerke ausfielen, war die Leistung des Flugüberwachungsradars eingeschränkt, die Elektronik zweier japanischer Satelliten wurde zerstört, ebenso wie die der Marssonde Nozomi und das Experiment MARIE auf der Marssonde Odyssey. Ausgerechnet dieses sollte die Strahlenbelastung messen, der künftige Marsastronauten ausgesetzt sein werden.

der Erde im Weltall befindlichen →Sterne, die als unregelmäßig verteilte Lichtpunkte an der Himmelskugel »fixiert« erscheinen und im Gegensatz zu den Wandelsternen (→Planeten) ihre Position am Himmel scheinbar nicht verändern, abgesehen von der täglichen Bewegung des gesamten Himmels vom Ost- zum Westhorizont infolge der Erdrotation. Seit dem 18. Jh. ist bekannt, dass die Sterne eine →Eigenbewegung aufweisen; in wissenschaftlichen Darstellungen verwendet man deshalb die Bezeichnung Sterne.

FK, Abk. für →Fundamentalkatalog.

Flächenhelligkeit, die →Helligkeit einer nicht punktförmigen, ausgedehnten Lichtquelle, z. B. eines Nebels oder eines Kometenschweifs.

Flächensatz, das zweite →keplersche Gesetz.

Flackersterne, die →Flare-Sterne.

Flammarion [flamaˈrjɔ̃], Camille Nicolas, französischer Astronom, *Montigny-le-Roi (bei Chaumont) 26. 2. 1842, †Juvisy-sur-Orge (Département Essonne) 3. 6. 1925; trug durch Vortragsreisen und mit populärwissenschaftlichen Büchern wesentlich zur Verbreitung der astronomischen Kenntnisse bei. Flammarion war Mitglied vieler wissenschaftlicher Gesellschaften. 1883 begründete er das Observatorium von Juvisy und 1887 die Französische Astronomische Gesellschaft.

Flamsteed [ˈflæmsti:d], John, englischer Astronom, *Denby (bei Derby) 19. 8. 1646, †Greenwich (heute zu London) 31. 12. 1719; war Pfarrer, bevor er 1675 zum ersten »Astronomer Royal« ernannt wurde und 1676 die Leitung der auf seine Anregung hin gegründeten Sternwarte von Greenwich übernahm. Seine mit meist von ihm selbst erbauten Instrumenten erstellten Daten für mehr als 2 800 Fixsterne bildeten die Basis für die spätere Stellarastronomie, die noch heute neben den von J. Bayer verwendeten Buchstaben seine Sternnummerierungen **(Flamsteed-Nummern)** benutzt.

Flare [fleə, englisch] *das, -s/-s,* eine plötzliche Erhöhung der Strahlung eines Sterns; speziell ein intensiver, stürmisch verlaufender Strahlungsausbruch in der Chromosphäre der Sonne, der im Zusammenhang mit Sonnenflecken auftritt **(Sonneneruption, chromosphärische Eruption).** Die Dauer wächst mit der Ausdehnung und reicht von 1 s bei den **Mikroflares** (Ausdehnung ≈ 1 Bogensekunde) bis zu mehreren Stunden bei den größten Flares, die bis ein Tausendstel der Sonnenscheibe einnehmen. In der Höhe erstrecken sie sich etwa 20 000 km weit. Das Spektrum eines Flare-Gebiets zeigt typischerweise neben Wasserstoff auch Helium und Calcium. Die Gebiete senden eine verstärkte Strahlung im ultravioletten und im Röntgenbereich sowie Protonen, Elektronen und Ionen aus. Auf der Erde bewirkt dies eine Störung der →Ionosphäre mit entsprechender Beeinträchtigung des Radioverkehrs.

Flare-Sterne [ˈfleə-], **Flackersterne, UV-Ceti-Sterne,** zu den →Veränderlichen zählende kleine Gruppe von Zwergsternen der Spektralklassen M 3 bis M 6, die rasche Helligkeitsausbrüche (Helligkeitsanstieg in 3–100 s) mit einer Amplitude von 1 bis 6 Größenklassen und von nicht länger als 10 bis 30 Minuten Dauer zeigen. Die unregelmäßig erfolgenden Lichtausbrüche (Flares) sind auch im Radiofrequenzbereich registrierbar.

Flash-Spektrum [ˈflæʃ-; englisch »Blitz«], Spektrum der Sonnenchromosphäre, das nur im Moment des Aufblitzens (Flash) dieser Schicht beim Eintritt einer totalen →Sonnenfinsternis aufgenommen werden kann.

Flash-Sterne [ˈflæʃ-; englisch »Blitz«], →Flare-Sterne in jungen, offenen Stern-

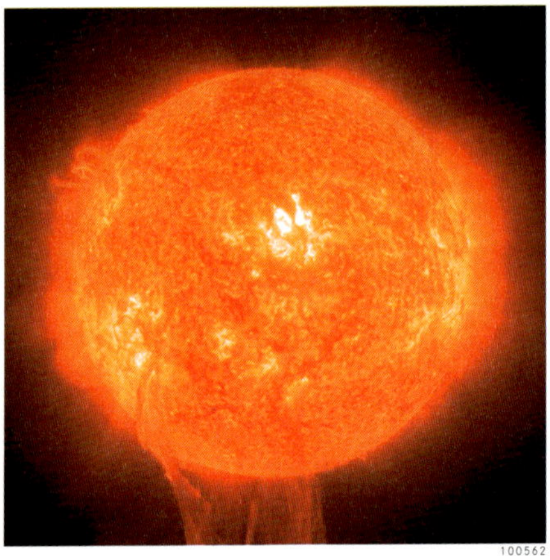

100562

Flare. Die Aufnahme einer Sonneneruption von SOHO aus dem Jahr 2002 zeigt einen Ausbruch von heißem Gas, das weit ins Weltall hinausgeschleudert wurde.

haufen, die in Verbindung mit Gasnebeln stehen.

Fleck, →Sonnenflecken, →Sternflecken.

Fleckenrelativzahl, die Sonnenfleckenrelativzahl (→Sonnenflecken).

Fleckensterne, veränderliche Sterne (→Veränderliche), deren Helligkeitsschwankungen auf große Flecken (→Sternflecken) auf ihrer Oberfläche zurückgehen.

Fleckenzyklus, der Sonnenfleckenzyklus (→Sonnenflecken).

Flexus, niedrige, gekrümmte Grate, von denen mehrere auf dem Jupitermond →Europa existieren.

Fliege, wissenschaftlicher Name **Musca,** *Genitiv* **Muscae,** Abk. **Mus,** ein kleines, aber markantes Sternbild am Südhimmel (Rektaszension 11^{h}19^m bis 13^{h}49^m, Deklination −64°40' bis −75°35'), zwischen dem →Kreuz des Südens und dem südlichen Himmelspol gelegen, mithin von unseren Breiten aus nicht sichtbar. β Mus ist ein Doppelstern, dessen 3$^m_,$6 bzw. 4$^m_,$0 helle Komponenten nur 1,1" auseinander stehen und eine Umlaufzeit von etwa 400 Jahren aufweisen. Der halbregelmäßige Veränderliche ε Mus schwankt mit einer Periode von etwa 40 Tagen zwischen 4$^m_,$0 und 4$^m_,$3. NGC 5189 ist ein 10^m heller, 2 500 Lichtjahre entfernter planetarischer Nebel. Zu den Kugelsternhaufen gehören NGC 4372 (7$^m_,$5; 15 000 Lichtjahre) und NGC 4833 (8^m; 18 000 Lichtjahre). In den nördlichen Teil des Sternbilds hinein ragt ein kleiner Teil der im Kreuz des Südens gelegenen →Kohlensack-Dunkelwolke. (→Sternbilder)

Die hellsten Sterne des Sternbilds Fliege

Name	Helligkeit visuelle	Helligkeit absolute	Spektralklasse	Entfernung in Lichtjahren
α	2$^m_,$7	−2^M	B2	300
β*)	3$^m_,$0	−2^M	B2	320
λ	3$^m_,$6	1^M	A7	130
δ	3$^m_,$6	1^M	K2	90
γ	3$^m_,$8	−1^M	B5	320
ε**)	4$^m_,$0–4$^m_,$3	−1^M	M5	300

*) Doppelstern **) Veränderlicher

Fliegender Fisch, wissenschaftlicher Name **Volans,** früher **Piscis Volans,** *Genitiv* **Volantis,** Abk. **Vol,** ein Sternbild am Südhimmel (Rektaszension 6^{h}31^m bis 9^{h}04^m, Deklination −64°05' bis −75°30'), dem Sternbild →Kiel des Schiffes benachbart in der Milchstraße nahe dem südlichen Himmelspol gelegen und daher von unseren Breiten aus nicht sichtbar. Erwähnenswerte Doppelsterne sind γ Vol (scheinbare Helligkeiten 3$^m_,$8 bzw. 5$^m_,$7; Distanz 13") und κ Vol (5$^m_,$3 bzw. 5$^m_,$6; 64,8"). NGC 2442 ist eine 10$^m_,$5 helle, 50 Millionen Lichtjahre entfernte Spiralgalaxie. Ansonsten enthält das Sternbild keine lohnenden Beobachtungsobjekte für das Amateurfernrohr. (→Sternbilder)

Die hellsten Sterne des Sternbilds Fliegender Fisch

Name	Helligkeit visuelle	Helligkeit absolute	Spektralklasse	Entfernung in Lichtjahren
γ*)	3$^m_,$6	1^M	G6	135
β	3$^m_,$8	1^M	K2	108
ζ	3$^m_,$9	1^M	K0	132
α	4$^m_,$0	1^M	A4	124
δ	4$^m_,$0	−3^M	F6	700
κ*)	4$^m_,$7	−1^M	B9	400

*) Doppelstern

Fliehkraft, die →Zentrifugalkraft.

Flimmern, →Szintillation.

Flocculi [lat. »Flöckchen«] *Plural,* die hellen Strukturelemente der netzförmigen Hell-Dunkel-Struktur der obersten Sonnenchromosphäre. Sie haben im Bereich von →Sonnenflecken wirbelförmigen Verlauf.

Flor|ring, ein schwacher innerer Bereich des Ringsystems des →Saturn.

Fluchtbewegung, die aus der →Rotverschiebung der Spektrallinien in den Spektren entfernter Galaxien gefolgerte Bewegung der Sternsysteme vom Milchstraßensystem weg; gedeutet als Ausdehnung (Expansion) des Weltalls (→Hubble-Effekt).

Fluchtgeschwindigkeit, Entweichgeschwindigkeit, parabolische Geschwindigkeit, die Geschwindigkeit υ_F, auf die ein Raumflugkörper beschleunigt werden muss, damit er danach ohne weiteren Antrieb auf einer Parabelbahn das Schwerefeld und den Anziehungsbereich eines Planeten oder Mondes – besonders der Erde – verlassen kann. Dazu muss seine kinetische Energie gleich dem Betrag seiner potenziellen Energie im jeweiligen Schwerefeld werden. Ist dies bereits nahe der Oberfläche des zu verlassenden Himmelskörpers der Fall, so gilt: $\upsilon_F = 2GM/R$, wobei M dessen Masse, R dessen Radius und G die Gravitationskonstante ist. Die Fluchtgeschwindigkeit beträgt für die Erde 11,2 Kilometer pro Sekunde (km/s), für Merkur 4,2 km/s, Venus 10,2 km/s, Mars 5,0 km/s und für den Erdmond 2,37 km/s. (→kosmische Geschwindigkeiten)

Fluchtpunkt, **1)** der →Apex; **2)** der →Vertex.

Flugbahn, →Erdumlaufbahn, →Fly-by, →Raumflugbahn.

Fluoreszenz [engl., zu fluor »Flussspat«] *die, -,* nach dem Fluorit (Flussspat) benannte Form der →Lumineszenz von gasförmigen, flüssigen oder festen Stoffen, die die nach Bestrahlung mit Licht, UV-, Röntgen- oder Elektronenstrahlen absorbierte Energie in Form von elektromagnetischer Strahlung gleicher (Resonanzfluoreszenz) oder längerer Wellenlänge wieder abgeben.

Fluss Eridanus, das Sternbild →Eridanus.

Flüssigkeitsraketenantrieb, →Raketentriebwerk.

Flut, →Gezeiten.

Fly-by ['flaɪ 'baɪ; englisch »Vorbeiflug«] *das, -,* **Swing-by** ['swɪŋ 'baɪ, englisch], Raumflugmanöver, bei dem die Flugbahn eines Raumflugkörpers bei Annäherung an einen Planeten durch dessen Gravitation und Bewegung geändert wird. Dadurch können erhebliche Flugzeitverkürzungen erzielt werden, weil der Planet einen Teil seiner Bewegungsenergie auf die Sonde überträgt. Beispiel: Flugdauer zum Planeten Pluto direkt mit einer chemischen Rakete etwa 40 Jahre, bei Anwendung der Fly-by-Technik mit Vorbeiflug an Jupiter und Saturn nur etwa sieben Jahre. – Mitunter wird unter Fly-by der bloße Vorüberflug an einem Planeten verstanden, während beim Swing-by eine gewollte Bahnänderung herbeigeführt wird.

Foerster, Wilhelm Julius, deutscher Astronom, *Grünberg in Schlesien 16. 12. 1832, †Bornim (heute zu Potsdam) 18. 1. 1921; war seit 1863 Professor in Berlin und seit 1865 Direktor der Berliner Sternwarte; arbeitete über Planetoiden (1860 Entdeckung von Erato), Kometen und Sternbedeckungen.

Fokalfotografie, eine Form der Astrofotografie, bei der das vom Fernrohrobjektiv bzw. -spiegel entworfene Bild direkt (also ohne Okular und Kameraobjektiv) auf der Filmebene abgebildet wird.

Fokus, der →Brennpunkt.

Fokuskabine, bei großen →Spiegelteleskopen eine Beobachtungskanzel, die sich im Brennpunkt befindet.

Fomalhaut [arab. fam al-hut »Maul des Fisches«], Name des Sterns α PsA im Sternbild →Südlicher Fisch, der in Mitteleuropa nur im Herbst tief im Süden sichtbar ist; scheinbare Helligkeit $1\overset{m}{.}16$, absolute Helligkeit 2^M, Spektraltyp A3, Leuchtkraftklasse V, Entfernung 25,2 Lichtjahre. 1983 konnte mit dem Infrarotsatelliten →IRAS, später (1998) mit einem Radioteleskop auf Hawaii eine kalte Staubscheibe um Fomalhaut nachgewiesen werden, woraus auf die Existenz eines Protoplaneten-Systems geschlossen wird.

Forbush-Effekt ['fɔ:bʊʃ-; nach dem amerikanischen Geophysiker Scott Ellsworth Forbush, *1904, †1984], Abnahme der im Allgemeinen konstanten Intensität der →kosmischen Strahlung um einige Prozent des Normalwertes, die 20 bis 30 Stunden nach starken chromosphärischen Eruptionen auf der Sonne etwa gleichzeitig mit dem Ausbruch eines erdmagnetischen Sturmes beobachtet wird. Die allmähliche Rückkehr zum ungestörten Zustand dauert mehrere Tage. Gleichzeitige Beobachtungen durch Satelliten außerhalb der Erdatmosphäre (mehrere 100000 km Abstand) zeigten den gleichen Effekt. Daraus schließt man, dass die kosmische Strahlung schon im interplanetarischen Raum durch Plasmawolken beeinflusst wird, die bei den Eruptionen von der Sonne ausgestoßen werden.

Fornax [lat. »Ofen«], wissenschaftlicher Name des Sternbilds →Chemischer Ofen.

Fornax-Haufen, ein →Superhaufen im Sternbild →Chemischer Ofen.

Forschungssatelliten, Sammelbezeichnung für →Satelliten mit ausschließlich beziehungsweise überwiegend wissenschaftlicher Aufgabenstellung.

Fossa [lateinisch »Graben«] *die, -/...sae,* eine in die neuere Planeten- und Mondnomenklatur eingeführte Bezeichnung für einen geradlinigen Graben.

Foto|effekt, Photo|effekt, foto|elektrischer Effekt, photo|elektrischer Effekt, licht|elektrischer Effekt, physikalischer Vorgang, bei dem Elektronen durch Lichtabsorption aus ihrem Bindungszustand gelöst und für den elektrischen Ladungstransport verfügbar werden. Im weiteren Sinn versteht man unter Fotoeffekt jede Art der Wechselwirkung von →Photonen mit Materie, bei der die Photonen ihre gesamte Energie abgeben, also absorbiert werden; z. B. wird beim **atomaren Fotoeffekt (Fotoionisation)** ein Licht-, Röntgen- oder γ-Quant genügend großer Energie durch die Elektronenhülle eines freien Atoms absorbiert, wodurch ein Elektron den atomaren Verband verlässt und das Atom als positiv geladenes Ion zurückbleibt. Der Fotoeffekt ist die Grundlage für die Fotometrie und den Fotomultiplier.

Fotometer, Photometer, Gerät zur direkten Messung fotometrischer Größen. Dient das Auge eines Normalbeobachters als Lichtempfänger, so spricht man von visuellen (subjektiven) Fotometern, bei Verwendung eines lichtelektrischen Empfängers von physikalischen (objektiven) Fotometern. Die kaum noch verwendeten visuellen Fotometer bestehen im Prinzip aus einem zweigeteilten Gesichtsfeld zur Beobachtung der Vergleichsstrahlung und einer Einrichtung zur messbaren Lichtschwächung. Physikalische Fotometer bestehen aus einem lichtelektrischen Empfänger (Fotoelement, Fotodiode, CCD-Element), dessen spektrale Empfindlichkeit dem fotometrischen Messzweck angepasst ist, und einer Anzeige des verstärkten Fotostromes. Sie ermöglichen die Messung der Beleuchtungsstärke, auf die alle anderen fotometrischen Größen und Kennzahlen zurückgeführt werden können.

Fotometrie, Photometrie, Arbeitsgebiet der Lichttechnik (»Lichtmessung«), das sich mit der Definition und Messung der →fotometrischen Größen befasst. Ziel ist, die sichtbare Strahlung eindeutig mithilfe von →Fotometern so zu bewerten, dass zwei unter gleichen Bedingungen gleich erscheinende Strahlungen die gleiche Maßzahl erhalten. Die →Astrofotometrie wird zur Messung der Strahlung und der Helligkeit von Himmelskörpern angewendet.

fotometrische Doppelsterne, →Doppelsterne.

fotometrische Größen, photometrische Größen, die aus den physikalischen (energetischen) Strahlungsgrößen unter Berücksichtigung der relativen spektralen Hellempfindlichkeit des menschlichen Auges abgeleiteten Größen.

Fotomultiplier, Sekundär|elektronenvervielfacher, Photomultiplier [-ˈmʌltɪplaɪə, englisch], ein elektronisches Bauteil, das zum Nachweis von Photonen in vielen Instrumenten auf der Erde und im Weltraum verwendet wird. Das Prinzip fußt darauf, dass ein schwacher Elektronenstrom mithilfe der Sekundärelektronenemission verstärkt wird. Mithilfe eines elektrischen Feldes und gegebenenfalls eines magnetischen Führungsfeldes werden alle durch Fotoeffekt in einer Fotokathode erzeugten Elektronen gesammelt und auf eine weitere Elektrode beschleunigt, wo Sekundärelektronen erzeugt werden, die ebenfalls beschleunigt und auf eine zweite Elektrode treffen usw., wobei jedes Mal die Elektronenanzahl wächst, der Sekundärelektronenstrom also jedes Mal verstärkt wird. Dadurch eignen sich die sehr empfindlichen und rauscharmen Fotomultiplier zum Nachweis und zur Messung schwacher Lichtströme.

Fotosphäre, Photosphäre, äußerste Schicht der →Sonne, aus der der überwiegende Anteil des Sonnenlichts abgestrahlt wird. Die unter ihr liegende Konvektionszone verursacht ihr körniges Aussehen (→Granulation). Die Temperatur fällt von innen 7 500 Kelvin auf etwa 4 200 Kelvin am Übergang zur →Chromosphäre ab, die Dichte sinkt gleichzeitig von $3 \cdot 10^{-7}$ Gramm pro Kubikzentimeter (g/cm³) auf $1 \cdot 10^{-8}$ g/cm³. Fotosphärische Erscheinungen der Sonnenaktivität sind die →Sonnenflecken und die →Sonnenfackeln.

Foucault [fuˈko], Jean Bernard Léon, französischer Physiker, * Paris 18. 9. 1819, † ebenda 11. 2. 1868; wirkte am Observatorium in Paris und war seit 1862 Mitglied des Bureau des Longitudes, seit 1865 auch der Académie des sciences. Nach Arbeiten zur Optik bestimmte er 1850 mit seinem Drehspiegelverfahren die Lichtgeschwindigkeit (ihren Wert gab er 1862 mit 298 000 Kilometern pro Sekunde an) und stellte fest, dass sie im Wasser geringer als in der Luft ist. 1850/51 demonstrierte er die Erdrotation (foucaultscher Pendelversuch). 1852 erfand Foucault das Gyroskop. Außerdem leistete er wichtige Forschungsbeiträge zur Elektrizitätslehre (u. a. über die von D. F. Arago entdeckten Wirbelströme in Metallen), zum Magnetismus und zur Wärmelehre.

foucaultscher Pendelversuch [fuˈko-], erstmals 1661 von dem italienischen Mathematiker Vincentino Viviani (* 1622, † 1703), dann von L. Foucault 1850 in der Pariser Sternwarte und 1851 im Pariser Panthéon durchgeführter Versuch zum Nachweis der Erdrotation. Die Pendellänge betrug 67 Meter, die Pendelmasse 28 Kilogramm. Die Ebene des schwingenden Pendels dreht sich relativ zur Erdoberfläche, da auf das Pendel infolge der Erdrotation eine Coriolis-Kraft quer zur Schwingungsrichtung wirkt und das Pendel auf der Nordhalbkugel der Erde nach rechts, auf der Südhalbkugel nach links ablenkt.

100562

foucaultscher Pendelversuch. Im Jahr 2002 wurde im Magdeburger Dom der foucaultsche Versuch mit einem 33 Meter langen Pendel durchgeführt.

Fowler [ˈfaʊlə], **1)** Alfred, britischer Astrophysiker, * Wilsden (heute zu Bingley, Yorkshire) 2. 3. 1868, † Ealing (heute zu London) 24. 6. 1940; Professor am heutigen Imperial College in London; grundlegende Untersuchungen der Spektren von Sonne, Kometen und Sternen, in denen er die Spektrallinien und -serien von Atomen und Ionen verschiedener Elemente identifizieren konnte.

2) William Alfred, amerikanischer Astrophysiker, * Pittsburgh (Pa.) 9. 8. 1911, † Pasadena (Calif.) 14. 3. 1995; von 1942 bis 1982 Professor der Physik am California Institute of Technology in Pasadena (Calif.); einer der Begründer der nuklearen Astrophysik. Für seine bahnbrechenden Arbeiten zur Anwendung der Kernphysik auf Fragen der Sternentwicklung

fraunhofersche Linien

→ GEO **Dossier**
Die Lichtmaschine am Firmament, Bd. 4

sowie der Entstehung v. a. der schwereren chemischen Elemente und der nuklearen Energieerzeugung durch Kernreaktionen in den Sternen erhielt Fowler 1983 (mit S. Chandrasekhar) den Nobelpreis für Physik. Weitere Arbeiten umfassten u. a. Aspekte der Kosmochronologie und der Erforschung von Supernovae.

Fragmentation, bei der Sternentstehung (→Sternentwicklung) der Zerfall einer sich verdichtenden Gaswolke in verschiedene Teile, die sich in der Folge in Einzelsterne weiterentwickeln.

Francisco, ein im Jahr 2001 entdeckter kleiner äußerer Mond des Planeten →Uranus. Er umkreist Uranus in einem mittleren Abstand von 4,3 Millionen Kilometern in rund 266 Tagen und 13 Stunden.

Joseph von Fraunhofer
*** 1787, † 1826**

100563

- bedeutender Glasschmelzer und Optiker
- Mitinhaber und Direktor des Optischen Instituts in Benediktbeuren
- Untersuchungen zur Beugung
- Erfinder des Beugungsgitters
- Entdecker der fraunhoferschen Linien im Sonnenspektrum

Fraunhofer, Joseph von (seit 1824), deutscher Physiker und Glastechniker, * Straubing 6. 3. 1787, † München 7. 6. 1826.

■ Lebensweg Fraunhofers Eltern starben sehr früh, sodass er in eine Lehre als Spiegelmacher und Glasschleifer nach München geschickt wurde. Dort wurde der bedeutende Techniker und Politiker Joseph von Utzschneider (* 1763, † 1840) auf ihn aufmerksam, der Fraunhofers hohe Intelligenz erkannte und ihm eine Schulausbildung ermöglichte. Anschließend stellte Utzschneider ihn in sein Optisches Institut in Benediktbeuren zur Herstellung hochwertiger optischer Geräte ein. Schon nach kurzer Zeit übernahm Fraunhofer mit 22 Jahren die Leitung der Glasherstellung. 1819 folgte Fraunhofer dem Institut nach München und wurde 1823 in die Bayerische Akademie der Wissenschaften aufgenommen und Professor des physikalischen Kabinetts der Akademie. Fraunhofer wurde 1824 Ritter des bayerischen Civilverdienstordens und damit in den Adelsstand erhoben.

■ Leistung 1814 entdeckte Fraunhofer, unabhängig von dem britischen Naturforscher William Hyde Wollaston (* 1766, † 1828), die nach ihm benannten Absorptionslinien im →Sonnenspektrum, die Fraunhofer genauer beschrieb. Etwa ab 1817 befasste sich Fraunhofer mit dem Phänomen der Beugung und verhalf dabei, unabhängig von dem französischen Physiker Augustin Jean Fresnel (* 1788, † 1827), der Wellentheorie des Lichts zum endgültigen Durchbruch. Durch Einritzen von parallelen Furchen in Glas (300 Striche je mm) stellte er das erste Beugungsgitter her, mit dem es ihm gelang, die erste absolute Wellenlängenmessung von Spektrallinien durchzuführen. Er machte sich auch einen Namen als Hersteller achromatischer Objektive. Seine Linsenfernrohre waren die qualitativ besten seiner Zeit. Die größten von ihm hergestellten Objektive erreichten 9 Zoll Durchmesser. Fraunhofersche Instrumente und Fernrohre besaßen z. B. die Sternwarten in Dornap, Königsberg, Berlin und München.

Joseph von Fraunhofers Verdienste für die Astronomie werden in einer Aufschrift auf seinem Grabstein zusammengefasst:

»Approximavit sidera – Er hat die Sterne näher gebracht.«

fraunhofersche Lini|en [nach J. von Fraunhofer], dunkle Absorptionslinien im →Sonnenspektrum, die auf die Selbstabsorption der emittierten Strahlung durch Atome der emittierenden Gase in der Fotosphäre der Sonne zurückzuführen sind. Im Gegensatz zu den durch Absorption des Sonnenlichts in der Erdatmosphäre verursachten terrestrischen Linien zeigen sie den durch die Sonnenrotation bedingten →Doppler-Effekt. Die neun auffälligsten Linien werden vom langwelligen (roten) zum kurzwelligen (blauen) Ende des Spektrums mit den Buchstaben A bis K bezeichnet, darunter die H- und K-Linien des Calciums (Wellenlänge $\lambda =$ 396,85 Nanometer), die rote Wasserstofflinie C ($\lambda =$ 656,28 Nanometer) und die D-Linien des Natriums ($\lambda =$ 589,59 Nanometer und 589 Nanometer).

Frei-Frei-Strahlung, elektromagnetische →Strahlung, die entsteht, wenn freie Elektronen im elektrischen Feld von Atomkernen oder Ionen abgelenkt werden. Sie tritt u. a. im Sterninnern, in Sternatmosphären und in der interstellaren Materie auf. Bei der Entstehung von Röntgenstrahlung wird sie als →Bremsstrahlung bezeichnet.

Frequenz [lateinisch »Häufigkeit«] *die, -/-en,* **Schwingungszahl,** Formelzeichen f oder ν, Anzahl der Schwingungen in einer Sekunde, angegeben in der Einheit Hertz (Hz, nach dem deutschen Physiker Heinrich Hertz, * 1857, † 1894), manchmal auch in cps (cycles per second). 1 Hz bedeutet eine Schwingung pro Sekunde; 1 000 Hz sind 1 kHz (Kilohertz).

Fricke, Walter, deutscher Astronom, * Leimbach (heute zu Mansfeld) 1. 4. 1915, † Heidelberg 21. 3. 1988; seit 1954 Direktor des Astronomischen Recheninstituts, seit 1958 Professor in Heidelberg; arbeitete v. a. über die Festlegung der astronomischen Konstanten; schuf 1963 den Fundamentalkatalog FK4.

Friedmann, Fridman, Aleksandr Aleksandrowitsch, russischer Mathematiker und Physiker, * Sankt Petersburg 17. 6. 1888, † Leningrad 16. 9. 1925; wurde 1918 Professor für Mechanik in Perm, wirkte aber seit 1920 in Leningrad. Friedmann befasste sich v. a. mit Problemen der dynamischen Meteorologie, u. a. mit vertikalen Strömungen und Wirbelbildungen in der Atmosphäre; mit seinen Untersuchungen über die Entstehung von Wirbeln in Flüssigkeiten zählt er zu den Begründern der Turbulenztheorie. Außerdem lieferte er grundlegende Arbeiten zur relativistischen Kosmologie, wobei er aus den Einstein-Gleichungen der allgemeinen Relativitätstheorie die nach ihm benannten Friedmann-Gleichungen (→Kosmologie) herleitete, deren Lösungen als Modelle (Friedmann-Weltmodelle) des Universums geeignet sind.

Friedmann-Zeit [nach A. A. Friedmann], →Kosmologie.

F-Ring, ein maximal 700 Kilometer breiter Ring im Ringsystem des Saturn.

Frühjahrsdreieck, Frühlingsdreieck, großräumige Figur am Frühjahrshimmel, bestehend aus den Hauptsternen der drei bekanntesten Frühjahrssternbilder: →Regulus im →Löwen, →Arktur im →Bärenhüter und →Spika in der →Jungfrau.

Frühling, eine →Jahreszeit.

Frühlingsäquinoktium, →Äquinoktium.

Frühlingspunkt, Widderpunkt, einer der beiden Äquinoktialpunkte (→Äquinoktium).

F-Sterne, Sterne der Spektralklasse F mit Temperaturen zwischen 6000 und 8000 Kelvin, in deren Spektren die H- und K-Linien des einfach ionisierten Calciums sowie Spektrallinien von Metallen hervortreten; die Wasserstofflinien der →Balmer-Serie werden mit fortschreitendem Spektraltyp schwächer.

Fuchs, Füchschen, Füchslein, wissenschaftlicher Name **Vulpecula,** *Genitiv* **Vulpeculae,** Abk. **Vul,** im Sommer am Abendhimmel sichtbares, zwischen den Sternbildern →Adler und →Schwan gelegenes und von der Milchstraße durchzogenes unscheinbares Sternbild (Rektaszension $18^{h}57^{m}$ bis $21^{h}31^{m}$, Deklination +29°30' bis +19°25').

■ **Sterne** Der hellste Stern (α Vul) ist nur $4^{m}{,}4$ hell (absolute Helligkeit 0^{M}, Spektraltyp M0, Entfernung 300 Lichtjahre). Der etwa 1700 Lichtjahre entfernte Stern T Vul ist ein Veränderlicher vom Delta-Cephei-Typ, dessen scheinbare Helligkeit mit einer Periode von 4,4 Tagen zwischen $5^{m}{,}4$ und $6^{m}{,}1$ schwankt. R Vul ist ein Mira-Stern ($7^{m}{,}0$–$14^{m}{,}3$; Lichtwechselperiode 136,4 Tage). Eine interessante Struktur für das Fernglas bildet eine an der Grenze zum Sternbild →Pfeil liegende Sternkette (Brocchi-Haufen, Collinder 399; scheinbare Helligkeit 4^{m}), die sich über eine Breite von etwa drei Monddurchmessern erstreckt und wegen ihrer Form auch Kleiderbügelhaufen genannt wird. Ihr benachbart steht der 3000 Lichtjahre entfernte offene Sternhaufen NGC 6802 (9^{m}).

■ **Nebel** Am bekanntesten aber ist das Sternbild durch den hellsten planetarischen Nebel des nördlichen Himmels, den →Hantelnebel (M 27; $7^{m}{,}5$; Entfernung 1200 Lichtjahre), auch Dumbbellnebel genannt. (→Sternbilder)

Fuhrmann, wissenschaftlicher Name **Auriga,** *Genitiv* **Aurigae,** Abk. **Aur,** ein großes, markantes Sternbild des nördlichen Himmels (Rektaszension $4^{h}37^{m}$ bis $7^{h}31^{m}$, Deklination +56°10' bis +28°00'), das von der Milchstraße durchzogen wird und im Winter am Abendhimmel sichtbar ist. Es ist aufgrund der vier hellsten, eine drachenförmige Figur bildenden Sterne leicht zu erkennen.

■ **Sterne** Der zum →Wintersechseck gehörende Hauptstern →Capella (α Aur) steht in Mitteleuropa an Winterabenden in Zenitnähe.

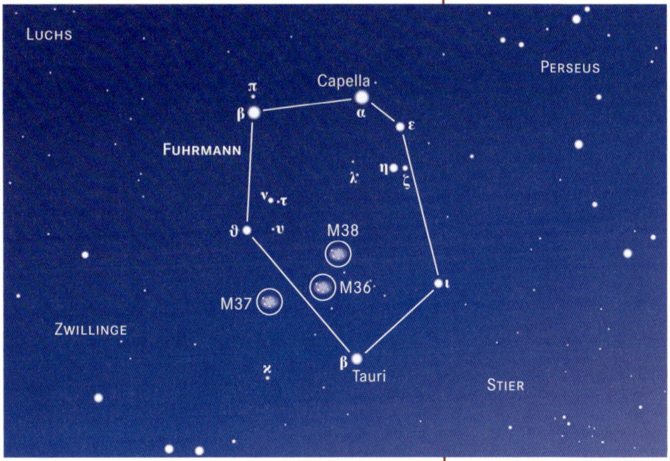

Fuhrmann

Der früher als γ Aur geführte Stern El Nath wird heute als β Tau dem Sternbild →Stier zugerechnet. Das in der Nähe von Capella stehende, von den Sternen ε, η und ζ Aur gebildete kleine spitzwinklige Dreieck wird gelegentlich Zicklein genannt. ϑ Aur ist ein Doppelstern mit einer blauweißen ($2^{m}{,}7$) und einer gelblichen, nur $7^{m}{,}1$ hellen Komponente in 3,6" Abstand. Das Sternbild enthält mehrere bemerkenswerte Veränderliche: ε Aur, ein weißer Überriese (mit etwa 100-fachem Sonnendurchmesser) in 3000 Lichtjahren Entfernung, weist mit 27,1 Jahren die längste bekannte Periode eines →Bedeckungsveränderlichen auf, wobei seine scheinbare Helligkeit zwischen $3^{m}{,}0$ und $3^{m}{,}8$ schwankt; bei seinem Begleiter, der ε Aur zeitweise verdunkelt, könnte es sich um einen von einer Materiescheibe umgebenen Doppelstern handeln. Ein weiterer bekannter Bedeckungsveränderlicher ist ζ Aur, Prototyp der →Zeta-Aurigae-Sterne: Ein orangeroter Riesenstern wird in 972,18 Tagen von einem kleineren blauen Stern umlaufen, wobei die Helligkeit von ζ Aur bei der Bedeckung von $3^{m}{,}7$ auf $4^{m}{,}0$ abfällt. Ein 2000 Lichtjahre entfernter Veränderlicher vom Delta-Cephei-Typ

Die hellsten Sterne des Sternbilds Fuhrmann

Name		Helligkeit		Spektralklasse	Entfernung in Lichtjahren
		visuelle	absolute		
α	(Capella, Alhajot)	$0^{m}{,}1$	0^{M}	G5	42
β	(Menkalinan)	$1^{m}{,}9$	0^{M}	A2	82
ϑ*)		$2^{m}{,}6$	-1^{M}	A0	175
ι	(Hassaleh)	$2^{m}{,}7$	-3^{M}	K3	500
ε	(Al Anz)**)	$3^{m}{,}0$–$3^{m}{,}8$	-7^{M}	F0	3000
η		$3^{m}{,}2$	-1^{M}	B3	220
ζ**)		$3^{m}{,}7$–$4^{m}{,}0$	-3^{M}	K4	800
δ		$3^{m}{,}7$	1^{M}	K0	140
ν		$4^{m}{,}0$	0^{M}	K0	220

*) Doppelstern **) Veränderlicher

Die hellsten Sterne des Sternbilds Füllen

Name		Helligkeit visuelle	Helligkeit absolute	Spektralklasse	Entfernung in Lichtjahren
α	(Kitalpha, Kitalphar)	$3^m,9$	0^M	G0	185
δ		$4^m,5$	3^M	F6	61
γ		$4^m,7$	2^M	F0	116

ist RT Aur ($4^m,9$–$5^m,8$; Periode 3,7281 Tage). UU Aur ist ein halbregelmäßiger Veränderlicher (5^m–7^m; Periode durchschnittlich 234 Tage, Entfernung des Roten Riesen 2 000 Lichtjahre).

■ **Sternhaufen und Nebel** Der Fuhrmann enthält mit M 36 (6^m; etwa 60 Sterne), M 37 ($5^m,5$; 150 Sterne) und M 38 ($6^m,5$; 100 Sterne) drei bemerkenswerte, 4 000 Lichtjahre entfernte offene Sternhaufen; mit 1 500 Lichtjahren uns näher steht NGC 2281 ($5^m,5$; 30 Sterne). IC 2149 ist ein sehr kleiner planetarischer Nebel (9^m; 3 000 Lichtjahre), NGC 1931 ein schwacher (10^m) Gasnebel in 6 000 Lichtjahren Entfernung. (→RW-Aurigae-Sterne, →Sternbilder)

Füllen, kleines Pferd, wissenschaftlicher Name **Equu|le|us,** *Genitiv* **Equulei,** Abk. **Equ,** das zweitkleinste Sternbild des Himmels, zwischen den Sternbildern →Pegasus und →Delphin im Herbst am Abendhimmel sichtbar. ε Equ (1 Equ) in 200 Lichtjahren Entfernung (scheinbare Helligkeit $5^m,2$, Spektraltyp F 6) ist ein Dreifachstern: Die beiden helleren Komponenten ($5^m,4$ bzw. $7^m,2$) stehen in 10,6" Distanz; der hellere der beiden Sterne ist seinerseits doppelt; die $6^m,0$ bzw. $6^m,3$ hellen Partner kreisen in etwa 101 Jahren umeinander, wobei ihre Distanz zurzeit 0,6" beträgt und in den nächsten Jahren weiter abnimmt (im Jahr 2020 nur 0,1"). Ansonsten enthält das Sternbild keine erwähnenswerten Beobachtungsobjekte für das Amateurfernrohr. (→Sternbilder)

1174

Reinhard Furrer, Physiker und Wissenschaftsastronaut, im Spacelab

Fundamentalkatalog, Abk. **FK,** Katalog der Örter von Sternen, deren Positionen und zeitliche Änderungen mit höchstmöglicher Genauigkeit bestimmt wurden, sodass ihre Eigenbewegungen bestimmt und ihre Örter vorausberechnet werden können. Die Sterne der Fundamentalkataloge **(Fundamentalsterne)** dienen zur Festlegung der astronomischen Koordinatensysteme an der Himmelskugel, zur Bestimmung der Örter anderer Himmelskörper, der Erdrotation und der geografischen Breite. Als **Fundamentalsystem** wird das astronomische Koordinatensystem bezeichnet, das durch die Örter der Fundamentalsterne festgelegt ist. Dem gegenwärtig in der Astrometrie benutzten Fundamentalsystem liegt der 1988 im Astronomischen Recheninstitut in Heidelberg erarbeitete **Fünfte Fundamentalkatalog** **(FK 5)** zugrunde, der Angaben zu 1 535 Fundamentalsternen und 3 117 zusätzlichen Sternen enthält. Weitere Fundamentalkataloge sind der General Catalogue (GC) und der Catalogue of Standard Stars (N 30).

Funkeln der Sterne, →Szintillation.

Fuore, Bezeichnung für eine kleine Gruppe besonderer Sterne, deren Hauptvertreter der Überriese FU Orionis ist. Ihr Spektraltyp liegt bei A, F und G. Es handelt sich um sehr junge Sterne, die zu den →eruptiven Veränderlichen zählen.

Furrer, Reinhard, deutscher Physiker und Wissenschaftsastronaut, * Wörgl (Tirol) 25. 10. 1940, † (Flugzeugabsturz) Berlin 9. 9. 1995; untersuchte vom 30. 10. bis 6. 11. 1985 bei einem Raumflug mit dem amerikanischen Raumtransporter »Challenger« – an Bord das europäische Weltraumlaboratorium »Spacelab D-1« (→Spacelab) – gemeinsam mit dem deutschen Raumfahrer Ernst Messerschmid und dem niederländischen ESA-Astronauten Wubbo Ockels die Auswirkungen der Schwerelosigkeit.

Fusion, die →Kernfusion.

Fusions-Ära, →Strahlungs-Ära.

Fußpunkt, der →Nadir.

G

Gabelmontierung, eine parallaktische →Fernrohrmontierung.

Gagarin, Juri Alexejewitsch, sowjetischer Fliegeroffizier und Kosmonaut, *Kluschino (Gebiet Smolensk) 9. 3. 1934, †(Flugzeugabsturz) bei Nowosjolowo (Gebiet Wladimir) 27. 3. 1968; umkreiste am 12. 4. 1961 als erster Mensch in einer »Wostok«-Raumkapsel die Erde.

galaktisch, zum System der Galaxis, dem →Milchstraßensystem, gehörig.

galaktische Nebel, relativ dichte Ansammlungen von →interstellarer Materie im Milchstraßensystem. Diffuse Nebel haben im Gegensatz zu den meisten →planetarischen Nebeln eine unregelmäßige Form. Durch eingelagerte oder benachbarte heiße Sterne zum Leuchten angeregte galaktische Nebel (→Gasnebel) werden auch als →Emissionsnebel bezeichnet. Reflexionsnebel leuchten nicht selbst, die in ihnen befindlichen Staubteilchen reflektieren nur das Licht benachbarter Sterne. Größere Staubwolken formen Dunkelnebel (→Dunkelwolke), sie absorbieren das Licht dahinterliegender Sterne.

galaktische Pole, die durch die Ebene des Milchstraßensystems (galaktische Ebene) definierten Pole des galaktischen Koordinatensystems (→astronomische Koordinaten).

2621

galaktisches Zentrum. Blick zum galaktischen Zentrum. Für die galaktischen Koordinaten wurde die Richtung zum Zentrum des Milchstraßensystems im Sternbild Schütze (gelbes Kreuz) als Nullpunkt festgelegt. Der Blick zum galaktischen Zentrum wird durch interstellare Materie stark behindert.

Der galaktische Nordpol liegt im Sternbild Haar der Berenike; er hat die Rektaszension $\alpha = 12^h 51{,}4^m$ und die Deklination $\delta = 27°\,8'$, bezogen auf die Epoche 2000.0 (den astronomischen Beginn des Jahres 2000).

galaktisches System, ein astronomisches Koordinatensystem (→astronomische Koordinaten).

galaktisches Zentrum, der von der Erde etwa 8,0 Kiloparsec (knapp 26 000 Lichtjahre) entfernte Mittelpunkt des →Milchstraßensystems, also der Galaxis. Er liegt im Sternbild →Schütze (lateinisch Sagittarius). Infolge interstellarer Extinktion ist das aus seinem Bereich kommende sichtbare Licht nicht beobachtbar, jedoch gelingt es, diesen mit Mitteln der Radioastronomie sowie durch Untersuchung der von dort kommenden Infrarot- und Röntgenstrahlung zu erforschen. Als eigentliches galaktisches Zentrum wird die Radioquelle Sagittarius A* (→Sagittarius A) angenommen; es bestehen starke Hinweise auf mindestens ein dort befindliches massereiches →Schwarzes Loch; neuere Infrarotaufnahmen einiger Sterne im galaktischen Zentrum deuten auf ein zweites Schwarzes Loch hin.

Galatea, ein Mond des Planeten →Neptun, der 1989 auf fotografischen Aufnahmen der Raumsonde →Voyager 2 entdeckt wurde. Er bewegt sich innerhalb eines kritischen Abstands um den Planeten und wird irgendwann infolge von →Gezeitenkräften zu einem Ring auseinander gerissen werden oder auf Neptuns Oberfläche stürzen.

Galaxien [griech. galaxías »Milchstraße«], *Singular* **Galaxie** *die, -,* **extragalaktische Nebel, extragalaktische Sternsysteme,** aus vielen Milliarden einzelner Sterne bestehende sowie interstellare Materie in den verschiedensten Formen enthaltende Sternsysteme ähnlich unserem Milchstraßensystem, der Galaxis. Drei Galaxien können mit bloßem Auge beobachtet werden: die beiden nur in südlicheren Breiten sichtbaren →Magellanschen Wolken und der →Andromedanebel. Alle anderen der im zurzeit überschaubaren Bereich (Radius mehrere Milliarden Lichtjahre) des Weltalls befindlichen, rd. 100 Mrd. Galaxien sind nur mit Fernrohren beobachtbar. Kleinere Galaxien **(Zwerggalaxien)** sind selbst in der unmittelbaren Nähe unseres Milchstraßensystems außerordentlich schwer zu entdecken. Zu den Galaxien mit Aktivitätserscheinungen gehören die Radiogalaxien, die Kompaktgalaxien und die Seyfert-Galaxien sowie die Quasare, die besonders starke Kernaktivität aufweisen.

■ **Siehe auch**

→interstellare Materie · Kompaktgalaxien · Milchstraßensystem · Quasare · Radiogalaxien · Seyfert-Galaxien · Sternsysteme

Juri Gagarin

Gagarin

→ GEO **Dossier**
Rüstung für Raumreisende, Bd. 4

Galaxis
→ GEO **Dossier**
Die Unvollendete, Bd. 5

Galileo Galilei
*** 1564, † 1642**

- gilt als Begründer der neueren Naturwissenschaft
- entdeckte u. a. die vier hellsten Jupitermonde
- geriet als Anhänger der kopernikanischen Lehre mit der Kirche in Konflikt

Galaxienhaufen, Nebelhaufen, Ansammlung räumlich zusammengehörender extragalaktischer →Sternsysteme mit bis zu einigen Tausend Mitgliedern. Eine kleinere Anhäufung von etwa 10 bis 50 Galaxien wird auch **Galaxiengruppe** genannt.

■ **Reguläre und irreguläre Galaxienhaufen** Reguläre Galaxienhaufen haben einen kugelsymmetrischen Aufbau. In ihnen nimmt die Galaxiendichte zum Haufenzentrum hin zu, wo sich häufig eine elliptische Riesengalaxie befindet. Spiralgalaxien fehlen weitgehend. Bei irregulären Galaxienhaufen fehlt die Konzentration zum Zentrum und alle Galaxientypen sind vertreten.

■ **Zusammensetzung** Viele Galaxienhaufen sind Röntgenquellen. Die Strahlung stammt von einem dünnen etwa 10^8 Kelvin heißen Gas, das vom gemeinsamen Schwerefeld aller Haufenmitglieder im zentralen Bereich des Haufens gesammelt und durch die Bewegung der Galaxien geheizt wird. Die Masse des intergalaktischen Gases übertrifft die der in den Sternen gebundenen Materie typischerweise um das Fünf- bis Siebenfache. Das aus dem Bewegungsverhalten der Haufengalaxien und der Dichteverteilung des intergalaktischen Gases abgeleitete Gravitationsfeld der Haufen deutet darauf hin, dass mehr als 80 % der Haufenmasse aus →Dunkler Materie bestehen. In den dichten Galaxienhaufen finden relativ häufig »Kollisionen« zwischen Galaxien statt. Dabei kommt es aber praktisch nie zu Sternzusammenstößen, aber das interstellare Gas wird aus den Galaxien durch Gezeitenwechselwirkung herausgerissen. Sternentstehung und Ausbildung von Spiralarmen sind danach nicht mehr möglich, was das Fehlen von Spiralgalaxien in dichten Haufen verständlich macht. Größere Galaxien können außerdem kleinere an sich binden und »verschlucken«. Die Radioquelle →Centaurus A wird ebenso als Ergebnis eines solchen Galaxienkannibalismus angesehen wie die Existenz von zwei Kernen in manchen Galaxien und das Vorkommen von Riesengalaxien nahe den Haufenzentren. Zusammenballungen von Galaxienhaufen bilden so genannte →Supergalaxienhaufen.

Galaxis [griech. galaxías »Milchstraße«] *die,* -, Bezeichnung für das →Milchstraßensystem; seltener auch Bezeichnung für ein (extragalaktisches) →Sternsystem; in diesem Fall wird gewöhnlich von Galaxie gesprochen.

GALEX [Abkürzung für englisch **Gal**laxy Evolution E**x**plorer], am 28. April 2003 gestarteter Satellit der NASA zur Beobachtung von Galaxien im ultravioletten Bereich des elektromagnetischen Spektrums. Das 50-Zentimeter-Teleskop soll auf seiner 690 Kilometer entfernten Erdumlaufbahn die ultraviolette Strahlung sehr alter Himmelskörper vermessen. Das Untersuchungsgebiet hat ein Volumen von 30 Milliarden Kubiklichtjahren. Man erhofft sich auf diese Weise Einblicke in die frühe Entwicklung des Kosmos.

Galilei Die Bedeutung Galileis

Als Galilei starb, hatten Physik und Astronomie einen anderen Stellenwert als bei seiner Geburt. Ptolemäus' Astronomie war Vergangenheit; Aristoteles' Kosmologie und Physik lagen fast brach, Physik wurde eine mathematische Wissenschaft, und Galileis Entdeckungen in der Astronomie eröffneten die Ära der neuen Entdeckung des Kosmos. All dies wurde nicht von Galilei allein hervorgebracht, allerdings leistete er einen beachtlichen Beitrag. Galileis Schicksal machte ihn zu einer Legende, und er wurde oft als Märtyrer der Wissenschaft dargestellt. 1992 erklärte Papst Johannes Paul II., dass Galileis Interpretation der Heiligen Schrift der katholischen Theologie nicht widersprochen habe. Galilei war als Mensch und sogar als Wissenschaftler weniger legendär als nach Meinung vieler Biografen. Doch bleibt er ein Riese der Naturwissenschaften. Newton, der ein Jahr nach Galileis Tod geboren wurde, war dies bewusst, als er sagte, dass er in der Lage gewesen sei, weiter zu sehen, weil er auf den Schultern von Riesen gestanden habe. Einer davon war ohne Zweifel Galilei.

Das Bild zeigt ein Fernrohr Galileis von 1609 (Florenz, Museo di Storia della Scienza).

Galilei, Galileo, italienischer Mathematiker, Physiker und Philosoph, * Pisa 15. 2. 1564, † Arcetri (heute zu Florenz) 8. 1. 1642.

■ **Lebensweg** Galilei studierte 1581–85 in Pisa, wurde an der Florentiner Accademia del Disegno mit den Schriften des Archimedes bekannt und baute daraufhin 1586 eine hydrostatische Waage; 1589 erhielt er die Professur für Mathematik in Pisa. Ob er dort am Schiefen Turm Fallversuche zur Bestätigung einer von ihm aufgestellten Falltheorie anstellte, ist nicht eindeutig erwiesen. Der besseren Bezahlung halber übernahm Galilei 1592 die Professur der Mathematik in Padua. Er erfand dort einen Proportionalzirkel, richtete sich in seinem Haus eine feinmechanische Werkstatt ein, fand die Gesetze für das Fadenpendel und leitete in reinen Gedankenexperimenten die Fallgesetze her; zur Bestätigung seiner Theorie entwickelte er die Fallrinne. Galilei baute das ein Jahr früher in Holland erfundene Fernrohr nach, benutzte es zu astronomischen Beobachtungen und veröffentlichte deren erste Ergebnisse 1610 in seinem »Sidereus nuncius«, der »Sternenbotschaft«. Galilei entdeckte die bergige Natur des Mondes, den Sternenreichtum der Milchstraße, die Phasen der Venus, die vier größten Jupitermonde (7. 1. 1610) und die Saturnringe sowie 1611 nach J. Fabricius die Sonnenflecken. Diese Beobachtungen widersprachen zum Teil dem damaligen, an der aristotelischen Lehre ausgerichteten Weltbild.

■ **Konflikt mit der Kirche** Erst seit 1610 trat Galilei, der in diesem Jahr als Hofmathematiker und Hofphilosoph des Großherzogs nach Florenz zurückgekehrt war, öffentlich für das heliozentrische Weltsystem des N. Kopernikus ein. 1613 entwickelte er in einem Brief seine Vorstellungen über das Verhältnis der Bibel zur Naturerkenntnis und v. a. zum heliozentrischen System, die eine Neuinterpretation der Heiligen Schrift erforderten. Dies führte zu einer ersten Auseinandersetzung mit der römischen Kirche, die 1616 mit dem Verbot dieser Lehre durch den Papst antwortete. Galilei widmete sich nunmehr intensiv der Widerlegung der aristotelisch-scholastischen Physik. Im Rahmen eines Streites über das Wesen der Kometen von 1618, bei dem Galilei nicht in allen Punkten im Recht war, verfasste er als eine seiner geistvollsten Abhandlungen den »Saggiatore« (»Prüfer mit der Goldwaage«, 1623), eine Schrift, die Papst Urban VIII. gewidmet war. Da dieser als Kardinal ihm wohlgeneigt gewesen war, glaubte Galilei ihn für die Anerkennung der kopernikanischen Lehre gewinnen zu können. Er verfasste seinen »Dialogo sopra i due massimi sistemi«, den »Dialog über die beiden hauptsächlichsten Weltsysteme, das ptolemäische und das kopernikanische«, legte die Handschrift in Rom zur Prüfung vor und ließ sie 1632 in Florenz erscheinen; das Buch wurde noch im selben Jahr auf kirchlichen Befehl wieder eingezogen.

■ **Prozess und späte Jahre** Da er seine Parteinahme für Kopernikus zu deutlich gezeigt hatte, kam es zu einem Prozess gegen Galilei. Bis heute ist nicht sicher, ob Galilei überzeugt wurde, abzuschwören. Am 22. 6. 1633 wurde er schließlich als »dringend der Ketzerei verdächtigt« zu lebenslanger Haft verurteilt. Die Strafe wurde jedoch in Hausarrest umgewandelt, und man erlaubte ihm, in seine Villa in Arcetri bei Florenz zurückzukehren, wo er bis zu seinem Tode blieb. Obwohl Galilei jegliche wissenschaftspolitische Aktivität einstellte, hielt er trotz seines Hausarrests viele gesellschaftliche Kontakte aufrecht. Wegen seiner intensiven Sonnenbeobachtungen am Fernrohr wurde Galilei allmählich blind, konnte dank der Hilfe von Schülern und Assistenten jedoch weiterarbeiten. 1638 veröffentlichte er in Holland das Buch, das sein physikalisches Werk zusammenfasst und krönt: Die »Discorsi« (auf Deutsch im vollen Titel »Unterredungen und mathematische Demonstrationen über zwei neue Wissenszweige, die Mechanik und die Fallgesetze betreffend«). Die »zwei neuen Wissenszweige« waren Stärke von Materialien und Kinematik. In diesem Klassiker der Physik untersucht Galilei mathematisch unter anderem die Ortsbe-

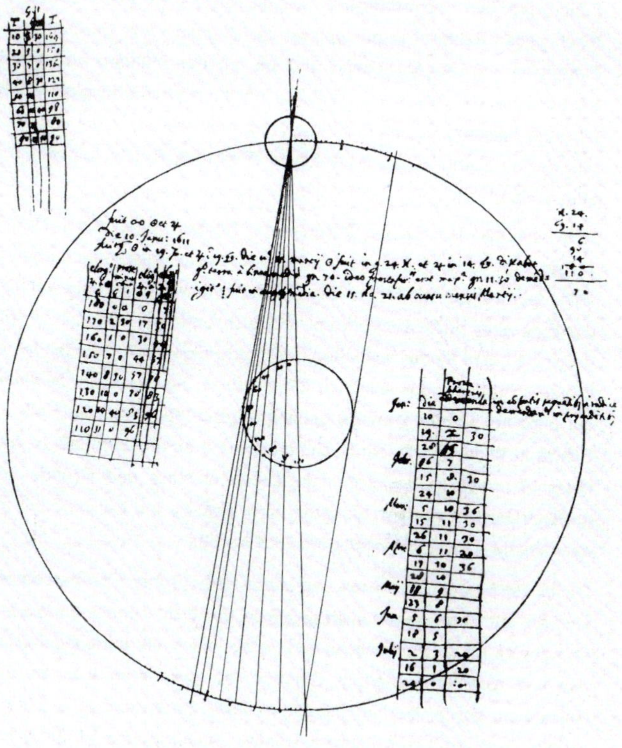

100563

Galilei. Eigenhändige astronomische Zeichnung und Berechnungen von Galilei aus dem Jahr 1611

Galileis Maxime

»Wer naturwissenschaftliche Fragen ohne Hilfe der Mathematik lösen will, unternimmt Undurchführbares. Man muss messen, was messbar ist, messbar machen, was es nicht ist.«

Galilei

→ GEO **Dossier** Das Genie und die Inquisition, Bd. 4

wegung und beweist das Fallgesetz mathematisch, mittels infinitesimaler mathematischer Quantitäten, den »Indivisibilien«.

■ **Würdigung** Rückblickend gesehen war diese Untersuchung der Ortsbewegung, heute Kinematik genannt, Galileis Hauptbeitrag zur Physik. Sie bildete die Grundlage der ein halbes Jahrhundert später von I. Newton formulierten klassischen Mechanik. Galilei leistete jedoch viel mehr: In der wissenschaftlichen Literatur schuf er einen neuen Stil und teilweise eine neue Sprache. Er war einer der ersten Italiener, die sich für die Darstellung naturwissenschaftlicher Probleme in ihren Werken auch der Muttersprache bedienten. Seine Prosa nimmt im Rahmen der italienischen Literatur eine Sonderstellung ein, da sie sich durch ihre Klarheit und Schlichtheit von der herrschenden barocken überbordenden Ausdrucksweise abhebt, die Galilei auch in seinen literaturkritischen Aufsätzen getadelt hatte. In seinen wichtigsten Werken bediente er sich der von den italienischen Humanisten überkommenen Form des Dialogs.

Galileische Monde, die von G. Galilei 1610 entdeckten, von ihm »Mediceische Gestirne« genannten vier größten Monde des Planeten Jupiter, also Io, Europa, Ganymed und Callisto. – Infokasten S. 138

galileisches Fernrohr [nach G. Galilei], ein dioptrisches →Fernrohr.

galileisches Fernrohr
→ GEO **Dossier**
Das Genie und die Inquisition, Bd. 4

Galilei-Transformation [nach G. Galilei], lineare Transformation der Raumkoordinaten und der Zeit eines Inertialsystems auf die Raum- und Zeitkoordinaten eines diesem gegenüber gleichförmig geradlinig bewegten Bezugssystems. Sie ist gekennzeichnet durch die Invarianz der Zeit, d.h., die absolute Zeit ist unabhängig vom Bezugssystem. Die Galilei-Transformation ist die Grundlage der klassischen newtonschen Mechanik, da deren Gesetze gegen Galilei-Transformationen invariant sind. Diese Galilei-Invarianz ist der wesentliche Inhalt des →Relativitätsprinzips der klassischen Mechanik. In der →Relativitätstheorie sind die Galilei-Transformationen durch die →Lorentz-Transformationen zu ersetzen.

Galileo 1).
Die Grafik zeigt die Abtrennung der Abstiegskapsel von der Muttersonde; die große Parabolantenne ist in Wirklichkeit nur unvollständig entfaltet.

Galileo [nach G. Galilei], **1)** Raumsonde der NASA zur Erforschung des Planeten Jupiter, v.a. seiner Magnetosphäre, Atmosphäre und seiner Hauptmonde. Die 1989 gestartete Raumsonde (Missionsende: September 2003) übermittelte u.a. Daten der Erde und des Mondes; 1991 nahm sie das erste Bild eines Planetoiden (Gaspra) bei ihrem Vorbeiflug aus einer Entfernung von 16000 km auf, später das des Planetoiden Ida mit seinem Begleiter Dactyl aus einer Entfernung von 10900 km. 1994 fotografierte Galileo die Einschläge der Kometenfragmente von Shoemaker-Levy 9 auf dem Jupiter. 1995 erreichte Galileo Jupiter und schickte eine Abstiegskapsel in dessen Atmosphäre. Vier langelliptische Umläufe um Jupiter führten Galileo 1996 insgesamt sechsmal an den großen Monden Io, Ganymed, Europa und Callisto vorbei. Auf dem Jupitermond Io wurde ein aktiver Vulkanismus bestätigt. Möglicherweise hat die Mission erste Hinweise auf eine gewaltige Wasserschicht unter der Eisoberfläche des Mondes Europa ergeben. Galileo durchflog 2002 die Jupiterringe und näherte sich bis auf etwa 160 km dem Mond Amalthea. Die Galileo-Mission konnte erstmals wichtige Daten und Aufnahmen der Jupiteratmosphäre, -oberfläche und -satelliten erfassen.

2) im Aufbau befindliches europäisches Satellitennavigationssystem, dessen erster Testsatellit Ende 2005 auf eine Umlaufbahn gebracht wurde. Insgesamt sind 30 Satelliten in einer Höhe von 23616 km vorgesehen, die auf vier Trägerfrequenzen senden sollen. Jeder Satellit ist mit zwei Rubidiumuhren und zwei Wasserstoffmasern ausgerüstet. Ab 2008 soll dieses System Echtzeitpositionsbestimmungen im Sekundentakt mit einer Genauigkeit von ±10 m – teilweise noch genauer – liefern (→GPS).

Galle, Johann Gottfried, deutscher Astronom, * Pabsthaus (zu Radis, Kreis Wittenberg) 9. 6. 1812, † Potsdam 10. 7. 1910; war seit 1851 Direktor der Sternwarte in Breslau und dort 1856–97 Professor der Astronomie. Er entdeckte 1840 drei Kometen und 1846 den von U. Le Verrier aus Bahnstörungen des Uranus erschlossenen Planeten Neptun. Galle schlug 1872 vor, Planetoiden zur Bestimmung der Sonnenparallaxe heranzuziehen.

GALLEX [zu Gallium-Experiment], Bezeichnung für ein Experiment zum Nachweis von Sonnenneutrinos (→Neutrino) sowie für das dafür verwendete Labor unter einer Gesteinsmasse von etwa 1,3 Kilometer Dicke im Gran-Sasso-Massiv (Abruzzen). Die Abschirmung durch eine mächtige Gesteinsdecke ist zur Unterdrückung von Störungen durch kosmische Strahlung erforderlich. Zur Messung des Flusses der aus den Kernfusionsprozessen im Innern der Sonne stammenden Elektronenneutrinos wird ein Galliumdetektor benötigt, der eine konzentrierte $GaCl_3$-HCl-Lösung als Target enthält. Der Nachweis erfolgt über das aufgrund des Neutrinoeinfangs in der Targetflüssigkeit sich bildende $GeCl_4$. Nach den Messergebnissen beträgt der Fluss der Sonnenneutrinos nur etwa 55 Prozent des Wertes, der theoretisch zu erwarten wäre. Als Ursache dafür wird inzwischen die Umwandlung der Neutrinos ν_e in andere Neutrinoarten betrachtet. Die 1992 begonnenen Beobachtungen werden seit Mai 1997 unter der Bezeichnung Gallium-Neutrino-Observatory (Abk. GNO) fortgesetzt. (→Neutrinoastronomie)

Gạmma|astronomie, Teilgebiet der Astronomie, befasst sich mit der Untersuchung der aus dem Weltall kommenden, als →Gammastrahlung bezeichneten elektromagnetischen Strahlung mit Wellenlängen kleiner als etwa 0,01 nm (entspricht Frequenzen oberhalb rd. $3 \cdot 10^{19}$ Hertz bzw. Photonenenergien über 100 Kiloelektronenvolt); teilweise wird die Gammaastronomie auch als Gebiet der →Röntgenastronomie betrachtet.

Von kosmischen Objekten empfängt man nichtthermische kontinuierliche Gammastrahlung, die als elektrische →Bremsstrahlung, als →Synchrotronstrahlung sowie beim inversen Compton-Effekt entsteht. Der thermische Anteil der kontinuierlichen Strahlung ist gering, da zu ihrer Entstehung Temperaturen von mehreren 10^8 Kelvin benötigt werden. Gammalinienstrahlung entsteht bei der Paarvernichtung von Elektronen mit Positronen, beim Zerfall von π^0-Mesonen, die bei der Wechselwirkung hochenergetischer Teilchen der →kosmischen Strahlung mit interstellarer Materie gebildet werden, sowie beim radioaktiven Zerfall bestimmter Elemente. Die Beobachtungen erfolgen im Allgemeinen von Erdsatelliten oder Raumsonden aus, um die Absorption in der Erdatmosphäre und die störende Sekundärstrahlung der kosmischen Strahlung zu reduzieren. Der Nachweis sehr hochenergetischer Gammastrahlung ist über die durch sie in der Erdatmosphäre ausgelöste →Tscherenkow-Strahlung auch von der Erdoberfläche aus möglich.

■ **Nachweis** Einen Beweis für die Existenz von Gammastrahlung im Weltall erbrachten ab 1962 die OSO-Satelliten (»Orbiting Solar Observatory«). Genaue Messungen lieferten der 1971 gestartete »Small Astronomical Satellite« SAS-2 sowie u. a. der europäische Forschungssatellit →COS-B, die amerikanischen Satelliten →HEAO und das von 1991 bis 2000 aktive →Compton-Observatorium. 2002 wurde der ESA-Satellit →INTEGRAL gestartet. Seit Oktober 2003 arbeitet das Gammastrahlenteleskop MAGIC (Abkürzung für englisch »Major Atmospheric Gamma Imaging Cherenkov«) auf La Palma. Mit einem Spiegeldurchmesser von 17 m soll MAGIC den bisher weitgehend unerforschten Energiebereich zwischen etwa 20 und 300 Gigaelektronenvolt untersuchen. Außerdem sind seit Dezember 2003 alle vier Tscherenkow-Teleskope des Experiments →HESS in Betrieb.

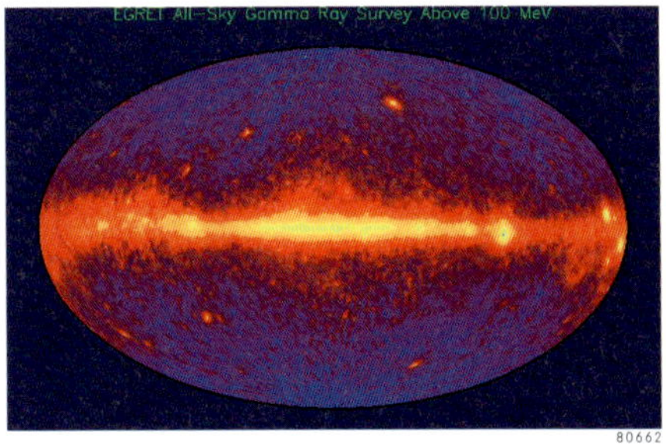

Gammaastronomie. Aufnahme von 1990 des gesamten Himmels im Bereich der Gammastrahlung des Compton-Observatoriums (NASA). Die Milchstraße hebt sich deutlich im Zentrum des Falschfarbenbildes ab. Die hellsten Punkte in der Ebene der Milchstraße (rechts von der Bildmitte) sind Pulsare. Oberhalb und unterhalb der galaktischen Ebene senden Quasare Gammastrahlung aus.

■ **Gammastrahlungsquellen** Zu den Quellen niederenergetischer Gammastrahlung gehört u. a. die Sonne während starker Sonneneruptionen. Als stellare Gammastrahlungsquellen wurden bisher u. a. Pulsare entdeckt, wie der →Velapulsar und der Krebspulsar (→Krebsnebel), von denen man gepulste Synchrotronstrahlung empfängt, sowie Röntgen-Doppelsterne, z. B. →Hercules X-1 und →Cygnus X-1. Gammalinienstrahlung, z. B. die Elektron-Positron-Paarvernichtungslinie sowie Linien radioaktiver Elemente, empfängt man u. a. aus dem Bereich des galaktischen Zentrums, ohne dass man die Quellen im Einzelnen identifizieren kann. Extragalaktische Quellen sind einige aktive Galaxienkerne, u. a. der Quasar 3C 279. Eine diffuse Gammahintergrundstrahlung kommt im Wesentlichen aus einem schmalen Band längs des galaktischen Äquators, wobei sich die galaktische Zentralregion als lokale Konzentration heraushebt, ein geringer Anteil der Hintergrundstrahlung ist möglicherweise extragalaktischen Ursprungs. Ungeklärt ist die Herkunft der beobachteten →Gammastrahlungsblitze.

Gammaburst, →Gammstrahlungsblitz.

Gamma Cassiopeiae-Sterne, heiße Sterne, die so schnell rotieren, dass Materie an ihrem Äquator abströmt und einen Ring, eine Scheibe oder eine Hülle um den Stern bildet. Die Rotationsgeschwindigkeit liegt manchmal nahe der Stabilitätsgrenze. Gamma Cassiopeiae-Sterne gehören zu den →Veränderlichen; der unregelmäßige Gasausstoß führt zu

Gammastrahlungsblitz High-Energy Network

Am 25. Juli 2003 gelang es dem Amateurastronomen Berto Monard aus Pretoria in Südafrika, nur 7,1 Stunden nach dem Ausbruch des GRB 030725 das schwindende visuelle Nachglühen zu identifizieren. Er war der erste Amateur, dem dies mit einem 12-Zoll-Teleskop von seinem Garten-Observatorium aus gelang.

Monard ist Mitarbeiter des International High-Energy Network der AAVSO. Kern dieses Netzes ist der Satellit HETE-2, der Gammastrahlungsausbrüche registriert, diese dem Kontrollzentrum meldet, welches automatisch eine E-Mail an die Mitglieder des Netzwerks mit den Koordinaten des Gammastrahlungsblitzes verschickt. Ziel ist, möglichst schnell Beobachtungen an dieser Stelle des Himmels in allen zur Verfügung stehenden Wellenlängen folgen zu lassen, um die Quelle und die Natur des Ausbruchs kennen zu lernen.

Monards »Glück« war, dass sich zum Zeitpunkt des Gammastrahlungsblitzes viele Astronomen der südlichen Hemisphäre auf einer Tagung in Australien befanden, weit weg von ihren Instrumenten. Im visuellen Bereich des Spektrums sank der Blitz nur wenige Stunden nach seinen Aufnahmen unter die Grenze der Nachweisbarkeit.

Rechte Seite: Die künstlerische Darstellung zeigt, wie zwei verschmelzende Neutronensterne einen gewaltigen Gammaausbruch verursachen könnten.

geringen, unregelmäßigen Helligkeitsschwankungen mit Zeitskalen von Monaten oder Jahren.

Gamma Ray Observatory [ˈgæmə reɪ əbˈzəːvətrɪ, englisch], Abk. **GRO** [dʒiːɑːˈəʊ, englisch], das →Compton-Observatorium.

Gạmmastrahlung, γ-Strahlung, im engeren Sinn die von angeregten Atomkernen bei Quantenübergängen zwischen verschiedenen Energieniveaus eines Kerns ausgesandte kurzwellige elektromagnetische →Strahlung (Wellenlängen zwischen etwa 10^{-10} und 10^{-14} m), deren Photonen (Gammaquanten) eine hohe Quantenenergie besitzen (entsprechend den gegenüber der Atomhülle sehr viel höheren Anregungsenergien der Atomkerne von etwa 10 Kiloelektronenvolt bis zu vielen Megaelektronenvolt). Sie tritt im Allgemeinen im Anschluss an jede Kernumwandlung auf, bei der ein Folgekern im angeregten Zustand entsteht, insbesondere bei der natürlichen und künstlichen Radioaktivität. Beim radioaktiven Zerfall bildet die Gammastrahlung neben der Alpha- und Betastrahlung die dritte, elektrisch und magnetisch aber nicht ablenkbare Komponente der radioaktiven Strahlung (→Radioaktivität).

Außer dieser bei Quantenübergängen zwischen den diskreten Kernniveaus entstehenden Kerngammastrahlung, die ein Linienspektrum (das diskrete Gammaspektrum) bildet, und der inneren Bremsstrahlung, die ein kontinuierliches Spektrum bildet, wird im weiteren Sinn jede elektromagnetische Strahlung mit Quantenenergien der Größenordnung von einigen Megaelektronenvolt oder mehr, wie die beim Zerfall von →Elementarteilchen und die bei der →Paarvernichtung entstehende elektromagnetische Strahlung, zur Gammastrahlung gezählt, ebenso auch die durch starke Abbremsung hochenergetischer Elektronen entstehende äußere Bremsstrahlung. (→Gammaastronomie)

Gạmmastrahlungsblitz, Gạmmaburst [-bəːst], an einer nicht voraussagbaren Stelle des Himmels plötzlich auftretender Gammastrahlungsausbruch (engl. Gamma-Ray Burst, GRB) mit einer Dauer von etwa 0,01 bis etwa 1 000 Sekunden. Die bisher beobachteten Gammastrahlungsblitze sind völlig isotrop über den Himmel verteilt und konnten bis in jüngste Zeit keiner bekannten Gruppe kosmischer Objekte zugeordnet werden. Als gesichert gilt jedoch, dass ihre Quellen extragalaktischen Ursprungs sind. Zur Erklärung von Gammastrahlungsblitzen werden verschiedene Modelle diskutiert. Ein solches Ereignis könnte beispielsweise die Folge der Verschmelzung zweier →Neutronensterne oder eines Neutronensterns mit einem →Schwarzen Loch in einem extragalaktischen System sein. Die bei einem GRB freigesetzte Energiemenge übertrifft die Energieproduktion der Sonne während ihrer gesamten Lebensdauer. Somit sind es die stärksten Ereignisse seit dem Urknall.

■ **International High-Energy Network** Seit 1997 ermöglichte das International High-Energy Network der AAVSO zur Meldung von Gammastrahlungsblitzen in Verbindung mit verbesserter Positionsbestimmung durch Röntgensatelliten die Identifizierung von etwa fünfzig Gammaereignissen mit kurzlebigen optischen Quellen. Weltweit beteiligen sich sowohl professionelle Observatorien als auch Amateurastronomen an der optischen Beobachtung.

■ **Besonderes Ereignis** Ein außerordentlich starker Gammastrahlungsblitz wurde am 29. März 2003 vom Satelliten High Energy Transient Explorer (HETE-II) im Sternbild Löwe beobachtet. Binnen 90 Minuten gelang in Australien und Japan die Beobachtung des optischen Nachleuchtens. Ein entscheidender Fortschritt für das Verständnis der Natur dieser Ereignisse konnte durch die Aufnahme eines hochaufgelösten Spektrums mit dem 8,2-m-VLT (Kueyen-Teleskop) auf dem Paranal-Observatorium der ESO erzielt werden. Die gemessene →Rotverschiebung entspricht einer Entfernung von 2,7 Milliarden Lichtjahren. Die im folgenden Monat fortgesetzten Beobachtungen dokumentierten den allmählichen Übergang in das Spektrum einer →Supernova des energiereichsten Typs, einer so genannten Hypernova. Dabei handelt es sich um den Kollaps des Kerns eines hochgradig entwickelten →Wolf-Rayet-Sterns mit mehr als 25 Sonnenmassen vermutlich zu einem →Schwarzen Loch. Aus einer schnell rotierenden Akkretionsscheibe schießen →Jets in die umgebende Materie und lösen den Gammastrahlungsblitz aus.

Gamow ['geɪmәʊ], George, Physiker russischer Herkunft, * Odessa 4. 3. 1904, † Boulder (Colorado) 19. 8. 1968. Gamow wandte sich schon früh der Physik und der Astronomie zu und studierte ab 1922 in Odessa, ein Jahr später dann in Leningrad. Zwischen 1928 und 1931 bereiste er mehrmals Westeuropa und hielt sich u. a. bei N. Bohr in Kopenhagen auf, kehrte aber jeweils wieder nach Russland zurück. Allerdings beschloss er in dieser Zeit, seine Heimat endgültig zu verlassen. Ein Fluchtversuch scheiterte, 1933 nutzte er jedoch eine Konferenz in Brüssel, um sich abzusetzen. Über mehrere Stationen gelangte er in die USA, wo er 1934 Professor an der George Washington University wurde. Gamow leistete wichtige Beiträge zur Kernphysik, zur Fusionsforschung und zur Kosmologie, insbesondere zur Urknalltheorie. Er sagte die Existenz einer kosmischen Hintergrundstrahlung voraus und veröffentlichte Pionierarbeiten zur Energieerzeugung in Sternen und zur Sternentwicklung.

2621

Ganymed.
Ganymed ist der größte der drei Jupitermonde und der größte bekannte Mond im Sonnensystem überhaupt.

Ganymed [nach der gleichnamigen griech. mythologischen Gestalt], der größte der Satelliten des Planeten →Jupiter, 1610 von G. Galilei und S. Marius unabhängig voneinander entdeckt. Ganymed besitzt einen mittleren Durchmesser von 5 262 Kilometern und ist damit der größte Mond im Sonnensystem überhaupt. Die Daten der Raumsonde →Galileo ergaben, dass Ganymed aus vier Schichten aufgebaut ist. Ein relativ kleiner Kern aus Eisen oder Eisensulfid ist von einem Mantel aus silikatischem Gestein umgeben; darüber liegen eine Schicht aus weichem Wassereis sowie eine äußere harte Eiskruste. Ganymeds Oberfläche besteht aus einer geologisch sehr alten, dunklen Region mit einer großen Anzahl an Einschlagskratern und einer jüngeren, helleren Region mit ausgeprägten Gräben und Verwerfungen. Die beiden Regionen spiegeln die beiden kontinentalen Platten wider, die sich auf Ganymed unabhängig voneinander bewegen. Die größte zusammenhängende Struktur auf Ganymed ist eine dunkle Ebene, die Galileo Regio genannt wird. Aufnahmen des →Hubble-Weltraumteleskops ergaben Hinweise auf das Vorhandensein einer extrem dünnen Atmosphäre aus Sauerstoff.

Gasausbruch, plötzlicher Materieauswurf, bei der Sonne beispielsweise in der Form →koronaler Massenauswürfe. Starke Eruptionen werden jedoch auch bei anderen Sternen beobachtet.

Gas|entartung, das von den normalen Gesetzmäßigkeiten abweichende Verhalten von Gasen bei extrem hohen Dichten, wie sie beispielsweise in Weißen Zwergen und Neutronensternen auftreten. Deren Materie ist so dicht, dass Quanteneffekte das physikalische Verhalten bestimmen. Man bezeichnet diesen Materiezustand als **entartete Materie.** Die Materie eines Weißen Zwerges besteht aus einem entarteten Elektronengas, die Materie eines Neutronensterns aus einem entarteten Neutronengas. Diese Materieformen können sehr stark verdichtet werden, allerdings begrenzt durch die Gesetze der Quantenphysik, die verbieten, dass Elektronen oder Neutronen beliebig nahe einander angenähert werden können. Entartete Gase entwickeln einen Gegendruck zur Verdichtung, der nicht von der Temperatur, sondern nur von der Dichte abhängt. Einen Gleichgewichtszustand kann ein Neutronenstern oder Weißer Zwerg also dadurch herstellen, dass er sich bei Massenzunahme, d. h. Druckzunahme, zusammenzieht bzw. bei Massenabnahme vergrößert. Oberhalb einer kritischen Massengrenze ist allerdings der endgültige Kollaps des Sterns nicht mehr aufzuhalten.

■ **Siehe auch**
→Chandrasekhar-Grenze · Neutronenstern · Quantentheorie · Schwarzes Loch · Weißer Zwerg

Gasnebel, eine im sichtbaren Spektralbereich leuchtende interstellare Wolke gasförmiger Materie, die sowohl unregelmäßig begrenzt (→Emissionsnebel) als auch mehr oder minder kugelförmig erscheinen kann (→planetarische Nebel). Das interstellare Gas wird durch einen sich in der Wolke oder in ihrer Nachbarschaft befindenden Stern hoher effektiver Temperatur (> rd. 25 000 Kelvin) zum Leuchten angeregt, wobei die stellare Ultraviolettstrahlung das Gas ionisiert und aufheizt. Bei der Rekombination der freien Elektronen

Gasausbruch Gas ohne Ende

In der Umgebung Schwarzer Löcher geht es turbulent zu, insbesondere, wenn es sich um sehr massereiche Schwarze Löcher handelt. Im Jahre 2004 beobachtete der Röntgensatellit Chandra beispielsweise in dem mehrere hundert Lichtjahre entfernten Galaxienhaufen MS 0735.6+7421 einen Gasausbruch, der alle bis dahin bekannten Ausbrüche in den Schatten stellt. Er setzt so viel Energie frei wie Hunderte Millionen Gammabursts. Ursprung dieses Ereignisses, das schon viele Millionen Jahre andauert, ist ein Schwarzes Loch im Zentrum des Haufens, das eine Masse von 300 Millionen Sonnen und etwa die Ausdehnung des Sonnensystems hat. Dieses Loch schluckt nicht nur Gas, sondern schleudert es auch in zwei gigantischen Jets heraus und »pustet« dadurch große Hohlräume in den Galaxienhaufen. Solche Hohlräume sind im Prinzip nichts Neues, bei MS 0735.6+7421 sind jedoch die Ausmaße ungewöhnlich, denn jede dieser Blasen hat etwa einen Durchmesser von

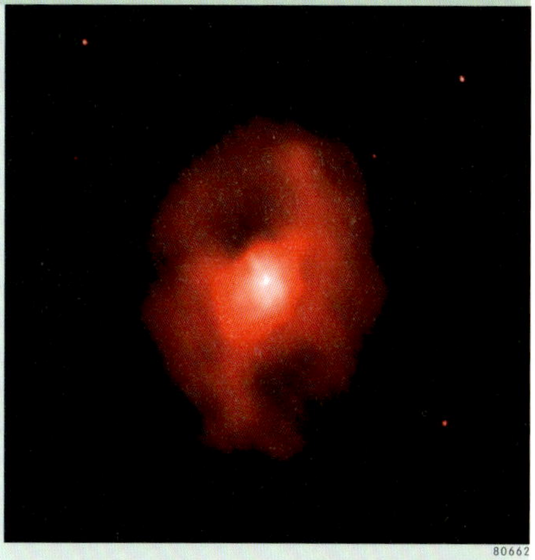

650 000 Lichtjahren – viermal so groß wie die Milchstraße. Übrigens kann nur Chandra wirklich etwas erkennen von diesem Ereignis; im normalen sichtbaren Licht ist die Eruption unscheinbar.

mit den Ionen und dem folgenden kaskadenartigen Übergang der Elektronen in den Grundzustand wird sowohl kontinuierliche Strahlung als auch Linienstrahlung emittiert; die Spektrallinien können im ultravioletten, sichtbaren, infraroten und im Radiofrequenzbereich liegen. Einige starke Emissionslinien haben ihre Ursache in »verbotenen« Elektronenübergängen, sie gehen auf eine Elektronenstoßanregung bestimmter Atome zurück. Kontinuierliche Strahlung, die im Radiofrequenzbereich dominiert, entsteht auch bei Frei-frei-Übergängen der Elektronen in den elektrischen Feldern der Ionen. Die Gastemperaturen liegen in der Größenordnung von 10 000 Kelvin, die Gasdichten zwischen wenigen 10^{-2} bis etwa 10^{4} Teilchen je Kubikzentimeter. Bekannte galaktische Gasnebel sind der →Orionnebel, der →Lagunennebel und der →Omeganebel. Beispiel eines extragalaktischen Gasnebels ist der →Tarantelnebel.

Gaspra, der erste mithilfe einer Raumsonde (→Galileo) aus geringer Entfernung (1 620 Kilometer) untersuchte →Planetoid. Die Galileo-Aufnahmen zeigen einen unregelmäßig geformten Körper der Größe 19 × 12 × 11 Kilometer. Die Oberfläche ist von zahlreichen Einschlagskratern übersät. Gaspras Alter wird auf 200 Millionen Jahre geschätzt, was darauf hindeutet, dass er ein Bruchstück eines größeren Ursprungskörpers ist, der bei einer Kollison gesprengt wurde.

Gauß [nach C. F. Gauß] *das,* -/-, Einheitenzeichen **G** oder **Gs,** die nichtgesetzliche Einheit der magnetischen Flussdichte (Induktion) im elektromagnetischen CGS-System: $1\,G = 10^{-4}\,Vs/m^2 = 10^{-4}\,Wb/m^2 = 10^{-4}\,T$. Gesetzliche Einheit ist das Tesla (T).

Gauß, Carl Friedrich, deutscher Mathematiker, Astronom und Physiker, * Braunschweig 30. 4. 1777, † Göttingen 23. 2. 1855; 1807–55 Professor in Göttingen und Direktor der dortigen Sternwarte. Gauß ist einer der bedeutendsten Mathematiker aller Zeiten. Er begründete die moderne Zahlentheorie und entwickelte eine Theorie der Bewegung der Himmelskörper. Seine Arbeiten über die Methode der kleinsten Quadrate haben die Entwicklung der Himmelsmechanik, die Theorie der unendlichen Reihen und die numerischen Methoden der angewandten Mathematik sehr gefördert. 1816 wurde ihm die Vermessung des Königreichs Hannover übertragen, an der er 25

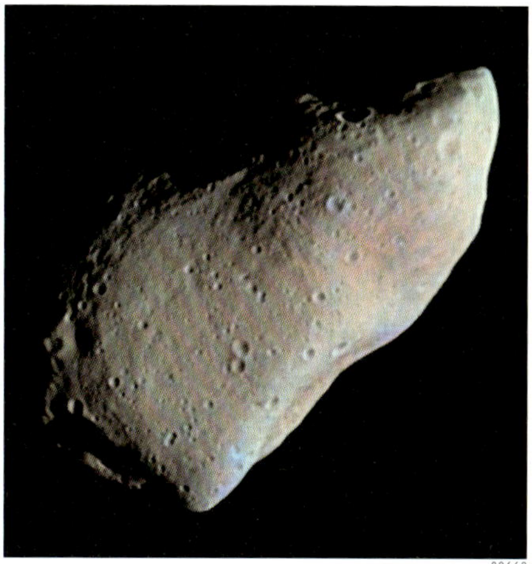

Gaspra. Der 20 Kilometer lange Planetoid Gaspra torkelt im großen Asteroidengürtel zwischen Mars und Jupiter. Die Aufnahme wurde von der Raumsonde Galileo 1991 geschossen.

Gemini-Programm. Gemini 6 beim Rendezvousmanöver mit Gemini 7 am 15. 12. 1965 in 295 Kilometern Höhe, aufgenommen aus Gemini 7

Jahre arbeitete und dabei zu bahnbrechenden Untersuchungen zur Geodäsie und zur Differenzialgeometrie angeregt wurde. Bedeutend sind auch seine Arbeiten zum Erdmagnetismus, wobei er sein absolutes Maßsystem aufstellte. Große Teile seines mathematischen Schaffens wurden erst durch die Veröffentlichung seines Nachlasses bekannt.

Geber Hispalensis, Geber von Sevilla [-ʎa], spanisch-arabischer Astronom, →Djabir Ibn Aflach.

gebundene Rotation, synchrone Rotation, Bewegungsform eines künstlichen Satelliten oder eines Mondes, bei der die Rotationsdauer (Drehung um die eigene Achse) gleich seiner Umlaufzeit um den Zentralkörper, beispielsweise des Planeten, ist. Der kleinere Körper wendet dem größeren dann immer die gleiche Seite zu.

Gegengewicht, ein Gewicht, das vor allem bei einer parallaktischen →Fernrohrmontierung zur Ausbalancierung eingesetzt wird.

Gegenschein, **1)** Bezeichnung für die Aufhellung des nächtlichen Himmels in der →Ekliptik am Gegenpunkt der Sonne; ein Teil des →Zodiakallichts. **2)** die Opposition (→Konstellation).

Gegensonne, →Haloerscheinungen.

Geminga [Kunstwort aus lateinisch Gemini »Zwillinge« und Gamma(strahlung)] *die,* -, im Sternbild →Zwillinge gelegene zweithellste Gammastrahlungsquelle am Himmel. Die Strahlung pulsiert mit einer Periode von 0,237 Sekunden. Mit rund 500 Lichtjahren Entfernung ist Geminga der erdnächste bekannte →Neutronenstern. Er entstand bei einer →Supernova-Explosion vor etwa 350 000 Jahren; seine scheinbare Helligkeit beträgt $25^m,5$. Die Explosion ist einigen Theorien zufolge die Ursache für die geringe Dichte an interstellarer Materie in der Umgebung der Sonne.

Gemini, wissenschaftlicher Name des Sternbilds →Zwillinge.

Geminiden, aus dem Sternbild Zwillinge (lateinisch Gemini) kommender, zwischen dem 12. und 15. Dezember auftretender →Meteorstrom (Maximum am 13. Dezember). Der Meteorstrom ist seit 1883 regelmäßig erschienen und ist gegenwärtig einer der stärksten jährlichen Schauer mit einer Zählrate von bis zu 60 Meteoren pro Stunde. Die mittlere Geschwindigkeit der Sternschnuppen beträgt 40 Kilometer pro Sekunde. Die Geminiden bestehen aus zerstreutem Material, das vermutlich von einem vor Jahrtausenden aufgelösten Kometen stammt.

Gemini-Programm [englisch dʒ-], nach dem →Mercury-Programm zweites Raumfahrtprogramm der NASA auf dem Weg zur bemannten Mondlandung (→Apollo-Programm). Die Zweimannkapsel **Gemini** hatte eine Länge von 5,8 m, einen Basisdurchmesser von 3,05 m und eine Masse von etwa 3 800 kg. Als Trägerrakete wurde eine modifizierte Version der zweistufigen militärischen Rakete Titan II (→Titan) verwendet. Nach drei Vorversuchen mit unbemannten Raumkapseln (Gemini 1, 2, 2 A) fanden zwischen März 1965 (Gemini 3) und November 1966 (Gemini 12) insgesamt zehn Gemini-Missionen statt. Das Gemini-Programm demonstrierte erfolgreich die Möglichkeit längerer bemannter Raumflüge, d. h. die Arbeitsfähigkeit und das Zusammenleben von Astronauten auf engstem Raum; es erprobte Maßnahmen für Rendezvous- und Kopplungsmanöver in der Umlaufbahn (u. a. Andocken an unbemannte Agena-Zielraketen) sowie für Arbeiten außerhalb der Kapsel und wies die Fähigkeit zum exakt gesteuerten Wiedereintritt in die Atmosphäre mit Punktlandung nach. Außerdem wurden wissenschaftliche, technische und raumfahrtmedizinische Versuche durchgeführt.

Gemma [lat. »Edelstein«, »Juwel«], **Alphekka, Alphecca,** Name des hellsten Sterns (α CrB) im Sternbild Nördliche →Krone; scheinbare Helligkeit $2^m,23$, absolute Helligkeit 0^M, Spektraltyp A 0, Leuchtkraftklasse V, Entfernung 75 Lichtjahre. Gemma ist ein Bedeckungsveränderlicher vom Algol-Typ, dessen Helligkeit alle 17,36 Tage (unmerklich für das bloße Auge) um nur 0,1 Größenklassen schwankt.

Genesis [ˈdʒenɪsɪs, englisch], eine Raumsonde der NASA, zur Erforschung des Sonnenwindes, die am 8. August 2001 gestartet wurde und ihre endgültige Position im November 2001 erreichte. Die Sonde hatte mehrere Kollektoren an Bord, mit denen Teilchen des Sonnenwinds eingefangen wurden. Nach dem Ende der Mission schlug die Kapsel jedoch am

Bemannte Raumflüge im Rahmen des Gemini-Programms

Name	Besatzung	Start	Zahl der Erdumläufe	Flugdauer (h:min:s)
Gemini 3	V. Grissom, J. Young	23. 3. 1965	3	04:53:00
Gemini 4	J. McDivitt, E. White	3. 6. 1965	62	97:56:11
Gemini 5	G. Cooper, C. Conrad	21. 8. 1965	120	190:55:14
Gemini 7	F. Borman, J. Lovell	4. 12. 1965	206	330:35:31
Gemini 6	W. Schirra, T. Stafford	15. 12. 1965	16	25:51:24
Gemini 8	N. Armstrong, D. Scott	16. 3. 1966	7	10:41:26
Gemini 9	T. Stafford, E. Cernan	3. 6. 1966	44	72:21:00
Gemini 10	J. Young, M. Collins	18. 7. 1966	43	70:46:39
Gemini 11	C. Conrad, R. Gordon	12. 9. 1966	44	71:17:08
Gemini 12	J. Lovell, E. Aldrin	11. 11. 1966	59	94:34:31

8. September 2004 in der Wüste von Salt Lake City auf den Boden auf, ohne dass sich die Bremsfallschirme geöffnet hatten. Dabei wurden die Kollektoren teilweise zerstört. Nach NASA-Angaben konnte jedoch ein wesentlicher Teil der Proben aus den Wrackteilen gerettet werden.

GEO 600, ein Gravitationswellendetektor, der als deutsch-britisches Gemeinschaftsprojekt dem Nachweis von Gravitationswellen dienen soll. GEO 600 befindet sich rund 30 Kilometer südlich von Hannover (Deutschland). Die ersten Messdatenaufnahmeläufe des auf dem Prinzip des → Michelson-Interferometers arbeitenden Detektors fanden parallel zu amerikanischen Aufnahmeläufen der →LIGO-Detektoren Mitte 2002 und Anfang 2004 statt.

■ **Experimentaufbau** Vom Zentralraum des Experiments werden Laserstrahlen durch zwei 1,5 Meter unterhalb der Erdoberfläche verlegte evakuierte Rohre (Durchmesser 60 Zentimeter) geschickt, die jeweils 600 Meter weit nach Norden bzw. Osten führen. An ihren Enden sind Vakuumtanks, in denen sich Spiegel befinden, die die Laserstrahlen zum Zentralraum zurückwerfen, wo sich beide Strahlen interferometrisch überlagern. Dadurch entsteht ein Helldunkelmuster, das sich verändert, wenn einer der Strahlen einen weiteren Weg zurücklegen muss. Als Ursache einer veränderten Lauflänge der Laserstrahlen gelten Gravitationswellen. Um die angestrebte Empfindlichkeit erreichen zu können, müssen alle optischen Komponenten von GEO 600 um viele Größenordnungen von der Seismik entkoppelt werden. Die Interferometeroptik wurde deshalb an einer komplizierten Aufhängung befestigt und mit Stoßdämpfern gegen die Erdbewegungen abgeschirmt. (→Gravitationswellenastronomie)

Geographos, ein →Apollo-Objekt, das die Erdbahn kreuzt, mit einem Durchmesser von wenigen Kilometern. Er wurde 1951 entdeckt; seine Bahn ist inzwischen gut bekannt.

GEOS, 1) Abk. für englisch **G**eodynamic **E**xperimental **O**cean **S**atellite, amerikanische Satellitenreihe im geodätischen Satellitenprogramm der NASA zur präzisen Vermessung der Erdoberfläche und ihrer Gestalt. Im November 1965 wurde GEOS-1, im Januar 1968 GEOS-2 gestartet. GEOS-3 für ozeanografisch-geodätische Messungen wurde im April 1975 in Umlauf gebracht.

2) Abk. für englisch **G**eosynchronous **E**arth **O**bservation **S**atellite, die zwei ersten europäischen wissenschaftlichen Satelliten der ESA zur Erforschung des Erdmagnetfeldes. GEOS-1, gestartet im April 1977, erreichte statt einer geostationären Umlaufbahn nur eine stark elliptische Bahn. Seine Aufgaben wurden von GEOS-2 (Start Juli 1978) fortgeführt.

geostationäre Umlaufbahn, Synchronbahn, Stationärbahn, Satellitenkreisbahn um die Erde in etwa 35 800 km Höhe über dem Äquator. Da die Winkelgeschwindigkeit eines in dieser Höhe befindlichen Satelliten mit der der Erdoberfläche übereinstimmt, hat er über dem Äquator relativ zu Orten auf der Erde stets die gleiche Position; dies ist Voraussetzung für Kommunikationssatelliten und die meisten Wettersatelliten. Diese hohen Bahnen werden erreicht, indem der Satellit zunächst in eine **geostationäre Übergangsbahn** mit etwa 200 km Erdabstand im erdnächsten und 35 800 km Abstand im erdfernsten Punkt (Apogäum) gebracht wird. Beim Durchlaufen des erdfernsten Punktes wird ein Apogäumstriebwerk gezündet, das diese stark elliptische Übergangsbahn in die geostationäre Umlaufbahn »aufweitet«.

80662

Genesis. Ungebremst in den Boden gerammt – die Genesis-Sonde nach ihrer unsanften Landung ohne Bremsfallschirm in der Wüste von Utah

geozentrisches Weltsystem, ein Weltbild, bei dem die Erde den ruhenden Mittelpunkt des Weltalls, besonders des Planetensystems, darstellt. Geozentrische Systeme entwickelten und vertraten u. a. Aristoteles, Ptolemäus (→ptolemäisches Weltsystem) und T. Brahe (→tychonisches Weltsystem). (→Astronomie)

gerades Aufsteigen, →Rektaszension.

geschlossenes Universum, ein Modell des Universums, demzufolge das Universum ein endliches Volumen besitzt und nur bis zu einem maximalen Radius expandiert, um sich dann wieder zusammenzuziehen. Ob das Universum offen oder geschlossen ist, hängt von der →kritischen Dichte der Materie ab, die sich in ihm befindet. Liegt die kosmische Dichte über der kritischen Dichte, dann wird die Gravitation die Ausdehnung stoppen (geschlossenes Universum), liegt die Dichte unter dem Schwellenwert, geht die Expansion immer weiter; das Universum ist offen. Die Materiedichte des Universums hängt vor allem davon ab, wie groß der Anteil der →Dunklen Materie ist.

Geschwindigkeit, der pro Zeiteinheit zurückgelegte Weg bei einer Bewegung, in der Regel mit dem Formelzeichen v abgekürzt. Bei

Drehbewegungen verwendet man die Winkelgeschwindigkeit, das Verhältnis von Winkeländerung zur Zeitänderung. Die oberste Grenze für die Geschwindigkeit eines materiellen Körpers ist nach der →Relativitätstheorie durch die →Lichtgeschwindigkeit gegeben.

Gesichtsfeld, der mit einem Teleskop erfassbare, durch die kreisförmige Feldblende bzw. ihr Bild begrenzte Bereich des Himmels; ihm entspricht bildseitig das → Bildfeld. Den meist unter einem Grad großen Himmelsausschnitt nennt man **wahres Gesichtsfeld.** Dieser **Gesichtsfeldwinkel** kann bei hohen Vergrößerungen auf wenige Bogenminuten schrumpfen. Als **scheinbares Gesichtsfeld** bezeichnet man den Winkel, unter dem im Okular die Feldblende erscheint. Der Durchmesser dieses überschaubaren Bereichs kann weniger als 30 Grad betragen, bei Weitwinkelokularen aber 90° überschreiten.

Gesichtslinie, Sehlinie, Sichtlinie, Visionsradius, die Linie vom Beobachter zu einem Gestirn.

Gestirne, selbstleuchtende oder Licht reflektierende Himmelskörper, z. B. Sonne, Mond, Planeten, Sterne.

GeV, Einheitenzeichen für Gigaelektronvolt: $1\,\mathrm{GeV} = 10^9\,\mathrm{eV}$ (→Elektronvolt).

Geviertschein, eine →Konstellation.

Gewichtskraft, Formelzeichen F_G oder G, früher auch als **Gewicht** bezeichnet, SI-Einheit ist das →Newton (N); die Kraft, mit der ein Körper vom Schwerefeld eines Himmelskörpers (z.B. der Erde) angezogen wird (→Schwerkraft). Ihr Betrag ergibt sich aus dem Produkt aus der Masse des Körpers und der am Ort des Körpers herrschenden →Fallbeschleunigung. Die Gewichtskraft ist im Gegensatz zur Masse eine ortsabhängige physikalische Größe. Da die Fallbeschleunigung infolge der Abplattung und Rotation der Erde z. B. von den Polen zum Äquator hin abnimmt, hat ein Körper bei unveränderter Masse am Äquator eine geringere Gewichtskraft als an den Polen, er wiegt dort weniger.

Gezeiten, Tiden, periodische Niveauschwankungen der festen Erdkruste, des Meeres und der Atmosphäre, die durch das Zusammenwirken der Anziehungskräfte zwischen Erde, Mond und Sonne und der mit den Bewegungen dieser Himmelskörper verbundenen Fliehkräfte erzeugt werden. Die Gezeitenkräfte sind also genau wie die Zentrifugalkraft Scheinkräfte.

■ **Gezeiten des Meeres** sind rhythmische Schwankungen des Meeresspiegels, auf dem größten Teil der Meere mit etwa 12- bis 13-stündiger Periode. Das Steigen des Wassers von Niedrigwasser zu Hochwasser heißt **Flut,** das Fallen **Ebbe,** die Dauer des Steigens Flutdauer oder Steigdauer, des Fallens Ebbdauer oder Falldauer; beide sind nicht gleich lang und ergeben zusammen eine Tide. Der Höhenunterschied von Hoch- und Niedrigwasser heißt Tidenhub. Bei der Bildung der Gezeiten überwiegt der Einfluss des Mondes; der Einfluss der Sonne macht sich v. a. in dem wechselnden Gezeitenhub bemerkbar. Stehen Mond und Sonne mit der Erde in einer Linie

Gezeiten Gravitationskräfte

2621

Nicht nur die Meere sind von Gezeiten betroffen: Die gesamte Erdoberfläche hebt und senkt sich! Der Effekt ist auf festem Boden eher gering. Knapp 30 Zentimeter beträgt der Tidenhub, der aber nicht auffällt, da die Erdkruste überall gleich betroffen ist.

Anschaulicher als auf der Erde sind die Auswirkungen von Gezeiten auf dem Jupitermond Io. Hier bewirken die widerstreitenden Anziehungskräfte von Jupiter und der anderen galileischen Monde, dass sein Magma-Inneres durch die enormen Gezeiten ständig »durchgeknetet« wird. Dadurch entsteht ein extremer Vulkanismus, der ganz Io mit einer gelben Schwefelkruste überdeckt.

Aber auch am anderen Ende der kosmischen Größenskala wirken Gezeiten: Treffen Galaxien aufeinander, bilden sich durch die unterschiedlichen Anziehungskräfte oft lange »Schwänze« aus Gas, Staub und Sternen. Sehr anschaulich ist das auf lang belichteten Aufnahmen von M 51, der Whirlpool-Galaxie (Bild) zu sehen: Der nahe Vorbeiflug einer kleinen Galaxie zieht einen Spiralarm zu ihr herüber. Auch die beiden Magellanschen Wolken sind durch einen Stern- und Gasstrom miteinander und mit unserer Milchstraße verbunden, der durch die engen Vorübergänge aus ihnen herausgezogen wurde.

(bei Neu- und Vollmond), so bewirken ihre sich verstärkenden Kräfte hohe Hochwasser und niedrige Niedrigwasser, also einen großen Gezeitenhub; im ersten und letzten Mondviertel schwächen sich ihre Kräfte. Hierzu kommen noch Einflüsse der Erdoberfläche (Winde, Wassertiefe usw.), sodass die Gezeiten örtlich ganz unterschiedlich ausgeprägt sind.

■ **Gezeiten der Atmosphäre** sind v.a. sonnen-, aber auch mondbedingte Druckwellen. Unter ihnen ist die zwölfstündige Periode mit Minimum um 4 und 16, Maximum um 10 und 22 Uhr Ortszeit mit 1,5 hPa Amplitude in den Tropen stets, in Mitteleuropa mit 0,5 hPa nur bei stationärem Hochdruckwetter gut beobachtbar.

■ **Gezeiten der festen Erde, Erdgezeiten** Auch der feste Erdkörper erfährt durch die Gravitationswirkung von Mond und Sonne eine Deformation, die in Äquatornähe einen halben Meter in einer zwölfstündigen Periode erreichen kann. Überlagert wird dieser primäre Effekt durch Schollenverbiegungen, verursacht durch die Wassermassenverlagerung der Meeresgezeiten, durch atmosphärische Druckschwankungen und thermisch bedingte Bodendeformationen.

Gezeitenkräfte, →Gezeiten.

Gezeitenreibung, die Reibung der durch die Gezeiten bewegten Wassermassen der Erde. Sie führt zu einer allmählichen Verlangsamung der Rotationsgeschwindigkeit der Erde und bewirkt, dass die Tageslänge in 100 000 Jahren um 1,6 Sekunden zunimmt. Wie paläontologische Untersuchungen ergaben, betrug die Tageslänge vor 400 Millionen Jahren nur rund 22 Stunden, ein Jahr hatte damals also 400 Tage. Durch die Abbremsung der Erdrotation wird Drehimpuls auf den Mond übertragen, der sich dadurch von der Erde entfernt. Pro Jahr nimmt die mittlere Monddistanz deshalb um rund vier Zentimeter zu.

GHz, Einheitenzeichen für Gigahertz: 1 GHz = 10^9 Hz (→Hertz).

Giacobiniden [dʒa-], die →Draconiden.

Giacobini-Zinner-Komet, kurzperiodischer Komet, der am 20. Dezember 1900 von Michael Giacobini (* 1873, † 1938) am Nizza-Observatorium und davon unabhängig von Ernst Zinner (* 1886, † 1970) am 23. Oktober 1913 an der Remeis-Sternwarte in Bamberg entdeckt wurde. Der Periheldurchgang im Jahre 1946 war besonders bemerkenswert, da der Komet die Erde damals in nur 0,26 Astronomischen Einheiten Entfernung passierte. Normalerweise erreicht er bei Erdannäherungen Helligkeiten im Bereich der 7. Größenklasse. Am 11. September 1985 flog die amerikanische Raumsonde ICE durch den Schweif des Kometen. (→Draconiden)

Gill [gɪl], Sir David, britischer Astronom, * Aberdeen 12. 6. 1843, † London 24. 1. 1914; war 1879–1907 Königlicher Astronom und Direktor der Sternwarte am Kap der Guten Hoffnung, die unter seiner Leitung Weltruf erlangte. Gill war einer der bedeutendsten messenden Astronomen seiner Zeit, der u.a. die Parallaxen der Sonne und zahlreicher Sterne bestimmte; er schuf die Grundlagen der Astrofotografie und führte 1882 die fotografische Messung von Sternpositionen ein.

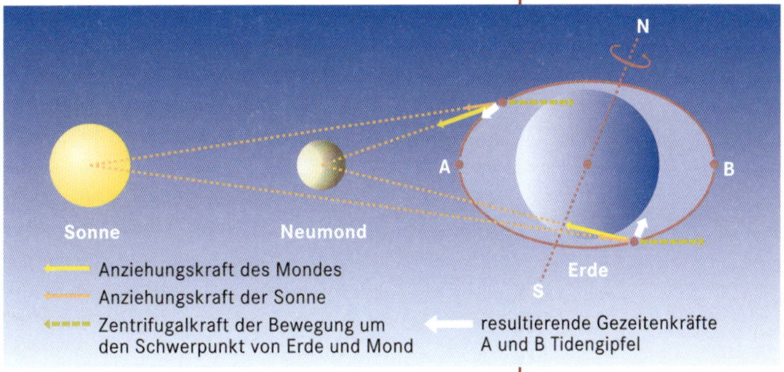

Gezeiten. Schema der Entstehung der Springtiden durch den Einfluss von Sonne und Mond

Giotto ['dʒotto; nach der Kometendarstellung in Giottos Fresko »Die Anbetung der Könige«; Padua, Arenakapelle], von der ESA entwickelte Raumsonde zur Erforschung des →Halley-Kometen. Die 1985 gestartete Sonde flog 1986 (als erste Mission) in nur etwa 600 km Abstand durch die Koma am Kern des Kometen vorbei und übertrug dabei wertvolle Nahaufnahmen und Messdaten. 1992 passierte Giotto den Kometen Grigg-Skjellerup; die nach dem Staubhagel beim Durchfliegen der Halley-Koma verbliebenen Messinstrumente lieferten dabei u.a. Daten über Staub- und Plasmateilchen. 1999 flog Giotto erneut an der Erde (in circa 220 000 km Entfernung) vorbei.

Am Jahresanfang 2004 näherte sich die Sonde →Stardust erfolgreich dem Kometen Wild 2, lieferte hochaufgelöste Aufnahmen des Kometenkerns und soll Partikel aus der Koma des Kometen zwei Jahre später zur Erde zu-

100001

Giacobini-Zinner-Komet. Der Komet Giacobini-Zinner war am 20. Dezember 1900 mit bloßem Auge erkennbar. Sein geringster Abstand zur Erde betrug 149 Millionen Kilometer.

rückbringen. Die nächste europäische Kometenmission ist →Rosetta, die im März 2004 gestartet wurde. Sie soll 2014 den Kometen Churyumov-Gerasimenko erreichen.

Giraffe, wissenschaftlicher Name **Camelopardalis,** *Genitiv* **Camelopardalis,** Abk. **Cam,** ein flächenmäßig sehr großes, aber aufgrund seiner schwachen Sterne unscheinbares Sternbild am Nordhimmel (Rektaszension 3^h15^m bis 14^h27^m, Deklination +86°05' bis +52°40'), das für Mitteleuropa zirkumpolar ist und seitlich von den Sternbildern →Kassiopeia und →Großer Bär begrenzt wird. Die beiden hellsten Sterne sind β Cam (scheinbare Helligkeit $4\overset{m}{.}0$, absolute Helligkeit -4^M, Spektraltyp G0, Entfernung 1000 Lichtjahre) und α Cam ($4\overset{m}{.}3$, -7^M, O9, 4000 Lichtjahre), wobei β Cam ein Doppelstern ist ($4\overset{m}{.}0$ bzw. $7\overset{m}{.}4$; Distanz 83,5"). Etwa 3000 Lichtjahre entfernt ist der offene Sternhaufen NGC 1502 (6^m; etwa 45 Sterne). Ein sehr lichtschwacher (12^m) planetarischer Nebel ist NGC 1501 (5000 Lichtjahre). Die $8\overset{m}{.}5$ helle Spiralgalaxie NGC 2403 steht in 12 Millionen Lichtjahren Entfernung. (→Sternbilder)

Gitter, Beugungsgitter, optisches Gitter, regelmäßige, gleichabständige Anordnung sehr vieler gleichartiger Linien, die in eine Glasplatte geritzt werden. Gitter werden vorwiegend zur Erzeugung von Beugungsspektren, aber auch zur Trennung von eng benachbarten Spektrallinien und zur Messung der Wellenlänge von Licht benutzt. In der Astronomie finden Beugungsgitter nur bei sehr hellen Objekten, beispielsweise der Sonne, Verwendung. Die ersten optischen Gitter stellte 1821 J. von Fraunhofer her.

Glashauseffekt, →Treibhauseffekt.

Glaskeramik, Werkstoffgruppe, in deren Vertretern amorphe Glas- und kristalline Keramikstrukturen nebeneinander existieren. Die beiden Phasen sind so aufeinander abgestimmt, dass Glaskeramiken über einen weiten Temperaturbereich keine Wärmeausdehnung zeigen und somit bis ca. 800 °C unbegrenzte Temperaturwechselbeständigkeit besitzen. Glaskeramiken werden z. B. als Teleskopspiegelträger verwendet.

Glasmeteorite, ältere Bezeichnung für →Tektite.

Gleichschein, die →Konjunktion.

Gleichung des Mondes, jährliche Ungleichheit, eine Störung der Mondbewegung infolge der unterschiedlichen Einwirkung der Sonne auf den um die Erdbahn »pendelnden« Mond im Verlauf des Jahres. Die Dauer eines Mondumlaufs um die Erde kann auf diese Weise bis zu 10 Minuten größer oder kleiner als die mittlere Umlaufdauer sein, während die Abweichungen des Mondortes maximal ±11 Bogenminuten und 10 Bogensekunden betragen.

Glenn [glen], John Herschel, amerikanischer Astronaut, *Cambridge (Ohio) 18. 7. 1921; umkreiste am 20. 2. 1962 als erster Amerikaner die Erde; in knapp fünf Stunden umrundete er in einer Mercury-Raumkapsel (→Mercury-Programm) dreimal die Erde in einer Höhe von 160 bis 260 Kilometern. 1964 verließ er die NASA und arbeitete in der freien Wirtschaft; von 1974 bis 1999 war er Senator von Ohio. 1998 nahm Glenn 77-jährig nochmals an einem Weltraumflug mit einem amerikanischen Raumtransporter teil. Damit hält

Globule Stellare Eier

Auch im Weltraum gibt es Eier, und wie bei ihren Pendants im Hühnerstall entsteht darin etwas Neues. Ein EGG (Ei), kurz für »Evaporating Gaseous Globule« (verdampfende Gasglobule), enthält jedoch Sterne.

EGGs bestehen aus Gas und Staub. Sie brechen unter ihrer eigenen Schwerkraft zusammen und verdichten sich immer mehr. Aus dieser Verdichtung entstehen Sterne oder Sternhaufen. Junge Sterne bleiben vorerst noch unsichtbar, denn die umgebende restliche Hülle aus Staub und Gas verhindert, dass sichtbares Licht die Globule verlässt. Aber die Strahlung der jungen Sterne heizt den Staub auf, der dadurch verdampft, das Gas wird ionisiert. Infrarotes Licht kann die letzten Reste aus Gas und Staub solcher Nebel durchdringen und zeigt die noch jungen Sterne.
Da sich massereiche Sterne schneller entwickeln, können sie ihre Eierschale aus Gas früher auflösen. Ihre gewaltige Strahlungsenergie fegt dann das Gas zwischen benachbarten Globulen hinaus und verdichtet andere bis dahin inerte Staub- und Molekülwolken. Sie bilden dann »Elefantenrüssel«, die sich vor dem reflektierten Licht der Nebel abzeichnen.

er den Rekord (Stand: 2004) als ältester Astronaut im Weltraum.

Globule [lat. »Kügelchen«], nahezu kugelförmige Ansammlung →interstellarer Materie, durch die das Licht der – von der Erde aus gesehen – dahinterstehenden Sterne oder Emissionsnebel stark geschwächt wird. Die auf Emissionsnebel projiziert erscheinenden Globulen entstehen vermutlich unter der Wirkung der von extrem jungen Sternen ausgehenden Materieströmungen. Bei den sich auf Sternfelder projizierenden Globulen (lineare Durchmesser 0,1 bis einige Parsec; Massen von 10 bis 100 Sonnenmassen) handelt es sich wahrscheinlich um interstellare Wolken, in denen die Entstehung von Sternen stattfindet.

Globus [lateinisch »Kugel«] *der,* - und *-ses/-se* und *...ben,* verkleinerte Nachbildung der Erde, eines anderen Weltkörpers oder der scheinbaren Himmelskugel durch eine Kugel. Der Globus bietet die einzige Möglichkeit, Winkeltreue, Längentreue und Flächentreue gleichzeitig zu verwirklichen. Erdgloben sind entweder physikalisch, also topografisch (darunter auch Reliefgloben), oder thematisch (politisch, klimatisch, geologisch u.a.); Himmelsgloben bilden entsprechend einer scheinbaren Betrachtung von außen den Sternenhimmel spiegelbildlich ab.

Gluonen [zu engl. glue »Klebstoff«], *Singular* **Gluon,** zu den intermediären Bosonen oder →Eichbosonen gehörende masselose Teilchen, die die Wechselwirkung zwischen den colorgeladenen Elementarteilchen (z.B. →Quarks) vermitteln (ähnlich wie die Vermittlung der elektromagnetischen Wechselwirkung durch Photonen).

GMT [ˈdʒiːemˈtiː, englisch], Abk. für englisch **G**reenwich **M**ean **T**ime, die →Greenwichzeit.

GNO, Abk. für **G**allo **N**eutrino **O**bservatory, →GALLEX.

Gnomon, ältestes astronomisches Messinstrument. Es besteht aus einem senkrecht stehenden Stab, an dessen Schattenlänge sich der Höhenwinkel der Sonne über dem Horizont, damit die Mittagslinie und auf ihr die Jahrespunkte (→Sonnenwenden, →Äquinoktien), die Himmelsrichtungen und indirekt die Schiefe der Ekliptik bestimmen lassen. Nach Herodot (* 490 v.Chr., † um 425 v.Chr.) übernahmen ihn die Griechen von den Babyloniern. Aus dem Gnomon entwickelten sich die Sonnenuhren, die auch Gnomone genannt wurden. Die Kunst, diese zu konstruieren, heißt deshalb auch Gnomonik.

Goddard [ˈgɔdəd], Robert H., amerikanischer Physiker und Raketenpionier, * Worcester (Massachusetts) 5. 10. 1882, † Baltimore (Maryland) 10. 8. 1945; Professor an der Clark University in Worcester (Massachusetts); entwickelte wesentliche Grundlagen zur Theorie des Raketenantriebs und des Raketenflugs; konstruierte eine zweistufige Feststoffrakete (Patent 1914), startete 1926 die erste Flüssigkeitsrakete und 1929 die erste mit Messinstrumenten ausgestattete Rakete. 1935 erreichte eine von ihm konstruierte Rakete bereits eine Höhe von über 2000 Meter. Goddard fand unabhängig von H. Oberth und K. Ziolkowski das Stufenprinzip für den Raketenantrieb. Nach ihm wurde das Goddard Space Flight Center der NASA benannt.

Goldfisch, das Sternbild →Schwertfisch.

Gould [guːld], Benjamin Apthorp, amerikanischer Astronom, * Boston (Mass.) 27. 9. 1824, † Cambridge (Mass.) 26. 11. 1896; war 1850–67 beim US Coast Survey tätig; errichtete ab 1868 die Sternwarte von Córdoba (Argentinien), deren Direktor er von 1870 bis 1884 war. Gould führte 1850 die telegrafische Längendifferenzbestimmung ein und lieferte zahlreiche geografische Ortsbestimmungen. Seine Sternkataloge (»Uranometria Argentina«, 2 Bände, 1877–79; »Zone catalogue«, 2 Bände, 1884; »General catalogue«, 1885) umfassen mehr als 100000 Sterne, v.a. des südlichen Himmels. Gould begründete das »Astronomical Journal« (1849 ff.).

Gould-Gürtel [guːld-; nach B. A. Gould], Bezeichnung für eine um etwa 20 Grad gegen die Milchstraßenebene geneigte ringförmige Zone, die durch die hellen Sterne der Sonnenumgebung repräsentiert wird.

GPS [Abkürzung für englisch **g**lobal **p**ositioning **s**ystem »globales Ortungssystem«], auch **NAVSTAR/GPS** [Abkürzung für englisch navigation system with time and ranging], Satellitennavigationssystem für zivile und militärische Zwecke, bestehend aus 24 (21 + drei Reserven) in sechs kreisförmigen Bahnen angeordneten Satelliten (Höhe 20200 km), wobei überall auf der Erde stets mindestens vier Satelliten über dem Horizont stehen und fortlaufend Positionssignale senden. Mit einem GPS-Empfänger als Nutzersegment kann aus vier bis meist acht Satellitensignalen die eigene Position errechnet werden. Die Genauigkeit einer Echtzeitpositionierung mit GPS liegt bei ±10 Meter, bei zeitgleicher Beobachtung auf zwei oder mehr Stationen lassen sich Relativgenauigkeiten im Zentimeter-Bereich erreichen.

Grabstichel, wissenschaftlicher Name **Caelum,** *Genitiv* **Caeli,** Abk. **Cae,** ein kleines, unscheinbares Sternbild des südlichen Himmels, das im Spätherbst in Mitteleuropa unterhalb des Sternbilds →Orion über dem Südhorizont teilweise sichtbar ist. Der hellste, 66 Lichtjahre entfernte Stern (α Cae) erreicht gerade einmal eine scheinbare Helligkeit von $4\overset{m}{.}4$. γ Cae, ein $4\overset{m}{.}6$ heller orangeroter Riesenstern, steht in 185 Lichtjahren Entfernung; er ist ein Doppelstern mit einer eng (3,2″) stehenden, nur $8\overset{m}{.}1$ hellen Komponente. Erwähnenswert ist lediglich noch R Cae, ein Veränderlicher vom Mira-Typ, dessen scheinbare Hellig-

Goddard
→ GEO **Dossier**
Der Rocket-Man und sein Projektil, Bd. 4

keit zwischen $6^{m}_{,}7$ und $13^{m}_{,}7$ schwankt und dessen Lichtwechselperiode 391 Tage beträgt. (→Sternbilder)

Grad [lateinisch »Schritt«, »Stufe«] *der, -(e)s/-e,* Einheit für den ebenen Winkel; 1 Grad (°) ist der 360. Teil des Vollkreises und wird unterteilt in 60 Bogenminuten (') bzw. 3 600 Bogensekunden (").

Gradationstemperatur, die auf einen engen Spektralbereich bezogene →Farbtemperatur eines Sterns, d.h. die Temperatur eines →schwarzen Strahlers, die einem Stern zugeordnet werden kann, wenn die Steigung (Gradation) seiner Strahlungsenergiekurve bei bestimmter Wellenlänge gleich der Steigung in der Energieverteilung der Strahlung des schwarzen Strahlers bei gleicher Wellenlänge ist. Da die Strahlung der Sternoberfläche nicht die eines schwarzen Körpers ist, führt die Bestimmung der Gradationstemperatur in verschiedenen Spektralbereichen zu unterschiedlichen Werten, die aber eine Näherung für die wahre Oberflächentemperatur darstellen.

Grad Celsius [nach A. Celsius], Einheitenzeichen **°C,** gesetzliche Einheit der **Celsius-Temperatur** t (oder ϑ). Diese ist definiert durch: $t = T - T_0$ (T thermodynamische Temperatur, T_0 thermodynamische Temperatur des Eispunktes = 273,15 Kelvin). In der 1742 von Celsius eingeführten Celsius-Skala ist ein Grad als der hundertste Teil der Temperaturdifferenz zwischen dem Eispunkt und dem Siedepunkt des Wassers bei normalem Atmosphärendruck (101 325 Pascal) festgelegt.

Gradmessung, klassische geodätische Methode zur Bestimmung der geometrischen Parameter von Erdmodellen (Erdkugel, Erdellipsoid). Aus der Messung von Meridianbogenlängen (→Meridian) oder Parallelkreisbogenlängen und aus astronomischen Ortsbestimmungen lassen sich der Erdradius oder beim Ellipsoid die große Halbachse und die Abplattung berechnen. Die erste Gradmessung wurde von Eratosthenes von Kyrene durchgeführt; die auf Triangulation beruhende Gradmessung begründete 1617 der niederländische Mathematiker und Physiker Willebrord Snellius (* 1580, † 1626).

Gradnetz, im weiteren Sinn jedes die Oberfläche eines Planeten oder die Himmelskugel (in Rektaszension und Deklination, →astronomische Koordinaten) dem geografischen Gradnetz entsprechend unterteilendes Liniennetz; im engeren Sinn das Gradnetz der Erde (geografisches Gradnetz): das aus Längenkreisen (Meridianen) und Breitenkreisen (Parallelkreisen) gebildete Netz der als Kugel oder Rotationsellipsoid betrachteten Erdoberfläche. Die sich von Pol zu Pol erstreckenden Längenkreise dieses Gradnetzes sind die Hälften von Großkreisen, die sich in beiden Polen schneiden; Nullmeridian ist der Meridian von Greenwich, von dem aus die geografischen Längen bis 180 Grad nach Osten (östliche Länge, Abkürzung ö. L.) beziehungsweise nach Westen (westliche Länge, w. L.) gezählt werden. Von den Breitenkreisen ist nur der Äquator ein Großkreis, während die parallel verlaufenden Breitenkreise polwärts immer kleiner werden; die geografischen Breiten werden vom Äquator aus bis 90 Grad (Pol) nach Norden (nördliche Breite, n. Br.) beziehungsweise nach Süden (südliche Breite, s. Br.) gezählt.

Gradstock, ein mittelalterliches Messinstrument (→Jakobsstab).

Graff, Kasimir Romuald, deutscher Astronom, * Próchnowo (bei Kolmar, Polen) 7. 2. 1878, † Wien 15. 2. 1950; wirkte 1902–28 an der Hamburger Sternwarte, danach bis 1938 und 1945–48 als Professor in Wien und Direktor der dortigen Sternwarte. Graff widmete sich besonders der Erforschung der Planeten und Kometen sowie der veränderlichen Sterne (mithilfe der Fotometrie) und galaktischen Nebel; er erfand ein Universal- (1914) und ein Kreiskeilfotometer (1926) sowie ein Sternkolorimeter (1928).

Graham ['greɪəm], George, englischer Mechaniker und Astronom, * Horsegill (Cumberland) vor dem 1. 7. 1674, † London 16. 11. 1751; seit 1728 Mitglied der Royal Society. Seine Uhren und seine später gebauten physikalischen und astronomischen Geräte hatten Weltruf. Graham erfand u.a. 1715 den ruhenden Ankergang für Pendeluhren (Graham-Anker) und die Rostkompensation, 1719 die Quecksilberkompensation für Pendel sowie 1720 den verbesserten Zylindergang für Taschenuhren. 1715 baute er auch das erste der später Orrery genannten Planetarien. Bei seinen wissenschaftlichen Arbeiten entdeckte er 1722/23 die tägliche Variation des erdmagnetischen Feldes, beobachtete u.a. Merkurdurchgänge (1737 und 1743), Finsternisse und Sternbedeckungen.

Granatstern, der in seiner scheinbaren Helligkeit mit einer Periode von 2 Jahren zwischen $3^{m}_{,}6$ und $5^{m}_{,}1$ veränderliche Stern μ Cep im Sternbild →Kepheus, ein wegen seiner rötlichen Farbe so benannter Roter Überriese der Spektralklasse M 2 mit etwa 70-fachem Durchmesser der Sonne (absolute Helligkeit -6^{M}, Leuchtkraftklasse I, Entfernung 3 000 Lichtjahre). Der Granatstern ist typischer Vertreter einer Gruppe von halbregelmäßig Veränderlichen, der →My Cephei-Sterne.

Granulation [zu lateinisch Granulum, »Körnchen«], die unregelmäßig feinkörnige Struktur der Fotosphäre der Sonne, bestehend aus hellen Granulen von ein bis zwei Bogensekunden Winkeldurchmesser (entspricht einer Ausdehnung von rund 750 bis 1 500 Kilometer), deren Temperatur um 100–200 °C höher als die der dunkleren Zwischenräume ist. Die Lebensdauer der Granulationsstrukturen beträgt durchschnittlich 5 bis 10 Minuten, sodass die Granulation rasch veränderlich ist. Die Granulation beweist die unterhalb der Fotosphäre mit einer Geschwindigkeit von etwa einem Kilometer pro Sekunde senkrecht zur Sonnenoberfläche stattfindende Wasserstoffkonvektion. Die hellen Granulen kommen dadurch zustande, dass die aufsteigende Materie heißer und daher heller ist als die abwärts strömende Materie in den Zwischenräumen.

Granulen *Plural,* →Granulation.

Gravisphäre, derjenige Bereich um einen Himmelskörper, in dem dessen →Gravitation diejenige der anderen Himmelskörper überwiegt. Die Bewegung eines Körpers in der Gravisphäre lässt sich als Zentralkörperproblem behandeln.

Gravitation, Massenanziehung, die Anziehung, die alle Massen aufeinander ausüben. Die Gravitation ist die schwächste der vier bekannten →Wechselwirkungen. Sie spielt im atomaren Bereich keine Rolle, ist aber bei allen makroskopischen Erscheinungen, besonders im Rahmen der Himmelsmechanik, dominant. Gemäß dem newtonschen Gravitationsgesetz gilt: Zwei Körper ziehen sich mit einer Kraft an, die dem Produkt ihrer Massen proportional und Quadrat ihres Abstandes umgekehrt proportional ist:

$$F = G \cdot \frac{m_1 \cdot m_2}{r^2}$$

(wobei G die Gravitationskonstante ist und r der Abstand zwischen den Massenpunkten).

Im Unterschied z.B. zur elektromagnetischen Wechselwirkung wirkt die Gravitation stets anziehend. Handelt es sich um ausgedehnte Massen, so ist die Gesamtanziehungskraft durch Integration über die Anziehungskräfte zwischen allen Massenpunkten zu ermitteln. Bei homogenen kugelsymmetrischen Massenverteilungen gilt das Gravitationsgesetz streng, wenn man sich die Gesamtmasse im Schwerpunkt vereinigt denkt; das ist v.a. für die Himmelsmechanik von großem Vorteil. Die von der Erde (und allgemein von einem Himmelskörper) ausgeübte Schwerkraft ist ein Sonderfall der allgemeinen Gravitation.

■ **Newtonsche Gravitation** Das Gravitationsgesetz wurde 1687 von I. Newton veröffentlicht, der mit seiner Hilfe die keplerschen Gesetze der Planetenbewegung, aber auch die Gesetze des freien Falls im Schwerefeld ableiten konnte. Newton fasste die Gravitation als eine fernwirkende Kraft auf, deren Wirkungen sich unendlich schnell (instantan) ausbreiten. Eine wichtige empirische Bestätigung stellte die Entdeckung des Neptun 1846 dar, dessen Existenz aus Störungen der Uranusbahn mithilfe der newtonschen Gravitationstheorie gefolgert worden war.

■ **Einsteinsche Gravitation** Die Gesetze der klassischen newtonschen Mechanik, in die sich die newtonsche Gravitation einfügt, sind invariant unter →Galilei-Transformationen. Die von A. Einstein 1905 als deren Verallgemeinerung formulierte spezielle Relativitätstheorie erfordert dagegen Invarianz unter →Lorentz-Transformationen, die in einem flachen Raum-Zeit-Kontinuum, dem →Minkowski-Raum mit konstantem metrischem Fundamentaltensor, wirken. Die Einbeziehung der Gravitation verlangt aber – wie Einstein mit seiner allgemeinen Relativitätstheorie 1916 zeigte – die Invarianz unter allgemeinen Koordinatentransformationen in einer gekrümmten riemannschen Raum-Zeit, die durch einen orts- und zeitabhängigen Fundamentaltensor charakterisiert ist. Der Grundgedanke ist, die als Folge der gravitativen Beschleunigung beobachtbare Bahnkrümmung als geometrische Eigenschaft der Raum-Zeit aufzufassen: In der Nähe großer Massen ist der Raum stärker gekrümmt als in der Umgebung kleiner Massen, d.h., die Geometrie des Raumes und die Verteilung der Massen im Raum bedingen einander wechselseitig (einsteinsche Feldgleichungen, allgemeine Relativitätstheorie). Dieses Konzept der Geometrisierung der Kraftwirkung wurde in der modifizierten Form der Eichfeldtheorie auf die übrigen elementaren Wechselwirkungen erfolgreich übertragen und ist Ausgangspunkt aktueller Bemühungen, alle Wechselwirkungen in einer Theorie zu vereinheitlichen.

Gravitation. Millionen Sterne und Staub, festgehalten im Gravitationswirbel der Spiralgalaxie NGC 1232

■ **Feldquanten der Gravitation** Ein offenes Problem ist bislang die Suche nach den Feldquanten der Gravitationsfelder. Diese als Gravitationsquanten oder Gravitonen bezeichneten Teilchen sollten der Theorie nach zwischen einander anziehenden Massen ausgetauscht werden (vergleichbar den Gluonen bei der starken Wechselwirkung) und so die Kraftwirkung vermitteln. Gravitonen müssten masselos sein und sich mit Lichtgeschwindigkeit fortpflanzen. Es ist aber bis

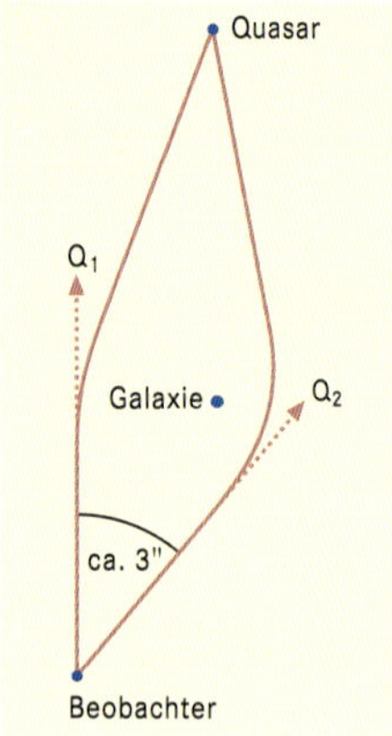

Gravitationslinse. Durch Lichtablenkung im Gravitationsfeld einer zwischen einem weit entfernten Quasar und dem Beobachter liegenden Galaxie kann der Quasar als Doppelbild (Q_1 und Q_2) erscheinen.

Rechte Seite: Mithilfe einer Gravitationslinse konnte die Advanced Camera for Surveys des Hubble-Weltraumteleskops tief in die Vergangenheit unseres Universums blicken. Die Kamera war 13 Stunden lang auf den Galaxienhaufen Abell 1689 ausgerichtet, der aufgrund seiner enormen Schwerkraftwirkung – hervorgerufen von Billionen von Sternen und Dunkler Materie – wie eine Riesenlupe mit einem Durchmesser von 2 Millionen Lichtjahren wirkt. Abell 1689 »zoomt« dadurch weit entfernte Hintergrundgalaxien heran, die sich als verwaschene und verzerrte Objekte zeigen. Einige dieser Galaxien sind über 13 Milliarden Lichtjahre von der Erde entfernt.

heute nicht gelungen, sie experimentell nachzuweisen.

Siehe auch
→ Große Vereinheitlichte Theorien · keplersche Gesetze · Mehrkörperproblem · Quantengravitation · Relativitätstheorie · riemannsche Geometrie · Schwerkraft · Stringtheorie · Supergravitation · Zweikörperproblem

Gravitationskollaps, die schnelle, im freien Fall erfolgende Kontraktion einer kosmischen Materieansammlung aufgrund der gegenseitigen Gravitationswirkungen ihrer Bestandteile. Ein Gravitationskollaps erfolgt zu Beginn der Entstehung eines Sterns, wenn die nach außen gerichteten Kräfte (Gasdruck, magnetischer Druck, Turbulenzdruck, Zentrifugalkraft) in einer interstellaren Wolke dem nach innen gerichteten Gravitationsdruck nicht widerstehen können, am Ende der Entwicklung massereicher Sterne, wenn die verfügbaren Kernenergievorräte erschöpft sind und im Sterninnern der Gasdruck den Gravitationsdruck der Sternmaterie nicht mehr kompensieren kann, sowie bei →Weißen Zwergen, wenn durch Massezufluss von außen die →Chandrasekhar-Grenze überschritten wird. Ein derartiger Sternkollaps zieht eine →Supernova-Explosion nach sich, bei der der gesamte Stern zerstört wird, oder ein →Neutronenstern, möglicherweise ein →Schwarzes Loch entsteht.

Gravitationskonstante, die als Proportionalitätsfaktor in das newtonsche Gravitationsgesetz (→Gravitation) eingehende Naturkonstante:

$$G \approx 6{,}6726 \cdot 10^{-11}\,\mathrm{N\,m^2\,kg^{-2}}\,.$$

Experimentell wurde der Wert der Gravitationskonstante erstmals 1798 von dem britischen Chemiker Henry Cavendish (* 1731, † 1810) mithilfe einer Drehwaage bestimmt.

Gravitationslinse, eine durch das Gravitationsfeld eines zwischen dem Beobachter und einer weit entfernten Lichtquelle sich befindenden massereichen Objekts (z. B. einer massiven Galaxie oder eines Galaxienhaufens) hervorgerufene Erscheinung, bei der das Licht so abgelenkt wird (Lichtablenkung), dass zwei oder mehr Bilder der Quelle wahrnehmbar werden. Wegen der von der allgemeinen →Relativitätstheorie begründeten Masse-Energie-Äquivalenz unterliegt Licht der Gravitation, sodass starke Gravitationsfelder die geradlinige Ausbreitung stören. Bei einigen Doppel- und Mehrfachquasaren, die auf den Gravitationslinseneffekt zurückgehen, konnte die abbildende Masse optisch identifiziert werden, z. B. bei dem im Sternbild Schwan gelegenen Quasar QSO 1957 + 561, dessen beide Bilder einen Winkelabstand von etwa 6 Bogensekunden haben. Die Helligkeit der abgebildeten Quelle wird durch den Gravitationslinseneffekt erhöht. Bewegt sich das ablenkende massereiche Objekt quer zur Verbindungslinie Beobachter–Quelle, ergibt sich eine charakteristische Helligkeitsvariation der abgebildeten Quelle. Häufiger als punktförmige Abbildungen, aber bedeutend lichtschwächer sind Gravitationslinsenbögen.

Erste Vorhersagen zum Gravitationslinseneffekt sind von A. Einstein bereits aus dem Jahre 1912 bekannt; 1936 veröffentlichte er (1937 F. Zwicky) die theoretische Beschreibung. – Infokasten S. 156

Gravitationswellen, von der allgemeinen →Relativitätstheorie vorausgesagte, sich mit Lichtgeschwindigkeit ausbreitende wellenförmige Störungen des Gravitationsfeldes, die bei der raschen Beschleunigung großer Massen entstehen. Gravitationswellen als periodische Verzerrungen der Geometrie der Raum-Zeit durchqueren nahezu unbeeinflusst alle Massearten und Masseanhäufungen. Quellen für Gravitationswellen können z. B. Supernovaexplosionen, Sternkollapse, verschmelzende Neutronensterne, aber auch rasch umlaufende kompakte massereiche Sterne in Doppelsternsystemen sein. Die Gravitationswellenstrahlung ist eine Quadrupolstrahlung, die bei der Wechselwirkung mit materiellen Körpern entsprechend der Frequenz der Strahlung einen Körper senkrecht zur Ausbreitungsrichtung in einer Richtung streckt und in der um 90 Grad versetzten Richtung gleichzeitig staucht; nach einer halben Periode kehren sich Streckung und Stauchung um. Frei bewegliche Massen entfernen sich voneinander, in der um 90 Grad gedrehten Richtung bewegen sie sich aufeinander zu. Je größer die Gravitationswellen erzeugende Masse und deren Beschleunigung ist, umso größer ist die Amplitude der Gravitationswellen; der Einfluss der Gravitationswellen auf Detektoren nimmt linear mit der Entfernung von der Strahlungsquelle ab.

Nachweis Zum direkten Nachweis werden Gravitationswellendetektoren gebaut, bei denen die durch Gravitationswellen resonant angeregten Schwingungen von Körpern (z. B. großer Metallzylinder) oder die Abstandsänderungen innerhalb einer Anordnung weit entfernter Spiegel gemessen werden (→Gravitationswellenastronomie). Bislang gelang es nicht, Gravitationswellen experimentell nachzuweisen. Jedoch kann aus der Verkürzung der Bahnumlaufperiode des Doppelsternpulsars PSR 1913 + 16 (→Pulsare) um $7{,}6 \cdot 10^{-5}$ Sekunden pro Jahr in Übereinstimmung mit der einsteinschen Gravitationstheorie indirekt auf die Abstrahlung von Gravitationswellen geschlossen werden.

Gravitationswellenastronomie, Forschungsgebiet der Astrophysik, das die Beobachtung der aus dem Weltall kommenden, durch beschleunigte Massen ausgesandten und sich mit Lichtgeschwindigkeit ausbreitenden →Gravitationswellen zum Ziel hat. Je größer die Masse und deren Beschleunigung ist,

Gravitationswellenastronomie. An einem der zwei Interferometerarme des Gravitationswellendetektors GEO600 entlang tragen zwei Wissenschaftler in Ruthe bei Hannover ein Anschauungsmodell des verwendeten Vakuumrohres.

umso größer ist auch die durch Gravitationswellen transportierte Energie. Jede Kreisbewegung ist eine beschleunigte Bewegung und damit eine Quelle von Gravitationswellen. Beim Umlauf des Jupiters um die Sonne z. B. werden Gravitationswellen mit einer Periode von nahezu 12 Jahren (Umlaufzeit von Jupiter) emittiert, die Strahlungsleistung beträgt aber nur etwa 1 Kilowatt (die Erde strahlt bei ihrer Bewegung um die Sonne nur 200 Watt ab). Wesentlich höhere Strahlungsleistungen ergeben sich beim Umlauf kompakter Komponenten, z. B. von →Neutronensternen, in sehr engen →Doppelsternen. Infolge der Abstrahlung von Gravitationswellen ergibt sich für die Umlaufbewegung ein Energieverlust, wodurch sich der Abstand und die Umlaufperiode der Komponenten verringern, während die Strahlungsleistung steigt. Bei dem aus zwei Neutronensternen bestehenden Doppelsternpulsar PSR 1913 + 16 kann die Periodenverringerung durch Beobachtungen nachgewiesen werden. Die nach der allgemeinen Relativitätstheorie berechnete Umlaufzeitverkürzung stimmt mit der beobachteten von 76 Mikrosekunden pro Jahr gut überein. Die mittlere Entfernung der beiden Komponenten voneinander nimmt jährlich um etwa 3,5 Meter ab, sodass es in etwa 300 Millionen Jahren zu einer Verschmelzung der beiden Neutronensterne kommen wird. Die beobachteten Änderungen der Umlaufperiode dieses Doppelsternpulsars liefert den bisher einzigen, zwar indirekten, überzeugenden Beweis für die Existenz von Gravitationswellen. Gravitationswellen großer Strahlungsleistung werden bei der Verschmelzung zweier Neutronensterne als Abschluss der ständigen Annäherung in einem Doppelsternsystem ausgesandt sowie bei einem Sternkollaps oder einer Supernovaexplosion. Dabei handelt es sich um jeweils sehr kurze, zum Teil nur Bruchteile einer Sekunde dauernde Strahlungspulse.

■ **Funktionsweise von Gravitationswellendetektoren** Als Gravitationswellendetektoren dienen große Metallzylinder oder Anordnungen frei beweglicher Massen. Gemessen werden die durch Gravitationswellen verursachten Verformungen bzw. Abstandsänderungen. Bei den zu erwartenden Strahlungsleistungen der möglichen Quellen und deren mittleren Abständen vom Sonnensystem rechnet man mit relativen Abstandsänderungen in der Größenordnung von 10^{-20} und geringer, was der Verschiebung zweier etwa ein Kilometer weit entfernter Punkte um nur etwa ein Hundertstel eines Atomkerndurchmessers

Gravitationslinse Superlinse

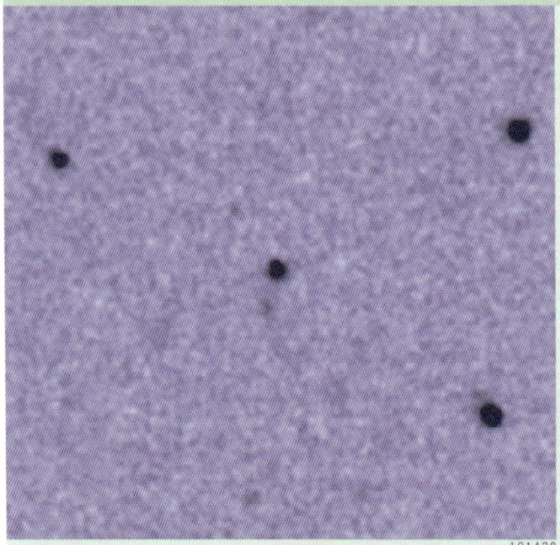

Eine der spektakulären Vorhersagen der allgemeinen Relativitätstheorie Albert Einsteins ist die Existenz von Gravitationslinsen – große Massenkonzentrationen, die Lichtstrahlen ablenken können wie eine optische Linse.

Einstein selbst glaubte nicht, dass es Gravitationslinsen tatsächlich gibt, doch in den 1970er-Jahren, zwei Jahrzehnte nach dem Tod des genialen Physikers, gelang es Forschern tatsächlich, das Phänomen nachzuweisen. Im Dezember 2003 gelang Astronomen eine Aufnahme des Quasars SDSS J1004+4112, auf der das Objekt gleich viermal zusätzlich zu sehen ist, mit einem Abstand von 14,62 Bogensekunden zwischen den Bildern – das war ein neuer Rekord. Doch nur einen Monat später wurde mit dem 6,5-Meter-Magellan-Teleskop des Las Campanas Observatory in Chile eine Gravitationslinse entdeckt, die zwei Bilder des Quasars 2QZ J1435+0008 erzeugt, die 33 Bogensekunden Abstand besitzen – ein neuer Rekord (Bild). Man vermutet, dass hier ein Galaxiencluster als Linse wirkt. Dass beide Lichtpunkte tatsächlich zum selben Quasar gehören, schließt man aus dem nahezu identischen Spektrum.

Gravity Probe B. Eine Nahaufnahme eines Quarz-Hochpräzisionskreisels, in dem sich ein Bild von Physiker Albert Einstein spiegelt. Nach mehreren Anläufen ist die US-amerikanische Forschungssonde Gravity Probe B 2004 erfolgreich gestartet. Die Mission soll Teile von Einsteins allgemeiner Relativitätstheorie überprüfen. Dazu ist der Satellit mit vier kleinen Hochpräzisionskreiseln ausgestattet. Sie sind auf minus 271 Grad Celsius gekühlt, im Vakuum gelagert und drehen sich mit 10 000 Umdrehungen pro Minute. Einsteins Theorie zufolge sollen die Quarzkreisel durch die Rotation der Erde ganz leicht kippen.

entspricht. Um messbare Effekte zu erreichen, müssen die Dimensionen der Detektoren entsprechend groß gewählt werden. Mit Metallzylindern als Detektoren konnten bisher keine Gravitationswellen nachgewiesen werden. Derartige Detektoren haben den großen Nachteil, dass mit ihnen nur Gravitationswellenpulse in einem sehr schmalen, durch die Größe des Detektors vorgegebenen Frequenzband registriert werden können. Bei Laserinterferometerdetektoren besteht diese Einschränkung nicht. In ihnen wird ein Laserstrahl mithilfe eines Strahlteilers in zwei senkrecht zueinander, in Vakuumröhren verlaufende Teilstrahlen aufgespalten, die durch jeweils einen an den Röhrenenden befindlichen Spiegel zurückgeworfen, wieder vereinigt und zur →Interferenz gebracht werden. Zur Verlängerung der effektiven Messstrecke und damit zur Erhöhung der Nachweisgrenze dienen hinter dem Strahlteiler angebrachte halbdurchlässige Hilfsspiegel, wodurch jeder Teilstrahl die Messstrecke mehrmals durchläuft. Verändert eine Gravitationswelle die Länge der Strecken, ergeben sich Änderungen bei der Interferenz. Diese werden registriert (→Interferometer). Hauptstörquelle bei derartigen Messungen ist die Bodenunruhe, die ein Störrauschen verursacht, das um viele Zehnerpotenzen über den nachzuweisenden Signalen liegt. Durch eine extrem gute Schwingungsdämpfung bei der Aufhängung der Spiegel versucht man, die Störungen zu minimieren. Um eindeutig von Gravitationswellen herrührende Ereignisse aus dem Rauschen herauszufiltern, vergleicht man die Registrierungen von mindestens zwei unabhängigen, weit voneinander entfernten Detektoren miteinander. Durch erdgebundene Interferometerdetektoren können Gravitationswellenpulse mit Frequenzen im Bereich von rund 100 bis über 1 000 Hertz nachgewiesen werden, nicht aber niederfrequente Gravitationswellen (10^{-4} bis 1 Hertz), wie sie beim Umlauf von Neutronensternen in Doppelsternsystemen abgestrahlt werden. Dafür sind im Weltall stationierte Detektoren geplant.

■ **Erdgebundene Gravitationswellendetektoren** Mit den gegenwärtigen (erdgebundenen) Detektoren hofft man, relative Abstandsänderungen in der Größenordnung von 10^{-21} messen zu können. Bei dem deutsch-britischen Interferometerdetektor →GEO 600 in Ruthe (bei Hannover) beträgt die Länge der Messstrecken (1,5 Meter unterhalb der Erdoberfläche) jeweils 600 Meter. In den USA befinden sich in Hanford (Wash.) und im 3 000 Kilometer entfernten Livingston (La.) zwei identische Detektoren mit jeweils 4 Kilometer Armlänge (→LIGO). In Livingston soll ein weiterer Detektor mit der halben Armlänge eine bessere Erkennung von Gravitationswellen ermöglichen. Nahe Pisa (Italien) befindet sich das französisch-italienische Gemeinschaftsobservatorium →VIRGO, dessen Interferometerarme 3 Kilometer messen. Bei dem in Japan betriebenen Gravitationswellendetektor →TAMA 300 beträgt die Länge der Messarme 300 Meter. Mithilfe dieser fünf Observatorien ergibt sich eine Gesamtanordnung von Gravitationswellendetektoren, die eine Lokalisierung der Gravitationsquellen am Himmel mit einer Genauigkeit von etwa 0,5 Grad zulassen dürfte.

■ **Gravitationswellendetektoren im Weltraum** Neben den erdgebundenen Detektoren sind im Weltraum stationierte Laserinterferometer geplant, die insbesondere die oben beschriebenen niederfrequenten Gravitationswellen nachweisen sollen. Ein Beispiel ist das internationale Gemeinschaftsprojekt →LISA, das einem riesigen Michelson-Interferometer mit Armlängen von rund 5 Millionen Kilometern entsprechen soll. Der Start der LISA-Mission ist für 2013 geplant.

Gravity-Assist-Technik, →Fly-by.

Gravity Probe, Satellitenprogramm zur Überprüfung zentraler Aussagen der allgemeinen Relativitätstheorie. Zu diesem Programm zählen ein bereits abgeschlossenes Experiment zur Messung der Zeitdilatation (Gravity Probe A), ein bereits gestarteter Satellit (Gravity Probe B), der zwei relativistische Effekte nachweisen soll, sowie zwei geplante Satelliten (Gravity Probe C).

■ **Gravity Probe A** Bei diesem 1976 durchgeführten Experiment wurde eine Sonde auf eine Höhe von 10 000 Kilometern gebracht, um anschließend frei auf die Erde zurückzufallen. Die Sonde führte ein exterm genaue Atomuhr mit sich, deren Zeitsignale per Funk zur Bodenstation übertragen wurden. Der Vergleich mit einer stationären Atomuhr bestätigte die →Zeitdilatation.

■ **Gravity Probe B** Dieser Satellit wurde am 20. April 2004 gestartet. Seine Umlaufbahn führt in einer Höhe von ca. 640 Kilometern über die beiden Pole. Getestet werden soll, wie sehr die Erde durch ihre Masse und Rotation den Raum verzerrt. Während der 18 Monate langen Mission soll Gravity Probe B jede kleinste Veränderung der Erdanziehungskraft messen. Der Satellit ist mit vier kleinen Hochpräzisionskreiseln ausgestattet, die mit einer Genauigkeit von 40 Atomlagen zu perfekten Kugeln gefräst wurden. Sie sind tiefgekühlt auf −271 Grad Celsius und in einem Vakuum versiegelt, das noch zehnmal besser ist als das Vakuum des Weltalls. Einsteins Theorie zufolge sollen die Achsen der mit 10 000 Umdrehungen pro Minute rotierenden Quarzkreisel durch Schwerkraft und Rotation der Erde ganz leicht kippen.

■ **Gravity Probe C** Bei dieser geplanten Mission sollen zwei Satelliten die Erde in entgegengesetzte Richtungen auf äquatorialen Umlaufbahnen umkreisen. Nach der allgemeinen Relativitätstheorie sollen sich durch gravitomagnetische Effekte (verursacht durch die Erdrotation) die Umlaufzeiten um ca. 100 Nanosekunden unterscheiden. – Abb. S. 157

Die hellsten Sterne des Sternbilds Großer Bär

Name		Helligkeit visuelle	Helligkeit absolute	Spektralklasse	Entfernung in Lichtjahren
ε	(Alioth)	$1^{m}8$	0^{M}	A0	82
α	(Dubhe)*)	$1^{m}8$	-1^{M}	F7	125
η	(Alkaid, Benetnasch)	$1^{m}9$	-1^{M}	B3	102
ζ	(Mizar)*)	$2^{m}0$	0^{M}	A2	80
β	(Merak)	$2^{m}3$	0^{M}	A1	80
γ	(Phekda, Phegda, Phad)	$2^{m}4$	0^{M}	A0	84
ψ		$3^{m}0$	0^{M}	K1	145
μ	(Tania Australis)	$3^{m}1$	-1^{M}	M0	250
ι	(Talita, Talitha)*)	$3^{m}1$	2^{M}	A7	48
ϑ	(Sarir)	$3^{m}2$	3^{M}	F6	44
δ	(Megrez)	$3^{m}3$	1^{M}	A3	81
ο	(Muscida)**)	$3^{m}3$–$3^{m}8$	0^{M}	G4	180
λ	(Tania Borealis)	$3^{m}5$	0^{M}	A2	135
ν	(Alula Borealis)	$3^{m}5$	-2^{M}	K3	420
κ		$3^{m}6$	-2^{M}	A1	400
χ	(Al Kaphrah)	$3^{m}7$	0^{M}	K0	200
23		$3^{m}7$	2^{M}	F0	76
ξ	(Alula Australis)*)	$3^{m}8$	4^{M}	G0	25
υ		$3^{m}8$	1^{M}	F0	115

*) Doppelstern **) Veränderlicher

GRB, Abkürzung für Gamma Ray Burst, →Gammastrahlungsblitz.

Green Bank ['gri:n 'bæŋk], ein radioastronomisches Observatorium, das dem National Radio Astronomy Observatory (Abkürzung NRAO) angeschlossen ist. Im August 2000 wurde das weltweit größte voll bewegliche Radioteleskop, das »Robert C. Byrd Green Bank Telescope« (Abkürzung GBT) mit einem parabolischen Hauptspiegel von 100 × 110 Meter in Betrieb genommen. Es ersetzt das 91,5-Meter-Radioteleskop (Inbetriebnahme 1962), das im November 1988 aufgrund von Materialfehlern in sich zusammenstürzte. Das GBT führt Untersuchungen im Wellenlängenbereich zwischen 3 Millimetern und 3 Metern durch.

Greenflash ['gri:nflæʃ], der →Grüne Strahl.

Greenwichzeit ['grɪnɪdʒ-], englisch **Greenwich Mean Time** ['grɪnɪdʒ 'mi:n 'taɪm], Abk. **GMT,** die auf den nullten Längengrad (Meridian von Greenwich, »Nullmeridian«)

bezogene mittlere Sonnenzeit (daher auch »Mittlere Greenwichzeit«), die 1884 international als Grundlage für die Zonenzeiten festgelegt wurde. 1925 wurde von der IAU für wissenschaftliche Zwecke der Begriff →Weltzeit (UT) anstelle des Begriffs Greenwichzeit eingeführt. Da die seit 1972 geltende fundamentale Zeitskala auf der Internationalen Atomzeit beruht (→UTC), gilt diese Gleichsetzung nicht mehr.

gregorianischer Kalender [nach Papst Gregor XIII.], →Kalender.

Gregory-Teleskop ['gregəri-], von dem schottischen Mathematiker und Physiker James Gregory (* 1638, † 1675) vorgeschlagene Bauart eines →Spiegelteleskops, die stark dem Cassegrain-Teleskop ähnelt. Statt des konvexen Fangspiegels sieht Gregory jedoch einen konkaven Fangspiegel vor.

Grimaldi, Francesco Maria, italienischer Physiker und Astronom, * Bologna 2. 4. 1618, † ebenda 28. 12. 1663; Jesuit. Grimaldi war Professor an der Universität in Bologna; lehrte u. a. Rhetorik, Philosophie und Mathematik. Mit seinem Werk »De lumine« (herausgegeben 1665) wurde Grimaldi zum Mitbegründer der Wellentheorie des Lichtes. Er untersuchte als Erster Beugungsphänomene und die Spektralzerlegung. In der Astronomie leistete Grimaldi zusammen mit G. B. Riccioli bedeutende Beiträge zur Erforschung des Mondes.

G-Ring, →Saturn.

GRO [dʒiː ɑː 'əʊ, englisch], Abk. für **G**amma **R**ay **O**bservatory, das →Compton-Observatorium.

Größe, Größenklasse, Maßeinheit der →Helligkeit in der Astronomie.

Große Mauer, ein →Supergalaxienhaufen, der zu den größten bekannten zusammenhängenden Strukturen im Universum zählt und zum Rand eines so genannten →Voids gehört. Sie wurde in den 1980er-Jahren von den Astronomen Margret Geller und David Huchra bei einer Rotverschiebungsdurchmusterung von Galaxien entdeckt. Die Große Mauer erstreckt sich über rund 600 Millionen Lichtjahre, die Dicke liegt zwischen zehn und fünfzehn Millionen Lichtjahren. Bis heute ist nicht klar, wie und warum solche Strukturen entstehen. Wie Messungen der Anisotropie der →kosmischen Hintergrundstrahlung gezeigt haben, liegen die Keime für ihre Bildung bereits in Inhomogenitäten des frühen Universums kurz nach dem Urknall. Eine der diskutierten Hypothesen macht kosmische →Strings dafür verantwortlich.

Großer Attraktor, ein →Supergalaxienhaufen in einer Entfernung von etwa 150 Millionen Lichtjahren, auf den sich u. a. die Milchstraße zubewegt. Seine Masse beträgt schätzungsweise 10 000 Billionen Sonnenmassen. Existenz und Beschaffenheit des Großen Attraktors werden jedoch kontrovers diskutiert.

Großer Bär. Die Galaxie NGC 3079 im Großen Bären; in ihrem Zentrum befindet sich eine 3 000 Lichtjahre große Blase aus heißem Gas. Sie entstand vermutlich durch einen intensiven Strom von Teilchen, der während einer heftigen Sternentstehungsphase freigesetzt wurde.

Großer Bär, gelegentliche Bezeichnung **Große Bärin,** wissenschaftlicher Name **Ursa Maior** oder **Ursa Major,** *Genitiv* **Ursae Maioris** bzw. **Ursae Majoris,** Abk. **UMa,** das bekannteste Sternbild des Nordhimmels (Rektaszension 8^h08^m bis 14^h29^m, Deklination +73°10' bis +28°15'). Seine hellsten Sterne bilden den **Großen Wagen** (auch Großer Himmelswagen genannt), der in unseren Breiten

Großer Roter Fleck. Der Große Rote Fleck ist die bemerkenswerteste Struktur in der von starken Turbulenzen geprägten Jupiteratmosphäre. Er ist seit 300 Jahren bekannt und so groß, dass die Erdkugel dreimal in ihn hineinpassen würde.

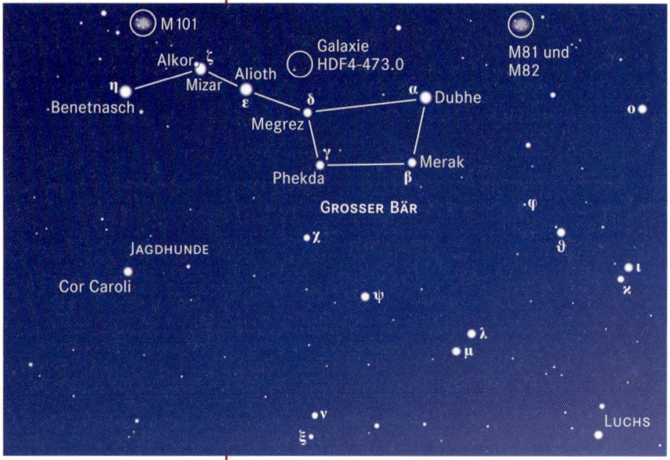

Großer Wagen

immer über dem Horizont bleibt, also zirkumpolar ist. Er besteht aus den vier Sternen →Dubhe, →Merak, →Phekda und →Megrez als »Kastensterne« sowie den drei »Deichselsternen« →Alioth, →Mizar und →Benetnasch, welche auch als Schwanz des Großen Bären gedeutet werden. Über dem mittleren Deichselstern Mizar steht das »Reiterlein«, der Stern →Alkor. Durch etwa fünffache Verlängerung der Strecke zwischen den hinteren Kastensternen Merak und Dubhe gelangt man zum →Polarstern, Hauptstern des →Kleinen Bären. Die fünf Sterne β, γ, δ, ε und ζ UMa gehören zusammen mit etwa 100 weiteren Sternen (u. a. →Sirius) zu einem berühmten →Bewegungssternhaufen, dem Bärenstrom oder →Ursa-Maior-Haufen.

■ **Sterne** Das Sternbild ist reich an Beobachtungsobjekten für das Amateurfernrohr. Wohl bekanntester der Doppelsterne ist ζ UMa, ein Mehrfachstern: der $2\overset{m}{,}09$ helle Hauptstern Mizar ist physisch doppelt ($2\overset{m}{,}3$ bzw. $3\overset{m}{,}9$; Distanz 14,4") und bildet mit dem 11,8′ entfernten, $4\overset{m}{,}01$ hellen Stern 80 UMa (Alkor, auch »Reiterlein« oder »Augenprüfer« genannt), einen leicht mit bloßem Auge erkennbaren Doppelstern. α UMa (Dubhe) hat in nur etwa 0,4" Distanz einen $4\overset{m}{,}8$ hellen Begleiter (Umlaufzeit 44 Jahre). ξ UMa (Alula Australis) besteht aus zwei $4\overset{m}{,}3$ bzw. $4\overset{m}{,}8$ hellen Komponenten (jeder von ihnen ist wiederum ein spektroskopischer Doppelstern), die eine Umlaufzeit von 60 Jahren aufweisen und zurzeit nur 1,7" auseinander stehen. Ein weiterer Doppelstern ist ι UMa (Talita; $3\overset{m}{,}1$ bzw. $10\overset{m}{,}8$; Distanz 4,6"). Der Große Bär enthält auch zahlreiche Veränderliche, darunter o UMa (Muscida; unregelmäßig veränderlich zwischen $3\overset{m}{,}3$ und $3\overset{m}{,}8$), die Mira-Sterne R UMa ($6\overset{m}{,}7$–$13\overset{m}{,}4$; Periode 301,7 Tage), S UMa ($7\overset{m}{,}0$–$12\overset{m}{,}3$; 226,2 Tage) und T UMa ($6\overset{m}{,}6$–$13\overset{m}{,}4$; 256,5 Tage) sowie die halbregelmäßig Veränderlichen RY UMa ($6\overset{m}{,}7$–$8\overset{m}{,}5$; 311,2 Tage), VW UMa ($6\overset{m}{,}8$–$7\overset{m}{,}7$; 125 Tage) und Z UMa ($7\overset{m}{,}9$–$10\overset{m}{,}8$; 196 Tage).

■ **Nebel und Galaxien** Ein bekannter planetarischer Nebel ist M 97 (10^{m}), der 2 500 Lichtjahre entfernte Eulen-Nebel. Von den zahlreichen Galaxien sind einige im Amateurteleskop zu beobachten. Die 13 Millionen Lichtjahre entfernten Galaxien M 81 (Spiralnebel; 7^{m}) und M 82 (irreguläre Galaxie; $8\overset{m}{,}5$) stehen am Himmel so nahe beieinander, dass sie bei Benutzung eines Weitwinkelokulars bei schwacher Vergrößerung gleichzeitig im Gesichtsfeld sind. Mit 25 Millionen Lichtjahren etwa doppelt so weit entfernt ist die Spiralrad-Galaxie oder Feuerrad-Galaxie M 101 (8^{m}), auf die wir frontal blicken. In 45 Millionen Lichtjahren Entfernung steht die sich in Kantenlage präsentierende Galaxie M 108 (10^{m}), die in einem großen Fernrohr-Gesichtsfeld zusammen mit dem oben erwähnten Eulen-Nebel zu sehen ist. Die nahe bei dem Stern γ UMa stehende Spiralgalaxie M 109 (10^{m}) ist 60 Millionen Lichtjahre entfernt. Weniger bekannte Galaxien sind NGC 2841 (9^{m}; 35 Millionen Lichtjahre), NGC 2976 und NGC 3077 (10^{m}; Begleiter von M 81), NGC 3079 ($10\overset{m}{,}5$; 60 Millionen Lichtjahre), NGC 3184 ($9\overset{m}{,}5$; 40 Millionen Lichtjahre), NGC 3953 (10^{m}; 60 Millionen Lichtjahre) und NGC 4088 ($10\overset{m}{,}5$; 55 Millionen Lichtjahre). (→Alignement, →Sternbilder)

Großer Hund, deutscher Name des Sternbildes Canis Maior (→Hund).

Großer Löwe, →Löwe.

Großer Roter Fleck, eine bereits im 17. Jh. beobachtete Erscheinung in der Atmosphäre des Planeten →Jupiter. Der Große Rote Fleck stellt einen langlebigen atmosphärischen Wirbel in der südlichen tropischen Zone des Jupiter mit dem Charakter eines Hochdruckgebietes dar, dessen Ausdehnung etwa 40 000 km × 14 000 km beträgt. Seit seiner Entdeckung behielt er seine Form ungefähr bei, veränderte aber seine Lage relativ zur Umgebung. Bis zum Jahr 2011 sollten die meisten Wirbelstürme auf Jupiter vorübergehend verschwunden sein, der Große Rote Fleck dürfte diese Entwicklung aufgrund seiner großen Energie allerdings überleben. – Abb. S. 159

Großer Wagen, Großer Himmelswagen, Teil des Sternbildes →Großer Bär.

Große Vereinheitlichte Theorien, Grand Unified Theory ['grænd 'juːnɪfaɪd 'θɪərɪ, englisch] *Singular,* Abk. **GUT,** eine Klasse von hierarchisch geordneten Eichfeldtheorien zur Vereinheitlichung der starken, der elektromagnetischen und der schwachen Wechselwirkung. Eine derartige Vereinheitlichung setzt Energien von der Größenordnung zwischen 10^{14} und 10^{16} Gigaelektronenvolt voraus, wie sie im Frühkosmos kurz nach dem Urknall geherrscht haben sollen. Allen Großen Vereinheitlichten Theorien ist gemeinsam, dass entgegen aller bisherigen Erfahrung das leichteste Hadron, das →Proton, nicht stabil sein kann

Große Vereinheitlichte Theorien
→ GEO **Dossier**
Die Suche nach der Weltformel, Bd. 5

Rechte Seite:
Die Wagenrad-Galaxie im Sternbild Bildhauer in einem Falschfarbenbild, das aus Aufnahmen vom NASA-Satelliten GALEX (UV-Licht, blau), vom Hubble-Weltraumteleskop (sichtbares Licht, grün), vom Spitzer-Weltraumteleskop (Infrarot, rot) und vom Röntgenobservatorium Chandra (violett) zusammengesetzt ist. Der äußere Ring zeigt, dass sie mit einer anderen Galaxie zusammengestoßen sein muss.

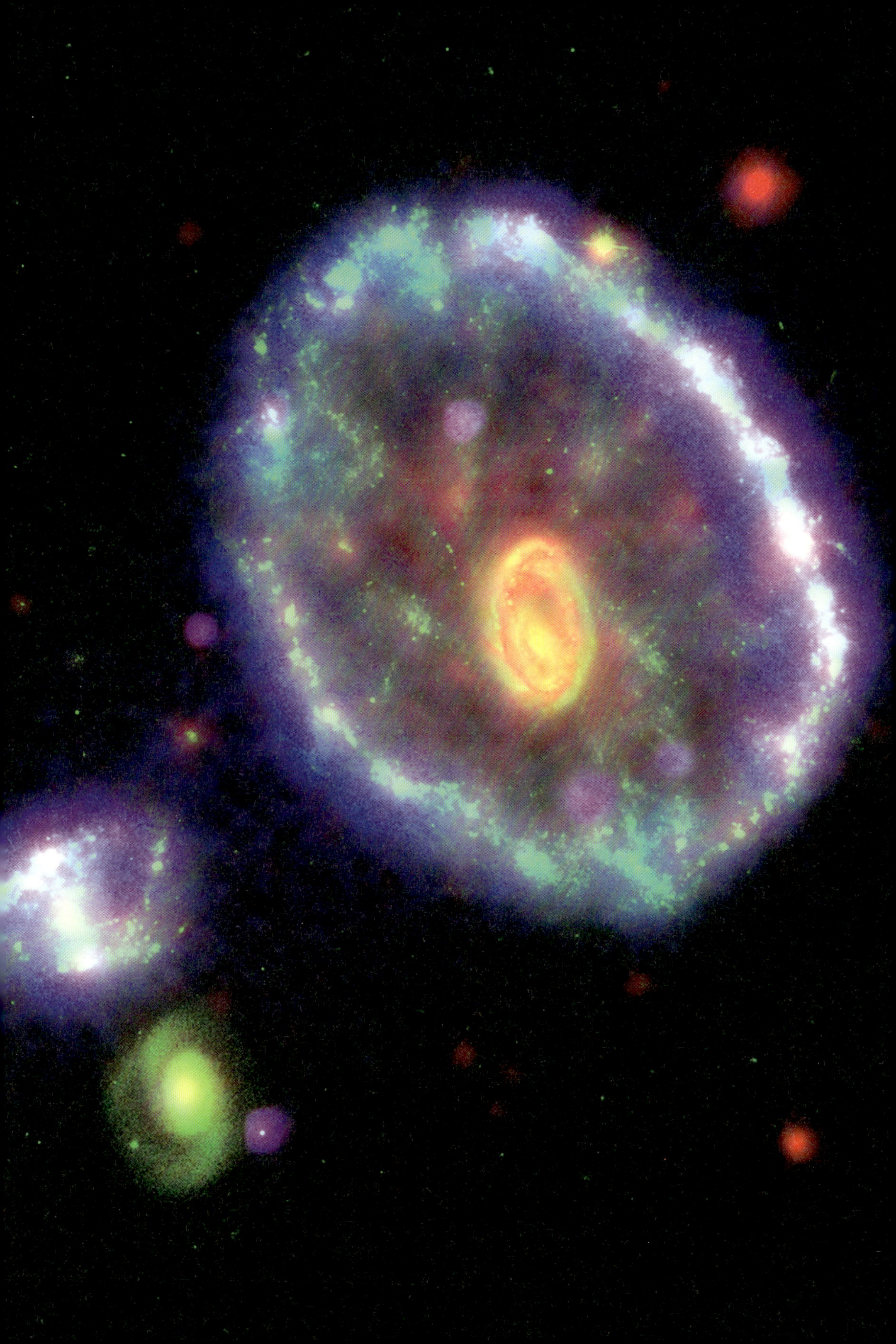

grüner Strahl. Grünes Segment wenige Sekunden nach Sonnenuntergang

(die mittlere Lebensdauer soll in Abhängigkeit von der Symmetriegruppe bei 10^{33} Jahren oder darüber liegen); ein experimenteller Nachweis des Protonzerfalls gelang bisher jedoch noch nicht.

Großkreis, ein Kreis auf einer Kugeloberfläche, dessen Mittelpunkt mit dem Kugelmittelpunkt zusammenfällt und der gleichzeitig die kürzeste Verbindung zwischen zwei Punkten auf der Oberfläche darstellt. Großkreise auf der Erde sind z.B. der Äquator und die Längenkreise, nicht aber die Breitenkreise.

Grotrian, Walter Robert Wilhelm, deutscher Astrophysiker, *Aachen 21. 4. 1890, † Potsdam 3. 3. 1954; 1922 Observator, ab 1932 Professor am Astrophysikalischen Observatorium in Potsdam (ab 1927 auch an der Universität Berlin) und 1951–54 dessen Direktor. Seine Arbeitsgebiete waren die Spektroskopie, die Physik der Sonne und Leuchterscheinungen im Weltall (u.a. von Nebeln und beim Ausbruch der Nova Herculis).

Grundzustand, die niedrigste Energiestufe eines atomaren Systems, beispielsweise eines Atoms. Der Übergang in einen höheren Energiezustand wird Anregung genannt.

grüner Strahl, englisch **Greenflash** [ˈgriːnflæʃ], atmosphärische Erscheinung, die in seltenen Fällen bei Sonnenauf- und -untergang gesehen werden kann. Die grüne, nur etwa zwei bis drei Sekunden währende Lichtfärbung entsteht durch die Dispersion der in der Atmosphäre gebrochenen Sonnenstrahlen, die das Bild der Sonne im kurzwelligen Teil des sichtbaren Spektrums stärker hervorhebt als im langwelligen (gelbroten) Teil. Zu sehen ist der grüne Strahl nur, wenn das Bild der Sonne im gelbroten Licht noch bzw. schon vom Horizont verdeckt ist.

Grus, wissenschaftlicher Name des Sternbilds →Kranich.

G-Sterne, Sterne der →Spektralklasse G, zu denen auch die Sonne gehört (Typ G 2); ihre effektiven Temperaturen liegen zwischen etwa 5000 und 6000 Kelvin. Im Spektrum sind die H- und K-Linien des einmal ionisierten Calciums am stärksten, die Balmer-Linien (→Balmer-Serie) sind dagegen sehr schwach; bei den Typen G 5 bis G 9 sind die Eisenlinien kräftiger als die Balmer-Linien.

Gum-Nebel, ein ausgedehnter Gasnebel im Sternbild →Segel des Schiffes.

Gürtelsterne, Jakobsstab, die drei eng zusammenstehenden, nahezu gleich hellen Sterne δ, ε und ζ Orionis, die den »Gürtel« des Sternbilds →Orion bilden.

GUT, Abk. für englisch Grand Unified Theory, →Große Vereinheitlichte Theorien.

Guthnick, Paul, deutscher Astronom, *Hitdorf (heute zu Leverkusen) 12. 1. 1879, † Berlin 6. 9. 1947; Professor in Berlin und Direktor der Universitätssternwarte. Guthnick führte die fotoelektrische Fotometrie und die fotografische Dauerbeobachtung ein.

Gyroskop *das, -s/-e,* Gerät zur Untersuchung von Kreiselbewegungen unter Einfluss äußerer Kräfte.

H

h [von lateinisch hora »Stunde«], Einheitenzeichen für die Zeiteinheit →Stunde.

Haar der Berenike [nach der ägyptischen Königin Berenike II.], **Berenikes Haupthaar,** wissenschaftlicher Name **Coma Berenices,** *Genitiv* **Comae Berenices,** Abk. **Com,** ein kleines und unscheinbares, zwischen →Bärenhüter und →Löwe liegendes Sternbild des Nordhimmels (Rektaszension $11^{h}58^{m}$ bis $13^{h}36^{m}$, Deklination +33°20' bis +13°15'), das im Frühjahr am Abendhimmel sichtbar ist; in ihm liegt der galaktische Nordpol. Aufgrund ihrer nur schwachen Sterne macht die Gruppierung eher den Eindruck eines sehr weiten offenen Sternhaufens denn eines Sternbilds.

■ **Sterne** Erwähnenswerte Doppelsterne: α (Diadem; zwei nur etwa 0,3" auseinander stehende, $5\overset{m}{,}1$ helle Sterne kreisen in etwa 26 Jahren umeinander); Objekte für das Amateurteleskop sind 24 Com ($5\overset{m}{,}0$ bzw. $6\overset{m}{,}5$; Distanz 20,1"), 35 Com ($5\overset{m}{,}0$ bzw. $7\overset{m}{,}2$; 1,1") und 17 Com ($5\overset{m}{,}3$ bzw. $6\overset{m}{,}6$; 145,2").

■ **Sternhaufen und Galaxien** Melotte 111 (Coma-Sternhaufen, Coma-Haufen) ist ein sehr verstreuter (Winkeldurchmesser 5°) und daher am besten im Opernglas beobachtbarer, 290 Lichtjahre entfernter offener Sternhaufen (etwa 30 Sterne), M 53 ein 60 000 Lichtjahre entfernter Kugelsternhaufen ($7\overset{m}{,}5$). Bekannt ist das Sternbild vor allem wegen des →Coma-Haufens und zahlreicher weiterer Galaxien. Lohnende Objekte (Spiralgalaxien) für das Amateurteleskop sind z. B.: M 64 (auch Black Eye Galaxy, »Galaxie mit dem schwarzen Auge«, genannt; 9^{m}; Entfernung 22 Millionen Lichtjahre), die sich in Kantenlage präsentierende Galaxie NGC 4565 (10^{m}; 20 Millionen Lichtjahre), die Galaxien NGC 4559 (10^{m}) und NGC 4725 ($9\overset{m}{,}5$) in 40 bzw. 60 Millionen Lichtjahren Entfernung sowie die jeweils 60 Millionen Lichtjahre entfernten, zum →Virgo-Haufen gehörenden extragalaktischen Nebel M 85 ($9\overset{m}{,}5$), M 88 (10^{m}), M 98 ($10\overset{m}{,}5$), M 99 (10^{m}) und M 100 ($9\overset{m}{,}5$). (→Sternbilder)

Haarstern, →Komet.

Hachenberg, Otto, deutscher Physiker und Astronom, * Anhausen (Landkreis Neuwied) 25. 6. 1911, † 24. 3. 2001. Hachenberg war 1951–61 Direktor des Heinrich-Hertz-Institutes für solarterrestrische Physik in Berlin-Adlershof und seit 1962 Professor in Bonn sowie 1967–78 Direktor des dortigen Max-Planck-Instituts für Radioastronomie. Er arbeitete über Sekundärelektronenemission, über Novae und Veränderliche sowie v. a. zur Radioastronomie.

Hadar, Agena, der sehr helle Stern β Cen im Sternbild →Kentaur; scheinbare Helligkeit $0\overset{m}{,}61$, absolute Helligkeit -5^{M}, Spektraltyp B 1, Leuchtkraftklasse II, Entfernung 520 Lichtjahre. Hadar ist ein Doppelstern, dessen 4^{m} heller Begleiter in nur 1,3" Abstand steht.

Hadley ['hædlɪ], John, englischer Mechaniker und Astronom, * Hertford 16. 4. 1682, † East Barnet 14. 2. 1744. Hadley entwickelte astronomische Fernrohre und Messgeräte, u. a. 1722 ein Spiegelteleskop und 1732 einen Spiegelsextanten, dessen Erfindung allerdings I. Newton zugeschrieben wird.

Die hellsten Sterne des Sternbilds Haar der Berenike

Name		Helligkeit visuelle	Helligkeit absolute	Spektralklasse	Entfernung in Lichtjahren
β		$4\overset{m}{,}2$	4^{M}	G0	30
α	(Diadem)*)	$4\overset{m}{,}3$	3^{M}	F5	50
γ		$4\overset{m}{,}4$	1^{M}	K2	170
24*)		$4\overset{m}{,}8$	-1^{M}	G8	500
35*)		$4\overset{m}{,}9$	0^{M}	G7	330
17*)		$5\overset{m}{,}0$	0^{M}	A0	280

*) Doppelstern

Hadley-Rille ['hædlɪ-], nach J. Hadley benannte Mondrille am Rand des Mare Imbrium. Sie war das Landegebiet von Apollo 15.

Hadronen [zu griech. hadrós »stark«], *Singular* **Hadron** *das, -s,* Oberbegriff für stark wechselwirkende →Elementarteilchen, die →Baryonen und →Mesonen, sowie deren Re-

80662

Haar der Berenike. Die beiden Spiralgalaxien NGC 4676 im Sternbild Haar der Berenike, von denen jede bereits einmal durch die andere hindurchgewandert ist. Womöglich werden sie immer wieder zusammenstoßen, bis sie letztendlich miteinander verschmelzen. Wegen der langen Schwänze werden diese Galaxien auch Mäuse genannt.

sonanzen. Charakteristisch für die Hadronen ist, dass sie allen Wechselwirkungen unterliegen und durch Stoßprozesse gebildet werden (außer Protonen und Neutronen).

Hadronenära, Entwicklungsabschnitt in der Frühphase des Weltalls (→Kosmologie), etwa 10^{-7} bis 10^{-4} Sekunden nach dem Urknall, gefolgt von der Leptonenära. In der Hadronenära bestand das Universum fast ausschließlich aus Hadronen.

George Ellery Hale
*** 1868, † 1938**

100563

- »Vater« der amerikanischen Observatorien
- erfand den Spektroheliografen
- entdeckte die Magnetfelder in den Sonnenflecken

Hagen, Johann Georg, deutscher Astronom, * Bregenz 6. 3. 1847, † Rom 5. 9. 1930. Hagen war Jesuit und seit 1906 Direktor der Vatikanischen Sternwarte. Seine Entdeckung der nach ihm benannten hagenschen Wolken, die er für Bestandteile der interstellaren Materie hielt, ist nicht allgemein anerkannt. Unbestritten sind seine Verdienste um die Erforschung der veränderlichen Sterne.

hagensche Wolken, schwache, diffuse Wolken, die an mehreren Stellen des Himmels sichtbar sind und 1811 erstmals von W. Herschel beobachtet, aber erst von J. G. Hagen systematisch untersucht wurden. Hagen interpretierte die Wolken als Teile der interstellaren Materie, heute vermutet man allerdings, dass die hagenschen Wolken keine reellen Phänomene sind. Möglicherweise handelt es sich aber auch um elektrische Erscheinungen in Zusammenhang mit →Polarlichtern.

Halbmond, eine Mondphase (→Mond).

halbregelmäßige Veränderliche, Abkürzung **SR,** Riesen- und Überriesensterne (→Riesensterne) mittlerer oder späterer Spektralklassen, die eine Untergruppe der →Pulsationsveränderlichen bilden. Die beobachteten Perioden liegen zwischen 30 und mehr als 1000 Tagen, die Amplituden reichen von einigen Hundertstel bis zu mehreren Größenklassen. Typische Beispiele sind die Sterne →Antares und →Beteigeuze.

Halbschatten, →Schatten.

Halbwertszeit, Formelzeichen $T_{1/2}$, der Zeitraum, in dem eine (meist exponentiell) abfallende Größe auf die Hälfte ihres Anfangswertes abgesunken ist. Die physikalische Halbwertszeit ist die Zeit, in der von einer ursprünglich vorhandenen Anzahl Atome eines Radionuklids im Mittel die Hälfte umgewandelt bzw. zerfallen ist (→Radioaktivität). Nach zehn Halbwertszeiten sind nur noch $^{1}/_{1024} \approx 0{,}1\,\%$ der Ausgangsmenge vorhanden. Auf den bekannten Halbwertszeiten radioaktiver Elemente beruhen die radiometrischen Verfahren der Altersbestimmung.

Hale [heɪl], George Ellery, amerikanischer Astrophysiker und Instrumentenbauer, * Chicago (Ill.) 29. 6. 1868, † Pasadena (Calif.) 21. 2. 1938.

■ **Arbeitsgebiet** Hale schloss 1890 seine Studien in Mathematik, Physik und Chemie in Cambridge (Mass.) ab und begann seine Karriere als Sonnenphysiker an einer von seinem Vater eingerichteten Privatsternwarte in Chicago. Im Anschluss an eine Europareise, bei der er die führenden Astrophysiker seiner Zeit kennen lernte, überzeugte er den Industriellen Charles Tyson Yerkes, die Anfertigung eines 1-m-Teleskops durch A. G. Clark zu sponsern. Das zugehörige Observatorium wurde 1897 in Williams Bay (Wisc.) fertig gestellt und nach seinem Mäzen benannt. Um noch bessere Beobachtungen machen zu können, ließ Hale in der Folgezeit ein größeres Observatorium auf dem Mount Wilson bei Pasadena errichten, das zunächst mit einem 150-cm-Reflektor und ab 1917 mit einem 250-cm-Reflektor ausgestattet war (→Mount-Wilson-Observatorium). Hale selbst war von 1905 bis 1923 Direktor des Forschungsinstituts Mt. Wilson und stellte u. a. die beiden Astrophysiker H. Shapley und E. P. Hubble ein. Als nächsten Schritt plante er einen 5-m-Spiegel, der allerdings erst nach seinem Tod 1948 auf dem Mount Palomar fertig gestellt wurde (→Mount-Palomar-Observatorium). Es wurde Hale-Teleskop genannt und war lange Zeit das größte Fernrohr der Welt.

■ **Forschung zur Sonnenphysik** 1889 erfand Hale den Spektroheliografen (→Spektralapparate), eine wichtige messtechnische Innovation der Sonnenphysik. Hale fand heraus, dass →Sonnenflecken starke Magnetfelder haben, die einige tausendmal stärker als das Magnetfeld der Erde sind. Er nutzte dafür den Zeeman-Effekt, also die Aufspaltung von Spektrallinien in einem Magnetfeld. 1924 erkannte Hale, dass sich diese Magnetfelder alle elf Jahre umpolen und damit der magnetische Sonnenfleckenzyklus (Hale-Zyklus) 22 Jahre beträgt. Vor allem ist sein Name aber mit der Geschichte der großen amerikanischen Sternwarten im 20. Jahrhundert verbunden.

Hale-Bopp [heɪl-], am 23. 7. 1995 von den amerikanischen Amateurastronomen Alan Hale und Thomas Bopp entdeckter Komet (1995 O1) mit einer Umlaufzeit von 3 000 Jahren, einem Kerndurchmesser von 20 bis 45 Kilometern und einer Ionenschweiflänge von etwa 100 Mio. Kilometern. Der sehr helle Komet war im März 1997 bis auf 197 Mio. Kilometer an die Erde herangekommen und im März/April auch in Deutschland am Abendhimmel sichtbar.

Hale-Teleskop ['heɪl-; nach G. E. Hale], Bezeichnung für das 5,08-Meter-Spiegelteleskop des →Mount-Palomar-Observatoriums.

Hα-Linie, H-alpha-Linie, eine rote Spektrallinie mit einer Wellenlänge von 656,3 Nanometern, die bei einem bestimmten atomaren Übergang im Wasserstoffatom abgestrahlt wird bzw. von Wasserstoff absorbiert wird. Viele Sonnenphänomene, beispielsweise die koronalen Bögen, lassen sich am besten im Hα-Licht beobachten, d. h., man benutzt Filter, die nur einen schmalen Wellenlängenbereich um die Hα-Linie herum durchlassen.

Hall ['hɔːl], Asaph, amerikanischer Astronom, * Goshen (Conn.) 15. 10. 1829, † ebenda 22. 11. 1907. Hall entdeckte die beiden Marsmonde, bestimmte Sternentfernungen und Abstände von Doppelsternen.

Halley ['hælɪ], Edmond, englischer Mathematiker und Astronom, * Haggerston (heute zu London) 8. 11. 1656, † Greenwich (heute zu London) 25. 1. 1742.

Halley studierte in Oxford und arbeitete bereits in dieser Zeit als Assistent von J. Flamsteed in Greenwich. 1678 wurde er Mitglied der Royal Society, aber erst 1704 als Nachfolger von J. Wallis Professor der Geometrie in Oxford sowie 1720 in der Nachfolge Flamsteeds königlicher Astronom und Direktor der Sternwarte Greenwich.

Halleys erste größere wissenschaftliche Unternehmung war 1676 bis 1678 die Teilnahme an einer Schiffsexpedition nach St. Helena, in deren Verlauf er einen Katalog mit 341 Sternen der Südhemisphäre erstellte. Er errichtete auf der Insel die erste Sternwarte der Südhalbkugel und entdeckte ein Objekt im Sternbild →Kentaur, das sich später als der Kugelsternhaufem Omega Centauri herausstellte. Sein Katalog brachte ihm den Ruf »Tycho des Südens« ein.

■ **Kometenforschung** Als 1680 ein sehr eindrucksvoller Komet sichtbar war, begann Halley, sich mit der Bewegung dieser Himmelskörper zu befassen. Als er dann 1705 die Bahnen von zwei Dutzend Kometen aufgezeichnet hatte, kam er zu dem Schluss, dass zumindest einige Kometen auf ihrer Bahn immer wieder in die Nähe der Erde kommen müssten, und sagte für 1758 die Wiederkehr eines Kometen voraus, den er bereits 1682 beobachtet hatte. Durch Halleys Arbeit wurde endgültig gezeigt, dass die Kometen wie die Erde Trabanten der Sonne sind.

■ **Vielseitigkeit** Halley war ein vielseitig interessierter Wissenschaftler. Er beobachtete als Erster einen vollständigen Merkurdurchgang, empfahl die Beobachtung von Venusdurchgängen zur Bestimmung der Entfernung Erde–Sonne und veröffentlichte 1701 die ersten Karten der magnetischen Deklination. Von Halley stammen u. a. eine statistische Mortalitätstheorie (1693) und eine Formel zur barometrischen Höhenmessung (1686). Halley erkannte den Zusammenhang zwischen Erdmagnetismus und Polarlichtern (1716) und wies 1718 die →Eigenbewegung der Fixsterne nach. Neben eigenen mathematischen Abhandlungen veröffentlichte Halley auch bis heute bedeutsame Ausgaben von Apollonius von Perge und Menelaos. Der Bericht, den die Royal Society zum Prioritätsstreit zwischen I. Newton und Gottfried Wilhelm Leibniz (* 1646, † 1716) veröffentlichte, trug Halleys Namen. Halley hat durch seine Arbeiten viel zur Durchsetzung von Newtons Physik beigetragen.

Halley-Komet ['hælɪ-; nach E. Halley], bekanntester der periodischen →Kometen mit einer Umlaufzeit von rund 76 Jahren, dessen lang gestreckte elliptische Bahn weit über die Neptunbahn hinausreicht. Der Halley-Komet wurde bei mindestens 29 Periheldurchgängen innerhalb von mehr als 2 000 Jahren beobachtet, wobei die Beobachtungen bei seiner letzten Annäherung an die Erde 1986, besonders durch die von mehreren Raumsonden (z. B. →Giotto) übermittelten zahlreichen Daten, sehr aufschlussreich waren. So konnte die Größe des Kerns mit etwa 16 Kilometern Länge und 7,5 bis 10 Kilometern Breite ermittelt werden, seine Masse beträgt etwa 10^{17} Gramm, seine Dichte 0,1 bis 0,5 Gramm pro Kubikzentimeter und die Rotationsperiode um die Körperlängsachse 7,1 Tage. Die Oberfläche des sehr dunklen Kometen (Albedo von 0,02 bis 0,04) besteht aus einer porösen Kruste von vermutlich wenigen Zentimetern Dicke. Zum Zeitpunkt der Beobachtung betrug der Masseverlust des Kometen etwa 15 bis 25 Tonnen pro Sekunde, wobei etwa 80 % davon Wassermoleküle waren. Seine nächste Wiederkehr in Sonnennähe ist im Jahr 2061.

Halo, galaktischer Halo, angenähert kugelförmiger Raum um das Milchstraßensystem. Dieser Halo, der ähnlich auch bei anderen Galaxien nachgewiesen ist, hat einen Durchmesser von über 150 000 Lichtjahren.

Die im Halo befindlichen Kugelsternhaufen und Feldsterne bilden die **Halopopulation,** der die RR-Lyrae-Sterne als typische Veränderliche angehören. Die Halopopulation beschränkt sich nicht auf die Umgebung, sondern durchsetzt auch die Hauptscheibe des Milchstraßensystems.

Halo-Erscheinungen, zum Teil farbenprächtige atmosphärische Lichterscheinungen, die durch Brechung oder Spiegelung,

Edmond Halley
*** 1656, † 1742**

100880

- vielseitiger Astronom
- beobachtete als Erster einen Merkurdurchgang
- berechnete zahlreiche Kometenbahnen
- sagte die Wiederkehr des nach ihm benannten Kometen voraus

Halley-Komet **Kometenfieber**

Der Halley-Komet ist der spektakulärste unter den häufiger wiederkehrenden Kometen, und wie kein zweiter löst sein Erscheinen selbst bei ansonsten vernünftigen Menschen Anfälle von Kometenfieber aus. In einer besonders virulenten Form grassierte dieses Fieber 1910, nachdem Astronomen vorhergesagt hatten, die Erde ginge am 10. Mai des Jahres durch den Schweif des Kometen hindurch.
Zwei Jahre zuvor hatte man im Schweif eines anderen Kometen das äußerst giftige Gas Dicyan entdeckt, und so löste das bevorstehende Ereignis bei vielen Menschen Besorgnis aus. Spekulationen, Halleys Kopf könne die Erde treffen oder der Sauerstoff der Atmosphäre würde mit dem Wasserstoff in Halleys Schweif reagieren und unseren Planeten durch eine gigantische Knallgasexplosion zerstören, beschworen Weltuntergangsängste herauf. Indes, Halley zog vorbei und nichts geschah. Belustigte Reaktionen lösten die panischen ab; tragisch bleibt, dass etliche Menschen angesichts der scheinbar drohenden Katastrophe den Freitod wählten.

100775

Halo-Erscheinungen. Ein 22°-Ring um die Sonne, aufgenommen in Lappland

seltener durch Beugung der Lichtstrahlen an Eiskristallen in der Atmosphäre entstehen. Halos haben am häufigsten die Form von Ringen um Sonne und Mond (zu unterscheiden von einem Kranz), Lichtstreifen oder Lichtflecken und sind v.a. bei dünner, hoher Bewölkung zu beobachten; gelegentlich können sie auch von aufgewirbelten Schneekristallen oder von Eiskristallen verursacht werden. Beispiele für Halo-Erscheinungen sind **Gegensonne** (Lichtfleck in gleicher Höhe wie die Sonne, aber in entgegengesetzter Richtung) und **Nebensonnen** (leuchtende Flecken mit einem nach außen gerichteten leuchtenden Schweif beiderseits der Sonne) sowie die einen rötlichen Innenrand zeigenden **Ringhalos**, besonders der 22°-Ring. Er ist die häufigste Halo-Erscheinung und tritt im Jahresdurchschnitt an rd. 200 Tagen auf.

Halopopulation, →Halo.

Haltestern, →Leitstern.

2621

Hantelnebel. Der Hantelnebel M 27 im Sternbild Fuchs ist der wohl auffälligste planetarische Nebel am nördlichen Sternhimmel.

Hantelnebel, Dumbbellnebel ['dʌmbel-], der planetarische Nebel M 27 im Sternbild →Fuchs. Er ist der hellste Nebel des nördlichen Himmels und etwa 700 Lichtjahre entfernt. Sein scheinbarer Durchmesser beträgt 5,5 Bogenminuten.

Harding, Carl Ludwig, deutscher Astronom, * Lauenburg/Elbe 29. 7. 1765, † Göttingen 31. 8. 1834; seit 1796 am Observatorium in Lilienthal bei Bremen, ab 1805 Professor für praktische Astronomie in Göttingen. Harding erstellte eine der ersten wissenschaftlichen Sternkarten mit über 60 000 Sternen und entdeckte mehrere Kometen sowie den Asteroiden Juno Georgia (1803).

Harpalyke, ein 2000 entdeckter kleiner äußerer Mond des →Jupiter. Er umkreist den Planeten entgegen dessen Rotationsrichtung in einem mittleren Abstand von 20,9 Millionen Kilometern in 623 Tagen, 7 Stunden und 26 Minuten. Aufgrund seiner Bahndaten wird Harpalyke der Ananka-Gruppe zugerechnet. Harpalykes Durchmesser beträgt etwa 4,4 Kilometer.

Hartmann, Johannes Franz, deutscher Astronom, * Erfurt 11. 1. 1865, † Göttingen 13. 9. 1936. Hartmann war 1896–1909 am Observatorium in Potsdam tätig, 1909–21 Professor in Göttingen und 1921–35 Direktor des Observatoriums in La Plata (Argentinien). Hartmanns wichtigstes Arbeitsgebiet war die Astrospektroskopie; er erfand 1899 das Mikrofotometer, 1904 den Spektrokomparator und 1910 das Flächenfotometer. 1904 beobachtete er die stationären Calciumlinien im Spektrum des Sterns δ Orionis und konnte damit erstmals die Existenz interstellarer Materie beweisen.

Harvard-Klassifikation ['hɑːvəd-], am Harvard-College-Observatorium erarbeitetes Klassifikationsschema für Sternspektren (→Spektralklassen).

Hase, wissenschaftlicher Name **Lepus,** *Genitiv* **Leporis,** Abk. **Lep,** südlich vom →Orion liegendes kleines, aber markantes Sternbild (Rektaszension $4^{h}55^{m}$ bis $6^{h}13^{m}$, Deklination −10°45' bis −27°20'). Doppelsterne für das Amateurteleskop sind γ Lep (scheinbare Helligkeit der Komponenten $3^{m},6$ bzw. $6^{m},2$; Distanz 97,3") und κ Lep ($4^{m},4$ bzw. $7^{m},1$; 2,1"). Das Sternbild enthält einige bemerkenswerte Veränderliche, darunter die Mira-Sterne R Lep, ein 1 000 Lichtjahre entfernter, tiefroter Stern (Spektraltyp C 7), auch Hinds Karmesin-Stern genannt ($5^{m},5$–$11^{m},7$; Periode etwa 435 Tage), und T Lep ($7^{m},4$–$13^{m},5$; 368,1 Tage). RX Lep ist ein 450 Lichtjahre entfernter, halbregelmäßig veränderlicher Riesenstern ($5^{m},0$–$7^{m},4$; 2 Monate). μ Lep ist unregelmäßig veränderlich ($3^{m},2$–$3^{m},4$). Ein interessanter offener Sternhaufen ist NGC 2017 (Herschel 3780), bestehend aus fünf verstreuten, zwischen 7^{m} und 10^{m} hellen Sternen, von denen zwei noch doppelt sind. Zu den planetarischen

Nebeln gehört IC 418 ($9^{\mathrm{m}}{,}5$; Entfernung 1 500 Lichtjahre). M 79 ist ein 8^{m} heller, im Amateurfernrohr nur schwer aufzulösender Kugelsternhaufen (Entfernung 40 000 Lichtjahre). (→Sternbilder)

Haufensterne, zu einem →Sternhaufen gehörende Sterne, im Gegensatz zu den →Feldsternen.

Haufenveränderliche, die →RR-Lyrae-Sterne.

Hauptkomponente, Hauptstern, die massereichste oder hellste Komponente in einem Doppel- oder Mehrfachsternsystem.

Hauptreihe, der Bereich im →Hertzsprung-Russell-Diagramm, in dem sich die Mehrzahl der die Sterne repräsentierenden Bildpunkte befinden (Hauptreihensterne).

Hauptsatz, →Thermodynamik.

Hauptstern, die →Hauptkomponente.

Hawking ['hɔ:kɪŋ], Stephen William, britischer Physiker und Mathematiker, * Oxford 8. 1. 1942.

■ **Lebensweg** Hawkings spätere Laufbahn war ihm vielleicht schon in die Wiege gelegt: Er wurde genau 300 Jahre nach Galileis Tod geboren. Sein Vater, ein Arzt, wünschte zwar, dass er in seine Fußstapfen trete, doch Hawking interessierte sich mehr für Mathematik, Physik und Chemie. Noch vor dem Abitur nahm er probeweise an einer Aufnahmeprüfung der Universität Oxford teil, bestand sie mit Auszeichnung und erhielt ein Stipendium. Sein erstes Studienjahr beschreibt Hawking als langweilig, zudem fiel es ihm – mit 17 Jahren einer der jüngsten Studenten – zunächst schwer, Kontakte zu knüpfen. Doch im zweiten Studienjahr entwickelte er sich fast zu einem »Partylöwen« und wurde sogar Steuermann des Oxford-Ruderachters. Nach einer mündlichen Prüfung mit Bestnote wechselte Hawking 1963 an die Universität Cambridge.

Eine vehemente Absage erteilt der populäre Physiker und Mathematiker Stephen **Hawking** der Astrologie:

»Die Astrologie hat keiner experimentellen Überprüfung standgehalten. Die komplizierten scheinbaren Bewegungen der Planeten am Himmel lassen sich durch Newtons Gesetze erklären und haben keinen Einfluss auf das persönliche Schicksal.«

Während seines ersten Trimesters in Cambridge trat eine entscheidende Wende in seinem Leben ein: Bei Hawking wurde die Amyotrophe Leuteralsklerose (ALS) diagnostiziert, eine Krankheit, die die motorischen Zentren des Gehirns und das Rückenmark angreift und schließlich zu Lähmung und Sprachunfähigkeit führt. Hawking drohte seinen Lebensmut zu verlieren, schöpfte dann aber vor allem durch die Verlobung mit Jane Wilde, mit der er später drei Kinder hatte, neue Kraft und begann 1965 eine Doktorarbeit bei F. Hoyle. Nach seiner Promotion wurde Hawking Research Fellow und später Professorial Fellow am Gonville and Caius College der Universität Cambridge. In den kommenden Jahren verschlimmerte sich seine Krankheit zusehends, bis er sich nur noch im Rollstuhl fortbewegen konnte. 1974 wurde er im Alter von 32 Jahren das jüngste Mitglied der Royal Society, doch jetzt hatte Hawking seine Eigenständigkeit vollends eingebüßt, sein Rollstuhl musste motorisiert werden und er war kaum noch zu verstehen. Sein Verstand war auf dem Höhepunkt, doch er konnte sich nicht mehr verständigen. Nach wie vor versuchten Hawking und seine Frau aber, ganz normal zu leben, sie gingen auf Partys und waren selbst beliebte Gastgeber. 1979 wurde er Lucasian Professor in Cambridge – diesen Lehrstuhl hatte schon I. Newton innegehabt. 1985 erlitt Hawking eine Lungenentzündung und konnte nur durch einen Luftröhrenschnitt gerettet werden. Er verlor endgültig seine Sprachfähigkeit und kann sich seitdem nur noch über einen Sprachcomputer mitteilen. 1988 veröffentliche Hawking sein erstes populärwissenschaftliches Buch, »Eine kurze Geschichte der Zeit«, das weltweit ein Bestseller wurde. 1990 wurden Hawking und seine Frau geschieden, und er zog zu seiner Pflegerin Elaine Mason, die er 1995 heiratete.

■ **Wissenschaftliche Leistung** Hawkings Arbeitsgebiet ist die Kosmologie. In den 1960er-Jahren befasste er sich mit der allgemeinen Relativitätstheorie und den sich daraus ergebenden Singularitäten. Zusammen mit Roger Penrose vom Birkbeck College, London, zeigt Hawking in einer Reihe bahnbrechender Arbeiten, dass es eine Urknallsingularität geben muss, wenn Einsteins allgemeine Relativitätstheorie richtig ist. Anfang der 1970er-Jahre konzentrierte Hawking seine Arbeit auf →Schwarze Löcher. 1974 konnte er durch die Kombination quantenphysikali-

Die hellsten Sterne des Sternbilds Hase

Name		Helligkeit visuelle	Helligkeit absolute	Spektralklasse	Entfernung in Lichtjahren
α	(Arneb, Elarneb)	$2^{\mathrm{m}}{,}6$	-6^{M}	F0	1 400
β	(Nihal)	$2^{\mathrm{m}}{,}8$	-1^{M}	G5	160
ε		$3^{\mathrm{m}}{,}2$	-1^{M}	K4	220
μ**)		$3^{\mathrm{m}}{,}2$–$3^{\mathrm{m}}{,}4$	-1^{M}	B9	185
γ*)		$3^{\mathrm{m}}{,}5$	4^{M}	F7	29,2
ζ		$3^{\mathrm{m}}{,}6$	2^{M}	A2	70
η		$3^{\mathrm{m}}{,}7$	3^{M}	F1	49
δ		$3^{\mathrm{m}}{,}8$	1^{M}	G8	113
κ*)		$4^{\mathrm{m}}{,}4$	-2^{M}	B7	550

*) Doppelstern **) Veränderlicher

Stephen Hawking
*** 1942**

- ■ bewies die Unvermeidlichkeit von Singularitäten in der allgemeinen Relativitätstheorie
- ■ zeigte, dass Schwarze Löcher Strahlung abgeben können
- ■ sucht nach einer Vereinheitlichung von Relativitäts- und Quantentheorie

scher und relativistischer Argumente zeigen, dass Schwarze Löcher als Resultat einer Teilchen-Antiteilchen-Erzeugung in ihrer Umgebung Strahlung abgeben können, die sog. Hawking-Strahlung. 1983 stellten Hawking und Jim Hurtle von der University of California in Santa Barbara die Hypothese auf, dass es keinen Rand für die Raum-Zeit gibt, obwohl sie endlich ist. Die Suche nach einer →Großen Vereinheitlichten Theorie (»Weltformel«), die die klassischen Gesetze der allgemeinen Relativitätstheorie und der Quantentheorie vereinigt, ist seitdem Thema seiner Forschung.

Werke: The large scale structure of spacetime (1973); A brief history of time (1988; dt. Eine kurze Geschichte der Zeit); The universe in a nutshell (2001; dt. Das Universum in der Nussschale).

Auf einer Kosmologietagung im Vatikan fragte **Hawking** nach den Konsequenzen eines Universums ohne Grenzen:

»Wenn das Universum einen Anfang hatte, können wir von der Annahme ausgehen, dass es durch einen Schöpfer geschaffen worden sei. Doch wenn das Universum wirklich völlig in sich selbst abgeschlossen ist, wenn es wirklich keine Grenze und keinen Rand hat, dann hätte es auch weder einen Anfang noch ein Ende; es würde einfach sein. Wo wäre dann noch Raum für einen Schöpfer?«

Hawking-Strahlung [ˈhɔːkɪŋ-], ein von S. Hawking abgeleiteter Quanteneffekt, demzufolge ein →Schwarzes Loch Energie abstrahlt. Ursache des Effekts sind Quantenfluktuationen des Vakuums, die eine ständige Entstehung und Vernichtung von virtuellen Teilchen-Antiteilchen-Paaren hervorrufen. Im Zusammenhang mit der Untersuchung der Thermodynamik Schwarzer Löcher fand Hawking 1975, dass ein solches Paar in unmittelbarer Nähe des Ereignishorizonts reell werden kann, indem die Partner so Energie austauschen, dass ein Teilchen negative Energie erhält und in das Loch stürzt, während das andere mit positiver Energie entkommt. Die strenge Analyse dieses vereinfachten Bildes zeigt, dass das Schwarze Loch die entsprechende Energiemenge verliert. Die aufgrund des Hawking-Effekts abgestrahlte Leistung ist jedoch so gering, dass ein Schwarzes Loch mit der Masse der Sonne erst nach etwa 10^{66} Jahren vollständig zerstrahlt ist.

Hayabusa, Muses-C, eine japanische Raumsonde, die 2003 zu dem Planetoiden Itokowa aufgebrochen war und am 12. 9. 2005 ihr Ziel erreichte. Laut Angaben der japanischen Raumfahrtbehörde gelang es Hayabusa im zweiten Versuch am 26. 11. 2005, winzige Bodenproben Itokawas zu entnehmen. Hayabusa hatte kurz auf dem Planetoiden aufgesetzt, eine Metallkugel in dessen Oberfläche gefeuert und dann das aufgewirbelte Material in einem speziellen Sammelbehälter eingefangen. Ob und wie viel Material wirklich aufgesaugt werden konnte, wird sich aber erst bei erfolgreicher Rückkehr Hayabusas zur Erde zeigen.

Hayashi-Linie, nach dem japanischen Astronomen C. Hayashi benannte Grenzlinie im →Hertzsprung-Russell-Diagramm, welche Sterne im hydrostatischen Gleichgewicht von Protosternen (→Sternentwicklung) trennt. Protosterne weisen noch kein hydrostatisches Gleichgewicht auf und befinden sich »rechts« der Linie, auf der Seite kühlerer Temperaturen. Im Rahmen der Sternentstehung ziehen sich die Protosterne zusammen, bis sie das hydrostatische Gleichgewicht erreichen und dabei die Hayashi-Linie zu heißeren Temperaturen überschreiten. Da der Sternradius aufgrund der Kontraktion abnimmt, die Oberflächentemperatur aber annähernd konstant bleibt, nimmt die Leuchtkraft des Sterns ab. Im Hertzsprung-Russell-Diagramm folgt der Stern nun einer senkrechten Linie, die etwa parallel zur Hayashi-Linie verläuft. Erst mit dem Einsetzen der Kernfusion im Sternzentrum steigt die Oberflächentemperatur wieder und der Stern bewegt sich zu höheren Temperaturen und auf die Hauptreihe zu. (→Henyey-Linie)

HD, Abk. für →Henry-Draper-Katalog.

HEAO [Abk. für engl. **h**igh **e**nergy **a**stronomy **o**bservatory], Kurzbezeichnung für drei amerikanische Astronomiesatelliten zur Durchführung eines Forschungsprogramms der NASA (1977–81), das die Untersuchung der kosmischen Röntgenstrahlung zum Ziel hatte. Im August 1977 wurde **HEAO-1**, im November 1978 **HEAO-2** (**HEAO-B**, auch Einstein-Observatorium genannt), im September 1979 **HEAO-3** (**HEAO-C**) gestartet. Die bis 1979 bzw. 1981 funktionstüchtigen Satelliten waren mit Detektoren für hochenergetische Strahlung, einem Röntgenteleskop, einem Gammastrahlenspektrometer u.a. ausgerüs-

Hawking Wette verloren

Ein Schwarzes Loch verschluckt bekanntlich alles: Licht, Sterne, ganze Galaxien. Sogar Information – dachte Stephen Hawking zumindest bisher. Er war sich sogar so sicher, dass er mit seinem Fachkollegen John Preskill vom California Institute of Technology eine Wette abschloss. Am 21. Juli 2004 gestand er auf einer internationalen Konferenz über die allgemeine Relativitätstheorie in Dublin seine Niederlage ein. Eigene Berechnungen haben ihn wohl eines Besseren belehrt. Er betrachtete das Verhalten von beliebigen Schwarzen Löchern für einen unendlich langen Zeitraum und konnte zeigen, dass die Menge an Informationen vorher und nachher die gleiche ist. Über das Dazwischen kann er keine Aussagen treffen – darum ging es in der Wette aber auch nicht. Science-Fiction-Fans düften nun enttäuscht darüber sein, dass sie nicht durch ein Schwarzes Loch in ein anderes Universum reisen können, doch Preskill darf sich über seinen Wettpreis, eine Enzyklopädie, freuen.

tet. Es wurden weit über 1 000 Röntgenquellen, Quasare in bis über 10 Milliarden Lichtjahren Entfernung, Schwarze Löcher u. a. entdeckt.

Heaviside-Schicht ['hevɪsaid-], **Kennelly-Heaviside-Schicht** ['kenlɪ-; nach Oliver Heaviside (* 1850, † 1925) und Arthur Edwin Kennelly (* 1961, † 1939)], ältere Bezeichnung für die →Ionosphäre, speziell die E-Schicht, deren Existenz 1901 von den beiden Wissenschaftlern unabhängig voneinander vorausgesagt wurde.

Heck des Schiffes, Hinterteil des Schiffes, Achterschiff, Hinterdeck, wissenschaftlicher Name **Puppis,** *Genitiv* **Puppis,** Abk. **Pup,** ein Sternbild des südlichen Himmels (Rektaszension 6^h03^m bis 8^h28^m, Deklination -11°15' bis -51°05'), Teil des früheren Sternbilds →Schiff Argo. Von unseren Breiten aus ist nur der nördliche Teil des ausgedehnten, von der Milchstraße durchzogenen Sternbilds am abendlichen Winterhimmel über dem Südhorizont sichtbar.

■ **Sterne** Der 1 400 Lichtjahre entfernte Hauptstern Naos (ζ Pup) ist mit einer Oberflächentemperatur von 40 000 °C der heißeste und damit blaueste aller mit bloßem Auge sichtbaren Sterne. Erwähnenswerte Doppelsterne sind ξ Pup (Aspidiske; scheinbare Helligkeit der unterschiedlich weit entfernten Komponenten $3^m{,}3$ bzw. $5^m{,}3$; Distanz 288"), σ Pup ($3^m{,}3$ bzw. $9^m{,}4$; 22,3"), k Pup ($4^m{,}5$ bzw. $4^m{,}6$; 9,9") und υ Pup ($4^m{,}7$ bzw. $5^m{,}1$; 240,0"). Bemerkenswerte Veränderliche sind der 1 200 Lichtjahre entfernte Bedeckungsveränderliche (Lyra-Stern) V Pup ($4^m{,}4$–$4^m{,}9$; Lichtwechselperiode 35 Stunden), der halbregelmäßige Veränderliche L^2 ($4^m{,}0$–$5^m{,}0$; Periode 140 Tage; Entfernung 185 Lichtjahre), der Mira-Stern Z Pup ($7^m{,}2$–$14^m{,}6$; 499,7 Tage) und der zur Gruppe der Delta-Scuti-Sterne gehörende ρ Pup (Tureis; in 3,383 Stunden erfolgende Helligkeitsschwankungen um 0,2 Größenklassen).

■ **Sternhaufen und Nebel** Das Sternbild ist außergewöhnlich reich an offenen Sternhaufen, darunter M 46 (6^m; 100 Sterne; Entfernung 6 000 Lichtjahre) und der benachbarte M 47 ($4^m{,}5$; 30 Sterne; 1 800 Lichtjahre), M 93 ($6^m{,}5$; 80 Sterne; 4 000 Lichtjahre), NGC 2451 (3^m; 40 Sterne; 1 400 Lichtjahre) und NGC 2477 (6^m; mit 160 Sternen ungewöhnlich sternenreich; 4 500 Lichtjahre). Zwei planetarische Nebel sind NGC 2438 (11^m) und NGC 2440 (9^m) in 4 000 Lichtjahren Entfernung. (→Sternbilder)

Heckmann, Otto Hermann Leopold, deutscher Astronom, * Opladen 23. 6. 1901, † Regensburg 13. 5. 1983. Heckmann war 1935–41 Professor in Göttingen und danach in Hamburg. Von 1962 bis 1973 wirkte er als Gründungsdirektor der auf dem Gipfel des La Silla (Chile) neu errichteten Europäischen Südsternwarte. Heckmanns Arbeiten beziehen sich auf die Astrometrie, v. a. die Fotometrie, auf die Stellarstatistik und auf kosmologische Fragen.

Hegemone, ein 2003 entdeckter kleiner Mond des →Jupiter. Er umkreist den Planeten entgegen dessen Rotationsrichtung in einem mittleren Abstand von 23,9 Millionen Kilometern in 739 Tagen, 14 Stunden und 24 Minuten. Hegemone gehört zu einer Gruppe ähnlicher Jupitermonde, der Pasiphae-Gruppe.

Heinrich-Hertz-Teleskop, →Submillimeterastronomie.

Die hellsten Sterne des Sternbilds Heck des Schiffes

Name		Helligkeit visuelle	Helligkeit absolute	Spektralklasse	Entfernung in Lichtjahren
ζ	(Naos)	$2^m{,}2$	-6^M	O5	1 400
π		$2^m{,}7$	-5^M	K3	1 000
ρ	(Tureis)**)	$2^m{,}8$	1^M	F5	63
τ		$2^m{,}9$	-1^M	K0	180
ν		$3^m{,}2$	-2^M	B8	410
ξ	(Aspidiske, Asmidiske)*)	$3^m{,}2$	-5^M	G5	1 200 bzw. 350
σ		$3^m{,}3$	-1^M	K5	185
c		$3^m{,}6$	-5^M	K4	1 400
a		$3^m{,}7$	-1^M	G8	340
k*)		$3^m{,}8$	-2^M	B5	450
3		$3^m{,}9$	-7^M	A2	5 000
L^2**)		$4^m{,}0$–$5^m{,}0$	0^M	M5	185
υ*)		$4^m{,}1$	-3^M	B3	1 000
11		$4^m{,}2$	-2^M	F7	500

*) Doppelstern **) Veränderlicher

heisenbergsche Unschärferelation, heisenbergsche Unbestimmtheitsrelation, die nach dem deutschen Physiker Werner Heisenberg (* 1901, † 1976) benannte →Unschärferelation.

heiße Jupiter, →Exoplanet.

Helene, ein Mond des Planeten →Saturn, der 1980 von den Astronomen Pierre Laques und Jean Lecacheux am Observatorium auf dem Pic du Midi (Frankreich) entdeckt wurde. Er bewegt sich auf derselben Bahn wie der größere Mond Dione in einem Abstand von 377 420 Kilometern um Saturn. Helene ist ein unregelmäßig geformter Körper, der überwiegend aus Wassereis sowie geringen Anteilen an silikatischem Gestein zusammengesetzt ist.

heliakischer Aufgang [griechisch], →Aufgang.

Helike, ein 2003 entdeckter kleiner Mond des →Jupiter. Er umkreist den Planeten entgegen dessen Rotationsrichtung in einem mittleren Abstand von 21,3 Millionen Kilometern in 634 Tagen, 18 Stunden und 29 Minuten. Helike gehört zu einer Gruppe ähnlicher Jupitermonde, der Pasiphae-Gruppe.

heliografische Länge und Breite, ein Koordinatensystem auf der Sonne, das zur

Festlegung eines Ortes auf der Sonnenscheibe dient. Die heliografische Länge wird entweder auf den Zentralmeridian bezogen oder auf einen international vereinbarten Nullmeridian, den carringtonschen Zentralmeridian, der am 1. 1. 1854 12 Uhr Weltzeit mit dem Zentralmeridian zusammenfiel. Die heliografische Breite wird vom Sonnenäquator aus nach Norden und Süden gerechnet.

Heliometer *das, -s/-,* Fernrohr zum Messen kleiner Winkelabstände am Himmel. Es besteht aus einem längs eines Durchmessers geteilten Objektiv, dessen beide Hälften messbar gegeneinander bewegt werden können. Das Heliometer wurde im 19. Jahrhundert zu großer Vollkommenheit entwickelt (F. W. Bessel konnte z. B. mit einem Heliometer die erste Sternparallaxe bestimmen), im 20. Jahrhundert jedoch von fotografischen Methoden abgelöst.

Helios, ein deutsch-amerikanisches Sonnenforschungsprogramm, bestehend aus den beiden Sonden Helios 1 und 2, die am 10. 12. 1974 bzw. 15. 1. 1976 gestartet wurden. Sie hatten vor allem die Aufgabe, möglichst nahe an die Sonne heranzukommen. Helios 1 näherte sich unserem Zentralgestirn bis auf 46,5 Millionen Kilometer, Helios 2 bis auf 43,5 Millionen Kilometer.

Helioseismologie, die Wissenschaft der →solaren Oszillationen.

Heliosphäre, der sich weit über die Bahnen der äußeren Planeten hinaus erstreckende Bereich um die Sonne, in dem der →Sonnenwind mit seinen Magnetfeldern physikalisch bestimmend ist. Die Heliosphäre wird durch die Heliopause gegenüber dem ungebundenen interstellaren Raum abgegrenzt, die vermutlich bis 100 Astronomische Einheiten von der Sonne entfernt ist.

Heliostat, →Siderostat.

heliozentrisches Weltsystem
→ GEO Dossier
Astronom unter Mordverdacht, Bd. 4

heliozentrisches Weltsystem, Weltbild, bei dem die Planeten die Sonne umkreisen, diese aber den Mittelpunkt der Welt darstellt. Die heliozentrische Planetentheorie wurde 1543 von N. Kopernikus veröffentlicht, der damit auf Gedanken zurückgriff, die schon Aristarchos von Samos 265 v. Chr. geäußert hatte. Das heliozentrische Weltsystem verdrängte das geozentrische Weltsystem nur langsam, was nicht nur am Widerstand der Kirche lag. Die nach dem heliozentrischen Weltsystem berechneten Planetenörter waren ebenso wenig genau wie die nach dem geozentrischen Weltsystem berechneten. Erst J. Kepler konnte mit seinen Planetengesetzen die Schwächen des heliozentrischen Weltsystems berichtigen.

Helium, [griechisch helios »Sonne«, nach der Entdeckung im Spektrum der Sonnenkorona] *das, -s,* chemisches Symbol **He,** farbloses chemisches Element aus der Gruppe der Edelgase mit der Ordnungszahl 2, das geruchlos, unbrennbar und äußerst reaktionsträge ist (es gibt keinerlei bekannte Verbindungen). Innerhalb der Erdatmosphäre und der Erdkruste kommt es außerordentlich selten vor, im Weltall ist es nach Wasserstoff allerdings das zweithäufigste Element. Die uns bekannte Materie besteht zu 27 Prozent aus Helium und zu 72 Prozent aus Wasserstoff. Helium entsteht bei der →Nukleogenese in Sternen, vor allem durch die Kernfusion von Wasserstoff. Die heute beobachtete Häufigkeit von Helium im Universum kann jedoch nur damit erklärt werden, dass ein Großteil des Heliums bereits kurz nach dem Urknall erzeugt wurde.

Heliumbrennen, historisch bedingte Bezeichnung für die Fusion von Helium in Sternen (→Drei-Alpha-Prozess).

Helium-Flash [-flæʃ], **Heliumblitz,** ein Ereignis in der Entwicklung eines Sterns mit relativ geringer Masse. Wenn die Wasserstoffbrennschale eines solchen Sterns nach außen wandert und sich ein Heliumkern bildet, bläht der Stern sich auf und wird zu einem Roten Riesen (→Riesensterne). Ab einer gewissen Größe des Heliumkerns entartet die Materie. Der Druck des Elektronengases hält den darüberliegenden Schichten stand, ist aber von der Temperatur unabhängig. Bei einer bestimmten Schwellentemperatur von $1{,}2 \cdot 10^8$ Kelvin setzt dann das Heliumbrennen explosionsartig ein. (→Sternentwicklung)

Heliumsterne, Sterne, deren Spektren auf hohe Heliumhäufigkeiten in der Sternatmosphäre hindeuten. Aufgrund der beobachtbaren Eigenschaften der Sterne existieren verschiedene Untergruppen, die möglicherweise durch Unterschiede in der Sternentwicklung entstehen.

Helixnebel. Der Helixnebel NGC 7293 im Sternbild Wassermann

Helixnebel, NGC 7293, ein heller →planetarischer Nebel im Sternbild →Wassermann. Mit 800 Bogensekunden zeigt er den größten scheinbaren Durchmesser aller planetarischen Nebel. Mit einer Entfernung von etwa 500 Lichtjahren zählt er zudem zu den nächsten Objekten dieses Typs.

Helligkeit, Größe zur Messung der Strahlung eines Himmelskörpers.

■ **Scheinbare Helligkeit** Die scheinbare Helligkeit, Formelzeichen m, ist die Helligkeit, mit der ein Himmelskörper einem Beobachter auf der Erde erscheint; sie wird in **Größenklassen** (kurz **Größe**) gemessen, wobei das Zeichen m hinter die Zahlenangabe (bei Dezimalstellen über dem Komma oder Punkt) hochgestellt geschrieben wird. Bei Angaben von Helligkeitsdifferenzen ist auch die Abk. mag für »magnitudo« (»Größe«) hinter der Zahlenangabe üblich. Die heutige Größenklasseneinteilung geht auf die sechsstufige Einteilung von Ptolemäus zurück: Die hellsten Sterne wurden als Sterne 1. Größe, die lichtschwächsten (mit dem bloßen Auge sichtbaren) als Sterne 6. Größe bezeichnet. Die vom Auge empfundenen Helligkeitsdifferenzen sind dem Logarithmus der Intensitätsverhältnisse proportional. Nach einem Vorschlag von N. R. Pogson (1854) wird die Skale der Größenklassen (pogsonsche Helligkeitsskale) definiert durch

$$m_1 - m_2 = -2{,}5\lg(I_1/I_2) = 2{,}5\lg(I_2/I_1),$$

wobei I_1 und I_2 die den Größenklassen m_1 und m_2 entsprechenden Intensitäten sind. Damit sind die Größenklassen mit den direkt (z. B. mittels lichtelektrischem Fotometer) messbaren und in üblichen physikalischen Einheiten angegebenen Intensitäten verknüpft. Die Auflösung nach dem Intensitätsverhältnis ergibt: $I_1/I_2 = 10^{0{,}4(m_2-m_1)}$. Die Konstante 2,5 wurde gewählt, damit einerseits ältere Helligkeitsangaben gut in diese Skale passen und sich andererseits bei Rechnungen glatte Werte ergeben, z. B. entspricht einer Größenklassendifferenz von 2,5 mag ein Intensitätsverhältnis von 1 : 10, der Größenklassendifferenz von 5 mag (zwischen 1. und 6. Größenklasse) entspricht ein Intensitätsverhältnis von 1 : 100. Von einer Größenklasse zur anderen ändert sich die Intensität um den Faktor $10^{0{,}4} = \sqrt[5]{100} = 2{,}512$. Die Nullpunktsfestlegung der Größenklassenskale wurde ursprünglich mithilfe des Polarsterns vorgenommen, dem die scheinbare Helligkeit $2\overset{m}{.}12$ zugeordnet wurde. Da die Helligkeit des Polarsterns aber in geringem Maße schwankt, benutzt man heute eine große Anzahl von Sternen (fotometrische Standardsterne) zur Definition der Größenklassenskale. Die Anwendung dieser Skale ergibt für die hellsten Sterne negative Helligkeitswerte, für die scheinbare (visuelle) Helligkeit der Sonne erhält man $-26\overset{m}{.}70$. Die scheinbare Helligkeit kann mittels visueller, fotografischer, fotoelektrischer oder thermoelektrischer Fotometrie (→Astrofotometrie) bestimmt werden. Die scheinbare Helligkeit eines Sterns hängt von seiner absoluten Helligkeit und seiner Entfernung ab.

■ **Absolute Helligkeit** Die absolute Helligkeit, Formelzeichen M, eines Himmelskörpers ist die scheinbare Helligkeit, die ein gedachter Beobachter in einer Normentfernung von 10→Parsec von diesem Himmelskörper messen würde. Die absolute Helligkeit ist ein Maß für die →Leuchtkraft eines Sterns. Wenn die Entfernung r in Parsec bekannt ist, lässt sich unter der Voraussetzung vernachlässigbarer interstellarer Extinktion die absolute Helligkeit aus der scheinbaren gemäß $M = m + 5 - 5\lg r$ berechnen. Die Größe $m - M$, die (unter dieser Voraussetzung) nur von der Entfernung abhängt, heißt Entfernungsmodul.

Die Helligkeit eines astronomischen Objekts hängt von der verwendeten Messapparatur (Strahlungsempfänger einschließlich Farbfilter) ab, wodurch der wirksame Wellenlängenbereich (Farbbereich) festgelegt wird. Bei der visuellen Helligkeit ist das z. B. der sichtbare, bei der fotografischen Helligkeit der fotografisch wirksame Bereich, im →UBV-System sind es speziell ausgewählte Farbbereiche. Der Nullpunkt in den verschiedenen Helligkeitsskalen ist so festgelegt, dass für einen Hauptreihenstern der Spektralklasse A0 die Helligkeit in jedem System den gleichen Zahlenwert hat. Bei der **bolometrischen Helligkeit,** die ein Maß für die Gesamtstrahlung eines Objekts ist, soll hingegen für einen Stern vom Spektraltyp der Sonne (G2V) der Zahlenwert dieser Helligkeit gleich dem der visuellen Helligkeit sein.

Helligkeitsadaptation, →Adaptationszeit.

Henry [ã'ri], Paul Pierre, französischer Astronom, *Nancy 21. 8. 1848, †Montrouge 4. 1. 1905. Henry stellte zusammen mit seinem Bruder Prosper Mathieu (*1849, †1903) zahlreiche Fernrohrobjektive für fotografische Himmelsaufnahmen her, wodurch das internationale Unternehmen der »Carte du Ciel« (Gesamtdarstellung des Fixsternhimmels, um 1900) angeregt wurde.

Henry-Draper-Katalog [henrɪ'dreɪpə-, nach H. Draper], **Draper-Katalog,** Abk. **HD,** vom Harvard-Observatorium unter maßgeblicher Beteiligung von A. J. Cannon erstellter Durchmusterungskatalog mit Spektraltypangaben für 225 300 Sterne des Nord- und Südhimmels. Eine Erweiterung dieses Katalogs wird Draper-Extension genannt.

Henyey-Linie, horizontal verlaufende Linie im →Hertzsprung-Russell-Diagramm, welche den letzten Teil der Entwicklung eines Protosterns charakterisiert (→Sternentwicklung). Die Henyey-Linie verläuft vom unteren Ende der →Hayashi-Linie zur Hauptreihe. In diesem Stadium der Sternentwicklung steigt die Effektivtemperatur eines Sternes und damit seine Leuchtkraft an. Zudem entwickelt der Stern eine radiative Hülle, in der die Ener-

Herkules Herkules und seine Opfer

Beim Blick auf eine Sternkarte drängt sich einem der Eindruck auf, dass der Sagenkreis um Herkules bei den alten Griechen äußerst beliebt war. Denn nicht nur der Held selbst, sondern auch verschiedene seiner Opfer finden sich am nördlichen Sternenhimmel als Sternbilder wieder, so die Wasserschlange oder Hydra, das größte aller Sternbilder überhaupt. Nachdem Herkules als erste seiner zwölf Arbeiten den Nemeischen Löwen erwürgt hatte – auch er ist am Himmel zu sehen –, musste er die neunköpfige Hydra besiegen, deren abgeschlagene Köpfe aber immer wieder nachwuchsen, bis Herkules' Gefährte Iolaos die Wunden mit einer Fackel ausbrannte. Zwar suchte seine ewige Widersacherin Hera Herkules' Sieg in letzter Minute zu verhindern und schickte einen Krebs, der ihn beißen sollte, doch der Held zerstampfte diesen. Daraufhin versetzte Hera den Krebs als Sternbild an den Himmel, wo er wie der benachbarte Löwe als Tierkreiszeichen noch immer Wege und Schicksale bestimmt.

gie durch Strahlung nach außen transportiert wird. Die Länge der Henyey-Linie, d. h. der Anstieg der Effektivtemperatur, ist für massereiche Sterne größer als für massearme. Die Zeit, die ein Stern auf dieser Linie verbringt, ist hingegen für die massereichen kürzer. Kurz vor Erreichen der Hauptreihe sinkt die Leuchtkraft geringfügig, da sich der Stern durch das Einsetzen der Kernfusion ausdehnt.

Herbig-Haro-Objekte, HH-Objekte, nach ihren Entdeckern George H. Herbig und Guillermo Haro benannte kleine kompakte interstellare Materieverdichtungen, die als »Emissionsnebelchen« erscheinen. Ihr Leuchten geht auf die Wechselwirkung zwischen einem von einem sehr jungen Stern ausgehenden Gasstrahl und der umgebenden interstellaren Materie zurück, auf die der Strahl mit hoher Geschwindigkeit (rund 100 Kilometer pro Sekunde) auftrifft. Dabei wird in einer Stoßfront Bewegungsenergie des Materiestrahls in thermische Energie umgewandelt und ausgestrahlt.

Herbstäquinoktium, →Äquinoktium.

Herbstpunkt, Waagepunkt, →Äquinoktium.

Hercules, wissenschaftlicher Name des Sternbildes →Herkules.

Hercules X-1, Abkürzung **Her X-1,** Röntgenquelle im Sternbild Herkules, von der eine gepulste Röntgenstrahlung (Periode 1,24 Sekunden) empfangen wird. Sie besteht aus einem rotierenden Neutronenstern und einem blauen Überriesen, von dem Materie auf den Neutronenstern überströmt und die Gebiete um die magnetischen Pole so stark aufheizt, dass sie Röntgenstrahlung aussenden. Hercules X-1 ist auch eine gepulste Gammastrahlenquelle.

Herculina, der Planetoid 532 mit einem Durchmesser von etwa 243 km und einer mittleren Entfernung von $414{,}6 \cdot 10^6$ km von der Sonne. Er wurde am 20. April 1904 von M. Wolf entdeckt. 1978 wurde bei einer Sternbedeckung durch die Herculina mit großer Wahrscheinlichkeit ein Satellit des Planetoiden erkannt, dessen Durchmesser zu 46 Kilometer errechnet wurde.

Herkules, wissenschaftlicher Name **Hercules,** *Genitiv* **Herculis,** Abk. **Her,** ein ausgedehntes Sternbild des nördlichen Himmels (Rektaszension $15^{h}48^{m}$ bis $18^{h}58^{m}$, Deklination +51°20' bis +3°40'), das am besten im Sommer am Abendhimmel zu beobachten ist.

■ **Sterne** Sein bekanntester Stern, der Rote Überriese →Ras Algethi (α Her), ist mit etwa 400-fachem Sonnendurchmesser einer der größten bekannten Sterne; er ist ein Dreifachstern (mit einem $5^{m},4$ hellen, blaugrünen Begleiter in 4,9" Distanz, Umlaufzeit etwa 3600 Jahre; der Begleitstern ist seinerseits spektroskopisch doppelt) und zudem halbregelmäßig veränderlich (Helligkeitswechsel zwischen $2^{m},7$ und $3^{m},6$; Periode zwischen 50 Tagen und 6 Jahren). Weitere Doppelsterne sind u. a. ζ Her ($2^{m},9$ bzw. $5^{m},7$; Distanz 1,6"; Umlaufzeit 34,5 Jahre), ρ Her ($4^{m},5$ bzw. $5^{m},5$; Distanz 4,1"; Entfernung 400 Lichtjahre), κ Her ($5^{m},0$ bzw. $6^{m},3$; Distanz 28,4"; Entfernung 390 bzw. 470 Lichtjahre), 95 Her ($4^{m},9$ bzw. $5^{m},1$; Distanz 6,4"; Entfernung 500 Lichtjahre). Erwähnenswerte Veränderliche sind neben α Her der halbregelmäßige Veränderliche 30 Her oder g Her ($4^{m},3$–$6^{m},3$; Periode zwischen 70 und 90 Tagen), der Bedeckungsveränderliche (Lyra-Stern) 68 Her oder u Her ($4^{m},7$–$5^{m},4$; Periode 2,05107 Tage; Entfernung 900 Lichtjahre) und die Mira-Sterne R Her ($7^{m},7$–$15^{m},0$; 318,4 Tage), S Her ($6^{m},4$–$13^{m},8$; 307,4 Tage), U Her ($6^{m},5$–$13^{m},4$; 406,0 Tage) und W Her ($7^{m},6$–$14^{m},4$; 280,4 Tage).

Die hellsten Sterne des Sternbilds Herkules

Name		Helligkeit visuelle	Helligkeit absolute	Spektralklasse	Entfernung in Lichtjahren
α	(Ras Algethi)*) **)	$2^{m},6$–$3^{m},4$	-3^{M}	M5	400
β	(Kornephoros, Rutilicus)	$2^{m},8$	-1^{M}	G8	160
ζ*)		$2^{m},8$	3^{M}	F9	35
δ	(Sarin)	$3^{m},1$	1^{M}	A3	78
π		$3^{m},2$	-2^{M}	K3	360
μ		$3^{m},4$	4^{M}	G5	27,3
η		$3^{m},5$	1^{M}	G8	112
ξ		$3^{m},7$	1^{M}	K0	135
γ		$3^{m},7$	0^{M}	A9	200
ι		$3^{m},8$	-2^{M}	B3	500
ο		$3^{m},8$	-1^{M}	B9	350
109		$3^{m},8$	1^{M}	K2	130
ϑ		$3^{m},9$	-3^{M}	K1	600
τ		$3^{m},9$	-1^{M}	B5	320
ε		$3^{m},9$	0^{M}	A0	165

*) Doppelstern **) Veränderlicher

■ **Nebel und Sternhaufen** Ein 3 000 Lichtjahre entfernter planetarischer Nebel (9^{m}) ist NGC 6210. Weitere interessante Beobachtungsobjekte im Herkules sind die beiden bereits im Feldstecher sichtbaren Kugelsternhaufen M 92 ($6{,}^{m}5$; Entfernung 30 000 Lichtjahre) und M 13 (6^{m}; Entfernung 25 000 Lichtjahre), wobei Letzterer der prachtvollste Kugelhaufen am Nordhimmel ist, dessen Randpartien bereits in einem guten Amateurfernrohr aufgelöst werden können. Weit schwieriger zu beobachten ist der kleine, schwache ($9{,}^{m}5$) und mit 100 000 Lichtjahren sehr weit entfernte Kugelsternhaufen NGC 6229. (→Sternbilder)

Hermes, Planetoid 69.230, ein 1937 von K. Reinmuth entdeckter Planetoid (→Apollo-Objekte), der sich der Erde bis auf 600 000 Kilometer näherte. Seither war er verschollen, konnte aber im Oktober 2003 wiederentdeckt werden. Radarbeobachtungen zeigten, dass er aus zwei sich umkreisenden Körpern von weniger als einem Kilometer Größe besteht. Hermes gehört zu den Planetoiden, die sich der Erde so stark nähern können (NEO = Near Earth Objects), dass eine Kollision nicht auszuschließen ist (PHA = Potentially Hazardous Asteroids).

Hermes [französisch ɛrˈmɛs], von Frankreich initiiertes Raumfahrzeug der europäischen Raumfahrtbehörde ESA, das für den bemannten Pendelverkehr zwischen Erde und der geplanten europäischen Raumstation Columbus oder Forschungsplattformen gedacht war. 1993 wurde das Projekt eingestellt.

Hermippe, ein 2001 entdeckter kleiner äußerer Mond des →Jupiter. Er umkreist den Planeten in einem mittleren Abstand von 21,1 Millionen Kilometern in 633 Tagen, 21 Stunden und 36 Minuten.

Herschel [englisch ˈhəːʃəl], **1)** Caroline Lucretia, britische Astronomin deutscher Herkunft, * Hannover 16. 3. 1750, † ebenda 9. 1. 1848, Schwester von Wilhelm Herschel.

Nach dem Tod ihres Vaters übersiedelte 1772 Caroline Herschel zu ihrem Bruder Wilhelm nach England, wo sie anfänglich ihren Lebensunterhalt als Sängerin verdiente, sich dann aber doch für die Astronomie entschied. Sie unterstützte ihren Bruder bei seinen astronomischen Beobachtungen und wirkte beim Bau seines Spiegelteleskops mit. Als ihr Bruder 1788 heiratete, war Caroline sehr verärgert und machte sich daraufhin selbstständig. Sie errichtete ein eigenes Observatorium und bekam eigene Teleskope. Schon 1783 hatte Caroline drei Nebel entdeckt, die Wilhelm mit Nennung ihres Namens in seine Liste aufnahm. Ihre erste Entdeckung eines Kometen im Jahr 1786 brachte ihr eine jährliche Pension des englischen Königs Georg III. ein. Weitere Entdeckungen folgten bis 1797; im Laufe ihres Lebens entdeckte Caroline acht Kometen. Damit gehörte sie zu den erfolgreichsten Kometenjägern ihrer Zeit.

Herkules. Kugelsternhaufen M13 im Sternbild Herkules

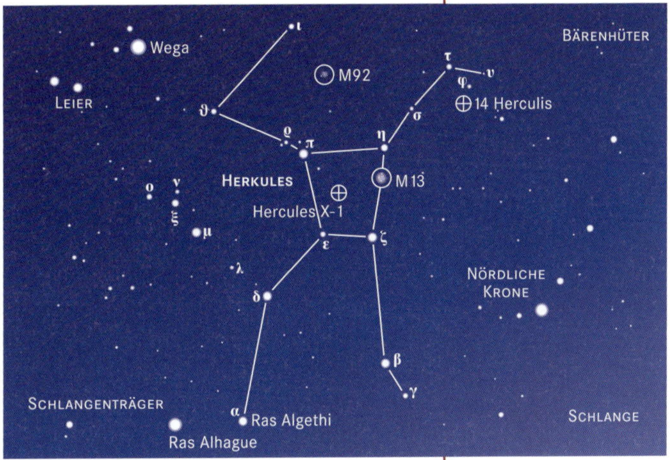

Herkules

■ **Anerkennung für Carolines Lebenswerk** Nach dem Tod Wilhelms am 25. August 1822 beschloss Caroline, nach Hannover zurückzukehren, wo sie bis ins hohe Alter von 98 Jahren blieb und ihre Memoiren schrieb. Sie wertete die gemeinsamen Beobachtungen aus und publizierte sie. Ihr »Zonen-Katalog« fand große Anerkennung, und so erhielt sie im Alter dann endlich einige Auszeichnungen und Ehrungen: 1828 die Medaille der Royal Astronomical Society, 1835 die Ehrenmitgliedschaft daselbst, 1838 das Diplom der Königlich Irischen Akademie und 1846, zwei Jahre vor ihrem Tod, die Goldmedaille für wissenschaftliche Leistungen der Preußischen Akademie der Wissenschaften.

2) Sir (seit 1816) Friedrich Wilhelm (William), britischer Astronom deutscher Herkunft, * Hannover 15. 11. 1738, † Slough 25. 8. 1822, Bruder von Caroline, Vater von John Herschel.

■ **Werdegang** Der Vater Herschels, ein Militärkapellmeister, setzte sich für die musikalische Ausbildung aller seiner Kinder ein, auch seiner Tochter Caroline. Und so wurde

Friedrich Wilhelm Herschel
*** 1738, † 1822**

- entdeckte den Uranus und die Infrarotstrahlung
- klärte die Struktur der Milchstraße
- katalogisierte Galaxien, Sternhaufen und Nebel

Herschel. Von Herschel 1785–90 in England errichtetes Spiegelteleskop; Länge 12 m, Durchmesser 1,22 m, Brennweite ca. 11 m

Wilhem Herschel zunächst Musiker, ging 1757 nach London, wurde als Lehrer bekannt und komponierte Konzerte, Kammermusik, Orgelmusik, Vokalmusik und Sinfonien. Nachdem er 1762 Dirigent in Leeds geworden war, bekam er schließlich 1766 in Bath eine Organistenstelle. Erst 1766 fing er an, astronomische Beobachtungen zu machen. 1772 nahm er nach einem Besuch in Hannover seine jüngere Schwester Caroline mit nach Bath, um sie zu unterrichten und ihr eine Karriere als Sängerin zu ermöglichen. 1773 kaufte sich Wilhelm erste Instrumente, um Vorbilder für die Herstellung von Teleskopen zu haben. Nach kurzen Versuchen mit Linsen, die er nicht selbst herstellen konnte, entschied er sich für Spiegel. Caroline wirkte bei dem Bau mit und assistierte die Beobachtungen; obwohl sie durchaus auch Erfolg als Sängerin hatte, entschied sie sich für die Astronomie. Mit dem ersten 1776 selbst hergestellten Spiegelteleskop entdeckte Wilhelm am 13. März 1781 einen neuen Planeten, den er zu Ehren des englischen Königs Georg III. »Georgium Sidus« nannte. Später setzte sich jedoch der vom Berliner Astronomen J. E. Bode vorgeschlagene Name »Uranus« durch.

■ **Hofastronom** Die wohl publikumswirksamste astronomische Entdeckung seit der Antike bewirkte einen Wendepunkt in Wilhelms Leben: 1782 bekam er eine jährliche Pension als Hofastronom Georgs III. zugesprochen. Dafür musste er in die Nähe von Windsor Castle ziehen und der königlichen Familie bei Bedarf astronomische Beobachtungsabende bieten. Er heiratete 1788, was zu einer längerfristigen Verärgerung seiner Schwester und Assistentin Caroline führte. Diese machte sich daraufhin selbstständig, errichtete ein eigenes Observatorium und bekam eigene Teleskope. Durch die finanzielle Absicherung konnte sich Wilhelm Herschel vollständig der Astronomie und dem Teleskopbau widmen, seine Teleskope wurden weit über die Grenzen Englands hinaus bekannt. 1787 entdeckte Herschel zwei Monde des Uranus, Titania und Oberon und 1800 eine bedeu-

Herschel **Herrin im eigenen Observatorium**

Im 18. Jahrhundert waren Frauen in der Astronomie höchst selten. Oft beschränkte sich ihre Rolle darauf, die Beobachtungen der Herren Astronomen nieder- und ins Reine zu schreiben. Frauen, die selbst astronomische Beobachtungen durchführten, blieben bis ins 20. Jahrhundert eine Seltenheit.

Caroline Herschel war eine dieser Ausnahmefrauen. Sie bekam dafür durch ihren Vater und ihren älteren Bruder Wilhelm die besten Voraussetzungen mit. Ihr Vater machte sie als Kind mit den Sternen vertraut und zeigte ihr Kometen. Ihr Bruder, von Beruf Dirigent und Musiker, holte Caroline später nach England. Er brauchte sie als Haushälterin, ermöglichte ihr aber auch eine Sängerinnenkarriere. Sie wurde erste Sängerin in seinen Konzerten. Dennoch faszinierte Caroline der Himmel viel mehr. Sie benutzte eines der Teleskope, die ihr Bruder baute, um eigene Beobachtungen anzustellen. Eine königliche Pension, verliehen für ihre Kometenentdeckungen, sicherte ihr Einkommen. So konnte sich Caroline Herschel auf das Sonnensystem konzentrieren, auf Planeten und Kometen – von denen sie im Lauf ihres Lebens acht entdeckte.

tende Erweiterung des sichtbaren Spektrums, das Infrarot.

■ **Untersuchung der Milchstraße** Mit seinem 20-Fuß-Teleskop begann sich Herschel der Untersuchung der Milchstraße zuzuwenden. Er entwickelte eine neue Methode, die Sternzählungen, und versuchte, die Entfernungen der Sterne anhand ihrer Helligkeiten abzuschätzen. Aus der Anzahl der Sterne einer bestimmten scheinbaren Helligkeit, also einer bestimmten Entfernung, ließ sich dann ihre räumliche Verteilung ableiten. Damit kam Herschel zu einer Struktur der Milchstraße als flache linsenförmige Scheibe mit vielen Millionen Sternen. Ihre Dimensionen gab er in Siriusweiten (6,3 Lichtjahre) an: Der Durchmesser der Scheibe sollte 5400 Lichtjahre betragen und die Dicke 1000 Lichtjahre in der Achse senkrecht dazu. Das Verhältnis der Achsen mit 11:2 ist recht realistisch (heutiger Wert 6:1), die Größe unterschätzte er stark (etwa 15- bis 18-fach kleiner als heute angenommen).

■ **Nebelforschung und Kosmologie** Herschel beschäftigte sich nicht nur mit der Milchstraße, sondern auch mit den Nebeln und mit dem Aufbau des Universums. Sein erster Nebelkatalog von 1786 enthielt die Positionen von 1000 Nebeln und Sternhaufen. Bis 1802 beobachtete er insgesamt 2313 Nebel und 197 Sternhaufen. Für die Entfernung der nächstliegenden »Welteninsel«, des Andromedanebels, gab Herschel 1818 eine 2000-fache »Siriusweite« (knapp 13000 Lichtjahre) an. Anfangs ging Herschel davon aus, dass bei Verwendung genügend großer Teleskope alle Nebel in Sterne auflösbar seien. So kam er in seiner Welteninseltheorie 1785 zu dem Schluss, dass die Nebel Sternsysteme seien, doch zwei Arten von Himmelsobjekten ließen dann dahin gehend Zweifel in ihm aufkommen. 1785 berichtete Herschel vom Ringnebel in der Leier. Er spekulierte über die Natur dieser Nebel, die er als »Laboratorien der Sternentstehung« ansah. Herschel führte für diese Objekte den bis heute verwendeten Begriff »planetarische Nebel« ein, weil ihn das Aussehen an den Planeten Uranus erinnerte. Eine Beobachtung vom November 1790, die Entdeckung eines Zentralsterns in einem Ringnebel, führte ihn 1791 zu der neuen Anschauung, die planetarischen Nebel seien Endpunkte der Sternbildung, also Kondensation vom Nebel zum Einzelstern. Dieser Entwicklungsgedanke ist bemerkenswert. In Analogie zur lebendigen Natur schloss er aus dem räumlichen Nebeneinander auf ein zeitliches Nacheinander. Mit den »Nebelsternen« wählte er 1802 zwölf Klassen von Nebeln im Sinne fortschreitender Kondensation. Für die Sternentstehung stellte er die Gasnebel an den Anfang. Die planetarischen Nebel hielt er für ein fortgeschrittenes Stadium, da sich im Inneren schon ein Zentralgestirn gebildet habe.

3) Sir (seit 1838) John Frederick William, britischer Astronom, * Slough 7. 3. 1792, † Collingwood (bei Royal Tunbridge Wells) 11. 5. 1871, Sohn von Wilhelm Herschel. John Herschel wurde schon 1813 Mitglied der Royal Society und lebte danach meist als Privatgelehrter in Slough; 1850–55 war er Direktor der Königlichen Münze. Herschel entdeckte zahlreiche Doppelsterne, deren Bahnen er mit einem von ihm entwickelten Verfahren berechnete. 1834 unternahm er zur Beobachtung des Südhimmels eine Expedition ans Kap der Guten Hoffnung. Der große Sternkatalog, den Herschel 1864 veröffentlichte, blieb die Grundlage für alle nachfolgenden Kataloge dieser Art.

Hertz [nach dem Physiker Heinrich Rudolph Hertz (* 1857, † 1894)] *das*, -, Einheitenzeichen **Hz,** kohärente SI-Einheit der Frequenz. Die Frequenz eines periodischen Vorganges mit der Periodendauer von 1 Sekunde beträgt $1\,Hz = 1/s = 1\,s^{-1}$. In Großbritannien und den USA wird statt Hertz meist die Bezeichnung cycle per second (cps) verwendet.

Hertzsprung ['hɛrdsbrɔŋ], Einar, dänischer Astronom, * Frederiksberg 8. 10. 1873, † Roskilde 21. 10. 1967.

■ **Werdegang** Hertzsprung absolvierte zunächst eine Ausbildung zum Chemieingenieur und arbeitete von 1899 bis 1901 für eine dänische Firma in St. Petersburg. 1902 kehrte er nach Kopenhagen zurück und konnte sich dank der guten finanziellen Situation seiner Familie mit vielen wissenschaftlichen Fragen beschäftigen, die ihn interessierten, vor allem der Fotografie. Er veröffentlichte zwei Arbeiten zur spektralen Empfindlichkeit von Fotoplatten und zur fotografischen Helligkeitsbestimmung bei Sternen, mit denen er die Aufmerksamkeit der Fachwelt weckte. K. Schwarzschild holte ihn an die Göttinger Sternwarte und nahm ihn 1909 nach Potsdam mit, wo Hertzsprung die Stelle eines Observators bekleidete. Nach dem Tod Schwarzschilds ging Hertzsprung an die Sternwarte in Leiden, deren Direktor er 1935 wurde. Nach seiner Emeritierung 1944 forschte er in seiner dänischen heimat privat weiter.

■ **Astronomische Forschung** Weltweite Berühmtheit erlangte Hertzsprung mit seiner bereits 1905 veröffentlichten Entdeckung, dass es unter Sternen der gleichen Spektralklasse, also im Wesentlichen der gleichen Temperatur, Riesen- und Zwergsterne gibt. Unabhängig von ihm, allerdings erst Jahre später, hat auch H. N. Russell diese Entdeckung gemacht, weshalb das Diagramm, in dem die absolute Helligkeit der Sterne über ihrer Temperatur aufgetragen wird, die Namen beider Astronomen trägt. Dieses →Hertzsprung-Russell-Diagramm gewann schnell eine Schlüsselrolle für das Verständnis der Sternentwicklung. 1911 entdeckte Hertzsprung die

Einar Hertzsprung
*** 1873, † 1967**

100112

■ fand die Beziehung zwischen Spektralklasse und Leuchtkraft der Sterne (Hertzsprung-Russell-Diagramm)
■ entdeckte den Unterschied zwischen Riesen- und Zwergsternen
■ erkannte den Polarstern als Veränderlichen
■ bestimmte die Entfernung zur Kleinen Magellanschen Wolke

Alexander von Humboldt sagte über Wilhelm **Herschel:**

»Wilhelm Herschel hat die Schranken des Himmels durchbrochen; wie Columbus ist er vorgedrungen in ein unbekanntes Weltmeer, Küsten und Inselgruppen erblickend, deren letzte wahre Ortsbestimmung kommenden Jahrhunderten vorbehalten bleibt.«

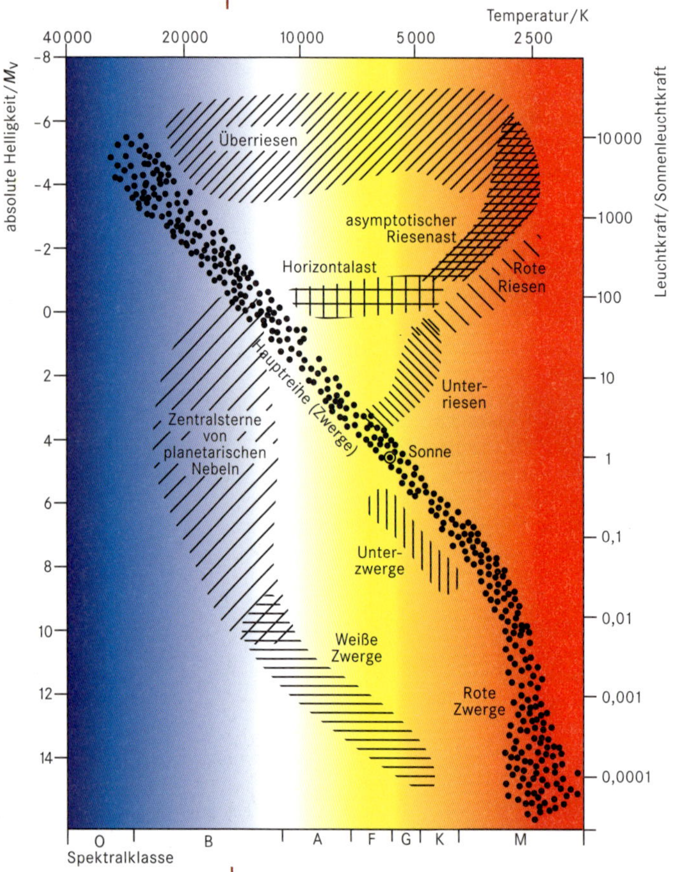

Hertzsprung-Russell-Diagramm. Das Hertzsprung-Russell-Diagramm mit der schematischen Darstellung der Zustandsgebiete der verschiedenen Sterntypen

Rechte Seite: Diese Aufnahme des Very Large Telescope (VLT) zeigt die Galaxie NGC 7424 im Sternbild Kranich. Das etwa 40 Millionen Lichtjahre entfernte Sternsystem wurde von John Herschel während seiner Expedition ans Kap der guten Hoffnung entdeckt.

Veränderlichkeit des →Polarsterns und leitete die ersten →Farben-Helligkeits-Diagramme für die Plejaden und die Hyaden ab. 1913 bestimmte er erstmals die Entfernung eines extragalaktischen Sternsystems, der Kleinen →Magellanschen Wolke. Außerdem lieferte er die empirische Bestätigung der →Masse-Leuchtkraft-Beziehung, klärte den Zusammenhang zwischen Periode und Lichtkurve von Delta-Cephei-Sternen (→Cepheiden) und entdeckte die Hertzsprung-Lücken in seinem berühmten Sterndiagramm.

Hertzsprung-Lücke [ˈhɛrdsbrɔŋ-; nach E. Hertzsprung], ein Gebiet im Hertzsprung-Russell-Diagramm zwischen dem Riesenast und der Hauptreihe, das nur von wenigen Sternen bevölkert ist. In diesem Areal halten sich Sterne nur eine kurze Spanne ihrer Existenz auf, während sie die längste Zeit auf der Hauptreihe verbringen.

Hertzsprung-Russell-Diagramm [ˈhɛrdsbrɔŋ ˈrʌsl-; nach E. Hertzsprung und H. N. Russell], Abk. **HRD,** Diagramm als Klassifizierungsschema für Sterne mit der Spektralklasse als Abszisse und der absoluten Helligkeit als Ordinate. Bei theoretischen Untersuchungen werden stattdessen als Abszisse die effektive Temperatur (nach links steigend) als Maß für die Energieausstrahlung je Flächeneinheit und als Ordinate die Leuchtkraft in Einheiten der Sonnenleuchtkraft als Maß für die Gesamtenergieausstrahlung aufgetragen, wodurch das HRD den Charakter eines Zustandsdiagramms für Sterne erhält. Dem HRD gleichwertig ist das →Farben-Helligkeits-Diagramm, in dem die scheinbare Helligkeit der Sterne zum Farbenindex in Beziehung gesetzt wird.

Jedem Stern entspricht ein Punkt im HRD. Die Bildpunkte der leuchtkraftstarken und heißen Sterne liegen links oben, die der leuchtkraftarmen und kühlen Sterne rechts unten. Das HRD ist nicht gleichmäßig mit Bildpunkten (vereinfacht: »mit Sternen«) besetzt: Die Mehrzahl der Sterne (**Hauptreihensterne,** auch die Sonne) liegt in einem relativ scharf begrenzten Streifen (**Hauptreihe, Zwergenast**), der sich von den O-Sternen (links oben) bis zu den M-Sternen (rechts unten) hinzieht. Die Riesensterne, die bei gleicher Spektralklasse eine wesentlich höhere Leuchtkraft, damit einen größeren Radius haben, besetzen den weniger scharf begrenzten **Riesenast.** Über ihm liegt das Gebiet der Überriesen. Etwa 1 bis 3 Größenklassen unterhalb der Hauptreihe befinden sich im Bereich der Spektralklassen F bis M die Unterzwerge, 8 bis 12 Größenklassen unterhalb der Hauptreihe im Bereich der Spektralklassen B bis G die Weißen Zwerge. In der waagerechten Verlängerung des Riesenastes hin zur Hauptreihe besteht eine auffällige Leere, die **Hertzsprung-Lücke.** Die verschiedenen Typen physisch veränderlicher Sterne bevölkern im HRD jeweils charakteristische Gebiete.

Die relative Häufigkeit einzelner Sterntypen ergibt sich aus der Besetzungsdichte der für diese Typen charakteristischen Bereiche des HRD, falls dieses nur Sterne aus einem abgeschlossenen Raumgebiet enthält. Diese relative Besetzungsdichte ist eine Folge der →Sternentwicklung: Die Sterne verändern im Laufe der Zeit Leuchtkraft und Effektivtemperatur und durchlaufen so einen »Entwicklungsweg« im HRD. Verharren sie sehr lange in einem bestimmten Zustand (z. B. im Hauptreihenzustand), häufen sie sich auf dem entsprechenden Wegstück, bei rascher Entwicklung werden hingegen nur wenig Sterne angetroffen (z. B. im Bereich der Hertzsprung-Lücke).

Hẹsperos, der →Abendstern.

Hẹss, Victor Franz (Francis), amerikanischer Physiker österreichischer Herkunft, *Schloss Waldstein (Steiermark) 24. 6. 1883, †Mount Vernon (N. Y.) 17. 12. 1964. Hess war seit 1911 Professor in Wien am Radium-Institut, seit 1920 in Graz. 1938 emigrierte er in die USA, wo er Professor an der Fordham University in New York wurde. 1911/12 gelang es Hess, in einer Reihe von Experimenten, die er teilweise in Freiballons ausführte, die →kos-

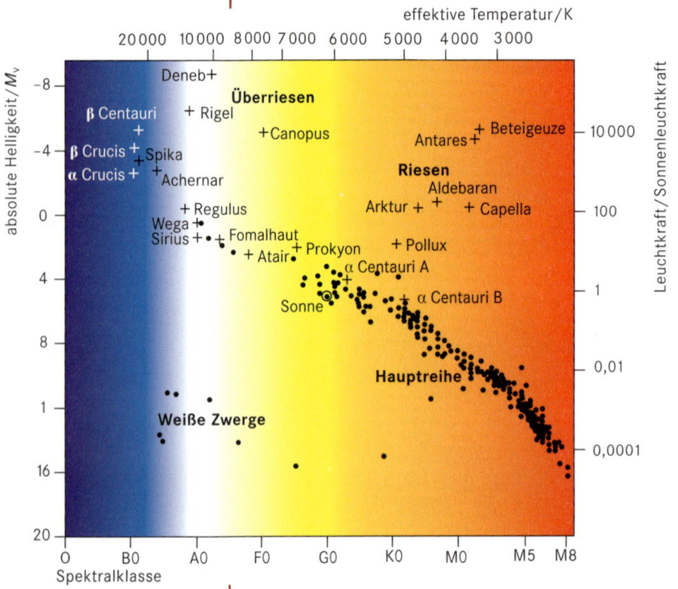

Hertzsprung-Russell-Diagramm. Die sonnennächsten Sterne (Punkte) und die Sterne mit der größten scheinbaren Helligkeit (Kreuze) im Hertzsprung-Russell-Diagramm

mische Strahlung (»hesssche Strahlung«) nachzuweisen. Die Ergebnisse blieben aber noch jahrelang umstritten; erst 1936 erhielt er für ihre Entdeckung den Nobelpreis für Physik. Hess beschäftigte sich auch mit den biologischen Auswirkungen von Gammastrahlen.

HESS [Abkürzung für englisch High Energy Stereoscopic System; auch zu Ehren von V. F. Hess benannt, dem Entdecker der kosmischen Strahlung], **H.E.S.S.,** weltweit leistungsfähigster Detektor zum Nachweis kosmischer Gammaquanten (→kosmische Strahlung) im Energiebereich oberhalb von von 50 Gigaelektronenvolt. Standort des Experiments ist das Khomas-Hochland (1 800 Meter ü. M.) in Namibia. An dem internationalen Gemeinschaftsprojekt sind 17 Institute aus Europa (Deutschland, England, Frankreich, Irland, Italien, Tschechien) sowie aus Armenien, Namibia und Südafrika beteiligt.

HESS besteht aus vier Teleskopen, die an den Eckpunkten eines Vierecks von 120 Meter Kantenlänge aufgestellt sind. Jedes Teleskop besitzt einen Durchmesser von 12 Metern, wobei jeweils 380 Einzelspiegel einen Primärspiegel mit einer Licht sammelnden Fläche von 108 Quadratmeter bilden. Im Fokus ist eine Kamera montiert. Sie besteht aus 960 Fotomultipliern, die in einer hexagonalen Matrix angeordnet sind und dem indirekten Nachweis von Gammastrahlung (→Tscherenkow-Strahlung) dienen, mit dem Ziel, durch gleichzeitige Beobachtung eines Teilchenschauers von mehreren Teleskopen aus die Einfallsrichtung der kosmischen Strahlung zu bestimmen. HESS soll v. a. die Frage nach der Herkunft der kosmischen Strahlung bei sehr hohen Energien klären. Eines der Kriterien für die Beobachtung von der Südhalbkugel aus ist die gute Sichtbarkeit des galaktischen Zentrums. (→Gammaastronomie)

Hevelius, Johannes, eigentlich **Hewel,** auch **Havelke, Hevelke** oder **Hewelke, Hewelcke,** deutscher Astronom und Instrumentenbauer, * Danzig 28. 1. 1611, † ebenda 28. 1. 1687.

■ **Ausbildung** Hevelius studierte ab 1630 in Leiden Jura und bereitete sich auf die Übernahme öffentlicher Ämter vor; nebenbei führte er Himmelsbeobachtungen durch. 1641 wurde er Mitglied des Magistrats und Ratsherr, 1649 musste er die Leitung der väterlichen Brauerei übernehmen. Dennoch fand er weiterhin Zeit, sich mit Astronomie zu beschäftigen, baute sich ein Observatorium und beobachtete sowohl mit Sextanten und Quadranten als auch mit langreichweitigen Fernrohren.

■ **Beobachtungstätigkeit** Hevelius begründete mit seinen Mondstudien die systematische Mondforschung und gab vielen Mondformationen ihre heute noch gültigen Namen. Für eine Reihe von Kometen führte er wichtige Ortsbestimmungen durch. Große Bedeutung hat auch der von seiner Frau nach Hevelius' Tod herausgegebene Sternkatalog mit 1564 Objekten. Beeindruckend ist vor allem die Genauigkeit der zusammengetragenen Daten. Der Katalog bildete für lange Zeit die Grundlage zur Herstellung von Himmelsgloben.

100563

Johannes Hevelius und seine Frau bei der gemeinsamen Beobachtung am Quadranten (Kupferstich von Isaak Saal nach Zeichnung von Andreas Stech; Danzig 1673)

■ **Fernrohrherstellung** Hevelius war auch ein begabter Handwerker und schliff sich selbst die Linsen seiner zum Teil riesigen (bis zu 45 Meter lang!) Fernrohre, entwarf deren Montierungen und stach teilweise selbst die Druckplatten seiner Abbildungen. Er fertigte detaillierte Zeichnungen und Beschreibungen seiner Instrumente an und veröffentlichte sie zusammen mit einigen tausend Beobachtungen in einem dreibändigen Werk, einem der Höhepunkte der Geschichte wissenschaftlicher Instrumente.

Hewish [ˈhjuːɪʃ], Antony, britischer Astrophysiker, * Fowey (County Cornwall) 11. 5. 1924. Hewish studierte in Cambridge und schloss sich 1946 der dortigen Radioastronomie-Gruppe unter der Leitung von M. Ryle an. Von 1971 bis 1989 war er Professor für Radioastronomie in Cambridge.

■ **Arbeitsgebiet** Als der amerikanische Astronom Rex Sandage 1960 den ersten →Quasar entdeckte, stieg das Interesse an diesen Objekten stark an. Die neuen merkwürdigen Objekte versetzten die Astronomen in helle Aufregung, beeinflussten deren Eigenschaften doch stark die Theorie, die man von der Entstehung des Weltalls hatte. Auch Hewish war von den Quasaren fasziniert und entwarf zu ihrer Beobachtung einen neuen Teleskoptyp, ein Radioteleskop in Form eines Arrays. Gemeinsam mit Studenten baute er zwischen 1965 und 1967 ein 1,8 Hektar großes Interometer-Teleskop aus mehr als 2 000 feststehenden Einzelantennen. Damit die schräg einfallenden Radiowellen an jeder Antenne mit der gleichen Phase ankommen, entwickelte Hewish einen elektronischen Phasenschieber zur Gleichrichtung. Auf diese Weise erhielt das Teleskop die notwendige hohe Auflösung, um die schwachen Radiosignale der Quasare empfangen zu können.

■ **Entdeckung** Im Juli 1967 begann die Gruppe mit der Suche nach Quasaren. Unter der Aufsicht von Hewish war die junge Doktorandin Jocelyn Bell-Burnell für das Teleskop verantwortlich. Nachdem sie acht Wochen lang täglich viele Diagramme ausgewertet hatte, fiel ihr ein Signal mit einer exakten Periode auf. Da eine außerirdische Intelligenz als Quelle des Signals nicht in Frage kam, hatte Hewishs Doktorandin ein neues Himmelsobjekt entdeckt: einen →Pulsar. Hewish erhielt für diese Leistung 1974 den Nobelpreis für Physik. Diese Preisverleihung, bei der Bell nicht berücksichtigt wurde, war in der Folgezeit immer wieder Anlass zu einer kontroversen Diskussion.

Hexa|edrit [griechisch], →Meteorite.

H I-Gebiet [»H-Eins«], Gebiet des interstellaren Raumes mit neutralem atomarem Wasserstoff. H I-Gebiete sind Gaswolken mit einer Dichte von etwa 0,1 bis 100 Atomen pro Kubikzentimeter und einer kinetischen Temperatur von typischerweise 80 bis 100 Kelvin. Von ihnen geht eine charakteristische Radiostrahlung im Wellenlängenbereich von 21,1 Zentimetern aus.

Die so genannte →Einundzwanzig-Zentimeter-Linie hat besondere Bedeutung in der Erforschung der Größe und Struktur unseres Milchstraßensystems. Mittels radioastronomischer Beobachtungen konnte aus der Bewegung und Verteilung des neutralen Wasserstoffs die großräumige Spiralarmstruktur abgeleitet werden.

In der Nähe von heißen Sternen ist der Wasserstoff ionisiert und bildet die etwa 8 000 bis 10 000 Kelvin heißen sichtbaren →Emissionsnebel; solche Raumbereiche werden als H II-Gebiete bezeichnet.

H II-Gebiet [»H-Zwei«], Gebiet des interstellaren Raumes aus ionisiertem Wasserstoff. Die Ionisierungsenergie wird durch die intensive ultraviolette Strahlung naher, heißer Sterne geliefert. Die Spektren der H II-Gebiete lassen Emissionslinien erkennen, die auf ein heißes Gas mit geringer Dichte hindeuten. Die leuchtenden Gasnebel werden deshalb auch als Emissionsnebel bezeichnet. Da Wasserstoff eine relativ niedrige Ionisationsenergie besitzt und zudem die interstellare Materie zu 80 Prozent aus Wasserstoff besteht, leuchten viele Nebel am hellsten in dem für Wasserstoff charakteristischen Rot bei einer Wellenlänge von 656,3 Nanometern (nm), der so genannten →Hα-Linie. Weitere Linien im sichtbaren Bereich sind Hβ bei 486 nm, Hγ bei 434 nm und Hδ bei 410 nm. Abhängig von Druck und Temperatur im Nebel variieren die Anteile dieser normalerweise schwächeren Linien und verschieben die Gesamtfarbe ins Rosa hinein. – Abb. S. 181

HH-Objekte, →Herbig-Haro-Objekte.

Hidạlgo, einer der sich die längste Zeit weit außerhalb des Planetoidengürtels bewegenden Planetoiden. Seine mittlere Entfernung von der Sonne ist mit 5,799 Astronomischen Einheiten etwas größer als die des Jupiter. Wegen der sehr großen Bahnexzentrizität von 0,658 liegt der sonnennächste Bahnpunkt etwas außerhalb der Marsbahn, der sonnenfernste aber jenseits der Saturnbahn; die Neigung der Bahnebene gegen die Erdbahnebene ist mit 42,6° ebenfalls sehr groß. Der Durchmesser beträgt etwa 30 Kilometer.

Hịggs-Teilchen [nach Peter Ware Higgs, * 1929], **Higgs-Boson,** ein hypothetisches massives Elementarteilchen, das im Standardmodell der Elementarteilchen »gebraucht« wird, um den anderen Teilchen – Elektron, Quarks usw. – eine Masse zu geben. Es ist das einzige Elementarteilchen, das noch nicht experimentell nachgewiesen wurde. Die Suche nach dem Higgs-Teilchen ist eine der Hauptaufgaben des voraussichtlich 2007 in Betrieb

Johannes Hevelius
*** 1611, † 1687**

- baute sich eine Privatsternwarte
- entwarf große Fernrohre
- beobachtete Mond, Sonne, Planeten und Kometen
-

Antony Hewish
*** 1924**

80041

- ab 1971 Professor für Radioastronomie in Cambridge
- unter seiner Leitung entdeckte J. Bell-Burnell 1967 den ersten Pulsar
- erhielt dafür 1974 den Nobelpreis für Physik

Himmel Die Himmelsscheibe von Nebra

101470

1999 förderten Raubgräber in einer ringförmigen Wallanlage nahe der Kleinstadt Nebra in Sachsen-Anhalt einen vorgeschichtlichen Schatz zutage, der 2002 bei einem Scheingeschäft mit Hehlern sichergestellt und dem Landesamt für Archäologie in Halle (Saale) übergeben werden konnte. Neben zwei Bronzeschwertern, einem Beil, einem Meißel und Bruchstücken zweier spiralförmiger Armreife enthielt der Fund eine kreisrunde Bronzescheibe mit Auflagen aus Goldblech, die als bisher früheste Darstellung des Kosmos interpretiert wird. Die Beifunde erlauben eine Datierung des Zeitpunkts der Vergrabung in die frühe Bronzezeit um 1600 v. Chr., ihr Herstellungsdatum wird auf 1700 bis 2100 v. Chr. geschätzt. Die Himmelsscheibe, die die Räuber für einen Eimerdeckel hielten, zeigt 32 als Sterne gedeutete Goldpunkte – darunter die Plejaden – sowie den Sichelmond und eine Goldscheibe, wohl die Sonne oder der Vollmond. Der Fundort, an dem nun weitere Grabungen stattfinden, dürfte schon in der Jungsteinzeit genutzt worden sein, möglicherweise als Observatorium; er korrespondiert mit Darstellungen auf der Scheibe.

gehenden Large Hadron Collider (LHC) am CERN in Genf.

Himalia, ein Mond des Planeten →Jupiter, der 1906 von Ch. Perrine entdeckt wurde. Sein mittlerer Durchmesser beträgt 170 Kilometer, seine siderische Umlaufperiode 250,6 Tage und seine Rotationsperiode etwa 10 Stunden. Am 19. Dezember 2000 sandte die Raumsonde →Cassini Aufnahmen Himalias zur Erde, als sie Jupiter auf ihrem Weg zum Saturn passierte. Himalia ist die Namesgeberin einer Gruppe von fünf irregulären Jupitermonden – Leda, Himalia, Lysithea, Elara und S/2000 J11 –, deren Bahnen exzentrisch sind und/oder eine deutliche Neigung gegenüber der Äquatorebene des Jupiter aufweisen. Vermutlich stammen die Monde der Himalia-Gruppe aus einem einzigen Planetoiden, der von Jupiter eingefangen wurde und infolge der Einwirkung von Gezeitenkräften auseinander brach.

Himmel [ahd. himil, wohl ursprünglich »Decke«, »Hülle«], **Himmelsgewölbe, Firmament,** das scheinbare Gewölbe, das sich über dem Horizont eines Beobachters aufspannt. Da die Entfernung zum Horizont größer wirkt als die zum Zenit, erscheint der Himmel nicht als Halbkugel, sondern als halbes Rotationsellipsoid. Die Himmelskörper werden vom Beobachter als an diese Fläche projiziert wahrgenommen.

Der Punkt am Himmel genau senkrecht über dem Beobacher ist der **Scheitelpunkt** oder **Zenit.**

Himmels|achse, →Himmelskugel.

Himmels|äquator, →Äquator.

Himmelsblau, Himmelslicht, Azur, die blaue Farbe des Himmels, die durch die Streuung des Sonnenlichts an den Molekülen der Atmosphäre und an Staubpartikeln hervorgerufen wird. Da der kurzwellige, blaue Anteil des Sonnenlichtes stärker gestreut wird, entsteht der blaue Tageshimmel. Bei hohem Wasserdampf- oder Dunstanteil der Atmosphäre erscheint der Himmel dagegen weißlich, da eine Streuung durch Partikel erfolgt, deren Dimensionen im Wellenlängenbereich des Lichtes oder darüber liegen.

Himmelsgewölbe, →Himmel.

Himmelsglobus, die kartografische Darstellung des Sternhimmels und seines Koordinatensystems auf einer Kugeloberfläche. Ein Himmelsglobus zeigt eine unverzerrte, aber spiegelbildliche Lage der Sterne, da der Beobachter in der Natur auf die »Innenseite« der Himmelskugel, bei einem Himmelsglobus aber auf dessen Außenseite schaut.

Himmelsjäger, das Sternbild →Orion.

Himmelskarten, die →Sternkarten.

Himmelskörper, Sammelbezeichnung für alle außerirdischen Körper, wie Planeten, Satelliten, Meteoroiden, Kometen, Sterne, Galaxien, im weiteren Sinn auch für alle kosmischen Objekte einschließlich der Erde.

Himmelskugel, Sphäre, Himmelssphäre, gedachte Kugel, an die – vom Betrachter aus gesehen – die Gestirne projiziert erscheinen. Die Projektion des Erdäquators auf die Himmelskugel ergibt den Himmelsäquator (→Äquator), die Verlängerung der Erdachse ins Unendliche bildet die **Himmelsachse,** die die Himmelskugel in den **Himmelspolen** durchstößt (der nördliche Himmelspol liegt gegenwärtig in der Nähe des →Polarsterns). Die astronomischen Örter der Gestirne an der

Rechte Seite:
Die Galaxie NGC 92 bildet mit ihren drei kleineren »Schwestern« eine Galaxienfamilie, die als Roberts Quartett bezeichnet wird. Mit dem Very Large Telescope wurden in NGC 92 über 200 H II-Gebiete gefunden mit Größen zwischen 500 und 1 500 Lichtjahren.

Himmelskugel werden durch die →astronomischen Koordinaten festgelegt.

Himmelskunde, die →Astronomie.

Himmelsmechanik, Teilgebiet der Astronomie, das die Bewegungen der Himmelskörper unter dem Einfluss ihrer gegenseitigen Masseanziehung (→Gravitation) behandelt. Die Himmelsmechanik umfasst u. a. die Bahnbestimmung von Planeten, Planetoiden, Kometen und Satelliten unter Beachtung aller Störungen sowie die Bewegung von Doppelsternen, ferner die Ephemeridenrechnung, mit der die Positionen von Himmelskörpern zu jedem beliebigen Zeitpunkt aus den Bahnelementen bestimmt werden. Bei der Bahnbestimmung von künstlichen Erdsatelliten und Raumsonden wird im Allgemeinen die klassische Himmelsmechanik verlassen, da auch nichtgravitative Kräfte zu berücksichtigen sind.

Mathematisch streng lösbar ist die Bewegung zweier Himmelskörper, das so genannte →Zweikörperproblem, das auf die →keplerschen Gesetze führt. Das Dreikörperproblem und darüber hinaus das →Mehrkörperproblem sind in allgemeiner, strenger Form (von wenigen speziellen Fällen abgesehen) nicht lösbar. Lösungen von Mehrkörperproblemen sind nur durch Näherungsverfahren mithilfe der astronomischen →Störungsrechnung oder rein numerisch möglich. Bei den numerischen Verfahren geht man von einem Anfangszeitpunkt aus, für den die Örter und Geschwindigkeiten aller beteiligter Körper nach Größe und Richtung bekannt sind, und berechnet die auf jeden einzelnen Körper infolge der Masseanziehung aller anderen Körper wirkende Beschleunigung, womit Ort und Geschwindigkeit jedes Körpers für einen etwas späteren Zeitpunkt bestimmt sind.

Himmelspole, →Himmelskugel.

Himmelssphäre, die →Himmelskugel.

Himmelsstrahlung, diffuse Himmelsstrahlung, die vom Himmel kommende elektromagnetische Strahlung mit Ausnahme der direkten Sonneneinstrahlung. Man unterscheidet kurzwellige und langwellige Himmelsstrahlung. Die **kurzwellige Himmelsstrahlung** mit Wellenlängen unterhalb 3 µm wird tagsüber von in der Atmosphäre gestreutem oder an Wolken reflektiertem Sonnenlicht gebildet (ihr sichtbarer Anteil wird auch als Himmelslicht bezeichnet), in der Nacht aus dem Sternlicht, dem Polar- und Zodiakallicht sowie dem von terrestrischen Lichtquellen stammenden Streulicht. Die kurzwellige Himmelsstrahlung bildet zusammen mit der direkten Sonnenstrahlung die Globalstrahlung. Die **langwellige Himmelsstrahlung** hat Wellenlängen über 3 Mikrometer und ist als Wärmestrahlung der absorbierenden Atmosphärenbestandteile permanent vorhanden (atmosphärische Gegenstrahlung). Sie wird v. a. von Kohlendioxid, Wasserdampf u. a. atmosphärischen Aerosolen emittiert und ist die Ursache für den Treibhauseffekt.

■ **Polarisation** Die Himmelsstrahlung des wolkenlosen Himmels ist teilweise polarisiert. Die Polarisationsrichtung verläuft entweder senkrecht (positive Polarisation) oder parallel (negative Polarisation) zu der durch Beobachter, Sonne und anvisiertem Himmelspunkt gebildeten Ebene. Auf dem durch Sonne und Zenit gehenden Großkreis gibt es drei **neutrale Punkte,** die die Polarisationsgebiete trennen und selbst unpolarisiertes Licht liefern: der **Brewster-Punkt** zwischen Sonne und Horizont, der **Babinet-Punkt** zwischen Sonne und Zenit und der **Arago-Punkt** auf der der Sonne abgewandten Seite zwischen Zenit und Horizont.

Himmels-W, umgangssprachliche Bezeichnung für das Sternbild →Kassiopeia, die sich aus der relativen Lage der Hauptsterne ableitet.

Hindscher Nebel, T-Tauri-Nebel, ein Reflexionsnebel (NGC 1554–1555) im Sternbild →Stier.

Hinterdeck, das Sternbild →Heck des Schiffes.

Hintergrundstrahlung, 1) →kosmische Hintergrundstrahlung. **2)**→Röntgenhintergrundstrahlung.

Hipparch, griechisch **Hipparchos, Hipparch von Nikaia,** griechischer Astronom, Mathematiker und Geograf, * Nikaia (Bithynien, heute İznik, Türkei) um 194 v. Chr., † um 120 v. Chr.

Wie bei den meisten antiken Gelehrten, ist nur wenig über Hipparchs Lebens bekannt. Nach seiner Ausbildung, vermutlich in Alexandria, errichtete er eine Sternwarte auf Rhodos und erfand viele astronomische Instrumente, die über Jahrhunderte benutzt wurden. Er war gleichermaßen als praktischer Beobachter wie als theoretischer Astronom bedeutend. Auf der Grundlage eigener Beobachtungen bestimmte er die Elemente der Mond- und Sonnenbewegung, berechnete die Länge des Jahres und fand die wichtigste Ungleichheit der Mondbahn als Voraussetzung für eine verbesserte Berechnung der Mondbewegung. Er schuf einen Sternkatalog mit den Positionen von etwas mehr als tausend der hellsten Sterne, der erste seiner Art und Grundlage für eine bedeutende Entdeckung: Beim Vergleich seiner Beobachtungen mit älteren Aufzeichnungen fand Hipparch eine gleichmäßige Verschiebung von Westen nach Osten und hatte damit die Präzession – die Bewegung der Erdachse um den Pol der Ekliptik – entdeckt. Der Katalog ist leider nicht erhalten, Ptolemäus hat ihn jedoch verwertet, woraus sich Hipparchs Beobachtungen rekonstruieren lassen. Hipparch setzte aus Aristarchs Arbeiten auf dem Gebiet der Größen-

Hipparch
*** um 194 v. Chr.,**
† um 120 v. Chr.

100563

- gilt als der größte Astronom des Altertums
- entdeckte die Präzession
- schuf das Modell der epizyklischen Planetenbewegungen
- führte die Trigonometrie in die Astronomie ein

und Entfernungsbestimmung von Sonne und Mond fort. Er benutzte dabei nicht nur Aristarchs Mondfinsternismethode, sondern bestimmte auch die Parallaxe des Mondes, aus der die Mondentfernung berechnet werden kann. Dazu sind Winkelfunktionen nötig, die zwar damals schon bekannt waren, aber Hipparch war der Erste, der genaue Tabellen aufstellte. Er gilt deshalb als der Schöpfer der Trigonometrie. Er erhielt für die Entfernung des Mondes 60 Erdradien, den korrekten Wert.

■ **Hipparchs Weltsystem** Hipparchs ehrgeizigstes Werk war jedoch eine neues Bild des Universums, das Eudoxos' System ersetzte. Dessen Weltraum war durch die Erweiterungen von Aristoteles u.a. mit so vielen zusätzlichen Sphären versehen worden, dass das System unübersichtlich wurde. In Hipparchs Modell der epizyklischen Planetenbewegung bewegt sich ein Planet nicht direkt um die Erde bzw. die Sonne, sondern beschreibt eine kreisförmige Bewegung zunächst auf einem Aufkreis, dem Epizykel, dessen Mittelpunkt seinerseits auf einem Trägerkreis, dem Deferenten, läuft. Durch Anpassung der Umläufe der Kreise usw. konnte Hipparch die tatsächliche Planetenbewegung darstellen; er verbesserte das System noch durch die Einführung der Exzentrizitäten, d.h., der Mittelpunkt eines Planeten liegt nicht im Zentrum der Erde, sondern in einem fiktiven Punkt im Raume in der Nähe des Erdmittelpunkts, der sich selbst wieder um den Erdmittelpunkt dreht. Hipparchs Weltmodell war bis etwa 1600 das verbindliche System der Planetentheorie.

Von Hipparchs Schriften ist lediglich der Kommentar zu den »Phainomena« des Eudoxos von Knidos und des Arat erhalten. Zahlreiche andere Werke sind verschollen und nur aus Zitaten späterer Gelehrter bekannt. Dazu gehören auch Schriften, die Hipparch als eine Autorität der Astrologie ausweisen.

Hipparcos [Kurzbezeichnung für engl. **h**igh **p**recision **pa**rallaxe **co**llecting **s**atellite; »Parallaxe(n) mit hoher Genauigkeit sammelnder Satellit«], 1989 gestarteter, bis 1993 betriebener Astrometriesatellit der ESA. Obwohl sich der Satellit aufgrund eines technischen Defektes nicht auf die geplante geostationäre Umlaufbahn bringen ließ und in der langelliptischen Transferbahn zwischen etwa 500 und 36000 Kilometer Höhe verblieb, konnte die Mission erfolgreich durchgeführt werden. Rund 120000 ausgewählte Sterne des Milchstraßensystems wurden mit 10- bis 100-mal größerer Genauigkeit als von der Erde aus vermessen. Die Position, Entfernung und Eigenbewegung dieser Sterne konnte bis auf etwa 0,002 Bogensekunden und die Geschwindigkeit bis auf einige Hundert Meter pro Sekunde bestimmt werden. Zudem legte Hipparcos die Position von rd. 1 Mio. Sternen bis auf 0,03 Bogensekunden genau fest. Daneben wurden Helligkeitsschwankungen einiger Hunderttausend Sterne gemessen und Tausende Doppelsternsysteme entdeckt. Die Ergebnisse sind im Hipparcos- und im Tycho-Katalog zusammengefasst.

2621

Hipparcos. Mithilfe des Astrometriesatelliten Hipparcos (gezeigt ist ein Modell) konnten rund 120000 Sterne bis zu hundertmal genauer als von der Erde aus vermessen werden.

Hirtenmonde, Schäferhundmonde, Wächtermonde, kleinere Satelliten, die knapp innerhalb oder außerhalb eines Planetenrings laufen und die Bewegung von den Teilchen im Ring regulieren. Die Anziehungskraft der Monde zieht Teilchen auf neue Umlaufbahnen und erzeugt so charakteristische Bänder und Lücken. Saturn besitzt acht solcher Monde, der Uranus zwei; diese heißen Cordelia und Ophelia.

Hobby-Eberly-Teleskop [nach William P. Hobby, * 1878, † 1964, und Robert E. Eberly, * 1918, † 2004], Abkürzung **HET**; am →McDonald-Observatorium errichtetes amerikanisch-deutsches Teleskop. Der sphärische Hauptspiegel mit Abmessungen von 10 × 11 Metern ist aus 91 sechseckigen Einzelspiegeln mit je einem Meter Durchmesser zusammengesetzt. Das Teleskop hat eine feste Höheneinstellung von 55 Grad, die Nachführung bei den Beobachtungen geschieht durch azimutale Drehung des Instruments. Im Laufe eines Jahres können alle Objekte im Deklinationsbereich von −10 bis +71 Grad erfasst werden. Mithilfe einer speziellen Führung der Empfangseinrichtung (Fotometer, Spektrograf) sind Beobachtungszeiten bis zu 2,5 Stunden möglich, wobei der effektiv genutzte Spiegeldurchmesser 9,2 Meter beträgt. Von deutscher Seite sind die Universitäten Göttingen und München beteiligt.

Hoffmeister, Cuno Friedrich Ludwig, deutscher Astronom, * Sonneberg (Thüringen) 2. 2. 1892, † ebenda 2. 1. 1968; ursprünglich Kaufmann. Hoffmeister war der Gründer (1925) und Direktor der Sternwarte Sonneberg. Er leistete bedeutende Arbeiten und Entdeckungen zu Veränderlichen und arbeitete darüber hinaus auf dem Gebiet der Meteore, Kometen und des Zodiakallichts.

Höhe, eine der Koordinaten des Azimut- oder Horizontsystems (→astronomische Koordinaten). Die Höhe ist der Winkelabstand eines Gestirns vom →Horizont, gemessen auf dem Vertikalkreis. Die größte Höhe erreicht ein Gestirn bei der scheinbaren täglichen Himmelsdrehung im Meridian, wobei sie in Richtung auf den Zenit ein positives, in Richtung auf den Nadir ein negatives Vorzeichen (negative Höhe) erhält. Die scheinbare Höhe ist der Winkel zwischen scheinbarem Horizont und den Richtungen zum Gestirn, die korrespondierende Höhe ist die Höhe vom gleichen Betrag vor und nach dem Meridiandurchgang (mit unterschiedlichen Vorzeichen).

Höhenstrahlung, die →kosmische Strahlung.

Hohlspiegel, Konkavspiegel, ein gewölbter →Spiegel, dessen hohle Fläche dem Licht zugewandt ist.

Hohmann-Bahnen, von dem deutschen Ingenieur Walter Hohmann (*1880, †1945) um 1925 berechnete interplanetare Flugbahnen, beispielsweise zwischen Erde und Mond. Sie spielen für Flüge von Raumsonden eine wichtige Rolle und gewährleisten ein Minimum an Antriebsenergie.

holländisches Fernrohr, →Fernrohr.

Holosiderit, →Meteorit, der aus Nickeleisen besteht.

Homogenitätspostulat, eine Grundhypothese der Kosmologie, die besagt, dass es im Mittel keinen durch eine besondere Eigenschaft hervorgehobenen Punkt im Weltall gibt, im engeren Sinn wird ein Mittelpunkt des Weltalls verneint: Der gesamte Raum ist – über größere Bereiche gemittelt – gleichmäßig mit Materie erfüllt und expandiert gleichförmig (→kosmologisches Prinzip).

homozentrische Sphären, ein System von Kugelschalen als Kernstück der von Eudoxos von Knidos (*etwa 400 v. Chr., †etwa 350 v. Chr.) um 370 v. Chr. aufgestellten Theorie der Planetenbewegung. Nach ihr wird die Bewegung jedes Planeten durch das Zusammenwirken von sich gleichförmig um verschiedene Pole drehenden Sphären gedeutet, wobei die Drehungspole jeder Sphäre fest mit der nächsten verbunden sind. Aristoteles hat diese Theorie in seine Ätherphysik übernommen. Er sah die notwendigen 27 Sphären als Kristallschalen, deren äußerste, der Sternhimmel, sich an einem Tag einmal um seine Achse dreht. Als Mittelpunkt aller Sphären wurde die ruhende Erde angesehen. Bis in das ausgehende Mittelalter wurde diese Lehre in modifizierter Form (Erhöhung der Anzahl der Sphären auf 55, Einfügung zurückrollender Sphären) als verbindlich angenommen.

Homunculus-Nebel, NGC 3372, diffuser Nebel im Sternbild →Kiel des Schiffes um den Stern →Eta Carinae herum, der bei einem Ausbruch des Sterns vor etwa 170 Jahren entstand. Er bietet die Möglichkeit, die Entfernung zu Eta Carinae spektroskopisch mithilfe der Doppler-Verschiebung (→Doppler-Effekt) zu bestimmen.

Hooker-Reflektor ['hu:kə-], der 2,5-Meter-Spiegel des Mount-Wilson-Observatoriums, benannt nach John D. Hooker, der den Bau dieses Teleskops durch eine Stiftung ermöglichte.

Horizont [lateinisch horizon, horizontis, von griechisch horízōn (kýklos) »begrenzend(er Kreis)«] *der, -(e)s/-e,* **1) scheinbarer Horizont,** die Schnittlinie einer senkrecht zum Lot durch den Fußpunkt des Beobachters gelegten Ebene mit der →Himmelskugel; der **wahre Horizont** ist die Schnittlinie der senkrecht zum Lot am Beobachtungsort durch den Erdmittelpunkt gelegten Ebene mit der Himmelskugel. Er ist parallel zum scheinbaren Horizont und gegenüber diesem um den Erdradius verschoben. (→künstlicher Horizont)

2) absoluter Horizont, in der *Relativitätstheorie* die Grenze der Menge von Ereignissen, die von einer bestimmten Weltlinie aus mit einem Signal nicht erreicht werden können. Von dort kann auch kein Signal die Weltlinie erreichen. Der **Ereignishorizont** ist eine Hyperfläche im Raum-Zeit-Kontinuum, von der ab alle Signale, die von jenseits dieser Grenze ausgehen, die Weltlinie eines Beobachters nicht erreichen können, während Signale des Beobachters aber dorthin gelangen können. Beim **Partikelhorizont** ist es genau umgekehrt. Der Horizont ist eine Eigenschaft des kosmologischen Weltmodells.

horizontale Montierung, →Fernrohrmontierung.

Horizontproblem, Bezeichnung für das Problem des Standardmodells der Kosmologie, die räumliche Isotropie der →kosmischen Hintergrundstrahlung zu erklären. Diese Strahlung, die aus entgegengesetzten Richtungen des Universums die Erde erreicht, hat praktisch stets dieselbe Temperatur, obwohl die Bereiche, von denen die Strahlung emittiert wurde, zu keiner Zeit in kausalem Kontakt waren. Das Standardmodell kann dies nur mit der unnatürlichen Annahme erklären, dass das Universum zu einem frühen Zeitpunkt über den kausalen Horizont, d. h. über die Grenze zu diesen Bereichen, hinaus homogen war. Bei Existenz einer inflationären Expansion dagegen hätten alle Bereich des heute sichtbaren Universums vor dieser Inflation bereits vorübergehend in Wechselwirkung gestanden (→Kosmologie).

Horizontsystem, Horizontalsystem, →astronomische Koordinaten.

Horologium [griechisch-lat.], wissenschaftlicher Name des Sternbilds →Pendeluhr.

Horrebow-Talcott-Methode ['hɔrəbɔu̯ 'tɔ:lkət-; nach dem dänischen Astronomen Peder Horrebow (* 1679, † 1764) und dem amerikanischen Ingenieur Andrew Talcott (* 1797, † 1883)], sehr genaues Verfahren zur Bestimmung der geografischen →Breite. Mit einem Zenitteleskop (stationär oder transportabel als Universalinstrument) werden die Meridiandurchgänge von zwei zenitnahen Sternen (Nord- und Südstern mit etwa gleicher Zenitdistanz) beobachtet. Die Differenz der Zenitdistanzen wird mit einem Okularmikrometer gemessen, wobei eine spezielle »Horrebow«-Libelle die Horizontierung gewährleistet.

Horrocks ['hɔrəks], **Horrox, Horrocius,** Jeremiah, englischer Astronom, * in der County Lancashire um 1619, † Toxteth Park (heute zu Liverpool) 13. 1. 1641. Horrocks beobachtete 1639 einen von ihm selbst vorherberechneten Venusdurchgang (»Venus in Sole visa«, herausgegeben von J. Hevelius, 1662) und entdeckte als Erster Störungen der Bahnen von Jupiter und Saturn.

Hot Spot ['hɔt 'spɔt; englisch »heiße Stelle«] *der,* - *-(s)/-* *-s,* lokales Gebiet in astronomischen Objekten mit deutlich erhöhter Temperatur. Hot Spots können verschiedene Ursachen haben. Bei →kataklysmischen Veränderlichen stellen sie Gebiete des Hauptreihensterns dar, die durch einen heißen kompakten Begleitstern aufgeheizt werden. →Herbig-Haro-Objekte senden dagegen stellare →Jets aus, die beim Auftreffen auf die interstellare Materie einen Hot Spot erzeugen. Dort wird in einer Stoßfront das Gas extrem aufgeheizt. Dasselbe Phänomen zeigt sich auf größerer Skala in den Jets von →Radiogalaxien.

Hoyle [hɔɪl], Sir Fred, britischer Astronom und Mathematiker, * Bingley (bei Bradford) 24. 6. 1915, † Bournemouth 20. 8. 2001; 1945–72 Hochschullehrer in Cambridge, 1958–72 Professor für Astronomie und experimentelle Philosophie; leitete 1966–72 das Cambridge Institut für Theoretische Astronomie, dessen Mitbegründer er war, sowie 1971–73 die Königliche Astronomische Gesellschaft. Hoyle lieferte wesentliche Beiträge zur Steady-State-Theorie in der Kosmologie, zur Panspermielehre und formulierte eine Theorie der Elemententenentstehung durch Kernfusion. Hoyle ist auch Autor zahlreicher Science-Fiction-Romane, darunter »The Black Cloud«, in dem erzählt wird, dass der Großteil intelligenten Lebens im Universum die Form interstellarer Gaswolken annehme, die überrascht seien, dass sich intelligentes Leben auch auf Planeten bilden könne. Sein bekanntestes Werk »A for Andromeda« wurde auch als Fernsehserie umgesetzt.

HRSC [englisch], Abkürzung für **High Resolution Stereo Camera,** Stereokamera, mit deren Hilfe hochauflösende, dreidimensionale und farbige Karten von Planetenoberflächen angefertigt werden können. Die Kamera wurde für die Marsmission 1996 (Mars 96) entwickelt und befindet sich (in weiterentwickelter Form) auf der Marssonde →Mars Express. Die Kamera enthält mehrere →CCD-Zeilen, welche dieselbe Stelle aus verschiedenen Winkeln aufnehmen, woraus sich die dreidimensionale Karte berechnen lässt. Zusätzliche Spektralfilter liefern die Farbigkeit.

100562

HRSC. Bild der hochauflösenden Stereokamera HRSC des Gebiets der so genannten Acheron Fossae auf dem Mars. Geologische Prozesse haben über Milliarden von Jahren den 55 Kilometer großen Einschlagkrater regelrecht zerteilt. Intensive Erosionsprozesse verschütteten die Gräben im Innern des Kraters später wieder mit Material von den zwei Kilometer hohen Kraterrändern und von außerhalb des Kraters.

Hubble [hʌbl], Edwin Powell, amerikanischer Astronom, * Marshfield (Mo.) 20. 11. 1889, † San Marino (Calif.) 28. 9. 1953.

■ **Werdegang** Hubble zeigte schon früh Interesse für astronomische Probleme und wurde während seines Studiums der Mathematik und Astronomie ab 1906 in Chicago u. a. von G. E. Hale stark geprägt. Da er auch ein talentierter Boxer war, versuchte man, ihn zu einer Sportlerkarriere zu überreden. Hubble setzte jedoch 1910 seine Ausbildung in Oxford (England) fort, wo er Jura studierte, und arbeitete nach seiner Rückkehr 1912 in die USA zunächst als Rechtsanwalt, bevor er sich 1914 am Yerkes-Observatorium wieder der Astronomie zuwandt. 1917 promovierte er mit einer Klassifikation verschiedener Nebeltypen. Nach dem Ersten Weltkrieg, den Hubble als Major in Deutschland und Frankreich verbrachte, begann er seine Tätigkeit am →Mount-Wilson-Observatorium, das von Hale geleitet wurde und das damals das weltweit größte Spiegelteleskop besaß. Der Zweite Weltkrieg unterbrach Hubbles Karriere abermals; anschließend fungierte Hubble als Chairman des Mount-Wilson- und des →Mount-Palomar-Observatoriums, wo nun das größte Spiegelteleskop der Welt stand. Bei seinen Mitmenschen galt Hubble als Sonderling, der ausschließlich für seine Arbeit lebte.

■ **Bedeutende Entdeckungen** Mithilfe des 2,5-Meter-Teleskops des Mount-Wilson-

100001

Hubble. Eines der bedeutendsten Instrumente der Astronomie wurde nach dem amerikanischen Astronomen Edwin Hubble benannt: das Hubble-Weltraumteleskop.

Observatoriums gelang es Hubble, die Randpartien zweier Spiralgalaxien (des →Andromedanebels M 31 und M 33) in Einzelsterne aufzulösen, wobei er auch veränderliche Sterne entdeckte, für die der Zusammenhang zwischen Periode und absoluter Helligkeit bereits bekannt war. Dadurch gelang es Hubble, die Entfernung des Andromedanebels zu bestimmen. In den folgenden Jahren baute Hubble den neuen extragalaktischen Forschungszweig weiter aus und entwarf das heute noch gültige Klassifikationsschema für Galaxien, das auch eine wichtige Rolle für die Entwicklungsgeschichte des Kosmos spielt. Deren zentrales Merkmal ist die Expansion des Universums, die von Hubble 1929 erkannt wurde, als er den Zusammenhang zwischen der Radialgeschwindigkeit und der Entfernung einer Galaxie entdeckte (→Hubble-Effekt). Diese Expansion bildet die Grundlage der modernen Kosmologie.

Edwin Hubble
*** 1889, † 1953**

100562

- arbeitete am Mount-Wilson-Observatorium
- bestimmte die Entfernung zum Andromedanebel
- entdeckte die Expansion des Universums (Hubble-Effekt)

Hubble-Effekt ['hʌbl-; nach E. P. Hubble], die aufgrund der allgemeinen Expansion des Weltalls bestehende Beziehung zwischen der Entfernung der extragalaktischen Sternsysteme vom Milchstraßensystem und der in den Spektren der Systeme gemessenen systematischen Linienverschiebung nach größeren Wellenlängen (→Rotverschiebung). Die beobachtete Rotverschiebung ergibt sich aufgrund des →Doppler-Effekts. Misst man die Entfernung r eines Sternsystems vom Milchstraßensystem in Mpc, lässt sich der Hubble-Effekt durch die Gleichung $\upsilon = H_0 r$ ausdrücken, wenn υ (in km/s) die aus der Rotverschiebung berechnete Radialgeschwindigkeit (Fluchtgeschwindigkeit) bedeutet. H_0 bezeichnet man als Hubble-Konstante oder →Hubble-Parameter. Der Hubble-Effekt lässt sich zur Entfernungsbestimmung weit entfernter extragalaktischer Sternsysteme heranziehen.

Hubble-Nebel ['hʌbl-; nach E. P. Hubble], **Hubbles veränderlicher Nebel,** der Gasnebel NGC 2261 um den Stern R Monocerotis im Sternbild →Einhorn.

Hubble-Parameter ['hʌbl-; nach E. P. Hubble], **Hubble-Konstante,** Formelzeichen H_0, Proportionalitätsfaktor in der aufgrund des →Hubble-Effekts bestehenden Beziehung zwischen der Expansionsgeschwindigkeit extragalaktischer Sternsysteme und ihrer Entfernung vom Milchstraßensystem; fundamentaler Parameter der Kosmologie. Sein Wert ist noch relativ unsicher. Die Messwerte streuen je nach Bestimmungsmethode in einem weiten Intervall um etwa (65 ± 15) km/(s · Mpc); z. B. ergaben Beobachtungen unter Zuhilfenahme von Cepheidenabstandsmessungen zu 31 Galaxien mit dem Hubble-Weltraumteleskop (2001) einen Wert von $H = (71 \pm 6)$ km/(s · Mpc). Der Hubble-Parameter ist eine mit zunehmendem Weltalter veränderliche Größe; die Bezeichnung H_0 weist darauf hin, dass sich die Messungen auf das gegenwärtige Alter t_0 des Kosmos beziehen. Neuere Untersuchungen haben festgestellt, dass die Expansionsgeschwindigkeit seit einigen Milliarden

80662

Hubble-Weltraumteleskop. Eine der ersten Aufnahmen der Advanced Camera for Survey (ACS) des Weltraumteleskops Hubble aus dem Jahr 2002 zeigt die Kaulquappengalaxie (Arp 188) im Sternbild Drache mit ihrem auffälligen Schwanz. Dieser besteht aus einer Ansammlung massereicher hellblauer Sterne und hat eine Länge von etwa 280 000 Lichtjahren.

Jahren zunimmt, anstatt – wie das Standardmodell der Kosmologie vorhersagt – abzunehmen. Diese zunehmende Expansion wird durch Postulieren einer so genannten →Dunklen Energie zu erklären versucht. Der Kehrwert des Hubble-Parameters (die **Hubble-Zeit** oder das **Hubble-Alter**) gibt den Zeitraum seit Expansionsbeginn des Weltalls unter der (unzutreffenden) Annahme einer zeitlich konstanten Expansionsgeschwindigkeit an. (→Kosmologie)

Hubble Ultra Deep Field, Aufnahme des Hubble-Weltraumteleskops, die den bislang tiefsten Blick in das Universum darstellt. Sie wurde zwischen dem 24. September 2003 und dem 16. Januar 2004 mit der Advanced Camera for Surveys (ACS) und dem Near Infrared Camera and Multi-object Spectrometer (NICMOS) erstellt und setzt sich aus jeweils 55 Minuten langen Belichtungen zusammen, die bei jeder der 412 Erdumrundungen in dieser Zeit gewonnen wurden. Die Aufnahme zeigt etwa 10 000 Galaxien, darunter einige der am weitesten entfernten und jüngsten Galaxien, die je beobachtet wurden. Manche der fotografierten Galaxien sind so lichtschwach, dass das Hubble-Weltraumteleskop von ihnen nur rund ein Photon pro Minute empfangen konnte.

Hubble-Weltraumteleskop [ˈhʌbl-; nach E. P. Hubble], **Hubble Space Telescope** [-ˈspeɪs ˈtelɪskəʊp, engl.], Abk. **HST,** das gegenwärtig größte optische und Ultraviolett-Observatorium im Weltraum, das 1990 als gemeinsames Projekt von NASA und ESA gestartet wurde (Masse 11,6 t, Länge 13,1 m, maximaler Durchmesser 4,3 m, Durchmesser des Hauptspiegels 2,4 m). Das Hubble-Weltraumteleskop befindet sich auf einer kreisförmigen Umlaufbahn in etwa 600 km Höhe und dient (außerhalb der störenden Atmosphäre) der Beobachtung sehr lichtschwacher galaktischer Objekte. Zu den Beobachtungsinstrumenten gehören Kameras mit Spektrografen und Fotometern; zur Stromversorgung dienen Solarzellen, zur Funkverbindung mit der Erde entsprechende Antennen.

■ **Wartung** In mehreren Missionen wurden inzwischen Reparatur- und auch Modernisierungsarbeiten durchgeführt. Da der 2,4-m-Hauptspiegel infolge eines Fehlschliffs zunächst keine optimal scharfen Bilder lieferte, wurde während einer Spaceshuttle-Mission (Dezember 1993) eine Korrekturoptik in das Hubble-Weltraumteleskop eingebaut, wodurch das Auflösungsvermögen nahe dem theoretisch möglichen Wert liegt. Bei weiteren Missionen wurden u. a. zwei Spektrografen durch empfindlichere und der Teleskopoptik besser angepasste ersetzt, wodurch sich ein größerer Spektralbereich erfassen lässt (Februar 1997), sowie Reparatur- und Modernisierungsarbeiten, u. a. der Gyroskope und am Bordcomputer (Dezember 1999), durchgeführt. Bei der vierten Wartungsmission (März 2002) wurde das Hubble-Teleskop mit neuen Solarzellenauslegern und einer neuen, leistungsfähigeren Hauptkamera ausgerüstet; außerdem erfolgte die Erneuerung eines Kühlsystems für einen Infrarotsender.

209

Hubble-Weltraumteleskop. Ein Astronaut bei Wartungsarbeiten am Hubble-Weltraumteleskop

■ **Beobachtungen mit dem Hubble-Weltraumteleskop** Mit dem Hubble-Weltraumteleskop werden sowohl Objekte des Planeten- (z. B. Zwergsatelliten) als auch des Milchstraßensystems (z. B. Sterne, interstellare Wolken) sowie extragalaktische Sternsysteme untersucht. Das Hubble-Weltraumteleskop hat zahlreiche Aufsehen erregende Entdeckungen geliefert; u. a. gelangen die erstmalige Beobachtung von Delta-Cephei-Sternen in Galaxien des Virgo-Haufens, die zur Neuberechnung des Hubble-Parameters führte, sowie die bisher am weitesten reichende Aufnahme eines Himmelsareals, das →Hubble Ultra Deep Field. Mit dem Hubble-Weltraumteleskop be-

Hubble-Weltraumteleskop
→ GEO **Dossier**
Vorstoß in die Tiefe des Raumes, Bd. 5

Steven Beckwith, Direktor des Space Telescope Science Institute, beschreibt den immensen Fortschritt, den die Beobachtungen mit dem im Weltraum befindlichen und von der Erdatmosphäre unbeeinflussten **Hubble-Weltraumteleskop** brachten:

»Plötzlich boten bereits vollständig erforschte Objekte eine Reihe von Neuentdeckungen. Wir konnten die Granularität von Nebelflecken sehen, wir konnten einzelne Sterne in weit entfernten Galaxien erkennen, wir konnten die Struktur interstellarer Wolken unterscheiden, und wir sahen kleine Objekte innerhalb und vor diesen Wolken, die uns vorher unbekannt waren. Das Ergebnis ist eine Schatzkiste spektakulärer Bilder.«

Hubble-Weltraumteleskop Fantastische Bilder des Kosmos

Die Zukunft des Weltraumteleskops Hubble ist ungewiss, obwohl seine Verdienste unbestritten sind. Dank dieser Mission konnte die Menschheit nicht nur einen tiefen Blick in die Vergangenheit des Universums werfen, Hubble lieferte auch ständig Bilder, die einer breiten Öffentlichkeit die farbenfrohe Schönheit des Alls vor Augen führte. Viele der atemberaubenden Aufnahmen wurden von den Wissenschaftlern mit Kunstwerken verglichen. So erinnerte der Anblick des Sterns V838 Monocerotis die beobachtenden Astronomen an Vincent van Goghs Gemälde einer Sternennacht. Es war ein grandioses Himmelsschauspiel in der Milchstraße, als Monocerotis sich 2002 plötzlich aufblähte und letztlich 600 000-mal intensiver als unsere Sonne leuchtete. Das spektakuläre Lichtecho des kalten Superriesen hatte einen Durchmesser von 13,6 Lichtjahren. V838 Monocerotis findet sich in einer Distanz von ungefähr 20 000 Lichtjahren zur Erde im Sternbild Einhorn (Monoceros).
Woher die ungeheuren Energiemengen einer solchen Explosion stammen, ist den Astronomen immer noch ein Rätsel.

obachtete man u.a. auch die »Geburtsorte« junger Sterne, aber auch neu entstandene Sternhaufen. Dabei entdeckte man zahlreiche Sterne, die von Staubscheiben umgeben sind. Genau solche Scheiben verlangt die Theorie als Voraussetzung für die Entstehung von Planeten. In einer solchen Staubscheibe konnten Unregelmäßigkeiten beobachtet werden, die beispielsweise durch einen oder mehrere junge Planeten hervorgerufen worden sind. Bei Beobachtungen von Objekten im Planetensystem konnten mit dem Hubble-Teleskop die ersten detaillierten Aufnahmen von der Oberfläche des Pluto, des sonnenfernsten Planeten des Sonnensystems, gewonnen werden. Auf diesem Planeten, der kleiner ist als der Mond, konnten so zum ersten Mal einzelne Oberflächenstrukturen sichtbar gemacht werden.

Die hellsten Sterne des Sternbilds Großer Hund

Name		Helligkeit visuelle	Helligkeit absolute	Spektralklasse	Entfernung in Lichtjahren
α	(Sirius)	$-1^{m}{,}5$	1^{M}	A0	8,6
ε	(Adhara, Adara)*)	$1^{m}{,}5$	-4^{M}	B2	430
δ	(Wezen)	$1^{m}{,}8$	-7^{M}	F8	2 000
β	(Mirzam, Murzim)**)	$2^{m}{,}0$	-4^{M}	B1	500
η	(Aludra)*)	$2^{m}{,}4$	-7^{M}	B5	2 500 bzw. 600
ζ	(Furud, Phurud)*)	$3^{m}{,}0$	-2^{M}	B3	350 bzw. 800
o^2		$3^{m}{,}0$	-7^{M}	B3	2 500
σ		$3^{m}{,}5$	-4^{M}	K7	1 200
κ*) **)		$3^{m}{,}5-4^{m}{,}0$	-4^{M}	B2	800
o^1**)		$3^{m}{,}8-4^{m}{,}0$	-5^{M}	K3	2 000
ω**)		$3^{m}{,}6-4^{m}{,}2$	-4^{M}	B2	1 000
ν^2		$4^{m}{,}0$	2^{M}	K1	65

*) Doppelstern **) Veränderlicher

■ **Die Zukunft des Hubble-Weltraumteleskops** 2005 hat das Weltraumteleskop das Ende seiner auf fünfzehn Jahre ausgelegten Lebensdauer erreicht. Nach derzeitigen Planungen könnte es bis etwa 2010 weiter betrieben werden, wenn der für 2006 oder 2007 konzipierte, derzeit aber abgesagte Wartungsflug durchgeführt würde. Ansonsten endet der Betrieb 2007. Das Hubble-Weltraumteleskop soll durch das zurzeit in der Planungsphase befindliche Nachfolgerprojekt, das »Next Generation Space Telescope, Abkürzung NGST«, fortgeführt werden. Dieses soll nach dem Amerikaner James Edwin Webb (*1906) benannt werden, der 1961–68 zweiter Administrator der NASA und Mitinitiator zahlreicher Weltraummissionen war, u.a. des Apollo-Programms. Das James Webb Space Telescope wird deutlich leistungsfähiger sein als das Hubble-Observatorium.

Huggins [ˈhʌgɪnz], Sir (seit 1897) William, britischer Astronom, *London 7. 2. 1824, †Tulse Hill (bei London) 12. 5. 1910. Huggins nahm 1863 erstmals die Spektralanalyse des Sternlichts vor und wurde damit zum Begründer der Sternspektroskopie. 1864 wies er spektroskopisch die Existenz von Gasnebeln nach und gewann 1866 erste Einblicke in den chemischen Aufbau von Novae und Kometen. 1868 erkannte er die Auswirkungen des

→Doppler-Effekts auf das Spektrum des Sirius und untersuchte Radialgeschwindigkeiten von Sternen.

Hüllenstern, Shell-Stern, zumeist junger Stern der Spektraltypen O bis B, der von einer oder mehreren Gashüllen umgeben ist. Ursachen sind Massenabströmungen des Sterns, z. B. in Form von Sternwinden. Bisweilen werden auch zirkumstellare Scheiben als »Hüllen« bezeichnet. Die Hüllen werden im Spektrum der Sterne durch eine charakteristische Form der →Spektrallinien nachgewiesen.

Hulse [hʌls], Russel Alan, amerikanischer Astrophysiker, *New York 28. 11. 1950; 1975–84 am National Radio Astronomy Observatory (W. Va.) tätig, seither Professor an der Princeton University, wo er auf den Gebieten der Plasmaphysik und Kernfusionsforschung arbeitet. Zusammen mit J. H. Taylor entdeckte Hulse 1974 erstmals einen Pulsar in einem Doppelsternsystem. Beobachtungen an diesem zur Untersuchung der Gravitation besonders geeigneten System bestätigten u. a. Vorhersagen der allgemeinen Relativitätstheorie. Für ihre Entdeckung erhielten beide Forscher 1993 den Nobelpreis für Physik.

Hulst [hylst], Hendrik Christoffel van de, niederländischer Astrophysiker, *Utrecht 19. 11. 1918; 1952–84 Professor in Leiden, 1958–62 erster Präsident des »Committee on Space Research« (COSPAR) in Paris. Arbeiten v. a. auf dem Gebiet der Radioastronomie (u. a. »A course of radio astronomy«, 1951), über die Lichtstreuung an kleinen Teilchen (u. a. »Multiple light scattering«, 1980), über die Sonnenkorona und die interstellare Materie.

Humason, Milton La Salle, amerikanischer Astronom, *Dodge Center (Minn.) 19. 8. 1891, † Mendocino (Calif.) 18. 6. 1972; begann seine Karriere als Lieferant und Pförtner des Mount-Wilson-Observatoriums; fotografierte zusammen mit E. Hubble weit entfernte Galaxien und deren Spektren.

Hund, 1) Großer Hund, wissenschaftlicher Name **Canis Maior** oder **Canis Major,** *Genitiv* **Canis Maioris** bzw. **Canis Majoris,** Abk. **CMa,** südlich des Himmelsäquators gelegenes Sternbild des Winterhimmels (Rektaszension 6^h11^m bis 7^h28^m, Deklination −11°00' bis −33°15'), dessen nordöstlicher Teil von der Milchstraße durchzogen wird. Seine leichte Auffindbarkeit verdankt es seinem Hauptstern →Sirius, dem in der südlichen Verlängerung der Gürtelsterne des →Orion stehenden hellsten Stern des Himmels.

■ **Sterne** Erwähnenswerte Doppelsterne sind: ε CMa (Adhara; $1^m{,}5$ bzw. $7^m{,}5$; Distanz 7,5"), η CMa (Aludra; $2^m{,}4$ bzw. $6^m{,}9$; Distanz 179"), ζ CMa (Phurud; $3^m{,}0$ bzw. $7^m{,}7$; Distanz 175"), κ CMa ($3^m{,}5$–4^m bzw. $6^m{,}8$; Distanz 265,4"; Hauptstern zudem unregelmäßig veränderlich) und μ CMa ($5^m{,}3$ bzw. $8^m{,}6$; Distanz 3,0"). Zu den Veränderlichen gehören: β CMa (Mirzam), mit alle sechs Stunden erfolgenden minimalen Helligkeitsschwankungen von nur einigen Hundertstel Größenklassen sehr schwach veränderlich und Prototyp einer ganzen Klasse von →Pulsationsveränderlichen, der →Beta-Cephei-Sterne oder Beta-Canis-Maioris-Sterne; ω CMa ($3^m{,}6$–$4^m{,}2$), o^1 CMa ($3^m{,}8$–$4^m{,}0$), W CMa ($6^m{,}9$–$7^m{,}5$) und EW CMa ($4^m{,}4$–$4^m{,}7$) sind unregelmäßig veränderlich, während R CMa ein Bedeckungsveränderlicher vom Algol-Typ ($6^m{,}2$–$6^m{,}8$; Periode 1,14 Tage) und der 5000 Lichtjahre entfernte UW CMa ein solcher vom Beta-Lyrae-Typ sind ($4^m{,}8$–$5^m{,}3$; Periode 4,3934 Tage).

Großer Hund.

■ **Sternhaufen und Nebel** Ein bemerkenswerter, mit $4^m{,}6$ Gesamthelligkeit schon mit bloßem Auge 4° südlich von Sirius erkennbarer offener Sternhaufen ist M 41 ($4^m{,}5$; etwa 80 Sterne; Entfernung 2500 Lichtjahre); kompakter und weniger spektakulär ist der doppelt so weit entfernte, um den $4^m{,}4$ hellen Stern τ CMa liegende Sternhaufen NGC 2362 (4^m; etwa 60 Sterne). Ein Gasnebel (Wolf-Rayet-Nebel) mit einem als IC 468 bezeichneten Ausläufer ist NGC 2359 (10^m; 4000 Lichtjahre).

2) Kleiner Hund, wissenschaftlicher Name **Canis Minor,** *Genitiv* **Canis Minoris,** Abk. **CMi,** kleines Sternbild der Äquatorzone (Rektaszension 7^h06^m bis 8^h11^m, Deklination +13°15' bis −0°20'), das im Winter am Abendhimmel sichtbar ist. Sein Hauptstern →Prokyon (α CMi), mit $0^m{,}38$ achthellster Stern des Himmels, bildet mit →Sirius (im Großen

Die hellsten Sterne des Sternbilds Kleiner Hund

Name		Helligkeit visuelle	Helligkeit absolute	Spektralklasse	Entfernung in Lichtjahren
α	(Procyon, Prokyon)	$0^m{,}4$	3^M	F5	11,4
β	(Gomeisa)	$2^m{,}9$	-1^M	B8	170
γ		$4^m{,}3$	-1^M	K3	400

Kleiner Hund.

Huygens
→ GEO **Dossier**
Die eisge Welt des Ringplaneten, Bd. 4

Hund) und →Beteigeuze (im Orion) ein nahezu gleichseitiges Dreieck und mit weiteren hellen Sternen das →Wintersechseck. Ein Veränderlicher vom Mira-Typ ist der Stern R CMi ($7^{m}_{,}3$–$11^{m}_{,}6$; Periode 337,8 Tage). Das Sternbild enthält keine bemerkenswerten Beobachtungsobjekte für das Amateurteleskop. (→Sternbilder)

Hundsstern, deutscher Name des Sterns →Sirius im Sternbild Großer Hund.

Huygens ['hɔjgəns, nach C. Huygens], Sonde der Mission Cassini-Huygens, die sich am 25. 12. 2004 von der Muttersonde →Cassini ablöste und am 14. 1. 2005, nach fast siebenjähriger Reise, in die Atmosphäre des Saturnmondes →Titan eindrang und auf dessen Oberfläche landete. Während des gesamten zweieinhalbstündigen Durchgangs durch die Atmosphäre wurden chemische, physikalische und meteorologische Messungen ausgeführt und schließlich Bilder von der Oberfläche übermittelt. Sie zeigen eine erdähnliche Landschaft mit einem komplexen System von Flüssen und Seen, die allerdings nicht von Wasser, sondern flüssigem Methan geformt wurden.

Huygens ['hœi̯xəns], Christiaan, niederländischer Mathematiker, Physiker, Astronom und Uhrenbauer, *Den Haag 14. 4. 1629, †ebenda 8. 7. 1695; studierte Jura und Mathematik. Die in seiner Familie traditionelle Diplomatenlaufbahn schlug er aus und widmete sich überwiegend der Mathematik und Physik. Sein ganzes Leben lang setzte er sich mit der Verbesserung der Pendeluhr und der Verwendung von Uhren zur Bestimmung der geografischen Länge auf See auseinander. Seit 1655 arbeitete Huygens am Bau von Mikroskopen und Fernrohren. Es gelang ihm, den ersten Saturnmond sowie den Ring dieses Planeten mithilfe eines selbst gebauten Fernrohres zu entdecken (1655/56).

Die Wellentheorie des Lichtes formulierte Huygens 1678 in seinem »Traité de la lumière«. Die größten Erfolge, die Huygens mit dieser Theorie erreichte, waren die Erklärung von Reflexion und Brechung (1676) mithilfe des heute so genannten huygensschen Prinzips.

Huygens-Lücke ['hɔi̯gəns-], charakteristische Lücke im Ring des →Saturns.

Huygens-Okular ['hɔi̯gəns-], →Okular.

Hyaden [wohl zu griechisch hýein »regnen lassen«], **Regengestirn,** ein offener Sternhaufen im Sternbild →Stier. Er umfasst über 200 Sterne (Ausdehnung etwa 13 Lichtjahre) und ist etwa 150 Lichtjahre von der Erde entfernt. Obwohl die Hyaden am Himmel in der Umgebung des →Aldebaran zu finden sind, gehört

Hyaden Kosmische Entfernungsleiter

Die Hyaden gehören zu den prächtigsten Objekten am Himmel und bieten bereits im Feldstecher einen prächtigen Anblick. Der Sternhaufen bildet den V-förmigen Kopf des Sternbilds Stier. Doch für die Astronomen sind die Hyaden nicht nur irgendein Sternhaufen, sondern ein äußerst wichtiger, denn bei der Bestimmung kosmischer Entfernung spielen sie eine Schlüsselrolle. Wie kein anderer Sternhaufen sind sie einerseits nahe genug – nämlich 150 Lichtjahre –, um ihre Entfernung von der Erde mit geometrischen Methoden zu bestimmen. Andererseits enthalten sie so viele Sterne – nämlich 300 –, dass man den Helligkeits-Entfernungs-Zusammenhang einer ganzen Reihe von Sterntypen kalibrieren kann. Damit kann man ein Brücke zum nächsten Sternhaufen schlagen, dort neue Indikatoren kalibrieren und somit Sprosse um Sprosse eine kosmische Entfernungsleiter aufbauen. Die Kenntnis solcher Indikatoren ist zentral für die Entfernungsbestimmung sehr weit entfernter Objekte, wenn geometrische Methoden versagen.

dieser Stern als Vordergrundstern nicht zu den Hyaden. Der Sternhaufen ist etwa 625 Mio. Jahre alt und bereits sehr locker. Er enthält keinen Staub oder Gas mehr. Wegen ihrer einheitlichen Bewegung im Raum werden die Hyaden auch zu den →Bewegungssternhaufen gezählt. Die Hyaden spielen in der modernen Astrophysik eine Schlüsselrolle. Anhand von klassischen trigonometrischen Methoden (→Entfernungsbestimmung) kann die Entfernung und damit die absolute Helligkeit der Einzelsterne des Sternhaufens genau bestimmt werden. Darauf bauen andere Messmethoden für weiter entfernte Objekte, auch außerhalb der Milchstraße, auf.

Hydra, wissenschaftlicher Name des Sternbilds Nördliche (Weibliche oder Große) →Wasserschlange.

Hydrahaufen, ein →Supergalaxienhaufen.

hydrostatisches Gleichgewicht, das Gleichgewicht zwischen nach innen wirkendem Gravitationsdruck und nach außen gerichtetem Strahlungsdruck bei einem normalen Stern, der weder kollabiert noch expandiert. Das hydrostatische Gleichgewicht ist Voraussetzung für einen stabilen Stern.

Hydrus, wissenschaftlicher Name des Sternbilds Südliche (Männliche oder Kleine) →Wasserschlange.

Hyginus-Rille, eine »lineare Kraterrille« mit streckenweise Einbruchskratern auf dem Mond. Der größte dieser Krater, Hyginus, befindet sich an einer Krümmung der Rille.

Hyperbel [zu griechisch hyperbállein »über ein Ziel hinaus werfen«, »übertreffen«, »übersteigern«] *die, -/-n,* eine ebene Kurve (ein Kegelschnitt) mit zwei ins Unendliche verlaufenden getrennten Ästen (Zweigen), deren sämtliche Punkte von zwei festen Brennpunkten gleiche Differenz der Entfernungen haben. Ihre →Exzentrizität ist immer größer eins. Die Hyperbel beschreibt die Bahn eines Körpers, wenn er sich von einem anderen wegbewegt und die →Fluchtgeschwindigkeit bereits überschritten hat.

hyperbolische Raummetrik, →nichteuklidische Geometrie.

Hyperbolspiegel, ein astronomischer Spiegel, dessen Oberfläche hyperbelförmig geschliffen ist.

Hyperion [hy'pe:riɔn, auch hype'ri:ɔn], ein Mond des Planeten →Saturn, der am 16. September 1848 von W. C. Bond, G. P. Bond und W. Lassell entdeckt wurde. Er hat eine auffällig unregelmäßige Form und ist offenbar ein Bruchstück eines größeren Ursprungskörpers, der bei einem Einschlag zerbrochen ist. Auf seiner Oberfläche ist ein riesiger, 10 Kilometer tiefer Krater mit einem Durchmesser von 120 Kilometern sichtbar. Hyperion weist eine sehr geringe Dichte auf und besteht überwiegend aus Wassereis mit geringen Anteilen an silikatischem Gestein. Aufnahmen der Raumsonde →Voyager 2 zeigten, dass Hyperion eine chaotische Rotationsbewegung beschreibt, wobei seine Rotationsachse in völlig unvorhersehbarer Weise schwankt. Obwohl nach Modellrechnungen auch andere Körper des Sonnensystems ein solches Verhalten zeigen könnten, wurde es bisher nur an Hyperion beobachtet.

Hyperonen, *Singular* **Hyperon** *das, -s,* kurzlebige ($\tau <$ rd. 10^{-10} s), zur Gruppe der Baryonen gehörende →Elementarteilchen mit halbzahligem Spin und Massen oberhalb der Nukleonenmasse, die in Nukleonen zerfallen. Hyperonen wurden zuerst als »seltsame« Spuren von Reaktionen der kosmischen Strahlung in Kernspurplatten nachgewiesen, können aber heute in Teilchenbeschleunigern künstlich erzeugt werden.

I

IISL
→ GEO Dossier
Einer für alle,
Bd. 4

Iapetus, Japetus, der drittgrößte Mond des Planeten →Saturn, der am 25. Oktober 1671 von G. Cassini entdeckt wurde. Er umkreist Saturn in einem mittleren Abstand von 3,56 Millionen Kilometern in 79 Tagen, 7 Stunden und 55 Minuten. Sein mittlerer Durchmesser beträgt 1436 Kilometer. Iapetus zeigt deutliche Helligkeitsschwankungen, die bereits Cassini auffielen. Er besitzt die größte bekannte Albedo-Variation im Sonnensystem. Ursache dafür sind deutliche Unterschiede zwischen den beiden Hemisphären bezüglich ihrer Oberfläche. Während die führende Hemisphäre, die Cassini-Region, sehr dunkel und rötlich gefärbt ist, weist die folgende Hemisphäre, die Roncevaux Terra, eine deutlich höhere Albedo auf. Aufnahmen der Raumsonde Voyager 2 zeigen, dass die dunkle Seite einzelne Strukturen besitzt und die helle Seite vereist und stark verkratert ist. Möglicherweise ist die führende Hemisphäre deshalb so dunkel, weil sie mit Materie des Saturnmondes →Phoebe bedeckt ist, allerdings passen die Färbungen der beiden Satelliten nicht zusammen. Das dunkle Material könnte aber auch aus dem Innern von Iapetus stammen und durch eine Kombination aus Impaktereignissen und Vulkanismus an die Oberfläche gelangt sein. Vielleicht wird die Raumsonde Cassini-Huygens weiteren Aufschluss bringen, denn sie wird laut Planung am 10. September 2007 Iapetus aus nur 1000 Kilometern Entfernung fotografieren.

IAU [aɪeɪ'juː, englisch], Abk. für International Astronomical Union, die →Internationale Astronomische Union.

80662

Ida. Der kartoffelförmige Planetoid wird von dem winzigen Begleiter Dactyl umkreist. Dactyl, der nur anderthalb Kilometer im Durchmesser misst, ist der erste Satellit, der bei einem Planetoiden gefunden wurde.

IC, Abk. für Index Catalogue, eine Ergänzung des →NGC.

Icarus, Ikarus, von W. Baade 1949 entdeckter Planetoid (→Apollo-Objekte), dessen Bahn von allen bekannten kosmischen Objekten am dichtesten an die Sonne heranführt (28 Mio. Kilometer). Der Durchmesser beträgt nur etwa 1100 Meter.

Ida, der Planetoid 243, der am 29. September 1884 von J. Palisa am Observatorium von Wien entdeckt wurde und bei dem erstmals ein Begleiter (→Dactyl) nachgewiesen werden konnte. Ida wurde mit der Raumsonde Galileo untersucht, seine Größe beträgt etwa 28 × 58 Kilometer. Galileos Aufnahmen zeigen einen sehr unregelmäßig geformten Himmelskörper, der von Einschlagskratern überzogen ist.

IISL [Abkürzung für englisch International Institute of Space Law], 1960 von der International Astronautical Federation gegründete Organisation, dem Mitglieder aus über 40 Staaten angehören. Das Sekretariat des Instituts befindet sich in Paris. Zu den Aufgaben des Instituts gehören Forschungsprojekte, Kolloquien etc. zum Thema →Weltraumrecht.

Ijiraq, ein 2000 entdeckter Mond des →Saturn. Er umkreist den Planeten auf einer exzentrischen Bahn in einem mittleren Abstand von 11,4 Millionen Kilometern in rund 451 Tagen und 11 Stunden. Ijiraqs Durchmesser beträgt etwa 12 Kilometer.

immer währender Kalender, ewiger Kalender, Bezeichnung für eine Tabelle, der man die Wochentage für jeden einzelnen Tag innerhalb eines sehr großen Zeitraums entnehmen kann. Dem immer währenden Kalender liegt der Sonnenzyklus zugrunde, bei dem nach 28 Jahren alle Tage des Jahres jeweils wieder auf den gleichen Wochentag fallen. (→Kalender)

Impakt [zu englisch impact »Stoß« »Aufschlag«] *der, -/-e,* Einschlag großer Meteoriten auf der Erde, dem Mond u.a. Himmelskörpern; es bilden sich meist kraterförmige Oberflächenformen (v.a. Meteoritenkrater). Die Gesteinsgläser, die beim Einschlag von Riesenmeteoriten durch Stoßwellenmetamorphose aus irdischem Material erschmolzen wurden, heißen Impaktite. Wurden durch den Impakt die anstehenden Gesteine nur mechanisch beansprucht, spricht man von Trümmergesteinen (Impaktbreccien).

Impaktkrater, Einschlagkrater, eine Vertiefung auf der Oberfläche eines Planeten, Mondes oder ähnlichen Himmelskörpers, die durch den Einschlag eines →Meteoriten oder die Kollision mit einem →Planetoiden entsteht. Alle Himmelskörper des Sonnensystems mit fester Oberfläche besitzen solche Krater. Ein Beispiel dafür ist der Mond, dessen Oberfläche von Impaktkratern übersät ist.

Impakttheorie, →Einsturztheorie.

Impuls [lateinisch, zu impellere »anstoßen«] *der, -es/-e,* allgemein die kurzzeitige Wirkung einer physikalischen Größe beziehungsweise ihre kurzzeitige Abweichung von einem Normal- oder Grundwert. Im engeren Sinn ist der Impuls, Formelzeichen p, das Produkt aus Masse m und Geschwindigkeit v eines bewegten Körpers oder Massenpunktes.

Inder, das Sternbild →Indianer.

Impaktkrater auf der Oberfläche des Saturn-Monds Phoebe. Die neuen Bilder von Phoebe stärken die Annahme, dass der Mond einen Eismantel hat, der von einer Schicht dunklen Materials bedeckt ist.

Index-Katalog, Index Catalogue, IC, eine Ergänzung des New General Catalogue of Nebulae and Clusters of Stars (→NGC).

Indianer, gelegentlich (unrichtig) **Inder,** wissenschaftlicher Name **Indus,** *Genitiv* **Indi,** Abk. **Ind,** ein unscheinbares, von unseren Breiten aus nicht sichtbares Sternbild am Südhimmel (Rektaszension 20^h28^m bis 23^h28^m, Deklination −45°05' bis −74°25'), in der Nähe des →Kranichs gelegen. Der orangerote Zwergstern ε Ind (scheinbare Helligkeit $4^m_,7$, absolute Helligkeit 7^M, Spektraltyp K 5, Entfernung 11,8 Lichtjahre) ist mit nur etwa einem Achtel der Sonnenleuchtkraft der leuchtkraftmäßig schwächste der mit bloßem Auge sichtbaren Sterne. ϑ Ind ist ein Doppelstern, dessen $4^m_,5$ und $6^m_,9$ helle Komponenten 6,6" auseinander stehen. Zu den halbregelmäßigen Veränderlichen gehört der 2 000 Lichtjahre entfernte tiefrote Stern T Ind, dessen Helligkeit mit einer Periode von etwa 320 Tagen zwischen ca. 6^m und $8^m_,5$ schwankt. IC 5152 ist eine 10^m helle, 5 Millionen Lichtjahre entfernte Zwerggalaxie. (→Sternbilder)

indirekte Beobachtung, →extrafoveale Beobachtung.

Indus, wissenschaftlicher Name des Sternbilds →Indianer.

Inertialsystem ein →Bezugssystem, in dem die newtonschen Axiome gelten. Jedes Bezugssystem, das sich relativ zu einem Inertialsystem nach Betrag und Richtung mit konstanter Geschwindigkeit bewegt, ist ebenfalls ein Inertialsystem.

inflationäres Weltall, ein evolutionäres Weltmodell, nach dem das Weltall in seiner Frühphase kurzzeitig exponentiell (inflationär, inflatorisch) expandierte (→Kosmologie).

Infrarot, Abk. **IR,** früher auch **Ultrarot,** Abk. **UR,** der Bereich des elektromagnetischen Spektrums, der auf der langwelligen (roten) Seite – zwischen rd. 800 nm (Nanometer) und einigen Hundert µm (Mikrometer) – an den sichtbaren Bereich anschließt.

Infrarot|astronomie, Gebiet der Astronomie, das sich mit der Erforschung der von den kosmischen Objekten ausgesandten Strahlung im infraroten Spektralbereich (→Infrarot) befasst. An die Infrarotastronomie schließt sich zu kürzeren Wellenlängen die klassische optische Astronomie, zu längeren Wellenlängen die Submillimeter- und die Radioastronomie an.

Beobachtungen im infraroten Spektralbereich sind von der Erdoberfläche aus im nahen Infrarot bis etwa 1,2 Mikrometer (µm), im mittleren Infrarot nur in den Wellenlängenbereichen von etwa 8 bis 13 µm und 16,5 bis 30 µm möglich, bei noch größeren Wellenlängen bis etwa 700 µm ist die Erdatmosphäre v. a. wegen der in ihr vorhandenen Wassermoleküle fast vollständig undurchsichtig; es existieren nur einige wenige, sehr schmale Durchlässigkeitsbereiche (so genannte astronomische Fenster), z. B. bei 34, 350 und 450 µm. Aufgrund der atmosphärischen Absorption der Infrarotstrahlung werden die Beobachtungen von hoch gelegenen Bergen mit einem sehr trockenen Klima aus durchgeführt – so steht das größte Infrarotteleskop der Erde auf dem 4 025 m hohen Berg Mauna Kea in Hawaii; außerdem werden Höhenballons, hoch fliegende Flugzeuge oder Satelliten eingesetzt. – Bei den von der Infrarotastronomie untersuchten Strahlungsquellen handelt es sich meist um sehr kühle Objekte (→Infrarotquellen), deren Strahlungsmaximum im infraroten Spektralbereich liegt.

■ **Geschichte** Erstmals wurde um 1965 am Mount-Wilson-Observatorium systematisch nach kosmischen Infrarotquellen gesucht. Grundlage der Beobachtungen im Infraroten war auch die Entwicklung spezieller →Infrarotteleskope mit geeigneten Halbleiterdetektoren und Kühlsystemen (die Wärmestrahlung der instrumentellen Ausrüstung muss möglichst minimiert werden). Von wesentlicher Bedeutung für die Infrarotastronomie war der Start des Infrarotsatelliten →IRAS (1983), dessen Nachfolgeprojekt, das europäische Infrarot-Weltraumobservatorium →ISO, 1995 in den Weltraum gebracht wurde. Das amerikanische →Spitzer Space Telescope,

Die hellsten Sterne des Sternbilds Indianer

Name	Helligkeit visuelle	Helligkeit absolute	Spektralklasse	Entfernung in Lichtjahren
α	$3^m_,1$	1^M	K0	102
β	$3^m_,7$	-3^M	K0	600
ϑ*)	$4^m_,4$	2^M	A5	97

*) Doppelstern

Infrarotastronomie. Das Infrarotbild der über 13 Millionen Lichtjahre entfernten Galaxie M 81 im Sternbild Großer Bär gehörte zu den ersten aufregenden Ergebnissen des Spitzer-Weltraumteleskops.

das letzte der großen Teleskope der NASA, wurde im August 2003 gestartet. 2008 soll das Herschel Space Observatory in Betrieb genommen werden.

Infrarot|exzess, der Strahlungsüberschuss eines leuchtenden Körpers im infraroten Spektralbereich gegenüber einer als normal angesehenen Vergleichslichtquelle.

Infrarotquellen, Strahlungsquellen mit einer hohen Energieemission im infraroten Spektralbereich (→Infrarot). Die als Infrarotquellen in Erscheinung tretenden Objekte sind im Allgemeinen sehr kühl. Liegt das Energiemaximum bei z. B. 1 Mikrometer (µm) oder 100 µm, ergibt sich aufgrund des →wienschen Verschiebungsgesetzes eine Temperatur der Strahlungsquelle von etwa 3 000 bzw. 30 Kelvin.

Als ausgedehnte Infrarotquellen (Infrarot-Flächenquellen) treten der interplanetare Staub sowie der interstellare Staub in Erscheinung. Die Staubpartikel absorbieren kürzerwellige Sonnen- bzw. Sternstrahlung und reemittieren die aufgenommene Energie als thermische Strahlung im Infrarotbereich. Die gemessenen Partikeltemperaturen liegen bei etwa 20 bis 30 Kelvin, maximal bei einigen Hundert Kelvin. Als Infrarot-Punktquellen werden kühle Hauptreihen- und Riesensterne beobachtet sowie Sterne, die von dichten zirkumstellaren Staubhüllen umgeben sind. Extragalaktische Infrarot-Punktquellen sind u. a. so genannte Infrarot-Galaxien mit einer erheblich stärkeren Energieausstrahlung im infraroten als im sichtbaren Spektralbereich. Die bislang umfangreichste Himmelsdurchmusterung nach Infrarotquellen erfolgte mit dem Infrarotsatelliten →IRAS.

Infrarotstrahlung, IR-Strahlung, Wärmestrahlung, früher auch **Ultrarotstrahlung,** von W. Herschel 1800 entdeckte elektromagnetische Strahlung im →Infraroten mit Wellenlängen von etwa 800 nm (Nanometer) bis einige Hundert µm (Mikrometer); für den Menschen nicht sichtbare, von vielen Tieren, z. B. Schlangen, jedoch wahrgenommene Strahlung. Wichtige Forschungsgebiete in der Infrarotastronomie sind die Infrarotspektroskopie und die Infrarotfotografie.

Infrarotteleskop, Teleskop zur Beobachtung im infraroten Spektralbereich. Als Aufnahmegeräte kommen vor allen Fotozellen, Halbleiterfotokathoden, Fotodioden und CCDs in Betracht. Da die Infrarotstrahlung von der Erdatmosphäre, vor allem durch Wasserdampf, absorbiert wird, kommen für erdgebundene Teleskope vor allem hohe und trockene Standorte infrage, etwa das →Mauna-Kea-Observatorium der NASA. Dort befindet sich u. a. die **Infra-Red Telescope Facility (IRTF),** ein 3-Meter-Teleskop. Große Teleskope werden oft sowohl für optische als auch für Infrarotbeobachtungen genutzt. Charakteristisch für alle Infrarotteleskope ist, dass sie stark gekühlt werden müssen. Meist dienen dazu mit flüssigem Stickstoff oder Helium gekühlte Kryostaten oder mechanische Kühlgeräte (→Infrarotastronomie).

Inklination, die →Neigung.

innere Planeten, die Planeten Merkur und Venus, deren Umlaufbahnen näher an der Sonne sind als die Erdbahn.

Innes' Stern, der sonnennächste Stern →Proxima Centauri.

Instabilitätsstreifen, ein schmaler, von oben nach unten verlaufender Streifen im →Hertzsprung-Russell-Diagramm, in dem die Bildpunkte von →Pulsationsveränderlichen liegen. Er reicht vom Bereich der Überriesen (→Riesensterne) über die Hauptreihe hinweg bis zu den →Weißen Zwergen. Weil Sterne unterschiedlicher Masse, unterschiedlicher chemischer Zusammensetzung und unterschiedlichen Alters den Instabilitätsstreifen in verschiedenen Entwicklungsphasen und an verschiedenen Stellen durchqueren, ergeben sich bei gleicher Ursache der Instabilität unterschiedliche Typen von Veränderlichen.

Institut für Radioastronomie im Millimeterbereich, Abk. **IRAM,** 1979 von der Max-Planck-Gesellschaft und dem französischen Centre National de la Recherche Scientifique gegründetes deutsch-französisches Gemeinschaftsinstitut der →Radioastronomie, seit 1990 unter Beteiligung des spanischen Instituto Geografico Nacional (IGN); Sitz: Grenoble. Die Untersuchungen im Bereich der Millimeterstrahlung sollen v. a. Erkenntnisse über das Innere von kalten Staub- und Gaswolken (→interstellare Materie) in Sternentstehungsgebieten ermöglichen. Wichtigste Einrichtungen des IRAM sind das 30-m-Radioteleskop auf dem Pico de Veleta bei Granada (Spanien) und das auf dem Plateau de Bure (südlich von Grenoble) befindliche Radiointerferometer.

INTEGRAL [Abk. für engl. **Inte**rnational **G**amma-**Ra**y Astrophysics **L**aboratory, »Internationales Gammastrahlen-Astrophysiklaboratorium«], das bislang leistungsfähigste Gammastrahlenobservatorium der ESA (unter Beteiligung der USA, Russlands, Polens und der Tschechischen Republik), das im Oktober 2002 gestartet wurde. Der 4 Tonnen schwere Satellit bewegt sich auf einer hochexzentrischen Umlaufbahn mit hoher Bahnneigung (Umlaufperiode 72 Stunden). Die Umlaufbahn (Apogäum bei 153 000 Kilometer, Perigäum bei 10 000 Kilometer) erlaubt lange Beobachtungsperioden außerhalb der Van-Allen-Strahlungsgürtel (oberhalb 40 000 Kilometer). Mithilfe spezieller Instrumente (Gammaspektrometer, CCD-Kamera, Röntgenteleskop) erforscht INTEGRAL insbesondere die Quellen der energiereichen Gammastrahlung, wie Neutronensterne, Schwarze Löcher und Gammastrahlenausbrüche (u. a. in Novae und Supernovae). Hochauflösende Linienspektroskopie (im Energiebereich zwischen 15 Kiloelektronenvolt und 10 Megaelektronenvolt) erlaubt die direkte Untersuchung radioaktiver Erzeugungs- und Zerfallsprozesse.

INTELSAT [ɪntl'sæt, englisch], internationale 1964 gegründete Organisation für den Bau und Betrieb eines weltweiten Systems von geostationären Kommunikationssatelliten. Das INTELSAT-Satellitensystem umfasst neben den 20 operativen Satelliten mehr als 2 700 Bodenstationen weltweit.

Intensität [zu lateinisch intensus »gespannt«, »aufmerksam«; »heftig«] *die, -/-en (Plural selten),* gleichbedeutend mit Energieflussdichte, d. h. die je Zeiteinheit durch eine Einheitsfläche hindurchtretende Energie einer Strahlung; Einheit: $W\,m^{-2}$.

Interferenz [zu lateinisch ferre »tragen«, »bringen«] *die, -/-en,* die Überlagerung zweier oder mehrerer Wellen; in der Astronomie ist vor allem die Überlagerung von Lichtwellen interessant. Dabei tritt in der resultierenden Welle eine Verstärkung oder eine Auslöschung der Amplitude auf, je nachdem, ob zwei Wellenberge oder Wellenberg und -tal aufeinander treffen.

Interferenzfilter, nach dem Prinzip eines →Fabry-Pérot-Interferometers mit festem, sehr kleinem Spiegelabstand aufgebautes Lichtfilter, das nur für eine Wellenlänge maximal durchlässig ist; der übrige Bereich der Strahlung wird mithilfe von →Interferenz gelöscht. In der Amateurastronomie werden Interferenzfilter vor allem eingesetzt, um bei der visuellen Beobachtung störendes Streulicht der künstlichen Straßenbeleuchtung gezielt herauszufiltern. Noch engbandigere Filter lassen nur die Strahlung des dreifach ionisierten Sauerstoffs hindurch, wodurch ein wesentlich besserer Kontrast besonders von Emissionsnebeln zum Himmelshintergrund bewirkt wird.

Interferometer, optisches Gerät, in dem ein Lichtbündel in zwei oder mehrere kohärente Teilbündel zerlegt wird, die nach Durchlaufen unterschiedlich langer optischer Wegstrecken wieder überlagert und zur →Interferenz gebracht werden. In der Astronomie werden Interferometer zur Messung kleiner Winkel, u. a. des scheinbaren Durchmessers von Sternen verwendet. Im **michelsonschen Sterninterferometer** oder **Phaseninterferometer** interferieren zwei entweder durch als Zusatzgeräte zum Fernrohr benutzte Spiegel oder durch zwei Teleskope ausgeblendete Lichtwellenzüge der Strahlungsquelle miteinander. Das **Intensitäts-** oder **Korrelationsinterferometer** nutzt die in bestimmter Weise korrelierten Intensitätsschwankungen zweier von einer Lichtquelle ausgehender Wellenzüge, die von zwei benachbarten Teleskopen aufgenommen werden. Der Abstand dieser Teleskope voneinander und der Winkeldurchmesser der Strahlungsquelle bestimmen den Korrelationskoeffizienten. In der Radioastronomie kommen zur Steigerung des Auflösungsvermögens spezielle Interferometersysteme zum Einsatz.

Siehe auch

→ Apertursynthese · Radiointerferometer · Speckle-Interferometrie

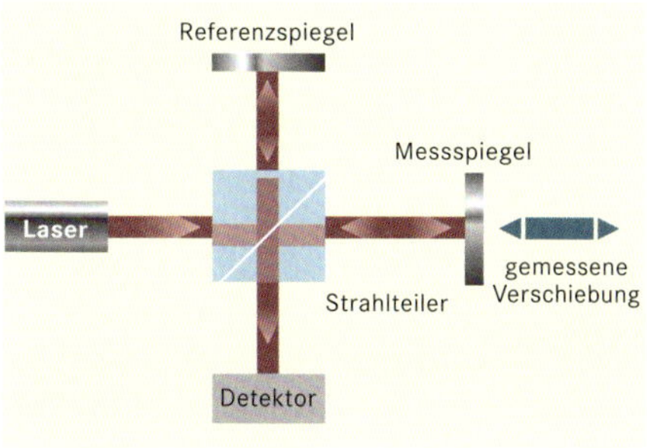

Interferometer. Aufbau eines Interferometers

Interferometrie, Gesamtheit der Messverfahren, die mithilfe von Interferometern durchgeführt werden.

intergalaktisch, zwischen den →Galaxien befindlich.

intergalaktische Materi|e, die im Raum zwischen den Galaxien diffus verteilte oder in einzelnen Wolken existierende Materie. Intergalaktische Materie tritt u. a. in Form von Wolken neutralen Wasserstoffs auf, die den Spektren von Quasaren zusätzlich Lyman-α-Absorptionslinien aufprägen, und als heißes Gas (Temperatur 10^7 bis 10^8 K) innerhalb großer Galaxienhaufen, das sich durch Strahlung im Röntgenbereich bemerkbar macht.

Interlunium [lat.] *das, -s/...ni|en,* die Zeit des Neumondes (→Mond).

Internationale Astronomische Union, englisch **International Astronomical Union** [ɪntə'næʃnl æstrə'nɔmɪkl 'ju:njən], Abk. **IAU** [englisch aɪeɪ'ju:], 1919 gegründete internationale Organisation von Astronomen zur Förderung der Zusammenarbeit, in der zugehörige Mitgliederorganisationen (wie astronomische

Gesellschaften, nationale Akademien) aus 63 Ländern und rd. 9 000 Einzelmitglieder (2005) zusammengeschlossen sind; Sitz: Paris. Seit 1922 richtet die IAU im Dreijahresrhythmus Generalversammlungen aus; darüber hinaus übernimmt sie die Schirmherrschaft über weitere internationale Tagungen. Sie betreibt einen astronomischen Nachrichtendienst, ist für die definitive Namensgebung von Kometen, Kleinplaneten usw. zuständig und legt die genauen Grenzen der 88 →Sternbilder fest.

Internationale Atomzeit, Atomzeit, →Zeitmessung.

Internationale Raumstation, →ISS.

International Institute of Space Law, →IISL.

International Ultraviolet Explorer, →IUE.

Internet und Astronomie, siehe Sonderartikel Seite 198.

interplanetar, zwischen den Planeten, im Raum des Sonnensystems.

interplanetare Materie, die im Raum zwischen den Planeten des Sonnensystems befindliche gasförmige und – in Form von Staubteilchen, Meteoriten und Mikrometeoriten existierende – feste Materie. Das **interplanetare Gas** ist zum größten Teil mit den Teilchen des Sonnenwinds identisch, die mit einer mittleren Geschwindigkeit von etwa 400 Kilometern pro Sekunde von der Sonne wegströmen. In Erdbahnnähe beträgt die Gasdichte im Durchschnitt 5 bis 10 (maximal etwa 100) Teilchen pro Kubikzentimeter. Ein geringer Teil des interplanetaren Gases stammt aus den Planetenatmosphären und von Kometen. Die Teilchen des **interplanetaren Staubes** (»Zodiakallichtmaterie«) weisen Radien zwischen etwa 0,1 und 100 Mikrometern auf. Die Staubteilchen umgeben die Sonne in Form einer großen abgeflachten Wolke, deren Symmetrieebene mit der Erdbahnebene nahe zusammenfällt; sie rufen die Erscheinung des →Zodiakallichts hervor.

interstellar [zu lat. stella »Stern«], zwischen den Sternen; manchmal auch als Gegensatz zu interplanetar im Sinne von außerhalb des Sonnensystems gebraucht.

interstellare Absorption, die Absorption von Sternlicht durch interstellare Materie. Man unterscheidet zwei Effekte: Die kontinuierliche Absorption wird durch den interstellaren Staub hervorgerufen, ist jedoch im Vergleich zur Streuung des Lichtes am Staub gering. Streuung und Absorption bewirken zusammen die interstellare Extinktion des Lichts. Die interstellare Linienabsorption hingegen wird überwiegend durch interstellares Gas verursacht, dessen Atome und Moleküle in spezifischen Wellenlängenbereichen Energie aus dem Strahlungsfeld absorbieren. Sie führt zu stationären Absorptionslinien im Spektrum von Sternen und Nebeln, die nicht durch die Radialgeschwindigkeit verschoben sind, wie etwa die interstellaren Ca-Linien des Calciums.

interstellare Extinktion, die Schwächung des Sternlichts infolge Absorption und Streuung durch interstellare Staubteilchen, insbesondere der Betrag, um den die Sternhelligkeit dadurch vermindert erscheint. Da die interstellare Extinktion für kürzerwelliges Licht kleiner ist als für längerwelliges, erleidet das Licht der Sterne gleichzeitig eine interstellare Verfärbung, d. h., es erscheint röter, als es dem Spektraltyp beziehungsweise der effektiven Temperatur entspricht. Der →Farbexzess ist ein Maß dafür.

interstellare Materie, die im Raum zwischen den Sternen eines Sternsystems (speziell auch des Milchstraßensystems) vorhandene Materie, die als **interstellares Gas** aus einzelnen Atomen, Molekülen, Ionen und freien Elektronen, als **interstellarer Staub** aus festen Teilchen mit Radien zwischen etwa 0,01 und 1 Mikrometer besteht. Im Allgemeinen kommen Gas und Staub gemeinsam vor, die Masse des interstellaren Gases je Volumeneinheit ist aber rd. 100-mal höher als die des Staubes. Der Beitrag der interstellaren Materie zur Gesamtmasse des Milchstraßensystems beläuft sich auf etwa drei bis fünf Prozent. Sie verteilt sich im Wesentlichen in einer stark gegen die galaktische Ebene konzentrierten Scheibe von rd. 200 Parsec Dicke, zum Teil diffus, zum Teil in größeren Ansammlungen verdichtet (→galaktische Nebel).

■ **Erscheinungsformen** Etwa die Hälfte der Masse der interstellaren Materie ist in Molekülwolken konzentriert, die aber nur 0,1 Prozent des Raumes einnehmen. Die Dichten liegen in ihnen bei 100 – 10^4 Teilchen je Kubikzentimeter, die kinetischen Temperaturen bei 10 – 20 Kelvin und die typischen Abmessungen bei 100 Lichtjahren. Der Wasserstoff liegt als Molekül H_2 vor (daher der Name Molekülwolken), die übrigen Atome, sofern sie nicht in den Staubteilchen gebunden sind, in zum Teil recht komplexen Molekülen. Am häufigsten (nach H_2) ist Kohlenmonoxid (CO). Aufgrund des von den Molekülen v. a. im Radiobereich ausgestrahlten Linienspektrums sind die Molekülwolken beobachtbar. In ihnen können noch immer Sterne aus interstellarer Materie entstehen.

In den diffusen interstellaren Wolken, die etwa 2 % des Raumes einnehmen, ist der Wasserstoff atomar. Daher werden sie auch als →HI-Gebiete bezeichnet. Die Dichten liegen zwischen 10 und 1 000 Atomen je Kubikzentimeter, die kinetschen Temperaturen bei rund 80 Kelvin. Das Gas wird meist anhand der →Einundzwanzig-Zentimeter-Linie des Wasserstoffs beobachtet, es macht sich aber auch durch schmale Absorptionslinien bestimmter Elemente im Licht ferner Sterne, d. h. hinter

interstellare Materie. Das Bild zeigt einen Ausschnitt des Supernova-Überrests im Sternbild Segel des Schiffes.

den Wolken stehender Sterne, bemerkbar. Die Staubteilchen streuen und absorbieren das Sternlicht und verursachen so eine beobachtbare kontinuierliche →interstellare Extinktion, die mit einer interstellaren Verfärbung verbunden ist: Da kürzerwelliges (blaues) Licht stärker geschwächt wird als längerwelliges (rotes), erscheint das Sternlicht röter, als es der effektiven Temperatur entspräche. Sind die nichtkugelförmigen Staubteilchen durch interstellare Magnetfelder teilweise ausgerichtet, so ist mit der Extinktion eine interstellare Polarisation verbunden, da parallel zur Längsrichtung der Staubteilchen schwingendes Licht am stärksten gestreut wird. Nahe dichte Wolken sind vor dem Sternhintergrund auch als →Dunkelwolken sichtbar, weil die Staubteilchen in ihnen das Sternlicht zum Teil so stark schwächen, dass sternarme oder sternleere Gebiete vorgetäuscht werden. Wenn der Staub das Licht nahe stehender Sterne reflektiert, werden die Wolken als →Reflexionsnebel sichtbar.

Die diffusen Wolken sind in ein warmes Zwischenwolkenmedium eingebettet, das etwa 25 Prozent des interstellaren Raumes erfüllt. Die Dichten betragen hier 0,1–10 Atome je Kubikzentimeter und die kinetischen Temperaturen etwa 8 000 Kelvin. Der Wasserstoff ist atomar. Ein ähnlich großer Teil des interstellaren Raumes wird von warmen Gebieten ionisierten Wasserstoffs eingenommen. Dichten und Temperaturen sind vergleichbar mit dem Zwischenwolkenmedium. Man beobachtet es anhand von Emissionslinien, die für →Emissionsnebel typisch sind. Den verbleibenden Raum erfüllt eine heiße ionisierte Komponente mit kinetischen Temperaturen um 700 000 Kelvin, aber extrem geringer Dichte (weniger als 0,01 Teilchen je Kubikzentimeter). Sie macht sich durch Absorptionslinien hochionisierter Atome (fünffach ionisierter Sauerstoff, vierfach ionisierter Stickstoff u. a.) sowie weiche Röntgenstrahlung bemerkbar und ist das Ergebnis von Sternwinden heißer Sterne und Supernovaexplosionen.

Junge heiße Sterne ionisieren durch ihre Ultraviolettstrahlung die interstellare Materie in ihrer Umgebung. In diesen →HII-Gebieten (der Wasserstoff ist im Unterschied zu den HI-Gebieten ionisiert), die aus Teilen von Molekülwolken hervorgegangen sind, liegen die Dichten zwischen 10 und 10^4 Teilchen je Kubikzentimeter und die Temperaturen bei 8 000 Kelvin. Sofern sie nicht durch Dunkelwolken verdeckt sind, werden diese HII-Gebiete als Emissionsnebel (z. B. →Orionnebel, →Lagunennebel) beobachtet, sonst anhand von Radiostrahlung. Weil der Gasdruck in den HII-Gebieten größer ist als in der Umgebung, expandieren sie. Im Anfangsstadium um gerade entstandene O-Sterne werden sie wegen ihrer noch geringen Ausdehnung als ultra-

Fortsetzung S. 200

Internet und Astronomie

Das Weltall: Seine unendlichen Weiten faszinieren seit Urzeiten die Menschen jeder Epoche. Der Griff nach den Sternen schien spätestens nach der ersten Mondmission möglich, und mit jedem Astronauten, der in die Erdumlaufbahn geschossen wurde, wurden die Phantasien der humanoiden Erdbewohner beflügelt. Seit der Landung auf dem Mond ist der Weltraum Kult und in jüngster Zeit auch ein Paradebeispiel dafür, wie das Internet den Informationsaustausch revolutioniert.

Die Space-Portale

Jede Raumsonde, die neue Bilder von Planeten und Monden unseres Sonnensystems schickt, stillt wieder ein wenig den Wissensdurst der vielen Entdecker auf der Erde, die auf den Web-Portalen der NASA und der ESA unmittelbar an den Reisen teilhaben können. Detaillierte Fotos und Hintergrundinformationen stehen Wissenschaftlern und Hobby-Astronomen gleichermaßen zur Verfügung, noch ehe ausgewählte Bilder in der Fachpresse abgedruckt werden. Jede Bewegung der ausgesandten Roboter mit Namen wie Beagle oder Spirit, jede Zangenbewegung, jede Komplikation lässt sich zeitnah im Internet verfolgen und gibt den Internetnutzern das Gefühl, »dabei zu sein«. Unzählige Diskussionsforen schweißen die modernen Trocken-Astronauten zu einer festen Community zusammen. Doch nicht nur Bilder und Diskussionsbeiträge werden über das Internet verbreitet. Mit einem Mausklick können tagesaktuelle Daten über Kometen und Kleinplaneten der NASA-verwandten Institute MPC (Minor Planet Cente) und JPL (Jet Propulsion Laboratory) abgerufen werden. Bahnelemente von Himmelsobjekten, die erst vor wenigen Stunden entdeckt wurden, stehen kurze Zeit später allen zur Verfügung. Hochauflösende Karten decken den gesamten Himmel ab, Berechnungen der aktuellen Mondphase und Reisen durch das Sonnensystem mit einem Simulator sind nur einen Link weit voneinander entfernt.

Und doch ist das NASA-Portal mehr als nur eine Informationsquelle für wissenshungrige Internetuser. Schon im Kalten Krieg wurde mit dem Weltraum Politik gemacht. An den Bemühungen verschiedener Staaten, den Mars zu erreichen, hat sich auch heute nichts geändert. Die Webseiten der NASA stehen für gute und offensive Öffentlichkeitsarbeit. Beschaulicher, aber nicht weniger informativ, geht es auf dem Portal der ESA zu. Hier wird der Weltraum nicht erobert; dafür wird so mancher Surfer überrascht sein, welche Fülle an Weltraumprojekten die Europäer anpacken – mit der Huygens-Landung auf Titan als jüngstem Erfolg.

100001

Das Internet hat den Informationsaustausch revolutioniert – auch in der Astronomie.

Blick in den Kosmos

Enorm viel für die Attraktivität der Astronomie hat das Weltraumteleskop Hubble geleistet. Es ist eine wahre Zeitmaschine. Außerhalb der störenden Erdatmosphäre erlaubt es Einblicke in den Kosmos der vergangenen neun Milliarden Jahre. Und mit jedem Foto des Weltraumteleskops von neuen Galaxien, Supernovae, Roten Riesen und Blauen Zwergen, die in rasender Geschwindigkeit über das Internet verbreitet werden, stellen sich Millionen Menschen immer wieder dieselbe Frage: »Sind wir eigentlich alleine in diesem Universum?«

Astronomie

Die Suche nach Aliens per Internet

Hinter der Suche nach außerirdischer Intelligenz (kurz SETI genannt) steckt das wissenschaftliche Bestreben, herauszufinden, ob es hoch entwickeltes Leben außerhalb der Erde im Universum gibt. Forscherteams nutzen verschiedene Methoden, um nach außerirdischer Intelligenz zu forschen. Einige von ihnen suchen in Millarden von Radiofrequenzen, die das Universum durchfluten, ob eine andere Zivilisation existiert, die möglicherweise Radiosignale überträgt. Andere SETI-Teams wiederum suchen nach Signalen in den pulsierenden Lichtstrahlen, die von den Sternen abgegeben werden. Ein besonderes Projekt ist SETI@home. Dieses wissenschaftliche Experiment nutzt die Rechenleistung von Hunderttausenden über das Internet verbundenen Computern, um nach Botschaften aus dem All zu suchen. Jede Person mit PC und Internetzugang kann an dem Experiment teilnehmen. Dies geschieht durch den Einsatz eines Bildschirmschoner-Programms, das Daten des Arecibo-Radioteleskops, des größten und empfindlichsten Radioteleskops der Welt, herunterlädt und analysiert. Die SETI@home-Analyse erfolgt dabei ausschließlich in den Zeiten, in denen an den privaten Rechnern nicht gearbeitet wird. Der Bildschirmschoner von SETI holt sich, wenn er mit dem Internet verbunden ist, ein kleines Datenpaket ab, schickt es bei der nächsten Onlinesitzung bearbeitet zurück und fordert ein neues Datenpaket an. Eine permanente Verbindung zum Internet ist also nicht notwendig. Seit dem offiziellen Start im Mai 1999 beteiligten sich weltweit mittlerweile fast fünf Millionen Nutzer an diesem Projekt. Mit dieser Internetcommunity ist der größte und leistungsfähigste Rechnerverbund entstanden, der jemals existiert hat.

Das Internet und die Satelliten

Hunderte Telekommunikationssatelliten umkreisen die Erde, und ständig werden weitere Exemplare in den Orbit geschossen. Der Nutzen ist beträchtlich und die Anwendungen sind immer vielfältiger. So ist es mithilfe der Satelliten überhaupt erst möglich, per Internet weltweit zu korrespondieren. Klimaveränderungen und deren Auswertungen, Sturmwarnungen und die alltäglichen Wettervorhersagen lassen sich über das Internet für jeden Punkt der Erde abrufen. Dazu gehören auch die Messungen der Wassertemperaturen und damit die Ortung ergiebiger Fischgründe. Das GPS (Global Positioning System) erlaubt die Satellitenverfolgung per Internet von Fahrzeugen wie Flugzeugen, Schiffen

100562

Darstellung eines Satelliten vom Typ Galileo über der Erde. Das europäische Satelliten-Navigationssystem soll von insgesamt 30 Satelliten unterstützt werden.

oder Autos ebenso wie die Ortung von Personen, Mobiltelefonen und Tieren. So wird mit der Weltraumtechnologie nicht nur der Kosmos transparenter, sondern auch alles, was sich auf der Erde bewegt. Ein effektives Tsunami-Frühwarnsystem, das satellitengestützt Wellenbewegungen einer großen Region auswertet und im Ernstfall über E-Mail Warnungen verschickt, hätte im Dezember 2004 vielen Menschen in Südasien das Leben retten können. Dort sind bei einer verheerenden Flutwelle fast 300 000 Menschen ums Leben gekommen.

Fortsetzung von S. 197
kompakte HII-Gebiete bezeichnet. Im weiteren Sinne zählen auch die gasförmigen Überreste von →Supernovae (z. B. der →Krebsnebel) und die planetarischen Nebel zur interstellaren Materie.

■ **Chemische Natur** Das interstellare Gas besteht zu rund 90 Prozent (Atomhäufigkeit) aus Wasserstoff und rund 10 Prozent aus Helium, die schwereren Elemente sind mit weniger als einem Prozent vertreten. Die Sternwinde entwickelter Sterne und ihre abgestoßenen Hüllen (z. B. Supernovae) tragen im Sterninneren durch Kernprozesse aufgebaute schwerere Elemente in die interstellare Materie und reichern sie mit ihnen allmählich an. Aufeinander folgende Sterngenerationen in der Galaxis haben daher eine andere chemische Zusammensetzung, was den Unterschied zwischen den →Populationen erklärt. Die Staubteilchen bestehen im Wesentlichen aus Silikaten und Kohlenstoff, werden überwiegend in den Atmosphären von roten Riesen und Überriesen gebildet und gelangen über Sternwinde in den interstellaren Raum; in den Molekülwolken sind sie zum Teil von Mänteln aus gefrorenen Gasen, v. a. Wassereis, umgeben.

Io. Dieses aus mehreren Farbbildern zusammengesetzte Foto von Io hat die NASA-Raumsonde Galileo zwischen dem 7. September und dem 6. November 1996 aus unterschiedlichen Entfernungen zwischen 245 719 und 403 100 Kilometern gewonnen.

interstellarer Staub, →interstellare Materie.

interstellares Gas, →interstellare Materie.

interstellare Verfärbung, die Rötung des Sternlichts beim Durchgang durch interstellaren Staub, die dadurch verursacht wird, dass langwellige rote Strahlung durch den Staub weniger stark absorbiert wird als kurzwellige blaue Strahlung.

Invarianz, die Unveränderlichkeit physikalischer oder mathematischer Gesetze, Größen oder Eigenschaften bei bestimmten Operationen, Transformationen oder Abbildungen, z. B. den →Galilei-Transformationen der klassischen Physik oder den →Lorentz-Transformationen in der →Relativitätstheorie. Transformationen, die unter Gewährleistung einer bestimmten Invarianz eine Gruppe bilden, heißen Symmetriegruppen. Sie sind besonders wichtig für die Physik, weil aus bestimmten Symmetrien beziehungsweise Invarianzen auf Erhaltungsgesetze oder -größen geschlossen werden kann.

Io, der innerste der Galileischen Monde des →Jupiter mit einem Durchmesser von 3 640 Kilometern, einer Dichte von 3,5 Gramm pro Kubikzentimeter und einer ungewöhnlich hohen Albedo von 0,63. Dieser Satellit weist bei einer dem Erdmond vergleichbaren Größe und Dichte den aktivsten Vulkanismus aller Körper im Sonnensystem auf: Es wurden etwa 200 Calderen mit mehr als 20 Kilometer Durchmesser gezählt (die Erde mit einer 3,5-mal größeren Oberfläche hat 15 dieser Größe), von denen durchschnittlich acht höchst aktiv sind und binnen weniger Monate ihre Umgebung durch Auswurfmaterial merklich verändern.

■ **Aufbau** Io besitzt eine etwa 20 km dicke Schwefel- und Schwefeldioxid-Kruste über einem Inneren aus geschmolzenen Silikaten und einem festen Kern. Durch die → Gezeiten, die der Jupiter einerseits und die übrigen Galileischen Monde (insbesondere → Europa) andererseits ausüben, wird die Oberfläche von Io verformt. Die Kruste bewegt sich durch die Gezeiten etwa 100 Kilometer auf und ab. Die dabei auftretende Reibung erzeugt Wärme, die das Innere aufschmilzt. Eine weitere Energiequelle ist wahrscheinlich die Jupitermagnetosphäre, mit der Io wechselwirkt. Io besitzt eine Atmosphäre aus Schwefeldioxid und Sauerstoff mit einem Bodendruck unter 10^{-3} Pascal und eine Ionosphäre mit zehn- bis hunderttausend Elektronen pro Kubikzentimeter. Diese Atmosphäre geht in einen Torus aus Natrium-, Kalium-, Schwefel- und Sauerstoff-Ionen über, der sich in und innerhalb der Io-Umlaufbahn um den Jupiter befindet.

Iocaste, ein 2000 entdeckter äußerer Mond des Jupiter. Er umkreist Jupiter entgegen dessen Rotationsrichtung in einem mittleren Abstand von 21,1 Millionen Kilometern in 631 Tagen, 7 Stunden und 12 Minuten. Iocaste hat ähnliche Bahneigenschaften wie der Jupitermond Ananke und wird deshalb zu der gleichnamigen Gruppe gerechnet.

Ionen [englisch, von griechisch ión »Gehendes«, »Wanderndes«, also eigentlich »wanderndes Teilchen«], *Singular* **Ion** *das, -s,* elektrisch positiv oder negativ geladene Atome oder Moleküle mit weniger oder mehr Elektronen, als zur Neutralisierung der Kernladung notwendig wären.

Ionen|antrieb, elektrostatischer Antrieb, einer der elektrischen Antriebe für die Raumfahrt, bei dem der Treibstoff (Cäsium, Quecksilber) ionisiert und die massetragenden Ionen, durch elektrostatische Felder beschleunigt, aus dem Triebwerk als gerichteter Strahl austreten. Hinter dem Beschleunigerausgang muss der Treibstoffionenstrahl durch Elektronen neutralisiert werden, damit sich Triebwerk und Raumfahrzeug nicht elektrisch aufladen und der Schub versiegt. Der Ionenantrieb ist ein Niederschubsystem mit hohen Strahlgeschwindigkeiten und braucht viel weniger Treibstoff als chemische Raketenantriebe. Er muss jedoch wesentlich länger laufen als ein chemisches Triebwerk, um das Raumschiff auf eine vergleichbare Endgeschwindigkeit zu beschleunigen. Je nach Ionisator unterscheidet man verschiedene Ionentriebwerkstypen. Der **solarelektrische Antrieb** ist eine der neuen Technologien, die z. B. bei der Smart-1-Mission der ESA sowie bei Deep Space 1 der NASA eingesetzt wurden. Hierbei handelt es sich um eine auf so genannten Ionentriebwerken beruhende Antriebstechnik. Ein Ionentriebwerk stößt auf seiner Rückseite einen steten Strom positiv geladener Teilchenionen aus, wodurch nach dem Rückstoßprinzip ein Schub nach vorn erzeugt wird. Der von diesen Triebwerken benötigte elektrische Strom wird von Sonnen- oder Solarpaneelen erzeugt. Ionentriebwerke machen es künftig möglich, sehr weite Strecken in kürzerer Zeit zurückzulegen.

■ Siehe auch

→ Deep Space 1 · Raketentriebwerk · Smart-1

ionisierende Strahlung, die Korpuskularstrahlen und elektromagnetischen Wellen, die Atome oder Moleküle ionisieren können. Zur ionisierenden Strahlung gehören z. B. radioaktive Strahlung (Alpha-, Beta- und Gammastrahlung), Röntgenstrahlung, Neutronenstrahlung, kosmische Strahlung. Ionisierende Strahlung verursacht in lebendem Gewebe Zellschädigungen; außerhalb der schützenden Atmosphäre sind Astronauten besonders gefährdet durch hochenergetische kosmische Strahlung und schnelle Teilchen des Sonnenwindes, die in den Van-Allen-Gürteln gefangen sind. Aber auch empfindliche elektronische Satellitenbauteile können durch die ionisierende Strahlung geschädigt werden, wie am 28. Oktober 2003, als das Mars Radiation Environment Experiment (MARIE) an Bord des Satelliten →Mars Odyssey durch einen heftigen Sonnensturm zerstört wurde. Das Experiment sollte die Art und Intensität der Strahlung bestimmen und messen, der künftige Mars-Astronauten ausgesetzt sein werden.

Ionosphäre, Bereich der Atmosphäre, in dem die vorhandenen Gase regelmäßig mehr oder weniger stark ionisiert sind. Die Ionosphäre der Erde reicht von etwa 60 Kilometern Höhe bis in eine Höhe von etwa 1 000 Kilometern und ist in unterschiedlich stabile und unterschiedlich stark ionisierte Schichten untergliedert.

■ Schichten Es ist üblich, die Gesamtheit der ionisierten Schichten ihrem unterschiedlichen räumlich-zeitlichen Verhalten entsprechend in die Schichten D, E, F_1 und F_2 zu unterteilen. Die D-Schicht reflektiert bei Tag und Nacht Lang- und Längstwellen und dämpft tagsüber Mittelwellen und Kurzwellen. Die E-Schicht reflektiert nachts die Mittelwellen und tags die längeren Kurzwellen. Zeitweise tritt die Es-Schicht auf, die gelegentlich Kurzwellen bis zu 10 Metern Wellenlänge reflektiert. Die F-Schicht ist für die Kurzwellenausbreitung am wichtigsten. Alle Schichten zeigen als Folge der kurzwelligen Sonnenstrahlung regelmäßige Veränderungen mit der Tages- und Jahreszeit, der geografischen Position und dem elfjährigen Zyklus der →Sonnenaktivität.

■ Bedeutung Die Ionosphäre hat große Bedeutung für den Funkverkehr, da durch Reflexion der sich geradlinig ausbreitenden Radiowellen an der Ionosphäre auf der annähernd kugelförmigen Erde Verbindungen über große Entfernungen möglich sind. Störungen der Ionosphäre entstehen zum Teil durch Zunahme der kurzwelligen solaren Strahlung bei Sonneneruptionen. Bei Ionosphärenstürmen dringen langsame solare Partikel in die Polarlichtzonen ein und bewirken bei Nacht sichtbares Polarlicht, starke fluktuierende elektrische Ströme, die erdmagnetische Störungen zur Folge haben. Ferner erhöhen sie lokal die Elektronendichte der E-Schicht (»Nordlicht-E«) und treiben die Elektronen der F-Schicht in die Höhe, verbunden mit Störungen des Funkverkehrs. (→Atmosphäre, →Erde)

IR, Abk. für →Infrarot.

IRAM, Abk. für →Institut für Radioastronomie im Millimeterbereich.

IRAS.
Der Satellit IRAS (Infrared Astronomical Satellite) in der Erdumlaufbahn

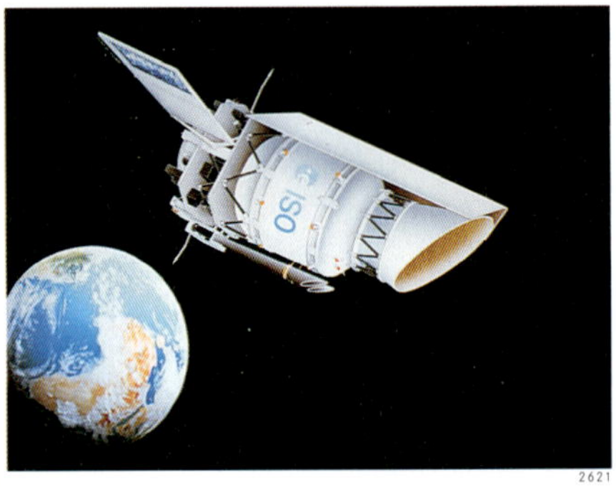

ISO.
Das europäische Infrarot-Weltraumobservatorium war 1995–98 im Einsatz.

IRAS ['aɪrəs, englisch; Kurzwort für Infrared Astronomical Satellite, »Infrarot-Astronomiesatellit«], erster Satellit für →Infrarotastronomie, der von den Niederlanden, Großbritannien und der NASA am 26. 1. 1983 in Umlauf gebracht wurde. Während seiner Funktionszeit von rd. zehn Monaten gelangen erstmals umfassende Himmelsdurchmusterungen (rd. 97 %) in verschiedenen Spektralbändern des infraroten Wellenlängenbereiches (12, 25, 60, 100 Mikrometer). Zur Gewährleistung einer hohen Empfindlichkeit wurden das 60-cm-Spiegelteleskop und die Halbleitersensoren mit flüssigem Helium auf 10 bzw. 1,8 Kelvin gekühlt. 1984 wurde ein Verzeichnis mit 245 000 Infrarot-Punktquellen herausgegeben.

Iridium-Flare [-fleə], helle Leuchterscheinung am Himmel, die durch Reflexion von Sonnenlicht an einem Iridiumsatelliten entsteht und ca. 5 bis 20 Sekunden andauert. Es handelt sich um die hellste Leuchterscheinung, die künstliche Himmelskörper verursachen. Diese Iridiumsatelliten gehören zu einem weltumspannenden Telekommunikationsnetz, das über 80 Satelliten umfasst. Ihre Oberfläche besteht aus hochreflektierendem Aluminium, das mit einer silberfarbenen Teflonschicht überzogen ist, und wirkt als Planspiegel. Das von diesen Antennen reflektierte Sonnenlicht bildet einen schmalen Lichtstrahl, der von einem Beobachter auf der Erde deutlich sichtbar ist.

irreguläre eruptive Veränderliche, eine Untergruppe der →eruptiven Veränderlichen, die früher den unregelmäßigen Veränderlichen zugeordnet wurde. Man unterscheidet zwei Hauptgruppen, den Typ IN (Orion-Veränderliche, stets mit Nebeln assoziiert), mit dem Sonderfall der T Tauri-Sterne, sowie den Typ IS (RW Aurigae-Sterne mit schnellem Lichtwechsel, ohne Nebel). Als Unterklassen INA und INS bezeichnet man entsprechende Sterne früher Spektralklassen.

irreguläre Galaxie, ein →Sternsystem, das weder Spiralarme noch elliptische Form hat. Irreguläre Galaxien sind im Mittel leuchtschwächer als elliptische und Spiralgalaxien.

ISO [Abk. für engl. Infrared Space Observatory], 1995 gestartetes Infrarot-Weltraumobservatorium der europäischen Weltraumbehörde ESA. ISO bewegte sich auf einer elliptischen Umlaufbahn (erdnächster Punkt 1 040 Kilometer, erdfernster Punkt 70 000 Kilometer über der Erdoberfläche), die in 24 Stunden durchlaufen wurde. Mit dem bis 1998 aktiven

ISS Zimmer mit Aussicht ...

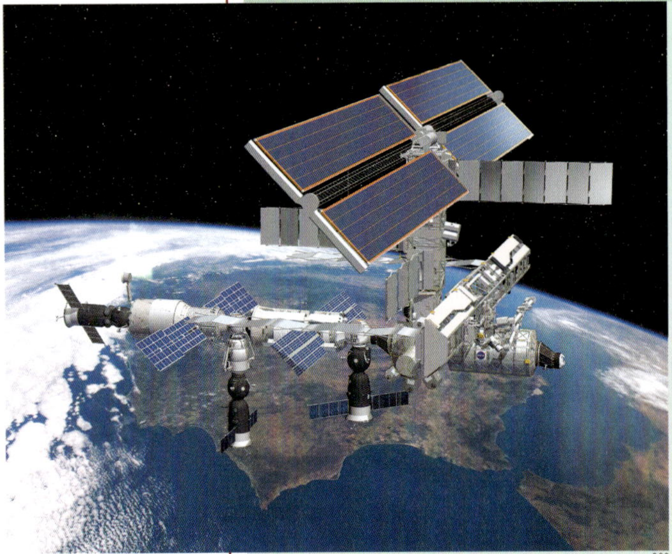

Alle Astronauten, die eine Weile auf der Internationalen Raumstation lebten und arbeiteten, beschrieben den Blick von »oben« auf unseren Blauen Planeten als zutiefst beeindruckend. Von der Raumstation aus betrachtet, wirkt unser Planet plötzlich klein und zerbrechlich. Staatliche Grenzen sind von dort nicht sichtbar, nur die Kontinente und ihre unterschiedlichen Farben, das weite Blau der Meere, die zwei Drittel der Erde bedecken, die Schleier der Wolken, die Zartheit der Atmosphäre. Übereinstimmend berichten Besatzungsmitglieder immer wieder, wie sich das Denken und die Wahrnehmung durch einen Aufenthalt im All grundlegend verändert, denn die Erde als Ganzes rückt in den Fokus der Aufmerksamkeit. Die Lebensfeindlichkeit, Stille und Kälte des umgebenden Weltraums wird den Astronauten nachdrücklich bewusst. Wer sich einmal von der Erde gelöst hat, um sich eine Weile außerhalb unserer Welt aufzuhalten, erfährt den so genannten »Overview-Effekt« und begreift, dass die Zukunft der Menschheit und unseres Planeten eine wirklich globale Aufgabe ist.

Satelliten war es erstmals möglich, sehr kühle kosmische Strahlungsquellen (u.a. Kometen, interplanetare und interstellare Staub- und Gaswolken, kühle Sternatmosphären sowie aktive Galaxien) im Infrarotbereich (von 2,5 bis etwa 240 Mikrometer) zu untersuchen. ISO arbeitete u.a. mit einem 60-cm-Spiegel, der mit suprafüssigem Helium auf −271 °C gekühlt wurde.

Isonoe, ein 2000 entdeckter kleiner äußerer Mond des →Jupiters. Er umkreist Jupiter entgegen dessen Rotationsrichtung in einem mittleren Abstand von 23,2 Millionen Kilometern in 726 Tagen und 6 Stunden. Isonoe gehört zu einer Gruppe ähnlicher Jupitermonde, der Carme-Gruppe.

Isotope [zu griech. tópos »Platz«, »Stelle« (mit Bezug auf die gleiche Stelle im Periodensystem der chemischen Elemente)], Atome, deren Kerne gleiche Protonenzahl und damit gleiche Kernladungszahl, aber unterschiedliche Neutronenzahl besitzen.

Isotropie [zu griechisch tropē »Drehung«, »Wendung«] *die, -,* die Richtungsunabhängigkeit physikalischer und chemischer Eigenschaften von Körpern und des physikalischen Raumes; Gegensatz: →Anisotropie.

ISPM [aɪespi:ˈem], Abkürzung für englisch International Solar Polar Mission, ursprünglich geplantes Raumfahrtprojekt, realisiert als →Ulysses.

ISS [aɪəsˈəs, Abkürzung für englisch International Space Station, »Internationale Raumstation«], Projekt einer permanent bemannten internationalen Raumstation unter Beteiligung der USA, Russlands, der ESA, Japans und Kanadas (ursprünglich **ISSA,** Abkürzung für International Space Station Alpha, genannt). Es ist das größte Technologieprojekt aller Zeiten.

■ **Aufbau** Mit dem Aufbau der in der Endphase rund 107 m × 80 m großen modularen Station (mit sechs Labors, zwei Wohneinheiten, drei Verbindungselementen und vier Versorgungsmodulen) von rund 500 t Masse und einem Laborvolumen von etwa 1 100 m³ wurde Ende 1998 begonnen (Start des ersten Moduls am 20. 11.). Die Solarflächen (4 500 m²) der Station werden dann etwa 110 kW Elektroenergie erzeugen. Am 11. 12. 1998 wurde die Station erstmals betreten. Weitere Module wurden 1999 und 2000 (seitdem betriebsbereit) angebracht. Am 31. 10. 2000 startete die ständige Mannschaft (USA, Russland) mit einer Sojus TM von Baikonur aus zur ISS. Im Oktober 2001 flog die Französin Claudie Haigneré als erste Europäerin zur ISS. Nach Fertigstellung wird die Station dauerhafte Forschungsprojekte im All erlauben. Mit den genannten Kapazitäten wäre sie dreimal so groß wie die frühere russische Weltraumstation Mir. Das »fliegende Labor« wird dann ständig mit internationalen Crews von Wissenschaftlern bemannt sein, die im Weltraum Langzeitexperimente durchführen sollen.

■ **Zukunft** Wegen der »Columbia«-Katastrophe vom 1. 2. 2003, bei der alle sieben Astronauten ums Leben kamen, wird sich die für 2005 geplante geplante Fertigstellung der ISS erheblich verzögern, da die Wiederaufnahme des Shuttlebetriebes erst im Mai 2005 erfolgen konnte. Am 13. 10. 2004 starteten zwei Astronauten von Baikonur aus mit einer Sojus TMA-2 zur ISS, um deren Betrieb vorläufig aufrecht zu halten.

209

ISS. An Bord der ISS im April 2004

IUE [aɪju:ˈi:, engl.; Abk. für International Ultraviolet Explorer, »internationaler Forschungssatellit für Ultraviolett(strahlung)«], 1978 gestarteter geostationärer Astronomiesatellit eines gemeinsamen Programms der NASA, ESA und Großbritanniens, ausgerüstet mit einem 45-cm-Teleskop aus Beryllium. Untersucht wurden während seiner Betriebsdauer (bis 1996) hauptsächlich Spektren kosmischer Objekte im Ultraviolettbereich von 115 bis 320 Nanometer, u.a. von Planeten, Kometen, Veränderlichen (wie Novae und Supernovae), von planetarischen Nebeln, interstellaren Gaswolken und Supernovaüberresten sowie aktiven Galaxien (z.B. Radiogalaxien und Quasare). Untersuchungsgegenstand waren z.B. die Supernova 1987 A und die Nova 1991 in der Großen Magellanschen Wolke, die Kometen Halley (1986) und Grigg-Skjellerup (1992) vor deren Begegnungen mit der Raumsonde Giotto sowie Einschläge der Fragmente des Kometen Shoemaker-Levy 9 auf Jupiter (1994).

ISS
→ GEO **Dossier**
Rüstung für Raumreisende, Bd. 4

J

Jagdhunde, wissenschaftlicher Name **Canes Venatici,** *Genitiv* **Canum Venaticorum,** Abk. **CVn,** ein unscheinbares Sternbild des nördlichen Himmels (Rektaszension $12^{h}06^{m}$ bis $14^{h}08^{m}$, Deklination +52°25' bis +27°50'), südlich der Deichsel des Großen Wagens (→Großer Bär), das im Frühjahr und Sommer bei uns am Abendhimmel sichtbar ist.

■ **Sterne** Einziger markanter Stern (α CVn, scheinbare Helligkeit $2^{m}{,}90$) ist der 110 Lichtjahre entfernte →Cor Caroli, ein Doppelstern ($2^{m}{,}9$ bzw. $5^{m}{,}5$; Distanz 19,2") und Spektrumveränderlicher (Prototyp der Alpha-Canum-Venaticorum-Sterne). 800 Lichtjahre entfernt ist Y CVn, ein halbregelmäßig veränderlicher Roter Überriese (absolute Helligkeit -2^{M}, Spektraltyp C 7) mit fast 300-fachem Sonnendurchmesser, dessen Helligkeit mit einer Periode von etwa 157 Tagen zwischen $4^{m}{,}9$ und $6^{m}{,}0$ schwankt.

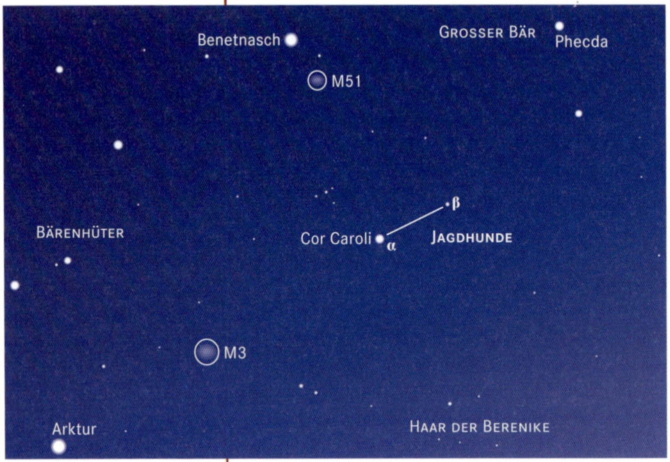

Jagdhunde

■ **Sternhaufen und Galaxien** Das Sternbild enthält nicht weniger als fünf Messier-Objekte: M 3 ist ein prächtiger, bereits im Feldstecher erkennbarer Kugelsternhaufen (Gesamthelligkeit $6^{m}{,}5$, Entfernung 30 000 Lichtjahre). Die übrigen sind Spiralgalaxien. Am bekanntesten und ein lohnendes Objekt für das Amateurteleskop ist M 51, die Whirlpool- oder Strudel-Galaxie (Gesamthelligkeit $8^{m}{,}5$, Entfernung 30 Millionen Lichtjahre), an der 1845 von Lord Rosse zum ersten Mal bei einer Galaxie eine Spiralstruktur festgestellt wurde; sie besitzt mit NGC 5195 eine kleinere irreguläre Satellitengalaxie. Weniger spektakulär sind die ebenfalls 30 Millionen Lichtjahre entfernten M 63 (9^{m}, auch als Sonnenblumen-Galaxie bekannt) und M 106 ($8^{m}{,}5$); die ebenfalls $8^{m}{,}5$ helle Galaxie M 94 steht in etwa 20 Millionen Lichtjahren Entfernung. Weitere erwähnenswerte Galaxien sind die bei M 106 stehenden, nur $11^{m}{,}5$ hellen Spiralnebel NGC 4217 und NGC 4220 in etwa 50 Millionen Lichtjahren Entfernung, die Spiralgalaxie NGC 4490 (10^{m}) mit der Begleitgalaxie NGC 4485 ($11^{m}{,}5$; 40 Millionen Lichtjahre), sodann die auch Heringsnebel genannte Spiralgalaxie NGC 4631 ($9^{m}{,}5$; 35 Millionen Lichtjahre) mit der Begleitgalaxie NGC 4627 (12^{m}) und die irregulären Galaxien NGC 4449 ($9^{m}{,}5$; 16 Millionen Lichtjahre) und NGC 4656 ($10^{m}{,}5$; 35 Millionen Lichtjahre). (→Sternbilder)

Sigmund Jähn

Jähn, Sigmund, deutscher Fliegeroffizier und Kosmonaut, * Morgenröthe-Rautenkranz (Vogtlandkreis) 13. 2. 1937; ab 1956 Ausbildung zum Jagdflieger, ab 1958 Offizier der Luftstreitkräfte der DDR, ab 1976 Ausbildung im Kosmonautenzentrum bei Moskau. Vom 26. 8. bis 3. 9. 1978 nahm Jähn mit der sowjetischen Mission Sojus 31/Saljut 6 als erster Deutscher an einem Weltraumflug teil. 1990–95 wirkte er für die Deutsche Forschungsanstalt für Luft- und Raumfahrt e. V. (DLR) und die Europäische Weltraumorganisation (ESA) an den Vorbereitungen der russisch-deutschen Mission Mir '92 und der beiden russisch-europäischen Euromir-Missionen mit.

Jahr, Einheitenzeichen **a,** in der Astronomie auch hochgestellt, ^{a}, Zeitdauer eines Umlaufs der Erde um die Sonne, dessen Länge von der Wahl des Bezugspunkts abhängt.

■ **Siderisches Jahr (Sternjahr)** Das siderische Jahr ist der Zeitraum zwischen zwei aufeinander folgenden gleichen Positionen der Sonne (bezogen auf einen Stern) auf ihrer scheinbaren Bahn an der Himmelskugel. Die Länge des siderischen Jahres beträgt 365,256 4 (= 365 Tage 6 Stunden 9 Minuten 9 Sekunden) mittlere →Sonnentage.

■ **Tropisches Jahr** Das tropische Jahr (Sonnen-, Äquinoktialjahr) ist die Zeitspanne zwischen zwei aufeinander folgenden Durchgängen der Sonne durch den Frühlingspunkt. Das tropische Jahr ist infolge der rückläufigen Bewegung des Frühlingspunktes (→Präzession) etwas kürzer als das siderische Jahr; es hat 365,242 2 (= 365 Tage 5 Stunden 48 Minuten 46 Sekunden) mittlere Sonnentage. Durch die störenden Kräfte der Planeten auf die Erdbewegung vergrößert sich der Betrag der Lunisolarpräzession, und das tropische Jahr verkürzt sich daher um etwa 0,6 Sekunden pro Jahrhundert. Beim mittleren tropischen Jahr, das in der Astronomie die Datierungsgrundlage ist, wird diese Schwankung nicht berücksichtigt.

■ **Anomalistisches Jahr** Das anomalistische Jahr hat eine Dauer von 365,259 6 (= 365 Tage 6 Stunden 13 Minuten 53 Sekunden) mittleren Sonnentagen und ist damit um 4 Minuten 44 Sekunden länger als das siderische Jahr. Bezogen wird das anomalistische Jahr auf zwei aufeinander folgende Periheldurchgänge der Erde (Durchgang durch den sonnennächsten Punkt der Bahn).

■ **Bürgerliches Jahr** Das bürgerliche Jahr ist im Kalenderwesen und in der Chronologie der Zeitabschnitt, der in ganzen Tagen etwa dem Umlauf der Erde um die Sonne entspricht (365 oder 366 Tage; →Kalender).

Die Bezeichnung Jahr wird auch für einen längeren astronomischen Zeitabschnitt benutzt, z. B. für das →platonische Jahr.

Jahrbuch, astronomisches Tabellenbuch mit wichtigen Angaben zum Kalender, über die Bewegung der Sonne, des Mondes, der Planeten, die Sternörter des Fundamentalkatalogs, Sternbedeckungen, Finsternisse u. a. Die Örter der Himmelskörper (→Ephemeriden) sind im Allgemeinen in den Jahrbüchern für die Sonne und die Planeten für jeden Tag, für den Mond für jede Stunde angegeben. Bekannte Jahrbücher sind: das Berliner Astronomische Jahrbuch, 1776–1959; The Nautical Almanac, Großbritannien, 1767–1959; La Connaissance des Temps, Frankreich, seit 1679; The American Ephemeris and Nautical Almanac, USA, 1855–1959. Die beiden englischsprachigen Jahrbücher sind seit 1960 vereinigt und werden seit 1981 unter dem Titel The Astronomical Almanac veröffentlicht. (→Fundamentalkatalog)

Jahreszeiten, die vier Abschnitte des tropischen Jahres: Frühling, Sommer, Herbst und Winter; sie werden jeweils von einer Tagundnachtgleiche (Äquinoktium) und einer Sonnenwende (Solstitium) begrenzt. Die unterschiedliche Länge der Jahreszeiten ist bedingt durch den Wechsel der Geschwindigkeit der Erde auf ihrer Bahn um die Sonne. Frühling und Sommer haben auf der Nordhalbkugel der Erde gegenwärtig eine Dauer von zusammen 186 Tagen und 10 Stunden, Herbst und Winter von zusammen 178 Tagen und 20 Stunden. Die Dauer der Jahreszeiten ist infolge der Apsidendrehung und der Präzession der Erde leicht veränderlich.

■ **Dauer** Man begrenzt die astronomischen Jahreszeiten (bis auf geringe Verschiebungen durch die Anpassung des bürgerlichen an das astronomische Jahr) folgendermaßen (N bzw. S bedeuten: auf der Nord- bzw. Südhalbkugel der Erde): Frühling (N) bzw. Herbst (S) 21. 3.–20. 6., Sommer (N) bzw. Winter (S) 21. 6.–21./22. 9., Herbst (N) bzw. Frühling (S) 22./23. 9.–20./21. 12., Winter (N) bzw. Sommer (S) 21./22. 12.–20. 3. Durch Einfügen des Schalttages am 29. Februar (d. h. zwischen dem 28. Februar und dem 1. März) können Frühlings- und Sommeranfang immer auf dem 21. März bzw. 21. Juni gehalten werden. Dagegen fallen Herbst- und Winteranfang insgesamt je auf zwei Tage, d. h. 22. oder 23. September bzw. 21. oder 22. Dezember.

Jakobsstab, **1)** Bezeichnung für die drei Gürtelsterne ζ (Alnitak), ε (Alnilam) und δ Ori (Mintaka) im Sternbild →Orion. **2)** **Gradstock, Kreuzstab,** mittelalterlicher Winkelmesser zur Höhenbestimmung der Gestirne. Auf einem Längsstab mit Strichteilung wurden zwei zu ihm senkrecht stehende Querstäbe so lange verschoben, bis der angepeilte Stern und der Horizont von ihren beiden Enden scheinbar bedeckt waren. Bis zur Einführung des Sextanten war der Jakobsstab das wichtigste nautische Instrument zur Schiffsortbestimmung.

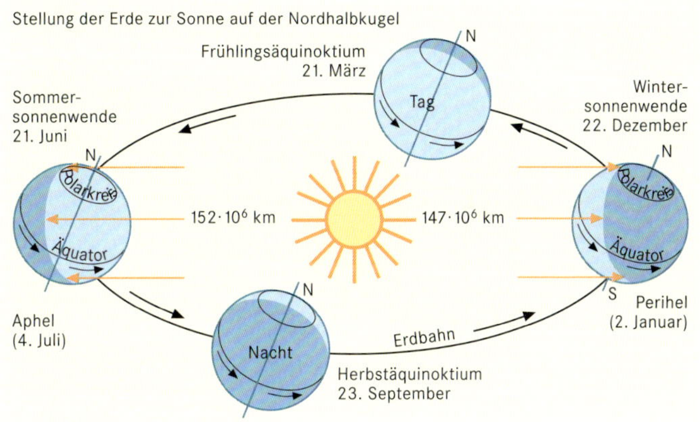

Jahreszeiten

James-Webb-Weltraumteleskop [dʒeɪmz-web-], zukünftiges Weltraumteleskop der NASA, das zurzeit gebaut wird und Mitte 2011 mit der europäischen Trägerrakete Ariane 5 ins All gelangen und in etwa 1,5 Millionen Kilometer Entfernung zur Erde am Lagrangepunkt L2 (→Mehrkörperproblem) positioniert werden soll. Das James-Webb-Weltraumteleskop wird das →Hubble-Weltraumteleskop ablösen, beobachtet allerdings im Infrarot- und nicht im optischen Bereich; u. a. deshalb ist die große Entfernung zu jeder Wärmequelle, also auch zur Erde, notwendig. Das neue Instrument soll zehn- bis hundertmal lichtschwächere Objekte finden als sein Vorgänger. Als größte technische Herausforderung gilt der Bau des Spiegels mit einem Durchmesser von 6,5 Metern. Er soll aus 18 hexagonal geformten Segmenten zusammengesetzt werden, die sich erst im Weltraum auseinander falten.

Jansky [-ki], Karl Guthe, amerikanischer Rundfunkingenieur, *Norman (Okla.) 22. 10. 1905, †Red Bank (N. J.) 14. 2. 1950.

■ **Werdegang** Jansky entstammte einer naturwissenschaftlich interessierten Familie und studierte an der Universität von Wisconsin Physik. 1928 wurde er Mitarbeiter der Bell Telephone Laboratories, die damals den Plan verfolgten, mithilfe kurzwelliger Radiostrahlung einen transatlantischen Telefondienst aufzubauen. Jansky hatte die Aufgabe, in diesem Zusammenhang das bei Rundfunkübertragungen und drahtloser Telefonie störende Rauschen zu untersuchen, das durch Gewitter,

Karl Jansky
* 1905, † 1950

101643

- arbeitete bei den Bell Telephone Laboratories
- entdeckte als Erster die Existenz kosmischer Radioquellen
- begründete damit die Radioastronomie

elektrische Geräte, Flugzeuge usw. hervorgerufen wird. Zu diesem Zweck baute er in Holmdel eine Antenne, die für den Empfang von Radiowellen mit der Frequenz 20,5 Megahertz ausgelegt war.

■ **Entdeckung der Radioastronomie** Unter den Störsignalen, die Jansky untersuchte, entdeckte er auch ein schwaches kontinuierliches Signal, das nicht technischen oder atmosphärischen Ursprungs sein konnte. Jansky vermutete zunächst die Sonne als Ursache. Da sich die Rauschquelle aber pro Tag um etwa vier Minuten schneller bewegte als die Sonne, musste sie außerhalb unseres Sonnensystems liegen. Nach weiteren systematischen Messungen identifizierte er schließlich 1933 eine Radioquelle im Sternbild Schütze als Ursache der Störung. Diese Entdeckung war die Geburtsstunde der →Radioastronomie, obwohl Janskys Entdeckung erst nach dem Zweiten Weltkrieg ihre gebührende Aufmerksamkeit fand und sich die Radioastronomie zu einem unentbehrlichen Werkzeug der Astronomie entwickelte.

Jansky [-ki; nach K. G. Jansky], Einheitenzeichen **Jy,** in der Radioastronomie verwendete Einheit der spektralen Energieflussdichte elektromagnetischer Strahlung, $1\,\mathrm{Jy} = 10^{-26}\,\mathrm{Wm^{-2}\,Hz^{-1}}$.

Janssen, Pierre Jules César, französischer Astronom, * Paris 22. 2. 1824, * Meudon 23. 12. 1907; Professor in Paris und Direktor des astrophysikalischen Observatoriums in Meudon. Janssen gehört zu den Begründern astrophysikalischer Untersuchungen mithilfe der Spektroskopie. Er entwickelte Methoden zur Beobachtung und Fotografie der Sonnenatmosphäre ohne Sonnenfinsternis und entdeckte 1868 im Sonnenspektrum die D_3-Linie des Heliums.

Janus, ein Mond des Planeten →Saturn, der 1966 von dem französischen Astronomen Audouin Dollfus am Observatorium Pic du Midi entdeckt, aber erst 1980 von der Raumsonde Voyager 1 eindeutig identifiziert wurde. Er umkreist Saturn auf der gleichen Bahn (koorbital) wie →Epimetheus. Ihre mittleren Abstände von dem Planeten unterscheiden sich nur um 50 Kilometer. Janus und Epimetheus stammen wahrscheinlich von einem gemeinsamen Ursprungskörper ab, der durch eine Störung, z. B. eine Kollision mit einem anderen Objekt, in einer frühen Phase des Satellitensystems in zwei Körper zerbrach.

Jeans [dʒi:nz], Sir James Hopwood, britischer Physiker, * Ormskirk (County Lancashire) 11. 9. 1877, † Dorking (County Surrey) 16. 9. 1946. Nach einer Lehrtätigkeit in Cambridge war Jeans seit 1912 Privatgelehrter und von 1919 bis 1929 ehrenamtlicher Sekretär der Royal Society. Jeans leistete wichtige Beiträge zur Theorie des schwarzen Strahlers (rayleigh-jeanssches Strahlungsgesetz). Auf dem Gebiet der Astrophysik beschäftigte er sich mit der Dynamik von Sternsystemen, dem inneren Aufbau von Sternen sowie Fragen der Kosmologie und Kosmogonie. 1919 modifizierte er die →Chamberlin-Moulton-Theorie zur Entstehung des Planetensystems. Darüber hinaus verfasste Jeans auch viel gelesene populärwissenschaftliche Bücher.

Jeans-Kriterium [dʒi:nz-, nach J. H. Jeans], Bedingung, die angibt, oberhalb welcher Masse im Weltall eine Wolke aus Staub und Gas unter der eigenen Schwerkraft zu kontrahieren beginnt. Diese Grenzmasse wächst mit der Temperatur und fällt mit der Dichte der Wolke. Für eine interstellare Wolke beispielsweise mit einer Temperatur von 20 Kelvin und einer mittleren Dichte von 10^{-23} Gramm pro Kubikzentimeter beträgt diese Schwellenmasse 250 Sonnenmassen.

Jet [dʒet; englisch »Düse«, »Strahl«] *der, -(s)/-s,* **Materiestrahl,** ein von einem kosmischen Objekt ausgehender, scharf gebündelter Materieauswurf, der von einem hochionisierten Gas (Plasma) gebildet wird. Jets treten im Allgemeinen paarweise mit entgegengesetzten Bewegungsrichtungen auf. Sie haben sehr unterschiedliche Größen: Bei aktiven Galaxien liegen die Längsausdehnungen im Bereich bis zu Megaparsec und geben u. a. zu den Radiodoppelquellen der →Radiogalaxien Anlass. Die Materiegeschwindigkeiten reichen bis nahe an die Lichtgeschwindigkeit; Zentren sind die aktiven Kerne der Sternsysteme wie bei der elliptischen Riesengalaxie M 87 im Sternbild →Jungfrau (→Virgo A). Die Längsausdehnungen der von Sternen ausgehenden Jets erreichen nur etwa 0,01 – 1 Parsec, die Geschwindigkeiten einige Hundert Kilometer pro Sekunde. Auf Jets bei jungen Sternen gehen u. a. die →Herbig-Haro-Objekte zurück. Ursache für die Materiebündelung in zwei Teilstrahlen ist wahrscheinlich eine bis dicht an das Ausgangsobjekt heranreichende und Materie in den Jets einspeisende Akkretionsscheibe (→Akkretion), in der sich infolge der Scheibenrotation eine spezielle Magnetfeldkonfiguration ausbildet, möglicherweise wirken auch äußere Druckkräfte. – Infokasten S. 208

Jiuquan [dʒjutʃyan], **Chiuchüan** [dʒjutʃyan], chinesische Oasenstadt in der Provinz Gansu, in deren Nähe sich das Raketenstartgelände Jiuquan Satellite Launch Centre (JSLC) befindet. Im Oktober 2003 wurde von hier aus der erste bemannte chinesische Raumflug gestartet.

Jodrell Bank [ˈdʒɔdrəl bæŋk], Flurname des Geländes, auf dem das radioastronomische Observatorium »Nuffield Radio Astronomy Laboratory« der Universität Manchester liegt, etwa 40 Kilometer südlich von Manchester bei der Ortschaft Macclesfield. Das Haupt-

Rechte Seite: Künstlerische Darstellung des geplanten Hubble-Nachfolgers, des James-Webb-Weltraumteleskops.

102909

Jet Taumelnde Jets

Ein Objekt bereitete den Astronomen noch vor wenigen Jahren erhebliches Kopfzerbrechen: SS433. Genauere Untersuchungen des Sterns zeigten, dass von ihm Jets ausgehen, die auch im Radiobereich zu erkennen sind. Die Bahn der Jets ist deutlich gekrümmt und endet in einem Haken, weil der Jet im Raum rotiert wie ein Rasensprenger. Die größte Überraschung war aber, dass sich die Jets mit Überlichtgeschwindigkeit auszubreiten schienen.
War Einsteins Relativitätstheorie falsch? Nein. Die Beobachtungen lassen sich mit dem Modell eines kompakten Sterns, möglicherweise eines Neutronensterns erklären, den ein massereicher Stern umkreist (Bild). Von ihm geht ein Gasstrom aus, der eine Scheibe um SS433 füllt. Starke Magnetfelder bündeln dieses heiße Gas und schießen es in Form der beiden Jets in den Weltraum. Die Geschwindigkeit des Gases beträgt dabei nur ein Viertel der Lichtgeschwindigkeit! Bei so schnellen Jets treten allerdings relativistische Effekte auf, zumal wir fast senkrecht auf den Jet blicken. Die Überlichtgeschwindigkeit war also nur ein Projektionseffekt.

gerät des Observatoriums ist ein voll bewegliches Radioteleskop mit einem Reflektor von 76,2 Metern Durchmesser. Es kann mit dem zweiten, kleineren Teleskop von Jodrell Bank, den fünf Teleskopen an anderen Orten der Region sowie weiteren europäischen Radioteleskopen in unterschiedlichen Kombinationen zu einem →Radiointerferometer vernetzt werden.

Jones [dʒəʊnz], Sir (seit 1943) Harold Spencer, britischer Astronom, *Kensington (heute zu London) 29. 3. 1890, † London 3. 11. 1960. Jones wurde 1923 Leiter der Sternwarte am Kap der Guten Hoffnung, von 1933 bis 1955 wirkte er als königlicher Astronom in Greenwich. Seine Hauptarbeitsgebiete waren die astronomischen Konstanten, insbesondere die fotografische Bestimmung von Parallaxen.

Die hellsten Sterne des Sternbilds Jungfrau

Name		Helligkeit visuelle	Helligkeit absolute	Spektralklasse	Entfernung in Lichtjahren
α	(Spika, Azimech, Alaazel)	$1^{m},0$	-4^{M}	B1	260
γ	(Porrima, Arich)*)	$2^{m},7$	2^{M}	F0	39
ε	(Vindemiatrix, Almuredin)	$2^{m},8$	0^{M}	G8	103
ζ	(Heze)	$3^{m},4$	2^{M}	A3	74
δ	(Minelauva)	$3^{m},4$	-1^{M}	M3	200
β	(Zavijava, Zawijava)	$3^{m},6$	3^{M}	F8	35,5
109		$3^{m},7$	1^{M}	A0	130
η	(Zaniah, Tso Chih Fa)	$3^{m},9$	-1^{M}	A2	260
μ		$3^{m},9$	3^{M}	F2	61
ν		$4^{m},0$	-1^{M}	M0	300
ι	(Syrma)	$4^{m},1$	2^{M}	F7	70
τ*)		$4^{m},2$	0^{M}	A3	220
ϑ*)	(Apami Atsa)	$4^{m},4$	-1^{M}	A1	400

*) Doppelstern

julianische Periode, Zeitspanne von 7 980 Jahren (als Produkt aus Sonnenzyklus, 28 Jahre, Mondzyklus, 19 Jahre, und römischer Steuerzyklus, 15 Jahre). Von J. J. Scaliger zur Angabe der Zeitspanne zwischen verschiedenen historischen Ereignissen, die sonst nur in unterschiedlichen Chronologien, Ären oder Kalendern angegeben werden können, vorgeschlagen und nach seinem Vater Julius Caesar Scaliger (* 1484, † 1558) benannt.

julianischer Kalender, der von Iulius Caesar 46 v. Chr. eingeführte →Kalender, der den frührömischen Republikanischen Kalender ablöste und 1582 seinerseits vom gregorianischen Kalender abgelöst wurde.

julianisches Datum, Abk. **j. D.,** auch noch **J. D.,** von J. J. Scaliger vorgeschlagene und nach seinem Vater Julius Caesar Scaliger benannte, nicht mit dem julianischen Kalender zu verwechselnde Datumsangabe, die vom 1. 1. 4713 v. Chr. an fortlaufend die Tage zählt. Der Tagesbeginn ist dabei 12^{h} →Weltzeit. In der Astronomie wird das julianische Datum benutzt, da mit ihm leicht Zeitdifferenzen gebildet werden können, die mehrere Jahre umfassen. Der 1. 1. 1997 0^{h} Weltzeit hat das julianische Datum 2 450 449,5. Gelegentlich, v. a. in der Astronautik, verwendet man ein modifiziertes julianisches Datum (Abk. m. j. D., auch M. J. D.), mit dem Tagesbeginn um jeweils 0^{h} Weltzeit, bei welcher der 17. 11. 1858 0^{h} Weltzeit der Nullpunkt der Zählung ist. Dieser Zeitpunkt ist mit julianischem Datum 2 400 000,5 identisch.

Juliet, ein Mond des Planeten →Uranus, der 1986 auf fotografischen Aufnahmen der Raumsonde Voyager 2 entdeckt wurde. Juliet umkreist Uranus in einem mittleren Abstand von 64 358 Kilometern in rund 11 Stunden und 50 Minuten. Er besteht überwiegend aus Wassereis und ist mit einer →Albedo von 0,07 ein sehr dunkler Mond.

Jungfrau, wissenschaftlicher Name **Virgo,** *Genitiv* **Virginis,** Abk. **Vir,** zum →Tierkreis gehörendes, großes Sternbild der Äquatorzone (Rektaszension 11^h37^m bis 15^h11^m, Deklination +14°20' bis −22°40'), das in unseren Breiten im Frühjahr am Abendhimmel sichtbar ist. In ihm liegt der Herbstpunkt (→Äquinoktium). Die Sonne durchläuft das größte aller Tierkreissternbilder auf ihrer scheinbaren Jahresbahn vom 16. September bis 30. Oktober und überschreitet um den 23. September (Herbstbeginn) den Himmelsäquator von Nord nach Süd.

■ **Sterne** Weitaus hellster Stern ($0^m,98$) ist →Spika (α Vir), ein spektroskopischer Doppelstern und ellipsoidischer Veränderlicher. Porrima oder Arich (γ Vir) ist einer der bekanntesten physischen Doppelsterne mit zwei gleich hellen Komponenten ($3^m,5$), die einander in 169 Jahren umkreisen und gegenwärtig etwa 1,5" Winkelabstand aufweisen. Weitere Doppelsterne sind τ Vir ($4^m,3$ bzw. 9^m; Distanz 80,1") und ϑ Vir ($4^m,4$ bzw. 9^m; Distanz 7,2"). Bekannte Veränderliche sind die Mira-Sterne R Vir ($6^m,0$–$12^m,1$; Periode 145,6 Tage) und S Vir ($6^m,3$–$13^m,2$; 377,4 Tage).

■ **Sternhaufen und Galaxien** Ein mit 70 000 Lichtjahren weit entfernter Kugelsternhaufen ($9^m,5$) ist NGC 5634. Die Jungfrau enthält zahlreiche, in kleinen Fernrohren aber meist nur schwer zu erkennende Galaxien (→Virgo-Haufen) in etwa 60 Millionen Lichtjahren Entfernung, darunter die Messier-Objekte M 49 (mit $8^m,5$ hellste, elliptische Galaxie des Virgo-Haufens), M 58 (10^m helle Balkenspirale), M 59 (10^m; elliptische Galaxie), M 60 (9^m; elliptische Galaxie), M 61 (10^m; Balkenspirale), M 84 und M 86 (erscheinen als ein Paar $9^m,5$ heller elliptischer Galaxien im gleichen Gesichtsfeld), M 87 (9^m; berühmte elliptische Zentralgalaxie des Virgo-Haufens, auch als →Virgo A bekannt), M 89 (10^m; elliptische Galaxie), M 90 (10^m; größte Spiralgalaxie des Virgo-Haufens) und als »Paradestück« M 104 ($8^m,5$), den berühmten →Sombreronebel, eine nicht zum Virgo-Haufen gehörende Spiralgalaxie in etwa 40 Millionen Lichtjahren Entfernung. Weitere erwähnenswerte Galaxien sind die 60 Millionen Lichtjahre entfernten NGC 4526 (10^m) und NGC 4697 (9^m) sowie die sich in Kantenlage präsentierende Spiralgalaxie NGC 5746 ($10^m,5$; 90 Millionen Lichtjahre).

■ **Quasar** Die Jungfrau enthält mit 3C 273 auch den hellsten ($12^m,8$), mit größeren Amateurfernrohren erkennbaren →Quasar mit einer Entfernung von 2,5 Milliarden Lichtjahren. (→Sternbilder)

Juno, ein →Planetoid, der 1804 von C. L. Harding entdeckt wurde. Juno bewegt sich auf einer exzentrischen Bahn um die Sonne; seine Periheldistanz beträgt 1,98 Astronomische Einheiten (AE), seine Apheldistanz 3,36 AE. Im Jahre 2003 wurde Juno mithilfe des 2,5-Meter-Teleskops des Mount-Wilson-Observatoriums und einer adaptiven Optik eingehend untersucht und sein Durchmesser zu 267 Kilometer bestimmt. Außerdem wurde bei diesen Beobachtungen die kartoffelförmige Gestalt von Juno deutlich sowie ein etwa 100 Kilometer großer Einschlagskrater, der wahrscheinlich vor geologisch kurzer Zeit entstanden ist.

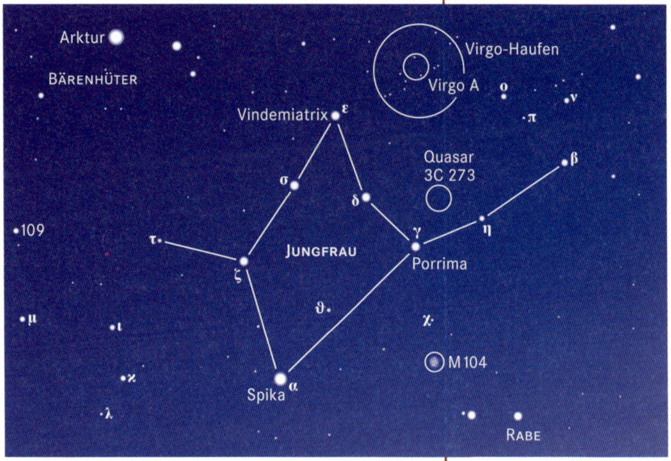

Jungfrau

Jupiter, astronomisches Zeichen ♃, der größte und massereichste Planet des Sonnensystems. Sein Durchmesser beträgt mehr als das Elffache des Erddurchmessers, seine Masse entspricht mit etwa 318 Erdmassen rund zwei Dritteln der Gesamtmasse aller Planeten. Aufgrund dieser gewaltigen Masse übt Jupiter starke Kräfte auf andere Körper des Sonnensystems aus, deren Auswirkungen sich z. B. in der Bildung der →Kirkwood-Lücken bei der räumlichen Verteilung der Planetoiden und in Bahnstörungen von Kometen zeigen. Jupiter ist der Hauptvertreter der so genannten Riesenplaneten (oder jupiterartigen Planeten). Seine mittlere Dichte beträgt nur etwa 24 % der Dichte der Erde, er besteht im Wesentlichen aus leichten Elementen, v. a. aus Wasserstoff und Helium. Jupiter gehört mit einer scheinbaren Helligkeit in Oppositionsstellung von $-2^m,5$ zu den hellsten Objekten am Himmel und stellt mit seinen 63 identifizierten Satelliten (Monden; Stand 2004) gleichsam ein kleines Sonnensystem dar. Er ist jedes Jahr für mehrere Monate der beherrschende Himmelskörper am Nachthimmel und wegen guter Sicht- und Beobachtungsbedingungen ein bevorzugtes Beob-

Jupiter
→ GEO **Dossier**
Das Genie und die Inquisition, Bd. 4

Satelliten (Monde) des Jupiters (Auswahl[1)])

Nummer	Name	Entdecker und Entdeckungsjahr	mittlere Entfernung von Jupiter in 1 000 km	siderische Umlaufzeit in Tagen	Inklination in Grad	Bahnexzentrizität	Durchmesser in km
■ kleine innere reguläre Monde							
XVI	Metis	S. P. Synnott, 1979	128	0,295	0,019	0,001	44
XV	Adrastea	D. Jewitt, E. Danielson, 1979	129	0,298	0,054	0,002	16
V	Amalthea	E. E. Barnard, 1892	181	0,498	0,388	0,003	168
XIV	Thebe	S. P. Synnott, 1979	222	0,675	1,070	0,018	98
■ Galileische Monde							
I	Io	G. Galilei, S. Marius, 1610	422	1,769	0,036	0,004	3 643
II	Europa	G. Galilei, S. Marius, 1610	671	3,551	0,469	0,009	3 122
III	Ganymed	G. Galilei, S. Marius, 1610	1 070	7,155	0,170	0,001	5 262
IV	Callisto	G. Galilei, S. Marius, 1610	1 883	16,69	0,187	0,007	4 821
■ Themisto-Gruppe der prograden irregulären Monde							
XVIII	Themisto	C. Kowal, E. Roemer, 1975	7 507	130,02	43,259	0,243	8
■ Himalia-Gruppe der prograden irregulären Monde							
XIII	Leda	C. Kowal, 1974	11 165	240,92	27,457	0,164	18
VI	Himalia	C. D. Perrine, 1904	11 461	250,56	27,496	0,162	184
X	Lysithea	S. B. Nicholson, 1938	11 717	259,20	28,302	0,112	38
VII	Elara	C. D. Perrine, 1905	11 741	259,64	26,627	0,217	78
■ Carpo-Gruppe der prograden irregulären Monde							
XLVI	Carpo	S. S. Sheppard, 2003	16 989	456,1	51,40	0,430	3
■ Ananke-Gruppe der retrograden irregulären Monde							
XXXIV	Euporie	S. S. Sheppard, D. C. Jewitt, J. Kleyna, 2001	19 304	550,74	145,767	0,143	2
XXXV	Orthosie	S. S. Sheppard, D. C. Jewitt, J. Kleyna, 2001	20 720	622,56	145,921	0,281	2
XXXIII	Euanthe	S. S. Sheppard, D. C. Jewitt, J. Kleyna, 2001	20 797	620,49	148,910	0,232	3
XXII	Harpalyke	S. S. Sheppard, D. C. Jewitt, Y. R. Fernández, E. A. Magnier, 2000	20 858	623,31	148,644	0,252	4
XXVII	Praxidike	S. S. Sheppard, D. C. Jewitt, Y. R. Fernández, E. A. Magnier, 2000	20 907	625,38	148,967	0,231	7
XXIX	Thyone	S. S. Sheppard, D. C. Jewitt, J. Kleyna, 2001	20 939	627,21	148,509	0,229	4
XXIV	Iocaste	S. S. Sheppard, D. C. Jewitt, Y. R. Fernández, E. A. Magnier, 2000	21 061	631,60	149,429	0,216	5
XL	Mneme	B. J. Gladman, R. L. Allen, 2003	21 069	620,0	148,6	0,227	2
XXX	Hermippe	S. S. Sheppard, D. C. Jewitt, J. Kleyna, 2001	21 131	633,90	150,725	0,210	4
XLII	Thelxinoe	S. S. Sheppard, 2003	21 162	628,1	151,4	0,221	2
XII	Ananke	S. B. Nicholson, 1951	21 276	629,77	148,889	0,244	28
■ Carme-Gruppe der retrograden irregulären Monde							
XLIII	Arche	S. S. Sheppard, 2002	22 931	723,9	165,0	0,259	3
XXXVIII	Pasithee	S. S. Sheppard, D. C. Jewitt, J. Kleyna, 2001	23 004	719,44	165,138	0,268	2
XXI	Chaldene	S. S. Sheppard, D. C. Jewitt, Y. R. Fernández, E. A. Magnier, 2000	23 100	723,70	165,191	0,252	4
XXVI	Isonoe	S. S. Sheppard, D. C. Jewitt, Y. R. Fernández, E. A. Magnier, 2000	23 155	726,25	165,268	0,247	4
XXV	Erinome	S. S. Sheppard, D. C. Jewitt, Y. R. Fernández, E. A. Magnier, 2000	23 196	728,51	164,934	0,266	3
XXXVII	Kale	S. S. Sheppard, D. C. Jewitt, J. Kleyna, 2001	23 217	729,47	164,996	0,260	2
XXXI	Aitne	S. S. Sheppard, D. C. Jewitt, J. Kleyna, 2001	23 229	730,18	165,091	0,264	3

Satelliten (Monde) des Jupiters (Auswahl[1]; Fortsetzung)

Nummer	Name	Entdecker und Entdeckungsjahr	mittlere Entfernung von Jupiter in 1000 km	siderische Umlaufzeit in Tagen	Inklination in Grad	Bahnexzentrizität	Durchmesser in km
■ Carme-Gruppe der retrograden irregulären Monde							
XX	Taygete	S. S. Sheppard, D. C. Jewitt, Y. R. Fernández, E. A. Magnier, 2000	23 280	732,41	165,272	0,253	5
XI	Carme	S. B. Nicholson, 1938	23 404	734,17	164,907	0,253	46
XXIII	Kalyke	S. S. Sheppard, D. C. Jewitt, Y. R. Fernández, E. A. Magnier, 2000	23 566	742,03	165,159	0,247	5
XLVII	Eukelade	S. S. Sheppard, 2003	23 661	746,4	165,5	0,272	4
XLIV	Kallichore	S. S. Sheppard, 2003	24 043	764,7	165,5	0,264	2
■ Pasiphae-Gruppe der retrograden irregulären Monde							
XLV	Helike	S. S. Sheppard, 2003	21 263	634,8	154,8	0,156	4
XXXII	Eurydome	S. S. Sheppard, D. C. Jewitt, J. Kleyna, 2001	22 865	717,33	150,274	0,276	3
XXXVI	Sponde	S. S. Sheppard, D. C. Jewitt, J. Kleyna, 2001	23 487	748,34	150,998	0,312	2
XIX	Megaclite	S. S. Sheppard, D. C. Jewitt, Y. R. Fernández, E. A. Magnier, 2000	23 493	752,88	152,769	0,420	6
VII	Pasiphae	P. Melotte, 1908	23 624	743,63	151,431	0,378	58
IX	Sinope	S. B. Nicholson, 1914	23 939	758,90	158,109	0,250	38
XLI	Aoede	S. S. Sheppard, 2003	23 981	761,5	158,3	0,432	4
XXVIII	Autonoe	S. S. Sheppard, D. C. Jewitt, J. Kleyna, 2001	24 046	760,95	152,416	0,317	4
XVII	Callirrhoe	J. V. Scotti, T. B. Spahr, R. S. McMillan, J. A. Larsen, J. Montani, A. E. Gleason, T. Gehrels, 1999	24 103	758,77	147,158	0,283	7
XLVIII	Cyllene	S. S. Sheppard, 2003	24 349	787,8	149,3	0,319	2

1) Aufgeführt sind die benannten der insgesamt 63 (Stand: 2006) Jupitersatelliten; die anderen Satelliten tragen die vorläufigen Bezeichnungen S/2000 J11, S/2003 J2 bis S/2003 J5, S/2003 J9, S/2003 J10, S/2003 J12, S/2003 J14 bis S/2003 J19 sowie S/2003 J23.

achtungsobjekt der Amateurastronomen. Bereits mit kleinen Fernrohren sind Einzelheiten wie die Abplattung des Jupiters, seine dunklen Bänder und hellen Zonen sowie der →Große Rote Fleck zu erkennen. Die Untersuchungen mithilfe von Raumsonden brachten wesentliche neue Erkenntnisse sowie detailreiche Bilder des Planeten und einiger seiner Satelliten.

■ Physikalische Daten Jupiter umläuft mit einer mittleren Geschwindigkeit von 13,07 Kilometern pro Sekunde in 11,86 Jahren (siderische Umlaufzeit) rechtläufig die Sonne. Er beschreibt eine Ellipsenbahn mit einer großen Halbachse von 778,4 Mio. km und einer Exzentrizität von 0,0484. Je nach der Stellung des Jupiters und der Erde auf ihren Bahnen variiert der gegenseitige Abstand zwischen 588 und 967 Mio. km und der scheinbare Durchmesser des Jupiters zwischen etwa 50 und 30 Bogensekunden.

■ Atmosphäre Der optischen Beobachtung zugänglich ist nur die Atmosphäre des Jupiters. Ihre effektive Temperatur beträgt rd. 125 Kelvin. Alle auf der Jupiterscheibe erkennbaren Einzelheiten sind Wolkenstrukturen; auf sie geht die hohe mittlere Albedo von 0,70 zurück. Von den drei Hauptwolkenschichten besteht die obere hauptsächlich aus Ammoniakkristallen (NH_3), die mittlere aus Ammoniumhydrogensulfidkristallen (NH_4SH) und die untere aus Wasserkristallen und -tröpfchen. In den sichtbaren Atmosphärenschichten beläuft sich der Masseanteil des Wasserstoffs auf etwa 90 %, der des Heliums auf fast 10 %, während Methan, Ammoniak, Wasserdampf, Schwefelwasserstoff, Phosphin, Ethan u. a. Stoffe nur gering vertreten sind. Die auffäl-

Jupiter Mondnamen

Die größten und als erste entdeckten Monde des Jupiters, die Galileischen Monde, wurden nicht von Galileo Galilei benannt, sondern von dem deutschen Astronomen Simon Marius, der sie unabhängig von Galilei ebenfalls gefunden hatte, aber vorschlug, sie mit dem Namen des großen italienischen Forschers zu bezeichnen. Galilei selbst wollte sie nach der Familie der Medici benennen. Marius schlug auch die Namen der einzelnen Monde vor. Io, Europa und Callisto sind in der griechischen Mythologie Geliebte des Zeus, Ganymed ein Mundschenk des Göttervaters. Der griechischen Mythologie ist man auch bei den anderen Monden des Jupiters bei der Namensgebung treu geblieben, und da die Zahl seiner Satelliten inzwischen auf über 60 angestiegen ist, tummelt sich inzwischen viel Mythologie um Jupiter herum, darunter zahlreiche weitere Zeus-Geliebte wie Chaldene, Carme und Taygete.

Jupiter. Die Nahaufnahme von Jupiterwolken enthüllt eine hochkomplexe Struktur, die auf turbulentes Verhalten schließen lässt. Hier ergibt sich ein weites Forschungsfeld für die Flüssigkeits- und Gasdynamik.

ligsten Atmosphärenerscheinungen sind parallel zum Äquator liegende, abwechselnd dunkle und helle Streifen, die zarte Rot-, Orange-, Braun- bzw. Gelbtöne aufweisen. Innerhalb dieses Grundmusters wechseln die Erscheinungen (wie Formen, Farben, Begrenzungen) zum Teil innerhalb von Stunden und Tagen, doch existieren auch sehr langlebige, zu denen der Große Rote Fleck zählt, der den Charakter einer Antizyklone mit einer Rotationsperiode von etwa 6 Tagen hat. Die starke Strukturierung der Wolkenschichten lässt auf ein kompliziertes Wind- und Strömungssystem in der Jupiteratmosphäre schließen, das wahrscheinlich eine Folge der schnellen Rotation und eines von innen nach außen fließenden Energiestroms ist. Auch die von den Raumsonden Voyager 1 und 2 sowie von Galileo und Cassini übermittelten Aufnahmen zeigten starke Aktivitäten in der Jupiteratmosphäre: orkanartige Stürme und Wirbel mit Windgeschwindigkeiten bis zu 500 km/h, Gewitter sowie starke Nordlichterscheinungen. Nach dem Einschlag der Kometenkette →Shoemaker-Levy 9 auf Jupiter (1994) sank die Temperatur in der oberen Stratosphäre um einige Zehn Grad. Jupiter führt eine →differenzielle Rotation aus. Die Rotationsperiode ist in einer Region von etwa 10° beiderseits des Äquators am kürzesten (System I) und in höheren Breiten etwa um 5 Minuten länger (System II); Letztere stimmt nahezu mit der des Jupiterinneren (System III) überein.

■ **Jupitermaterie** Nach den Modellvorstellungen über die Struktur des Jupiterinneren sind Wasserstoff und Helium die Hauptbestandteile der Jupitermaterie, in einem Mischungsverhältnis, das etwa der mittleren kosmischen Elementhäufigkeit entspricht; sie umgeben einen Gesteinskern von rd. 15 bis 20 Erdmassen. In einer inneren Schale um den Kern liegt der Wasserstoff infolge des hohen Drucks in einer metallischen (flüssigen) Kon-

Jupiter Vulkanismus auf Io

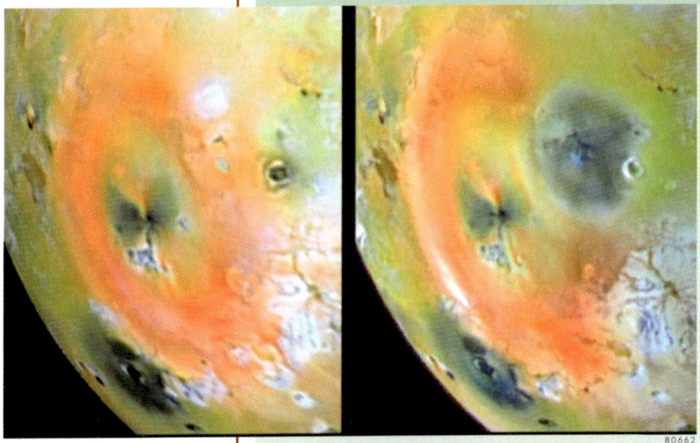

Die ersten Nahaufnahmen des Jupitermonds Io zeigten Ansichten, die eher an eine Pizza erinnerten: Auf einem hellgelben Untergrund liegen unterschiedliche rote, weiße und schwarze Flecke, die von verschiedenen Formen des chemischen Elements Schwefel stammen.

Die Gezeitenkräfte des Jupiters und der anderen drei Galileischen Monde, die auf Io wirken, heizen das Innere dieses Monds auf. Die entstehende Wärme verflüssigt den magmatischen Schwefel. In Spalten steigt er nach oben und tritt in Vulkankratern an die Oberfläche. Die Eruptionen reichen bis in 300 Kilometer Höhe, hoch genug, dass ein Teil des Auswurfmaterials in den Weltraum entweicht. Man kennt zwei unterschiedliche Arten von Vulkantypen, die ähnlich wie die irdischen Vulkane zähere und flüssigere Lava erzeugen. Wie sich zeigte, sind die Io-Vulkane, die mittlerweile nach Figuren der Sagenwelt benannt wurden, keine kurzlebige Erscheinung. Schon 1979 während des Vorbeiflugs von Voyager 1 waren acht Regionen aktiv, am heftigsten Pele, der auch von irdischen Infrarotteleskopen aus erkennbar ist, aber auch Loki, dessen Aktivitätszentrum neben einem heißen Lavasee liegt, auf dem eine Schwefel-Eisscholle schwimmt. Alle aktiven Regionen existierten auch noch am Ende der Galileo-Mission 2003.

Jupitersonden

	Pioneer 10	Pioneer 11	Voyager 1	Voyager 2	Galileo	Cassini
Start	3. 3. 1972	6. 4. 1973	5. 9. 1977	20. 8. 1977	18. 10. 1989	15. 10. 1997
Ankunft bei Jupiter	Vorbeiflug 4. 12. 1973	Vorbeiflug 3. 12. 1974	Vorbeiflug 5. 3. 1979	Vorbeiflug 9. 7. 1979	Ankunft Dezember 1995; nach 34 Umkreisungen des Jupiter und Vorbeiflügen an den galileischen Monden gezieltes Missionsende am 21. 9. 2003 (in der Jupiteratmosphäre verglüht)	Vorbeiflug 30. 12. 2000
kürzester Abstand von Jupiter in km	131 400	42 000	278 000	650 000	Eintritt einer Atmosphärensonde am 7. 12. 1995	9 721 846
Anzahl der Experimente	11	12	10	10	10, Atmosphärensonde 6	12, Atmosphärensonde Huygens 6

figuration vor; in dieser ist er ionisiert und besitzt eine hohe elektrische Leitfähigkeit. In einer äußeren Schale, ab einem Druckniveau von etwa $2 \cdot 10^{11}$ Pascal, ist er molekular und flüssig. Eine klare feste (oder flüssige) Grenzschicht (Phasengrenze) zwischen dem flüssigen und gasförmigen Materiezustand ist nicht bekannt, die Radienangaben beziehen sich auf ein willkürlich festgelegtes Höhenniveau, für das man im Allgemeinen das Temperaturminimum in der Atmosphäre (etwa in Höhe der obersten Wolkenschicht) wählt. Die Temperatur im Zentrum des Planeten dürfte etwas über 20 000 Kelvin liegen. Jupiter gibt etwa 1,9-mal so viel Energie ab, wie er von der Sonne empfängt, wobei die Energie wahrscheinlich im Wesentlichen aus dem seit seiner Entstehung vorhandenen Wärmevorrat stammt.

■ **Magnetfeld** Die schnelle Rotation und die hohe Leitfähigkeit der Materie sorgen für einen wirkungsvollen Dynamomechanismus, der das beobachtete starke, näherungsweise dipolartige Magnetfeld bewirkt. Die Grenze der Magnetosphäre des Jupiters liegt auf der sonnenzugewandten Seite etwa 50 bis 100 Jupiterradien von ihm entfernt, auf der abgewandten Seite ist ein Magnetfeldschweif noch jenseits der Saturnbahn nachweisbar. Vom Magnetfeld eingefangene geladene Teilchen (Protonen, Elektronen und von den Jupitersatelliten, v. a. von Io, stammende Metallionen) führen im Inneren der Magnetosphäre zu gürtelartigen Gebieten (Strahlungsgürtel) erhöhter Teilchenzahldichten. Von diesen geht eine intensive Radiofrequenzstrahlung aus, die mit der Rotationsperiode des Jupiterinneren (System III) variiert, da die Teilchen von dem dort fest verankerten Magnetfeld mitgeführt werden.

■ **Jupitersatelliten** Jupiter besitzt (mindestens) 63 Satelliten (2006). Von den schon länger bekannten 16 Monden mit genau bestimmten Bahndaten wurden vier bereits 1610 von G. Galilei und unabhängig von ihm von S. Marius entdeckt. Nach ihrer Größe und ihren Abständen von Jupiter lassen sich die Satelliten in vier Gruppen einteilen: 1) Die innere besteht aus vier unregelmäßig geformten Zwergsatelliten, die sich nahezu auf Kreisbahnen in der Äquatorebene des Jupiters bewegen. 2) Die zweite Gruppe bilden die vier Galileischen Monde, die den Jupiter ebenfalls nahe dessen Äquatorebene umlaufen. Ihre mittlere Dichte nimmt mit zunehmendem Abstand von Jupiter systematisch ab. Die beiden inneren Satelliten (Io und Europa) dürften zu den erdartigen, die beiden äußeren (Ganymed und Callisto) zu den eisartigen Himmelskörpern

Astronomische und physikalische Daten des Jupiter
(gerundete Vielfache der entsprechenden Erdgrößen in Klammern)

■ **Bahn**	
größte Entfernung von der Sonne	$8{,}15 \cdot 10^8$ km (5,4)
kleinste Entfernung von der Sonne	$7{,}41 \cdot 10^8$ km (5,0)
Umfang der Bahn	$4{,}9 \cdot 10^9$ km (5,2)
numerische Exzentrizität	0,0484
Bahnneigung gegen die Ekliptik	1° 18'
siderische Periode	11,86 a
synodische Periode	398,9 d
■ **Planet**	
Äquatorradius	a = 71 492 km (11,2)
Polradius	b = 66 990 km (10,5)
Abplattung	$f = (a-b)/a = 0{,}063$ (19,3)
Masse	$1{,}898 \cdot 10^{27}$ kg (318)
mittlere Dichte	1,33 g/cm³ (0,24)
Schwerebeschleunigung	25 m/s² (2,5)
magnetische Feldstärke am Äquator	342 A/m (13,8)
Entweichgeschwindigkeit	60 km/s (5,3)
Rotationsperioden	
System I (bis ± 10° beiderseits des Äquators)	9 h 50 min 30 s
System II (höhere Breiten)	9 h 55 min 40 s
System III (Magnetfeld)	9 h 55 min 29,37 s
Äquatorneigung	3° 04'
mittlerer scheinbarer Durchmesser	40"
mittlere scheinbare Helligkeit	$-2^{m}{,}55$
Größe des Roten Flecks	etwa 40 000 km × 14 000 km

100562

Jupiter. Das im Jahr 2000 von der Raumsonde Cassini aufgenommene Bild zeigt den Großen Roten Fleck auf Jupiter, kurz bevor er gen Osten entschwindet. Rechts unten ist der Jupitermond Ganymed zu sehen.

gehören. 3) Im Abstand von 155 bis 165 Jupiterradien befindet sich eine Gruppe von wiederum vier Zwergsatelliten mit Bahnen, die erheblich gegen die Äquator- und die Bahnebene des Jupiters geneigt sind und deren Exzentrizitäten zwischen 0,11 und 0,21 liegt. 4) Die vierte Gruppe besteht ebenfalls aus Zwergsatelliten mit – im Gegensatz zu den übrigen Satelliten – rückläufigen Bewegungen (zur Kennzeichnung enden diese Namen auf »e«). Ihre Bahnen sind noch exzentrischer und stärker geneigt als die der dritten Gruppe. Mindestens von diesen Satelliten wird angenommen, dass es sich um ehemalige Planetoiden handelt, die vom Planeten Jupiter eingefangen wurden.

■ **Galileische Monde** Die Galileischen Monde erhielten auf einen Vorschlag von Marius hin (nach einem Gespräch mit J. Kepler) die Namen Io, Europa, Ganymed und Callisto. Auf Io wurden mithilfe der Voyager-Sonden und der Galileo-Mission eine Vielzahl aktiver vulkanischer Regionen identifiziert, mit Eruptionsdauern bis zu zwei Stunden und Auswurfhöhen bis 300 Kilometer. Die gemessenen Auswurfgeschwindigkeiten betrugen bis zu 1 000 Kilometer pro Sekunde, d. h. ein Vielfaches der Entweichgeschwindigkeit von 2,6 Kilometern pro Sekunde. Es wurden über 100 Calderen mit bis zu 200 Kilometer Durchmesser gezählt, aber keine klassischen Einschlagkrater, da diese durch das Auswurfmaterial verdeckt werden. Im Gegensatz hierzu besitzen Ganymed (der größte Satellit im Sonnensystem) und Callisto von Einschlagkratern übersäte, mondähnliche Oberflächen. Europa ist arm an topografischen Formen, von den übrigen Satelliten ist nur wenig bekannt. Von den vier Galileischen Monden konnten durch die bis September 2003 aktive Raumsonde Galileo wertvolle Erkenntnisse gewonnen werden. Aus den gut beobachtbaren Verfinste-

Jupiter Dreifache Sonnenfinsternis

80662

Sonnenfinsternisse sind auf der Erde etwas Besonderes – schließlich haben wir ja auch nur einen Mond, der die Sonne verdecken kann, entsprechend selten sind Bedeckungen. Im Gegensatz dazu herrschen auf Jupiter paradiesische Verhältnisse – 63 Monde umkreisen den Riesenplaneten. Da kann es sogar vorkommen, dass mehrere Sonnenfinsternisse gleichzeitig auftreten. Das nebenstehende Bild zeigt ein Dreifachereignis aus dem Jahr 2004, an dem Ganymed, Io und Callisto beteiligt sind. Eine solche Konstellation ist wegen der unterschiedlichen Umlaufzeiten der Satelliten selbst auf Jupiter selten und tritt nur ein- bis zweimal im Jahrzehnt auf. Auf der Hubble-Aufnahme ist Ganymed als blaues Scheibchen im rechten oberen Viertel und sein Schatten am linken Rand der Jupiterscheibe zu erkennen. Der weiße Punkt in der Bildmitte ist Io, sein Schatten befindet sich etwas weiter links. Callisto selbst ist nicht zu sehen, nur sein Schatten oben rechts. Die Farben des Bildes entsprechen nicht Jupiters wirklicher Farbe, sondern ergeben sich aus drei Infrarotaufnahmen, die überlagert wurden. Ganymed erscheint deshalb blau, weil sein Wassereis längerwelliges Licht absorbiert, während Io das Sonnenlicht stark reflektiert.

rungen der vier Galileischen Monde bestimmte der dänische Astronom Ole Römer 1675 die Lichtgeschwindigkeit.

■ **Kürzlich entdeckte Satelliten** Der 17. Trabant des Planeten wurde im Juli 2000 durch Auswertungen von Aufnahmen aus dem Jahr 1999 entdeckt (Callirrhoe, vorher S/1999J1). Er war bei früheren Beobachtungen für einen Asteroiden gehalten worden. Der Jupitersatellit weist einen Durchmesser von schätzungsweise 5km auf und umrundet den Planeten innerhalb von reichlich zwei Jahren in einem mittleren Abstand von etwa 24 Mio. km. Weitere 11 Satelliten des Planeten wurden 2000 entdeckt. Die Satelliten S/1999J1 sowie S/2000J1–S/2000J10 erhielten im Oktober 2002 von der IAU ihre endgültigen Namen: Callirrhoe, Themisto, Kalyke, Iocaste, Erinome, Harpalyke, Isonoe, Praxidike, Magaclite, Taygete, Chaldene (in der Reihenfolge der Nummerierung). 2001/02 wurden erneut 12 Satelliten entdeckt, irreguläre und sehr kleine Begleiter (rund 2 bis 4 km Durchmesser) des Planeten. Die Benennung der Satelliten S/2001J1 bis S/2001J11 sowie S/2002J1 erfolgte im Juli 2003, sodass diese jetzt die Bezeichnungen Autonoe, Thyone, Hermippe, Eurydome, Sponde, Pasithee, Euanthe, Kale, Orthosie, Euporie, Aitne und Arche tragen. Bis Ende 2003 wurde die Entdeckung von weiteren 23 irregulären (und teilweise retrograden) Satelliten (S/2003J1 bis S/2003J23) bekannt gegeben, die mithilfe von auf dem Mauna Kea (Hawaii) installierten Teleskopen gelang. Die Namen von S/2003J1, S/2003J6 bis S/2003J8, S/2003J11, S/2003J13 sowie S/2003J20 bis S/2003J22 lauten Eukelade, Helike, Aoede, Hegemone, Kallichore, Cyllene, Carpo, Mneme und Thelxinoe (alle anderen sind noch unbenannt).

■ **Ringsystem** Jupiter besitzt ein Ringsystem, das mithilfe der Voyager-Sonden entdeckt wurde. Es ist von der Erde aus nur sehr schwer zu beobachten. Sein hellster Teil befindet sich in etwa 1,8 Jupiterradien Abstand, ist etwa 6000km breit und 30km dick und besteht aus kleinen Partikeln von einigen Mikrometern Durchmesser, die vermutlich von den Satelliten Metis und Adrastea stammen und von diesen beim Einschlag von Meteoriten abgesplittert wurden. Der weiter außen liegende, sehr dünne Schleierring wird wahrscheinlich von Teilchen der Satelliten Amalthea und Thebe gespeist. Feinste Partikel reichen vermutlich bis zum Planeten. Möglicherweise ist ein Teil davon vulkanisches Auswurfmaterial vom Satelliten Io.

■ **Siehe auch**

→Callisto · Europa · Ganymed · Io · Planeten · Sonnensystem

Jupiterfamilie, eine Kometenfamilie, die durch die Einfangswirkung des massereichen Jupiter auf an ihm vorbeiziehende Kometen entstanden ist.

Jupitergruppe, eine Gruppe von Planetoiden, deren mittlerer Abstand zur Sonne ähnlich dem Abstand von Jupiter zur Sonne ist, z. B. die →Trojaner.

Jupitersonden, →Jupiter.

Jy, Einheitenzeichen für →Jansky.

K

K, Einheitenzeichen für das →Kelvin.

Kale, ein 2001 entdeckter kleiner äußerer Mond des →Jupiter. Er umkreist den Planeten entgegen dessen Rotationsrichtung in einem mittleren Abstand von 23,2 Millionen Kilometern in 729 Tagen, 11 Stunden und 17 Minuten. Kale gehört zu einer Gruppe ähnlicher Jupitermonde, der Carme-Gruppe.

Kalẹnder [mittellateinisch, zu lat. calendae »erster Tag des Monats«, übertragen »Monat«], eine Festlegung zur Zeiteinteilung aufgrund von Beobachtungen periodisch sich wiederholender Naturgeschehnisse, v. a. solcher astronomischer Art; ein schon seit dem 14. Jahrhundert v. Chr. (Ägypten) nachgewiesener »Zeitweiser« bzw. »Zeitplaner« für das Jahr, seit dem Mittelalter als Verzeichnis der nach Wochen und Monaten geordneten Tage (Kalendarium genannt).

Basis aller bekannten Kalender sind die durch den Wechsel von Tag und Nacht, durch die sich wiederholenden Mondphasen sowie durch den Verlauf der Jahreszeiten gegebenen Zeiteinheiten Tag, Monat und Jahr, deren Größe jeweils durch bestimmte astronomische Beobachtungen festgelegt ist. Dementsprechend gibt es für alle drei Einheiten mehrere Definitionen. Die im Kalenderwesen verwendeten Einheiten sind der mittlere Sonnentag (Einheitenzeichen d) mit 24 Stunden (diese unterteilt in je 60 Minuten, diese in je 60 Sekunden), der synodische Monat (Zeitabschnitt zwischen zwei gleichen Mondphasen) mit 29,5306 d und das tropische Jahr (Zeit zwischen zwei aufeinander folgenden Durchgängen der Sonne durch den mittleren Frühlingspunkt) mit 365,2422 d. Das Problem bei der Erstellung von Kalendern ist, dass diese Einheiten nicht kommensurabel sind, d. h., dass Monat und Jahr keine ganze Zahl von Tagen enthalten, das Jahr überdies keine ganze Zahl von Monaten. Verschiedene Kalender unterscheiden sich daher durch die Festlegung einer bestimmten Grundeinheit, von der die anderen Einheiten abgeleitet werden.

■ **Mondkalender** Ein aus 12 synodischen Monaten bestehendes Jahr bezeichnet man als **Mondjahr;** es umfasst 354,3672 Tage. In den meisten Mondkalendern wird das Jahr durch eine abwechselnde Folge von Monaten zu 29 und 30 Tagen von insgesamt 354 Tagen dargestellt, also durch 6 Monate zu je 29 Tagen und 6 Monate zu je 30 Tagen. Um über längere Perioden einen Gleichlauf dieser Kalender mit dem Mondlauf zu erreichen, müssen Jahre mit unterschiedlicher Länge aufeinander folgen, d. h., es müssen bei bestimmten Jahren Schalttage eingeführt werden. Das Mondjahr ist unabhängig vom Sonnenlauf; es ist um etwa 11 Tage kürzer als das tropische Jahr. Daher bewegt sich der Jahresbeginn des Mondjahres durch alle Jahreszeiten (in etwa 33 Jahren).

■ **Sonnenkalender** Da das tropische Jahr ebenfalls keine ganze Anzahl von Tagen enthält, müssen in einem Sonnenkalender mit einer ganzen Anzahl von Tagen ebenfalls Schalttage eingefügt werden, wenn der Jahresbeginn bezüglich der Jahreszeiten fest bleiben soll. Somit folgen in einem Kalender mit einem **festen Sonnenjahr** auf eine Reihe von Jahren mit normaler Länge, dem Gemeinjahr zu 365 Tagen, in einem regelmäßigen Zyklus Schaltjahre mit einem zusätzlichen Tag. Bei einer konstanten Jahreslänge von 365 Tagen bewegt sich der Jahresbeginn wiederum durch alle Jahreszeiten, und es ergibt sich das **bewegliche Sonnenjahr.**

■ **Lunisolar- oder gebundener Kalender** Im Lunisolarjahr oder gebundenen Mondjahr wird sowohl der Wechsel der Mondphasen als auch der Ablauf der Jahreszeiten berücksichtigt. Zum Ausgleich der im Mondjahr gegenüber dem tropischen Jahr fehlenden Tage wird im Lunisolarjahr in regelmäßiger Folge ein zu-

Kalender.
Die 27 Phasen eines Mondumlaufs um die Erde sind die Grundlage für den Mondkalender.

3804

sätzlicher 13. Monat, ein Schaltmonat, eingefügt. Dadurch bleiben die Monate dem Mondlauf angepasst, und der Jahresbeginn bleibt bezüglich der Jahreszeiten bis auf kleine Schwankungen fest. Das kann z. B. durch einen 19-jährigen Schaltzyklus erreicht werden, in dem 12 Gemeinjahre zu je 12 Monaten mit 7 Schaltjahren zu je 13 Monaten zusammengefasst werden. 19 tropische Jahre sind nur um 0,0866 Tage kürzer als die 235 synodischen Monate des 19-jährigen Schaltzyklus.

■ **Chronologie** Zur eindeutigen zeitlichen Einordnung von Ereignissen in eine Chronologie ist neben der Angabe eines Datums auch die des entsprechenden Kalenders bzw. die der Ära erforderlich, auf die sich das Datum bezieht. Eine besondere Art der Datierung wird mit der Angabe des →julianischen Datums in der Astronomie benutzt.

■ **Julianischer und gregorianischer Kalender** Der heutige Kalender hat sich aus dem römischen Kalender entwickelt. Er beruhte im alten Rom auf dem Mondjahr, wobei von Zeit zu Zeit Monate eingeschaltet wurden. Hierdurch entstanden Unstimmigkeiten, die Julius Caesar 46 v. Chr. durch Einführung des julianischen Kalenders beseitigte. Aus dem ägyptischen Kalender wurde die Schaltung eines Tages in den durch 4 teilbaren Jahren übernommen. Von nun an zählte ein Jahr 365 Tage, jedes vierte Jahr als Schaltjahr 366 Tage; aber die mittlere Jahreslänge war mit 365,25 Tagen um 11 Minuten 12 Sekunden gegenüber dem Sonnenjahr (365,2422 Tage) zu groß. 1582 führte daher Papst Gregor XIII. ein genaueres Einschaltungsverfahren ein: Der alle vier Jahre eintretende Schalttag des julianischen Kalenders fällt bei dem vollen Jahrhundert aus, mit Ausnahme des durch 400 teilbaren (wie 1600, 2000 usw.). Die durchschnittliche Jahreslänge wurde auf 365,2425 Tage festgesetzt. Um die bis dahin angewachsene Differenz von 10 Tagen auszugleichen, folgte auf den 4. 10. der 15. 10. 1582. Dieser gregorianische Kalender wurde zuerst in Spanien, Portugal, Italien eingeführt, sehr bald in den übrigen katholischen Ländern; die evangelischen Länder folgten erst viel später, so die Staaten Deutschlands 1700, England 1752, Schweden 1753. Russland benutzte seit dem 13. Jahrhundert den julianischen Kalender. Im Februar 1918 führte die UdSSR den gregorianischen Kalender ein, der 1. 2. (alten Stils) wurde zum 14. 2. (neuen Stils).

■ **Siehe auch**
→Jahr · Monat · Sonnentag · Tag · Zeitmessung

Kallichore, ein 2003 entdeckter kleiner Mond des →Jupiter. Er umkreist den Planeten entgegen dessen Rotationsrichtung in einem mittleren Abstand von 24,0 Millionen Kilometern in 764 Tagen, 17 Stunden und 31 Minuten. Kallichore gehört zu einer Gruppe ähnlicher Jupitermonde, der Carme-Gruppe.

Kallipos, Kallipos von Kyzikos, griechischer Astronom der zweiten Hälfte des 4. Jh. v. Chr. Kallipos war ein Freund des Eudoxos von Knidos und wirkte seit 334 in Athen. Seine Planetenbeobachtungen zeigten ihm, dass die 26 →homozentrischen Sphären, die von Eudoxos eingeführt worden waren, nicht zur Beschreibung der Realität ausreichten, wie auch immer man ihre Bewegungen anordnete. Er fügte deshalb acht weitere Sphären hinzu, womit ihm eine bessere Annäherung an die tatsächlichen Bahnen gelang. Das System des Kallipos diente später Aristoteles als Ausgangspunkt für seine kosmologische Theorie.

Kant Hubble lichtet den Nebel

Der Philosoph Immanuel Kant äußerte 1755 als einer der Ersten den Gedanken, dass die »Nebelflecke«, die sich mit Fernrohren am Himmel erkennen lassen, ferne Sternsystem sind, es also außer unserer Milchstraße noch weitere Galaxien im Universum geben könnte.
Der definitive Nachweis fremder galaktischer Systeme gelang aber erst 1923 dem amerikanischen Astronomen Edwin Hubble. Vom kalifornischen Observatorium Mount Wilson aus konnte er dank der hohen Auflösung eines 2,5-Meter-Teleskops im Andromedanebel einzelne Sterne identifizieren und deren Entfernung berechnen. Der von Hubble ermittelte Wert von 750 000 Lichtjahren war zwar um rund zwei Drittel zu klein, doch als Beweis, dass der »Andromedanebel« weit außerhalb der Milchstraße liegt und eine ferne Galaxie ist, genügte er allemal.
Zwei Jahre später legte Hubble eine komplette Klassifikation der verschiedensten Galaxien vor und 1929 gelang es ihm, die Expansion des Universums anhand der Fluchtgeschwindigkeiten extragalaktischer Systeme zweifelsfrei nachzuweisen.

Kallisto, der Jupitermond →Callisto.

Kältetod des Weltalls, →Wärmetod.

Kalyke, ein 2000 entdeckter kleiner äußerer Mond des Jupiter. Er umkreist den Planeten in einem mittleren Abstand von 23,6 Millionen Kilometern in 742 Tagen und 43 Minuten. Kalyke wird wegen ihrer Bahndaten der Carme-Gruppe zugeordnet. Ihr Durchmesser beträgt etwa 5,2 Kilometer.

Kalypso, der Saturnmond →Calypso.

Kamiokande-Experiment, →Superkamiokande-Experiment.

Kannibalismus, das »Verschlucken« einer kleineren durch eine größere Galaxie. Ein Beispiel für den Galaxienkannibalismus ist →Centaurus A (NGC 5128). Aufnahmen des Hubble-Weltraumteleskops zeigen deutlich eine elliptische Galaxie, die von einem Staubgürtel umgeben ist. Elliptische Galaxien enthalten jedoch normalerweise kaum Gas und Staub. Derartige Staubringe sind eher typisch für Spiralgalaxien. Das deutet darauf hin, dass Centaurus A aus der Verschmelzung einer elliptischen Galaxie mit einer Spiralgalaxie hervorgegangen ist.

Kanopus, der Stern →Canopus.

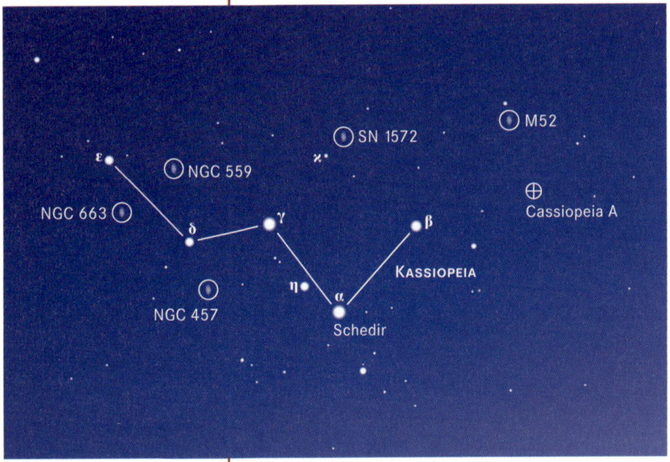

Kassiopeia

Kant, Immanuel, deutscher Philosoph, * Königsberg (heute Kaliningrad) 22. 4. 1724, † ebenda 12. 2. 1804. Kant, einer der bedeutendsten deutschen Philosophen, beschäftigte sich auch mit naturwissenschaftlichen Fragen. In seiner »Allgemeinen Naturgeschichte und Theorie des Himmels...« von 1755 gelangt er durch konsequente Anwendung der newtonschen Mechanik in der Kosmologie zu einer Theorie der Entstehung astronomischer Systeme, die später von P. S. de Laplace weiterentwickelt und unter dem Namen Kant-Laplace-Theorie bekannt wurde. Ferner war er der Auffassung, dass die Sterne in Systemen angeordnet sind, was sich später als richtig erwies.

Kassiopeia. Der offene Sternhaufen M 103 im Sternbild Kassiopeia

Kant-Laplace-Theorie [-la'plas-], Bezeichnung für zwei verschiedene kosmologische Theorien über die Entstehung des Sonnensystems. Nach I. Kant (1755) bildete sich die Sonne mitsamt den Planeten unter der Wirkung der allgemeinen Gravitation aus einer Wolke frei beweglicher Teilchen aus lokalen Verdichtungen. Nach P. S. de Laplace (»Nebularhypothese«, 1796) wurden von einer rotierenden und kontrahierenden Gasmasse infolge zunehmender Fliehkräfte nacheinander Gasringe abgetrennt, die zu Planeten kondensierten, die Hauptmasse wurde zur Sonne. (→Kosmologie)

Kapella, der Stern →Capella.

Kapteyn [kap'tɛi̯n], Jacobus Cornelius, niederländischer Astronom, * Barneveld 19. 1. 1851, † Amsterdam 18. 6. 1922; seit 1878 Professor in Groningen. Kapteyn war einer der Wegbereiter der Stellarstatistik, die er methodisch und theoretisch begründete. Er entdeckte die beiden »Sterndriften« parallel zur Milchstraßenebene und versuchte, Gestalt und Abmessungen der Milchstraße zu bestimmen.

kapteynsche Eichfelder [kap'tɛi̯n-], →Selected Areas.

Kapteyns Stern [nach J. C. Kapteyn], ein Roter Zwerg im Sternbild →Maler mit der bisher zweitgrößten bekannten →Eigenbewegung eines Sterns, nämlich 8,73 Bogensekunden pro Jahr.

Kap-Wolken, die →Magellanschen Wolken.

Kartografie, siehe Sonderartikel Seite 220.

Kassiopeia, wissenschaftlicher Name **Cassiopeia,** *Genitiv* **Cassiopeiae,** Abk. **Cas,** ein markantes, von der Milchstraße durchzogenes Sternbild des nördlichen Himmels (Rektaszension $22^{h}56^{m}$ bis $3^{h}38^{m}$, Deklination +77°40' bis +46°40'), das von mittleren nördlichen Breiten aus gesehen stets über dem Horizont bleibt (→Zirkumpolarsterne).

■ **Sterne** Die Verbindung seiner fünf hellsten Sterne (der mit $2\overset{m}{,}23$ hellste heißt Schedir) hat die Gestalt eines W, weshalb das Sternbild auch Himmels-W genannt wird. Die Kassiopeia und die Hauptsterne des →Großen Bären liegen in etwa gleichem Abstand auf einander gegenüberliegenden Seiten des →Polarsterns. Das Sternbild enthält zahlreiche Doppelsterne, Veränderliche und offene Sternhaufen. Zu Ersteren zählen: η Cas (Achird; scheinbare Helligkeiten $3\overset{m}{,}5$ bzw. $7\overset{m}{,}4$; Distanz 13,0", Umlaufzeit 480 Jahre), ι Cas ($4\overset{m}{,}6$ bzw. $6\overset{m}{,}9$; Distanz 2,9"; in 7,3" Winkelabstand ein weiterer, $8\overset{m}{,}4$ heller Begleiter, also insgesamt ein Dreifachstern) und 48 Cas ($4\overset{m}{,}7$ bzw. $6\overset{m}{,}7$; Distanz 0,8"). Beispiele für Veränderliche sind: γ Cas (Cih; ein typischer →Hüllenstern, unregelmäßig veränderlich zwischen $1\overset{m}{,}6$ und $3\overset{m}{,}0$; Periode über einen Tag; Prototyp der →Gamma Cassiopeiae-Sterne; außerdem doppelt mit einem 11^{m} hellen Begleiter in 2" Distanz); ρ Cas (einer der leuchtkräftigsten Sterne in 6 000 Lichtjahren Entfernung; halbregelmäßiger Pulsationsveränderlicher; $4\overset{m}{,}1$–$6\overset{m}{,}2$; Periode etwa 320 Tage). Bedeckungsveränderliche vom Algol-Typ sind δ Cas (Ruchbah; Helligkeitswechsel um 0,1 Größenklassen; Periode 2,08 Jahre) und RZ Cas ($6^{m},4$–$7^{m},8$; 1,2 Tage); zu den Mira-Sternen gehören R Cas ($4^{m},7$–$13^{m},5$; 430,5 Tage), V Cas ($6^{m},9$–$13^{m},4$; 228,8 Tage) und T Cas ($6^{m},9$–$13^{m},0$; 445 Tage).

■ **Sternhaufen und Nebel** Offene Sternhaufen sind unter anderen M 52 (7^{m}; 100 Sterne; Entfernung 5 000 Lichtjahre), M 103 ($7^{m},5$; 25 Sterne; 7 000 Lichtjahre) in der Nähe des Sterns δ Cas, NGC 457 (Eulenhaufen; $6^{m},5$; 80 Sterne; 5 000 Lichtjahre), NGC 559 (8^{m}; 50 Sterne; 4 000 Lichtjahre), NGC 663 (7^{m}; 80 Sterne; 7 000 Lichtjahre). NGC 281 ist ein $7^{m},5$ heller, etwa 7 000 Lichtjahre entfernter Emissionsnebel (Sternentstehungsgebiet), etwa gleich weit entfernt ist NGC 7635, auch als Bubble-Nebel bekannt.

■ **Weitere Objekte** In der Kassiopeia liegt in etwa 10 000 Lichtjahren Entfernung die stärkste bekannte kosmische Radioquelle Cassiopeia A (3C 461), Überrest einer um 1680 aufgetauchten Supernova. In der Nähe des Sterns κ Cas leuchtete 1572 eine von T. Brahe beobachtete und heute als →Tychonischer Stern bekannte Supernova auf. Überreste von ihr sind heute noch in Form eines lichtschwachen Nebels und einer Radioquelle (Cassiopeia B) zu beobachten. (→Sternbilder)

Kastor, der Stern →Castor.

katadioptrisches System, ein Fernrohr, das Linsen und Spiegel zur Erzeugung eines Bildes benutzt. Bekannte Beispiele sind das →Schmidt-Spiegelteleskop und das →Maksutow-Teleskop. Bei diesen Teleskopen ist der Hauptspiegel sphärisch oder parabolisch geschliffen und die Linse als Korrektionsplatte ausgebildet. Bei Amateurastronomen sind →Schmidt-Cassegrain-Teleskope beliebt, die eine hohe Lichtstärke mit leichter Bauweise vereinen.

Die hellsten Sterne des Sternbilds Kassiopeia

Name		Helligkeit visuelle	Helligkeit absolute	Spektralklasse	Entfernung in Lichtjahren
γ	(Cih, Tsih)*)**)	$1^{m},6$–$3^{m},0$	-4^{M}	B0	600
α	(Schedir, Shedir, Schedar)	$2^{m},2$	-2^{M}	K0	240
β	(Caph, Chaph, Cheph)	$2^{m},3$	1^{M}	F2	55
δ	(Ruchbah)**)	$2^{m},7$	0^{M}	A5	100
ε	(Segin)	$3^{m},4$	-2^{M}	B2	450
η	(Achird)*)	$3^{m},4$	5^{M}	G0	19,4
ζ		$3^{m},7$	-3^{M}	B2	600
50		$4^{m},0$	0^{M}	A2	160
ρ**)		$4^{m},1$–$6^{m},2$	-8^{M}	G0	6 000
ι*)		$4^{m},5$	1^{M}	A5	140
48*)		$4^{m},5$	2^{M}	A3	117

*) Doppelstern **) Veränderlicher

kataklysmische Veränderliche [zu griech. kataklysmós »Überschwemmung«], veränderliche Sterne, deren Lichtwechsel damit zusammenhängt, dass in einem engen Doppelsternsystem Materie vom Begleiter, einem Roten Zwerg oder Unterriesen, auf die Hauptkomponente, einen Weißen Zwerg, strömt. Der Lichtwechsel wird durch Instabilitäten auf der Oberfläche des Weißen Zwergs

Fortsetzung S. 222

Katzenaugennebel Sterbender Stern

Eine Vorschau dessen, was einst auch unserer Sonne widerfahren wird, liefert der Katzenaugennebel: den Tod eines Sterns. Derzeit befindet er sich in den letzten Stadien des normalen Sternendaseins und schleudert seine äußere Hülle ins All. Die Partikelströme des Sternenwindes drängen die heiße Materie mit über sechs Millionen Kilometern pro Stunde nach außen, wo sie die filigranen Strukturen des planetarischen Nebels bildet. Eine Hubble-Aufnahme aus dem Jahr 1994 zeigte bereits die komplexe Struktur des Nebels, eine weitere Aufnahme 2002 (Bild) liefert weitere Details. Demnach ist der innere, eigentliche Katzenaugennebel von mindestens elf konzentrischen Sphären umgeben, die sich im Bild als Ringe widerspiegeln. Diese Schalenstruktur entsteht dadurch, weil der sterbende Stern in einem Rhythmus von 1 500 Jahren Teile seine äußeren Schichten abgestoßen hat. Jede dieser Schalen enthält so viel Masse wie unser gesamtes Planetensystem. Vor etwa 1 000

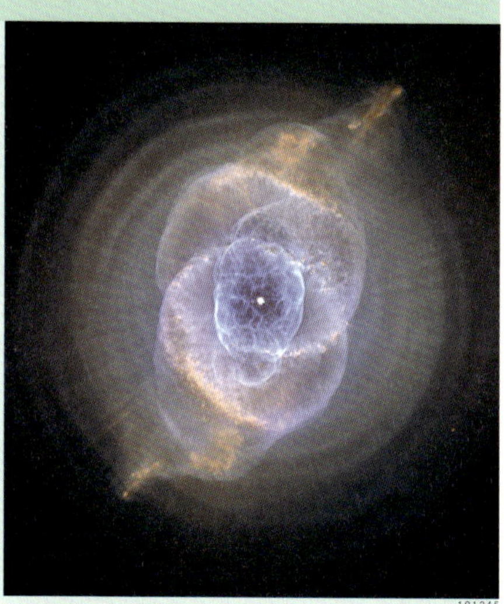

101245

Jahren setzte ein zweiter, noch nicht aufgeklärter Auswurfmechanismus ein, der den inneren Nebel erzeugte.

Kartografie

Kartografie

Mit der Erfindung der Landkarte schuf sich die Menschheit die Möglichkeit, die Erde stark vereinfacht und abstrakt darzustellen. Lange vor der Erfindung von Fluggeräten wurde die Welt gleichsam aus der Vogelperspektive verkleinert und nachmessbar, das heißt nach mathematischen Grundsätzen, abgebildet. Doch Karten sind immer nur ein Spiegelbild der jeweiligen gesellschaftlichen Realitäten, des Wissensstandes ihrer Zeit, gebunden auch an religiöse Vorstellungen und politische Absichten. Ihren Anspruch auf Genauigkeit und Richtigkeit erlangen Karten durch die Art ihrer Herstellung, durch die Akkuratesse des Kupferstechers, Lithografen oder Zeichners, der Kunst des Druckers sowie durch die Tatsache, dass der Kartenleser Bekanntes wieder erkennt.

Eine Wissenschaft für sich

Seit der Einführung des Begriffs »Kartografie« in der Mitte des 19. Jahrhunderts entwickelte sich die Kartografie aus einer Hilfsdisziplin zwischen Vermessungskunde (Geodäsie) und Geografie Anfang des 20. Jahrhunderts zu einer eigenständigen Wissenschaft mit klar definierten Begriffen und Methoden.

100264

Die Weltkarte aus dem 15. Jahrhundert folgt der Weltsicht des Claudius Ptolemäus. Europa und der Mittelmeerraum sind bereits vergleichsweise exakt wiedergegeben, während Afrika als Teil eines vermuteten Südkontinents angesehen wird, der den Indischen Ozean zum Binnenmeer macht.

Die topografischen Karten waren in Europa wegen ihrer militärischen Bedeutung, der immensen Kosten bei der Herstellung und des detaillierten Inhalts bis in die 2. Hälfte des 19. Jahrhunderts Staatsmonopol. Mit der Wende vom 18. zum 19. Jahrhundert wurden in den Staaten Europas die Statistischen Ämter und Dienste gegründet, die ihr Zahlenmaterial zum Teil in thematischen Karten auch für die breite Öffentlichkeit zugänglich machten.

Von der Scheibe zur Kugel

Schon die Menschen der Frühzeit haben ihren Lebenskreis mit Besitztümern und äußeren Grenzen in Karten festgehalten. Beispiele dafür sind die als Felsmalerei überlieferte Darstellung einer neolithischen Siedlung um 6200 v. Chr. im anatolischen Çatal Hüyük, der rund 3 500 Jahre alte Stadtplan von Nippur in Babylonien oder die Karten der griechischen Antike.
Für den Kartografen dieser Epochen war die Erde eine in ihrem Zentrum bewohnte, an der Peripherie unzugängliche Scheibe, die sich mit zunehmendem Wissen immer weiter vergrößerte. Mit den neuen Kenntnissen durch die Eroberungszüge Alexanders des Großen und durch zahlreiche Beobachtungen von Seefahrern und Wissenschaftlern entstand die Theorie, die Erde sei eine Kugel, und die Messungen des Eratosthenes um 250 v. Chr. ergaben für diese Kugel je nach Umrechnung einen Umfang von 37 700 oder 46 250 Kilometern. Er ging sogar noch weiter, projizierte die räumlichen Kugelsegmente auf ein planes Kartenbild und versah die Karte mit einem Koordinatensystem nach Länge und Breite des Mittelmeeres.
Entsprechend erarbeitete im 2. Jahrhundert n. Chr. Claudius Ptolemäus aus Alexandria, Astronom, Sterndeuter und Kartograf, die erste genordete Kartenprojektion mit längentreuen Breitenkreisen. Seine Anleitungen zum Kartenzeichnen wurden in zahllosen Kopien, Kommentaren und Übersetzungen verbreitet und mit ihnen die fehlerhafte Berechnung bzw. Annahme des Ptolemäus: Der Umfang seiner Erdkugel betrug nur 29 000 Kilometer.

Mappae mundi – wie das Christentum die Welt sah

Die Theologie bestimmte für die nächsten Jahrhunderte die Sicht der Welt und damit die Form der Karten. Der Mittelpunkt der neuen christlichen Welt lag im Osten, in Jerusalem, nachdem Rom seine zentrale Funktion verloren hatte. Die Karten der Christenheit waren daher nach Osten ausgerichtet, sie zeigten die Erde nun wieder als Scheibe. Wie alle künstlerischen Werke dieser Zeit kündeten sie von der Größe Gottes und der Kirche. Mit dem Auftreten des Islam ab dem 6. Jahrhundert entstand ein konkurrierendes Glaubensbekenntnis. Die arabischen Kartografen fügten die antike Tradition des Ptolemäus (die Erde als Kugel) in ihr Wissenschaftsbild ein und erweiterten ihr Wissen von der Welt durch zahlreiche Reisen und den Einsatz astronomischer Instrumente.

Die Entschleierung der Erde

Die Karten als Arbeitsmaterial der Seefahrer und Kaufleute waren nicht an religiöse Weltanschauungen gebunden. Ihre Karten waren zweckgebunden und daher so genau, wie es damals möglich war. Die Portolankarten des Mittelmeeres zeigten die Küsten und Landmarken detailliert und wiesen, wie Untersuchungen zeigen, nur geringe Fehler in den Distanzangaben auf. Allerdings wurden Kartenwerke, die fremde Küsten und Länder zeigten, in den Tresoren der Herrscher und Kaufleute verschlossen. Erst wenn die Existenz dieser Erdgegenden allgemein bekannt wurde, fanden sie Eingang in das öffentliche Kartengut.
Ähnliches gilt für die »Entdeckung« Amerikas durch Kolumbus. Zwar waren vor ihm schon die Wikinger in Nordamerika gewesen, und doch fuhr Kolumbus in den »unbekannten« Atlantik, um, ausgehend vom falschen Erdumfang des Ptolemäus, auf diesem Weg Indien zu erreichen. Schon 1507 wurden die neuen Gebiete von Martin Waldseemüller auf einer Weltkarte präsentiert. Die Möglichkeit, neue Welten hinter dem Horizont zu finden ließ die europäischen Nationen aufbrechen.

Der vermessene Planet

Die Umseglung der Welt durch die Expedition von Magalhães hatte auch in der Praxis bewiesen, dass die Erde eine Kugel ist. Die darauf folgenden Fortschritte in den Naturwissenschaften und verbesserte Instrumente trugen bis zum 18. Jahrhundert dazu bei, dass die Welt immer genauer und detaillierter in den Kartenwerken abgebildet werden konnte. Unbekannte Regionen der Erde wurden mit Fabelwesen bevölkert, diktiert vom »Horror vacui«, der Angst der Kartografen, dem Publikum ihr Nichtwissen zu zeigen. Später wurden sie einfach als »weiße Flecken« in die Karte eingetragen.

100264

Babylon war zu den Zeiten Alexanders des Großen das Wissenszentrum des Orients, wie auch diese babylonische Weltkarte zeigt (London, British Museum).

In der 2. Hälfte des 18. Jahrhunderts begann die Zeit der exakten und mathematisch fundierten Kartografie. In den europäischen Staaten wurden die topografischen Landesaufnahmen für Militär und Verwaltung durchgeführt, die bis heute Grundlage für jede Planung in modernen Staaten sind. Die Möglichkeit, die Erde aus dem All zu erkunden, tilgte im 20. Jahrhundert endgültig die weißen Flecken vom Gesicht der Erde und stellte den Kartografen alle benötigten geografischen Daten zur Verfügung.

Fortsetzung von S. 219
oder in der um diesen sich bildenden Akkretionsscheibe verursacht. Zu den kataklysmischen Veränderlichen gehören die →Novae, die →U-Geminorum-Sterne (Zwergnovae) und die →AM-Herculis-Sterne.

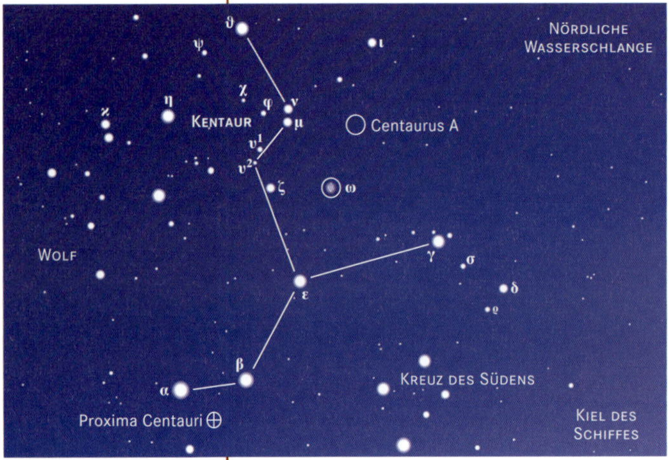

Kentaur

Katastrophentheorie, Anfang des 20. Jahrhunderts von J. Jeans u.a. vertretene (und heute widerlegte) Hypothese, nach der das Planetensystem aufgrund äußerer Einflüsse entstanden ist. Dabei habe die Gezeitenwirkung eines die Sonne in geringem Abstand passierenden Sterns aus dieser große Materiemengen herausgerissen, aus denen sich dann die Planeten und ihre Satelliten bilden sollten. Wegen der hohen Temperatur der abgelösten Materie hätte sich diese jedoch im Raum verflüchtigt, ohne größere Himmelskörper zu bilden.

Katastrophen und Kometen, siehe Sonderartikel Seite 224.

katoptrisches Fernrohr, →Fernrohr.

Katzenaugennebel, der 3000 Lichtjahre entfernte planetarische Nebel NGC 6543 im Sternbild →Drache, der in seinem Zentrum einen extrem heißen Weißen Zwergstern enthält. NGC 6543 erscheint im Teleskop als diffuser Nebelfleck mit einem schwachen Sternchen im Zentrum. Der komplexe Aufbau des Nebels wird erst auf Aufnahmen beispielsweise des Hubble-Weltraumteleskops deutlich. – Infokasten S. 219

Keck-Teleskope, →Mauna-Kea-Observatorium.

Keeler ['ki:lə], James, amerikanischer Astronom, * La Salle (Ill.) 10. 9. 1857, † San Francisco (Calif.) 13. 8. 1900. Keeler wurde 1898 Leiter des Lick-Observatoriums auf dem Mount Hamilton in Kalifornien. Er fotografierte zahlreiche Galaxien und erkannte, dass die Spiralform die häufigste Galaxieform ist. Mithilfe der Spektroskopie konnte er nachweisen, dass das Ringsystem des Saturn aus Partikeln besteht.

Kegelblende, eine in einem →Koronografen benutzte kegelförmige Blende, die die Sonnenscheibe abdecken soll. Sie reflektiert das von dort kommende Licht seitwärts in den Fernrohrtubus, sodass nur das Licht der Korona die Blende passieren kann. Wegen des im Jahresverlauf wechselnden scheinbaren Sonnendurchmessers müssen verschieden große Kegelblenden benutzt werden.

Kelvin [nach William Lord Kelvin, * 1824, † 1907] *das, -s/-,* Einheitenzeichen **K,** die SI-

Kentaur Der kältest Ort des Universums

Um die »Ehre«, kältester Ort auf der Erde zu sein, streiten sich mehrere sibirische Dörfer. Wer letztendlich auch Recht behält – gegen den kältesten bekannten Ort im Universum ist es in Sibirien behaglich warm. Denn bereits 1995 bestimmten Astronomen des ESO Submillimetre Telescope in Chile die Temperatur im 5000 Lichtjahre entfernten Bumerangnebel im Sternbild Kentaur auf minus 272 Grad Celcius, also nur ein Kelvin über dem absoluten Nullpunkt. Selbst das allgegenwärtige Echo des Urknalls, die kosmische Hintergrundstrahlung, ist rund zwei Grad wärmer – solche Verhältnisse hat man bisher noch nirgendwo anders im Weltall gefunden. Im Jahr 2003 lieferte das Hubble-Weltraumteleskop ein gestochen scharfes Bild des Bumerangnebels, auf dem er weniger wie ein australisches Wurfgerät, sondern eher wie eine Fliege aussieht. Die charakteristischen Strukturen wurden wahrscheinlich von Winden mit einer Geschwindigkeit von etwa 100 Kilometern pro Sekunde geschaffen. Der Bumerangnebel expandiert sehr rasch – deshalb ist es dort auch so kalt.

Basiseinheit der thermodynamischen Temperatur. Das Kelvin ist definiert als der 273,16te Teil der thermodynamischen Temperatur des Tripelpunktes des Wassers. Eine Temperaturdifferenz von einem K ist gleich einer Temperaturdifferenz von einem Grad Celsius (°C).

Kelvin-Kontraktion, die Kontraktion eines Sterns, bei der Gravitationsenergie in Wärme umgewandelt wird. Dieser Prozess wurde erstmals von William Lord Kelvin (*1824, †1907) und Hermann von Helmholtz (*1821, †1894) zur Erklärung der Energieerzeugung von Sternen vorgeschlagen. Sie dürfte aber höchstens während kurzer Phasen in der Sternentwicklung tatsächlich eine Rolle spielen.

Kennedy Space Center ['kenɪdi 'speɪs 'sentə], Startgelände der NASA auf →Cape Canaveral.

Kentaur, Zentaur, wissenschaftlicher Name **Centaurus,** *Genitiv* **Centauri,** Abk. **Cen,** ein ausgedehntes, brillantes Sternbild des südlichen Himmels (Rektaszension $11^{h}05^{m}$ bis $15^{h}03^{m}$, Deklination −30°00' bis −64°45'), von dem in unseren Breiten im Frühjahr nur die nördlichsten Teile knapp über dem Horizont erscheinen.

■ **Sterne** Nicht weniger als 13 Sterne sind heller als $3\overset{m}{,}5$. In seinem südlichsten Teil, durch den die Milchstraße zieht, liegt der dem Sonnensystem nächste Stern →Proxima Centauri. Hellster Stern ist →Alpha Centauri (α Cen). Zusammen mit dem zweithellsten Stern Hadar (β Cen) gibt er die Richtung zum →Kreuz des Südens an. Beispiele für Doppelsterne sind: α Cen (scheinbare Helligkeiten $-0\overset{m}{,}01$ bzw. $1\overset{m}{,}35$; Distanz zurzeit etwa 14", Umlaufzeit 80,1 Jahre), Muliphein (γ Cen; zwei $2\overset{m}{,}9$ helle Komponenten in zurzeit 1" Winkelabstand; Umlaufzeit 84,6 Jahre), Ma Wei (δ Cen; $2\overset{m}{,}6$ bzw. $4\overset{m}{,}5$; Distanz 269,0"). Bekannte Mira-Veränderliche sind R Cen ($5\overset{m}{,}3$–$11\overset{m}{,}8$; mit 546,2 Tagen ungewöhnlich lange Periode; der 2000 Lichtjahre entfernte Rote Riese ist leicht auffindbar, da er zwischen α und β Cen liegt), X Cen ($7\overset{m}{,}0$–$13\overset{m}{,}8$; 315,1 Tage), U Cen ($7\overset{m}{,}0$–$14\overset{m}{,}0$; 220,3 Tage). Halbregelmäßig veränderlich sind o Cen ($4\overset{m}{,}3$–$4\overset{m}{,}5$; Periode etwa 200 Tage, Entfernung 5000 Lichtjahre) und T Cen ($5\overset{m}{,}5$–$9\overset{m}{,}0$; 90,6 Tage). Zu den unregelmäßig Veränderlichen gehört μ Cen ($3\overset{m}{,}0$–$3\overset{m}{,}5$).

Die hellsten Sterne des Sternbilds Kentaur

Name		Helligkeit visuelle	Helligkeit absolute	Spektralklasse	Entfernung in Lichtjahren
α	(Rigil Kentaurus, Rigil Kent, Toliman)*)	$-0\overset{m}{,}3$	4^{M}	G4	4,40
β	(Hadar, Agena)	$0\overset{m}{,}6$	-5^{M}	B1	520
ϑ	(Menkent)	$2\overset{m}{,}1$	1^{M}	K0	62
γ	(Muliphein, Koo Low)*)	$2\overset{m}{,}2$	-1^{M}	A1	130
ε		$2\overset{m}{,}3$	-3^{M}	B1	380
η		$2\overset{m}{,}3$	-3^{M}	B1	300
δ*)	(Ma Wei)	$2\overset{m}{,}4$	-3^{M}	B2	380
ζ		$2\overset{m}{,}5$	-3^{M}	B2	400
ι		$2\overset{m}{,}8$	1^{M}	A2	58
μ**)		$3\overset{m}{,}0$–$3\overset{m}{,}5$	-3^{M}	B2	500
κ	(Ke Kwan)	$3\overset{m}{,}1$	-3^{M}	B2	500
λ		$3\overset{m}{,}1$	-2^{M}	B9	420
ν		$3\overset{m}{,}4$	-3^{M}	B2	500
φ		$3\overset{m}{,}8$	-2^{M}	B2	500
d		$3\overset{m}{,}9$	-4^{M}	G8	1000
$υ^{1}$		$3\overset{m}{,}9$	-2^{M}	B2	400
π		$3\overset{m}{,}9$	-1^{M}	B5	330
σ		$3\overset{m}{,}9$	-2^{M}	B3	450
τ		$3\overset{m}{,}9$	1^{M}	A2	130

*) Doppelstern **) Veränderlicher

■ **Beobachtungsobjekte** Das Sternbild ist reich an galaktischen und extragalaktischen Beobachtungsobjekten für das Amateurfernrohr. Zu den offenen Sternhaufen gehören NGC 3766 (5^{m}; Entfernung 6000 Lichtjahre), NGC 5281 (6^{m}; 4200 Lichtjahre) und NGC 5460 ($5\overset{m}{,}5$; 2500 Lichtjahre), zu den planetarischen Nebeln NGC 3699 (11^{m}; 6500 Lichtjahre), NGC 3918 ($8\overset{m}{,}5$; 11^{m} heller Zentralstern; 2500 Lichtjahre) und NGC 5307 (11^{m}; 10000 Lichtjahre). Paradeobjekt des Sternbilds ist zweifelsohne der 16000 Lichtjahre entfernte Kugelsternhaufen ω Cen (Omega Centauri), mit einer Gesamthelligkeit von $3\overset{m}{,}7$ mühelos mit dem bloßen Auge erkennbar und prächtigster Kugelhaufen am Himmel (sein scheinbarer Durchmesser entspricht dem des Vollmonds); wesentlich schwächer ($7\overset{m}{,}5$; Entfernung 30000 Lichtjahre) ist der Kugelhaufen NGC 5286. Erwähnenswerte Galaxien sind NGC 4945 ($8\overset{m}{,}5$; 20 Millionen Lichtjahre), NGC 5102 und NGC 5253 ($9\overset{m}{,}5$ bzw. 10^{m}; 10 Millionen Lichtjahre) und nicht zuletzt die 20 Millionen Lichtjahre entfernte elliptische Galaxie NGC 5128 ($7\overset{m}{,}5$; bemerkenswert durch ein dunkles Staubband), welche auch eine starke Radioquelle (→Centaurus A) ist. Eine bekannte Röntgenquelle ist →Centaurus X-3. Schließlich findet sich im Kentaur ein 600 Millionen Lichtjahre entfernter Galaxienhaufen, der Centaurus-Haufen. (→Sternbilder)

Kepheus, wissenschaftlicher Name **Cepheus,** *Genitiv* **Cephei,** Abk. **Cep,** ein Sternbild des nördlichen Himmels (Rektaszension $20^{h}02^{m}$ bis $9^{h}00^{m}$, Deklination +88°40' bis +53°20').

■ **Sterne** Das für unsere Breiten zirkumpolare Sternbild (→Zirkumpolarsterne) enthält zahlreiche Doppelsterne und Veränderliche. Zu Ersteren gehören Alfirk (β Cep; scheinbare Helligkeiten $3\overset{m}{,}2$ bzw. $7\overset{m}{,}9$; Distanz 13,3"), δ Cep (4^{m} bzw. $6\overset{m}{,}3$; 40,7"), Alkurnah (ξ Cep; $4\overset{m}{,}4$ bzw. $6\overset{m}{,}5$; 8,0"), π Cep ($4\overset{m}{,}5$ bzw. $6\overset{m}{,}8$; 1,1")

Fortsetzung S. 226

Katastrophen und Kometen

Katastrophen und Kometen
→ GEO **Dossier**
Unheimliche Vagabunden, Bd. 4

Das Erscheinen von Schweifsternen am Himmel galt seit der Antike als ein Zeichen für eine kommende Katastrophe. Die Astrologie dominierte lange die Astronomie. Das Beobachten der Sterne war untrennbar verbunden mit der Vorstellung, dass sich göttliche und damit schicksalshafte Botschaften in den kosmischen Konstellationen und Vorgängen offenbaren. In diesem magischen Weltbild wurden Kometen als Verursacher oder Vorboten von Notzeiten, Erdbeben, Überschwemmungen, Feuersbrünsten, Dürre, Seuchen, Hunger, Krieg oder Aufruhr gedeutet. Aristoteles hielt die Kometen für ein himmlisches Wetterphänomen. In seinem Buch über Meteorologie beschreibt er, wie die Sonne die Erde erwärmt und dadurch giftige Gase oder Dämpfe emporsteigen, um sich an den äußeren Grenzen des irdischen Raums unterhalb der Mondsphäre zu sammeln und dort zu entzünden. Stimmen die Zusammensetzung und die Umstände, entsteht ein Schweifstern. Der griechische Philosoph war überzeugt, dass Kometen aus besonders trockener Luft bestehen und deshalb Dürre und starke Winde ankündigen. Andere Denker bezogen sich später auf Aristoteles, sie deuteten Kometen als brennende Wolken am Himmel, die mit großer Hitze oder heftigen Stürmen auf der Erde verbunden seien.

101384

Ein Komet rast auf die Erde zu – die Furcht vor einem solchen Endzeitszenario hat sich über viele Jahrhunderte bis heute bei den Menschen gehalten.

Das Mittelalter

Die Furcht vor den Haarsternen, wie sie im Mittelalter genannt wurden, herrschte schon unter den Menschen, als sich das Christentum in Europa ausbreitete und als führende Religion etablierte.

100001

Der Vorbeiflug des Halley-Kometen an der Erde im Jahr 1910 löste eine Massenhysterie aus.

Die am Nachthimmel wie Fackeln erscheinenden Kometen wurden durch die Kirche als Zeichen Gottes gedeutet, der die sündigen Menschen mahnt und sein Strafgericht androht. Die mittelalterlichen Theologen beriefen sich auf die Bibel, auf eine Stelle im Alten Testament, wo der Prophet Jeremia von einem Zweig berichtet, den Gott am Himmel wachsen lässt, um mit ihm als Zuchtrute über die Einhaltung seiner Gebote zu wachen (Jeremia, Kap. 1, 11–12). Auch im Neuen Testament steht im Evangelium nach Lukas, dass die Apokalypse, der Jüngste Tag, durch göttliche Vorzeichen angekündigt wird: »... es werden geschehen gewaltige Erdbeben und hier und dort Hungersnöte und Seuchen; auch werden Schrecknisse und vom Himmel her große Zeichen geschehen.« (Lk Kap. 21, 11). Nachträglich wurde der Halley-Komet, der 66 n. Chr. seine Bahn an der Erde vorbei gezogen hatte, als Omen für den Untergang des Tempels in Jerusalem gedeutet; auch im Jahr 79 n. Chr. war ein Schweifstern zu sehen, kurz bevor der Vesuv ausbrach und Pompeji unter seiner Lava begrub.
Als weiterer schlagender Beweis für die Rolle der Schweifsterne als Unglücksbringer galt die

Rückkehr des Halley-Kometen im Jahr 1066. Er stand am Himmel, als bei Hastings die Normannen die Angelsachsen schlugen. König Harold fiel und William der Eroberer bestieg den englischen Thron. Festgehalten wurde die Schlacht und der darüber schwebende Komet auf dem berühmten Wandteppich von Bayeux. Später dichtete Heinrich Heine: »... Jetzt wissen wir, was bedeutet hat// Der große Komet, der heuer Blutrot am nächtlichen Himmel ritt// Auf einem Besen von Feuer// Bei Hastings in Erfüllung ging// Des Unsterns böses Zeichen, ...« (aus: Schlachtfeld bei Hastings, Romanzero). 1456 verflucht Papst Kalixt III. einen Kometen, weil er in ihm einen Agenten des Teufels zu erkennen glaubte. Es gab auch vernünftige Stimmen, die aber weitgehend ungehört verhallten. Der Theologe Albertus Magnus sah 1240 einen Schweifstern und schrieb: »Kometen können nicht Tod oder Krieg herbeiführen, sie sind weder Ursache, noch Wirkung, noch Zeichen.«

Neuzeit

Der Reformator Martin Luther, der die Astrologie eigentlich vehement ablehnte, predigte: »Die Heiden schreiben, dass Kometen von natürlichen Ursachen kommen, aber Gott schafft keinen, der nicht sicheres Unglück anzeigen würde.« Im 16. und 17. Jahrhundert wurde die Angst vor den Kometen durch die so genannten Einblattdrucke, bebilderte Flugblätter, angeheizt. Als 1665 der große Komet Hevelius auftauchte, wurde er für den verheerenden Ausbruch der Pest verantwortlich gemacht, die in diesem Jahr allein in London 90 000 Menschenleben forderte.

Erst die naturwissenschaftlich orientierten Astronomen Tycho Brahe, Isaac Newton und vor allem auch Edmond Halley, nach dem der ungefähr alle 76 Jahre wiederkehrende Komet benannt wurde, entmystifizierten die Haarsterne und machten deutlich, dass sie kosmischer Natur und weder Phänomene der irdischen Atmosphäre noch göttliche Omen sind. Dennoch lösten die Schweifsterne auch danach immer wieder Panikstimmung aus. Als der Halley-Komet 1835 am Himmel stand, wurde er mit einem Großbrand in New York und dem Ausbruch von Kriegen in Mittel- und Südamerika in Verbindung gebracht. Seine Rückkehr 1910 brachte erneut eine Massenhysterie. Durch die genauen Berechnungen seiner Bahn war klar, dass die Erde Mitte Mai seinen Staubschweif durchqueren würde, der Blausäureverbindungen enthält. Panikmacher sagten Massenvergiftungen voraus und geschäftstüchtige Scharlatane machten mit Pillen als prophylaktische Mittel gegen das »Kometenfieber« gute Geschäfte. Weltuntergangssekten schossen wie Pilze aus dem Boden. Aber die Welt ging einmal mehr nicht unter, das Gift in der Wolke war so dünn gesät, dass schlicht gar nichts passierte.

100619

Flutwellen von gigantischen Ausmaßen wären die Folge eines größeren Meteoriteneinschlags ins offene Meer. Für Küstenregionen eine unabwendbare Katastrophe.

Endzeitjünger pflegen dennoch bis heute den Glauben an die Macht der Kometen. Die letzte tragische Manifestation dieses Aberglaubens war der Massenselbstmord von 39 Anhängern der Sekte »Heaven's Gate« im kalifornischen San Diego 1997. Der Komet Hale-Bopp stand am Himmel und sie glaubten, in seinem Schweif von Außerirdischen empfangen zu werden. Ihre Seelen würden dann in deren Raumschiff reinkarnieren und in eine bessere Welt reisen. Doch auch Hale-Bopp ist – wie alle anderen Kometen auch – kein Himmelstau, sondern ein schmutziger Schneeball, ein Gemisch aus Eis, Gas und Staub.

Fortsetzung von S. 223

und o Cep ($4^{m}{,}9$ bzw. $7^{m}{,}1$; 3,2", Umlaufzeit 1500 Jahre). Zu den berühmten Veränderlichen im Kepheus zählen →Delta Cephei (δ Cep; $3^{m}{,}5$–$4^{m}{,}4$; Periode 5,3663 Tage), Prototyp der →Cepheiden, der →Granatstern

Die hellsten Sterne des Sternbilds Kepheus

Name	Helligkeit visuelle	Helligkeit absolute	Spektralklasse	Entfernung in Lichtjahren
α (Alderamin)	$2^{m}{,}5$	2^{M}	A7	49
γ (Arrai, Errai, Er Rai)	$3^{m}{,}2$	3^{M}	K1	45
β (Alfirk)*) **)	$3^{m}{,}2$	-3^{M}	B2	600
ζ	$3^{m}{,}4$	-4^{M}	K1	800
η	$3^{m}{,}4$	3^{M}	K0	47
δ*) **)	$3^{m}{,}5$–$4^{m}{,}4$	-4^{M}	G0	1000
ι	$3^{m}{,}5$	1^{M}	K0	116
μ (Granatstern)**)	$3^{m}{,}6$–$5^{m}{,}1$	-6^{M}	M2	3000
ε	$4^{m}{,}2$	2^{M}	F0	84
ξ (Alkurnah)*)	$4^{m}{,}3$	2^{M}	A5	100
π*)	$4^{m}{,}4$	0^{M}	G2	225

*) Doppelstern **) Veränderlicher

(μ Cep; $3^{m}{,}6$–$5^{m}{,}1$; Periode 2 Jahre), Prototyp der halbregelmäßig veränderlichen →My Cephei-Sterne, und Alfirk (β Cep; etwa alle 4,6 Stunden erfolgende Helligkeitsschwankungen um nur 0,1 Größenklassen), Vertreter einer Gruppe der Pulsationsveränderlichen, der →Beta-Cephei-Sterne. Beispiele für Mira-Veränderliche sind S Cep ($7^{m}{,}4$–$12^{m}{,}9$; Periode 486,8 Tage) und T Cep ($5^{m}{,}2$–$11^{m}{,}2$; 388,1 Tage), zu den Bedeckungsveränderlichen gehören VV Cep ($4^{m}{,}8$–$5^{m}{,}4$; 7430 Tage; Entfernung 2000 Lichtjahre, mit etwa 1000-fachem Sonnendurchmesser einer der größten Sterne) und der Algol-Stern U Cep ($6^{m}{,}6$–$9^{m}{,}8$; 2,493 Tage).

■ **Sternhaufen und Galaxien** Weitere Beobachtungsobjekte für das Amateurteleskop sind die offenen Sternhaufen NGC 6939 (8^{m}; 80 Sterne in 5000 Lichtjahren Entfernung) und IC 1396 (4^{m}; 50 Sterne; Entfernung 3000 Lichtjahre) sowie die 20 Millionen Lichtjahre entfernte Spiralgalaxie NGC 6946 (9^{m}). (→Sternbilder)

Kepler, Johannes, Astronom und Mathematiker, * Weil (heute Weil der Stadt) 27. 12. 1571, † Regensburg 15. 11. 1630.

■ **Schulprofessor und erste Erfolge** Nach dem Besuch der Lateinschule in Leonberg und der weiterbildenden Klosterschulen von Adelberg und Maulbronn begann Kepler 1589 an der Universität Tübingen mit dem Studium der evangelischen Theologie. Diesem dreijährigen Studium ging – wie zu dieser Zeit noch üblich – ein zweijähriges universelles Studium sprachlicher und mathematischer Fächer voraus. Keplers Lehrer in Mathematik und Astronomie war M. Mästlin, mit dem ihn auch später eine freundschaftliche Beziehung verband. Durch Mästlins Vorlesungen wurde Kepler erstmals mit dem Werk des N. Kopernikus bekannt. Allerdings durften dessen Lehren wegen ihrer angeblichen Unvereinbarkeit mit bestimmten Bibelstellen auch im protestantischen Tübingen nicht öffentlich vertreten werden. Im März 1594 erging an Kepler – noch vor seinem Abschluss des Theologiestudiums – der Ruf als Mathematikprofessor an die evangelische Landschaftsschule nach Graz. Mit dem Lehramt verbunden war auch das Amt des Landschaftsmathematikers und des Kalendermachers. Keplers wirkliche Interessen bewegten sich jedoch um die Fragen einer neuen Kosmologie auf kopernikanischer Grundlage. Dabei war Kepler in neuplatonischer Tradition der Ansicht, dass das Universum nach mathematisch-quantitativen Prinzipien konstruiert sein müsse und dass der menschliche Geist als Träger göttlicher Urbilder die Ideen Gottes wieder entdecken könne. Diese Gedanken entwickelte Kepler in seinem ersten bedeutenden Werk unter dem Titel »Mysterium Cosmographicum«, das mit Mästlins Hilfe im Jahr 1596 in Tübingen veröffentlicht wurde. Bereits mit diesem Erstlingswerk wurde er in der Fachwelt bekannt. G. Galilei, der sich ebenfalls als Kopernikaner zu erkennen gab, beglückwünschte Kepler, in ihm einen Freund der Wahrheit gefunden zu haben. Von noch größerer Tragweite erwies sich bald der Kontakt zu dem damals bedeutendsten Astronomen T. Brahe, der Keplers geistvollen Gedanken lobte, die Entfernungen und Umläufe der Planeten mit den symmetrischen Eigenschaften der regulären Körper in Verbindung zu bringen. Um diese Zeit des ersten großen wissenschaftlichen Erfolges heira-

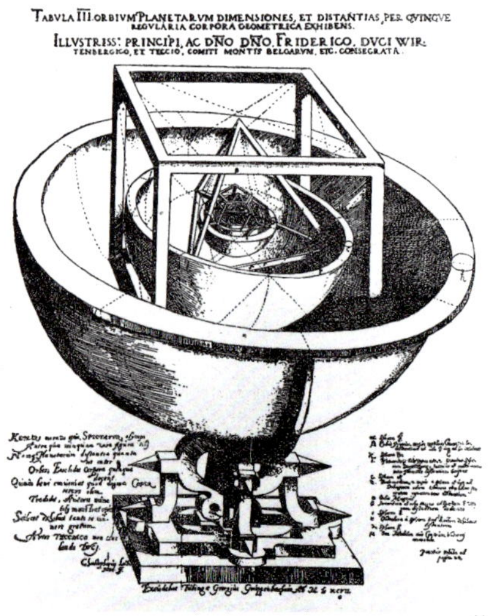

110

Kepler. In seinem 1596 veröffentlichten Buch »Mysterium Cosmographicum« (Das Weltgeheimnis) versuchte Kepler, die Bahnen der damals bekannten fünf Planeten (Merkur, Venus, Mars, Jupiter, Saturn) mit der Oberfläche der fünf platonischen Körper in Beziehung zu setzen.

tete Kepler im Jahr 1597 die zweimal verwitwete Barbara Müller (*1574, †1611), Tochter eines Mühlenbesitzers. Barbara gebar mehrere Kinder. Die Ehe verlief jedoch nicht sonderlich glücklich.

■ **Die Physik des Himmels** Zu Anfang des Jahres 1600 nahm Kepler, der wegen der beginnenden Gegenreformation in der Steiermark einen neuen Wirkungskreis suchte, eine Einladung Brahes nach Prag an. Von Brahes Mitarbeiter Longomontan übernahm Kepler die Bearbeitung der Bahntheorie des Mars, die ihn etliche Jahre beschäftigte. Im Oktober 1600 siedelte Kepler endgültig nach Prag über. Nach dem überraschenden Ableben Brahes im Oktober 1601 wurde Kepler von Rudolf II. zum Kaiserlichen Mathematiker bestellt. Als Verwalter des wissenschaftlichen Erbes Brahes konnte Kepler nun auch die wertvollen Beobachtungsjournale auswerten und die Begründung einer neuen Astronomie, die in seinem astronomischen Hauptwerk »Astronomia Nova« (1609) detailliert dargelegt ist, erfolgreich zu Ende führen. Zum ersten Mal in der Geschichte der Astronomie wurde eine einheitliche, für alle Planeten gleichermaßen gültige Theorie der Planetenbewegung ausgearbeitet, mit den hier formulierten ersten zwei – aber erst seit dem 18. Jahrhundert so bezeichneten – →keplerschen Gesetzen. Kepler beschrieb die Planetenbewegung als ungleichförmige elliptische Bahnen und brach damit mit den antiken, noch von Kopernikus vertretenen Vorstellungen von der gleichförmigen Kreisbewegung der Himmelskörper. Bereits in einer Auftragsarbeit für Brahe (»Apologia«) legte Kepler dar, dass für ihn eine astronomische Hypothese keine bloße mathematische Fiktion ist, sondern mit der physikalischen Realität übereinstimmen muss. Kepler erarbeitete sich seine eigene Begrifflichkeit zu den zwischen Sonne und Planet wirkenden Kräften. So gelangte er zu seiner »Physik des Himmels«, die als eine frühe Form der Himmelsmechanik vor Newton charakterisiert werden kann. Weitere bedeutende Werke der Prager Zeit behandelten die astronomische Optik und die Dioptrik, ein Buch über die brechenden Medien, in dem er auch die Theorie des Linsenfernrohrs darlegte. In seiner Prager Zeit hatte Kepler den Höhepunkt seines wissenschaftlichen Werdegangs erreicht, wenn auch später noch weitere große Werke folgten. Er gehörte als Kaiserlicher Mathematiker zu den angesehensten Astronomen seiner Zeit. Gleichwohl führte er ein äußerlich bescheidenes Leben ohne Glanz und Ablenkung, das ganz der Wissenschaft gewidmet war.

■ **Glückliche Linzer Jahre** Nach dem Ableben seiner Frau Barbara und bald nach Abdankung und Tod von Rudolf II. trat Kepler 1612 in den Dienst der protestantischen Landstände von Oberösterreich und wurde Landschaftsmathematiker und Lehrer an der Landschaftsschule zu Linz. Der Titel »Kaiserlicher Mathematiker« wurde ihm vom neuen Kaiser Matthias bestätigt, den er wie schon Rudolf II. in astronomischen und kalendarischen Fragen zu beraten hatte. In Linz ist Kepler, unterbrochen von einigen länger dauernden Reisen, vierzehn Jahre geblieben, und hier hat er nach eigenem Zeugnis trotz konfessioneller Schwierigkeiten, die zum Ausschluss vom Abendmahl führten, und trotz des beginnenden Dreißigjährigen Krieges die glücklichsten Jahre seines Lebens verlebt. Im Jahr 1613 heiratete er Susanna Reuttinger (*1579, †1636). In der zweiten Ehe, die glücklicher als die erste verlief, kamen sieben Kinder zur Welt, von denen vermutlich fünf den Vater überlebten. In wissenschaftlicher Hinsicht blieb Kepler der geniale Einzelgänger. Es entstanden chronologische Schriften, so zur biblischen Chronologie und zum Geburtsjahr Christi (1613), sowie mathematische Schriften, darunter über Stereometrie und Logarithmen.

■ **Summarische Darstellungen** In seinem astronomischen Lehrbuch »Epitomes Astronomiae Kopernikanae« (Abriss der kopernikanischen Astronomie, 1618–1621), ein Werk in sieben Büchern, stellte Kepler seine Astronomie und Kosmologie in allen mathematischen, physikalischen und naturphilosophischen Einzelheiten dar. Daneben konnte Kepler in Linz auch noch das große astronomische Tafelwerk vollenden, die zu Ehren seines Gönners Rudolf II. so genannten →Rudolfinischen Tafeln (1627). Dieses Tabellenwerk mit dem braheschen Fixsternkatalog und den einfach zu benutzenden Planetentafeln, die auf der Grundlage der neuen keplerschen Astronomie berechnet waren, war von allen Astronomen und Astrologen als Grundlage für eigene Berechnungen sehnsüchtig erwartet worden und bildete auch für das nächste halbe Jahrhundert trotz der großen Fortschritte in

Johannes Kepler
***1571, †1630**

100563

■ entdeckte die Bewegungsgesetze der Planetenbahnen (keplersche Gesetze)

■ erkannte als Erster eine von der Sonne ausgehende Kraft als Ursache der Planetenbahnen

■ stellte berühmte Planetentafeln (Rudolfinische Tafeln) auf

Kepler
→ GEO **Dossier**
Astronom unter Mordverdacht, Bd. 4

Kepler **Keplers Mondfahrt**

Die Reise zum Mond war – zumindest bevor Neil Armstrong seinen Fuß auf den Erdtrabanten setzte – ein beliebtes schriftstellerisches Motiv. Die erste literarische Mondreise stammt vermutlich aus dem 2. Jahrhundert – lange vor Jules Verne von Lukian verfasst.
Doch nicht nur Literaten nahmen sich dieses Themas an, auch gestandene Astronomen scheuten den Ausflug in die fantasievolle Welt der Science-Fiction nicht, etwa Johannes Kepler. Er grübelte nicht nur über Planetenbahnen nach, sondern schrieb auch den allegorischen Roman »Somnium«. Keplers Reise zum Mond ist erstaunlich realitätsnah, nicht nur bei der Beschreibung der Mondoberfläche: Er erzählt von der starken Beschleunigung am Anfang der Reise, von Kälte und mangelnder Atemluft in der höheren Atmosphäre, berücksichtigt die Schwerelosigkeit und vergisst selbst den Bremsschub für eine weiche Landung nicht. Den Mond aber bevölkern bei ihm Wesen, die den ganzen Tag in Höhlen kauern, um nicht von der schlimmen Sonnenglut verbrannt zu werden.

der praktischen Astronomie das Standardwerk der Astronomie schlechthin.

■ **Keplers letzte Jahre** Gegen Ende des Jahres 1626 verließ Kepler Linz, zwei Jahre später quittierte er auch den Dienst bei den oberösterreichischen Ständen. Nach dem Regierungsantritt von Kaiser Ferdinand II. wurden mit der Rekatholisierung Oberösterreichs die Stände entmachtet, sodass die Politik des Kaisers, dessen Mathematiker Kepler dem Titel

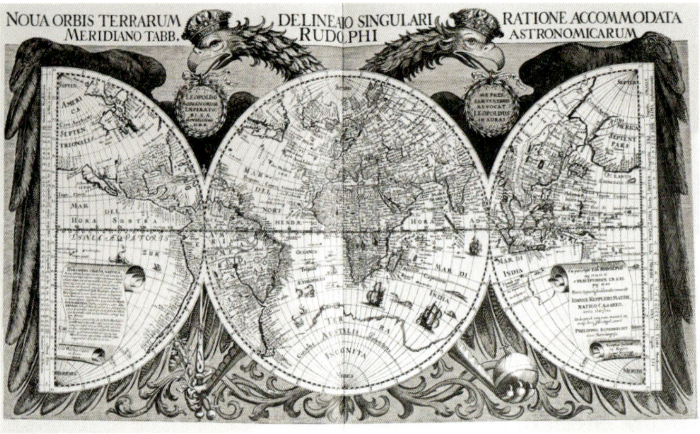

Kepler. Die Weltkarte von Johannes Kepler

nach geblieben war, ihn schließlich in Linz brotlos machte. In dieser schwierigen Situation wurde er von Wallenstein, der von Kepler weitere Unterstützung in astrologischen Fragen erhoffte, in seine Residenzstadt Sagan in Schlesien berufen. In Sagan, außerhalb der großen Städte des Reiches, »wo die Briefe nur langsam hin und her gehen«, war Kepler endgültig vom Strom des geistigen Lebens abgeschnitten. Die Arbeit ging gut voran. Er begann noch den Druck seiner Mondastronomie, die erst nach seinem Tod 1634 von seinem Sohn Ludwig herausgegeben wurde. Die Berechnung und Fertigstellung der Ephemeriden in monatelanger, häufig auch nächtlicher Arbeit bildeten den Abschluss von Keplers wissenschaftlicher Tätigkeit.

Ausgabe: *Gesammelte Werke, hg. v. W. von Dyck u. a., auf 25 Bde. ($^{1-2}$1938 berechnet). M. Lemcke: Johannes Kepler (^{2}2002); V. Bialas: Johannes Kepler (2004).*

keplersche Gesetze, die von J. Kepler aufgestellten drei Gesetze der Planetenbewegung über Bahnform, Bahnbewegung und Verhältnis von Umlaufzeit zu Bahngröße: 1. Die Planeten bewegen sich auf Ellipsen (Kepler-Ellipsen), in deren einem Brennpunkt die Sonne steht. 2. Die von der Sonne zu einem Planeten gezogene Linie (Radiusvektor, Fahr- oder Leitstrahl) überstreicht in gleichen Zeiträumen gleiche Flächen; ein Planet bewegt sich daher in Sonnennähe rascher als in Sonnenferne (Flächensatz). 3. Die Quadrate der Umlaufzeiten der Planeten verhalten sich wie die dritten Potenzen der großen Halbachsen ihrer Bahnellipsen.

keplersche Gesetze
→ GEO **Dossier**
Astronom unter Mordverdacht, Bd. 4

Während die beiden ersten Gesetze im Schwerpunktsystem exakt gelten, ist das dritte nur näherungsweise gültig, weil es die Masse der Planeten gegenüber der Masse der Sonne vernachlässigt. Weil die Planetenmassen sehr klein gegen die Masse der Sonne sind – selbst Jupiter, der massereichste Planet, besitzt nur ein tausendstel Sonnenmasse –, ist das 3. keplersche Gesetz aber eine sehr gute Näherung für die exakte Formel. Kepler leitete die Gesetze empirisch aus dem von T. Brahe stammenden Beobachtungsmaterial her; theoretisch lassen sie sich aus dem newtonschen Gravitationsgesetz ableiten.

keplersche Gleichung [nach J. Kepler], eine Beziehung zwischen mittlerer und exzentrischer →Anomalie.

keplersches Fernrohr, →Fernrohr.

keplersches Problem [nach J. Kepler], →Zweikörperproblem.

Keplers Stern, keplersche Supernova, eine im Jahre 1604 im Sternbild →Schlangenträger aufgeleuchtete Supernova, die besonders von J. Kepler beobachtet wurde. Sie ist die letzte beobachtete Supernova innerhalb des Milchstraßensystems. Mit einer scheinbaren Helligkeit von $-2\overset{m}{,}5$ war sie der hellste Stern am Nachthimmel und mit dem bloßen Auge bis März 1606 sichtbar. Ihre Entfernung betrug etwa 40 000 Lichtjahre. An der Stelle der keplerschen Supernova befindet sich heute ein schalenförmiger Nebel und die starke Radioquelle 3C 358 (→Supernova-Remnant).

Kern, Atomkern, der innerste, aus →Protonen und →Neutronen bestehende Teil eines Atoms. Die Anzahl der Protonen bzw. Neutronen wird als Protonen- bzw. Neutronenzahl, deren Summe als Massenzahl bezeichnet. Der Zusammenhalt der Nukleonen eines Kerns wird durch die anziehenden Kernkräfte bewirkt; aufgrund deren großer Stärke sind die Protonen und Neutronen eines Kerns sehr viel stärker gebunden als die Elektronen der Hülle

»Außerordentliche Dinge«, eine neuartige empirische Bestätigung physikalischer Theorien, so auch der **keplerschen Gesetze,** erfuhr der spätere Astronaut Joseph Allen in seiner Jugend:

»Während ich Keplers Gesetze zu den Bahnbewegungen studierte, wurden sie von den ersten Umläufen des Sputniks auf dramatische Weise bestätigt. Während ich mein Physikstudium an der Universität abschloss, kreiste John Glenn um die Erde. Plötzlich hatte die menschliche Einfallskraft es ermöglicht, bei Geschwindigkeiten, die jede Vorstellungskraft überstiegen, außerhalb der Erdatmosphäre zu fliegen.«

eines Atoms. Der Radius eines Atomkerns liegt zwischen 10^{-12} und 10^{-13} Zentimetern.

Kernfusion, Kernverschmelzung, die Verschmelzung leichter Atomkerne zu einem schwereren. Die Kernfusion tritt ein, wenn sich zwei Atomkerne so weit nähern, dass die anziehende →Kernkraft, die eine sehr kurze Reichweite aufweist, die abstoßende Coulomb-Kraft überwindet.

■ **Bedeutung** Die Kernfusion ist die wichtigste Energiequelle der Natur. Die von der Sonne (→Sonnenenergie) und den Sternen ausgestrahlten Energien stammen größtenteils aus Kernfusionsprozessen, die bei den in ihrem Inneren herrschenden extrem hohen Temperaturen (oberhalb von 10 Millionen Kelvin bei der der Sonne) und Drücken ablaufen. Dabei treten je nach den in den jeweiligen Sternen vorherrschenden Bedingungen verschiedene Prozesse auf, von denen die wichtigsten die →Proton-Proton-Reaktion, der →Bethe-Weizsäcker-Zyklus und der →Drei-Alpha-Prozess sind.

Kernkettenreaktion, kurz **Kettenreaktion,** eine sich selbst erhaltende Folge von →Kernspaltungen, bei der die je Kernspaltung freigesetzten Neutronen so viele weitere Kernspaltungen bewirken, dass der Prozess erst zum Erliegen kommt, wenn er durch äußere Einwirkung unterbrochen wird oder aufgrund innerer Gesetze erlischt, z. B. weil die Menge des Spaltstoffs zu gering ist. Auf dem Mechanismus der Kernkettenreaktion beruht die Funktionsweise eines Kernreaktors.

■ **Bedeutung in der Astronomie** Kernkettenreaktionen treten in Akkretionsscheiben um Sterne an der Stelle auf, an der Materie von einem Begleitstern auftrifft. In Supernova-Explosionen vom Typ Ia bewirkt eine Kernkettenreaktion die thermonukleare Explosion von Materie eines Begleitsterns, die sich auf der Oberfläche eine Weißen Zwerges ansammelt, bis eine kritische Masse erreicht ist, und damit das Zerreißen des gesamten Sterns.

Kernkräfte, diejenigen Kräfte, die den Zusammenhalt der Nukleonen in einem Kern, d. h. die Kernbindung, bewirken; sie sind Ausdruck der →starken Wechselwirkung. Kernkräfte haben eine Reichweite von wenigen Femtometern (1 Femtometer = 1 fm = 10^{-15} m) und sind viel stärker als die Coulomb-Kraft zwischen elektrisch geladenen Teilchen.

Kernmateri|e, die im Innern von schweren Atomkernen sowie in bestimmten Sternen (→Neutronensterne) vorliegende, nur aus Nukleonen bestehende Materie sehr hoher Dichte (etwa 10^{17} Kilogramm pro Kubikmeter), die sich in einem stabilen Zustand befindet und bei der von Oberflächeneffekten abgesehen wird.

Kernreaktion, jede durch Stoß mit einem anderen Kern (Leicht- und Schwerionenreaktion) oder Elementarteilchen (einschließlich γ-Quanten) bewirkte Umwandlung von Atomkernen. Kernreaktionen unterscheiden sich damit von spontan ablaufenden Kernumwandlungen (→Radioaktivität, spontane →Kernspaltung), die häufig als Folge einer Kernreaktion im Endkern auftreten. Im weiteren Sinn wird jeder Stoß, bei dem Kernkräfte oder Kernfreiheitsgrade involviert sind, als Kernreaktion bezeichnet, also insbesondere auch inelastische und elastische Streuung unter Mitwirkung der Kernkräfte. Da die Bindung der Nukleonen im Kern millionenfach stärker ist als die Bindung der Hüllenelektronen, werden bei Kernreaktionen entsprechend millionenfach größere Energien umgesetzt als bei chemischen Reaktionen. Daher finden natürliche Kernreaktionen in größerem Umfang nur im Innern von Sternen statt, wo bei extremen Temperaturen die notwendigen kinetischen Energien verfügbar sind. Bei den dort beteiligten riesigen Materiemengen ist eine Beschreibung mit statistischen Begriffen wie Reaktionsraten und -wärmen zweckmäßig.

Kernreaktion
→ GEO **Dossier**
Die Lichtmaschine am Firmament, Bd. 4

Kernschatten, →Schatten.

Kernspaltung, die Zerlegung eines Atomkerns in zwei Fragmente. Die Kernspaltung, die mit der Emission von Elementarteilchen wie Neutronen, Neutrinos, Betateilchen und Photonen verbunden ist, kann durch Zufuhr einer geeigneten Anregungsenergie erzwungen werden oder bei schweren Kernen von selbst erfolgen. Bei der Spaltung werden etwa 10 % der gesamten Kernbindungsenergie als kinetische Energie der Bruchstücke und als Gammastrahlung frei.

Kernverschmelzung, die →Kernfusion.

Kettenreaktion, kurz für →Kernkettenreaktion.

Kidinnu, Kiddinu, babylonischer Astronom der 2. Hälfte des 4. Jh. v. Chr. Kiddinu wird bei Strabon, Plinius und Vettius Valens als **Cidenas (Kidenas)** erwähnt. Er war Leiter der astronomischen Schule in der babylonischen Stadt Sippar und bestimmte die Präzession von Frühlings- und Herbstpunkt, womit er den Weg für Hipparchs genauere Arbeiten ebnete.

■ **Planetenbewegungen** Von Kidinnu sind auch komplizierte Methoden zur Beschreibung der Bewegungen des Mondes und anderer Planeten überliefert. Im Gegensatz zu den griechischen Astronomen wich er dabei von der Vorstellung ab, dass sie sich mit konstanter Geschwindigkeit bewegen müssten. Durch diese Modifikation war es ihm möglich, sich den tatsächlichen Bewegungen wesentlich besser anzunähern.

Kiel des Schiffes, Schiffskiel, wissenschaftlicher Name **Carina,** *Genitiv* **Carinae,** Abk. **Car,** Sternbild des südlichen Himmels (Rektaszension 6^h02^m bis 11^h20^m, Deklination −50°45' bis −75°40'), hellster und objektreichster Teil des früheren Sternbilds →Schiff Argo,

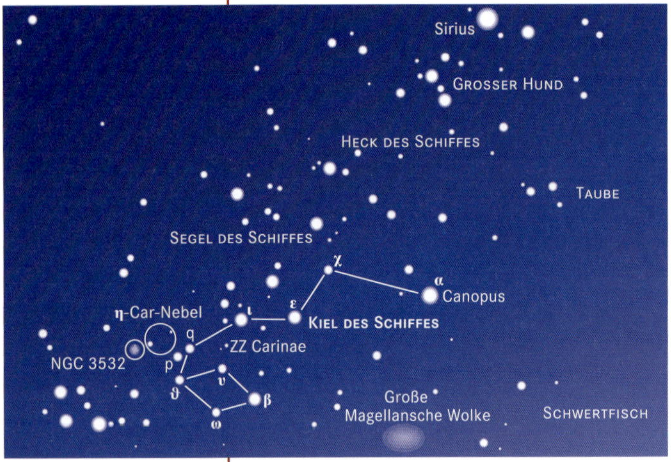

Kiel des Schiffes

von mittleren nördlichen Breiten aus nicht sichtbar.

■ **Sterne** Hellster Stern des teilweise von der Milchstraße durchzogenen Sternbilds und mit $-0^m{,}72$ zweithellster Stern überhaupt (nach →Sirius) ist →Canopus. Zu den Doppelsternen gehören unter anderem υ Car (scheinbare Helligkeiten $3^m{,}0$ bzw. $6^m{,}0$; Distanz 5,0"), u Car ($3^m{,}8$ bzw. $6^m{,}3$; 159") und I Car ($4^m{,}0$ bzw. $6^m{,}2$; 232"). Herausragender Veränderlicher in Carina ist der in einen hellen, rötlich leuchtenden Emissionsnebel (NGC 3372) eingebettete, 7 500 Lichtjahre entfernte Riese η Car, der möglicherweise massereichste und leuchtkräftigste bisher bekannte Stern im Milchstraßensystem (→Eta Carinae). Weitere Veränderliche sind die Cepheiden l Car oder ZZ Car ($3^m{,}3$–$4^m{,}2$; Periode 35,54 Tage) und U Car ($6^m{,}4$–$8^m{,}4$; 38,8 Tage) sowie die Mira-Sterne R Car ($4^m{,}5$–$9^m{,}2$; 307 Tage) und S Car (5^m–10^m; 150 Tage).

■ **Sternhaufen** Das Sternbild enthält einige mit bloßem Auge sichtbare offene Sternhaufen, darunter NGC 2516 ($3^m{,}8$; 80 Sterne in 1 200 Lichtjahren Entfernung), NGC 3114 ($4^m{,}5$; 100 Sterne; 3 000 Lichtjahre), NGC 3532 ($3^m{,}5$; 150 Sterne; 1 200 Lichtjahre) und IC 2602 ($1^m{,}9$; 60 Sterne; 460 Lichtjahre); Letzterer enthält den Stern ϑ Car und bietet im Feldstecher einen prächtigen Anblick (»südliche Plejaden«). Etwa 30 000 Lichtjahre entfernt ist der $6^m{,}5$ helle Kugelsternhaufen NGC 2808. Die Sterne ι Car und ε Car bilden zusammen mit den beiden Sternen κ Vel und δ Vel des an Carina angrenzenden Sternbilds Vela (→Segel des Schiffes) das so genannte »falsche Kreuz«, das ausgedehnter, aber nicht so hell ist wie das echte →Kreuz des Südens. (→Sternbilder)

Kienle, Hans, deutscher Astrophysiker, * Kulmbach 22. 10. 1895, † Heidelberg 15. 2. 1975. Kienle war seit 1924 Professor in Göttingen und Leiter der dortigen Sternwarte, ab 1939 Direktor des astrophysikalischen Observatoriums in Potsdam und 1950–62 der Landessternwarte in Heidelberg. Er arbeitete v. a. über Astrospektroskopie, Sterntemperaturen und Kosmogonie.

Kiepenheuer, Karl-Otto, deutscher Astrophysiker, * Weimar 10. 11. 1910, † Mexiko 23. 5. 1975. Kiepenheuer war Begründer und Direktor des Fraunhofer-Institutes für Sonnenforschung (1978 umbenannt in Kiepenheuer-Institut für Sonnenphysik) und Professor in Freiburg im Breisgau. Er entwickelte 1936 die Vorstellung »eingefrorener« solarer und interplanetarer Magnetfelder, 1946 entdeckte er die langsame Korpuskularstrahlung der Sonne und konstruierte 1950 den ersten solaren Magnetografen.

Kịrchhoff, Gustav Robert, deutscher Physiker, * Königsberg (heute Kaliningrad) 12. 3. 1824, † Berlin 17. 10. 1887. 1850 wurde Kirchhoff nach Breslau berufen, wo er im folgenden Jahr Robert Bunsen (* 1811, † 1899) kennen lernte, dem er 1854 nach Heidelberg folgte. Zusammen mit diesem entwickelte Kirchhoff die →Spektralanalyse (1859/60). In diesen Zeitraum fällt auch die Formulierung des kirchhoffschen Strahlungsgesetzes (1859) und die Definition des →schwarzen Strahlers (1862). Mithilfe des von ihm entdeckten Gesetzes gelang es Kirchhoff, die →fraunhoferschen Linien zu erklären. 1875–86 war Kirchhoff Professor in Berlin.

Kirkwood-Lücken [ˈkəːkwʊd -], nach ihrem Entdecker, dem amerikanischen Astronomen Daniel Kirkwood (* 1814, † 1895), benannte Minima (Kommensurabilitätslücken)

Die hellsten Sterne des Sternbilds Kiel des Schiffes

Name		Helligkeit visuelle	Helligkeit absolute	Spektralklasse	Entfernung in Lichtjahren
α	(Canopus, Suhel)	$-0^m{,}7$	-6^M	F0	310
β	(Miaplacidus)	$1^m{,}7$	-1^M	A2	112
ε	(Avior)	$1^m{,}9$	-5^M	K3	600
ι	(Aspidiske, Tureis)	$2^m{,}2$	-4^M	A8	650
ϑ		$2^m{,}7$	-3^M	B0	460
υ*)		$2^m{,}9$	-6^M	A9	1 500
p		$3^m{,}3$	-3^M	B4	520
ω		$3^m{,}3$	-2^M	B8	370
l**)		$3^m{,}3$–$4^m{,}2$	-5^M	G5	1 400
q		$3^m{,}4$	-3^M	K3	700
a		$3^m{,}4$	-2^M	B2	430
χ		$3^m{,}5$	-2^M	B3	400
u*)		$3^m{,}7$	-2^M	K0	96 bzw. 1 500
c		$3^m{,}8$	-1^M	B8	320
s		$3^m{,}8$	-4^M	F2	1 000
I*)		$3^m{,}9$	0^M	F1	53 bzw. 430
x		$3^m{,}9$	-8^M	G0	5 000

*) Doppelstern **) Veränderlicher

in der Häufigkeitsverteilung der →Planetoiden bezüglich ihres Abstandes von der Sonne.

Kitt Peak National Observatory, ein 90 Kilometer südwestlich von Tuscon in Arizona (USA) gelegenes Observatorium in 2 064 Metern Höhe. Es wurde 1958 von einem Konsortium aus sieben Universitäten gegründet. Die Großforschungseinrichtung betreibt zahlreiche Teleskope, u. a. das Mayall-Teleskop mit einer Öffnung von 4 Metern und das WIYN-3,5-Meter-Teleskop. Bekannt wurde der Kitt Peak auch als Standort des McMath-Teleskops, des größten Sonnenteleskops der Welt. Es besitzt einen etwa 2 Meter großen Spiegel, der an der Spitze eines fast 30 Meter hohen Turms montiert ist. Die am Kitt Peak National Observatory durchgeführten Forschungsprogramme decken das gesamte Spektrum der modernen Astrophysik ab, von der Planetoiden- und Kometenforschung über die Suche nach Quasaren und fernen Galaxien bis hin zu kosmologischen Fragestellungen.

Kiviuq *der,* -, ein im Jahr 2000 entdeckter Mond des Planeten →Saturn. Er umkreist Saturn auf einer exzentrischen Bahn in einem mittleren Abstand von 11,37 Millionen Kilometern in rund 449 Tagen und 17 Stunden.

Kleiner Bär, gelegentliche Bezeichnung **Kleine Bärin,** wissenschaftlicher Name **Ursa Minor,** *Genitiv* **Ursae Minoris,** Abk. **UMi,** ein kleines und unscheinbares, in unseren Breiten immer sichtbares Sternbild (→Zirkumpolarsterne) des nördlichen Himmels (Rektaszension 0^{h} bis 24^{h}, Deklination +65°25' bis +90°), in dem der nördliche Himmelspol liegt. Die von sieben der zum größten Teil unauffälligen Sternen des Kleinen Bären gebildete Figur wird **Kleiner Wagen** (auch Kleiner Himmelswagen) genannt.

■ **Sterne** Die beiden hellsten Sterne sind mit $2^{\mathrm{m}}{,}02$ der nur etwa 45' vom nördlichen Himmelspol entfernte →Polarstern (am äußersten Ende der »Deichsel«) und der Stern →Kochab ($2^{\mathrm{m}}{,}08$). Der Polarstern (α UMi), auch Nordstern, genannt, weil mit seiner Hilfe die Nordrichtung bestimmt werden kann, ist ein Überriese mit etwa 100-fachem Sonnendurchmesser und 5 000-facher Sonnenleuchtkraft. Er ist Hauptkomponente eines spektroskopischen Doppelsterns, der in 18" Distanz einen weiteren, $8^{\mathrm{m}}{,}2$ hellen Begleiter hat. Außerdem ist er hellster Vertreter der →W-Virginis-Sterne, einer Gruppe von Pulsationsveränderlichen, dessen Helligkeit mit einer Periode von 3,968 Tagen zwischen $1^{\mathrm{m}}{,}94$ und $2^{\mathrm{m}}{,}05$ variiert. Zu den Bedeckungsveränderlichen gehört ε UMi; seine Helligkeit zeigt in 39,5 Tagen Schwankungen von nur 0,1 Größenklassen.

■ **Weitere Objekte** Als Ursiden wird ein kleinerer Meteorstrom bezeichnet, der zwischen dem 21. und 23. Dezember erscheint und dessen →Radiant in der Nähe des Sterns Kochab liegt. Ansonsten enthält das Sternbild keine weiteren interessanten Beobachtungsobjekte. (→Alignement, →Sternbilder)

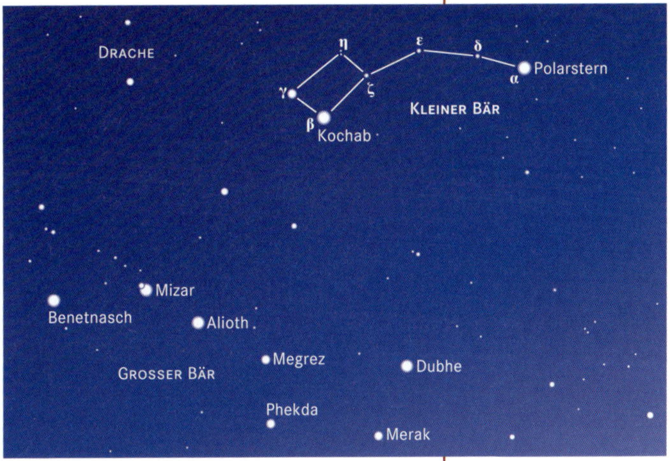

Kleiner Bär. Der Kleine Wagen

Kleiner Hantelnebel, der planetarische Nebel M 76 im Sternbild →Perseus.

Kleiner Hund, →Hund.

Kleiner Löwe, wissenschaftlicher Name **Leo Minor,** *Genitiv* **Leonis Minoris,** Abk. **LMi,** ein kleines und unscheinbares Sternbild des nördlichen Himmels (Rektaszension $9^{\mathrm{h}}22^{\mathrm{m}}$ bis $11^{\mathrm{h}}07^{\mathrm{m}}$, Deklination +41°30' bis +22°50'). Das zwischen den Sternbildern →Großer Bär und →Löwe liegende Sternbild enthält nur schwache Sterne bis $3^{\mathrm{m}}{,}8$. Die beiden hellsten sind 46 LMi (scheinbare Helligkeit $3^{\mathrm{m}}{,}8$, absolute Helligkeit 1^{M}, Spektralklasse K 0, Entfernung 98 Lichtjahre) und β LMi ($4^{\mathrm{m}}{,}2/1^{\mathrm{M}}$/G 8/145 Lichtjahre). R LMi ist ein Mira-Stern mit Helligkeitsschwankungen von $6^{\mathrm{m}}{,}3$–$13^{\mathrm{m}}{,}2$ (Periode 371,9 Tage). NGC 3344 ist eine 10^{m} helle Spiralgalaxie in 30 Millionen Lichtjahren Entfernung. (→Sternbilder)

Kleiner Wagen, Kleiner Himmelswagen, Teil des Sternbilds →Kleiner Bär.

Die hellsten Sterne des Sternbilds Kleiner Bär

Name		Helligkeit		Spektralklasse	Entfernung in Lichtjahren
		visuelle	absolute		
α	(Polarstern, Polaris, Alrukaba, Kynosura)*) **)	$2^{\mathrm{m}}{,}0$	-4^{M}	F7	430
β	(Kochab)	$2^{\mathrm{m}}{,}1$	-1^{M}	K4	125
γ	(Pherkad)	$3^{\mathrm{m}}{,}0$	-3^{M}	A3	460
ε**)		$4^{\mathrm{m}}{,}2$	-1^{M}	G5	350
5		$4^{\mathrm{m}}{,}3$	-1^{M}	K4	350
ζ		$4^{\mathrm{m}}{,}3$	-1^{M}	A3	370
δ	(Yildun)	$4^{\mathrm{m}}{,}4$	1^{M}	A1	180
η		$5^{\mathrm{m}}{,}0$	3^{M}	F5	97

*) Doppelstern **) Veränderlicher

Kleinplaneten, kleine Planeten, die →Planetoiden.

Kleomedes, griechischer Astronom, lebte um die Zeitenwende; Verfasser der kosmologisch-astronomischen »Kreistheorie der Himmelskörper«; in ihr machte er Angaben zur Berechnung des Erdumfangs, behauptete die Kugelform der Erde und erklärte die Mondphasen und -finsternisse. Kleomedes war ab dem 12. Jh. ein viel gelesener Autor. Eine erste lateinische Übersetzung seines Werkes erschien 1605.

2621

Komet. Der Komet Hale-Bopp mit einem blau leuchtenden Plasma- und einem weiß bis rötlich schimmernden Staubschweif im März 1997

Kniemontierung, eine äquatoriale →Fernrohrmontierung.

Knoten, die Schnittpunkte der Bahn eines Himmelskörpers mit der Grundebene eines Koordinatensystems (meist die Ebene der Ekliptik oder des Himmelsäquators). Der Knoten, in dem der Himmelskörper die Grundebene in nördliche Richtung durchstößt, wird **aufsteigender Knoten** genannt (Zeichen ☊), derjenige, in dem der Durchstoß von der Nordseite nach der Südseite erfolgt, **absteigender Knoten** (Zeichen ☋). Die Verbindungslinie der Knoten bezeichnet man als **Knotenlinie.** Die Knoten der Körper des Sonnensystems liegen nicht fest, sondern sie bewegen sich infolge gegenseitiger Störungen vor- oder rückwärts in der Grundebene, d. h. im gleichen Sinn wie der Himmelskörper oder entgegengesetzt. Sonnen- oder Mondfinsternisse treten nur ein, wenn der Mond in einem der Knoten seiner Bahn oder in dessen unmittelbarer Nähe steht. (→Drachenpunkte)

Kochab, der Stern βUMi im Sternbild →Kleiner Bär; scheinbare Helligkeit $2\overset{m}{,}08$, absolute Helligkeit -1^M, Spektraltyp K 4, Leuchtkraftklasse III, Entfernung 125 Lichtjahre.

Kohlensack, eine Dunkelwolke im Sternbild →Kreuz des Südens im Gebiet der südlichen Milchstraße, die durch Absorption des Lichts der dahinter befindlichen Sterne den Eindruck einer scheinbaren Sternleere hervorruft. Sie ist etwa 2 000 Lichtjahre entfernt und hat einen scheinbaren Durchmesser von 4 Grad.

Kohlenstoffbrennen, allgemein übliche, wenn auch nicht exakte Bezeichnung für die in einer späten Phase der →Sternentwicklung massereicher Sterne bei Temperaturen über 500 Millionen Kelvin ablaufende Reaktion von Kohlenstoffkernen.

Kohlenstoffsterne, C-Sterne, Sterne der Spektralklasse C, welche die nach der älteren Harvard-Klassifikation als R- und N-Sterne bezeichneten Sterne umfasst. Sie ähneln in ihren Zustandsgrößen den K- und M-Sternen; ihre Spektren zeigen jedoch statt der Titanoxidbanden starke Bänder von Kohlenstoffverbindungen, darunter C_2, CN und CH. Kohlenstoffsterne sind Rote Riesensterne, in deren Atmosphären Kohlenstoff häufiger als Sauerstoff ist, sodass der gesamte Sauerstoff in Kohlenoxid (CO) gebunden ist und Kohlenstoff für weitere Verbindungen zur Verfügung steht. Der Kohlenstoff ist das Ergebnis des Heliumbrennens (→Drei-Alpha-Prozess) und gelangte in ein oder mehreren Durchmischungsphasen in die Sternatmosphäre.

Kohlenstoff-Stickstoff-Sauerstoff-Zyklus, der →Bethe-Weizsäcker-Zyklus.

kohlige Chondrite, →Meteorite.

Kohlschütter, Arnold, deutscher Astronom, *Halle (Saale) 6. 7. 1883, †Bonn 28. 5. 1969. Kohlschütter arbeitete 1911–14 am Mount Wilson Observatory in Kalifornien und entwickelte dort zusammen mit W. S. Adams die Methode der spektroskopischen Parallaxen. Ab 1925 war er Professor in Bonn und Direktor der Bonner Sternwarte. Kohlschütter leitete 1926–27 eine Expedition nach Bolivien, um Aufnahmen von Spektren der Sterne des Südhimmels zu machen.

Kohoutek-Komet ['kɔhutɛk -], der von dem tschechischen Astronomen Luboš Kohoutek (*1935) am 7. 3. 1973 an der Hamburger Sternwarte entdeckte Komet C/1973 E1 (frühere Bezeichnung 1973 XII); damals befand er sich in der Nähe der Jupiterbahn. Man erwartete, dass er spektakulär hell werden würde und kündigte ihn als »Komet des Jahrhunderts« an, für die Beobachtung mit bloßem Auge erwies er sich aber als Enttäuschung, was ihm die Bezeichnung »Komet Watergate« einbrachte. Der Komet wurde aber u. a. von den Skylab-Astronauten eingehend untersucht. Er darf nicht verwechselt werden mit dem Kometen 75P/Kohoutek oder den Kometen C/1969 O1 and C/1973 D1, die ebenfalls von L. Kohoutek entdeckt wurden. Mit der Wiederkehr des Kohoutek-Kometen wird nicht vor 75 000 Jahren gerechnet.

Kokon-Nebel, der →Cocon-Nebel.

Kollaps, der →Gravitationskollaps.

Kollapsar, gelegentlich benutzte Bezeichnung für ein →Schwarzes Loch.

Kollektivlinse, die →Feldlinse.

Kolorimetrie [zu lateinisch color »Farbe«] *die,* -, die Bestimmung der Sternfarbe, u. a.

durch Angabe der Farbenindizes (→Farbenindex) von Sternen.

Koluren [griech.], *Singular* **Kolure,** die zwei Großkreise, die durch die Pole der Ekliptik sowie durch die Solstitialpunkte (Solstitialkoluren) oder die Äquinoktialpunkte (Äquinoktialkoluren) gehen.

Koma [griechisch-lat. »Haar«] *die, -/-s,* **1)**→Komet.

2) ein →Abbildungsfehler.

Koma-Korrektor, ein in den Strahlengang eingeschaltetes Linsensystem, das vor allem bei kurzbrennweitigen Reflektoren die Koma (→Abbildungsfehler) verringert.

Komarow, Wladimir Michailowitsch, sowjetischer Kosmonaut, *Moskau 16. 3. 1927, †(verunglückt) bei Orenburg 24. 4. 1967; war Kommandant des ersten mehrsitzigen Raumfahrzeugs Woschod 1 (1964), verunglückte bei der Erprobung von Sojus 1.

Komet [von griech. kómē »Haar«; eigentlich »Behaarte«, »Haar Tragende«, als bildlicher Vergleich des Kometenschweifs mit einem Haarbüschel], selten **Schweifstern, Haarstern,** kleiner Himmelskörper des Planetensystems, der in Sonnennähe große Mengen flüchtiger Gase und von ihnen mitgerissene feste Teilchen freisetzt, wodurch er im Allgemeinen neblig-verwaschen, zuweilen mit einem leuchtenden Schweif versehen in Erscheinung tritt. Die meisten Kometen sind nur im Fernrohr, ganz wenige mit bloßem Auge sichtbar; die hellsten sind eindrucksvolle Naturerscheinungen.

■ **Kern des Kometen** Bei einem Kometen unterscheidet man den Kern, die Koma und den Schweif; Kern und Koma bilden zusammen den Kopf des Kometen. Der Kern ist der am wenigsten auffällige Teil, er leuchtet im reflektierten Sonnenlicht. Er besteht aus einem lockeren Konglomerat verschiedener Eissorten – v.a. Wassereis sowie gefrorenes Ammoniak, Methan und geringe Mengen anderer Verbindungen (z.B. Kohlenmonoxid, Kohlendioxid, Cyanwasserstoff, Ethylen) – und festen, staubförmigen Bestandteilen. Diese haben Durchmesser von etwa 0,1–5 Mikrometer, doch kommen auch Körper bis zu einem Meter Größe vor. Die festen Teilchen bestehen zum Teil aus meteoritischem Material, zum Teil aus Kohlenstoffverbindungen. Der Anteil der festen Bestandteile an der Kernmasse beträgt vermutlich die Hälfte, variiert aber in weiten Grenzen. Dieses Konzept der Kometenkerne als der »schmutzigen Schneebälle« wurde zum ersten Mal 1949 von F. L. Whipple formuliert. Die Kometenkerne sind unregelmäßig geformte Körper mit einem Durchmesser von etwa 0,5 bis 10 km, doch wurden auch Kerndurchmesser bis zu 100 km beobachtet. Im Kern ist die Hauptmasse eines Kometen vereinigt, sie liegt bei der Mehrzahl der Kometen in der Größenordnung von etwa 10^{11} bis 10^{14} Kilogramm.

■ **Koma des Kometen** Bei der Annäherung eines Kometen an die Sonne auf weniger als etwa 4–5 Astronomische Einheiten (AE) erwärmt sich die Kernoberfläche derart, dass die leicht flüchtigen Substanzen sublimieren und beim Abströmen die festen Staubteilchen mitreißen: Es bildet sich eine sich ständig er-

Komet Schweifstern

Ein hellerer Fleck, von dem ein Schweif ausgeht wie Haar im Wind – wegen ihrer eigentümlichen Form werden Kometen als Schweifsterne bezeichnet. Einige Hundert dieser Himmelskörper sind bekannt und in unterschiedlichen Zeitabständen immer wieder sichtbar. Sie sind aber meist zu lichtschwach, um besondere Aufmerksamkeit zu erregen. Einige – meist bislang unbekannt – werden zu spektakulären Himmelsereignissen, wie der Komet Hale-Bopp, der 1997 monatelang den Nachthimmel dominierte und mit bloßem Auge zu sehen war.
Ganz anders der Komet Hyakutake (Bild), der im Frühjahr 1996 nur für wenige Wochen sichtbar war. Er war deutlich kompakter als Hale-Bopp mit einem schmalen, konzentrierten Schweif. Der Komet schoss geradezu über den Himmel, innerhalb weniger Stunden veränderte er deutlich seine Position. Die kurze Sichtbarkeit und seine Schnelligkeit hingen mit seiner geringen Erdentfernung zusammen: Gerade mal 15 Millionen Kilometer betrug der

3804

geringste Abstand. Dafür war sein heller Ionenschweif während weniger Nächte bis zu 100 Grad lang und erstreckte sich damit über den halben Himmel.

Komet.
Der Kern des Kometen Halley; Grafik nach einem 1986 aufgenommenen Foto der Raumsonde Giotto

neuernde, als Koma erscheinende Gasatmosphäre um den Kern. Gröbere Teilchen und Gesteinsbrocken bilden eine poröse Kruste, sie werden nur bei größeren Gasausbrüchen mitgerissen. Freigesetzte vielatomige Moleküle (Muttermoleküle) werden durch die kurzwellige Sonnenstrahlung in einfachere Verbindungen zerlegt und zum Leuchten angeregt. Das Komaspektrum ist ein Emissionslinienspektrum der Zerlegungsprodukte (Tochtermoleküle), wobei u. a. die Radikale bzw. Moleküle C_2, C_3, CH, CN, NH, NH_2, CO, CO_2, CS, HCN und CH_3CN in neutraler, zum Teil auch in ionisierter Form nachgewiesen wurden. In atomarer Form werden außer Wasserstoff u. a. Natrium, Calcium, Kalium, Nickel, Chrom und Eisen beobachtet. Von der Erde aus ist die Koma bis zu einer Kernentfernung von rd. 10^5 km nachweisbar, die Gasdichte liegt maximal bei etwa 10^4 Moleküle je Kubikzentimeter. Die äußerste, v. a. von Wasserstoffatomen gebildete Koma kann einen Radius von mehr als 10^7 km erreichen und ist nur bei extraterrestrischen Beobachtungen wahrnehmbar. Die Größe der sichtbaren Koma ist zeitlich veränderlich, ebenfalls die Helligkeit eines Kometen, die wesentlich von der Koma bestimmt wird und stark mit der Entfernung von der Sonne variiert.

■ **Schweif des Kometen** Ein sichtbarer Schweif bildet sich nur bei Kometen, die der Sonne auf weniger als etwa 1,5–2 AE nahe kommen. Man unterscheidet **Ionenschweife (Plasma-** oder **Gasschweife)** und **Staubschweife.** Die Ionenschweife sind lang und schmal. Sie bestehen aus ionisierten Atomen und Molekülen, die von den geladenen Teilchen des Sonnenwindes aus der Koma mitgerissen und stark beschleunigt werden. Die Ionenschweife weisen daher fast genau von der Sonne weg. Sie können zur Zeit ihrer größten Ausbildung 1–10 Mio. km erreichen, beim großen Märzkometen von 1843 betrug die Schweiflänge sogar 250 Mio. km. Die Materiedichte im Schweif ist wesentlich geringer als in der Koma und verringert sich mit wachsendem Kernabstand. Die Staubteilchen der Koma werden ebenfalls aus ihr ausgetrieben, da sie Sonnenlicht absorbieren und so dem Strahlungsdruck unterliegen. Sie bilden den Staubschweif, der im reflektierten Sonnenlicht leuchtet. Er weist auch von der Sonne weg, ist aber stärker gekrümmt als der Ionenschweif. Staubschweife sind seltener als Ionenschweife, beide Typen können gemeinsam, aber auch allein auftreten.

■ **Kometenbahnen** **Periodische Kometen** bewegen sich auf Ellipsenbahnen, **unperiodische Kometen** auf Parabel- oder Hyperbelbahnen. Bei extrem lang gestreckten Bahnen ist diese Unterscheidung zum Teil sehr schwierig. Die periodischen Kometen unterteilt man in **kurzperiodische Kometen** mit Umlaufzeiten um die Sonne kürzer als 200 Jahre (Bahnexzentrizität < 0,97) und **langperiodische Kometen** mit Umlaufzeiten größer als 200 Jahre. Die Bahnen der kurzperiodischen Kometen haben im Allgemeinen eine geringere Neigung gegen die Erdbahnebene als die der langperiodischen und sind zu rd. 90 % rechtsläufig; zu den wenigen rückläufigen Kometen gehört der Halley-Komet. Am häufigsten wurden bislang der enckesche Komet mit 54 Periheldurchgängen (Umlaufzeit 3,3 Jahre) und der Halley-Komet mit 29 Periheldurchgängen (Umlaufzeit etwa 76 Jahre) registriert. – Die Kometen unterliegen dem Gravitationseinfluss der Planeten, wodurch ihre Bahnen verändert werden. Alle Kometen, deren Aphele in der Nähe einer Planetenbahn liegen, werden zu einer **Kometenfamilie** gerechnet, von denen die Jupiterfamilie die meisten Mitglieder aufweist und am deutlichsten ausgeprägt ist. Die Kometen einer **Kometengruppe** sind durch das Zerbrechen des Kerns eines Mutterkometen hervorgegangen, die Bahnelemente der Kometen einer derartigen Gruppe stimmen fast genau überein. Kometenbahnen werden nicht allein durch gravitative, sondern auch durch nichtgravitative Kräfte verändert, die auf den Rückstoßeffekt der aus dem Kern abströmenden Gase zurückgehen; dies kann zu einer Zu- oder Abnahme der Umlaufperiode führen.

■ **Bezeichnung** Neu entdeckte Kometen erhalten von der Internationalen Astronomischen Union zunächst einen Namen, der sich aus dem Entdeckungsjahr und einem großen Buchstaben zusammensetzt, der im Halbmonatsrhythmus vergeben wird (A am 1. Januar, B am 16. Januar usw.), ergänzt um eine Ziffer, damit man mehrere Kometen in einem halben Monat unterscheiden kann. Sobald die Bahnelemente des Kometen genauer bestimmt sind, wird dem Namen nach der folgenden Systematik ein weiterer Buchstabe vorangestellt:

P für kurzperiodische Kometen, C für langperiodische Kometen, X für Kometen mit nicht bestimmbaren Bahnen und D für periodische Kometen, die verloren gingen oder nicht mehr existieren. Der Buchstabe A wird für die Kometen verwendet, die sich nachträglich als Asteroiden herausstellen. Beispiel: Der Komet Hyakutake hat die Bezeichnung C/1996 B2, er ist also der zweite Komet, der in der zweiten Januarhälfte 1996 entdeckt wurde, und hat eine Umlaufzeit, die größer als 200 Jahre ist. Üblicherweise wird ein Komet zusätzlich nach seinen Entdeckern benannt, so ist z.B. Shoemaker-Levy 9 der neunte Komet, den Eugene und Carolyn Shoemaker zusammen mit David Levy entdeckt haben.

■ **Häufigkeit** Aus der Zahl der beobachteten langperiodischen Kometen schließt man auf eine Gesamtheit von 10^{11} bis 10^{12} Kometen, die die Sonne in einer riesigen Wolke umgeben, während die kurzperiodischen Kometen vorwiegend dem Kuiper-Gürtel entstammen dürften. Die Kometen haben seit ihrer Entstehung keine grundlegenden Differenzierungsprozesse durchgemacht, sie können damit Auskunft über die Verhältnisse in den äußeren Gebieten des Sonnennebels während der Entstehung des Sonnensystems geben.

■ **Geschichte der Erforschung** Die Erscheinung eines Kometen galt in früheren Zeiten als Zeichen bevorstehenden Unheils, selten dagegen als Glücksbote. Kometenerscheinungen spielten daher eine große Rolle in der Astrologie. Die Prodigienliteratur der frühen Neuzeit und das gleichzeitige Flugblattwesen kommentierten jede Kometenerscheinung. Das Endzeitgefühl des 16. Jh. fand in solchen Wunderzeichen Bestätigung (P. Melanchthon), doch auch die naturwissenschaftlichen Entdeckungen des 17. Jh. über Bahnen und Periodizität der Kometen steigerten nur die Weltuntergangsfurcht. Auch der Stern von Bethlehem wurde als Komet gedeutet. Schutzbriefe, Medaillen, Glockenläuten und Fasten sollten Schutz vor Kometen gewähren.

J. Kepler schrieb den Kometen eine geschlossene Bahn zu. J. Hevelius dagegen schloss auf eine parabolische Bahn, die der Amateurastronom Georg Samuel Dörffel [* 1643, † 1688] dann für den Kometen von 1680/81 mit der Sonne als Brennpunkt berechnen konnte. I. Newton bezog daraufhin die Kometen in seine allgemeine Gravitationshypothese ein. Auf seine Anregung hin berechnete E. Halley (1705) die Bahnelemente von 24 Kometen der Jahre 1337 bis 1698 und konnte für viele eine exakte Ellipsenbahn nachweisen. Er zeigte, dass die Kometen von 1531, 1607 und 1682 identisch waren. Durch die Vorhersage der Wiederkehr dieses Kometen (Halley-Komet) für 1758 durch A. C. Clairaut konnte die Entdeckung eines ersten periodischen Kometen 1759 bestätigt werden. Der erste kurzperiodische Komet wurde von J. F. Encke 1818/19 entdeckt.

Die Erforschung der materiellen Beschaffenheit der Kometen begann mit der Erfindung der Spektralanalyse, während Erklärungen über den Entstehungsprozess der Kometenschweife unter dem Einfluss der Sonnenstrahlung durch die Fortschritte der Molekülspektroskopie möglich wurden.

■ **Siehe auch**

→ Bielascher Komet · Brooks' Komet · Enckescher Komet · Giacobini-Zinner-Komet · Hale-Bopp · Halley-Komet · Kohoutek-Komet · kometarische Nebel · Kometenmissionen · Meteorstrom · Oortsche Wolke · Pons-Brooks-Komet · Sonnenwind · Swifts Komet · Tempels Kometen

kometarische Nebel, Gas- und Staubnebel in der Nähe eines Sterns, deren Form an die eines Kometen erinnert. Sie können das Licht des Sterns reflektieren oder auch durch das UV-Licht des Sterns selbst zum Leuchten angeregt werden. Kometarische Nebel werden überwiegend bei jungen Sternen beobachtet, die noch von einer zirkumstellaren Scheibe aus Gas und Staub umgeben sind. Das Licht dieser Sterne wird von der Scheibenmaterie absorbiert und kann nur senkrecht zur Scheibenebene entweichen, wo es wie ein Scheinwerfer andere interstellare Materie kegelförmig beleuchtet. In jüngerer Zeit werden auch doppelkegelförmige Nebel, so genannte →bipolare Nebel, zu den kometarischen Nebeln gezählt. Sie stehen in Zusammenhang mit bipolaren Strömen.

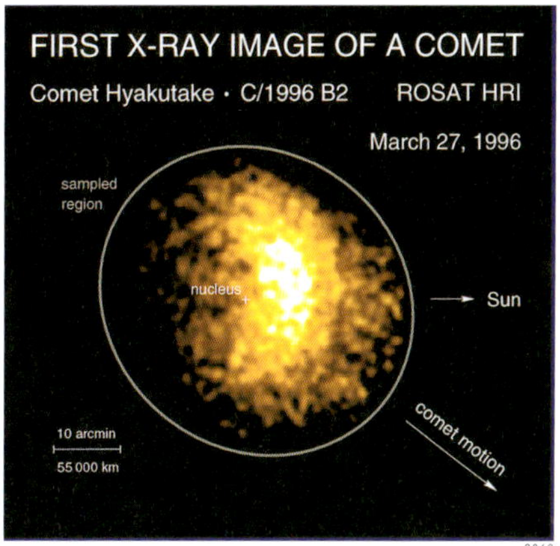

Komet. Röntgenfoto vom Kometen Hyakutake

Kometenmissionen, Raumfahrtunternehmungen zur Erforschung von Kometen. Die erste Kometenmission hatte den Kometen Halley als Ziel (→Giotto). Zu den aktuellen Kometenmissionen gehören Stardust, Rosetta und Deep Impact.

■ **Stardust** Am 7. 2. 1999 startete die NASA-Sonde Stardust, die die Untersuchung des Kometen Wild 2 zum Ziel hatte. Sie passierte den Kometen (Durchmesser etwa 5,4 km) im Januar 2004 im Abstand von nur 300 km und

Kompass.
Die Nova T Pyx im Sternbild Kompass

konnte als erste Sonde Material aus der Umgebung eines Kometen einsammeln. Dabei wurden mithilfe eines ausfahrbaren und speziell beschichteten Staubfängers winzige Partikel im Kometenumfeld eingefangen. Die Proben wurden am 15. Januar 2006 zur Erde zurückgebracht.

■ **Rosetta** Die von der ESA (für Januar 2003) geplante Kometenmission Rosetta musste aus technischen Gründen verschoben werden. Wegen der Startverzögerung konnte Rosetta ihren ursprünglichen Zielkometen Wirtanen nicht mehr anfliegen. Dafür wurde der »Ersatzkomet« 67P/Tschurjumow-Gerasimenko gefunden (Durchmesser 4 km), der (nach dem Start der Sonde am 2. 3. 2004) im Jahr 2014 erreicht werden soll. Der weite Weg, den die Sonde zurücklegen muss, stellt hohe Anforderungen an die technische Ausrüstung (z. B. die Instrumente an Bord). Das Missionsziel ist geblieben. Man hofft, über die Zusammensetzung des Kometen Aufschluss über Ursprung und Entwicklung des Sonnensystems geben zu können. Dafür soll Rosetta den Kometenkern umrunden, mit Kameras und Spektrometern über den gesamten Wellenlängenbereich vom UV- bis zum Mikrowellenbereich detailliert untersuchen und – als erste Sonde überhaupt – ein Landefahrzeug (genannt Philae) auf ihm absetzen, mit dessen Hilfe u. a. Materialproben entnommen und analysiert werden können. Rosetta soll sich mehrere Monate lang gemeinsam mit dem Kometen zur Sonne bewegen und dessen Veränderungen beobachten.

■ **Deep Impact** Die am 12. 1. 2005 von der NASA gestartete Sonde Deep Impact erreichte im Juli 2005 den Kometen Tempel 1 (→Tempels Kometen) und beschoss ihn mit einem 372 kg schweren Projektil. Das Geschoss schlug am 4. 7. 2005 ein und riss einen etwa 200 m großen Krater in die Kometenoberfläche. Der beim Einschlag entstandene Staub wurde von der Sonde analysiert. Mit den gewonnenen Daten können nun erstmals Oberfläche und Inneres eines Kometen untersucht werden.

Kometenwolke, →Oortsche Wolke.

Kommensurabilität, das durch kleine ganze Zahlen darstellbare Verhältnis der Umlaufzeiten zweier Himmelskörper um einen dritten. Kommensurabilitäten bewirken **Resonanzen** bei den Umlaufzeiten, wodurch die gegenseitigen Störungen der beiden Himmelskörper periodisch verstärkt und erhebliche Bahnänderungen verursacht werden können. Die **Kirkwood-Lücken (Kommensurabilitätslücken)** bei den →Planetoiden gehen auf derartige Resonanzen zurück.

Kommunikationssatelliten, die →Nachrichtensatelliten.

Kompaktgalaxi|en, extragalaktische Sternsysteme, die fotografisch als kleine, meist scharf begrenzte Scheibchen hoher Flächenhelligkeit erscheinen. Die Kompaktgalaxien bilden eine rein morphologisch definierte Gruppe von Galaxien ohne gemeinsame physikalische Eigenschaften der Gruppenmitglieder.

Komparator *der, -s/...'toren,* ein in der Astrofotografie benutztes Gerät, mit dessen Hilfe zwei fotografische Aufnahmen eines Sternfeldes verglichen und etwaige Unterschiede in Helligkeit oder Position schnell und ohne exakte Messung der einzelnen Objekte erkannt werden können. Beim **Blinkkomparator** werden die beiden Bilder abwechselnd in schneller Folge durch ein Okular betrachtet; etwaige Positions- oder Helligkeitsunterschiede eines Objekts zeigen sich durch dessen scheinbare Bewegung bzw. durch sein Blinken. Beim **Stereokomparator** werden beide Bilder gleichzeitig (binokular) betrachtet; Objekte, die auf den beiden Aufnahmen unterschiedlich dargestellt sind, scheinen aus der Bildebene zu treten.

Kompass, Schiffskompass, wissenschaftlicher Name **Pyxis,** *Genitiv* **Pyxidis,** Abk. **Pyx,** ein kleines und unscheinbares Sternbild des Südhimmels (Rektaszension $8^{\mathrm{h}}27^{\mathrm{m}}$ bis $9^{\mathrm{h}}28^{\mathrm{m}}$, Deklination −17°25′ bis −37°20′), das in Mitteleuropa an Winterabenden knapp über dem südlichen Horizont sichtbar ist. Es wird mitunter als Teil des früheren Sternbilds →Schiff Argo angesehen. Keiner der Sterne des im Randbereich von der Milchstraße durchzogenen Sternbilds ist heller als $3\overset{\mathrm{m}}{,}7$. α Pyx ist ein Doppelstern mit $3\overset{\mathrm{m}}{,}7$ bzw. $8\overset{\mathrm{m}}{,}0$ hellen Komponenten (Distanz 106,6″). T Pyx ist eine berühmte wiederkehrende Nova, von der bisher fünf Ausbrüche in den Jahren 1890, 1902, 1920, 1944 und 1966 beobachtet werden konnten. Dabei wurden Helligkeitssteigerungen von $15\overset{\mathrm{m}}{,}3$ auf $10\overset{\mathrm{m}}{,}8$ bzw. $7\overset{\mathrm{m}}{,}2$ registriert. In 10 000 Lichtjahren Entfernung steht der einen kleinen planetarischen Nebel beherbergende offene Sternhaufen NGC 2818 ($8\overset{\mathrm{m}}{,}5$). (→Sternbilder)

Kondensation [spätlateinisch »Verdichtung«] *die, -/-en,* in der Astronomie Bezeichnung für die Verdichtung einer Wolke aus Gas und Staub zu größeren Teilchen und Körpern wie Planeten oder Planetoiden.

Konjunktion [lateinisch »Verbindung«; »Bindewort«] *die, -/-en,* **Gleichschein,** eine Konstellation, bei der die Sonne in der Verbin-

Die hellsten Sterne des Sternbilds Kompass

Name	Helligkeit visuelle	Helligkeit absolute	Spektralklasse	Entfernung in Lichtjahren
α*)	$3\overset{\mathrm{m}}{,}7$	-3^{M}	B2	850
β	$4\overset{\mathrm{m}}{,}0$	-1^{M}	G5	380
γ	$4\overset{\mathrm{m}}{,}0$	0^{M}	K3	210

*) Doppelstern

dungslinie Erde–Planet steht. Im gleichen Sinn spricht man auch von der Konjunktion zweier Planeten oder der Konjunktion zwischen einem Planeten und dem Mond, aber auch zwischen einem Planeten und einem hellen Stern, wenn diese Gestirne mit der Erde eine Gerade bilden.

Konstellation [spätlateinisch »Stellung der Gestirne«, zu lateinisch stella »Stern«] *die, -/-en,* von der Erde aus gesehene Stellung der Sonne zu Mond oder Planeten. Je nach dem ekliptikalen Längenunterschied (→astronomische Koordinaten) zwischen Gestirn und Sonne (Elongation E) werden als besondere Konstellationen unterschieden: **Opposition (Gegenschein)** $E = 180°$, **Trigonalschein** $E = 120°$, **Quadratur (Geviertschein)** $E = 90°$, **Sextilschein** $E = 60°$, **Konjunktion (Gleichschein)** $E = 0°$. Die inneren Planeten können nicht in Opposition kommen, sondern erreichen nur eine größte westliche und östliche Elongation. Bei ihnen wird zwischen **oberer** (Planet weiter entfernt als die Sonne) und **unterer Konjunktion** (Planet zwischen Sonne und Erde) unterschieden. Konjunktion des Mondes mit der Sonne bedeutet Neumond und gegebenenfalls eine Sonnenfinsternis; Opposition dagegen Vollmond und gegebenenfalls eine Mondfinsternis. Da Konstellationen **(Aspekte)** in der *Astrologie* eine große Rolle spielen, wurden einigen von ihnen besondere Zeichen zugeordnet (→astronomische Zeichen). In der Astrologie wird auch die Anordnung der Sterne zu Sternbildern als Konstellation bezeichnet.

Kontaktsystem, ein Doppelstern, bei dem sich die beiden Komponenten so nahe sind, dass ein Materieaustausch stattfindet. In diesem Fall füllen beide Sterne ihr Roche-Volumen aus.

kontinuierliche Schöpfung, →Steady-State-Theorie.

kontinuierliches Spektrum, Kontinuum, →Spektrum.

Kontraktion [lateinisch] *die, -/-en,* Verkleinerung eines Körpers durch Schrumpfung, insbesondere durch Gravitationswirkung.

Konvektion [spätlateinisch »das Zusammenbringen«] *die, -/-en,* die Mitführung bzw. Übertragung einer physikalischen Eigenschaft oder Größe, wie Wärme oder elektrische Ladung, durch Strömungen in Gasen oder Flüssigkeiten. Konvektion spielt vor allem in der Erdatmosphäre eine wichtige Rolle, aber auch in den Theorien des Sternaufbaus.

Konvektionszone, Bereich im Innern eines Sterns, in dem die Energie durch Konvektion von innen nach außen transportiert wird. In der Sonne beispielsweise ist lediglich eine äußere Schale, die etwa 25 Prozent des Radius ins Innere hineinreicht, konvektiv. Im zentralen Teil wird die Energie durch Srahlung übertragen.

Konvergenzpunkt, der →Apex, →Vertex.

konvex [lat. »nach oben oder unten gewölbt«], nach außen gewölbt (v. a. bei Linsen und Spiegeln); Gegensatz: konkav.

Ko|ordinaten, →astronomische Koordinaten.

ko|ordinierte Weltzeit, →UTC.

kopernikanisches Weltsystem [nach N. Kopernikus], →heliozentrisches Weltsystem; →Kopernikus, Nikolaus; →Kosmologie.

Kopernikus, Copernicus, Nikolaus, eigentlich **N. Koppernigk,** polnisch **Kopernik,** deutscher Astronom und Mathematiker, * Thorn 19. 2. 1473, † Frauenburg 24. 5. 1543.

■ **Werdegang** Nach dem frühen Tod des Vaters (1483) wurde die Ausbildung von Kopernikus durch dessen Onkel Lukas Watzenrode (1488–1512 Bischof des Ermlandes) überwacht. 1491–94 beschäftigte sich Kopernikus in Krakau mit humanistischen, mathematischen und astronomischen Studien. 1496–1503 hielt er sich in Italien auf; in Bologna und Padua hörte er Medizin und Rechtswissenschaft. 1503 erfolgte die juristische Promotion in Ferrara. Nach Frauenburg zurückgekehrt, wurde Kopernikus Sekretär und Leibarzt seines Onkels. 1510 übernahm er die Verwaltungsaufgaben eines Domherrn zu Frauenburg.

■ **Astronomische Forschungen** Die astronomische Forschung, deren Ergebnisse Kopernikus berühmt machten, betrieb er stets als Privatmann. Entscheidende Anregungen hierzu erhielt er in Bologna durch den Regiomontanusschüler Domenico Maria di Novara (* 1464, † 1514), dessen Mitarbeiter Kopernikus zeitweilig war, und durch das Studium der Werke von G. Peurbach und J. Regiomontanus. Eine erste astronomische Beobachtung (Verdeckung des Aldebaran durch den Mond) ist für den 9. 3. 1497 belegt. Sein eigenes **kopernikanisches Weltsystem,** ein →heliozentrisches Weltsystem, machte Kopernikus mit seiner Denkschrift »Commentariolus« (»De hypothesibus motuum cœlestium commentariolus«, in: »N. Kopernikus. Erster Entwurf seines Weltsystems sowie eine Auseinandersetzung Johannes Keplers mit Aristoteles: Über die Bewegung der Erde«, herausgegeben von F. Rossmann, 1948) 1514 einem kleinen Kreise überwiegend kirchlicher Würdenträger zugänglich. Bereits hier werden die entscheidenden Annahmen ausgesprochen, dass die Sonne den Mittelpunkt der kreisförmigen Planetenbahnen bildet und dass auch die Erde um sie kreist, die sich täglich um ihre Achse dreht und ihrerseits vom Mond umkreist wird. Das Werk fand v. a. wegen der darin enthaltenen Überlegungen zu einer Kalenderreform Beachtung; 1533 ließ sich Papst Klemens VII. über seinen Inhalt unterrichten. Der »Commentariolus« wurde später Papst Paul III. mit dessen Einverständnis gewidmet.

kopernikanisches Weltsystem
→ GEO **Dossier**
Astronom unter Mordverdacht, Bd. 4

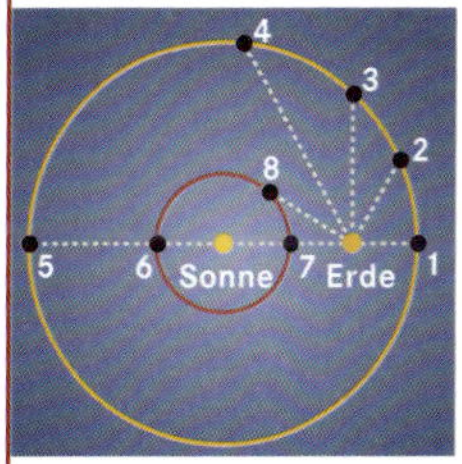

Konstellation
Von der Erde aus gesehene Stellungen von Planeten zur Sonne; äußerer Planet: 1 Opposition, 2 Trigonalschein, 3 Quadratur, 4 Sextilschein, 5 Konjunktion; innerer Planet: 6 obere und 7 untere Konjunktion, 8 größte Elongation

Nikolaus Kopernikus
*** 1473, † 1543**

100562

- beobachtete eine Sternbedeckung
- begründete das heliozentrische System
- hielt die Planetenbahnen noch für kreisförmig

Korona.
Das 2002 von der TRACE-Raumsonde aufgenommene Foto zeigt gewaltige koronale Bögen. Sie entstehen in Verbindung mit dem Magnetfeld im Gebiet von Sonnenflecken.

Ausgangspunkt für Kopernikus bei der Schaffung seines neuen Weltsystems war die mangelnde Übereinstimmung des überlieferten geozentrischen Weltsystems des C. Ptolemäus mit den Beobachtungsdaten. An den physikalischen Grundlagen dieses Systems – den aristotelischen Forderungen nach Kreisförmigkeit der Bahnen und Gleichförmigkeit der Bewegungen – rüttelte Kopernikus nicht. Vielmehr sah er in der Verletzung der zweiten Forderung im ptolemäischen Weltsystem einen entscheidenden Nachteil desselben. Allerdings gelang es Kopernikus nicht, mit seinem System bessere Voraussagen zu gewinnen, was u. a. T. Brahe dazu veranlasste, es zu verwerfen. Erst die Einführung der Ellipsenbahnen durch J. Kepler verhalfen dem heliozentrischen Weltsystem zum Durchbruch. Kopernikus sah sich gezwungen, zur Verbesserung seines Systems ähnlich wie Ptolemäus Epizykeln (insgesamt 34) einzuführen (→Epizykeltheorie).

■ **Wirkung** Größere Verbreitung fanden die Ideen des Kopernikus durch den Wittenberger Mathematiker G. J. Rheticus, der sich 1539–41 in Frauenburg aufhielt. Das Hauptwerk von Kopernikus, »De revolutionibus orbium cœlestium libri VI« (deutsch u. a. als »Über die Kreisbewegungen der Weltkörper«), das dieser jahrelang als Manuskript unter Verschluss hielt, erschien 1543 in Nürnberg. Sein Druck wurde anfangs von Rheticus, später von A. Osiander überwacht. Letzterer stattete das Werk mit einem Vorwort aus, in dem er das Weltsystem des Kopernikus im Widerspruch zu dessen Ansichten – als ein rein hypothetisches bezeichnete. Von kirchlicher Seite angegriffen und auf den Index (1616) gesetzt wurde das Werk von Kopernikus erst im Zuge der Auseinandersetzungen mit G. Galilei. Ein heftiger Gegner des Kopernikus war P. Melanchthon. Die mathematischen Teile des kopernikanischen Hauptwerkes, die die Trigonometrie betreffen (u. a. Wiedereinführung der Sekansfunktion), wurden bereits 1542 von Rheticus unter dem Titel »De lateribus et angulis triangelorum« veröffentlicht.

Kopernikus Nichts Neues unter der Sonne

Die Erkenntnis, dass nicht etwa die Erde das Zentrum des Universums ist, sondern sich um die Sonne dreht, ging als die kopernikanische Wende in die Wissenschaftsgeschichte ein. Doch Kopernikus hat dem heliozentrischen Weltsystem nicht viel mehr als den Namen geliefert. Die eigentliche Wende in der Astronomie fand erst sehr viel später statt, herbeigeführt von Kepler und Newton.
Und auch die 1543 veröffentlichten Ideen des Kopernikus waren so neu nicht. Schon 2 000 Jahre vor Kopernikus zweifelten einige Pythagoreer an der bevorzugten Stellung unserer Erde. Bereits Aristarchos von Samos, ein Zeitgenosse des Mathematikers Archimedes, stellt die Sonne in den Mittelpunkt des Planetensystems. Er erklärte Tag und Nacht durch die Umdrehung der Erde, die Jahreszeiten durch die Neigung der Erdachse. Doch seine Vorstellungen stießen zu seinen Lebzeiten nur auf Ablehnung; sein Buch über dieses Thema ging verloren. Hätte nicht Archimedes seine Theorie erwähnt, wäre sie wohl gänzlich in Vergessenheit geraten.

Kopff, August Adelbert, deutscher Astronom, *Heidelberg 5. 2. 1882, †ebenda 25. 4. 1960. Kopff war ab 1924 Professor in Berlin und Direktor des Astronomischen Recheninstituts in Berlin-Dahlem, das er 1945 nach Heidelberg verlegte. 1947 wurde er gleichzeitig Direktor der Sternwarte auf dem Königstuhl. Seine Bemühungen um eine einheitliche Bearbeitung der Präzisionsbeobachtungen der Sternörter führten zur Herausgabe des »3. Fundamentalkatalogs des Berliner Astronomischen Jahrbuchs« (1937).

koplanare Bahnen [zu lat. planus »flach«], alle Bahnen, die in der gleichen Ebene liegen.

Koroljow, Korolev [-ˈljɔf], Sergei Pawlowitsch, sowjetischer Raumfahrttechniker, *Schitomir 12. 1. 1907, †Moskau 14. 1. 1966. Koroljow entwickelte seit 1933 Raketen, Sputnik I (1957), nachfolgende Satelliten, Sonden, Raumfahrzeuge (Wostok, Woschod) und Trägerraketensysteme.

Korona, Corona, Sonnenkorona, 1) die äußerste Schicht der Sonnenatmosphäre. Die Dichte in der inneren Korona beträgt etwa 10^9 Teilchen pro Kubikzentimeter und nimmt nach außen hin stetig ab. Ihre Temperatur beläuft sich auf einige Millionen Kelvin, das Gas der Korona ist daher fast vollständig ionisiert. Ihr Spektrum besteht überwiegend aus Emissionslinien hochionisierter Elemente; das Strahlungsmaximum liegt im Röntgenbereich. Außerdem empfängt man Radiostrahlung im Dezimeter- und Meterbereich. Im sichtbaren Spektralbereich besteht das Licht der Korona überwiegend aus Licht der →Fotosphäre, das an freien Elektronen in der Korona gestreut wurde, ein kleiner Anteil wird von Linienemission beigetragen. Die Ausstrahlung der Korona ist gegenüber dem in der Erdatmosphäre verursachten Sonnenstreulicht so gering, dass sie nur bei totalen Sonnenfinsternissen um die durch den Mond verdeckte Sonnenscheibe als schwach leuchtende und weit ausgedehnte Lichterscheinung ohne besondere Hilfsmittel zu sehen ist, wobei zu berücksichtigen ist, dass mit wachsendem Abstand vom Sonnenrand ein immer größer werdender Anteil der Helligkeit an interplanetaren Staubteilchen gestreutes Sonnenlicht ist. Außerhalb totaler Finsternisse ist sie im sichtbaren Spektralbereich mithilfe von Koronografen, im Radiobereich und von Satelliten und Raumsonden im Röntgenbereich zu beobachten.

■ **Struktur** Die Struktur der Korona ist sehr inhomogen; sie wird durch das Magnetfeld der Sonne geprägt, weswegen sich ihr Aussehen im Laufe des Sonnenfleckenzyklus verändert. Über Fleckengruppen erstrecken sich lange Koronastrahlen über einer zwiebelförmigen Basis mehrere Sonnenradien weit in den Raum. In der inneren Korona sieht man insbesondere über Fleckengruppen leuchtende Bögen aus heißem Gas, das entlang magnetischer Feldlinien angeordnet ist. Vor allem zu Zeiten der Fleckenminima beobachtet man in den Polargebieten lange dünne Polarstrahlen. Offenbar fehlen hier magnetische Feldlinien, die bogenförmig zur Sonne zurückkehren; sie verlaufen in den interplanetaren Raum hinaus. Im Röntgenlicht erscheinen Gebiete mit solch einer »offenen Feldstruktur« dunkel und werden als Koronalöcher bezeichnet. Sie sind die Ursprungsgebiete der Hochgeschwindigkeitskomponente des Sonnenwindes. Erscheinungen der Sonnenaktivität in der Korona sind die Protuberanzen, Sonneneruptionen und koronalen Massenauswürfe.

2) die bei totalen Sonnenfinsternissen um die durch den Mond verdeckte Sonnenscheibe beobachtbare schwach leuchtende und weit ausgedehnte Lichterscheinung. Sie wird u.a. durch die Streuung von Fotosphärenlicht an der Korona- und der Zodiakallichtmaterie verursacht. Außerhalb totaler Finsternisse ist diese Lichterscheinung mithilfe von Koronografen zu beobachten.

■ **Siehe auch**

→ Flare · koronaler Massenauswurf · Koronalöcher · Koronograf · Protuberanzen · Sonne · Sonnenflecken · Sonnenwind

koronaler Massenauswurf, dynamisches Ereignis in der Korona der Sonne, bei dem Plasma, das ursprünglich in geschlossenen Feldlinien enthalten war, im Verlauf von Stunden in den interplanetaren Raum ausgestoßen wird. Koronale Massenauswürfe werden von charakteristischer Radiostrahlung begleitet. Die bei einem koronalen Massenauswurf ausgestoßene Masse beträgt 10^{12} bis 10^{13} Kilogramm und sie erreicht Geschwindigkeiten von einigen Hundert bis 2000 Kilometer pro Sekunde. Die freigesetzte Energie beträgt 10^{24} bis 10^{25} Joule, was mit der Energiefreisetzung bei großen Sonneneruptionen (→Flare) vergleichbar ist. Zu Zeiten minimaler Fleckentätigkeit ereignet sich etwa ein koronaler Massenauswurf in der Woche, in der Umgebung des Fleckenmaximums zwei bis drei je Tag. Trifft die magnetische Plasmawolke die Erde, so löst sie geomagnetische Aktivität aus.

Koronalöcher. Der große dunkle Schatten auf der leuchtenden Sonne ist ein koronales Loch. Dies ist ein veränderlicher Bereich geringerer Dichte auf der Sonnenoberfläche, von dem aus die magnetischen Feldlinien der Sonne weit in den Raum hinausreichen. Falschfarbenaufnahme der Sonne von 2002 des Sonnenobservatoriums SOHO.

Korona|linien, helle Emissionslinien im Spektrum der Sonnenkorona, die früher einem unbekannten Element, dem »Koronium«, zugeschrieben wurden. Inzwischen ist klar, dass die Koronalinien von hoch ionisierten Elementen verursacht werden.

Korona|löcher, relativ kühle Gebiete in der Sonnenkorona, in denen die Ausstrahlung stark reduziert ist. Sie gehören zu den langlebigsten temporären Erscheinungen der Sonnenkorona und können mehr als zehn Sonnenrotationen überdauern. Die koronalen Löcher haben ein nach außen hin offenes, divergierendes Magnetfeld, das über einer ausgedehnten unipolaren Magnetfeldregion der Fotosphäre liegt. Dadurch wird der Austritt schneller Sonnenwindteilchen ermöglicht. In den mittleren Breiten der Korona treten koronale Löcher unregelmäßig auf, während polare koronale Löcher fast ausschließlich nur zu Zeiten des Sonnenfleckenminimums auftreten.

Koronograf *der, -en/-en,* **Koronograph,** astronomisches Fernrohr zum Beobachten und Fotografieren der inneren Teile der Sonnenkorona außerhalb einer totalen Sonnenfinsternis. Das wesentliche Element des Koro-

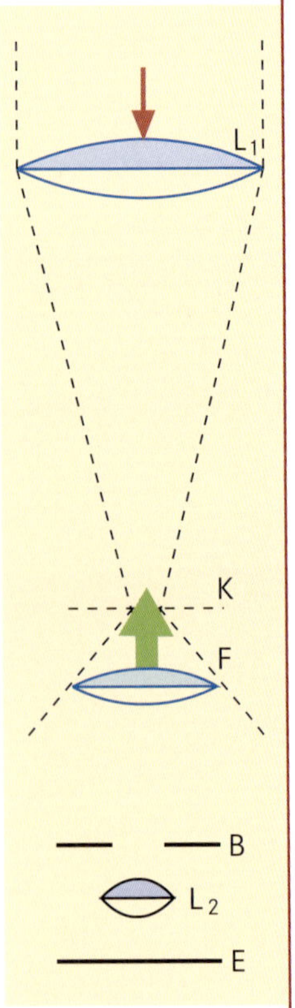

Koronograf. Schematischer Längsschnitt; L_1 Objektiv; K kegelförmige Blende; F Feldlinse, die das Objektiv L_1 am Ort der Ringblende B abbildet; diese dient der Abdeckung des am Objektivrand gebeugten Lichts; das Bild der Sonnenumgebung (bei K) wird mithilfe der Projektionslinse L_2 in der Bildebene E abgebildet.

nografen ist eine kegelförmig ausgebildete Blende, die die Sonnenscheibe in der Bildebene des Objektivs gerade abdeckt (analog zum Mond bei einer Sonnenfinsternis). Der Blendenmantel ist poliert, um eine seitliche Reflexion des Sonnenlichts zu ermöglichen und so eine zu starke Aufwärmung der Blende zu verhindern.

Korpuskularstrahlen, die →Teilchenstrahlen.

Korrektionsplatte, eine im →Schmidt-Spiegelteleskop und ähnlichen optischen Systemen benutzte Glasplatte, die auf der einen Seite eben, auf der anderen Seite asphärisch ist.

kosmische Geschwindigkeiten, astronautische Geschwindigkeiten, die Anfangsgeschwindigkeiten, die ein von der Oberfläche der Erde (oder von einem anderen Zentralkörper, z.B. Mond, Planeten) abgeschossener Körper haben muss, um bestimmte Bahnen zu erreichen: Schießt man einen Körper von einem wenig über der Erdoberfläche gelegenen Punkt mit der **ersten kosmischen Geschwindigkeit (Grenzgeschwindigkeit, Kreisbahngeschwindigkeit)** $v_G \approx 7{,}9$ Kilometer pro Sekunde (km/s) in waagerechter Richtung, so beschreibt er eine Kreisbahn. Die Kreisbahngeschwindigkeit nimmt umso mehr ab, je weiter die Einschusshöhe von der Erdoberfläche (oder Mondoberfläche) entfernt ist. Schießt man einen Körper unter einem beliebigen Winkel mit mindestens der **zweiten kosmischen Geschwindigkeit (Fluchtgeschwindigkeit, Entweichgeschwindigkeit)** v_F von der Oberfläche eines Zentralkörpers ab, so kann er aus dessen Gravitationsfeld entfliehen. Für die Erde gilt: $v_F \approx 11{,}2$ km/s, für den Erdmond 2,38 km/s. Ein von der Erde abgeschossener Körper verlässt das Gravitationsfeld der Sonne, wenn seine Abschussgeschwindigkeit relativ zur Sonne mindestens 42 km/s beträgt; diese Geschwindigkeit **(solare Fluchtgeschwindigkeit)** lässt sich unter Ausnutzung der Bahngeschwindigkeit der Erde erreichen, wenn man einen Körper in Richtung der Erdumlaufbewegung mit einer Anfangsgeschwindigkeit relativ zur Erde abschießt, die mindestens gleich der **dritten kosmischen Geschwindigkeit** von etwa 16,6 km/s ist. Die **vierte kosmische Geschwindigkeit** ist die Geschwindigkeit, mit der ein Flugkörper von der Erde in der günstigsten Richtung abgeschossen werden muss, damit er das Milchstraßensystem verlassen kann; sie beträgt etwa 100 km/s.

kosmische Hintergrundstrahlung → GEO Dossier Universum ohne Ende, Bd. 5

kosmische Hintergrundstrahlung, Drei-Kelvin-Strahlung, 3-K-Strahlung, eine das gesamte Weltall gleichmäßig erfüllende elektromagnetische Strahlung, deren Intensität und spektrale Zusammensetzung der Strahlung eines schwarzen Körpers der Temperatur von 2,725±0,002 K (also rd. 3 K) entspricht. Die kosmische Hintergrundstrahlung ist (nahezu) isotrop und zeitlich konstant. Das Maximum der Energieverteilung liegt bei einer Wellenlänge von 1,1 mm. Weil die kosmische Hintergrundstrahlung aus allen Richtungen mit der gleichen Intensität auf die Erde einfällt, kann ihre Entstehung nicht an irgendwelche Körper im Weltall gebunden sein.

■ **Herkunft** Im Rahmen der →Kosmologie wird die kosmische Hintergrundstrahlung gedeutet als Reststrahlung aus einem frühen Entwicklungszustand, dem »Feuerballzustand« des Weltalls mit extrem hoher Strahlungsdichte (→Urknall), durch dessen Expansion die Strahlungsdichte (und damit die Temperatur) auf den gegenwärtigen Wert sank. Aufgrund einer geringen scheinbaren Anisotropie der kosmischen Hintergrundstrahlung lässt sich die Bewegung der Sonne um das galaktische Zentrum relativ zur Gesamtheit der Photonen der kosmischen Hintergrundstrahlung nachweisen. Die Bewegung des Milchstraßensystems mit einer Geschwindigkeit von etwa 300 Kilometern pro Sekunde relativ zum Photonenmeer der kosmischen Hintergrundstrahlung bewirkt eine weitere scheinbare Anisotropie, und zwar eine geringe Erhöhung ihres Strahlungsstroms in Richtung zum Sternbild Löwe und eine Erniedrigung in der Gegenrichtung gegenüber dem Mittel über den gesamten Himmel.

■ **Messung** Vom Satelliten →COBE wurden in Himmelsbereichen mit einer Winkelausdehnung kleiner als etwa 20° Temperaturabweichungen von bis zu etwa $6 \cdot 10^{-6}$ Kelvin gegenüber dem großräumigen Mittelwert gemessen, was als Hinweis auf die flache (euklidische) Struktur des Raumes angesehen wird. Sie gehen vermutlich auf Quantenfluktuationen im Weltall unmittelbar nach dem Urknall zurück. Diese (und noch kleinräumigere) Anisotropien konnten auch durch Forschungsballone sowie durch die 2001 gestartete Raumsonde WMAP (englisch Wilkinson Microwave Anisotropy Probe), die eine Kartierung der

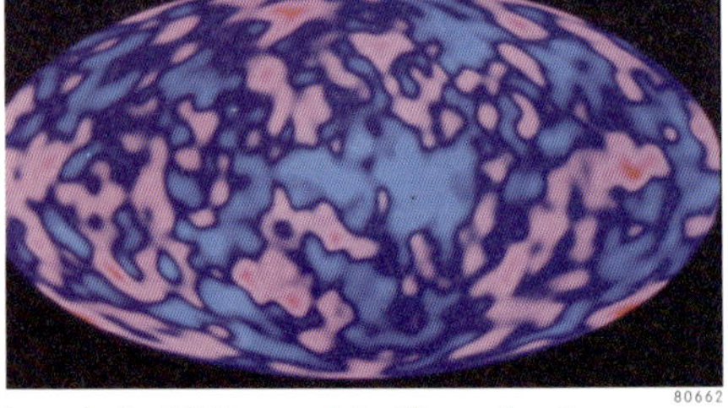

kosmische Hintergrundstrahlung. Bereits zu Beginn der 1990er-Jahre wurde die Anisotropie der kosmischen Hintergrundstrahlung von dem Satelliten COBE registriert. Mit 7° Auflösung, die COBE erreichte, war es jedoch nicht möglich, die entscheidenden kosmologischen Parameter aus den Messungen zu ermitteln.

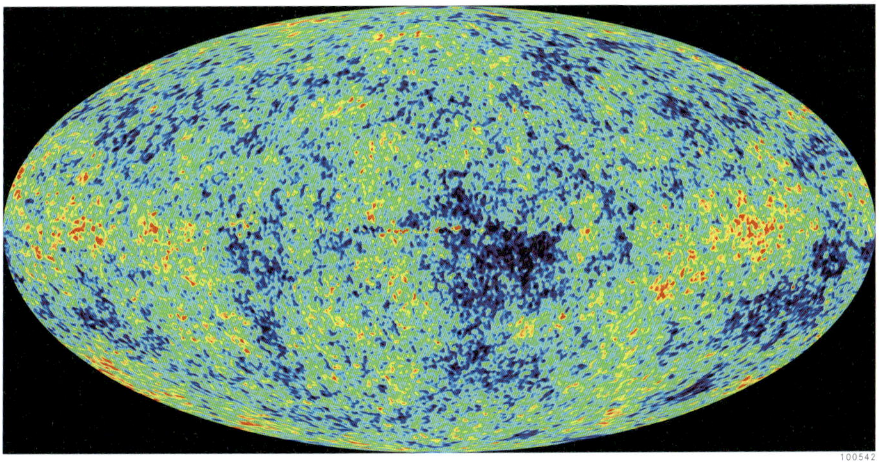

kosmische Hintergrundstrahlung. Der große Durchbruch bei der Bestimmung der entscheidenden kosmologischen Parameter gelang mit dem Satelliten WMAP, der die Temperaturfluktuationen der kosmischen Hintergrundstrahlung mit einer Auflösung von nur 12 Bogenminuten registrieren konnte.

kosmischen Hintergrundstrahlung vornimmt, nachgewiesen werden. 2002 wurde ein winziger polarisierter Anteil in der kosmischen Hintergrundstrahlung entdeckt, der das kosmologische Standardmodell, v.a. hinsichtlich der →Dunklen Materie und der →Dunklen Energie, bestätigt.

■ **Geschichte der Erforschung** Die Existenz einer kosmischen Hintergrundstrahlung wurde bereits 1948 von G. Gamow aufgrund der Urknalltheorie vorausgesagt. Ihre Entdeckung gelang rein zufällig. 1964 waren A. A. Penzias und R. W. Wilson von den Bell Laboratories mit der Eichung einer Antenne für die Satellitenkommunikation beschäftigt. Das System wies jedoch ein hartnäckiges Rauschen auf, das nicht von bekannten Quellen wie Verunreinigungen oder Störungen durch die Erdatmosphäre stammen konnte. Penzias und Wilson kamen schließlich zu dem Schluss, dass dieses Rauschen aus dem Weltraum kam. Sie unterrichteten eine Forschungsgruppe in Princeton von ihrer Entdeckung, die gerade begonnen hatte, aufgrund ihrer Rechnungen nach einer Hintergrundstrahlung zu suchen. Die von Penzias und Wilson entdeckte Strahlung wurde als die von der Princeton-Gruppe vorhergesagte identifiziert. 1978 erhielten Penzias und Wilson für ihren Erfolg den Nobelpreis für Physik.

kosmische Singularität, kosmologische Singularität, →Urknall, →Kosmologie.

kosmisches Jahr, seltene Bezeichnung für die Zeit, die die Sonne für einen Umlauf um das Zentrum des Milchstraßensystems benötigt. Sie beträgt etwa 200 Millionen Jahre.

kosmische Strahlung, Höhenstrahlung, Ultrastrahlung, sehr energiereiche Korpuskularstrahlung mit einer Teilchenenergie zwischen etwa 10^6 und 10^{20} eV. Die **primäre kosmische Strahlung** dringt aus allen Richtungen in die Erdatmosphäre ein. Sie besteht aus vollständig ionisierten Atomen (Atomkernen), von denen etwa 87 % Protonen und 12 % Heliumkerne (α -Teilchen) sind, den Rest bilden schwerere Atomkerne. Neben der Nukleonen- existiert eine Leptonenkomponente aus freien Elektronen und Positronen.

■ **Sekundäre Strahlung** Die primäre kosmische Strahlung erzeugt in der Atmosphäre eine sekundäre kosmische Strahlung: Durch Kernreaktionen mit den Luftmolekülen entstehen u. a. Pionen, die entweder über Myonen in Elektronen oder in zwei γ-Quanten zerfallen; ferner können sie beim Stoß mit Luftmolekülen Baryonen erzeugen. Die Elektronen bilden in verschiedenen Prozessen hochenergetische γ-Quanten, die wiederum Elektron-Positron-Paare erzeugen; es kommt somit zu einer kaskadenartigen Vervielfachung (auch Kaskadenschauer genannt). Die energiereichsten beobachteten Primärteilchen bilden ausgedehnte Luftschauer, die an der Erdoberfläche ein Gebiet von mehreren Quadratkilometern mit mehr als 10 Mrd. Ladungsträgern erzeugen. Die Intensität der niederenergetischen kosmischen Strahlung steigt vom Äquator zu den magnetischen Polen an, da geladene Partikel niederer Energie aufgrund des Erdmagnetfeldes nur in der Nähe der magnetischen Pole zur Oberfläche gelangen können (→Breiteneffekt). Die Intensität der kosmischen Strahlung mit Teilchenenergien bis etwa 10^9 Elektronenvolt (eV) ist vom elfjährigen Zyklus der Sonnenaktivität (→Sonnenflecken) abhängig; sie nimmt mit zunehmender Sonnenaktivität ab (→Forbush-Effekt), weil der dann stärker werdende Sonnenwind (Protonen, α -Teilchen, Elektronen niedriger Energie) durch sein Magnetfeld das Eindringen der kosmischen Strahlung in die Atmosphäre erschwert.

■ **Herkunft** Ein kleiner Anteil der kosmischen Strahlung wird von der Sonne erzeugt (Energie bis etwa 10^9 eV). Die kosmische Strahlung mittlerer Energie (10^{10}–10^{16} eV) stammt aus dem Milchstraßensystem (von Supernovae und deren Überresten, den Pulsaren, sowie aus dem Kern des Milchstraßensystems), die energiereichste kosmische Strahlung (bis 10^{20} eV) wahrscheinlich aus den aktiven Kernen anderer Sternsysteme.

■ **Geschichte der Erforschung** Erste Hinweise auf die kosmische Strahlung lieferten Entladungsexperimente von J. Elster, H. Geitel (1899) und C. T. R. Wilson (1900). Entdeckt wurde die kosmische Strahlung 1911/13 von V. F. Hess, W. Kolhörster und A. Gockel bei Ballonaufstiegen in 2000 bis 5000 m Höhe.

kosmische Strings, die →Strings.

Kosmobiologie, Astrobiologie, interdisziplinäres Wissenschaftsgebiet, das sich mit den Zusammenhängen zwischen den physikalischen Bedingungen im Kosmos und lebenden Systemen befasst. Dazu gehören neben der Beeinflussung biologischer Vorgänge auf der Erde durch kosmische Erscheinungen die **Exobiologie (Ektobiologie),** die v. a. Möglichkeiten und Voraussetzungen von →außerirdischem Leben erforscht sowie die Einflüsse und Wirkungen auf den lebenden Organismus während des Aufenthalts im Weltraum untersucht.

Kosmochemie, Astrochemie, die Wissenschaft von der chemischen Zusammensetzung und den chemischen Veränderungen der Materie im Weltall. Gegenstand der Kosmochemie sind v. a. die Verteilung der Häufigkeit der chemischen Elemente (→Elementenhäufigkeit) in Kometen, Meteoriten, Planeten, Sternen, interstellarer Materie u. a. Die Kosmochemie gewinnt ihre Erkenntnisse aus den (radio-)spektroskopischen Untersuchungen der Strahlung selbstleuchtender Himmelskörper und Materie sowie aus der chemischen Analyse von Meteoriten und Mondgesteinen.

Kosmodrom [russisch, zu griechisch drómos »Lauf«; »Laufbahn«] *das, -s/-e,* Name der russischen Startplätze für Großraketen, v. a. von Trägerraketen für Raumflugkörper. Am bekanntesten ist das Kosmodrom Baikonur.

Kosmogonie [griechisch »Weltentstehung«], ursprünglich Bezeichnung für die Lehre von der Entstehung der Welt nach mythologischer Auffassung sowie für den Mythos, der von der Weltentstehung berichtet.

In der heutigen Astronomie wird unter Kosmogonie die Lehre von der Entstehung der Himmelskörper verstanden, speziell die **Kosmogonie des Sonnensystems** und seiner Mitglieder (→Planetenentstehung), die **Kosmogonie der Sterne** und Sternguppierungen (→Sternentwicklung) sowie die **Kosmogonie der Sternsysteme** (→Sternsysteme) einschließlich des Milchstraßensystems; häufig ist auch die Entwicklung dieser Objekte Gegenstand der Kosmogonie. Struktur und Entwicklung der Welt als Ganzes werden im Rahmen der →Kosmologie behandelt.

Kosmologie
→ GEO Dossier
Der Kosmos in unseren Köpfen, Bd. 5

Kosmologie
→ GEO Dossier
Was war vor dem Urknall?, Bd. 5

Kosmologie
→ GEO Dossier
Die Physiker entdecken Gott, Bd. 5

Kosmologie [zu griech. kosmología »Lehre von der Welt«], die Lehre vom Weltall (Kosmos, Universum) als einem einheitlichen Ganzen, seiner Struktur und seiner Entwicklung.

Die Kosmologie hat ihren Ursprung im magischen Denken der alten Kulturen; sie tritt zuerst in der Form mythischer Weltentstehungsentwürfe auf. Im babylonischen Schöpfungsgedicht »Enuma Elisch« werden die Ordnung des Universums, die Vielfalt der Systeme der Natur und ihre Gesetzlichkeit nach der Art eines dramatischen Kampfes aufgebaut. Aus einem chaotischen Urzustand wird in einem langen Kampf der Götter, zuletzt durch Marduk, der Kosmos organisiert. – Der Übergang zur Rationalisierung der Naturerkenntnis, der in der ionischen Naturphilosophie im 6. Jh. v. Chr. vollzogen wurde, ermöglichte den Aufbau qualitativer, bereits räumlich strukturierter Modellvorstellungen der Welt.

■ **Antike** Ein entscheidender Schritt in der klassischen Epoche der griechischen Wissenschaft war die Anwendung der Geometrie auf die Welt im Großen. Der Mathematiker und Astronom Eudoxos von Knidos (im 4. Jh. v. Chr.) entwarf das Modell der homozentrischen Sphären, mit deren Hilfe er die Schleifenbewegungen der Planeten gegenüber der Sternsphäre erfassen konnte. Kallippos und Aristoteles verfeinerten dieses Modell und erreichten eine größere Realitätsnähe. Zu ihrer Zeit konnte man die Hypothesen über die Planetenbewegungen bereits empirisch überprüfen. Eine Reihe von Effekten, wie die Helligkeitsschwankungen der Planeten, waren mit dem kosmologischen System des Aristoteles unvereinbar.

Daher sah sich Claudius Ptolemäus (um 150 n. Chr.) gezwungen, unter Einbeziehung von Vorarbeiten des Hipparch und Apollonios von Perge seine mathematische Syntax (»Almagest«) der Planetenbewegungen aufzubauen. Sein Beschreibungsmodell, das Epizykel, Exzenter und Äquanten als Konstruktionselemente enthält, ließ sich allerdings nicht als realistische Beschreibung des Sonnensystems auffassen, sondern nur als mathematische Rechenhilfe zur Vorhersage von Planetenörtern.

■ **16. Jahrhundert** Es war das Verdienst von N. Kopernikus, ein realistischeres Modell des Sonnensystems, das zu dieser Zeit mit der Welt als Ganzem identifiziert wurde, geschaffen zu haben. Nach dem späteren Einbau der keplerschen Gesetze lieferte es auch ein beobachtungstreues Abbild der Welt im Großen. Das kopernikanisch-keplersche Weltmodell bezog sich anfänglich auf einen endlichen Bereich: Die Sternsphäre bildete den festen Rand, jenseits dessen die natürliche Welt an den transzendenten Bereich grenzte. Diese Begrenzung wurde erst 1576 bei Thomas Digges († 1595) durchbrochen.

■ **17. bis 19. Jahrhundert** Auf der Basis der newtonschen Physik begann im späten

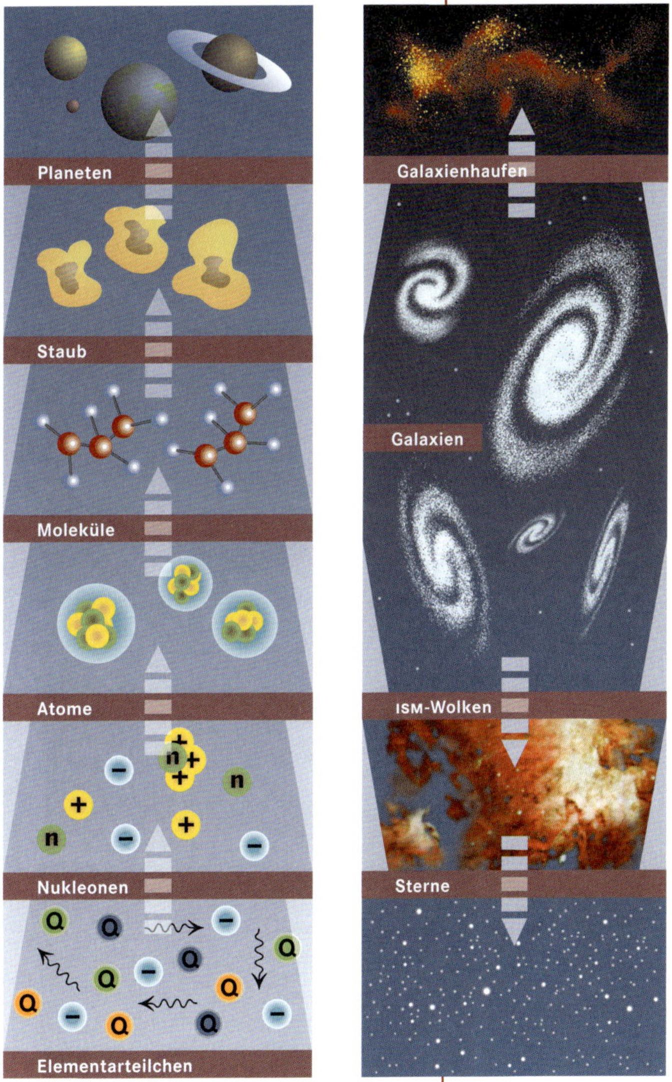

Kosmologie. Bei der mikroskopischen Hierarchiebildung herrscht eine eindeutige Entwicklungsrichtung von den Elementarteilchen über Gasansammlungen, die Bildung von kleinen Staubteilchen bis hin zu Sternen, Planeten und Kometenkernen. Die makroskopische Strukturbildung ist komplizierter. Vermutlich bildeten sich in der Frühphase des Weltalls aufgrund großräumiger Dichteanomalien der vorhandenen dunklen Materie riesige Gasansammlungen mit der Masse von Supergalaxienhaufen, die danach infolge kleinräumiger Dichtevariationen in Galaxienhaufen, einzelne Sternsysteme und schließlich aus interstellarer Materie in Sternhaufen und Einzelsterne zerfielen.

17. Jh. die Auseinandersetzung um zwei unterschiedliche Weltvorstellungen, bei denen das Universum entweder eine endliche Materieinsel im unendlichen euklidischen Raum darstellt oder die Materiedichte im großräumigen Mittel konstant ist und die Sterne (später die Galaxien) gleichförmig (homogen) über den unendlichen und grenzenlosen Raum verteilt sind. Eine Einigung auf eines der Modelle konnte weder im 18. noch im 19. Jh. erzielt werden, obwohl durch die wachsende Reichweite der Teleskope der Auflösungsgrad und damit das Detailwissen über die Sterne, ihre Bewegung und – nach der Entdeckung der Spektralanalyse – auch über ihre chemische Zusammensetzung wuchsen. Wichtige Einzelresultate erzielten T. Wright of Durham (1750), der ein annähernd richtiges Bild von der Anordnung der Sterne im Raum, damit des Phänomens der Milchstraße angegeben hat, I. Kant, der Newtons Physik auf die Entstehung des Sonnensystems übertrug, P. S. de Laplace, der die Stabilität der langzeitlichen Entwicklung des Planetensystems untersuchte, und F. W. Herschel, der mithilfe astronomischer Beobachtungen die »Konstruktion des Himmels« entschlüsseln wollte. Trotz all dieser Ergebnisse war die Kosmologie auf der Basis der newtonschen Mechanik und Gravitationstheorie keine empirisch kontrollierbare und widerspruchsfreie Disziplin. Das zeigte sich durch das Auftreten von so genannten Paradoxien: Summiert man die Strahlungsleistung aller Sterne in einem homogenen unendlichen Universum, so sollte ein strahlend heller Nachthimmel vorhanden sein (→olberssches Paradoxon); berechnet man die gesamte Gravitationswirkung aller Körper in einem derartigen Universum auf einen Punkt, so würde dies einen unendlich großen Wert liefern (seeligersches Paradoxon). Beides wird von der Erfahrung nicht bestätigt. Damit wurde deutlich, dass sich die klassischen Vorstellungen von Raum, Zeit und Materie nicht auf die Welt im Großen übertragen lassen.

■ **20. und 21. Jahrhundert** Die von A. Einstein entwickelte allgemeine Relativitätstheorie ließ zum ersten Mal wirklich globale und widerspruchsfreie Modelle der Welt als Ganzes zu. Er ging anfänglich (1917) von einem statischen Weltmodell aus, in dem die Welt zeitlich unveränderlich von Ewigkeit zu Ewigkeit existiert. Der russische Mathematiker A. A. Friedmann zeigte 1922 jedoch, dass die einsteinschen Feldgleichungen Lösungen beinhalten, die einen dreidimensionalen isotropen Raum mit zeitlich veränderlichem Krümmungsradius beschreiben. Zu diesen relativistischen dynamischen Weltmodellen fügte sich die von Vesto Melvin Slipher (*1875, †1969), Edwin Powell Hubble (*20. 11. 1889, †28. 9. 1953) und Carl Wilhelm Wirtz (*1876, †1939) beobachtete systematische Rotverschiebung in den Spektren extragalaktischer Sternsysteme, die auf eine allgemeine Expansion des Weltalls hinweist. Da fast alle dynamischen Modelle nur ein endliches Alter aufweisen, war dieser Beobachtungsbefund ein erstes Anzei-

Kosmologie.
Eine Aufnahme des Hubble-Weltraumteleskops, die 2004 veröffentlicht wurde (Hubble Ultra Deep Field), ermöglicht der Wissenschaft einen Blick in die Kinderstube des Universums. In diesem Bild schaut man auf Sternsysteme zurück, die sich aus der Tiefe des Urknalls gebildet haben. Die Hubble-Kameras fingen in einer Langzeitbelichtung von einer Million Sekunden – das sind mehr als elfeinhalb Tage – in rund 400 Erdumdrehungen Lichtwellen auf, die vor mehr als 13 Milliarden Jahren durchs Universum eilten. Damals befand sich das Universum noch in den frühen Phasen seiner Entwicklung. Die vorherrschende astronomische Theorie besagt, dass das Universum vor 13,7 Milliarden Jahren in einem Urknall entstanden ist.

chen dafür, dass die Welt, wie sie heute beobachtet wird, nicht seit unendlicher Zeit bestehen kann. Das gegenwärtig als in seinen Grundzügen im Wesentlichen anerkannte Weltmodell (Standardmodell) geht von einem physikalisch singulären Zustand unendlich hoher Energiekonzentration aus. Es erfuhr 1965 durch die Radioastronomen A. A. Penzias und R. W. Wilson eine entscheidende Bestätigung, als diese die von G. Gamow vorausgesagte kosmische Hintergrundstrahlung als eine Reliktstrahlung aus der heißen Frühphase des Weltalls entdeckten.

▪ **Kosmologie als Naturwissenschaft** Vom Weltganzen ist der astronomischen Beobachtung nur ein endlicher räumlicher Teilbereich zugänglich, von dem man nicht weiß, welchen Bruchteil er umfasst. Änderungen der Struktur des Weltganzen sind nur in diesem Teilbereich und für ein endliches Zeitintervall in die Vergangenheit zurück durch Beobachtungen erschließbar. Die Kosmologie geht im Allgemeinen davon aus, dass der beobachtbare Teil des Universums typisch für das gesamte Weltall ist, man daher für dieses gültige Aussagen aus Beobachtungen gewinnen kann. In einer weiteren Grundannahme wird vorausgesetzt, dass alle physikalischen Gesetze überall im Weltall und zu allen Zeiten gelten.

▪ **Beobachtungsgrundlagen** Kosmologisch relevante Beobachtungen betreffen v. a. die Bewegungsverhältnisse der die Struktur des Weltalls bestimmenden Objekte (Galaxien, Galaxienhaufen), die mittlere Energiedichte der das Weltall erfüllenden Strahlung, die mittlere Materiedichte und die relative Häufigkeit bestimmter Elemente im Weltall. Die großräumigen Bewegungsverhältnisse werden durch den →Hubble-Effekt beschrieben. Danach unterliegen die Sternsysteme einer allgemeinen Fluchtbewegung, deren Größe unabhängig von der Beobachtungsrichtung ist und linear mit der Entfernung zunimmt. Die Galaxien bewegen sich dabei nicht in einen vorgegebenen Raum hinein, vielmehr dehnt sich dieser mitsamt den Galaxien als Ganzes aus. Die beobachtete mittlere Materiedichte ϱ ergibt sich aus den Massen der beobachteten Sternsysteme. Ihr Wert in der Größenordnung von 10^{-31} bis 10^{-30} Gramm pro Kubikzentimeter ist sehr unsicher, u. a. deshalb, weil in großen Entfernungen nur die hellsten Sternsysteme beobachtbar sind; eine nach neueren Vorstellungen erhebliche Materiemenge existiert außerdem in Form von gravitativer, aber prinzipiell nicht leuchtend in Erscheinung tretender so genannter Dunkler Materie.

Von der das Weltall erfüllenden Strahlung ist kosmologisch nur die kosmische Hintergrundstrahlung von Bedeutung. Ihre der Energiedichte äquivalente Massendichte ist im gegenwärtigen Weltall gegenüber der mittleren Dichte der beobachteten stofflichen Materie vernachlässigbar klein, sodass das heutige Weltall den Charakter eines **Materiekosmos** hat.

▪ **Raumstruktur** Von den zwischen den kosmischen Objekten bestehenden Wechselbeziehungen sind für die großräumige (geometrische) Struktur des Weltalls nur die gravitativen wesentlich. Die geometrische Struktur des Weltraums wird durch die allgemeine Relativitätstheorie beschrieben. Danach besteht zwischen der Masse- und Energieverteilung im Raum und dessen geometrischer Struktur (Metrik) ein untrennbarer Zusammenhang. Der dreidimensionale Raum kann dabei prinzipiell sowohl positiv gekrümmt (sphärisch) als auch negativ gekrümmt (hyperbolisch) oder flach (euklidisch) sein. Ein sphärischer Raum ist abgeschlossen und endlich; euklidische und hyperbolische Räume sind nicht geschlossen, sondern offen, ihre Volumina sind entsprechend unendlich groß.

▪ **Expansion** Die zwischen der beobachtbaren und der nicht beobachtbaren kosmischen Materie herrschenden Gravitationskräfte bewirken eine Abnahme der Expansionsgeschwindigkeit. Gleichzeitig wachsen die gegenseitigen Abstände, was zur Verringerung der Expansionsverzögerung führt. Die zeitliche Änderung der Expansionsgeschwindigkeit kann aus der zu einem bestimmten Zeitpunkt ermittelten Expansionsgeschwindigkeit **(Hubble-Parameter)** sowie der Massen- und Energiedichte aus den einsteinschen Feldgleichungen berechnet werden. Diese Größen können prinzipiell beliebige Werte annehmen, woraus sich unterschiedliche Expansionsverläufe und damit unterschiedliche dynamische Weltmodelle **(Friedmann-Modelle)** ergeben. Man geht dabei von der Annahme aus, dass das Weltall im Großen homogen und isotrop ist (→kosmologisches Prinzip). Das innerhalb der großen Menge der möglichen Friedmann-Modelle tatsächlich realisierte Weltmodell kann allein empirisch ermittelt werden: Bei sehr geringer Massendichte hat die Expansionsgeschwindigkeit selbst nach unendlich langer Zeit noch einen endlichen Wert; das Weltall wäre dann hyperbolisch. Bei sehr hoher Massendichte kommt die Expansion nach endlicher Zeit zum Stillstand und schlägt in eine Kontraktion um; das Weltall wäre sphärisch. Den Grenzfall bildet ein Weltall mit einer so genannten kritischen Dichte, bei der sich die Expansionsgeschwindigkeit immer mehr dem Wert null nähert, ihn aber erst nach unendlich langer Zeit erreicht; der Raum ist hierbei euklidisch.

■ **Heutiger Wissensstand** Man geht heute davon aus, dass das Weltall eine euklidische (flache) Raumstruktur besitzt. Die Dichte der gravitativ wirksamen Materie trägt zur kritischen Dichte größenordnungsmäßig nur etwa 30 % bei, wobei rund 25 % auf die nicht beobachtbare Dunkle Materie entfallen und nur etwa 5 % auf die in Galaxien vereinigte sichtbare Materie. Der fehlende Rest von 70 % existiert nach diesen Modellvorstellungen in Form von Dunkler Energie, insbesondere von Vakuumenergie, die physikalisch der von Einstein in seine Feldgleichungen eingeführten Größe, der so genannten kosmologischen Konstante Λ, entspricht. Die Vakuumenergie bewirkt keine Verzögerung der Expansion, sie kann im Gegenteil eine Beschleunigung verursachen. Eine derartige Beschleunigung glaubt man aufgrund der beobachteten scheinbaren Helligkeiten von Supernovae vom Typ Ia in sehr weit entfernten Galaxien nachweisen zu können.

■ **Standardmodell der Kosmologie** In einem expandierenden Weltall wachsen alle Entfernungen mit der Zeit. Damit sinkt sowohl die mittlere Materiedichte (Stoffdichte) als auch die Anzahldichte der Photonen. Infolge der Rotverschiebung verringert sich aber zusätzlich noch die Energie jedes einzelnen Photons, sodass die Strahlungsenergiedichte (und Temperatur) stärker als die Stoffdichte sinkt. Verfolgt man die Zeit rückwärts, wachsen Stoff- und Strahlungsdichte stetig an, Letztere aber schneller. In der Vergangenheit gab es daher einen Zeitpunkt, vor dem die der Strahlungsenergiedichte äquivalente Materiedichte die Stoffdichte übertraf: Der frühe Kosmos war ein Strahlungskosmos. Bei einer weiteren Extrapolation in die Vergangenheit erreicht man schließlich einen Zustand des Kosmos, bei dem alle Entfernungen beliebig klein waren, die Energiedichte (Temperatur) beliebig groß und die Prozesse beliebig schnell. Dieser singuläre Grenzfall (kosmologische oder kosmische Singularität) ist physikalisch nicht beschreibbar, da sich alle physikalischen Gesetze nur auf endliche Messgrößen beziehen.

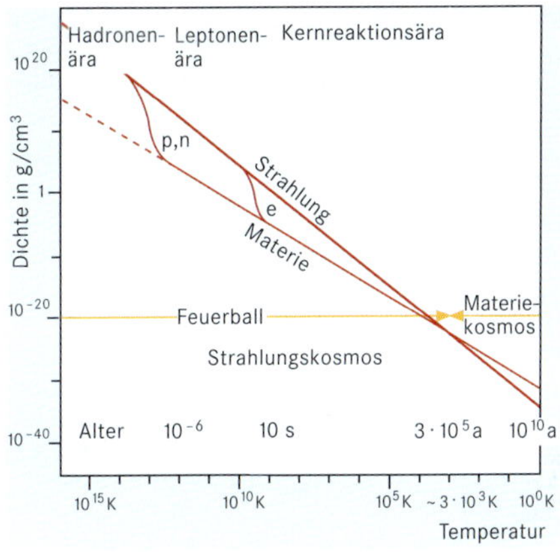

Kosmologie. Die verschiedenen Entwicklungsphasen des expandierenden Universums; die stärkere Linie gibt die der Energiedichte der Strahlung äquivalente Materiedichte, die dünnen Linien geben die Dichte der Materie (Leptonen e, Hadronen p, n) wieder; die vertikalen Linien markieren Zeitabschnitte (s Sekunde, a Jahr).

Von der kosmologischen Singularität ausgehend, expandierte das Weltall mit anfänglich unendlich hoher Geschwindigkeit. Anschaulich bezeichnet man diese früheste Phase in der Entwicklung des Weltalls als Urknall. Die physikalischen Zustände, insbesondere das Verhalten von Raum und Zeit, die bis etwa 10^{-43} s (Planck-Zeit) nach der Singularität herrschten, lassen sich mit den bisherigen Erkenntnissen der theoretischen Physik nicht beschreiben. Weder allgemeine Relativitätstheorie noch Quantenmechanik sind für sich jenseits dieser Barriere anwendbar; es spielten vermutlich Quanteneigenschaften der Gravitation eine entscheidende Rolle. Ansätze dazu werden im Rahmen der Theorie der Supergravitation und der kosmischen Strings untersucht. Bis etwa 10^{-34} s nach der Singularität, bis zum Erreichen einer Temperatur von etwa 10^{28} K, waren den →Großen Vereinheitlichten Theorien zufolge starke, schwache und elektromagnetische Wechselwirkung ununterscheidbar. Danach ging diese Symmetrie verloren, wobei die die einheitliche Kraft vermittelnden (hypothetischen) Teilchen (→X-Bosonen) in masseärmere Elementarteilchen zerfielen, unter denen die Materieteilchen gegenüber ihren Antiteilchen durch Verletzung der CP-Invarianz gering bevorzugt waren. Der Symmetriebruch glich einem Phasenübergang, bei dem eine riesige Energiemenge frei wird, was eine exponentiell anwachsende Expansion des Weltalls **(inflatorische, inflationäre Ära)** bewirkte. Diese Weltallepoche dauerte nur etwa 10^{-32} s, in ihr vergrößerten sich aber alle Abstände um etwa den Faktor 10^{50}; der Raum ist seitdem flach (euklidisch). Rund 10^{-10} s nach der Singularität, bei Temperaturen geringer als etwa 10^{25} K, ging auch die bis dahin noch existierende Symmetrie von schwacher und elektromagnetischer Kraft verloren; dieser Phasenübergang vollzog sich aber fließend. Seit diesem Zeitpunkt gehorchen alle vier Basiskräfte (gravitative, starke, schwache und elektromagnetische Kraft) den bekannten eigenen Gesetzen.

Bis zur Temperatur von etwa 10^{12} K (etwa 10^{-6} s nach der Singularität) reichte die Energiedichte zur Bildung von (zu den Hadronen gehörenden) Protonen und Neutronen und ihren Antiteilchen aus Quarks, Antiquarks und Gluonen. Danach konnten Hadronen nicht mehr gebildet, durch Paarvernichtung unter Strahlungsemission aber zerstört werden; die **Hadronenära** war zu Ende. Auf den geringen Überschuss der Materieteilchen relativ zu den Antiteilchen – im Verhältnis von etwa $(10^9 + 1) : 10^9$ – geht alle im Weltall vorhandene Materie zurück und auf die bei der Paarvernichtung entstandenen Photonen die kosmische Hintergrundstrahlung.

Mit dem Sinken der Temperatur unter $6 \cdot 10^9$ K (etwa 10 s nach der Singularität) war die Paarbildung der zu den Leptonen gehörenden Elektronen und Myonen nicht mehr möglich und die **Leptonenära** abgeschlossen. Danach, bis rund 1 000 s nach der kosmischen Singularität **(Kernreaktionsära)**, waren Kernreaktionen möglich. Am Ende der Ära bestand die beobachtbare Materie zu etwa 76 % der Masse aus Wasserstoff, zu rund 24 % aus Helium sowie einer sehr geringen Menge Lithium. (→Nukleogenese)

Nach dem Unterschreiten von etwa 3 000 K (rund 300 000 Jahre nach der kosmischen Singularität) reichte die mittlere Energie der Photonen nicht mehr zur sofortigen Ionisation der durch Rekombination gebildeten neutralen Atome aus. Damit trat auch eine Entkopplung von Strahlung und Materie ein, das Weltall wurde durchsichtig. Die jetzt beobachteten Photonen der kosmischen Hintergrundstrahlung hatten zu dieser Zeit ihre letzte Wechselwirkung mit Materie. Nach der Entkopplung von Strahlung und Materie, mit dem Ende der »Feuerballphase« des Weltalls, begann die heute noch andauernde **Galaxienära,** in der die gravitative Bildung von Massekonzentrationen und damit die Bildung von Strukturen, wie Sterne und Sternsysteme, möglich ist.

Die seit der kosmischen Singularität vergangene Zeit bezeichnet man als **Weltalter.** Im hypothetischen Fall einer konstanten Expansionsgeschwindigkeit ergibt es sich als Kehrwert des Hubble-Parameters in der Größenordnung von (10 bis 20) $\cdot 10^9$ Jahren (Hubble-Zeit). Das tatsächliche Weltalter ist wegen der früher höheren Expansionsgeschwindigkeit geringer. Die unterschiedlichen Weltmodelle führen zu unterschiedlichen Werten **(Friedmann-Zeiten),** die zum Teil kürzer als das Alter der Kugelsternhaufen – rund (13 bis 15) $\cdot 10^9$ Jahre –, der ältesten Objekte im Milchstraßensystem, sind. Die seit der kosmischen Singularität tatsächlich vergangene Zeit ist gegenwärtig noch nicht exakt angebbar.

Eine Konsequenz der inflatorischen Entwicklungsepoche des Weltalls ist, dass sich der beobachtbare Weltteil auf einen winzigen Ausschnitt eines unvergleichlich größeren

Kosmologie Das Universum in einem Jahr

Um sich die Entwicklung unseres Universums besser vorstellen zu können, ist es nützlich, sie auf ein Jahr zu komprimieren. Der Urknall wäre dann also am 1. Januar gewesen, und jede darauffolgende Sekunden entspricht 500 Jahren in der Realität. Um den 19. Januar herum begannen die ersten Sterne zu leuchten, unsere Sonne aber erst im August. Bereits drei Wochen später beginnt die Entwicklung des Lebens, zunächst allerdings nur in Form primitiver Blaualgen. Zu Weihnachten »explodiert« dann die Evolution und bringt Pflanzen, Reptilien und Säugetiere und zu Silvester gegen 20 Uhr den Menschen hervor. Unsere technische Zivilisation dauert bisher nicht einmal eine Sekunde.

Universums beschränkt, über dessen Struktur nur Wahrscheinlichkeitsaussagen möglich sind. Die Kosmologie verliert damit im Prinzip die Möglichkeit, empirisch überprüfbare Aussagen über das Weltallganze machen zu können.

■ **Weitere Weltmodelle** Neben dem Standardmodell der Kosmologie werden auch von ihm abweichende Weltmodelle diskutiert, im Wesentlichen, um das Auftreten einer kosmologischen Singularität zu umgehen. Diese Modelle beruhen im Allgemeinen auf speziellen Annahmen und gehen von einem unendlich lang existierenden Weltall aus, wie z. B. die **Big-Bounce-Theorie** (W. Priester, H.-J. Blome, J. Hoell, 1989). Danach kontrahierte das ursprünglich homogene, isotrope und materiefreie Universum bis auf ein endliches Minimalvolumen, um hierauf (mit Materie erfüllt) nach dem »großen Aufprall« zunächst sehr schnell, dann relativ langsam zu expandieren. Historisch bedeutsam ist die **Steady-State-Theorie** (H. Bondi, T. Gold, F. Hoyle, 1948/49), die ebenfalls das Problem der kosmologischen Singularität umging, doch dafür eine kontinuierliche Materieerzeugung postulierte, um eine konstante Materiedichte in einem expandierenden Weltall aufrechterhalten zu können.

■ **Aktuelle Fragestellungen** Der mit der kosmologischen Singularität gegebene »absolute Nullpunkt« der Zeit hat Anlass zu theologischen Analogien gegeben, wobei es aber immer riskant ist, Geltungsgrenzen einer naturwissenschaftlichen Theorie im Sinn einer bestimmten Metaphysik auszulegen. In der Anfangssingularität, die kein Punkt der Raum-Zeit-Mannigfaltigkeit ist, gilt das Grundaxiom der Relativitätstheorie, das Äquivalenzprinzip, nicht mehr, weshalb Aussagen, wonach hier die Zustandsgrößen der Materie unendlich würden, physikalisch irrelevant sind. Ansätze einer Theorie der Quantengravitation von James B. Hartle und S. W. Hawking (1983) lassen die Möglichkeit zu, dass das Universum kausal geschlossen, nicht mehr erweiterungsfähig und eindeutig bestimmt ist.

Gegenwärtig offene Probleme der beobachtenden Kosmologie betreffen v. a. die empirisch zu bestimmenden Werte der für das tatsächlich realisierte Weltmodell entscheidenden Größen (insbesondere Hubble-Parameter und die zeitliche Entwicklung der Expansionsgeschwindigkeit), ferner die Aufklärung der Natur der Dunklen Materie und die Erklärung der gegenwärtig existierenden extremen lokalen Anisotropie der Materieverteilung (Sterne, Sternsysteme, Haufen von Sternsystemen) im Gegensatz zur globalen Isotropie der kosmischen Hintergrundstrahlung.

■ **Dunkle Materie und Energie** Zur Lösung des Problems der Dunklen Materie, die rund 23 % der Gesamtmateriedichte des Kosmos ausmacht, werden verschiedene hypothetische Elementarteilchenmodelle diskutiert: im Rahmen der Supersymmetrie postulierte supersymmetrische Partner des Photons, der Higgs-Teilchen oder der Neutrinos, ferner im erweiterten Standardmodell die so genannten Axionen, die zur Lösung von grundsätzlichen Problemen der Zeitumkehr-Invarianz der starken Wechselwirkung angenommen werden; es kommen aber auch massebehaftete Neutrinos (mit Massen bis etwa 30 eV) in Betracht; andererseits könnte die Dunkle Materie in Schwarzen Löchern (z. B. im Zentrum der Galaxien) konzentriert sein. Die Lösung des Problems der Dunklen Energie, die sich durch ihren negativen, d. h. nach innen gerichteten Druck auszeichnet, wird in der spekulativen Energieform »Quintessenz« oder in Form der Vakuumenergie gesucht.

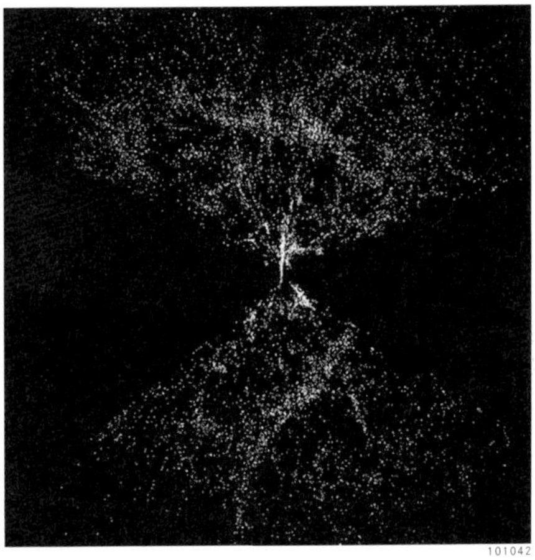
101042

Kosmologie. Großräumige Strukturen im Universum bis zu einer Entfernung von 150 Mpc, was ungefähr 2 % der Entfernung der entferntest beobachteten Objekte entspricht.

■ **Strukturbildung** Eine besondere Herausforderung ist die Erklärung der (großräumigen) Strukturbildung des Kosmos durch Dichtefluktuationen aus einem homogenen und isotropen Zustand. Durch Beobachtung bestätigt ist das Auftreten riesiger an beobachtbarer Materie (wie Galaxien) freier Gebiete (»voids«) und die mehr oder minder linienförmige Anordnungen der Galaxienhaufen. Es wird spekuliert, dass dies auf die Ausbildung von durch »Domänenwände« getrennten Bereichen mit unterschiedlichen Vakuumkondensaten etwa des Higgs-Feldes bei schneller Expansion und Abkühlung des Kosmos zurückzuführen ist; dabei könnten sich auch winzige röhren- und punktartige Bereiche (kosmische Strings, Monopole) ausgebildet haben, die Magnetfelder einschließen.

■ **Philosophische Probleme** Die Kosmologie war von Anfang an mit philosophischen und theologischen Problemkomplexen verbunden. Die Auseinandersetzung zwischen naturwissenschaftlicher Kosmologie und Theologie wirkte sich in der griechischen Zeit

Kosmologie.
Der Tarantelnebel ist Teil der Großen Magellanschen Wolke, welche die nächste Galaxie zu unserer Milchstraßengalaxie ist. Aufnahme des Spitzer-Weltraumteleskops von 2004.

weniger stark aus, da die naturwissenschaftliche Erfassung der Welt im Ganzen keiner institutionalisierten Dogmatik gegenüberstand. Die Konfrontation trat im abendländischen Bereich bereits zur Zeit der Kirchenväter auf, die die heidnische Naturwissenschaft mit den kanonischen Schriften des Christentums in Einklang zu bringen suchten. Thomas von Aquin musste die aristotelische Kosmologie, die ein räumlich begrenztes, aber zeitlich in beiden Richtungen offenes Universum vorsah, abändern, um Einklang mit dem Schöpfungsbericht und den eschatologischen Vorstellungen herzustellen. G. Galileis Prozess spiegelt den Gegensatz zwischen der geozentrischen Kosmologie des christlichen Weltbildes und der sich entfaltenden modernen Naturwissenschaft wider. Einige weltanschaulich engagierte Naturwissenschaftler versuchten in späterer Zeit immer wieder, die unerklärten Züge des gerade bevorzugten Weltmodells zur Begründung übernatürlicher Eingriffe in die kosmische Entwicklung auszunutzen. Newton war überzeugt, dass ein gravitationsdominiertes Weltall von selbst niemals zu der Hierarchie von Strukturen führen könne, die wir heute von den Galaxiengruppen bis hinunter zum Sonnensystem beobachten. In der Folge wurde erstmals durch Kant 1755 ein kosmogonischer Ansatz vorgelegt, bei dem die gesamte Weltverfassung als spontane Selbstorganisation durch physikalische Kräfte (Attraktion und Repulsion sowie turbulente Wirbelbewegung) verstanden werden kann.

Newton hielt die Langzeitstabilität des Planetensystems für zweifelhaft und glaubte auch, dass in Abständen von einigen Tausend Jahren eine Stabilisierung durch übernatürliche Eingriffe notwendig wäre. P. S. de Laplace ging hier einen Schritt weiter: Indem er die Periodizität der großen Anomalie von Jupiter und Saturn nachwies, zeigte er, dass zumindest dieser Effekt sich nicht zur Katastrophe aufschaukelt, sondern wieder gedämpft wird. Zu den überraschenden Zügen moderner relativistischer Kosmologie gehört die Feststellung, dass das Weltall selbst einer dynamischen Entwicklung nicht nur fähig ist, sondern dass es diese notwendig zeigen muss.

Einstein war nach 1917 von der traditionellen Voraussetzung eines statischen, endlichen Universums ausgegangen. A. S. Eddington konnte 1930 zeigen, dass diese Statik der Einstein-Welt instabil ist: Geringe Schwankungen an einer Stelle lösen sofort eine sich selbst verstärkende Expansions- oder Kontraktionsbewegung aus. Die Friedmann-Modelle, die die Dynamik explizit formulierten und deren Bedeutung durch die früher erwähnten Beobachtungsdaten hervorgehoben wurde, zeigten, dass das Universum keine unbewegliche Arena für das lokale Geschehen darstellt, sondern selbst an der Entwicklung teilhat.

In allen heute betrachteten Typen von homogenen und isotropen kosmologischen Modellen nimmt der Ort des Menschen keinen ausgezeichneten Platz im Universum ein (kopernikanisches Prinzip). Es könnte aber sein, dass die kosmische Epoche, in der der Mensch lebt, irgendeine spezielle Bedeutung besitzt. Wir wissen heute noch nicht, welche von den drei möglichen Expansionsformen, die die Klasse der Friedmann-Modelle zulässt, in Wirklichkeit zutrifft. Dies hängt davon ab, ob die schwer zu beobachtende mittlere Dichte ϱ des Universums *über* oder *unter* der kritischen Dichte ϱ_c liegt. Ein Universum mit $\varrho > \varrho_c$, das nur eine endliche Ausdehnung besitzt, wird nach endlicher Zeit wieder zu einer Endsingularität kollabieren, wobei alle vorhandenen Strukturen vernichtet werden. Leben kann sich in einer solchen Welt nur in einem begrenzten Intervall zwischen vielleicht 10^{10} und 10^{12} Jahren bilden und entwickeln. In frühen Zeiten ist die kosmische Materie noch zu arm an schweren Elementen, die für die Lebensentstehung benötigt werden; in späten Zeiten sind die Energie liefernden Sterne ausgebrannt. Dies gilt ebenfalls für die Modelle der offenen, ewig expandierenden Universa. Auch in ihnen ist die Existenz makroskopischer Lebensformen an ein kleines endliches Intervall von möglicherweise 10^{10} Jahren gebunden. Interessanterweise scheint das Vorhandensein

Die hellsten Sterne des Sternbilds Kranich

Name	Helligkeit visuelle	Helligkeit absolute	Spektralklasse	Entfernung in Lichtjahren
α (Alnair)	$1\overset{m}{,}7$	-1^{M}	B7	100
β	$2\overset{m}{,}1$	-2^{M}	M5	170
γ (Al Dhanab)	$3\overset{m}{,}0$	-1^{M}	B8	200
ε	$3\overset{m}{,}5$	0^{M}	A3	130
ι	$3\overset{m}{,}9$	0^{M}	K0	190
δ^1	$4\overset{m}{,}0$	-1^{M}	G6	300
δ^2	$4\overset{m}{,}1$	-1^{M}	M4	325

von Leben, Bewusstsein und Erkenntnis nicht nur an eine kosmische Epoche, sondern auch an eine feste Expansionsform gebunden zu sein. Abschätzungen haben ergeben, dass Leben nur in einer Welt spontan entstehen kann, die nahe der kritischen Grenze zwischen dem offenen und geschlossenen Universum liegt. Eine solche »flache Welt« ($\varrho = \varrho_c$), die mit einer Rate expandiert, die gerade den Rekollaps verhindert, bietet günstige Voraussetzungen für die Herausbildung höherer Intelligenz wie der menschlichen. Dies ist deshalb der Fall, weil eine starke Expansion die Kondensation von Galaxien und Sternen verhindert und eine sehr schwache Expansion die Welt rekollabieren lässt, ehe die erste Sterngeneration sich gebildet hat.

Argumente, die die Selektionswirkungen von intelligenten Lebewesen auf die Werte kosmischer Parameter voraussetzen, nennt man anthropisch. Das anthropische Prinzip besagt, dass wir erwarten müssen, dass unsere Beobachtungen über die Welt durch jene Bedingungen eingeschränkt sind, die die natürlichen Voraussetzungen für unsere Existenz darstellen. Das anthropische Prinzip kann zwar keine kausalen Erklärungen ersetzen, aber es lässt wichtige Zusammenhänge zwischen der menschlichen Existenz und den großräumigen Eigenschaften des Universums erkennen.

■ **Siehe auch**

→Astronomie · Dunkle Energie · Dunkle Materie · kosmische Hintergrundstrahlung · Relativitätstheorie · Sonnensystem · Urknall · Weltall

kosmologische Konstante, Formelzeichen Λ, eine von A. Einstein 1917 in seine Feldgleichungen der Gravitation in der Absicht eingeführte (positive) Konstante, die Kontraktion des Universums aufgrund der Massenanziehung zu verhindern. Da Λ nur in kosmischen Dimensionen eine Rolle spielt, wird sie kosmologische Konstante genannt. Heutzutage wird Λ als Energiedichte und negativer Druck (negative Drücke wirken gravitativ abstoßend) des Grundzustands des Universums interpretiert (→Dunkle Energie, →Vakuumenergie) und spielt eine zentrale Rolle in den aktuellen Modellen der Kosmologie.

kosmologisches Prinzip, der die kosmologischen Theorien im Allgemeinen bestimmende Grundsatz, nach dem im gesamten Weltall Isotropie und Homogenität herrschten, d. h. nach dem kein Punkt und keine Richtung des Raumes ausgezeichnet ist. Die →Steady-State-Theorie forderte darüber hinaus noch das kosmologische Prinzip für alle Zeiten **(vollkommenes kosmologisches Prinzip)**, nach dem die Welt nicht nur von jedem Ort aus, sondern auch zu allen Zeiten (gemittelt über genügend große Zeitintervalle) im Großen den gleichen Anblick bieten soll.

Kosmonaut [russisch, zu lateinisch nauta »Schiffer«] *der, -en/-en,* →Raumfahrer.

Krater Narben kosmischen Steinschlags

Bereits der Blick durch einen Feldstecher reicht aus, um zu sehen, dass die Oberfläche des Mondes von einer Vielzahl von bis zu 200 km großen Kratern übersät ist, die durch Einschlag größerer oder kleinerer Meteoriten entstanden sind. Im Mittel kommt auf rund 1 000 Quadratkilometer Mondoberfläche ein Krater.

Da die Erde einem ähnlichen Bombardement wie der Mond ausgesetzt gewesen sein dürfte, sollten wir hier größenordnungsmäßig eine vergleichbare Kraterdichte finden. Aber weit gefehlt – auf der Erde kennt man gerade mal 150 solcher Astrobleme – das entspricht einem Krater pro 1 Million Quadratkilometer Landfläche. Denn anders als auf dem Mond haben Meteoritenkrater auf der Erde nur eine begrenzte Lebensdauer; die dynamischen geologischen Prozesse zerstören sie hier innerhalb kurzer Zeit.

Auch der größte und bekannteste deutsche Einschlagskrater, das »nur« 14,5 Millionen Jahre alte Nördlinger Ries, ist heute bereits so stark erodiert, dass seine wahre Natur nur noch durch ausgefuchste geologische Methoden nachgewiesen werden kann.

Kosmos [griechisch »Ordnung«, »Schmuck«] *der, -,* **1)** *allgemein:* die Welt als Ganzes; insbesondere in der Astronomie und den Naturwissenschaften gleichbedeutend mit Weltall oder Universum. Im übertragenen Sinne auch Bezeichnung für jedes Ganze, das eine in sich geschlossene und geordnete Einheit von zusammenhängenden Dingen, Erscheinungen, Abläufen u. a. bildet.

2) Name wissenschaftlicher und militärischer Satelliten der Sowjetunion beziehungsweise Russlands. Seit Kosmos 1 (Start 16. 3. 1962) wurden über 3 000 Satelliten der Kosmos-Reihe gestartet. Ein Teil von ihnen, vorwiegend mit biomedizinischen und militärischen Aufgaben, kehrte zur Erde zurück.

Die hellsten Sterne des Sternbilds Krebs

Name		Helligkeit		Spektralklasse	Entfernung in Lichtjahren
		visuelle	absolute		
β	(Altarf)	$3^{m},5$	-1^{M}	K4	300
δ	(Asellus Australis)	$3^{m},9$	1^{M}	K0	135
ι*)		$3^{m},9$	-1^{M}	G8	300
α	(Acubens)*)	$4^{m},3$	1^{M}	A5	175
γ	(Asellus Borealis)	$4^{m},7$	1^{M}	A1	160
ζ*)		$4^{m},7$	3^{M}	G0	84

*) Doppelstern

Kourou [kuˈru], Stadt an der Küste von Französisch-Guayana, in deren Nähe 1965 der Raketenstartplatz Kourou entstand, von dem aus ab Ende der 1960er-Jahre französische Höhenforschungsraketen und der Satellitenträger »Diamant« starteten. 1979 startete die erste Ariane. Bis Mitte Februar 2003 starteten von Kourou Ariane-4- und Ariane-5-Raketen, seitdem nur Ariane-5-Raketen ins All. Ab 2006 wird die Betreibergesellschaft Arianespace

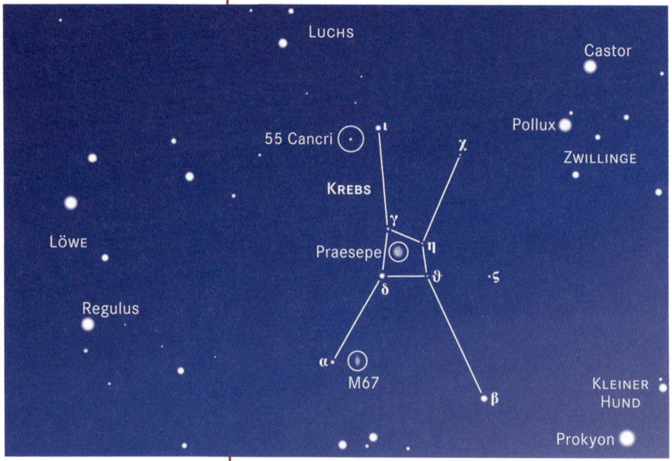

Krebs

auch russische Raketen vom Typ Sojus und die kleinere europäische Rakete Vega von Kourou aus starten.

Krabbennebel, der →Krebsnebel.

Kranich, wissenschaftlicher Name **Grus,** *Genitiv* **Gruis,** Abk. **Gru,** ein markantes Sternbild des südlichen Himmels (Rektaszension $21^{h}27^{m}$ bis $23^{h}27^{m}$, Deklination −36°20' bis −56°25'), von dem in mittleren nördlichen Breiten höchstens sein nördlicher Teil mit dem Stern γ Gru (Al Dhanab) im Herbst knapp über den Südhorizont kommt. Auffallend ist der Farbkontrast zwischen den beiden hellsten Sternen: α Gru (Alnair) leuchtet bläulich-weiß, während der Rote Riese β Gru orangefarben ist. π Gru ist ein optischer Doppelstern (scheinbare Helligkeiten $5\overset{m}{,}6$ bzw. $6\overset{m}{,}3$; Distanz 258"), dessen eine Komponente (π^1) halbregelmäßig veränderlich ist ($5\overset{m}{,}4$–$6\overset{m}{,}7$; Periode 150 Tage). R Gru ist ein Mira-Stern ($7\overset{m}{,}4$–$14\overset{m}{,}9$; Periode 331,9 Tage).

■ **Beobachtungsobjekte** Mit Ausnahme einiger Spiralgalaxien, wie NGC 7213 ($11\overset{m}{,}8$), NGC 7410 ($11\overset{m}{,}8$), NGC 7424 ($12\overset{m}{,}0$), NGC 7552 ($11\overset{m}{,}6$), NGC 7590 ($11\overset{m}{,}9$), und der elliptischen Galaxie IC 1459 ($11\overset{m}{,}3$) enthält das Sternbild keine weiteren interessanten Beobachtungsobjekte für das Amateurteleskop. (→Sternbilder) – Tabelle S. 248

Krater [von griechisch kratḗr, eigentlich »Mischkrug« (nach der Form der Erdöffnung)], gruben- oder trichterförmige Oberflächenstrukturen auf Körpern des Planetensystems (z. B. Mars, Merkur, Mond). Zu unterscheiden sind Aufsturz- oder Meteoritenkrater, die auf fast allen Planeten und einigen Satelliten zu finden sind, und vulkanische Krater, die vor allem auf der Erde vorkommen, aber z. B. auch auf dem Mars. (→Impaktkrater) – Infokasten S. 249

Krebs, wissenschaftlicher Name **Cancer,** *Genitiv* **Cancri,** Abk. **Cnc,** ein unauffälliges, zum →Tierkreis gehörendes Sternbild des nördlichen Himmels (Rektaszension $7^{h}55^{m}$ bis $9^{h}23^{m}$, Deklination +33°10' bis +6°30'), das zwischen den →Zwillingen und dem →Löwen liegt und im Winter und Frühjahr am Abendhimmel sichtbar ist. Die Sonne durchläuft das Sternbild auf ihrer scheinbaren Jahresbahn vom 20. Juli bis 10. August.

■ **Sterne** Nur drei Sterne sind heller als 4^{m}. Bekannte Doppelsterne sind ι Cnc ($4\overset{m}{,}0$ bzw. $6\overset{m}{,}5$; Distanz 30,5") und α Cnc (Acubens; $4\overset{m}{,}3$ bzw. 12^{m}; 10,9"); ζ Cnc ist ein Mehrfachstern: die Erstere der beiden $5\overset{m}{,}0$ und $6\overset{m}{,}1$ hellen, in 5,9" Distanz stehenden Komponenten, die in etwa 1 100 Jahren umeinander kreisen, setzt sich ihrerseits aus zwei nur 0,8" voneinander entfernten Sternen ($5\overset{m}{,}6$ bzw. $6\overset{m}{,}0$; Umlaufzeit 59,5 Jahre) zusammen. Erwähnenswerte Veränderliche sind der Mira-Stern R Cnc ($6\overset{m}{,}1$–$11\overset{m}{,}8$; Periode 361,6 Tage) und die halbregelmäßigen Veränderlichen RS Cnc ($5\overset{m}{,}3$–$6\overset{m}{,}4$; Periode 120 Tage, Spektraltyp M) und X Cnc ($5\overset{m}{,}0$–$7\overset{m}{,}3$; Periode etwa 180 Tage, Spektraltyp N).

■ **Sternhaufen und Galaxien** Im Sternbild Krebs liegen der prächtige, schon mit bloßem Auge als verwaschener Nebelfleck sichtbare offene Sternhaufen M 44, auch →Praesepe, Krippe oder Bienenstock genannt (scheinbare Helligkeit $3\overset{m}{,}5$; etwa 50 Sterne bis zur 6. Größenklasse, Gesamtzahl ca. 500 Sterne, Entfernung 580 Lichtjahre), und der schwächere (7^{m}) offene Sternhaufen M 67 (Entfernung 2 500 Lichtjahre), der aus etwa 200 sehr alten Sternen besteht. NGC 2775 ist eine 60 Millionen Lichtjahre entfernte Spiralgalaxie ($10\overset{m}{,}5$). (→Sternbilder) – Tabelle S. 249

Krebs. Der offene Sternhaufen Praesepe (M44) im Sternbild Krebs (2MASS Atlas Image)

Krebsnebel, Crabnebel [kræb-, engl.], **Krabbennebel,** in älteren Darstellungen krebsähnlich gezeichneter Nebel (M 1) im Sternbild Stier (Taurus) mit einer scheinbaren visuellen Helligkeit von etwa $8\overset{m}{,}5$ und einem Winkeldurchmesser von etwa 6 Bogenminuten (linearer Durchmesser rd. 8 Lichtjahre, Entfernung rd. 4 000 Lichtjahre). Der Krebsnebel ist der mit fast 1 500 Kilometern pro Sekunde expandierende gasförmige Rest einer →Supernova, die im Jahr 1054 aufleuchtete. Der stellare Überrest der Supernova ist ein mit einer Periode von 0,03320 Sekunden rotierender →Neutronenstern, der sich im Zentrum des Krebsnebels befindet und außer im Radiofrequenzbereich auch im optischen, im Röntgen- und Gammabereich als →Pulsar (Krebsnebelpulsar, auch Krebs-, Crabpulsar, PSR 0531+21) in Erscheinung tritt. Das expandierende, filamentartig geordnete Nebelgas emittiert ein Emissionslinienspektrum. Außerdem beobachtet man eine kontinuierliche, stark linear polarisierte Strahlung, die das gesamte Nebelgebiet erfüllt und von hochenergetischen, sich in einem Magnetfeld von etwa $5 \cdot 10^{-10}$ Tesla bewegenden Elektronen als Synchrotronstrahlung ausgestrahlt wird; die Elektronen werden von dem Neutronenstern abgegeben.

Als Radioquelle trägt der Krebsnebel die Bezeichnung **Taurus A,** als Röntgenquelle die Bezeichnung **Taurus X-1.**

Krebspulsar, →Krebsnebel.

Kreisbahngeschwindigkeit, die erste der →kosmischen Geschwindigkeiten. Die Kreisbahngeschwindigkeit ist diejenige Geschwindigkeit, die ein tangential zur Oberfläche eines Himmelskörpers abgeschossener Körper haben muss, damit er diesen (als ideal vorgestellten) Himmelskörper auf der kleinstmöglichen Kreisbahn umrunden kann. Für die Erde beträgt die Kreisbahngeschwindigkeit 7,9 Kilometer pro Sekunde.

Kreppring, Florring, der zweitinnerste Ring (Ring C) des Saturn. Er hat eine Breite von etwa 17 000 Kilometern und wurde 1850 (unabhängig voneiander) von W. C. Bond und dem englischen Geistlichen und Amateurastronomen William Rutter Dawes (* 1799, † 1868) entdeckt.

Kreuz, das Sternbild →Kreuz des Südens.

Kreuz des Nordens, gelegentliche Bezeichnung für das Sternbild →Schwan.

Kreuz des Südens, Kreuz, Südliches Kreuz, wissenschaftlicher Name **Crux** oder **Crux Australis,** *Genitiv* **Crucis,** Abk. **Cru,** ein sehr kleines, aber markantes, von unseren Breiten aus nicht sichtbares Sternbild des südlichen Himmels (Rektaszension $11^{h}56^{m}$ bis $12^{h}58^{m}$, Deklination −55°60' bis −64°40'), dessen vier hellste Sterne sich durch ein Kreuz verbinden lassen; der längere Balken (Verbindung der Sterne γ Cru und α Cru) weist etwa zum südlichen Himmelspol. Das von der Milchstraße durchzogene und nahezu ganz vom Sternbild →Kentaur umgebene Kreuz des Südens gehört neben dem →Großen Bär und dem →Orion zu den wohl bekanntesten Sternbildern.

■ **Sterne** Bei dem hellsten Stern Acrux (α Cru; Gesamthelligkeit $0^{m}{,}83$) handelt es sich in Wirklichkeit um einen Vierfachstern: der

101220

Krebsnebel.
Der Krebsnebel im Sternbild Stier ist der Überrest der Supernova des Jahres 1054 (Aufnahme im sichtbaren Licht).

$1^{m}{,}4$ helle Hauptstern α^{1} Cru ist spektroskopisch doppelt (Umlaufzeit 76 Tage), der Winkelabstand seines Begleiters α^{2} Cru ($1^{m}{,}9$) beträgt 4,4" (Umlaufzeit etwa 10 000 Jahre); ein weiteres, $4^{m}{,}8$ helles Mitglied des Systems steht in 90,0" Distanz. Weitere Doppelsterne sind γ Cru ($1^{m}{,}6$ bzw. $6^{m}{,}4$; 129"), μ Cru ($4^{m}{,}0$ bzw. $5^{m}{,}1$; 34,8") und ι Cru ($4^{m}{,}7$ bzw. $9^{m}{,}5$; 26,9"). Erwähnenswerte Veränderliche sind der Beta-Cephei-Stern Mimosa (β Cru; alle fünf Stunden erfolgen Helligkeitsschwankungen um nur 0,1 Größenklassen), der Cepheide R Cru ($6^{m}{,}4$–$7^{m}{,}2$; Periode 5,8 Tage) und der vermutlich unregelmäßige Veränderliche ε Cru ($3^{m}{,}4$–$4^{m}{,}0$).

■ **Interessante Objekte** Von mehreren offenen Sternhaufen ist besonders der den Stern

Kreuz des Südens

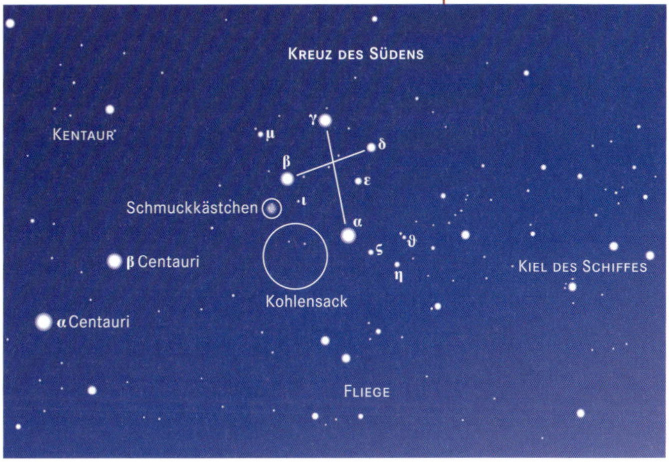

Die hellsten Sterne des Sternbilds Kreuz des Südens

Name		Helligkeit visuelle	Helligkeit absolute	Spektralklasse	Entfernung in Lichtjahren
α	(Acrux)*)	$0^{\mathrm{m}}.8$	-4^{M}	B1	340
β	(Mimosa)**)	$1^{\mathrm{m}}.3$	-4^{M}	B0	350
γ	(Gacrux)*)	$1^{\mathrm{m}}.6$	-1^{M}	M4	88 bzw. 400
δ		$2^{\mathrm{m}}.8$	-3^{M}	B2	365
ε**)		$3^{\mathrm{m}}.4$–$4^{\mathrm{m}}.0$	-1^{M}	K3	230
μ*)		$3^{\mathrm{m}}.7$	-2^{M}	B3	370
ζ		$4^{\mathrm{m}}.1$	-1^{M}	B2	370

*) Doppelstern **) Veränderlicher

Die hellsten Sterne des Sternbilds Nördliche Krone

Name		Helligkeit visuelle	Helligkeit absolute	Spektralklasse	Entfernung in Lichtjahren
α	(Gemma, Alphekka)**)	$2^{\mathrm{m}}.2$	0^{M}	A0	75
β	(Nusakan)	$3^{\mathrm{m}}.7$	1^{M}	F0	116
γ*)		$3^{\mathrm{m}}.8$	1^{M}	A1	145
ϑ		$4^{\mathrm{m}}.1$	-1^{M}	B6	310
ε		$4^{\mathrm{m}}.1$	0^{M}	K3	230
δ		$4^{\mathrm{m}}.6$	1^{M}	G5	165
ζ*)		$4^{\mathrm{m}}.6$	-1^{M}	B7	450

*) Doppelstern **) Veränderlicher

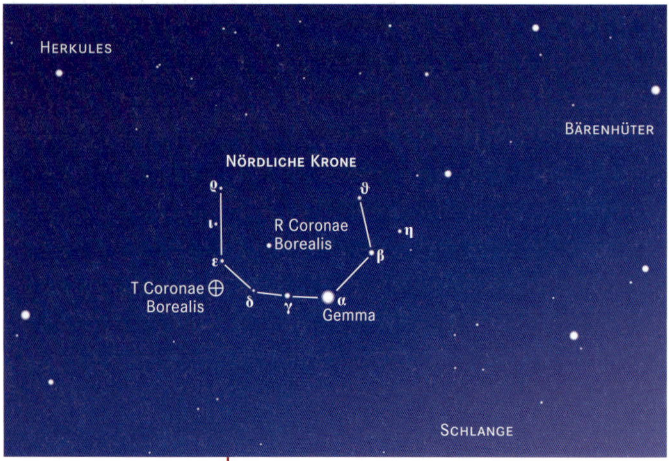

Nördliche Krone

Rechte Seite: Eine Aufnahme der Region um das Kreuz des Südens herum, welches im oberen Bildteil zu sehen ist. Der helle Stern im unteren Bildteil ist Alpha Centauri.

κ Cru umgebende prachtvolle Sternhaufen NGC 4755 zu erwähnen ($4^{\mathrm{m}}.5$; Entfernung 5 000 Lichtjahre), der auch »Schmuckkästchen« (englisch »jewel box«) genannt wird. Weit bekannt ist auch eine in der Nähe des Sterns β Cru liegende, 2 000 Lichtjahre entfernte Dunkelwolke, die bereits mit bloßem Auge sichtbar ist und als (südlicher) →Kohlensack bezeichnet wird. (→Sternbilder) – Abb. S. 251

Kreuzstab, der →Jakobsstab.

Krippe, die →Praesepe.

kritische Dichte, die mittlere Materiedichte, die nötig ist, die Expansion des Universums soweit zu verlangsamen, dass es gerade nicht wieder kollabiert. Der Wert der kritischen Dichte beträgt für den gegenwärtigen Wert des →Hubble-Parameters von $H_0 = 71\,\mathrm{km/(s \cdot Mpc)}$ ca. $9 \cdot 10^{-30}$ Gramm pro Kubikzentimeter, was etwa fünf Wasserstoffatomen pro Kubikmeter entspricht. Das Universum besteht aber nur zu einem kleinen Teil aus uns bekannter Materie und Energie (4 %), den größten Teil macht eine bis heute weitgehend unverstandene Dunkle Materie (23 %) und Dunkle Energie (73 %) aus. Wegen der Unsicherheit über die Dichte der Dunklen Materie kann heute nicht entschieden werden, ob die Dichte die kritische Dichte übersteigt oder nicht, ob das Universum also offen oder geschlossen ist. (→Kosmologie)

Krone [ahd. corona, von lat. corona »Kranz«, »Krone«, von griech. korṓnē »Ring»], **1) Nördliche Krone,** wissenschaftlicher Name **Corona Borealis,** *Genitiv* **Coronae Borealis,** Abk. **CrB,** ein kleines, aus überwiegend lichtschwachen Sternen bestehendes, aber dennoch markantes Sternbild des nördlichen Himmels (Rektaszension $15^{\mathrm{h}}16^{\mathrm{m}}$ bis $16^{\mathrm{h}}25^{\mathrm{m}}$, Deklination +39°45' bis +25°30'), das im Frühjahr und Sommer am Abendhimmel zwischen den Sternbildern →Bärenhüter und →Herkules zu sehen ist.

■ **Sterne** Obwohl die Krone mit →Gemma (α CrB) nur einen relativ hellen Stern (scheinbare Helligkeit $2^{\mathrm{m}}.23$) besitzt, lässt sich das Sternbild dennoch leicht auffinden, da Gemma zusammen mit sechs weiteren schwachen Sternen eine deutliche Halbkreisform bildet. Erwähnenswerte Doppelsterne sind γ CrB ($4^{\mathrm{m}}.1$ bzw. $5^{\mathrm{m}}.5$; Distanz 0,7"), ζ CrB ($5^{\mathrm{m}}.1$ bzw. $6^{\mathrm{m}}.0$; 6,3"), η CrB ($5^{\mathrm{m}}.6$ bzw. $5^{\mathrm{m}}.9$; 1,0") und σ CrB ($5^{\mathrm{m}}.6$ bzw. $6^{\mathrm{m}}.6$; Distanz 6,2", Umlaufzeit etwa 900 Jahre). Zu den Veränderlichen gehören neben Gemma (spektroskopischer Doppelstern und Bedeckungsveränderlicher vom Algoltyp mit Helligkeitsschwankungen um nur 0,1 Größenklassen; Periode 17,36 Tage) die Mira-Sterne S CrB ($5^{\mathrm{m}}.8$–$14^{\mathrm{m}}.1$; Periode 360,3 Tage) und W CrB ($7^{\mathrm{m}}.8$–$14^{\mathrm{m}}.3$; 238,4 Tage); R CrB ($5^{\mathrm{m}}.7$–$14^{\mathrm{m}}.8$; Entfernung 4 000 Lichtjahre) ist Prototyp der →R-Coronae-Borealis-Sterne mit unregelmäßigen Helligkeitsschwankungen, T CrB eine berühmte wiederkehrende Nova, bei der in den Jahren 1866 und 1946 Ausbrüche ($10^{\mathrm{m}}.8$–$2^{\mathrm{m}}.0$) registriert wurden.

2) Südliche Krone, wissenschaftlicher Name **Corona Australis,** selten auch **Corona Austrinus,** *Genitiv* **Coronae Australis,** Abk. **CrA,** ein sehr kleines, unauffälliges, zum Teil in der Milchstraße gelegenes Sternbild des südlichen Himmels (Rektaszension $17^{\mathrm{h}}58^{\mathrm{m}}$ bis $19^{\mathrm{h}}19^{\mathrm{m}}$, Deklination −36°45' bis −45°30'), das, südlich des Sternbilds →Schütze gelegen, in Mitteleuropa im Sommer kaum über den Südhorizont kommt. Kein Stern ist heller als 4^{m}. Erwähnenswert sind die Doppelsterne γ CrA

Die hellsten Sterne des Sternbilds Südliche Krone

Name	Helligkeit visuelle	Helligkeit absolute	Spektralklasse	Entfernung in Lichtjahren
α	$4^{\mathrm{m}},1$	1^{M}	A0	130
β	$4^{\mathrm{m}},1$	-2^{M}	K0	500
γ*)	$4^{\mathrm{m}},2$	3^{M}	F7	58
δ	$4^{\mathrm{m}},6$	1^{M}	K1	175
ζ	$4^{\mathrm{m}},7$	1^{M}	A0	180
ε**)	$4^{\mathrm{m}},7$–$5^{\mathrm{m}},0$	2^{M}	F3	97

*) Doppelstern **) Veränderlicher

2621

Südliche **Krone**
Die drei Reflexionsnebel NGC 6726, 6727 und 6729 im Sternbild Südliche Krone

($4^{\mathrm{m}},9$ bzw. $5^{\mathrm{m}},1$; Distanz 1,3", Umlaufzeit 122 Jahre) und κ CrA ($5^{\mathrm{m}},6$ bzw. $6^{\mathrm{m}},3$; 21,4"), der Bedeckungsveränderliche (W-Ursae-Maioris-Stern) ε CrA ($4^{\mathrm{m}},7$–$4^{\mathrm{m}},9$; Periode 0,591436 Tage), die drei etwa 400 Lichtjahre entfernten Reflexionsnebel NGC 6726, NGC 6727 und NGC 6729 und der $6^{\mathrm{m}},5$ helle, etwa 22 000 Lichtjahre entfernte Kugelsternhaufen NGC 6541. (→Sternbilder)

K-Sterne, Sterne der →Spektralklasse K. Ihre Spektren werden von Calcium-, Eisen- und Titanlinien dominiert, mit Molekülbanden des Cyan (CN) und des Titandioxids (TiO), die vor allem bei kühleren K-Sternen stark hervortreten. Zwergsterne des K-Typs besitzen Oberflächentemperaturen zwischen 3 900 und 5 200 Kelvin und Massen zwischen 0,1 und 0,4 Sonnenmassen; bekannte Beispiele sind →Alpha Centauri B im Sternbild Kentaur und ε Eri im Sternbild Eridanus. K-Riesensterne sind etwa 100 bis 400 Kelvin kühler und besitzen Massen zwischen 1,1 und 1,2 Sonnenmassen; zu dieser Gruppe gehört z. B. →Aldebaran.

Kugelsternhaufen, →Sternhaufen.

Kuiper ['kœjpər], Gerard Peter, amerikanischer Astronom niederländischer Herkunft, *Harenkarspel (Nordholland) 7. 12. 1905, † Mexiko 23. 12. 1973.

■ **Werdegang** Zunächst wollte Kuiper eigentlich Grundschullehrer werden, doch dann nahm er 1924 ein weiterführendes Studium in Leiden auf, wo u. a. E. Hertzsprung als Professor wirkte. 1933 promovierte Kuiper bei Hertzsprung mit einer Arbeit über Doppelsterne und ging noch im selben Jahr in die USA, deren Staatsbürgerschaft er 1937 erwarb. Er war an der Universität von Chicago tätig und ab 1936 am Yerkes-Observatorium, dessen Leitung er 1947 für zwei Jahre und dann nochmals von 1957 bis 1960 innehatte.

■ **Bedeutender Planetenforscher** Kuiper war einer der bedeutendsten Planetenforscher des 20. Jahrhunderts. 1944 entdeckte er, dass der Saturnmond Titan eine methan- und ammoniakhaltige Atmosphäre besitzt und vermutete richtig, dass auch der Neptunmond Triton von einer wenn auch sehr dünnen Gashülle umgeben ist. 1948 entdeckte er Kohlendioxid in der Marsatmosphäre sowie 1948 bzw. 1949 die Monde Nr. 30 und 31 des Sonnensystems: den Uranustrabanten Miranda und den zweiten Neptunmond Nereide. 1951 formulierte Kuiper die Hypothese, dass sich außerhalb der Neptunbahn eine flache Scheibenstruktur im Planetensystem befinden könnte, die mit vielen eisartigen Objekten bevölkert ist – dieser Gürtel ist heute nach Kuiper benannt. Außerdem legte Kuiper eine Entstehungstheorie für die Planeten vor, nach der sich diese aus gasförmigen Protoplaneten entwickeln. Kuiper war an zahlreichen Raumfahrtprogrammen der NASA, v. a. an der Ranger-Serie, beteiligt und initiierte die Einrichtung des von einem Flugzeug aus operierenden »Kuiper Airborne Observatory«, v. a. für die Infrarotastronomie.

Kuiper-Gürtel ['kœjpə-; nach G. P. Kuiper], **Kuiper-Belt,** gürtelförmige Zone in einem Abstand zwischen etwa 30 und 50 AE von der Sonne außerhalb der Bahn des Planeten Neptun, deren Symmetrieebene mit der Hauptebene des Planetensystems zusammenfällt. Der Kuiper-Gürtel ist wahrscheinlich das Ursprungsgebiet der kurzperiodischen Kometen,

Kuiper-Gürtel Kometen und Planeten

Die Idee, dass es so etwas wie den Kuiper-Gürtel geben könnte, entstand bereits in den 1930er-Jahren. Ein Rätsel nach der Entdeckung des Kuiper-Gürtels war, dass er sich nicht weit genug draußen befindet. Nach der Theorie sollte er sich in einem Abstand zwischen 50 und 500 Astronomischen Einheiten (AE) von der Sonne befinden und die kurzperiodischen Kometen enthalten. Tatsächlich reicht er von der Neptunbahn in 30 AE bis 50 AE, und hat dort offenbar eine scharfe äußere Grenze. Damit sich dort Kleinplaneten hätten bilden können, müsste jetzt etwa 100-mal mehr Masse vorhanden sein als beobachtet.
Harold F. Levison und Alessandro Morbidelli stellten fest, dass sich dieser äußere Planetoidengürtel innerhalb der Neptunbahn gebildet haben muss und dass der Neptun die Kuiper-Gürtel-Objekte im Laufe der Zeit nach außen schob. Er »stahl« den Planetoiden ihre Bahnenergie, wodurch sie langsamer wurden und ihre Bahndurchmesser wuchsen. Nur woher die kurzperiodischen Kometen stammen, ist dadurch nicht klarer geworden.

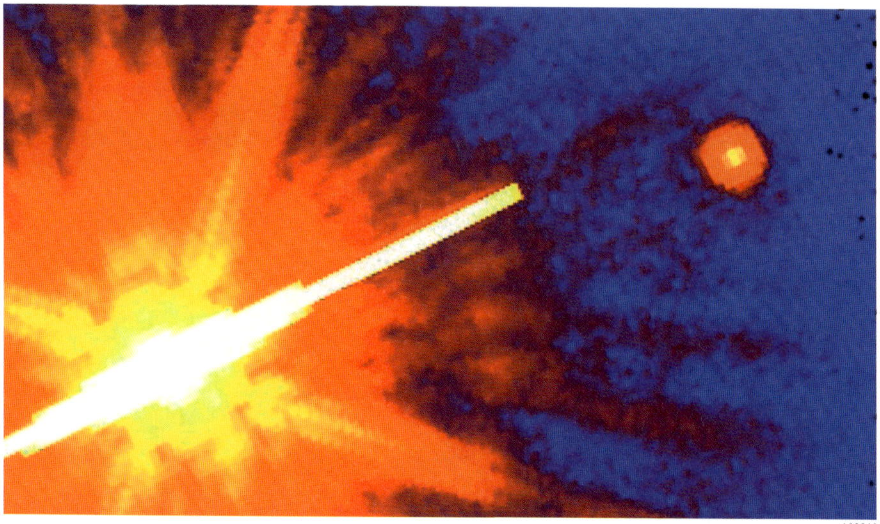

100562

K-Sterne.
Für Astronomen besonders interessant auf dieser Aufnahme durch das Hubble-Weltraumteleskop ist der kleine Fleck rechts oben: Einer der kleinsten und kältesten Sterne, die bislang im Weltraum entdeckt wurden. Es handelt sich um einen winzigen Begleiter des K-Zwergsterns »GL 105A« im linken Teil des Bildes. Das Paar befindet sich in einer Entfernung von 27 Lichtjahren zur Erde im Sternbild Cetus.

in dem sich möglicherweise 10^8 bis 10^{10} Kometen aufhalten. Bisher wurden mehr als 70, vermutlich zum Kuiper-Gürtel gehörende Objekte außerhalb der Neptunbahn mit Durchmessern größer als 200 Kilometer gefunden. In jüngster Zeit fand man eine enge gravitationelle Bindung der Kuiper-Gürtel-Objekte (KBO) mit dem Planeten Neptun, dessen größter Mond Triton sehr wahrscheinlich ein eingefangener KBO ist.

Kuiper-Gürtel-Objekte, Kuiper-Belt-Objekte, Abk. **KBO,** die astronomischen Objekte, die sich im Bereich des Kuiper-Gürtels befinden; zurzeit sind etwa 800 davon bekannt. Aufgrund ihrer Bahnelemente lassen sie sich in mehrere unterschiedliche Gruppen einteilen. Die **resonanten Kuiper-Gürtel-Objekte** besitzen Umlaufzeiten, die in einem Resonanzverhältnis zur Neptunumlaufzeit stehen, z. B. die Plutinos mit einem Resonanzverhältnis von 2:3, d. h. zwei Plutinojahre entsprechen drei Neptunumläufen. Die **klassischen Kuiper-Gürtel-Objekte** bewegen sich mit kleinen Exzentrizitäten auf nahezu kreisförmigen Bahnen zwischen 42 und 50 Astronomischen Einheiten (AE) und Bahnneigungen von bis zu 30 Grad um die Sonne. Etwa zwei Drittel der bekannten Kuiper-Gürtel-Objekte gehören zu dieser Gruppe. Die **gestreuten Kuiper-Gürtel-Objekte** bewegen sich mit großen Exzentrizitäten auf Bahnen mit Periheldistanzen nahe 35 AE und Apheldistanzen bis 1 000 AE. Bis jetzt sind erst wenige dieser gestreuten Objekte bekannt.

Kulmination, das Erreichen der größten oder geringsten Höhe über bzw. unter dem Horizont eines Beobachtungsortes bei der täglichen scheinbaren Bewegung eines Gestirns am Himmel (Kulminationspunkt). Bei einem Zirkumpolarstern liegt sowohl der obere als auch der untere Kulminationspunkt über dem Horizont des Beobachtungsortes. Zum Zeitpunkt der Kulmination befindet sich ein Gestirn im Meridian des Beobachtungsortes.

künstlicher Erdsatellit, →Raumflug.

künstlicher Horizont, eine genau horizontal liegende, spiegelnde Fläche, die z. B. durch eine Glasscheibe oder durch die Oberfläche von Quecksilber in einer weiten Schale realisiert werden kann. Der künstliche Horizont dient zur Bestimmung der Richtung zum Zenit oder zum Nadir.

Küstner, Karl Friedrich, deutscher Astronom, * Görlitz 22. 8. 1856, † Mehlem (heute zu Bonn) 15. 10. 1936; ab 1891 Professor in Bonn und Direktor der dortigen Sternwarte, entdeckte 1884/85 die Schwankungen der Polhöhen, bestimmte die Aberrationskonstante und die Sonnenparallaxe (1905) und erstellte einen umfangreichen Sternkatalog (1908).

Kvant [zu Quant], Bezeichnung für Module der bemannten sowjetischen Raumstation →Mir. Kvant-1, ein astrophysikalisches Modul, wurde im April 1987 am Heck von Mir angekoppelt. Am 6. 12. 1989 wurde Kvant-2, über 19 t schwer, als zweiter Ausbauschritt am Bug von Mir verankert.

L

Lagunennebel. Der Lagunennebel M 8 ist durchzogen von milchigen Nebeln und hat seinen Namen bekommen, weil eine Dunkelwolke in seiner Mitte ihn wie eine Lagune wirken lässt.

Lacaille [la'ka:j], Nicolas-Louis de, französischer Mathematiker und Astronom, * Paris 15. 5. 1713, † ebenda 21. 3. 1762; Abt, ab 1746 Professor in Paris, beobachtete rd. 10 000 Sterne der südlichen Halbkugel und bestimmte die Mond- und die Sonnenparallaxe.

Lacerta [lat.], wissenschaftlicher Name des Sternbilds →Eidechse.

Lacertiden [zu lat. lacerta »Eidechse«], gelegentlich verwendete Bezeichnung der →BL-Lacertae-Objekte.

Ladung, elektrische Ladung, Formelzeichen *Q*, eine additive physikalische Größe, die mit positivem oder negativem Vorzeichen auftritt. Gleich große Mengen positiver und negativer Ladung ergänzen sich zur Gesamtladung null. Ladungen üben Kräfte aufeinander aus: Gleichnamige Ladungen stoßen einander ab, ungleichnamige ziehen sich an.

Lagrange [la'grãʒ], Joseph Louis de, eigentlich **Giuseppe Ludovico Lagrangia** [-'grandʒa], französischer Mathematiker und Physiker italienischer Herkunft, * Turin 25. 1. 1736, † Paris 10. 4. 1813. Lagrange war ein herausragender Gelehrter des 18. Jahrhunderts und bahnbrechend auf fast allen Gebieten der Mathematik. Er war Professor in Turin, Berlin und Paris, arbeitete über Hydrodynamik, entwickelte die Variationsrechnung und wurde durch seine Zusammenfassung der Prinzipien der Mechanik zu den nach ihm benannten Gleichungssystemen der Begründer der analytischen Mechanik; außerdem förderte er die Himmelsmechanik mit Arbeiten über das Planetensystem, die Störungslehre und das Dreikörperproblem und entdeckte 1772 die in der Astronomie wichtigen Lagrange-Punkte (→Mehrkörperproblem).

Lagrange-Punkte [la'grãʒ -; nach J. L. de Lagrange], →Mehrkörperproblem.

Lagunennebel, M 8, ein etwa 6 000 Lichtjahre entfernter Emissionsnebel im Sternbild →Schütze. Er hat eine scheinbare Helligkeit von $4^{m},5$ und misst 90' × 40'. Seine Fläche wird durch zahlreiche Dunkelwolken gegliedert. In ihn eingebettet ist der junge offene Sternhaufen NGC 6530, dessen hellster Stern, 9 Sagittarii, wesentlich für das Nebelleuchten verantwortlich ist. Der Lagunennebel wurde 1797 von dem französischen Astronomen Legentil (* 1725, † 1792) entdeckt, der Sternhaufen bereits 1680 durch J. Flamsteed.

Lalande [la'lãd], Joseph-Jérôme Lefrançais de, französischer Astronom, * Bourg-en-Bresse 11. 7. 1732, † Paris 4. 4. 1807; ab 1753 Astronom der Pariser Akademie; trat v. a. als Organisator und durch sein Lehrbuch »Traité complet d'astronomie theorétique et pratique« (1764) hervor.

Landsat ['lændsæt], anfangs mit **ERTS** bezeichnete amerikanische →Erderkundungssatelliten. Zwischen 1972 und 1989 wurden fünf Landsats gestartet und von zahlreichen Nationen für Zwecke der Exploration, der meteorologischen, geografischen und geologischen Bestandsaufnahme und für topografische und kartografische Zwecke genutzt. Der bislang letzte Satellit dieser Serie, Landsat 7, startete 1999, der Start von Landsat 8 ist 2005 geplant.

Langbasis|interferometrie, →Very long baseline interferometry.

Länge, Koordinate im ekliptikalen und galaktischen Koordinatensystem (→astronomische Koordinaten).

Längenkontraktion, Lorentz-Kontraktion, Fitzgerald-Lorentz-Kontraktion, in der Relativitätstheorie die Verkürzung einer Strecke der Länge *l* (z. B. Länge eines Stabes im eigenen Ruhesystem) um den Faktor $\sqrt{1 - v^2/c^2}$, wenn diese in einem System gemessen wird, das sich längs der Strecke mit einer Geschwindigkeit der Größe v bewegt; dabei ist *c* die Vakuumlichtgeschwindigkeit. Die Längenkontraktion folgt unmittelbar aus der →Lorentz-Transformation. Sie wurde aber bereits vor der Aufstellung der speziellen Relativitätstheorie ausgehend vom (falschen) Standpunkt der Äthertheorie von H. A. Lorentz und unabhängig von diesem von George Francis Fitzgerald (* 1851, † 1901) als Hypothese zur Erklärung des →Michelson-Versuchs formuliert.

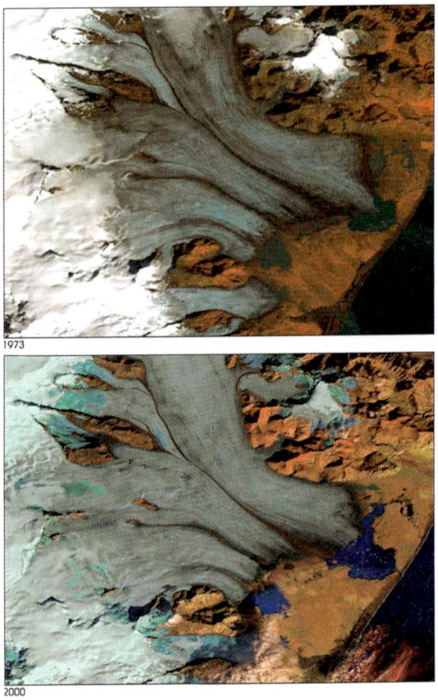

Landsat. Auf diesen NASA-Satellitenfotos, die von Landsat 1 im Jahr 1973 (oben) und von Landsat 7 im Jahr 2000 aufgenommen wurden, ist der Rückzug des isländischen Gletschers Breidamerkurjökull zu sehen. Nach Untersuchungen von NASA-Experten ist das Gletschereis heute 2 Kilometer kürzer als vor 28 Jahren.

Langley ['læŋli], Samuel Pierpont, amerikanischer Bauingenieur, Astrophysiker, Flugpionier, *Roxbury (Mass.) 22. 8. 1834, † Aiken (S. C.) 27. 2. 1906; war 1867–87 Professor in Pittsburgh (Pa.), danach Sekretär der Smithsonian Institution in Washington (D. C.). Langley nahm mit dem von ihm umkonstruierten →Bolometer 1886 die Kurve der spektralen Energieverteilung des Sonnenlichtes auf, baute dampfbetriebene Flugmodelle (6. 5. 1896 nach Katapultabschuss unbemannter Flug von 1280 m Länge). Versuche mit einem bemannten Motorflugzeug am 8. 10. und 8. 12. 1903 (neun Tage vor dem Motorflug der Brüder O. und W. Wright) missglückten.

Laplace [la'plas], Pierre Simon Marquis de (seit 1817), französischer Mathematiker und Physiker, *Beaumont-en-Auge (Département Calvados) 28. 3. 1749, † Paris 5. 3. 1827; gab eine sehr detaillierte Darstellung der Bewegungsvorgänge der Himmelskörper, erklärte die Entwicklung des Sonnensystems (Kant-Laplace-Theorie) und fasste die Erkenntnisse der Himmelsmechanik in seinem Hauptwerk »Traité de mecanique céleste« (5 Bände, 1799–1825) zusammen. Laplace begründete die Potenzialtheorie, entwickelte u. a. die Laplace-Gleichung sowie die Laplace-Transformation, eine Integraltransformation, und verfasste Arbeiten zur Schwingungs- und Wärmelehre sowie zur Wahrscheinlichkeitsrechnung.

Large Binocular Telescope, Abk. **LBT,** internationales Großteleskop auf dem Mount Graham, 150 Kilometer nordöstlich von Tucson (Arizona, USA), an dem neben amerikanischen und italienischen Einrichtungen auch fünf deutsche astronomische Institute zu einem Viertel beteiligt sind. Das LBT besteht aus zwei im Abstand von 14,4 Metern auf einer gemeinsamen Montierung befindlichen 8,4-Meter-Spiegeln. Bei einer lichtsammelnden Fläche, die einem 11,8-Meter-Teleskop entspricht, wird es das Auflösungsvermögen eines 22,8-Meter-Spiegels besitzen. Der erste Spiegel wurde im Oktober 2004 eingeweiht, im Endausbau, der für 2007 vorgesehen ist, wird es das weltweit größte Einzelteleskop sein.

Larissa, ein Mond des Planeten →Neptun, der von dem Astronomen Harold J. Reitsema bei der Auswertung einer Sternbedeckung entdeckt und 1989 von der Raumsonde Voyager 2 fotografiert wurde. Sein mittlerer Abstand zu Neptun beträgt 73 548 Kilometer. Der unregelmäßige Körper mit einer Ausdehnung von 216 × 204 × 168 Kilometern bewegt sich innerhalb eines kritischen Abstands um den Planeten und wird irgendwann infolge von Gezeitenkräften zu einem Ring auseinander gerissen werden oder auf die Oberfläche des Planeten stürzen.

Las-Campanas-Observatorium, eine Sternwarte auf dem Cerro Las Campanas in den chilenischen Anden, 193 Kilometer nordöstlich von La Serena in einer Höhe von 2 280 Metern gelegen. Hauptinstrumente sind das Magellan-Teleskop mit einer Öffnungsweite von 6,5 Metern, ein 2,5-Meter-Reflektor (Irénée-du-Pont-Reflektor) und das Henrietta-Swope-Teleskop, ein 1-Meter-Reflektor.

Laser ['leɪzə, Kurzbezeichnung für englisch light amplification by stimulated emission of radiation, »Lichtverstärkung durch stimulierte Strahlungsemission«], Generator und Verstärker für kohärente elektromagnetische Wellen im ultravioletten, sichtbaren und infraroten Spektralbereich, aber auch darüber hinaus (z. B. Röntgenlaser). Die Hauptbestandteile eines Lasers sind ein Lasermedium zur optischen Verstärkung, eine Pumpquelle zur Anregung des Lasermediums und ein Resonator zur Rückkopplung der Strahlung in das Lasermedium. Natürliche Laser kommen im Bereich des sichtbaren Lichts nicht vor, hingegen wurden in dichten Molekülwolken innerhalb von Sternentstehungsgebieten und in Akkretionsscheiben roter Riesensterne → Maser entdeckt.

■ **Astronomische Anwendungen** Optische Laser finden in der adaptiven und aktiven Optik Verwendung, wo ein gut fokussierter Laserstrahl als Referenz zur Wellendeformation des Sternenlichts beim Durchgang durch die turbulente Erdatmosphäre verwendet wird, sowie als Justierhilfe von Teleskopen. Das geplante Weltraumobservatorium →LISA, ein Laserinterferometer, soll Gravitationswellen aufspüren.

La-Silla-Observatorium, →Europäische Südsternwarte.

Lassell [lə'sɛl], William, britischer Astronom, *Bolton 18. 6. 1799, † Maidenhead 5. 10. 1880. Lassell entdeckte mit selbst gebauten Spiegelteleskopen u. a. 1846 den ersten Neptunmond Triton, nur wenige Wochen nach dem Auffinden des Neptuns selbst, und 1851 die beiden Uranusmonde Ariel und Umbriel.

Laurentius-Schwarm, ältere volkstümliche Bezeichnung der →Perseiden.

Lava, →Vulkanismus.

Leavitt ['li:vɪt], Henrietta Swan, amerikanische Astronomin, *Lancaster (Mass.) 4. 7. 1868, † Cambridge (Mass.) 12. 12. 1921. Leavitt arbeitete ab 1902 am Observatorium des Harvard College, u. a. auch als Leiterin der Abteilung für fotografische Fotometrie. Sie entdeckte etwa 2 400 Veränderliche, darunter circa 1 800 Cepheiden in den Magellanschen Wolken, an denen sie 1912 die bedeutende →Perioden-Leuchtkraft-Beziehung fand.

Leben, →außerirdisches Leben.

Leda, ein Mond des Planeten →Jupiter, der 1974 auf fotografischen Platten des Mount-Palomar-Observatoriums entdeckt wurde. Leda besitzt einen mittleren Durchmesser von nur 20 Kilometern und umkreist Jupiter in einem mittleren Abstand von 11,16 Millionen Kilo-

Pierre Simon Laplace

Die hellsten Sterne des Sternbilds Leier

Name	Helligkeit visuelle	Helligkeit absolute	Spektralklasse	Entfernung in Lichtjahren
α (Wega, Vega)	$0^{m}0$	1^{M}	A0	25,3
γ (Sulafat, Sulaphat)	$3^{m}2$	-3^{M}	B9	700
β (Sheliak)*) **)	$3^{m}3-4^{m}2$	-4^{M}	B7	800
ε*)	$3^{m}9$	0^{M}	A8	160
13 (R Lyrae)**)	$3^{m}9-5^{m}0$	-1^{M}	M5	350
ζ*)	$4^{m}1$	1^{M}	A4	155
δ^2	$4^{m}2$	-3^{M}	M4	900
κ	$4^{m}3$	0^{M}	K2	240

*) Doppelstern **) Veränderlicher

metern in rund 240 Tagen und 12 Stunden. Aufgrund seiner Bahneigenschaften wird der Satellit der Himalia-Gruppe, benannt nach dem Jupitermond →Himalia, zugeordnet.

Leier, wissenschaftlicher Name **Lyra,** *Genitiv* **Lyrae,** Abk. **Lyr,** ein kleines, aber auffälliges Sternbild des Nordhimmels, das teilweise in der Milchstraße liegt und im Sommer in Zenitnähe am Abendhimmel zu sehen ist (Rektaszension 18^h13^m bis 19^h29^m, Deklination +47°45' bis +25°40').

Leier

■ **Sterne** Sein Hauptstern →Wega (α Lyr), mit $0^{m}03$ nach →Arktur zweithellster Stern des Nordhimmels, bildet mit den Sternen →Atair und →Deneb das →Sommerdreieck. Bekannte Doppelsterne sind Sheliak (β Lyr; $3^{m}3-4^{m}2$ bzw. $7^{m}2$; Distanz 45,7"; gleichzeitig Bedeckungsveränderlicher mit einer Lichtwechselperiode von 12,94 Tagen und Prototyp der →Beta-Lyrae-Sterne), ζ Lyr ($4^{m}3$ bzw. $5^{m}7$; Distanz 43,7") und nicht zuletzt der bekannte Vierfachstern ε Lyr: Die beiden Hauptkomponenten ε^1 und ε^2 ($4^{m}6$ bzw. $4^{m}7$) können aufgrund ihrer großen Distanz von 209,0" bereits mit dem bloßen Auge getrennt werden. Jeder der Sterne ist wiederum doppelt: Die beiden $5^{m}0$ bzw. $6^{m}1$ hellen Komponenten von ε^1 (Umlaufzeit über 1000 Jahre) haben einen Winkelabstand von 2,6", jene von ε^2 ($5^{m}2$ bzw. $5^{m}5$; Umlaufzeit etwa 720 Jahre) stehen mit 2,3" noch etwas näher zusammen. Bekannte Veränderliche außer dem bereits erwähnten Stern β Lyr sind der Pulsationsveränderliche RR Lyr ($7^{m}1-8^{m}1$; Periode 13,6 Stunden), Prototyp der →RR-Lyrae-Sterne, der halbregelmäßige Veränderliche 13 Lyr oder R Lyr ($3^{m}9-5^{m}0$; 46 Tage), der unregelmäßige Veränderliche T Lyr ($7^{m}8-9^{m}6$) und der Mira-Stern W Lyr ($7^{m}3$ bis $13^{m}0$; 196,5 Tage).

■ **Interessante Objekte** M 56 ist ein Kugelsternhaufen ($8^{m}5$) in etwa 30000 Lichtjahren Entfernung. Eines der Paradestücke für das Amateurfernrohr ist der in der Mitte der Verbindungslinie zwischen den Sternen β und γ Lyr liegende, etwa $8^{m}5$ helle und 1800 Lichtjahre entfernte planetarische Nebel M 57, der berühmte →Ringnebel in der Leier. In der Nähe der Grenze zwischen der Leier und dem Sternbild →Herkules liegt der →Radiant des Meteorstroms →Lyriden. (→Sternbilder)

Leitrohr, ein in der Regel kleines Fernrohr, das parallel zum Hauptrohr angeordnet ist und zur exakten Nachführung dient.

Leitstern, Haltestern, derjenige Stern, der bei der Nachführung von Teleskopen im Fadenkreuz des Leitrohrs gehalten wird.

Lemaître [lə'mɛtr], Georges, belgischer katholischer Theologe und Astronom, *Charleroi 17. 7. 1894, †Löwen 20. 6. 1966; Professor in Löwen; arbeitete über die kosmologische Anwendung der Relativitätstheorie; auf Lemaître geht die Vorstellung vom expandierenden Weltall mit einem explodierenden »Ur-Atom« als Expansionsbeginn zurück.

Leo, Leo Maior, wissenschaftlicher Name des Sternbilds (Großer) →Löwe.

Leo Minor [lat.], wissenschaftlicher Name des Sternbilds →Kleiner Löwe.

Leoniden, ein periodischer →Meteorstrom, der zwischen dem 11. und 20. November auftritt, mit dem Maximum um den 17. November. Der →Radiant der Leoniden liegt im Sternbild →Löwe. Die Leoniden haben sich aus dem Kometen 1866 I Tempel-Tuttle entwickelt; der mit ihnen verbundene Meteorfall tritt auf, wenn die Erde die Bahn des Kometen schneidet. Geschieht dies in der Nähe des Schwerpunkts des Kometen (etwa alle 33 bis 34 Jahre), dann treten außerordentlich starke Meteorschauer auf. Das letzte Mal war das in den Jahren 1998 bis 2001 der Fall, als Beobachter bis zu 2000 Meteore pro Stunde zählten, darunter eine außerordentlich große Zahl von Boliden. 1999 wurden erstmals während des Meteorsturms Lichtblitze auf dem Mond gefilmt, die durch Einschläge größerer Leoniden hervorgerufen wurden.

Leonow, Alexej Archipowitsch, russischer Kosmonaut, *Listwjanka (Sibirien) 30. 5. 1934; führte am 18. 3. 1965 als erster Mensch bei einem Raumflug mit Woschod 2 ein 12-minütiges Ausstiegsmanöver in den freien Weltraum aus.

Leptonen, *Singular* **Lepton,** eine Gruppe von sechs →Elementarteilchen (und ihren Antiteilchen), die neben den Quarks als fundamentale Bausteine der Materie angesehen werden: Elektron, Myon und Tauon sowie die zugehörigen Antiteilchen. Die Antiteilchen der negativ geladenen Leptonen besitzen positive Ladung und haben ansonsten die gleichen Eigenschaften wie die ihnen entsprechenden Teilchen.

Leptonenära, Entwicklungsabschnitt in der Frühphase des Weltalls (→Kosmologie).

Lepus [lat.], wissenschaftlicher Name des Sternbilds →Hase.

leuchtende Nachtwolken, zarte, meist wellen- oder bandenförmige Wolken in 65 bis 95 Kilometern Höhe (unterhalb der kalten Mesopause), die nach Sonnenuntergang im gestreuten und reflektierten Licht der Sonne silber- oder bläulich weiß, mitunter auch orangerötlich leuchten und sich gegen den dunklen Nachthimmel deutlich abheben. Sie bestehen vermutlich aus Eiskügelchen mit Radien $\leqq 1$ Mikrometer, die sich bei Temperaturen um −100 °C spontan durch Sublimation des in dieser Höhe noch geringfügig vorhandenen Wasserdampfs bilden. Als Sublimationskerne wirken v. a. terrestrische Staubteilchen. Leuchtende Nachtwolken sind am häufigsten in nördlichen Breiten und während des Sommers zu beobachten. (→Nachthimmelslicht)

Leoniden. Der Sternschnuppenstrom der Leoniden im Jahr 1999. Die kurzen Leuchtspuren gehören zu Sternen, die Meteore zeigen sich in der über mehrere Minuten belichteten Aufnahme als nahezu von oben nach unten verlaufende dünne Linien.

Leoniden — Schnuppen-Feuerwerk

Besonders spektakulär sind die Leoniden wegen ihrer hohen Anzahl von Feuerkugeln, die gelegentlich heller als der Vollmond leuchten und lang nachleuchtende Spuren hinterlassen, die manchmal über mehrere Minuten nachleuchten, während sie von den Höhenwinden verwirbelt werden. Geht der Radiant am Horizont des Beobachtungsstandortes auf, streifen die Sternschnuppen am oberen Rand der Atmosphäre entlang und hinterlassen atemberaubend lange Spuren. Aus der Mitte des Radianten fliegen Meteoroide direkt auf den Beobachter zu und erscheinen daher punktförmig.

Inzwischen versteht man die Dynamik der Schweifströme, die der Komet bei seinen Durchgängen durchs innere Sonnensystem hinterlassen hat. Man kann diese Bänder den verschiedenen Umläufen zuordnen, kennt ihre Position im All und kann den Hindurchflug der Erde dadurch exakt berechnen. Deshalb weiß man auch, dass die Zeit der spektakulären Leoniden-Maxima für viele Jahre vorbei ist.

Leuchtkraft, Formelzeichen L, die Strahlungsleistung eines Sterns, d. h. die je Sekunde von ihm abgestrahlte Energie; ihre Einheit ist das Watt. Zwischen der Leuchtkraft eines Sterns und seiner absoluten bolometrischen →Helligkeit M_{bol} besteht die Beziehung $\lg(L/L_\odot) = -0{,}4\,(M_{\text{bol}} - M^{\odot}_{\text{bol}})$. Dabei ist $L_\odot = 3{,}8 \cdot 10^{26}$ W die Leuchtkraft der Sonne und $M^{\odot}_{\text{bol}} = 4{,}^{\text{m}}77$ ihre absolute bolometrische Helligkeit. Die **Leuchtkraftfunktion** ist die Verteilungsfunktion der relativen Häufigkeit der Sterne in Abhängigkeit von der Leuchtkraft.

Leuchtkraftklasse, in Verbindung mit der Spektralklasse die Leuchtkraft eines Sterns charakterisierende Größe. In der im Allgemeinen verwendeten **MK-Klassifikation** (nach den amerikanischen Astrophysikern W. W. Morgan und P. C. Keenan) unterscheidet man die folgenden Leuchtkraftklassen: I = Überriesen, II = helle Riesen, III = Riesen, IV = Unterriesen, V = Zwerge (Hauptreihensterne), VI = Unterzwerge. Speziell die ersten Leuchtkraftklassen werden im Sinne abnehmender Leuchtkraft noch in die Unterklassen a, ab und b unterteilt. Darüber hinaus charakterisiert man die hellen Überriesen (»Über-Überriesen«) durch Ia-0. Eine Sonderklasse bilden die Weißen Zwerge, deren gemeinsames Leuchtkraftkennzeichen ein D vor der Spektralklassenangabe ist. Die MK-Klassifikation ist eine zweidimensionale Einteilung der Sternspektren: Die Spektralklasse ist der effektiven Temperatur eines Sterns äquivalent (bzw. seiner Ausstrahlung pro Oberflächeneinheit), die Leuchtkraftklasse seiner Gesamtausstrahlung. Die Leuchtkraftklasse eines Sterns kann bei bekannter Spektralklasse aufgrund von **Leuchtkraftkriterien** erschlossen werden, da bei konstanter Effektivtemperatur eine geänderte Leuchtkraft auch ein geändertes Intensitätsverhältnis bestimmter Spektrallinien nach sich zieht.

Leuchtstreifen, →Nachthimmelslicht.

Le Verrier [ləvɛ'rje], **Leverrier,** Urbain Jean Joseph, französischer Astronom, *Saint-Lô 11. 3. 1811, †Paris 23. 9. 1877. Le Verrier war ab 1854 Direktor der Sternwarte von Paris und leistete grundlegende Arbeiten zur Himmelsmechanik. Er schloss 1846 aus Störungen der Uranusbahn auf einen weiteren Planeten (Neptun), dessen Bahn er berechnete, und der daraufhin von J. G. Galle im selben Jahr aufgefunden wurde.

Urbain Le Verrier (Holzstich aus »Astronomie populaire«; Paris, 1884)

100563

Libra, wissenschaftlicher Name des Sternbilds →Waage.

Libration [lat. »das Wägen«], kleine scheinbare Verdrehungen des Mondes gegen seine mittlere Stellung bezüglich der Erde, wodurch etwas mehr als nur die Hälfte (rd. 59 %) seiner Oberfläche von der Erde aus sichtbar wird. Die Libration setzt sich aus vier Anteilen unterschiedlichen Ursprungs zusammen: Die **Libration in Länge** beruht auf der Ungleichmäßigkeit der Bewegung des Mondes auf seiner Bahn in Verbindung mit der Konstanz seiner Rotation, die **Libration in Breite** auf der Neigung der Rotationsachse des Mondes gegenüber der Senkrechten zur Bahnebene; die **tägliche** oder **parallaktische Libration** entsteht durch die Rotation der Erde, wodurch der Mond im Laufe eines Tages aus leicht unterschiedlichen Richtungen betrachtet werden kann. Die wesentlich kleinere **physische Libration** ist durch die nicht ideal kugelförmige Gestalt des Mondes bedingt, wodurch er im Schwerefeld der Erde kleine Schwingungen ausführt.

Librationspunkte, →Mehrkörperproblem.

Licht, im engeren Sinn der für das menschliche Auge sichtbare Bereich der (z. B. von der Sonne u. a. Gestirnen ausgehenden) elektromagnetischen Strahlung mit Wellenlängen zwischen etwa 380 und 780 Nanometer (nm), im weiteren Sinn der Wellenlängenbereich zwischen etwa 100 nm und 1 mm (optische Strahlung), der auch die Infrarotstrahlung (IR-Strahlung, Wellenlänge $\lambda > 780$ nm) und die Ultraviolettstrahlung (UV-Strahlung, $\lambda < 380$ nm) umfasst (unsichtbares Licht); die Grenzen zu Strahlung mit noch längeren (Mikrowellen) bzw. kürzeren Wellenlängen (Röntgenstrahlung) sind fließend (elektromagnetische Wellen).

Lichtablenkung, gravitative Lichtablenkung, Gravitationsaberration, die in der allgemeinen Relativitätstheorie beschriebene Abweichung eines Lichtstrahls von einer Geraden, wenn dieser das Gravitationsfeld eines massereichen Körpers durchsetzt. Die Lichtablenkung ergibt sich als Folge der Äquivalenz von Masse und Energie, wodurch die Lichtquanten der Gravitation unterliegen. Die Lichtablenkung wurde erstmals 1919 (A. S. Eddington) nachgewiesen.

Die Ablenkung von Sternlicht im Schwerefeld der Sonne kann bei totalen Sonnenfinsternissen beobachtet und gemessen werden: Die Örter von zu diesem Zeitpunkt unmittelbar am Sonnenrand liegenden Sternen sind gegenüber ihrer Normallage um 1,75 Bogensekunden (= theoretischer Wert) in Richtung vom Sonnenscheibenmittelpunkt weg verschoben. Exakter messbar sind Positionsverschiebungen punktförmig erscheinender Radioquellen (z. B. Quasare), wenn die Sonne infolge ihrer scheinbaren jährlichen Bewegung den Sichtlinien der Quellen nahe kommt und die Quellen zum Teil verdeckt. Auf Lichtablenkung, verursacht durch ein zwischen dem Beobachter und der Strahlungsquelle liegendes massereiches Objekt, beruhen die →Gravitationslinsen.

Lichtbündel, →Strahlenbündel.

lichtelektrischer Effekt, der →Fotoeffekt.

Lichtfilter, optisches Filter, optisches Bauelement, das zur wellenlängenunabhängigen Schwächung der Intensität einer Strahlung, z. B. Licht **(Neutralfilter)**, zur Änderung der spektralen Zusammensetzung der Strahlung, meist unter Ausnutzung von Absorption **(Absorptionsfilter)** oder Interferenz (→Interferenzfilter), oder zur Änderung des Polarisationszustandes **(Polarisationsfilter,** Herstellung von polarisiertem Licht aus unpolarisiertem) dient. Wenn der Strahlengang nicht gestört werden soll, kommen nur klar durchsichtige Körper mit ebenen Begrenzungsflächen in Betracht, also Farbgläser, Gelatine- oder

Kunststofffolien sowie klare Flüssigkeiten in Küvetten.

■ **Astronomische Verwendung** Lichtfilter werden außer in der Fotografie auch in der Astronomie vielseitig angewandt, z.B. als Schutz vor unerwünschter Strahlung bei der Sonnenbeobachtung, zur Isolierung von Spektralgebieten aus Strahlungen (z.B. UV- oder Infrarotfilter), zur Anpassung von lichtelektrischen Empfängern an bestimmte spektrale Wirkungsfunktionen (z.B. bei der Dreifarbenfotometrie im →UBV-System) oder in der visuellen Beobachtung zum Unterdrücken der störenden künstlichen Himmelsaufhellung.

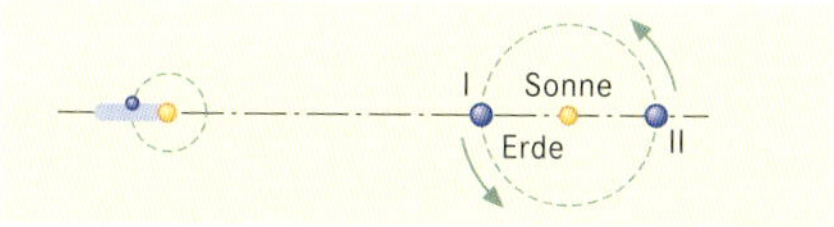

Lichtgeschwindigkeit. Bestimmung der Lichtgeschwindigkeit durch die Beobachtung des zeitverzögerten Auftretens der Verfinsterung des Jupitermondes Ganymed. Ole Römer machte sich dabei die Tatsache zunutze, dass die Erde zwischen zwei Beobachtungen von Punkt I nach Punkt II gewandert war und somit das Licht einen um den Erdbahndurchmesser längeren Weg zurückzulegen hatte.

Lichtgeschwindigkeit, die Geschwindigkeit, mit der sich Licht und andere elektromagnetische Wellen ausbreiten. Die Lichtgeschwindigkeit im unbegrenzten Vakuum, die **Vakuumlichtgeschwindigkeit,** Formelzeichen c oder c_0, beträgt c = 299 792 458 Meter pro Sekunde. Dieser Wert wurde von der 17. Generalkonferenz für Maß und Gewicht (CGPM) 1983 nach den seinerzeit genauesten Messungen fehlerfrei und unveränderlich als Vakuumlichtgeschwindigkeit definiert und zur Festlegung der Längeneinheit Meter benutzt. Die Vakuumlichtgeschwindigkeit (sie ist im Allgemeinen gemeint, wenn man von der Lichtgeschwindigkeit schlechthin spricht) ist als universelle Naturkonstante nach der speziellen Relativitätstheorie die obere Grenze der Geschwindigkeit, mit der sich Energie in irgendeiner Form, also auch ein Signal, ausbreiten kann. Sie ist invariant bezüglich der Lorentz-Transformation, d.h., sie hat in allen Bezugssystemen denselben Wert. Massive Körper (d.h. Teilchen mit Ruhemasse) können diese Geschwindigkeit nicht erreichen, sondern sich ihr nur asymptotisch nähern. Zwischen der Frequenz ν und der Wellenlänge λ jedes Lichts bzw. jeder elektromagnetischen Strahlung und der Lichtgeschwindigkeit c gilt im Vakuum die Beziehung $c = \nu \cdot \lambda$. In Materie ist die Lichtgeschwindigkeit im Allgemeinen kleiner.

■ **Geschichte der Erforschung** Nach vergeblichen Versuchen zur Bestimmung der Lichtgeschwindigkeit durch G. Galilei lieferte O. Römer 1675/76 den Nachweis einer endlichen Lichtgeschwindigkeit aus Beobachtungen der Verfinsterungen eines Jupitermondes, nachdem er entdeckt hatte, dass die Intervalle zwischen den Verfinsterungen anwuchsen, wenn sich die Erde auf ihrer Bahn vom Jupiter entfernte, und abnahmen, wenn sie sich ihm näherte. 1728 bestimmte der Astronom J. Bradley die Lichtgeschwindigkeit aus der →Aberration des Sternlichts. Die erste terrestrische Bestimmung der Lichtgeschwindigkeit erfolgte 1849 durch Hippolyte Fizeau (*1819, †1896), der mit seiner Zahnradmethode das Licht durch ein rasch rotierendes Zahnrad in einzelne Lichtimpulse zerlegte, die an einem etwa 9 km entfernten Spiegel reflektiert wurden: Die Laufzeit vom Zahnrad zum Spiegel und zurück konnte aus der inzwischen erfolgten Drehung des Zahnrades ermittelt werden. L. Foucault (1850) verwendete anstelle des Zahnrads einen rotierenden Spiegel; seine Drehspiegelmethode wurde durch A. A. Michelson (1878–82 und 1927) zu höchster Präzision entwickelt. Neuere Verfahren benutzten Kerr-Zellen zur Lichtunterbrechung, ermittelten die Lichtgeschwindigkeit aus der Resonanzfrequenz von elektrischen Hohlraumresonatoren bzw. aus Frequenz und Wellenlänge in einem Mikrowelleninterferometer. Der für die Meterdefinition benutzte endgültige Wert der Lichtgeschwindigkeit beruht auf der gleichzeitigen Messung von Frequenz und Wellenlänge eines Helium-Neon-Lasers, dessen Emission auf der Absorptionslinie von Methan bei 3,39 µm stabilisiert war. Dabei wurde die Wellenlänge interferometrisch mit dem Längenstandard der roten Kryptonlinie (λ = 605,7 nm) verglichen, während zur Frequenzmessung der Cäsium-Frequenzstandard (Cäsiumatomuhr) zugrunde gelegt wurde (1972).

Lichtjahr, Einheitenzeichen **Lj** oder **ly** [von engl. light year], astronomische Längeneinheit für Entfernungsangaben von Himmelskörpern außerhalb des Sonnensystems. Ein Lichtjahr ist die Strecke, die das Licht im Vakuum in einem tropischen Jahr zurücklegt: 1 Lj = $9{,}4605 \cdot 10^{12}$ km. In der Astronomie werden neben der Einheit Lj das →Parsec (pc) oder die →Astronomische Einheit (AE) verwendet. 1 Lj = 0,3066 pc = 63 240 AE.

Lichtkurve, die grafische Darstellung des →Lichtwechsels eines Himmelskörpers.

Lichtquant, das →Photon.

Lichtverschmutzung, die künstliche Aufhellung des Nachthimmels durch die Beleuchtung von Ortschaften (Straßenbeleuchtung, Leuchtreklame, Projektionsscheinwerfer u.a.), insbesondere in dicht besiedelten Regionen. Sie macht sich v.a. bei astronomischen Beobachtungen störend bemerkbar, da lichtärmere Himmelsobjekte nicht mehr zu erkennen sind. Über einer hell erleuchteten Stadt sind mit bloßem Auge in der Regel nur noch wenige sehr helle Sterne zu sehen. Observatorien werden deshalb fernab großer Städte errichtet. Die **Radioverschmutzung** ist die Störung radioastronomischer Beobachtungen durch Radio- und Funksignale.

Lichtwechsel, die Änderung der scheinbaren Helligkeit eines Himmelskörpers in Abhängigkeit von der Zeit, z. B. bei →Veränderlichen.

Lichtzeit, Ab|errationszeit, die Zeit, die das Licht benötigt, um von einem Himmelskörper zur Erde zu gelangen. Für die Sonne beträgt sie 499 Sekunden, für den Mond rd. 1,3 Sekunden.

Lick-Observatorium, auf die Stiftung des Amerikaners James Lick (* 1796, † 1876) zurückgehendes traditionsreiches Observatorium auf dem Mount Hamilton; Hauptinstrumente sind ein 90-cm-Linsenteleskop und ein 3-m-Spiegelteleskop.

LIGO, Abk. für **Laser Interferometer Gravitational Wave Observatory,** amerikanisches Observatorium zum Nachweis von →Gravitationswellen. Die beiden Messstationen befinden sich in Hanford (Washington) und Livingston (Louisiana). Die Wissenschaftler des LIGO-Konsortiums beabsichtigen, nach dem Vorbild des Projekts →SETI, im Internet einen Teil der von ihren Detektoren gesammelten Daten zum Download zur Verfügung zu stellen. Durch ein spezielles Computerprogramm können die Daten dann durch Privatpersonen am Heimcomputer auf Anzeichen von Gravitationswellen analysiert werden.

Lindblad, Bertil, schwedischer Astronom, * Örebro 16. 11. 1895, † Stockholm 25. 6. 1965. Lindblad war 1927–65 Direktor der Sternwarte von Stockholm in Saltsjöbaden, 1948–52 Präsident und anschließend Vizepräsident der Internationalen Astronomischen Union. Er trug zur Kenntnis der Galaxien bei und befasste sich mit Leuchtkraftbestimmungen von Sternen.

Linea, ein auffälliges Netz von kreuz und quer verlaufenden Gräben und Furchen, die die gesamte Oberfläche des Jupitersatelliten →Europa überziehen. Die Linea haben eine starke Ähnlichkeit mit Rissen und Verwerfungen auf irdischen Eisfeldern. Die größeren sind etwa 20 Kilometer breit und besitzen undeutliche äußere Ränder sowie einen inneren Bereich aus hellem Material. Die Linea könnten durch Kryovulkanismus (Kältevulkanismus) oder den Ausbruch von Geysiren aus warmem Wasser entstanden sein, wodurch die Eiskruste auseinander gedrückt wurde.

Lineal, das Sternbild →Winkelmaß.

Lineamente, →Mond.

lineare Exzentrizität, →Bahn, →Ellipse, →Exzentrizität.

Lini|e →Spektrallinie.

Lini|enbreite, die Breite des von einer →Spektrallinie umfassten Wellenlängenintervalls.

Lini|enspektrum, ein Spektrum, das aus gut voneinander getrennten →Spektrallinien besteht und charakteristisch für jedes chemische Element ist. Linienspektren sind ein wichtiges Hilfsmittel in der Astronomie bei der Untersuchung der chemischen Zusammensetzung von Himmelskörpern.

Linienverbreiterung, →Doppler-Verbreiterung.

Linse, optisches System mit abbildenden Eigenschaften, das von zwei lichtbrechenden Flächen begrenzt ist, die den Öffnungswinkel des durchgehenden Strahlenbündels verändern und bei geeigneter Linsenanordnung eine optische Abbildung erzeugt. Je nach der abbildenden Wirkung werden Sammel- und Zerstreuungslinsen unterschieden.

■ **Linsentypen** **Sammellinsen** mit konvexer Form, d. h. in der Mitte dicker als am Rand, haben die Eigenschaft, das »Auseinanderlaufen« eines Strahlenbündels zu verringern bzw. in eine Konvergenz zu verwandeln. **Zerstreuungslinsen** mit konkaver Form, d. h. am Rand dicker, vergrößern hingegen die Divergenz von Strahlenbündeln bzw. verringern ihre Konvergenz. Sie werden vorwiegend zum Ausgleich von →Abbildungsfehlern verwendet.

■ **Linsensysteme** Zur Verringerung der mit jeder Abbildung durch sphärische Linsen einhergehenden Abbildungsfehler können mehrere Sammel- und Zerstreuungslinsen (auch aus Stoffen mit unterschiedlichen optischen Eigenschaften) zu einem Linsensystem kombiniert werden. Typ. Beispiele dafür sind fotografische Objektive und Refraktorobjektive.

Sehr erfolgreich werden dünne Linsen als korrigierende Elemente in → Schmidt-Spiegelteleskopen und in katadioptrischen Systemen (→ Fernrohr) eingesetzt. Hierbei korrigiert eine dünne gewölbte Frontlinse die optischen Fehler des Kugel- oder Parabol-Hauptspiegels; bei den → Maksutow-Teleskopen und den → Schmidt-Cassegrain-Teleskopen dient das verspiegelte Zentrum der Linse als Fang- oder Sekundärspiegel.

Linsenfernrohr, →Fernrohr.

linsenförmige Galaxien, →Sternsysteme.

Lipperhey, Lippershey, Hans, eigentlich **Jan** bzw. **Hans Lippersheim,** holländischer Brillenmacher, * Wesel 1570, † Middelburg 1619. Lipperhey gilt als der Erfinder des Fernrohrs. Am 2. Oktober 1608 präsentierte er der holländischen Regierung seine Erfindung, die den Nutzen für die Kriegsführung erkannte und die Erfindung geheim hielt. G. Galilei hörte jedoch von Gerüchten um das neue Instrument, woraufhin er sein eigenes Fernrohr baute.

LISA, Abk. für Laser Interferometer Space Antenna, ein von NASA und ESA geplantes Interferometer, das im Weltraum stationiert werden soll, um nach Gravitationswellen zu suchen. LISA besteht aus einer Anordnung von drei identischen Satelliten, die in Form eines gleichseitigen Dreiecks hinter der Erde entlang der Erdbahn um die Sonne kreisen. Die Armlänge dieses Laserinterferometers beträgt fünf Millionen Kilometer. Der Start des Projekts ist für 2013 geplant (→Gravitationswellenastronomie).

Lithiumsterne, Sterne, die in größerer Häufigkeit Lithium enthalten. Es handelt sich um Riesensterne, die vor allem dem Spektraltyp S angehören. Daneben konnte Lithium in größerer Häufigkeit auch in →T-Tauri-Sternen nachgewiesen werden.

Lithosiderite, →Meteorite.

Lj, Einheitenzeichen für →Lichtjahr.

LM, Abkürzung für englisch Lunar Module, die Mondlandeeinheit (→Apollo-Programm).

Lockyer [ˈlɔkjə], Sir (seit 1897) Joseph Norman, britischer Astrophysiker, *Rugby 17. 5. 1836, †Salcombe Regis (County Devon) 16. 8. 1920. Lockyer war ab 1881 Professor in London. Er leitete zahlreiche Expeditionen zur Erforschung von Sonnenfinsternissen und errichtete das später nach ihm benannte Hill Observatory in Sidmouth (County Devon). Lockyer war einer der Pioniere der Astrophysik. Er erfand 1868, gleichzeitig mit J. Janssen, eine Methode zur Beobachtung von Sonnenprotuberanzen und entdeckte im Sonnenspektrum das von ihm so benannte Helium.

LOFAR, Abk. für engl. Low Frequency Array, ein im Aufbau befindliches deutsch-niederländisches Radiointerferometer, das aus vielen Einzelantennen in Norddeutschland und den Niederlanden besteht. Geplant sind rund 25 000 Antennen in der Endausbaustufe. Die Einzelantennen sind sehr einfach gebaute Drahtpyramiden, im Gegensatz zu den großen Parabolantennen früherer Projekte (→Radioteleskop). Die Ausdehnung des kompletten Netzwerks soll 350 Kilometer betragen. Eine zentrale Komponente des Projekts ist ein sehr schnelles und leistungsfähiges Datenkommunikationsnetzwerk zwischen den Antennen und dem Zentralrechner. Neben physikalischen Erkenntnissen über Sterne, Galaxien und Quasare aus der frühesten Zeit des Universums soll LOFAR auch Erkenntnisse darüber erbringen, wie ein zukünftiges Internet beschaffen sein könnte.

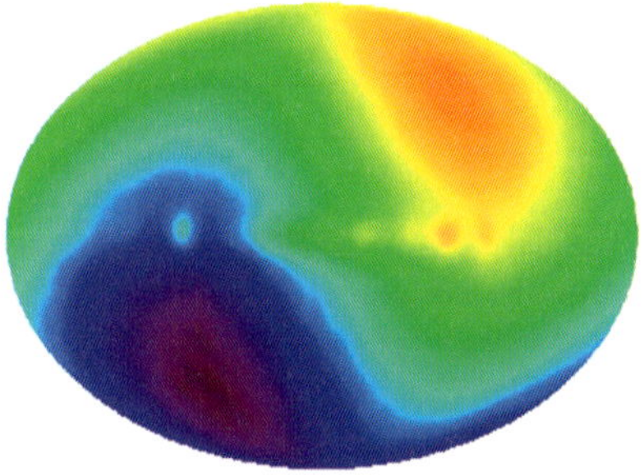

80662

lokale Gruppe. Die Verteilung der Temperatur der kosmischen Hintergrundstrahlung über den Himmel spiegelt die Bewegung der Erde als Mitglied von Milchstraßensystem, lokaler Gruppe und Virgo-Haufen wider. Die aus dem Zielgebiet der Erdbewegung empfangene Strahlung erscheint nach blau verschoben, die Strahlung von der gegenüberliegenden Seite des Himmels nach rot.

lokale Gruppe Eine Galaxie ist selten allein

Der Begriff »lokale Gruppe« erinnert eigentlich eher an einen räumlich begrenzten Zusammenschluss von Personen, etwa an einen örtlichen Verein, als an eine Gruppe von Galaxien. Die Astronomen verstehen unter der lokalen Gruppe indessen eine lockere Ansammlung – eine Art Minihaufen – von knapp drei Dutzend Galaxien. Da die Milchstraße Teil dieser Gruppe ist, wird sie »lokal« genannt. Angesichts ihrer Ausdehnung von 6,5 Millionen Lichtjahren scheint diese Bezeichnung eine maßlose Untertreibung zu sein, im kosmischen Maßstab gehören ihr aber nur unsere allernächsten Nachbarn wie der Andromeda- und der Triangulumnebel an. Das wohl interessanteste Mitglied der lokalen Gruppe ist das erst 1994 entdeckte Sagittarius-System. Es ist die uns nächste Galaxie, die aber derzeit von der Gezeitenwirkung des Milchstraßensystems auseinander gerissen wird. In einigen Hundert Millionen Jahren dürfte sich unsere Galaxis die Sterne der Sagittarius-Galaxie einverleibt haben.

lokale Gruppe, Gruppe von möglicherweise mehr als 40 Sternsystemen. Das Milchstraßensystem und der Andromedanebel sind die weitaus massereichsten Mitglieder. Sie haben Systeme von mindestens 12 bzw. 7 Satelliten um sich geschart. Mit dem →Dreiecksnebel gehört (neben Milchstraßensystem und Andromedanebel) nur ein weiteres Spiralsystem zur lokalen Gruppe. Etwa 15 Mitglieder sind irreguläre, die übrigen elliptische Systeme. Weit über die Hälfte der Mitglieder sind Zwergsysteme geringer absoluter Helligkeit. Neben den Sternsystemen enthält die lokale Gruppe eine Anzahl intergalaktischer Kugelsternhaufen. Die Strukturen innerhalb der lokalen Gruppe sind nicht stabil; nahe Satelliten können durch Gezeitenwechselwirkung aufgelöst und von der Muttergalaxie verschluckt werden, ferner die Untergruppe verlassen. Die lokale Gruppe bildet u. a. mit dem →Virgo-Haufen den **lokalen Superhaufen** und bewegt sich mit ihm gemeinsam in Richtung des Sternbilds Kentaur (→Supergalaxienhaufen).

lokaler Arm, der →Orionarm.

lokaler Superhaufen, →Supergalaxienhaufen.

Lorentz, Hendrik Antoon, niederländischer Physiker, *Arnheim 18. 7. 1853, †Haarlem 4. 2. 1928. Lorentz war 1878–1912 Profes-

Die hellsten Sterne des Sternbilds Großer Löwe

Name		Helligkeit visuelle	Helligkeit absolute	Spektralklasse	Entfernung in Lichtjahren
α	(Regulus, Kabeleced)*)	$1\overset{\mathrm{m}}{,}4$	-1^{M}	B7	77
γ	(Algieba)*)	$2\overset{\mathrm{m}}{,}0$	-1^{M}	K0	125
β	(Denebola)*)	$2\overset{\mathrm{m}}{,}1$	2^{M}	A3	36
δ	(Zosma, Duhr)	$2\overset{\mathrm{m}}{,}6$	1^{M}	A4	58
ε	(Ras Elased Australis)	$3\overset{\mathrm{m}}{,}0$	-2^{M}	G0	260
ϑ	(Coxa, Chertan, Chort)	$3\overset{\mathrm{m}}{,}3$	0^{M}	A2	170
ζ	(Adhafera, Aldhafera)	$3\overset{\mathrm{m}}{,}4$	-1^{M}	F0	260
ο	(Subra)	$3\overset{\mathrm{m}}{,}5$	0^{M}	A5	134
η		$3\overset{\mathrm{m}}{,}5$	-6^{M}	A0	2 000
ρ		$3\overset{\mathrm{m}}{,}8$	-6^{M}	B1	3 000
μ	(Ras Elased Borealis, Rasalas)	$3\overset{\mathrm{m}}{,}9$	1^{M}	K0	134
ι*)		$4\overset{\mathrm{m}}{,}0$	2^{M}	F3	80
λ	(Alterf)	$4\overset{\mathrm{m}}{,}3$	-1^{M}	K5	320
54*)		$4\overset{\mathrm{m}}{,}3$	0^{M}	A1	290

*) Doppelstern

sor in Leiden und anschließend Direktor des Teyler-Laboratoriums in Haarlem. Er erklärte 1875 auf der Grundlage der Maxwell-Theorie die Brechung und Reflexion des Lichts, mit seiner ab 1892 entwickelten Elektronentheorie auch die Materialkonstanten der Maxwell-Theorie, die Dispersion und den Zeeman-Effekt; führte 1892 die Lorentz-Kontraktion, 1895 die Lorentz-Kraft und 1899 die Lorentz-Transformation in die Elektrodynamik ein und konnte die Geschwindigkeitsabhängigkeit der Masse aufzeigen; 1902 erhielt er den Nobelpreis für Physik.

Lorentz-Kontraktion [nach H. A. Lorentz], →Längenkontraktion.

Lorentz-Transformation [nach H. A. Lorentz], in der Relativitätstheorie eine Transformation der Koordinaten und der Zeit beim Übergang von einem Inertialsystem zu einem anderen (insbesondere einem gegenüber dem Ausgangssystem translatorisch gleichförmig bewegten), unter Beachtung der Konstanz der Vakuumlichtgeschwindigkeit *c*. Die Lorentz-Transformation ist wesentlicher Bestandteil der speziellen Relativitätstheorie; aus ihr folgen u. a. die →Längenkontraktion und die →Zeitdilatation.

Lovell ['lʌvəl], Sir (seit 1961) Alfred Charles Bernard, britischer Physiker und Astronom, *Oldland Common (County Gloucestershire) 31. 8. 1913; Gründer und ab 1946 Direktor der »Nuffield Radio Astronomy Laboratories« in →Jodrell Bank, 1951–81 u. a. Professor in Manchester. Lovell maß erstmals Geschwindigkeiten und Entfernungen von Meteoren und Meteoriten mit Radar. 1951–56 errichtete er in Jodrell Bank das erste vollbewegliche Radioteleskop mit Parabolspiegel.

Löwe, 1) Großer Löwe, wissenschaftlicher Name **Leo Maior** (auch **Leo Major**), *Genitiv* **Leonis**, Abk. **Leo,** ein zum →Tierkreis gehörendes großes, markantes Sternbild des nördlichen Himmels (Rektaszension $09^{\mathrm{h}}21^{\mathrm{m}}$ bis $11^{\mathrm{h}}59^{\mathrm{m}}$, Deklination +33°00' bis −6°40'), das im Frühjahr am Abendhimmel sichtbar ist. Die Sonne durchläuft das Sternbild auf ihrer scheinbaren Jahresbahn vom 10. August bis zum 16. September.

■ **Sterne** Die drei hellsten Sterne des Löwen sind Doppelsterne. Der $1\overset{\mathrm{m}}{,}35$ helle Hauptstern →Regulus (α Leo) hat in 4" Winkelabstand einen nur 13^{m} hellen und in 175,9" Distanz einen weiteren ($7\overset{\mathrm{m}}{,}9$) Begleiter, ist also ein Dreifachstern. →Denebola (β Leo) lässt sich mit seinen beiden 18,9' auseinander stehenden, $2\overset{\mathrm{m}}{,}1$ bzw. 6^{m} hellen Komponenten bereits mit einem Feldstecher trennen, während für den Stern Algieba (γ Leo), einen der schönsten Doppelsterne ($2\overset{\mathrm{m}}{,}3$ bzw. $3\overset{\mathrm{m}}{,}5$; Distanz 4,4", Umlaufzeit 600 Jahre), ein Fernrohr benötigt wird, ebenso wie für ι Leo ($4\overset{\mathrm{m}}{,}1$ bzw. $6\overset{\mathrm{m}}{,}7$; Distanz 1,9", Umlaufzeit 186 Jahre). Ein bekannter Veränderlicher ist der Mira-Stern R Leo ($5\overset{\mathrm{m}}{,}8$–$10^{\mathrm{m}}$; Periode etwa 312 Tage).

■ **Galaxien** Das Sternbild enthält mehrere für das Amateurfernrohr attraktive, 40 Millionen Lichtjahre entfernte Galaxien, darunter fünf Messier-Objekte: die Spiralgalaxien M 65 ($9\overset{\mathrm{m}}{,}5$) und M 66 ($9^{\mathrm{m}}$) stehen optisch eng zusammen, ebenso wie M 95 (10^{m}) und M 96 ($9\overset{\mathrm{m}}{,}5$), denen sich in 1° Entfernung noch die elliptische Galaxie M 105 ($9\overset{\mathrm{m}}{,}5$) hinzugesellt. Die Spiralgalaxie NGC 2903 (9^{m}) ist etwa 25 Millionen, NGC 3628 (10^{m}) 40 Millionen Lichtjahre entfernt. Im Sternbild Löwe liegt der →Radiant des Meteorstroms →Leoniden.

2) →Kleiner Löwe.

Lowell ['ləʊəl], Percival, amerikanischer Astronom, *Boston (Mass.) 13. 3. 1855, †Flagstaff (Ariz.) 12. 11. 1916. Lowell beschrieb ab 1895 ein vom Nordpol des Mars ausgehendes und von intelligenten Wesen konstruiertes, hoch entwickeltes System von Bewässerungskanälen. Er gründete und leitete das nach ihm benannte »Lowell Observatory« in Flagstaff, das nur der Erforschung des Mars dienen sollte; seine Arbeitsgebiete waren Planetentopografie und spektroskopische Untersuchungen von Sternen und Nebeln; Lowell wies als Erster auf die Existenz eines 9. Planeten (→Pluto) hin.

Luchs, wissenschaftlicher Name **Lynx,** *Genitiv* **Lyncis,** Abk. **Lyn,** ein aus nur schwachen Sternen bestehendes, lang gestrecktes Sternbild in der Nähe des →Großen Bären (Rektaszension $6^{\mathrm{h}}15^{\mathrm{m}}$ bis $9^{\mathrm{h}}43^{\mathrm{m}}$, Deklination +62°00' bis +33°00'), das in unseren Breiten zum größten Teil zirkumpolar (→Zirkumpolarsterne) ist.

■ **Sterne** Hauptstern ist α Lyn (scheinbare Helligkeit $3\overset{m}{,}13$, absolute Helligkeit -1^{M}, Spektralklasse M 0, Entfernung 220 Lichtjahre). Der Luchs enthält zahlreiche Doppelsterne, darunter 5 Lyn ($5\overset{m}{,}2$ bzw. $7\overset{m}{,}8$; Distanz 95"), 12 Lyn (ein Dreifachstern; $4\overset{m}{,}9$ bzw. $7\overset{m}{,}2$; Distanz 8,9", wobei die hellere Komponente ihrerseits doppelt ist: $5\overset{m}{,}4$ bzw. $6\overset{m}{,}0$; Distanz 1,7", Umlaufzeit 700 Jahre), 15 Lyn ($4\overset{m}{,}7$ bzw. $5\overset{m}{,}8$; 0,8"), 19 Lyn (ein Dreifachstern; die Erstere der beiden $5\overset{m}{,}4$ bzw. $7\overset{m}{,}6$ hellen, 213,5" auseinander stehenden Komponenten ist ihrerseits doppelt: $5\overset{m}{,}8$ bzw. $6\overset{m}{,}8$; Distanz 14,8"), 38 Lyn ($3\overset{m}{,}9$ bzw. $6\overset{m}{,}2$; 2,7") und 41 Lyn ($5\overset{m}{,}4$ bzw. $7\overset{m}{,}8$; 70,9"). Zu den Veränderlichen gehört der Mira-Stern R Lyn ($7\overset{m}{,}2$–$14\overset{m}{,}5$; Periode 378,7 Tage).

■ **Sternhaufen und Galaxien** NGC 2419 ist mit einem Abstand von etwa 250 000 Lichtjahren der am weitesten entfernte Kugelsternhaufen ($10\overset{m}{,}5$); er wird auch als »Intergalaktischer Wanderer« bezeichnet. Die sich in Kantenlage präsentierende Spiralgalaxie NGC 2683 (10^{m}) steht in einer Entfernung von 20 Millionen Lichtjahren. (→Sternbilder)

Luftleuchten, der →Airglow.

Luftpumpe, wissenschaftlicher Name **Antlia,** *Genitiv* **Antliae,** Abk. **Ant,** ein kleines, unscheinbares Sternbild am südlichen Himmel (Rektaszension $9^{h}27^{m}$ bis $11^{h}06^{m}$, Deklination −24°30' bis −40°25'); es liegt in der Nähe des Sternbilds →Kentaur und kommt in unseren Breiten im Frühjahr nur knapp über den Südhorizont. Der hellste Stern α Ant hat eine scheinbare Helligkeit von nur $4\overset{m}{,}3$ (absolute Helligkeit -1^{M}, Spektralklasse K 4, Entfernung 360 Lichtjahre). Zu den Doppelsternen gehören δ Ant ($5\overset{m}{,}6$ bzw. $9\overset{m}{,}6$; Distanz 11") und ζ^{1} Ant ($6\overset{m}{,}2$ bzw. 7^{m}; 8,0"). U Ant ist ein halbregelmäßiger Veränderlicher, dessen Helligkeit mit einer Periode von etwa einem Jahr zwischen $5\overset{m}{,}7$ und $6\overset{m}{,}8$ schwankt. Mitglied des Antlia-Galaxienhaufens ist die 100 Millionen Lichtjahre entfernte Spiralgalaxie NGC 3271 (12^{m}). (→Sternbilder)

Luftunruhe, durch kleinräumige Turbulenz verursachte, nicht direkt wahrnehmbare unregelmäßige Bewegungen der Luft, besonders bei labiler Schichtung und Sonneneinstrahlung ausgeprägt. Luftunruhen wirken sich v. a. durch die leichten Dichteänderungen der Luft aus und führen aufgrund der damit verbundenen Schwankungen der Brechzahl zu rasch veränderlichen Ablenkungen optischer Strahlen, die für den Betrachter eine scheinbare Bewegung des Objekts verursachen. Dadurch entstehen z. B. die Schlierenbildung über heißen Flächen (Flimmern der Luft) und das Flackern der Sterne (→Szintillation).

Lumineszẹnz [engl., zu lat. lumen, luminis »Licht«] *die, -/-en,* die Emission von Licht im sichtbaren, ultravioletten und infraroten Spektralbereich durch gasförmige, flüssige und feste Stoffe, die nicht auf einer hohen Temperatur der strahlenden Substanz beruht, sondern auf einer vorherigen Energieaufnahme. Das →Polarlicht basiert auf diesem Prozess.

L̲una, Name unbemannter sowjetischer Mondsonden (die Sonden der Vorgängerserie hießen Lunik 1 bis 3). Insgesamt wurden 24 Lunasonden gestartet, die erste im Januar 1959. Mit Luna 9 glückte 1966 die erste weiche Landung auf dem Mond. Andere Lunasonden wurden in eine Mondumlaufbahn umgelenkt. Luna 16, 20 und 24 kehrten zur Erde zurück; Luna 17 und 21 transportierten je ein Fahrzeug zum Mond, Lunochod 1 und 2.

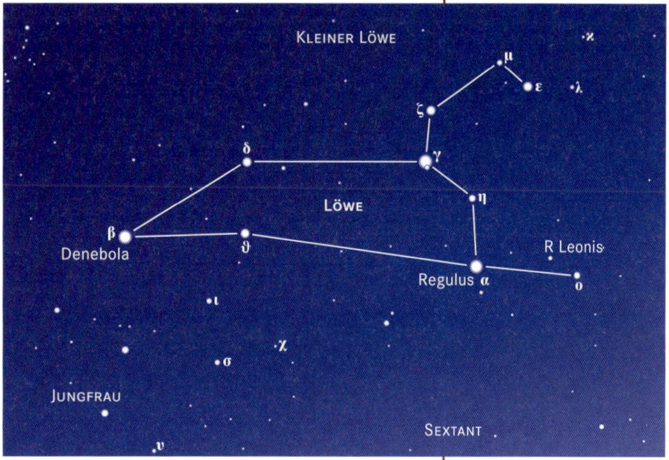

Löwe 1).
Großer Löwe

luna̲r [lat.], den Mond betreffend.

Lunar Module ['lu:nə 'mɔdju:l, englisch], Abkürzung **LM,** die Mondfähre des →Apollo-Programms.

Lunar Orbiter ['lu:nə 'ɔ:bɪtə; englisch »Mondumkreiser«], Bezeichnung für unbemannte Mondsatelliten, von den USA zur Erkundung von Landeplätzen für die Apollo-Raumflüge sowie die wissenschaftliche Erforschung des mondnahen Raums entwickelt. Lunar Orbiter 1 wurde am 10. 8. 1966 gestartet, mit Lunar Orbiter 5 wurde die Serie am 2. 8. 1967 abgeschlossen. Bei insgesamt 6 034 Mondumläufen wurden u. a. 99 % der Mondoberfläche fotografiert.

Lunar Prospector ['lu:nə prɔ'spetɔ; engl.], Raumsonde der NASA, die 1998 und 1999 den Mond erforschte. Ihr gelang der relativ sichere Nachweis von Wassereis auf dem Mond durch Neutronenspektroskopie. Das Eis liegt nicht frei, sondern ist mit dem Gestein vermischt. Allerdings konnte beim Einschlag von Lunar Prospector kein Eis freigesetzt werden, wie es geplant war. Die Sonde fertigte auch eine globale Schwerekarte des Mondes an, die es erlaubt, zukünftige Missionen sicherer und treibstoffsparender zu planen.

Lunation [zu lat. luna »Mond«], die Zeit, in der die Mondphasen einen vollen Zyklus durchlaufen. (→Monat)

Lunisolarjahr, →Kalender.

Lupus, wissenschaftlicher Name des Sternbilds →Wolf.

Luyten 726-8 [nach W. J. Luyten], ein Doppelstern im Sternbild →Walfisch, dessen Komponenten Rote Zwerge sind, die sich auf einer stark elliptischen Bahn mit einer Periode von 26,5 Jahren umeinander bewegen. Die Komponente Luyten 726-8 B ist identisch mit dem →Flare-Stern UV Ceti, dem Prototyp dieser Sternart.

ly [engl.], Einheitenzeichen für →Lichtjahr.

Lyman-Seri|e ['laɪmən -; nach dem amerikanischen Physiker Theodore Lyman, * 1874, † 1954], die im Ultraviolettbereich liegende Spektralserie des Wasserstoffatoms mit den Spektrallinien Lyman α (Wellenlänge 121,6 nm), Lyman β (102,6 nm), Lyman γ (97,2 nm) usw.

Lynden-Bell-Statistik ['lɪndən -; nach dem amerikanischen Astrophysiker D. Lynden-Bell, * 1935], eine zur statistischen Beschreibung von Sternsystemen entwickelte Methode, bei der die Sterne einer Galaxie als Massenpunkte angesehen werden. Im Unterschied zur kinetischen Gastheorie, in der Stöße zwischen den Gaspartikeln eine wesentliche Rolle spielen, ist die Wahrscheinlichkeit einer Begegnung zweier Sterne in einer Galaxie so klein, dass ein dynamisches Gleichgewicht nicht durch Stöße, sondern durch die Gravitationswechselwirkung aller Sterne in ihr verursacht wird, was die Lynden-Bell-Statistik in ihrem theoretischen Ansatz berücksichtigt.

Lynx [lat.], wissenschaftlicher Name des Sternbilds →Luchs.

Lyot ['ljo], Bernard Ferdinand, französischer Astrophysiker, * Paris 27. 2. 1897, † Kairo 2. 4. 1952.

Bernard Lyot
*** 1897, † 1952**

101643

- leistete bahnbrechende Beiträge zur Sonnenforschung
- erfand den Koronografen
- fertigte die erste fotografische Aufnahme der Sonnenkorona an

■ **Bedeutende Erfindungen** In seiner Doktorarbeit, die er 1929 in Paris vorlegte, untersuchte Lyot die Polarisation des von Mond- und Planetenoberflächen reflektierten Sonnenlichts, um etwas über die chemische Zusammensetzung der Oberfläche zu erfahren. Mit dieser Methode meinte er zeigen zu können, dass die Mondoberfläche aus vulkanischer Asche besteht und die Wolkenschicht der Venus aus Wasser. Seine bedeutendste Erfindung machte er 1930: den →Koronografen. Lyot wollte die Sonnenkorona auch außerhalb einer Sonnenfinsternis beobachten können. Dazu baute er ein Fernrohr, in das er eine kreisförmige Blende einbaute, um die Sonnenscheibe abzudecken. Als Objektiv verwendete er eine Linse, die nur wenig Streulicht erzeugte. Außerdem suchte er einen günstigen Ort für seine schwierigen Sonnenbeobachtungen und kam so zum Pic-du-Midi-Observatorium. Im Juli 1931 gelang Lyot die erste Fotografie der Korona außerhalb einer Finsternis. Auch konnte er mit seinem Koronografen die Spektrallinien eingehender studieren. 1933 erfand Lyot zudem das →Lyot-Filter, das die Sonnenbeobachtung weiter verbesserte.

Lyot-Filter [ljo -; nach B. Lyot], ein optisches Filter mit spektral sehr schmalem Transmissionsbereich, mit dem es möglich ist, die Sonne im Licht einer einzigen Spektrallinie, beispielsweise der Hα-Linie, zu beobachten und zu fotografieren.

Lyra, wissenschaftliche Bezeichnung des Sternbildes →Leier.

Lyriden, ein →Meteorstrom, dessen Radiant im Sternbild →Leier liegt. Er tritt alljährlich Mitte April auf, mit dem Höhepunkt um den 22. April herum, wobei etwa 10 bis 20 Meteore pro Stunde auftreten können. Die Lyriden sind die Überbleibsel des Kometen Thatcher (1861 I).

Lysithea, ein Mond des Planeten →Jupiter, der 1938 von dem Astronomen S. B. Nicholson am Mount-Wilson-Observatorium entdeckt wurde. Er umkreist Jupiter in einem mittleren Abstand von 11,72 Millionen Kilometern in 250 Tagen, 4 Stunden und 48 Minuten. Aufgrund ihrer Bahneigenschaften wird Lysithea der Himalia-Gruppe, benannt nach dem Jupitermond →Himalia, zugeordnet.

M, *M* Abk. für absolute Helligkeit, **M** für →Messier-Katalog; *m* Abk. für scheinbare Helligkeit; ein hochgestelltes ^{m} oder ^{M} dient als Abk. für →Magnitudo (Größenklasse, →Helligkeit); Beispiel: $2^{m}\!,5$ bedeutet 2,5 Größenklassen.

Mab, ein im Jahr 2003 entdeckter kleiner Mond des Planeten →Uranus. Er umkreist Uranus in einem mittleren Abstand von 97 734 Kilometern in 22 Stunden und 9 Minuten.

Mach, Ernst, österreichischer Physiker und Philosoph, *Chirlitz (bei Brünn) 18. 2. 1838, †Vaterstetten 19. 2. 1916; 1864 Professor für Mathematik (später auch Physik) in Graz, 1867 Professor für Experimentalphysik in Prag, 1895 erhielt er einen für ihn geschaffenen Lehrstuhl der Philosophie in Wien.

Mach arbeitete als Physiker über Akustik und Strömungslehre, insbesondere zur Gasdynamik bei Überschallgeschwindigkeiten (1887 Entdeckung des machschen Kegels). Er stellte das (später in der Relativitätstheorie exakt formulierte) machsche Prinzip auf, nach dem die Massenverteilung im Kosmos die metrische Struktur des Raumes bestimmt.

Machos [Kunstwort für engl. massive compact halo objects], postulierte massereiche, aber nicht leuchtend in Erscheinung tretende Objekte zur Erklärung der im Halo des Milchstraßensystems wahrscheinlich existierenden →Dunklen Materie. Ihr Vorhandensein könnte aufgrund des von ihnen bei Sternen der Großen Magellanschen Wolke infolge des Gravitationslinseneffekts verursachten Lichtwechsels nachgewiesen werden. Die Interpretation entsprechender Beobachtungen ist noch umstritten.

machscher Kegel [nach E. Mach], die von der Spitze eines mit Überschallgeschwindigkeit υ bewegten Körpers ausgehende kegelförmige Kopfwelle. Der halbe Öffnungswinkel des Kegels heißt **Mach-Winkel** α und ist bestimmt durch $\sin\alpha = c/\upsilon$, wobei c die Schallgeschwindigkeit im umgebenden Medium ist.

machsches Prinzip [nach E. Mach], die Hypothese, dass die Trägheitskräfte durch die Gesamtheit der im Universum vorhandenen Materie verursacht werden. Dementsprechend sollte in einem Gedankenexperiment die Trägheit eines Körpers verschwinden, wenn sämtliche übrige Materie entfernt wird. Das machsche Prinzip war einer der Ausgangspunkte bei der Entwicklung der allgemeinen →Relativitätstheorie.

Macula [lat. »Fleck«] *die, -/...ae,* in der Planetenkunde Bezeichnung für eine kleine dunkle Oberflächenstruktur.

Mädler, Johann Heinrich von, deutscher Astronom, *Berlin 29. 5. 1794, †Hannover 13. 3. 1874; 1840–60 Professor und Direktor der Sternwarte in Dorpat (heute Tartu). Er befasste sich v. a. mit der Topografie von Mond und Mars, mit der Bewegung der Sterne, mit Doppelsternsystemen und der Geschichte der Astronomie.

Maffei-Galaxien, zwei Nachbargalaxien des Milchstraßensystems, die auf Infrarotaufnahmen 1968 von dem italienischen Astronomen Paolo Maffei (*1926) entdeckt wurden. Sie liegen so nahe an der galaktischen Ebene, dass sie im optischen Bereich vom galaktischen Staub fast vollständig verdeckt werden. Maffei 1 ist eine Galaxie vom Typ S0 und liegt am Rande der →lokalen Gruppe in etwa 4 Mio. Lichtjahren Entfernung. Maffei 2 liegt hingegen außerhalb der lokalen Gruppe in etwa 16 Mio. Lichtjahren Entfernung. Es ist vermutlich eine Sb-Spiralgalaxie.

mag, Abk. für →Magnitudo (Größenklasse); →Helligkeit.

Magellan [englisch məˈgelən], 1989 gestartete amerikanische Raumsonde (Masse 3,4 t, Länge 6,4 m, Solarzellenausleger 9 m) zur Erforschung des Planeten →Venus. Sie trat 1990 (nach eineinhalb Umläufen um die Sonne) auf eine polare Umlaufbahn in 294 bis 8 472 km Höhe um die Venus ein. Bis 1992 kartierte die NASA-Sonde mittels Seitensichtradars insgesamt rd. 98 % der wolkenverhüllten Planetenoberfläche, wobei (im Äquatorbereich) bis zu 120 m Boden- und 30 m Höhenauflösung erzielt wurden. Die Radarbilder dienen der Erstellung topografisch-morphologischer und geologischer Venuskarten. Durch gezielte Abbremsungen durch die Atmosphäre wurde 1993 die Flughöhe bis auf weniger als 200 km verringert. Anhand der natürlichen Bahnveränderungen untersuchte die Sonde anschließend Gravitation und innere Struktur der Venus global, bis sie 1994 in der Atmosphäre verglühte.

Magellansche Wolken [nach dem portugies. Seefahrer F. de Magalhães (*um 1480, †1521)], zwei am Südhimmel in den Sternbildern →Schwertfisch und →Tafelberg (Große Magellansche Wolke) und →Tukan (Kleine Magellansche Wolke) mit bloßem Auge als auffallend helle Nebelflecken sichtbare extra-

800

Magellan. Die amerikanische Raumsonde erforschte von 1989 bis 1994 die Venus.

100977

Ernst Mach

Johann Heinrich von Mädler

Magellansche Wolken. Die Kleine Magellansche Wolke, eine irreguläre Satellitengalaxie der Milchstraße, besteht zu einem großen Teil aus aktiven Sternentstehungsgebieten. Der ein Grad entfernt stehende Kugelsternhaufen 47 Tucanae bildet nur zufällig eine ästhetische Kombination mit der Wolke, er ist nicht mit ihr assoziiert.

galaktische Sternsysteme, die zusammen mit dem Milchstraßensystem ein Dreiersystem bilden, das zur →lokalen Gruppe gehört.

Die etwa 170 000 Lichtjahre entfernte **Große Magellansche Wolke,** ein unregelmäßiges Sternsystem (möglicherweise eine kleine Balkenspirale) besteht überwiegend aus Objekten der Population I. Neben ausgedehnten Emissionsnebeln werden weite Gebiete mit dunkler interstellarer Materie beobachtet, aber auch Novae und Kugelhaufen als Vertreter der Scheiben- und Halopopulation. In ihr leuchtete 1987 eine mit bloßem Auge sichtbare →Supernova auf. Die etwa 200 000 Lichtjahre entfernte **Kleine Magellansche Wolke** gehört zu den unregelmäßigen Sternsystemen. In ihr fällt die interstellare Materie weniger auf, die Randgebiete scheinen frei von Dunkelmaterie zu sein. Trotzdem ist das Verhältnis von interstellarer zu stellarer Materie noch außerordentlich groß (rd. 30 %), wie aus radioastronomischen Beobachtungen zu schließen ist. In der Kleinen Magellanschen Wolke sind zwar mehr Objekte der Population II zu beobachten als in der großen, die Objekte der Population I dürften jedoch vorherrschen. Beide Wolken bewegen sich mit einer Geschwindigkeit von etwa 55 km/s aufeinander zu, bilden aber wahrscheinlich kein gravitativ gebundenes Galaxienpaar. Beide Systeme sind in eine gemeinsame Gashülle eingebettet, die wahrscheinlich durch die Gezeitenwirkung des Milchstraßensystems aus den Magellanschen Wolken herausgelöst wurde. – Abb. S. 270

MAGIC [Abk. für **M**ajor **A**tmospheric **G**amma **I**maging **C**herenkov], Gammastrahlenteleskop des →Roque de los Muchachos-Observatoriums.

Magnetar, →Neutronenstern.

Magnetfeld, kosmisches Magnetfeld, Magnetfeld, das von einem Körper des Sonnensystems (z. B. Planet) oder einem Stern **(magnetischer Stern)** ausgeht oder durch die Bewegung ionisierter Gase im interplanetaren **(interplanetare Magnetfelder)** oder im interstellaren Raum **(interstellare Magnetfelder)** hervorgerufen wird.

Während die Feldstärken an der Oberfläche erdartiger Planeten und des Mondes sehr gering sind (Merkur 1 %, Venus 0,02 %, Mars 0,2 %, Mond 0,01 %, jeweils bezogen auf die Feldstärke an der Erdoberfläche, rd. $5 \cdot 10^{-5}$ Tesla), entspricht das Magnetfeld jupiterartiger Planeten nahezu dem erdmagnetischen Feld oder übertrifft es beträchtlich (Jupiter etwa 24-mal).

■ **Magnetfeld der Sonne** Die Sonne besitzt ein globales Magnetfeld mit einer Feldstärke von $1 \cdot 10^{-4}$ bis $2 \cdot 10^{-4}$ T und einer Umpolung im elfjährigen Wechsel, dem starke groß- und kleinräumige lokale Magnetfelder mit Feldstärken bis zu etwa 0,15 T überlagert sind. Im von der Sonne abfließenden Sonnenwind sind großräumige interplanetare Magnetfelder eingeschlossen, deren Stärke in Erdbahnnähe zwischen etwa 10^{-8} und 10^{-9} T liegt. Die Feldlinienfußpunkte sind fest in der rotierenden Sonne verankert, sodass die Feldlinien die Form archimedischer Spiralen annehmen.

■ **Magnetfelder von Sternen** Die Magnetfelder von Sternen machen sich v. a. durch eine Aufspaltung oder eine Verbreiterung der Absorptionslinien in den Spektren infolge des → Zeeman-Effekts bemerkbar. Die kleinsten bei magnetischen Sternen (außer der Sonne) nachweisbaren Magnetfelder liegen bei etwa $2 \cdot 10^{-2}$ T, die höchsten bei Hauptreihensternen gemessenen Feldstärken bei etwa 3 T, die zum Teil unregelmäßig schwanken. Weiße Zwerge haben Magnetfelder im Bereich von 10^{2} bis $5 \cdot 10^{5}$ T, die bei Pulsaren gemessenen betragen bis zu 10^{8} T.

■ **Interstellare Magnetfelder** Interstellare Magnetfelder lassen sich mithilfe des Zeeman-Effekts oder der durch den Faraday-Effekt verursachten Drehung der Polarisationsebene linear polarisierter Strahlung bestimmen. Die gemessenen Feldstärken liegen zwischen etwa $5 \cdot 10^{-11}$ und $5 \cdot 10^{-9}$ T, im galaktischen Zentrum bei etwa 10^{-7} T, beim mittleren großräumigen interstellaren Feld bei rd. $3 \cdot 10^{-10}$ T. Die allgemeine Feldrichtung liegt

Rechte Seite:
Diese Region in der Kleinen Magellanschen Wolke mit dem Sternhaufen NGC 346 im Zentrum ist eines der dynamischsten Sternentstehungsgebiete im Universum (Aufnahme mit der Advanced Camera for Surveys des Hubble-Weltraumteleskops).

100001

Magellansche Wolken. Die Große Magellansche Wolke ist 170 000 Lichtjahre von der Erde entfernt.

bevorzugt parallel der galaktischen Ebene und folgt wahrscheinlich den Spiralarmen. Interstellare Magnetfelder verursachen eine Ausrichtung interstellarer Staubteilchen, was zur Polarisation des Sternlichts führt.

magnetische Sterne, →Magnetfeld.

magnetische Stürme, Magnetstürme, plötzliche, relativ starke zeitliche Variationen des erdmagnetischen Feldes; sie sind ein Teil der erdmagnetischen Aktivität und werden durch besondere Stromsysteme in der Ionosphäre und durch starke Plasmaschwingungen in der Magnetosphäre angeregt. Diese wiederum werden durch die Sonnenaktivität erzeugt. Gleichzeitig mit den erdmagnetischen Stürmen beobachtet man Polarlichter, Störungen in der über die Ionosphäre erfolgenden Radiowellenausbreitung und Schwankungen der kosmischen Strahlung.

Magnetogramm, grafische Darstellung der Schwankungen der Kenngrößen des Erd- bzw. Sonnenmagnetismus.

Magnetopause, →Magnetosphäre.

Magnetosphäre [Analogiebildung zu Atmosphäre], das von einem Magnetfeld erfüllte und beherrschte Gebiet um die Erde bzw. einen anderen Planeten mit Magnetfeld, in dem die physikalischen Vorgänge v. a. durch die

Magnetfeld Planetarische Nebel

1205

Wenn sonnenähnliche Sterne am Ende ihres Lebens Gashüllen abstoßen, entstehen daraus planetarische Nebel, die sich immer weiter in den Weltraum ausdehnen. Lange wurde darüber gerätselt, warum diese Nebel nicht alle kugelförmig sind, sondern in verschiedenen Formen vorkommen. Anfang 2005 observierten Astronomen verschiedener deutscher Universitäten mit dem Very Large Telescope (VLT) der Europäischen Südsternwarte (ESO) in Chile gezielt vier Zentralsterne mit planetarischen Nebeln (mit den Katalogsignaturen NGC 1360, HBDS1, EGB 5 und Abell 36). Die Forscher konnten durch Analysen der Polarisation nachweisen, dass die von den Sternen generierten Magnetfelder die Form der sie umgebenden Nebel bestimmen. Voraussetzung dafür ist, dass der Zentralstern mit unterschiedlicher Geschwindigkeit in unterschiedlichen Tiefen rotiert und dadurch einen Dynamoeffekt erzeugt. Das Magnetfeld eines Roten Riesen kann so entstehen oder in der Vergangenheit entstanden sein, denn solche »fossile« Magnetfelder können Jahrmilliarden überdauern.

Wirkung des magnetischen Feldes auf die elektrisch geladenen Teilchen (Elektronen, Ionen) des kosmischen Plasmas, besonders des Sonnenwindes (solarer Wind), bestimmt sind. In ihr liegen die →Strahlungsgürtel (Van-Allen-Gürtel). Ihre Grenze gegen den interplanetarischen Raum **(Magnetopause)** ist auf der Sonnenseite geschlossen, auf der Nachtseite läuft sie in einem Schweif aus.

An der Magnetopause heben sich der Druck des Sonnenwinds und des aus dem Inneren stammenden magnetischen Felds gerade auf. Vor der Magnetosphäre bildet sich im Sonnenwind eine stehende Stoßwelle aus; zwischen dieser und der Magnetopause befindet sich das so genannte Übergangsgebiet; dort sind die örtlichen Variationen des Magnetfelds größer und unregelmäßiger als vor der Stoßfront. In der Mitte des Magnetosphärenschweifs existiert eine neutrale Schicht, ein flaches Gebiet, das durch die unvermittelte Richtungsänderung des Magnetfeldes gekennzeichnet ist. Die Feldstärke sinkt hier auf einen sehr kleinen Wert ab. In der Umgebung der neutralen Schicht beobachtet man im Fall der Erde eine größere Plasmaansammlung mit einer Dicke von 5 bis 10 Erdradien (Plasmaschicht), in die die neutrale Schicht (mit einer Dicke von 500 bis 5000 km) eingebettet ist.

Magnitudo [lat. »Größe«], Abk. mag oder ^{m}, die Größenklasse eines Gestirns (→Helligkeit).

Maksutow-Teleskop [nach dem sowjet. Optiker Dmitrij Dmitrijewitsch Maksutow, *1896, †1964], eine dem Schmidt-Spiegelteleskop ähnliche Bauart eines →Spiegelteleskops mit einer dünnen, stark gewölbten Meniskuslinse, deren beide Oberflächen sphärisch sind, als Korrektionselement. Die Meniskuslinse wird, mit der Wölbung auf der zum Spiegel weisenden Seite, etwa im Brennpunkt des Spiegels montiert, d. h. mit etwa halb so großem Abstand wie die Korrektionsplatte beim Schmidt-Spiegelteleskop. Maksutow-Teleskope sind wegen ihrer kompakten Bauweise (mit einer effektiven Brennweite von etwa 250 cm nur etwa 50 cm lang) und ihrer hervorragenden Abbildungseigenschaften bei Amateurastronomen sehr beliebt.

Maler, Malerstaffelei, wissenschaftlicher Name **Pictor,** *Genitiv* **Pictoris,** Abk. **Pic,** ein kleines, unauffälliges Sternbild des südlichen Himmels in der Nähe von →Canopus und der Großen →Magellanschen Wolke (Rektaszension $4^{\mathrm{h}}32^{\mathrm{m}}$ bis $6^{\mathrm{h}}52^{\mathrm{m}}$, Deklination −42°45′ bis −64°10′), das von unseren Breiten aus nicht sichtbar ist.

■ **Sterne** Erwähnenswerte Doppelsterne sind ι Pic ($5\overset{\mathrm{m}}{,}6$ bzw. $6\overset{\mathrm{m}}{,}4$; Distanz 12,5″) und ϑ Pic ($6\overset{\mathrm{m}}{,}9$ bzw. $7\overset{\mathrm{m}}{,}2$; 38,2″). Ein halbregelmäßiger Veränderlicher ist R Pic ($6\overset{\mathrm{m}}{,}7$–$10\overset{\mathrm{m}}{,}0$; Periode 164 Tage), während RR Pic als helle Nova von 1925 bekannt ist. Berühmteste Objekte des Sternbilds sind Kapteyns Stern, ein nur 12,8 Lichtjahre entfernter, $8\overset{\mathrm{m}}{,}9$ heller Roter Zwerg (Spektraltyp M 0), der mit 8,73″/Jahr nach →Barnards Stern die zweitgrößte →Eigenbewegung und eine Radialgeschwindigkeit von +242 Kilometern pro Sekunde aufweist, und der Stern β Pic (Beta Pictoris): 1984 entdeckte man eine ihn umgebende riesige Staubscheibe, deren Ausmaße die unseres Sonnensystems um das 25-fache übersteigt. Weitere Untersuchungen insbesondere mit dem Hubble-Weltraumteleskop bestätigten die Vermutung, dass es sich hier um ein sich gerade entwickelndes Planetensystem um Beta Pictoris handelt. (→Sternbilder)

Die hellsten Sterne des Sternbilds Maler

Name	Helligkeit visuelle	Helligkeit absolute	Spektralklasse	Entfernung in Lichtjahren
α	$3\overset{\mathrm{m}}{,}2$	1^{M}	A7	88
β	$3\overset{\mathrm{m}}{,}9$	2^{M}	A3	63
γ	$4\overset{\mathrm{m}}{,}5$	1^{M}	K1	175

Malerstaffelei, das Sternbild →Maler.

MAP, →WMAP.

Mare [lat. »Meer«] *das, -/- oder ...ria,* dunkle, tief liegende Gebiete auf der Oberfläche des →Mondes, die mit bloßem Auge sichtbar sind und weniger hell scheinen als ihre als Terrae (*Singular* Terra) bezeichneten Nachbargebiete.

Margaret, ein im Jahr 2003 entdeckter kleiner äußerer Mond des Planeten →Uranus. Er umkreist Uranus in einem mittleren Abstand von 14,3 Millionen Kilometern in rund 1694 Tagen. Margaret ist der einzige der äußeren Uranusmonde mit einer prograden Bahn.

Mariner ['mærɪnə, englisch], Name einer Serie amerikanischer Raumsonden der NASA zur Erforschung der Planeten →Merkur, →Venus und →Mars.

Marius, Simon, eigentlich **Mayr,** deutscher Astronom, *Gunzenhausen 10. 1. 1573, †Ansbach 26. oder 27. 12. 1624; Hofastronom in Ansbach und Verfasser von Kalendern sowie Prognostika; Entdecker des Andromedanebels und (unabhängig von G. Galilei) der größten vier Jupitermonde sowie der Sonnenflecken.

Markab [arab. »Sattel«], der Stern α Peg im Sternbild →Pegasus; scheinbare Helligkeit $2\overset{\mathrm{m}}{,}49$, absolute Helligkeit -1^{M}, Spektraltyp B 9, Leuchtkraftklasse V, Entfernung 140 Lichtjahre.

Markarian-Galaxi|en [nach dem sowjet. Astronomen Benjamin E. Markarian, *1913, †1985], Galaxien mit außergewöhnlich starker Strahlung im blauen und ultravioletten Spektralbereich und mit zum Teil sehr hellen, nahezu sternförmig erscheinenden Kernen. Viele Markarian-Galaxien gehören zum Typ der

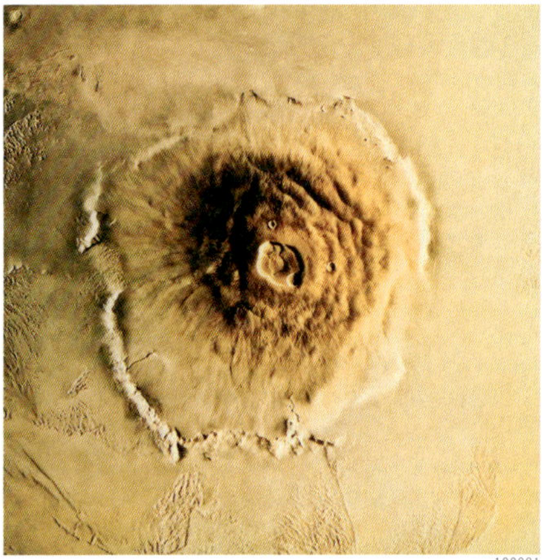

Mars. Der Olympus Mons auf dem Mars ist mit 21 km der höchste bisher bekannte Vulkan des Sonnensystems.

→Seyfert-Galaxien, sind also aktive Galaxien. Markarian-Galaxien ohne auffälligen Kern werden wegen ihrer spektralen Eigenschaften als intergalaktische H II-Gebiete bezeichnet.

Mars, astronomisches Zeichen ♂, der »Rote Planet«, der erdnächste der oberen Planeten, d. h. derjenigen, deren Bahnen die Erdbahn einschließt; von allen Planeten der erdähnlichste. Der Mars ist etwa halb so groß wie die Erde, besitzt aber wegen etwas geringerer Dichte nur etwa ein Zehntel von deren Masse. Wegen seiner wenig dichten Atmosphäre ist es möglich, auch von der Erde aus seine Oberfläche zu betrachten, was ihn frühzeitig zu einem bevorzugten Objekt der Planetenbeobachter machte.

Der Mars besitzt wie die Erde eine Rotation, wobei der Marstag nur wenig länger als ein Erdtag ist. Aufgrund des Neigungswinkels der Rotationsachse des Mars gegen seine Bahnebene, der fast dem der Erdachse gegen die Erdbahnebene gleicht, läuft auf ihm auch ein Wechsel von Jahreszeiten ab. Wegen der gegenüber der Erdbahn etwa sechsmal größeren Exzentrizität sind die Unterschiede in der Sonneneinstrahlung während des Perihels und Aphels sowie in der Dauer seiner Jahreszeiten größer als auf der Erde. Auf seiner Nordhalbkugel ist 199 (Erd-)Tage Frühling, 183 Tage Sommer, 147 Tage Herbst und 158 Tage Winter, wobei der Nordsommer kühler als der Südsommer, der Nordwinter aber wärmer als der Südwinter ist.

Die Entfernung des Mars von der Erde schwankt, je nach der Stellung der beiden Planeten in ihren Bahnen, zwischen 55,8 und 399,9 Mio. km. Sie wird besonders klein, wenn Mars während seiner Opposition in der Nähe des Perihels seiner Bahn steht, und beträgt dann nur etwa das 150-fache der Entfernung Erde–Mond. Solche Periheloppositionen ereignen sich etwa alle 15 bis 17 Jahre (die Letzte fand am 28. 8. 2003 statt). Die Distanzänderungen des Mars zur Erde bewirken Änderun-

Mars
→ GEO **Dossier**
Astronom unter Mordverdacht, Bd. 4

Mars
→ GEO **Dossier**
Rüstung für Raumreisende, Bd. 4

Mars Der Rote Planet

Die Gesteine des Mars enthalten Eisenoxid, also Rost, und sind deshalb rötlich gefärbt. Als die Quelle des Rostes wurde immer Wasser angenommen.
Allerdings fehlen offenbar Karbonate wie Kalkstein oder Ton, die sich nur mit Wasser bilden, wohingegen Olivin, ein Mineral, das in Gegenwart von Wasser schnell verwittert, in großer Menge auf der Marsoberfläche vorhanden ist.
Albert Yen schlägt eine »trockene« Lösung für das Rätsel vor: Ein Großteil der rostigen Oberfläche könnte mit eisenhaltigen Meteoriten bedeckt sein. Bis zu 60 Tonnen meteoritisches Material pro Jahr fallen auf die Marsoberfläche, im Laufe von einer Milliarde Jahren würde das eine 5 cm dicke Schicht ergeben. Ultraviolette Strahlung kann aus dem Meteoriteneisen ein Elektron herausschlagen, das durch Sauerstoff in der Marsatmosphäre gebunden würde – das Eisen rostet ohne Wasser.
Meteoritisches Eisen wäre magnetisch – wie der Marsstaub.
Wenn die Theorie stimmt, müsste der Marsstaub 0,1 % meteoritischen Nickel enthalten, was die beiden Mars Exploration Rover leicht feststellen könnten.
Das Bild zeigt eine Aufnahme des Mars mit dem Hubble-Weltraumteleskop vom 27. 8. 2003, einen Tag, bevor er die geringste Distanz von der Erde während der Rekordopposition erreicht hatte.

Mars.
Panoramaaufnahme von der Oberfläche des Planeten Mars, aufgenommen von der amerikanischen Sonde Pathfinder. Im Vordergrund ist das Landungsgerät zu sehen.

gen seiner scheinbaren Größe zwischen etwa 3" und 25". Damit verbunden ist eine Änderung seiner scheinbaren Helligkeit um fünf Größenklassen; zur Zeit seiner größten Helligkeit ist Mars beträchtlich heller als Sirius, der hellste Stern am Himmel.

■ **Marsoberfläche** Bei visueller Beobachtung sind weiße Polkappen die auffälligste Erscheinung auf der Oberfläche des Mars. Die Größe dieser Kappen schwankt periodisch mit den Marsjahreszeiten und erreicht gegen Ende des Winters der jeweiligen Hemisphäre ihr Maximum. Die Südkappe kann dabei bis auf 50° südlicher Breite, die Nordkappe bis auf 60° nördlicher Breite vordringen. Im jeweiligen Frühjahr werden sie schnell kleiner, verschwinden aber auch im Sommer nicht ganz. Die Temperaturen an den Polkappen variieren je nach Jahreszeit zwischen etwa −140 und −15 °C. Beide Kappen werden von einer permanenten Wasserschnee- oder -eisdecke gebildet. Während des Marswinters sinken die Temperaturen so weit ab, dass Kohlendioxid zu Trockeneis kondensieren kann. Die Nordkappe besteht im Sommer, zur Zeit ihrer geringsten Ausdehnung, nur oder ganz überwiegend aus Wassereis, die Südkappe während des kalten Südsommers dagegen mit großer Wahrscheinlichkeit auch aus Trockeneis. Mithilfe der Raumsonde »Mars Odyssey« gelang 2002 der Nachweis, dass um die Pole in Breiten über etwa 60° größere Mengen Wasser, eingeschlossen im Oberflächenmaterial, als Eis existieren, wo dieses möglicherweise einen Dauerfrostboden bildet. Zum ersten Mal wurde damit Wassereis auch außerhalb der Polkappen des Mars in bemerkenswerten Mengen gefunden.

Zu den von der Erde aus deutlich erkennbaren Details der Marsoberfläche gehören helle und dunkle Gebiete. Die hellen Gebiete erstrecken sich über etwa drei Viertel der Marsoberfläche. Sie sind orange bis rötlich gefärbt – hervorgerufen durch rötlichen (eisenhaltigen) Staub, der durch unregelmäßig auftretende, gewaltige Stürme transportiert wird – und geben dem Mars seine rötliche Gesamtfärbung.

Die Oberflächenstrukturen des Mars sind auf der nördlichen Halbkugel deutlich anders als auf der südlichen. Während die dunkler scheinende Südhalbkugel merklich über dem mittleren Niveau (Normalniveau) liegt und (ähnlich wie die Hochländer des Mondes) mit Einschlagkratern übersät ist, deren Anzahldichte auf ein Alter der Oberflächenstrukturen von etwa 3,5 Mrd. Jahren schließen lässt, zeigt die hellere Nordhalbkugel ausgedehnte, von Lava überflutete Ebenen (morphologisch den Maria des Mondes verwandt), die durchschnittlich unter Normalniveau liegen, eine geringere Kraterdichte haben und wesentlich jünger sind. Die eindrucksvollsten Gebilde der Nordhalbkugel sind die großen Schildvulkane der Tharsisregion und ein ausgedehntes Netz von Tälern, die nach der Raumsonde Mariner 9 benannten Valles Marineris. Zu den Vulkanen gehört der **Olympus Mons,** mit einem Basisdurchmesser von 600 km und einer Höhe von etwa 21 km der bislang größte bekannte Vulkan des Sonnensystems, etwa doppelt so hoch wie der Mauna Loa auf Hawaii relativ zum Meeresboden; der Calderakomplex auf seinem Gipfel hat einen Durchmesser von rund 80 km. Die **Valles Marineris** sind riesige, canyonähnliche Gebilde, die sich in Ost-West-Richtung

Astronomische und physikalische Daten des Mars
(gerundete Vielfache der entsprechenden Erdgrößen in Klammern)

■ **Bahn**	
größte Entfernung von der Sonne	$249{,}2 \cdot 10^6$ km (1,6)
kleinste Entfernung von der Sonne	$206{,}6 \cdot 10^6$ km (1,4)
Umfang der Bahn	$1{,}43 \cdot 10^9$ km (1,5)
numerische Exzentrizität	0,0934 (5,8)
Bahnneigung gegen die Ekliptik	1° 51'
siderische Periode	687,02 d (1,9)
synodische Periode	779,94 d
■ **Planet**	
Äquatorradius	a = 3 397 km (0,53)
Polradius	b = 3 377 km (0,53)
Abplattung	$f = (a-b)/a$ = 0,0058 (1,7)
Masse	$6{,}416 \cdot 10^{23}$ kg (0,11)
mittlere Dichte	3,94 g/cm³ (0,72)
Schwerebeschleunigung an der Oberfläche	3,71 m/s² (0,38)
Entweichgeschwindigkeit	5,03 km/s (0,45)
Rotationsperiode	24 h 37 m 23 s (1,03)
Äquatorneigung	25° 12' (1,07)
scheinbare Größe	3" bis 25"
scheinbare Helligkeit	etwa $+2^m$ bis -3^m
bei mittlerer Opposition	$-2\overset{m}{,}01$

100001

Mars. Die Valles Marineris auf dem Mars sind riesige, canyonähnliche Gebilde, die sich in O-W-Richtung über 2 500 km und in N-S-Richtung über 150 bis 700 km erstrecken.

über 2 500 km und in Nord-Süd-Richtung über 150 bis 700 km erstrecken. Sie sind mit einer Weite von bis zu 700 km und einer Tiefe bis zu 7 km wesentlich größer als die irdischen Canyons. Wahrscheinlich sind sie das Resultat von Faltungsbrüchen der Marsoberfläche. Die Äquatorregion zeigt kleinere Täler, die möglicherweise durch gewaltige Wasserströme geformt wurden. An den Landestellen der Viking-Raumsonden besteht der Boden aus einem feinkörnigen Material (Regolith) und ist mit zahlreichen, vielfach scharfkantigen Gesteinsbrocken bedeckt. In den Bodenproben wurden Silicium mit rund 20 Masse-% und Eisen mit circa 13 % als häufigste Elemente nachgewiesen sowie Magnesium, Calcium, Aluminium, Schwefel, Titan und Kalium in geringen Anteilen.

Ein früher viel diskutiertes und zu mancherlei Spekulationen Anlass gebendes Phänomen der Marsoberfläche, die »**Marskanäle**«, die erstmals von G. V. Schiaparelli 1877 beschrieben und als »canali« (italienisch »Rinne«, »Furche«) bezeichnet wurden, wird heute als Täuschung des menschlichen Auges angesehen, das dazu neigt, nicht vollständig auflösbare Strukturen zu geometrischen Gebilden zu ergänzen. Diese »Kanäle« konnten nie auf fotografischen Aufnahmen des Mars nachgewiesen werden und treten auch bei visueller Beobachtung mit großen Teleskopen nicht auf.

Rechte Seite: Der Phoenix-Lander (Grafik) der NASA soll im Jahr 2008 auf dem Mars nach Wassereis schürfen.

■ **Marssonden** Seit der Entsendung von Raumsonden zum Mars (), mit deren Hilfe nicht nur eine Kartografierung der gesamten Planetenoberfläche sowie des Höhenprofils gelang, sondern auch Messungen von Oberflächentemperatur, Druck und Zusammensetzung der Atmosphäre möglich waren und Landegeräte erfolgreich abgesetzt werden konnten (Viking 1 und 2, 1976), ist die Bedeutung erdgestützter Beobachtungen des Mars in den Hintergrund getreten.

Jedoch ist die Geschichte der Fernerkundung des Mars durch Vorbeiflüge von Marssonden und aus der Umlaufbahn seit Beginn der 60er-Jahre des 20. Jahrhunderts bis in die heutige Zeit geprägt durch eine Vielzahl von Fehlschlägen. Einen ersten Erfolg erzielte die NASA mit der Passage der Marssonde Mariner 4 am 15. Juli 1965. Mit der Übertragung von 22 Bildern konnten wenige Prozent der Marsoberfläche abgedeckt werden, die aber zufällig ausschließlich von Kratern dominierte Gebiete zeigten. Wenige Tage nach der ersten bemannten Mondlandung im Juli 1969 wurden bei weiteren Vorbeiflügen von Mariner 6 und 7 bescheidene Fortschritte in der Erforschung des Roten Planeten erzielt. Der Marsdurchmesser, Oberflächentemperaturen sowie Druck und Zusammensetzung der Planetenatmosphäre konnten gemessen und über 200 Bilder übertragen werden.

1971 schwenkten erstmals zwei Marssonden in eine Umlaufbahn ein, die sowjetischen Mars 2 und 3. Die Sonden übermittelten Messdaten, wenig erfolgreich waren jedoch die Versuche, Landekapseln weich auf der Marsoberfläche abzusetzen. Wenige Monate später, ab November 1971, erzielte die US-Sonde Mariner 9 aus der Marsumlaufbahn einen Durchbruch in der Kartografierung der Planetenoberfläche und der beiden Marsmonde Phobos und Deimos. Die Orbiter der US-Sonden Viking 1 und 2 verbesserten ab 1976 die Kartografierung.

Erste Versuche zur unmittelbaren Erkundung der Marsoberfläche gehen in die 60er-Jahre des 20. Jh. zurück. Als erster irdischer Flugkörper erreichte die Landekapsel der sowjetischen Mission Mars 2 am 27. November 1971 den Marsboden, wurde jedoch beim Aufschlag zerstört. Nur fünf Tage später gelang die Landung der Landekapsel von Mars 3, verwertbare Daten blieben jedoch aus. Die ersten erfolgreichen Landungen erzielte die NASA mit den Sonden Viking 1 und 2 im Juli und August 1976. Während ihrer monatelangen Betriebsdauer entnahmen und analysierten sie Bodenproben und übermittelten zahlreiche Aufnahmen. Ein weiterer Erfolg war die Landung der amerikanischen Sonde →Pathfinder (1997), bei der erstmals ein geländegängiges Bodenfahrzeug, das Marsmobil Sojourner, eingesetzt wurde, das sowohl Nahaufnahmen von Marsgestein lieferte als auch Analysen mit dem Mössbauer-Spektrometer des Mainzer

102900

Marssonden

Name	Staat	Masse in kg (gerundet)	Start	Ankunft bei Mars	Ergebnis
–	UdSSR	?	10. 10. 1960	–	Fehlstart (nicht offiziell bekannt gegeben)
–	UdSSR	?	14. 10. 1960	–	Explosion am Boden
–	UdSSR	?	24. 10. 1962	–	im Erdorbit verblieben, Absturz 29. 10. 1962
Mars 1	UdSSR	900	1. 11. 1962	20. 6. 1963	Passage in 193 000 km (kein Funkkontakt mehr)
–	UdSSR	900?	4. 11. 1962	–	im Schwerefeld der Erde verblieben, Absturz 5. 11. 1962
Mariner 3	USA	260	5. 11. 1964	?	Passage? (Funkkontakt nach 9 Stunden verloren)
Mariner 4	USA	260	28. 11. 1964	15. 7. 1965	Passage in 9 844 km; 22 Bilder übertragen, die Krater zeigten
Sonde 2	UdSSR	1 145	30. 11. 1964	6. 8. 1965	Passage in 15 000 km (kein Funkkontakt mehr)
Mariner 6	USA	410	24. 2. 1969	31. 7. 1969	Passage in 3 412 km; Daten über Oberflächentemperatur, Druck und Zusammensetzung der Planetenatmosphäre sowie 75 Bilder der Äquatorregion übertragen; Vermessung des Marsdurchmessers
–	UdSSR	4 500	27. 2. 1969?	–	Fehlstart (nicht offiziell bekannt gegeben)
–	UdSSR	4 500	3. 3. 1969?	–	Fehlstart (nicht offiziell bekannt gegeben)
Mariner 7	USA	410	27. 3. 1969	5. 8. 1969	Passage in 3 424 km; Daten wie Mariner 6 sowie 126 Bilder der südlichen Hemisphäre
Mariner 8	USA	1 000	8. 5. 1971	–	Fehlstart
Kosmos 419	UdSSR	?	10. 5. 1971	–	im Schwerefeld der Erde verblieben, Absturz 12. 5. 71
Mars 2	UdSSR	4 650	19. 5. 1971	27. 11. 1971	Marsumlaufbahn; Daten über Oberfläche und Atmosphäre übermittelt; Landekapsel hart aufgeschlagen
Mars 3	UdSSR	4 650	28. 5. 1971	2. 12. 1971	Marsumlaufbahn; Messungen wie Mars 2; Landekapsel ausgesetzt, jedoch keine verwertbaren Daten
Mariner 9	USA	1 000	30. 5. 1971	13. 11. 1971	Marsumlaufbahn 1 397×17 916 km, nach Korrektur 1 653×16 915 km; Kartografierung der Planetenoberfläche; Atmosphärenmessungen; Übermittlung von 7 329 Bildern der Marsoberfläche sowie der Marsmonde Phobos und Deimos
Mars 4	UdSSR	4 650	21. 7. 1973	10. 2. 1974	nur Passage in 2 200 km (geplante Marsumlaufbahn nicht erreicht)
Mars 5	UdSSR	4 650	25. 7. 1973	12. 2. 1974	Umlaufbahn 1 760×32 500 km; Atmosphärenmessungen, 30 Fotos der Planetenoberfläche
Mars 6	UdSSR	4 650	5. 8. 1973	12. 3. 1974	Passage in 48 000 km; Absetzen einer Landekapsel, doch Verlust des Funkkontakts zu dieser
Mars 7	UdSSR	4 650	9. 8. 1973	9. 3. 1974	Passage in 30 000 km; Landekapsel verfehlte den Planeten um 1 200 km
Viking 1	USA	3 500	20. 8. 19 75	19. 6. 1976	Umlaufbahn; Absetzen eines Landers (600 kg) am 20. 7. 1976, der Bodenproben entnahm und analysierte sowie Fotos anfertigte und zur Erde übertrug; der Orbiter übermittelte Fotos von Phobos zur Erde
Viking 2	USA	3 700	9. 9. 1975	7. 8. 1976	Absetzen eines Landers am 3. 9. 1976; Aufgaben und Ergebnisse wie Viking 1
Phobos 1	UdSSR	6 200	7. 7. 1988	23. 1. 1989	geplant: Untersuchung des Mars und seines Mondes Phobos, doch Abbruch des Funkkontaktes am 2. 9. 1988
Phobos 2	UdSSR	6 200	12. 7. 1988	29. 1. 1989	Umlaufbahn 900×81 000 km; Aufgaben wie Phobos 1; Fotos von Mars und Phobos sowie Messwerte übertragen, doch Funkkontakt vor Annäherung an Phobos am 27. 3. 1989 verloren
Mars Observer	USA	2 500	25. 9. 1992	–	geplant: Fotos und Messwerte der Marsoberfläche und -atmosphäre; Kontaktverlust am 20. 8. 1993

Marssonden (Fortsetzung)

Name	Staat	Masse in kg (gerundet)	Start	Ankunft bei Mars	Ergebnis
Mars Global Surveyor	USA	1030	7. 11. 1996	(12. 9. 1997)	Aufnahmen der Marsoberfläche, zahlreiche Messungen
Mars 96 (Mars 8)	GUS	6600	16. 11. 1996	–	geplant: geologische Untersuchungen des Mars, astrophysikalische Forschungen, Aussetzen von Landern; Sonde verblieb jedoch im Erdorbit, Absturz nach dem dritten Erdumlauf
Pathfinder	USA	870	4. 12. 1996	4. 7. 1997	Landung, Aussetzen eines automatischen Fahrzeugs, Nahaufnahmen von Marsgestein
Nozomi	Japan	540	3. 7. 1998	–	geplant: Erforschung der Ionosphäre des Mars und seiner Wechselwirkung mit dem Sonnenwind; Sonde erreicht jedoch aufgrund eines Schaltkreisdefekts nur eine Umlaufbahn um die Sonne
Mars Polar Lander	USA	576	3. 1. 1999	–	geplant: Landung am Südpol des Mars, umfangreiche Untersuchungen über die Zusammensetzung der Polkappen; ging jedoch am 3. 12. 1999 beim Landevorgang verloren
2001 Mars Odyssey	USA	729,7	7. 4. 2001	24. 10. 2001	Erkundung der Marsoberfläche im Infrarotbereich (6,5 bis 14,5 µm) und der Strahlungsumgebung des Planeten
Mars Express	Europa (ESA)	1120	2. 6. 2003	25. 12. 2003	stereoskopische Aufnahmen der Marsoberfläche, sechs weitere Instrumente untersuchen die Struktur und Geologie des Mars sowie dessen Atmosphäre, das Bodenradar MARSIS sucht nach Wasser und entdeckte am 30. 11. 2005 ein Eisfeld; der Lander Beagle 2 ging am 25. 2. 2004 verloren
Mars Exploration Rover 2003	USA	1063	10. 6. 2003 »Spirit« (MER-A) 7. 7. 2003 »Opportunity« (MER-B)	4. 1. 2004 (»Spirit«) 25. 1. 2004 (»Opportunity«)	zwei identische Sonden, die auf der Marsoberfläche landeten und jeweils ein sechsrädriges Fahrzeug (Rover) absetzten; Ziel beider Sonden waren biologische, klimatologische und planetologische Untersuchungen auf gegenüberliegenden Hemisphären des Mars; der Kontakt zu »Spirit« ging 18 Tage nach der Landung verloren, konnte aber einige Tage später wieder aufgenommen werden
Mars Reconnaissance Orbiter	USA	1031	12. 8. 2005		Vollendung der Arbeit von 2001 Mars Odyssey, Suche nach organischen Verbindungen
Phoenix	USA	892	2007 (geplant)		Bodenuntersuchungen, Untersuchung von Wassereis
Mars Science Laboratory	USA	600	2009 oder 2011 (geplant)		Geologische Untersuchungen
ExoMars	Europa (ESA)	200	2011 (geplant)		Absetzen eines Rovers, Suche nach organischen Verbindungen

Max-Planck-Instituts für Kosmochemie durchführte. Danach scheint der Marsboden das Verwitterungsprodukt von basaltischem Eruptivgestein zu sein. Im Dezember 2003 setzte die europäische Raumfahrtorganisation ESA im Rahmen ihrer ersten Planetenmission Mars Express die Landekapsel Beagle 2 ab. Die Sonde, ausgestattet mit einem komplexen Mess- und Analysearm, ging jedoch aus ungeklärtem Grund verloren.

Im August 2003 erreichte der Mars mit rund 56 Mio. km seine größte Annäherung an die Erde. Diese Konstellation begünstigt die Mitte 2003 begonnenen Marsmissionen →Mars Express (im Auftrag der ESA) und →Mars Exploration Rovers (NASA), die sich insbesondere auch mit geologischen und mineralogischen Untersuchungen und der Suche nach Wasser und Mikroorganismen befassen. Die (1998 gestartete) japanische Raumsonde Nozomi, die den Mars Ende 2003 erreichen sollte, ist gescheitert, da die Sonde wegen eines Schaltkreisdefekts nur eine entfernte Umlaufbahn um die Sonne erreichen wird. Es wird allerdings überlegt, die Sonde zur Beobachtung der Sonnenaktivität einzusetzen.

▪ **Marsatmosphäre** Der Mars hat eine dünne Atmosphäre, mit einem Druck von 5 bis 10 hPa an der Oberfläche (rund 0,6 % des Drucks der Erdatmosphäre in Meereshöhe). Die untere Marsatmosphäre besteht v. a. aus Kohlendioxid (95 Volumenprozent), weiterhin aus Stickstoff (2,7 %), Argon (1,6 %), geringen Mengen von Sauerstoff, Wasserdampf und Kohlenmonoxid sowie Spuren von Krypton und Xenon. In höheren Atmosphärenschichten konnte (erstmals 2001) auch molekularer Wasserstoff nachgewiesen werden. Er ent-

Die Satelliten (Monde) des Mars

	Deimos	Phobos
Entdecker (Jahr)	A. Hall, 1877	A. Hall, 1877
mittlerer Bahnradius	23 460 km	9 380 km
siderische Periode	1,262 d	0,319 d
Bahnneigung zum Marsäquator	1,793°	1,075°
numerische Exzentrizität der Bahn	0,0002	0,0151
Größe (in km)	15×12×10	27×22×18
Masse	$2 \cdot 10^{15}$ kg	$1{,}08 \cdot 10^{17}$ kg

steht in der Marsatmosphäre in 20–50 km Höhe, wenn Sonnenlicht Wassermoleküle spaltet. Von dort gelangen die Moleküle in höhere Schichten, wo sie durch energiereiche Photonen in Wasserstoffatome zerlegt werden. Diese können in den Weltraum entweichen, sodass der Mars permanent einen geringen Teil seines Wasserstoffs (und damit seines Wasservorrats) verliert. Die Dynamik in der Marsatmosphäre, zu der auch gewaltige Sandstürme gehören, wird weitgehend durch die relativ großen, auch jahreszeitlich bedingten Temperaturunterschiede bestimmt.

■ **Klima** Analysen von Erosionsspuren, Kraterdichten und Staubablagerungen sowie ausgedehnter polnaher Gebiete mit höckeriger Geländestruktur und Ähnlichkeiten mit irdischen antarktischen Trockentälern legen den Schluss nahe, dass es in geologisch jüngerer Zeit (Größenordnung 1 Mio. Jahre) eine Eiszeit in niedrigeren Breiten gab. Der Mechanismus unterscheidet sich von dem irdischer Eiszeiten. Auf dem Mars führen Veränderungen in den Bahnparametern und der Achsneigung zur Erwärmung der Pole. Polares Wassereis entweicht dann als Wasserdampf in die Atmosphäre und schlägt sich in mittleren Breiten als mehrere Meter dicke, staubhaltige Eis- oder Schneedecke nieder, die unter einer isolierenden Staubschicht konserviert würde. Bei erneuter Abkühlung der Pole kehrt sich der globale Klimaprozess um. Periodisch wiederkehrende Eiszeiten könnten zum Verständnis möglicherweise durch Wasserströme hervorgerufener Strukturen beitragen.

■ **Magnetfeld** Der Mars besitzt gegenwärtig kein großräumiges einheitliches Magnetfeld, nur kleinräumige, lokal begrenzte Magnetfeldanomalien. Die Grenze der Marsmagnetosphäre liegt an der sonnenzugewandten Seite im Mittel nur etwa 0,4 Marsradien über der Oberfläche, wobei große zeitliche Variationen auftreten dürften.

■ **Innerer Aufbau** Der innere Aufbau des Mars ist noch weitgehend unbekannt. Man rechnet mit einem ähnlichen Schalenaufbau wie bei der Erde. Die Krustendicke dürfte wesentlich größer als die irdische sein, der nur zu einem relativ geringen Teil aus Eisen bestehende Kern hingegen kleiner als der Erdkern.

■ **Monde** Der Mars besitzt zwei Satelliten (Monde), →Deimos und →Phobos, vermutlich eingefangene ehemalige Planetoiden mit einer jetzt synchronen Rotation, d. h., ihre Längsachse zeigt immer zum Mars. Beide sind wahrscheinlich im Wesentlichen Gesteinssatelliten.

■ **Nachweis organischer Substanzen** Untersuchungen des Marsbodens hinsichtlich der Existenz biologischer Substanzen oder Mikroorganismen, die wie irdische Organismen Stoffwechselprozessen unterliegen, brachten keinerlei Hinweise darauf. Auf der Erde gibt es einige SNC-Meteoriten, deren Ursprung der Mars ist, von dem sie beim Einschlag eines großen Himmelskörpers weggeschleudert wurden. In dem aller Wahrscheinlichkeit nach vom Mars stammenden Meteoriten ALH 84001 wurden in kleinen Karbonatkügelchen Gebilde gefunden, die Ähnlichkeiten mit mikroskopischen terrestrischen Fossilien aufweisen, aber nur etwa $^1/_{100}$ ihrer Größe haben. Ob es sich tatsächlich um Fossilien handelt, wird bezweifelt. Endgültige Beweise für die (frühere) Existenz oder Nichtexistenz von Leben auf dem Mars fehlen noch.

■ **Siehe auch**

→ Astronomie · außerirdisches Leben · Exobiologie · Marsmeteorite · Sonnensystem

Harrison Schmitt, Astronaut von Apollo 17, über zukünftige Missionen zum **Mars:**

»Auf lange Sicht wird gar kein Weg daran vorbei führen, dass der Homo sapiens die Erde verlässt und zum Beispiel auf dem Mars eine neue Heimat findet. Der erste Schritt dorthin, eine ständige Außenstelle der Menschheit auf dem Mond, entspricht ungefähr dem Auszug der ersten Menschen aus Afrika vor rund 150 000 Jahren. Ein ständiger Vorposten unseres Planeten auf dem Mond, der autark ist und sich selbst versorgt, wäre ein Anfang bei der Kolonisierung des Weltraums.«

Mars-Crosser, →Amor-Planetoiden.

Mars Exploration Rovers ['mɑːz ɪksplə'reɪʃn 'rəʊvə, engl.], Mission der NASA zur Erkundung des Planeten Mars, die insbesondere geologische und mineralogische Untersuchungen und die Suche nach Wasser und Mikroorganismen zum Ziel hat. Nach mehreren Fehlschlägen im Jahr 1999, darunter der durch einen Berechnungsfehler verursachte Absturz des Mars Polar Lander auf dem Roten Planeten, konnte die NASA im Rahmen dieser Mission am 4. Januar 2004 erneut eine Sonde, Mars Exploration Rover A (MER-A »Spirit«), erfolgreich in der tief gelegenen Senke des Gusev-Kraters landen. Drei Wochen später, am 25. Januar, folgte die identische Sonde MER-B »Opportunity« in ihrem Zielgebiet Meridiani Pla-

Mars Exploration Rovers
→ GEO **Dossier**
Die Lichtmaschine am Firmament, Bd. 4

num. Die Landeplattform deponierte jeweils ein sechsrädriges Fahrzeug (Rover) auf der Marsoberfläche. Ziel beider Sonden waren biologische, klimatologische und planetologische Untersuchungen in einem Umkreis von 1,5 km um den Landepunkt. Die Suche nach Wasser in seinen unterschiedlichen Zuständen gehört zu den wichtigsten Missionszielen. Neben Analysen des Marsmaterials wurden hochaufgelöste Panorama- und Nahaufnahmen übertragen. Zur Ausstattung der Mars-Rover gehören ein Alphateilchen-Röntgenspektrometer zur Identifizierung chemischer Elemente und das bereits bei der Pathfinder-Mission bewährte Mößbauer-Spektrometer MIMOS II sowie der Microscopic Imager, eine Kamera zur optischen Detailuntersuchung des Marsmaterials. Überraschenderweise entdeckte Spirits MIMOS das Mineral Olivin, das vor allem bei Anwesenheit von Wasser sehr leicht verwittert. Ob das Olivin im oberflächlichen Staub selbst oder im geschützt darunter liegenden Gestein enthalten ist, konnte noch nicht geklärt werden. Mit dem Spektrometer wurden verschiedene eisenhaltige Mineralien nachgewiesen. Ob das Eisen originär vom Mars oder von Meteoriten stammt, wird diskutiert.

Der Funkkontakt mit »Spirit« ging jedoch bereits am 18. Tag nach der Landung und nach nur wenigen Metern Fahrt verloren, nachdem der Bordcomputer des Rovers »abstürzte«. Die Techniker konnten den Kontakt wieder herstellen, per Ferndiagnose den Fehler identifizieren und den Rover wieder funktionstüchtig machen; nach zehn Tagen nahm »Spirit« die wissenschaftliche Arbeit wieder auf.

101471

Mars Exploration Rovers.
Der Mars-Rover »Spirit« steht auf der Marsoberfläche, sein Instrumentenarm ragt ins Blickfeld. Der Landeplatz ist übersät von basaltischen Steinen, die wie der Boden von einer rostroten Staubschicht überzogen sind.

In der Zwischenzeit war »Opportunity« in einem 22 m weiten Krater gelandet und konnte nach nur sieben Tagen vom Landegerät rollen und die ersten Untersuchungen des sehr dunk-

Mars Express Beagle 2 und Spirit

Im Januar 2004 fiel die Entscheidung: Der europäische Marsroboter Beagle 2 (Bild) meldete sich nicht und galt dann offiziell als verschollen. Damit war dieser Teil des europäischen »Schnellschusses« zum Mars gescheitert. Der Orbiter umkreist dagegen den Mars und arbeitet einwandfrei. Zur gleichen Zeit sollte nach Sojourner der zweite frei bewegliche amerikanische Roboter Spirit über den Mars rollen, hing allerdings zunächst auch fest. Inzwischen funktioniert Spirit aber einwandfrei.
Zwar hatte die ESA bei der Landung die Nase vorn, aber schon zu dieser Zeit waren die am europäischen Projekt Beteiligten ihres Erfolges nicht mehr sicher. Die Marssonde sollte unbedingt die seltene Konjunktion zwischen Mars und Erde ausnutzen, die sich 2003 einstellte. Entsprechend schnell mussten Sonde und Roboter geplant und gebaut werden – die Planungsphase begann 1998 – und das bei einem Budget von »nur« 300 Millionen Euro.

101473

Beagle 2 allein kostete 45 Millionen. Für die Roboter Spirit und Opportunity gab die NASA über 500 Millionen Dollar aus.

101472

Mars Express. Die hochauflösende Stereokamera des »Mars Express«-Orbiters nahm das Reull Vallis östlich des Hellas-Beckens am 15. 1. 2004 aus einer Höhe von 273 km auf. Es sind Einzelheiten bis zu einer Größe von 12 m erkennbar; in diesem Tal könnte einst Wasser geflossen sein und Ablagerungen zurückgelassen haben.

len Bodens aufnehmen. Die Spektren zeigten erste Hinweise auf Hämatit, das in einer »wässrigen« Umgebung entstanden sein könnte. Am Rand des Kraters wurde zum ersten Mal frei liegendes Grundgestein gefunden, das horizontale Schichtungen aufweist.

Mars Express [engl. ˈmɑːz ɪksˈpres], im Juni 2003 gestartete, erste europäische Marssonde, die insbesondere die Marsatmosphäre, Marsoberfläche und tiefere Schichten erkunden sowie nach organischem Leben und Spuren von Wasser suchen soll. Sie wurde am 2. Juni 2003 von Baikonur in Kasachstan aus gestartet und schwenkte nach weniger als sieben Monaten Flugzeit am 25. Dezember 2003 in eine Marsumlaufbahn ein. Sechs Tage zuvor hatte sie den Landeroboter Beagle 2 auf Eintrittskurs in die Marsatmosphäre gebracht. Während die Muttersonde nach einer Bahnänderung ihren polaren Einsatzorbit erreichte und am 14. Januar 2004 ihren Testbetrieb aufnehmen konnte, blieb Beagle 2 aus ungeklärter Ursache verschollen.

Hauptinstrument des Mars Express ist die High Resolution Stereo Camera (→HRSC), eine Multikanalkamera, die durch gleichzeitiges Abtasten in drei Richtungen entlang der Flugbahn stereoskopische Farbaufnahmen der Marsoberfläche liefert. Mit der in Deutschland entwickelten, äußerst hochauflösenden Kamera kann sogar nach Landesonden auf der Marsoberfläche gesucht werden. Weitere sechs wissenschaftliche Instrumente zur Fernerkundung untersuchen die Struktur und Geologie des Mars sowie dessen Atmosphäre. Besondere Erkenntnisse erhofft sich die ESA von MARSIS, einem Radar, das bis zu fünf Kilometer in die Gesteinsschichten eindringen soll. Die Dauer der Mission ist zunächst auf ein Marsjahr begrenzt.

Mars Global Surveyor [mɑːz ˈgləʊbl səˈveɪə], Abk. **MGS,** 1996 gestartete Raumsonde der amerikanischen Raumfahrtbehörde NASA zur Erkundung des Mars. Seit 1997 umkreist die Sonde den Planeten und liefert wertvolle Daten, v. a. zu dessen Gestalt, Topografie, Oberfläche, innerem Aufbau und Struktur.

Die Instrumentierung der Sonde ermöglicht eine präzise Erforschung sowohl der globalen Form des Planeten als auch der detaillierten Topografie, die auch Rückschlüsse auf die Entwicklung der Planetenoberfläche zulassen. Mit einer speziell entwickelten Kamera (»Mars Orbiter Camera«) werden Auflösungen bis zu 1,5 Meter pro Pixel erreicht. Zur Höhenvermessung des Mars dient ein Laser-Altimeter, mit dessen Hilfe auch Variationen der Bahn der Sonde genau bestimmt werden und Erkenntnisse über den inneren Aufbau des Planeten abgeleitet werden können. Unterstützt werden diese Untersuchungen durch Strukturuntersuchungen des Marsmagnetfeldes. Die langjährige, mehrfach verlängerte Betriebsdauer der Sonde gestattet das Studium zyklischer jahreszeitlicher Veränderungen des topografischen Reliefs, besonders in den Polargebieten, und die Gewinnung globaler Wetter- und Klimadaten. Sogar die sichere Unterscheidung zwischen Staubstürmen und Wassereiswolken ist möglich. Die fundierten meteorologischen Erkenntnisse erlaubten auch zuverlässige Wettervorhersagen für die Zielge-

101141

Mars Global Surveyor. Mosaik des Planeten Mars aus Aufnahmen des Mars Global Surveyor (2003), im Zentrum die Valles Marineris biete des erfolglosen europäischen Landeversuchs mit der Sonde Beagle 2 am 25. Dezember 2003 und der amerikanischen → Mars Exploration Rovers (Spirit und Opportunity) im Januar 2004.

Die großräumige Kartografierung lieferte Erkenntnisse über die Einflüsse des Vulkanismus auf die frühe globale Entwicklung des Mars. Durch Hunderttausende Aufnahmen konnten Erosionsvorgänge durch »Staubteufel« genannte lokale Wirbelstürme enträtselt werden. Ein Spektrometer an Bord des Mars Global Surveyor unterstützt die Erforschung der Chemie der Planetenoberfläche. Seit 2001 wird die Erforschung des Planeten durch die US-Sonde →Mars Odyssey erweitert.

Marskanäle, →Mars.

Marsmeteorite, ca. 1,3 Mrd. Jahre alte Steinmeteorite, die vermutlich vom Mars stammen. Nach ihren ersten Fundorten Shergotty (Indien), Nakhla (Ägypten) und Chassigny (Frankreich) werden sie auch als **SNC-Meteorite** bezeichnet. Wegen des Fehlens von direkt durch Marsmissionen eingesammelten Proben von Marsgestein ist der Mars als Ursprungsort nicht so eindeutig gesichert, wie dies analog bei den Mondmeteoriten der Fall ist. Besonders eingehend untersucht wurde der in der Antarktis gefundene Marsmeteorit EETA 79001. Eine Altersbestimmung ergab, dass das etwa 8 kg schwere Objekt vor ca. 180 Mio. Jahren vom Mars weggeschleudert wurde. Im Glasmaterial eingeschlossene Edelgase liegen im gleichen Verhältnis zueinander vor wie die von den Viking-Landern gemessenen Edelgase in der Marsatmosphäre. Auch das nachgewiesene 14N/15N-Verhältnis sowie auf dem Mars erzeugte Verwitterungsprodukte, die in den Marsmeteoriten gefunden wurde, sprechen für den Mars als Ursprungsort.

100562

Mars Observer. Grafische Darstellung der amerikanischen Raumsonde »Mars Observer«. Die NASA schickte die Raumsonde zur Aufklärung am Roten Planeten 1992 auf den Weg. Kurz vor dem Einschwenken in eine Marsumlaufbahn verstummte das insgesamt 891 Millionen Dollar teure Objekt für immer.

Mars Observer [ˈmɑːz əbˈzəːvə; engl.], amerikanische Marssonde, die den Planeten in 360 km Höhe über beide Pole hinweg umrunden und Oberfläche und Atmosphäre untersuchen sollte. Sie wurde am 25. 9. 1992 an

Marsmeteorite Bakterien auf dem Mars?

Der Marsmeteorit ALH 84001 fiel vor etwa 13 000 Jahren in das Eis der antarktischen Allan Hills und wurde dort 1984 gefunden. Seine eigentliche Karriere begann aber erst 1996, als der beinahe zwei Kilogramm schwere Brocken Gegenstand heftiger Diskussionen wurde. Denn einige Wissenschaftler glaubten, Spuren fossilen Lebens in ALH 84001 entdeckt zu haben. Zum einen stießen sie auf perlschnurartig aufgereihte Magnetitkristalle, wie sie hier auf der Erde auch die so genannten magnetotaktischen Bakterien produzieren. Sie nutzen diese Magneten zur Orientierung im Erdmagnetfeld. Eine genauere Untersuchung des Marsgesteins unter dem Transmissions-Elektronenmikroskop (TEM) deutet aber eher darauf hin, dass die Magnetitkristalle durch Entmischung innerhalb des Gesteins entstanden. Zum anderen wurden bestimmte Strukturen in ALH 84001 als fossilisierte Bakterien gedeutet (Bild). Hier wird jedoch inzwischen eingewendet,

101245

dass diese Strukturen auch Artefakte der benutzten Aufnahmetechnik sein könnten. Zudem ist die Größe der Strukturen nur im Bereich von einigen Nanometer, viel kleiner als gewöhnliche irdische Bakterien.

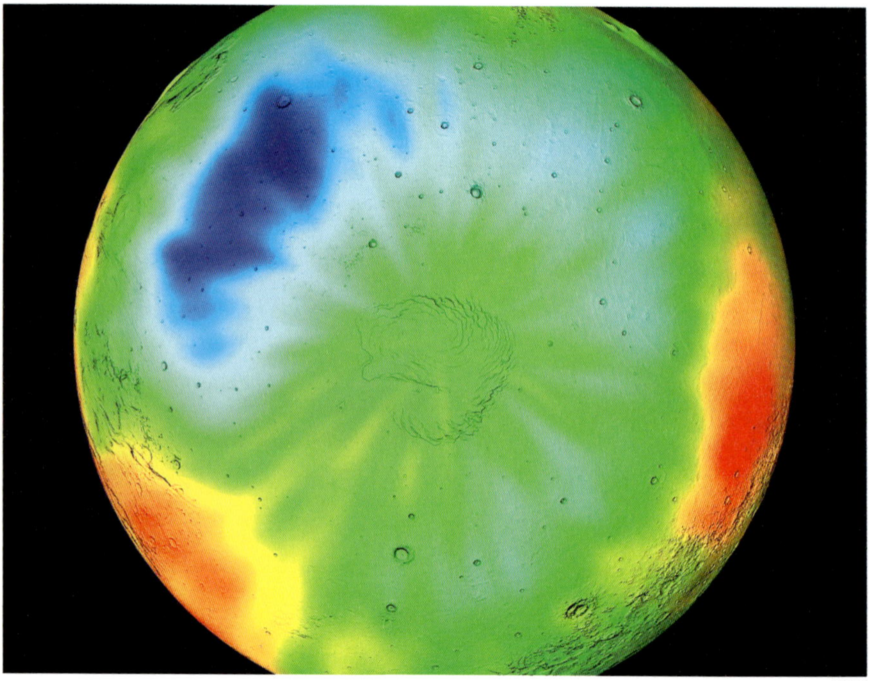

100562

Mars Odyssey. Das am 26. 6. 2003 veröffentlichte Foto zeigt Eisschichten (blau) in der Nordregion des Planeten Mars, aufgenommen von der NASA-Sonde Mars Odyssey.

Bord einer Titan-3-Rakete gestartet, doch schon während des Fluges traten Navigationsprobleme auf. Vier Tage vor Beginn des Einschwenkens auf einen Mars-Orbit ging die Sonde am 20. 8. 1993 endgültig verloren. Der Mars Observer war nicht nur eines der teuersten und ambitioniertesten NASA-Projekte, sondern auch die erste NASA-Planetensonde seit 27 Jahren überhaupt. Die Instrumente des Mars Observer wurden nachgebaut und flogen auf den Sonden Mars Global Surveyor und Mars Climate Orbiter erneut zum Mars.

Mars Odyssey ['mɑːz 'ɔdəsɪ], **2001 Mars Odyssey,** Planetensonde der NASA, die am 7. April 2001 zur Untersuchung der Marsoberfläche gestartet wurde. Die Sonde trat am 24. Oktober 2001 in eine Umlaufbahn um den Mars ein und führt seit Februar 2002 geochemisch-mineralogische Erkundungen der Oberfläche durch. Sie ist dafür mit drei Hauptinstrumenten ausgerüstet, von denen ein Gammastrahlenspektrometer (»Gamma Ray Spectrometer«) die Verteilung chemischer Elemente ermittelt. Das Gerät befindet sich auf einem 6 m langen Auslegearm, der nach Erreichen der Marsumlaufbahn ausgefahren wurde. Mit dem »Thermal Emission Imaging System« (THEMIS) wird die Marsoberfläche im Infrarotbereich bei 6,5 bis 14,5 μm untersucht.

■ **Ziele** Die Hauptziele der Odyssey-Mission sind die Suche nach unter der Oberfläche befindlichen Wasserreservoirs, die Analyse der Marszusammensetzung durch Aufspüren von Mineralien und chemischen Elementen und schließlich die Untersuchung der Strahlung in Marsumgebung durch das »Martian Radiation Environment Experiment«, um mögliche Einflüsse auf die Gesundheit zukünftiger Marsastronauten zu ermitteln. Dieses Experiment wurde im Oktober 2003 durch einen Sonnensturm zerstört.

Mithilfe des Detektors für hochenergetische Neutronen an Bord von Mars Odyssey kann indirekt der regionale Wassergehalt der oberen Bodenschichten abgeleitet und die Menge des Kohlendioxideises in den Polargebieten bestimmt werden. Die bisher vorliegenden Daten werden vorsichtig als Beleg für die Eiszeitinterpretation bestimmter Geländetypen gedeutet; jedoch widersprechen sie den Ergebnissen des Thermal Emission Spectrometers an Bord von → Mars Global Surveyor, der großflächige Olivin-Ablagerungen festgestellt hatte, die auf das völlige Fehlen freien Wassers hindeuten.

Mars Pathfinder, →Pathfinder.

Mạrs|sonden, unbemannte Raumflugkörper zur Erforschung des Planeten →Mars (Übersicht).

Mascons ['mæskɔnz; gekürzt aus engl. mass concentrations »Massenkonzentrationen«], *Singular* **Mascon** *das, -s,* Gebiete mit Schwereanomalien auf dem →Mond. Sie sind die Folge der die Maria (*Singular* Mare) bedeckenden Lavamassen, die aus tieferen Mondschichten stammen und eine höhere spezifische Dichte als das umgebende Krustengestein aufweisen. Die Mascons wurden durch

Unregelmäßigkeiten in der Bahn der Mondsonde Lunar Orbiter 5 beim Überfliegen verschiedener Maria entdeckt.

Maser [meızə, Kunstwort für englisch **M**icrowave **a**mplification by **s**timulated **e**mission of **r**adiation, »Mikrowellenverstärkung durch induzierte Strahlungsemission«], Anordnung zur Erzeugung und Verstärkung von Mikrowellen, die, analog zur Wirkungsweise des →Lasers, auf der stimulierten Emission elektromagnetischer Wellen durch Atome, Ionen oder Moleküle beruht.

■ **Natürliche Maser** Im Jahr 1963 wurden auch natürliche Maser im Universum entdeckt. In der Nähe des galaktischen Zentrums entdeckten Radioastronomen damals eine bei 6 cm Wellenlänge strahlende Radioquelle, die mit Gas- und Staubwolken verknüpft ist. Verursacht wird die Strahlung duch das Hydroxyl-Radikal OH, wobei die Strahlungstemperatur ungewöhnlich hoch ist. Weitere inzwischen entdeckte kosmische Maser basieren auf Wasser (H_2O-Maser, 1,35 cm Wellenlänge), aber auch auf komplizierteren Molekülen (z. B. Methylalkohol). Die Maser haben einen Durchmesser, der etwa mit der Größe des Sonnensystems vergleichbar ist, und stehen im Zusammenhang mit der Frühentwicklung von Sternen (→Sternentwicklung). Auch bei roten Riesensternen wurde Maser-Aktivität festgestellt, die ihren Ursprung wohl in den Gaswolken hat, die von diesen »sterbenden« Sternen abgestoßen werden.

Maskelyne ['mæskılın], Nevil, britischer Astronom, * London 6. 10. 1732, † Greenwich (heute zu London) 9. 2. 1811; seit 1765 Direktor der Sternwarte in Greenwich, ermittelte die mittlere Erddichte aus Lotabweichungen und begründete 1766 den »Nautical Almanac« (für nautische Zwecke bestimmte Ephemeriden).

Masse [spätahd. massa, über lat. von griech. māza »Teig aus Gerstenmehl«, »Fladen«, »Klumpen (aus Metall)«], eine der Grundeigenschaften der Materie und daher eine der Basisgrößen des Internationalen Einheitensystems (SI), Formelzeichen m, SI-Einheit Kilogramm (kg). Sie ist als **träge Masse** ein Maß für den Widerstand, den jeder Körper einer Änderung seines Bewegungszustandes entgegensetzt; die **schwere Masse** ergibt sich aus dem newtonschen Gravitationsgesetz und ist die Ursache der Anziehung, die die Körper aufeinander ausüben, also auch der Gewichtskraft der Körper im Schwerefeld der Erde. Die Gleichheit von träger und schwerer Masse ist bis auf 10^{-10} nachgewiesen und wird in der allgemeinen Relativitätstheorie vorausgesetzt. Aus der speziellen Relativitätstheorie folgt, dass die Masse vom Bewegungszustand des Körpers abhängt. Sie nimmt mit wachsender Geschwindigkeit zu und würde für die Lichtgeschwindigkeit unendlich groß, sodass Teilchen mit Ruhemasse > 0 nicht auf Lichtgeschwindigkeit beschleunigt werden können.

Masse-Energie-Äquivalenz, die aus der speziellen →Relativitätstheorie folgende Relation zwischen Energie und Masse, nach der jeder Form von Energie ein Masseäquivalent entspricht und jeder Masse ein Energieäquivalent. Der Zusammenhang zwischen Energie E und relativistischer Masse m wird durch die Einstein-Gleichung $E = mc^2$ (c Lichtgeschwindigkeit) gegeben. Die Masse-Energie-Äquivalenz hat durch die Möglichkeit der Umwandlung von Masse in Energie bei Elementarteilchenprozessen große praktische Bedeutung erlangt. Beispiele hierfür sind die Paarbildung und die Paarvernichtung und besonders der Massendefekt der Kerne, auf dessen Abhängigkeit von der Nukleonenzahl die Möglichkeit der Freisetzung von Kernenergie durch Kernspaltung oder Kernfusion beruht.

Masse-Leuchtkraft-Beziehung, Beziehung zwischen Masse M und →Leuchtkraft L bei Hauptreihensternen, nach der die Leuchtkraft (bzw. die absolute bolometrische Helligkeit M_{bol}) mit der Masse zunimmt (1924 von A. S. Eddington postuliert); im Mittel gilt die Beziehung $L \sim M^{3,5}$. Daneben besteht für Hauptreihensterne auch eine **Masse-Radius-Beziehung,** nach der mit wachsender Masse auch der Radius wächst. Beide Beziehungen sind von großer Bedeutung für die Theorie des Sternaufbaus.

Fortsetzung S. 286

Maser Megamaser

Kosmische Maser, die eine extrem starke Leuchtkraft besitzen, werden von den Astronomen als Megamaser bezeichnet. Eine ganze Reihe dieser Megamaser konnten vor allem in aktiven Galaxien entdeckt werden. 2003 entdeckte ein deutsch-italienisches Astronomenteam mit dem Effelsberger Radioteleskop erstmals einen Megamaser in einer »klassischen« Radiogalaxie mit der Bezeichnung 3C403, die als recht »radiolaut« gilt. Es ist gleichzeitig der am weitesten entfernte Megamaser, der bisher beobachtet wurde. Er befindet sich etwa 750 Millionen Lichtjahre von uns entfernt und bewegt sich aufgrund der Ausdehnung des Universums mit 17 000 Kilometern pro Sekunde von der Milchstraße weg. Die Intensität der Strahlung seiner einzigen Spektrallinie, die aus angeregtem Wasserstoff stammt, ist tausendfach stärker als die der Sonne im gesamten Spektralbereich. Die Strahlung, die von dem Megamaser verstärkt wird, stammt aus einem Schwarzen Loch im Zentrum von 3C403. Die Masse solcher Schwarzen Löcher kann viele Milliarden Sonnenmassen betragen. Sie sind von einer Akkretionsscheibe oder einem Torus aus Staub und Molekülen umgeben, doch es ist bis heute nicht möglich, Molekülstrahlung aus dem zentralen Bereich eines Schwarzen Lochs nachzuweisen. Das liegt vermutlich an der Kompaktheit dieser Gebiete und daran, dass sie nur wenig normale Radiostrahlung aussenden. In Masern dagegen wird die Strahlung verstärkt und lässt sich auf diese Weise auch noch in großer Entfernung messen. Daher bieten heute Maser die einzige Möglichkeit, die Akkretionsscheiben um Schwarze Löcher zu untersuchen.

Megalithobservatorien

Oft wird die Astronomie als älteste Wissenschaft bezeichnet. Doch tatsächlich liegen die Anfänge der Sternenkunde im Dunkeln. Schon in frühen Kulturen beobachteten die Menschen die Himmelserscheinungen, diese waren für sie oft Ausdruck mächtiger, höherer Wesen. Bei den Ägyptern etwa wurde mit dem Rang einer Staatsreligion der Sonnengott Ra verehrt. Im 3. Jahrtausend v. Chr. wurden in China schon Kometen und Sonnenfinsternisse beobachtet, und die Babylonier berechneten rund tausend Jahre später wichtige Himmelserscheinungen. Aber erst die Griechen machten im 5. Jh. v. Chr. die Astronomie zur Wissenschaft und unternahmen erste Versuche, den Aufbau des Himmels zu erklären. Die Entwicklung der Observatorien oder Sternwarten, wie wir sie heute kennen, konnte allerdings erst mit der Entwicklung des Fernrohrs im 17. Jh. beginnen. Ob einige der Steinmonumente der Megalithkultur – als prominentestes Beispiel sei hier das westlich von London gelegene Stonehenge genannt – neben kultischen Zwecken etwa auch der Beobachtung des Laufs von Mond und Sonne dienten, ist schwer nachzuweisen, da aus dieser Zeit keine schriftlichen Dokumente überliefert sind. Die Wissenschaftler suchen und bewerten in diesem Fall auch indirekte Hinweise, zum Beispiel die Ausrichtung der Megalithbauten auf die Auf- und Untergangspunkte heller Gestirne.
Ein Grund für unsere Vorfahren, die Bewegung der Himmelskörper zu beobachten, war sicher, ein bequemes und sicheres Maß für die Zeit zu finden. Schon die Ägypter nahmen z. B. die Umlaufzeit der Erde um die Sonne als Maß für das Jahr, das bei ihnen 365 Tage hatte. Für sie war es lebenswichtig, die jährlich stattfindende Nilüberflutung, die das Ackerland mit einem nährstoffhaltigen Schlamm bedeckte, möglichst genau zu bestimmen. Und auch für die Menschen in der Jungsteinzeit, in der sich der Übergang von der Jäger- und Sammlerkultur zur Ackerbau- und Hirtenkultur vollzog, war es wichtig, den richtigen Zeitpunkt zum Aussetzen der Saat festzulegen.

Die Megalithkulturen in der Jungsteinzeit

In Europa entstanden die Steinmonumente der Megalithkultur im 4. und 3. Jahrtausend v. Chr. Das Wort Megalith kommt aus dem Griechischen von »megas« (groß) und »lithos« (Stein) und beschreibt Monumente, die aus einzelnen (Menhiren) oder in Gruppen angeordneten, unbearbeiteten oder grob behauenen Steinblöcken bestehen. Dabei kann es sich um Steinkreise, Steinreihen oder auch zu mächtigen Steinkammern zusammengebauten Dolmen, die als Begräbnisstätten dienten, handeln. Vor allem auf den Britischen Inseln, in Frankreich und auf Malta hat diese Kultur eine herausragende Bedeutung erlangt. Aber auch in Deutschland gibt es bedeutende Steinmonumentfunde der Megalithkultur, dazu gehören auch die vier Steinkreise von Boitin (Mecklenburg-Vorpommern) und zahlreiche Hünengräber in Norddeutschland.

Ob die berühmte Anlage von Stonehenge neben kultischen Zwecken auch astronomischen Aufgaben diente, ist schwer nachzuweisen, aber durchaus wahrscheinlich. Das Bild zeigt den gut erhaltenen äußeren Ring von Stonehenge aus 16 (ursprünglich 30) durch Decksteine verbundenen, 4 m hohen Steinpfeilern.

100001

Der Lauf der Sonne

Wie aber konnten unsere Vorfahren die für den Erntezyklus des Jungsteinzeitmenschen so wichtigen Zeitmaße festlegen?
Kompliziert wird die Zeitbestimmung anhand des Sonnenlaufs durch die Tatsache, dass heutzutage auf der nördlichen Halbkugel die Sonne genau genommen tatsächlich nur an zwei Tagen – Frühlings- und Herbstanfang – im Osten auf- und im Westen untergeht. Aufgrund der Neigung der Erdachse gegenüber der Bahnebene um die Sonne wandern z. B. in Mitteleuropa die Auf- und Untergangspunkte der Sonne um etwa 80 Grad, und auch die Tagesbahn der Sonne erreicht über dem Horizont unterschiedliche Höhen. Die beiden Extremwerte der Tagesbahn werden als Sonnenwenden bezeichnet: Die Sommersonnenwende ist durch die kürzeste Nacht des Jahres gekennzeichnet, die Wintersonnenwende durch die längste.

Sonnen- und Mondobservatorien?

Diese Zusammenhänge waren den Errichtern der Megalithbauwerke vermutlich bekannt. Die hufeisenförmig angelegte Steinanlage in Stonehenge etwa enthält in ihrem Zentrum den so genannten Heelstone. Anhänger der Observatoriumstheorie glauben, dass vor gut 3 000 Jahren von der Mitte der Kreisanlage aus gesehen am Tag der Sommersonnenwende die aufgehende Sonne am Heelstone vorbeigezogen sein muss, ohne von ihm verdeckt zu werden. Aber auch die Wintersonnenwende ließ sich angeblich beobachten, denn blickt man vom Heelstone aus auf die Steinsetzungen in der Mitte der Kreisanlage, so bleibt in dieser Blickrichtung ein kleines Sichtfenster frei, welches am Tag der Wintersonnenwende von der Sonne kurz vor ihrem Untergang durchstrahlt wird. Interessanterweise ist die Hauptachse von Stonehenge auf die Sonnenwenden ausgerichtet, und der Schluss liegt nahe, dass unsere Vorfahren, wenn nicht der Zufall Baumeister war, um die Besonderheiten des Laufes der Sonne am Firmament wussten und sich diese Tatsache – sei es nun für kultische oder eben ganz praktische Zwecke – zunutze machten. Andere Megalithmonumente, z. B. die Steinreihen von Carnac in der Bretagne, die ebenfalls auf die Sonnenwenden ausgerichtet sind, untermauern die Theorie eines einfachen Sonnenkultes und damit auch die eines möglichen, wenn auch nicht im heutigen Sinn verstandenen Sonnenobservatoriums.

100880

Megalithgräber wie dieser jungsteinzeitliche Dolmen in Fontanaccia bei Sartène in Südkorsika erinnern an einen steinernen Tisch und werden deshalb gelegentlich für heidnische Opferaltäre gehalten.

Auch in Deutschland werden Sonnenobservatorien vermutet. Vor einigen Jahren wurde nahe Goseck in Sachsen-Anhalt mithilfe von Luftbildaufnahmen eine kreisrunde Wallanlage entdeckt, die nach Aussage von Archäologen als Sonnenobservatorium gedient haben könnte. Vor rund 7 000 Jahren soll von der Mitte der Kreisanlage aus durch das südöstliche Tor der Sonnenaufgang zur Wintersonnenwende beobachtet worden sein können. Gleichzeitig scheint das bisher noch nicht ausgegrabene Südwesttor auf die Sommersonnenwende ausgerichtet zu sein.
Ob einige der Megalithmonumente tatsächlich als Observatorium dienten, ist heute nicht zweifelsfrei festzustellen. Auffällig ist aber sicher die Ausrichtung einiger Bauwerke auf die Sonnenwenden, die heute noch in einigen Ländern gefeiert werden. sicher ist auch, dass die zahlreichen Megalithmonumente im Lauf der Jahrtausende nichts von ihrem Reiz eingebüßt haben.

Megalithobservatorien
→ GEO **Dossier**
Mythos und Macht der Sterne, Bd. 5

Megalithobservatorien
→ GEO **Dossier**
Die Physiker entdecken Gott, Bd. 5

Mauna-Kea-Observatorium. Die beiden Keck-Teleskope des Mauna-Kea-Observatoriums sind derzeit die größten optischen Teleskope der Welt. Sie können auch gemeinsam als optisches Interferometer betrieben werden.

101083

Massenanziehung, die →Gravitation.

Massendefekt, der Kernbindungsenergie eines →Kerns entsprechende Differenz zwischen der Summe der Protonen- und Neutronenmassen und der tatsächlichen Masse des Kerns. Bei der Fusion eines schwereren Kerns aus leichteren Kernen wird diese Energie als Strahlung freigesetzt. Die Sonne beispielsweise gibt bei der Fusion von Wasserstoff zu Helium in jeder Sekunde mehr als 4 Mio. Ton-

Fortsetzung von S. 283

nen Masse als Energie ab.

Mästlin, Michael, deutscher Astronom, * Göppingen 30. 9. 1550, † Tübingen 20. 10. 1631; Assistent bei P. Apianus in Tübingen, 1576 Pastor in Backnang, 1580 Professor der Mathematik in Heidelberg, 1584 in Tübingen. Mästlin erklärte als Erster das aschgraue Mondlicht (→Erdlicht) korrekt und erkannte, dass Kometen keine sublunaren Erscheinungen sind. Mästlin war Lehrer von J. Kepler und einer der ersten Förderer des kopernikanischen Weltbildes.

Materi|e-Ära, materiedominierter Kosmos, in der Kosmologie der Zeitraum in der Entwicklung des frühen Universums, der auf die Strahlungs-Ära folgte und bei dessen Beginn die Temperatur auf 3000 K abgefallen war. Bei dieser Temperatur wurde die Bildung von neutralem Wasserstoff möglich. Während das Universum in den vorhergehenden Ären noch undurchsichtig war, weil die Photonen schon nach kurzen Weglängen von freien Ladungsträgern absorbiert wurden, wurde es jetzt durchsichtig, d. h., Strahlung und Materie wurden entkoppelt. Die Photonen, die nach dieser Entkoppelung übrig waren, sind noch heute als →kosmische Hintergrundstrahlung nachweisbar (→Kosmologie).

Mauerquadrant, historisches astronomisches Instrument; ein großer →Quadrant, der an einer Mauer befestigt wurde. Auf den Meridian eingestellt, war er Vorläufer des späteren →Meridiankreises.

Mauna-Kea-Observatorium [engl. ˈmaʊnə ˈkeɪə], auf dem Gipfel des erloschenen Vulkans Mauna Kea auf Hawaii in einer Höhe von 4205 m errichtetes Observatorium. Der Standort ist ideal geeignet, da in dieser Höhe die Luft bereits so dünn und transparent ist, dass sich mit bloßem Auge Sterne bis zur 7. Größenklasse erkennen lassen. Da in dieser Höhe kaum Wasserdampf in der Atmosphäre vorhanden ist, bestehen zudem hervorragende Bedingungen für die Infrarotastronomie.

Das Observatorium wurde 1970 eröffnet und besaß zunächst als Hauptinstrumente zwei Spiegelteleskope mit 3,23 m bzw. 2,24 m Durchmesser. Bis 1999 wurden insgesamt sieben weitere Spiegelteleskope für den optischen und den infraroten Spektralbereich in Betrieb genommen, darunter die beiden baugleichen **Keck-Teleskope,** von denen jedes einen (aus zahlreichen kleineren, sechseckigen Segmenten zusammengesetzten) Hauptspiegel von 10 m Durchmesser besitzt. Das Keck-I-Teleskop wurde 1993 in Betrieb genommen, das Keck-II-Teleskop folgte 1996. Sie sind die zurzeit größten optischen Teleskope überhaupt. Die einzelnen, 1,8 m großen Segmente sind wesentlich dünner als ein Einzelspiegel herkömmlicher Bauart, sodass sich eine bemerkenswerte Gewichts- und damit auch Kostenersparnis für das gesamte Teleskop ergibt. Jedes Segment wird computergesteuert einige Hundert Mal pro Sekunde exakt justiert. Die beiden Teleskope können auch gemeinsam als optischer Interferometer betrieben werden.

Neben den optischen Teleskopen beherbergt das Mauna-Kea-Observatorium auch drei Instrumente für den Submillimeter-Bereich (Mikrowellen). Das **Submillimeter Array,** bestehend aus acht Antennen mit einem Durchmesser von jeweils sechs Metern, wurde 2002 fertig gestellt. Schließlich gehört zum Mauna-Kea-Observatorium auch noch ein Radioteleskop von 25 m Durchmesser, das zusammen mit anderen Radioteleskopen weltweit als radioastronomisches Interferometer zum Einsatz kommt (→VLBI).

Maunder-Minimum, Bezeichnung für das außergewöhnliche Sonnenfleckenminimum im Zeitraum von 1645 bis 1715, das der englische Astronom Edward Walter Maunder (* 1851, † 1928) v. a. wegen fehlender historischer Aufzeichnungen postulierte. Dieser Zeitraum fällt zusammen mit Jahren anhaltend niedriger Temperaturen auf der Nordhalbkugel der Erde, der so genannten Kleinen Eiszeit.

Maxwell Montes ['mækswəl -], das höchste Gebirge des Planeten →Venus.

Mayer, 1) Christian, österreichischer Astronom, * Mödritz (bei Brünn) 20. 8. 1719, † Mannheim 16. 4. 1783; Jesuit, erbaute die Sternwarte in Mannheim, deren Direktor er wurde. Mayer suchte als Erster systematisch nach Doppelsternen und machte auf ihre Bedeutung aufmerksam.

2) Johann Tobias, deutscher Mathematiker und Astronom, * Marbach am Neckar 17. 2. 1723, † Göttingen 20. 2. 1762; Autodidakt; erfand u. a. den Spiegelkreis (eine Verbesserung des Spiegelsextanten), entwarf eine Mondkarte, wies das Fehlen einer Mondatmosphäre nach und stellte 1760 die Eigenbewegungen einiger Sterne fest. Für seine Theorie der Mondbewegung erhielt seine Witwe den von der britischen Admiralität ausgesetzten Preis von 60 000 Shilling.

McDonald-Observatorium [mək'dɔnəld -], westlich von Austin (Tex.) in den Davis Mountains gelegenes Observatorium, v. a. für Untersuchungen im infraroten und optischen Spektralbereich; ausgestattet u. a. mit dem **Hobby-Eberly-Teleskop** (Abk. **HET**), das hauptsächlich für Spektraluntersuchungen eingesetzt wird. Der sphärische Hauptspiegel mit Abmessungen von 10 × 11 m ist aus 91 sechseckigen sphärischen Einzelspiegeln mit je 1 m Durchmesser zusammengesetzt. Das Teleskop hat eine feste Höheneinstellung von 55°, eine Drehung des Instruments ist nur in Azimut möglich; die Nachführung erfolgt durch die Verschiebung eines Instrumentenschlittens in der Fokalebene des Teleskops. Im Laufe eines Jahres können alle Objekte im Deklinationsbereich von −10° bis +71° erfasst werden. Mithilfe der speziellen Führung der Empfangseinrichtung (Fotometer, Spektrograf) sind Beobachtungszeiten bis zu 2,5 Stunden möglich, wobei der effektiv genutzte Spiegeldurchmesser 9,2 m beträgt.

Ein identisches Teleskop wird in Sutherland, Südafrika, gebaut, das Southern African Large Telescope (→SALT).

Méchain [me'ʃɛ̃], Pierre François André, französischer Astronom, * Laon 17. 8. 1744, † Castellón de la Plana (Spanien) 20. 9. 1804; führte 1792–98 zusammen mit J. B. J. Delambre die Gradmessung von Dünkirchen nach Barcelona durch, die die Grundlage für die Definition des Urmeters lieferte. Méchain entdeckte elf Kometen, darunter 1786 den nach J. F. Encke benannten Kometen; bei der Suche nach neuen Kometen entdeckte er 29 Nebel, die er seinem Zeitgenossen Ch. Messier mitteilte und von diesem zu seinem Katalog hinzugefügt wurden.

101247

McDonald-Observatorium. Das Hobby-Eberly-Teleskop wird hauptsächlich für Spektraluntersuchungen eingesetzt. Der sphärische Hauptspiegel mit Abmessungen von 10 × 11 m ist aus 91 sechseckigen sphärischen Einzelspiegeln mit je 1 m Durchmesser zusammengesetzt.

Medial, heute kaum noch verwendeter Fernrohrtyp, der eine Mittelstellung zwischen Spiegelteleskop und Linsenfernrohr einnimmt. Das Medial hat eine große einfache Linse als Objektiv und ein Spiegel-Linsen-System hinter dem Brennpunkt des Objektivs, durch welches das im Brennpunkt des Objektivs entstehende Bild nahezu im Maßstab 1 : 1 abgebildet wird. Es besteht aus einem rückseitig belegten Spiegel oder einem Oberflächenspiegel mit einer oder zwei vorgeschalteten Linsen. Mediale haben eine sehr gute Korrektion des sekundären Spektrums, erfordern aber eine sorgfältige Justierung.

Megaclite, ein im Jahr 2000 entdeckter Mond des Planeten →Jupiter. Er umkreist Jupiter entgegen dessen Rotationsrichtung in einem mittleren Abstand von 23,5 Millionen Kilometern in 752 Tagen 21 Stunden und 7 Minuten. Megaclite gehört wegen seiner Bahndaten zur Pasiphae-Gruppe, benannt nach dem Jupitermond Pasiphae.

Megalithobservatorien, siehe Sonderartikel Seite 284.

Megrez [-rɛs, arabisch], der Stern δ UMa im Sternbild →Großer Bär; der obere Kastenstern im Großen Wagen, an dem die Deichselsterne ansetzen; scheinbare Helligkeit $3^{m}_{,}31$, absolute Helligkeit 1^{M}, Spektraltyp A 3, Leuchtkraftklasse V, Entfernung 81 Lichtjahre.

Mehrfachgalaxien, →Sternsysteme.

Mehrfachsterne, gravitativ gebundene Gruppen räumlich dicht benachbarter Sterne mit mindestens drei Komponenten, deren Bewegungen um den gemeinsamen Schwerpunkt sich im Gegensatz zu den →Doppelsternen nicht in geschlossener Form beschreiben lassen (→Mehrkörperproblem). Ein System von Mehrfachsternen ist z. B. Castor mit sechs Komponenten.

Mehrkörperproblem, Vielkörperproblem, *n*-Körperproblem, das Problem der Beschreibung von physikalischen Systemen, die aus mehr als zwei, als Massepunkte idealisierten Körpern oder Teilchen bestehen, einschließlich der Möglichkeit von Voraussagen über deren künftiges Verhalten. Die konkrete Behandlung solcher Systeme hängt von der Art und der Stärke der Wechselwirkung ihrer Konstituenten und von deren Anzahl ab. Gegenstand der klassischen Mechanik (und in entsprechender Form auch der Quantenmechanik) ist die Beschreibung eines Teilchens, das sich unter dem Einfluss einer Kraft oder eines Potenzials bewegt; die Beschreibung der Bewegung zweier Teilchen kann bei Einführung einer reduzierten Masse formal auf die Bewegung eines Teilchens zurückgeführt werden. Beim so genannten Kepler-Problem (→Zweikörperproblem), bei dem die Kraft zwischen den beiden Teilchen proportional zum Kehrwert des Quadrats ihres Abstands ist – wie bei der Gravitation (z. B. Sonne–Planet) –, können geschlossene, d. h. als Funktionen darstellbare Lösungen angegeben werden. Schon bei drei Körpern ist das im Allgemeinen nicht mehr möglich, und man muss bei der Beschreibung ihrer Bewegung auf Näherungsverfahren zurückgreifen.

■ **Dreikörperproblem** Das am längsten bekannte Mehrkörperproblem ist das Dreikörperproblem der →Himmelsmechanik, von dem J. L. de Lagrange 1772 zeigen konnte, dass es dann exakt lösbar ist, wenn ein sehr leichter Körper bezüglich zweier schwerer Körper sich in einem von fünf ausgezeichneten Punkten, den **Librations-** oder **Lagrange-Punkten,** befindet. Ist einer der beiden schweren Körper die Sonne, der andere ein massereicher Planet, dann liegen die Librationspunkte L_1, L_2 und L_3 auf der Verbindungsgeraden Sonne–Planet, und zwar L_1 zwischen beiden, L_2 jenseits des Planeten und L_3 jenseits der Sonne; die Librationspunkte L_4 und L_5 bilden mit Sonne und Planet je ein gleichseitiges Dreieck. Realisiert ist dies u. a. im System Sonne–Jupiter, in dem sich eine Gruppe von Planetoiden, die →Trojaner, in den Librationspunkten L_4 und L_5, jeweils 60° vor und hinter Jupiter, in dessen Bahn befinden.

Die Frage der allgemeinen Stabilität des Sonnensystems wurde erstmals 1892 von H. Poincaré untersucht. Es hat sich herausgestellt, dass die Planetenbewegungen so komplex sind, dass längerfristige Vorhersagen nur eingeschränkt möglich sind. Komplexe Systeme wie das Sonnensystem, bei denen eine Vorhersage der Stabilität ihres Verhaltens prinzipiell nicht möglich ist, obwohl dieses von deterministischen Gleichungen bestimmt wird, sind Untersuchungsgegenstand der Chaostheorie. Numerische Berechnungen lassen vermuten, dass das Sonnensystem für weitere etwa 100 Mio. Jahre stabil sein wird, was allerdings nur rd. ein Fünfzigstel seines bisherigen Alters ist.

Mehrspiegelteleskop, das →Multiple Mirror Telescope.

Mehrstufenprinzip, Konstruktionsprinzip für →Raketen, demzufolge die Rakete aus mehreren Stufen aufgebaut ist, die beim Start nacheinander abgetrennt werden, sobald ihr Treibstoffvorrat verbraucht ist. Die Saturn-Rakete der Apollo-Missionen, bestand beispielsweise aus drei Raketenstufen. Durch das Mehrstufenprinzip wird vermieden, dass die Rakete gegen Brennschluss ihres Triebwerks fast nur noch nutzlos gewordene Masse beschleunigt.

Meniskus, →Linse.

Menkar, Menkab, der Stern α Cet im Sternbild →Walfisch; scheinbare Helligkeit $2^{m}_{,}53$, absolute Helligkeit -2^{M}, Spektraltyp M 2, Leuchtkraftklasse III, Entfernung 220 Lichtjahre.

Mensa, wissenschaftlicher Name des Sternbilds →Tafelberg.

GEO Dossier

Aufbruch ins Sonnensystem

Geburt aus Staub und Gas Das Wunder Erde Der Rocket-Man und sein Projektil Das erste Mal Einer für alle Die eisige Welt des Ringplaneten Astronom unter Mordverdacht Die Lichtmaschine am Firmament Das Genie und die Inquisition Unheimliche Vagabunden Rüstung für Raumreisende Platzangst im Kosmos Odyssee im All Wettlauf der Himmelsstürmer Geburt aus Staub und Gas Das Wunder Erde Der Rocket-Man und sein Projektil Das erste Mal Einer für alle Die eisige Welt des Ringplaneten Astronom unter Mordverdacht Die Lichtmaschine am Firmament Das Genie und die Inquisition Unheimliche Vagabunden Rüstung für Raumreisende Platzangst im Kosmos Odyssee im All Wettlauf der Himmelsstürmer Geburt aus Staub und Gas Das Wunder Erde Der Rocket-Man und sein Projektil Das erste Mal Einer für alle Die eisige Welt des Ringplaneten Astronom unter Mordverdacht Die Lichtmaschine am Firmament Das Genie und die Inquisition Unheimliche Vagabunden Rüstung für Raumreisende Platzangst im Kosmos Odyssee im All Wettlauf der Himmelsstürmer Geburt aus Staub und Gas Das Wunder Erde Der Rocket-Man und sein Projektil Das erste Mal Einer für alle Die eisige Welt des Ringplaneten Astronom unter Mordverdacht Die Lichtmaschine am Firmament Das Genie und die Inquisition Unheimliche Vagabunden Rüstung für Raumreisende Platzangst im Kosmos Odyssee im All Wettlauf der Himmelsstürmer Geburt aus Staub und Gas Das Wunder Erde Der Rocket-Man und sein Projektil Das erste Mal Einer für alle Die eisige Welt des Ringplaneten Astronom unter Mordverdacht Die Lichtmaschine am Firmament Das Genie und die Inquisition Unheimliche Vagabunden Rüstung für Raumreisende Platzangst im Kosmos Odyssee im All Wettlauf der Himmelsstürmer Geburt aus Staub

Geburt aus Staub und Gas

Vor 13,7 Milliarden Jahren beginnt das Universum zu existieren. Als die Erde entsteht, ist es bereits uralt. Unzählige Sterne sind schon erloschen, die massereichsten werden in gewaltigen Explosionen pulverisiert: zum Baustoff für neue Gestirne. Auch für unsere Sonne und die Erde – einen Planeten, auf dem die Entfaltung des Lebens möglich wird

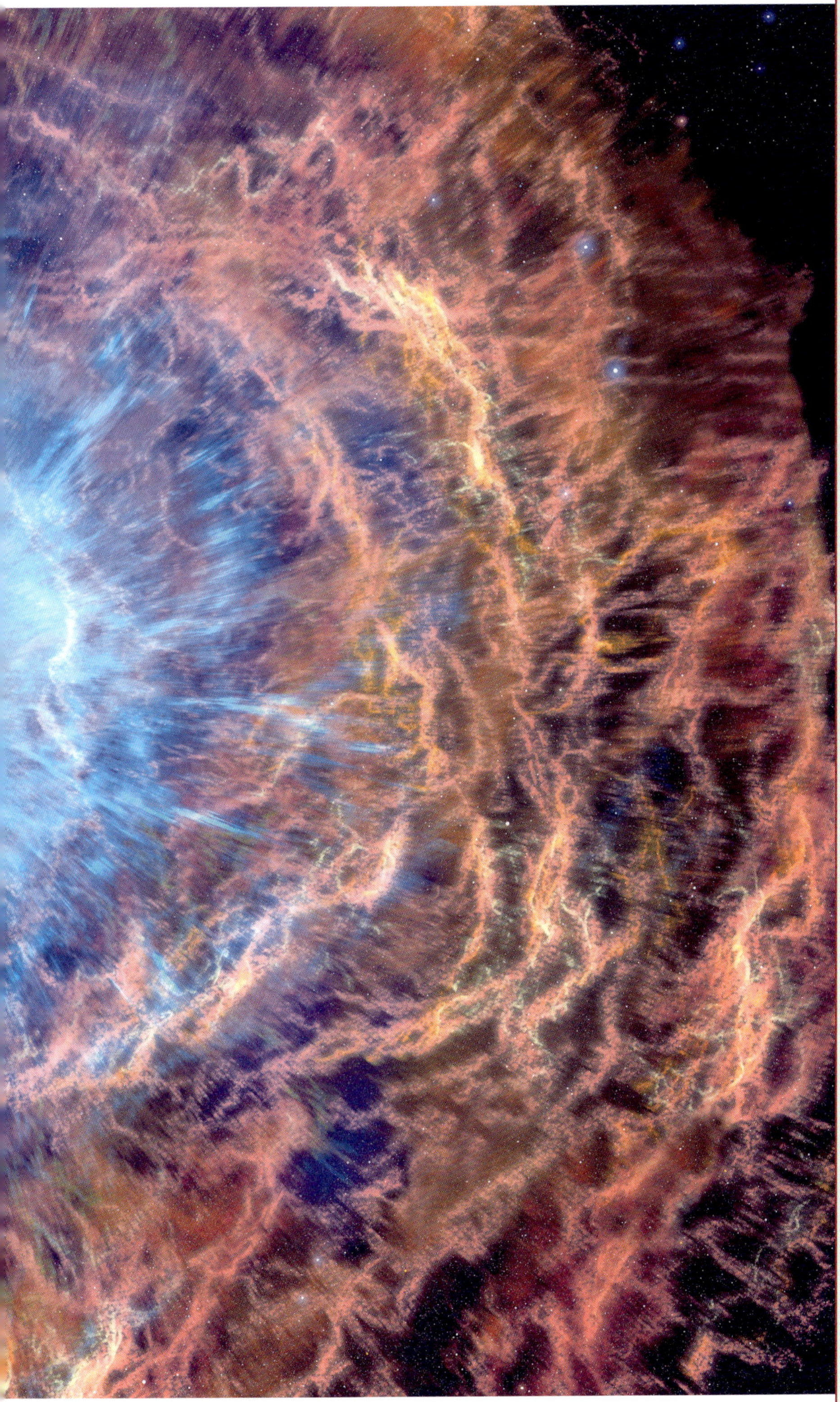

Illustrationen:
Chris Butler

Tod eines Sterns
Plötzlich flammt ein Gestirn auf und strahlt innerhalb weniger Wochen oder Monate so viel Energie ab wie unsere Sonne in Jahrmillionen. Sein Kern fällt in sich zusammen, die äußeren Schichten werden ins All geschleudert. Auf diese Weise enden Sterne seit 13,4 Milliarden Jahren in so genannten Supernovae. Vermischt mit interstellarem Gas, treiben die Überreste durch den Raum – bis sich aus ihnen neue Sterne und Planeten bilden

Sternengeburt im Spiralarm
Vor etwa fünf Milliarden Jahren gerät unsere Milchstraße unter den Schwere-Einfluss einer anderen Galaxie (oben). Durch die Wechselwirkungen zwischen beiden schießen aus dem Zentrum der Milchstraße Gasfontänen ins All. Zugleich führen Gravitationseffekte dazu, dass sich in einem Spiralarm (vorn rechts) eine »Dunkelwolke« bildet: Gas, Eis und Sternenstaub ballen sich darin zu Molekülwolken, die oft unter ihrer eigenen Schwerkraft kollabieren. Tausendfach entstehen dadurch neue Sterne, die diese Region des Universums in rotes Licht tauchen. Aus einem von ihnen entwickelt sich nach und nach unsere Sonne

Der Stoff, aus dem Planeten werden
Vor knapp 4,6 Milliarden Jahren entzündet sich das Material eines jungen Sterns: Unsere Sonne leuchtet erstmals auf. Eine Wolke aus Gas und Staub, die zuvor um sie rotierte, kondensiert zu einer wirbelnden Scheibe. Zunächst verschmelzen darin winzige Staubkörnchen, dann bilden sich durch weitere Kollisionen Körper mit Durchmessern von bis zu mehreren hundert Kilometern. Diese »Planetesimale« sind das Rohmaterial, aus dem sich die Planeten formen. Durch immer neue Karambolagen und Vereinigungen lichtet sich das Feld der um die Sonne jagenden Brocken – bis die neun Planeten mit ihren über 100 Monden sowie die Asteroiden unseres Sonnensystems übrig bleiben

Trabant aus dem Crash
Aus zahlreichen Planetesimalen ist rund 70 Millionen Jahre nach der Sonnenzündung ein Erdvorläufer herangewachsen. Noch ist er kleiner, als unsere Erde sein wird. Auf diese »Proto-Erde« prallt vor 4,6 Milliarden Jahren ein marsgroßer Himmelskörper und reißt Teile des Erdmantels heraus. Sie verdampfen durch die frei werdende Energie ebenso wie Bruchstücke des Einschlagkörpers. Das so entstandene Gas sammelt sich in einer Wolke, die die Erde umkreist. Doch schon bald klumpt das Material zu einem einzigen feurigen Körper zusammen: dem Mond. Er umrundet die Erde anfangs in nur rund 20 000 Kilometer Höhe. Nach und nach aber setzt er sich von ihr ab. Zurzeit ist er im Mittel 384 400 Kilometer entfernt

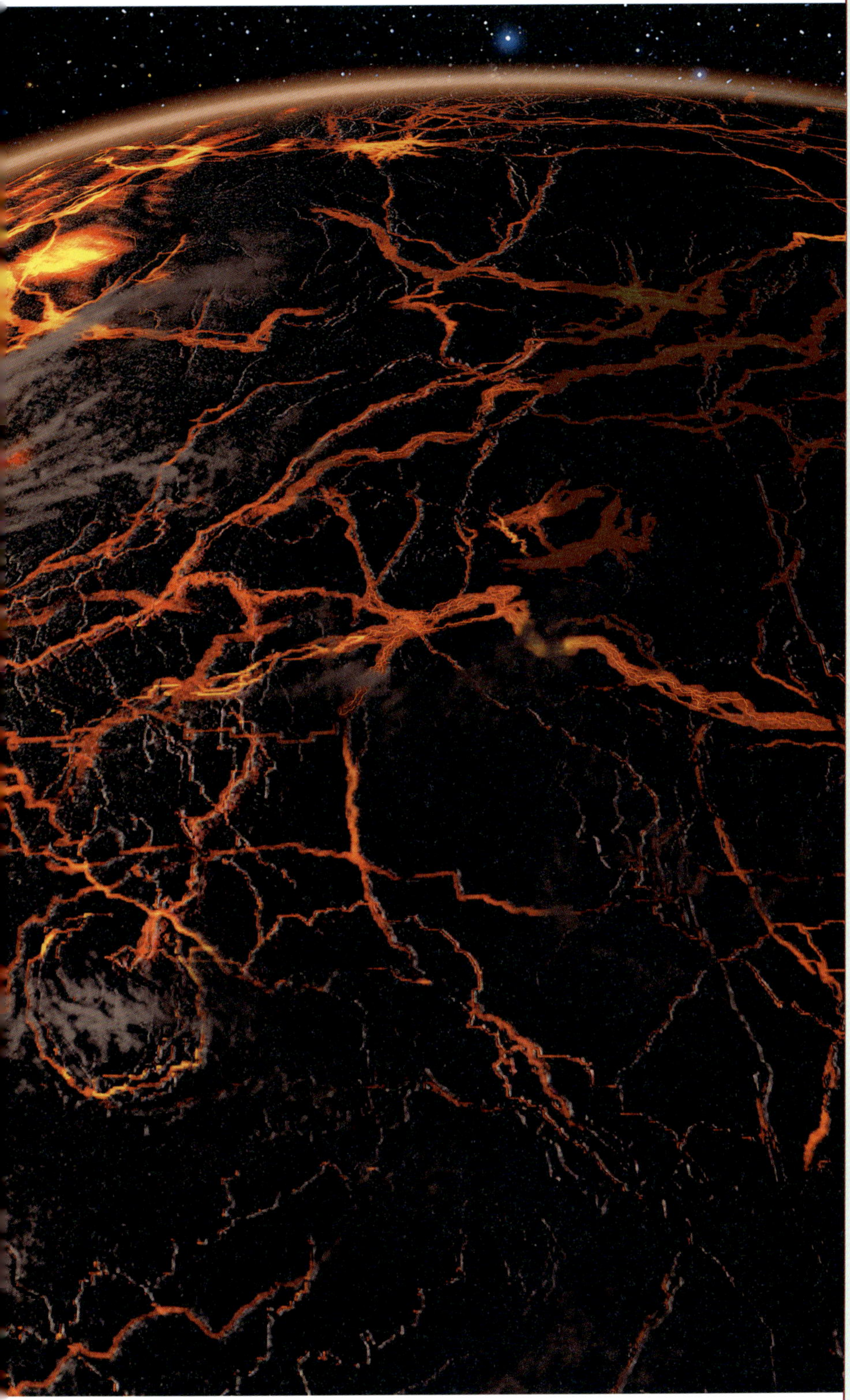

Steinerne Flöße über vulkanischer Glut
Durch den Einschlag, der zur Entstehung des Mondes geführt hat, schmilzt die Erde erneut bis in große Tiefen auf. Als die Oberfläche allmählich abkühlt, kristallisiert dort die Schmelze zu einer beständigen steinernen Kruste. Von Feuerströmen und Asteroiden-Einschlägen stets aufs neue zerrissen, schwimmen Krustenteile anfangs als wieder und wieder eintauchende Flöße auf der wallenden Glut. Mit der Lava quellen vulkanische Gase heraus – hauptsächlich Wasserdampf, Kohlendioxid und Stickstoff – und bilden um den Planeten eine dünne Atmosphäre. Auch die Kruste des Mondes ist noch fragil, aber eine Atmosphäre entwickelt sich dort nicht: Die Schwerkraft des Erdbegleiters ist zu gering, um eine Gashülle zu halten

Ein Ozean fällt vom Himmel
Die Oberfläche der Erde hat sich auf weniger als 100 Grad Celsius abgekühlt. Am Erdboden schlägt sich der von Vulkanen ausgestoßene Wasserdampf als Wasser nieder und sammelt sich in Senken. Auch zahlreiche auf die Erde stürzende Kometen mit ihrem hohen Anteil von Eis tragen zur Bildung von Seen bei. Schließlich entsteht ein Ozean: das Urmeer. Der Wasserkreislauf kommt in Gang. Niederschläge, Wind und Temperaturwechsel lassen das jetzt feste Gestein erodieren. Zerbröselt und gelöst, wird es von Wind und Wasser mehr oder weniger weit transportiert und abgelagert. Daraus entstehen wiederum neue Gesteine – und schließlich die Kontinente

In kleinen Hohlräumen aus Eisensulfid innerhalb der Black-Smoker-Wände entstehen – einem Erklärungsversuch zufolge – aus einfachen organischen und anorganischen Substanzen zunächst Kohlenhydrate (Zucker) sowie Aminosäuren und Nukleinsäurebasen: die Bausteine des Lebens. Daraus gehen Proteine (Eiweiße) hervor und die Ribonukleinsäure (RNS): ein Molekülstrang, der die Struktur neuer Proteine vorgibt (beides Bild 1). Neben der RNS bildet sich die DNA, ein stabileres Molekül, das nun den Aufbau der RNA und damit die geordnete Bildung von Proteinen bestimmt (2). Schließlich bauen Lipide – fettähnliche Stoffe, die sich nunmehr ausgebildet haben – eine doppelschichtige Zellmembran auf (3). Zuletzt formt sich eine weitere schützende Hülle: die Zellwand (4). Die Zelle ist komplett. Das irdische Leben kann beginnen

Schöpfungsakt in der Tiefsee?
Wie und wann das Leben auf die Erde kam, ist ungewiss – Schätzungen gehen von drei bis vier Milliarden Jahren aus. Schauplatz der Entwicklung von toter zu lebender Materie waren möglicherweise »Black Smoker« – schornsteinartige Gebilde, wie sie noch heute in der Tiefsee zu finden sind. Dort dringen heiße Wässer aus dem Boden, die Verbindungen von Metallen mit Schwefel gelöst enthalten. Beim Austritt schlagen sich die Sulfide in der Umgebung der Quelle nieder. Eisensulfid ist ein guter Katalysator für die Bildung komplizierter organischer Verbindungen aus einfachen chemischen Substanzen. Diese formieren sich nach und nach zu komplexen Molekülketten, die sich irgendwann selbst kopieren können. Die erste Zelle ist entstanden – Ursprung allen Lebens auf Erden

Chris Butler, Illustrator in Los Angeles, hat diese Zeichnungen exklusiv für das Wissensmagazin GEOkompakt angefertigt. Er wurde dabei von einem Wissenschaftlerteam beraten.

Text: **Gregor Markl**

Das Wunder Erde

Richtige Größe, optimale Entfernung zur Sonne, günstige Zusammensetzung der Atmosphäre – eine unglaubliche Verkettung von Zufällen hat dazu geführt, dass sich ein einst wüster Himmelskörper zur Heimat des Lebens entwickelte

Unsere Erde ist nicht mehr als ein Staubkorn im Weltall, denn jede einzelne der vielen Milliarden Galaxien im Universum enthält wiederum Milliarden von Sonnen – und viele dieser Sonnen werden von Planeten umkreist. Aus diesen einfachen Überlegungen folgt, dass es Billionen von Planeten geben muss. Rein statistisch ist es sehr wahrscheinlich, dass es neben der Erde noch einige Dutzend oder sogar einige tausend Himmelskörper gibt, die ebenfalls Leben hervorgebracht haben. Andererseits sind derart viele Bedingungen für die Entstehung höheren Lebens notwendig, dass das, was da auf unserem Heimatplaneten in den vergangenen gut 4,6 Milliarden Jahren vor sich gegangen ist, einem Wunder gleichkommt.

Diese Voraussetzungen des Lebens sind sowohl geologischer als auch astronomischer Natur, und sie sind eng miteinander verknüpft. Bevor sich unser Sonnensystem aus einer Gas- und Staubwolke zu formen begann, fanden sich dort durchschnittlich nur ein paar Atome pro Kubikzentimeter Raum, also praktisch nichts. Wir wissen aber, dass es damals schon mineralische »Atomcluster« gab, welche die Struktur von Diamanten hatten, einige hundert bis tausend Atome groß waren und noch heute als winzige Einschlüsse in Meteoriten nachgewiesen werden können – präsolare Diamanten, die älteste strukturierte Materie unseres Sonnensystems. Durch ihre Anziehungskraft konnten sich diese Atomcluster nach und nach zu größeren Materieteilchen zusammenfinden, zu Staub, der sich schließlich zu Himmelskörpern ballte.

Selbst in unserem vergleichsweise winzigen Sonnensystem ist die Erde nur ein verschwindend kleiner Massekörper. Rund 99 Prozent der Materie des Sonnensystems stecken in der Sonne selbst, und auch die Riesenplaneten wie Jupiter und Saturn sind um ein Vielfaches größer als die Erde. Doch allein unser ehemals unscheinbarer Planet besaß offenbar Qualitäten, die zur Entstehung höheren Lebens notwendig waren: Die Erde hat die richtige Größe, eine optimale Entfernung zur Sonne, und ihre Atmosphäre hat die geeignete chemische Zusammensetzung.

Die Größe und der Sonnenabstand sind entscheidend für die Energiebilanz der Erde. Die Sonne versorgt uns täglich mit Licht und Wärme – nicht zu viel, aber auch nicht zu wenig. Wäre die Erde nur etwa fünf Prozent näher an der Sonne, würde alles Wasser verdampfen, alles Leben vergehen. So aber hat die Sonne einst die Fotosynthese in Gang gesetzt, Sauerstoff konnte sich in der Atmosphäre anreichern, und schließlich sind komplexe Lebensformen entstanden.

Die Erde ihrerseits gibt auch Energie ab. Anfangs war sie heiß und aufgeschmolzen, doch im Laufe von Jahrmillionen kühlte sie äußerlich ab und entwickelte einen Vorläufer jener Kruste, auf der wir heute leben. Noch immer aber ist es im Erdinneren einige tausend Grad Celsius heiß. Letztlich

Ohne Wärme aus dem Inneren der Erde wäre ihre Oberfläche vollkommen plan

bringt dieses Zusammenspiel zwischen der von der Sonne abgestrahlten Wärme und der Wärme aus dem Erdinneren jene Temperaturen hervor, die den größten Teil des Wassers flüssig erhalten.

Ohne die stetige Wärmeabgabe aus dem Erdinneren – sichtbar etwa am Vulkanismus – gäbe es keine Kontinentalverschiebung und damit auch keine Gebirge; jede Erhebung würde durch die unablässige Erosion schnell abgetragen, die gesamte Oberfläche wäre topfeben. Wie es dann auf der Erde aussähe, ist zwar unklar – aber eines ist gewiss: Klima, Vegetation und damit auch die Voraussetzungen für tierisches und menschliches Leben wären völlig andere.

Wäre die Erde kleiner geraten, so wäre auch sie inzwischen völlig erkaltet, wie der nur etwa ein Siebtel so große Mars, dessen Vulkanismus heute erloschen ist. Wäre sie hingegen deutlich größer, so würde wahrscheinlich ein heftigerer Vulkanismus höheres Leben unmöglich machen.

Die Größe eines Planeten hat noch einen weiteren Effekt: Die Erde kann aufgrund ihrer Schwerkraft eine Atmosphäre um sich halten. Bei kleineren Körpern mit geringerer Gravitation würden die Bestandteile der Lufthülle – die unsrige enthält die so lebenswichtigen Gase Stickstoff, Sauerstoff und Kohlendioxid – schlicht in den Weltraum entweichen.

Zudem wirkt die Atmosphäre gleichzeitig als Schutzschild gegen die lebensfeindlichen Anteile der Sonnenstrahlung, und sie hält die Temperaturen auf der Erdoberfläche relativ stabil. Auf Himmelskörpern ohne Atmosphäre schwanken Tages- und Nachttemperatur wesentlich stärker als auf der Erde, was wiederum das Entstehen höheren Lebens erschwert. Die Mondtemperatur beispielsweise schwankt jeden Tag zwischen minus 160 Grad und plus 130 Grad.

Der einzige Planet, von dem wir wissen, dass es auf ihm Leben gibt: **die Erde**

Dass die Atmosphäre der Erde sich im Laufe von Jahrmilliarden derart mit Sauerstoff angereichert hat, ist auf die Wechselwirkung zwischen Biologie und Geologie zurückzuführen: Die Fotosynthese der Cyanobakterien hat ermöglicht, dass Sauerstoff aus dem Meer in die Atmosphäre aufsteigen konnte, gleichzeitig reduzierte sich deren Gehalt an Kohlendioxid und Methan. Das Leben schuf sich also selbst einen Teil jener Bedingungen, die

Vielleicht entstand das Leben in den heißen Quellen der Urmeere

es brauchte, um sich ausbreiten und komplexer werden zu können: Denn erst die Sauerstoffatmosphäre erlaubte höheres tierisches Leben an Land.

Zu Anfang des Jahres 2004 wurden die Nachrichten von der Schlagzeile »Eis auf dem Mars« beherrscht. Mit riesigem Aufwand wird erforscht, ob es auf jenem Planeten überhaupt Wasser gibt (was bewiesen zu sein scheint), und wenn ja, ob es nicht nur in gefrorener, sondern auch in flüssiger Form existiert hat oder sogar noch existiert. Hinter dieser Suche steht die Erkenntnis, dass flüssiges Wasser die unverzichtbare Grundlage für biologische Stoffwechselprozesse ist, also für Leben nach irdischem Muster. Das gilt auch für die ältesten Lebensformen, die Archaebakterien an heißen Tiefseequellen, die erst bei über 85 Grad anfangen, sich gut zu vermehren. Das gilt selbst für heutige Wüstenpflanzen wie die namibischen Köcherbäume, die zumindest alle paar Jahre Wasser brauchen. Und für den Menschen gilt es sowieso.

Es lässt sich natürlich darüber philosophieren, wie dies manche Forscher tun, ob höheres Leben beispielsweise auf Basis des Stoffes Ammoniak hätte entstehen und sich damit ähnlich komplexe biologische Organismen hätten entwickeln können. Doch das ist reine Spekulation – wir kennen nur den auf der Erde verwirklichten Lebenstyp.

Wie und wo genau die erste Zusammenballung von Molekülen dazu geführt hat, dass ein fortpflanzungsfähiger Organismus mit einem Stoffwechsel – also Leben – entstand, ist bis heute nicht mit letzter Sicherheit zu sagen. Manche Wissenschaftler vermuten, dass es in den heißen Quellen der Urmeere dazu gekommen ist, wo ununterbrochen mit allen möglichen Elementen angereicherte wässrige Lösungen zirkulierten. Andere Forscher glauben, dass die entscheidenden Grundbausteine des Lebens von Meteoriten auf die Erde gebracht worden sind – was allerdings nicht erklärt, wie und wo diese Substanzen dann entstanden sind. Eines ist jedoch offensichtlich: Neben dem Wasser bedurfte es auch ausreichender Mengen der Elemente Kohlenstoff, Stickstoff, Schwefel sowie unter anderem Kalzium und Phosphor.

Die Geschichte der Erde ist die Geschichte einer stetigen Entwicklung. Aus Sicht der Spezies Mensch wirkt der Gang der Dinge fast so, als ob sich alles zu immer besseren Voraussetzungen für komplexes Leben hinentwickelt hätte, bis zum Auftritt des Homo sapiens. Allerdings gab es auch Rückschläge und Katastrophen, die zu einem Massensterben von Tier- und Pflanzenarten geführt haben, vor allem im Erdaltertum und -mittelalter. Die zerstörerischsten waren vermutlich die Folge von Einschlägen von Meteoriten.

Zum gewaltigsten Zusammenprall dieser Art kam es etwa 70 Millionen Jahre nach der ersten Sonnenzündung. Damals kollidierte ein Himmelskörper von der Größe des Mars mit dem Vorläufer der Erde – und zwar in solch einem Winkel, dass die Protoerde nicht zerschmettert wurde und sich die durch den Zusammenprall abgespaltene Materie zu einem Körper formen konnte, den wir heute Mond nennen. Seither umkreist er die Erde, ist Ursache der Gezeiten und wirkt stabilisierend auf den Planeten, indem er die Schwingungen der Erdachse dämpft. Beides aber, die Gezeiten und eine halbwegs stabile Erdachse, war ebenfalls Bedingung für die Entstehung von Leben und für ein recht gleichmäßiges Klima.

Unsere Erde ist zweifellos eine Welt voller Wunder. Und dazu zählt nicht zuletzt auch die erstaunliche Tatsache, dass Forscher die Lebensvoraussetzungen als solche überhaupt erkannten und die Entwicklung unserer Lebensgrundlagen über Jahrmilliarden hinweg zu rekonstruieren vermochten. Dazu bedurfte es komplizierter Experimente, Berechnungen, chemischer Analysen und eines schon fast detektivischen Spürsinns von Naturwissenschaftlern. Nur so gelang es herauszufinden, dass es Ozeane schon vor Milliarden von Jahren gegeben hat, wie der Erdmantel sich zusammensetzt und die Erde geschichtet ist, wie Gebirge entstehen oder wie sich aus Dinosauriern die ersten Vögel entwickeln konnten.

Um zu weiteren Erkenntnissen zu gelangen, ist es unumgänglich, die Erfahrungen und Methoden aus den Geowissenschaften, der Physik, der Chemie und der Biologie zu vernetzen. Neue Erkenntnisse stellen uns zwar manchmal vor neue Rätsel, helfen aber immer wieder, noch Unverstandenes zu begreifen. Aber selbst wenn irgendwann einmal alles erklärt wäre: Wunderbar bleibt die Entstehung der Erde allemal! **(2004)**

■ **Siehe auch A–Z-Teil**
→ Atmosphäre · Erde · Mars · Mond

Gregor Markl ist Professor für Petrologie am Institut für Geowissenschaften der Universität Tübingen. Im September 2004 ist sein Buch »Die Erde. Eine Reise durch ihre Geschichte« erschienen.

Text: **Jörn Auf dem Kampe**

Der Rocket-Man und sein Projektil

Robert Goddard hatte einen Traum: Er wollte Fluggeräte ins All schießen. Weder explodierende Tanks noch vom Kurs abgekommene Raketen schreckten den Erfinder ab. Erst nach seinem Tod erkannten Kollegen den Wert seiner Patente – und nutzten sie

Die Rakete, die der Amerikaner Robert Hutchings Goddard an diesem 16. März 1926 in die Luft schießen will, erinnert an einen Garderobenständer: ein drei Meter hohes Gestell, an der Spitze ein Metallzylinder mit einer Düse, an den Seiten zwei dünne Rohre, die zu zwei mit flüssigem Sauerstoff und mit Benzin gefüllten Tanks führen. Die Konstruktion steht auf der Farm von Goddards Tante und soll in den Himmel über dem US-Staat Massachusetts aufsteigen.

Goddard dreht die Ventile auf, sein Assistent entfacht die Lunte. Eine Flamme schlägt grollend aus dem Zylinder. Dann jagt die Konstruktion empor – die erste Rakete der Welt, die mit flüssigem Treibstoff befeuert wird. Sie fliegt zweieinhalb Sekunden, dann stürzt sie aus zwölf Meter Höhe in den Acker und bleibt zerbeult liegen. Doch es ist ja nur der Anfang. Denn Robert H. Goddard beabsichtigt, das Weltall zu erobern.

Raketen sind zu diesem Zeitpunkt bereits lange bekannt. In China haben schon im 13. Jahrhundert Soldaten mit Brandsätzen bestückte Projektile gegen feindliche Stellungen geschossen. Um 1500 illuminierten Feuerwerksraketen den Himmel über Italien und Frankreich. Die Projektile waren meist einfach gebaut: An der Spitze eines Stabes, der den Flug stabilisierte, war ein Zylinder befestigt. Darin brannten Salpeter, Schwefel und Holzkohle ab, wobei Gase entstanden, die explosionsartig aus dem Zylinderboden entwichen.

Was diesem Antrieb zugrunde liegt, hat der englische Physiker Isaac Newton 1687 in einem seiner Bewegungsgesetze beschrieben: Jede Aktion bewirkt stets eine gleich starke Reaktion in die entgegengesetzte Richtung. Die herausschießenden Gase stehen für die Aktion, der Vortrieb in Gegenrichtung für die Reaktion.

Nach diesem Prinzip funktioniert auch Goddards Flüssigbrennstoff-Rakete. Sauerstoff und Benzin verbinden sich unter anderem zu Kohlendioxid und Wasserdampf, die rasend schnell nach unten ausströmen. Der Vorteil: Flüssigkeiten entfesseln bei der Verbrennung einen weitaus mächtigeren Schub als Pulver. Noch vor Goddard hat der russische Mathematiker Konstantin Ziolkowski 1897 eine Rakete mit energiereichen, flüssigen Treibstoffen theoretisch entworfen; der Deutsche Hermann Oberth ist un-

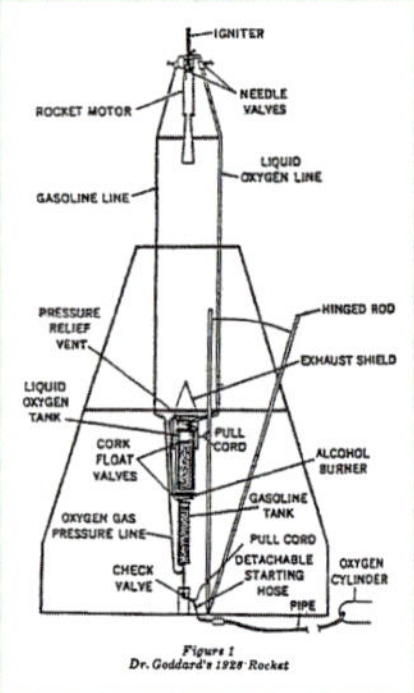

Die Konstruktion einer **Rakete mit flüssigen Brennstoffen,** die Robert Goddard als Erster wagte, ist sehr viel komplizierter als die einer Feststoffrakete. Wie diese Zeichnung von 1926 zeigt, gehören dazu Tanks für Sauerstoff und Benzin, Ventile, Düsen und Brennkammern

abhängig davon ebenfalls auf die gleiche Idee gekommen. Aber allein der Amerikaner – der die anderen Konzepte nicht kennt – entwickelt neben der Theorie auch gleich das Gerät dazu.

Robert H. Goddard, geboren 1882 in Massachusetts, ist schon als Kind ein eifriger Tüftler. Um Diamanten herzustellen, erhitzt er Grafit in der Dachkammer seines Elternhauses. Es explodiert jedoch nur ein Glas, dessen Splitter sich in Decke und Tür bohren. Aus Aluminium formt er einen Ballon, den er mit leichtem Wasserstoffgas füllt – der Ballon aber rührt sich um keinen Millimeter.

Der junge Goddard bleibt gelassen. Nach Fehlschlägen macht er stets geduldig weiter. Er träumt von Apparaturen, die in große Höhen, ja sogar bis zum Mond oder Mars vorstoßen können.

Flugzeuge sind dafür ungeeignet, weil sie in den oberen Schichten der Erdatmosphäre keinen Auftrieb erzeugen können und es dort für ihre Verbrennungsmotoren zu wenig Sauerstoff gibt. Herkömmlichen Pulverraketen wiederum geht schon in geringer Höhe der Treibstoff aus. Goddard studiert Physik und arbeitet nun auf ein großes Ziel hin: die Rakete neu zu erfinden.

Zunächst testet er feste Treibstoffe und berechnet, wie viel davon nötig ist, um eine bestimmte Masse ins All zu befördern. Er baut hitzebeständige Verbrennungskammern, die in eine Düse münden, aus der die Antriebsgase entweichen. Und er demonstriert bei Tests in Vakuumröhren, dass Newtons

Robert H. Goddard, (1882–1945) 1938 in seiner Werkstatt in Roswell. Der Raketenpionier ließ sich trotz mancher Rückschläge nie entmutigen. Nach einem Testflug 1929 wurde ihm in Massachusetts Startverbot erteilt. Daraufhin zog er mit seinem Konstruktionsteam nach New Mexico

Gesetz von »Wirkung = Gegenwirkung« auch im luftleeren Raum gilt. 1919 stellt er die These auf, Raketen könnten sogar bis zum Mond fliegen.

Mehr als 100 Freiwillige melden sich daraufhin bei Goddard für den Erstflug an. Die renommierte »New York Times« dagegen spottet, selbst Oberschüler wüssten, dass sich eine Rakete im All nicht fortbewege: Es fehle schlicht die Atmosphäre, gegen die sie ihren Strahl stoßen könne.

Ein Fehlschluss. Doch fortan versucht der Wissenschaftler, seine Arbeit geheim zu halten. Versuche etwa mit Nitrozellulose-Pulver lassen ihn

Goddard muss der Feuerwehr versprechen, nie wieder eine Rakete in Massachusetts zu testen

erkennen, dass er mit seiner von Feststoffen angetriebenen Maschine nicht weiterkommt. Also experimentiert er mit Flüssigkeiten.

Er testet unter anderem Benzin und flüssigen Sauerstoff. Sie setzen mehr Energie frei als alle bekannten festen Substanzen, doch schlagen erste Versuche fehl: Tanks explodieren; Pumpen, die diese Stoffe in die Kammer drücken sollen, versagen.

Schließlich verzichtet Goddard auf die Pumpen und erzeugt den Druck mit einem Brenner, der Alkohol verdampft und so die Flüssigkeiten durch die beiden Röhren treibt. Und nach dem »Erstflug« vom 16. März 1926 konstruiert er schließlich Flugkörper, bei denen die Brennkammer nebst Düse unter den Treibstofftanks positioniert ist.

Ein solches Projektil steigt im Juli 1929 mit mächtigem Getöse auf 27 Meter Höhe. Der Lärm lockt Polizei und Reporter zur Farm von Goddards Tante. Eine Zeitung titelt: »Mondrakete verfehlt ihr Ziel um 238 799,5 Meilen.« Danach muss Goddard der Feuerwehr versprechen, nie wieder eine Rakete in Massachusetts zu testen.

Der Forscher zieht mit seinen Helfern und Assistenten im Jahr darauf nach Roswell, New Mexico. Auf einem weitläufigen, unbewohnten Gelände verbessert er seine Raketen. Er konstruiert eine stromlinienförmige Hülle, eine Selbstkühlung für die Brennkammer und für einen senkrechten Aufstieg ein automatisches Stabilisierungssystem mit steuerbaren Rudern, das den Gasstrahl des Raketenmotors lenkt.

In New Mexico gelingt es dem Team des Physikers, eine **Rakete** zu konstruieren, die fast drei Kilometer hoch und schneller als der Schall fliegt. Das kolorierte Foto zeigt Goddard 1940, wie er von einer Leiter aus die Ausrichtung eines Projektils kontrolliert

Seine Konstruktionen erreichen nun über 2000 Meter Höhe und Überschallgeschwindigkeit. Dennoch hat die US-Armee kein Interesse an Goddards Patenten. Das deutsche Militär hat dagegen den Wert solcher mit flüssigem Treibstoff betriebenen Projektile längst entdeckt und lässt während des Zweiten Weltkriegs in einem militärischen Großprojekt die »V2« bauen: eine ebenfalls mit flüssigem Treibstoff betriebene Rakete, die 85 Kilometer hoch fliegt – und ihre verheerenden Sprengladungen bis nach Großbritannien transportiert.

ROBERT GODDARD STIRBT 1945, ohne seinen großen Traum vom Flug in den Weltraum verwirklicht zu haben. Seine Arbeit ist in Vergessenheit geraten. Erst als US-Ingenieure nach dem Krieg beginnen, gemeinsam mit deutschen Spezialisten (die, wie Wernher von Braun, an Projekten des NS-Staates mitgewirkt haben) Großraketen zu konstruieren, werden seine Ideen aufgegriffen. Darunter auch jene Erkenntnis, dass eine Rakete weniger Kraftstoff verbraucht, wenn sie aus mehreren Stufen besteht: Ist eine Stufe ausgebrannt, wird sie abgeworfen; die nächste zündet und muss dann nicht mehr das Gewicht der vorherigen mitschleppen.

Die mehr als 20-jährige Raketenentwicklung in den USA gipfelt in der dreistufigen, gut 110 Meter hohen Saturn-V-Rakete, die mit Kerosin, Wasserstoff und Sauerstoff fliegt und am 20. Juli 1969 die ersten Astronauten auf den Mond bringt.

Nachdem Testamentsverwalter Goddards Notizen studiert haben, werden ihm posthum mehr als 100 Patente zuerkannt.

Und auch die »New York Times« stellt die Dinge richtig und schreibt wenige Tage vor der Mondlandung in einem Rückblick auf die Raketenentwicklung: »Untersuchungen und Experimente haben mittlerweile eindeutig bewiesen, dass eine Rakete sowohl im Vakuum als auch in der Erdatmosphäre funktioniert. Die Times bedauert ihren Irrtum.« **(2006)**

Siehe auch A–Z-Teil

→ Braun · Cape Canaveral · Goddard · Oberth · Rakete · Saturn V · Ziolkowski

Jörn Auf dem Kampe ist Redakteur des Magazins GEO kompakt.

Das erste Mal

Am 16. Juli 1969 brechen in Florida drei Männer auf, das größte Abenteuer der Menschheit zu wagen: den Flug zu einer anderen Welt im All. Es ist ein Vabanquespiel an der Grenze des menschlich und technisch Möglichen

Gebannt verfolgen 8 000 Ehrengäste vom »Kennedy Space Center« aus den Start der **Saturn-V-Trägerrakete**

Text:
Cay Rademacher

Ende Juni 1969, an Bord der Mondlandefähre. Seit Stunden schon harren die Astronauten Neil Armstrong und Edwin Aldrin in einem Cockpit aus, das kaum größer ist als eine Telefonzelle. Sitze gibt es nicht. Über Boden und Wände laufen Kabel und Leitungen, dazwischen schimmern grünlich Hunderte von Kontrollinstrumenten und Schaltern. Mitten in den Raum ragt ein vibrierender, metallisch verkleideter Konus: eines der Raketentriebwerke. Mit einer Geschwindigkeit von mehr als 7 000 Kilometern pro Stunde rast die Kapsel durch das Weltall.

In den zwei winzigen Cockpitfenstern zeichnet sich schließlich eine vernarbte Landschaft ab, die mit jeder Sekunde größer wird: der Mond. Kommandant Armstrong schaut hinaus; er sucht einen felsfreien Platz zur Landung. Da gerät die Staubwüste vor seinen Augen ins Schlingern.

Aldrin, der Copilot, starrt aufgeregt auf den Höhenmesser: Der Wert fällt rasend schnell. Nur noch wenige hundert Meter. Das Raumschiff taumelt immer heftiger. Vom Kontrollzentrum in Houston, das den Flugverlauf verfolgt, kommt der Funkspruch: »Apollo 11, wir schlagen vor, dass ihr abbrecht!« Doch für die 384 400 Kilometer zwischen Erde und Mond benötigt die Übertragung 1,3 Sekunden. Da ist es schon zu spät.

Apollo 11 schlägt im »Meer der Ruhe« auf: viel zu schnell und viel zu hart für das fragile Raumschiff, das in unzählige Trümmer zerfetzt wird. Armstrong und Aldrin wären sofort tot – wäre dies nicht ein Flug im Simulator gewesen.

Nach Neil Armstrong wagt auch sein Copilot Edwin Aldrin den Sprung von der Leiter der **Landefähre.** Im Zeitlupentempo, bei jedem Schritt bis zu 2,5 Meter weit schwebend, erkunden die Apollo-11-Astronauten die Oberfläche des Erdtrabanten …

... und hinterlassen im »Meer der Ruhe« **die berühmten ersten Spuren** der Menschheit im Mondstaub

Abstürze gehören zum Training der Apollo-Astronauten – solange die Crew noch unerfahren ist. Aber Armstrong und Aldrin werden, gemeinsam mit Michael Collins, schon in drei Wochen starten, um als erste Menschen einen anderen Himmelskörper als die Erde zu betreten. Ihre Mission soll die weiteste, spektakulärste, triumphalste Entdeckungsreise aller Zeiten werden.

Tatsächlich aber ist sie ein höchst riskantes, in kürzester Zeit vorbereitetes Vabanquespiel an der Grenze des menschlich und technisch Möglichen. Eine Expedition, die den Astronauten Manöver abverlangen wird, welche nie zuvor geprobt worden sind. Und die zu einem Ziel führt, von dem niemand weiß, was die Männer dort eigentlich erwartet.

»Ich glaube, dass sich unsere Nation verpflichten sollte, vor dem Ende dieser Dekade einen Mann zum Mond zu bringen und sicher wieder zurück zur Erde«, verkündet Präsident John F. Kennedy am 25. Mai 1961 – 43 Tage, nachdem die USA beim prestigeträchtigen Wettlauf um die Vorherrschaft im All von der Sowjetunion zum zweiten Mal geschlagen worden sind. 1957 haben die Russen mit dem »Sputnik« den ersten Satelliten gestartet, nun haben sie auch den ersten Menschen ins All gebracht: den Kosmonauten Jurij Gagarin.

Welche Demütigung für die USA, einen Staat, der sich vor allem auf dem Feld der Technik und der Wissenschaft für unbesiegbar hält! Kennedy muss reagieren – und gibt seinem Land eine Vision vor: kühn bis zur Provokation, fortschrittsgläubig und dennoch romantisch. Mit ihr überträgt Kennedy die mythenbeladene Sehnsucht der Amerikaner nach dem unbe-

Mit der Mondlandung will Kennedy endlich die Sowjets übertrumpfen

rührten Land im Westen vom 19. Jahrhundert in das Weltraumzeitalter: Die Wildnis, die es in Zukunft zu entdecken gilt, liegt im Firmament. Die neuen Scouts sind Astronauten, und ihrer Mission haftet das vage Versprechen an, irgendwann könnten ihnen Pionierfamilien folgen und den Mond besiedeln. Amerikas Traum, verkündet Kennedy, ist nicht tot.

Die Erfüllung dieses Traumes erlebt der Präsident allerdings nicht mehr. Zweieinhalb Jahre später wird Kennedy erschossen, und Amerika stürzt in seine vielleicht traumatischste Dekade des 20. Jahrhunderts: in das Jahrzehnt des Vietnamkrieges, der Rassenunruhen in den Ghettos der Metropolen, in die Zeit der Ermordung von Bürgerrechtlern und der drogenseligen Flower-Power-Generation, die all das in Frage stellt, was bis dahin unzweifelhaft zum gesellschaftlichen Konsens zählte. Auch die Weltraumflüge der »Mercury«-, dann der »Gemini«-Astronauten sind, wiewohl

Im **Flugsimulator der NASA** müssen die Astronauten das Landemanöver hundertfach durchspielen (oben). Es ist der wohl gefährlichste Teil ihrer Reise, an deren technischer Planung auch der deutsche Ingenieur **Wernher von Braun** (unten) beteiligt ist. Er hat die Saturn-V-Rakete entwickelt, die antriebsstärkste Maschine aller Zeiten

technisch gelungen, eine Serie politischer Niederlagen: Ob beim ersten Flug zweier Menschen im All, beim ersten Rendezvous zweier Raumschiffe, beim ersten Weltraumspaziergang – stets sind die russischen Kosmonauten um Monate voraus.

Währenddessen arbeiten über ganz Amerika verstreut Techniker und Wissenschaftler an Universitäten wie Privatfirmen, koordiniert von der zivilen Raumfahrtbehörde NASA, fieberhaft an der Vision »Apollo«. In der Endphase des Projekts sind 400 000 Menschen ausschließlich damit beschäftigt, einen Amerikaner auf den Mond zu bringen – und den Erzrivalen jenseits des Eisernen Vorhangs damit endlich einmal zu übertrumpfen.

Zunächst muss eine Rakete konstruiert werden, die kräftig genug ist, um in den Orbit aufzusteigen und dort ein Raumschiff bis zum Mond zu tragen. Die Entwicklung dieses Geschosses überträgt die NASA dem wohl genialsten Raketenbauer jener Zeit: Wernher von Braun. Als junger Wissenschaftler hat er für die Nazis in Peenemünde die »V2« entwickelt, die erste Langstreckenrakete der Geschichte. Rund 40 000 Zwangsarbeiter mussten dafür schuften, viele wurden hingerichtet oder starben vor Erschöpfung.

Unmittelbar nach Kriegsende hat sich Wernher von Braun mit seinen Mitarbeitern in einer Geheimoperation der US-Army nach Amerika abgesetzt. Dort ist niemals Anklage gegen ihn erhoben worden, im Gegenteil:

Der Bordcomputer kann nicht mehr als 33 000 Worte speichern

»Mr. Moon«, wie der deutsche Ingenieur später genannt wird, gehört zu den privilegiertesten Wissenschaftlern. Seit 1945 entwickelt er Raketen für den Kalten Krieg. Und 1959 präsentiert sein Team unter dem Titel »Project Horizon« auch einen der ersten Vorschläge für eine lunare Militärbasis.

Wernher von Braun kommt kurz darauf zur NASA – und krönt dort sein Lebenswerk mit der »Saturn V«-Rakete: einem weißen, 111 Meter hohen, rund 2 900 Tonnen schweren Geschoss. Allein die erste der drei Stufen, die beim Flug der Saturn V nacheinander abgesprengt werden, verbrennt während ihres nur zweieinhalb Minuten dauernden Einsatzes fast 1,9 Millionen Liter Kerosin und flüssigen Sauerstoff, wobei sie eine Leistung von rund 160 Millionen PS erreicht.

An der Spitze dieses antriebsstärksten jemals von Menschenhand geschaffenen Gefährts sitzen zwei Raumschiffe: das Kommandomodul, das die Astronauten von der Erde bis zum Mondorbit und wieder zurück tragen wird. Und das »Eagle« getaufte, mit seinen langen Beinen aber eher einem Käfer als einem Adler ähnelnde Mondlandemodul, das in der lunaren Umlaufbahn abgekoppelt werden soll.

Ein regulierbarer Raketenantrieb wird dabei den Sturz des »Eagle« bremsen, denn Fallschirme oder Flügel wären auf dem Mond, der so gut wie keine Atmosphäre hat, sinnlos. Und um das Gefährt auf komplizierten Kursen bis zum Landeplatz zu navigieren, muss ein Computer mit 33 000 Worten Speicherkapazität genügen – einer Rechenleistung, mit der ein heutiger PC nicht einmal hochgefahren werden könnte.

1968 IST DAS JAHR DER ENTSCHEIDUNG. Noch 24 Monate bis zum Ende der von Kennedy gesetzten Frist – und es läuft zunächst nicht gut für das Projekt. Denn schon am 27. Januar 1967 sind die drei Astronauten der Apollo-1-Mission bei einem Test am Boden in der Kapsel verbrannt – unter ihnen Virgil Grissom, der aussichtsreichste Kandidat für den ersten Flug zum Mond. 1968, beim zweiten unbemannten Testflug der Saturn V, wird die Rakete von unerklärlichen Vibrationen geschüttelt. Nur knapp schrammt die Mission an einem weiteren Desaster vorbei. Und als am 11. Oktober 1968 erstmals drei Astronauten in einer Apollo-Kapsel zu einem Testflug in die Erdumlaufbahn aufsteigen, fluchen und schimpfen die Männer, als säßen sie an einem Stammtisch. Fast scheint es, als überfordere Apollo selbst die erfahrensten Piloten.

Kurz zuvor hat die CIA gemeldet, die Sowjetunion baue eine neue, gewaltige Rakete – groß genug, um Menschen bis zum Mond zu tragen. Das wäre die finale Niederlage für die USA.

Schon im Sommer 1968 haben sich die NASA-Direktoren und -Techniker deshalb dazu durchgerungen, bereits den Flug von Apollo 8, der nur als vorsichtiger Auftakt einer umfangreichen Testserie ge-

In voller Montur simulieren **Aldrin und Armstrong** immer wieder ihre Arbeitsschritte auf dem Mond: Gesteinsproben sammeln, Funkantennen aufrichten, Fotografieren mit ihren vor dem Bauch befestigten Kameras plant war, bis in die Umlaufbahn des Mondes auszuweiten: Die Astronauten sollen nun fast 300-mal weiter in den Weltraum vordringen als je ein Mensch zuvor. Das Unternehmen ist riskant, aber es glückt: Weihnachten 1968 umkreisen Frank Borman, James Lovell und William Anders den Mond. Im Frühjahr 1969 starten Apollo 9 und 10 zu weiteren Testflügen. Die Systeme arbeiten einwandfrei. Im Juli 1969, fünf Monate vor der von Kennedy versprochenen Frist, ist die NASA schließlich bereit, die Reise zum Mond zu wagen. Aber wer soll fliegen?

RUND ZWEI DUTZEND MÄNNER sind während der 1960er-Jahre für die Apollomission ausgewählt worden. Bis auf wenige Ausnahmen sind sie alle ehemalige Testpiloten der NASA, der Marine oder der Luftwaffe. Brillante Flieger, physisch und psychisch extrem belastbar, meist zwischen 30 und 40 Jahre alt.

Zwischen ihnen tobt ein versteckter Konkurrenzkampf, bei dem jedoch keiner der Astronauten die Kriterien kennt, nach denen ihr Chef, der ehemalige Mercury-Pilot Donald Slayton, die Crews schon Monate oder gar Jahre im Voraus für die einzelnen Apollo-Missionen einteilt. »Jede Crew ist austauschbar«, beteuert Slayton stets. Nach dem triumphalen Flug von Apollo 8 weicht er allerdings von dieser Regel ab: Frank Borman, der Kommandant von Apollo 8, soll auch als erster Mensch den Mond betreten. Doch Borman, erfüllt von der Befriedigung, als Erster um den Mond geflogen zu sein, lehnt ab.

Edwin Aldrin stellt **Messinstrumente** auf, darunter einen mit Solarzellen bestückten Seismografen, der die Erschütterung des Bodens durch Meteoriten und innere Beben aufzeichnen soll

Also bleibt es bei der hergebrachten Crew-Einteilung. Und weil der Flug von Apollo 8 weit reibungsloser verlief als ursprünglich gedacht, kann auf einige zusätzliche Tests verzichtet werden. Kurz entschlossen entscheiden Slayton und die NASA-Direktoren, Apollo 11, bis Ende 1968 geplant als ein vergleichsweise wenig spektakulärer Vorbereitungsflug, für die erste Mondlandung zu nominieren.

Es ist somit bloßer Zufall, dass gerade Neil Armstrong, Edwin Aldrin und Michael Collins für den spektakulärsten Flug in der Geschichte der Menschheit ausgewählt werden.

Die drei Astronauten kennen sich vom Gemini-Projekt. Armstrong, blass und still, ist ein schüchterner Einzelgänger, verschlossen bis zur Schroffheit – jemand, von dem selbst seine wenigen Freunde nie genau wissen, was ihn gerade umtreibt.

Edwin Aldrin, den alle »Buzz« nennen, seit seine Schwester im Babyalter das Wort »brother« nur als »buzzer« herausbrachte, ist lebhafter, aber ähnlich kompliziert wie Armstrong. Auch er war früher Kampfpilot, hatte dann aber an der Elitehochschule MIT Raumfahrttechnik studiert. Aldrin ist der erste Astronaut mit einem Doktorgrad. Seine

Nach zwei Stunden schwinden die Sauerstoffreserven, die **Astronauten** klettern zurück in die Fähre. Weil auf dem Mond kein Wind weht, wird die **US-Flagge** durch einen Draht gespreizt

Die Piloten sind ein eingeschworenes Trio – aber keine Freunde

Kameraden bewundern ihn für sein Wissen – und halten ihn im Übrigen für geradezu brutal direkt und akademisch-arrogant, unfähig zur unverbindlichen Plauderei.

Aldrin verkündet bei der NASA jedem, der es hören will, dass bei den Gemini-Flügen stets der Kommandant die Kontrolle über das Raumschiff behalten, während sein Copilot andere Aufgaben erfüllt habe, etwa einen Weltraumspaziergang. Warum sollte es bei Apollo anders sein? Der Kommandant, Armstrong also, solle am Steuer bleiben, während der Copilot, zufällig Aldrin, auf den Mond gehe.

Offiziell sagt Armstrong nichts zu diesen Vorschlägen, sondern überlässt die Entscheidung den NASA-Direktoren. Die beschließen schließlich im Frühjahr 1969, nur Wochen vor dem Start, dass der Kommandant und nicht sein Stellvertreter auf dem Mond als Erster von Bord gehen wird. Armstrong und Aldrin reden danach nie wieder über dieses Thema, doch ihr Verhältnis zueinander kühlt deutlich ab.

Michael Collins, der dritte Mann im Team, der an Bord des Kommandomoduls um den Mond kreisen muss, während seine Kameraden den his-

Hinflug
1 Start der Rakete **2** Die beiden ersten Antriebsstufen werden abgesprengt **3** Die Rakete holt in einer Erdumrundung Schwung und nimmt Kurs zum Mond **4** Das Raumschiff trennt sich von der dritten Raketenstufe, dreht sich und zieht aus dem Bauch der Rakete die Mondlandefähre »Eagle« **5** Raumschiff und Fähre treten in die Umlaufbahn des Mondes ein **6** Aldrin und Armstrong klettern in die Mondfähre und koppeln sie ab **7** Die Bremsraketen zünden, »Eagle« landet

torischen Abstieg zum Erdtrabanten unternehmen werden, ist das Gegenteil der beiden: ein offener, fröhlicher Mensch. Und ein brillanter Flieger, der sich allerdings nicht besonders um die Technik kümmert. Stattdessen liebt er Wein und gute Bücher, züchtet Rosen und versucht sich als Maler.

Armstrong, Aldrin und Collins sind drei hervorragende Astronauten und dank ihres monatelangen Trainings ein eingespieltes Team. Freunde aber sind sie nicht.

SONNTAG, 20. JULI 1969, 12.46 UHR Houston-Zeit, an Bord von Apollo 11. Vor 4 Tagen, 4 Stunden und 14 Minuten ist Apollo 11 gestartet. Bis jetzt war es ein perfekter Flug. Collins bleibt im Kommandomodul »Columbia«, Armstrong und Aldrin haben sich mit ihren unförmigen Raumanzügen in den »Eagle« gezwängt, das Mondlandemodul.

»Passt auf euch auf!«, funkt Collins, als sich die beiden kleinen Raumschiffe langsam voneinander trennen.

»See you later«, antwortet Armstrong – und steuert den »Adler« Richtung Mond.

Die Landung ist das komplizierteste Manöver des gesamten Flugs. Armstrong selbst hat vor dem Start heimlich alle Unwägbarkeiten abgeschätzt – und ist auf eine Erfolgschance von 50:50 gekommen. Auch bei der NASA hat man insgeheim bereits verschiedene Szenarien des Scheiterns der Mission durchkalkuliert: Sollten die Astronauten beispielsweise auf dem Mond stranden, also zwar unbeschadet landen, aber aus irgendwelchen Gründen nicht mehr starten können, bliebe dem Kontrollzentrum in

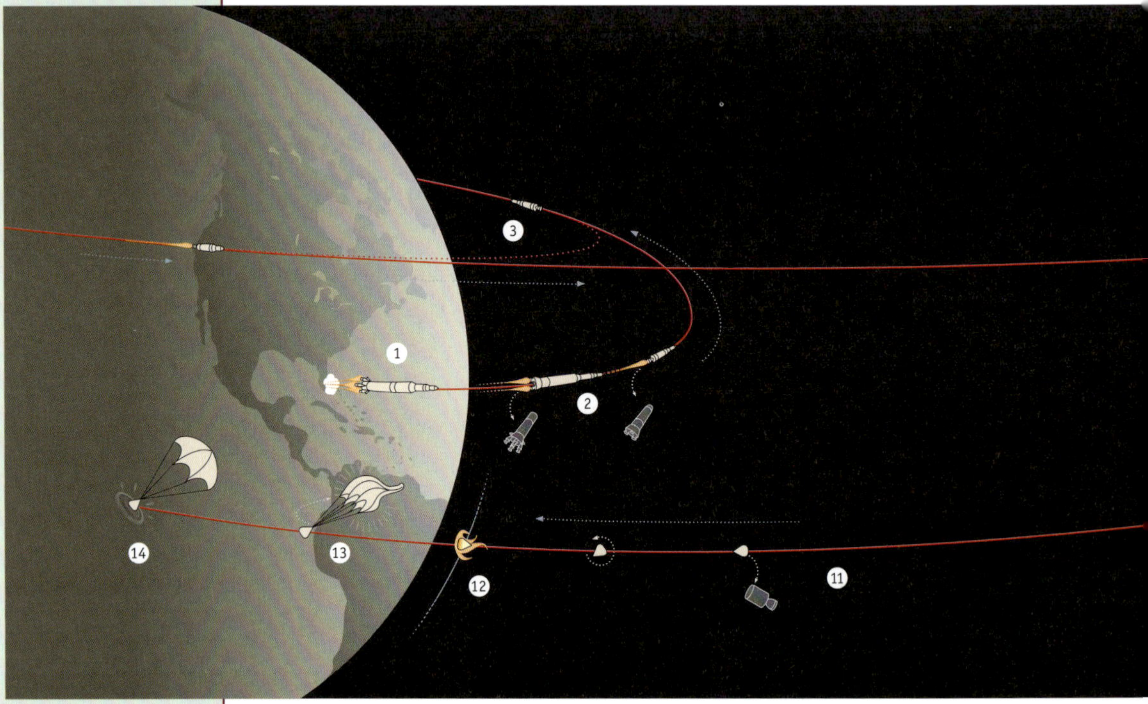

Houston nichts anderes übrig, als die Funkverbindung zu unterbrechen. Armstrong und Aldrin müssten in völliger Einsamkeit langsam ersticken.

Doch in diesem Moment hat Armstrong keine Zeit, daran zu denken. Seine Konzentration gilt einzig der Stelle, an der »Eagle« landen soll.

Schlimmstes Szenario: auf dem Mond stranden und einsam ersticken

»Site 2« haben Wissenschaftler den dafür ausgewählten, rund 18,5 Kilometer langen und 4,8 Kilometer breiten Streifen im Mare Tranquillitatis, dem »Meer der Ruhe« nahe dem Mondäquator, benannt. Diese Region, ungefähr genauso lang und etwas breiter als Manhattan, scheint weniger von Kratern vernarbt zu sein als der Großteil des Trabanten; auf dieser Ebene dürfte eine Landung noch die geringsten Gefahren mit sich bringen. Armstrong hat alle Fotos, die unbemannte Sonden und die Apollo-8-Astronauten von dem Areal geschossen haben, ausgiebig studiert. Er kennt »Site 2« so gut wie auswendig.

14.48 Uhr. Das Mondlandemodul taucht nach 48 Minuten wieder aus dem Mondschatten auf, jenem Abschnitt der Umlaufbahn, in dem ein Kontakt mit der Erde unmöglich ist. Und trotzdem bleibt die Funkverbindung nach Houston schlecht. Immer wieder wird der Datenstrom, der den Männern im Kontrollzentrum alle Messwerte von Apollo 11 auf die Bildschirme transportiert, unterbrochen.

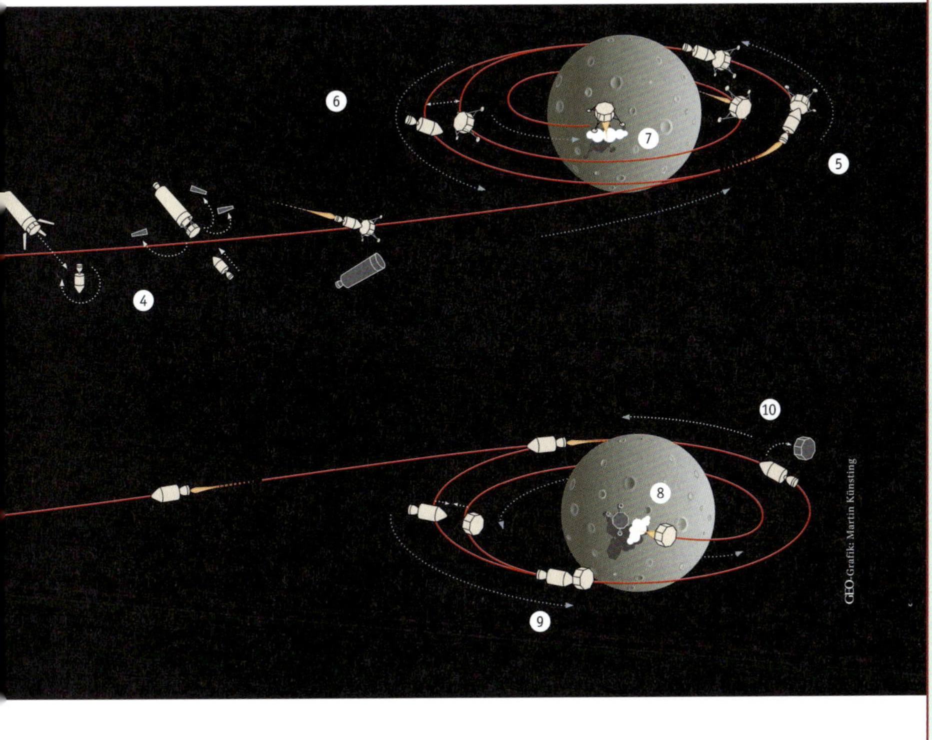

Rückflug
8 Nur der obere Teil der Mondfähre, das Aufstiegsmodul, hebt vom Mond ab. Das Landegestell bleibt zurück **9** Im Mondorbit dockt das Modul an das Raumschiff an. Armstrong und Aldrin steigen zu Collins ins Cockpit **10** Das Aufstiegsmodul wird abgesprengt **11** Kurz vor dem Eintritt in die Erdatmosphäre teilt sich das Raumschiff erneut: in die Kapsel mit den drei Astronauten und die Versorgungseinheit, die abgetrennt wird und verglüht **12** Die Kapsel dringt, mit dem stumpfen Ende voraus, in die Atmosphäre ein **13** In 6000 Meter Höhe öffnen sich die Fallschirme **14** Die Apollo-Kapsel landet im Pazifik

15.05 Uhr, 15 240 Meter über der Mondoberfläche. Die Bremsrakete von »Eagle« zündet. Der powered descent beginnt, die Landung auf dem bremsenden Raketenstrahl des Triebwerks. Armstrong und Aldrin blicken sich kurz an. Ihre Gesichter unter den Raumhelmen sind dunkel von ihren Vier-Tage-Bärten, ihre Kehlen trocken vom reinen Sauerstoff, der durch das Atemsystem der Raumanzüge strömt.

Armstrong späht aus einem der kleinen, dreieckigen Fenster. Und stutzt: Alle markanten Landschaftsmerkmale der Mondoberfläche – die Krater, Felsen, Berge – erscheinen aus irgendeinem Grund zwei Sekunden früher als vorausberechnet. Das bedeutet bei ihrem bogenförmigen Abstieg, dass sie rund 3,6 Kilometer vor dem anvisierten Zielgebiet landen werden.

NUR NOCH 14 020 METER. Armstrong dreht »Eagle« so, dass das Landeradar die Mondoberfläche erfassen kann. Das Triebwerk feuert jetzt mit verminderter Leistung.

12 192 Meter. Das Landeradar nimmt die Arbeit auf. Die Steuerraketen, die »Eagle« auf Kurs halten sollen, zünden viel häufiger als je im Simulator. Der Flug ist unruhiger als erwartet. Die vom Radar übermittelten Daten zur Höhe des Raumschiffes stimmen nicht mit den Berechnungen des Bordcomputers überein. Armstrong und Aldrin beschließen, dem Computer einzugeben, dass er die Daten des Radars akzeptieren muss. Sie wollen Houston informieren. Plötzlich heult eine Sirene.

»Program alarm!«, funkt Armstrong sofort nach Houston. Aldrin sieht eine Anzeige auf dem Display: »1202«. Das hat er niemals im Simulator erlebt. Was bedeutet 1202? Er glaubt, dass der Computer möglicherweise überlastet ist, doch jetzt ist nicht die Zeit, Handbücher zu wälzen.

In Houston wird es hektisch. Computerspezialisten überprüfen den Alarm – und beschließen dann, dass man die Warnmeldung ignorieren kann, solange sie nur sporadisch erscheint.

7 620 Meter. Die Bremsrakete drosselt, wie geplant, ihre Leistung automatisch auf nur noch halben Schub. Armstrong und Aldrin füh-

Die **Mondfähre »Eagle«**, bestehend aus Steuerungsmodul und Landegestell

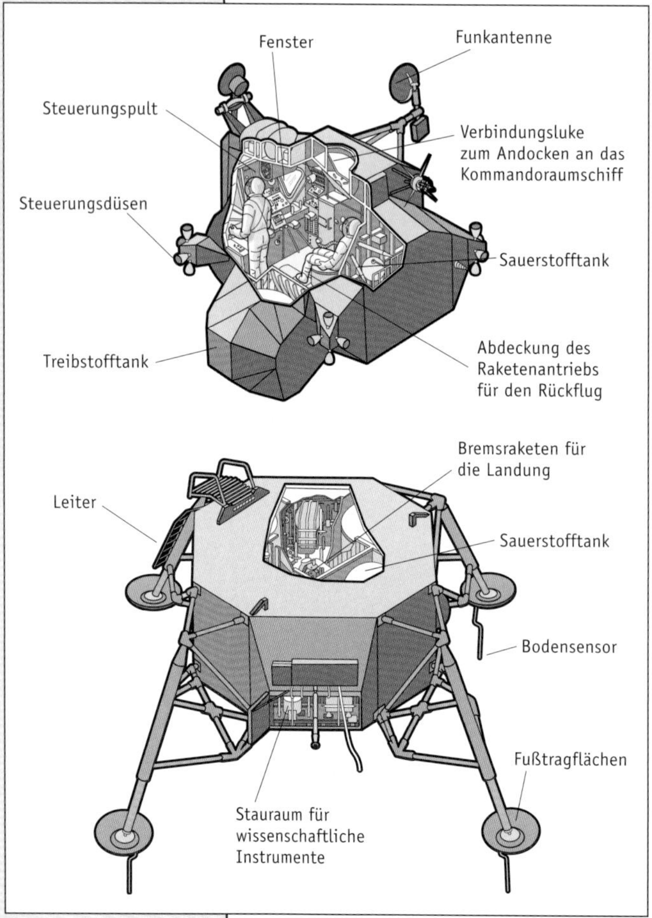

len sich plötzlich leichter, obwohl sie stehend festgeschnallt sind.

2286 Meter. Der »Eagle«, der bis jetzt schräg abwärts stürzte, wird vom Computer in die aufrechte Landeposition gesteuert, sodass die Beine des Landegestells zum Mond weisen.

Mit einer Aluminiumfolie fängt **Edwin Aldrin** winzige Strahlungsteilchen ein – den Sonnenwind, der ständig das Mondgestein zermürbt

1524 Meter. Mit einer Geschwindigkeit von rund 31 Metern pro Sekunde stürzen Armstrong und Aldrin auf den Erdtrabanten zu. Der Kommandant übernimmt kurz die Kontrolle der Brems- und Steuerraketen vom Computer, um auszuprobieren, ob der Flug manuell ähnlich gut steuerbar ist wie vom Rechner. Amstrong ist mit dem Flugverhalten zufrieden und schaltet die Computerkontrolle wieder ein.

914 Meter. Sinkgeschwindigkeit etwa 21 Meter pro Sekunde.

»You are Go for landing«, bestätigt ein Controller.

»Program alert! 1201«, funkt Aldrin plötzlich. Ein neuer Alarmcode des Computers.

»Go!«, antwortet ein Controller.

Armstrong blickt auf das Landegebiet, das jetzt noch fast zwei Kilometer entfernt ist. »Es sieht nicht schlecht aus«, meldet er. Immer wieder heulen Alarmsirenen, ausgelöst vom überlasteten Computer.

Noch acht Prozent Treibstoff. Weniger als in jeder Simulation

305 Meter. Der Alarm verklingt. Jetzt erkennt Armstrong Details des Landegebietes: einen Krater von der Größe eines Fußballfeldes im Zentrum, darum verstreut zahllose Felsen, manche so groß wie Autos. Viel zu gefährlich, um zu landen.

107 Meter. Armstrong greift ein. Er übernimmt vom Computer die Steuerung, hält »Eagle« einigermaßen auf Höhe und sucht im horizontalen Flug dicht über der Mondoberfläche nach einem Landegebiet. Das Einzige, worauf er sich nun noch verlassen kann, sind seine Augen.

Aldrin starrt unterdessen die Computer- und Radaranzeigen an und liest pausenlos die Messwerte ab. Er hat keine Sekunde Zeit, um aus dem Fenster zu blicken, und weiß daher nicht, weshalb der Flug nicht mehr so verläuft wie geplant.

Auch in Houston haben die Controller gemerkt, dass Armstrong die Steuerung übernommen hat. Doch niemand ahnt den Grund. »Ich glaube, wir sollten besser still sein«, sagt der Funker dem Leiter der Flugkontrolle.

Präsident Richard Nixon begrüßt die **Heimkehrer** – die nach der Landung drei Wochen in einer Quarantänekammer ausharren müssen

Armstrong steuert nach links, um großen Felsen auszuweichen.

91 Meter. »Was ist mit dem Treibstoff?«, fragt er. »Acht Prozent«, antwortet Aldrin. Weniger als je in einer Simulation. »Okay«, sagt Armstrong, »sieht aus wie ein gutes Areal da vorn.« Er steuert »Eagle« weiter.

67 Meter. Doch auch die angepeilte Region ist zu hügelig. »Ich muss direkt über einen Krater hinweg«, meldet Armstrong. Dann erblickt er eine ebene Fläche von etwa 60 Meter Kantenlänge, zwischen Kratern und Felsen. Sein neues Ziel.

»Descent QTY« leuchtet auf dem Instrumentenpaneel auf: Der Treibstoff schwindet. Den Astronauten bleiben nur noch exakt 70 Sekunden für ein Landemanöver.

31 Meter. Armstrong weiß, dass »Eagle« genau senkrecht aufkommen muss, denn schon bei leichten horizontalen Bewegungen könnten die Landestützen brechen. Er will sich an großen Felsen orientieren, um zu sehen, ob das Landemodul nun senkrecht sinkt. Doch inzwischen wirbelt das Raketentriebwerk so viel Staub von der nahen Mondoberfläche auf, dass es vor dem Fenster im Sonnenlicht flimmert.

18 Meter. Ein Controller meldet sich: »Noch 60 Sekunden Treibstoff.«

»Houston, hier ist Tranquility Base. Der Adler ist gelandet!«

Neun Meter. »Eagle« treibt horizontal rückwärts. Armstrong weiß nicht, warum das Raumschiff taumelt, aber er steuert gegen.

Sechs Meter. »Eagle« driftet jetzt seitwärts. Die Sicht ist fast null, denn jetzt quellen draußen Staubwolken hoch. »30 Sekunden«, meldet Houston.

Da ruft Aldrin plötzlich: »Contact light.«

Auf dem Instrumentenpaneel leuchtet eine Lampe, die anzeigt, dass ihr Raumschiff die Mondoberfläche berührt. Eigentlich hätten sie aus Sicherheitsgründen dicht über dem Boden das Triebwerk abschalten müssen. Doch nun ist die Landung so sanft verlaufen, dass ihnen erst die Instrumente verraten, dass sie gelandet sind.

Armstrong betätigt den »Engine stop«-Schalter. »Shutdown«, lautet sein erstes Wort vom Mond. Die Astronauten gehen eine Checkliste durch, dann meldet sich Armstrong wieder: »Houston, hier ist Tranquility Base. Der Adler ist gelandet.«

»Roger, Tranquility, wir verstehen euch«, antwortet ein Controller. »Wegen euch sind hier eine ganze Menge Leute blau angelaufen. Jetzt atmen wir wieder. Danke schön.«

Der Treibstoff hätte noch für rund 20 Sekunden gereicht.

Um 21.39 Uhr Houston-Zeit am 20. Juli 1969 beginnt Armstrong langsam und vorsichtig über eine schmale Leiter ins Freie zu steigen. Den Raumanzug, den er sich zuvor in einer stundenlangen Prozedur für diesen ersten Gang ins Unbekannte angelegt hat, schützt ihn wie ein eigenes kleines Raumschiff.

Mehrere mit Teflon beschichtete Stofflagen halten den Sauerstoff im Inneren, eine Unterwäschegarnitur mit netzartig verknüpften, von Wasser durchspülten Plastikschläuchen kühlt den Körper, ein Goldvisier schützt die Augen vor dem grellen Sonnenlicht, und der Rucksack enthält genügend Sauerstoff für mehrere Stunden. Auf der Erde hat diese Montur mehr als 137 Kilogramm gewogen. Hier aber, im schwachen Gravitationsfeld des Mondes, konnte Armstrong sie beim Anziehen mit einem Arm anheben.

Trotzdem ist der letzte Schritt auf der Leiter gefährlich. Denn da »Eagle« viel sanfter als vorausberechnet aufgekommen ist, sind die teleskopartigen

APOLLOS ERBE – JENSEITS DER TEFLONPFANNE

Für den Triumph der sechs Mondlandungen scheuten die USA keine Kosten. Hat es sich gelohnt?

Politisch hatten die USA ihr Ziel mit der Apollo-11-Mission bereits erreicht, für die Wissenschaftler waren die späteren Mondlandungen hingegen von weitaus größerer Bedeutung. Erst diese sicherten einige grundlegende Erkenntnisse über den Trabanten: etwa, dass er geologisch komplex aufgebaut ist, sehr alt und eng mit der Erde verwandt, dass er keinerlei Leben birgt und früher vermutlich von einem Magmaozean bedeckt wurde.

Darüber hinaus warf die Entwicklung der Apollo-Mondfahrzeuge, Raumanzüge und Raketen angeblich mehr als 30 000 wirtschaftlich nutzbare Nebenprodukte ab. Dünn aufgedampfte Metallschichten etwa, die einst die Landefähren isolierten, werden heute in Lebensmittelverpackungen, Winterjacken und zur Wärmedämmung von Häusern verwendet. Auch sind leichte, zugleich stark belastbare Verbundmaterialien, die zuerst in Raumfahrzeugen eingesetzt wurden, noch immer im Flugzeug- und Autobau zu finden. Die berühmte Teflonpfanne allerdings ist keineswegs ein »Spin-off« der Mondlandung: Die hitzebeständige Kunststoffbeschichtung wurde bereits 1938 entdeckt.

Auf den heutigen Geldwert umgerechnet, verschlang das Apollo-Programm von 1960 bis 1973 rund 80 Milliarden US-Dollar – jährlich weniger als die Hälfte des derzeitigen NASA-Jahresbudgets von 14,5 Milliarden Dollar.

Dennoch hielten schon damals viele Amerikaner die Mondfahrt für reine Geldverschwendung. In einer Umfrage von 1966 sprachen sich 48 Prozent der Befragten dafür aus, das Mondprogramm unter den Ausgaben der Regierung als Erstes zu streichen.
Nur drei Monate nach dem Erfolg von Apollo 11 kürzte der US-Kongress tatsächlich die Gelder für den Bau zusätzlicher Saturn-V-Raketen. 1971 wurden auch die geplanten Apollo-Missionen 18, 19 und 20 gestrichen – und die NASA setzte nun allein auf den Spaceshuttle.

Seit dem »Columbia«-Unglück hat sich zumindest die Möglichkeit einer Wende in der Strategie der Konstrukteure angedeutet: Im September 2003 verkündete ein NASA-Sprecher, bei der Entwicklung einer neuen Raumflotte wolle man eventuell auch auf das Konzept der Apollo-Kapseln zurückgreifen.

Bei einer **Rundreise durch 22 Staaten** werden Armstrong, Aldrin und Collins vielerorts, wie hier in Chicago, frenetisch bejubelt

Landebeine nicht wie geplant leicht zusammengedrückt worden, sondern stehen aufrecht da: Die Leiter endet rund einen Meter über der Mondoberfläche – und Armstrong kann die Beschaffenheit des Untergrunds schwer einschätzen. Nach einigem Zögern wagt er den Sprung.

Es ist 21.56 Uhr in Houston, als der erste Mensch den Mond betritt. »That's one small step for a man, one giant leap for mankind«, will Armstrong zur Erde melden. Lange hat er über einen Spruch nachgesonnen, der dem Ereignis angemessen ist. Bis ihm, dem verschlossenen Piloten und Techniker, einer der poetischsten Sätze eingefallen ist, mit denen je eine Entdeckung vom Entdecker selbst gewürdigt wurde: »Das ist ein kleiner Schritt für einen Menschen, ein großer Sprung für die Menschheit.« Armstrongs einziger, lässlicher Fehler besteht darin, dass er in der Aufregung den unbestimmten Artikel »a« vergessen hat, was seinen Satz, streng grammatisch gesehen, widersinnig macht.

Um 22.15 Uhr folgt Edwin Aldrin. Mühsam pflanzen die beiden die amerikanische Flagge in den Boden, machen Film- und Fotoaufnahmen, sammeln rund 22 Kilogramm Mondgestein und -staub ein. Nach insgesamt zwei Stunden und 32 Minuten steigen sie zurück in die Fähre. Kennedys Vision ist wahr geworden.

21 Stunden und 36 Minuten nach der Landung kehren Armstrong und Aldrin mit dem abtrennbaren Oberteil des Mondlandemoduls, das über ein eigenes Raketentriebwerk und eigene Tanks verfügt, in den Orbit zu Collins zurück. Auf dem Mond bleiben Messinstrumente, das Landegestell und die Fahne zurück, zudem kiloweise überschüssiger Ballast an Rucksäcken, Überschuhen und leere Behältern – sowie, im Staub, ein paar Hundert Schuhabdrücke, die wohl Jahrtausende erhalten bleiben werden.

Und was bleibt auf der Erde von Apollo 11? Als Armstrong, Aldrin und Collins am 24. Juli 1969 mit der winzigen Landekapsel mitten im Pazifik niedergehen, sind sie globale Helden. Sie haben während ihres Fluges mehrmals live zur Erde gesendet, ihre ersten Schritte auf dem Mond wurden von einer automatischen Außenkamera am Raumschiff übertragen und in Echtzeit zu den Fernsehapparaten der Erde gesendet. Rund eine halbe Milliarde Menschen haben die Pioniertat auf flirrenden, surreal anmutenden Schwarzweißbildern verfolgt.

In der amerikanischen Geschichte aber wird der Triumph der Astronauten schnell von anderen Ereignissen überschattet: vom Watergate-Skandal, vom Vietnam-Desaster und vom Ölpreisschock.

Auch wissenschaftlich bleibt die Bilanz der Mission umstritten: Die paar Kilogramm Mondgestein hätten von unbemannten Sonden viel billiger zur Erde gebracht werden können. Der technische Fortschritt, etwa bei der Entwicklung der Saturn V, ist zwar gewaltig. Nur: Wozu sonst, außer für den Mondflug, soll das turmhohe Raumschiff eingesetzt werden?

So ist die Mondlandung letztlich vor allem die teuerste und, aus Sicht des Westens, wohl erfolgreichste nichtmilitärische Schlacht im Kalten Krieg geworden, die späte Rache für den Sputnik-Schock. Seit dem Ende der bemannten Mondflüge 1972 hat kein Mensch mehr den Orbit seines Heimatplaneten verlassen, geschweige einen anderen Himmelskörper betreten. Keines der heutigen Raumfahrzeuge wäre in der Lage, einen Menschen wieder bis zum Mond zu bringen. Die Errichtung einer bemannten Mondstation oder gar die Landung auf dem Mars, die 1969 als logischer nächster Schritt schon greifbar nahe erschien, bleiben vorerst Utopie.

Und Neil Armstrong, Buzz Aldrin und Michael Collins? »Neil, wir haben das Ganze verpasst«, hat Aldrin seinem Kommandanten zugeraunt, als die drei Astronauten in der Quarantänekammer die Euphorie zu spüren bekamen, die ihre Reise auf der Erde ausgelöst hatte. Für sie, die ehemaligen Militärpiloten, war stets der Weg zum Mond die eigentliche Herausforderung, das Ziel hingegen nebensächlich.

Wenig später haben sich ihre Wege getrennt: Collins verfasste mehrere autobiografische Werke, verbringt seine Zeit heute jedoch hauptsächlich beim Angeln auf seinem Alterssitz. Aldrin stürzte bald nach der Mondlandung in Depressionen und verfiel dem Alkohol. Später stieg er zu einem erfolgreichen Manager der Weltraumbranche auf – und ist der Einzige des Trios, der noch regelmäßig vor größerem Publikum erscheint. Armstrong, der eine Karriere als Universitätsdozent begann, lebt zurückgezogen in Ohio und hat sich seit 30 Jahren selten öffentlich geäußert.

Einige der späteren Apollo-Astronauten sind bereits gestorben. Und schon in ein, zwei Jahrzehnten wird es niemanden mehr geben, der mit eigenen Augen die Erde über dem Mond hat aufgehen sehen. Es sei denn, es findet sich ein Land oder ein Unternehmen, das sich erneut auf dieses Wagnis einlässt. Die Motive werden dann wohl andere sein – aber kaum die Faszination und Strahlkraft solch eines Abenteuers. **(2003)**

Siehe auch A–Z-Teil

→ Aldrin · Apollo-Programm · Armstrong · Braun · Mond · Mondlandung · NASA · Raumfahrt · Saturn V · Sputnik

Cay Rademacher, Geschäftsführender Redakteur des Geschichtsmagazins GEO EPOCHE, hat noch eine weitere US-Mondmission rekonstruiert: den dramatischen Flug von »Apollo 13«, nachzulesen in diesem Band auf Seite 440.

Text: **Jörn Auf dem Kampe**

Einer für alle

Der Mond gehöre der gesamten Menschheit, meinen Völkerrechtler. Das sieht ein Geschäftsmann in den USA ganz anders – und verkauft erfolgreich Grundstücke mit Erdblick

Das Sternenbanner hatte kaum im staubigen Boden des Erdtrabanten Halt gefunden, da glaubte eine deutsche Redaktion bereits zu wissen, welche völkerrechtliche Konsequenz diese stolze Geste der »Apollo 11«-Astronauten hätte: »Der Mond ist jetzt ein Ami!«, titelte die »Bild«-Zeitung am 21. Juli 1969, dem Morgen nach Neil Armstrongs berühmtem Sprung von der Leiter der Mondlandefähre.

Dabei hatte es gar nicht so aussehen sollen. Lange vor dem Start hatte die NASA geprüft, wie sich der Eindruck, Amerika wolle den Mond vereinnahmen, vermeiden ließe. Ein »Komitee für die symbolischen Aktivitäten bei der ersten Mondlandung« zog sogar in Erwägung, den Astronauten nur die Fahne der Vereinten Nationen oder die Flaggen von allen Staaten der Erde im Miniaturformat auf die Reise mitzugeben. Schließlich einigten sich die Experten auf einen Kompromiss: Die Stars and Stripes sollten gehisst werden, am Landegestell der Raumfähre aber wurde eine Plakette mit einer Weltkarte und der Botschaft befestigt: »Wir kamen in Frieden für die ganze Menschheit.«

So konnte die Mission als amerikanischer Triumph verkauft werden – und hielt sich dennoch an die vom Völkerrecht gesteckten Grenzen. Denn hätten die USA den Mond einfach okkupiert wie die europäischen Entdecker einst die Neue Welt, so wäre dies laut Frans von der Dunk vom International Institute of Air & Space Law in Leiden »ein Bruch des Weltraumvertrags«.

Dieses Abkommen, das knapp zwei Jahre vor der Mondlandung in Kraft getreten war und von der damaligen UdSSR, den USA und 96 anderen Staaten anerkannt worden ist, reglementiert bis heute sämtliche Vorstöße ins All: Raumfahrer gelten als »Boten der Menschheit«, jede Nation hat »uneingeschränkten Zugang« zu allen Himmelskörpern; die Forschung ist frei, »militärische Übungen« sind auf ihnen untersagt. Und kein Staat darf Monde, Asteroiden oder Planeten des Sonnensystems exklusiv in Besitz nehmen.

Die rechtlichen Angelegenheiten speziell des Erdtrabanten ordnet seit 1979 ein weiterer Pakt: der »Mondvertrag«. Danach kann niemand Eigentümer der kahlen Kugel oder eines Teiles davon werden. Das einzige Problem an dieser klaren Regel: Bis heute haben erst zehn Staaten den Kontrakt ratifiziert, etwa Pakistan und Mexiko – aber keine der Raumfahrtnationen.

»Damit ist die Übereinkunft nahezu bedeutungslos«, urteilt Virgiliu Pop, Rechtswissenschaftler an der University of Glasgow. Der Grund für die Zurückhaltung sei Artikel 11 des Regelwerkes: Er bestimmt, dass die Vertragspartner alle etwaigen Erträge aus der Nutzung des Mondes teilen sollten.

Noch während der Mondvertrag bei der UNO zur Unterschrift auslag, machte sich der kalifornische Geschäftsmann Dennis Hope auf, selber nach den Sternen und dem Mond zu greifen. Beim Grundbuchamt in San Francisco ließ er 1980 seinen Eigentumsanspruch auf alle Planeten und Monde des Sonnensystems außer der Erde eintragen. Er berief sich auf ein altes amerikanisches Gesetz, das die Annexion herrenlosen Landes regelt – und argumentierte, Privatleuten sei die Aneignung von Himmelskörpern nicht verboten, weil der Weltraumvertrag ausdrücklich nur Nationen erwähne.

Über seine Firma »Lunar Embassy« verkauft Hope den Mond seither parzellenweise: Mehr als zwei Millionen Grundstücke will er bereits abgesetzt haben, unter anderem angeblich an die Hotelketten Hilton und Marriott, zahlreiche Hollywood-Größen und die amerikanischen Expräsidenten Jimmy Carter und Ronald Reagan. Inzwischen hat Hope ein Netz von Internetshops über die ganze Erde gespannt; in Japan, Neuseeland oder Deutschland verscherbeln »Botschafter« von ihm lizenzierte Stücke von lunaren Kratern, Ebenen und Bergen. Ein amerikanischer Acre, gut 4 000 Quadratmeter, kostet rund 30 US-Dollar, Urkunde inklusive.

In Las Vegas hat Dennis Hope am 20. Juli 2001 die Gründung einer »Galaktischen Regierung« verkündet; zurzeit, sagt er, arbeite diese gerade die Verfassung für ihren Mondstaat aus.

Der Mond: Rund 38 Millionen Quadratmeter unbebautes Land, teils mit herrlichem Erdblick...

Der Ausverkauf des Mondes ist jedoch längst keine Exklusivveranstaltung mehr. Wie Hope verkaufen auch andere Geschäftemacher Parzellen im Mare Imbrium und am Rand des Tycho-Kraters, gründen eigene »Mondrepubliken« oder beanspruchen gleich die gesamte Galaxie für sich. Weltweit habe er 24 »Trittbrettfahrer« gezählt, sagt Hope, aber die seien »kein großes Problem«, sie kämen mit ihren Ambitionen ohnehin zu spät.

Auch Martin Jürgens, Rentner aus dem westfälischen Westerkappeln, hat dem Kalifornier den Mond streitig gemacht – allerdings nicht aus kommerziellen Gründen: Seit dem 15. Juli 1756 gehöre der Himmelskörper seiner

Gehört der Mond am Ende gar einem Rentner aus Westerkappeln?

Familie, behauptet er. Preußens König Friedrich der Große habe einem seiner Ahnen den Mond geschenkt, für besondere Verdienste. Eine Urkunde besiegele den Transfer (»Jetzo soll ihm der Mond gehören«) und bestimme, dass das Präsent stets auf den jüngsten Sohn weitervererbt werde. »Verbissen sehe ich das nicht«, sagt Jürgens, »die Schenkung war wohl auch eher ein Scherz.« Dennoch schrieb er einen flammenden Brief und prangerte die »amerikanische Raffgier« an. Eine Antwort blieb aus.

»Alles Unsinn. Weder Dennis Hope oder irgendjemand sonst ist Eigentümer des Mondes«, sagt der Jurist Virgiliu Pop, »denn das im Weltraum-

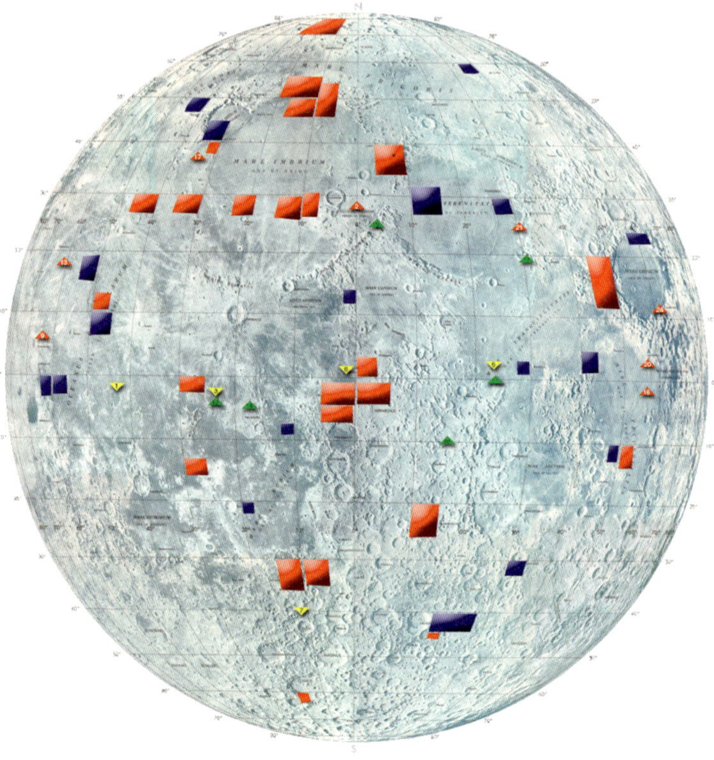

Beleg eines stolzen Maklers: Rote **Grundstücke** sind bereits verkauft worden, blaue reserviert

vertrag fixierte Verbot betrifft auch Privatpersonen. Wenn ein Staat zum Beispiel eine Konvention gegen die Sklaverei unterzeichnet, gilt das schließlich auch für jeden Bürger.« Die große Mehrheit der Rechtsgelehrten sieht es genauso: Der Mond gehöre einzig und allein der gesamten Menschheit.

Zur Sicherheit arbeitet das International Institute of Space Law (IISL) derzeit an Vorschlägen, wie den Ansprüchen von Hope & Co. zu begegnen sei. Die Vereinigung von Weltalljuristen wolle einen Appell an die Staatengemeinschaft richten, sagt Stephan Hobe, Direktor des Kölner Instituts für Luft- und Weltraumrecht. Der Vorstoß von Dennis Hope solle gestoppt werden. Andererseits müsse die Staatengemeinschaft klären, ob sie Unternehmen »den Weg zum Mond rechtlich öffnen und damit Anreize für Investitionen schaffen will«.

Was würde denn passieren, wenn tatsächlich dereinst Privatfirmen zum Beispiel Lagerstätten von Rohstoffen auf dem Erdtrabanten für sich beanspruchten? »Das Weltraumrecht ist bisher nur auf Staaten zugeschnitten und kennt für diese Fälle keine Antwort«, sagt Frans von der Dunk. Bei den Vereinten Nationen überlege man daher, alsbald ein Reglement für die kommerzielle Nutzung des Mondes zu entwickeln. Vorbilder dafür gibt es – aus entlegenen Gebieten der Erde: zum Beispiel die internationalen Verträge über die Antarktis oder den Tiefseebergbau.

Wie auf dem Mond war auch in der Antarktis die Rechtslage bis Mitte des 20. Jahrhunderts so vage wie das Land weit. Zwar reklamieren Staaten wie Großbritannien, Norwegen, Australien und Argentinien noch immer große Gebiete auf dem Sechsten Kontinent für sich. In einem Moratorium aus dem Jahre 1959 haben sie sich allerdings darauf geeinigt, ihre Ansprüche vorerst auf Eis zu legen. Und seit 1991 gilt die Antarktis als ein Naturpark, den die Nationen gemeinsam verwalten und erforschen. Ein Abbau von Bodenschätzen ist für die nächsten 50 Jahre untersagt. Am Grund der Weltmeere darf indes geschürft werden. Eine »Internationale Meeresbodenbehörde« vergibt Lizenzen und überwacht den Abbau.

Der Pionier in Sachen lunarer Immobilien, Dennis Hope, denkt längst in viel größeren Dimensionen. Seine Kunden kauften die Grundstücke, »weil sie beim nächsten Schritt der menschlichen Evolution dabei sein wollen«. Für sehr weit Vorausschauende hat Hope ein besonderes Schnäppchen im Programm: Pluto, unterwegs im Randbezirk des Sonnensystems, ist für 250 000 US-Dollar zu haben. **(2003)**

Siehe auch A–Z-Teil
→ IISL · Mond · Weltraumrecht

Jörn Auf dem Kampe hat Jura und Geologie studiert und ist Absolvent der Henri-Nannen-Journalistenschule. Er ist Redakteur des Wissensmagazins GEO kompakt.

Die eisige Welt des Ringplaneten

Majestätisch zieht der Saturn seine Bahn – umspannt von Ringen aus Eis und Staub, umschwirrt von vier Dutzend Monden. Und erstmals auch umkreist von einem Raumschiff: Bis 2008 soll die Sonde »Cassini« die bizarre Welt des Gasriesen erkunden

Dieses Falschfarbenbild beruht auf Radiosignalen, welche die Sonde »Cassini« durch die **Saturnringe** hindurch zur Erde gesandt hat. Anhand der Signalveränderungen lässt sich die Größe der Ring-Partikel bestimmen: In den rot dargestellten Bereichen sind die Eis- und Steinbrocken größer als fünf Zentimeter. In den grünen messen sie zwischen einem und fünf Zentimeter, und in den blauen sind sie noch kleiner

Phoebe
Iapetus
Hyperion
Titan
13 12 11 10 9 8 7 6 5 4 3 2 1

Unvorstellbare Dimensionen: Forscher schätzen, dass mehr als 100 000 einzelne Ringe sich um den Saturn gelegt haben. Das gesamte **Ringsystem** (inklusive des Planten selbst) hat einen Durchmesser von fast einer Million Kilometer, ist aber nur wenige hundert Meter dick. Das Streifenmuster der Saturnatmosphäre hat mit den Ringen nichts zu tun: Es entsteht durch heftige, von Hitze aus dem Inneren angeregte Stürme in Zusammenspiel mit der schnellen Rotation des Gasriesen

Text:
Jan Lublinski

Am Morgen des 14. Januar 2005 kann Jean-Pierre Lebreton zum ersten Mal seit vielen Jahren nichts mehr tun für das Gelingen seines Projekts. Mit leicht schief stehender Brille starrt er, umringt von Kollegen, auf die Monitore im Kontrollzentrum der Europäischen Raumfahrtbehörde ESA in Darmstadt; angespannt und schicksalsergeben zugleich.

Über 20 Jahre lang hat der Forschungsmanager ein besonders waghalsiges Projekt vorangetrieben: die Reise einer Sonde namens »Huygens« zum Saturnmond Titan. Huckepack auf dem amerikanischen Mutterschiff »Cassini« hat die Sonde 3,5 Milliarden Kilometer zurückgelegt, um nun allein in die Atmosphäre des Trabanten einzudringen und die unbekannte Welt unter der undurchsichtigen Wolkendecke zu erkunden.

Penibel hat Lebreton darüber gewacht, dass jedes Detail der Expedition präzise geplant, jedes Risiko so gering wie möglich gehalten wurde. Immer wieder hat er mit seinem Team die neuesten Beobachtungen der Titanatmosphäre analysiert und auf dem Computer den Weg durch die dichte Gashülle simuliert. Und noch unmittelbar vor der Trennung von Huygens und Cassini haben die Informatiker per Funk Teile der Bordsoftware neu programmiert, um die Sturzbahn zu korrigieren.

Nun aber lässt sich nichts mehr ändern. Entweder wird Huygens den Schleier des geheimnisvollen Himmelskörpers lüften, von dessen Atmosphäre aus Stickstoff, Methan und Ethan manche Wissenschaftler vermuten, sie ähnele den Bedingungen auf der Erde vor Milliarden von Jahren.

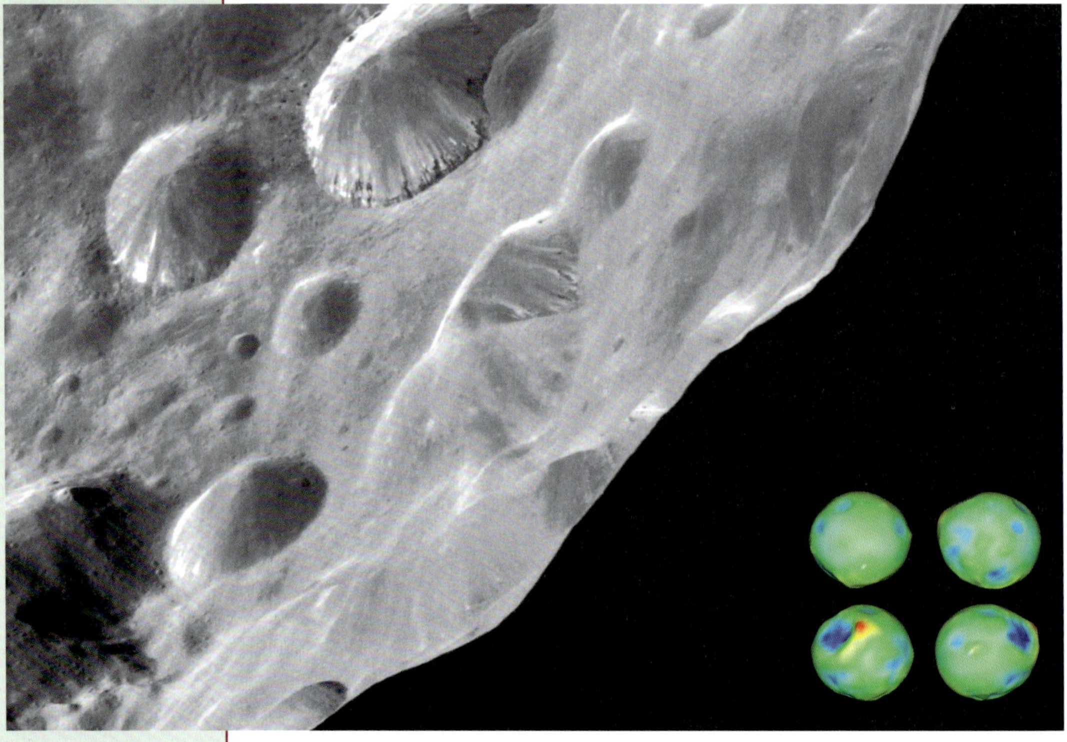

Der von Einschlägen gezeichnete **Phoebe** ist möglicherweise kein »Kind« des Saturn, sondern später von dessen Schwerefeld eingefangen worden. In der Grafik verdeutlichen vier Ansichten des jeweils um 90 Grad weitergedrehten Mondes die Topografie: Die Farben stehen für Höhen – von Blau (tiefste) über Grün, Gelb und Rot (höchste Stelle)

Oder aber Huygens wird dasselbe Schicksal ereilen wie die europäische Landefähre »Beagle 2«, die im Januar 2004 signal- und spurlos auf dem Mars verschwunden ist.

11.25 Uhr. Laut Plan soll die 350 Kilogramm schwere Huygens-Sonde bereits seit kurzem wie ein rotierender Diskus in die Titanatmosphäre sinken. Die große Antenne von Cassini ist derweil auf den Mond gerichtet, um die Daten ihres »Spähers« in Empfang zu nehmen. Aber erst sechs Stunden später wird die Muttersonde die Funkschüssel dann in Richtung Erde schwenken; und noch einmal 67 Minuten werden die Daten für den Weg vom äußeren Sonnensystem bis nach Darmstadt benötigen.

Plötzlich bricht im Kontrollzentrum Jubel los: Eines der größten Radioteleskope der Welt, das Green Bank Observatory in West Virginia, hat ein

Wenn auch noch der zweite Funkkanal versagt, stecken die Informationen in der Tiefe des Alls fest

Signal direkt von Huygens aufgefangen, wenn auch sehr schwach. Jean-Pierre Lebreton tritt vor die Presse und verkündet mit Tränen in den Augen: »Ich glaube, wir haben unser Baby weinen hören.«

18 Radioteleskope weltweit lauschen nun mit und fangen sechs Stunden lang Botschaften von Huygens auf. Weil dessen Alleinflug durch die Atmosphäre aber nur maximal drei Stunden gedauert haben kann, heißt das: Die Sonde muss ohne großen Schaden gelandet sein. Und auch die fünf Batterien an Bord haben die insgesamt siebenjährige Reise offenbar gut überstanden und liefern trotz der Außentemperatur von minus 180 Grad Celsius auf dem Mond relativ lange Strom.

Das Wort »Landung« hatte Lebreton in den vergangenen Jahren aus seinem Vokabular und dem seiner Mitarbeiter gestrichen, besonders im Umgang mit Journalisten. Ziel der Mission, so wurde immer wieder betont, sei es, die Titanatmosphäre zu vermessen und im Flug einige Fotos zu schießen, bevor Huygens in flüssiges Methan plumpsen oder auf einem Eisbrocken zerschellen würde. Mit einer sicheren Landung aber sei nicht zu rechnen.

Nach 17 Uhr an diesem 14. Januar 2005 treffen die ersten Huygens-Daten von Cassini ein. Doch es knallen keine Sektkorken, vielmehr macht sich erneut Nervosität breit.

Einer der beiden Funkkanäle, über die Huygens seine Botschaften an Cassini weiterleiten soll, ist ausgefallen. Für die meisten Messergebnisse ist das zunächst unerheblich, denn die Sonde ist programmiert, die Daten auf beiden Kanälen – also doppelt – zu senden. Wenn aber der verbliebene Kanal auch noch versagte, steckten die wertvollen Informationen in der Tiefe des Alls fest, dem Zugriff der Wissenschaftler entzogen. Und deshalb bangen Lebreton und Kollegen darum, dass der Funkkontakt bis zum Schluss halten wird.

Schließlich lesen die Experten aus den Zahlenkolonnen auf den Bildschirmen ab, dass Huygens am Boden des Titan angekommen, ja sogar relativ weich gelandet ist, auf einer flachen, eisigen und doch leicht matschigen Fläche, auf der sich etwas flüssiges Methan befindet. Die Ungewissheit weicht. Der zweite Kanal hat zum Glück gehalten, die meis-

Die Vulkane spucken Eis und Ammoniak. Und aus der Atmosphäre regnet flüssiges Methan

ten Daten sind sicher angekommen. Zu beklagen ist indes der Verlust der Hälfte der 700 während des Sturzflugs aufgenommenen Fotos. Denn anders als die übrigen Messergebnisse hat Huygens die Bilder nur einmal übertragen.

Doch schon die ersten der geretteten Aufnahmen schlagen die Forscher in ihren Bann. »Mich verblüfft, wie sehr die Bilder unseren Landschaften auf der Erde ähneln«, sagt Martin Tomasko, der Chef des Huygens-Kamerateams. »Wir sehen Küstenlinien, Spuren von Erosionen und Flüssigkeiten. Und das an einem Ort, der zehnmal weiter von der Sonne entfernt ist, als wir es sind.«

Keiner der Wissenschaftler hat erwartet, dass sich in dieser Eiseskälte eine so vielfältige Welt entfalten könnte. Auf dem Titan, so wird vermutet, spucken Vulkane Eispartikel und Ammoniak, und aus der Atmosphäre regnet flüssiges Methan. Nach den Niederschlägen mäandern Bäche durch die hügeligen Regionen, finden sich zu Flüssen zusammen und münden über Deltas in kleine Seen, wo das Methan rasch im eisigen Boden versickert.

Huygens, das zeigt sich nun, ist bei seiner Ankunft nicht gerade freundlich empfangen worden: Wechselnde Winde haben das Gerät während des Sturzfluges durchgeschüttelt, sodass es zwischenzeitlich in eine Neigung von 60 Grad zur Titanoberfläche geraten ist. »Wir haben auf einem Foto sogar die Sonne im Bild, obwohl die Kamera ja eigentlich nach unten schauen sollte«, erzählt der Planetenforscher Björn Grieger vom Max-Planck-Institut für Sonnensystemforschung in Katlenburg-Lindau.

Eigentlich sollte ein Sensor an Bord, zur Orientierung, die Sonne anvisieren. Er hatte jedoch während des turbulenten Sturzfluges immer wieder den Kontakt verloren. Dadurch wird es nun mühsam, herauszufinden, an welchem Ort und in welcher Richtung Huygens ein Bild aufgenommen oder eine Messung angestellt hat. Und den Forschern ist klar geworden, dass monatelange Sisyphusarbeit auf sie wartet. »Die Götter waren uns gewogen«, sagt David Southwood, der wissenschaftliche Direktor der europäischen Raumfahrtbehörde ESA. »Aber sie haben uns auch daran erinnert, dass wir nur Menschen sind.«

Saturn. Seit jeher fasziniert der »Herr der Ringe« die Menschen. Majestätisch zieht er so weit draußen im Sonnensystem seine Bahn, dass selbst das Licht eine gute Stunde bis zu uns benötigt – das der Sonne braucht lediglich acht Minuten. In nur zehn Stunden und 40 Minuten dreht sich der Saturn einmal um seine Achse. Und das trotz seines gewaltigen Volumens, in dem 755 Erdkugeln Platz hätten. Zugleich hat der Planet aber nur 95-mal mehr Masse als die Erde, denn er besteht zum größten Teil aus Helium und Wasserstoff.

Obwohl eisige Temperaturen von minus 140 Grad Celsius herrschen, ist auf dem Saturn alles in Bewegung. Mit Geschwindigkeiten von bis zu 1 600 km/h jagen Winde durch seine Atmosphäre. Blitze, die eine Million Mal stärker sind als auf der Erde, entladen sich in den riesigen Wolkenkomplexen, die sich streifenförmig um den Planeten ziehen.

Eine Mission zum Saturn lag Wissenschaftlern besonders wegen der Vielfalt der Monde und der Ringe, die er um sich versammelt hat, am Herzen. Das Gewimmel gilt ihnen als Modell der Gas- und Staubscheiben, die um junge Sonnen kreisen und aus denen sich Planeten formen. Drei Milliarden US-Dollar war den Anstiftern dieses bislang komplexeste und aufwendigste Unternehmen in der Planetenforschung wert – das vorerst letzte Kapitel einer Geschichte, die mit Galileo Galilei begann. Schon er erkundete den Ringplaneten und glaubte 1610, dass dieser eigentlich aus drei Himmelskörpern bestehe, die dicht beieinander lägen. Später notierte er, der Planet habe zwei seltsame Arme, die sich mal ausstreckten und mal verschwänden. 1659 erkannte dann aber der Niederländer Christiaan Huygens, dass es sich in Wirklichkeit um einen Ring handelte. Zuvor hatte er den größten Saturnbegleiter ausgemacht – Titan.

Neben dem Universalgenie Huygens trat im 17. Jahrhundert ein Wissenschaftler eines ganz anderen Typus auf den Plan: der global agierende Forschungsmanager und Präzisionsfanatiker Giovanni Domenico Cassini. Vom Pariser Observatorium aus, das er seit 1671 leitete, schickte er Abordnungen in alle Welt, um die Erde zu kartieren und an verschiedenen Orten astronomische Messungen vorzunehmen.

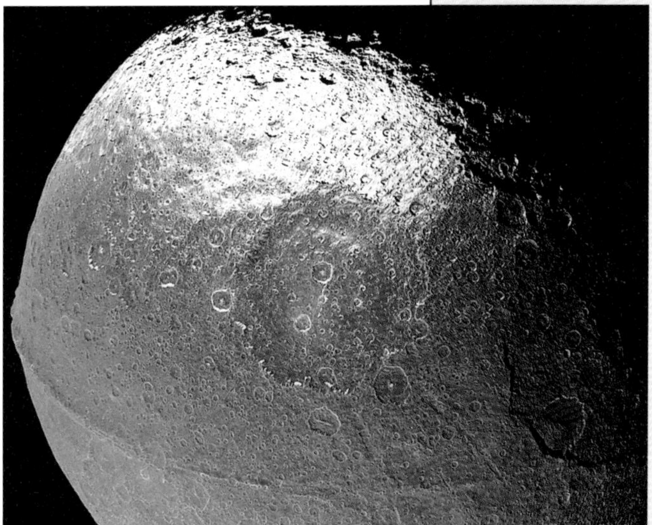

Der 1671 von Giovanni Domenico Cassini entdeckte **Iapetus** hat zwei Gesichter. Fast die gesamte vordere Hemisphäre ist von dunklem Material bedeckt, das lediglich drei bis vier Prozent des Lichtes reflektiert. In den nördlichen Breiten geht die Oberfläche dagegen in eine helle, eisige Landschaft über, die teilweise mehr als 60 Prozent der Strahlung zurückwirft. Über den Ursprung des »Dunkelstoffs« rätseln Planetenforscher noch

Mission SATURN

Am 15. Oktober 1997 hebt in Cape Canaveral in Florida die Raumsonde Cassini auf einer Titan-Rakete ab. Das amerikanische Mutterschiff trägt die europäische Landefähre Huygens huckepack. Aufgrund der großen Masse des Duos kann es Saturn nicht direkt anvisieren, sondern muss in so genannten Swing-by-Manövern die Schwerkraft von drei Planeten nutzen, um die für die Reise notwendige Geschwindigkeit zu erreichen

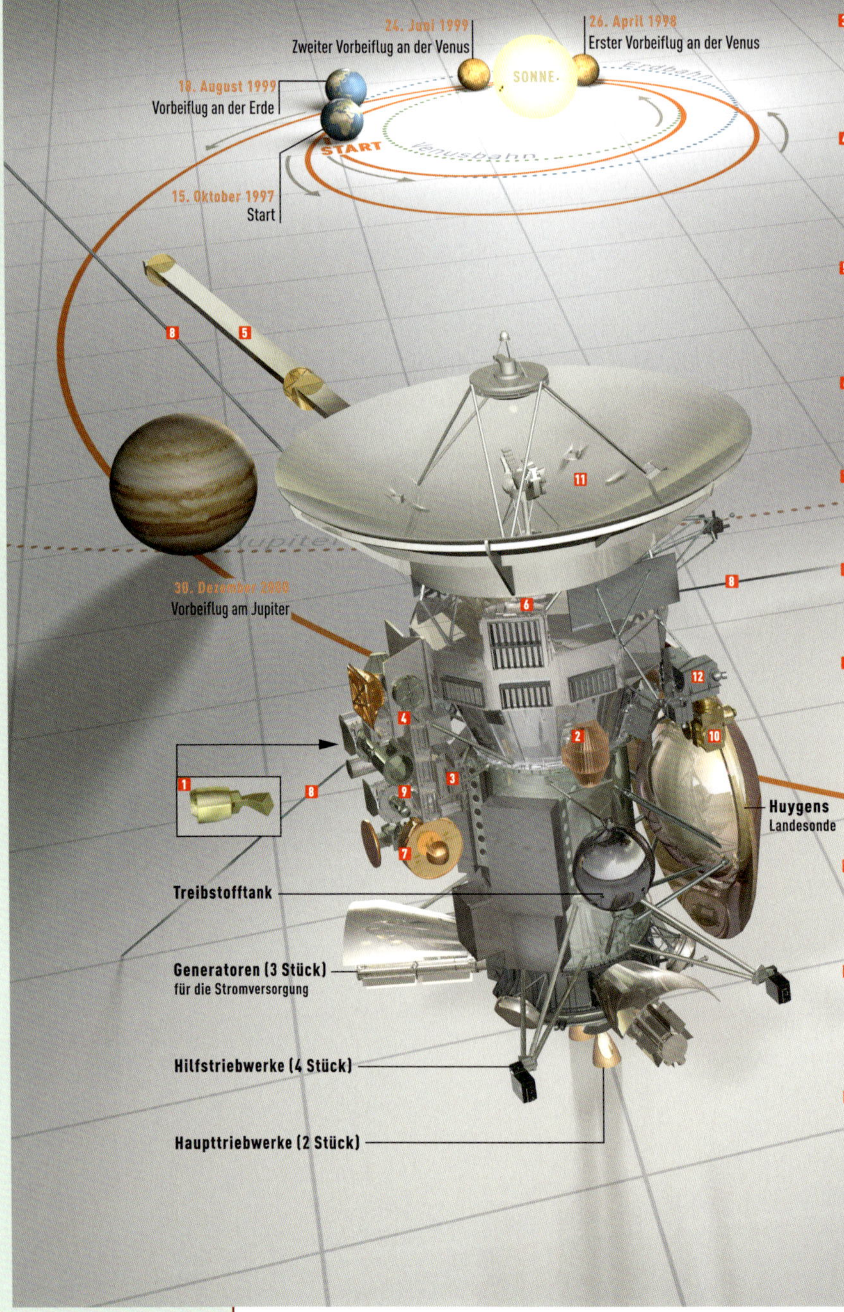

INSTRUMENTE AUF CASSINI

1 CDA
Der Cosmic Dust Analyzer sammelt und analysiert Staubpartikel im äußeren Sonnensystem

2 MIMI
Das Magnetospheric Imaging Instrument kann Bilder des planetaren Magnetfeldes aufnehmen

3 UVIS
Der Ultraviolet Imaging Spectrograph kann UV-Licht detektieren und liefert damit Informationen über die Zusammensetzung der Monde und Ringe sowie der Atmosphären von Saturn und Titan

4 VIMS
Das Visible and Infrared Mapping Spectrometer zeichnet Signale in den Wellenlängenbereichen des sichtbaren und des infraroten Lichts auf. Die Daten geben Aufschluss über die chemische Zusammensetzung der Monde und Ringe

5 MAG
Auf dem nach dem Start ausgefahrenen, zehn Meter langen Mast sitzen zwei Magnetometer, die der Wechselwirkung des Saturnmagnetfeldes mit dem Sonnenwind nachspüren

6 RADAR
Das Cassini-Radar kann durch die dicken Wolken über Titan hindurchblicken und die Oberfläche des Mondes vermessen

7 CIRS
Das Composite Infrared Spectrometer misst die Infrarotstrahlung, um den chemischen Aufbau und die Temperaturen der Monde zu bestimmen

8 RPWS
Die Instrumente des Radio and Plasma Wave Science System dienen der Messung elektrischer und magnetischer Felder im Saturnsystem

9 ISS
Die Aufnahmen der Tele- und der Weitwinkelkamera des Imaging Science Subsystem bilden die Grundlage für die Untersuchung der Mondoberflächen, der Dynamik der Ringe und von meteorologischen Vorgängen auf Saturn und Titan

10 CAPS
Mit dem Cassini Plasma Spectrometer wollen die Wissenschaftler Aufschluss erhalten über das Saturnmagnetfeld

11 RSS
Das Radio Science Subsystem nutzt die Cassini-Funkantenne, um mithilfe von Radiowellen Zusammensetzung, Drücke und Temperaturen der Saturn- sowie der Titanatmosphäre zu studieren

12 INMS
Das Ion and Neutral Mass Spectrometer untersucht elektrisch geladene und neutrale Atome und Moleküle. Daraus lässt sich die Zusammensetzung der hohen Atmosphäre des Titan und der Strahlungsgürtel des Saturnmagnetfeldes ermitteln

CASSINIS TANZ UM DEN RINGPLANETEN

Nach fast siebenjährigem Flug und 3,5 Milliarden Kilometern erreicht Cassini/Huygens den Saturn. Beim kritischsten Manöver der gesamten Mission feuert am 1. Juli 2004 das Haupttriebwerk 96 Minuten lang, um die Sonde so weit abzubremsen, dass die Schwerkraft des Planeten sie einfangen kann. Kurz darauf taucht das Raumschiff durch die Ringe hindurch. Der erste Orbit führt es noch einmal weit weg vom Saturn. Dann werden die Umlaufbahnen immer enger. Am 25. Dezember katapultiert das Mutterschiff die Huygens-Sonde in Richtung des Mondes Titan. Bis August 2008 wird Cassini den Ringplaneten mindestens 74-mal umkreisen und dabei – zum Teil mehrfache – Rendezvous mit sieben Monden haben

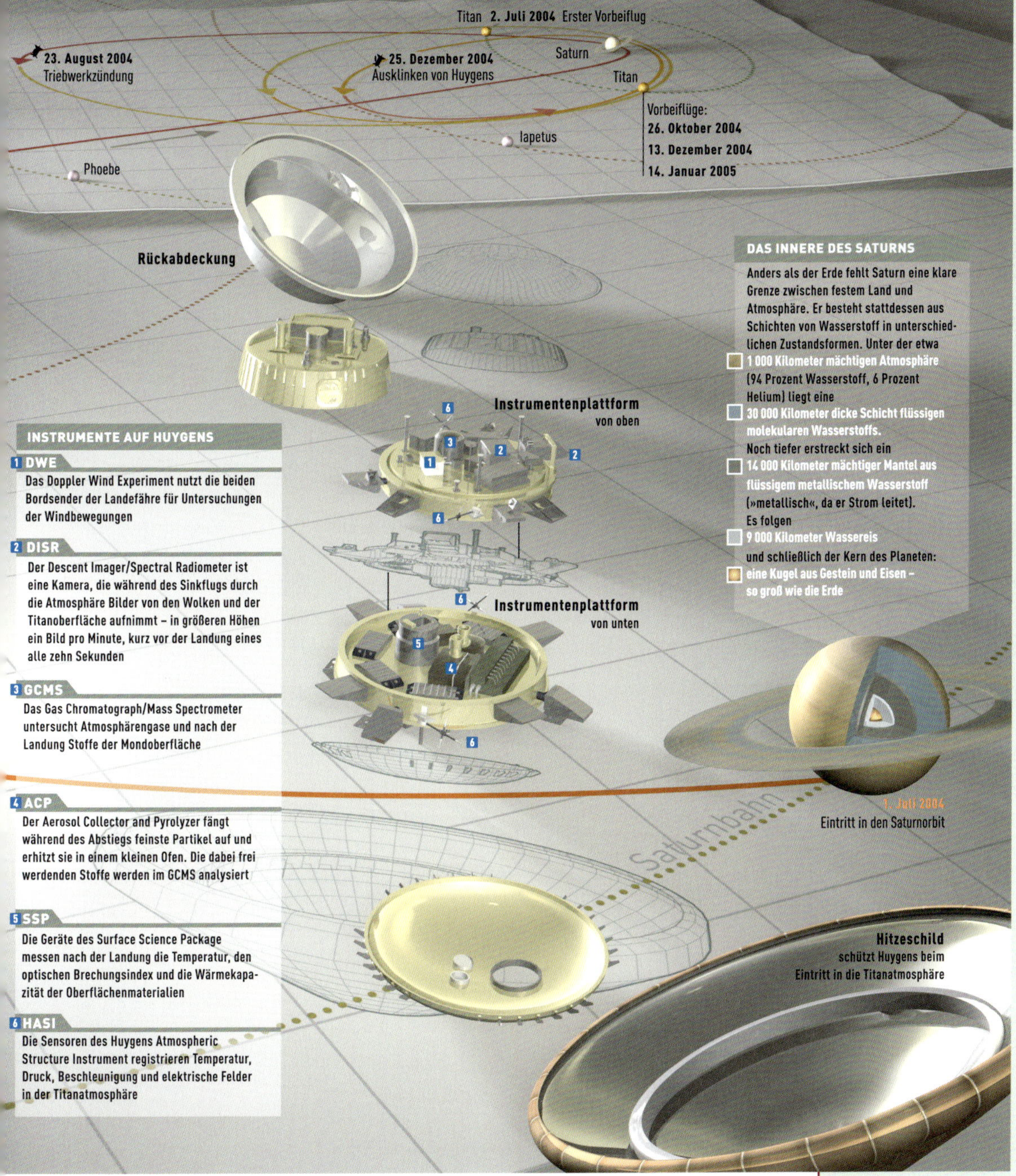

DAS INNERE DES SATURNS

Anders als der Erde fehlt Saturn eine klare Grenze zwischen festem Land und Atmosphäre. Er besteht stattdessen aus Schichten von Wasserstoff in unterschiedlichen Zustandsformen. Unter der etwa

- 1 000 Kilometer mächtigen Atmosphäre (94 Prozent Wasserstoff, 6 Prozent Helium) liegt eine
- 30 000 Kilometer dicke Schicht flüssigen molekularen Wasserstoffs.

Noch tiefer erstreckt sich ein

- 14 000 Kilometer mächtiger Mantel aus flüssigem metallischem Wasserstoff (»metallisch«, da er Strom leitet).

Es folgen

- 9 000 Kilometer Wassereis

und schließlich der Kern des Planeten:

- eine Kugel aus Gestein und Eisen – so groß wie die Erde

INSTRUMENTE AUF HUYGENS

1 DWE

Das Doppler Wind Experiment nutzt die beiden Bordsender der Landefähre für Untersuchungen der Windbewegungen

2 DISR

Der Descent Imager/Spectral Radiometer ist eine Kamera, die während des Sinkflugs durch die Atmosphäre Bilder von den Wolken und der Titanoberfläche aufnimmt – in größeren Höhen ein Bild pro Minute, kurz vor der Landung eines alle zehn Sekunden

3 GCMS

Das Gas Chromatograph/Mass Spectrometer untersucht Atmosphärengase und nach der Landung Stoffe der Mondoberfläche

4 ACP

Der Aerosol Collector and Pyrolyzer fängt während des Abstiegs feinste Partikel auf und erhitzt sie in einem kleinen Ofen. Die dabei frei werdenden Stoffe werden im GCMS analysiert

5 SSP

Die Geräte des Surface Science Package messen nach der Landung die Temperatur, den optischen Brechungsindex und die Wärmekapazität der Oberflächenmaterialien

6 HASI

Die Sensoren des Huygens Atmospheric Structure Instrument registrieren Temperatur, Druck, Beschleunigung und elektrische Felder in der Titanatmosphäre

Titan – größer als der Planet Merkur – gilt das Hauptaugenmerk unter Saturns Trabanten: Als einzigen Mond im Sonnensystem umschließt ihn eine dichte Atmosphäre aus Stickstoff und Kohlenwasserstoffen. Eine Mischung, die vermutlich der auf der frühen Erde ähnelt. Wie mächtig die Gashülle ist, belegen die Fotos bei unterschiedlichen Wellenlängen: Das blaue Bild zeigt die feste Oberfläche. Grün zeigt Methan und gibt damit den Umriss der Atmosphäre wieder. Rot in der dritten Darstellung weist auf Kohlenmonoxid hin. Das vierte Bild ist eine Überlagerung der anderen drei

Cassini entdeckte die Saturnmonde Iapetus, Rhea, Tethys und Dione. Und er fand einen großen Spalt im Ring um Saturn, der nach ihm benannt wurde: die Cassinische Teilung. Sie trennt den A- vom B-Ring. Auch äußerte Cassini die Vermutung, dass jeder Ring aus einem Schwarm kleiner, herumfliegender Bruchstücke bestehe.

Wie aber haben sich die Ringe und Monde des Saturn gebildet? Welche Mechanismen sind für ihr heutiges Aussehen verantwortlich? Warum strahlt Saturn mehr Energie ab, als er von der Sonne erhält? Das sind die Fragen, die sich den Astrophysikern bald dreieinhalb Jahrhunderte danach immer noch stellen.

»Für eine Mission ins äußere Sonnensystem muss man schon seine ganze Wissenschaftlerkarriere investieren«, sagt Ralf Jaumann vom Institut für Planetenforschung am Deutschen Forschungszentrum für Luft- und Raumfahrt (DLR) in Berlin-Adlershof. Auch er ist seit über 20 Jahren mit dem Cassini/Huygens-Projekt befasst und hat alle Höhen und Tiefen miterlebt: den Kampf um die Fördermittel und die drastischen Sparauflagen der NASA Anfang der 1990er-Jahre, die das Vorhaben fast zum Kippen gebracht hätten; schließlich die Bauphase und die siebenjährige Reise zum Saturn. Erst jetzt kann Jaumann ernten. Mithilfe eines Spektrometers studiert der Planetengeologe die chemische Zusammensetzung der Monde.

Ein langer Weg. Denn beim Start der Sonde im Oktober 1997 waren zunächst nur die elementarsten Funktionen der Bordcomputer verfügbar. Die eigentliche Software entwickelten die Experten erst während des Fluges. Jedes halbe Jahr reichten sie Cassini die Updates per Funk nach. Die Programmierung der Raumsonde ist dabei zu einer Aufgabe für Computerarchäologen geworden. Cassini arbeitet mit Sechs-Megahertz-16-Bit-Prozessoren, das heißt etwa auf dem Niveau eines »Commodore 64«, ei-

nes Heimcomputers, der in den 1980er-Jahren Furore machte.

Auf ihren verschlungenen Wegen (siehe Grafik Seite 342) zum Saturn hatte die Sonde einige kritische Phasen zu überstehen. Als Cassini 1999, von der Venus kommend, zum Schwungholen noch einmal an der Erde vorbeiflog, befürchteten Skeptiker, die Sonde könnte aus dem Ruder laufen und in die Atmosphäre stürzen. An Bord befanden sich 32,8 Kilogramm Plutonium-238, die eine Katastrophe hätten auslösen können. »Schickt Cassini in Richtung Sonne und lasst sie verglühen«, empfahl damals Karl Grossman von der State University of New York.

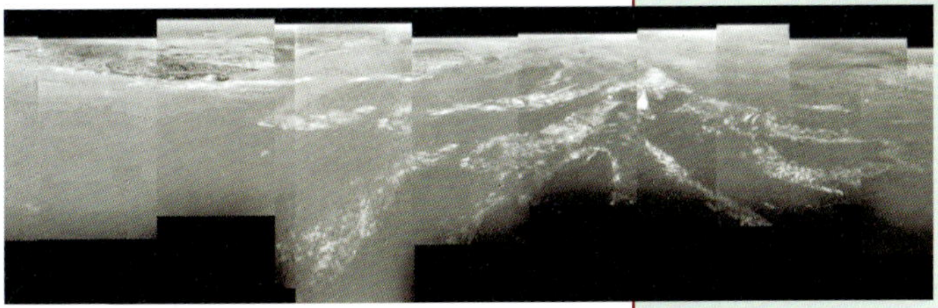

Ein erster **Blick unter die Wolkendecke des Titan**: Die Einzelaufnahmen, welche die Landefähre »Huygens« bei ihrem Sturzflug durch die Atmosphäre aus acht Kilometer Höhe geschossen hat, haben Wissenschaftler zu einem Panorama montiert. In der Landschaft deuten sich Strukturen an, wie wir sie auch von der Erde kennen: Küsten, Flussläufe und Bergrücken

Aber die Experten der amerikanischen Raumfahrtbehörde NASA hatten sich bereits in der Planungsphase von Bedenken nicht beeindrucken lassen und betont, die Wärme aus dem radioaktiven Zerfall des Plutoniums sei der einzige Weg, die von den Instrumenten benötigten 800 Watt Leistung bereitzustellen. Solarzellen als Alternative schieden aus, da der Saturn zu weit von der Sonne entfernt ist.

Das Raumschiff schwenkt in die Umlaufbahn – und wird zum ersten künstlichen Saturntrabanten

Ein weiteres riskantes Manöver stand am 1. Juli 2004 auf dem Fahrplan: Cassini tauchte zwischen dem F- und G-Band durch die Ringebene des Saturn hindurch. Es bestand die Gefahr, dass sich dort umherfliegende Partikel wie Geschosse in die Instrumente der Raumsonde bohrten. Die Erleichterung unter den Forschern war deshalb groß, als Cassini nach der verordneten Funkstille während des Manövers wieder Signale hören ließ. Sie zeigten, dass das Raumschiff elegant in eine Umlaufbahn eingeschwenkt war – als erster künstlicher Trabant des Saturn.

Bei ihrer Ankunft im Saturnsystem stießen Cassini und Huygens zunächst auf Phoebe, einen kosmischen Geisterfahrer: Dieser Mond kreist in Gegenrichtung zu den anderen Trabanten. Lange war unter Experten umstritten, ob der seltsame Brocken sich aus dem inneren Sonnensystem zum Saturn verirrt hat oder ob er ein Bote vom entfernten Kuiper-Gürtel ist, in dem jenseits des Planeten Neptun Millionen von eisigen Klumpen ihre Bahnen ziehen.

Als die Raumsonde an Phoebe vorbeirauschte, gelang ein Schnappschuss, der wohl in die Lehrbücher eingehen wird: Gestochen scharf ist die von Kratern zernarbte Oberfläche zu erkennen. Die ersten Analysen dieser und weiterer Daten liefern nun deutliche Indizien für einen Ursprung

1684 erstmals beobachtet, gehört **Dione** zu den altbekannten unter den Satelliten des Saturn (im Bildhintergrund). Er weist die höchste Dichte der Trabanten auf, den Titan ausgenommen. Das deutet darauf hin, dass er nicht nur aus Eis, sondern zu einem Drittel aus Gestein besteht. Darin enthaltene radioaktive Elemente könnten genügen, um durch ihre Zerfallswärme geologische Prozesse auszulösen. Helle, schmale Streifen auf der Oberfläche sind daher womöglich die Folge von Vulkanismus

Phoebes im Kuiper-Gürtel. Larry Esposito von der University of Colorado in Boulder, einer der Chefwissenschaftler der Cassini/Huygens-Mission, ist inzwischen überzeugt: »Dieser Mond wurde am Rand unseres Sonnensystems geboren.«

An Silvester 2004 schlug eine weitere große Stunde der Weltraumfotografie: Cassini passierte den drittgrößten Saturnmond, Iapetus, der zur Hälfte mit dunklem und hellem Material bedeckt ist. Weil Iapetus mit seiner dunklen Seite voranfliegt, meinten bislang viele Fachleute, er habe Staub auf seiner Bahn eingesammelt, als eine Art planetarer Staubwedel. Als Quelle des Materials vermuteten sie den weiter außen kreisenden Nachbarmond Phoebe, von

Mindestens 74-mal soll Cassini den Saturn umrunden. Und dabei 40 000 Messungen vornehmen

dem der schwarze Staub durch Meteoriteneinschläge hochgewirbelt worden sein könnte. Diese Theorie gilt allerdings als überholt, seit sich herausgestellt hat, dass das Material auf Iapetus rötlicher ist als das Phoebe-Gestein.

Eine andere Erklärung war also überfällig, und so wurde in der Fachwelt zu einer Sensation, was Tilmann Denk, Raumfahrtingenieur aus der Planetenforschungsgruppe an der Technischen Universität Berlin, und die Mitglieder des Cassini-Imaging-Teams auf den neuen Iapetus-Fotos entdeckten: einen steilen Bergrücken, der sich entlang des Äquators fast über den gesamten dunklen Bereich des Mondes erstreckt. Denks Chef, Gerhard Neukum, hatte rasch eine Hypothese parat: »Bei dem Gebirge handelt es sich um eine lange Kette aus Vulkanen oder Geysiren.«

Daneben hat Denk auch vier bisher unbekannte große Einschlagskrater auf Vorder- und Rückseite des Trabanten gefunden. Möglicherweise stammt das dunkle Material also von Meteoriten, die auf Iapetus gestürzt sind. Ob diese Vorstellung richtig ist, wird sich vielleicht 2007 zeigen. Dann soll die Raumsonde Cassini sich dem Mond auf etwa 1 000 Kilometer nähern – eine einzigartige Gelegenheit für Aufnahmen der potenziellen Vulkane.

Mindestens 74-mal soll Cassini den Saturn in den kommenden vier Jahren umrunden und etwa 40 000 Messungen vornehmen. Die Berechnung der dafür erforderlichen Steuermanöver stellt hohe Anforderungen an die Weltraumlotsen der NASA. In der Regel nutzen sie Cassinis Rendezvous mit Titan als Ausgangspunkt für neue Orbits um den Saturn. Denn der Mond ist aufgrund seiner Masse als Einziger in der Lage, der Raumsonde genug frischen Schwung zu geben.

Bei der Planung der Flugroute verfolgen die Wissenschaftler aus Europa und den USA durchaus gegensätzliche Interessen. Manche möchten etwa die Ringe aus verschiedenen Perspektiven sehen, andere wollen die Monde möglichst oft anfliegen, und wieder andere wünschen sich Bahnen, die über die Pole des Planeten verlaufen. Schwierig schon deshalb, weil nicht alle Instrumente auf Cassini gleichzeitig arbeiten können. Um Geld zu sparen, ließ die NASA sämtliche Geräte starr montieren. Nun muss die gesamte Raumsonde gedreht werden, wenn eine Kamera oder ein Spektrometer neu ausgerichtet werden soll. Gerade bei den Mond-Vorbeiflügen ist das Gerangel groß, wer während der günstigsten Bahnabschnitte wie lange beobachten darf. »Ich verbringe viele Stunden pro Woche mit Telefonkonferenzen zur Missionsplanung«, sagt der DLR-Wissenschaftler Ralf Jaumann. »Da geht es manchmal ganz schön kräftig zur Sache.«

»Wer keine funktionierende Mannschaft an seinem Institut aufgebaut hat, ist ganz schnell in der zweiten Reihe«, meint Horst Uwe Keller vom Max-Planck-Institut für Sonnensystemforschung. Immerhin gibt es klare Regeln für den Umgang mit frischen Daten: An der Mission beteiligte Wissenschaftler dürfen zuerst und ein Jahr lang exklusiv damit arbeiten. Danach aber sind die Messergebnisse auch für andere Interessenten zugänglich. Zudem veröffentlichen alle Mitglieder eines Teams die ersten Fachaufsätze gemeinsam. Dann jedoch herrscht freier Wettbewerb.

Das gilt auch für die Untersuchungen der Saturnringe, die einen Schwerpunkt der Forschung bilden. Unmittelbar nach Einschwenken in eine Umlaufbahn nahm die Sonde die kosmischen Hula-Hoop-Reifen ins Visier: Zu sehen waren erstmals Tausende langer Fäden, die in ver-

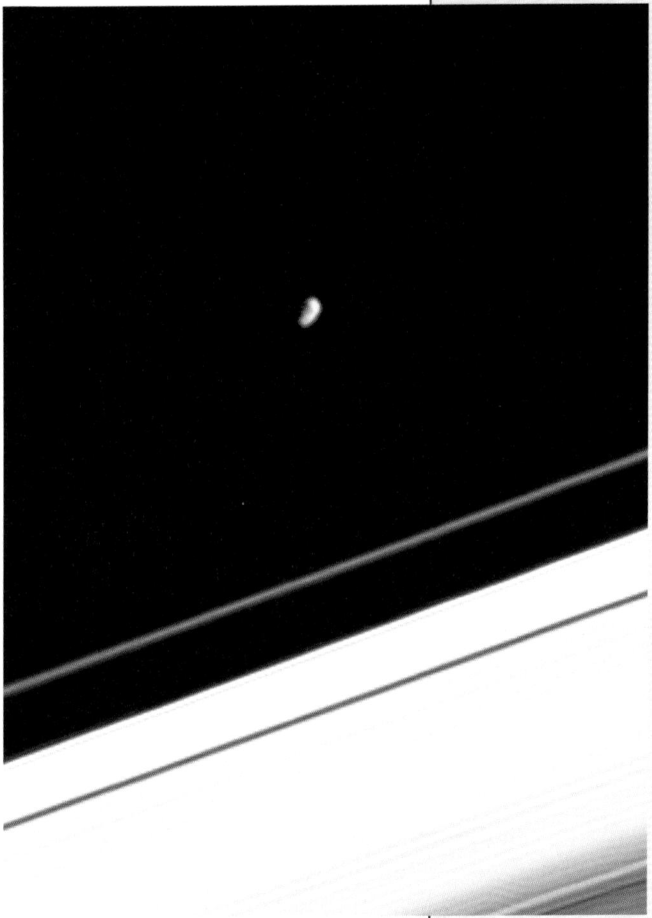

Die beiden unregelmäßig geformten Monde **Janus** (im Bild) und **Epimetheus** waren in der Frühzeit des Saturnsystems vermutlich ein einziger Trabant. Seit dem Auseinanderbrechen kreisen sie auf fast identischen Bahnen um den Saturn – nur 50 Kilometer voneinander entfernt. Der Mond auf der Innenbahn überholt den äußeren alle vier Jahre

Der größte Krater auf dem **Mimas** hat einen Durchmesser von 130 Kilometern – ein Drittel des Durchmessers des Trabanten – bei einer Tiefe von zehn Kilometern. In der Mitte des gigantischen Lochs erhebt sich ein sechs Kilometer hoher Berg. Auf unserem Bild schwebt der Mond als kleine Kugel vor dem blau leuchtenden Saturn. Am unteren Bildrand die Saturnringe

schiedenen Farben leuchteten. Im äußeren Bereich bestehen die Ringe aus unzähligen Eisklumpen. Weiter innen setzen sie sich vermehrt aus rötlichem Gestein und Staub zusammen. An den scharf geschnittenen Kanten konnten die Wissenschaftler abmessen, dass manche Kringel nur etwa 100 Meter dick sind, was in etwa auch dem Durchmesser der größten Klumpen entspricht.

Die genaue Zahl der Bänder werden die Forscher erst in den kommenden Monaten bestimmen können. Im Mai 2005 wird Cassini zu diesem Zweck eine spezielle Route einschlagen. Aus der Perspektive der Sonde wird dann ein heller Stern hinter den Ringen entlanglaufen und diese »durchleuchten«. Dadurch werden die Experten auch in den dichten Regionen Übergänge zwischen den Streifen erkennen.

DABEI IST BEREITS KLAR: Die vielen schwarzen Lücken zwischen den Ringen sind keineswegs immer leer. So entdeckte der amerikanische Doktorand Mark Showalter 1990 in den damals neun Jahre alten Bildern vom Vorbeiflug der beiden »Voyager«-Sonden den Mond Pan in der zweitgrößten Rille, der so genannten Enckeschen Teilung. Wie ein Schneepflug schiebt der Trabant Eisbrocken und Steine zur Seite, die sich dorthin verirren, und hinterlässt einen dünnen Schwaden von Eispartikeln. Ein ähnliches Phänomen tritt bei dem schmalen, vom Planetenforscher Larry Esposito erstmals beobachteten F-Ring auf. Hier laufen die beiden Monde Prometheus und Pandora auf beiden Seiten des Ringes entlang und halten dessen eisige Herde zusammen, weshalb sie auch Schäferhund- oder Hirtenmonde genannt werden.

Noch aus der Ferne üben die Monde großen Einfluss aus. Aufgrund so genannter Resonanzphänomene lassen sie Lücken entstehen: Wenn die Umlaufbahn eines Mondes zu jener von Geröllbrocken in einem ganzzahligen Verhältnis steht – er den Saturn also etwa halb so schnell umkreist wie das Gestein –, so begegnen sich Brocken und Mond stets an den gleichen Stellen. Bei den Treffen zieht der Mond die Steine stärker an und befördert sie dadurch auf eine andere Bahn – die Resonanzzone leert sich. Auf diese Weise entsteht die Cassini-Teilung durch eine 2:1-Bahnresonanz mit dem Mond Mimas. Resonanzen sorgen ebenso für wundersame Muster innerhalb der Streifen: wellenartige Strukturen, regelmäßig verbeulte Ringkanten und geflochtene Bänder.

Enceladus ist der hellste Himmelskörper im Sonnensystem, abgesehen von der Sonne selbst. Seine Eisschichten reflektieren nahezu alles Licht, und seine mittlere Oberflächentemperatur beträgt deshalb nur minus 201 Grad Celsius. Einige Regionen auf Enceladus sind weitgehend eben. Möglicherweise hat eine Art Eis-Vulkanismus die Flächen »verjüngt«, bei dem sich salziger Eisbrei über den Mond ergoss

In dem bewegten Drumherum des Saturn stecken daher noch einige Überraschungen: Die Planetenforscher kennen längst nicht alle Monde, die das Wechselspiel von Ringen und Lücken bestimmen. Bereits im August 2004 gab es Neuzugänge. In den Aufnahmen Cassinis fanden die Forscher zwei kleine Monde mit nur einigen Kilometern Durchmesser: die Trabanten Pallene und Polydeuces.

Auch danach machten die Experten eine Reihe weiterer Kandidaten aus, aber bisher ist umstritten, welche davon als Mond bezeichnet werden sollen. Einigkeit besteht immerhin darüber, dass große Gesteinsbrocken zu Recht zu den Monden gezählt werden dürfen, wenn sie sich innerhalb der

Die Ringe werden ständig neu geboren: Einige von ihnen können nicht älter als 20 Jahre sein

Ringe bewegen, vorausgesetzt, sie kreisen unabhängig vom Strom der vielen kleinen Klumpen. Einige potenzielle Trabanten sind bereits wieder aus dem Blickfeld von Cassini verschwunden, möglicherweise, weil sie durch Kollisionen zerschlagen wurden.

Ein anderes spektakuläres Ergebnis der Cassini-Mission ist indes gesichert: Es werden, wie sich herausgestellt hat, ständig neue Ringe geboren. Die Sondenkamera hat schmale Streifen beim Saturn erfasst, die nicht älter als 20 Jahre sein können. »Voyager hätte diese Ringe entdecken müssen«, erklärt Esposito. »Aber sie waren damals noch nicht vorhanden.« Nach Ansicht des Forschers zeigen »alle Beobachtungen, dass das System viel dynamischer und aktiver ist, als wir bislang dachten«.

Selbst in Gebieten, in denen die besten Kameras nur leeren Raum registrieren, herrscht reger Teilchenverkehr. Myriaden winziger Eis- und Ge-

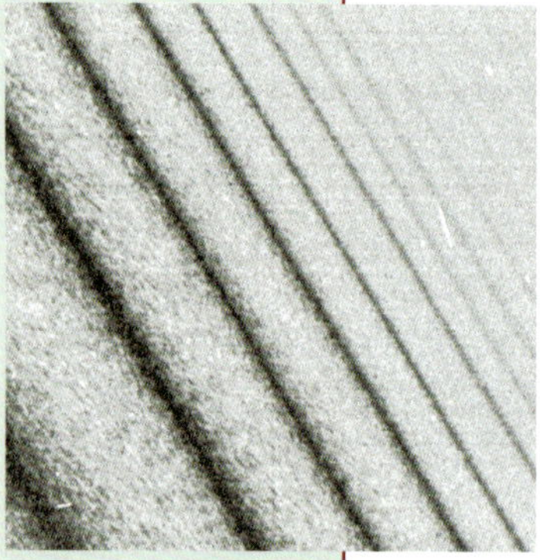

Obwohl auch Uranus und Jupiter Ringe tragen, sind die des Saturn doch die imposantesten – und damit das **Markenzeichen des Planeten.** Die Bänder bestehen aus Tausenden Einzelstreifen. Die größeren Einheiten wurden in der Reihenfolge ihrer Entdeckung mit Buchstaben benannt (oben Mitte, mit einer Auswahl von Monden). Bei noch höherer Auflösung weisen die aus der Ferne gleichförmig erscheinenden Ringe Feinstrukturen auf: Die Schwerkraft eines vorbeiziehenden Mondes schiebt Partikel zu Dichtewellen zusammen (links). Der Mond Pan, der den Saturn in der 328 Kilometer breiten Enckeschen Teilung umläuft, verbeult die Kante des A-Rings (rechts)

steinsbrocken jagen auch weit ober- und unterhalb der Ringe umher. Beim Anflug von Cassini hat Ralf Srama vom Max-Planck-Institut für Kernphysik in Heidelberg diese nanometergroßen Partikel erstmals mit dem Staubteilchenexperiment, dem »Cosmic Dust Analyser«, nachgewiesen. Der Saturnstaub lädt sich elektrisch auf und wird dann von magnetischen und elektrischen Feldern abgelenkt und beschleunigt. Viele Partikel fliegen sogar so schnell, dass sie aus dem Saturnsystem hinauskatapultiert werden.

Norbert Krupp vom Max-Planck-Institut für Sonnensystemforschung misst mit dem Magnetosphären-Teilchen-Experiment die allerkleinsten Partikel aus der scheinbar leeren Umgebung des Planeten. Nach seinen neuesten Analysen handelt es sich dabei überwiegend um Wasser-Ionen. Sie werden durch energiereiche Elektronen aus dem Eis in den Ringen herausgeschlagen. »Je mehr Teilchen aber aus den Ringen verloren gehen, desto schneller sind diese verschwunden«, erklärt Krupp. »Wir können mit unseren Messungen also etwas über die Lebensdauer der Ringe erfahren.«

Die Frage nach dem Alter der Ringe treibt die Planetenforscher schon lange um. Zwar scheinen ständig neue zu entstehen, wann aber drehten sich die ersten? Bereits zu Beginn des Sonnensystems, also vor Milliarden von Jahren? Oder hat sich die planetare Bauchbinde erst vor wenigen 100 Millionen Jahren geformt und ist damit, astronomisch gesehen, ein junges Schauspiel?

Nach der so genannten »Akkretionstheorie« ist das Ringsystem sehr alt und übrig geblieben, als sich der Saturn bildete. Eine gewaltige Gas- und Staubwolke drehte sich zunächst langsam und dann immer schneller, bis sie zu einer flachen Scheibe wurde. Im Zentrum der Scheibe verdichtete sich das Material und formte den Planeten. Weiter außen blieben die Ringe zurück.

Nach der »Trümmertheorie« hingegen sind die Ringe erst viel später entstanden, als in der Umgebung des Planeten Bruchstücke aufeinander prallten und einander zu Krümeln zerrieben.

Larry Esposito vertritt eine dritte Theorie, eine Art Synthese der beiden anderen Ansätze. Demnach bildeten sich die ersten Ringe mit dem

Planeten. Später aber habe sich dieses Material zu neuen Monden verklumpt, die irgendwann wieder zusammengestoßen und zerbrochen seien. »Es war von Anfang an ein ständiges Hin und Her zwischen Ringen und Monden«, sagt Esposito.

Lange galt diese »Recycling-Theorie« in der Fachwelt als exotisch. Aber Esposito konnte in der letzten Zeit immer mehr Kollegen von seiner Sicht der Dinge überzeugen. »Die Theorie ist inzwischen anerkannt«, hat der Max-Planck-Forscher Horst Uwe Keller beobachtet, »zumindest als eine mögliche Erklärung.«

Esposito hat nun große Pläne: Der Wissenschaftler arbeitet daran, die neuen Cassini-Daten in aufwendige Computerprogramme einzuspeisen. Umfangreiche Simulationen der Saturnentstehung werden dann seine Theorie stützen, hofft er.

Auch Horst Uwe Keller hat sich für die kommenden Jahre viel vorgenommen. Zum einen ist er als Chefwissenschaftler für die Kamera Osiris auf dem Rosetta-Raumfahrzeug verantwortlich, das im Jahr 2014 erstmals auf einem Kometen eine Landefähre absetzen soll. Zum anderen wird er bald 65 Jahre alt – Zeit zum Umzug an die University of Colorado in Boulder, an Espositos Institut, »weil es in Amerika für Wissenschaftler zum Glück keine Altersgrenzen gibt«. Statt sich zur Ruhe zu setzen, möchte Keller so lange wie möglich im Sonnensystem »umherfliegen« und Himmelskörpern wie dem Saturn ihre Geheimnisse entlocken. **(2005)**

Siehe auch A–Z-Teil

→ Cassini · ESA · Huygens · Iapetus · Phoebe · Planeten · Saturn · Saturnsonden · Titan

Der Kölner Wissenschaftsjournalist Dr. Jan Lublinski war bei seinen Recherchen fasziniert von der Präzision, mit der die Experten Cassini im Saturnsystem steuern.

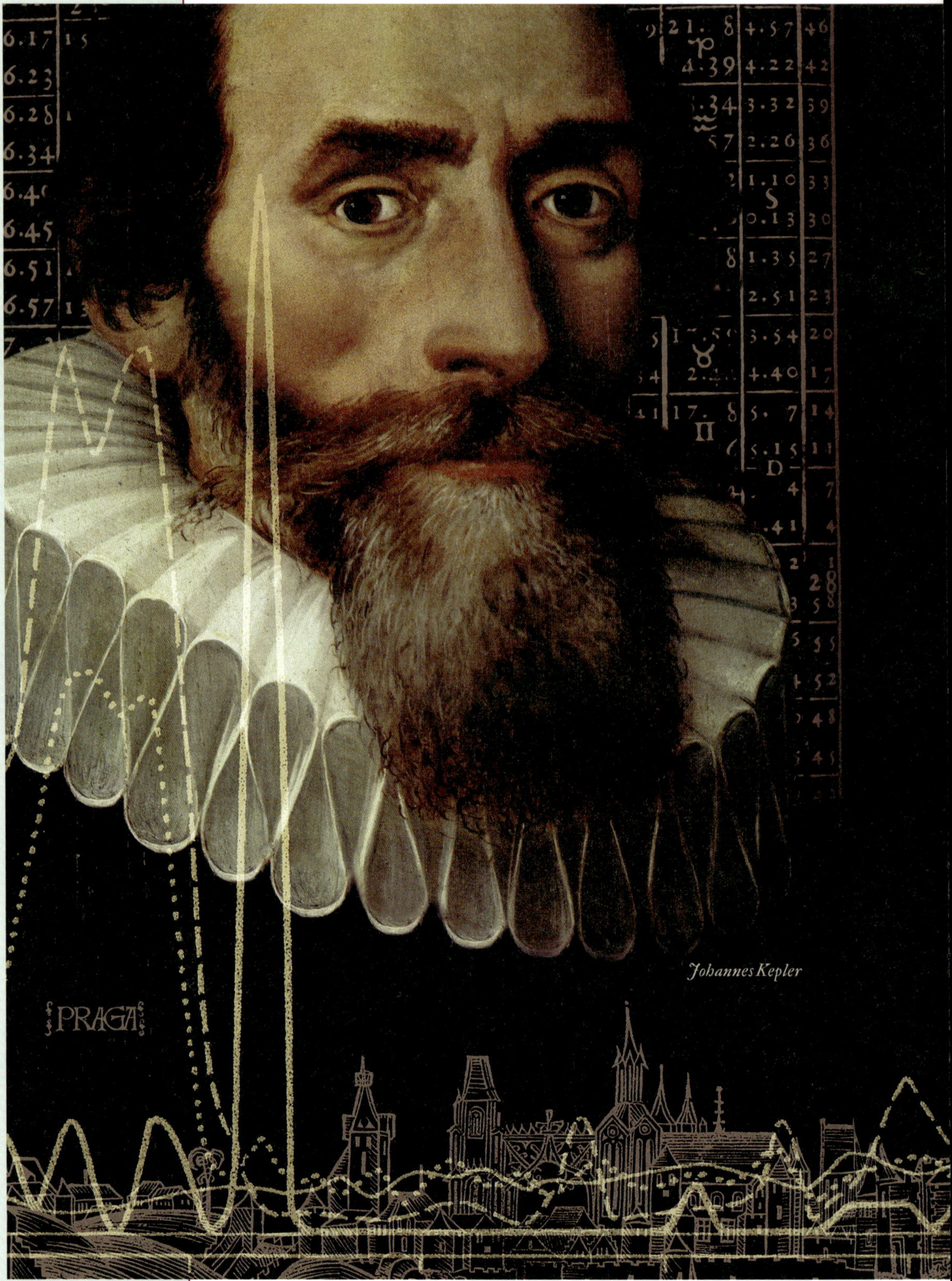

Johannes Kepler

Tycho Brahe

Astronom unter Mordverdacht

Prag im Jahr 1601: Der kaiserliche Hofastronom Tycho Brahe ist gestorben. Sein Gehilfe, der Schwabe Johannes Kepler, stiehlt die Beobachtungsdaten seines Chefs – und revolutioniert mit ihnen die Astronomie. Heute steht fest: Brahe starb an einer Quecksilbervergiftung. Hat Kepler ihn umgebracht?

Text:
Susanne Krieg

Der Rückfall kommt am zehnten Tag, als keiner mehr damit rechnet. Wieder schütteln ihn heftige Krämpfe. Wieder pumpt das Herz, als wolle es seine Brust sprengen. Die Familie hat sich um ihn geschart, singt fromme Hymnen und betet um den Beistand des Allmächtigen. Dann vermacht er Frau und Kindern seine Observationsbücher, den Messingglobus, den Stahlquadranten und all die anderen Messinstrumente, mit denen er nächtelang den Himmel erforscht hat. Schließlich verwischt das Fieber seine Gedanken. Im Delirium ruft er wieder und wieder, er wolle nicht vergebens gelebt haben. Einen Tag darauf, am Morgen des 24. Oktober 1601, liegt er wachsweiß und starr auf seinem Lager.

Tycho Brahe, der große dänische Himmelsforscher und Hofmathematicus des Heiligen Römischen Reiches in Prag, ist tot. Plötzlich und unerwartet ist er gestorben, im Alter von 54 Jahren – elf Tage nach einem opulenten Bankett bei Baron von Rosenberg, das er betrunken und mit einem Brennen im Unterleib verlassen hatte.

Der Tod des Astronomen stellt seine Zeitgenossen vor Rätsel. Bald geistert das Gerücht durch die Stadt, Brahe sei ermordet worden. Doch das Getuschel verhallt genauso schnell, wie es aufgetaucht ist. Zum einen, weil es keinen Mörder zu geben scheint. Zum anderen, weil die Diagnosen der Ärzte – gemessen am medizinischen Wissen der Zeit – plausibel klingen: Während des Festmahls habe Brahe den Harndrang zu lange unterdrückt. Die Blase soll sich dabei entzündet und zu einem Harnverhalt geführt haben, der schließlich tödlich endete.

Im Mittelpunkt des Universums ruht die Erde, um die sich auf kreisrunden Bahnen Sonne, Mond und Planeten bewegen. Auf diese Theorie des griechischen Naturforschers **Claudius Ptolemäus** (ca. 100 bis 160 nach Chr.) berufen sich Ende des 16. Jahrhunderts viele Gelehrte. Beweise für dieses Weltbild gibt es nicht. Gierig nach Ruhm, brüten Brahe und Kepler über Alternativen. Doch dann werden sie zu Rivalen

Noch ahnt niemand etwas von der metallisch glänzenden Substanz, die sich am Abend des Banketts in Brahes Körper auszubreiten begonnen hatte: *argentum vivum*, lebendiges Silber. Fast vier Jahrhunderte werden vergehen, bis Wissenschaftler der Substanz auf die Spur kommen – und einer der mysteriösesten Todesfälle der Wissenschaftsgeschichte eine überraschende Wendung nimmt.

1991 untersucht ein Toxikologe am Institut für Forensische Medizin der Universität in Kopenhagen ein sechs Zentimeter langes, rötlich schimmerndes Schnurrbarthaar. Es ist Teil der sterblichen Überreste Tycho Brahes – aus seiner Gruft in Prag entnommen – und enthält Spuren einer

Ein systematischer Giftmord – getarnt mit einem Glas Milch?

Überdosis Quecksilber, hoch genug, um den Todeskampf des Prager Hofastronomen ausgelöst zu haben.

Fünf Jahre später wird ein weiteres Haar Brahes analysiert, diesmal samt Wurzel. Eine verfeinerte Technik ermöglicht es nun, aus den Quecksilberspuren genaue Rückschlüsse zu ziehen: Da Haare nach dem Tod nicht weiter wachsen, konnten die Wissenschaftler bestimmen, dass das Gift am Abend des Banketts bei Baron von Rosenberg in Brahes Körper gelangt sein musste.

Ein Computerdiagramm enthüllt auch, dass der Quecksilberspiegel in Brahes Körper im Laufe der nächsten neun Tage allmählich abgenommen hatte, jedoch 13 Stunden vor Eintritt des Todes ein weiteres Mal steil angestiegen war. Parallel zum zweiten Schub schnellten auch die Kalziumwerte in die Höhe. Was bedeuten könnte, dass Brahe eine zweite Dosis mit Milch zu sich genommen hatte – einem beliebten Mittel unter Giftmischern, um den metallischen Geschmack von Quecksilber zu kaschieren.

Sollten die Ergebnisse der Haaranalysen tatsächlich ein Hinweis darauf sein, dass Tycho Brahe einem heimtückischen Anschlag zum Opfer gefallen war? Wer könnte überhaupt ein Motiv gehabt haben, den Astronomen umzubringen?

Die deutsch-amerikanischen Autoren Joshua und Anne-Lee Gilder glauben nun, das Rätsel um Brahes Tod gelöst zu haben. Alles deute auf einen systematischen Giftmord hin, beteuern sie. Verübt haben soll ihn ein hohlwangiger junger Mann aus Brahes engstem Umfeld: ein brillanter Denker, besessen vom Kosmos und von vertrackten Rechenaufgaben, ein Verfechter der kopernikanischen Lehre, unermüdlich auf der Suche nach dem göttlichen Bauplan. 20 Monate war er dem Prager Hofastronom als Assistent zur Hand gegangen. Zwei Tage nach Brahes Tod ernannte Kaiser Rudolf II. ihn zum neuen Hofmathematicus. Und schon wenige Jahre später gelang es ihm, mit nur drei Gesetzen das Bild des Universums zu revolutionieren.

Sein Name: Johannes Kepler. Sein mutmaßliches Motiv: 34 wuchtige, in Leder gefasste Observationsbücher – eine präzise Datensammlung zur Bewegung der Sterne, von unschätzbarem Wert und von Brahe zu dessen Lebzeiten sorgsam unter Verschluss gehalten.

Auf ihre These sind Joshua und Anne-Lee Gilder während der Recherchen zu einem Buch über den Beginn der modernen Wissenschaft gestoßen, in dem auch das Astronomengespann Johannes Kepler und Tycho Brahe porträtiert werden sollte. Die Autoren hatten begonnen, Brahes wie

Wie soll man auch glauben, dass die Erde um die Sonne rast?

auch Keplers Briefe und Aufzeichnungen zusammenzutragen, um sie aus dem Lateinischen neu übersetzen zu lassen. Dabei seien Details ans Licht gekommen, die Kepler von einer neuen Seite zu zeigen schienen: Eines der größten Genies der beginnenden Neuzeit habe eine zuvor unbekannte Facette seiner Persönlichkeit offenbart.

So entdeckten die Gilders etwa, dass Kepler einen brisanten Diebstahl zugegeben hatte – ein Geständnis, das bis dahin offenbar unbeachtet geblieben war. In einem Brief an den Astrologen Christoph Heydon hatte Kepler 1605 bekannt, kurz nach Brahes Tod im Herbst 1601 dessen Observationsdaten gestohlen zu haben. Eine Tat, deretwegen Brahes Erben gegen den Assistenten Klage erhoben.

Dass ausgerechnet jene ledernen Folianten eine zentrale Rolle in Keplers Leben spielen sollten, lässt sich an dessen späterer Karriere ablesen: Ohne die Bücher wäre es ihm wohl nie gelungen, das traditionelle Weltbild aus den Angeln zu heben und eine Brücke vom Mittelalter in die Neuzeit zu schlagen. Doch wie weit war Kepler für Brahes Zahlenkolonnen tatsächlich gegangen? Sollte der große Astronom in jungen Jahren nicht nur zu einem Dieb, sondern aus Ehrgeiz sogar zu einem Mörder geworden sein?

In einer klaren Herbstnacht des Jahres 1577 brennt am Firmament eine riesige Kugel mit einem lang gezogenen Schweif. Auf Flugblättern wird jener Komet als apokalyptisches Zeichen Gottes dargestellt, das Dürre, Krieg oder Fürstentod bringen soll.

Für einen fünfjährigen Jungen aus Leonberg im Herzogtum Württemberg ist der Feuerball am Himmel jedoch nur ein prächtiges Spektakel. Um es besser sehen zu können, trippelt er an der Hand seiner Mutter auf einen Hügel nahe der Stadt – einer der seltenen glücklichen Augenblicke in einer ansonsten trostlosen und armseligen Kindheit.

Von klein auf muss Johannes Kepler auf dem elterlichen Acker schuften. Der Vater verprügelt die Mutter häufig und macht sich immer wieder als Söldner davon. Männer wie er werden in jenen Zeiten überall gebraucht.

Denn in Europa herrscht seit Jahrzehnten ein fanatisch geführter Glaubenskrieg zwischen Katholiken und Protestanten.

Die Keplers sind Anhänger der Lehre Luthers und ziehen nach der Rückkehr des Vaters aus einem Feldzug in den Niederlanden von Weil der Stadt in das protestantische Leonberg. Einige Jahre darauf verschwindet der Vater erneut. Er wird nie wieder zu seiner Familie zurückkehren.

Um die Familie auch allein durchbringen zu können, braut Keplers Mutter Heilmittel aus Kräutern, die sie in der Nachbarschaft verkauft. Das geht eine Weile gut. Doch 1615 wird sie der Hexerei beschuldigt. Sechs Jahre muss Johannes Kepler kämpfen, bis er endlich die Entlassung seiner Mutter aus dem Kerker in Güglingen erreicht.

Als Kind ist Johannes anämisch und mager. Häufig liegt er mit Fieber im Bett oder wird von Parasiten befallen. Einmal blühen brennende Blasen auf seiner Haut, die Blattern. Um ihn am Kratzen zu hindern, bandagiert ihm die Großmutter die Hände so fest, dass diese nie wieder ihre volle Funktion erlangen. Kepler glaubt später, aus diesem Grunde eine krakelige Handschrift zu haben. Die Pocken greifen auch seine Augen an, sodass er kurzsichtig wird. Am Firmament werden für Kepler zeitlebens verschwommene Sterne und doppelte Monde tanzen.

Doch der mickrige Junge scheint mit einer ungewöhnlich hohen Intelligenz gesegnet zu sein. 1586 darf er die höhere Klosterschule in Maulbronn besuchen und wird später Stipendiat am Theologischen Seminar in Tübingen. Hier weiht ihn der Mathematikprofessor Michael Mästlin in die Welt der Astronomie ein.

Eine Sonne im Zentrum des Universums, umkreist von den Planeten: 1543 hat **Nikolaus Kopernikus** seine revolutionäre Theorie veröffentlicht. Sie stößt auf Ablehnung – nicht aber bei Kepler. Gut 50 Jahre später setzt der alles daran, die Richtigkeit des heliozentrischen Weltbildes zu beweisen. Der einzige Schlüssel dazu: Brahes Datenschatz

Nur besonders gescheiten Studenten wie Johannes Kepler erzählt Mästlin auch vom heliozentrischen Weltbild des Nikolaus Kopernikus, das dieser 1543 veröffentlicht hat. Sein Werk ist mathematisch so anspruchsvoll, dass es nur die wenigsten verstehen. Wie soll man auch ohne weiteres glauben, dass die Erde und die anderen Planeten wahnwitzig schnell um die Sonne rasen? Selbst der reformfreudige Luther nennt Kopernikus einen Narren. Die Kirche zieht das antike Weltbild des Claudius Ptolemäus vor: die Erde im Mittelpunkt des Universums als träger Koloss, um den die Sonne, der Mond und die fünf bekannten Planeten gemächlich ihre Kreise ziehen.

Kepler aber entflammt sofort für die heliozentrische Lehre und wird zu einem der wenigen überzeugten Kopernikaner seiner Zeit. Wann immer sich eine Gelegenheit bietet, raunt er den Kommilitonen hinter vorgehaltener Hand zu, dass die Sonne als Zentrum doch eigentlich die ideale Wohnstätte Gottes sei!

Mit 22 Jahren – noch vor Beendigung des Theologiestudiums – wird Kepler Mathematiker an der evangelischen Stiftsschule in Graz. Hier soll er für den kargen Lohn von 150 Gulden die verwöhnten Söhne des steirischen Adels unterrichten. Doch seine Vorträge sind so wirr, dass Kepler bald vor leeren Schulbänken steht.

Einen Namen macht er sich trotzdem. Für den Fürsten muss er astrologische Prognosen zum Klima, zu Seuchen, Kriegen und Aufständen stellen. Wie man das macht, hat er an der Universität gelernt. In seinem ersten

Die Erde wird von der Sonne umrundet und diese wiederum von den übrigen Planeten: **Tycho Brahe** beharrt auf einer dritten Version des Weltbildes. Sein Modell ist ein bibelfreundlicher Kompromiss zwischen ptolemäischem und kopernikanischem Entwurf. Eine Vorstellung, die für Johannes Kepler absurd ist. Doch er ist nur Brahes Assistent …

Horoskop für das Jahr 1595 sagt Kepler einen Kälteeinbruch und die Invasion der Türken voraus. Und genauso kommt es: Einige Monate später sollen Alpenbewohnern im klirrenden Frost die Nasen abgebrochen sein. Im gleichen Jahr verwüsten türkische Truppen halb Europa.

Warum also nicht auch für sich selbst die Sterne deuten? »Bei mir wirken Saturn und Sonne aufeinander«, schreibt Kepler. »Deswegen ist mein Körper trocken und knotig, nicht groß... Mir ist es ein Vergnügen, Kno-

Kepler glaubt, die Handschrift Gottes entschlüsseln zu können

chen zu nagen, trocken Brot zu essen, bittere und scharf gewürzte Sachen zu kosten; über holperige Wege zu wandern, hügelaufwärts durch Dickichte – das ist mir ein Freudenfest.« Der Mathematiker beginnt sich selbstkritisch mit seinem Wesen auseinander zu setzen und vergleicht sich mitunter gar mit einem knurrenden, bissigen Hund, der immerzu einen Hang zu Täuschung, Zorn und Lüge verspüre.

Ständig plagt ihn die Furcht vor dem finanziellen Ruin, und er beschließt, seine Karriere als Astronom voranzutreiben – schließlich muss er inzwischen auch für eine kleine Familie aufkommen: Im April 1597 hat Kepler die 23-jährige, bereits zweimal verwitwete Barbara Müller zu Gössendorf geheiratet (bei ihrer Geburt sei die Stellung der guten Gestirne Jupiter und Venus ungünstig gewesen, stellt Kepler fest). Barbara bringt aus erster Ehe eine Tochter mit, die er nun versorgen muss.

In nächtelanger Arbeit bringt er ein Kosmosmodell mit einer Sonne im Zentrum zu Papier, mit dem er glaubt, die Handschrift Gottes entschlüsselt zu haben. Durch die Verschachtelung der platonischen Körper Kubus, Tetraeder, Dodekaeder, Ikosaeder, Oktaeder will Kepler endlich erklären, weshalb es, wie Kopernikus behauptet, sechs Planeten gibt, die alle um die Sonne kreisen. Er nennt sein Werk »Mysterium cosmographicum«, nimmt Urlaub und überwacht in Tübingen den Druck. Ein paar Exemplare verschickt er an führende Gelehrte in ganz Europa. Eines weckt schließlich das Interesse eines dänischen Himmelsforschers am Kaiserhof in Prag.

19 Jahre zuvor, 1577, als der Komet den jungen Kepler in Begeisterung versetzte, lebte jener Däne, umgeben von Klippen und grünen Wiesen, auf der Insel Hven im Öresund. Der dänische König hatte sie ihm – Tycho Brahe – geschenkt.

Auch Brahe, ein 30 Jahre alter, astronomisch interessierter Aristokrat aus einer der nobelsten Familien des Landes, der sich seine Kenntnisse über die Himmelsbewegungen selbst beigebracht hatte, sah den Kometen in der Dunkelheit flimmern. Seit kurzem war er Herr über das Eiland und das rote Backsteinschloss Uraniborg mit Türmchen und Giebeln, mit Alchemistenlabor und später auch mit einer Druckerei und Papiermühle.

Hier wird er die Beobachtungsstation Stjerneborg errichten lassen, entworfen und dekoriert von italienischen und niederländischen Baumeistern. Kunsthandwerker aus Augsburg haben die präzisesten und fortschrittlichsten Observationsinstrumente nach Brahes eigenen Entwürfen gebaut.

Andere Astronomen vermessen zu jener Zeit die Himmelskörper noch mit Schnüren in der Hand. Der Däne hingegen, der eigentlich Jura studiert hat, bestimmt ihre Winkeldistanzen mit einem Sextanten, dessen Armlänge 1,70 Meter beträgt. Auch hat Brahe einen gigantischen Mauerquadranten von viereinhalb Metern bauen lassen, um Himmelsobjekte möglichst exakt anpeilen zu können.

Der Komet von 1577 widerspricht dem antiken Dogma vom unbeweglichen Firmament – Brahe hat bemerkt, dass er vom Schützen ins Sternbild Pegasus wandert, wo er im folgenden Januar verblasst. Er beginnt, die Vorgänge am Himmel systematisch zu beobachten und Daten zu sammeln. Im Laufe mehrerer Jahrzehnte wird er so die Positionen von 777 Fixsternen vermessen und auf diese Weise als erster Astronom den Himmel kartieren. Brahes Messungen sind hundertmal genauer als die des Ptolemäischen Katalogs – eine empirische Meisterleistung, denn den Himmelsforschern der Renaissance stehen noch keine Teleskope zur Verfügung.

Wie entsetzt war seine Familie damals gewesen, zehn Jahre zuvor, als herauskam, dass er sich schon während des Studiums nachts mit den Sternen vertraut gemacht hatte. Mit nichts als einem hölzernen Winkelmesser und einem faustgroßen Himmelsglobus in der Tasche. Sie schickten ihrem Sprössling vorsichtshalber einen Tutor als Aufpasser nach, damit er vor lauter Sternenguckerei das Jurastudium nicht vernachlässigte.

Der Kaiser bietet Brahe ein Schloss mit freier Sicht zum Horizont

Doch der Tutor konnte nicht verhindern, dass Brahe heimlich weiter forschte. Und auch nicht, dass der Forscher eines Abends bei einer Verlobungsfeier mit einem anderen Gast in Streit geriet: Als beide mit Säbeln aufeinander losgingen, verlor Brahe ein Stück seines Nasenrückens. Seither trägt er eine Prothese aus Silber und Gold im Gesicht. Und in der Tasche eine Dose mit Klebstoff.

Es sollte nicht der einzige Streit in seinem Leben sein. Als Brahes damaliger Gönner, der dänische König Frederik II., 1588 stirbt, gerät der Astronom in eine heftige Auseinandersetzung mit dessen Sohn und Thronfolger: Christian IV. wirtschaftet sparsamer und sieht nicht ein, weshalb Brahes Inselimperium ihn jährlich ein Prozent der königlichen Einnahmen kosten soll. Nach einer Odyssee durch halb Europa zieht Brahe schließlich mit der Familie und 3000 Büchern im Gepäck nach Prag. Dort hat Kaiser Rudolf II. sich als neuer Patron angeboten.

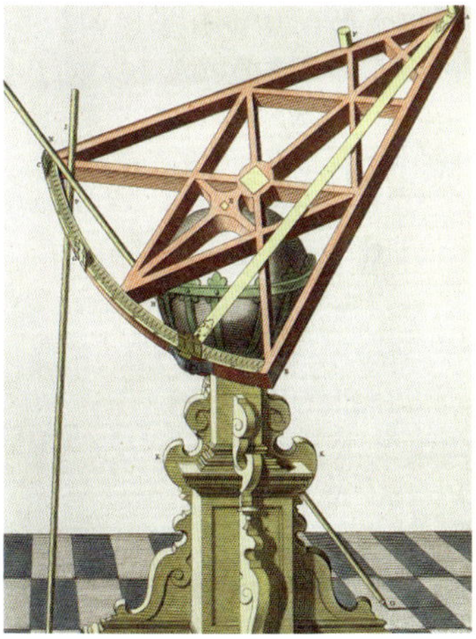

Tycho Brahe kartiert als Erster den Himmel – obwohl er das Teleskop noch nicht kennt. Mit dem **Sextanten** (links) misst Brahe den Abstand der Sterne untereinander. Mit dem **Armillar** (Mitte) bestimmt er den Ort der Gestirne am Himmelsgewölbe. Auf einem **Globus** aus Messing trägt er die gemessenen Daten ein

Als Tycho Brahes Kutsche im Juli 1599 in den Burghof auf dem Prager Hradschin ruckelt, lugt Rudolf aus einem der Palastfenster. Er hat sich mal wieder tagelang verkrochen in den Winkeln seiner Kuriositätensammlung und in verrußten Experimentierstuben. Der Kaiser ist ein verschrobener Mensch, ein Sonderling auf der Prager Burg, der sich weniger mit Kriegern und Politikern als mit Künstlern und Gelehrten umgibt. Der lieber Alchemist oder Astrologe geworden wäre statt Herrscher über ein Reich, das sich von der Ostseeküste im Norden bis zur Toskana im Süden erstreckt, das im Westen an das Königreich Frankreich grenzt und im Osten Böhmen umfasst.

Mit leiser Fistelstimme unterbreitet der Kaiser dem Herrn der Sterne sein großzügiges Angebot. Brahe darf in das alte Schloss Benatek ziehen. Es liegt eine Tagesreise von Prag entfernt, hat riesige Räume und eine rundum freie Sicht auf den Horizont.

Benatek scheint wie geschaffen für astronomische Beobachtungen. Gleich als Erstes markiert Brahe in einem der Säle den Meridian auf dem Boden.

Die Renovierungsarbeiten sind noch nicht abgeschlossen, da schickt der neue Hofastronom bereits eine Einladung ins steirische Graz – an jenen Mann, dessen Schrift über das »Mysterium cosmographicum« ihm einige Jahre zuvor aufgefallen ist: Johannes Kepler.

AM 3. FEBRUAR 1600 STEHEN SIE SICH zum ersten Mal gegenüber: Präzise Empirie trifft auf geniale Theorie, die Extravaganz des arrivierten Forschers auf die Reserviertheit des 25 Jahre jüngeren Aufsteigers. Kepler hat die Einladung angenommen, weil seine Tage in der Steiermark gezählt sind – die Gegenreformation hat Graz erfasst.

Auch kann er sich immer noch keine vernünftigen Messinstrumente leisten, und seine Augen werden immer trüber. Darum ist er auf die Himmelsbeobachtungen anderer angewiesen. Tycho Brahe – das ist unter den Gelehrten Europas bekannt – hat den umfangreichsten Datenschatz seiner Zeit zusammengetragen. Kepler träumt davon, mit Brahes Notizen den empirischen Beweis für seine Theorien antreten zu können. Der Datenschatz, glaubt er, wird seinen Durchbruch zu Ruhm und Anerkennung ermöglichen.

Doch Brahe hat mit dem schwäbischen Rechenkünstler anderes im Sinn. Bald verbringt Kepler den ganzen Tag damit, Brahes Datenwust durch komplizierte Gleichungen mathematisch aufzubereiten – eine mühsame Tüftelei, die ihm für seine eigenen astronomischen Visionen keine Zeit mehr lässt. Dabei hatte Kepler gehofft, in Prag sein Werk »Harmonice mundi« vollenden zu können. Darin will er das Planetensystem mit den Frequenzverhältnissen der musikalischen Intervalle vergleichen – ein neuer Versuch, den göttlichen Bauplan zu knacken.

ZU ALLEM ÜBEL ABER soll der Assistent mit den zähen Berechnungen nun auch noch das »Tychonische System« beweisen, einen von Brahe ersonnenen bibelfreundlichen Kompromiss zwischen den Weltbildern des Ptolemäus und des Kopernikus. Brahe glaubt, dass die Planeten um die Sonne kreisen, die Sonne aber und auch der Mond um die ruhende Erde ziehen – für einen überzeugten Kopernikaner wie Kepler eine absurde Vorstellung. »Er ist überreich«, lästert der Assistent in einem Brief über seinen Meister, »allein, er weiß von seinem Reichtum keinen rechten Gebrauch zu machen.«

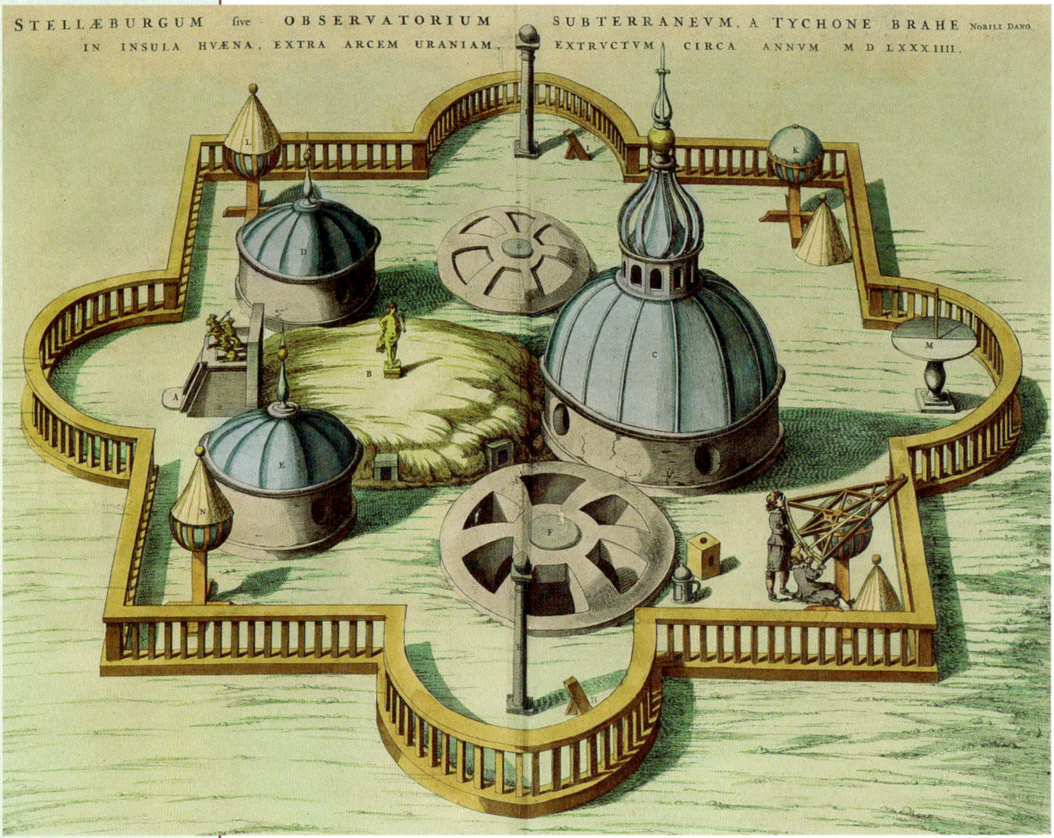

Fünf in den Boden versenkte Krypten mit grünen Kupferdächern schützen die wertvollen Messgeräte vor Wind und Wetter: **Brahes Beobachtungsstation Stjerneborg** auf der Ostseeinsel Hven. Hier hat der Däne begonnen, die Positionsdaten von 777 Fixsternen zu sammeln, bevor er 1598 Hofastronom in Prag wird

Noch bitterer ist, dass der Hofastronom ihm konsequent den Zugang zu den Observationsbüchern verwehrt – aus Angst vor einem Plagiat. Kepler lauert und spioniert in den dunklen Gängen von Benatek. Doch nie ergibt sich auch nur eine winzige Gelegenheit, unbeaufsichtigt in die Kammer mit den Folianten zu huschen.

Kepler fühlt sich zum Astronom zweiter Klasse degradiert, als Gehilfe eines arroganten Egozentrikers, der ihm sein krauses Weltbild aufzwingen will. Bald wünscht Kepler sich wieder zurück nach Graz – bloß weg von diesem dänischen Sklaventreiber und seiner lärmenden Großfamilie!

Schon nach wenigen Wochen kommt es zum Eklat. Cholerisch stürmt Kepler aus dem Haus. Er will das Schloss für immer verlassen. Soll er doch,

Kepler will nicht länger der Rechenknecht seines Rivalen sein

poltert Brahe. Aber zuvor muss der Assistent ein Schreiben unterzeichnen, in dem er sich verpflichtet, nichts von Brahes Forschungen nach außen zu tragen. Kepler schickt noch einen Brief voller Beschimpfungen an seinen Arbeitgeber. Dann reist er ab nach Graz.

Doch dort hat sich die Lage zugespitzt: Erzherzog Ferdinand zwingt alle Protestanten, zum Katholizismus zu konvertieren. Wer dies nicht tut, muss die Steiermark verlassen und all sein Hab und Gut verkaufen. Kepler verliert seine Anstellung als Mathematiker an der Grazer Stiftsschule. Sein Gehalt, das er auch während der Wochen in Prag weiterhin bezogen hatte, wird gestrichen. Kepler ist derart schockiert, dass er schweres Fieber bekommt und glaubt, sterben zu müssen.

Da erreicht ihn ein Schreiben aus Prag. Tycho Brahe bietet ihm an, zurückzukommen. Kepler willigt ein – was bleibt ihm auch anderes? Im September 1601 besteigt er, diesmal mit Frau und Stieftochter, einen Planwagen in die böhmische Metropole.

Einige Monate später lässt der Kaiser Brahe mitsamt seiner Familie in ein kleines Stadthaus in unmittelbarer Nähe der Prager Burg einquartieren. Der Herrscher will seinen Hofastronom in der Nähe wissen. Denn er unternimmt politisch nun keinen Schritt mehr, ohne sich nicht vorher von Brahe ein Horoskop erstellen zu lassen.

In dem Stadthaus herrscht beklemmende Enge. Tycho Brahe muss seine Observationsinstrumente auf dem Balkon der Villa Belvedere im Burggarten aufbauen und von dort aus das Firmament beobachten. Und er ist auf Keplers Hilfe angewiesen. Zumal der Kaiser ein verbessertes Tabellenwerk zur Verortung der Planeten in Auftrag gegeben hat, die »Rudolfinischen Tafeln«. Für Kepler sichert es einerseits die feste Anstellung als Brahes Assistent in Prag – aber es bedeutet andererseits auch zusätzlichen Rechenaufwand, der wieder keine Zeit für selbstständige Studien lässt.

1627 veröffentlicht Kepler die **Rudolfinischen Tafeln.** Dieser Katalog zur Berechnung der Sternpositionen basiert auf Brahes Beobachtungen. Das Frontispiz, die Schmuckseite gegenüber dem Titelblatt, entwirft Kepler selbst

Manch ein Brief Keplers aus jenen Tagen deutet darauf hin, dass er an einem Punkt angelangt ist, an dem er keinen Ausweg mehr sieht. Denn eigentlich ist er höchst unwillig nach Prag zurückgekehrt. Tatsächlich träumt er schon lange von einer Professorenstelle in Tübingen. Aber die Briefe, in denen er seinen alten Lehrer Mästlin um Vermittlung eines Postens bittet, bleiben unbeantwortet. Vergebens hat er immer wieder an Gelehrte in ganz Europa appelliert, sich bei Brahe für die Veröffentlichung seiner Daten einzusetzen. Doch er findet einfach keine Unterstützung. Dafür scheint die Rechenknechtschaft bei Brahe nun zum unentrinnbaren Dauerzustand geworden zu sein. Vor allem aber bleiben Kepler die ledernen Folianten weiter verschlossen.

Es vergehen nur noch wenige Tage, bis Brahe von dem Festmahl bei Baron von Rosenberg nach Hause wankt und dort bewusstlos zusammenbricht. Noch auf dem Sterbebett soll Brahe Kepler angefleht haben, die Observationsdaten nur im Sinne des Tychonischen Systems auszuwerten. Vielleicht hat sich der Assistent durch einen Blick oder einen unbedachten Satz verraten. Möglicherweise hat Brahe deshalb die ledernen Bücher in letzter Minute noch seiner Familie vermacht. Dies könnte wiederum der Grund dafür gewesen sein, dass Kepler die Aufzeichnungen an sich brachte. Sollte Kaiser Rudolf zwei Tage nach Brahes Tod tatsächlich einen Mörder zum neuen Hofmathematicus des Heiligen Römischen Reiches ernannt haben?

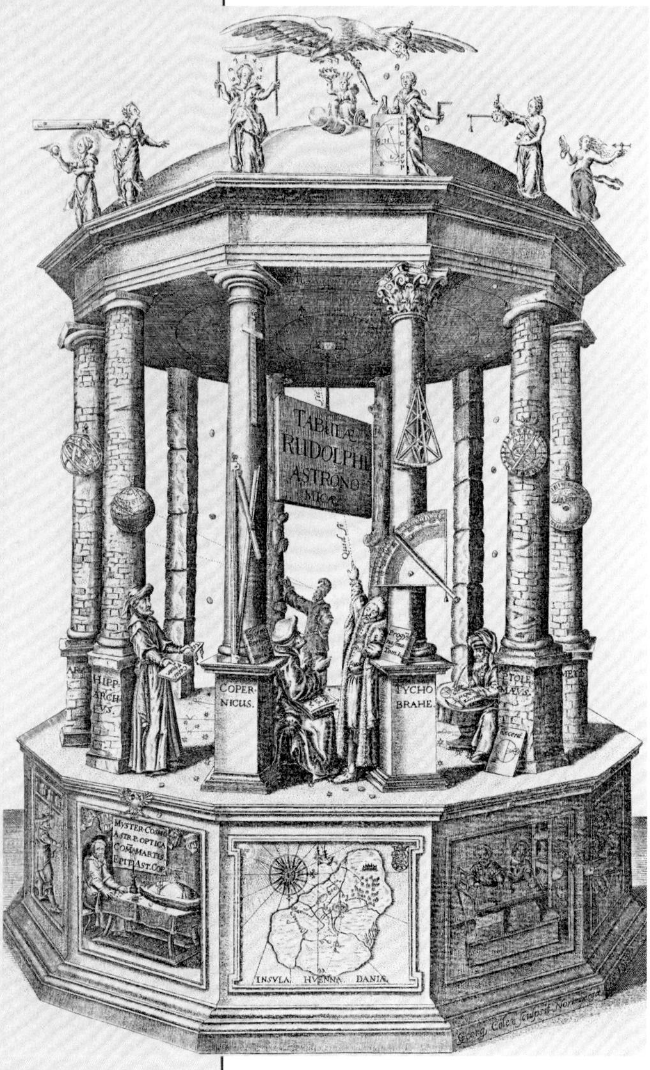

Minutiös haben Joshua und Anne-Lee Gilder das Psychogramm einer explosiven Beziehung rekonstruiert – und eine Indizienkette mit nur einer möglichen Schlussfolgerung erstellt: Kepler hat Brahe vergiftet.

Aber ein Motiv ist noch kein Beweis für eine Tat, und so muss die These am Ende reine Spekulation bleiben. Zu viele Fragen bleiben offen. Auch jene, ob Tycho Brahe sich nicht versehentlich selbst umgebracht haben könnte. Schließlich besaß er ein Labor, in dem er

Elixiere braute und auch mit Quecksilber experimentierte. Aus Brahes niedergeschriebenen Rezepturen geht hervor, dass er die Chemikalie in geringen Mengen etwa als Wirkstoff gegen Krätze, Syphilis und Elephantiasis einsetzte.

Zwar argumentieren Joshua und Ann-Lee Gilder, dass der Däne ein kenntnisreicher Alchemist gewesen sei, der die tödliche Wirkung von *argentum vivum* gekannt habe. Aber kann man deshalb ausschließen, dass Brahe möglicherweise ein verhängnisvoller Fehler unterlaufen ist? Vorstellbar wäre etwa, dass er sich selbst kurieren wollte und dabei in seiner Verzweiflung zum falschen Tiegel griff.

Und überhaupt: Was ist mit denkbaren anderen Feinden Brahes, deren Spuren sich verloren haben? Gab es nicht doch ein paar Neider bei Hofe, denen Brahes Einfluss auf den abergläubischen Kaiser missfallen haben könnte? Und was ist mit anderen Assistenten, über die es heute keine aufschlussreichen Dokumente mehr gibt?

Eines ist jedenfalls unbestritten: Die von Brahe hinterlassenen Aufzeichnungen erweisen sich für Kepler tatsächlich als unermesslich wertvoller Datenschatz. Mit ihrer Hilfe gelingt es dem eifrigen Theoretiker, endlich das Geheimnis um die Umlaufbahn des Planeten Mars zu lösen. Jener Himmelskörper schien bis dahin unberechenbar durch das All zu torkeln. 70 Gleichungen hatte Kepler aufgestellt, um die Marsbahn zu berechnen; alle erwiesen sich als falsch. Erst mit Brahes Daten kann er nachweisen, dass der Mars sich nicht auf einer Kreis-, sondern auf einer elliptischen Bahn um die Sonne bewegt – was am Ende für alle Planeten unseres Sonnensystems gilt und Aussage des ersten keplerschen Gesetzes ist.

Weil Kepler es wagt, die Prämisse der kreisrunden Umlaufbahnen zu verwerfen, ist er am Ende in der Lage, das heliozentrische Weltbild wissenschaftlich zu bestätigen.

Als Johannes Kepler 1630 stirbt, hat er das größte astronomische Mysterium seiner Zeit gelöst. Es gibt Indizien, dass er dafür möglicherweise einen Mord begangen hat. Doch würde der »Fall Kepler« heute vor Gericht verhandelt, käme im Indizienprozess wohl nur ein Freispruch infrage – aus Mangel an Beweisen, im Zweifel für den Angeklagten. **(2005)**

■ **Siehe auch A–Z-Teil**

→ Brahe · heliozentrisches Weltbild · Kepler · keplersche Gesetze · Komet · kopernikanisches Weltsystem · ptolemäisches Weltsystem · Rudolfinische Tafeln · tychonisches Weltsystem

GEO-Redakteurin Susanne Krieg hat sich bei ihren Recherchen unter anderem auf das Buch »Der Fall Kepler. Mord im Namen der Wissenschaft« von Anne-Lee und Joshua Gilder gestützt (List, 380 Seiten, 22 Euro).

Die Lichtmaschine am Firmament

Seit mehr als 4,5 Milliarden Jahren verschmelzen im Inneren unserer Sonne Wasserstoffatome zu Helium: ein gewaltiger Fusionsreaktor, dessen Aufbau Forscher erst allmählich verstehen. Die Messungen der Raumsonde »SOHO« etwa zeigen einen geblähten Gasball, dessen Materie sich im wilden Wechselspiel mit Magnetfeldern erhitzt und zu Milliarden Tonnen ins All verliert

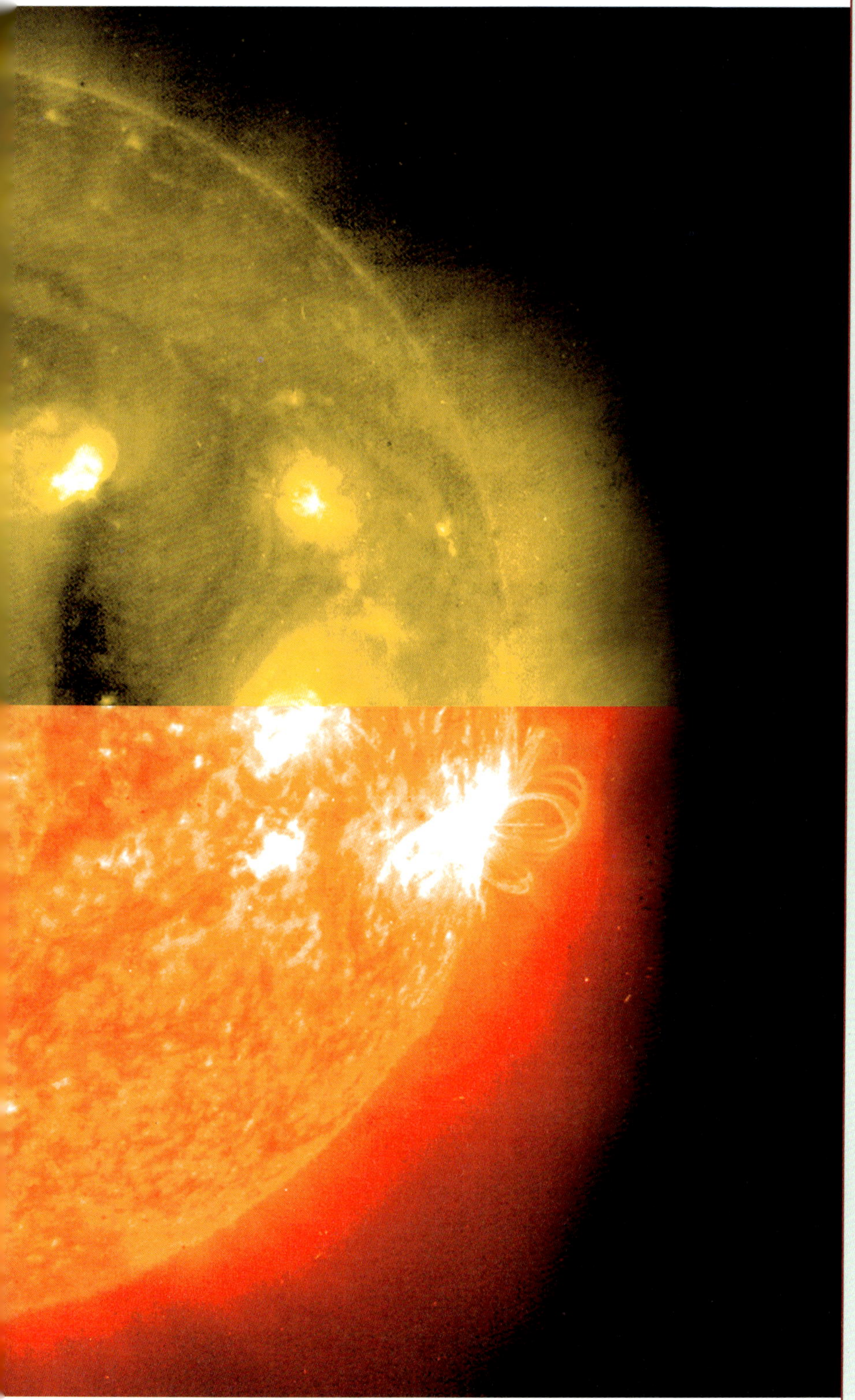

Mit den »SOHO«-Spektrometern registrieren Forscher die **Wellenlängen der Weltraumstrahlung** im extremen UV- oder Röntgenbereich. Sie können damit auf die Höhe der in verschiedenen Regionen der Sonne herrschenden Temperaturen schließen. So stammt das Licht der roten Abbildung (Wellenlänge: 93,3 Milliardstelmeter) von stark angeregten Schwefel-Ionen und lokalisiert für die Forscher Zonen, in denen etwa 200 000 Grad Hitze herrschen. Die auf solche Weise gemessene Temperatur in der Korona nimmt dann von einer Million Grad (blau), über 1,5 Millionen Grad (grün) bis auf mehr als zwei Millionen Grad (gelb) zu. Für das bloße Auge sind diese Strahlen unsichtbar

Text:
Erwin Lausch

Jeden Morgen um zehn versammeln sich etwa drei Dutzend Physiker nahe der US-Bundeshauptstadt Washington in einem fensterlosen Raum. Erwartungsvolle Spannung liegt in der Luft: Was gibt es Neues von »SOHO«? Ungewöhnliche Daten aus der Sonnenatmosphäre und vom ständig strömenden Sonnenwind? Hat ein Sonnenbeben Informationen aus den Tiefen des Glutballs geliefert? Anzeichen etwa für eine der gigantischen Eruptionen, bei denen Milliarden Tonnen Materie ausgeschleudert werden, und somit für einen Sonnensturm, der auch in Richtung Erde rast?

Forschungssatelliten analysieren die **Röntgenstrahlung** aus der Millionen Grad heißen Korona, der äußeren Gashülle der Sonne: Die Bilderserie zeigt die zyklische Abnahme der Aktivität zwischen 1991 und 1995. Und lässt erkennen, dass die Sonne keine abgeschlossene Kugel ist, sondern eine wabernde Masse

In der Kommandozentrale für die europäisch-amerikanische Sonnensonde »SOHO« (Abkürzung für Solar and Heliospheric Observatory) in Greenbelt, Maryland, laufen Tag und Nacht Bilder und Ströme von Daten ein. Mit Teleskopen und Messapparaturen bestückt, umrundet jenes Weltraumobservatorium die Sonne wie ein Planet – in etwas geringerem Abstand als die Erde und immer im Gleichschritt mit ihr, auf einer Bahn, auf der sich die Anziehungskräfte von Sonne und Erde eben gerade aufheben. 1,5 Millionen Kilometer von der Erde entfernt, hat »SOHO« die Sonne unablässig im Visier und nimmt zugleich Messungen in deren Atmosphäre vor, der von solaren Magnetfeldern und dem Sonnenwind beeinflussten Umgebung der Sonne.

Von jeder der internationalen Arbeitsgruppen, die für jeweils eines von zwölf »Experimenten« zuständig sind, halten sich ständig drei oder vier Mitglieder in der Zentrale auf. Jeweils morgens um zehn werden

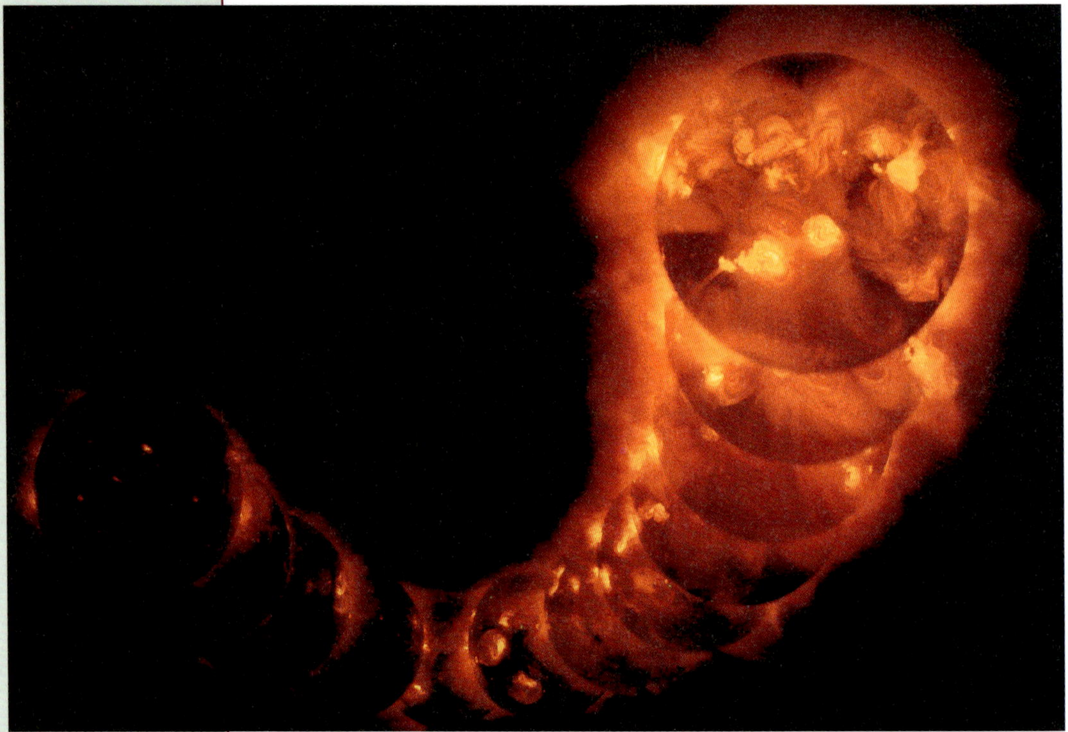

die Ergebnisse, die seit gestern über Antennen in Kalifornien, Australien und Madrid eingelaufen sind, einer ersten Sichtung unterzogen, und es wird abgesprochen, wohin die Instrumente neuerlich ausgerichtet werden sollen. Dann zieht sich jede Gruppe zurück, um die Daten zu bearbeiten und sich mit den anderen über die Erde verstreuten Mitgliedern abzustimmen.

Jede Planung wird jedoch über den Haufen geworfen, sobald sich unerwartet etwas auf der Sonne tut. »Innerhalb von fünf Sekunden können wir reagieren und ›SOHO‹ neu ausrichten«, sagt Klaus Wilhelm vom Max-

Ein wirbelnder, bebender Körper – mit völlig unerwarteten Eigenschaften in allen Größenordnungen

Planck-Institut für Aeronomie, Leiter des »SOHO«-Projektes »Sumer«, bei dem Ultraviolettstrahlung in bislang unerreichten Details registriert wird.

Die am 2. Dezember 1995 gestartete Sonde ist das jüngste Glanzstück eines Forschungszweiges, der mit spektakulären Programmen und Ergebnissen gegenwärtig eine stürmische Renaissance erlebt. Eine Zeitlang war die Sonne ziemlich aus dem Blickfeld der Astronomen geraten. Mit Forschungen über den altvertrauten Feuerball waren, so schien es, nicht mehr allzu viele wissenschaftliche Lorbeeren zu ernten.

Die Sonne galt als relativ simple Gaskugel, die einfachen Gesetzen der Schwerkraft, der Temperatur und des Drucks gehorcht. Ihr Inneres sei, so war in Lehrbüchern zu lesen, besser bekannt als das Innere der Erde. Die große Mehrheit der Astronomen richtete den Blick daher lieber auf Schwarze Löcher und andere mysteriöse Objekte.

Doch jetzt ist die Sonne wieder voll im Trend. Und der scheinbar so beschaulich strahlende Himmelskörper entpuppt sich – so Kenneth Lang, Astronomieprofessor an der Tufts University in Medford (Massachusetts) – »als wild wirbelnder, bebender, sich ständig verändernder Körper, der mit unerwarteten Zügen in allen Größenordnungen aufwartet«.

So etwas mögen die Wissenschaftler. Von der Erde und aus dem All führen Solarphysiker mittlerweile konzentrierte Lauschangriffe auf das Zentrum unseres Planetensystems. Mit Hightechgerät fangen sie die von der Feuerkugel in endlosen Strömen ausgesandten Strahlen und Elementarteilchen ein, um herauszufinden, wie sie wirklich funktioniert.

Schließlich ist die Sonne unser ein und alles. Sie

- erwärmt die Erde, sodass es flüssiges Wasser und Luft zum Atmen gibt;
- treibt die »Wettermaschine« an, die Zirkulation der Atmosphäre, die Wasser aus den Ozeanen auf die Kontinente bringt und sie fruchtbar macht;

- liefert den Pflanzen die Energie für die Fotosynthese und ernährt damit direkt oder indirekt auch Tier und Mensch;
- versorgt die Menschheit mit fossiler Energie – mit Sonnenlicht, das vor Millionen Jahren von Organismen gespeichert worden ist und nun in Kohle, Erdöl und Erdgas zur Verfügung steht;
- bietet unerschöpfliche Reserven an erneuerbarer Energie zur Nutzung als Sonnen-, Wind- und Wasserkraft.

Und erst recht für Astronomen ist die Sonne ein wahrer Glücksfall: ein richtiger Stern in ihrer unmittelbaren Nähe, einer von den rund hundert

Der Wärmetransport in der Sonne verletzt die Regeln der Thermodynamik. Und den gesunden Menschenverstand

Milliarden allein in der Milchstraße. Und dann präsentiert die Sonne sich auch noch geradezu als ideales Modell: als ein – wie es in einem amerikanischen Forschungsbericht heißt – »unauffälliges Mitglied der häufigsten Klasse von Sternen, durchschnittlich in Alter, Helligkeit, Masse, Größe und Temperatur«.

Der nächste Nachbar, Proxima Centauri, schwebt 4,22 Lichtjahre weit draußen im All – 268 000-mal weiter von uns entfernt als die Sonne, deren Licht für 150 Millionen Kilometer bis zur Erde nur gut acht Minuten braucht.

Dieses einzigartige Studienobjekt steckt von seinen äußeren Regionen, der Korona – der »Krone« –, bis tief in den Kern hinein voller Merkwürdigkeiten. So herrschen in der Korona Temperaturen von über einer Million Grad, während die sichtbare Sonnenoberfläche, die dem eigentlichen Sonnenfeuer viel näher liegt, lediglich 5 500 Grad Celsius heiß ist. »Dabei dürfte Wärme«, erläutert Kenneth Lang, »gar nicht von einer kühleren in eine heißere Region fließen. Denn das verletzt sowohl den Zweiten Hauptsatz der Thermodynamik wie den gesunden Menschenverstand.«

Reichlich Rätsel geben auch die Magnetfelder auf, die bei fast allem, was auf der Sonne vor sich geht – bei den gewaltigen Ausbrüchen und Explosionen, dem Ausstoß des Sonnenwindes, dem Entstehen und Vergehen der Sonnenflecken –, eine entscheidende Rolle spielen. Weshalb nimmt deren Zahl mit erstaunlicher Regelmäßigkeit im Elfjahresrhythmus zu und wieder ab? Welche Auswirkungen haben Sonnenflecken auf die Erde, etwa auf unser Wetter? Und weshalb eigentlich vollendet die Sonne an ihrem Äquator eine Umdrehung schneller als weiter polwärts? Fragen über Fragen. Und dann ist da das Problem der »solaren Neutrinos«, jener Elementarteilchen, die tief im Sonneninnern freigesetzt werden. Wann immer Forscher dieser Teilchen habhaft zu werden suchten, fingen sie weniger davon ein als berechnet.

Im Zeitalter immer weiter verfeinerter Technik hat Sonnenforschung auch sehr viel praktische Bedeutung. Wenn noch vor wenigen Jahrzehnten Sonnenstürme mit einer Geschwindigkeit von zuweilen 2000 Kilometern pro Sekunde durchs All tosten und energiereiche Teilchen auf die Lufthülle der Erde schossen, dann waberten lediglich Polarlichter durch die Nächte höherer Breiten. Jetzt aber funkt die Sonne den Menschen immer mehr in die Hightechsysteme. Sie stört alle Arten globaler Kommunikation, legt den Funkverkehr lahm, setzt Radaranlagen oder das Satellitennavigationssystem GPS außer Betrieb. Stromnetze brechen plötzlich zusammen wie im März 1989 in der kanadischen Provinz Québec, als sechs Millionen Menschen bis zu 24 Stunden lang auf Strom warteten.

Im Weltraum haben energiereiche Teilchen aus gewaltigen Sonnenstürmen schon die Elektronik manch eines Satelliten k. o. geschlagen. Flugkörper wie das US-Weltraumlabor »Skylab« fielen vorzeitig vom Himmel, weil die obere Atmosphäre der Erde durch Sonnenteilchen und UV-Strahlung zusätzlich aufgeheizt wurde. Dadurch dehnte sich die Lufthülle weiter ins All aus als sonst. Die Satelliten wurden durch erhöhten Reibungswiderstand abgebremst und sanken schneller als geplant. Bei besonders schweren Sonnenstürmen sind Astronauten bedenklichen Teilchenströmen ausgesetzt – aber auch Passagiere von Flugzeugen, die in großer Höhe in der Nähe der Pole fliegen, wo der irdische Magnetschirm am schwächsten ist.

6. November 1997, 13.10 Uhr. Was kein Mensch je gesehen hat, macht das Weltraumobservatorium »SOHO« sichtbar: Mit 1500 Kilometern pro Sekunde fliegt **leuchtende Materie** aus der Sonne ins All. Erkennbar wird das koronale Ereignis nur, weil die für das menschliche Auge sichtbare Sonne abgedeckt worden ist. 90 Minuten nach dem Ausbruch erreicht ein Schauer von hochenergetischen Ionen den Satelliten und übersät das Bild mit weißen Punkten

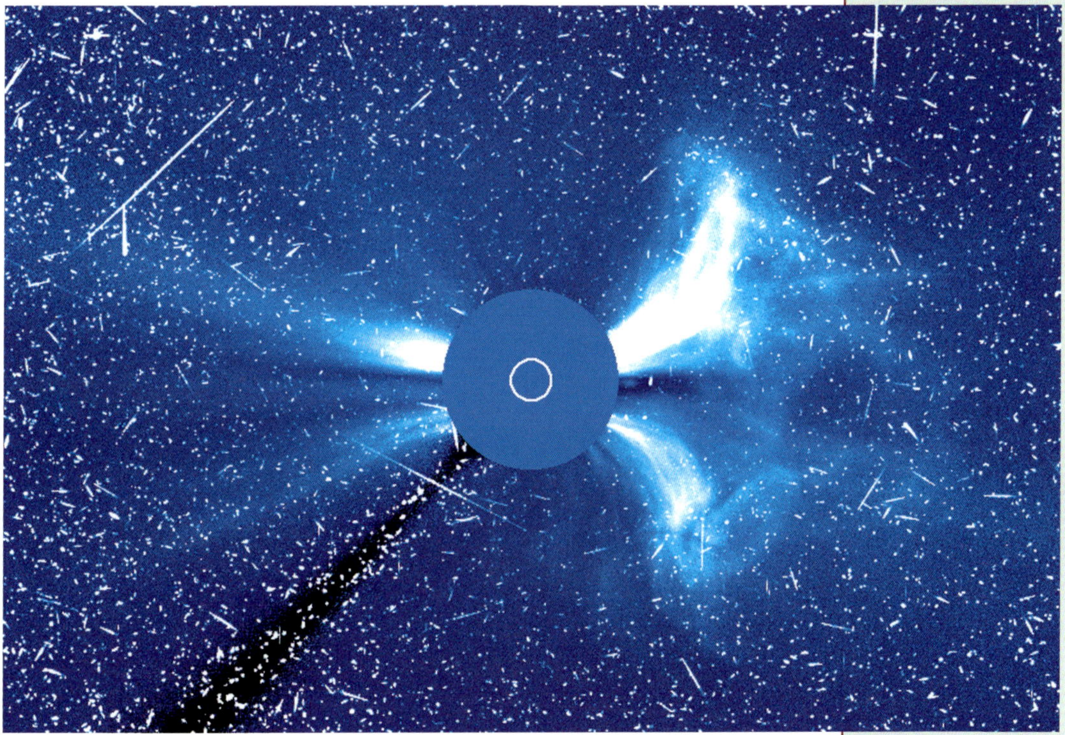

Sonnenforscher sollten solche Gefahren rechtzeitig bemerken und vor ihnen warnen können. Tatsächlich gelang es mithilfe von »SOHO«, starke Ausbrüche sehr frühzeitig zu erkennen: sobald sich das heiße magnetisierte Gas von der Sonne löst, das dann drei oder vier Tage später bei der Erde eintrifft. »Beim letzten Mal«, freute sich Nicola Fox vom Goddard Space Flight Center, »haben wir das Ereignis von der Wiege bis zum Grab beobachtet, doch im April 1997 sogar von der Geburt bis zum Grab.«

Riesige Magnetfelder wölben leuchtende **Materiebögen** auf. Die Teilchen konzentrieren sich hierbei entlang der magnetischen Feldlinien. Derartige Schwellungen (Protuberanzen) können eine Ausdehnung von einigen hunderttausend Kilometern haben und über Monate stabil sein

DIE DISKUSSION UM DEN TREIBHAUSEFFEKT hat eine alte Frage wieder aktuell gemacht: Wie gleichmäßig scheint die Sonne überhaupt? In den letzten Jahrzehnten ist es wärmer geworden auf der Erde. Als Verursacher dringend in Verdacht steht der Mensch, insbesondere wegen seines unbekümmerten Verbrauchs fossiler Brennstoffe. Aber heizt er die Atmosphäre tatsächlich durch das massenhaft in die Luft geblasene Kohlendioxid und durch andere Treibhausgase auf? Oder schickt die Sonne einfach mehr Energie?

Seit fast zwei Jahrzehnten messen speziell ausgerüstete Satelliten die Sonnenstrahlung im All mit großer Genauigkeit. Bislang haben sie nur minimale Schwankungen registriert: Von einem Maximum der Sonnenfleckenaktivität zum Minimum ging der Ausstoß der Gesamtstrahlung nur um durchschnittlich 0,15 Prozent zurück. Auf längere Sicht freilich trauen Experten der Sonne auch größere Schwankungen zu – solche, die um

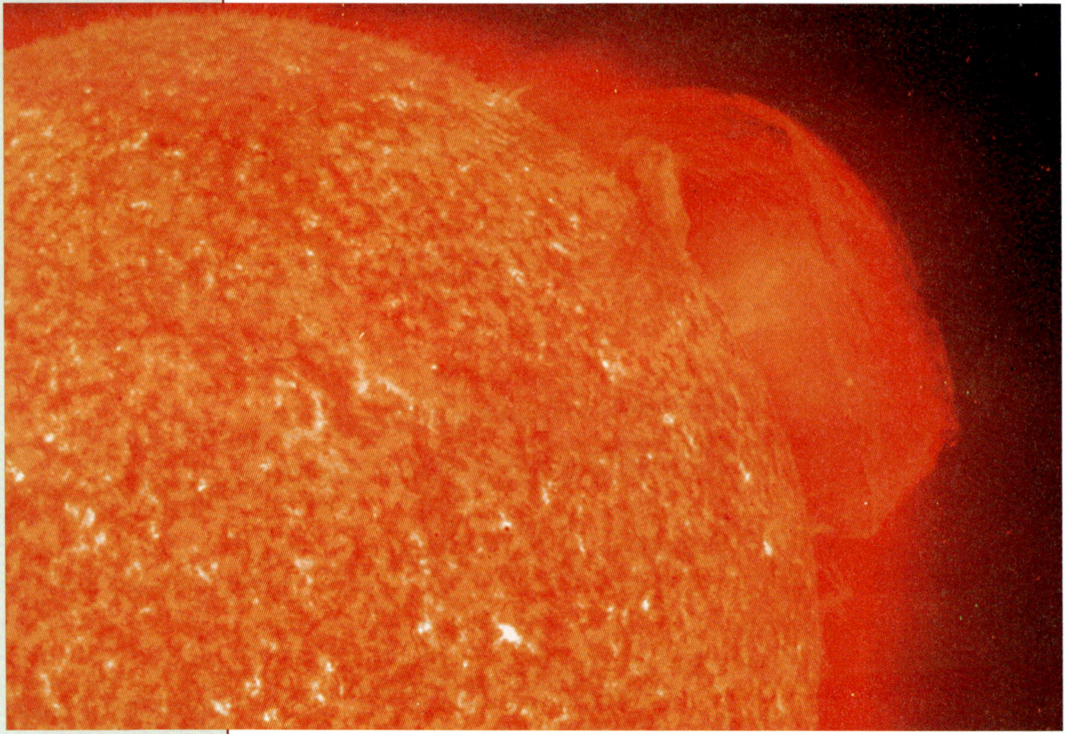

die letzte Jahrtausendwende zum »Mittelalterlichen Wärmeoptimum« und zwischen etwa 1550 und 1850 zur »Kleinen Eiszeit« geführt haben könnten. Noch ungeklärt ist auch, ob und in welchem Ausmaß solche Schwankungen am Vorrücken und Abschmelzen der Eiszeitgletscher beteiligt waren.

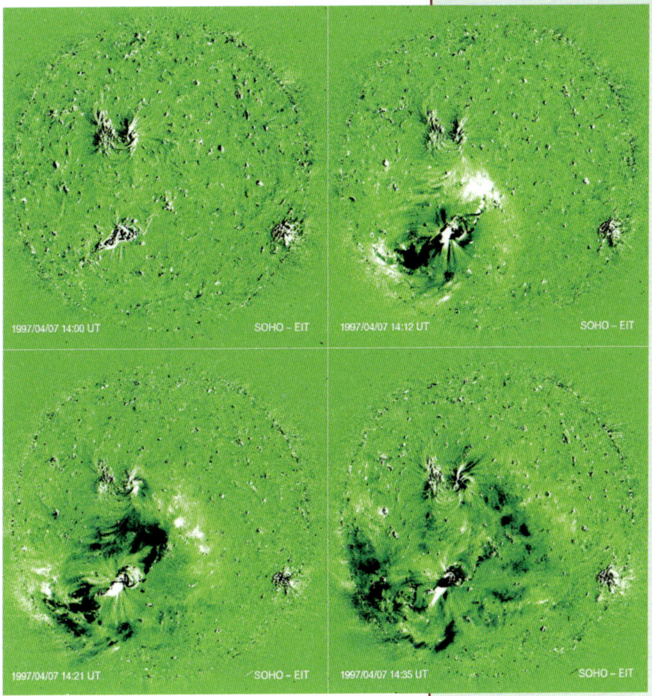

Vor starken Eruptionen, so genannten »koronalen Massenauswürfen«, kommt es zu heftigen Gasbewegungen, und eine **Schockwelle** jagt mit 1,5 Millionen Kilometern pro Stunde über die Sonnenoberfläche. Die Aufnahmen zeigen die Dichteänderungen zum jeweils vorherigen Bild. Weiße Stellen beschreiben eine Verdichtung, schwarze eine Ausdünnung des Materials

Zweifellos würden Veränderungen der Sonnenstrahlung zu enormen Umwälzungen auf der Erde führen. Ginge die Sonne gar durch einen bösen Zauber eines Tages überhaupt nicht mehr auf, würde spätestens nach einer Woche eine Eiskruste die Kontinente überziehen und bald bei Temperaturen unter minus 200 Grad Celsius alles höhere Leben auf der Erde erlöschen.

Stets war den Menschen bewusst, wie abhängig sie von der Sonne sind, und sie haben ihr in Schöpfungsmythen und Göttersagen tragende Rollen zugewiesen. Ihr zu Ehren wurden Feste gefeiert, Tempel gebaut, Menschen geopfert.

Ein früher Versuch, den gleißenden Gott am Himmel wissenschaftlich zu erklären, erwies sich als gewagt: Als der Athener Gelehrte Anaxagoras im 5. Jahrhundert v. Chr. behauptete, Gott Helios mit seinen feurigen Ros-

Von der gesamten Masse im Sonnensystem entfallen mehr als 99,8 Prozent allein auf die Sonne

sen sei in Wirklichkeit ein feuriger Felsklumpen so groß wie der Peloponnes oder größer, wurde er wegen Gottlosigkeit angeklagt und verbannt. Der Vorwurf der Gottlosigkeit traf im 3. Jahrhundert v. Chr. auch Aristarch von Samos. 1800 Jahre vor Kopernikus verkündete er, die Planeten mitsamt der Erde kreisten um die Sonne, und die sei eine glühende Kugel, fast siebenmal größer als die Erde.

Tatsächlich übertrifft ihr Durchmesser den der Erde um das 108-fache. Im Volumen überflügelt sie unseren Planeten sogar um das 1301000-fache und in der Masse, obgleich sie von geringerer Dichte ist als der Globus, immerhin noch um das 330000-fache. Wirklich frappierend aber ist eine andere Zahl: Von der gesamten Masse im Sonnensystem entfallen allein

Stürme aus dem All

Unser Zentralgestirn schickt nicht nur Licht und Wärme zur Erde, sondern auch Materie: Ununterbrochen gelangt ein Strom geladener Teilchen als Sonnenwind zu uns, ungefähr alle elf Jahre lösen sich verstärkt ganze Plasmawolken in mächtigen Eruptionen – und nur ein unsichtbarer Schutzschirm bewahrt das Leben auf dem blauen Planeten dann vor Zerstörungen

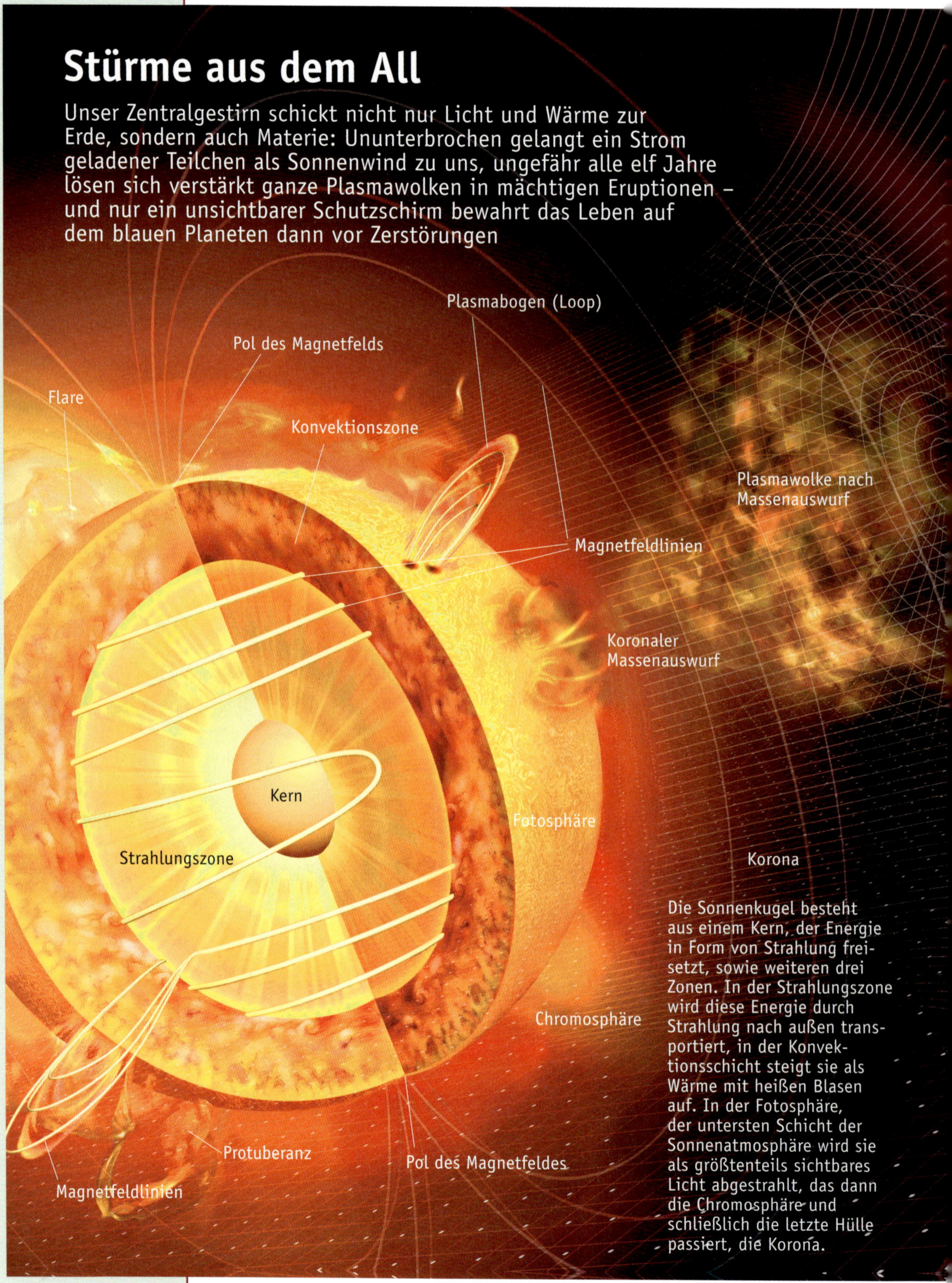

Die Sonnenkugel besteht aus einem Kern, der Energie in Form von Strahlung freisetzt, sowie weiteren drei Zonen. In der Strahlungszone wird diese Energie durch Strahlung nach außen transportiert, in der Konvektionsschicht steigt sie als Wärme mit heißen Blasen auf. In der Fotosphäre, der untersten Schicht der Sonnenatmosphäre wird sie als größtenteils sichtbares Licht abgestrahlt, das dann die Chromosphäre und schließlich die letzte Hülle passiert, die Korona.

Bei schweren Sonneneruptionen treffen nach achteinhalb Minuten zunächst elektromagnetische Wellen auf unseren Planeten. Sie werden von der Atmosphäre absorbiert. Hochenergetische Protonen brauchen für die Strecke zwischen 15 Minuten und drei Stunden, Plasmawolken ein bis drei Tage. Der größte Teil der Partikel wird von der irdischen Magnetosphäre abgelenkt. Die Teilchen, die durchkommen, verursachen Polarlichter. Sie beschädigen zudem Satelliten und schließen Stromnetze kurz. Auch um mehr über diese Phänomene zu erfahren, beobachten Astronomen die Sonne mit Weltraumteleskopen wie »SOHO« oder analysieren die Teilchen noch im All, etwa an Bord der Sonde »ACE«.

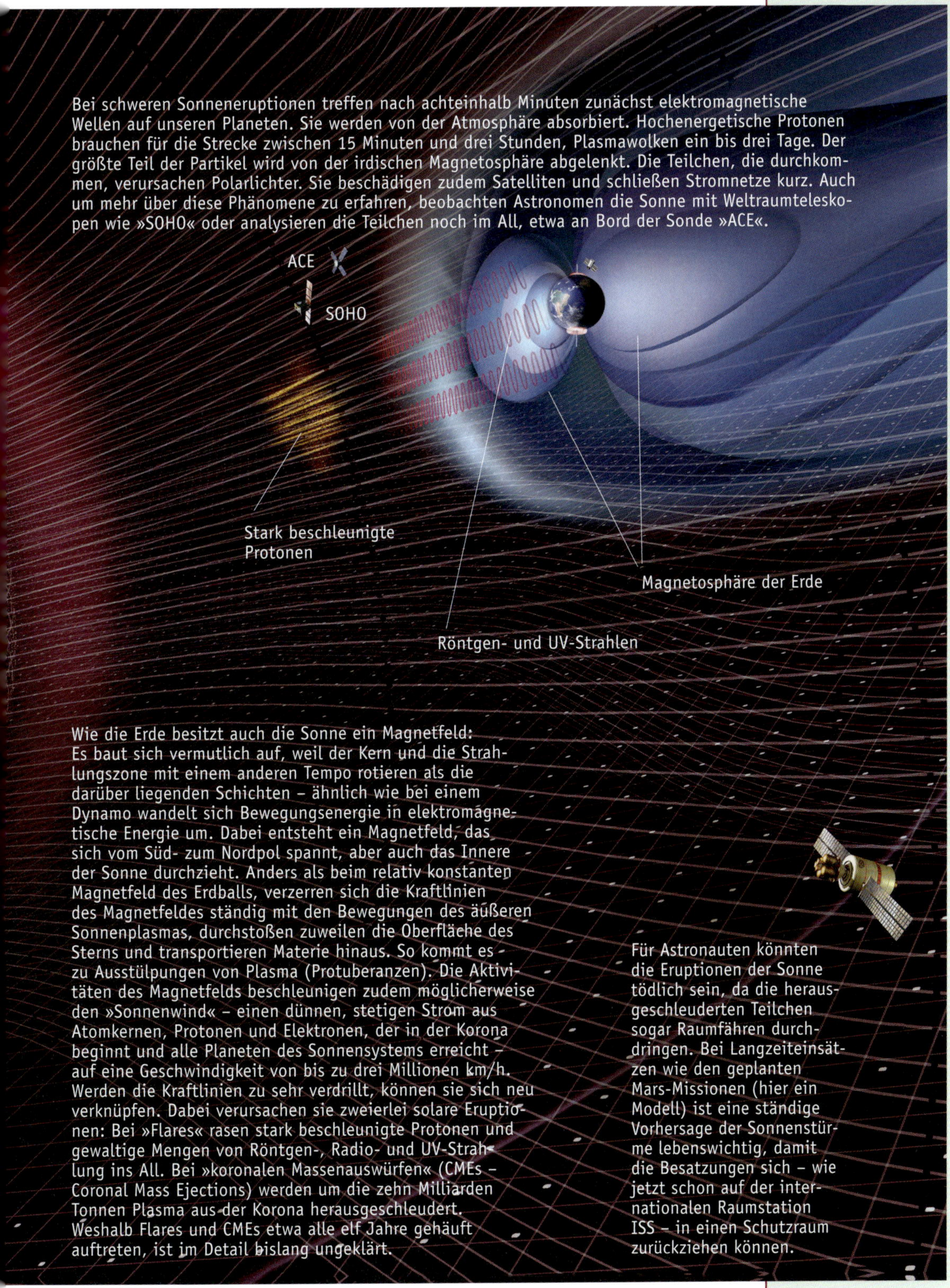

Wie die Erde besitzt auch die Sonne ein Magnetfeld: Es baut sich vermutlich auf, weil der Kern und die Strahlungszone mit einem anderen Tempo rotieren als die darüber liegenden Schichten – ähnlich wie bei einem Dynamo wandelt sich Bewegungsenergie in elektromagnetische Energie um. Dabei entsteht ein Magnetfeld, das sich vom Süd- zum Nordpol spannt, aber auch das Innere der Sonne durchzieht. Anders als beim relativ konstanten Magnetfeld des Erdballs, verzerren sich die Kraftlinien des Magnetfeldes ständig mit den Bewegungen des äußeren Sonnenplasmas, durchstoßen zuweilen die Oberfläche des Sterns und transportieren Materie hinaus. So kommt es zu Ausstülpungen von Plasma (Protuberanzen). Die Aktivitäten des Magnetfelds beschleunigen zudem möglicherweise den »Sonnenwind« – einen dünnen, stetigen Strom aus Atomkernen, Protonen und Elektronen, der in der Korona beginnt und alle Planeten des Sonnensystems erreicht – auf eine Geschwindigkeit von bis zu drei Millionen km/h. Werden die Kraftlinien zu sehr verdrillt, können sie sich neu verknüpfen. Dabei verursachen sie zweierlei solare Eruptionen: Bei »Flares« rasen stark beschleunigte Protonen und gewaltige Mengen von Röntgen-, Radio- und UV-Strahlung ins All. Bei »koronalen Massenauswürfen« (CMEs – Coronal Mass Ejections) werden um die zehn Milliarden Tonnen Plasma aus der Korona herausgeschleudert. Weshalb Flares und CMEs etwa alle elf Jahre gehäuft auftreten, ist im Detail bislang ungeklärt.

Für Astronauten könnten die Eruptionen der Sonne tödlich sein, da die herausgeschleuderten Teilchen sogar Raumfähren durchdringen. Bei Langzeiteinsätzen wie den geplanten Mars-Missionen (hier ein Modell) ist eine ständige Vorhersage der Sonnenstürme lebenswichtig, damit die Besatzungen sich – wie jetzt schon auf der internationalen Raumstation ISS – in einen Schutzraum zurückziehen können.

auf die Sonne mehr als 99,8 Prozent. Den geringen Rest teilen sich sämtliche Planeten, deren Monde sowie die Asteroiden und Kometen.

Die Erkenntnisse der alten Griechen gerieten im Lauf der Jahrhunderte in Vergessenheit. Einen neuerlichen Anstoß zur Sonnenforschung gaben erst niederländische Brillenschleifer, die um 1600 das Fernrohr erfunden hatten. Vier Sterngucker – die Deutschen Johannes Fabricius und Christoph Scheiner, der Italiener Galileo Galilei und der Engländer Thomas Harriot – richteten in den Jahren 1610 und 1611 ihre Fernrohre auf die Sonne und waren aufs Höchste überrascht: Das vermeintlich makellose Antlitz war von dunklen Arealen bedeckt – eben von den Sonnenflecken.

Diese boten in der Folge einen idealen Einstieg, das Sonnenfeuer zu erforschen, und sie waren auch später immer wieder für Überraschungen gut. Schon die Entdecker beobachteten, wie schwarze Punkte zu Flecken heranwuchsen, einzeln oder in Gruppen, um nach Tagen oder Wochen und manchmal erst nach Monaten wieder zu verschwinden.

Sie sahen die Flecken von Osten nach Westen über die Sonne ziehen, und manchmal tauchten Flecken, die am Westrand verschwunden waren, am Ostrand perspektivisch verzerrt wieder auf. Daran erkannten jene Pioniere, dass die Sonne rotiert, und zwar braucht sie für eine Umdrehung, wie schon Scheiner berechnete, etwa 25 Tage.

Dieser Wert gilt allerdings nur am Sonnenäquator: Die Flecken wandern um so langsamer, je weiter entfernt sie von der »Gürtellinie« liegen. Auf 40 Grad nördlicher und südlicher Breite braucht die Sonne für eine Um-

Unablässig verströmt die Sonne **Teilchenwinde** mit einem feurigen Schweif ins All. Bei dieser Aufnahme sind in die Abdeckung der Sonne zwei andere montiert worden, damit die über zwei Millionen Grad heiße Korona in der Mitte anhand einer ultravioletten Spektrallinie des Eisens zu erkennen ist. Die rötlichen »Wolken« im mittleren Ring weisen wiederum auf Sonnenwinde hin, hier sichtbar durch die Strahlung des in ihnen vorkommenden Sauerstoffs

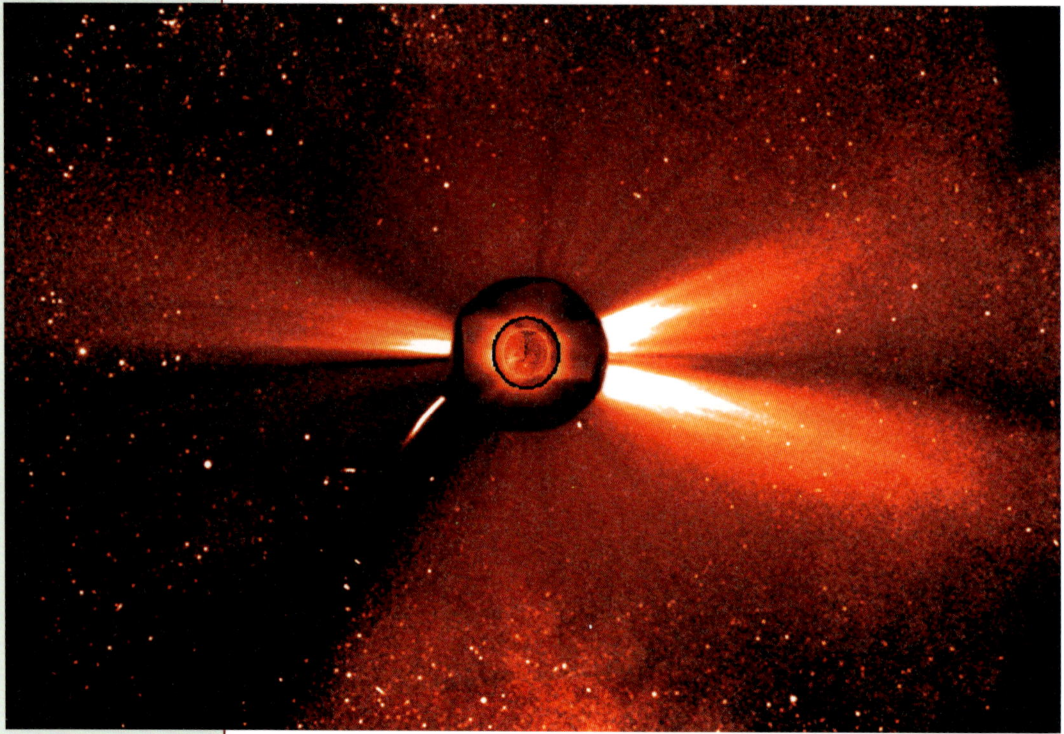

drehung schon 27 Tage und 17 Stunden. Entdeckt hat diese »differentielle Rotation« der englische Astronom Richard Carrington. Dies führte auch zu dem Schluss, dass die Sonne eine Gaskugel ist.

Richtig in Schwung kam die Sonnenforschung dann mit der Spektralanalyse, die sich als großartiges Mittel erwies, die Geheimnisse des Glutballs aus der Ferne zu entschlüsseln. Am Anfang standen Beobachtungen des Münchner Optikers Joseph Fraunhofer. Er zerlegte 1814 Sonnenstrahlen in deren Farbspektrum und sah darin »fast unzählig viele starke und schwache vertikale Linien«. Es dauerte Jahrzehnte, bis der Physiker Gustav Kirchhoff und der Chemiker Robert Bunsen in Heidelberg von 1859 an herausfanden, was es mit den »Fraunhofer-Linien« auf sich hat. Sie sind gewissermaßen Fingerabdrücke der chemischen Elemente, die das Sonnenfeuer erhitzt hat: Jedes von ihnen weist sich durch ein spezielles Linienmuster aus.

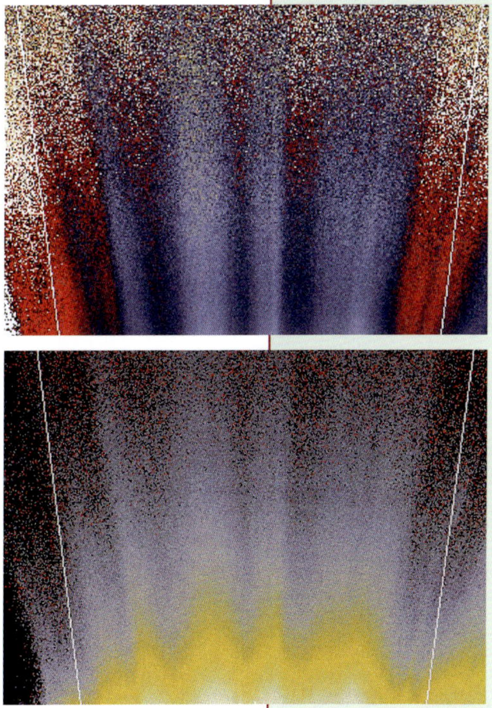

Wie aus feinen Düsen stieben von den Sonnenpolen die so genannten **schnellen Winde** ins All – mit fast drei Millionen Kilometern pro Stunde

Heute dienen Sonnenteleskope überwiegend dazu, von bestimmten Bereichen der Sonne hochaufgelöste Spektren aufzunehmen. Angeschlossene Spektrografen ziehen die Wellenlängen des Lichts gewaltig auseinander. Rund 100 000 Fraunhofer-Linien sind inzwischen bekannt, doch längst nicht alle gedeutet.

Die Spektrallinien haben nicht nur offenbart, welche Elemente auf der Sonne vorkommen, sondern mit ihrer jeweiligen Stärke auch deren Häufigkeit. Danach besteht die Sonne in der Fotosphäre, ihrer leuchtenden

Magnetfelder kollabieren mit der Energie von Milliarden Atombomben

Oberfläche, zu 74 Prozent aus Wasserstoff (H) und zu 25 Prozent aus Helium (He). Andere Elemente sind auf der Sonne nur in sehr geringen Mengen vorhanden.

Die Spektralanalyse verrät jedoch noch sehr viel mehr. Das Linienmuster, das die einzelnen Elemente erzeugen, wird durch die physikalischen Bedingungen, vor allem durch die Temperatur, stark beeinflusst. Deshalb sind Spektrografen auch als Thermometer für Fernmessungen einzusetzen.

Magnetfelder vervielfachen die Linien des Sonnenspektrums, und spektralanalytische Untersuchungen haben aufgedeckt, dass solche Felder die treibende Kraft hinter den turbulenten Erscheinungen auf der Sonne sind. Alle Sonnenflecken gehen mit starken Magnetfeldern einher, die dazu führen, dass Teile der Fotosphäre von normal 5 500 Grad bis auf etwa 4 000 Grad Celsius abkühlen und dadurch dunkler erscheinen.

Ragen leuchtende Bögen aus Sonnenmaterie über den Sonnenrand, werden sie von Feldlinien gehalten, die sich zwischen Magnetpolen wölben. Solche »Protuberanzen« können monatelang mehr als 100 000 Kilometer hoch über der Sonne stehen. Manchmal vernichten sich Magnetfelder gegenseitig, und dann kommt es zu Eruptionen, bei denen so viel Energie aus der Sonne bricht, wie Milliarden Atombombenexplosionen freisetzen würden.

An Frequenzverschiebungen der Spektrallinien zur einen oder anderen Seite hin können die Astronomen sogar ablesen, ob und wie schnell sich der gerade ins Visier genommene Teil der Sonne auf den Betrachter zu- oder von ihm fortbewegt. Zwei Instrumente an Bord von »SOHO« – der Michelson Doppler Imager und ein nach seinem Untersuchungsgegenstand Global Oscillation at Low Frequencies benanntes Gerät – messen die Geschwindigkeit der auf- und absteigenden Gasmassen mit einer Genauigkeit von weniger als ein Millimeter pro Sekunde. Das machen sich die Helioseismologen zunutze. Ähnlich wie Seismologen auf der Erde analysieren sie Signale aus der Tiefe über unzugänglichen Regionen.

In ständiger Bewegung gehalten wird die Sonne allerdings auch schon ohne Magnetfelder. Auf- und absteigende Gase in ihrem Inneren erzeugen Schallwellen, welche die Fotosphäre in Schwingungen versetzen. Am liebsten singt die Sonne im Bass: Unter den zehn Millionen Frequenzen,

Helioseismologen suchen nach Mustern im Chaos – und verfolgen die Schallwellen der Sonnenglocke

die den Glutball durchtosen, treten extrem tiefe Töne – zwölfeinhalb Oktaven tiefer, als das menschliche Ohr sie eben noch wahrnehmen kann – am stärksten hervor. Sind die Sonnentöne auch nicht zu hören, weil das Vakuum des Alls keinen Schall leitet, so können die Forscher doch an den Spektren beobachten und messen, wie sehr die Fotosphäre unter dem Ansturm von innen oszilliert.

Schallwellen laufen um so schneller durch die Sonne, je dichtere Regionen in der Tiefe sie passieren. Bei zunehmendem Tempo werden sie nach außen hin gebeugt. Sie gelangen wieder in flachere Bereiche, treffen schließlich auf die Fotosphäre und werden von ihr reflektiert. Das bewirkt, dass die gesamte sichtbare Oberfläche der Sonne auf- und niederschwingt. Wellen unterschiedlicher Frequenzen durcheilen die Sonne auf unterschiedlichen Wegen mit unterschiedlichen Geschwindigkeiten und lösen dadurch die unterschiedlichen Schwingungen der Sonnenglocke aus.

Aus diesem schaukelnden Chaos, vergleichbar einem wildbewegten Meer, filtern Helioseismologen Schwingungsmuster heraus, um zu dechiffrieren, welche physikalischen Prozesse in der Tiefe die zugehörigen Schallwellen aus der Fotosphäre verraten. Als sehr hinderlich bei den dafür nötigen trickreichen Untersuchungen erwies sich, dass die Beobachtungsreihen jeden Abend bei Sonnenuntergang ihr Ende fanden. Abhilfe schaffte das 1995 in Betrieb genommene Projekt »GONG« (Global Oscillation Network Group), zu dem sich sechs rund um die Erde verteilte Sonnenobservatorien zusammengeschlossen haben. Alle vermessen diese Schwingungen mit den gleichen Geräten an über 40 000 Punkten der Fotosphäre. Für das »GONG«-Netz geht die Sonne also wirklich nicht mehr unter.

Auch »SOHO« auf seinem Logenplatz am Himmel tastet jene Pulsationen ab. Drei Experimente sind ausschließlich helioseismologischen Untersuchungen gewidmet. Ungestört von den Turbulenzen der irdischen Atmosphäre erfassen die Instrumente feinere Details als die Geräte auf der Erde, sodass die Forscher genauer aufschlüsseln können, was die Schallwellen an Botschaften aus der Sonne mitbringen.

Einem bereits ermittelten »SOHO«-Ergebnis zufolge beginnt der Glutball bei etwa einem Drittel des Weges zum Zentrum die Rotationsdifferenzen auszugleichen: Von der Hälfte des Weges ab dreht sich die Sonne auf der Polachse gleichmäßig um sich selbst. Weitere Erkenntnisse hoffen die »SOHO«-Forscher besonders über das tiefe Sonneninnere sowie über Strömungen dicht unter der Fotosphäre zu gewinnen.

Vor dem großen Auftritt im All: Die **Raumsonde »SOHO«,** 1995 beim Test im französischen Cannes. An diesem kosmischen Observatorium sind 39 Institute aus 15 Staaten beteiligt

Bis weit in unser Jahrhundert hinein war völlig rätselhaft, wodurch das gewaltige Feuer am Himmel so dauerhaft unterhalten wird – heute glaubt man: seit viereinhalb Milliarden Jahren. Ein Brennstoff wie Kohle wäre schon nach wenigen tausend Jahren verglüht. Eine Zeit lang war auch Gravitationsenergie im Gespräch, die ausgelöst werde durch die allmähliche Konzentration des Gestirns. Doch länger als 20 Millionen Jahre wäre auch von ihr nichts zu erwarten gewesen, selbst wenn die Sonne auf einen Punkt zusammengeschrumpft wäre.

Ende der 1930er-Jahre lüfteten die Physiker Hans Bethe und Carl Friedrich von Weizsäcker schließ-

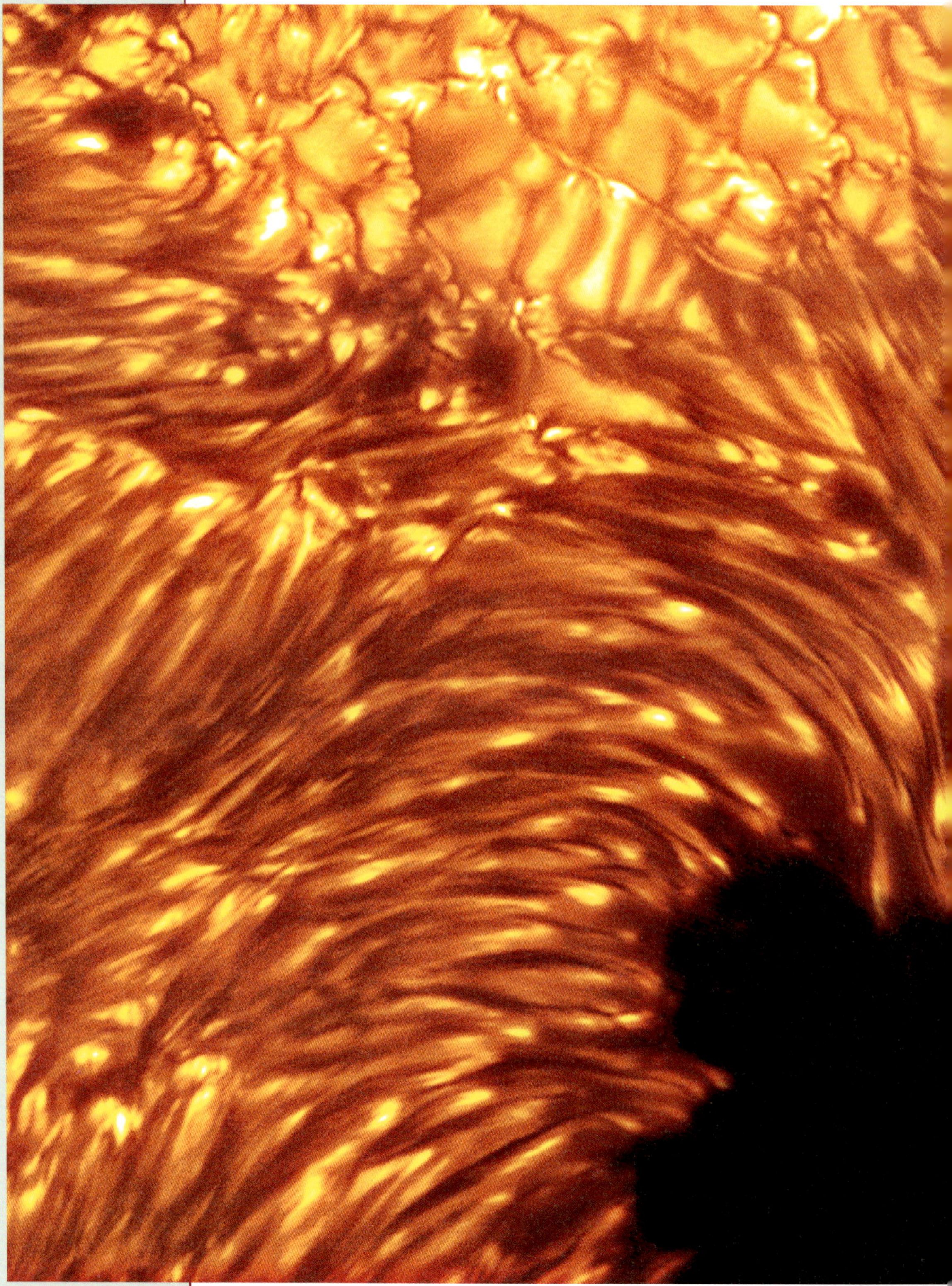

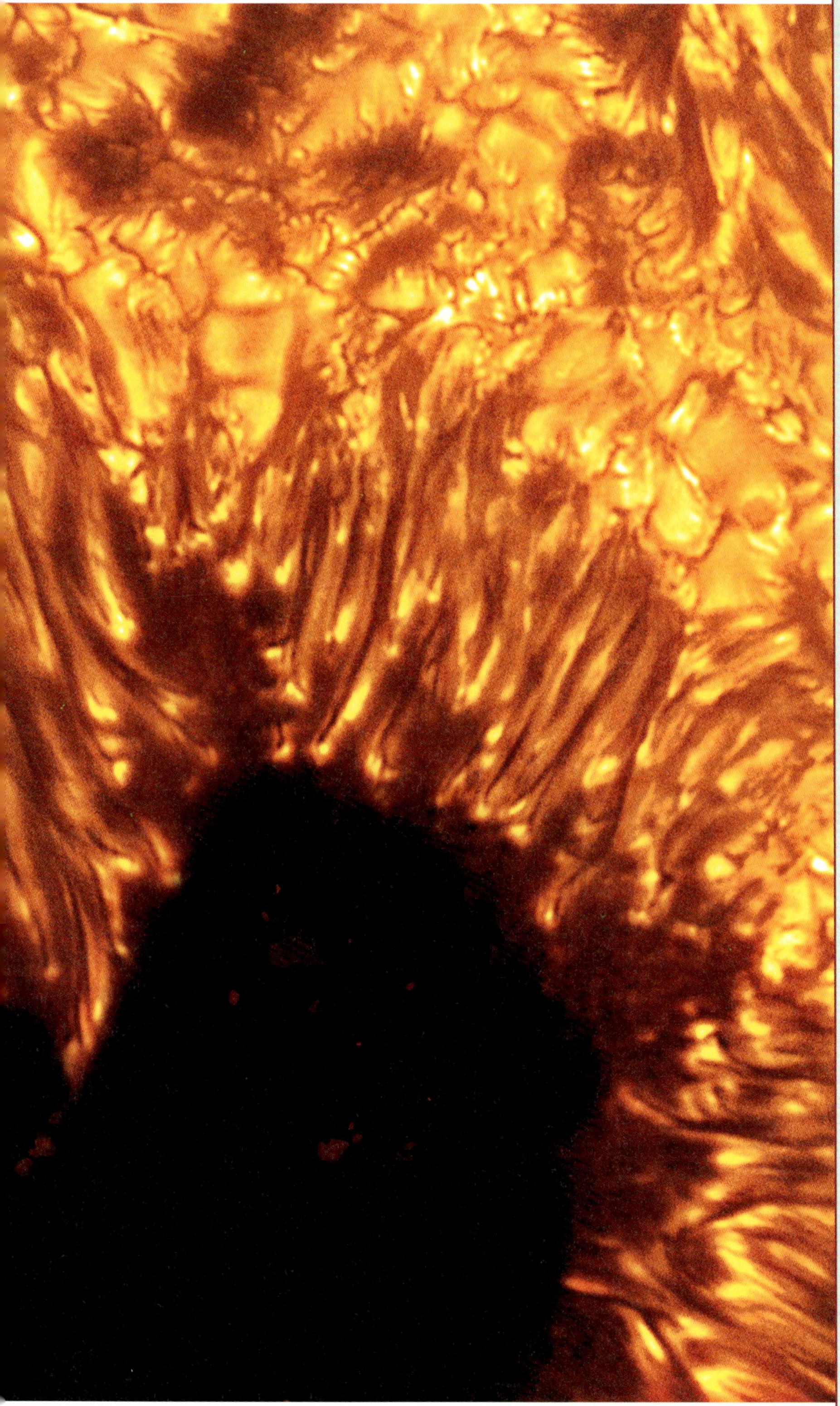

Bündel von Magnetfeldlinien behindern an manchen Stellen der brodelnden Oberfläche den Wärmetransport aus der Tiefe und erzeugen so die **Sonnenflecken.** Mit gut 3 500 Grad Celsius sind sie die kühlsten Orte der Sonne – und daher auch die dunkelsten lich unabhängig voneinander das Geheimnis der schier unerschöpflichen Strahlung. Sie beschrieben komplizierte Kernreaktionen, die zu einem einfachen Ergebnis führen: Jeweils vier Atomkerne des Sonnenwasserstoffs verschmelzen zu einem Heliumkern. Dieser ist 0,7 Prozent leichter, als es die vier Wasserstoffkerne zusammen vor der Verschmelzung waren. Was an Materie fehlt, hat sich in Energie gewandelt. Und die Ausbeute bei der Kernfusion ist enorm: Aus einem Gramm Materie werden 25 Millionen Kilowattstunden. Für die gleiche Energiemenge müsste man 3 000 Tonnen Steinkohle verfeuern.

DER FUSIONSPROZESS LÄUFT ausschließlich im dichtem Kern der Sonne ab, der zwar nur 3,6 Prozent ihres Gesamtvolumens enthält, aber die halbe Masse. Bei Temperaturen von mehr als 16 Millionen Grad und einem Druck, der den Druck an der Erdoberfläche 300 Milliarden Male übertrifft, werden in jeder Sekunde vier Millionen Tonnen Materie in Energie umgewandelt. Was so gewaltig klingt, ist jedoch tatsächlich eine Winzigkeit: In viereinhalb Milliarden Jahren haben sich auf diese Weise gerade mal drei Zehntausendstel der Sonnenmasse als Energie verflüchtigt.

Ein bisschen anders sieht die Rechnung für den an der Fusion beteiligten Solarbrennstoff selbst aus. In jeder Sekunde verschmelzen 600 Millionen Tonnen Wasserstoff zu Helium. Etwa 37 Prozent des im Sonnenkern ursprünglich vorhandenen Wasserstoffes sind bereits verbrannt. Immerhin reicht der Rest noch für fünf Milliarden Jahre.

Bei einer totalen **Sonnenfinsternis** wird die »Korona« der Sonne auch fürs bloße Auge sichtbar: Diese äußere Gasschicht reicht einige Millionen Kilometer weit ins All

Mit ihrem Modell vom Fusionsreaktor in der Sonne könnten die Astronomen zufrieden sein – wäre da nicht das Problem der Neutrinos. Mit jedem Heliumatom entstehen zwei dieser für Nichtphysiker kaum begreiflichen Elementarteilchen, die keine elektrische Ladung haben und vermutlich auch keine Masse. Lichtschnell verlassen sie die Sonne und durchschießen mit demselben Tempo auch die Erde. Nach peniblen Berechnungen passieren in jeder Sekunde 60 Milliarden Sonnenneutrinos jeden Quadratzentimeter Erdoberfläche. Und sie hinterlassen keinerlei Spuren.

Die Wahrheit ist: fast keine. Manchmal, ganz selten, reagiert ein

Neutrino denn doch mit irdischer Materie. Und darauf lauern Wissenschaftler mit speziellen Fallen, in denen sich alle paar Tage mal ein Neutrino verfängt. Damit andere, weniger ätherische Teilchen nicht stören, haben die Fallensteller ihre Apparate über 1 000 Meter tief unter der Erde postiert. Das neue Neutrino-Observatorium im kanadischen Sudbury, mit dem man zehn Neutrinos am Tag einzufangen hofft, liegt sogar 2 070 Meter tief in einer Nickelmine.

In riesige Tanks haben die Neutrinojäger Substanzen gefüllt, denen sie möglichst viele Karambolagen zutrauen – Perchlorethylen, superreines normales oder schweres Wasser, Galliumchlorid. Doch was immer sie in ihren raffinierten Fallen registrierten, es waren stets nur ein Drittel bis gut die Hälfte der Kollisionen, die nach ihren Berechnungen eigentlich hätten geschehen müssen.

Messfehler scheiden inzwischen aus, und alle Versuche, ein neues Modell der Sonne zu entwerfen, das den Ergebnissen der Neutrinomessungen entspricht, haben auch nicht weitergeführt. Würde etwa eine gerin-

Neutrinos flitzen in drei Sekunden aus der Sonne. Die Fusionsenergie muss sich dagegen eher hinausquälen

gere Temperatur im Sonnenkern angenommen, als im Sonnenmodell vorausgesetzt, so wäre zwar der Neutrinoausstoß geringer. Doch mit der Temperatur müssten auch andere Größen des Modells verändert werden, die einwandfrei gesichert sind.

Angesichts dieses Dilemmas diskutieren Physiker inzwischen eine ganz andere Möglichkeit: Die Differenz zwischen der Menge der Sonnenneutrinos, die rechnerisch auf der Erde eintreffen müssten, und jener tatsächlich ermittelten, resultiert daraus, dass viele dieser Sonnenteilchen sich auf dem Weg zur Erde in Neutrinotypen verwandeln, die mit den bisherigen Fallen nicht zu fassen sind. Das aber hätte Konsequenzen: Um sich verwandeln zu können, müssten die Teilchen wenigstens ein ganz klein bisschen Masse haben.

In dieser Frage haben Astrophysiker inzwischen bahnbrechende Erkenntnisse gesammelt

→ **A–Z-Teil**
Neutrino
Neutrinoastronomie

Das »Standardmodell der Elementarteilchen«, die Theorie, mit der die Physiker die materielle Welt erklären, geht aber von drei Neutrinoarten aus, die – wie das Lichtteilchen, das Photon – sämtlich keine Masse haben. Gelänge daher der Nachweis, dass eine Neutrinoart sich in eine andere verwandelt, so müsste das Standardmodell revidiert und unserer physikalisches Bild von der Welt verändert werden.

Immerhin meinen manche Physiker, dass eine umfassende Beschreibung des Universums, in der sich die unterschiedlichen Teilchen und Kräfte aus einer einzigen übergreifenden Theorie ableiten und miteinander verknüpfen lassen – die so lange ersehnte »Weltformel« –, Neutrinos

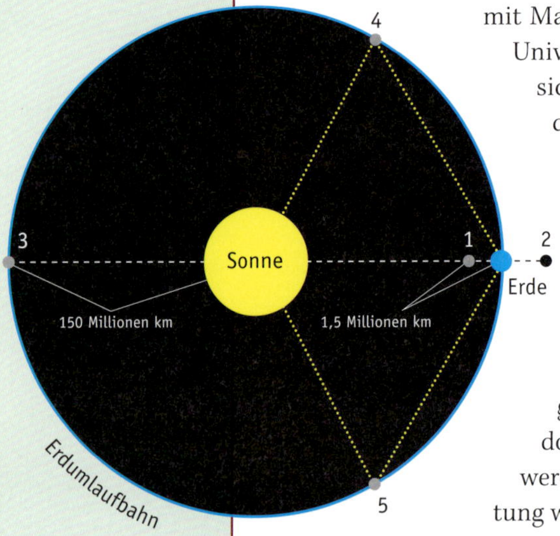

Es gibt fünf Punkte im Kosmos, an denen die Anziehungskräfte von Sonne und Erde einander aufheben – und die mit der Erde im selben Verhältnis um die Sonne wandern. Im **»Lagrange-Punkt« 1** ist »SOHO« stationiert und funkt seine Daten seit Februar 1996 rund um die Uhr auf die Erde

mit Masse voraussetze. Auch den Kosmologen, die im Universum nach einer zwar errechneten, aber »unsichtbaren« Masse fahnden, der so genannten dunklen Materie, würden Neutrinos mit etwas Masse gut ins Konzept passen.

Während die Neutrinos schon zwei bis drei Sekunden nach ihrer Entstehung die Sonne verlassen, quält sich die aus Materie mutierte Energie regelrecht nach außen. Die Quanten der elektromagnetischen Strahlung, die bei der Kernfusion im Sonneninneren entstehen, bewegen sich zwar auch mit Lichtgeschwindigkeit, doch stoßen sie unablässig an Sonnenteilchen, werden von ihnen absorbiert und in irgendeine Richtung wieder abgestrahlt.

Dennoch kommen die Quanten allmählich voran. Temperatur und Dichte nehmen bis zur Fotosphäre ab, die sich durch Energieabstrahlung stark abkühlt, und die im Kern erzeugte Energie folgt bei allem Zickzack letztlich dem Temperatur- und Druckgefälle. Die Quanten gelangen in die Strahlungszone, wo keine Fusion mehr stattfindet, und schlagen sich immer weiter durch, bis sie den Helioseismologen zufolge 71,3 Prozent ihres Weges zur Fotosphäre zurückgelegt haben – nach neueren Berechnungen in etwa 170 000 Jahren.

Seit Jahrtausenden wissen die Menschen, dass der sichtbare Glutball nur ein Teil der Sonne ist

Dann aber, in der so genannten Konvektionszone, reißen gewaltige Strudel das durch die Energie aus dem Inneren erhitzte Gas nach außen. Heißes steigt auf, abgekühltes sinkt nieder, um erneut mit Energie aufgeladen zu werden. Diese Turbulenzen lösen jene Schallwellen aus, von denen die Sonne nur so brummt.

Im Sonnenkern entsteht die Fusionsenergie als sehr kurzwellige Gammastrahlung. Unzählige Teilchenkollisionen verwandeln sie in Röntgenstrahlung mit immer größeren Wellenlängen und dann in UV-Strahlung. Erst auf den letzten paar hundert Kilometern ihres Weges strahlen die transportierenden Gase die Energie auch relativ langwellig ab – als sichtbares Licht. Was leuchtet, ist die Fotosphäre.

In diese dünne Hüllschicht, die weniger als ein Tausendstel des Sonnenradius einnimmt, liefert die Konvektion laufend Energie nach. Auf einem Foto, das mit einem der beiden deutschen Sonnenteleskope auf Teneriffa aufgenommen worden ist und das die Sonne – so Franz Kneer von der

Universitätssternwarte Göttingen – »mit bislang einmaliger Auflösung« zeigt, ist ein Muster aus zahllosen hellen Zellen zu sehen, die von dunklen Rändern begrenzt sind. Im hellen Inneren dieser »Granulen« steigt heiße Sonnenmaterie auf, an den dunkleren Rändern sinkt sie, kühler geworden, wieder ab. Jede dieser Zellen ist etwa 750 bis 1 500 Kilometer breit.

Daß der sichtbare Glutball nicht die ganze Sonne ist, dass sie vielmehr noch eine Chromosphäre und eine Korona aufweist, wussten die Menschen seit alters. Gelernt hatten sie das von den totalen Sonnenfinsternisssen. Wenige Sekunden bevor der Mond die Sonnenscheibe völlig bedeckt und kurz bevor er sie wieder freizugeben beginnt, leuchtet außerhalb der Fotosphäre ein rötlicher Saum auf, die Chromosphäre. Dann wird es finster, und schlagartig umstrahlt die Korona die verdunkelte Sonne.

Normalerweise waren Chromosphäre und Korona nicht zu sehen, weil beide nicht hell genug sind, um das in der irdischen Lufthülle zerstreute Sonnenlicht zu überstrahlen. Heute hingegen sind Chromosphäre und Korona jederzeit zu beobachten – aus dem Weltraum, wo keine Atmosphäre mehr stört und das Himmelsblau dem tiefem Schwarz des Alls gewichen ist. Und Chromosphäre wie Korona sind nicht nur im Bereich des sichtbaren Lichts zu studieren, sondern im gesamten elektromagnetischen Spektrum – von der Gamma- bis zur Radiostrahlung.

Was früher ebenfalls nicht gelang; denn außer Radio- und Mikrowellen durchdringen nur das sichtbare Licht und angrenzende Bereiche des Ultraviolett und Infrarot die Lufthülle. Alles andere filtert die Atmosphäre heraus und schützt so das irdische Leben vor energiereicherer Strahlung.

So blieb das Bild von der Sonne einseitig – bis 1973, als das US-Weltraumlabor »Skylab« startete. An Bord waren neben einem Lichtteleskop, das die Korona in bis dahin unbekannter Klarheit zeigte, zwei Röntgenteleskope sowie drei Apparate, mit denen die Astronauten UV-Aufnahmen von der Sonne schossen – insgesamt 200 000.

Innerhalb weniger Monate enthüllte »Skylab« ein völlig neues Bild unseres Tagesgestirns: UV-Licht und Röntgenstrahlung aus sehr heißen Bereichen oberhalb der Fotosphäre präsentieren die Sonne wesentlich größer als den altvertrauten Lichtball. Die Korona, die nur bei Finsternissen über dem Rand der

Dank ihrer zwölf unterschiedlichen Messeinrichtungen erlaubt die **Sonde »SOHO«** den Forschern Einblicke, die vom Kern des Feuerballs bis in dessen Korona reichen

Sonne auftauchte, war nunmehr auch vor deren Scheibe zu sehen – und die im sichtbaren Licht so eindrucksvollen Sonnenflecken waren verschwunden. Dafür erschien die Korona nun durchsetzt mit hellen Flecken und unregelmäßig geformten dunklen Regionen, die Temperaturunterschiede widerspiegeln.

Seit der »Skylab«-Mission haben zahlreiche weitere Satelliten »Skylab«-Erkenntnisse bestätigt und manche zusätzliche Einzelheiten erhellt. Und nun hat die zwei Tonnen schwere Sonde »SOHO«, vielseitig und leis-

Die Sonne erscheint uns in einer seltsam zeitlosen Friedfertigkeit. Das ist eine Illusion

tungsfähig wie noch kein Raumfahrzeug zur Sonnenforschung zuvor, Posten im All bezogen, das Gros der Instrumente auf die Korona, die Chromosphäre und den Sonnenwind ausgerichtet.

Was den Mechanismus angeht, der die Korona so stark erhitzt, so sehen die »SOHO«-Forscher sich schon auf einer »heißen« Spur: An eine Million Grad heißen Punkten, von denen die Sonne im UV-Bereich nur so funkelt, entdeckten sie Anzeichen dafür, dass die Hitzeflecken mit Zehntausenden kleiner Magnetschleifen aus heißen Gasen in Verbindung stehen. Verschmelzen entgegengesetzt gepolte Feldlinien miteinander, so löschen sie einander aus und setzen dabei große Energiemengen frei. Ein explosiver Magnetteppich könnte somit die Lösung für das Energierätsel der Korona sein.

Zehntausende Kilometer hoch erheben sich die solaren **Plasmabögen** (Loops) zuweilen und bleiben oft mehrere Tage bestehen. Meist bilden sich gleich mehrere Bögen in Regionen starker magnetischer Aktivität, in dieser UV-Licht-Aufnahme an den hellen Flecken erkennbar

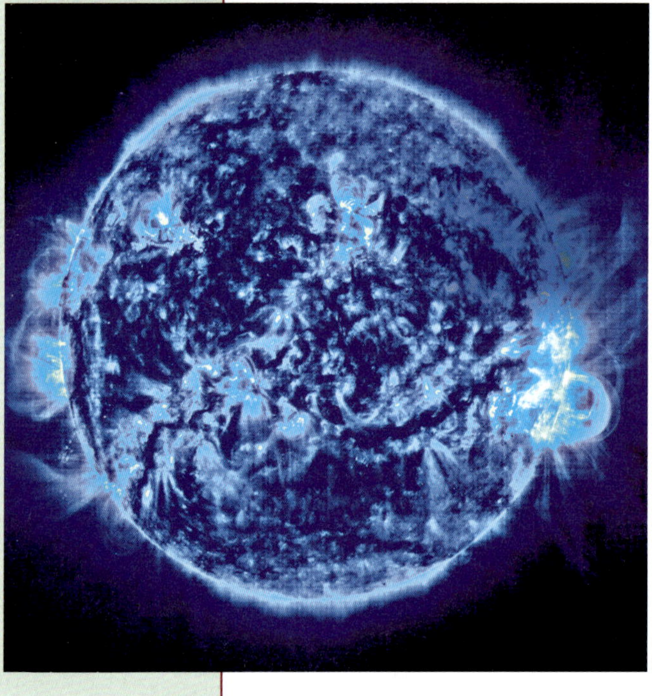

Zuversichtlich hoffen die Forscher auch, noch früher zu erkennen, wann sich auf der Sonne kolossale Ausbrüche entwickeln, und zugleich besser zu verstehen, was dann eigentlich vor sich geht. In den »SOHO«-Daten suchen sie intensiv Strukturen, die als Vorzeichen einer solchen Eruption verdächtig sind.

Andere Experimente gelten dem Sonnenwind, jenem unaufhörlichen Strom elektrisch geladener Teilchen, der sich von der Sonne nach allen Seiten hin ausbreitet. Inzwischen weiß man, dass es zwei Arten von Sonnenwinden gibt: Bei dem einen fliegen die Teilchen mit einer Geschwindigkeit von 400 Kilometern pro Sekunde durchs All, bei dem anderen rasen sie doppelt so schnell dahin. Beide strömen, wie mithilfe der Sonnensonde »Ulysses« herausgefunden werden konnte, aus dunklen, kühleren Regionen der Korona, den »koronalen Löchern«: der Wind mit den langsameren Teilchen aus Löchern am Äquator, der mit den schnelleren aus Löchern in der Nähe der Pole.

Eine Antwort auf die Frage, was den schnelleren Sonnenwind so beschleunigt, erwarten die Forscher mithilfe zweier »SOHO«-Instrumente zu finden, die fortwährend die Korona bis in eine Entfernung von 30 Sonnenradien beobachten. Diese liefern auch ständig spektakuläre Aufnahmen von den gigantischen Ausbrüchen. Innerhalb weniger Stunden entwickelte sich jeweils eine ins All stiebende Blase aus heißen Gasen, die um ein Vielfaches größer war als die von der Fotosphäre umgrenzte Sonne.

Ganz offenbar ist die zeitlose Friedfertigkeit, in der uns die Sonne erscheint, eine schiere Illusion. Ebenso, dass sie fest umrissen am blauen Himmel hängt. Denn in den Grenzen der Fotosphäre, an denen unser Fixstern vermessen zu werden pflegt, gibt er lediglich den Bereich zu erkennen, der viel sichtbares Licht ausstrahlt.

Tatsächlich ist die Sonne eine Gaskugel ohne feste Grenzen: Von innen nach außen werden die Abstände zwischen den Gasteilchen immer größer. Während das Sonnengas im Zentrum 14-mal so dicht ist wie Blei, wird es in der Fotosphäre bereits 5000- bis 10000-mal dünner als unsere Luft.

Grenzenlos verströmt sich die Sonne dann im Sonnenwind, jagt Materie milliardentonnenweise ins All, wandelt sie Sekunde für Sekunde zu Millionen Tonnen in Energie. Immerhin wissen die Astrophysiker Menschen, die angesichts solcher Sonnenverluste entsetzt mit dem baldigen Weltuntergang rechnen, leicht zu trösten: Diese Einbuße muss uns nicht weiter stören. Denn in ihrer unvorstellbaren Riesenhaftigkeit wird die Sonne selbst in Milliarden Jahren an Strahlkraft nicht nachlassen. **(1998)**

■ Siehe auch A–Z-Teil

→ Bethe-Weizsäcker-Zyklus · Dunkle Materie · Flare · fraunhofersche Linien · Kernfusion · Neutrino · Neutrinoastronomie · Protuberanzen · SOHO · solare Oszillation · Sonne

Zum Themenspektrum des promovierten Naturwissenschaftlers Erwin Lausch gehörte die Sonne schon 1981. Damals betreute der GEO-Redakteur von 1979 bis 1994 den in der GEO-Bibliothek erschienenen Band »Die Sonne«. Zu danken hat GEO auch Bernhard Fleck vom Goddard Space Center für die Bereitstellung zahlreicher »SOHO«-Fotos.

Das Genie und die Inquisition

Nach Intrigen und Pannen lädt die Inquisition 1633 den berühmtesten Forscher der Epoche vor: Galileo Galilei. In dem Prozess um die »Häresie« des Gelehrten – hier eine zeitgenössische Darstellung – geht es nur am Rande um Glauben und Wissen. Aber die Folgen sind verheerend. Vor allem für die Kirche

Galilei auf dem Höhepunkt seines Ruhmes, porträtiert von Justus Sustermans. Er ist der intellektuelle Star Italiens. Kardinäle verehren ihn, der Papst ist sein persönlicher Freund. Galilei hat niemals damit gerechnet, angeklagt zu werden …

Text:
Christoph Kucklick

Als Galileo Galilei am 20. Januar 1633 in Florenz die Sänfte besteigt, um zu seinem Inquisitionsprozess nach Rom zu reisen, kann er voller Hoffnung sein, dass ihn die kirchliche Macht nicht strafen wird. Weit mehr als den Pontifex Urban VIII. jedenfalls fürchtet er die Strapazen des Weges, der vor ihm liegt. In Florenz wütet die Pest, die Toskana ist abgeriegelt, hinter Siena muss der 68-jährige, altersschwache und in aller Welt berühmte Mathematiker und Philosoph drei Wochen in einer schmutzigen Quarantänestation ausharren. Erst am 13. Februar erreicht er Rom, wo über ihn gerichtet werden soll.

Doch was hat er schon zu befürchten? Er ist der intellektuelle Star Italiens, der bedeutendste Wissenschaftler Europas. Sein Buch, für das er sich verantworten muss, »Der Dialog über die beiden hauptsächlichen Weltsysteme«, hat von vier Zensoren der Kirche die Druckerlaubnis erhalten. Und Papst Urban VIII. ist ein langjähriger Freund, der ihn ausdrücklich zu diesem Werk ermutigt hat.

Zudem: Galilei ist ein strenggläubiger Katholik und vertraut der Kirche. Die Inquisition ist für ihn kein Schrecken: Schon zweimal ist er denunziert worden, und beide Male haben die Kirchenherren nichts gegen ihn unternommen. Was also soll ihm geschehen?

Ein halbes Jahr später aber ist Galilei gestürzt. Die Richter der Inquisition verurteilen ihn und verbieten sein Buch, der Papst lässt ihn fallen. Auf Knien, so berichten manche Quellen, muss der Mathematiker der Lehre abschwören, die Erde drehe sich um die Sonne.

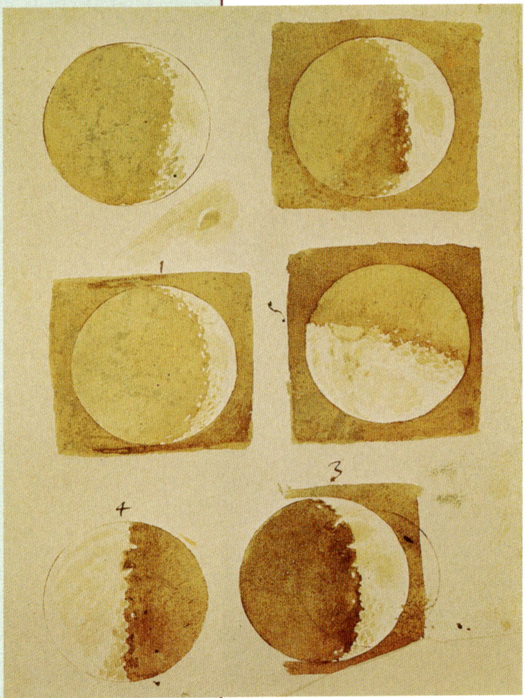

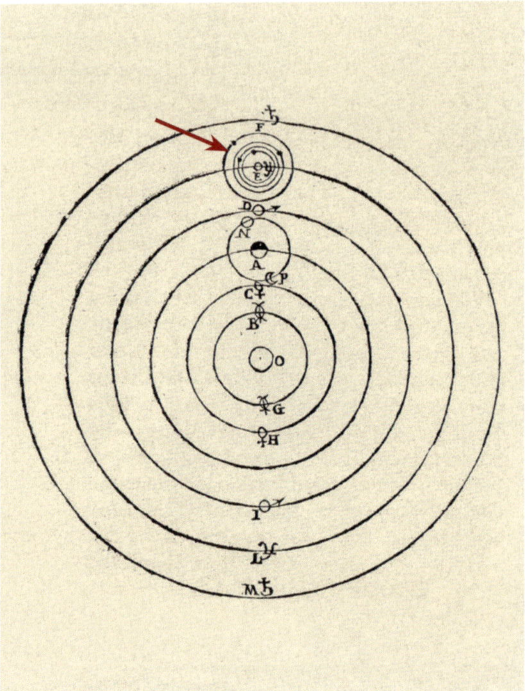

Galilei skizziert **Mondphasen:** Als er 1609 erstmals ein Teleskop benutzt, ist er schockiert, dass der Himmelskörper nicht perfekt ist, sondern von Kratern gezeichnet. Später entdeckt er die **Jupitermonde** (rechts, Pfeil). Auch sie passen nicht in die damalige Vorstellung vom Sonnensystem

Es ist eine historische Demütigung und ein Debakel. Aber nicht für Galilei, der weiterhin forscht und veröffentlicht – sondern für die Kirche. Nie hat ein einzelner Prozess einer Institution so geschadet wie dieser. Bis heute hängt das Verdikt dem Vatikan an wie ein Pesthauch: wissenschaftsfeindlich, rückwärts gewandt, unbelehrbar! Der Prozess gegen Galileo Galilei war, so die übliche Lesart, der Höhepunkt der jahrhundertelangen Unterdrückung Andersdenkender, der letzte Beweis für die Intoleranz der Inquisition.

Zugleich war er der Beginn einer strahlenden, einer besseren Epoche, an der die Kirche weder teilhaben konnte noch durfte: Aufklärung, moderne Wissenschaft, Fortschritt! Galilei war ein Held, die Kirche ein Schurke. So wird das Drama bis heute gelesen.

Nur kann die neueste Forschung diese Deutung nicht bestätigen. Sie findet im Galilei-Prozess weniger ein Heldenstück als eine Tragikomödie,

Das Weltall dreht sich um die Erde – das glaubt zunächst auch Galilei

ein verworrenes Lehrstück über Macht und Missbrauch, über Eitelkeit und Eigennutz, über Verfehlungen und Verirrungen.

Nur eines kommt darin kaum vor: die Wissenschaft. Um sie ging es am wenigsten, auch wenn das Stück mit ihr beginnt.

Im Juli des Jahres 1609 hört der 45-jährige Galilei – Professor in Padua, das damals zu Venedig gehört – von einer neuen Erfindung in den Niederlanden: dem Teleskop. Er ahnt sofort, dass solche Ferngläser einer Seemacht wie Venedig von unschätzbarem Wert sein müssten. Und ihn aus seiner Geldnot befreien könnten.

Ohne je eines der Gläser gesehen zu haben, geht er davon aus, dass nur eine Kombination aus konkaven und konvexen Linsen jenen Effekt erzielen kann, von dem er gehört hat. Innerhalb eines Monats baut der technisch hochbegabte Forscher ein Teleskop mit mehr als dreifacher Vergrößerung. Es erlaubt den venezianischen Admiralen und Kaufleuten, herannahende Schiffe zwei Stunden früher zu erkennen als mit bloßem Auge.

Damit seine Konkurrenten nicht erfahren, wie sein Material beschaffen ist, besorgt sich Galilei heimlich Rohglas aus Florenz und lässt noch bessere Linsen schleifen. Am 1. Dezember hält er ein Teleskop mit 20-facher Vergrößerung in den Händen. In der nächsten, wolkenlosen Nacht richtet er es erstmals auf den Mond. Dies ist der Beginn der modernen Astronomie. Und es ist ein Schock.

Nicht viel in Galileis bisherigem Leben hat ihn auf diesen Augenblick vorbereitet. Mit Astronomie hat er sich nur wenig beschäftigt, und er glaubt noch fest daran, dass sich das Universum um die Erde drehe.

Seine Hauptsorgen gelten dem Geld. Als Mathematikprofessor an der berühmten Universität zu Padua verdient er nur ein Sechstel dessen, was die weitaus angeseheneren Philosophen und Theologen einnehmen. Doch er muss drei Kinder versorgen aus einer unehelichen Beziehung, drei Geschwister erwarten Unterstützung, seine Experimente verschlingen große Summen.

Um über die Runden zu kommen, erteilt er jungen Adeligen Unterricht in Festungsbau, Vermessung und Mechanik, verkauft selbst gebaute Zirkel, hält Vorträge. Erstaunlich, dass er noch Zeit findet, raffinierte Experimente mit schiefen Ebenen und Pendeln zu ersinnen, um dem Geheimnis von Bewegung und Geschwindigkeit nachzuforschen.

Berge auf dem Mond, Flecken in der Sonne – das darf nicht sein!

Doch wie unendlich mühsam sind die Fortschritte. So existiert keine Apparatur, um kleine Zeiteinheiten auch nur annähernd exakt zu messen. Galilei behilft sich mit einer Wasseruhr, aus der er in grob geschätzten Zeitintervallen Flüssigkeit ablässt und diese wiegt, um daraus ein Maß für die Zeit zu erhalten.

Auch sind einfachste Rechenoperationen noch unbekannt. Nach damaligem Wissensstand ist es nur möglich, Gleiches mit Gleichem zu verrechnen, also etwa eine Strecke durch eine Strecke zu teilen. Doch um die Geschwindigkeit eines Körpers zu ermitteln, müsste man Weg durch Zeit dividieren – unmöglich selbst für einen klugen Kopf wie Galilei.

Der Blick durch das Teleskop muss ihm eine willkommene Abwechslung gewesen sein. Und dann dieser Schock: Auf dem Mond gibt es Berge! Täler! Krater! Das kann, das darf nicht sein.

Nach gängiger Lehre, unbezweifelt seit den antiken Gelehrten Ptolemäus und Aristoteles, ist der Kosmos in zwei Sphären unterteilt. In der irdischen oder sublunaren Sphäre sind alle Dinge veränderlich, endlich, unvollkommen. Jenseits davon, im himmlischen Reich, auf dem Mond also und bei den Sternen, ist alles ewig, unveränderlich, vollkommen. Daher hat man sich den Mond als glatt polierte, wenngleich leicht fleckige Kugel vorgestellt. Denn am perfekten Himmel kann nur eine perfekte Kugel hängen.

Aber nichts davon: Der Mond gleicht der Erde in all ihrer Unvollkommenheit – sollten Himmel und Erde also aus dem gleichen Stoff sein? Es wäre ein kosmologischer Umsturz.

Und das Universum birgt noch weitere Rätsel: Die Milchstraße besteht offensichtlich aus Myriaden von Sternen – warum waren sie bislang verborgen? Die Sonne, erkennt er später, hat Flecken – ist auch sie nicht perfekt? Ganz besonders beschäftigt Galilei ein verstörendes Phänomen am Jupiter. Lange Nächte studiert er das Rätsel, bis er die Lösung niederschreibt: Den Jupiter umkreisen vier Monde! Diese Erkenntnis beunruhigt Galilei noch stärker als die Entdeckung, wie unvollkommen der Erdtrabant ist.

In jenen Tagen glaubt man, das gesamte Universum habe nur einen einzigen Drehpunkt. Die Erde, sagen die Ptolemäer. Die Sonne, sagen seit 1543 die Anhänger des Astronomen Kopernikus. Darin aber stimmen sie überein: Es kann nur ein Zentrum geben, so wie es nur einen Gott gibt; eine Welt ohne absoluten Bezugspunkt ist unvorstellbar.

Und jetzt das: Der Jupiter kreist um Erde oder Sonne, und um den Jupiter kreisen Monde – das ist eine Drehachse zu viel. In jenen Nächten müssen Galilei nagende Zweifel gekommen sein – ist denn alles traditionelle Wissen über den Himmel falsch?

Rasch schreibt er nieder, was er entdeckt hat. Bereits im März 1610 veröffentlicht er eine schmale Schrift mit dem Titel »Sidereus Nuncius« – »Die Sternenbotschaft«. Die nur 48-seitige Broschüre macht Galilei innerhalb weniger Wochen zum berühmtesten Wissenschaftler Europas.

Die Reaktionen sind gewaltig. Und tief gespalten. Vor allem an den Fürsten- und Kardinalshöfen ist die Begeisterung über die verblüffenden Erkenntnisse groß. Die weltlichen und kirchlichen Herrscher gieren nach Sensationen, nach Abwechslung. Ob das Weltbild wankt, interessiert sie wenig.

Ganz anders die Philosophen. Sie beherrschen das Geistesleben Europas, und sie verteidigen weit energischer als Kirche und Obrigkeit die traditionelle Weltsicht. Diese scholastischen Philosophen, die sich, wie Galilei 1610 an Johannes Kepler schreibt, den neuen Erkenntnissen »mit der müden Trägheit einer voll gefressenen Schlange« widersetzen, werden in den folgenden Jahren zu Galileis erbittertsten Feinden. Sie haben auch am meisten zu verlieren: Sollte sich Galileis Forschungsmethode durchsetzen – Erkenntnis durch Beobachtung und Experiment – wären sie entbehrlich.

Im Laufe der Jahrhunderte haben sie auf einigen Grundsätzen des Aristoteles und anderer antiker Philosophen ein überwältigend komplexes Denksystem errichtet. Das Messen, Experimentieren, Wiegen, so wie es Galilei unternimmt, gilt ihnen als völlig untauglicher Weg zur Erkenntnis. Nach ihrer Vorstellung lassen sich die tiefsten Seinsgründe nicht durch Beobachtung, nicht durch die Sinne, erschließen, sondern nur durch die Vernunft, durch eine rein geistige Wesensschau. Darin besteht der zentrale Streitpunkt: Beobachtung gegen Spekulation.

Also richtet sich ihre Kritik zunächst gegen die Zuverlässigkeit des Fernrohrs. Galileis Entdeckungen seien nichts als »eitle Wahngebilde der Linsen«. Das Teleskop zeige nicht die Wirklichkeit, es spiegele eine Realität vor, die es entweder gar nicht oder nur

1633 wird Galilei von einem Inquisitionsgericht zu **Hausarrest** verurteilt, darf aber weiter arbeiten: Er steht in ständigem Kontakt mit anderen Wissenschaftlern. Das Gemälde von Tito Lessi zeigt ihn im Gespräch mit dem Mathematiker Vincentino Viviani (im Bild links)

in den Linsen gebe. Der beste Beweis: Nimmt man die Linsen weg, verschwindet, was man gesehen hat.

Galilei verfügt über keinerlei Rüstzeug, die Angriffe zu widerlegen. Er kann die Gültigkeit seiner Entdeckungen wissenschaftlich nicht beweisen; auch gibt es noch keine Theorie der Optik, mit der er den Vergrößerungseffekt erklären könnte. Dem Teleskop muss man glauben. Das ist eine elend schwache Position.

Es gehört zum Mythos der modernen Naturwissenschaft, dass ihre frühen Entdeckungen die Menschen wie selbstverständlich überzeugt hätten, allein durch die Macht ihrer Wahrheit. Und dass nur verstockte Ewiggestrige wie die Inquisitoren sich dieser Evidenz verweigert hätten.

Aber so ist es nicht gewesen. Nach damaligem Kenntnisstand haben Galileis Gegner gute wissenschaftliche Argumente. Also muss der Astronom dafür sorgen, dass seine Entdeckungen auf anderen Wegen akzeptiert werden. Mit der »Sternenbotschaft« nutzt der ebenso ehrgeizige wie weltgewandte Galilei seine einmalige Karrierechance. In der vollendeten Manier eines Höflings widmet er die Schrift Cosimo II., dem Großherzog der Toskana, der ein Jahr zuvor den Medici-Thron bestiegen hat und dessen Privatlehrer Galilei einst gewesen ist. Diese Verbindung nutzt er nun. Und einen himmlischen Zufall.

Denn der Jupiter gilt den Medici gleichsam als ihr Familienplanet, als Schutzgestirn. Also erklärt Galilei in kunstvollen Wortgirlanden die Entdeckung der Monde zum Beleg dafür, dass die Herrschaft der Medici von den Sternen vorherbestimmt und damit himmlisch legitimiert sei: »Der Schöpfer der Gestirne selbst schien mich mit deutlichem Zeichen zu gemahnen, diese neuen Planeten für den weitgerühmten Namen Eurer Hoheit, und für niemand anderen, auszuersehen.«

Ein brillanter Schachzug. Der Großherzog ernennt Galilei zu seinem »Ersten Mathematiker und Philosophen« mit einem Gehalt von 1000 Scudi; das ist nur vergleichbar mit dem des Maggiordomo Maggiore, der höchsten Stellung bei Hofe. Der Fürst erhofft sich von der Förderung Galileis Ansehen und ein fortschrittliches Image – der Forscher braucht Unterstützung und Geld. Die vorteilhafte Verbindung wird mehr als 20 Jahre halten.

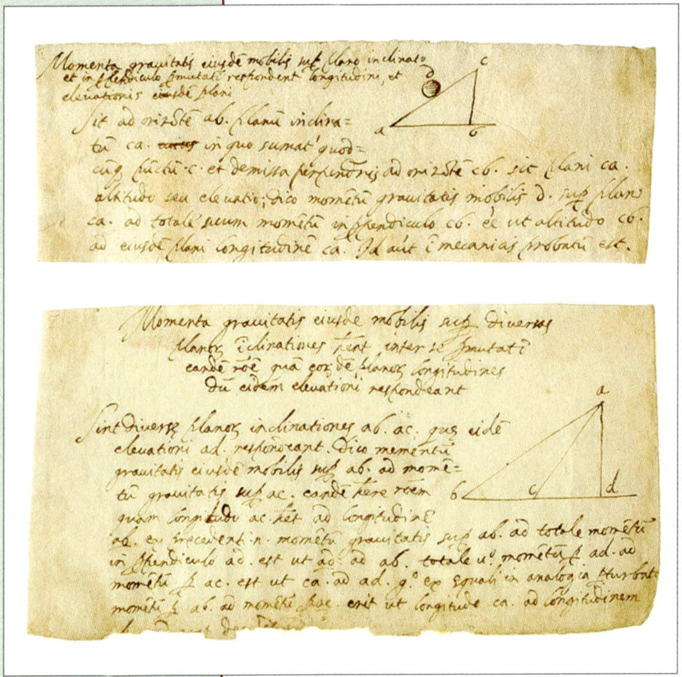

Auszug aus Galileis letztem Buch »Unterredungen und mathematische Beweise über zwei neue Wissenszweige«, in dem er unter anderem das **Gesetz der schiefen Ebene** und seine Theorie vom Fall von Körpern postuliert. Es erscheint 1638 im protestantischen Ort Leiden – mit Wissen der Inquisition

Die Gesellschaft der frühen Neuzeit ist extrem statusbewusst, und sozialer Rang und wissenschaftliche Glaubwürdigkeit sind untrennbar miteinander verwoben. Als Hofmathematiker hat Galilei nun einen entscheidenden Vorsprung gegenüber seinen Kritikern: Ihn kann niemand mehr ignorieren.

Zudem verschickt Galilei über das diplomatische Netzwerk der Medici Fernrohre an die wichtigsten Höfe Europas. Wenn erst die Herrscher seine Erkenntnisse anerkennen, so das Kalkül, werden die Widersacher Ruhe geben.

Einige Legenden um Galileis Verfolgung malen die Kirche schwärzer, als sie je gewesen ist

Die Überlegung geht auf. In Prag schaut Kaiser Rudolf II. durch ein Fernrohr und bestätigt »glücklich und zufrieden« die neuen Funde. »Seine kaiserliche Majestät war die Ursache für den Niedergang« der Gegner Galileis, schreibt ein Beobachter. Aus Frankreich lässt der König vermelden, er sei bereit, sich jeden neu entdeckten Stern widmen zu lassen. Weniger wissenschaftliche Stichhaltigkeit als fürstliche Patronage verschafft der neuen Astronomie den nötigen Rückhalt.

1611 reist Galilei erstmals nach Rom an den päpstlichen Hof – ein Triumph. Empfehlungsschreiben von Cosimo II. öffnen ihm alle Türen. Galilei ist der Star auf jedem Fest, ein großer Forscher, ein gewitzter Gesprächspartner, ein beißender Spötter – er hat alles, was im kultivierten, eitlen, sensationsgierigen Rom zählt.

Kardinäle besuchen seine Teleskop-Vorführungen, die jesuitischen Astronomen haben seine Entdeckungen bestätigt und feiern ihn auf einer eigens einberufenen Konferenz, Papst Paul V. gewährt ihm eine Privataudienz – es gibt keinerlei Anzeichen, dass die Kirche ihren Glauben bedroht sieht durch Galileis Entdeckungen.

Dennoch hält sich bis heute die Legende, die Kirche sei durch Galileis Teleskop in eine tiefe Krise geraten. Und dass sie ihn verfolgt habe von Anfang an, als Ketzer, als Zerstörer des Glaubens. Nichts dergleichen. Das sind Erfindungen des 18. und 19. Jahrhunderts, als Aufklärer die Kirche schwärzer malten, als diese jemals gewesen ist.

In der frühen Neuzeit ist die Kirche der bedeutendste Förderer des Wissens. Italien steht weitgehend unter dem Einfluss des Papstes, und Kunst und Wissenschaft florieren wie kaum anderswo in Europa. Das Verhältnis zwischen Religion und Forschung ist nicht spannungsfrei, doch die Kirche hat sich seit langem mit den Forschern arrangiert.

Schon Kirchenlehrer wie Augustinus (354–430) und Thomas von Aquin (1225–1274) haben Naturerkenntnis und Glauben zu unterscheiden gewusst. Sie waren klug genug, die Bibel nicht wegen jeder neuen wissenschaftlichen Entdeckung Zweifeln auszusetzen. In der Astronomie, verkündete im 4. Jahrhundert Augustinus, könne ein Ketzer mitunter besser informiert sein als ein frommer Christ. Und zu Galileis Zeit heißt es: Die Bibel zeigt den Weg in den Himmel, aber nicht, wie es am Himmel zugeht.

Die katholische Kirche hat die Heilige Schrift zu keiner Zeit als wörtliche Wahrheit verstanden, erst recht nicht als wissenschaftliches Lehrbuch. Dass die Bibel dunkel ist, obscura, und der Interpretation bedarf,

Die Kardinäle versuchen zunächst einen Spagat: zwischen Bibelauslegung und Forschungsfreiheit

stand bei ihr nie außer Zweifel. Umstritten war stets nur, wer sie bindend interpretieren dürfe: die Päpste, die Konzile, die Kirchenväter, die Theologen? Ein Quell endloser Zwistigkeiten, die meist verhindern, dass sich die Kirche in einer Frage endgültig festlegt.

Als Galilei seine Entdeckungen macht, kennt die Kirche daher kein Dogma, nach dem die Welt sich um die Erde drehe. Zwar sind die meisten Theologen – wie praktisch alle Menschen jener Zeit – fest vom Geozentrismus überzeugt; aber bis dato ist er nicht zur Glaubenssache erhoben worden.

Erbitterte Gegner des Heliozentrismus von Kopernikus finden sich in jener Zeit eher unter Protestanten, eben weil sie die Bibel oft wortwörtlich nehmen. Und doch: Zeitgleich mit den Entdeckungen des Galilei verschärft sich der Ton der katholischen Kirche allmählich. Das liegt weniger an der Wissenschaft als an der Furcht vor der protestantischen Expansion. Diese Furcht greift rasch um sich, und in einem widersprüchlichen, sprunghaften Prozess erodiert die traditionelle Toleranz der Kirche innerhalb weniger Jahre.

1613: Galilei verteidigt in seinen »Briefen über die Sonnenflecken« zum einzigen Mal in seinem Leben schriftlich die Lehren des Kopernikus.

1614: Der Karmeliterpater Paolo Antonio Foscarini veröffentlicht eine Streitschrift, in der er die Bibel Punkt für Punkt mit dem heliozentrischen Weltbild aussöhnt. Er legt sie dem Kardinal-Inquisitor Bellarmin vor.

1615: Ein Dominikanerpater zeigt Galilei an, aber die römische Inquisition sieht keinen Anlass, ein Verfahren zu eröffnen. Bellarmin schreibt Foscarini in einem höflichen Brief, die Kirche habe nichts gegen Kopernikus einzuwenden, solange die Forscher dessen Lehre bloß ex suppositione darstellen, also als Hypothese, nicht als bewiesene Wahrheit.

Der 73-jährige Kardinal will auf diesem Wege beides schützen, die herrschende Bibelauslegung und die Freiheit der Forschung. Die meisten Wissenschaftler akzeptieren den Vorschlag. Er behindert ihre Arbeit nicht, und einen Beweis für das kopernikanische Weltbild kann ohnehin noch niemand erbringen.

Einer der wenigen, die gegen den Kompromiss anschreiben, ist Galilei. Er verlangt, dass sich die Kirche aus allen naturwissenschaftlichen Fragen heraushalte: »Die Heilige Schrift lässt sich an vielen Stellen anders auslegen als im buchstäblichen Sinn. Daher meine ich, dass sie in physikalischen Disputen an letzter Stelle stehen sollte.«

Galilei will nicht so sehr die Forschung vor der Kirche bewahren, sondern umgekehrt und im Geiste der Kirchenlehrer die Bibel vor neuen Erkenntnissen schützen. Dennoch schafft er sich viele Feinde, weil er sich weit auf das Gebiet der Theologen wagt.

Die werden immer nervöser, je mehr sich der Protestantismus in Nord- und Mitteleuropa ausbreitet; schon wirft der Dreißigjährige Religionskrieg seine Schatten voraus. Die Bibelexegese ist der zentrale Streitpunkt zwischen den Konfessionen, und in jenen Tagen gilt jede Neudeutung als heikel: Wenn man die astronomischen Aussagen der Bibel neu auslegen kann, so fürchtet der Vatikan, warum dann nicht gleich die ganze Bibel?

»Eure Meinung«, schreibt ein besorgter Monsignore an Galilei, »stellt eine gewisse Ähnlichkeit zwischen dem Mondkörper und der Erde her; jemand erweitert das und sagt, Ihr hättet dem Mond menschliche Bewohner zugesprochen; und der nächste beginnt zu fragen, wie diese von Adam abstammen können, oder ob sie in der Arche Noah waren, und viele Extravaganzen mehr, von denen Ihr in Euern kühnsten Träumen nichts ahnen könnt.«

Originale aus Galileis Besitz: Mit den **Pendeluhren** etwa misst er die Zeit bei physikalischen Experimenten, mit dem **Fernrohr** betrachtet er Mond und Planeten. Seine Beobachtungen werden von Jesuiten bestätigt und lassen sich, so finden viele Geistliche, mit dem kirchlichen Weltbild vereinbaren

Im Jahre 1616 gewinnen die Hardliner im Vatikan die Oberhand. Im Frühjahr erringen sie schließlich einen Sieg, der vielen wie eine Niederlage erscheint: 73 Jahre lang hat die Kirche das revolutionäre Werk des Kopernikus »De revolutionibus orbium coelestium« (»Über die Kreisbewegungen der Himmelskörper«, 1543) ohne Einschränkungen toleriert, nun setzt sie es unversehens auf den Index.

Zugleich billigt der Papst ein drastisches Edikt. Der Standpunkt der Kopernikaner, die Sonne sei der Mittelpunkt der Welt, sei »philosophisch töricht und absurd, und formal ist er ketzerisch«. Das Gleiche gelte für die Lehre von der Erdbewegung, auch sie sei »hinsichtlich der theologischen Wahrheit zumindest glaubensmäßig irrig«.

Eine Schweizer Handschrift von 1514 zeigt die **Folterung und Verbrennung** angeblicher Hexen in Baden. Die Hexenprozesse – denen in Europa Tausende zum Opfer fallen – sind aber oft nicht das Werk von Inquisitoren, sondern werden von lokalen Autoritäten angezettelt, Katholiken wie Protestanten

ERSTMALS IN IHRER GESCHICHTE macht sich die Kirche eine kosmologische Lehre offiziell zu Eigen – und dann ausgerechnet jenen Geozentrismus, den die meisten Astronomen zwar noch unterstützen, der aber längst nicht mehr zweifelsfrei dasteht. Ein gewaltiger Irrtum, so glaubt Galilei.

Er führt diesen Rückschritt auf den Einfluss der gehassten Philosophen zurück. Dahinter steckt aber eher eine große Koalition aus Konservativen und Ängstlichen aus allen Disziplinen, die in ihrer Bedrängnis eine Grenzlinie ziehen wollen gegen biblische Neudeutungen aller Art.

Die Folgen dieses neuen Dogmatismus sind zunächst allerdings weit weniger dramatisch als befürchtet. Denn wieder einmal ist der Vatikan alles andere als konsequent. Eigentlich müsste die kirchliche Inquisition nun sofort ein Verfahren wegen Ketzerei gegen Galilei einleiten. Stattdessen zitiert Kardinal Bellarmin den Forscher herbei und übergibt ihm in herzlicher Atmosphäre eine schriftliche – und väterliche – Ermahnung, die beiden verbotenen Aussagen nicht mehr zu verteidigen. Das ist alles, was die Kirche zu diesem Zeitpunkt unternimmt. Erst in dem Inquisitionsprozess gegen Galilei 17 Jahre später wird diese Ermahnung eine wichtige Rolle spielen.

Erstaunlich milde verfährt die Kirche auch mit dem Buch des Kopernikus. Sie lässt nach der Indizierung alle Aussagen über die Erdbewegung als Hypothesen umschreiben, und bereits 1620 erhält das Werk wieder die Druckerlaubnis.

So geht die gefürchtete Inquisition vor? So schwankend, so widersprüchlich, so nachsichtig zuweilen? Wie passt das mit ihrem Ruf zusammen, eine gnadenlose, streng durchorganisierte Unterdrückungsmaschine gewesen zu sein, die Abweichung kaum duldete? Gar nicht. Dieser Ruf entstand weitgehend ohne Rücksicht auf die historischen Tatsachen.

Die »Heilige Römische und Universale Inquisition« wird 1542 von Papst Paul III. ins Leben gerufen, um vor allem Abweichler in den eigenen Reihen zu überwachen. Sie operiert bis heute, auch wenn ihre zentrale Institution, das Heilige Offizium, 1965 in Glaubenskongregation umbenannt worden ist.

Mit den beiden anderen katholischen Inquisitionen hat die römische nichts zu tun. Nichts mit der mittelalterlichen, die sich vom 13. Jahrhundert an vor allem gegen die Katharer und Waldenser in Südfrankreich wendet. Und auch nichts mit der spanischen Inquisition, die von 1478 bis 1834 unter der spanischen Krone zunächst gegen konvertierte Juden und Muslime vorgeht, später auch sexuelle Vergehen in der Bevölkerung verfolgt.

Die vatikanischen Inquisitoren distanzieren sich zudem von den Hexenverfolgungen, die lokale Machthaber und Geistliche beider Konfessionen vor allem in Nord- und Mitteleuropa anstrengen. Die Kardinäle verachten

In vatikanischen Verliesen wird mit »La Corda« gefoltert: dem Seil

diese Verfahren. Im kultivierten Rom glaubt kaum jemand an Zauberei oder schwarze Magie. Zudem genügen die Hexenprozesse in keiner Weise den – für damalige Maßstäbe – strengen Anforderungen der Kurie.

Viele Angeklagte hoffen, vor ein vatikanisches Gericht zu kommen und nicht vor ein weltliches. Denn die Inquisition gewährt jedem Angeklagten einen Rechtsbeistand, mittellosen Delinquenten bezahlt sie ihn sogar. In den Gefängnissen der Kirche haben die Insassen Anspruch auf ein Bett, zweimal pro Woche neue Bettwäsche sowie Verpflegung.

Anonyme Denunziationen werden in der Regel zurückgewiesen, alle Anschuldigungen genau geprüft. Natürlich foltern auch die Kirchenmänner, aber immerhin erst, wenn hinreichend viele Indizien gegen den Angeklagten vorliegen. Daumenschrauben und Streckbänke gibt es in den Verliesen des Vatikans nicht, die einzige Foltermethode ist *la corda*, das Seil. An ihm werden Delinquenten mit auf den Rücken gebundenen Händen in die Höhe gezogen, herabgelassen und mit einem Ruck wieder hinaufgerissen. Die grauenhafte Prozedur soll höchstens eine halbe Stunde lang wiederholt werden, doch oft währen die Foltersitzungen weit länger.

Den Inquisitoren wird Demut eingeschärft: Alle Indizien »müssen zugunsten des Angeklagten verwendet werden«, heißt es in einer Vorschrift. »Die Glaubensrichter müssen daran denken, dass auch sie Menschen sind, die, wäre nicht Gott ihnen gnädig, dieselben Irrtümer begehen könnten.«

Dennoch sind viele Prozesse ungerecht, willkürlich und zuweilen brutal. Den Machtmissbrauch ihrer Inquisitoren bekommt die Kirche nie unter Kontrolle. Auch nutzen die Richter trotz christlichen Tötungsverbotes einen Weg, Delinquenten auf den Scheiterhaufen zu befördern: Sie übergeben die Angeklagten weltlichen Instanzen – das sichere Todesurteil.

Gleichwohl errichtet die Inquisition keine totalitäre Diktatur modernen Zuschnitts, keine lückenlose Unterdrückungsmaschine. Dazu ist sie überhaupt nicht in der Lage. Denn es herrscht Kompetenzchaos im

Als sein Gönner zum Papst gewählt wird, spricht Galilei noch von »glücklicher Fügung«

Vatikan. Vier Organe der Kirche beteiligen sich am kirchlichen Strafgericht: das Heilige Offizium, die Indexkongregation, der Meister des Heiligen Palastes sowie der Papst. Und ständig liegen sie miteinander in Streit.

So verbieten die Inquisitoren sich gegenseitig ihre Schriften – der Chef der Indexkongregation etwa will ein Werk des Kardinal-Inquisitors Bellarmin auf die Liste der häretischen Bücher setzen. Und nur mit Mühe kann Papst Paul V. verhindern, dass Dominikaner und Jesuiten in einem Streit um die Willensfreiheit einander der Ketzerei bezichtigen.

Auch nach außen sind die Richter kaum besser koordiniert. Der erste römische Index erscheint erst 1559, da haben Herrscher in Paris, Löwen, Venedig, Portugal und Spanien bereits etliche Indizes veröffentlicht, um das Gift des Buchdrucks zu neutralisieren. Rom kombiniert seine Verspätung mit tiefer Verwirrung: Denn klare Kriterien, was erlaubt und was verboten ist, entwickelt der Vatikan nie.

Werke des Kirchenlehrers Augustinus werden als »krypto-lutherisch« verboten, aber Bücher, die mit Luther-Zitaten gespickt sind, erhalten den Segen, weil die zuständigen Inquisitoren die Schriften des Reformators nicht kennen. Meist geraten alle deutschen Titel, die im Katalog der 1462 gegründeten Frankfurter Buchmesse stehen, auf den Index, denn Bücher aus Deutschland gelten pauschal als protestantisch; deutsch aber spricht keiner der Inquisitoren. Dann wieder tritt die Indexkongregation jahrelang überhaupt nicht zusammen.

In den Gerichtssälen herrscht ähnliches Durcheinander. Ein Angeklagter wird wegen häretischer Behauptungen über das Fegefeuer angeklagt – nur können die Richter nicht urteilen, weil es überhaupt kein kirchliches Dogma zum Purgatorium gibt. Ein deutscher Italien-Besucher gerät in die Fänge der Inquisitoren, pöbelt sie erst an und schweigt dann während der Folter, bis sie ihn aus lauter Ratlosigkeit freilassen. Häufig stehen auch die eigenen Mitarbeiter vor dem Inquisitionsgericht, etwa der führende Jurist Prospero Farinacci, der wegen Homosexualität recht milde bestraft wird – und als Inquisitor weiterarbeitet.

Kein Wunder also, dass Galilei sich durch seine kurze Konfrontation mit den römischen Glaubenswächtern nicht sonderlich beunruhigen lässt. Sein Ruf leidet jedenfalls nicht – im Gegenteil. 1623 wird sein Gönner und Freund Maffeo Barberini als Urban VIII. auf den Papstthron gewählt. Galilei spricht von einer »mirabil congiuntura«, einer wunderbaren Fügung.

Er hat soeben sein neuestes Buch veröffentlicht: »Il Saggiatore«, »Die Goldwaage«. Grundlegend Neues bietet Galilei darin nicht. Denn er schreibt über drei Kometen, die im Jahre 1618 erschienen sind, die er aber nicht sehen konnte, weil er zu jener Zeit bettlägerig war. Doch seine Freunde haben ihn bedrängt, sich zu dem Phänomen zu äußern. Das ist der Nachteil, ein berühmter Hofmathematiker zu sein: Galilei kann das Ansinnen nicht ablehnen, er muss seinem Publikum etwas bieten. Wie behilft er sich? Mit einer wüsten Polemik gegen seine Widersacher und mit einer damals gängigen Theorie über Kometen: Sie seien nichts als leuchtende Ausdünstungen der Erde. Belege für die These führt er nicht an.

Das Publikum liebt die ätzende Satire auf die akademische Philosophie – »jener verletzten und zertretenen Schlange«, so Galilei, »der keine Lebensgeister mehr geblieben waren außer in der letzten Schwanzspitze, und die sich trotzdem hin und her windet, um glauben zu machen, sie sei noch gesund und voller Kraft«. Der Sekretär des Papstes schreibt begeistert: »Absolut wunderbar. Thesen, die der philosophischen Plebs paradox erscheinen und mit solcher Klarheit vorgetragen, dass man nur staunen kann.«

Unabhängig von der römischen Inquisition, die direkt dem Papst untersteht und vergleichsweise milde urteilt, entwickelt sich ab 1478 die **spanische Inquisition** (hier die Darstellung einer Ketzerverbrennung in Madrid 1680), die bald einen besonders düsteren Ruf hat: Sie verurteilt bis 1834 mindestens 300 000 Menschen zum Tod

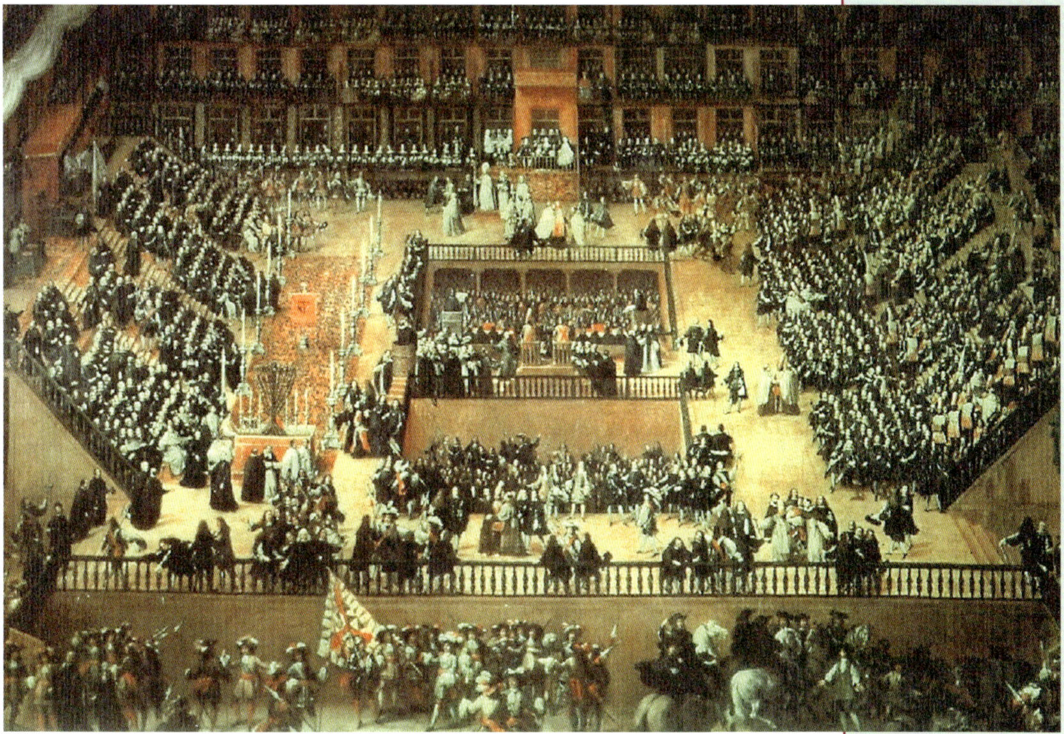

Der Papst lässt sich bei Tisch aus dem Werk vorlesen, ganz besonders behagt ihm der beißende Spott über einen bekannten jesuitischen Astronomen. Im Jahre 1624 empfängt Urban Galilei sechsmal in seinem Palast zu langen philosophischen Gesprächen; er gewährt ihm Ablässe, schenkt ihm Medaillen und eine lebenslange Pension. »Ich habe den Pontifex noch nie so glücklich gesehen wie bei der Erwähnung Eures Namens«, schreibt ein Freund an Galilei.

Urban ermuntert den Forscher zudem, in seinem nächsten Buch »durchaus die mathematischen Betrachtungen der kopernikanischen Annahme über die Bewegung der Erde« anzuführen, solange er sie als Hypothese darstelle. Der Papst ist nicht der einzige, der hofft, Galilei könne den ursprünglich griechisch-heidnischen Aristotelismus ablösen und dem Christentum eine neue Weltsicht schenken.

NEUN JAHRE SPÄTER ABER ENDET die mirabil congiuntura wie aus heiterem Himmel. Urban zwingt seinen Lieblingsforscher, dem Kopernikanismus abzuschwören und verurteilt ihn zu lebenslangem Hausarrest. Wie es zu dieser beispiellosen Demütigung kommt, wird sich wohl nie mehr genau rekonstruieren lassen. Nach allen Erkenntnissen kann es aber eines nicht gewesen sein: blinde Wissenschaftsfeindlichkeit der Kirche.

Im Februar 1632 veröffentlicht der 68-jährige Galilei den »Dialog über die beiden hauptsächlichen Weltsysteme, das ptolemäische und das kopernikanische«. Der Mathematiker will vor allem belegen, dass sich die Erde bewegen müsse, weil sonst Ebbe und Flut nicht zu erklären seien. Die Ideen sind weitgehend ex suppositione verfasst, als Hypothesen. Das Publikum ist wieder einmal begeistert von der Eleganz der Darstellung.

Streckbank, Strick und Feuer: Seit dem 13. Jahrhundert institutionalisiert die Kirche die Verfolgung und Folter Andersdenkender und schafft die erste Inquisition, die vor allem in Südfrankreich aktiv ist. Sie hat nichts mit der im 16. Jahrhundert gegründeten und im Prinzip noch heute aktiven römischen Inquisition zu tun (Stich von Hans Burgkmair, 1533)

Der Papst jedoch ist zornig. Mitte August ergeht die Anweisung, den Verkauf des »Dialogo« unverzüglich einzustellen. Zwar haben vier kirchliche Zensoren in Rom und Florenz die Druckerlaubnis erteilt, doch Urban fühlt sich von seinen »Dienern, die sich wie Herren aufführen« hintergangen. Ein Kompetenzgerangel. Ob der Papst dabei von den vielen Feinden Galileis angestachelt wird, den Philosophen, den Dominikanern und mittlerweile auch den Jesuiten, ist unklar.

Nach außen wird als Grund für den päpstlichen Unmut erzählt, Urban persönlich habe die letzte Fassung des Werkes absegnen wollen und sei darüber verärgert, übergangen worden zu sein. Zudem bringe ihn in Rage, dass Galilei ein Argument von ihm, dem Pontifex, im »Dialogo« ausgerechnet dem beschränkten Philosophen Simplicio in den Mund gelegt habe.

Hinter verschlossenen Türen aber klingt es anders. Galilei habe alle Vereinbarungen »hinterhältig« gebrochen und gewagt, sich »mit den ernstesten und gefährlichsten Materien zu befassen«. Welchen, das erklärt der Papst nicht. Zugleich klagt er, wie leid es ihm tue, Galilei »solches Ungemach bereiten zu müssen, aber hier geht es um die Interessen des Glaubens und der Religion«. Seine christliche Pflicht zwinge ihn, einen Freund zu verfolgen. Von Wissenschaft ist nie die Rede.

Doch worum geht es dann? Um Politik. Um Macht. Urban VIII. steckt in der schwersten Krise seiner Amtszeit. Seit anderthalb Jahrzehnten tobt in Deutschland der Dreißigjährige Krieg, und der Papst unterstützt das katholische Frankreich. Er stützt Kardinal Richelieu auch noch, als der sich mit dem protestantischen Schweden gegen den katholischen Kaiser in

Für Papst Urban geht es ums nackte Überleben. Er muss Härte zeigen

Wien verbündet. Vor allem die Habsburg-treuen Kardinäle aus Spanien ereifern sich und werfen dem Papst vor, er mache gemeinsame Sache mit dem Religionsfeind und kämpfe nicht entschieden genug gegen Häretiker.

Schließlich kommt es zum Eklat. Der spanische Kardinal Gaspare Borgia, der zugleich Inquisitor im Heiligen Offizium ist, greift den Papst vor dem Kardinalskollegium unverhohlen an. Er droht, ein Konzil einzuberufen, um prüfen zu lassen, ob der Papst überhaupt noch fähig und willens sei, das Christentum zu verteidigen. Ein Tumult entsteht, die Kardinäle werden handgreiflich, der Papst muss die Wachen herbeiläuten, um eine Schlägerei zu verhindern.

Für Urban geht es ums Überleben. Er muss Härte zeigen. Der Prozess gegen Galilei bietet dafür die beste Gelegenheit. Er ruft ein Sondertribunal ein, um die Anklage gegen den Forscher zu formulieren. Das ist ein höchst ungewöhnlicher Vorgang. Eigentlich müsste Galilei vor das Heilige Offizium geladen werden – doch dort sitzt Kardinal Borgia, Urbans Erzfeind. Zieht der Papst den Prozess gegen Galilei womöglich an sich, um seinen Freund vor Schlimmerem zu bewahren?

Der Papst gewährt Galilei ungewöhnliche Vergünstigungen. Der Wissenschaftler wird nicht in das Inquisitionsgefängnis geworfen, sondern wohnt erst in der toskanischen Botschaft, dann räumt man ihm, wie er in einem Brief schreibt, »gegen den Brauch drei große und bequeme Zimmer ein«, wo sein Diener bei ihm ist und er gut verpflegt wird.

Auch die Anklage ist merkwürdig zahnlos. Galilei steht nicht etwa wegen Ketzerei vor Gericht – oder weil er ein verbotenes Weltbild vertreten habe. Stattdessen listen die Inquisitoren neun Anklagepunkte auf, die meisten läppische Formalien, die leicht »berichtigt werden« könnten, so das Tribunal. Das aber gilt nicht für den einzigen ernst zu nehmenden Vorwurf gegen Galilei: Er lautet auf Ungehorsam gegen die Kirche. Er stützt sich auf ein Dokument aus dem Jahre 1616, das Galilei nach eigener Aussage nie zuvor gesehen hat. Es muss parallel zu der damals erfolgten väterlichen Ermahnung des Kardinals Bellarmin angefertigt worden sein und ist wesentlich schärfer als dessen Rüge. Demnach hätte Galilei den Kopernikanismus »in keiner Weise, weder in Wort noch Schrift« lehren dürfen, also auch nicht als Hypothese. Gegen diese Auflage, so die Inquisitoren, habe Galilei verstoßen.

Eine wacklige Argumentation. Denn das mysteriöse Dokument trägt weder Stempel noch Unterschrift, ist im juristischen Sinne also deutlich

»Ich, Galileo Galilei, verfluche und verwünsche besagte Irrtümer«

schwächer als jener moderate Brief Bellarmins, den Galilei vorweisen kann. Ist das Dokument möglicherweise eine Fälschung, um überhaupt etwas gegen den Forscher in der Hand zu haben?

Aber wie kommt es, dass das Dokument in der gleichen Handschrift wie Bellarmins Brief verfasst worden ist und mit größter Wahrscheinlichkeit tatsächlich aus dem Jahre 1616 stammt? Damals gab es gar keine Notwendigkeit, Galilei unter Druck zu setzen. Von wem also wurde das Schriftstück verfasst – und zu welchem Zweck? Ungezählte Spekulationen ranken sich um dieses Dokument, die wahren Hintergründe werden wohl nie mehr zutage treten. Sie gehören zu den großen Rätseln des Falles.

Der Prozess zieht sich hin, dreimal wird Galilei verhört. Er verteidigt sich. Darauf sind die Inquisitoren nicht vorbereitet. Der Papst wird ungeduldig, er will eine rasche Verurteilung.

Erst der Privatbesuch eines Kommissars der Inquisition bei Galilei wendet den Prozess. Einen Nachmittag lang bespricht sich Kommissar Maculano mit Galilei – auch dies ein höchst ungewöhnlicher Vorgang. Darüber, was genau die beiden erörtern, gibt es keine Aufzeichnungen; auch das bleibt, wie so vieles, im Dunkeln.

Doch drei Tage später gesteht Galilei seinen »Irrtum« ein. Nach nochmaligem Lesen seines »Dialogo«, erklärt der Forscher, habe seine Schrift auf ihn »an mehreren Stellen den Eindruck gemacht, als sei sie derart abgefasst, dass der mit meiner Denkungsweise nicht vertraute Leser Ursache gehabt hätte, sich die Meinung zu bilden, die für den falschen Teil (den ich zu widerlegen beabsichtige) vorgebrachten Beweise wären in einer solchen Weise demonstriert, dass sie vermöge ihrer Kraft eher geeignet erschienen, denselben zu verstärken als seine Widerlegung zu erleichtern«. Die gewundenen Formulierungen verraten, wie schwer Galilei das Eingeständnis gefallen sein muss.

Es vergehen noch einmal fast zwei Monate, ehe die Kardinäle im Tribunal ihr Urteil sprechen, in dem die Ketzerei – entgegen der Anklage – doch die zentrale Rolle spielt. »Unter Anrufung des Heiligsten Namens unseres Herrn Jesu Christi und der glorreichen Mutter und unbefleckten Jungfrau Maria behaupten, verkünden, urteilen und erklären« die Richter, »dass Du, Galilei, Dich der Häresie sehr verdächtig gemacht hast; das heißt, dass Du eine Lehre geglaubt und behauptet hast, welche falsch und der Heiligen und Göttlichen Schrift zuwider ist«. Der »Dialogo« wird verboten, und Galilei muss formell abschwören. Doch nur sieben der zehn Kardinäle unterschreiben das Urteil. Einer ist krank, einem anderen ist es vermutlich zu scharf, einem dritten wohl zu milde: Kardinal Borgia.

Am 22. Juni 1633 streift Galilei vor dem Tribunal das Büßerhemd über, kniet nieder, legt eine Hand auf die Bibel, hält in der anderen eine brennende Kerze und schwört: »Ich, Galileo Galilei, Sohn des verstorbenen Vincenzo Galilei aus Florenz,… verfluche und verwünsche mit aufrichtigem Herzen und ungeheucheltem Glauben besagte Irrtümer und Ketzereien sowie überhaupt jeden anderen Irrtum und jeden der besagten Heiligen Kirche widersprechenden Irrtum und Sektiererglauben …«.

Anschließend soll er trotzig gerufen haben: »E pur si muove« – »und sie bewegt sich doch«. Doch diese Legende wurde im 18. Jahrhundert erfunden.

Ein großer Tag für Urban VIII. Er hat Härte bewiesen. Gerade weil der Forscher weltberühmt ist und ein Vertrauter war, überzeugt die Machtde-

Auch die römische Inquisition foltert. Doch sind ihre Verfahren vergleichsweise streng geregelt: So darf der Verdächtige nicht unbeschränkt gequält und soll im Zweifel freigesprochen werden. Nach seiner Errettung aus dem **Folterverlies** 1599 widmet ein Unbekannter in Italien der Jungfrau und dem Christuskind diese Votivtafel

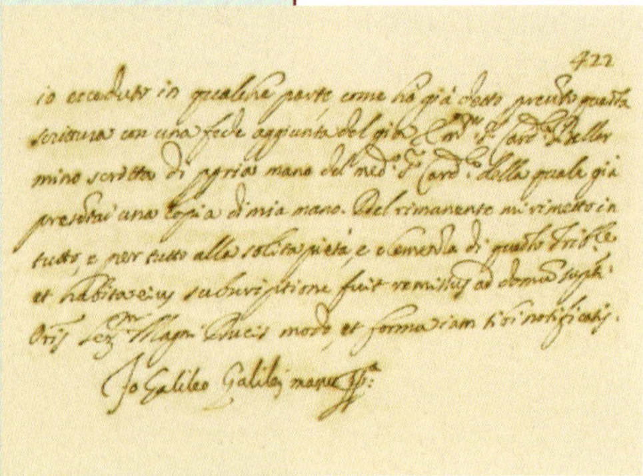

22. Juni 1633: Galileo Galilei widerruft seine »Häresie«. Das Geständnis endet demütig: »Als Zeugnis dieser Wahrheit habe ich mit eigener Hand dieses **Dokument der Abschwörung** unterschrieben und habe es in Rom vorgetragen Wort für Wort, im Konvent der Minerva, an diesem zweiundzwanzigsten Tag des Juni 1633. Ich, Galileo Galilei, habe, wie oben dargestellt, abgeschworen mit eigener Hand.« Juristisch ist der Fall damit abgeschlossen – doch der Skandal, der das Ansehen der Kirche lange verdüstert, beginnt jetzt erst

monstration: Zum Wohle des Christentums verurteilt der Papst sogar einen Freund. Urban wird noch elf Jahre regieren.

Ein katastrophaler Tag aber für die Kirche. In den gebildeten Kreisen Europas herrscht Entsetzen, sogar Katholiken zweifeln an der Weisheit des Vatikans. Den Ruf der Wissenschaftsfeindlichkeit wird die Kirche fortan nicht mehr los.

Dabei hält sich ihr Verbotseifer in Grenzen. Innerhalb der fast 260 Jahre von 1559 bis 1817 setzt die römische Kirche genau 124 wissenschaftliche Werke auf den Index. Das erscheint angesichts der großen Menge jener Bücher, die der Kirche verdächtig erschienen, eher gering. Und nach 1817 ist die Verbotsfrequenz weiter gesunken.

Eine einheitliche Politik des Vatikans lässt sich über die Jahrhunderte nicht erkennen. Die Schriften des atheistischen französischen Philosophen Baron d'Holbach werden im 18. Jahrhundert verboten, die der nicht minder radikalen englischen Denker John Locke und David Hume aber nicht. Swedenborgs vergleichsweise harmlose Naturbetrachtungen werden indiziert, Charles Darwins Schriften zur Evolution der Arten nicht.

Stets kämpft die Inquisition mit jenen Problemen, die sie auch zu Zeiten Galileis plagen: Ineffizienz, mangelnde Koordination, die Angst, sich ohne Not Feinde zu schaffen. Zudem ist das Heilige Offizium auf Denunziationen angewiesen, um häretische Werke zu entdecken. Doch bis ins 19. Jahrhundert hinein sind die meisten europäischen Wissenschaftler Geistliche, die einander nicht verraten; nahezu ausnahmslos »boykottieren« sie die Heilige Römische Inquisition.

LETZTLICH HAT DIE KIRCHLICHE VERFOLGUNG das Geistesleben und die Wissenschaft Europas nicht nachhaltig behindert. Der Kirche ist es nicht gelungen – soweit sie das überhaupt beabsichtigte – irgendeine der zentralen wissenschaftlichen Entwicklungen zu blockieren oder auch nur zu verzögern. Alles in allem war die Inquisition für den Vatikan ein doppelter Fehlschlag: wirkungslos nach außen und verheerend für seine Reputation.

Dazu trägt auch bei, dass die Kirche mehr als 200 Jahre benötigt, um das Verbot des Heliozentrismus zu revidieren. Zwar empfiehlt bereits 1757 ein Gutachter des Vatikans, das Urteil unverzüglich zu kassieren. Mit schonungsloser Klarheit beschreibt der Priester die negativen Folgen, »nämlich die Verachtung, die absolute Geringschätzung und dazu den Spott und das Verhöhnen« der Kirche. Ein »Richtungswechsel wäre des aufgeklärten Papstes würdig, der heute die Kirche lenkt«. Doch erst am 15. September 1822 wird das Verbot des Kopernikanismus aufgehoben.

Noch einmal 170 Jahre später, im Oktober 1992, entschuldigt sich Papst Johannes Paul II. vor Wissenschaftlern für das »schmerzliche Missverständnis« im Fall Galilei und den »Irrtum der Theologen«. Er erinnert noch einmal an die Weisheit der Kirchenlehrer, die damals verraten wurde: Glaube und Wissen entstammten unterschiedlichen Sphären – und es sei klug, wenn die Kirche dies beachte.

Galilei gibt sich nach dem Prozess eine Zeit lang seiner Verzweiflung hin. Nachts schreckt er schreiend auf. Doch er ist kein gebrochener Mann, wie kolportiert wird. Als erfahrener Höfling weiß er, dass Leute wie ihn jederzeit das Schicksal treffen kann, vom Herrscher verstoßen zu werden. Daran ist nichts Ehrenrühriges.

Schon bald bringt ihn Erzbischof Ascanio Piccolomini, in dessen Palast er vorübergehend wohnt, auf neue Gedanken. Fünf Jahre nach dem Prozess veröffentlicht Galilei ein weiteres Buch, das mit Wissen des Vatikans in den protestantischen Niederlanden erscheint. Den Rest seines Lebens verbringt er unter Hausarrest in seiner Villa bei Florenz. Die Überwachung ist lax, Wissenschaftler aus ganz Europa besuchen ihn, er kann forschen und steht in reger Korrespondenz.

In seinem letzten Lebensjahr diktiert Galilei in einem Brief an einen Freund »ohne Hoffnung auf Belohnung und ohne jede Furcht vor Bestrafung« eine Art wissenschaftliches Vermächtnis: »Dass das kopernikanische System falsch sei, darf um keinen Preis bezweifelt werden, vor allem nicht von uns Katholiken. Und genau wie ich die Beobachtungen und Vermutungen des Kopernikus für unzureichend halte, so halte ich ebenso und noch mehr diejenigen von Ptolemäus und Aristoteles für trügerisch und irrig.«

Widerruft Galilei damit noch einmal, diesmal freiwillig? Keineswegs. Er verwirft nur jegliches Denksystem: »Es gibt kein Geschehnis in der Natur«, hatte er im »Dialogo« geschrieben, »auch nicht das einfachste, das von den Theoretikern jemals vollkommen verstanden werden wird.«

Alles Wissen ist vorläufig und richtig nur, bis es als falsch erwiesen wird. Und allein durch genaue Beobachtung ist die Gesetzmäßigkeit der Natur zu erforschen. Das ist Galileis radikale, antimetaphysische, moderne Botschaft. Deshalb gilt er als der erste Forscher der Neuzeit.

Nach seinem Tod am 8. Januar 1642 schreibt ein Bewunderer: »Jetzt, da der Neid ein Ende hat, wird die Erhabenheit dieses Intellekts anfangen, bekannt zu werden, und so wird er der gesamten Nachwelt als Führer bei der Suche nach Wahrheit dienen.« **(2003)**

■ **Siehe auch A–Z-Teil**

→ Fernrohr · Galilei · Galileische Monde · heliozentrisches Weltsystem · Jupiter · Religion und Astronomie

Christoph Kucklick ist Chefredakteur von GEO SAISON. Er hat Soziologie und Politikwissenschaften in Hamburg und Washington D. C. studiert.

Unheimliche Vagabunden

Immer wieder kommen Himmelskörper verschiedener Größe der Erde bedrohlich nahe – oder geraten sogar auf Crashkurs mit unserem Planeten. Krater auf allen Kontinenten bezeugen die Einschläge der Vergangenheit. Forscher entwickeln daher »Defensivwaffen« gegen die Geschosse aus dem Universum

Während die Planeten auf regelmäßigen Bahnen die Sonne umrunden (von innen nach außen: Merkur, Venus, Erde, Mars, Jupiter, Saturn, Uranus, Neptun, Pluto*), droht **Gefahr durch Kometen und Irrläufer** aus dem Asteroiden-Gürtel zwischen Jupiter und Mars. In der Grafik ist ein Komet mit dem stets von der Sonne abgewandten Schweif gerade dabei, ins innere Sonnensystem vorzustoßen

* Dem Pluto wurde am 24.8.2006 von der International Astronomical Union der Planetenstatus aberkannt. Er zählt seither zu den »Zwergplaneten«

Text:
Erwin Lausch

White Sands Missile Range: Die Schranke am Stallion Gate, dem Nordeingang zum Raketenversuchsgelände im US-Staat New Mexico, öffnet sich. Ich bin angemeldet und darf, von nun an in Begleitung, passieren.

Militärsperrgebiet. Nur wenige Kilometer entfernt liegt Trinity Site, wo im Juli 1945 die erste Atombombe der Welt getestet wurde. Mein Ziel ist schon vom Eingang aus zu sehen: eine Teststation der Luftwaffe mit acht Teleskopen. Zwei davon sollen auf ungewöhnliche Art der Verteidigung dienen – nicht der Großmacht USA, sondern der ganzen Menschheit. Nacht für Nacht, wann immer die Sicht es erlaubt, suchen Forscher den Himmel nach Asteroiden und Kometen in Erdnähe ab, nach »Near-Earth Objects« (NEOs).

Sie sind dabei höchst erfolgreich: Bis Anfang September 2001 wurden hier über 700 erdnahe Asteroiden und etliche Kometen erstmals erspäht. »Seit wir 1998 den Betrieb voll aufgenommen haben«, sagt Grant Stokes, Chef der Suchaktion, mit verhaltenem Stolz, »werden 70 Prozent aller weltweit aufgespürten NEOs von uns entdeckt.« Stokes leitet das Projekt LINEAR (Abkürzung von Lincoln Near-Earth Asteroid Research), in dem das Lincoln Laboratory des Massachusetts Institute of Technology bei Boston, von wo er wieder einmal eingeflogen ist, mit der US Air Force kooperiert.

Der Forscher führt mich zu den Teleskopen, die mit ihren Ein-Meter-Spiegeln keineswegs zu den Riesen gehören. Das Geheimnis des Erfolgs liegt vor allem in einem speziellen, zehn mal zehn Zentimeter großen Chip,

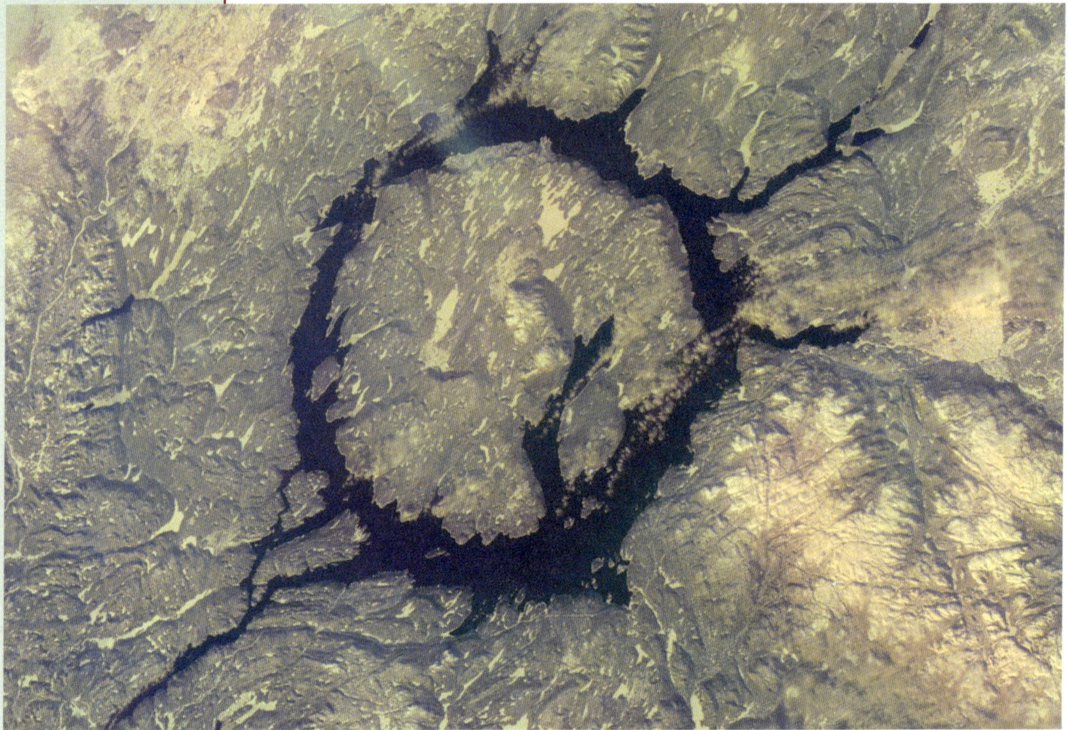

Ein mehrere Kilometer großer Asteroid schlug vor 214 Millionen Jahren den **Manicouagan-Krater** in der kanadischen Provinz Québec, hier von einem Space Shuttle aufgenommen. Innerhalb eines ringförmigen Sees mit etwa 100 Kilometer Durchmesser ist das Zentrum durch »Rückfederung« der Erdkruste wieder angehoben worden der das vom Teleskop eingefangene Sternenlicht aufsaugt und die Bilder in einen Computer leitet.

Stokes öffnet ein schwarzes Kunststoffkästchen, und da liegt die glänzende Scheibe vor mir, die Astronomen in aller Welt schon zu wilden Spekulationen darüber animiert hat, wie viele Millionen wohl in ihre Entwicklung investiert worden sind. Solch ein Chip ist jeweils das Kernstück in den mit den Teleskopen verbundenen Kameras. Zu seinen Vorzügen zählt eine sagenhafte Geschwindigkeit beim Herabladen der Aufnahmen in den Computer. Dadurch entfallen Wartezeiten zwischen den einzelnen Aufnahmen. Ehrfürchtig betrachte ich das Wunderding. Aber ein Chip ist eben ein Chip – sein Geheimnis liegt im Innern, in feinsten Strukturen verborgen.

Der Kontrollschirm zeigt Hunderte Lichtpunkte. Ist ein NEO darunter?

Eine leichter fassliche Sensation erlebe ich in dem mit zahlreichen Bildschirmen voll gestopften Kontrollraum. Auf einem Monitor leuchtet, Lichtpunkt neben Lichtpunkt, ein mit dem Teleskop aufgezeichnetes Stück Nachthimmel über New Mexico. Ist ein NEO darunter? LINEAR-Mitarbeiter Frank Shelly drückt ein paar Tasten, und der Computer beginnt mit der Analyse. Kurz darauf verschwinden alle Lichtpunkte bis auf einige Fünferreihen, die grün und in einem Fall rot markiert sind.

»Wir machen immer fünf Aufnahmen desselben Gebiets«, erklärt Shelly, »und zwar im Abstand von jeweils etwa einer halben Stunde. Der Computer vergleicht die Aufnahmen. Was sich zwischen den Aufnahmen nicht bewegt hat, etwa all die fernen Fixsterne, filtert er heraus.«

Übrig bleiben Himmelskörper, die der Erde nahe genug sind, dass sich ihre Bewegung auf den Aufnahmen abzeichnet: die gesuchten NEOs sowie Asteroiden, die im »Asteroidengürtel« zwischen den Bahnen von Mars und Jupiter um die Sonne ziehen. Die grün markierten Gürtelasteroiden sind keine Gefahr für Erdbewohner, werden jedoch aus wissenschaftlichem Interesse registriert. Rot indes bedeutet: Achtung NEO! Es ist, wie zumeist, ein erdnaher Asteroid oder NEA (von Near-Earth Asteroid). Kometen sind viel seltener.

»Ein NEA«, erläutert Stokes, »bedeutet normalerweise keine Bedrohung. Aber ab und an kann solch ein Himmelskörper doch der Erde brisant nahe kommen oder gar auf Kollisionskurs sein. Wenn die Menschheit eine Chance haben soll, sich davor zu schützen, müssen wir eine solche Entwicklung möglichst frühzeitig erkennen.«

In »Armageddon«, einem Leinwandspektakel von 1998, war es ziemlich einfach, einen Weltuntergang abzuwenden. Ein gewaltiger Asteroid, »so groß wie Texas«, raste mit 35 000 Stundenkilometern auf die Erde zu, drohte als riesiger Meteorit auf ihr einzuschlagen. In nur 18 verbleibenden Tagen bis zum Crash wurde ein Team von Bohrspezialisten zu Astronauten geschult und von Space Shuttles ins All geschossen, wurde ein 255 Meter tiefes Loch in den Asteroiden gebohrt und dieser durch eine Atombombe in zwei Teile gespalten. Die Bruchstücke flogen an der Erde vorbei, die Menschheit war gerettet.

Mit der Wirklichkeit hat ein solches Szenarium nicht im Entferntesten zu tun. Die Himmelskörper, mit denen die Erde kollidieren könnte, sind viel kleiner als das Schreckgespenst aus »Armageddon« – allerdings ungleich schwieriger unschädlich zu machen als dort gezeigt. Und: Weitaus

Milliarden Tonnen Staub und Dampf verdunkelten den Himmel für Wochen

leichtere Attacken aus dem All genügen, das Leben auf der Erde in eine tiefe Krise zu stürzen. Nicht mehr als zehn bis 15 Kilometer maß zum Beispiel jener Asteroid, der vor 65 Millionen Jahren 75 bis 80 Prozent aller Tier- und Pflanzenarten auf der Erde aussterben ließ, darunter die Dinosaurier. Er schlug einen 180 Kilometer weiten Krater, zur einen Hälfte auf der heutigen mexikanischen Halbinsel Yucatán, zur anderen Hälfte im Golf von Mexiko. Milliarden Tonnen Staub und Wasserdampf, verstärkt durch Ruß und Asche von Feuerstürmen, verdunkelten den Himmel für Wochen und Monate und ließen die Temperaturen an der Erdoberfläche so rapide sinken, dass Pflanzen abstarben und Tiere verhungerten.

Selbst weit kleinere Himmelskörper können noch erheblichen Schaden anrichten. So explodierte 1908 in der Atmosphäre über Sibirien ein 50 bis 100 Meter großer Asteroid oder Kometenkern. 2 200 Quadratkilometer Wald wurden dabei am Oberlauf der Steinigen Tunguska umgeworfen. Nur wenige Menschen kamen ums Leben. Doch was hätte dieses Weltraumgeschoss von relativ bescheidenen Ausmaßen angerichtet, wäre es über einer dicht besiedelten Region zerplatzt?

Zahlreiche Krater auf allen Kontinenten zeugen jedenfalls davon, dass die Erde im Laufe ihrer Geschichte immer wieder von Bomben aus dem All getroffen worden ist. Über 150 solcher Narben wurden inzwischen identifiziert. Doch das ist mit Sicherheit nur ein Bruchteil dessen, was die Erde an »Impakten« tatsächlich hat einstecken müssen. Weite Gebiete sind überhaupt noch nicht eingehend auf Impaktkrater untersucht worden. Viele Einschläge sind schwierig oder gar nicht mehr nachzuweisen, weil die deformierte Erdkruste längst von jüngeren Ablagerungen überdeckt oder durch Erosion abgetragen worden ist. Oder es ist, wie 1908 in Sibirien, erst gar kein Krater entstanden.

Vor allem aber: In den Ozeanen, die 70 Prozent der Erdoberfläche einnehmen, wurden bislang kaum Impakte aufgespürt. Die riesigen von Meer bedeckten Flächen der Erde müssen jedoch nach statistischer Wahrscheinlichkeit doppelt so viele Treffer aus dem All abbekommen haben wie das Land. Die wenigen bislang am Meeresboden entdeckten Einschläge liegen überwiegend auf den flachen Schelfrändern der Kontinente. In der Tiefsee konnte lediglich ein einziger Impakt mit Sicherheit nachgewiesen werden: im Ostpazifik westlich von Kap Hoorn.

Wie man durch Untersuchungen weiß, die 1995 von einer internationalen Expedition mit dem deutschen Forschungsschiff Polarstern vorgenommen wurden, ist dort vor 2,15 Millionen Jahren ein ein bis vier Kilometer großer Brocken herabgesaust. Als die Forscher auf der Polarstern den Meeresboden mit Schallwellen »durchleuchteten«, fanden sie ihn über Hunderte von Kilometern 20 bis 40 Meter tief aufgewühlt, doch keinen Krater. Die nach dem Impakt abgesetzten und in charakteristischer Abfolge abgesunkenen Sedimente enthielten auch Stücke des Asteroiden. »Nach diesen Befunden«, sagt der wissenschaftliche Fahrtleiter, Rainer Gersonde vom Alfred-Wegener-Institut für Polar- und Meeresforschung in Bremerhaven, »wissen wir jetzt wenigstens, wonach wir in der Tiefsee suchen müssen.«

NACH MODELLRECHNUNGEN sind Einschläge in der Tiefsee nicht weniger verhängnisvoll als Impakte an Land. Gewaltige Mengen von heißem Wasserdampf und Salz, von Gesteinstrümmern und geschmolzenem Gestein wurden etwa beim Crash im Ostpazifik in die obere Atmosphäre geschleudert. Von der Einschlagstelle breiteten sich Monsterwellen aus, die über tiefem Wasser 20 bis 40 Meter hoch wogten, sich an den Küsten Südamerikas und der Antarktis aber zu mehrere hundert Meter hohen Brechern auftürmten.

Dass vom Himmel etwas auf die Erde herabstürzen könnte, vermochten sich abendländische Gelehrte lange Zeit überhaupt nicht vorzustellen. Bis Ende des 18. Jahrhunderts wurden Meteoritenfälle als Sinnestäuschungen abgetan. Und noch viel länger, bis in die Sechzigerjahre des 20. Jahrhunderts, suchte man nach irdischen Erklärungen für Krater, die sich schließlich eindeutig als Auswirkungen eines kosmischen Bombardements erwiesen. Nach der Entdeckung immer neuer Impaktspuren ist heute unumstritten, dass auch in Zukunft mit Treffern aus dem All zu rechnen ist. »Die Erde«, so formulierten drastisch David Morrison

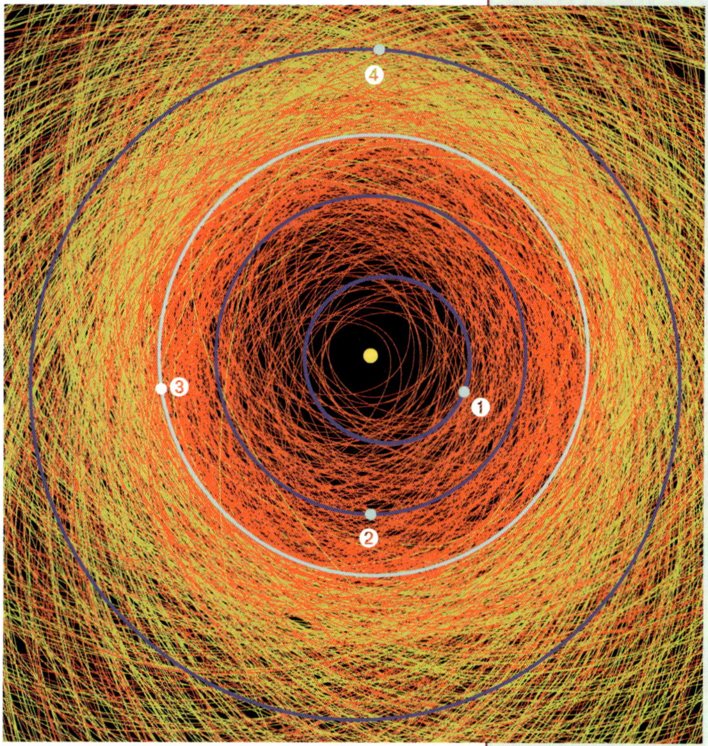

Die Darstellung des inneren Sonnensystems mit Merkur (1), Venus (2), Erde (3) und Mars (4) zeigt die **Flugbahnen** aller dort bis Anfang 2000 entdeckten Asteroiden. Die roten kreuzen die Erdbahn; von Asteroiden auf gelben Bahnen droht zunächst keine Gefahr. Gelbe Linien, die scheinbar innerhalb der Erdbahn liegen, gehören zu Asteroiden mit anderer Bahnneigung, die zurzeit nicht mit der Erde zusammenstoßen können

Durch den Vakuumkanal
werden Staubmassen in die
Atmosphäre gesogen
Wasserdampf
Massen von geschmolzenem
Gestein, Gesteinstrümmern,
Wasserdampf und Salz
werden ausgeschleudert
Einschlagsexplosion

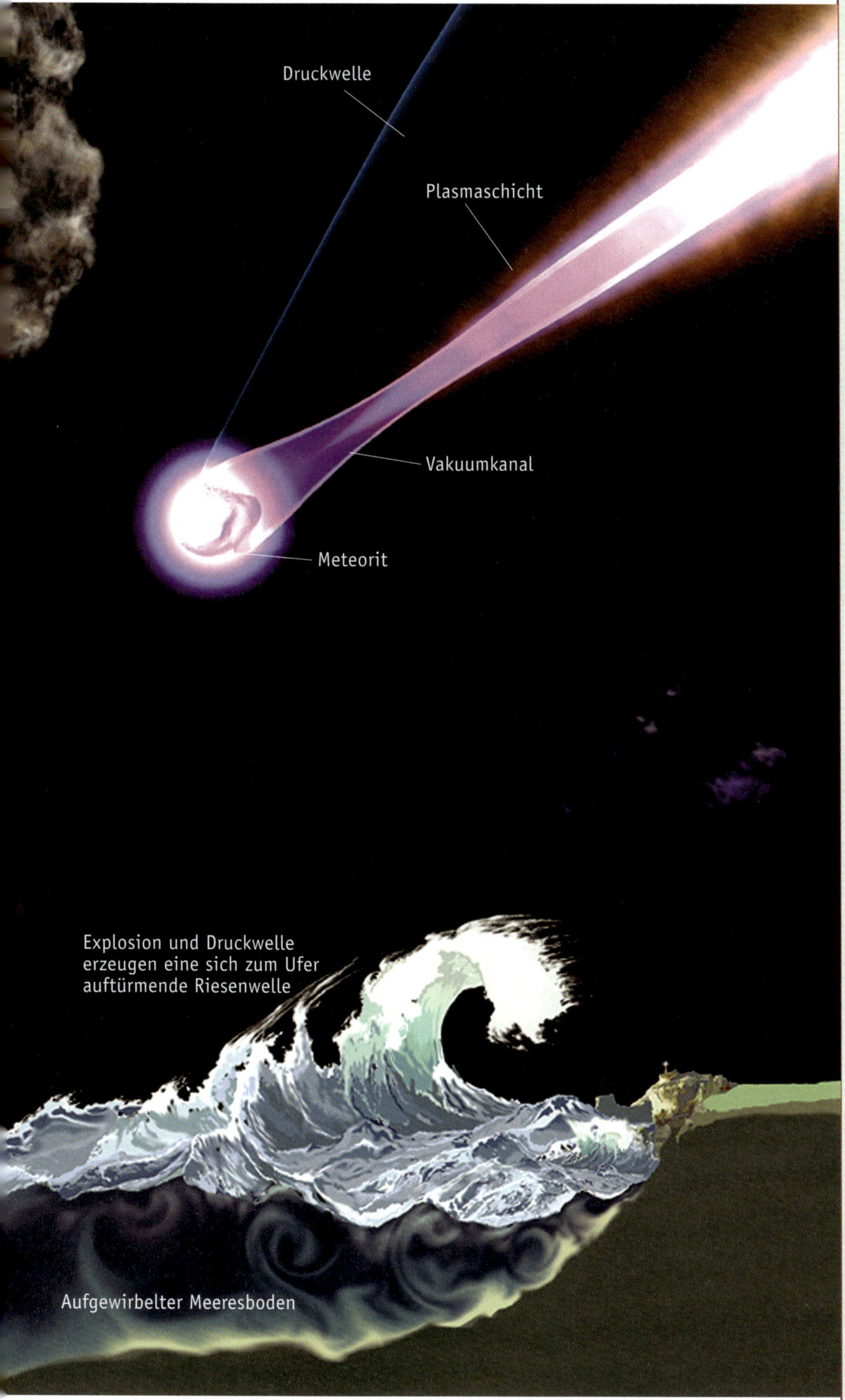

Der **Einschlag eines großen Asteroiden** im Ozean – bei 70 Prozent von Meer bedeckter Erdoberfläche gut doppelt so wahrscheinlich wie ein Treffer aufs Land – löst neben der gewaltigen Explosion mit weltweiten Folgen auch Tsunamis aus. Sie laufen als riesige Wellen um die Erde und türmen sich vor den Küsten zu Hunderte von Metern hohen Brechern auf. Die Grafik zeigt den Ablauf vom Anflug über den Einschlag des Asteroiden bis zum Aufbäumen der Monsterwogen und Clark Chapman, zwei amerikanische NEO-Experten, »schwebt in einer kosmischen Schießbude.«

Chapman und Morrison veröffentlichten Anfang 1994 eine Analyse, in der sie das Risiko der Menschheit in dieser Schießbude abzuschätzen suchten. Ihre Berechnungen stützten sie insbesondere auf eine detaillierte Bestandsaufnahme der Krater auf dem Mond, der wie die Erde ebenfalls unter Beschuss steht. Doch anders als auf unserem Planeten bleiben Einschlagspuren dort über Jahrmilliarden erhalten.

Buchstäblich eine Sternstunde erlebten Himmelsbeobachter am 17. November 1998 in Mittelitalien: Beim Eintritt in die Erdatmosphäre verglühten Massen von winzigen Teilchen in einem **Meteorsturm.** Ein besonders helles Exemplar zog als Feuerkugel eine lange Spur über den Himmel

EINEN DER HÄUFIGEN LEICHTEN TREFFER, wie jenen von 1908 in Sibirien, erwarten die Forscher auf der Erde etwa alle 250 Jahre. Chapman und Morrison rechnen im Durchschnitt mit 5 000 Toten bei diesen Ereignissen. Etwa alle 500 000 Jahre, nehmen sie an, führe die Kollision mit einem 1,5 Kilometer großen Koloss zu einem weltweiten ökologischen Desaster, dem – die heutige Bevölkerungsdichte angenommen – 1,5 Milliarden Menschen zum Opfer fallen könnten, vor allem durch Hungersnöte. Die gewaltigsten Brocken von zehn Kilometer Größe oder mehr, die statistisch etwa alle 100 Millionen Jahre fällig seien, ließen wenig Überlebenschancen. Chapman und Morrison gehen, sollte eine solche Kollision in unserer Zeit passieren, von fünf Milliarden Toten aus.

Um die Risiken in Bezug auf die Größenklassen miteinander zu vergleichen, teilten die Forscher jeweils die angenommene Anzahl der Opfer durch die Anzahl der Jahre, die zwischen den Himmelsschlägen durch-

schnittlich vergehen. Als weitaus gefährlichste Größenordnung erwiesen sich dabei die mittelgroßen Brocken: Bei 1,5 Milliarden Opfern in 500 000 Jahren entfallen statistisch 3 000 auf jedes einzelne Jahr. Die Gefahr, durch einen solchen Himmelskörper umzukommen, so berechneten die Forscher, sei damit ebenso groß wie die Wahrscheinlichkeit, bei einem Flugzeugunglück zu sterben – und größer als das Risiko eines vorzeitigen Todes durch Flutkatastrophen, Tornados und andere gefürchtete Zwischenfälle.

Als deutlichen Fingerzeig für die tatsächliche Bedrohung verstanden Fachleute die Kollision des Kometen Shoemaker-Levy 9 mit dem Jupiter noch im selben Jahr 1994. Dieser Komet bestand aus 20 bis etwa 1 500 Meter

Asteroiden sind Relikte aus den Anfangsjahren unseres Sonnensystems

großen Stücken, die wie auf einer Perlenschnur aufgereiht mit 200 000 Stundenkilometern auf den Gasplaneten zurasten. Sechs Tage dauerte das kosmische Feuerwerk, bei dem ein Kometenteil nach dem anderen auf den Jupiter stürzte. Bei den stärksten Explosionen wurde jeweils eine Energie freigesetzt, die der Sprengkraft von Millionen Hiroshimabomben entsprach.

Asteroiden wie Kometen sind Überbleibsel aus der Zeit vor 4,6 Milliarden Jahren, als aus einer heißen, wirbelnden Wolke von Gas und Staub das Sonnensystem entstand. Die Materie ballte sich zu »Planetesimalen« zusammen, kleineren Himmelskörpern, aus denen durch weitere Zusammenschlüsse schließlich die Planeten und ihre Monde hervorgingen. Doch nicht alle Planetesimalen vereinigten sich zu größeren Himmelskörpern, und mancher Zusammenschluss ging wieder zu Bruch.

Hauptsächlich bestehen Asteroiden aus Stein und Eisen. Die meisten umkreisen die Sonne im großen Treck zwischen den Bahnen von Mars und Jupiter. Die Heimat der Kometen hingegen liegt in den äußersten Bereichen des Sonnensystems, über 10 000-mal weiter von der Sonne entfernt als der Asteroidengürtel, und sie unterscheiden sich auch in der Zusammensetzung. Den größten Anteil haben Wassereis und gefrorene Gase wie Kohlendioxid und Ammoniak. Das Eis ist mit dunkleren Bestandteilen, neben Stein und Eisen viel Kohlenstoff, durchsetzt. Daher werden Kometen von Astronomen oft als »schmutzige Schneebälle« oder »eisige Dreckklumpen« charakterisiert.

Durch Störungen von außen können sowohl Asteroiden als auch Kometen aus ihren regulären Bahnen geworfen werden. Ein Asteroid kann nach einem Zusammenstoß mit einem anderen und unter dem Einfluss des Jupiters in Richtung Sonne und Erde geschleudert werden. Kometen brechen aus ihrer Bahn aus, wenn zum Beispiel in der Nähe ein Stern vorüberzieht.

Ein Komet, der ins Sonnensystem verschlagen wurde, bleibt unbemerkt, bis er deutlich die Bahn des Jupiters hinter sich gelassen hat. Erst dann ist die Sonnenstrahlung stark genug, Kometeneis zu verdampfen. Es bildet sich eine Gashülle, die im Sonnenlicht leuchtet und durch den Sonnenwind zu einem Millionen Kilometer langen Schweif auseinander getrieben wird – ein im Idealfall mit bloßem Auge sichtbares Naturschauspiel, das Menschen seit Jahrtausenden beeindruckt.

Da auf Asteroiden kein Eis verdampft und sie bei ihrer geringen Größe nur wenig Sonnenlicht reflektieren, wurde erst im Jahr 1801 der erste erspäht: Ceres, mit über 900 Kilometer Durchmesser einer der Größten von allen. Es dauerte fast ein weiteres Jahrhundert, bevor die ersten erdnahen Asteroiden aufgespürt wurden.

Bis 1973 waren Asteroiden Zufallsentdeckungen. Berauscht von Einblicken in immer entlegenere Fernen des Alls, interessierten sich Astronomen kaum noch für das nahe Sonnensystem. Zwei amerikanische Geowissenschaftler, der Impaktexperte Eugene Shoemaker und Eleanor Helin,

Objekt entdecken – und dann schnell erforschen, bevor es verschwindet

als Geologin für die US-Raumfahrtbehörde NASA tätig, begannen damals, mit einem altgedienten Teleskop auf dem Mount Palomar in Kalifornien systematisch nach erdnahen Asteroiden und Kometen zu fahnden. Bis 1995 wurde diese bahnbrechende Suche mit vergleichsweise einfacher Technik fortgeführt.

Eleanor Helin, heute Chefwissenschaftlerin eines Suchprogramms auf der Hawaiiinsel Maui, treffe ich in ihrem Heimatinstitut, dem Jet Propulsion Laboratory in Pasadena bei Los Angeles. Sie erinnert sich gern an die Pionierzeiten: Wie sie sich die Nächte in der Teleskopkuppel um die Ohren schlug, um den Nachthimmel auf Fotoplatten zu bannen; wie sie am Morgen darauf, nach kurzem Schlaf, jeweils zwei nacheinander vom selben Himmelsabschnitt gemachte Aufnahmen unter einem Stereomikroskop inspizierte, um herauszufinden, ob sich etwas bewegt hatte. »Die Untersuchung«, erläutert sie, »hatte schnell zu erfolgen. Denn wenn wir etwas entdeckten, mussten wir das Objekt in der nächsten Nacht weiterbeobachten, damit dessen Bahn bestimmt werden konnte und es nicht wieder verloren ging.«

1989 übernahm ein Team an der University of Arizona die Führung in der NEO-Suche. Die Leiter Tom Gehrels und Robert McMillan hatten die Fotoplatten durch ein Halbleiterbauelement ersetzt, einen so genannten CCD-Bildwandler (Abkürzung von *charge-coupled device*, ladungsgekoppeltes Bauelement), der eingefangenes Licht in elektrische Signale umwandelt und diese speichert. CCD-Chips, wie sie in kleinen Ausgaben auch in digitalen Fotoapparaten und Videokameras stecken, bieten den Vorzug, dass die Aufnahmen direkt in einen Computer übertragen und mit entsprechender Software automatisch ausgewertet werden können.

Dieses Verfahren wurde Ende der Neunzigerjahre mit LINEAR zur Perfektion gebracht. Bei der NEO-Suche in New Mexico sind Teleskop, Kamera,

EROS AUF DEN LEIB GERÜCKT

Ein Jahr lang untersuchte die Raumsonde NEAR den Asteroiden Eros – und machte aus ihm den wohl besterforschten Himmelskörper seiner Art

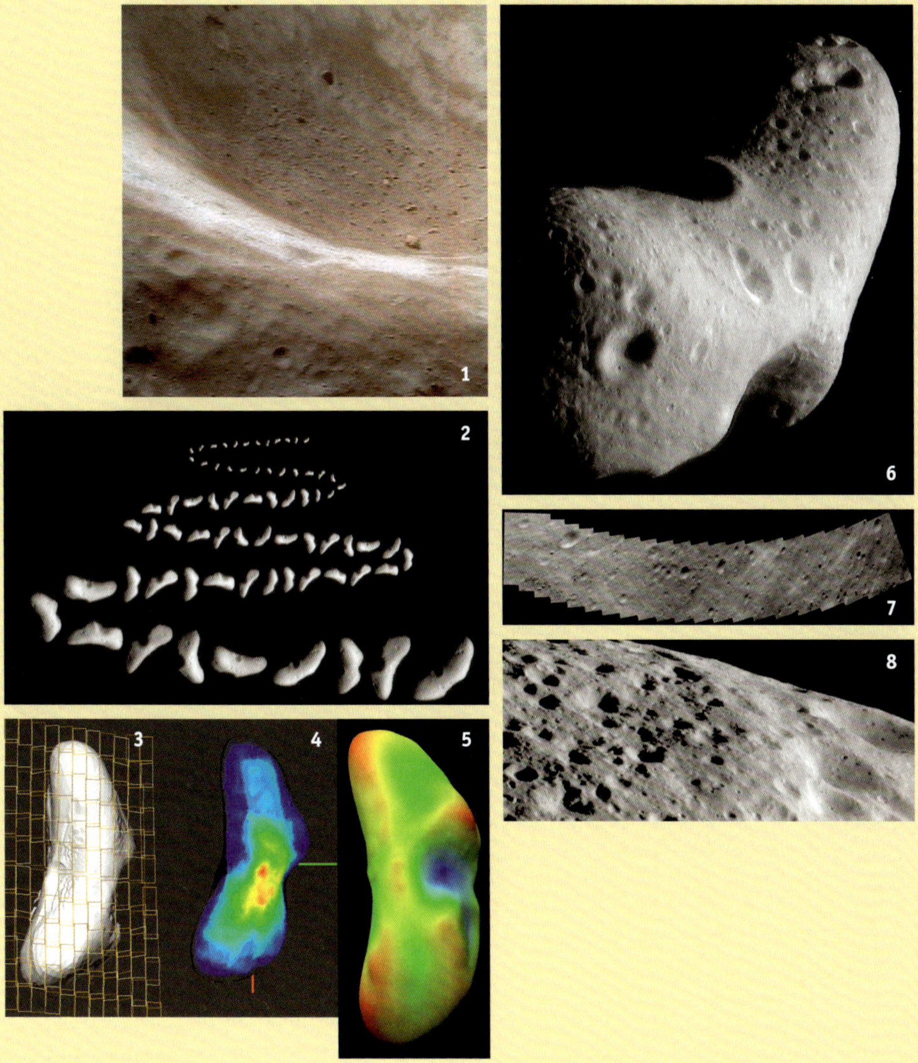

Studien eines bekannten Flugobjektes: Der Ausschnitt eines Kraters auf der Oberfläche von Eros (1); eine bei der Annäherung an den Asteroiden geschossene Aufnahmenserie (2); das Eros-Computermodell (3) zur Planung von Infrarotaufnahmen (4), um die Zusammensetzung des Asteroiden zu bestimmen; daneben die Darstellung der gemessenen Schwereverteilung (5); Ansichten der von Kratern zernarbten Oberfläche, jeweils aus mehreren Bildern zusammengesetzt (6, 7, 8)

ABWEHR-STRATEGIEN

Seit Jahren arbeiten Astrophysiker an Plänen, bedrohliche Himmelskörper abzulenken. Doch die Ideen klingen bislang noch nach Science-Fiction

MODELL LICHTSEGEL
Im Weltraum herrscht kein Wind. Aber der Lichtdruck der Sonne, physikalisch ausgedrückt der Impuls der Photonen, reicht aus, um ein Segel voranzutreiben. Das wollen Forscher nutzen, wenn sie eines Tages einen Asteroiden oder Kometen von einem unheilvollen Kurs abbringen müssten (Abbildung oben). Die Schwierigkeiten sind gewaltig; weil es gilt, ein viele Quadratkilometer großes Segel im All aufzuspannen, und weil Asteroiden und Kometen rotieren. Auf der Zeichnung wird der Störenfried durch ein Netz beiseite gezerrt

MODELL ATOMBOMBE
Würde in den nächsten Jahren oder Jahrzehnten die Kollision mit einem Asteroiden oder Kometen drohen, stünden zur Abwehr nur Atombomben zur Verfügung. Die würden an, über oder unter der Oberfläche des Himmelskörpers gezündet – mit dem Ziel, analog den Abgasen einer Rakete einen Rückstoß zu erzeugen und den Kurs auf diese Weise zu ändern

MODELL LASERBESCHUSS
Durch die Laserstrahlen würde an der Oberfläche eines die Erdbahn kreuzenden Himmelskörpers Material zum Verdampfen gebracht und so ein Rückstoß bewirkt. Lasersysteme könnten auf der Erde, auf dem Mond oder im Weltraum stationiert werden. Jedes Verfahren hat Vor- und Nachteile, alle sind weit von der Einsatzreife entfernt

MODELL TRIEBWERK
Auf dem Himmelskörper selbst würden Triebwerke mit chemischen oder nuklearen Treibstoffen installiert werden, um den kursverändernden Schub zu geben. Die dazu erforderlichen Landemanöver bei sehr geringer Schwerkraft wären schwierig, vom Aufbau der Triebwerke ganz zu schweigen

MODELL SONNENSPIEGEL
Ein kilometergroßer Spiegel aus sehr dünner, mit Metall bedampfter Folie, der neben dem »Erdbahnkreuzer« herflöge, fokussierte Lichtstrahlen auf dessen Oberfläche, um Gestein zum Verdampfen zu bringen und dadurch einen Rückstoß auszulösen

CCD-Chip und Computersoftware optimal aufeinander abgestimmt. Projektleiter Grant Stokes hatte für die US Air Force hoch sensible Systeme zur Überwachung von Satelliten und Weltraumschrott entwickelt, als ihm Mitte der Neunzigerjahre aufging, dass mit ganz ähnlichem Rüstzeug auch Asteroiden und Kometen ausfindig gemacht werden können. Die Air Force zog mit.

Wenn es Nacht wird in New Mexico, öffnet ein Mitarbeiter die Kuppeln und nimmt die Schutzhüllen von den beiden Teleskopen. Alles andere funktioniert computergesteuert: Die Fernrohre werden auf die im Voraus festgelegten Himmelsregionen gerichtet – einige hundert pro Teleskop in jeder Nacht, und das wird in einem vorbestimmten Rhythmus jeweils fünfmal wiederholt. Am Morgen danach beginnt der Computer, die Aufnahmen auszuwerten.

Nach etwa drei Stunden ist die Arbeit getan, ist alles Interessante herausgefiltert: die NEAs und die Asteroiden aus dem Gürtel, die in mancher

»Hermes« näherte sich der Erde auf knapp doppelte Mondentfernung

Nacht zu Tausenden anfallen, neu entdeckte und schon früher gesehene, vielfach wieder verlorene Objekte – und manchmal ein Komet. »Gegen Mittag«, sagt Stokes, »werden alle Beobachtungen an das Minor Planet Center gemeldet. NEAs und Kometen sehen wir uns zuvor noch auf den Aufnahmen an, um ganz sicher zu sein.« Das Minor Planet Center (MPC) in Cambridge, Massachusetts, betrieben von der International Astronomical Union, ist die Registratur für Asteroiden und Kometen, die offizielle Sammelstelle für einschlägige Meldungen von Wissenschaftlern wie Amateuren aus aller Welt.

Bis September 2001 hat das MPC insgesamt 1 505 NEOs registriert: 1 462 erdnahe Asteroiden und 43 Kometen. Unter den Asteroiden haben, nach ihrer Helligkeit zu urteilen, 513 einen Durchmesser von mindestens einem Kilometer, sodass ein Zusammenstoß mit ihnen weltweite Auswirkungen haben würde.

Zu Fastzusammenstößen, in kosmischen Dimensionen gesehen, kommt es immer wieder einmal. Im Juni 2000 raste Asteroid 2000 LG6 in nur 1,3-facher Mondentfernung an der Erde vorbei – ein harmloser Stein mit vier bis neun Meter Durchmesser. Am nächsten kam uns im Dezember 1994 der nur wenig größere Asteroid 1994 XM1, der die Erde in einem Viertel der Mondentfernung passierte. Zwei Asteroiden, die im Mai 1996 in knapp 1,2-facher Mondentfernung und im März 1989 in 1,8-facher Mondentfernung vorbeizogen, maßen immerhin einige hundert Meter.

Die dickste Bombe in Erdnähe war der etwa einen Kilometer große Asteroid 1937 UB, der den Namen des Götterboten trägt: Hermes flog im Oktober 1937 in knapp zweifacher Mondentfernung an der Erde vorbei. Danach haben die Astronomen seine Spur verloren. Wahrscheinlich hat sich der potenziell sehr gefährliche Hermes inzwischen viele Male der Erde wieder genähert, unbeobachtet.

Denn auch mit ausgefeilter Technik sind die lichtschwachen NEAs meist nur für kurze Zeit, bei größter Annäherung an die Erde, im Sternengefunkel auszumachen. Nach ihrer Entdeckung muss also möglichst schnell und möglichst oft ihre Position bestimmt werden. Je mehr Beobachtungen vorliegen, desto genauer lässt sich der Kurs ermitteln. Weitere Begegnungen mit der Erde können auf Jahre und Jahrzehnte im Voraus berechnet werden, vorausgesetzt der Asteroid wird nicht durch unvorherge-

Die Öffentlichkeit schnell informieren, aber nicht unnötig erschrecken

sehene Einflüsse aus der Bahn gebracht. Vom MPC laufend informiert, beteiligen sich heute zahlreiche Wissenschaftler und Amateure an den Verfolgungsjagden.

1998 lief ein Alarm erstmalig um die ganze Welt. MPC-Chef Brian Marsden erklärte, es sei nicht völlig ausgeschlossen, dass der über einen Kilometer große Asteroid 1997 XF11 im Jahr 2028 mit der Erde kollidiere. Aufgrund neuer Berechnungen kam bald darauf die Entwarnung: Tatsächlich führt die Bahn des Asteroiden in 2,5-facher Mondentfernung an der Erde vorbei.

Doch der Fehlalarm hatte sein Gutes. Bei der NASA bewirkte er mehr, als es bis dahin alle Expertengutachten vermocht hatten. Der Etat zur NEO-Suche wurde erhöht. Und zu künftig besserer Abstimmung unter den Experten wurde am Jet Propulsion Laboratory, in dem die NASA einen großen Teil der Forschungsarbeiten im inneren Sonnensystem konzentriert hat, ein Near-Earth Object Program Office eingerichtet. Donald Yeomans, dessen Arbeitsgruppe für »Dynamik im Sonnensystem« schnell herausgefunden hatte, dass kein Grund zur Aufregung über 1997 XF11 bestand, wurde zum Leiter ernannt.

»Unser Ziel ist es«, sagt Yeomans, »bis zum Ende des Jahrzehnts 90 Prozent aller NEAs von einem Kilometer Größe oder mehr zu entdecken. Wenn die Schätzungen zutreffen, dass es davon etwa 1 000 gibt, haben wir bisher die Hälfte gefunden.« Bei diesen Bemühungen, die Erde gegebenenfalls vor schwerem Unheil zu warnen, stehen die Amerikaner bislang weitgehend allein.

Während Großbritannien und einige andere Länder immerhin Interesse an einer Beteiligung an den Observationen bekundet haben, rührt sich im Berliner Bundesforschungsministerium nichts. Heftig beklagen die Berliner Asteroidenforscher Gerhard Hahn und Alan Harris vom Deutschen Zentrum für Luft- und Raumfahrt »die gegenwärtige offiziell gezeigte Gleichgültigkeit«. Dabei habe Deutschland »den Sachverstand und die Mittel, gar nicht zu reden von der moralischen Verpflichtung, sich maßgeblich zu beteiligen«.

Mit den vielleicht 1 000 großen Brocken ist es längst nicht getan. Wer kümmert sich um die viel häufigeren kleineren erdnahen Asteroiden mit ebenfalls beträchtlichem Zerstörungspotenzial? Ihre Anzahl mit Größen über 100 Meter wird auf mehrere hunderttausend geschätzt. »Wir finden auch jetzt schon viele kleinere NEAs«, sagt Yeomans, »aber ein systematisches Programm für die große Masse wäre entsetzlich teuer. Wir wollen deshalb zuerst die großen Objekte finden und dann, mit weiter verbesserter Technik, die Suche auf immer kleinere ausdehnen.«

Zu Yeomans' Aufgaben gehört auch, für einen besonnenen Umgang mit möglicherweise schwer wiegenden Erkenntnissen zu sorgen. Kein Vorpreschen einzelner Forscher mehr, heißt die Devise. »Wir wollen der Öffentlichkeit nichts verschweigen, im Gegenteil«, sagt Yeomans, »aber wir müssen uns abstimmen und die Berechnung von Bahndaten gründlich überprüfen.«

Die Öffentlichkeit soll schnell informiert, aber auch nicht unnötig erschreckt und vor allem nicht durch häufige Fehlalarme abgestumpft werden. Wie schwierig diese Ziele zu vereinen sind, erfuhr Yeomans selbst Anfang November 2000. Da gab er die erste offizielle Mitteilung über eine mögliche Kollision bekannt: Asteroid 2 000 SG344 könnte am 21. September 2030 die Erde treffen. Die Wahrscheinlichkeit dafür betrage zurzeit 1 zu 500. Das Objekt sei 30 bis 70 Meter groß. Vielleicht handle es sich aber auch um eine ausgebrannte Raketenstufe, die das Sonnenlicht stärker reflektiere, aber deutlich kleiner sein würde: etwa 15 Meter.

Kaum mehr als 150 Meteoritenkrater wurden bislang an Land identifiziert – ein Bruchteil aller tatsächlich erfolgten **Erdeinschläge.** Weitaus mehr Asteroiden und Kometen müssen in die Ozeane gestürzt sein

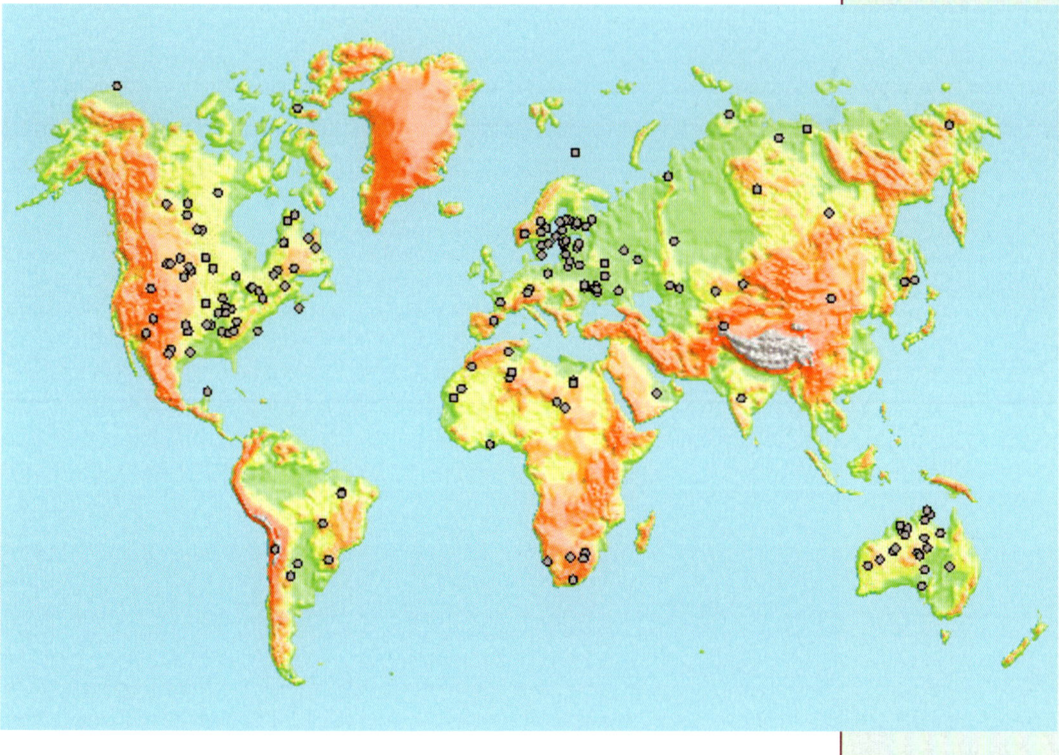

Kaum war die Meldung heraus, folgte ein Dementi. Keine Crashgefahr im Jahr 2030, aber ein Risiko von 1 zu 1000 am 16. September 2071. Was war geschehen? Ein NEO-Jäger hatte das Objekt auf älteren Aufnahmen entdeckt, und dadurch war eine genauere Bahnberechnung möglich geworden. Hätte man mit der Meldung nicht noch etwas warten sollen? Er habe sich an die Abmachung gehalten, innerhalb von 72 Stunden die Öffentlichkeit zu informieren, rechtfertigt sich Yeomans.

Ein Komet passiert Mond und Erde. Der Zeichner blickt von seinem imaginären Sitz im All auf den Mond, der – wie die Nachbarplaneten – **voller Krater** ist. Die Erde wäre genauso zernarbt, wären auf ihr nicht viele Spuren der Einschläge durch geologische Vorgänge wie Gebirgsbildung und Vulkanismus, Erosion und Sedimentation getilgt worden

AUCH BEI NOCH SO SORGFÄLTIGEN Berechnungen, das ist die Krux, kann lange Zeit nach einer Entdeckung immer nur eine mehr oder weniger große Wahrscheinlichkeit für eine Kollision angegeben werden. Absolute Gewissheit wird jeweils erst kurz vor dem Crash herrschen. Auf einem Video demonstriert mir Yeomans' Mitarbeiter Paul Chodas die Ergebnisse einer Computersimulation: ein Asteroid auf Crashkurs. Bis 60 Tage vor der Kollision mit der Erde bestanden noch – freilich immer weiter schwindende – Aussichten, dass die Begegnung gut ausgehen könnte. Danach war das Desaster sicher.

So weit soll es natürlich im Ernstfall gar nicht erst kommen. Da Abwehrmaßnahmen aber Zeit benötigen – Experten sprechen von Jahrzehnten –, ist es Ziel von Suchprogrammen wie LINEAR, einen immer größeren Teil der NEOs weit im Voraus zu entdecken und deren Bahnen zu bestimmen.

Viel Zeit wäre erforderlich, weil eine Abwehraktion sorgfältiger Vorbereitung bedürfte und zur Verteidigung der Erde, wie auch immer sie er-

folgte, große Lasten ins All geschafft werden müssten. Die Wege im Weltraum wären nicht nur deshalb lang, weil die Eingriffe möglichst weit von der Erde entfernt vorgenommen werden sollten, sondern auch, weil Raumschiffe ihr Ziel nach den Gesetzen der Dynamik im Sonnensystem meist nur auf Zeit raubenden Umwegen erreichen können – und selbst das oft nur in bestimmten »Zeitfenstern«.

Zunächst aber müsste ein Störenfried gründlich untersucht werden. Ein neu entdeckter NEA ist zu Beginn lediglich ein Lichtpunkt, der sich am Himmel schnell bewegt. Aus Helligkeit und Entfernung lässt sich grob seine Größe ableiten. Mit zunehmender Zahl von Beobachtungen kann dann immer genauer die künftige Bahn berechnet werden. Für weitergehende Aussagen, etwa über Form und Rotation, Zusammensetzung, Dichte und Masse, sind Untersuchungen mit großen Teleskopen und Radaranlagen erforderlich, am besten zudem eine Inspektion vor Ort.

Asteroiden sind stets verbeult – Resultat ungezählter Karambolagen

Vorbild dafür könnte die dem Asteroiden Eros gewidmete amerikanische Mission NEAR (Near-Earth Asteroid Rendezvous) sein, die höchst erfolgreich endete. Seit 1996 unterwegs, hatte die Raumsonde NEAR Shoemaker die Umlaufbahn um ihren Rendezvouspartner im Februar 2000 erreicht. Während sie Eros ein Jahr lang in wechselnden Höhen umrundete, sandte sie Ströme von Messdaten und spektakulären Bildern der kraterzernarbten Oberfläche zur Erde. Nach erfüllter Mission landete die Sonde am 12. Februar 2001 weich auf dem Asteroiden.

Asteroiden sind unregelmäßig geformt und vielfältig verbeult – Resultat unzähliger Karambolagen. Nur wenige dieser immer wieder geknufften Schöpfungsreste konnten bislang mit Radar und Weltraumsonden untersucht werden, doch gab es dabei allerlei Überraschungen. Zum Beispiel als NEAR Shoemaker, auf dem Weg zu Eros, Mathilde besuchte: einen steinernen Asteroiden, 66 mal 48 mal 46 Kilometer groß, der nur halb so viel wie erwartet wog. In seinem Innern muss es reichlich Hohlräume geben. Mathilde ist ein »rubble pile«, ein Trümmerhaufen, einzig von der eigenen schwachen Schwerkraft zusammengehalten. Wie die Forscher inzwischen vermuten, sind Rubble piles unter Asteroiden weit verbreitet.

Andererseits gibt es Asteroiden aus Nickeleisen, sechsmal so dicht wie der Trümmerhaufen Mathilde. Für den Forscher Yeomans folgt aus dieser Spannweite, »dass wir mehr als eine einzige Ablenkungsstrategie brauchen. Ein Patentrezept wird es nicht geben.«

Eine simple Spaltung, wie im Film »Armageddon« praktiziert, darüber sind sich alle Experten einig, kommt nicht in Frage – zu groß wäre das Risiko, dass die Teilstücke die Erde dennoch träfen. Man müsste einen Störenfried also entweder in so kleine Stücke zerlegen, dass sie beim Eintritt in die Atmosphäre verglühen oder relativ harmlos explodieren würden – oder ihn von seinem bedrohlichen Kurs abbringen.

Eine kontrollierte Sprengung erscheint auch in den Planspielen nur bei kleineren NEOs mit Durchmessern bis 200 Meter möglich. Neben herkömmlicher Sprengtechnik haben amerikanische Forscher sich eine aparte weitere Methode zur Zerkleinerung ausgedacht: Sie stellen sich vor, zahlreiche Projektile aus dem Schwermetall Wolfram, eingebunden in ein Netz aus zähen Fasern, auf einen Asteroiden schießen zu können. Auf diese Weise, so haben die Wissenschaftler berechnet, ließe sich ein 200-Meter-Objekt in etwa einen Meter große Bruchstücke zerlegen, die beim Eintritt in die Atmosphäre verglühen würden. Andere Experten bezweifeln jedoch, ob diese scherzhaft als »Cookie Cutter« (Keksmesser) bezeichnete Abwehrwaffe überhaupt funktionieren könnte.

Empfehlenswerter erscheint den meisten Fachleuten, den potenziellen Unglücksbringer auf eine ungefährliche Bahn umzulenken – bei größeren Objekten ohnehin die einzige Möglichkeit. Doch auch das bringt schon in der Theorie enorme Schwierigkeiten mit sich. Das zentrale Problem wäre, die für eine solche Kursänderung erforderliche Energie fern im All bereitzustellen.

Je früher das Manöver begänne, desto geringer dürfte die benötigte Kursänderung ausfallen und desto weniger Energie würde benötigt. Dennoch wäre der Bedarf so groß, dass die Menge an konventionellem Treibstoff, die eine Raumschiffflotte transportieren kann, nur für einen kleinen Himmelskörper – bis etwa 100 Meter Durchmesser – ausreichen würde.

Weitaus mehr Energie lieferten Atombomben. Doch die auf der Erde geächteten Sprengkörper im All zu zünden, vielleicht zwecks schnellerer Einsatzbereitschaft in einer Raumstation zu lagern, erscheint vielen Fachleuten politisch heikel. Sie fragen sich, wie die Kontrolle gewährleistet und Missbrauch verhindert werden könnte. Mancher fürchtet zudem, dass Politiker und Militärs die Einsatzmöglichkeiten im All nutzen könnten, um die Weiterentwicklung von Atomwaffen zu rechtfertigen. Dennoch sind Atombomben zur Zeit das einzige vorstellbare Abwehrmittel, das überhaupt einsatzbereit wäre. Um den Asteroiden abzudrängen, könnten sie in seiner Nähe, an seiner Oberfläche oder dicht darunter gezündet werden.

UND ES GIBT NOCH ABENTEUERLICHER klingende Abwehrszenarien. Etwa Vorschläge, einen Raketenmotor oder einen Laserantrieb an einem gefährlichen Asteroiden anzudocken; oder diesen mit einem extrem starken Laserstrahl von der Erde aus anzuschmelzen und ihn durch den dadurch erzeugten Rückstoß aus der Bahn zu bringen.

Mit riesigen Sonnenspiegeln, so eine weitere Fantasie, könnte ebenfalls durch Anschmelzen der Oberfläche ein Rückstoß erreicht werden, jedenfalls in Sonnennähe. Ziemlich exotisch die Idee, das Störobjekt lieber mithilfe eines Segels, das den Druck des Sonnenlichts als Schubkraft nutzt, abdriften zu lassen. Solch ein Segel müsste sich über Tausende von Quadratkilometern erstrecken. Das knifflige Problem, das gigantische Segel am rotierenden Asteroiden zu befestigen, wäre, meinen manche, zu umgehen, wenn man den Asteroiden in einen Sack steckte und so vom Segel abschleppen ließe.

Andere Einfälle, die immer wieder mal ins Spiel gebracht werden, liegen noch weiter außerhalb jeglicher heute absehbaren Realität. Dazu gehören Antriebe, die das Energiepotenzial bei der Vereinigung von Materie mit Antimaterie nutzen sollen, Änderungen des Gravitationsfeldes, Supermagnetfelder. Dazu gehören noch rein hypothetische Geschöpfe, so genannte »eater«; die sollen auf einem NEO abgesetzt werden und ihn auf biologische, chemische oder mechanische Weise zu einem Haufen Staub zerkleinern, der dann freilich, da als Ansammlung immer noch gefährlich, im All verteilt werden müsste.

Dagegen nimmt sich ein erster gezielter Eingriff geradezu bieder aus, den die NASA für den Juli 2005 plant. Dann wird die Raumsonde »Deep Impact«, deren Start für Januar 2004 geplant ist, nach anderthalbjährigem Flug einen kleinen Kometen namens P/Tempel 1 erreicht haben und ein 370 Kilo schweres Geschoss aus Kupfer auf ihn abfeuern. Die Wissenschaftler erwarten, dass beim Einschlag mit einer Geschwindigkeit von 36 000 Kilometern pro Stunde ein etwa 100 Meter weiter und 20 Meter tiefer Krater entsteht.

Offiziell geht es darum, erstmals das Innere eines Kometen zu erkunden. Doch Brian Muirhead, Projektmanager für »Deep Impact« am Jet Propulsion Laboratory, macht keinen Hehl daraus, dass man sich auch Erkenntnisse für den Umgang mit erdbedrohenden Kometen erhofft. **(2001)**

■ **Siehe auch A–Z-Teil**

→ Apollo-Objekte · Arizona-Krater · Chicxulub-Krater · Deep Impact · Einsturztheorie · Eros · Hermes · Kometen · Meteoriten · Mount-Palomar-Observatorium · NEAR · Planetoiden · Shoemaker-Levy 9 · Tunguska-Ereignis

Dr. Erwin Lausch war bis 1994 GEO-Redakteur. Seitdem arbeitet er freiberuflich als Wissenschaftsjournalist mit Schwerpunkt in den Geowissenschaften.

Rüstung für Raumreisende

Ein Astronauten-Dress muss nicht hübsch sein, sondern zweckmäßig, hängt doch von seinem Funktionieren das Überleben im All ab. Frühe Modelle ließen die Menschen wie Mumien oder Taucher erscheinen. Auf dem Mars wird es womöglich modisch zugehen: Hautenge Hightechgarderobe soll die künftigen Besucher umhüllen

Ein Selbstbildnis mit Erde fotografierte der Astronaut Peter J. K. Wisoff, als er sich im spiegelnden Helm seines Kollegen vor der Internationalen **Raumstation ISS** ablichtete. Beim Weltraumspaziergang vertrauen Astronauten ihr Leben einem über Jahrzehnte verfeinerten Prinzip an: einer dünnen, mit Gas gefüllten Hülle, die ein Arbeiten im einer Umgebung ohne Sauerstoff und Atmosphärendruck ermöglicht

Text:
Martin Paetsch

Der erste Mensch, der sich in einem Raumanzug den lebensfeindlichen Bedingungen der Stratosphäre aussetzte, endete im Irrenhaus. Schon lange war Mark Edward Ridge davon besessen, in einem offenen Ballon auf 27 Kilometer Höhe aufzusteigen – um, wie er versicherte, dem Fortschritt der Wissenschaft zu dienen. Der junge Mann aus Massachusetts hatte mehrmals erfolglos das US-Militär um Unterstützung ersucht. Schließlich, am 16. November 1933, erhielt er doch noch die Chance seines Lebens – in England, auf Einladung von John Scott Haldane, Professor an der Universität Oxford.

Unter Aufsicht des Atmungsexperten kletterte Ridge in der Nähe von London in die Vakuumkammer eines Taucheranzugherstellers, bekleidet mit einer druckdichten Montur. Langsam wurde die Luft aus dem Stahlverlies gepumpt, bis der Druck so niedrig war wie 15 Kilometer über dem Erdboden. Ridge trug keinen Schaden davon, auch nicht, als er zwei Wochen später simulierte 27 Kilometer Höhe erreichte.

Diese beiden Selbstversuche blieben die einzigen derartigen Erfolgserlebnisse des Möchtegern-Höhenfliegers; seine Geisteskräfte rieb er in einem endlosen Papierkrieg um den erhofften Ballonflug auf. Noch aus der Heilanstalt unternahm Ridge kurz nach dem Zweiten Weltkrieg einen letzten Vorstoß: In einem Telefonat mit der Zeitung »Boston Globe« bot er an, sich mit einer erbeuteten deutschen V2-Rakete in den Himmel schießen zu lassen.

So skurril die Umstände der Druckkammerexperimente auch anmuten – sie waren der Auftakt zur Entwicklung von Raumanzügen. Ridge bewies erstmals, dass ein Mensch, der die richtige Schutzkleidung trägt, in den äußeren Bereichen der Atmosphäre existieren kann – und damit auch im All.

Die Astronauten, die in 400 Kilometer Höhe die Raumstation ISS zusammenbauen, vertrauen ihr Leben noch immer demselben Prinzip an – einer dünnen, mit Gas gefüllten Hülle, die das Arbeiten in einer Umge-

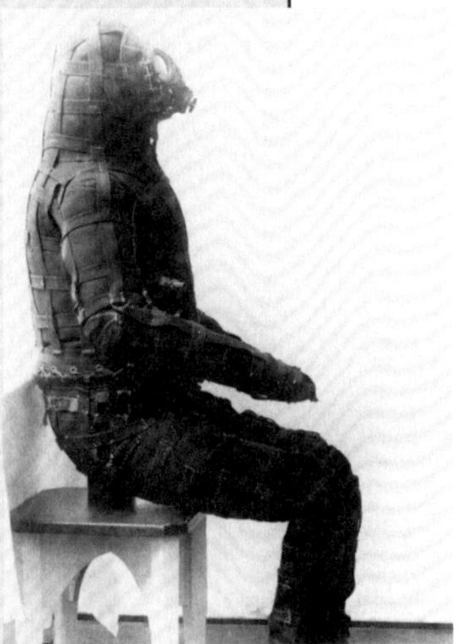
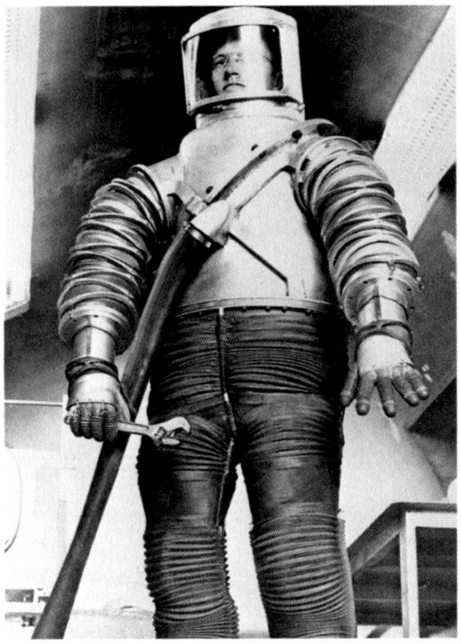
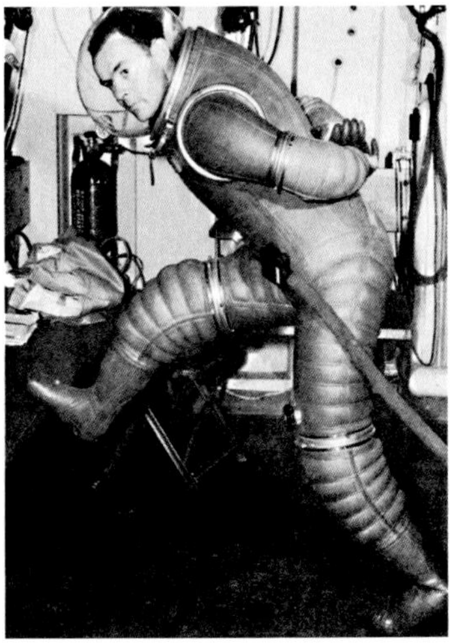

Im **Druckanzug** der Lübecker Drägerwerke aus dem Zweiten Weltkrieg glich der Träger einer bizarren Mumie. Das Modell **»Litton Mark I«,** in den 1950er-Jahren in den USA für Arbeit in Vakuumkammern entwickelt, wurde zum Vorläufer moderner »Hard-Suits«. Bereits 1943 wurde der **Tomato-Worm-Suit** getestet: An Raupen erinnernde Beinpartien gaben ihm seinen Namen bung ohne Sauerstoff, Atmosphärendruck und gleichmäßige Wärme ermöglicht.

Schon zehn Kilometer über dem Erdboden ist die Luft derart dünn, dass ein Pilot ohne Sauerstoffmaske in zwei Minuten das Bewusstsein verlieren würde. Weitere fünf Kilometer höher beträgt die Temperatur minus 55 Grad, der atmosphärische Druck von außen ist so niedrig, dass kaum noch Sauerstoff in die Lungen gelangt; Flüssigkeiten und Gase im menschlichen Körper dehnen sich nun so weit aus, dass die Trommelfelle platzen, Bauch und Gliedmaßen fast bis zum Zerreißen anschwellen. In einer Höhe von 19 Kilometern entspricht der Siedepunkt des Blutes der durchschnittlichen Körpertemperatur: Ohne Druckanzug wären Menschen innerhalb von Sekunden tot.

Der **Mercury-Astronaut John Glenn** umkreiste 1962 als erster Mensch dreimal die Erde. Die luftgekühlte Kluft war nur für Notfälle vorgesehen und sollte sich erst bei einem Druckverlust in der Kapsel aufblähen

Piloten hatten die Notwendigkeit von Schutzmaßnahmen rasch erkannt. Etwa der Amerikaner Wiley Post: Wenige Monate nach dem Vakuumkammerversuch von Ridge schraubte der Berufsflieger seine »Winnie Mae« auf 15 Kilometer Höhe. Dafür hatte er sich einen passenden Fliegeranzug von der Goodrich Company, einem Reifenhersteller, schneidern lassen.

Die nötige Druckluft lieferte der Kompressor des Flugzeugmotors. Um sich warm zu halten, hatte Post die Luftzuleitung um die heißen Abgasrohre des Motors gewickelt. In seinem eimerähnlichen Helm war nur vorn ein Bullauge ausgespart – gerade groß genug für den Einäugigen.

Die frühen Raumanzüge krankten alle am selben Problem: Der Innendruck verwandelte sie in Ballons

Post hatte bemerkt, dass die »Winnie Mae« in großer Höhe auf weniger Luftwiderstand traf und somit schneller flog. Dieser Vorteil der Stratosphäre blieb auch den Militärs nicht verborgen. Kurz vor dem Zweiten Weltkrieg lieferten sich Engländer, Deutsche, Russen und Italiener einen Wettstreit um Höhenrekorde – und um die beste Technik für Druckanzüge.

Piloten des **Raketenfliegers X-15** erreichten in den 1960er-Jahren in weltraumtauglichen Anzügen Höhen von bis zu 108 Kilometern – unter ihnen Neil Armstrong. Im **Rettungsanzug SK-1** (unten) flog Juri Gagarin 1961 als erster Mensch ins All

Die Lübecker Drägerwerke etwa experimentierten mit einem Anzug aus Gummi und Seide. Unter Druck gesetzt, erwies er sich jedoch als ebenso unbrauchbar wie ein späteres, an mittelalterliche Rüstungen erinnerndes Modell.

Die frühen Raumanzüge krankten an einem lange Zeit unlösbaren Problem: Der lebenswichtige Druck verwandelte sie in starre Ballons, in denen jede Bewegung enorme Anstrengungen kostete. Ausgeatmete Luft und verdunstender Schweiß des Piloten sorgten dafür, dass das Visier beschlug und das Klima in der luftdichten Gummihülle rasch unerträglich wurde.

Die entscheidende Verbesserungsidee kam dem Goodrich-Ingenieur Russell Colley. Im Frühjahr 1943 fiel ihm bei der Gartenarbeit eine wendige Raupe an einer Tomatenstaude auf, die sich dank der wulstartigen Körpersegmente scheinbar mühelos krümmen und fortbewegen konnte. Colley konstruierte daraufhin einen Anzug mit Arm- und Beinpartien nach Raupenvorbild. Selbst unter Druck bewahrte der »Tomato-Worm-Suit« eine bislang ungekannte Flexibilität. Und in den 1950er-Jahren erfand der in den USA arbeitende deutsche Wissenschaftler Hans Mauch die luftgekühlte Unterwäsche.

Solche Innovationen kamen in den 1960er-Jahren zunächst jenen Militärpiloten zugute, die im Raketenflieger X-15 an die Grenze zum All vorstießen. Doch nicht nur in den USA machten die Konstrukteure Fortschritte. Im April 1961 startete der russische Kosmonaut Juri Gagarin zum ersten bemannten Raumflug. Seinen Anzug vom Typ SK-1, der ihn vor einem plötzlichen Druckverlust in der »Wostok-1«-Kapsel schützen sollte, hatten Forscher aus Kleidung der Marineflieger entwickelt.

Mit diesem historischen Ereignis begann das Wettrennen zwischen Russen und Amerikanern um die Eroberung des Alls. Im Februar 1962 umrundete der US-Astronaut John Glenn in einer »Mercury«-Kapsel als erster Mensch dreimal die Erde. Im März 1965 schwebte der Russe Alexej Leonow als erster Mensch im Orbit – wenn auch nur für eine knappe Viertelstunde. Drei Monate später trieb, nur über eine Art Nabelschnur mit »Gemini 4« verbunden, der US-Astronaut Edward White durchs All. Für jedes Weltraumprogramm wurden immer wieder neue Anzüge entworfen und verworfen, getestet und verbessert.

Einen vorläufigen Höhepunkt erreichte die Entwicklung am 20. Juli 1969. Eingehüllt in 400 000 Dollar teure Maßanfertigungen, betraten Neil Armstrong und Edwin Aldrin den Mond. Verborgen unter dem weißen Schutzoverall, waren akkordeonähnliche Segmente in die Arm- und Beinpartien des Druckanzugs eingearbeitet. Diese Abwandlung des Raupenprinzips ermöglichte es Armstrong und Aldrin, mit vorsichtigen Schritten die Leiter der Landefähre hinabzuklettern.

Die von der International Latex Corporation gefertigten Anzüge waren textile Hightechfestungen. Der Overall vereinte in 16 Lagen die neuesten Errungenschaften der Materialforschung. So sollten etwa teflonbeschichtetes Glasfasergewebe und aluminisierte Kaptonfolie gefährliche Strahlung und bis zu einen halben Millimeter dicke Mikrometeoriten abwehren. Die Astronautenfüße steckten in Überschuhen aus 33 Lagen Isoliermaterial.

In die Unterwäsche der Mondwanderer waren Schläuche aus Kunststoff eingenäht, durch die ständig Kühlwasser zirkulierte. Der Lebenserhal-

Ein Snack-Halter am Halsring. Und fürs Geschäft eine Windel mit Loch

tungsrucksack, »Portable Life Support System« genannt, kontrollierte vier Stunden lang den Druck sowie die Temperatur im Anzug und lieferte den Sauerstoff zum Atmen. Eine Aufbereitungsanlage filterte Kohlendioxid, Feuchtigkeit und Körpergerüche aus der zurückströmenden Luft.

Kein menschliches Bedürfnis sollte die »Apollo«-Crews bei ihren immer längeren Ausflügen im All ablenken. Astronauten konnten bald – ohne ihre Hände zu benutzen – an einem am Halsring befestigten Energieriegel knabbern und per Saugvorrichtung synthetischen Orangensaft trinken. Den Urin sammelte ein um die Taille geschnallter Beutel, für größere Zwi-

Mittlerweile sind **Hartschalenanzüge** wieder in Mode: Der erstaunlich bewegliche NASA-Entwurf Ames AX-5, hier 1987 beim Test im Wasserbecken, kommt ohne Stoffteile aus. Wie in die meisten »Hard-Suits« steigt der Astronaut hinten ein

NASA-Designstudie eines Helms: Das Visier muss Strahlung und auch winzige Meteoriten abhalten. Der **»H-Suit«** von 1988 mit Rückeneinstieg (Mitte) wird für einen Marseinsatz getestet. Der Hybridanzug aus harten und weichen Materialien hält auch hohen Gasdruck aus – das zeitraubende Voratmen von reinem Sauerstoff entfällt. Die **Spaceshuttle-Anzüge** (rechts, mit Manövriereinheit) sind sogar wiederverwendbar

schenfälle war ein »Fecal Containment System« vorgesehen, letztlich nichts anderes als eine Windel mit Loch an der Vorderseite.

Nach massiven Budgetkürzungen musste die NASA bald auch an der Astronautenkleidung sparen. Waren die früheren Kreationen noch maßgeschneidert, kommen die Anzüge für die Besatzungen der Space Shuttles erstmals von der Stange. Die Garderobe besteht aus einem Fiberglastorso, der sich mit verschieden langen Arm- und Beinelementen den Körpermaßen anpassen lässt. Nach dem Einsatz wird der Modulanzug zerlegt und gereinigt, sodass er bis zu acht Jahre lang verwendet werden kann. Einzig die 20 000 Dollar teuren Handschuhe sind Maßarbeit – sie sollen die Finger, die im Druckanzug ohnehin schnell ermüden, nicht unnötig behindern.

Der Overall der Shuttle-Astronauten ist für den Orbit konstruiert. Das Spezialgewebe schützt vor Außentemperaturen von minus 130 Grad Celsius bei Dunkelheit und plus 150 Grad bei Sonnenlicht; das goldbeschichtete Visier bewahrt das Gesicht vor der intensiven UV-Strahlung.

Das weiter entwickelte Lebenserhaltungssystem ermöglicht bis zu acht Stunden lange Aufenthalte im Weltraum. Und natürlich sind moderne Astronauten elektronisch vernetzt. Über ein Headset stehen sie in Kontakt mit Raumfähre und Bodenstation, die laufend die Messwerte wichtiger Körperfunktionen überwachen. Eine am Helm befestigte Minikamera überträgt jeden Handgriff der Raumfahrer. Insgesamt wiegt die Ausrüstung, im NASA-Jargon »Extravehicular Mobility Unit«, fast 120 Kilogramm – dank der Schwerelosigkeit im Orbit kein Problem.

Für einen Flug zum Mars wäre der vor mehr als einem Vierteljahrhundert konzipierte Shuttledress dennoch ungeeignet. Eine der größten Herausforderungen ist der feine, von Stürmen aufgewirbelte Staub, der den Gelenken der Anzüge und ihrer Elektronik zusetzt.

Außerdem müsste die Schutzhülle extrem leicht sein: Unter der Ausrüstung, die ihre Shuttlekollegen in der Schwerelosigkeit der Erdumlaufbahn tragen, würden Marsbesucher zusammenbrechen – an ihnen zerrt immerhin etwa ein Drittel der irdischen Anziehungskraft. Der Anzug darf auch nicht so verschwenderisch mit Sauerstoff umgehen wie die heutige Raumkleidung, die durch Nähte und Gelenke etwa sechs Liter pro Stunde verliert. Sauerstoffnachschub von der Erde wird es während der jahrelangen Marsmission schließlich nicht geben.

Vor allem aber muss die Kleidung sehr robust sein: um die Marswanderer vor spitzen Steinen zu schützen und um einen höheren Innendruck zu ermöglichen. Da herkömmliche Stoffanzüge bei hohem Druck stark versteifen und damit die Bewegungen erschweren, werden sie gewöhnlich mit geringem Druck benutzt. Um aber darin arbeiten zu können, müssen etwa die Shuttleastronauten 24 Stunden vor jedem Einsatz damit beginnen, reinen Sauerstoff zu atmen. Das wäre für einen längeren, mit häufigen Exkursionen verbundenen Einsatz auf dem Mars zu umständlich.

Dort könnten daher die frühen, von Ritterrüstungen inspirierten Raumanzüge eine Renaissance erleben. Der »H-Suit«, ein moderner NASA-Prototyp, ist mit Brustpanzer und scharnierartigen Schulter- und Hüftkonstruktionen bestückt. Über eine Einstiegsluke an der Rückseite gelangt der Astronaut in den Anzug; drehbare Gelenke verleihen ihm Beweglichkeit.

Manche Experten wollen sich dagegen vom althergebrachten Konzept des Druckaufbaus verabschieden – und die »Marsmenschen«, um deren Beweglichkeit zu verbessern, in hautenge Catsuits zwängen. Ein Konzept für einen so genannten mechanischen Gegendruckanzug haben Forscher vom Massachusetts Institute of Technology vorgelegt. Bei ihrem »Bio-Suit« ist nur noch der Helm mit Sauerstoff gefüllt; am restlichen Körper übt der Anzug, gesteuert von Prozessoren, den lebenserhaltenden Druck aus. Für die nötige Spannung könnten künstliche Muskeln aus Gel sorgen, die sich unter Strom zusammenziehen und ausdehnen.

Doch selbst bei diesem Modell werden die Handschuhe die Feinfühligkeit der Hände noch immer einschränken. Auch deswegen entwickelt die NASA bereits mechanische Robonauten für gefährliche Erkundungen und komplizierte Reparaturarbeiten. Deren Fingerfertigkeit, so das Ziel, soll die des Menschen schon bald übertreffen – und ihn damit auch im All ein Stück weit ersetzbar machen. **(2004)**

■ **Siehe auch A–Z-Teil**

→ Apollo-Programm · Gagarin · ISS · Raumanzug · Raumfahrt · Spaceshuttle · Sputnik · Wostok

Der Hamburger Autor Martin Paetsch sammelte schon in der Schulzeit bei Sonnenfleckenzählungen erste astronomische Erfahrungen. Bei der Recherche faszinierte ihn, welch komplexe Technik sich unter der weißen Schutzhülle der heutigen Astronauten verbirgt.

Text:
Cornelia Stolze

Platzangst im Kosmos

Ein Flug zum Mars würde Astronauten vor ganz neue Probleme stellen: Wie halten es Menschen jahrelang auf engstem Raum miteinander aus? Forscher entwickeln bereits elektronische Therapeuten …

Als David Wolf von seinem Ausflug heimkehrt, fühlt er sich wie ein Wrack. Er ist abgemagert, seine Muskelmasse fast auf die Hälfte geschrumpft; die Knochen haben zwölf Prozent Gewicht verloren. »Ich brauchte sechs Monate, bis ich mich wieder fit fühlte, ein Jahr, bis meine Knochen wieder wie vorher waren, und zwei Jahre, bis ich mein Leben wieder geordnet hatte«, berichtet der Astronaut über die Folgen seines viereinhalb Monate langen Aufenthalts auf der russischen Raumstation »Mir«.

Einige Forscher glauben dennoch, dass der menschliche Körper auch viel längere Reisen in der Schwerelosigkeit durchstehen kann – trotz Knochen- und Muskelschwund, Rückenschmerzen, Appetitlosigkeit, Schlaflosigkeit und einer Schwächung des Immunsystems. Selbst ein dreijähriger Flug zum Mars müsse zumindest aus medizinischer Sicht nicht scheitern.

Aber womöglich aus einem anderen Grund: der unberechenbaren menschlichen Psyche wegen. Bislang weiß niemand, wie sich Astronauten verhalten, die als erste Menschen überhaupt die Erde aus dem Blickfeld verlieren; die viele Monate oder gar Jahre auf engstem Raum zusammenleben; die Eintönigkeit, Isolation, Angst und Aggression ertragen müssen. »Alle Voraussetzungen für einen Mord sind erfüllt«, beschreibt der Kosmonaut Walerij Rjumin den Stress an Bord, wenn man zwei Männer in eine Kabine sperre und für zwei Monate allein lasse.

Vor allem Experten in den USA und Russland versuchen bereits seit einiger Zeit herauszufinden, wie man eine harmonische Crew zusammenstellt und verhindert, dass sich die Beteiligten an die Gurgel gehen. Offenbar kommt es auf ganz andere Qualitäten an, als vor allem NASA-Experten lange glaubten. Demnach eignen sich die klassischen Heldentypen nicht sonderlich gut für einen Langzeittrip ins All.

Solche »harten Jungs« könnten nach Ansicht des Psychologen Frank Farley von der Temple University in Philadelphia sogar zu einer Gefahr für die Mannschaft werden. Menschen, die ständig Herausforderungen suchen, würden – eingesperrt in eine Kapsel – schlicht durchdrehen, schließt

Farley aus seinen Studien: »Solche Leute sind notorische Regelbrecher und hungrig nach Abwechslung.« Außerdem scheinen extrovertierte und erfolgsverwöhnte Menschen deutlich anfälliger für Depressionen und Angstattacken zu sein als ruhige, ausgeglichene Charaktere, hat der Anthropologe Lawrence Palinkas von der University of California in San Diego herausgefunden.

Vor allem aber fehlen klassischen Einzelkämpfern, wie sie die NASA lange Zeit unter Testfliegern der Luftwaffe für ihre Raumflüge rekrutierte, oft jene sozialen Fähigkeiten, die für ein dauerhaft friedliches Auskommen an Bord einer Raumfähre wichtig sind: Teamgeist, Einfühlungsvermögen, eine gute Portion Humor und ein erhebliches Maß an Toleranz.

Gegenseitige Rücksichtnahme sei entscheidend, bestätigt auch der Psychologe Bernd Johannes vom Deutschen Zentrum für Luft- und Raumfahrt. Der Spezialist für Weltallmedizin hat am Institut für Biomedizinische Probleme in Moskau an Langzeitstudien teilgenommen, bei denen sechs Personen bis zu 240 Tage gemeinsam isoliert waren. »In den ersten sechs Wochen«, sagt Johannes, »geht noch alles ganz gut.« Dann aber hätten sich die Astronauten an die Situation gewöhnt und begännen sich zu langweilen: »Plötzlich fällt einem jeder Unterschied zum anderen auf.«

Das kann besonders bei internationalen Teams zu Konflikten führen, wie David Wolf auf seiner »Mir«-Expedition im Jahr 1997 erfuhr. Tagelang hatte sich der Astronaut im Stillen über seine beiden russischen Kollegen

Auf den heutigen **Shuttle-Flügen** der NASA geht es meistens eng zu. Aber dafür dauern sie auch nur wenige Tage

geärgert. »Wo Amerikaner ›bitte‹ sagen, geben Russen häufig barsche Anweisungen. Deshalb hat man das Gefühl, ständig angeschrien zu werden«, erinnert sich Wolf. »Und bei jeder Mahlzeit angelten sie sich sofort das beste Stück.« Nach einer Weile fragte er, warum sie das täten. »Sie waren völlig überrascht. Sie sagten mir: ›David, du musst einfach zugreifen. Wir haben uns schon gewundert, warum du gar nicht mitmachst.‹ Also machte ich mit, und alles war gut.«

Unklar ist noch, ob kulturelle und soziale Differenzen eher schaden oder nutzen. Studien an Astronauten und Forschergruppen in der Antarktis deuten darauf hin, dass eine gut gemischte Gruppe weniger Probleme hat als ein allzu homogenes Team. Zudem komme es auf die richtige Balance zwischen Distanz und Nähe an, betont die Psychologin JoAnna Wood vom Baylor College of Medicine: Eine Person, die gut auf die emotionalen Bedürfnisse der Crewmitglieder eingehen könne, sei wünschenswert, mehr aber auch nicht, betont sie, »sonst kriegen die nichts anderes mehr erledigt«.

Aus Puls, Hautwiderstand und Mienenspiel sollen Computer die Stimmung der Astronauten berechnen

Geschlechtsunterschiede scheinen, so Wood, ebenfalls kaum eine Rolle zu spielen: Reine Männer- oder Frauenteams funktionieren demnach ähnlich gut wie gemischte Gruppen. Dass deren Erfolg aber keineswegs garantiert ist, zeigte ein Langzeitversuch am Moskauer Institut für Biomedizinische Probleme. Im Herbst 1999 richtete sich eine internationale Crew für 110 Tage in einem Nachbau der »Mir« ein. In der Silvesternacht prügelten sich zunächst zwei Männer derart, dass Blut in der Küche umherspritzte. Wenig später küsste der russische Kommandant eine Kanadierin gegen deren Willen. Daraufhin wurde die Luke zwischen der russischen und der internationalen Crew wochenlang geschlossen.

Die **Forschungsstation Concordia** auf dem antarktischen Plateau liegt Hunderte Kilometer vom nächsten Gebäude entfernt – europäische Astonauten sollen sich hier auf die Einsamkeit des Weltraums vorbereiten

Derartige Experimente wird es auch künftig geben. Die ESA will ab 2006 mehr als ein Dutzend Probanden in der antarktischen Forschungsstation Concordia unter Beobachtung stellen. »Als einer der abgelegensten Orte auf Erden entspricht die Station in vielen Aspekten einer Marsmission«, sagt der ESA-Forschungsmanager Oliver Angerer. Die russischen Experten planen einen ähnlichen Test, für den sechs Kosmonauten 500 Tage im Nachbau einer Raumstation verbringen sollen.

Doch was passiert, wenn sich trotz bester Vorbereitung Stress oder gar Verzweiflung breit machen und keine rasche Rückkehr zur Erde möglich ist? Wenn nicht einmal eine psychologische Fernberatung funktioniert, weil allein die Übermittlung von Fragen und Antworten jeweils bis zu 20 Minuten dauert? Bernd Johannes arbeitet mit Kollegen an einem Frühwarnsystem, das – noch bevor es den Astronauten selbst bewusst ist – Anzeichen von Überforderung und Konzentrationsmangel durch Angst, zu wenig Schlaf oder Stress registriert. Aus einer Vielzahl von Einzelwerten – wie Blutdruck, Puls, Hautwiderstand und Atmung – ermittelt das Gerät, ob der Raumfahrer körperlich und mental noch leistungsfähig ist oder knifflige Aufgaben lieber anderen überlassen sollte.

In eine ähnliche Richtung zielt ein Projekt von US-Forschern, die ein mit Überwachungskameras verbundenes Computerprogramm entwickeln. Mit dessen Hilfe sollen sich Ärger, Traurigkeit oder Nervosität im Gesicht der Astronauten erkennen lassen – und anhand des Mienenspiels, ob jemand bei Nachfragen mit der Antwort zögert.

Forscher am Massachusetts Institute of Technology in Boston haben sogar eine Maschine entwickelt, die als elektronischer Therapeut einspringen könnte. Das Gerät sagt den Benutzern in Krisen aufmunternde Worte. Erste Tests ergaben, dass die emotional gefärbte Stimme des Programms den Probanden besser hilft als eine normale Computerstimme. Möglicherweise wird solch ein System im Jahr 2008 in der geplanten Marssimulationsanlage am Johnson Space Center in Texas getestet, für die ein Raumschiff, ein Landefahrzeug und Unterkünfte nachgebildet werden sollen.

Einige Forscher trauen den Fähigkeiten eines stählernen Therapeuten allerdings nicht allzu viel zu. Manch ein Raumfahrtenthusiast träumt schon von einer ganz anderen Lösung, die Stress und Aggression auf Langzeitflügen ausschließen würde: Die Crewmitglieder sollen tiefgefroren und erst kurz vor der Landung vom Zentralcomputer reanimiert werden. Eine solche Kryokonservierung halten deren Verfechter für technisch nicht ausgeschlossen. Berechenbarer als die menschliche Psyche wäre ein solches Verfahren allemal. **(2004)**

■ **Siehe auch A–Z-Teil**

→ ESA · Mars · Raumfahrt · Raumstation · Schwerelosigkeit

Cornelia Stolze ist freie Journalistin und schreibt regelmäßig für das Magazin GEO Wissen.

Odyssee im All

Es war eines der größten Dramen der bemannten Raumfahrt: Apollo 13 raste mit 3500 Stundenkilometern Richtung Mond, als am Abend des 13. April 1970 ein Tank explodierte. Das Raumschiff taumelte, die Sauerstoffversorgung fiel aus. Und niemand wusste, ob die Crew je zur Erde würde zurückkehren können

Bodenstation Houston, am 17. April 1970. Noch wenige Tage zuvor hatten viele der NASA-Ingenieure kaum noch Hoffnung, dass Amerikas dritte Mondmission ein glückliches Ende nehmen würde. Jetzt, wo die Astronauten wohl behalten gelandet sind, hält es im Kontrollzentrum niemanden auf dem Stuhl

Text:
Cay Rademacher

Apollo 13 war 330 000 Kilometer von der Erde entfernt. Es war Montag, der 13. April 1970, kurz nach 21 Uhr Central Standard Time (CST). Das Raumschiff, das Amerikas dritte Crew zum Mond bringen sollte, raste mit 3 500 Kilometern pro Stunde auf sein Ziel zu. Die Astronauten James Lovell, Fred Haise und John Swigert waren seit 55 Stunden und 55 Minuten im All. Ein Bilderbuchflug.

Noch wenige Monate zuvor hatte der Flug von Apollo 11, der die ersten Menschen zum Mond brachte, eine Million Zuschauer nach Cape Kennedy und rund eine Milliarde vor die Fernsehschirme gelockt. Jetzt waren nur 70 000 Schaulustige zum Start nach Florida gekommen. Das deutsche Publikum schaltete nicht auf die Sondersendung im ZDF, sondern auf den Durbridge-Krimi »Wie ein Blitz« in der ARD. »Zu perfekt – die Leute beginnen sich zu langweilen«, beschwerte sich »Il Giorno« in Mailand. »Wir langweilen uns zu Tode«, funkte die Bodenstation zu Apollo 13.

Die drei Astronauten hatten gerade eine TV-Livesendung zur Erde beendet. Sie hatten herumgeblödelt und mit einem in der Schwerelosigkeit durch die Kabine schwebenden Kasettenrecorder »Weltraummusik« vorgespielt: die Titelmelodie des Science-Fiction-Spektakels »2001 – Odyssee im Weltraum« aus »Also sprach Zarathustra« von Richard Strauss. Alle drei großen amerikanischen Fernsehstationen hatten auf eine Liveübertragung verzichtet – zu uninteressant.

Apollo 13 beim Start in Florida um 14.13 Uhr Ortszeit. Noch verläuft alles nach Plan…

Nach der Sendung gab Swigert technische Daten an die Mission Control in Houston, Texas, durch. Dort meldete ein System zu geringen Druck in einem Sauerstofftank. Mission Control wies die Besatzung an, Ventilatoren und Heizelemente in diesem Tank zu aktivieren. Reine Routine.

Während Swigert mit der Bodenkontrolle sprach, verstaute Lovell die Kamera. Ungefähr 16 Sekunden, nachdem die Astronauten die Ventilatoren im Tank angestellt hatten, verlor Mission Control plötzlich für zwei Sekunden den Kontakt zum Raumschiff, ehe die Systeme automatisch von der Haupt- auf Hilfsantennen umschalteten.

Dann meldete sich Swigert wieder: »Okay Houston. Hey, we've got a problem here.« Dies war die größte Untertreibung in der Geschichte der Raumfahrt.

Die Astronauten hatten eine Explosion gehört, und sie spürten, wie ihr Raumschiff zitterte. Lovell und Haise nahmen eilig ihre Plätze neben Swigert ein. »Sag das noch mal«, kam die Stimme des »Capsule Communicator« aus Houston durch den Lautsprecher.

Diesmal meldete sich Kommandant Lovell: »Houston, wir hatten ein Problem. Wir hatten ein main B bus undervolt.«

Das Problem war alles andere als ein kleiner Defekt. »Main B bus undervolt« bedeutete einen starken Spannungsabfall in einer der Brennstoffzellen. Rote und gelbe Warnlampen leuchteten im Raumschiff auf, Sirenen kreischten in den Kopfhörern. In rasender Eile checkten die Astronauten und die Männer von Mission Control ihre Instrumente. Noch hoffte jeder, dass nur die sensiblen Alarmeinrichtungen eine Fehlfunktion hatten.

Doch dann meldete sich Haise in Houston: »Wir hatten einen ziemlich lauten Knall hier zusammen mit dem Spannungsabfall.« Lovell schob eine Metallplatte zurück, um durch die zentimeterdicken Fensterscheiben ins All zu sehen. Im Sonnenlicht leuchtete etwas auf. »Sieht aus, als ob wir etwas nach draußen blasen würden… Es ist irgendein Gas.«

In Mission Control war die Routine vorbei.

Ein Controller meldete: »Ich mag es nicht sagen, aber ich fürchte, wir haben einen Tank verloren.« Einer der beiden lebenswichtigen Sauerstoff-

Die »Saturn V«-Rakete ist das mächtigste Gefährt aller Zeiten

behälter von Apollo 13 war explodiert. Und das ausströmende Gas, das Lovell sah, kam aus dem zweiten Tank…

»Ich glaube, dass diese Nation noch vor Ablauf des Jahrzehnts einen Menschen zum Mond und sicher zur Erde zurückbringen sollte.« Damit hatte alles begonnen. Präsident John F. Kennedy hatte dieses Ziel am 25. Mai 1961 verkündet, wenige Tage nach Amerikas erstem erfolgreichen bemannten Raumflug.

Das Unternehmen gelang: Am 20. Juli 1969 hatte Neil Armstrong, der Kommandant von Apollo 11, als erster Mensch den Mond betreten. Es war der Gipfelpunkt einer beispiellosen Erfolgsserie. Einen einzigen schweren Unfall hatte es gegeben – am Boden: 1967 waren drei Astronauten bei Tests mit der ersten Apollo-Kapsel verbrannt. Apollo 7 startete als erste ins All; dann folgten Apollo 8, 9 und 10 auf Vorbereitungsflügen. Den triumphalen Flug von Armstrong und seiner Crew wiederholte nur wenige Monate später Apollo 12.

Sechs Apollo-Flüge, davon zwei Mondlandungen, und alle so gut wie fehlerfrei. Doch die NASA hatte mehr vor: Apollo 20 sollte den Endpunkt dieses Projektes bilden – und dann war als nächstes Ziel der Mars anvisiert.

Das Fahrzeug, das die Männer zum Mond bringen sollte, war das mächtigste Gefährt, das jemals gebaut worden war. Eine über 3000 Tonnen schwere dreistufige Rakete, die »Saturn V«, brachte die Crew in eine Erdumlaufbahn und von dort in Richtung Mond. Nachdem die Raketenstufen ausgebrannt waren, wurden sie abgetrennt; das Versorgungsmodul, die Kommandokapsel und die Mondfähre rasten allein weiter. Das Modul hatte einen Raketenmotor für alle Kursmanöver. Hier befanden sich auch sämtliche Vorräte an Luft, Wasser, Lebensmitteln und Energie.

Kommandant **James Lovell,** 42, hat bereits 572 Stunden im All verbracht – mehr als jeder andere zuvor. Copilot **Fred Haise,** 36, soll den Abstieg der Mondfähre »Aquarius« steuern. **John Swigert,** 38, ist als Ersatzmann für einen anderen Astronauten eingesprungen

Die Mondlandefähre, ein spinnenbeiniges Gefährt, das nur zwei Männern Platz bot, war durch einen Tunnel mit der Kommandokapsel verbunden. Sie hatte alles Lebensnotwendige für zwei Tage an Bord, zudem zwei kleine Raketentriebwerke für den Ab- und Aufstieg. Die Fähre sollte im Notfall auch als eine Art »Rettungsboot« dienen.

Bei Apollo 11 und 12 war die Fähre nach erfolgreicher Mission auf dem Mond zum Raumschiff zurückgekehrt und vor dem Rückflug zur Erde abgestoßen worden. Zurück in der Erdumlaufbahn wurde dann auch die Versorgungseinheit abgetrennt. Nur die winzige Kommandokapsel fiel schließlich, an drei Fallschirmen hängend, zur Erde. Eine 111 Meter hohe und zehn Meter breite Rakete hatte die Astronauten hochgebracht. Mit einer mannshohen Kapsel kamen sie zurück.

Die NASA entscheidet, den defekten Sauerstofftank nicht zu wechseln. Damit ist Apollo 13 verloren

Tausende von Spezialisten in Hunderten von Firmen, staatlichen Stellen und Universitäten hatten an Apollo mitgewirkt. Jedes Raumfahrzeug barg die kompliziertesten Computer – und die geballte Energie einer kleinen Atombombe. Alle wichtigen Systeme waren zwei- oder dreifach ausgelegt.

Und dennoch: Ein Apollo-Raumschiff bestand aus neun Millionen meist speziell angefertigten Einzelteilen. Niemand konnte sicher sein, dass es im Innern dieses riesigen Turms aus Aluminium und Stahl nicht doch zwei Komponenten gab, die nicht zueinander passten.

Im Juni 1969 kam Apollo 13 nach Cape Kennedy. Am 15. Dezember wurde es auf Startrampe A aufgestellt. Die Crew taufte die Mondlandefähre »Aquarius«. Service-Modul und Kommandokapsel wurden »Odyssey« benannt: ein ominöser Name, denn zu diesem Zeitpunkt war Apollo 13 schon ein für die Irrfahrt prädestiniertes Gefährt, nur ahnte es keiner.

In den folgenden Wochen wurden alle Komponenten dem »Confidence Test« und dem »Countdown Demonstration Test« unterzogen. Danach galt Apollo 13 als startklar. Und genau da begannen die Probleme.

Ende März arbeitete ein Team der Herstellerfirma North American Rockwell an den bereits gefüllten LOX-Tanks, den Tanks für »Liquid Oxygen«, flüssigen Sauerstoff. Einer der beiden Tanks war schon in Apollo 10 ein-, aber wegen Modifikationen wieder ausgebaut worden. Im Verlauf dieser Arbeiten war er fünf Zentimeter tief aus einer Halterung gefallen. Der Behälter wurde getestet, für unbeschädigt befunden und in »Odyssey« eingebaut. Die aus Nickelstahl gefertigten Tanks mussten extrem belastbar sein.

Als die Männer die Tanks wieder leeren wollten, gelang dies nur bei einem Behälter. Der andere gab lediglich acht Prozent seines flüssigen Sauerstoffs ab. Drei Tage später wurde es erneut versucht – wieder erfolglos.

Da entschieden sich die Techniker für einen »boil off«: Die im Tank eingebauten Heizelemente wurden eingeschaltet. So sollte der Sauerstoff gasförmig gemacht und aus dem Tank hinausgedrückt werden.

Das Vorhaben gelang – allerdings dauerte es ungewöhnlich lang. Wahrscheinlich funktionierte ein Einfüllstutzen nicht korrekt, möglicherweise war er durch den Sturz zwei Jahre zuvor doch beschädigt worden. Dieser Defekt war unangenehm, hatte aber keine direkten Auswirkungen auf den Flug. Betanken ließ sich der Behälter problemlos, und darauf kam es an. Ein Ausbau würde Zeit kosten und das Risiko bergen, dass andere Komponenten des Raumschiffes beschädigt würden. Die NASA entschied, den Tank nicht zu wechseln. Damit war Apollo 13 verloren.

Keinem der Techniker war aufgefallen, dass ein Pfennigartikel versagt hatte. Die Firma North American hatte den Tank gebaut, die Beech Aircraft Corporation aber einen Teil der darin installierten Elektronik. Etwa zwei Sicherheitsschalter am Heizelement, die dafür sorgten, dass die Temperatur im LOX-Tank nie über plus 27 Grad Celsius stieg. Diese Schalter waren nach den 1962 aufgestellten Spezifikationen von North American auf 28 Volt ausgelegt. 1965 änderte North American seine Vorgaben: An die Heizelemente wurden jetzt 65 Volt gelegt. Doch Beech Aircraft versäumte, die Schalter entsprechend zu verändern.

Beim »boil off« am Boden stieg nun die Temperatur im Tank ständig an. Bei 27 Grad hätten sich die Schalter öffnen sollen. Doch die Thermostat-Ele-

Minuten vor der Explosion: Bilder einer TV-Sendung, die auch in die **NASA-Zentrale in Houston** übertragen wird. Die drei Astronauten spielen mit einem schwerelos durch die Kabine schwebenden Kassettenrecorder die Filmmusik aus »2001 – Odyssee im Weltraum« vor

mente reagierten nicht. Sie waren von den 65 Volt Spannung längst zerstört. Die Temperatur stieg immer weiter – bis auf 538 Grad Celsius, wie Experten später schätzten. Doch die Anzeige der Kontrolltafel reichte nur bis 80 Grad Fahrenheit, 27 Grad Celsius. Kein Techniker bemerkte deshalb das Problem. Die Hitze zerstörte Teile der Teflonschicht, die das Stromkabel für die Ventilatoren isolierte. Blanke Kabel ragten nun in einen Tank, der bald wieder mit flüssigem Sauerstoff gefüllt werden sollte – einem hochexplosiven Gas.

Die Crew trainierte derweil im Simulator. James A. Lovell war Kommandant von Apollo 13. Der 42-jährige frühere Testpilot hatte schon als Teenager selbst gebaute Raketen in den Himmel geschickt. Er war 1965 mit Gemini 7, 1966 mit Gemini 12 und 1968 mit Apollo 8 im Weltraum gewesen, insgesamt 572 Stunden und 10 Minuten – bis zu diesem Zeitpunkt länger als jeder andere Mensch. Lovell war verheiratet und hatte vier Kinder. Apollo 13 sollte sein letzter Raumflug werden – auch seiner Frau zuliebe. Die war beunruhigt, seit sie einen Thriller gesehen hatte über drei Astronauten, die im All Schiffbruch erleiden.

Fred W. Haise war der Steuermann von »Aquarius«. Der 36-jährige Flugzeugingenieur gehörte zu dem Team, das die Mondfähre entwickelt hatte. Auch er war verheiratet und hatte drei Kinder. Seine Frau war im siebten Monat schwanger. Haise war Neuling im All.

Dritter im Team, als Pilot von »Odyssey«, sollte Thomas Mattingly werden. Doch Anfang April kam die Crew in Kontakt mit Kinderkrankheiten: Lovells Sohn hatte Röteln. Die Astronauten wurden untersucht. Mattingly hatte keine Antikörper im Blut. Es bestand die Möglichkeit, dass er während des Raumfluges erkrankte. In so einem Fall verlangten die NASA-Vorschriften eigentlich einen Wechsel des kompletten Teams. Doch bei Apollo 13 konnte die Ersatzmannschaft nicht übernehmen – einer der Männer hatte Masern.

Blick auf das **beschädigte Service-Modul** von Apollo 13. Einer von zwei Sauerstofftanks ist explodiert und hat die Verkleidung des Moduls, den anderen Tank und zwei Treibstoffbehälter beschädigt. Dieses Foto entsteht erst kurz vor dem Ende des Apollo-13-Fluges

Die NASA hätte den Flug um einen Monat verschieben können. Doch es war extrem schwierig, eine bereits aufgebaute Rakete so lange störungsfrei auf der Startrampe zu lassen. Außerdem würde die Verzögerung rund 800 000 Dollar kosten. Zum Vergleich: Lovell verdiente knapp 1 700 Dollar pro Monat. Die NASA entschloss sich, ihre eigenen Vorschriften zu ignorieren.

Ein Mann aus der »backup crew« sollte das Team ergänzen: John L. Swigert. Der 38-Jährige hielt Universitätsdiplome in Maschinenbau, Weltraumtechnik und Betriebswirtschaft und war der Paradiesvogel unter den Astronauten: ein unverheirateter Testpilot, von dem es hieß, er locke Frauen in sein Apartment mit dem Versprechen, ihnen dort »Mondsteine« zu zeigen. Auch er war ein Neuling im All, doch er brachte zweierlei mit, das für den Flug von Apollo 13 mitentscheidend werden sollte: Er hatte als Pilot zwei schwere Unfälle unbeschadet überstanden. Und er war Mitverfasser des Kapitels über Notfallmaßnahmen im »Instruction Manual«, der Bedienungsanleitung für die Kommandokapsel. Noch einmal ging die Crew alle Situationen des Fluges im Simulator durch. Swigert musste sich schnell in einer Gruppe zurechtfinden, die seit zwei Jahren eine Einheit bildete. Nach zwölf Stunden intensiver Tests waren alle Verantwortlichen überzeugt: Der neue Pilot von »Odyssey« passte ins Team. Apollo 13 konnte starten.

Zwei Tage lang weckt die Mission kaum Interesse. Dann kommt die Explosion

Der Countdown begann 28 Stunden vor dem Start. Vier Stunden und 17 Minuten vor dem Take-off wurde die Crew geweckt und noch einmal untersucht. Dann gab es ein letztes Frühstück. Bei »T minus zwei Stunden, 40 Minuten« gingen die Männer ins Raumschiff. 15 Minuten vor dem Start wurden die externen Versorgungsleitungen gekappt. Alle Systeme von Apollo 13 arbeiteten jetzt mit Bordstrom. Sechs Minuten vor dem Lift-off gab es einen letzten Check aller Systeme, bei fünf Minuten wurde der Metallarm abgetrennt, der das Raumschiff an der Rampe hielt. Bei »T minus drei Minuten, sieben Sekunden« startete das Computerprogramm, das die Raketenmotoren zünden würde. Genau 8,9 Sekunden vor dem Start begann die Zündung, zwei Sekunden vor dem Start hieß es: »All engines running!«

Die Rakete mit Apollo 13 hob am 11. April 1970 um 14.13 Uhr Ortszeit in Florida ab. Der 36 Stockwerke hohe und einschließlich Treibstoff über 3000 Tonnen schwere Gigant zitterte. Riesige Flammenzungen brachen an seiner Basis hervor, dann stieg er langsam in den Himmel. Bald hatte die Rakete den 140 Meter hohen Startturm unter sich gelassen. Die fünf Triebwerke der ersten Stufe, die fast 13000 Liter Kerosin pro Sekunde verbrauchten, arbeiteten 145 Sekunden lang. Fünf Sekunden später befand sich Apollo 13 schon in 65 Kilometer Höhe und war 9800 km/h schnell.

Die erste Stufe wurde abgetrennt und stürzte ins Meer, die zweite zündete. Sie sollte sechs Minuten lang brennen, doch das mittlere Triebwerk erlosch 132 Sekunden zu früh; die vier anderen Triebwerke wurden deshalb von der blitzschnell arbeitenden Automatik 34 Sekunden länger angelassen, um den Schubverlust auszugleichen. Als die zweite Stufe abfiel, war das Schiff bereits 22300 km/h schnell und in einer Höhe von 185 Kilometern.

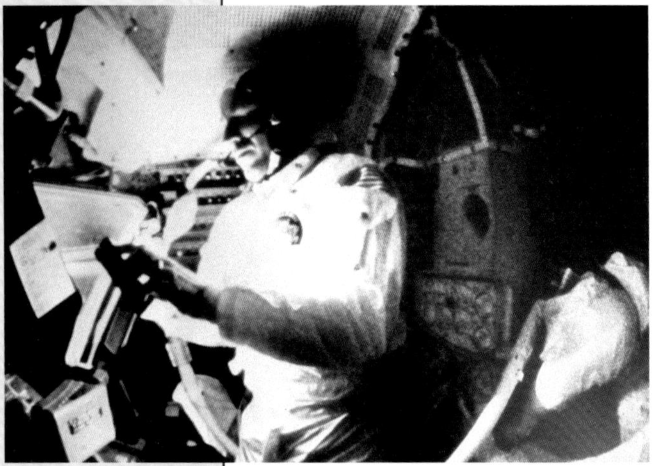

Lovell, Swigert und Haise haben in ihrer Kommandokapsel kaum noch Luft zum Atmen. Sie flüchten sich in die angekoppelte enge **Mondfähre,** die nur für den Notfall als eine Art Rettungsboot vorgesehen ist. Jetzt ist der Notfall da

Die dritte Raketenstufe hatte zwei Aufgaben: Zuerst feuerte sie zwei Minuten und 34 Sekunden lang, um Apollo 13 in eine Erdumlaufbahn zu schießen. Das Raumschiff erreichte diese erste Etappe auf seinem Weg zum Mond nach knapp zwölf Minuten. Es war ein Bilderbuchstart gewesen. Nach zwei Erdumkreisungen zündete die dritte Stufe erneut und brachte Apollo 13 auf den Weg zum Mond. Um 17.14 Uhr CST trennten sich »Aquarius« und »Odyssey« von der dritten Stufe. Das Raumschiff war jetzt ungefähr 38 800 km/h schnell.

Für die nächsten zweieinhalb Tage war Apollo 13 der »langweilige« Raumflug, für den sich kaum jemand interessierte. Erst die Explosion am 13. April um exakt 21.07 Uhr CST änderte dies dramatisch.

Fernsehstationen aus aller Welt schickten ihre Teams nach Houston und Cape Kennedy. Die Welt nahm Anteil. Gottesdienstbesucher beteten für die glückliche Rückkehr der Astronauten. Baseballspiele wurden durch Gedenkminuten unterbrochen. Ein Dutzend Staaten, darunter die Sowjetunion, boten Hilfe an. Amateurastronomen konnten Apollo 13 mit ihren Teleskopen verfolgen. Denn das Raumschiff, normalerweise zu klein, um

18 Minuten vor dem totalen Zusammenbruch flieht die Crew ins »Rettungsboot«

von der Erde aus gesehen zu werden, war nun von einer Wolke aus Gas und Trümmerteilen umgeben, die das Sonnenlicht reflektierte.

Im Houston Spacecraft Center saß zum Zeitpunkt des Unglücks das »white team«, 15 Controller unter der Führung des 36-jährigen NASA-Flugdirektors Eugene Kranz. Diese Männer mussten die ersten lebenswichtigen Entscheidungen treffen. Herzstück der Bodenstation war der Mission Operations Control Room (MOCR). Hier saßen Spezialisten vor Monitoren und überwachten die Daten, die von Apollo 13 gesendet wurden.

Den Controllern war schnell klar, dass einer der beiden LOX-Tanks explodiert war. Ebenfalls ausgefallen waren zwei der drei neben den Sauerstofftanks liegenden Treibstoffzellen. Darin wurde aus flüssigem Sauerstoff und Wasserstoff mithilfe eines Platinkatalysators Energie für das Raumschiff gewonnen. Houston wies die Astronauten an, ihren Strom aus der dritten – noch arbeitenden – Zelle und aus den Bordbatterien zu beziehen.

Kurz darauf wurde klar, dass auch der zweite Sauerstofftank leck war. Das Gas, das Lovell gesehen hatte, kam aus diesem Tank. Kranz entschloss sich zu einer Notmaßnahme. Er wies die Astronauten an, das Ventil zur noch unbeschädigten dritten Treibstoffzelle schließen zu lassen.

»Habe ich richtig gehört?« fragte Haise aus der Kapsel, denn diese Anweisung klang wie eine Kapitulation. War das Ventil erst einmal geschlossen, konnte es weder vom Raumschiff noch von der Bodenstation wieder geöffnet werden – Apollo 13 hatte damit seine sämtlichen Energiezellen verloren. Doch auch dieser verzweifelte Versuch war ein Fehlschlag.

Das Raumschiff wirkte wie ein harpunierter Wal, der langsam ausblutete. Alle drei Treibstoffzellen waren tot, einer der beiden Sauerstofftanks war zerstört, der andere verlor unaufhaltsam seinen kostbaren Inhalt. »Sieht so aus, als wäre der Druck im O-2-Tank nur noch bei knapp über 200«, meldete Lovell.

»Wir bestätigen das«, antwortete Houston, »es geht langsam auf Null zu, und wir fangen an, über das Landemodul als Rettungsboot nachzudenken.«

Swigert antwortete nachdenklich: »Ja, das tun wir auch.«

Um 22.50 Uhr CST, nach knapp 58 Stunden im All, war die Mission von Apollo 13 gescheitert. Offiziell teilte die NASA am 14. April um 23.13 Uhr CST mit, dass Apollo 13 nicht auf dem Mond landen würde.

18 Minuten vor dem totalen Zusammenbruch aller Systeme von »Odyssey« wechselten Lovell und Haise hinüber zu »Aquarius« und erweckten die Mondfähre zum Leben, zum »lifeboat mode«. Ab jetzt begann eine

In Houston sammeln sich dienstfreie Astronauten bei **Mission Control,** um ihren Kollegen im All zu helfen und im Simulator Problemlösungen durchzuspielen. Andere besuchen die Angehörigen der Apollo-13-Crew, erklären ihnen die Lage – und beten mit ihnen um eine glückliche Rettung

Serie von Manövern, die sie nie im Simulator geübt hatten. Der Totalausfall beider Sauerstofftanks und aller drei Brennstoffzellen galt als zu unrealistisch und hoffnungslos, als dass er hätte simuliert werden müssen.

Zuerst schalteten die zwei Männer den Strom ein (die Fähre verfügte über eigene Batterien). Dann übertrugen sie die Daten aus dem Navigationssystem der Kommandokapsel auf die von »Aquarius«, damit sie nicht orientierungslos durchs All schwebten. Danach aktivierten sie die Sauerstoffversorgung. Sie arbeiteten konzentriert und schnell. Nie zuvor war eine Mondlandefähre so schnell in Bereitschaft versetzt worden.

Swigert saß unterdessen in der Kapsel und schaltete alle Systeme ab. Damit er dort noch atmen konnte, hatten Lovell und Haise eilig einen rund drei Meter langen Schlauch aus Haises Mondanzug ausgebaut und an das Sauerstoffsystem von »Aquarius« angeschlossen. Diese Leitung versorgte »Odyssey« mit Luft. Mit den letzten Reserven des sterbenden Service-Moduls lud Swigert die Batterien in der Kommandokapsel auf und füllte deren kleine Sauerstofftanks: lebenswichtige Reserven für später, für die Manöver beim Eintritt in die Erdatmosphäre – falls sie je wieder in die Erdatmosphäre eintreten würden.

UNTERDESSEN HATTE IN HOUSTON die Schicht gewechselt. Das »black team« unter dem 33-jährigen Flight-Director Glynn Lunney hatte die Kontrollen übernommen. Ruhig, ohne sichtbare Aufregung, funkte Lunney die lebensrettenden technischen Anweisungen nach oben. Rund um den Kontrollraum in Houston formierte sich die größte Rettungsaktion in der Geschichte der Menschheit. Fast 10 000 Menschen bemühten sich um das Leben der drei Astronauten, eingerechnet die 8 000 Seeleute der 6. US-Flotte, die im Südpazifik auf die Wasserlandung der Kommandokapsel wartete.

Zu den Helfern gehörten auch Mitarbeiter des Massachusetts Institute of Technology (MIT). Sie hatten die Computerprogramme geschrieben, die den Kurs von Apollo 13 steuerten. Eine Stunde nach dem Alarm hatten sich mehr als 30 Spezialisten in Cambridge eingefunden.

Ein paar hundert Kilometer weiter südwestlich lag die Entwicklungszentrale von Grumman Aircraft – jener Firma, die »Aquarius« entworfen

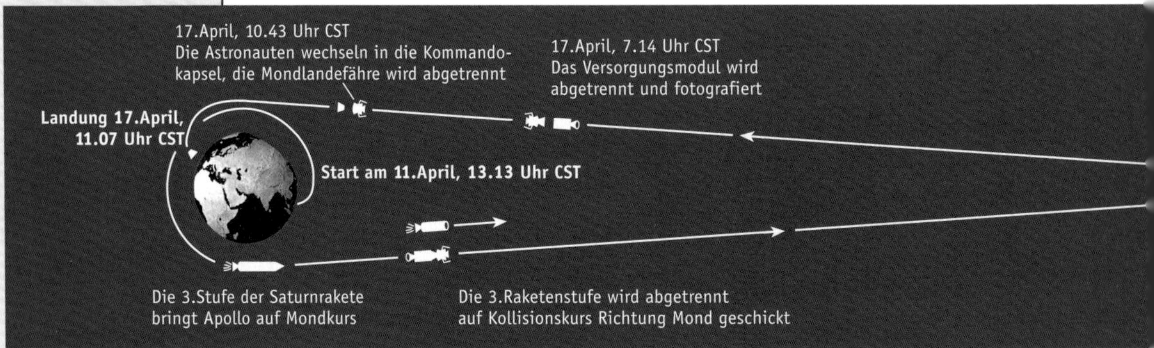

Der Flug von Apollo 13: Nach der Explosion muss das Raumschiff mehrfach den Kurs ändern, ehe es wieder Richtung Erde fliegt. Vor dem Eintritt in die Atmosphäre stoßen die Astronauten das beschädigte Service-Modul und die Mondfähre ab, ehe die Kommandokapsel sicher im Pazifik landet

und gebaut hatte. In einem Kontrollraum waren Ingenieure direkt mit Mission Control verbunden. Andere wurden aus den Betten geklingelt und mit firmeneigenen Jets nach Houston geflogen.

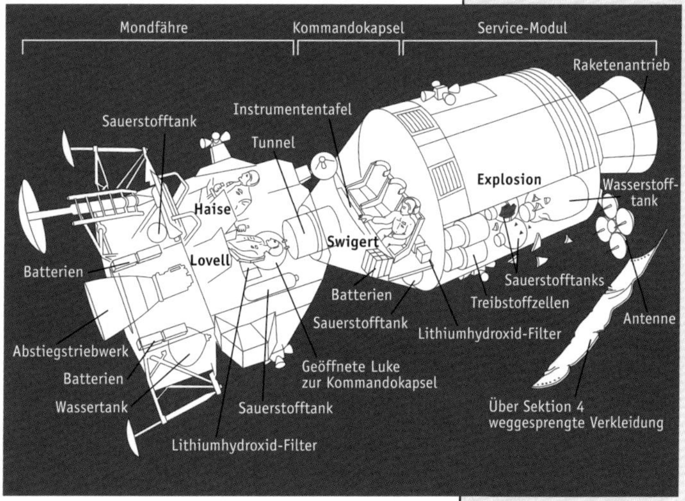

Apollo 13 besteht aus **Versorgungseinheit** und **Kommandokapsel** (gemeinsamer Name: »Odyssey«) sowie der **Mondfähre** (»Aquarius«). Nachdem einer der beiden Sauerstofftanks in der Versorgungseinheit explodiert ist, müssen die Astronauten »Odyssey« stilllegen und in die enge Fähre klettern

Auch Alan Shepard fand sich im Kontrollzentrum ein; er hatte in seinem NASA-Büro den Funkverkehr im Hintergrund mitlaufen lassen. Shepard war 1961 als erster Amerikaner ins All geflogen und hatte noch mehr Grund als die anderen, sich für Apollo 13 einzusetzen: Er war als Kommandant für Apollo 14 vorgesehen. Sollte Apollo 13 scheitern, stünden alle weiteren Missionen infrage. Shepard kämpfte um das Leben der drei Kollegen – und um seinen eigenen Mondflug.

Charles Conrad, der Kommandant von Apollo 12, fuhr auf seinem roten Motorrad zu Lovells Familie in Houstons »Astronautenvorort« El Lago und nahm dort an einem Gottesdienst teil. Neil Armstrong von Apollo 11 kümmerte sich um Mary Haise und erklärte ihr die Rettungsmaßnahmen. Andere Astronauten verbrachten die nächsten Tage fast pausenlos im Simulator von Houston. Hier standen in einem gekachelten, fensterlosen Raum genaue Nachbildungen von »Odyssey« und »Aquarius«. Die Piloten spielten zahlreiche Rettungsvarianten durch, denn an Apollo 13 war so viel zerstört, dass ständig improvisiert werden musste.

Es gab keine Regeln, keine Erfahrungswerte – und keine Sicherheit, dass die Vorschläge überhaupt realisierbar waren. Im Simulator saßen ausschließlich Astronauten, die sich nicht zuvor mit den Technikern Rettungsmaßnahmen ausgedacht hatten: Für die Männer im »Sim« sollten alle Vorschläge so neu sein wie für die Männer im All. Nur so ließ sich abschätzen, ob die Astronauten sie umsetzen könnten.

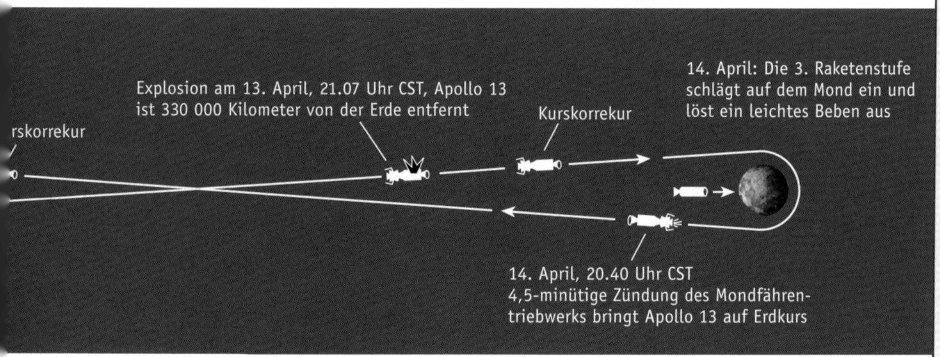

Die Transformation der »Aquarius« von der Mondlandefähre zum Rettungsboot hatte das Leben der Astronauten vorerst gerettet. Doch dass sie je wieder zur Erde zurückkehren könnten, war keineswegs gesichert. Niemand wusste, was genau geschehen war; weder Controller noch Astronauten hatten Zeit für Ursachenforschung.

Fieberhaft wurden die Vorräte an Sauerstoff, Wasser und Strom berechnet. Anfangs schien es, als hätten die Astronauten nur noch Sauerstoff für 38 Stunden (dabei hätte allein die Berechnung eines Rückflugkurses rund 70 Stunden gedauert). Doch als die Daten vollständig ausgewertet waren, gab Houston Entwarnung: 29 Kilo Sauerstoff und alle sechs voll geladenen Batterien von »Aquarius« standen zur Verfügung. Die Sauerstoff- und Energiereserven waren ausreichend, nur das Wasser würde knapp werden.

Nun musste Apollo 13, noch immer unterwegs zum Mond, den Kurs ändern. Ein »deep space abort«, eine Umkehr mitten im Flug, war ausgeschlossen. Zwar wäre das Triebwerk von »Odyssey« dazu stark genug gewesen, doch niemand wusste, ob es nicht auch beschädigt war. Es zu zünden hätte überdies erfordert, die kostbaren Stromreserven voll einzusetzen – eine »Alles oder nichts«-Entscheidung.

Houston entschloss sich, Apollo 13 weiter in Richtung Mond fliegen zu lassen. Noch befand sich das Raumschiff auf einem »hybriden« Kurs: Es würde zwar um den Mond herumfliegen und durch dessen Gravitation wie-

Plötzlich sind die Astronauten einer neuen Gefahr ausgesetzt: Die Luft in »Aquarius« reichert sich mit Kohlendioxid an. Die Filter der Mondfähre sind nicht für drei Mann Besatzung ausgelegt. Hastig entwarfen die **Techniker am Boden** einen Do-it-yourself-Filter aus Schläuchen, Kanistern und einem Buchumschlag

der in Richtung Erde geschleudert werden – aber nur ungefähr: Ohne Korrektur würde Apollo 13 die Erde um 64 000 Kilometer verfehlen und in eine parabelförmige Umlaufbahn schwenken. Die Astronauten wären für alle Zeiten im All gestrandet.

Für die drei Männer war dies das schlimmste Szenario. Lovell erinnerte sich später: »Wir wollten zur Erde zurück – wenn es irgendwie ging, lebend. Doch wir wollten auf jeden Fall zur Erde zurück.« Das Raumschiff musste auf einen »free return trajectory« gebracht werden – eine Bahn, die so um den Mond herumführte, dass Apollo 13 danach genau auf die Erde zusteuerte. Für Kursänderungen stand dem Wrack aber nur noch das schwache Triebwerk der Mondfähre zur Verfügung, das für Manöver dieser Art nicht gebaut war.

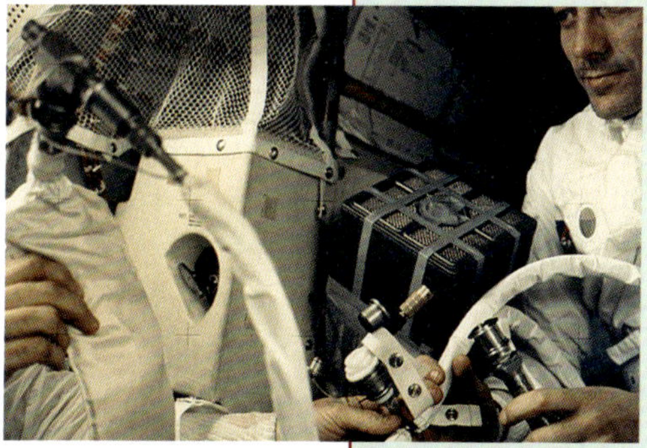

Nach Anweisungen aus Houston bauen Lovell und Swigert den **Luftfilter** nach und befestigen ihn an der Bordwand von »Aquarius«. Zur Abdichtung stopfen sie eine Socke in den Filteransatz. Die skurrile Konstruktion, in weniger als acht Stunden entworfen und eingebaut, funktioniert: Der Kohlendioxidwert sinkt

Anfangs wussten die Controller nicht einmal, wie oft sie das Triebwerk zünden müssten. Während Apollo 13 durchs All raste, erfolgten die Berechnungen dazu in den bis zu 30 Meter langen Computern in Houston, beim Goddard Space Flight Center und beim MIT. Verschiedene Möglichkeiten wurden durchgespielt. Die NASA-Techniker, die das Wort »Improvisation« nicht mochten, nannten dies »real time mission planning«.

Schließlich begann Mission Control mit den Vorbereitungen zur Zündung. Computer übernahmen die Regie. Von den Astronauten stand Haise

74 Stunden dauert der Flug zur Erde – möglicherweise zu lange für das Wrack

in diesem Moment unter der größten Spannung: Er hatte an der Entwicklung der Mondfähre mitgearbeitet und war der Pilot von »Aquarius«; kaum einer kannte das System so gut wie er. Und Haise wusste, dass dieses Triebwerk nicht für kurze Zündungen gebaut war. Am 14. April um 2.43 Uhr CST, rund fünfeinhalb Stunden nach der Explosion, wurde das Triebwerk von »Aquarius« für 30,7 Sekunden aktiviert. Es arbeitete fehlerfrei.

Das Raumschiff war jetzt 354 000 Kilometer von der Erde entfernt auf dem »free return trajectory«. Statt in 100 Kilometer Höhe über die Mondoberfläche zu rasen, wie auf dem ursprünglichen Kurs, flogen sie jetzt in 220 Kilometer Entfernung. Den Astronauten war die Erleichterung anzuhören. Ihre Chancen heimzukommen, waren gewaltig gestiegen.

In Houston ging die Rechnerei fieberhaft weiter. Zwar würde Apollo 13 auf dem neuen Kurs die Erde treffen – aber irgendwo im Indischen Ozean, wo kein Rettungsschiff stationiert war. Zudem würde der Flug noch immer

74 Stunden dauern: möglicherweise zu lange für das Wrack. Mehrere Varianten wurden diskutiert. Würde Apollo 13 genau hinter dem Mond das große Triebwerk von »Odyssey« zünden, wäre es in nur 38 Stunden zurück auf der Erde, der Landepunkt wäre im Atlantik vor der brasilianischen Küste. Aber wie schon beim »deep space abort« entschied sich Houston wegen des zweifelhaften Zustandes des Triebwerks dagegen.

Würden die Astronauten dagegen das Wrack der Versorgungseinheit einfach absprengen, wäre das Restgefährt aus Mondfähre und Kommandokapsel um rund 23,5 Tonnen leichter – leicht genug, um durch eine lange Zündung des schwachen Triebwerks von »Aquarius« in knapp 40 Stunden zurückzukommen, Zielgebiet Südatlantik. Doch dieses Manöver würde den gesamten Treibstoffvorrat verbrauchen. Apollo 13 hätte danach keine Chance auf weitere Kurskorrekturen.

Und es gab noch ein Problem: Der Schild auf der Unterseite der Kommandokapsel, der beim Eintritt in die Erdatmosphäre vor der hohen Reibungshitze schützen sollte, wäre schon eineinhalb Tage vor der Landung den UV-Strahlen und starken Temperaturschwankungen des Weltraums ausgesetzt. War der Schild aber beschädigt, würden die Astronauten während des Wiedereintritts in ihrer Kapsel gekocht werden. Hohe Risiken – zu hoch, wie die NASA beschloss.

Sie entschied sich für einen Kompromiss zwischen den Risiken eines zu langen Raumfluges und einer zu starken Belastung der Triebwerke. »Aqua-

Am Mittag des 17. April erleben Tausende von Schaulustigen in der **Grand Central Station von Manhattan** die TV-Übertragung der Apollo-Landung im Pazifischen Ozean. Es ist kurz nach 13 Uhr New Yorker Zeit

Nach einem Flug von 142 Stunden und 55 Minuten, in dem sie 804 672 Kilometer zurücklegte, landet die Besatzung von Apollo 13 mit ihrer **Kommandokapsel im Pazifischen Ozean:** 980 Kilometer südöstlich von Samoa – und nur 750 Meter vom anvisierten Zielpunkt entfernt

rius« sollte seine Triebwerke erst nach der Mondumrundung zünden. Das Raumschiff würde dann in 63 Stunden im Südostpazifik niedergehen, ungefähr 1000 Kilometer südöstlich von Samoa. Das war zwar weit entfernt von allen vorgesehenen Zielgebieten, doch Rear Admiral Donald C. Davis, Kommandant der Task Force 130 im Pazifik, versicherte, seine Einheiten könnten rechtzeitig dort sein.

Die Astronauten lehnten sich nach fünfeinhalb Stunden ununterbrochener Notmaßnahmen zu einer ersten Pause zurück. Sie waren müde und erschöpft. »Okay, Houston«, sagte Lovell, »die Zündung war erfolgreich. Jetzt sollten wir darüber reden, was wir noch abschalten können.«

»Roger«, antwortete der Capsule Communicator, »wir sehen sofort nach. Ihr seid die Ersten, denen wir es sagen werden.«

Einige Spezialisten von Mission Control machten sich an die Arbeit, gedrängt von James Lovell. Dem Kommandanten dauerte es zu lange. Nach einer halben Stunde meldete er sich wieder. »Ich will euch ja nicht hetzen, aber ihr solltet wirklich über die nächste Zündung nachdenken. Ich muss mir Wach- und Schlafzeiten ausdenken und das irgendwie mit den nächsten Manövern koordinieren.«

Lovell teilte die Wachen so ein, dass meist zwei Astronauten in »Aquarius« den Flug überwachten, während der dritte in die »Odyssey« zurückkroch, um ein paar Stunden zu schlafen. Die Lage war für Swigert am schwierigsten, denn er war als Pilot für »Odyssey« ausgebildet und wusste wenig über die Mondlandefähre. Er ließ sich alle Manöver genau erklären und war in den Stunden, in denen er allein Wache hielt, ängstlich darauf bedacht, keine unbekannten Schalter umzulegen.

Am Abend des 14. April flog Apollo 13 um die Rückseite des Mondes. Haise und Swigert vergaßen kurz ihre Lage. Wie staunende Kinder hingen sie am Fenster, starrten auf die Oberfläche des Erdtrabanten. Sie flogen höher als alle anderen Apollo-Missionen und konnten so große Regionen überblicken. Sie fotografierten wie besessen. Lovell war mit Vorbereitungen für die nächste Zündung beschäftigt und sah den beiden konsterniert zu.

»Wenn wir das nächste Manöver nicht korrekt durchführen, werdet ihr eure Bilder vielleicht nie entwicken lassen können«, sagte er. »Wait a minute!«, antworteten Haise und Swigert, »du bist ja auch schon mal hier oben gewesen.« Lovell hatte mit Apollo 8 den Mond umkreist – und einen Berg nach seiner Frau Marilyn benannt.

Als Apollo 13 hinter dem Mond hervorkam, stand die nächste Zündung bevor. Es war die längste und vielleicht wichtigste der ganzen Mission. Die

Apollo 13 wassert nur sechseinhalb Kilometer vom Flugzeugträger »Iwo Jima« entfernt. Nach wenigen Minuten springen Taucher von Hubschraubern ab und öffnen die **Kapsel**. Als Erster wird John Swigert herausgeholt

Vorbereitungen dazu erinnerten aber eher an die christliche Seefahrt als an ein Hightechunternehmen.

Die Männer mussten die genaue Position und Ausrichtung des Raumschiffes kennen. Normalerweise war dies für die Navigationsanlage kein Problem; ihr dienten Sterne als Fixpunkte. Doch Apollo 13 war von einer Wolke aus gefrorenem Sauerstoff und Trümmerteilen umgeben – und die reflektierte so viel Licht, dass eine genaue Ausrichtung auf die Sterne nicht möglich war. Schließlich peilte Lovell zwei Himmelskörper an, die er selbst durch die Trümmerwolke noch gut fixieren konnte: Sonne und Erde.

Zur zeitlichen Orientierung benutzten die Astronauten mechanische Armbanduhren, wie sie für 300 Dollar bei jedem Juwelier zu haben waren. Das Modell »Speedmaster« war 1965 von der NASA nach umfangreichen

Das Landemodul »Aquarius« ist kaum geräumiger als eine Telefonzelle

Tests als offizielle Weltraumuhr ausgewählt worden – eines der wenigen Geräte im Raumfahrtprogramm, das keine Spezialanfertigung war. Mit der Stoppfunktion würden sie die Brenndauer des gezündeten Triebwerks kontrollieren können.

Kurze Zeit später traf die tags zuvor abgesprengte dritte Stufe der Saturn-V-Rakete mit der Gewalt von rund zehn Tonnen TNT auf die Mondoberfläche. Ein Test für die von Apollo 12 aufgestellten Seismometer. Sie registrierten das künstliche Beben. »Sieht so aus, als hätte euer Booster gerade wie geplant den Mond getroffen und ihn ein bisschen durchgeschüttelt«, meldete Mission Control. »Schön, dass wenigstens etwas auf diesem Flug funktioniert«, gab Lovell zurück.

Rechtzeitig zur zweiten Zündung der Triebwerke für den Rückflug saßen Lovell und Haise auf ihren Plätzen in der Mondfähre. Swigert saß hinter ihnen auf der Abdeckung des Aufstiegstriebwerks. Das war gegen alle Vorschriften, aber es gab in der engen Fähre keinen anderen Platz. Der Kommandant musste das Triebwerk manuell steuern: Wegen der unsicheren Energieversorgung des Raumschiffes wollte Houston nicht mehr auf die Automatik vertrauen. Apollo 13 war 10 054 Kilometer vom Mond entfernt und flog mit einer Geschwindigkeit von 4 996 Kilometern pro Stunde.

Um 20.40 Uhr CST wurde das Triebwerk von »Aquarius« zum zweiten Mal gezündet. Es arbeitete vier Minuten und 24 Sekunden. Der Schub und die Gravitation des Mondes beschleunigten das Raumschiff auf 5472 Kilometer pro Stunde. Knapp 24 Stunden nach der Explosion schien es zum ersten Mal, als hätte Apollo 13 das Schlimmste hinter sich. Doch am Morgen des 15. April zeigte sich eine neue tödliche Gefahr.

Die Luft in der Mondfähre reicherte sich langsam mit Kohlendioxid an. »Aquarius« verfügte über Lithiumhydroxidfilter, doch die waren nur für zwei Personen ausgelegt. In »Odyssey« gab es mehr als genug dieser chemischen Filter, für deren Betrieb kein Bordstrom nötig war. Doch konnte man sie nicht einfach in das System von »Aquarius« einsetzen, denn die Filter von »Odyssey« waren eckig, der Filtereinsatz von »Aquarius« dagegen war rund.

Eine Gruppe in Mission Control machte sich fieberhaft daran, eine Behelfslösung zu konstruieren. 36 Stunden, nachdem die Astronauten »Aquarius« aktiviert hatten, ging ein gelbes Warnlicht an: Der Kohlendioxidgehalt hatte einen kritischen Wert erreicht. Sollte er weiter ansteigen, bedeutete dies für die Astronauten in spätestens acht Stunden Ohnmacht, dann Tod durch Ersticken. Da präsentierte Mission Control den »Wisconsin Milchfarm-Fix«: eine wilde Konstruktion aus Schläuchen von Raumanzügen, Kanistern, Plastik, Klebstreifen und dem Pappumschlag eines Bordbuches.

Houston gab eine detaillierte Bauanleitung an Swigert und Lovell durch. Die Konstruktion saugte die verbrauchte Luft aus »Aquarius« an, leitete sie in die Filter von »Odyssey« und pumpte sie wieder zurück. Lovell kam sich vor, als baute er ein Modellflugzeug zusammen. Zum Abdichten stopften die Astronauten einen Socken an den Filteransatz. Die skurrile Konstruktion, in weniger als acht Stunden entworfen und eingebaut, funktionierte. Der Kohlendioxidanteil sank auf einen normalen Wert.

Die nächsten 50 Stunden wurden für die Astronauten zermürbend. »Aquarius« war kaum geräumiger als eine Telefonzelle. An der sonnenzugewandten Außenseite stieg die Temperatur auf plus 120 Grad Celsius, auf der abgewandten Seite herrschten minus 130 Grad. Korrekturdüsen versetzten Apollo 13 in den »barbecue roll«, einen langsamen Dreh um die Längsachse. Heizung und Ventilatoren waren abgestellt. Im Innern sank die Temperatur auf elf Grad in »Aquarius« und drei Grad in »Odyssey«. Schwitzwasser bildete sich an Wänden und auf Instrumententafeln. Die drei Männer froren. Ihre teflonbeschichteten Coveralls wurden klamm.

Swigert zog zwei Paar Unterhosen an, Haise wickelte sich in seinen Schlafsack, Lovell versuchte es mit Plastikmülltüten. Nichts half. Apollo-Astronauten trugen während ihrer Flüge nur Socken, keine festen Schuhe. Nun holte sich Swigert nasse Füße – ohne Aussicht, sie wieder trocknen zu können. Lovell und Haise legten die schweren Stiefel für den Mondspaziergang an. Sie zogen aber nicht auch den Rest des unförmigen Raumanzuges über; dazu war es in dem Raumschiff zu eng. Außerdem befürchtete Lovell, dass sie sich bei dieser relativ komplizierten Prozedur so anstrengen würden, dass sie ins Schwitzen gerieten – und der Kommandant hatte Angst, dass sie sich dabei eine Lungenentzündung holen könnten.

Die Astronauten hatten »Odyssey« in den ersten Stunden ihr »Schlafzimmer« genannt, doch bald war es nur noch der »Eisschrank«. »Schneit es bei euch schon?« wollte Mission Control wissen. »Wir sind kalt wie Frösche in einem gefrorenen Tümpel«, antwortete Lovell. Haise litt unter der Kälte am stärksten, schlief in seinen Ruhezeiten im Tunnel, mit dem Kopf in der Mondlandefähre. Er bekam Fieber. Während der letzten Flugphase musste er längere Zeit in »Odyssey« arbeiten. Als er in die verhältnismäßig warme »Aquarius« zurückkehrte, dauerte es vier Stunden, ehe er aufhörte zu zittern.

Die Männer litten trotz des muffig-feuchten Innenraumes an Wassermangel. Pro Tag durfte jeder nur noch 0,17 Liter Wasser trinken. Es gab auch keine warmen Mahlzeiten mehr. Swigert tastete sich mit einer Taschenlampe durch »Odyssey« und löste aus dem einzigen noch zugänglichen Wassertank Fruchtsaftpulver in 35 Bechern auf – das musste reichen.

Das meiste Wasser verbrauchten die Instrumente, die ständig gekühlt werden mussten. Haise berechnete, dass sie trotz aller Einsparungen fünf Stunden vor dem Wiedereintritt in die Erdatmosphäre keine Kühlung mehr haben würden – obwohl die Männer sogar das Wasser aus ihren Rauman-

Die Astronauten sind erschöpft – und machen immer mehr Fehler

zügen in das Kühlsystem umgefüllt hatten. Würde das Navigationssystem, so lange ohne Kühlung durchhalten? Oder würden sie genau im kritischen Augenblick des Wiedereintritts wegen Überhitzung versagen?

Für die Weltpresse, die den Funkverkehr zwischen Houston und Apollo 13 abhörte, waren die Astronauten kühle, selbstbeherrschte Männer mit gelegentlichen Anflügen trockenen Humors. Doch Mission Control wusste es besser. Die drei waren hungrig, durstig, durchgefroren und müde. Man konnte es an der Art hören, wie sie mit der Bodenstation sprachen: fahrig und etwas unkonzentriert. Einige machten sich ernsthafte Sorgen um den emotionalen Zustand der Crew. Schließlich gelang es, Lovell, Haise und Swigert zu überreden, sich ein paar Stunden Schlaf zu gönnen.

Ein anderes Problem trug auch nicht dazu bei, die Stimmung der Astronauten zu heben: Wohin mit dem Urin? Normalerweise wurde er durch ein kleines Ventil ins All hinausgepumpt. Jetzt aber war zu befürchten, dass schon dieser winzige Druck Apollo 13 wieder taumeln lassen würde. Also suchten die drei alle verfügbaren Beutel zusammen und stopften sie danach in den Ecken fest, damit sie nicht frei herumschwebten.

An den nächsten Tagen ließ die Leistungsfähigkeit der drei Männer weiter nach; ihnen unterliefen Fehler. In der Nacht auf den 17. April entschloss sich Houston, das Triebwerk noch einmal für eine letzte Kurskorrektur zünden zu lassen. Bei den Vorbereitungen dazu startete Lovell irrtümlich Programm 40 für das Haupttriebwerk von »Aquarius«. Er sollte aber nur die kleinen Steuerdüsen aktivieren: Programm 41. Mission Control korrigierte den Fehler.

Danach holte die Crew Kommandokapsel und Service-Modul wieder aus ihrem »Zero-Zero«-Zustand. Denn nur mit der hitzegeschützten Kapsel war ein Wiedereintritt in die Erdatmosphäre möglich. Dazu mussten die drei Komponenten des Raumschiffes (Fähre, Kapsel, Versorgungseinheit) voneinander getrennt werden – aber in anderer Reihenfolge, als eigentlich vorgesehen. Das Astronautenteam am Boden hatte in stundenlangen Übungen im Simulator das neue Manöver durchgespielt. Alles hing davon ab, dass die erschöpften Männer präzise arbeiteten. Um 2.30 Uhr CST öffneten die Astronauten deshalb auf Anweisung aus Houston ihren Medizinschrank und nahmen je zwei Tabletten Dexedrin – ein Aufputschmittel.

Die Vorbereitungen für den Wiedereintritt begannen fünf Stunden später. Bei allen bisherigen Mondmissionen war die Einheit aus Kommandokapsel und Service-Modul allein zurückgeflogen, während die Mondfähre beim Erdtrabanten blieb. Vor dem Wiedereintritt brauchte sich dann nur die kleine Kapsel von der Versorgungseinheit zu lösen. Diesmal aber kamen die Astronauten in der Mondfähre zurück.

Swigert war der erste, der von »Aquarius« in die Kommandokapsel zurückkroch. Zum ersten Mal seit Tagen spürte er die schneidende Kälte nicht

Während Fred Haise schon im Hubschrauber sitzt, wird **John Swigert** in einem Netz hochgehievt. Als letzter wird Kommandant James Lovell aufsteigen. Kampfschwimmer sichern die Kapsel und sein Schlauchboot

Haise, Lovell und Swigert auf dem Deck des Flugzeugträgers »Iwo Jima«. Trotz der Beinahkatastrophe von Apollo 13 werden danach noch vier Mondmissionen gestartet. Aber die NASA ist bis ins Mark getroffen: Präsident Nixon zwingt sie 1970 zu einem Sparprogramm, das sie bis heute nicht verkraftet hat

mehr, denn als Pilot von »Odyssey« war er wieder in seinem Element. Zuerst besah er sich die Instrumententafeln. Überall war Schwitzwasser. Halb erwartete er, nach Umlegen der Schalter eine Kaskade von Kurzschlüssen, Zischen und Blitzen über sich ergehen lassen zu müssen. Doch zu seiner Erleichterung funktionierte alles einwandfrei. »Odyssey« erwachte aus ihrem Tiefschlaf.

Dann machten sich die drei daran, ihr Raumschiff in dessen Bestandteile zu zerlegen. Um 7.14 Uhr CST zündeten Lovell und Swigert kleine Explosivkörper und Steuerdüsen, die das Service-Modul von der Kommandokapsel absprengten. Zum ersten Mal konnten die Astronauten einen Blick auf den beschädigten Teil von Apollo 13 werfen. Sie fotografierten das Wrack. Selbst ihre nüchterne Beschreibung lässt den Schreck ahnen, der ihnen in die Glieder fuhr.

»Eine ganze Seite des Raumschiffs fehlt«, sagte Lovell.

Houston: »Stimmt das?«

Apollo: »Genau bei … sieh dir das an! Genau neben der Antenne, die ganze Verkleidung ist weggeblasen, fast bis zum Triebwerk.«

Houston: »Wir notieren das.«

Apollo: »Sieht aus, als wär das SPS-Ventil auch weg.«

Houston: »Ihr könnt das SPS-Triebwerk sehen?«

Apollo: »Sieht aus wie ein großer brauner Streifen. Es ist wirklich ein Schrotthaufen.«

Kurz bevor Apollo 13 die äußersten Schichten der Erdatmosphäre erreichte, zwängten sich die drei in die Kommandokapsel. Sie verschlossen den Tunnel, pumpten ihn voll Luft und sprengten die Mondfähre ab. »Auf Wiedersehen Aquarius, und wir danken dir!« kam es von Mission Control hoch. »Sie war ein gutes Schiff«, sagte Lovell. Die Fähre, die zum Rettungsboot geworden war, verschwand um 10.43 Uhr CST Richtung Erde und verglühte kurz darauf in der Atmosphäre.

Der Einfluss der Erdanziehung wurde stärker – und plötzlich saßen die Astronauten in einer Dusche: Von oben löste sich Schwitzwasser und regnete herab. Sorge bereitete auch »Snap 27«, ein kleiner Atomreaktor mit fast vier Kilo Plutonium an Bord. Er hatte auf dem Mond arbeiten sollen, um Strom für Experimente zu liefern. Kurz vor dem Wiedereintritt in die Atmosphäre wurde er abgetrennt, fiel nordöstlich von Neuseeland in den Pazifik – und liegt dort noch heute in knapp 4 000 Meter Tiefe.

Ironischerweise war die Landung dieses haarsträubendsten Fluges die perfekteste aller Apollo-Missionen. Am 17. April um 10.53 Uhr CST begann der Wiedereintritt in die Erdatmosphäre. 14 Minuten später landete die

Kapsel nur 750 Meter vom errechneten Zielpunkt entfernt im Pazifik, rund 980 Kilometer südöstlich von Samoa. Der Flugzeugträger »Iwo Jima« war nur sechseinhalb Kilometer entfernt. Taucher sprangen von Hubschraubern ab und bargen die Astronauten innerhalb von zehn Minuten.

Die NASA setzte einen Untersuchungsausschuss ein, der noch im selben Jahr seinen Bericht vorlegte. Danach war es in jenem LOX-Tank wegen der blanken Drähte zu einem Kurzschluss gekommen, als Swigert nach der TV-Livesendung die Ventilatoren und Heizelemente im Tank aktivierte. Wahrscheinlich fing die Isolierung Feuer, dann flog der Tank in die Luft. Der Explosionsdruck beschädigte auch die Brennstoffzellen und den anderen LOX-Tank. Die Gas- und Trümmerwolke störte vorübergehend die Hauptantenne, weshalb automatisch auf die Hilfsantennen umgeschaltet wurde.

»ICH FÜRCHTE, DAS WAR FÜR LANGE ZEIT das letzte Mondunternehmen«, hatte Lovell während des Fluges gefunkt. Wenige Tage nach der Landung klang er schon wieder optimistischer. Tatsächlich sollten alle folgenden Mond-Missionen, von Apollo 14 bis 17, ein voller Erfolg werden.

Und doch wurde die NASA 1970 bis ins Mark getroffen: Präsident Nixon versetzte ihr mit einem harten Sparprogramm einen finanziellen und technologischen Schlag. Viele hochfliegende Pläne wurden aufgegeben. Die Weltraumbehörde hat sich nie von diesem Fiasko erholt.

Dabei zeigt die Mission von Apollo 13, so paradox es klingen mag, die Vorteile der bemannten Raumfahrt. Wäre mit einer Robotersonde geschehen, was »Odyssey« zustieß, sie wäre verloren gewesen. Oder wie Lovell später sagte: »Unsere Mission war ein Fehlschlag – aber ein erfolgreicher.«

Und natürlich hat das Hightechunternehmen einen alten Aberglauben gestärkt. Das Raumschiff hieß Apollo 13; die Startzeit bei Mission Control in Houston war 13.13 Uhr. Und die Explosion traf das Raumschiff am 13. April. Bei diesen schlechten Vorzeichen nutzte wahrscheinlich auch die fünf mal fünf Zentimeter kleine Mikrobibel nichts, die Lovell eingeschmuggelt hatte, um sie auf dem Mond zurückzulassen.

Oder vielleicht doch: Hätte sich die Explosion zu einem späteren Zeitpunkt ereignet, etwa während des Abstiegs zum Mond oder während des Rückfluges, wäre Apollo 13 verloren gewesen. Die drei Astronauten wären einen Tod gestorben, den nie zuvor ein Mensch erlitten hat. **(1995)**

■ **Siehe auch A–Z-Teil**

→ Apollo-Programm · Mond · NASA · Raumfahrt · Saturn V · Weltraummüll

Cay Rademacher ist Geschäftsführender Redakteur des Geschichtsmagazins GEO EPOCHE.

Wettlauf der Himmelsstürmer

Mit Ultraleichtfliegern, Heliumballons und UFO-förmigen Gleitern planen 27 Ingenieurteams die Revolution in der Raumfahrt: Sie wollen als Erste mit selbst gebautem Fluggerät ins All, und so die zehn Millionen Dollar des »X-Prize« gewinnen, den eine US-Stiftung ausgeschrieben hat. Die Budgets der Kandidaten sind bescheiden – ihr Wagemut ist dafür grenzenlos

Mit dem eleganten **Trägerflugzeug »White Knight«** geht der kalifornische Ingenieur Burt Rutan als Favorit ins Rennen zu den Sternen. Erprobt hat er sein 25 Meter breites Vehikel aus Karbonfaser und Epoxid bis kurz vor Ende des Wettbewerbs allerdings kaum

Text:
Wolfgang Bauer
Fotos:
Marc Steinmetz

Die Ingenieure der britischen Firma »Starchaser« arbeiten seit zwölf Jahren an einer mehrstufigen Rakete, deren Kapsel fast fünf Minuten lang schwerelos durchs All schweben und dann von Fallschirmen gebremst zur Erde zurücksegeln soll. Größtes Problem: Die **Triebwerksdüse** funktioniert noch nicht

Ein langsam anschwellender Ton legt sich über das Hochmoor, eine Art schwermütiges Stöhnen, tief und dunkel. Vögel fliehen aus dem Gras, Schafe jagen auseinander. In Angst rasen sie durch die Wiesen; der Lärm treibt sie vor sich her. Im Dorf schauen die Menschen nervös zu den Hügeln auf. Von dort sind sie die seltsamsten Dinge gewöhnt. So etwas aber haben sie hier noch niemals gehört.

England, südlich von Manchester, ein Testgelände der Regierung. Monatelang hat sich Steve Bennetts Team auf diesen Tag vorbereitet. Bis tief in die Nächte hinein haben die Männer gerechnet und diskutiert. Still und gespannt stehen sie nun im Beobachtungsbunker hinter dicken Mauern und Schutzklappen aus Stahl und blicken durch enge Sehschlitze auf den Hügel. Einer lässt vor Aufregung den Kaffeebecher fallen, doch niemand achtet auf ihn.

»ZERO«, SPRICHT JEMAND mit trockener Stimme ins Mikrofon, und dann bebt die Erde. Die Druckwelle schlägt wie eine Faust auf die Brust; und ein Bauer ruft die Polizei, weil es ihm den Putz von der Zimmerdecke reißt.

Aus der Betonkammer auf dem Hügel springt seitlich ein Flammenstrahl: blendendes Gelb, 15 Meter breit, zwei Meter hoch. 22 Sekunden lang lodert es, Dampfschwaden steigen auf, Erde schmilzt, die Luft vibriert, ein metallisches Röcheln – und plötzlich ist wieder Stille über dem Moor. Einzelne Grasbüschel brennen. Steve Bennett, 39, klein, muskulös, die Arme mit Tätowierungen übersät, ballt triumphierend die Fäuste und wirft den Kopf

in den Nacken. Das Feuer, das er seit seiner Kindheit zu bändigen versucht, das ihn narrte und täuschte, scheint sich ihm dieses Mal zu unterwerfen.

Sein zwölfköpfiges Team jubelt: junge Raketeningenieure und Webdesigner, Kneipenbesitzer und Elektrotechniker, die sonst Radios reparieren. Sie stoßen mit Pappbechern an und hüpfen vor Freude auf einem Bein. »Die bisher schönste Flamme!«, ruft einer. »Habt ihr gesehen, wie gleichmäßig die Färbung war?«

Er sei »die britische Antwort auf die NASA«, meint **Steve Bennett.** Wenn auch ohne staatliche Finanzierung. Für private Sponsoren reserviert Bennett schon jetzt einen Sitzplatz in seinem Raumfahrzeug; von seinen Prototypen verkauft er Spielzeugmodelle

Die im Teststand verankerte, gerade mal 80 Zentimeter lange Düse, die das gleißende Feuer ausgespien hat, ist der Schlüssel zu Steve Bennetts großem Traum; der Vorläufer für ein Triebwerk, das ihn zu den Sternen katapultieren soll. Einen Schub von 2,2 Tonnen erreicht dieser Prototyp. Beim Test vor einigen Monaten sind noch Teile der Konstruktion zerschmolzen. Jetzt aber scheint die Reaktion aus Kerosin und flüssigem Sauerstoff endlich richtig zu funktionieren.

Übermütig reckt sich Bennett zum Himmel: »Ich komme da rauf.« Als erster Mensch will er in einem selbst gebauten Gefährt in den Weltraum vorstoßen, will die NASA düpieren und in den Geschichtsbüchern landen. Mit Langzeitstudien und Versuchen im Windkanal hält sich Bennetts Raumfahrtunternehmen »Starchaser Industries«, gegründet 1992, dabei nicht lange auf.

»Wir machen es wie die Russen«, prahlt der ehemalige Chemielaborant, der sich gern mit Christoph Kolumbus vergleicht. »Wir testen die Prototypen sofort – und bügeln die Fehler hinterher aus.«

Noch nie wollten Menschen mit so wenig Geld so hoch hinaus

Wie weit sie tatsächlich noch von den Sternen entfernt sind, entdecken die Ingenieure, als sie sich über die abmontierte Düse beugen. »Was ist denn das?«, fragt Bennett ins allgemeine Gratulieren, als er mit dem Autoschlüssel beiläufig über den Stahl kratzt. »Anthony, hast du das gesehen?«

Anthony Haynes, 25, Raumfahrttechniker, dem sie eben noch applaudiert und auf die Schultern geklopft haben, hält inne, kann es nicht fassen, ringt mit den Tränen. Die Düse hat einen Riss. Hinter der Brennkammer ist die Schweißnaht gebrochen.

Hätten sie das Triebwerk nur ein wenig länger belastet, wäre es möglicherweise explodiert.

Seit Jahren kündigt Steve Bennett Startversuche mit einer bemannten Raumkapsel an, immer wieder aber durchkreuzen Rückschläge wie dieser seine Pläne. Viele in Großbritannien halten ihn für verrückt, Sponsoren hat er trotzdem gefunden. Jetzt aber drängt die Zeit. Denn nur noch bis zum

09071 477 100
terms & conditions apply - see www.starchaser.co.uk

Elf Meter lang ist die stählerne **»Nova«-Rakete des Teams »Starchaser«**. Sie bietet einem Piloten Platz, wurde zunächst aber nur unbemannt getestet. Erreichte Höhe: 1 689 Meter

1. Januar 2005 läuft der Wettbewerb, um den Steve Bennett kämpft: der »X-Prize«.

Zehn Millionen US-Dollar hat eine Stiftung amerikanischer Weltraumbegeisterter 1996 demjenigen ausgelobt, der es als Erster ohne staatliche Unterstützung schafft, ein Gefährt zu bauen, das zweimal innerhalb von 14 Tagen drei Personen (mit einer Körperlänge von mindestens 1,88 Metern und einem Gewicht von mehr als 90 Kilogramm) in eine Höhe von mindestens 100 Kilometer befördert – und sie wieder heil zur Erde zurückbringt.

Das **Triebwerk** ihres Raumschiffes haben die »Canadian Arrow«-Konstrukteure von der »V2«-Rakete kopiert, die der deutsche Ingenieur Wernher von Braun 1942 entworfen hat

Einen Teil der Siegprämie haben Raumfahrtunternehmen gespendet sowie Prominente, darunter der Krimi-Autor Tom Clancy und der Astronaut Edwin »Buzz« Aldrin, der zweite Mensch auf dem Mond. Den Rest wird eine Versicherung auszahlen.

27 Teams haben sich bislang für den Wettbewerb, bei dem das X im Namen für »Experimental« steht, angemeldet – und übertreffen sich gegenseitig mit tollkühnen Konstruktionen. Israelische Ingenieure etwa bauen eine Rakete, die mit einem Heliumballon zunächst auf zehn Kilometer Höhe gebracht und erst dort gezündet werden soll. In Russland hat eine Gruppe ein Überwachungsflugzeug aus dem Kalten Krieg zum Trägersystem für ein Mini-Shuttle umgeformt. In Argentinien bastelt man an »Gauchito«, dem kleinen Cowboy, der aussieht wie ein zu groß geratener Feuerwerkskörper. Ein pensionierter Raumfahrtingenieur aus Oregon, USA, plant ein UFO-förmiges Gerät mit Düsentriebwerken, die in extrem dünner Atmosphäre arbeiten können. Und eine Gruppe Texaner will direkt vom Ozean aus starten.

Der Ideenreichtum der Garagenraumfahrer ist unerschöpflich, ihr Budget dafür umso knapper: Während die NASA pro Jahr mehr als drei Milliarden Dollar allein in den technisch längst veralteten Space Shuttle steckt, haben viele X-Prize-Kandidaten nicht einmal 100 000 Dollar zur Hand.

Noch nie wollten Menschen mit so wenig Geld so hoch hinaus.

In Kanada, Provinz Ontario, auf der Landzunge zwischen den Großen Seen, zieht ein Schneesturm auf. Die Kapsel, mit der Geoffrey Sheerin die Welt verändern will, schlittert, schwankt und droht den Jeep von der Landstraße zu zerren. Sheerin hält an und zieht die Verschnürungen straffer. »Wir wollen nichts riskieren«, sagt er.

Sheerin ist Geschäftsmann. Nach dem Vorbild des Microsoft-Gründers Bill Gates will er »eine Vision zu Geld machen« und verspricht sich von Urlaubsflügen ins All astronomische Profite. Einen detaillierten Business-Plan hat er schon, Astronautenanzüge auch.

Bürgerlich-korrekt tritt der gelernte Industriedesigner auf. Sein Haar trägt er stets akkurat gescheitelt, die Hosen mit Bügelfalte. Unaufgeregt, in erstaunlich nüchternem Ton erzählt er vom Weltraum und vom »Höllenritt« zu den Sternen.

Mit seiner Firma »Canadian Arrow« stellt Geoffrey Sheerin nach über 60 Jahren eine »V2« her – einen Nachbau jener mörderischen Rakete aus dem Zweiten Weltkrieg, mit der die Deutschen einst London attackierten. Für dieses Frühjahr plant der 40-Jährige den Jungfernflug: »Die Geschichte dieser Maschine hatte einen tragischen Beginn. Wir wollen sie zu einem glücklichen Ende bringen.«

Statt Sprengstoff trägt der kanadische Neubau der deutschen V2 jedoch eine **Passagierkapsel** (oben). Alle Raketenteile sollen nach 45-minütigem Flug im Meer landen und wiederverwendet werden. Falls der Aufstieg ins All nicht gelingt, will Firmenchef **Geoffrey Sheerin** (unten Mitte) zumindest am Traum vom Weltraumtourismus verdienen: Er plant ein Erlebniszentrum, in dem Besucher Astronaut spielen können

Die Kanadier sind das einzige Team ohne millionenschweren Mäzen

Eine merkwürdige Landschaft. Die Erde ist vollkommen flach, der Horizont so eben, dass sich alles himmelwärts zu strecken scheint.

Sheerin fährt mit seiner Kapsel durch ein Spalier aus Getreidesilos, die wie startbereite Raketen am Straßenrand aufragen.

Die Menschen hier glauben an Sheerins Traum: Ein verzweigtes lokales Netzwerk sponsert ihn, produziert Komponenten seiner Rakete auf eigene Rechnung, getragen bloß von der vagen Hoffnung auf Folgeaufträge. Es sind kleine Ingenieurbüros, mittelständische Maschinenbauer, insgesamt rund 40 Unternehmen.

An diesem Vormittag kommt Geoffrey Sheerin von der Stahlbaufirma Duff in Petrolia, 14 Angestellte, die normalerweise Öltanks schweißen, Weinregale, Gartentüren – und jetzt den Rohbau der Raketenkapsel für Sheerins Weltraumabenteuer. Als einziges X-Prize-Team ohne millionenschweren Mäzen hat »Canadian Arrow« das nötige Kapital für die ersten drei Starts bereits zusammen.

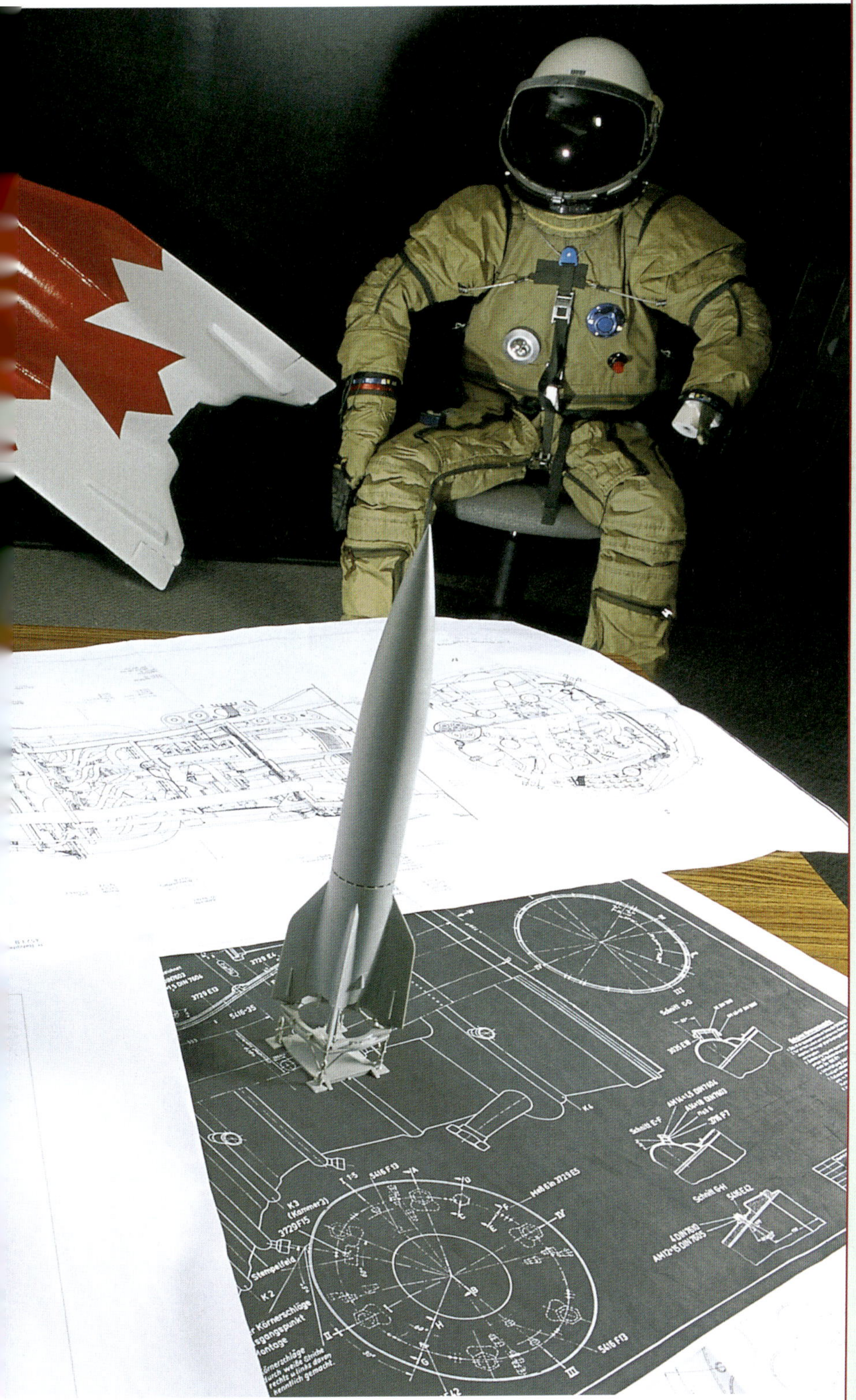

Geoffrey Sheerin studiert für sein X-Prize-Projekt die **Baupläne der Nationalsozialisten für die V2-Rakete:** »Die Geschichte dieser Maschine hatte einen tragischen Beginn. Wir wollen sie zu einem glücklichen Ende bringen.« Mit einem rot-weiß gestrichenen Ferienflieger für Ausflüge jenseits unserer Atmosphäre

Ventil für Ventil, Dichtung für Dichtung, setzt kanadische Nachbarschaftshilfe die ehemalige Lenkwaffe der Nazis, die erste Mittelstreckenrakete der Geschichte, wieder zusammen – als Ferienflieger-Version, mit aufgemaltem Ahornblatt und runden Aussichtsfenstern. Die V2 sei die mit Abstand billigste Alternative für den Aufstieg ins All, erzählt Sheerin.

Es gebe auf der Welt kein Triebwerk, das besser erprobt und verlässlicher sei als das ihre. »Die ganze Ingenieursarbeit hat ja bereits Wernher von Braun für uns erledigt.«

In seinen Büroschränken stapeln sich Kopien von Konstruktionsplänen aus Peenemünde; sechs Jahre lang hat er in Museen und Archiven recherchiert.

Sheerin hat nur wenig modernisiert – zumeist Teile, die schon vor 60 Jahren störanfällig waren, die Steuerung etwa. Und sein Gefährt ist 2,40 Meter länger als das Original, weil man für drei Passagiere mehr Platz braucht als für eine Tonne Sprengstoff.

Tausende reicher Kunden wollen endlich Tickets ins All lösen können

Bereits die Urversion der V2 erreichte 1942 eine Flughöhe von 90 Kilometern – schrammte also nur knapp an der magischen 100-Kilometer-Grenze vorbei, die Sheerin für den X-Prize überwinden muss. Ein solcher »Suborbitalflug« kratzt das All nur. Für wenige Minuten stößt die Rakete aus den weißen Schleiern der Atmosphäre, kurz können die Astronauten den Planeten als blau-weiße Kugel im schwarzen Kosmos sehen.

Aber sie erreichen keine stabile Umlaufbahn, stürzen daher sehr viel langsamer auf die Oberfläche zurück als der Space Shuttle, der in rund 400 Kilometern Höhe operiert. Für die Amateurschrauber macht es den Job zumindest ein wenig einfacher: Statt 1700 Grad Celsius wie beim Shuttle müssen sie nur Temperaturen von bis zu 1400 Grad kontrollieren. Steuersysteme und Hitzeschilder können bei X-Prize-Vehikeln etwas bescheidener ausfallen. Dennoch: Dem angestrebten Ziel auch nur nahe gekommen ist noch keiner der Wettbewerber.

In einer Lagerhalle am Firmensitz von »Canadian Arrow« in London, Ontario, begutachtet Lou van Amelsvoort, 40, kritisch die gerade zusammengeschweißte Kapsel. Eigentlich ist der Alarmanlagenunternehmer mit Grundkenntnissen im Fallschirmspringen der Spaßvogel in Sheerins Team. Jetzt aber, während er langsam die 1,85 Meter hohe und 1,65 Meter breite Kapsel umrundet, bleibt er merkwürdig still.

Er wird als Erster mit ihr fliegen, eingezwängt in ein Cockpit, das für Kopf und Hände nur ein paar Zentimeter Bewegungsfreiheit lässt. Ein Helikopter wird ihn zu einem Test aus 2700 Meter Höhe abwerfen. »Wenn die Fallschirme der Kapsel nicht funktionieren sollten, steige ich aus. Kein Problem.« Die Kapsel wird taumeln, sich wild überschlagen. Aber: Ein bisschen Risiko gehöre eben zum Unternehmertum, sagt Amelsvoort. Dann schweigt er wieder.

Sheerin predigt derweil beharrlich, man dürfe jetzt kurz vor dem Ziel bloß nicht in jenen Rausch verfallen, den die Konstrukteure das »Go-Fieber« nennen – und früher starten, als die Technik es zulässt. Sonst verliere man nicht nur den Wettbewerb.

Im Fieber sind die X-Prize-Teilnehmer indessen längst – genau wie es sich der amerikanische Luftfahrtingenieur Peter Diamandis erhofft hatte, als er den Wettbewerb ausrief: Allein die Aussicht auf die Siegprämie sollte eine Lawine an technischen Entwicklungen auslösen und so dazu beitragen, die Kosten von Weltraumflügen zu senken. »Wir wollen das All endlich für alle öffnen«, sagt Diamandis. »Und dafür brauchen wir Konkurrenz. Die NASA hat schon viel zu lange auf sich warten lassen.«

Zehn Milliarden Dollar, so behaupten Marketingexperten, könnten im Weltraumtourismus innerhalb eines Jahrzehnts umgesetzt werden. Tausende reicher Kunden warteten angeblich darauf, endlich Tickets lösen zu können. Noch aber kostet ein Ausflug ins All rund 20 Millionen Dollar.

»Wir müssen beweisen, dass es auch billiger geht«, propagiert Diamandis – und ist überzeugt, der Gewinner des X-Prize könne dem Weltalltourismus einen ähnlichen Schub geben wie einst Charles Lindbergh der Luftfahrt, als er 1927 den Atlantik nonstop überquerte, um die 25 000 Dollar des »Orteig-Preises« einzustreichen.

In Dragasani, einer Kleinstadt mitten in der rumänischen Walachei, bereitet das **X-Prize-Team »Arca«** den Flug in den Kosmos vor. Auch Maria Nicolae, die Mutter des Teamchefs, trägt ihren Teil dazu bei: ein selbst geknüpftes Wandbild, das ihrem Sohn Glück bringen soll

Natürlich ist es möglich, dass es diesmal noch keiner schafft. Dass es einfach zu früh dafür ist. Dass die Träumer zu ungeduldig sind. Möglicherweise dauert es weitere Jahrzehnte, bis sowohl verlässliche als auch wirtschaftliche Systeme zur Verfügung stehen. Vielleicht aber ist das All auch nur noch eine Schraubenwindung entfernt. Und vielleicht ist es ja ein winziges Familienunternehmen wie das von Dumitru Popescu, das die Raumfahrt revolutioniert.

Fast jeden Tag treffen sich die Mitglieder der »Aeronautics and Cosmonautics Romanian Association« (Arca) in ihrem Testlabor – einem Garten am Rande der Kleinstadt Dragasani. Das Modell ihrer **»Orizont«-Rakete** sprühen die Bastler mit einem zum Kompressor verwandelten Staubsauger weiß an. Und fahren es dann mit einem Müllwagen zur Präsentation auf den Marktplatz

RUMÄNIEN, DRAGASANI, EINE KLEINSTADT in der Walachei. Im Garten der Familie Truta liegt eine Testrakete – 4,50 Meter lang, aufgebockt auf zwei Hockern aus Holz. Ein Nachbar, dem oben rechts die Zähne fehlen, zieht sich weiße Plastikhandschuhe an. Er tut dies zum ersten Mal in seinem Leben, müht sich, zupft und zieht, aber jetzt kommt es drauf an. »Das gute Stück darf nicht dreckig werden. Die Leute würden sich ja totlachen.«

Die Rakete hat die Form einer Zigarre; vier Flügel zieren das Heck. In der Mitte ist sie ein wenig dicklich. »Der Wasserstofftank«, erklärt Dumitru Popescu, 27, Präsident der »Aeronautics and Cosmonautics Romanian Association« (Arca). Seit sechs Jahren plant und baut er an diesem Fluggerät.

»Entschuldigen Sie bitte die Umstände.«

Verlegen hält er den Kopf schief, als er Besucher durch den Garten seines Schwiegervaters Constantin Truta führt. Die Umstände haben sich

Arca-Präsident Dumitru Popescu berechnet im Haus seiner Schwiegereltern die Aerodynamik des Prototyps. Er und seine Frau wollen sich als Erste mit der »Orizont« in den Himmel wagen

etwas gebessert, seit er den Schwiegervater gebeten hat, den Hühnern einen neuen Zaun zu zimmern. Zuvor waren die Tiere Popescu beim Raketenbauen immer vor die Füße gelaufen.

Zerbrechlich wirkt der 27-Jährige und sehr selbstbewusst. »Ich habe mir neulich im Internet die Düse von Steve Bennett angeschaut. Sie wird reißen. Sie ist schlecht geschweißt.«

Ein feingliedriger, kleiner Mann voll Dynamik, dessen Frisur zerzaust in alle Richtungen vom Kopf absteht, als stünde sie unter Spannung. Theologie hat er in Sibiu studiert, nach vier Jahren die Universität verlassen und sich zum X-Prize angemeldet, weil er sicher war: Er würde es schaffen.

Ungeduldig streicht Popescu weiße Wandfarbe auf die Glasfaserhülle. Seit Tagen hat er kaum geschlafen. Schon morgen soll die Rakete, in purpurnen Satin gehüllt, auf dem Platz vor dem Rathaus offiziell präsentiert werden.

Sponsoren werden kommen, hofft Popescu. Und all jene, die seine Träume immer belächelt haben, werden endlich verstehen. Die Präsentation wird ihnen beweisen, was in Dragasani, Südwestrumänien, alles möglich ist.

Hinter der Rakete weht das weiße Tischtuch der Mittagstafel im Wind. Die Schwiegermutter bringt Rotwein und Hähnchenschenkel; die Blumen auf den Wasserstoffkanistern sind jeden Tag frisch. Der Schwiegervater schweißt letzte Halterungen an das 13,5 Meter lange Startgerüst. Wenn er in den vergangenen sechs Monaten nicht gerade im Gemüsebeet stand, dann arbeitete er mit dem Schweißgerät. Oben, zwischen den Verstrebun-

Neben dem Gemüsebeet bemalt Mutter Popescu die Startrampe der Rakete

gen, verkantet sich breitbeinig Popescus Mutter. Sie streicht den Startturm orangefarben an. »Dani« ruft sie, »soll ich die Schrauben übermalen?«

Popescu weiß, dass er kaum eine Chance hat, den X-Prize zu gewinnen – und arbeitet gerade deshalb wie besessen. Die Gartenkosmonauten aus Dragasani sind das X-Prize-Team mit dem geringsten Etat. Acht Monate dauerte es, bis sie allein die 1000 Dollar Anmeldegebühr zusammengekratzt hatten. Die »Arca« ist nun gleichberechtigt gelistet neben Luftfahrtlegenden und verspielten Multimillionären.

X-Prize-Präsident Diamandis schickte ihnen sogar ein Grußwort: »Sie befinden sich auf einer wissenschaftlich wichtigen Mission und einem unter Umständen sehr profitablen Wagnis.«

Popescu bewahrt das Schreiben aus Amerika, in Ordner und Folie verpackt, wie eine Reliquie auf. Die Welt hat ihn in Dragasani nicht vergessen.

Seine Berechnungen füllen Bände: Tabellen und Zahlenreihen, notiert in kleiner, enger Schrift. Jedes Detail hat er viele Male kalkuliert, theoretische Fragen machen ihn nicht verlegen. Er streut Lehrsätze wie ein Komet seinen Schweif.

»Orizont« soll seine Rakete heißen: 14 Meter hoch, Durchmesser 1,30 Meter, Gewicht sieben Tonnen. In der Kapsel werden drei Passagiere übereinander sitzen. Beschleunigt auf maximal 1300 Meter in der Sekunde, wird »Orizont« in den Himmel gleiten. Die Belastung übersteige die Erdbeschleunigung um das 3,5-fache. Das sei noch zu ertragen, sagt Popescu, der selbst bisher nur einmal in seinem Leben mit einem Flugzeug geflogen ist.

Als der Teststand explodiert, regnen Trümmer über die ganze Stadt

In 40 Kilometern Höhe soll sich der Antrieb abschalten. Die Zündstufe wird dann, so der Plan, nach unten fallen, die Kapsel dagegen weiter in den Himmel driften, bis sie 100 Kilometer Höhe erreicht hat. Für die sanfte Rückreise soll ein Fallschirm sorgen. Alles in allem werde der Ausflug 15 Minuten dauern.

In der Theorie klingt das gut. Nach der letzten öffentlichen Präsentation von »Orizont« musste Popescu allerdings das Konzept ändern – weil sein Teststand explodierte und Raketentrümmer auf Dragasani stürzten.

In Wellen sah seine Frau Simona, 22, damals die Druckfront auf sich zufluten. »Ich wusste nicht, dass man Luft sehen kann wie Wasser.«

Es war der erste Test mit flüssigem Brennstoff. Wie immer hatte die Großmutter Bauteile mit dem Pferdefuhrwerk zu den Schwiegereltern gefahren. Den Aufbau hatten sie schnell erledigt. Alles Routine. Um besser sehen zu können, legte sich Simona deshalb nicht wie die anderen in den Schutzgraben. Und so hätte der X-Prize fast sein erstes Todesopfer gefordert. Der Schwarzpulverzünder verzögerte um Sekundenbruchteile, dabei floss zu viel Wasserstoff in die Brennkammer. Der Teststand explodierte. »Wie ein kleiner Atompilz hat das ausgesehen«, erinnert sich der Schwiegervater.

Simona hatte Glück: Die Druckwelle warf sie nur um und zerzauste ihr Haar. Über ganz Dragasani regnete es Trümmersplitter. Noch in sechs Kilometer Entfernung traf ein Blechstück das Wohnzimmerfenster einer Nachbarin. Scherben lagen bis die Küche. Den Schaden beglichen sie. Die neue Rakete hat Popescu nun von Priester Paul, einem Studienfreund, mit Weihrauch segnen lassen.

Der Müllwagen fährt vor; die Ladefläche dampft vom Unrat. Der Bürgermeister hatte versprochen, sich um den Transport ins Stadtzentrum zu kümmern – und nun das. Popescu tobt innerlich. »Niemals!«, zischt er leise seinem Schwiegervater zu: »Ich erlaube nicht, dass man die Rakete mit einem Müllwagen durch die Stadt kutschiert.«

Die Schwiegermutter reicht zur Beruhigung Kaffee und Pflaumenschnaps, außerdem bringt eine Nachbarin endlich den lange schon angekündigten Staubsauger. Der hat eine integrierte Schubumkehr, Marke »Ideal«, rumänisches Patent, und ist auch als Kompressor zu gebrauchen. In null Komma nichts sprüht er die »Orizont« makellos weiß. Das entschärft die Situation.

Alles hängt von dieser Präsentation ab. Wenn die Arca-Aktivisten es nicht schaffen, neue Sponsoren zu beeindrucken, ist es vorbei. Die Ersparnisse aller Teammitglieder sind aufgebraucht, so wie vor zwei Jahren, als sie nicht mehr wussten, wie sie am nächsten Tag ihr Brot bezahlen sollten.

Popescus Hoffnung: Ein neuer Sponsor soll für 4000 Dollar den ersten Teststart am Schwarzen Meer finanzieren. Verlaufe dieser erfolgreich, würden sich schon weitere Mäzene finden, die 400000 Dollar für die richtige Rakete ausgäben. Dann sollen sich ein Kampfpilot, den Popescu noch anrufen will, er selbst und Simona in die Glasfaserkabine setzen. Der erste Flug, gesteht er ein wenig zögernd, sei ein Liebesdienst an seine Frau. Vereint zu den Sternen.

Am Rathausplatz beugen sich die Menschen über die Balkone ihrer verwitterten Plattenbauten und starren auf die Rakete, von der frische Farbe tropft. Die Roma-Kinder, sonst von Polizisten verjagt, bestaunen die Farbfotos vom Space Shuttle, die Popescu an Stellwänden aufhängt. Örtliche Geschäftsleute, in Anzug und Krawatte, kein Stäubchen auf den Schuhen, halten die Arme verschränkt. So ganz trauen sie der Sache nicht.

Rumäniens »Orizont«-Modell, zur Schau gestellt im **Zentrum von Dragasani.** Mit solchen Aktionen will das Arca-Team mögliche Sponsoren beeindrucken

Der Amerikaner **Burt Rutan,** Chefkonstrukteur der Firma »Scaled Composites«, ist für seine ausgefallenen, hoch effizienten Fluggeräte weltberühmt. Beim X-Prize tritt er mit einem treibstoffsparenden Doppeldecker an (siehe rechte Seite)

Ein misslauniger Buckliger, dessen Gesicht schwarz ist vor Dreck und Narben, bewacht mit einem Knüppel die Absperrung. Ein paar kleine Jungs schnüffeln an Plastikflaschen. Hunderte sind gekommen. Mittendrin die Rakete – und ein glatzköpfiger Vertreter der amerikanischen Botschaft, der sanfte Grußworte spricht. Der Bürgermeister stellt kurz das Arca-Team und lang seine eigenen Verdienste um Dragasani vor. Dann erklärt Popescu schüchtern in schnellen Sätzen seinen Traum. Er hebt ab, verliert sich in technischen Details, kaum einer versteht ihn. Seine Rede endet nach wenigen Minuten in verhaltenem Applaus.

Ein alter Mann mit einem Stapel vergilbter Papiere unter dem Arm bahnt sich mühsam den Weg zum Podium. Ein pensionierter Unteringenieur: In den 1950er-Jahren hat er Hagelraketen in die Weinberge geschossen; seine Konstruktionszeichnungen, so sagt er, könnten nun für Popescu nützlich sein. »Ihre Rakete sieht fast so aus wie meine, nur ein bisschen größer. Ach, wenn ich nur etwas jünger wäre!«

Im Traum öffnet Neil Armstrong die Cockpitluke. Er lächelt …

Popescu lächelt milde.

Vielleicht werden nicht alle Wagemutigen den X-Prize überleben. Die Hinweise auf den Spaß am Entdecken können nicht darüber hinwegtäuschen: Die Organisatoren kalkulieren Tote mit ein. »Davon dürfen wir uns nicht abhalten lassen«, sagt Diamandis. »Es ist nicht möglich, Grenzen zu erweitern, ohne gewisse Risiken zu akzeptieren.« Auch bevor Lindbergh den Orteig-Preis gewann, seien schließlich sieben Piloten verschollen, ihre Maschinen zerschellt und verbrannt.

Klaus Berge, der Direktor für Raumfahrtprojekte im Deutschen Zentrum für Luft- und Raumfahrt (DLR), hält die X-Prize-Kandidaten schlicht für lebensmüde. »Ich glaube nicht, dass die auch nur den Wiedereintrittswinkel in die Erdatmosphäre sauber berechnen können.«

Steve Bennett, der Engländer, will seine Rakete vom Cockpit aus zünden, weil sich kein anderer schuldig fühlen soll, wenn es schief geht. Und wie wird der Tag für den Piloten von Sheerins V2-Nachbau enden, wenn er mit der»CanadianArrow«-Rakete in den Himmel rast? »Ich war im Kosovo«, sagt er. »Ich glaube nicht mehr an den Tod.«

»Plötzlich Flammen, überall Feuer. Ich sitze im Cockpit«, erschrak Dumitru Popescu eines Nachts in Rumänien. »Ich fühle die Hitze, meine Haut wirft Bläschen. Ich denke: Was habe ich getan? Da öffnet Neil Armstrong die Luke. Er lächelt. Und er bringt mich mit einem Flugzeug wieder auf die Erde.«

Solche Leute lassen sich nicht vor sich selbst beschützen. Sie träumen.

KALIFORNIEN, MOJAVE-WÜSTE, am 17. Dezember 2003. Für wenige Stunden gibt der Mann, der als größter Favorit im Kampf um den X-Prize gilt, sein Geheimnis preis. Burt Rutan, 60, spielt seit Jahren mit der Gravitation wie kaum ein anderer. Die gewagtesten, bizarrsten Flugzeugtypen hat er in die Luft gebracht. Einer davon, genannt »Voyager«, hat gar in neun Tagen ohne aufzutanken den ganzen Erdball umrundet.

Rutan trägt grau melierte Koteletten und Löwenmähne, er haust in einer weißen Pyramide und predigt die Symbiose von Forschung und Spaß. Als dieser Mann überraschend die Teilnahme am X-Prize erklärte, sah es so aus, als hätte er ihn schon gewonnen.

Aus dem Hangar werden die beiden futuristischen Fluggeräte herausgeschoben, die Rutans Firma in zwei Jahren aus Karbonfaser und Epoxid erschaffen hat: geschwungene Formen, glänzender Lack, Kreuzungen aus Segelflugzeug und Fledermaus.

Das Mutterschiff »White Knight«, ein zweistrahliges Turbojetflugzeug, rollt zum Start; unter seinem Rumpf klebt ein kleiner Raumgleiter: »SpaceShipOne«. Sie heben ab, steigen gemeinsam auf 15 Kilometer Höhe, dann wird der Gleiter ausgeklinkt. Der Testpilot im »SpaceShipOne« zündet den Raketenantrieb. Nach neun Sekunden durchbricht er die Schallmauer. Nach 15 Sekunden, nun 1500 km/h schnell, schaltet er das Triebwerk wieder ab. Bis auf 21 Kilometer Höhe segelt das »SpaceShipOne« – und erreicht, kurz bevor es wieder nach unten sackt, nahezu Schwerelosigkeit.

Die Hangartore schließen sich wieder.

Ganz im Geheimen forscht Rutans Team. Der Starttermin soll nicht fern sein, mehr erfährt man

Das Mutterschiff »White Knight« wirft in 14,6 Kilometern Höhe das am Rumpf hängende Raketenflugzeug »SpaceShipOne« ab. Dieses soll dann aus eigener Kraft bis ins All aufsteigen, den Rückflug durch die Atmosphäre mit Klappflügeln abbremsen – und schließlich wie ein gewöhnliches Flugzeug landen

Ein Raumfahrzeug in engen Straßen: die **»Nova«-Rakete** des »Starchaser«-Teams unterwegs in Hyde bei Manchester

nicht. Erst vor kurzem gab sich Paul G. Allen, Mitbegründer von Microsoft und drittreichster Mann Amerikas, als Rutans Finanzier zu erkennen.

Gut 30 Millionen Dollar soll er angeblich Rutan für das X-Prize-Projekt überwiesen haben – dreimal so viel, wie als Prämie zu gewinnen ist. Und Allen ist keineswegs der einzige Milliardär der New Economy, der in den X-Prize investiert. Auch Jeff Bezos, Gründer des Online-Buchhandels »Amazon.com«, und John Carmack, Erfinder von Computerspielen, leisten sich eigene Raketenschmieden. Andere Dotcom-Millionäre sitzen im Wettbewerbskomitee.

Den Cyberspace haben diese Unternehmer schon ausgelotet. Nun suchen sie neue Abenteuer im realen Weltraum.

Die Präsentation auf dem Marktplatz von Dragasani wurde für Dumitru Popescu doch noch ein Erfolg. Rompetrol, das zweitgrößte Ölunternehmen des Landes, will mit vorerst 6000 Euro in bar und 3000 Euro Materialspenden den ersten Testflug des »Arca«-Teams finanzieren. Familie und andere Teammitglieder reisen irgendwann in den kommenden Monaten an die Küste, um »Orizont« zu zünden. Die Aufregung ist groß. So weit weg von zu Hause waren sie selten. Es soll dort so schön sein, das Meer. **(2004)**

PS: Der X-Prize wurde im Herbst 2004 an das amerikanische Team um Burt Rutan und sein »SpaceShipOne« vergeben. Die Stiftung hat inzwischen einen neuen Wettbewerb ausgeschrieben: Wer bis 2010 mit einem privat gebauten Raumgefährt 400 Kilometer Höhe erreicht, soll nunmehr 50 Millionen Dollar Preisgeld erhalten

■ **Siehe auch A–Z-Teil**

→ Rakete · Raumfahrt · SpaceShipOne · Tourismus

Während der Recherche mussten GEO-Autor Wolfgang Bauer und Fotograf Marc Steinmetz kräftig mit anpacken: Im rumänischen Dragasani halfen sie mit, den Startturm des »Orizont«-Modells zu streichen. Und dem kanadischen Ingenieur Geoffrey Sheerin übersetzten sie einige komplizierte Begriffe aus alten »V2«-Bauplänen.